石油化工设备维护检修规程

第八册

热电联产设备

2019版

中国石油化工集团有限公司
中国石油化工股份有限公司 组织编写

中国石化出版社

图书在版编目（CIP）数据

石油化工设备维护检修规程：2019 版 . 第八册，热电联产设备 / 中国石油化工集团有限公司，中国石油化工股份有限公司组织编写 . —北京：中国石化出版社，2019.12
ISBN 978-7-5114-5616-8

Ⅰ. ①石… Ⅱ. ①中…②中… Ⅲ. ①石油化工设备 - 检修 - 技术操作规程②热电厂 - 机组 - 检修 - 技术操作规程 Ⅳ. ① TE960.7-65

中国版本图书馆 CIP 数据核字（2019）第 274010 号

中国石化出版社出版发行

地址：北京市东城区安定门外大街 58 号
邮编：100011　电话：(010)57512500
发行部电话：(010)57512575
http://www.sinopec-press.com
E-mail：press@sinopec.com
北京科信印刷有限公司印刷
全国各地新华书店经销

*

787 × 1092 毫米 16 开本 53.75 印张 1164 千字
2020 年 1 月第 1 版　2020 年 1 月第 1 次印刷
定价：360.00 元

《石油化工设备维护检修规程》修编指导委员会

主　　任： 戴厚良

副 主 任： 徐　钢　张　涌　朱建民　郭安翔　杨　锋　周志明

委　　员：（以姓氏笔画为序）

于甫春　王鑫武　尹光耀　叶国庆　田宏斌　成　雷　吕建成　朱有志　刘训书　刘建军　刘振宁　麦郁穗　杜　阳　杜博华　李　江　邱宏斌　汪剑波　宋立群　张业金　张成宝　张庆河　张军梁　张忠安　陈雷震　罗　昕　罗重春　金　强　周纪军　赵亚新　赵宝成　赵晓军　胡　佳　袁代红　夏翔鸣　郭绍强　黄志华　董雪林　韩建宇　谭金龙　颜　刚　魏　冬　魏　鑫

特邀委员： 赵　岩　周　敏　唐汇云

《石油化工设备维护检修规程》修编专家库

（以姓氏笔画为序）

于晓鹏　王建军　王　群　方紫咪　叶国庆　白　桦
邢　勐　吕　伟　吕建成　朱有志　朱　哲　朱晓明
朱瑞松　任　刚　任名晨　刘子英　刘训书　刘国帅
刘　昕　刘　栋　刘振宁　刘海春　刘　骏　安永明
孙新文　麦郁穗　杜博华　李　江　李江平　李志远
李　晖　李海根　吴尚兵　岑奇顺　何承厚　佘东升
邹吉翼　汪剑波　沈顺弟　张庆河　张如俊　张继兵
张森林　张锁有　陈立义　陈立群　陈永忠　陈志雄
陈金林　陈董清　邰爱民　金　强　周　卫　周文鹏
郑显伟　赵宝成　赵　勇　胡　佳　姜　琳　袁代红
袁红斌　栗雪勇　顾雪冬　钱青松　侯言超　徐文广
徐旺喜　徐继斌　黄绍硕　黄夏林　黄　强　黄勤卫
常培挺　康宝惠　章　文　彭学群　董玉波　董雪林
蒋利军　游碧龙　谢小强　谢道雄　蔡培源　黎德初
潘地培　潘向阳

热电联产设备专业组

组长单位： 中国石化上海石油化工股份有限公司

组员单位： 中国石油化工股份有限公司茂名分公司

中国石油化工股份有限公司胜利油田分公司

中国石化长城能源化工（宁夏）有限公司

热电联产设备专业审查专家组

郑显伟　赵　勇　胡海翔　高建新　陈董清　王增伟

范文军　钟　庆　宋　斌　叶伟红　吴　巍　郭培康

林少青　陈清能　耿庆涛　乜树义　韩宏志　吴　磊

陈孟干　梁　柱　李世平　付　鹏　韩瑞军　刘　伟

杨志勇　张　磊

《石油化工设备维护检修规程》编辑部

主　任： 白　桦

副主任： 潘向阳

成　员： 李跃进　龚志民　孙立泉　蒋　璐　吕芳蕾

《石油化工设备维护检修规程》（2019）修订编制说明

《石油化工设备维护检修规程》（以下简称《规程》），自2004年出版发行以来，作为石化设备完整性管理的支持性文件，在加强石化企业设备完整性管理，提高设备维护检修水平，确保装置安全、稳定、长周期运行等方面发挥了积极作用，受到了广大石油化工设备管理及维护检修人员的欢迎。

随着新装置、新设备的增加，石油化工设备维护检修技术得到了较大的发展，同时，新工艺、新技术、新工具在设备的检维修方面逐步得到应用，装置检修周期已逐步提高到三年、四年或者更长的时间，对设备的正常维护、科学检修提出了更高的要求；随着特种设备、安全环保等方面新的法规、标准颁布，2004版《规程》部分内容已经不能满足石化企业目前设备维护检修工作的需要。

为进一步完善规程，更科学地指导企业石油化工设备的维护检修工作，不断提高设备维护检修质量和设备管理水平，以便适应装置长周期运行的要求，实现企业效益的最大化，中国石化总部决定对2004版《规程》进行修订编制。

为加强对《规程》修编工作的领导，2017年8月中国石化总部组织成立了《规程》修编指导委员会，时任集团公司总经理戴厚良任指导委员会主任，化工事业部牵头，徐钢任副主任，承担了具体领导和组织工作，炼油事业部、资本运营部、生产经营管理部、能源管理与环境保护部和石化出版社的有关领导任副主任，石化企业的设备经理任委员。委员会下设通用设备组、炼油设备组、化工设备组、化纤设备组、碳一化工设备组、电气设备组、仪表组、热电联产设备组、环保设备组、空分设备组、储运设备组等11个专业组，具体负责各专业规程的修编工作。为确保《规程》修编质量，成立了《规程》修编专家库，由国内石化设备相关领域的专家组成；特别邀请了沈鼓集团、陕鼓集团、大橡塑、杭汽集团、杭氧股份、浙江中控、天华院、中密控股、哈博时、吴忠仪表、南防集团、时林公司等优秀石化设备供应商、服务商直接参与规程的修编工作；中国石油、中国海油和中国中化各相关单位及石油石化建安检维修专业协会下属各检维修单位参与了规程审查工作。在石化出版社设立《规程》编辑部，负责规程修编的具体组织以及稿件编辑和出版技术工作。

本次修编工作，新增了48项装置维护检修规程，规定了各装置的主要设备和专用设备的检修周期、检修项目及质量要求、检修过程管理和日常维护等相关内容，同时结合装置的工艺路线，介绍了装置的工艺特性和危害特性，可为编制装置设备检修计划提供指导；新编和调整了部分设备维护检修规程，原部分按照工艺名称命名的设备按照结构进行合并调整；删除了原《规程》中已经淘汰的设备和技术陈旧或经过试行证明不合实际甚至错误的内容，调整后共计286项设备维护检修规程。

2019版《规程》按照GB/T 1.1要求，对规程进行规范，增加了前言、规范性引用文件、附录等内容；对规程中术语进行了统一，力求语言表述规范化；对设备检修周期进行了调整，删除了小修与中修的提法，将小修和中修的部分内容并入大修，日常维护的内容并入了维护章节中，同时将检修项目分解成拆卸程序与要求、回装程序与要求，进一步细化了检修工序，使规程更具可操作性；故障处理章节按照RCM的分析方法重新编制。

在《规程》修编过程中，力图按照信息化、数字化的要求，将维护检修的内容尽量工序化、条目化，为今后石油化工设备维护检修建立统一的信息化管理平台奠定良好的基础。

本次修订编制工作，中国石化各相关企业领导、设备管理人员给予了大力支持，同时得到了中国石油、中国海油、中国中化等兄弟企业以及设备供应商、服务商、检维修单位的大力支持，在此表示衷心感谢。

新编的规程，特别是装置维护检修规程，是新的尝试，还有一个试用的过程；即使是修订的设备规程，由于修订量较大，也难免会有疏漏甚至错误，敬请广大读者提出宝贵意见和建议，以便修订时补充更正。

《石油化工设备维护检修规程》修编指导委员会
2019年11月18日

《石油化工设备维护检修规程》（2004）修订编制说明

由原中国石油化工总公司生产部1992年组织编制完成、中国石化出版社1993年出版印发各石化企业试行的《石油化工设备维护检修规程》（以下简称《规程》），在加强石化企业设备管理、搞好维护和科学检修、提高设备的可靠度、延长装置运行周期、确保“安、稳、长、满、优”生产方面起到了一定的作用，深受石化企业的好评。

该《规程》出版试行以来，迄今已有十个年头。十年来，随着石油化工技术的进步，石油化工设备维护检修技术得到了较大的发展；随着新装置、新设备的不断增加，原《规程》需要扩大它的涵盖面；随着新工艺、新技术的应用，装置检修由原来的“一年一修”提高到目前的两年、三年甚至更长的检修周期，对设备的正常维护、科学检修提出了更高的要求；随着我国有关压力容器、计量管理、劳动安全等方面新法规和条例的颁布，原《规程》部分内容已不适应新的要求。因此，无论在涵盖面还是技术内容上，原《规程》已不能满足石化企业目前设备维护检修工作的需要。

为进一步完善《规程》，更科学地指导企业石油化工设备的维护检修工作、不断提高设备维护检修质量和设备管理水平、适应装置长周期运行的要求，以实现企业效益的最大化，中国石油化工集团公司和股份公司总部决定对原《规程》组织有关企业进行一次修订。

为了加强对《规程》修订工作的领导，石化集团公司及股份公司于2003年6月组成了以股份公司高级副总裁曹湘洪为主任、炼油事业部、化工事业部、炼化企业经营管理部和中国石化出版社有关领导为副主任、总部有关部门和石化企业有关同志参加的《规程》修订编制委员会，负责修订编制工作的领导。委员会下设炼油、化工、系统三个专业委员会，负责具体组织各专业规程的修订编制工作，并在石化出版社设立《规程》修订编辑部，负责具体的文字编辑和出版技术工作。

本次修订编制工作，按专业进行了分工，将原《规程》10个专业（408个单项规程）划分为三大部分，分别由炼油、化工、系统三个专业委员会负责组织修订、编制及审查工作。炼油专业委员会由炼油事业部牵头，负责通用设备、炼油设备、电气设备和仪表4个专业；化工专业委员会由化工事业部牵头，负责化工设备、化纤设备和化肥设备3

个专业；系统专业委员会由炼化企业经营管理部牵头，负责电站设备、供排水设备和空分设备3个专业。每个专业成立修订编制专业组，分别由中国石油化工集团公司和股份公司下属有关企业担任专业组组长单位，石化企业上千人参与了修订编制工作。

本次修订编制工作，主要遵循了以下几个基本原则：

(1)应反映出石油化工设备维护检修技术的最新发展，以及对设备维护、检修在工艺、技术上的更高要求。

(2)根据目前新颁布的有关法规、条例，对原《规程》的相关内容进行更新。

(3)删减及修改原《规程》中涉及的已经淘汰的设备和技术陈旧或经过试行证明不切合实际甚至错误的内容。

(4)增补《规程》中未涉及的新装置、新设备，编制增加有关内容，扩大《规程》的涵盖面。

(5)修订和改进原《规程》中的排版、印刷方面的错误等。

本次修订编制工作的范围，主要针对中国石化系统涵盖面广、大多数企业共有的普遍性设备；对数量极少或某个企业独有的设备未列入本次修订的范围，可由设备所在企业根据情况，进行修订编制，作为本企业的规程。

由于中国石化集团公司和股份公司领导的重视，炼油事业部、化工事业部、炼化企业经营管理部、石化出版社和各有关企业的大力支持，以及全体参加修订编制人员的共同努力，整个修订编制工作进行得比较顺利。由2003年6月总部以中国石化社〔2003〕7号文“关于组织修订《石油化工设备维护检修规程》的通知”下达，整个修订编制工作正式开始起动，到2004年6月底全部修订编制工作完成，总共用了1年的时间。修订编制后的《规程》，经过删减和增补，最终共有395个单项规程，分为159个单行本，10个合订本，由中国石化出版社出版发行。

本次修订编制，除了对原《规程》进行修订外，还增补制订了一些新的单项规程。新编的规程，还有一个试行的过程；即使修订的规程，由于修订人的水平不一，也难免会有一些不适应的内容，因而各企业在执行过程中，希望能积极反馈宝贵意见。有问题和不足之处，请及时向总部有关部门提出，总部将汇总研究，于今后适当时刻给予进一步修订，使之更加完善。

本《规程》在修订编制过程中，各石化企业领导、有关设备管理、维护、检修的工程技术人员和广大职工给予了热情的帮助和大力支持，在此谨表衷心的感谢。

《石油化工设备维护检修规程》修订编制委员会

2004年6月1日

《石油化工设备维护检修规程》(1992)编制说明

随着我国石油化学工业的迅速发展，近年来一大批新装置、新设备陆续投产，并由此推动了设备维护检修技术的不断发展。总公司成立以来，设备维修一直沿用及参照十几年前有关行业部门颁发的维护检修规程进行。这些规程无论在覆盖面上，还是在技术内容上已不能满足目前设备维护检修工作的需要，且部分内容已不符合我国新颁布的有关法规或规定的要求。因此，不少企业多次要求总公司发挥石化集团的整体优势，统一编制出一整套能满足我国现代石油化工生产、指导设备维护检修工作的《石油化工设备维护检修规程》(以下简称《规程》。

为搞好设备的精心维护和科学检修，不断提高维护检修质量，向设备的可靠度深化，总公司生产部于1990年开始组织有关石化企业着手进行《规程》的编制筹备工作，并于1991午4月正式成立编委会，以大连石油化工公司、抚顺石油化工公司、北京燕山石油化工公司、辽阳石油化纤公司、大庆石油化工总厂、齐鲁石油化工公司、上海石油化工总厂、安庆石油化工总厂、金陵石油化工公司及扬子石油化工公司等10家直属石化企业为专业编制组组长单位，分别负责牵头，全面开展通用、炼油、化工、化纤、化肥、电气、仪表、电站、锅炉、供排水和空分等设备维护检修规程的编制工作。总公司系统有35家生产企业1000余人参加了《规程》的资料收集、调研、编写、修改和审查工作。由于总公司领导的重视，各有关企业的大力支持和全体参编人员的共同努力，整个编制工作进展顺利，至1992年10月全部编制完成。全套《规程》共有500个单项规程，约600万字，分168个单行本，9个合订本，由中国石化出版社负责出版发行。

这套《规程》在参考原有有关规程、标准的基础上，总结并采用石化企业长期实践中积累的成熟经验，吸收国内外石化设备维护检修方面的先进技术，贯彻国家现行的有关法规，力图做到反映先进的维护检修技术，有利于加强设备管理，有利于搞好设备的精心维护和科学检修，时提高设备的维修质量，保证装置“安、稳、长、满、优”生产将起到积极作用。

总公司系统生产企业现有近千套装置、100万台设备，门类品种繁多。由于受调研范围、时间和篇幅的限制，本《规程》只编制了主要的和量大面广的设备。由于水平有限，内容和深度也不尽完善，希望各单位在试行中不断总结、积累经验，提出修改意见，待意见汇总后，再行修订补充，使之更加完善。

在编制本《规程》过程中，得到了有关单位领导、工程技术人员和广大职工的大力支持，在此一并表示衷心感谢。

《石油化工设备维护检修规程》编制委员会

1992年10月20日

关于《石油化工设备维护检修规程》第八册《热电联产设备》修订编制说明

本规程是由集团公司4个企业相关专业技术人员修订编制，由各企业选派优秀的专业技术人员和集团公司特邀专家经过两次评审通过。修订编制后的规程更具有代表性、实用性和前瞻性。

根据编委会和全体参加编制专业技术人员的意见，对《电站设备》规程涵盖面做了调整，使修订后规程适用范围有所扩大。其内容方面做了较大的修订。本册最终规程修编数量为：装置规程1项，设备规程6项。

相关规程修订情况如下：

一、新增《热电装置维护检修规程》。

虽然各热电站规模及组织机构不同，但生产工艺流程却比较相似。因此，将整个热电站作为一个联合装置来编写热电联合装置检修维护规程，并按工艺流程分为燃料单元、锅炉单元、汽机单元、发电机单元及化学水处理单元，采用统一版本，在检修周期和检修项目编写时，参考了《燃煤火力发电企业设备检修导则》进行编写。

二、规程中根据不同设备特点，针对性地采用了不同的编写格式，同时规范了口语化的语言和名词，采用标准用语，统一了标准化的计量单位。

三、规程中对各主设备检修周期进行了调整，对检修内容进行了补充完善。

四、重新梳理法规、规范和标准，并在规程中增加相关要求，比如：根据最新《防止电力生产事故的二十五项重点要求》增加了相关的强制性检修内容。

五、规程中增加了近年来新改造设备和新型设备的检修规程。

六、第八分册原四个内容调整为六个部分，分别是《电站汽轮机维护检修规程》《汽轮发电机维护检修规程》《化学水处理设备维护检修规程》《电站锅炉维护检修规程》《电站燃料输送设备维护检修规程》《电站锅炉脱硫脱硝除尘设备维护检修规程》。

目　录

1. 热电联产装置维护检修规程

SHZ 08001—2019

目　次

前　　言

本标准按照 GB/T 1.1—2009《标准化工作导则　第 1 部分：标准的结构和编写》给出的规则起草。

本标准由中国石油化工集团有限公司、中国石油化工股份有限公司提出。

本标准起草单位：中国石化上海石油化工股份有限公司、中国石油化工股份有限公司茂名分公司。

本标准主要起草人：钟　庆　叶伟红　宋　斌　郭培康　吴　巍　陈孟干
侯建平　黄春辉　杨乾纯　陆永梅　伍云刚　徐　俊
蔡映月　褚士军　王建章　王雪军　李善涛　范文军
庄景菁　刘　巍　杨　悦

本规程为 2019 年首次发布。

热电联产装置维护检修规程

1 范围

1.1 本规程规定了热电联产装置（包括燃料、锅炉及脱硫脱硝除尘、汽机、发电机、化学水等5个单元）及其主要设备、专用设备的检修周期、检修项目及质量要求、检修过程管理和日常维护的相关内容。
1.2 本规程适用于石油化工热电联产装置的检修维护管理。

2 规范性引用文件

下列文件中的条款通过本规程的引用而成为本规程的条款。凡是注日期的引用文件，其随后所有的修改单（不包括勘误的内容）或修订版均不适用于本标准，然而，鼓励根据本标准达成协议的各方研究是否可使用这些文件的最新版本。凡是不注日期的引用文件，其最新版本适用于本规程。

TSG 21 固定式压力容器安全技术监察规程
TSG D0001 压力管道安全技术监察规程——工业管道
TSG 08 特种设备使用管理规则
SH 3505 石油化工施工安全技术规程
防止电力生产事故的二十五项重点要求
GB 26164.1 电业安全工作规程 第1部分：热力和机械
GB 26860 电力安全工作规程 发电厂和热电站电气部分
DL/T 838 燃煤火力发电企业设备检修导则
DL/T 1051 电力技术监督导则
DL 5190.3 电力建设施工技术规范 第3部分：汽轮发电机组
DL 612 电力行业锅炉压力容器安全监督规程
DL 647 电站锅炉压力容器检验规程
DL/T 438 火力发电厂金属技术监督规程
DL 5190.2 电力建设施工技术规范（锅炉机组）
DL 5190.5 电力建设施工技术规范（管道及系统）
DL 5190.7 电力建设施工技术规范（焊接工程）
发电厂并网运行管理规定
炼油企业检修管理指南（试行版）

3 术语与定义

下列术语和定义适用于本文件。

3.1 设备功能

设备功能指的是设备的生产效率和功能，衡量设备功能的指标随设备种类不同而异。

3.2 功能故障

设备、设施不能实现其设计功能时，称之为功能故障，定义为设备、设施不能满足期望的性能标准。一般指设备失去或降低其规定功能的事件或现象，表现为设备的某些零件失去原有的精度或性能，使设备不能正常运行、技术性能降低，致使设备中断生产或效率降低而影响生产。

3.3 主要设备和辅助设备

主要设备是指锅炉、汽轮机、发电机、主变压器、环保主设备、机组保护和控制装置等设备及其附属设备。

3.4 辅助设备

辅助设备是指主要设备以外的生产设备。

3.5 检修等级

检修等级是以机组检修规模和停用时间为原则的检修，将热电联合装置机组的检修分为 A、B、C、D 四个等级。

3.6 A 级检修

A 级检修是指对发电机组主要设备进行全面的解体检查和修理，以保持、恢复或提高设备性能。辅助设备应根据设备状况和制造厂要求进行检查和修理。

3.7 B 级检修

B 级检修是指针对机组某些设备存在问题，对机组部分设备进行解体检查和修理。B 级检修可根据机组设备状态评估结果，有针对性地实施部分 A 级检修项目或定期滚动检修项目。

3.8 C 级检修

C 级检修是指根据设备的磨损、老化规律，有重点地对机组进行检查、评估、修理、清扫。C 级检修可进行少量零件的更换、设备的消缺、调整、预防性试验等作业以及实施部分 A 级检修项目或定期滚动检修项目。

3.9 D级检修

D级检修是指当机组总体运行状况良好，而对主要设备的附属系统和设备进行消缺。D级检修除进行附属系统和设备的消缺外，还可根据设备状态的评估结果，安排部分C级检修项目。

3.10 定期检修

定期检修是一种以时间为基础的预防性检修，根据设备磨损和老化的统计规律，事先确定检修等级、检修间隔、检修项目、需用备件及材料等检修方式。

3.11 状态检修

状态检修是指根据状态监测和诊断技术提供的设备状态信息，评估设备的状况，在故障发生前进行检修的方式。

3.12 机组A级检修间隔

机组A级检修间隔是指从上次A级检修后机组复役时开始，至下一次A级检修开始时的时间。

3.13 停用时间

停用时间是指机组从系统解列（或退出备用），到检修工作结束，机组复役的总时间。

3.14 不符合项

不符合项是指由于特性、文件或程序方面不足，使其质量变得不可接受或无法判断的项目。

4 装置特征

热电联产装置是指石油化工企业的热电联产火力发电厂或站，能够实现对石化生产装置供电、供热的任务。

热电联产装置由燃料、锅炉及脱硫脱硝除尘、汽机、电气、制水等5个单元组成。

热电联产装置生产流程：

煤炭通过车运、船运至热电联产装置煤场，通过皮带机进入锅炉煤仓，进入锅炉炉膛燃烧，燃烧产生的热量通过锅炉受热面被锅炉内汽水吸收，燃烧后的炉渣通过排渣系统外送处置。烟气经过脱硝、除尘、脱硫处理后进入烟囱排放至大气。

工业水进入热电联产装置后经过化学水处理系统，生成符合要求二级除盐水。二级除盐水和汽轮机的凝结水一起进入除氧器除氧，经给水泵升压，高压加热器加热，进入锅炉汽水系统进一步吸热升温，生成过热蒸汽。蒸汽进入汽轮机做功推动汽轮机转子，并带动发电机发电。部分做功后蒸汽在汽轮机抽汽口抽出后，通过热网管道外供至热用户，其余做完功的蒸汽最终进入凝汽器冷却为凝结水。对于背压式汽轮机，蒸汽做功后经排汽管道进入到热网管道外供至热用户。

发电机发出的电能，经变压器升压后，通过输电线路外供至电力用户。热电联产装置主要生产工艺流程见图 1。

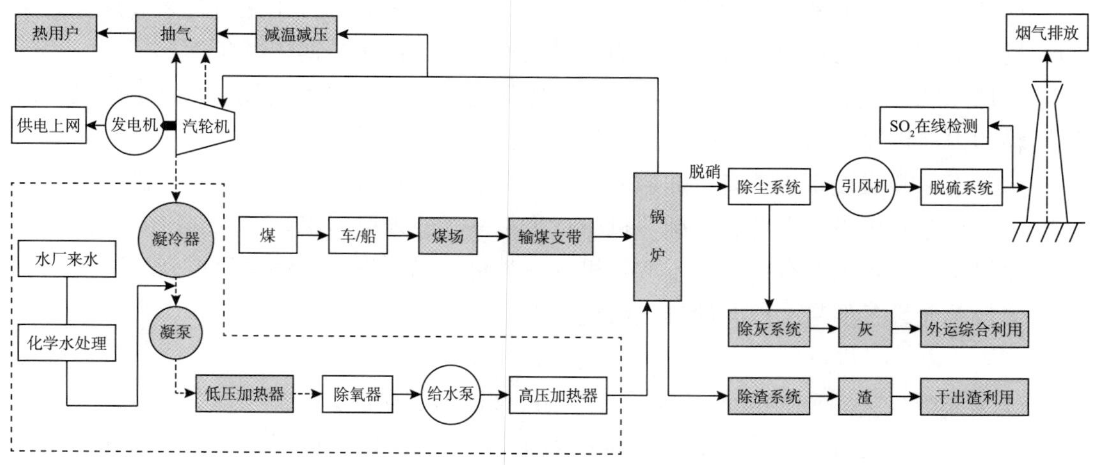

图 1　热电联产装置主要生产工艺流程图

4.1　燃料单元

4.1.1　燃料单元工艺原则流程及流程图

燃料单元主要负责燃煤的堆卸、输煤工作。

电厂燃料（主要是燃煤、石油焦）堆卸主要有两种方式：一种是船舶运输，燃料经船舶运输至港口，通过卸煤设备（主要是卸船机、螺旋卸煤机），卸至皮带上，再通过皮带运输至堆取料机（主要是悬臂斗轮机、圆形料场堆取料机）进行堆放；第二种是陆运，通过火车运输至电厂，然后通过卸煤设备（主要是翻斗机），再通过皮带运输至堆取料机进行堆放，汽车运输一般直接运输至堆场堆放。输煤作业主要是通过堆取料机、皮带运输，在经过碎煤机破碎后，通过相应的犁煤器进入煤仓。卸煤、输煤工艺流程见图 2。

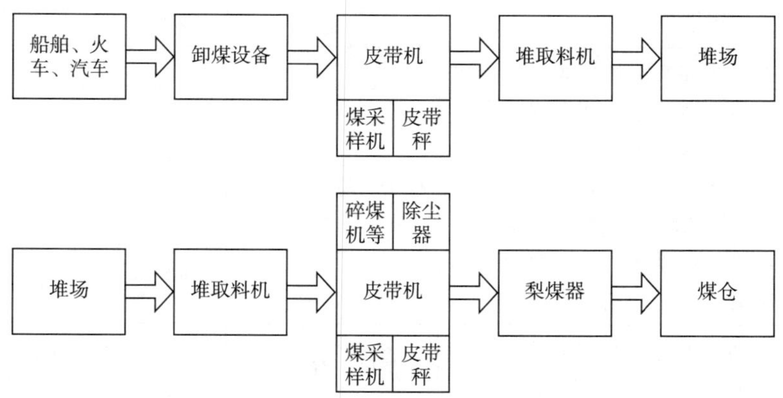

图 2　卸煤、输煤工艺流程图

燃料运输主要依靠皮带机，皮带机依次按“逆煤流”方向启动，“顺煤流”方向停止进行操作，各设备之间有联锁，一旦上游皮带故障紧停，下游皮带立即急停。

4.1.2 燃料单元工艺特性参数

燃料单元主要分卸煤系统和输煤系统两部分，卸煤系统的作用是将外来燃煤输送至储煤场；输煤系统的作用是将储煤场的燃煤或外来燃煤输送至锅炉煤仓。

卸煤系统按照运输方式的不同，分为水路运输和陆路运输两大类，水路运输又分海洋运输和内河运输；陆路运输分为铁路运输和公路运输。

水路运输卸煤设备主要有：卸船机或螺旋卸煤机→皮带机→斗轮堆取料机。

陆路运输卸煤设备主要有：翻斗机→皮带机→斗轮堆取料机。

输煤系统设备主要有：斗轮堆取料机→皮带机→筛碎设备→锅炉原煤仓。

燃料单元设备型号：以斗轮堆取料机为例，

××——××——××

第一组　第二组　第三组

第一组符号是斗轮堆取料机的汉语拼音缩写，一般都以 DQ 表示；第二组符号是出力的 1/10（t），以数字表示；第三组符号是悬臂的回转半径（m），也以数字表示。

4.1.3 燃料单元危害特性

燃料单元危害特性见表 1。

表 1　燃料单元危害特性

危害种类	危害机理	存在部位	防范措施
煤尘吸入	主要指粒径在 5μm 以下的微细尘粒，它能够通过上呼吸道进入肺区，导致尘肺病	转运站、栈桥、煤仓间	1. 安全防护穿戴； 2. 环保设备投运正常，降低现场粉尘浓度
污水排放和扬尘	含煤污水进入雨水系统或渗入地下，污染地表水，粉尘飞扬会污染环境，严重时还会导致大气污染	码头、堆场	1. 堆场地面硬化、引入排污管； 2. 经废水处理系统处理后排放； 3. 堆场密闭、加装干雾抑尘及喷淋设备
输煤系统及储煤场火灾	电缆短路、现场积煤过多、皮带转动摩擦起火或者煤粉遇明火发生爆燃等原因均可能使输煤系统发生火灾。储煤场煤堆因煤炭的缓慢氧化，热量聚集，最终使煤堆温度达到燃点引起燃烧	栈桥、堆场	1. 栈桥内清扫冲洗，减少积煤； 2. 投运除尘设备，降低室内粉尘浓度； 3. 定期检查电缆； 4. 合理取用堆场储煤，防止堆放时间过长
机械伤害	转动设备运行时将人的头发、肥大衣袖或下摆等卷入	皮带机、筛碎设备	1. 转动部位安装防护隔离设施； 2. 操作人员按要求着装

4.2 锅炉及烟气脱硫脱硝单元

4.2.1 锅炉工艺原则流程及流程图

4.2.1.1 煤粉炉工艺原则流程及流程图

煤斗中的原煤要先送至磨煤机内磨成煤粉。经过空预器加热后的一次风机的热空气吹入球磨机携带煤粉送入锅炉的炉膛内燃烧，同时送风机的空气经过空预器加热后和煤粉混合使燃烧更加充分。煤粉燃烧后形成的热烟气沿锅炉的水平烟道和尾部烟道流动，放出热量，最后进入除尘器，除尘器将燃烧后的飞灰分离出来。洁净的烟气在引风机的作用下通过脱硫设备后，烟囱排入大气。与燃烧系统同时工作的还有汽水系统，给水经过水处理和除氧后，经给水泵升压进入省煤器，最后流入汽包。进入汽包后的工质沿着下降管流入水冷壁下联箱，并由此分配到各水冷壁管，进入炉膛受热，并形成汽水混合物返回汽包。汽水混合物返回汽包后，经汽包中的汽水分离装置分离，汽包中的饱和蒸汽分离出来后，通过导管引入过热器中进行过热。当过热蒸汽被加热到额定温度后，被输送到汽轮机做功。部分锅炉对流烟道中装有再热器。从汽轮机高压缸出口出来的蒸汽被引到再热器进行再热。当达到要求的温度后，再热蒸汽经再热蒸汽出口重新引入汽轮机的中、低压缸膨胀做功，维持汽轮机运行。煤粉炉工艺流程见图 3。

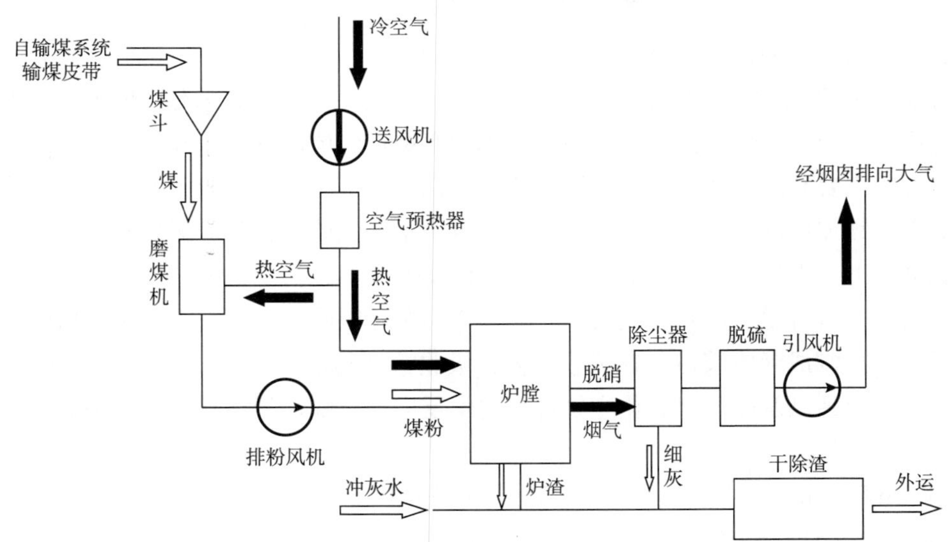

图 3 煤粉炉工艺流程图

4.2.1.2 CFB 锅炉工艺流程

燃料（煤和石油焦）及石灰石经破碎至合适粒度后，由给煤机和石灰石给料机从燃烧室适当位置给入，与燃烧室内炽热沸腾的物料混合，被迅速加热。有大量固体颗粒会随烟气被携带出燃烧室，经旋风分离器分离后，再次送回流化床燃烧室继续参与燃烧。由旋风分离器排出的夹带细微尘粒的高温烟气，在尾部烟道与对流受热面换热后，由除尘器、脱硫设备后，洁净烟气由烟囱排出。汽水系统与煤粉炉类似。CFB 锅炉工艺流程见图 4。

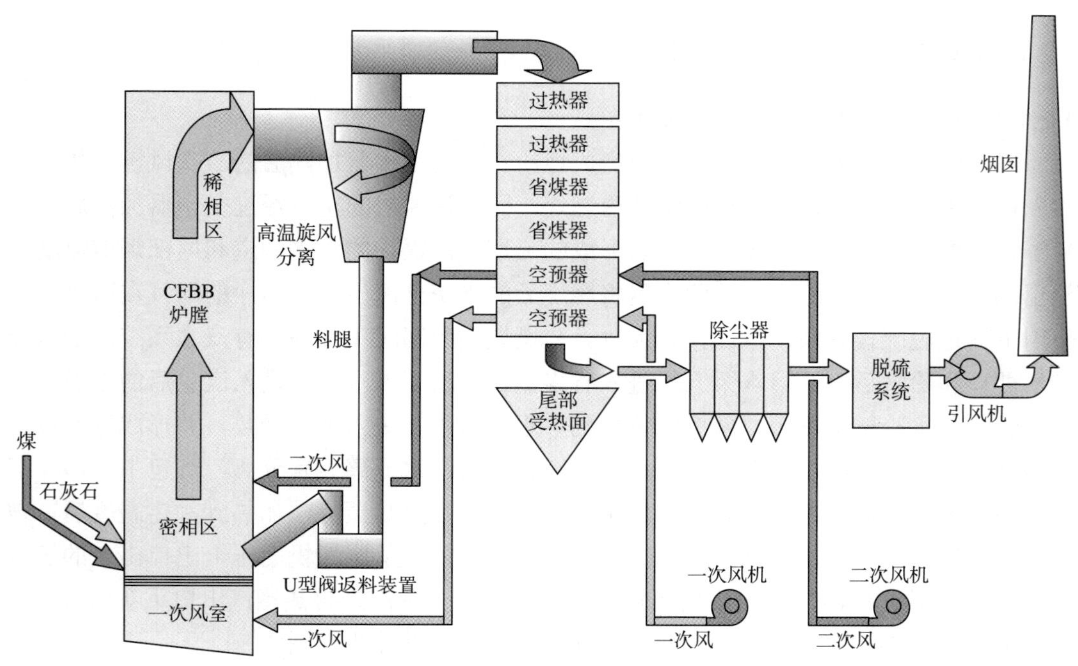

图 4 CFB 锅炉工艺流程图

4.2.1.3 脱硫工艺原则流程及流程图

目前，世界上发电厂所采用的脱硫工艺有数百种之多。按脱硫工艺在生产中所处的部位不同可分为：燃烧前脱硫、燃烧脱硫和燃烧后脱硫即烟气脱硫。有一定应用的脱硫工艺方法主要有：石灰石－石膏湿法脱硫工艺、喷雾干燥法脱硫工艺、海水法脱硫工艺、炉内喷钙加尾部增湿活化器脱硫工艺、电子束法脱硫工艺等。湿式石灰石／石膏法是目前世界上应用最广泛，也是最成熟的一种脱硫技术。

石灰石－石膏湿法脱硫工艺采用石灰石作为脱硫吸收剂，石灰石经破碎磨细成粉状与水混合搅拌制成吸收浆液。在吸收塔内，吸收浆液与烟气接触混合，烟气中的 SO_2 与浆液中的碳酸钙以及鼓入的氧化空气进行化学反应被脱除，最终反应产物为石膏。其主要化学反应式为：

$SO_2 + H_2O \longrightarrow H_2SO_3$ $H_2SO_3 \longrightarrow H^+ + HSO_3^-$

$HSO_3^- + 1/2O_2 \longrightarrow HSO_4^-$ $HSO_4^- \longrightarrow H^+ + SO_4^{2-}$

$HSO_4^- \longrightarrow H^+ + SO_4^{2-}$ $CaCO_3 \longrightarrow Ca^{2+} + CO_3^{2-}$

$2H^+ + CO_3^{2-} \longrightarrow H_2O + CO_2\uparrow$ $Ca^{2+} + CO_3^{2-} + 2H^+ + SO_4^{2-} + H_2O \longrightarrow CaSO_4 \cdot 2H_2O + CO_2\uparrow$

石灰石-石膏湿法烟气脱硫系统由以下几个主要系统组成：烟气系统、吸收塔系统、石灰石浆液制备系统、事故浆液排放系统、石膏脱水系统、工艺水系统、仪表空气、废水处理系统等。

烟气自锅炉引风机出口烟道引出，进入吸收塔进行脱硫。脱硫除雾后的干净烟气经烟道时进入冷却塔排放。脱硫剂为石灰石，通过湿法磨制系统制成浓度为30%的浆液，不断地补充到吸收塔内。脱硫副产品石膏浆液从吸收塔浆液池中泵出，经一、二级脱水后，得到含水率不大于10%的石膏。石膏储存在石膏库中，再由卡车运至厂外，用于综合利用。为了平衡整个系统中的 Cl^- 离子的浓度以及避免浆液中杂质对石膏纯度和含水的影响，部分石膏脱水液送至脱硫系统专用的废水系统综合处理。脱硫工艺流程见图5。

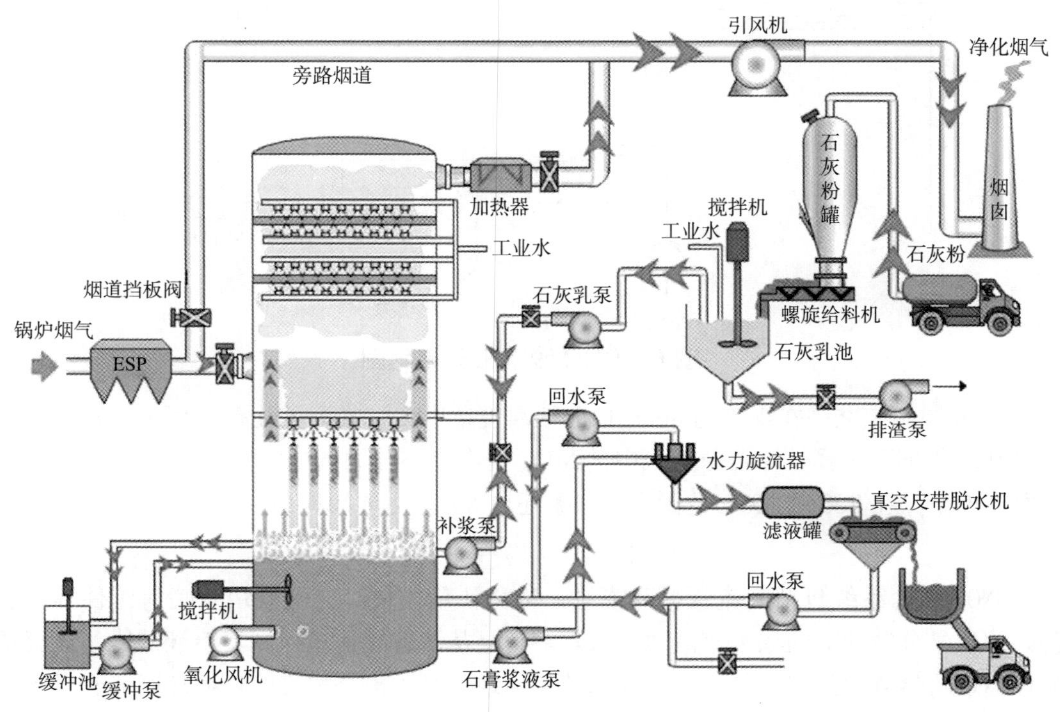

图5 脱硫工艺流程图

4.2.1.4 脱硝工艺原则流程及流程图

烟气脱硝技术按照治理工艺主要有干法（选择性催化还原烟气脱硝SCR、选择性非催化还原法脱硝SNCR、吸附法、等离子体活化等）和湿法（酸吸收法、碱吸收法、氧化吸收法、络盐吸收法等）两种。与湿法烟气脱硝技术相比，干法烟气脱硝技术的主要优点是：基本投资低，设备及工艺过程简单，脱除 NO_x 的效率也较高，无废水和废弃物处理，不易造成二次污染。中国石化系统内热电厂（站）脱硝路线以SCR、SNCR或SCR+SNCR为主。

SCR脱硝工艺系统可分为氨气制备和供应系统、氨/空气混合系统、氨喷射系统、SCR反应器系统和废水吸收处理系统等。

液氨/氨水/尿素（热解或水解）制得氨气，后经与稀释风机鼓入的稀释空气在氨/空气混合器中混合后，送达氨喷射系统。在SCR入口烟道处，喷射出的氨气和来自锅炉省煤器出口的烟气混合后进入SCR反应器，通过催化剂进行脱硝反应，反应后烟气进入到空预器，达到脱硝的目的。SCR脱硝工艺流程见图6。

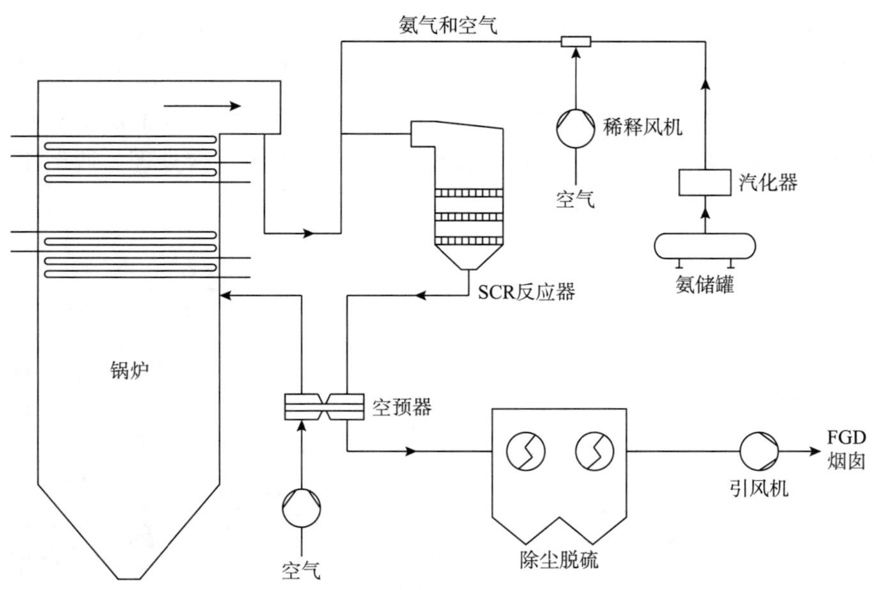

图 6　SCR 脱硝工艺流程图

SNCR 脱硝工艺是在锅炉内 800～1250℃温度范围内、在无催化剂作用下，氨或尿素等氨基还原剂可选择性地还原烟气中的 NO_x，基本上不与烟气中的 O_2 作用这一特点基础上发展而来。在 800～1250℃范围内，尿素还原 NO_x 的主要反应为：

$$2NO + CO(NH_2)_2 + \frac{1}{2}O_2 \longrightarrow 2N_2 + CO_2 + 2H_2O$$

SNCR 脱硝系统包括高流量循环模块、稀释计量模块、分配模块及喷射组件等。制备好的质量分数 50% 的尿素溶液通过尿素溶解泵从溶解罐输送入尿素溶液储罐，高流量循环模块将储罐中的尿素溶液送入稀释计量模块，其中部分尿素溶液循环回流到尿素溶液储罐。在稀释计量模块中精确计量尿素溶液流量，加入一定量的稀释除盐水将 50% 尿素溶液进一步稀释到 5% 左右，然后输送到分配模块。5% 左右的尿素溶液被分配到各喷射组件，经压缩空气雾化后通过喷枪喷射入锅炉炉膛内，雾化的尿素溶液液滴在炉膛的横截面上与烟气垂直接触，尿素在高温条件下分解，产生的 NH_3 捕捉烟气中的 NO_x 并迅速与之反应，达到脱除 NO_x 的目的。SNCR 脱硝工艺流程见图 7。

4.2.2　锅炉及脱硫脱硝除尘单元工艺特性参数

4.2.2.1　锅炉工艺特性参数

锅炉的分类方法很多，主要有以下几种。

a）按锅炉燃料分类：燃煤炉、燃油炉、燃气炉。

b）按锅炉的蒸汽压力分类：

A 级锅炉

（a）中压锅炉：3.8MPa $\leq p <$ 5.3MPa。

（b）次高压锅炉：5.3MPa $\leq p <$ 9.8MPa。

（c）高压锅炉：9.8MPa $\leq p <$ 13.7MPa。

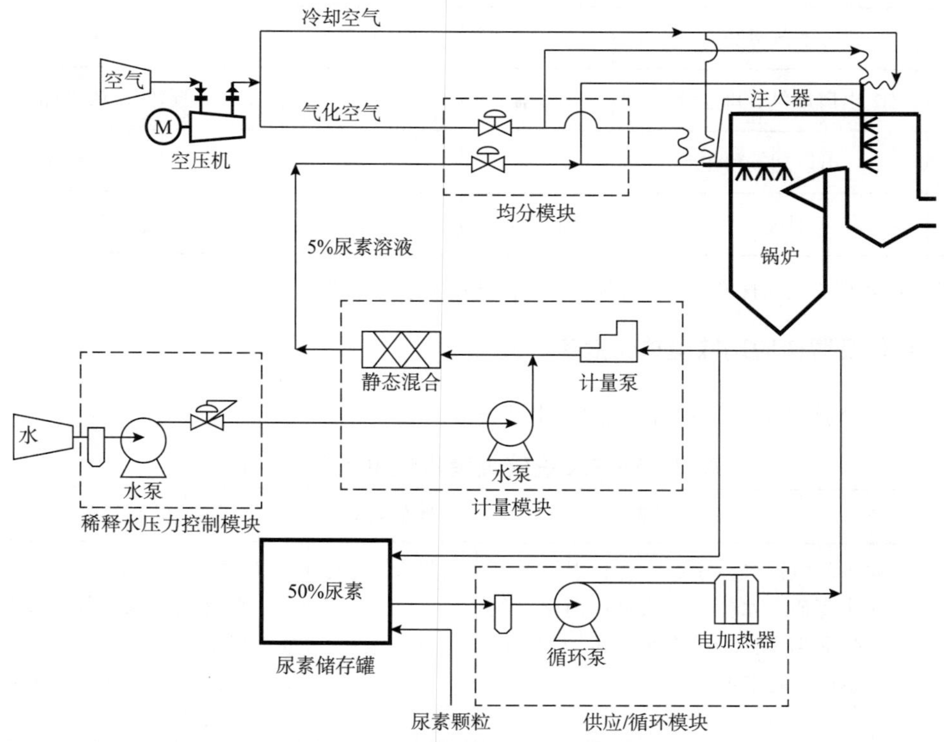

图 7　SNCR 脱硝工艺流程图

(d) 超高压锅炉：13.7MPa ≤ p < 16.7MPa。

(e) 亚临界锅炉：16.7MPa ≤ p < 22.1MPa。

(f) 超临界锅炉：压力≥ 22.1MPa 以上。

B 级锅炉：蒸汽锅炉 0.8MPa < p < 3.8MPa。

c) 按炉内燃烧方式分类：室燃炉（煤粉炉、燃油炉、燃气炉）和循环流化床炉。

d) 按工质流动特性分类：自然循环锅炉、强制流动锅炉。

锅炉的型号一般采用三组或四组字码表示，其表示形式一般为：

××——×××/×××——×××/×××——××

第一组　　第二组　　　　　第三组　　第四组

第一组符号是制造厂家的汉语拼音缩写；第二组是数字，分子数字是锅炉容量，单位为 t/h，分母数字为锅炉出口过热蒸汽的压力，单位为 MPa；第三组也是数字，分子和分母分别表示过热蒸汽和再热蒸汽出口温度，单位均为℃；最后一组中，符号表示燃料代号，而数字表示设计序号。

4.2.2.2　脱硫脱硝除尘工艺特性参数

经过脱硫脱硝除尘设备后烟气排放标准见表 2。

表 2　烟气排放标准

序号	工艺参数	单位	控制指标	备注
1	出口烟气 SO_2 含量	mg/Nm^3	＜35	超低排放指标
2	出口烟气粉尘	mg/Nm^3	＜10	超低排放指标
3	烟气 NO_x	mg/Nm^3	＜50	超低排放指标

注：此数据为国家标准，需执行地方标准的请按照地方标准。

4.2.3　锅炉及脱硫脱硝除尘单元危害特性

锅炉及脱硫脱硝除尘单元危害特性见表 3。

表 3　锅炉及脱硫脱硝除尘单元危害特性

危害种类	危害机理	存在部位	防范措施
高温	车间气温高，引起人体体温调节产生障碍；水盐代谢失调；消化系统疾病增多；循环系统负荷增加；严重的引起中暑	主蒸汽管道等	1. 对高温设备和管道应进行保温或加隔热套，保证其外表温度小于 50℃； 2. 集控室与主要值班室应设置集中制冷设备
煤尘吸入	主要指粒径在 5μm 以下的微细尘粒，它能够通过上呼吸道进入肺区，导致尘肺病	制粉系统等	安全防护穿戴
氨气	氨挥发性大，刺激性强。低浓度氨对黏膜有刺激作用，高浓度氨可造成溶解性组织坏死。轻度中毒者出现流泪、咽痛、声音嘶哑、咳嗽、咯痰等；眼结膜、鼻黏膜、咽部充血、水肿；胸部 X 线征象符合支气管炎或支气管周围炎。中度中毒上述症状加剧，出现呼吸困难、发绀；胸部 X 线征象符合肺炎或间质性肺炎。严重者可发生中毒性肺水肿，或有呼吸窘迫综合征，患者剧烈咳嗽、咯大量粉红色泡沫痰、呼吸急迫、昏迷、休克等。皮肤接触液氨会引起化学性灼伤，使皮肤生疮糜烂。液氨溅入眼内可引起冻伤，并变为苍白色	脱硝系统等	1. 使用单位必须执行《化学危险品安全管理条例》； 2. 从事氨作业前必须编制有针对性、可操作性的安全措施，经审批签字方可执行； 3. 已充氨的设备、管线在未卸压前不得再紧固连接件和密封件； 4. 氨区必须配备流动清水冲洗设施； 5. 氨区必须配备一定数量的劳动保护用具（防护服、防护眼镜、防护手套、防毒面具）； 6. 氨泄漏监测装置必须 24h 实时监测，喷淋、消防水系统必须定期检查，确保安全可靠

4.3 汽机单元

4.3.1 汽机单元工艺原则流程及流程图

汽机单元主要流程：由锅炉来的具有一定压力和温度的蒸汽进入喷嘴加速，这时，蒸汽的压力和温度降低，速度增加，使热能转变为动能。然后具有较高速度的蒸汽由喷嘴流出进入动叶片流道，在弯曲的动叶流道内，改变汽流方向，给动叶以冲动力，从而产生了使叶轮旋转的力矩，带动汽轮机主轴旋转，输出机械功，即在动叶片中蒸汽推动叶片旋转做功，完成动能到机械能的转换，热电联产装置的汽轮机一般为供热式汽轮机，供热式汽轮机可以是背压式、抽汽凝汽式、抽汽背压式和低真空凝汽式等。背压式汽轮机用排汽供热。抽汽凝汽式汽轮机从汽轮机中间级抽出具有一定压力的蒸汽供给热用户，一般又分为单抽汽和双抽汽两种。其中双抽汽汽轮机可供给热用户两种不同压力的蒸汽。抽汽背压式汽轮机则以一定压力的抽汽和排汽同时供热。工艺流程见图 8。

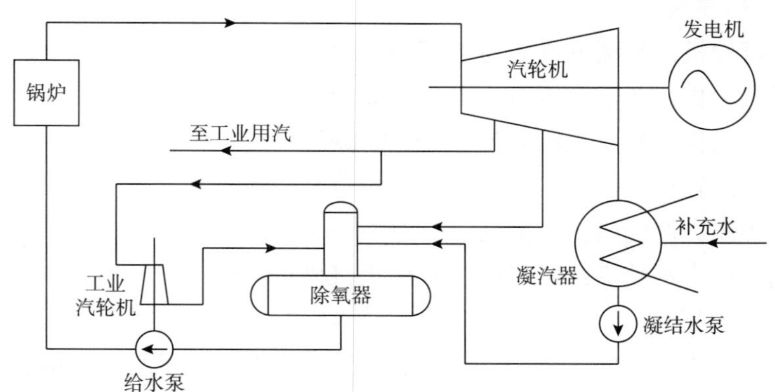

图 8　汽机工艺流程图

4.3.2 汽机单元工艺特性参数

4.3.2.1　汽轮机的分类

汽轮机不仅用于火电厂，也被广泛应用于其他行业，因而汽轮机的类型繁多。实际应用中，常按下列方法来对汽轮机进行分类。

a）按工作原理分类

（a）冲动式汽轮机：按冲动做功原理工作的汽轮机称为冲动式汽轮机。它工作时，蒸汽的膨胀主要在喷嘴中进行，少部分在动叶片中膨胀。

（b）反动式汽轮机：按反动做功原理工作的汽轮机称为反动式汽轮机。它工作时，蒸汽的膨胀在喷嘴、动叶片中各进行大约一半。

（c）冲动反动联合式汽轮机：由冲动级和反动级组合而成的汽轮机称为冲动反动联合式汽轮机。

b）按热力过程分类

（a）凝汽式汽轮机：进入汽轮机做功的蒸汽，除少量漏汽外，全部或大部分排入凝汽器的汽轮机。蒸汽全部排入凝汽器的汽轮机又称纯凝汽式汽轮机；采用回热加热系统，除部分抽气外，大部分蒸汽排入凝汽器的汽轮机，称为凝汽式汽轮机。

（b）背压式汽轮机：蒸汽在汽轮机中做功后，以高于大气压的压力排出，供工业或采暖使用，这种汽轮机称为背压式汽轮机。若排汽供给中、低压汽轮机使用时，又称为前置式汽轮机。

（c）调整抽汽式汽轮机：将部分做过功的蒸汽在一种或两种压力（此压力可在一定范围内调整）下抽出，供工业或采暖用汽，其余蒸汽仍排入凝汽器，这类汽轮机叫调整抽汽式汽轮机。调整抽汽式汽轮机和背压式汽轮机统称为供热式汽轮机。

（d）中间再热式汽轮机：将在汽轮机高压缸部分做过功的蒸汽，引至锅炉再热器再次加热到某一温度，然后再重新返回汽轮机的中、低压缸部分继续做功，这类汽轮机叫中间再热式汽轮机。其再热次数可以是一次、两次或多次，但一般多采用一次中间再热。

c）按蒸汽初参数分类

（a）低压汽轮机：新蒸汽压力为 1.176～1.47MPa。

（b）中压汽轮机：新蒸汽压力为 1.96～3.92MPa。

（c）高压汽轮机：新蒸汽压力为 5.88～9.8MPa。

（d）超高压汽轮机：新蒸汽压力为 11.76～13.72MPa。

（e）亚临界压力汽轮机：新蒸汽压力为 15.68～17.64MPa。

（f）超临界压力汽轮机：新蒸汽压力在 22.06MPa 以上。

4.3.2.2 汽轮机的型号

表示汽轮机基本特性的符号叫汽轮机的型号。我国目前采用汉语拼音和数字来表示汽轮机的型号，其表示方法由三段组成：

×××——×××/×××/×××——×

第一段　　　　第二段　　　　第三段

第一段表示汽轮机型式（表 4）及额定功率（MW），

第二段表示蒸汽参数（表 5），第三段表示改型序号。

表 4　汽轮机型式代号

汽轮机型式	汽轮机新型号中型式代号
	第一个拼音字母
凝汽式	N
一次调整抽汽式	C
二次调整抽汽式	CC
背压式	B
调整抽汽背压式	CB

表 5　汽轮机新型号中蒸汽参数的表示方法

汽轮机型式	蒸汽参数表示方法
凝汽式	进汽压力 / 进汽温度
中间再热式	进汽压力 / 进汽温度 / 中间再热温度
一次调整抽汽式	进汽压力 / 调整抽汽压力
二次调整抽汽式	进汽压力 / 高压调整抽汽压力 / 低压调整抽汽压力
背压式	进汽压力 / 排汽压力

举例说明，国产机型号："N300-16.7/537/537-3 型"表示凝汽式，额定功率为 300MW，主蒸汽压力为 16.7MPa，主、再热蒸汽温度为 537℃，第三次改型设计。"N/C300-220-16.7-537/537 型"表示一次调整抽汽凝汽式，额定功率 300MW，最大供热工况电负荷 220MW，主蒸汽压力 16.7MPa，主、再热蒸汽温度为 537℃。"CC25-8.82/0.98/0.118 型"表示二次调整抽汽式，额定功率为 25MW，主蒸汽压力为 8.82MPa，高压调整抽汽压力 0.98MPa，低压调整抽汽压力为 0.118MPa。

4.3.3　汽机单元危害特性

汽机单元危害特性见表 6。

表 6　汽机单元危害特性表

危害种类	危害机理	存在部位	防范措施
高温	车间气温高，引起人体体温调节产生障碍；水盐代谢失调；消化系统疾病增多；循环系统负荷增加；严重的引起中暑	汽轮机、除氧器、加热器、蒸汽管道等	1. 机房应自热进风，屋顶机械排风排出设备运转过程中产生的余热； 2. 对高温设备和管道应进行保温或加隔热套，保证其外表温度小于 50℃； 3. 集控室与主要值班室应设置集中制冷设备
噪声	来源于各设备运转过程中振动、碰撞而产生的机械声和流体在管道中的扩容、节流、排汽等产生的动力噪声及磁场交变运动产生的电磁性噪声。主要对人体产生四个部分的危害：听觉系统、神经系统、心血管系统、消化系统等	汽轮机、发电机、锅炉给水泵；其他转动设备；高温高压蒸汽管道	1. 工艺设计时选用低噪声设备，对噪声较大的设备设置相关的消音设施，在噪声集中的部位设置隔声操作室； 2. 高温高压蒸汽管道控制其流速在设计范围内

4.4　发电机单元

4.4.1　发电机单元工艺原则流程及流程图

发电机与汽轮机同轴，在汽轮机的带动下进行旋转，当其转子中输入励磁电流后，发电机的定子中就产生电压。通过调整汽轮机主蒸汽进量，可以调节发电机有功功率；通过调整发电机转子电流的大小，可以调节发电机无功功率。发电机发出的电能，经变压器升压后，通过输电线路外供至电力用户，同时又供给厂用配电。发电机一次接线图见图 9。

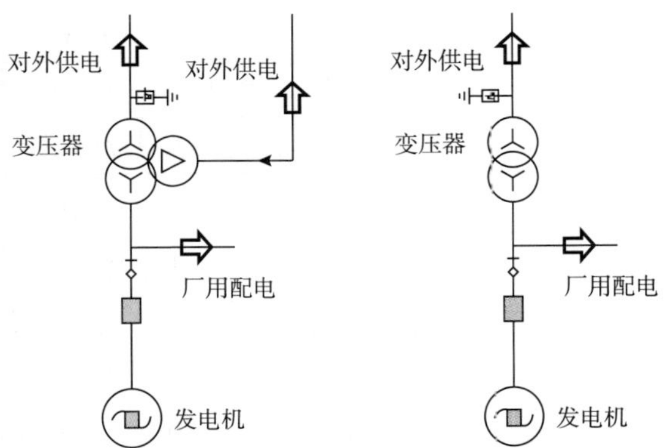

图 9　发电机一次接线图

4.4.2　发电机单元工艺特性参数

常见的国产汽轮发电机有以下几种型号：

QF、TQ、TQC、TQG 等，为空冷发电机；

QFQ、TQQ 等，为氢外冷发电机；

TQN 为定子氢外冷、转子氢内冷发电机；

QFS、QFSS 等，为水内冷及双水内冷发电机；

QFQS 为定子绕组水内冷，转子绕组氢内冷，铁芯氢冷的发电机。

型号中，字母后面一般还有两个数字，前一个数字表示发电机容量，单位为兆瓦（MW），后一个数字表示发电机的极数（注意：极数与极对数不同，一对极为两个极），如 TQN-100-2 是容量为 100MW 的两极、定子氢外冷、转子氢内冷发电机。

4.4.3　发电机单元危害特性

发电机单元危害特性见表 7。

表 7　发电机单元危害特性表

危害种类	危害机理	存在部位	防范措施
触电	人体本身是良好的导电体，电流通过人体就造成触电，触电对人体的伤害的严重程度取决于电压、电流强度、电流种类等，触电时间越长，对人体的危害越重	1. 发电机隔离开关（闸刀）、断路器（开关）、电压互感器等一次设备； 2. 继电保护装置	1. 严格执行工作票制度，杜绝习惯性违章； 2. 触电时确保电源切除，不可带电救援； 3. 如高处触电，注意高处坠落产生二次伤害； 4. 尽量减少带电作业

表 7　发电机单元危害特性表（续）

危害种类	危害机理	存在部位	防范措施
电气火灾	1. 电气设备超负荷运行，绝缘老化造成短路，维修不善导致接头松动、接触不良，虚接的部位接触电阻增大而升温或产生火花导致火灾； 2. 电气油浸式设备电焊工作安全措施未到位导致火灾	1. 电缆线路； 2. 主变压器、油断路器等充油设备； 3. 二次保护装置	1. 设备选用得当，不超负荷； 2. 对电气设备进行定期试验、校验，不符合设备退出运行； 3. 充油设备动火时安全措施到位

4.5　化学水单元

4.5.1　化学水单元工艺原则流程及流程图

工艺原则流程 1：工业水进入阳离子交换器（固定床）进行阳离子交换后送入除碳器，除去后二氧化碳进入中间水箱，由中间水泵升压后送入弱碱阴离子交换器和强碱阴离子交换器（二者串联运行）进行阴离子交换和除硅后，其出水作为一级除盐水进入一级除盐水箱，一级除盐水由一级除盐水泵升压后，送入体外再生混合离子交换器进行深度除盐，其出水作为二级除盐水进入二级除盐水箱。二级除盐水由二级除盐水泵升压后，向前方生产装置供纯水。固定床工艺流程见图 10。

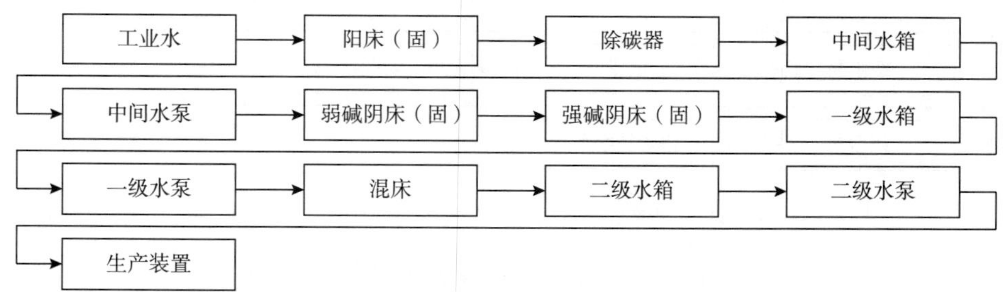

图 10　固定床工艺流程图

工艺原则流程 2：工业水送入过滤器后再进入阳浮床（双室双层）进行阳离子交换，后送入除碳器，除去后 CO_2 进入中间水箱。中间水箱出水由中间水泵升压后，进入阴浮床进行阴离子交换，其出水作为一级除盐水进入一级除盐水箱。一级除盐水箱出水由一级除盐水泵升压后，送入体外再生混床运行塔进行深度除盐，其出水进入二级除盐水箱。二级除盐水箱出水由二级除盐水泵升压，经加氨后送到主厂房作补给水，另一路向前方生产装置供纯水。浮动床工艺流程见图 11。

工艺原则流程 3：工业水送入过滤器后经超滤装置后进入超滤水箱，再经升压进入反渗透装置除盐后再进入反渗透水箱，再经升压后进入阳浮床（双室双层）进行阳离子交换，后送入除碳器，除去后 CO_2 进入中间水箱。中间水箱出水由中间水泵升压后，进入阴浮床进行阴离子交换，其出水作为一级除盐水进入一级除盐水箱。一级除盐水箱出水由一级除盐水泵升压后，送入体外再生混床运行塔进行深度除盐，其出水进入二级除盐水箱。二级除盐水箱出水由二级除盐水泵升压，经加氨后送到主厂房作补给水，另一路向前方生产装置供纯水。超滤反渗透工艺流程见图12。

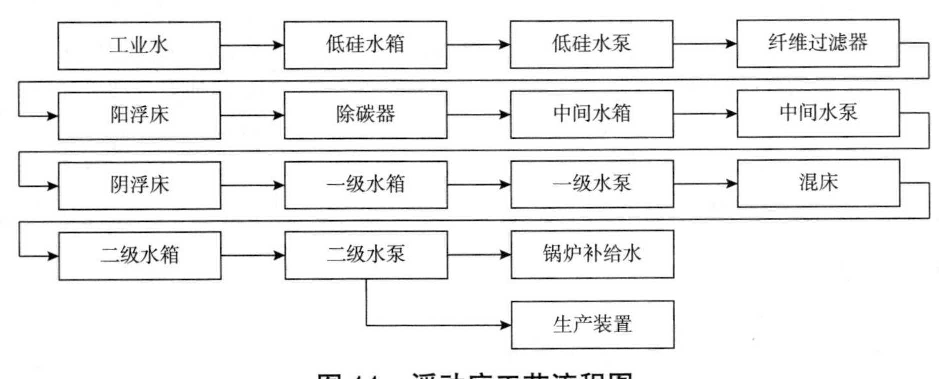

图11　浮动床工艺流程图

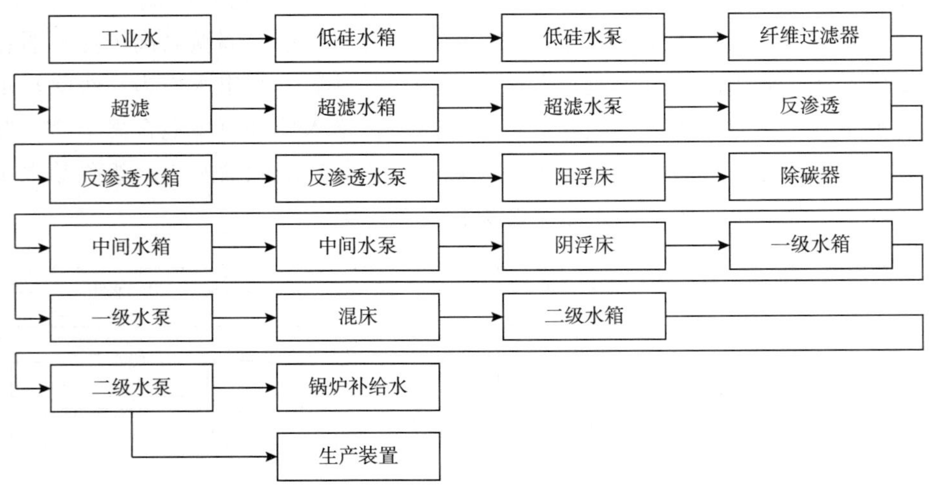

图12　超滤反渗透工艺流程图

4.5.2　化学水单元工艺特性参数

4.5.2.1　典型设备的主要特性参数（举例）

交换器（内衬胶）

阳床（固）：额定出力150m^3/h；直径ϕ3000mm；高度6000mm。

阴床（固）：额定出力150m^3/h；直径ϕ2500mm；高度5650mm。

阳浮床（双室双层）：额定出力280m^3/h；直径ϕ3000mm；高度7866mm；上室高度2544mm；下室高度2504mm。

阴浮床（双室双层）：额定出力280m^3/h；直径ϕ3000mm；高度8696mm；上室高度2074mm；下室高度3724mm

混床：额定出力180m^3/h；直径ϕ2000mm；高度3679mm。

除碳器（内衬胶）：额定出力 250m^3/h；直径ϕ2350mm；高度 5800mm；填料高度 3500mm。

4.5.2.2 炉外水处理水质标准和控制项目

炉外水处理水质标准和控制项目见表 8。

表 8 炉外水处理水质标准和控制项目

名称	项目	单位	水质标准
一级除盐水母管	电导率 二氧化硅 钠	μS/cm μg/L μg/L	≤ 10 ≤ 100
混床出水	电导率 二氧化硅 钠	μS/cm μg/L μg/L	≤ 0.2 ≤ 20
二级除盐水母管（包括外供纯水）	钠 二氧化硅 电导率	μg/L μg/L μS/cm	≤ 10 ≤ 20 ≤ 0.4

4.5.2.3 炉内水质标准和控制项目

炉内水质标准和控制项目见表 9。

表 9 炉内水质标准和控制项目

水样名称	控制项目	单位	控制指标范围
过热蒸汽	二氧化硅	μg/L	≤ 15
	钠	μg/L	≤ 5
	氢电导率（25℃）	μS/cm	≤ 0.15
	铜	μg/kg	≤ 3
	铁	μg/kg	≤ 15
给水	铁	μg/L	≤ 30
	铜	μg/L	≤ 5
	TOC	μg/L	≤ 500
	pH 值	/	8.8~9.3
	氢电导率（25℃）	μS/cm	≤ 0.15
炉水	二氧化硅	mg/L	≤ 2.0
	导电度	μS/cm	< 30
	pH 值	/	9.0~10.0
	磷酸根	mg/L	2~6

4.5.3 化学水单元危害特性

化学水单元危害特性见表 10。

表 10 化学水单元危害特性

危害种类	危害机理	存在部位	防范措施
液氨储存设备在使用中发生泄漏	高浓度的液氨能引起严重的化学烧伤，吸入中毒能引起呼吸道黏膜严重灼伤，可造成气管阻塞，引起窒息	氨瓶、氨泵房、氨溶液箱	1. 液氨储存设备在使用中发生少量泄漏：撤退区域内所有人员，防止接触液体或气体。处置人员应使用呼吸器。禁止进入氨气可能汇集的局限空间，并加强通风。只能在保证安全的情况下堵漏。泄漏的容器应转移到安全地带，并且仅在确保安全的请下才能打开阀门泄压。可用沙土、蛭石等惰性吸收材料收集和吸附泄漏物。收集的泄漏物应放在贴有相应标签的密闭容器中，以便废弃处理； 2. 液氨储存设备在使用中发生大量泄漏：疏散场所内所有未防护人员，并向上风向转移。泄漏处置人员应穿全身防护服，戴呼吸设备。消除附近火源。应急处理人员必须佩戴防毒面具，穿相应的防护服、鞋和手套。注意风向，应站在上风向急救。要有人监护。现场严禁明火、严禁穿带钉鞋进入、严禁金属物撞击。要使用防爆工具。泄漏容器不能再使用，可能剩下的物料需经技术处理进行清除
盐酸储存设备在使用中发生泄漏	盐酸具有强挥发性和腐蚀性。对人的皮肤和口鼻有很大接触伤害	高位、低位酸箱，酸计量箱等	1. 迅速撤离泄漏污染区人员至安全地带，并禁止无关人员进入； 2. 如酸槽车在卸料时泄漏，应立即停止卸料，盐酸泄漏物可用氢氧化钠中和，用水冲洗干净，并注意收集至酸碱中和池； 3. 如酸储存设备在使用中发生泄漏，做如下处理： （1）高位酸箱放酸管泄漏时，应关闭临近一次门，回酸至低位酸箱，切断物料源，并组织抢修； （2）高位酸箱上酸管泄漏时，应关闭临近一次门，切断物料源，并组织抢修； （3）高位酸箱泄漏时，停止进料，关闭临近一次门，将泄漏高位酸箱回酸至低位酸箱，并组织抢修； （4）酸计量箱泄漏时，立即关闭酸计量箱进酸门，抽空剩酸进水，并组织抢修； （5）低位酸箱泄漏时，立即将酸压至高位酸箱，并组织抢修。泄漏至地面的酸用碱中和处理后，用水冲洗干净，并注意收集至酸碱中和池

表 10　化学水单元危害特性（续）

危害种类	危害机理	存在部位	防范措施
强碱（氢氧化钠）储存设备在使用中发生泄漏	强碱（氢氧化钠）具有较强腐蚀性。易渗入人的皮肤下深层组织形成二次伤害	高位、低位碱箱，碱计量箱等	1. 迅速撤离泄漏污染区人员至安全地带，并禁止无关人员进入； 2. 如碱槽车在卸料时泄漏，应立即停止卸料，碱泄漏物可用盐酸中和，用水冲洗干净，并注意收集至酸碱中和池； 3. 如碱储存设备在使用中发生泄漏，做如下处理： （1）高位碱箱放碱管泄漏时，应关闭临近一次门，回碱至低位碱箱，切断物料源，并组织抢修； （2）高位碱箱上碱管泄漏时，应关闭临近一次门，切断物料源，并组织抢修； （3）高位碱箱泄漏时，停止进料，关闭临近一次门，将泄漏高位碱箱回碱至低位碱箱，并组织抢修； （4）碱计量箱泄漏时，立即关闭碱计量箱进碱门，抽空剩碱进水，并组织抢修； （5）低位碱箱泄漏时，立即将碱压至高位碱箱，并组织抢修。泄漏至地面的碱用酸中和处理后，用水冲洗干净，并注意收集至酸碱中和池

5　检修周期及检修项目

5.1　主要设备介绍

5.1.1　燃料单元设备

燃料单元主要设备见表 11。

表 11　燃料单元主要设备

序号	设备名称	设备种类	通用、专用设备检修规程的代码
1	卸煤设备	卸船机	SHS 08005
		螺旋卸煤机	SHS 08005
		抓煤机	SHS 08005
		斗链卸煤机	
		翻车机	
2	输送设备	带式输送机	SHS 08005
3	破碎筛粉设备	碎煤机	SHS 08005
		滚轴筛	SHS 08005
4	煤场机械	堆取料机	SHS 08005

表 11　燃料单元设备主要设备（续）

序号	设备名称	设备种类	通用、专用设备检修规程的代码
5	辅助设备	除尘器	
		除铁器	
6	仪表设备	控制系统	SHS 07008
		常规仪表	SHS 07002
		特殊仪表	SHS 07007

5.1.2　锅炉及脱硫脱硝除尘单元设备

锅炉及脱硫脱硝除尘单元主要设备见表 12。

表 12　锅炉及脱硫脱硝除尘单元主要设备

序号	设备名称	设备种类	通用、专用设备检修规程的代码
1	锅炉	煤粉炉	SHS 08004
		循环流化床锅炉	SHS 08004
2	泵	离心泵	SHS 08004
		螺杆泵	SHS 01016
		齿轮泵	SHS 01017
3	风机	离心式风机	SHS 08004
		罗茨风机	SHS 08004
4	搅拌器	侧搅拌器、废旋搅拌器	SHS 08006
5	塔	吸收塔	SHS 08006
6	压力管道	机组主蒸汽、主给水、再热管道等	SHS 08004
7	安全阀	主安全阀、过热器安全阀	SHS 08004
8	阀门	主蒸汽门、主给水门	SHS 08004
9	除尘器	高压静电除尘器	SHS 08006
		布袋除尘器	SHS 08006
10	电气设备	电动机、断路器、电气仪表、控制回路、保护装置、自动装置、配电装置、电缆、照明设备和通信系统	SHS 06001
11	仪表	控制系统	SHS 07008
		常规仪表	SHS 07002
		执行器	SHS 07005
		分析仪表	SHS 07006
		特殊仪表	SHS 07007

5.1.3 汽机单元设备

汽机单元主要设备见表 13。

表 13 汽机单元主要设备

序号	设备名称	设备种类	通用、专用设备检修规程的代码
1	汽轮机	抽凝式汽轮机	SHS 08001
		背压式汽轮机	SHS 08001
		抽背式汽轮机	SHS 08001
2	泵	离心泵	SHS 01012
		螺杆泵	SHS 01016
		往复泵	SHS 01014、01015
		齿轮泵	SHS 01017
3	风机	离心式	SHS 01022
4	压力容器	换热器、储气罐	SHS 01004
5	换热器	管壳式换热器	SHS 01009
		板式换热器	SHS 01068
6	压力管道	机组主蒸汽、主给水管道、机组抽汽管道、再热管道等	SHS 01005
7	安全阀	机组抽汽安全阀、轴封汽安全阀，压力容器、管道安全阀	
8	阀门	主汽门、调节汽门、电动主闸门、各段抽汽逆止阀等	
9	仪表设备	控制系统	SHS 07008
		常规仪表	SHS 07002
		执行器	SHS 07005
		特殊仪表	SHS 07007
10	电气设备	电动机、断路器、电气仪表、控制回路、保护装置、自动装置、配电装置、电缆、照明设备和通信系统	SHS 06001

5.1.4 发电机单元设备

发电机单元主要设备见表 14。

表 14 发电机单元主要设备

序号	设备种类	主要设备种类	通用、专用设备检修规程的代码
1	发电机	双水内冷发电机	SHS 06001
		空冷发电机	SHS 06001
		氢冷发电机	SHS 06001

表 14　发电机单元主要设备（续）

序号	设备种类	主要设备种类	通用、专用设备检修规程的代码
2	电动机	交流电动机	SHS 06001
		直流电动机	SHS 06001
3	断路器	油断路器	SHS 06001
		六氟化硫断路器	SHS 06001
		真空断路器	SHS 06001
4	隔离开关		SHS 06001
5	互感器	电流互感器	SHS 06001
		电压互感器	SHS 06001
6	励磁系统	励磁功率单元	SHS 06001
		励磁调节单元	SHS 06001

5.1.5　化学水单元设备

化学水单元主要设备见表 15。

表 15　化学水单元主要设备

序号	设备名称	设备种类	通用、专用设备检修规程的代码
1	压缩机	活塞式压缩机	SHS 01020
		螺杆式压缩机	SHS 01021
2	泵	离心泵	SHS 01013
		往复泵	SHS 01015
3	风机	离心式风机	SHS 01022
		罗茨风机	SHS 01024
4	交换器	阳床、阴床、混床、清洗塔、再生塔、除碳器、高效纤维过滤器	SHS 08006
5	压力容器	储气筒、除油器、干燥器	SHS 01004
6	常压容器、常压储罐	大型储罐、酸箱、碱箱、计量箱、溶液箱	SHS 01011 SHS 01012
7	安全阀		SHS 01030
8	阀门		SHS 01030

表 15 化学水单元主要设备（续）

序号	设备名称	设备种类	通用、专用设备检修规程的代码
9	气动阀门、衬胶阀门		SHS 08006
10	仪表	控制系统	SHS 07008
		常规仪表	SHS 07002
		分析仪表	SHS 07006

5.2 检修周期

5.2.1 热电联合装置设备检修宜实行定期检修，根据设备状况及运行经验，逐步增大状态检修的比例。

5.2.2 汽轮发电机组、锅炉 A 级检修间隔和检修等级组合方式应符合表 16 的规定。可根据机组的技术性能或实际运行小时数，适当调整 A 级检修间隔，采用不同的检修等级组合方式。

5.2.3 累计运行 15×10^4h 及以上的国产火电机组和燃用劣质燃料的锅炉，其 A 级检修间隔可小于表 16 的规定。

表 16 机组 A 级检修间隔和检修等级组合方式

机组类型	A 级检修间隔 / 年	检修等级组合方式
进口汽轮发电机组	6~8	在两次 A 级检修之间，每 1~2 年宜进行一次 C 修，根据情况可调整为 B、D 修
国产汽轮发电机组	5~7	
锅炉	4~6	在两次 A 级检修之间，每 1~2 年宜进行一次 C 修（CFB 锅炉宜每年进行一次 C 修），根据情况可调整为 B、D 修

5.2.4 新机组第一次 A 级和 B 级检修可根据设备技术要求、机组的具体情况确定。若无明确的检修间隔要求时，宜投产后 1 年进行。

5.2.5 辅助设备的检修宜根据设备状态监测及评估结果并参考设备技术要求，合理安排在各级检修中进行，周期可根据设备维护检修规程的要求执行。

5.3 检修停用时间

5.3.1 发电机组检修标准项目停用时间应符合表 17 的规定。

5.3.2 锅炉可根据其铭牌出力所对应的冷凝式汽轮发电机组容量，按表 17 确定检修停用时间。

5.3.3 因设备更换重要部件或其他特殊需要，机组检修停用时间可超过表 17 的规定。

表 17 汽轮发电机组标准项目检修停用时间

机组容量 P/MW	检修等级			
	A 级检修 /d	B 级检修 /d	C 级检修 /d	D 级检修 /d
$100 \leqslant P < 200$	33~41	15~25	10~15	6~10
$200 \leqslant P < 300$	46~51	26~35	15~19	8~12
$300 \leqslant P < 500$	51~61	26~37	19~25	10~15
$500 \leqslant P < 750$	61~71	31~48	21~29	10~15
$750 \leqslant P \leqslant 1300$	71~83	36~53	27~33	10~18

注：检修停用时间已包括带负荷试验所需的时间。

5.4 检修项目

5.4.1 检修项目的确定

机组检修项目分标准项目和特殊项目两类，按照检修等级确定的检修项目应包括。

5.4.1.1 机组 A 级检修标准项目的主要包括：

a）设备技术要求的项目；

b）主要设备（不包括附属设备）大修；

c）根据设备状况和设备技术要求确定的主要设备的附属设备和辅助设备检修项目；

d）定期监测、试验、校验和鉴定；

e）按规定需要定期更换零部件的项目；

f）按各项技术监督规定检查项目；

g）消除设备和系统的缺陷和隐患；

h）《防止电力生产事故的二十五项重点要求》中的内容。

5.4.1.2 机组 B 级检修项目应根据机组设备状态评价及系统的特点和运行状况，在部分 A 级检修项目和定期滚动检修项目中确定。

5.4.1.3 机组 C 级检修标准项目应包括：

a）消除运行中发生的缺陷。

b）重点清扫、检查和处理易损、易磨部件，必要时进行实测和试验。

c）按各项技术监督规定检查项目。

d）定期监测、试验、校验和鉴定。

5.4.1.4 机组 D 级检修项目应围绕消除设备和系统的缺陷而确定。

5.4.1.5 可根据设备状况调整各级检修项目，在一个 A 级检修周期内所有的标准项目均宜进行检修。

5.4.1.6 可根据需要在各级检修中安排特殊项目和重大特殊项目。包括标准项目以外的检修项目和执行反事故措施、节能措施、技改措施等特殊项目，以及技术复杂、工期长、费用高或对系统设备结构有重大改变的重大特殊项目。

5.4.1.7　应定期检查维护生产建（构）筑物（厂房、煤场、灰坝、码头等）和重要非生产设施（道路等），并根据实际情况安排必要的检修项目。

5.4.2　检修具体内容

5.4.2.1　燃料单元主要检修内容和质量要求见表 18。

表 18　燃料单元主要检修内容和质量要求

序号	设备名称	设备功能	功能故障	故障周期/月	检修内容和质量要求	设备类别
1	卸船机	将海港和内河港口前沿进行散煤卸货作业的专用机械	1. 卸船机出力达不到生产要求； 2. 钢丝绳断丝、断股、磨损； 3. 滑轮轴承磨损、振动大，滑轮槽磨损； 4. 抓斗磨损、开裂； 5. 液压系统故障； 6. 振动给料机故障； 7. PLC 控制系统故障； 8. 设备条件连锁、仪表故障	60	大小车行走机构、起升开闭机构、俯仰机构、液压涨紧机构、给料机构等解体检修。 具体检修内容见卸船机的检修规程	辅助设备
2	斗轮机	将海港和内河港口前沿的散煤转运至堆场或将堆场的煤输送至锅炉的一种大型的连续取料和堆料的煤场机械	液压系统电磁阀不动作、油缸泄漏达不到设计压力、减速机振动大及轴承磨损过热、胶带跑偏、滚筒磨损跳动、电动机故障、电气控制系统故障	60	斗轮堆取机构、回转机构、机上皮带机、大车行走等解体检修。 具体检修内容见斗轮机的检修规程	辅助设备
3	皮带机	从受卸装置或储煤场向锅炉原煤仓供煤所用的提升运输机械	胶带跑偏、减速机振动大及轴承磨损过热、滚筒磨损跳动、电动机故障等	60	驱动装置等解体检修。 具体检修内容见皮带机的检修规程	辅助设备
4	筛煤机	利用多轴旋转物料前移，并同时进行筛分的一种机械	筛片磨损、柱销磨损断裂、筛轴卡死不动作	60	筛煤机解体检修。 具体检修内容见给煤机的检修规程	辅助设备

表 18 燃料单元主要检修内容和质量要求（续）

序号	设备名称	设备功能	功能故障	故障周期/月	检修内容和质量要求	设备类别
5	破碎机	将大颗粒原煤通过环锤冲击初碎、挤压、剪切、滚辗和研磨作用达到合格粒度的破碎机械	环锤及环轴磨损，传动轴振动大、轴承磨损过热	60	破碎机解体检修。具体检修内容见给煤机的检修规程	辅助设备
6	辅助设备	用来为输煤系统服务的一些设备	无法正常投用	60	具体检修内容见辅助设备的检修规程	辅助设备
7	常规仪表	检测工艺温度	1. 无显示值； 2. 显示测量不准； 3. 测量数值晃动	60	定期检查维修	辅助设备
8	控制系统（PLC）	对工艺参数进行监视和控制，通过连续控制和顺序控制等方法，实现生产过程的自动化，同时实现机炉的联锁停车	1. 软件故障 2. 硬件故障	60	对软件和硬件进行日常维护、清洁、检查，发现故障及时处理	辅助设备

5.4.2.2 锅炉及烟气脱硫脱硝单元主要检修内容和质量要求见表 19。

表 19 锅炉及烟气脱硫脱硝单元主要检修内容和质量要求

序号	设备名称	设备功能	功能故障	故障周期/月	检修内容和质量要求	设备类别
1	水冷壁	通过水冷壁吸收炉膛辐射热将水或饱和水加热成饱和蒸汽，使炉膛出口烟气温度和炉墙温度得以降低，保护炉墙，防止受热面结垢	受热面积灰； 受热面腐蚀； 水冷壁或尾部受热面管子发生泄漏； 受热面结焦； 管排变形； 管子发生蠕胀现象； 炉膛漏风	60	水冷壁清扫、外部检查，并测量检查管子磨损与胀粗、割管检查内部状况、检查修理水冷壁、下降管及其联箱支吊架，调整支吊架受力及膨胀间隙、人孔门、看火孔检修。水压试验。具体大修内容见电站锅炉维护检修规程	主要设备

表 19　锅炉及烟气脱硫脱硝单元主要检修内容和质量要求（续）

序号	设备名称	设备功能	功能故障	故障周期/月	检修内容和质量要求	设备类别
2	省煤器	利用排烟余热加热给水，降低排烟温度，节省燃料	管排积灰； 管子内壁结垢、外壁腐蚀； 管子泄漏； 管排变形； 管子发生蠕胀现象； 漏风； 防磨罩损坏或脱落； 管子磨损	60	受热面清扫、检查管子磨损、变形、腐蚀情况割管检查、检查支吊架管卡及防磨装置及调整联箱支座吊架和膨胀间隙、水压试验。具体大修内容见电站锅炉维护检修规程	主要设备
3	过热器、再热器管	过热器是将饱和蒸汽加热成具有一定温度的过热蒸汽，再热器是将汽轮机做功后的蒸汽返回锅炉重新加热至额定温度，然后再送回汽轮机低压缸做功，以降低汽轮机末级叶片的湿度，提高机组的安全性，提高热力循环效率	受热面积灰； 受热面内壁结垢，外壁腐蚀； 管子发生泄漏； 管排磨损； 管排变形； 管子发生蠕胀现象	60	受热面清扫、检查、测量受热面的磨损、胀粗、弯曲、变形及蠕胀、检查、修理梳形板、管夹，穿墙管密封及防磨装置、割管检查管子内部状况、水压试验。具体大修内容见电站锅炉维护检修规程	主要设备
4	除尘器	除尘器是将锅炉烟气中的飞灰进行捕捉收集，通过浓相输送至灰库，降低烟气的排放浓度	极板积灰； 极线积灰，极线掉线； 振打不转； 布袋差压高； 布袋破袋	60	具体检修内容见锅炉设备的检修规程	辅助设备
5	吸收塔	石灰石浆液通过循环泵从吸收塔浆池送至塔内喷嘴系统，与烟气接触发生化学反应吸收烟气中的 SO_2，在吸收塔循环浆池中利用氧化空气将亚硫酸钙氧化成硫酸钙	吸收塔壁穿孔泄漏； 各冲洗喷嘴堵塞、磨损，雾化效果差； 大面积结垢、积灰、沉积； 防腐内衬（玻璃鳞片）磨损、损坏； 塔各部管道法兰螺栓腐蚀、冲蚀、磨损，阀门损坏； 除雾器结垢、堆积、堵塞，局部或大面积坍塌，除雾元件腐蚀磨损、支撑件磨损腐蚀	60	具体检修内容见锅炉设备的检修规程	主要设备

表 19　锅炉及烟气脱硫脱硝单元主要检修内容和质量要求（续）

序号	设备名称	设备功能	功能故障	故障周期/月	检修内容和质量要求	设备类别
6	常规仪表	检测工艺温度	1. 无显示值； 2. 显示测量不准； 3. 测量数值晃动	60	定期检查维修	辅助设备
7	控制系统（DCS）	对工艺参数进行监视和控制，通过连续控制和顺序控制等方法，实现生产过程的自动化，同时实现机炉的联锁停车	1. 软件故障； 2. 硬件故障	60	对软件和硬件进行日常维护、清洁、检查，发现故障及时处理	辅助设备
8	执行机构	控制工艺参数	1. 无显示值； 2. 显示测量不准； 3. 测量数值晃动	60	定期检查维修	辅助设备
9	在线分析仪表	检测工艺参数	1. 无显示值； 2. 显示测量不准； 3. 测量数值晃动	48	定期检查维修	辅助设备
10	安全环保仪表	检测环境可燃、有毒气体（氨气）含量	1. 无显示值； 2. 显示测量不准； 3. 测量数值晃动	48	定期检查维修	辅助设备

5.4.2.3　汽机单元主要检修内容和质量要求见表 20。

表 20　汽机单元主要检修内容和质量要求

序号	设备名称	设备功能	功能故障	故障周期/月	检修内容和质量要求	设备类别
1	汽轮机	将蒸汽的能量转换成为机械功的旋转式动力机械	1. 汽轮机出力达不到生产要求； 2. 轴封泄漏； 3. 静密封泄漏； 4. 轴振动大，轴位移大； 5. 轴承温度高； 6. 错油门、油动机、逆止阀阀、速关阀及组件失效； 7. 设备条件连锁，仪表故障	60	解体检修：汽缸、转子、汽封、轴承、调整通流及汽封间隙、错油门、油动机、逆止阀、速关阀及组件等； 具体大修内容见电站汽轮机维护检修规程	主要设备

表 20　汽机单元主要检修内容和质量要求（续）

序号	设备名称	设备功能	功能故障	故障周期/月	检修内容和质量要求	设备类别
2	锅炉给水泵	将除氧器水箱中具有一定温度的给水，输送给锅炉，作为锅炉用水	出口压力不足，密封泄漏，振动大不能正常运行	60	泵解体大修；具体检修内容见泵的检修规程	辅助设备
3	凝结水泵	将凝汽器中凝结水输送到除氧器进行加热除氧	出口压力不足、密封泄漏、轴承过热、振动大不能正常运行、电流变化大	60	泵解体大修；具体检修内容见泵的检修规程	辅助设备
4	真空泵	将凝汽器中的不凝气体抽出维持机组的真空	达不到需要的真空或抽真空的时间变长、泵有异常噪声、轴封泄漏	60	泵解体大修；具体检修内容见泵的检修规程	辅助设备
5	控制系统（DCS）	对工艺参数进行监视和控制，通过连续控制和顺序控制等方法，实现生产过程的自动化，同时实现机炉的联锁停车	1. 软件故障； 2. 硬件故障	60	对软件和硬件进行日常维护、清洁、检查，发现故障及时处理	辅助设备
6	执行机构	控制工艺参数	1. 无显示值； 2. 显示测量不准； 3. 测量数值晃动	60	定期检查维修	辅助设备
7	DEH 系统、ETS 系统	实现汽轮机调门的控制，完成汽机负荷的调整，实现一次调频、汽机主保护的联锁停机	1. 软件故障； 2. 硬件故障	48	对软件和硬件进行日常维护、清洁、检查，发现故障及时处理	辅助设备
8	TSI 系统	对汽轮机的轴位移、差胀、振动等数据进行监测并进行联锁保护	1. 软件故障； 2. 硬件故障	48	对软件和硬件进行日常维护、清洁、检查，发现故障及时处理	辅助设备

5.4.2.4　发电机单元主要检修内容和质量要求见表 21。

表 21　发电机单元主要检修内容和质量要求

序号	设备名称	设备功能	功能故障	故障周期/月	检修内容和质量要求	设备类别
1	发电机	将机械能转变为电能	1. 机械方面有定子线棒冷却水管漏水、子冷却水管漏水、冷却水回流管漏水； 2. 电气方面有定子绕组相间短路、定子绕组匝间短路、定子绕组单相接地、转子绕组接地； 3. 其他方面有发电机失磁异步运行、发电机逆功率运行	60	解体检修：定子、转子、冷却系统、励磁系统及其他组件等。 具体大修内容见电站发电机维护检修规程	主要设备
2	断路器	切断和接通负荷电流，以及切断故障电流，避免事故扩大	1. 机械方面有内部机构卡涩，不能分合闸； 2. 电气方面有本体绝缘下降，分合闸线圈烧毁，储能微动开关接点黏死，辅助开关接点黏死或烧毁等； 3. 其他方面有充油（气）式断路器漏油（气）	60	断路器解体大修。 具体检修内容见断路器的检修规程	辅助设备
3	电动机	把电能转换成机械能	1. 机械方面有扫膛、振动、轴承过热、损坏等故障； 2. 电气方面有定子绕组缺相运行，定子绕组首尾反接，三相电流不平衡，绕组短路和接地，绕组过热和转子断条、断路等	60	电动机解体大修。 具体检修内容见泵的检修规程	辅助设备
4	隔离开关	隔离电源、倒闸操作、用以连通和切断小电流电路	1. 触头过热； 2. 绝缘子表面闪络和松动； 3. 隔离开关拉不开； 4. 刀片自动断开； 5. 刀片弯曲	60	隔离开关解体大修。 具体检修内容见隔离开关的检修规程	辅助设备

表 21　发电机单元主要检修内容和质量要求（续）

序号	设备名称	设备功能	功能故障	故障周期／月	检修内容和质量要求	设备类别
5	电流互感器	将一次侧大电流转换成二次侧小电流，供保护、计量、仪表装置取用	1. 有过热现象； 2. 内部发出臭味或冒烟； 3. 内部有放电现象，声音异常或引线与外壳间有火花放电现象； 4. 主绝缘发生击穿，并造成单相接地故障； 5. 一次或二次线圈的匝间或层间发生短路； 6. 充油（气）式电流互感器漏油（气）； 7. 二次回路发生断线故障	60	电流互感器解体大修。 具体检修内容见隔离开关的检修规程	辅助设备
6	电压互感器	将高电压按比例转换成标准二次低电压，供保护、计量、仪表装置取用	1. 高压或低压侧熔断器熔断故障； 2. 回路短路故障； 3. 回路断线故障； 4. 电磁式电压互感器铁磁谐振故障	60	电压互感器解体大修。 具体检修内容见隔离开关的检修规程	辅助设备
7	励磁系统	是供给同步发电机励磁电流的电源及其附属设备的统称。它一般由励磁功率单元和励磁调节器两个主要部分组成	1. 起励不成功； 2. 功率柜故障； 3. 调节器故障	60	励磁系统大修。 具体检修内容见隔离开关的检修规程	辅助设备

5.4.2.5　化学水单元主要检修内容和质量要求见表 22。

表 22　化学水单元主要检修内容和质量要求

序号	设备名称	设备功能	功能故障	故障周期	检修内容和质量要求	设备类别
1	高效纤维过滤器	去除水中杂质，降低浊度	1. 压差大； 2. 出力达不到要求	60	解体检修：检查内部防腐是否完好，纤维过滤器内部构件是否有变形等。 具体大修内容见电站设备检修规程	辅助设备

表 22 化学水单元主要检修内容和质量要求（续）

序号	设备名称	设备功能	功能故障	故障周期	检修内容和质量要求	设备类别
2	交换器	去除水中杂质（盐分）	1. 漏树脂； 2. 压差大； 3. 出力达不到要求	60	解体检修：进水装置、中排装置、排水装置、本体阀门、垫片。 具体大修内容见电站设备检修规程	辅助设备
3	除碳器	去除水中 CO_2	1. 除碳效果差； 2. 器壁腐蚀穿孔	60	检查修理密封面、器壁、布水装置、垫片，筛检、补充填料。 具体大修内容见电站设备检修规程	辅助设备
4	箱槽容器	储存中间水、成品水、酸碱、废水	1. 液位无指示； 2. 输送无流量； 3. 器壁泄漏	60	检查修理浮筒、索引绳、液位计、阀门、器壁。 具体大修内容见电站设备检修规程	辅助设备
5	常规仪表	检测工艺温度	1. 无显示值； 2. 显示测量不准； 3. 测量数值晃动	60	定期检查维修	辅助设备
6	控制系统（DCS）	对工艺参数进行监视和控制，通过连续控制和顺序控制等方法，实现生产过程的自动化，同时实现机炉的联锁停车	1. 软件故障； 2. 硬件故障	60	对软件和硬件进行日常维护、清洁、检查，发现故障及时处理	辅助设备
7	在线分析仪表	检测工艺参数	1. 无显示值； 2. 显示测量不准； 3. 测量数值晃动	48	设备故障，无法为工艺提供准确地参数值	辅助设备

6 装置检修管理

装置检修应该有前瞻性，因此应每年编制三年检修滚动计划和下一年度检修计划。

6.1 装置检修前准备工作

6.1.1 检修前应根据设备运行状况、技术监督数据和历次检修情况，对机组进行状态评估，并根据评估结果和年度检修工程计划要求，对检修项目进行确认和必要的调整，制定符合实际的对策和技术措施，并与施工单位进行双向交底。

6.1.2 落实检修费用、材料和备品配件计划等，并做好材料和备品配件的采购、验收和保管工作。

6.1.3 完成所有对外发包工程合同的签订工作。

6.1.4 检查施工机具、安全用具，并应试验合格。测试仪器、仪表应有有效的合格证和检验证书。

6.1.5 编制设备检修实施计划，绘制检修进度网络图和控制表。绘制检修现场定置管理图。

6.1.6 应根据检修项目和工序管理的重要程度，指定质量管理、质量验收和质量考核等管理制度，明确检修单位和质检部门职责。

6.1.7 编制或修编标准项目检修文件包或施工方案，制订特殊项目的工艺方法、质量标准、技术措施、组织措施和安全措施。且检修文件包或施工方案必须经过审批。

6.1.8 承包商或全体检修人员和有关管理人员应学习安全规程、质量管理手册和检修文件包，并经考试合格。所有施工人员，必须具备相应的作业资质，检修前须做好检修方案、技能方面的培训，熟悉检修项目的特点，严格按检修方案进行施工。同时，施工人员必须进行业主方相关专业条线的教育培训，对无相应作业资质、未经教育培训或考核不合格的人员，一律不得上岗作业。

6.1.9 检修开工前一个月内，项目单位应组织有关人员检查上述各项工作的完成情况。开工前应全面复查确认。

6.2 装置工艺交出检修条件

6.2.1 在装置交付检修前，由生产管理部门和安全环保部门组织相关单位召开安全验收会，检查确认设备容器人孔拆卸、盲板加装、容器内采样分析、停电、下水井封堵等工作，经相关部门签字确认后，由装置开具用火、用电、进入受限空间等相关票证，进入检修状态。

6.2.2 装置所有盲板按照盲板图、盲板表安装、编号、挂牌并经工艺员、设备员、安全员已签名确认。

6.2.3 PID图上所有系统、管线得到置换处理并做好标识。

6.2.4 系统内设备、管线按规定进行吹扫和置换，取样分析合格。

6.2.5 下水井取样分析合格，存油清理干净，排水畅通，水封完好。

6.2.6 下水井和漏斗口盖好，并用沙土封严。

6.2.7 系统内设备人孔打开前的确认；打开的设备人孔处挂上“未经许可，禁止入内”警示牌。

6.2.8 制定停工安全、环保措施和工作危害分析记录表（JHA）。

6.2.9 装置内分析不合格点挂标识，储存物料区标识、硬隔离。

6.2.10 装置检修须与蒸汽母管、供热母管、抽汽系统、工业水系统等隔绝，阀门拉电，疏水阀门打开，系统泄压完毕。挂警示牌、上锁。

6.2.11 指定具有监护人资格的人员负责动火、进设备等作业的监护。

6.2.12 检修范围内所有带电设备拉电，示警示牌。

装置交付检修确认表见附录A。

6.3 检修过程安全环保管理总体要求

装置检修的安全管理，坚持“安全第一、预防为主、综合治理”的方针和“谁主管，谁负责”“谁签发，谁负责”的原则，坚持以人为本、落实责任、强化监管，按属地化管理原则。严格执行中国石化HSE管理制度及规定，执行检修全过程实现“三零一文明”的要求。“零排放、零余料、零事故”，文明检修。确保检修后一次开车成功，实现“安全大修、优质大修、绿色大修、科学大修、高效大修、文明阳光大修”的目标。

6.3.1 安全管理总体要求

6.3.1.1 做到无人身伤害、无设备损坏、无火灾等事故发生。

6.3.1.2 杜绝违章指挥，违章作业情况的发生。

6.3.1.3 重大作业风险得到消除和控制。

6.3.2 环保管理总体要求

6.3.2.1 不发生环境污染事件。

6.3.2.2 在检修方案中须编写施工环保专篇，落实施工过程的环保要求，并在检修施工过程中进行定期检查。列出固体、液体废弃物防止污染环境的措施；列出防止扬尘、防止飞灰的措施等。

6.3.2.3 检修过程的固体废弃物及危险废物的处理必须符合国家和地方的法律规定。施工现场分类回收、集中处理，努力实现减量化、无害化，资源化。

6.3.3 检修现场危险源分析风险

6.3.3.1 烫伤：蒸汽、热水、气焊、电焊、等造成人员灼伤引起的人身伤害

6.3.3.2 机械伤害：因工器具使用不当导致的人身伤害。

6.3.3.3 物体打击：交叉作业、防护措施不完善、物体高处坠落导致的人身伤害。

6.3.3.4 高处坠落：违章作业、安全措施不合格造成的人身伤害。

6.3.3.5 起重伤害：起重机械或起吊物体在运行中或起吊过程中造成人身伤害。

6.3.3.6 有限空间窒息：容器内部通风不良造成的人身伤害。

6.3.3.7 触电：设备检修没有停电、走错仓位或电动工器具使用不当造成人身伤害。

6.3.4 安全的组织措施

在设备或系统上进行检修或试验等工作，必须执行工作票制度、工作许可制度、工作监护制度、工作间断、转移和终结制度。

6.3.5 安全技术措施

6.3.5.1 检修时临时用电必须按临时用电制度执行。
6.3.5.2 焊接工作必须符合焊接的安全技术要求。
6.3.5.3 起重工作必须符合起重的安全技术要求。
6.3.5.4 平台、井坑、孔、洞、栏杆、楼梯处作业符合管理要求。
6.3.5.5 备品备件、工器具管理符合相关制度管理要求。
6.3.5.6 动火作业符合制度管理要求。
6.3.5.7 特种车辆管理符合管理制度的要求。
6.3.5.8 文明检修做到：工具、零件、材料摆放一条线；线不乱拉、管路不乱排放、废物不乱丢；开工前、检修中、完工后场地清；工器具不落地、油污杂物不落地、拆卸后的部件不落地；严格执行电业作业安全规程及公司制度、严格执行现场管理制度；检修完毕做到“工完、料净、场地清。”
6.3.5.9 检修过程需严肃避免交叉作业。如果因施工工序或工艺原因无法避免的交叉作业必须设置硬隔离措施。

检修过程 HSE 管理执行见附录 B。

6.4 质量管理

6.4.1 检修质量管理的总体要求

成立检修质量管理组织机构，明确管理职责，建立质量管理程序文件。
6.4.1.1 对承包商资质、人员、机具等进行审查，特种作业人员必须持证上岗。
6.4.1.2 通过组织设计审查，确保设计质量。
6.4.1.3 物资采购管理部门组织对采购物资进行入库检验并对重点物资进行监造。在施工过程中组织对检验检测的质量进行抽查。
6.4.1.4 检修质量管理宜实行质检点检查和三级验收相结合的方式，必要时可引入监理制。
6.4.1.5 质检人员应按照检修文件包或施工方案的规定，对质量点进行检查和签证。所有项目的检修施工和质量验收应实行签字责任制和质量追溯制。
6.4.1.6 检修过程中发现的不符合项，应填写不符合项通知单，并按相应程序处理。
6.4.1.7 设备解体、检查、修理和装复的整个过程中，应有详尽的技术检验和技术记录，字迹清晰，数据真实，测量分析准确，所有记录应做到完整、正确、简明、适用。推荐并建议扩大媒体、影像技术资料的运用。

6.4.2 检修质量管理的其他要求

6.4.2.1 检修技术目标至少达到集团公司考核值。
6.4.2.2 汽轮发电机组并网一次成功。
6.4.2.3 技术经济指标至少达到集团公司考核值。

6.5 变更管理

检修过程要加强变更管理，建立健全变更管理制度和工作流程，采取措施减少变更数量。原则上没有经过各级部门同意的变更不允许在检修中执行。项目变更控制主要内容有：

6.5.1 对于试用产品、设备备件结构形式改变、材质升级要充分识别，要有专门技术论证审批过程，审批时要加强相关专业沟通确认。
6.5.2 所有变更应事前发起，只有当变更得到批准后，才可组织实施。项目变更由变更提出单位发起申请并填写“变更申请单”，按照各企业相关制度规定的权限办理审批手续。
6.5.3 对于因材料涨价差导致的超费用计划（或工单预算），需要补办变更手续。
6.5.4 对于不涉及费用计划的变更，如项目名称、版本号、承包商、施工方案、施工进度等也需办理相应的变更手续。
6.5.5 对于结算费用高于非包干合同标的按各企业管理制度执行变更。
6.5.6 投资类项目的变更参照各企业“固定资产投资过程控制管理规定”执行。

6.6 装置检修交回条件

6.6.1 检修交回工艺的要求

6.6.1.1 检修项目及改造项目施工完成，并验收合格，所有设备变更应经现场核对无误，变更报告送至工艺岗位。
6.6.1.2 施工时的临时设施已全部拆除，现场清洁，无杂物。
6.6.1.3 设备、管线等保温复位，符合规范，设备位号和管道介质名称、流向标示齐全。
6.6.1.4 因检修拆除的劳动保护、照明设施等均已恢复。
6.6.1.5 分部试运行全部完成。
6.6.1.6 冷态验收全部完成。
6.6.1.7 主保护联锁校验完成。
6.6.1.8 启动时各项试验正常。

6.6.2 装置检修交回确认主要内容

6.6.2.1 装置开工人员及开车保驾人员配备落实。
6.6.2.2 技术、原辅材料、动力、备品备件等方面的准备。

6.6.2.3 开工方案学习落实情况。

6.6.2.4 现场规格化情况。

6.6.2.5 工艺和设备联锁仪表校验情况。

6.6.2.6 HSSE 措施落实情况。

6.6.2.7 盲板拆除清单、技术准备情况。

6.6.2.8 机、电、仪、公用工程、质检等相关专业准备情况。

6.6.2.9 停工临设拆除、施工尾项整改情况等。

6.6.3 装置相关的工艺特性要求根据装置实际确定。

执行装置检修交回开工确认表见附录 C。

6.7 检修后期管理

6.7.1 资料交付

承包商应在检修项目结束后 30 天内将交工资料完整地交给使用单位，资料包含内容如下：

竣工图纸，施工技术方案，吊装方案，施工组织设计；施工技术记录，试压记录，中间工序验收单，隐蔽工程验收单，拆检回装记录，发现问题与修复记录，设备开箱资料，设备封闭记录；设备、材料、管道附件、配件的合格证明书及质量保证书，理化检验资料，衬里、防腐、保温施工技术记录及检验报告。隐蔽工程和重要见证点验收的媒体、影像资料。

6.7.2 检修总结

装置检修结束后，要对检修改造工作进行总结，对好的做法进行总结、提炼，固化这些经验，指导今后检修改造工作；对总结检修改造中存在的问题，分析原因，完善措施，不断提高管理水平。

大修总结模板见附录 D。

6.8 新的检修技术和检修方法介绍

6.8.1 装置高压给水泵等转动设备都需要良好的对中，保证机泵能正常运转。激光对中可减少打表找正误差和大量烦琐工作，提高找正精度，提高工作效率。

6.8.2 装置汽轮机转子、泵轴径磨损影响油挡密封性能时，采用先进的激光熔覆技术将合金粉末与基体表面金属熔为一体从而显著改善基体的表面耐磨、耐蚀、耐热、抗氧化等的一种修复轴径的方法。

6.8.3 循环流化床锅炉水冷壁管磨损时，采用全自动合金熔敷防磨技术，在锅炉炉膛采用全屏曲面熔敷的方式熔敷上一层硬度高于 HRC45 的合金材质，主动型防磨，来提高锅炉水冷壁管的使用寿命。

7 装置日常维护

7.1 日常巡检

包括操作工的日常巡检和专业人员（设备管理人员、专业维保人员、电仪专业人员）的日常点检。

7.2 日常维护

装置日常维护的基本内容包括：设备维护保养、设备检查和设备修理。

7.2.1 设备维护保养

设备维护保养的内容是保持设备清洁、整齐、润滑良好、安全运行，包括及时紧固松动的紧固件，调整活动部分的间隙等。简言之，即“清洁、润滑、紧固、调整、防腐”十字作业法。维护保养依工作量大小和难易程度分为装置操作工保养、专职保养维修工的保养。

7.2.1.1 装置操作工保养

其主要内容是：进行清洁、润滑、紧固易松动的零件，检查零件、部件的完整。这类保养的项目和部位较少，大多数在设备的外部，一般由装置操作工人承担。

7.2.1.2 专职保养维修工的保养

主要内容包括对设备内部清洁、润滑、局部解体检查和调整，必要时对达到规定磨损限度的零件加以更换。此外，还要对主要零部件的磨损情况进行测量、鉴定和记录。具体标准执行通用设备的检修规程。

在两种维护保养中，装置操作工保养是基础，专职保养维修工的保养是关键。

7.2.2 设备检查和设备修理

设备检查按时间间隔分为日常检查和定期检查。

日常检查由操作人员执行，同操作工的保养结合起来，目的是及时发现不正常的技术状况，进行必要的维护保养工作。

定期检查是按照计划，在操作工参加下，定期由专职维修工执行，也就是预防性检查维修。目的是通过检查，全面准确地掌握零件磨损的实际情况，以便确定是否有进行修理的必要。

7.3 常见设备故障与处理方法

7.3.1 燃料单元设备故障与处理方法

7.3.1.1 皮带机常见故障与处理方法

皮带机常见故障与处理方法见表 23。

表 23 皮带机常见故障与处理方法

序号	故障现象	故障原因	处理方法
1	胶带从机架某点开始局部跑偏	1. 托辊组中心不正； 2. 托辊不转和轴承损坏； 3. 调心托辊位置不正或损坏	1. 调整托辊位置； 2. 检修或更换托辊； 3. 检查或更换调心托辊
2	整条胶带朝一侧跑偏	1. 滚筒中心线与机架中心线不成直角，造成胶带朝松的一侧跑； 2. 滚筒不水平或滚筒外径不一致造成胶带跑偏； 3. 机架不正或左右摇摆	1. 调整滚筒中心线； 2. 修复或更换滚筒； 3. 矫正或加固机架
3	无载时不跑偏，有载时跑偏	给料落点不正，造成胶带左右偏载，负荷不均造成重量不均	如果由于挡煤槽不正，可适当调整煤槽，如果由于落煤管落煤不正，可加装调节板
4	旧带不跑偏，而更换新带后跑偏	新胶带接头不正或本身弯曲；胶带太硬，成槽性差	重新胶接或换带，胶带运行一段时间后，便可恢复正常
5	带有升角的胶带打滑	1. 头部滚筒有附着物； 2. 重锤滑道变形； 3. 胶带过载	1. 清理滚筒； 2. 调整重锤滑道； 3. 减少上煤量
6	不带有升角的旧胶带打滑	1. 尾部重锤重量不足； 2. 头部滚筒表面有积煤	1. 加装重锤； 2. 清理滚筒
7	新换的胶带打滑	对于新胶带，由于其表面有一层白色粉质附着物，造成胶带打滑	胶带空转用清扫器将附着物打掉

7.3.1.2 斗轮机常见故障与处理方法

斗轮机常见故障与处理方法见表 24。

表 24 斗轮机常见故障与处理方法

序号	故障现象	故障原因	处理方法
1	斗轮回转速度变动	油泵调节丝杆松动	调整丝杆，调至适当转速后固定位置
2	斗轮转向反向	油泵配油盘配油角度变成相反区域	调整丝杆使配油盘倾角恢复正常转向后固定，或调整油马达偏心位置至斗轮恢复正常转向
3	斗轮部分震动较大，转时不稳定	油马达配油位置不适合或油马达故障	调整偏心轴使配油轴配油位置适中，当油马达运转平稳，固定定位偏心轴，检查油马达消除故障
4	斗轮取煤出力不足	1. 溢流量大，压力表（低压）指示压力过低； 2. 油马达内漏油； 3. 油温升高	1. 调整溢流阀使压力升高； 2. 检修油马达； 3. 检查油箱油位补油，如工作时间长停车休息降温

表 24　斗轮机常见故障与处理方法（续）

序号	故障现象	故障原因	处理方法
5	斗轮取煤过多	转速过快	调整油泵供油量降低转速
6	斗轮运行响声	各相对运动件，紧固件松动	检查和紧固回转机构及相关件排除故障，紧固各部位紧固件
7	悬臂皮带机皮带跑偏	1. 头、尾改向轮不平行； 2. 滚筒表面黏附物料	1. 检查调整头尾、改向轮平行，以及调整托辊； 2. 检查清除表面积煤
8	悬臂皮带机电动滚筒有异声	1. 电机、滚筒减速器部分齿轮损坏； 2. 电机及筒体减速器轴承损坏； 3. 润滑件缺油干摩擦	1. 检查排除电动滚筒故障； 2. 检查确诊损坏轴承进行更换； 3. 检查油位、检查磨损零件经鉴定零件无磨损损坏，加油后可继续使用
9	悬臂皮带机电动滚筒温度过高	检查风冷是否堵塞	消除堵塞，如温度仍然过高停机休息降温
10	行走机构卡轨及轮绳擦轨	1. 轨道是否因个别压板螺丝松动压板移位； 2. 轨道不直扭曲； 3. 同侧车辆踏面中心线不一致，不同心； 4. 车辆轴承间隙过大晃动； 5. 四轮对角线相差过大	1. 检查轨道压板，固定压板螺栓； 2. 轨道拉钢丝校直； 3. 校正车轮踏面中心一致； 4. 检查更换轴承，调整压盖间隙； 5. 找正对角线
11	行走机构运行不平稳，有冲击和振动	1. 减速机高速传动轴齿轮磨损； 2. 车辆踏面磨损不均； 3. 轨道接缝处轨道接头有高差； 4. 轴承损坏	1. 检查减速机，更换易损件； 2. 检查车辆踏面外径按规定磨损量确定更换车轮或光刀修复暂时使用； 3. 检查接头轨道高度进行调整； 4. 确定为轴承损坏进行更换
12	行走变速时冲击过大或出力不足	1. 电机不同步或反向； 2. 抱闸动作不一致； 3. 减速箱传动齿轮损坏	1. 检查电机方向、电源磁力吸铁器； 2. 调整抱闸间隙； 3. 检查减速箱更换易损件
13	回转不平稳，换向或启动时有过大冲击	1. 交叉滚子轴承润滑不良，内积污垢过多； 2. 传动大齿轮啮合间隙过大； 3. 齿圈上、下支承座固定螺栓松动或断裂； 4. 行星减速器故障	1. 清洗油垢，注入润滑油； 2. 检查齿圈啮合间隙，研究修复措施； 3. 找正找平配齐紧固螺丝； 4. 检查行星减速器更换损坏传动件
14	回转操作不灵活	检查电气回路继电器	经检查确定更换继电器

表 24　斗轮机常见故障与处理方法（续）

序号	故障现象	故障原因	处理方法
15	液压系统有冲击震动	1. 系统管网中混有空气锤击； 2. 管道系统支架不牢固、弯曲，不符合要求引起抖动	1. 排除系统空气； 2. 检查支架固定管道，更换不合格的弯管
16	液压管道阀件泄漏	1. 管道接头垫圈损坏； 2. 阀件柱塞泄漏； 3. 液压密封件损坏	1. 调换管接头与垫圈； 2. 检修阀件，检查配合面； 3. 调换密封液压元件
17	液压泵有异声出力不足	1. 零部件磨损； 2. 内漏增加，柱塞及配油盘磨损间隙过大； 3. 配油盘倾角太小； 4. 泵体支承轴承损坏	1. 检修更换； 2. 调换配研柱塞，研磨配油盘； 3. 调换配油盘倾角； 4. 更换轴承
18	液压马达有异常响声	1. 液压马达配油轴位置不适中； 2. 液压马达零部件损坏； 3. 液压马达柱塞和配油套磨损	1. 调整液压马达偏心轴的调节螺钉； 2. 更换损坏零部件； 3. 调换或配研柱塞
19	齿轮泵压力下降	1. 齿轮啮合齿顶、齿侧间隙过大； 2. 齿轮端盖与齿面间隙过大	1. 更换齿轮； 2. 调整间隙
20	系统油温升高	1. 油箱油量不足； 2. 过滤网堵塞； 3. 油起泡沫变质	1. 补充油到规定液位； 2. 清洗过滤网； 3. 更换新油
21	变幅机构启动制动有冲击	抱闸刹车太松	调整抱闸刹车皮间隙
22	变幅机构臂架放下时下滑	抱闸刹车太松	调整抱闸刹车皮间隙
23	变幅机构臂架变幅时有响声	臂架个别支点干磨卡涩	检查个别支点，清理油垢，压注新油，加油润滑
24	尾车升降油缸不同步	油缸阻力不一致	调整二油缸组合密封圈，使二缸同步升降
25	尾车油缸柱塞升降阻力过大	1. 导向架变形； 2. 导向轮磨损严重	1. 检修升降机导向架； 2. 更换导向轮
26	集中润滑系统注不进油	管网内有空气	排出管网空气

7.3.1.3　螺旋卸煤机常见故障与处理方法

螺旋卸煤机常见故障与处理方法见表 25。

表 25　螺旋卸煤机常见故障与处理方法

序号	故障现象	故障原因	处理方法
1	大车断电后滑行距离大	1. 杠杆系统中活动关节卡住； 2. 润滑油滴入制动轮的制动面上； 3. 制动带严重磨损或脱掉； 4. 制动杠杆的锁紧螺母松掉； 5. 弹簧失效，张紧力不够； 6. 弹簧压力过小	1. 用润滑油活动关节； 2. 用煤油清洗制动轮、制动带； 3. 更换制动带； 4. 紧固锁紧螺母； 5. 更换弹簧； 6. 调整弹簧张紧力
2	制动器不能打开	1. 活动关节被卡住； 2. 弹簧张紧力过大； 3. 制动带胶黏在制动轮上； 4. 在液压推杆制动器上： ①叶轮掉落； ②叶轮滚键； ③油液使用不当； ④油位偏低； ⑤制动器电机烧坏； ⑥电气不动作	1. 用润滑油活动关节； 2. 调整弹簧； 3. 煤油清洗制动带、制动轮； 4. 处理： ①检修更换推杆，装复叶轮； ②更换键或重铣键槽； ③换液压油； ④液压油加到规定油位； ⑤更换推杆电机； ⑥检修电气回路
3	制动带发生焦味，制动带很快磨损	1. 两制动片不均匀离开，使制动带发生磨损； 2. 两制动片不能完全张开： ①杠杆系统行程调整不当； ②轴及销孔磨损； 3. 制动带不能张开	1. 调整两侧制动片，使张开间隙相等； 2. 处理： ①调节杠杆系统，使制动片张开距离达到最大； ②更换销轴或检修销孔； 3. 见前面“制动器不能打开故障”的处理方法
4	制动器易于脱开调整位置	锁紧螺母没有拧紧或锁紧螺母没拧好	调整制动器，牢牢拧紧、锁紧螺母与背螺母
5	液压推杆通电后不动作	1. 推杆卡住； 2. 叶轮卡住； 3. 叶轮滚键； 4. 轴承损坏； 5. 无油或严重缺油； 6. 严重漏油	1. 消除卡涩现象； 2. 解体大修； 3. 更换键或重新铣键槽； 4. 更换轴承； 5. 补充润滑油至规定油位； 6. 更换油缸或密封圈
6	液压推杆行程小	1. 油量不足； 2. 活塞与轴承之间有气体； 3. 油缸漏油； 4. 密封圈、密封垫损坏； 5. 阀片密封不严	1. 补充液压油至规定油位； 2. 将推杆压至最低位置，旋下放气螺塞，排空气体； 3. 消除漏油； 4. 更换密封圈、密封垫； 5. 消除阀片可能存在的机械杂质

表 25　螺旋卸煤机常见故障与处理方法（续）

序号	故障现象	故障原因	处理方法
7	齿轮声音异常	1. 齿轮的齿损坏； 2. 齿轮的齿磨损； 3. 键或键槽损伤； 4. 润滑油不合格； 5. 润滑油油位过低	1. 更换损坏的齿轮； 2. 更换磨损超标的齿轮； 3. 换新键，重新铣键槽； 4. 更换润滑油； 5. 加注润滑油到规定油位
8	轴承有异常声音、振动及发热现象	1. 轴承损坏； 2. 轴承磨损； 3. 润滑不良	1. 更换轴承； 2. 更换润滑油（脂）； 3. 加注润滑油（脂）
9	车轮磨损严重	1. 车轮啃轨； 2. 车轮表面硬度过低	1. 检测车轮及轨道的各安装技术数据，对超标的尺寸进行调整； 2. 更换磨损超标、表面硬度过低的车轮
10	联轴器声音异常	齿轮联轴器齿磨损、断齿	更换磨损超标、断齿的联轴器
11	联轴器失效	联轴器键或键槽损坏	更换损坏的键，重新铣新键槽
12	联轴器振动大	1. 弹性联轴器弹性圈损坏； 2. 连接螺栓孔磨损； 3. 联轴器不对中	1. 更换损坏的弹性圈 2. 重新加工孔，更换螺栓 3. 重新调整联轴器对中
13	轴弯曲、裂纹、断裂	1. 过载； 2. 疲劳破坏； 3. 轴的材质差； 4. 轴的强度、刚度不够	1. 加热后校正； 2. 更换新轴； 3. 更换材质好的轴； 4. 用强度、刚度更高的轴予以更换
14	减速器轴承外壳发热	轴承发生故障	更换轴承
15	减速器振动大、声音异常	1. 齿轮磨损； 2. 齿轮齿损坏； 3. 润滑油变质或缺乏润滑油	1. 更换磨损超标的齿轮； 2. 更换损坏的齿轮； 3. 更换变质的润滑油、加注润滑油至规定油位
16	减速器润滑油沿剖分面流出	1. 螺栓松动； 2. 密封失效	1. 拧紧螺栓； 2. 更换接合面密封胶
17	减速器轴承发热、有异常声音	1. 润滑油变质 2. 润滑油缺乏 3. 装配不良，使轴承部件卡住； 4. 轴承中有污垢	1. 更换润滑油； 2. 加注润滑油至规定油位； 3. 检查轴承的装配质量并进行调整； 4. 清洗轴承，重新加注润滑油
18	减速器轴承振动严重超标	轴承损坏或磨损超标	更换轴承

表 25 螺旋卸煤机常见故障与处理方法（续）

序号	故障现象	故障原因	处理方法
19	夹轨器夹不住	1. 各连接部位润滑不良、松动、有卡住现象； 2. 闸瓦磨损	1. 检查各节点，消除故障，加注润滑油脂； 2. 闸瓦磨损超过原厚的40%要更换

7.3.1.4 卸船机常见故障与处理方法

卸船机常见故障与处理方法见表26。

表 26 卸船机常见故障与处理方法

序号	故障现象	故障原因	处理方法
1	制动器不能刹住重物，使运行机构的小车或大车断电后滑行距离较大	1. 拉杆系统中活动关节被卡住； 2. 润滑油滴入制动轮的制动面上； 3. 制动带过分磨损或脱掉； 4. 在长或短冲程电磁铁制动器上，制动拉杆的锁紧螺母松开； 5. 盘式制动器弹簧压力不足，制动片的磨损面上有油污存在	1. 用润滑油活动关节； 2. 用煤油清洗制动轮或制动带； 3. 更换制动带； 4. 紧固螺母； 5. 调整弹簧螺母，清洗制动片
2	制动器不能打开	1. 制动带胶黏在有油污的制动轮上； 2. 活动关节卡住； 3. 弹簧张力过大； 4. 在长或短电磁铁制动器上，电磁线圈烧毁； 5. 盘式制动器弹簧压力过紧	1. 清洗制动轮及制动带； 2. 调整，修复； 3. 调整适当； 4. 更换； 5. 调整弹簧压力适当
3	制动器制动带上发生焦味，制动带很快磨损	由于不均匀地离开而使制动带发生摩擦，使制动轮发生过热现象	调整两侧间隙相等
4	制动器易于脱开调整位置	调整螺母没有拧紧	调整制动器紧固螺母
5	制动器发生嗡嗡声	1. 电磁铁短路环断裂； 2. 电压过低； 3. 电磁铁调整不好； 4. 电源线接头接触不良； 5. 盘式弹簧过紧	1. 更换； 2. 调整电源电压； 3. 调整； 4. 清洁并拧紧接头； 5. 调整弹簧螺母

表 26　卸船机常见故障与处理方法（续）

序号	故障现象	故障原因	处理方法
6	齿轮损坏与磨损	1. 工作时跳动，继而机构损坏； 2. 开动或制动时跳动	1. 更换齿轮； 2. 根据允许磨损量（一般在原齿厚的 15%～25%，对起升机构齿轮偏向小值，对运行机构齿轮偏向大值）进行检查； 3. 起升机构换新齿轮而运行机构的齿轮则可修理； 4. 换新键，保证轮可靠地装配于轴上
7	车轮运行不平稳及发生歪斜	1. 车轮轮缘过度磨损； 2. 由于不均匀的磨损，车轮椭圆度太大； 3. 起重机的钢轨不平直	1. 更换； 2. 修理或更换； 3. 调直、找平钢轨
8	夹轨器夹不住	1. 各连接部分有卡住现象，润滑不好，松动； 2. 轴瓦磨损	1. 检查各节点，消除故障，加油； 2. 更换
9	抓斗自动张开	1. 钢丝绳磨断，且绳索未张开； 2. 抓斗上升时，升降钢丝绳没有一齐收紧； 3. 钢丝绳跳出滑轮槽或卡死	1. 更换钢丝绳； 2. 操作时升降，开闭的钢丝绳要收紧，收齐； 3. 调换导轮及其底座
10	抓斗不能张开	1. 钢丝绳磨断； 2. 钢丝绳轧头松脱或两边钢丝绳吃力不均； 3. 升降架变形，销子脱落	1. 更换钢丝绳； 2. 修复钢丝绳轧头，两边钢丝绳收紧，收齐； 3. 修复升降架，换销

7.3.1.5　碎煤机常见故障与处理方法

碎煤机常见故障与处理方法见表 27。

表 27　碎煤机常见故障与处理方法

序号	故障现象	故障原因	处理方法
1	碎煤机振动	1. 锤环及环轴失去平衡； 2. 锤环折断失去平衡； 3. 轴承在轴承座内间隙过大； 4. 联轴器与主轴，电机轴的安装不紧密，同轴度过大； 5. 给料不均匀，造成锤环磨损不均匀，失去平衡	1. 重新选装、平衡锤环和环轴； 2. 更换新锤环； 3. 重新调整； 4. 重新调整； 5. 调整给料装置

表 27　碎煤机常见故障与处理方法（续）

序号	故障现象	故障原因	处理方法
2	轴承温度超过80℃	1. 滚动轴承游隙过小； 2. 润滑脂污秽； 3. 润滑脂不足或过多	1. 更换大游隙轴承； 2. 清洗轴承，换新润滑脂； 3. 调整润滑脂
3	碎煤室内产生连续敲击声响	1. 不易破碎的异物进入室内； 2. 筛板等件松动，锤环打在其上； 3. 环轴磨损太大	1. 清除异物； 2. 紧固螺栓、螺母； 3. 更换新环轴
4	排料＞30mm，粒度明显增加	1. 筛板与锤环间隙过大； 2. 筛板栅孔有折断处； 3. 锤环磨损过大	1. 重新调整筛板与锤环之间的间隙； 2. 更换新筛板； 3. 更换新锤环
5	产量明显降低	1. 给料不均匀； 2. 筛板栅孔堵塞； 3. 入料口堵塞； 4. 锤环磨损太大，动能不足效率降低	1. 调整给料机构； 2. 清理筛板栅孔，检查煤的含水、含粉量； 3. 清理入料口； 4. 更换新锤环

7.3.2　锅炉及脱硫脱硝除尘设备故障与处理方法

7.3.2.1　锅炉设备常见故障与处理方法

锅炉设备常见故障与处理方法见表 28。

表 28　锅炉设备常见故障与处理方法

序号	故障现象	故障原因	处理方法
1	安全阀有蒸汽漏出或有泄漏声	弹簧受力下降，介质冲刷造成结合面损坏，使安全阀微泄漏	安全阀检修时，认真检查阀头、阀座结合面损害情况，根据检查制定结合面检修措施，提高阀门结合面修研质量
2	吹灰器无法进退、内漏、漏汽	电动机故障、枪管烧变形或卡涩、阀芯与阀座结合面损坏、吹灰器内管，提升阀密封损坏	检查控制系统，电机等设备、就地手动退出，对吹灰器进行检修更换。隔绝系统检修提升阀、对阀芯与阀座进行检修更换。重新更换法兰密封垫片等
3	高压阀门盘根泄漏，阀门内外漏	盘根压盖螺栓松，格兰与门杆间隙大、阀杆精度低，有弯曲和锈蚀现象、填料质量或安装工艺不合理、阀门阀芯与阀座结合面修研质量差等	重新校正阀杆，除锈、拧紧盘根压盖螺栓、检修时，认真检查阀芯、阀座结合面损坏情况、系统能隔绝重新更换相同规格的阀门，系统无法隔绝采用带压堵漏的方法进行修补
4	锅炉四管泄漏	管排磨损、变形，管子发生蠕胀现象，内壁结垢、外壁腐蚀，防磨罩损坏或脱落，焊口质量不佳，给水品质不合格等	防止内外壁磨损，消除管子的附加应力、校正管排，消除烟气走廊，修复恢复防磨护板及防磨装置，及时更换受损管排并做好相应检测工作

表 28　锅炉设备常见故障与处理方法（续）

序号	故障现象	故障原因	处理方法
5	双色水位计泄露或不清晰	云母片减薄、老化或变形，水质差，水位计云母板内有结垢现象等	及时更换云母片、选用透光率好的云母板
6	烟风道漏风、灰	钢板强度不够、烟气流速太高、密封损坏	加强点检，出现问题及时处理
7	离心式风机及油站故障	非驱动轴承座连接螺栓松动，叶轮整个转子不同心，轴封骨架损坏，挡油环、回油孔堵塞，风机轴承箱、油箱密封损坏	加强点检，发现问题及时处理、定期检查油位和油取样工作、利用检修对风机进行全面、仔细地检查、重新找正
8	罗茨风机故障	叶轮上有污染杂质，造成间隙过小，齿轮磨损，造成侧隙大，油箱内油太多、太稠、太脏、皮带打滑等	加强巡检，及时加换油，必要时停役检修
9	磨煤机及油站故障	磨损严重、油站滤网堵等	停止磨煤机运行，对磨损部分进行更换修补，清理滤网，更换密封。加强点检，出现问题及时处理
10	给煤机皮带卡涩，给煤机跳，轴承有异声，皮带、清扫链磨损损坏	有大块煤、木头等卡涩给煤机，轴承不定期补油造成轴承进粉损坏，皮带、清扫链长时间运行磨损	加强巡检，发现大煤块、木头等不合格物及时进行清理，更换轴承及轴护套，对轴承、减速箱定期填加润滑油及润滑脂等
11	旋风分离器回料腿结焦及膨胀节烧毁	进入分离器的焦煤颗粒二次燃烧，风量控制不好导致回料效果不好	对其进行紧急处理，加强巡检，待停炉对结焦进行清理，烧毁膨胀节更换。加强对风量的控制
12	耐火、耐磨材料脱落	浇注料强度不够，烘炉时温升曲线未按厂家提供资料进行	加强监控，必要时停炉检修
13	冷渣器结焦、磨损、堵管	流化风管堵，冷渣器温度过高，风帽损坏	加强巡检监控，必要时停炉检修
14	风帽损坏	风帽材质不合格，风室漏灰渣导致风帽堵塞烧坏，床温过高的情况下一次风速过大，风帽排布不合理	采用较好材质的风帽，风帽的排布与角度要合理，防止积灰

7.3.2.2　除尘器常见故障与处理方法

除尘器常见故障与处理方法见表 29。

表 29　除尘器常见故障与处理方法

序号	故障现象	故障原因	处理方法
1	整流变压器运行中跳闸	1. 阴极线因断线、阳极板扭曲变形等永久性击穿点或短路点； 2. 蒸流装置元器件有故障； 3. 灰斗有堵灰、塔桥现象、灰斗满灰、致使阴阳短路； 4. 阴打保温箱进雨水，阴极振打绝缘轴、绝缘挡灰板击穿，或阴极振打与除尘器外壳有金属短路； 5. 蒸流变压到除尘器引线（电缆）电器元件绝缘损坏造成短路	1. 停止电场运行，检查高压直流回路，消除击穿点、短路点，检查调整阴阳极间距； 2. 更换蒸流装置损坏元器件，检查阴极振打瓷轴、电加热装置的投入情况并消除缺陷； 3. 查明堵灰、塔桥等满灰原因，清除积灰，检查并投入灰斗加热装置，使下灰流畅； 4. 排除阴极振打保温箱雨水，检修做好保温箱密封，更换损坏的阴极振打绝缘轴、绝缘挡灰板； 5. 检修或更换蒸流变压到除尘器的引线（电缆）损坏的电器元件
2	运行中一、二次电压正常，一、二次电流偏低或无显示	1. 电除尘器变压器到本体高压引线（电缆）断开； 2. 电流表计或电流测量回路故障； 3. 阴极线放电尖端被灰尘封； 4. 锅炉燃用煤质差，产生电晕屏蔽现象	1. 停止电场运行，检查高压直流回路变压器到本体高压引线（电缆）； 2. 停止电场运行，检查电流表计或电流测量回路故障； 3. 检查阴极振打是否运转正常，绝缘轴有否断轴，小修时对该电场阴极放电尖端是否灰尘封闭，并进行清灰； 4. 提高锅炉燃用煤质
3	运行中一、二次电压偏低，电场闪络	1. 电除尘器变压器到本体高压电缆、电缆头漏油，产生放电； 2. 阴极线固定松脱、断线或阴极小框架断裂，造成局部放电现象； 3. 阴极振打绝缘子（绝缘挡尘板）被击穿造成放电现象	1. 检查电除尘器变压器到本体高压电缆、电缆头是否有漏油、放电现象，并进行检修； 2. 结合检修检查阴极线是否有固定松脱、断线或阴极小框架断裂，造成局部放电现象，并修复； 3. 打开阴极振打保温箱检查绝缘子（绝缘挡尘板）有否被击穿放电现象，并修复
4	阴阳极振打停止	1. 电场内部积灰太多致使振打轴弯曲、卡涩或振打锤大量脱落； 2. 振打电机烧坏灰电机保护装置动作； 3. 瓷轴损坏或拉杆、链条断裂	1. 停止电场运行，校轴、确保灰斗卸灰，清除电场内部积灰； 2. 查明损坏原因，更换损坏部件

表 29　除尘器常见故障与处理方法（续）

序号	故障现象	故障原因	处理方法
5	卸灰系统下灰困难	1. 灰斗保温差加热能力不足，斗内温度低； 2. 水分大，排烟温度低，锅炉受热面管子漏水、汽，造成灰斗受潮； 3. 灰斗长期未卸灰有杂物卡住； 4. 输灰系统长期频繁堵灰	1. 检查灰斗加热部件，消除缺陷； 2. 查明锅炉原因，消除缺陷； 3. 停止电场运行，4h 后打开人孔门时做好安全措施后取出杂物； 4. 设法使输灰系统正常运行
6	布袋差压高	1. 喷吹气源低或喷吹管破损； 2. 水分大，排烟温度低，锅炉受热面管子漏水、汽，造成布袋受潮	1. 检查气源压力，恢复至正常工况； 2. 调整锅炉工况，必要时停炉更换布袋
7	布袋除尘后排放粉尘高	1. 布袋破损； 2. 除尘器壳体焊缝有漏点	1. 更换布袋； 2. 检查焊缝，并焊补检漏

7.3.2.3　脱硝反应器常见故障与处理方法

脱硝反应器常见故障与处理方法见表 30。

表 30　脱硝反应器常见故障与处理方法

序号	故障现象	故障原因	处理方法
1	脱硝效率低	即使氨流量调节阀开度很大，氨量供应也还是不充足	1. 检查氨逃逸率； 2. 检查氨气供应压力； 3. 检查管道堵塞和手动阀门的开度； 4. 检查氨流量计及相关控制器
		出口 NO_x 设定值过高	1. 检查氨逃逸率； 2. 调整出口 NO_x 设定值为正确值
		催化剂失效	1. 增加喷氨量； 2. 取出一些催化剂测试片，发给厂家，并附带历史运行数据，以便检验失效情况
		NO_x/O_2 分析仪给出信号不正确	1. 检查 NO_x/O_2 分析仪是否校准过； 2. 检查烟气采样管是否堵塞或泄露； 3. 检查仪用气
		烟气流量低和烟气温度低	1. 检查锅炉的负荷和性能； 2. 检查温度监视器
2	压损高	积灰	1. 用吹灰器清理催化剂表面； 2. 检查烟气流量
		取样管道的堵塞	吹扫取样管，清除管内杂质
3	氨逃逸率高	投氨量过大	在保证脱硝率情况下，降低投氨量
		催化剂堵塞严重，活性差	检查吹灰系统
		氨测仪故障	仪表检查

7.3.2.4 脱硫系统常见故障与处理方法

脱硫系统常见故障与处理方法见表 31。

表 31 脱硫系统常见故障与处理方法

序号	故障现象	故障原因	处理方法
1	(石灰石、石膏)浆液泵异响、异常振动机封泄漏	1. 泵壳、过流部件腐蚀和冲刷; 2. 抽空或憋压; 3. 泵抽空、憋压; 4. 密封水关闭	1. 定期拆检(建议至少 6 个月 1 次,如果检查情况良好可根据实际情况确定),控制浆液密度在设计值范围内,控制较高 pH 值,降低氯离子含量; 2. 检查出入口管道、入口滤网,清理堵塞定期检查更换; 3. 避免泵长时间憋压或抽空,停用确保排空,入口阀确保关严; 4. 定期检查密封水,确保密封水不断流
2	衬胶管道、管件泄漏	冲刷磨损	定期检查更换,泵弯头、三通等工况苛刻部位进行材质升级,选用双相钢管件
3	吸收塔、净烟道、吸收塔入口烟道泄漏	腐蚀	定期检查,发现泄漏采取临时堵漏措施,停炉检修时彻底处理
4	浆液系统蝶阀内漏	内件冲刷	检查更换,建议选用质量好的陶瓷蝶阀

7.3.3 汽机设备故障与处理方法

汽机设备常见故障与处理方法见表 32。

表 32 汽机设备常见故障与处理方法

序号	故障现象	故障原因	处理方法
1	润滑油水分超标	轴封泄漏	在前后汽封加装挡汽板、开缸检修,合理调整汽封间隙
		轴封压力调整不当	保证在轴封压力较低的情况下,维持机组的真空
2	油系统漏油	密封失效	更换密封
		油管或焊口开裂	重新焊接并减小管道振动、管道定期探伤
3	调速系统摆动	调速油油质恶化,造成电液伺服阀堵塞	更换伺服阀,滤油保持油质合格,定期更换滤芯,保持蓄能器压力正常,检查 LVDT
4	机组异常振动	转子质量不平衡、(原始不平衡,转动中部件松动或脱落、转子弯曲)	低速、高速动平衡

表 32　汽机设备常见故障与处理方法（续）

序号	故障现象	故障原因	处理方法
4	机组异常振动	动静碰磨（动静间隙不足、启停中上下汽缸温差过大）	合理调整各部位动静间隙、启停过程中注意上下缸温差、胀差的控制。启动前及升速中注意转子晃动及振动
		油膜失稳、汽流激振	调整轴承比压
		结构共振（机组支撑结构刚度过低）	增加结构刚度
		联轴器不对中	消除不对中
		转子中心孔进油	取下堵头，消除进油，将堵头堵严实
		基础或台板刚度不够	检查台板和轴承座平面，用液压工具按要求紧固螺栓
		发电机转子线圈异常，励磁电流增加后发生振动异常	修理转子线圈，调整空气间隙
		发电机转子通风孔堵塞或不对称造成	清理灰尘、调整通风孔
		仪表失常	检查测点
5	机组真空偏低	凝汽器结垢、真空系统严密性差	消除结垢、消除真空系统漏点
		阀门开度小	调整阀门开度
		循环水量不足	调整阀门开度，增开循泵
		真空泵工作失常	检查真空泵
		凝汽器水位升高	调整水位 检查凝结水泵工作情况
		轴封压力异常	调整轴封汽压力

汽机辅助设备故障与处理方法见表 33。

表 33　汽机辅助设备常见故障与处理方法

序号	设备类型	故障类型	处理方法
1	换热器类	结垢、堵塞失效	高压水进行清洗或化学除垢
		换热管腐蚀穿孔泄漏	堵头将穿孔换热管堵死
2	过滤器类	堵塞现象	切出清理过滤器
3	凝结水泵	介质泄漏、泵出力小	更换机封或轴封、入口滤网堵塞清理
4	真空泵	轴承温度过高、泵体温度过高、运行中噪声及振动、真空度或容量不足	加润滑脂、检查密封液压力是否正常、密封液冷却器是否堵塞、调整吸入阀的流量、消除管路漏空气

7.3.4 发电机设备故障与处理方法

发电机设备常见故障与处理方法见表 34。

表 34 发电机设备常见故障与处理方法

序号	设备类型	故障类型	处理方法
1	机械类	定子线棒冷却水管漏水，转子冷却水管漏水，冷却水回流管漏水	冷却水管反冲洗排污，减少腐蚀，泵压检漏，必要时更换定、转子线棒或水管
2	电气类	定子绕组相间短路，定子绕组匝间短路，定子绕组单相接地，转子绕组接地	绕组短路后如果烧损不严重，可以用修补匝间绝缘的方法处理，即在损坏处包缠组带、涂绝缘漆、垫绝缘物等；如果烧损严重，则应更换绕组。整个极相组短路时（通常由连接线处短路造成），可将绕组加热至 60～80℃，使绕组绝缘软化，然后撬开引线处，将黄蜡管重新套到接近槽部，或用绝缘纸垫好。绕组间短路时，如果短路点在端部，可用绝缘纸垫好。绕组匝间短路时往往电流很大，会将几匝导线烧成裸线。这时如果槽绝缘还未完全烧焦，可将短路的几匝导线在端部剪开，烘热绕组，用钳子将已坏的导线抽出；如果短路的匝数少于槽内总匝数的 30%，则不必再穿补新导线，只需将原来的绕组接通即可
3	其他异常运行状态	发电机失磁异步运行。发电机逆功率运行	发电机失磁异步运行时，一般处理原则如下： 1. 对于不允许无励磁运行的发电机应立即从电网解列，以免损坏设备或造成系统事故； 2. 对于允许无励磁运行的发电机应按无励磁运行规定执行以下操作： ①迅速降低有功功率到允许值，此时定子电流将在额定电流左右摆动； ②手动断开灭磁开关，退出自动电压调节装置和发电机强行励磁装置； ③注意其他正常运行的发电机定子电流和无功功率值是否超出规定，必要时按发电机允许过负荷规定执行； ④对励磁系统进行迅速而细致的检查，如属工作励磁机的问题，应迅速启动备用励磁机恢复励磁； ⑤注意厂用分支电压水平，必要时可倒至备用电源接带； ⑥在规定无励磁运行的时间内，仍不能使机组恢复励磁，则应将发电机自系统解列。 发电机逆功率运行时，保护应动作于解列。若保护装置拒动，确认主汽门完全关闭，发电机有功负荷为负值后，应立即将发电机手动解列灭磁，逆功率运行时间不允许超过 1min。投程序跳闸的保护动作主汽门关闭后，若发电机功率仍指示正的有功功率，则禁止将发电机解列。必须在采取措施将汽源可靠截断，功率指示负值后方将发电机解列灭磁。

电气设备常见故障与处理方法见表35。

表35 电气设备常见故障与处理方法

序号	设备类型	故障类型	处理方法
1	断路器	1. 内部机构卡涩，不能分合闸； 2. 本体绝缘下降，分合闸线圈烧毁，储能微动开关接点黏死，辅助开关接点黏死或烧毁等	1. 对内部机构加油润滑、调整； 2. 更换绝缘套管，更换分合闸线圈、更换微动开关、辅助开关
2	电动机	1. 扫膛、振动、轴承过热、损坏等故障； 2. 定子绕组缺相运行，定子绕组首尾反接，三相电流不平衡，绕组短路和接地，绕组过热和转子断条、断路等	1. 更换轴承； 2. 绕组重新绕制，断条焊接
3	隔离开关	1. 触头过热； 2. 绝缘子表面闪络和松动； 3. 隔离开关拉不开； 4. 刀片自动断开或弯曲	1. 将静触头拆开并分解，检查静触头内表面与导电杆接触部分是否有放电痕迹、氧化物，固定螺母是否松动，弹簧垫是否退火老化；清除氧化物，磨平烧痕，复装锁紧螺母；将动触头整体分解，清除动触头表面烧痕及氧化物，检查触指弹簧是否退火变形，检查触指与内部接触面有无烧痕及氧化物，更换烧伤严重的触指和弹簧，更换老化的螺栓和弹簧垫，最后按工艺标准要求顺序复装； 2. 更换绝缘子； 3. 轻轻扳动操动机构手柄，找一下故障部位，但不应强行拉开，以免损坏部件。如不能传动，可解开相与相间的连杆，分相检查，然后进行有针对性的处理； 4. 更换刀片
4	电流互感器	1. 有过热、内部发出异味、冒烟、内部有放电现象、声音异常或引线与外壳间有火花放电现象； 2. 主绝缘发生击穿，并造成单相接地故障。一次或二次线圈的匝间或层间发生短路；	1. 首先应仔细观察，并通过仪表指示等判断引起过热、内部发出异味、冒烟、内部有放电现象、声音异常或引线与外壳间有火花放电的原因。如果是过负荷引起的，应采取措施降低负荷至额定值以下，并继续进行监视和观察；如果是因二次回路开路造成的，则应立即停止运行，或将负荷减少至最低限度进行处理，处理过程中必须采取必要的安全措施以防止造成触电；如果互感器绝缘破坏而造成放电，则应予以更换； 2. 更换电流互感器；

表 35 电气设备常见故障与处理方法（续）

序号	设备类型	故障类型	处理方法
4	电流互感器	3. 充油（气）式电流互感器漏油（气）； 4. 二次回路发生断线故障	3. 检查并修复漏点、补充油（气）； 4. 根据故障现象判断是哪一组二次绕组开路。如果是保护用的二次绕组开路，应立即申请将可能误动的保护装置停用。检查开路绕组供电的二次回路设备（继电器、仪表、端子排等）有无放电、冒烟等明显的开路现象。如果没有发现明显的故障，可用绝缘工具（如验电器等）轻轻碰触、按压接线端子等部位，观察有无松动、冒火或信号动作等异常现象。在进行这一检查时，必须使用电压等级相符且试验合格的绝缘安全用具（如戴绝缘手套等）
5	电压互感器	1. 高压或低压侧熔断器熔断故障； 2. 回路断线故障； 3. 电磁式电压互感器铁磁谐振故障	1. 若高压侧熔断器熔断，应立即拉开电压互感器出口隔离开关，取下低压侧熔断器，并采取相应的安全措施，在保证人身安全及防止保护误动作的情况下，更换熔断器。电压互感器二次回路开关跳闸或二次熔断器熔断，可能二次回路有短路故障，应设法查出短路点，予以消除。检查短路点，可在二次电源及正常触点断开后，分区分段用万用表电阻挡测量相间及相对地间的电阻，相互比较来判断。如未查出故障点，采用分段试送电时，应在查明有关可能误动的保护（距离或低阻抗等）确已停用后才能进行； 2. 回路断线根据信号和故障征象判断电压互感器哪一组二次绕组回路断线。若为保护二次电压断线时，立即申请停用受到影响的继电保护装置，断开其出口回路压板，防止断路器误跳闸。如仪表回路断线，应注意对电能计量的影响。检查故障点，可用万用表交流电压挡沿断线的二次回路测量电压，根据电压有无来找出故障点并予以处理； 3. ①改变供电系统参数；②选用不易饱和的或三相五柱式电压互感器；③减少同一电网中电压互感器台数，在三相电压互感器一次侧中性点串接单相互感器，使三相电压互感器等值电抗显著增大，可避免因深度饱和而引起的谐振；④每相对地加装电容器。此法可使网络等值电容变小，网络等值电抗不能与之匹配，从而消除谐振；⑤在中性点装设消弧线圈；⑥投入备用线路，当系统中只有一组电压互感器投入的情况下，若供电线路总长度较短，可投入部分备用线路，以增加分布电容来防止谐振的发生；⑦消耗谐振能量，在电压互感器开口三角形侧并联阻尼电阻

表 35　电气设备常见故障与处理方法（续）

序号	设备类型	故障类型	处理方法
6	励磁系统	1. 起励不成功； 2. 功率柜故障； 3. 调节器故障	1. 增加可控硅的触发脉冲宽度，提高起励初期可控硅电流的上升时间。在励磁输出两端并接电阻，为可控硅提供一条电流快速上升的回路。由于励磁调节器脉冲宽度调整范围有限，且受脉冲放大电源和脉冲变的功率限制。所以，常采用的方法是在励磁输出回路并接续流电阻，以提高主回路电流的上升速率，从而保证可控硅的可靠导通； 2. 检查测温电阻是否正常。检查是否有可控硅不导通或变送器测量误差； 3. 检查进入开关量总线板的同步信号是否正常。按重启键将程序重新启动，观察程序重新运行是否正常。检查微机电源输出是否正常。检查各插件是否正确进入插槽，对应的接线端子有无松动。更换故障电路板

7.3.5　化学水设备故障与处理方法

7.3.5.1　高效纤维过滤器

高效纤维过滤器常见故障与处理方法见表 36。

表 36　高效纤维过滤器常见故障与处理方法

序号	故障现象	故障原因	处理方法
1	水样浊度未达水质要求	运行中纤维压实不够紧密	调整上限位进一步压实纤维
2	流量未达要求	纤维污染	停止运行进行纤维清理

7.3.5.2　交换器

交换器常见故障与处理方法见表 37。

表 37　交换器常见故障与处理方法

序号	故障现象	故障原因	处理方法
1	交换器漏树脂	网套脱落	重新绑扎网套
		中间垫片变形	修理更换
		多孔板密封间填料脱落	重新加填料
		网套破损	更换网套
		支母管间法兰连结不牢固	紧固螺栓，更换垫片
		母管断裂、开焊	焊接
		T 形绕丝支管断裂	修理更换
		水帽破损脱落	修理更换

7.3.5.3 除碳器

除碳器常见故障与处理方法见表38。

表38 除碳器常见故障与处理方法

序号	故障现象	故障原因	处理方法
1	除碳效果差	器壁腐蚀穿孔	修补
		密封面严重泄漏	更换垫片
		布水不良	清理及更换喷嘴
		风机故障或插板不灵	修理风机或修理、更换插板

7.3.5.4 箱槽池

箱槽池常见故障与处理方法见表39。

表39 箱槽池常见故障与处理方法

序号	故障现象	故障原因	处理方法
1	容器液位无指示	浮桶泄漏、破碎	修补或更换浮桶
		索引绳、绳道断裂	更换绳子
		索引绳脱离滑轮槽	调整槽中心
		液位接管堵塞	清除杂物或结晶
2	槽池输液无流量	底阀垫损坏	修理、更换底阀垫
		有杂物与结晶堵塞	清除杂物或结晶，修复吸入管的网格
		阀门隔膜片脱落	更换隔膜片

7.3.6 仪表设备常见故障及处理方法

仪表设备常见故障及处理方法见表40。

表40 仪表设备常见故障及处理方法

序号	设备类型	故障类型	处理方法
1	气动阀	气动阀无法打开	1. 阀门气源是否打开； 2. 阀门气源是否达到有效压力值； 3. 电磁阀是否有24V电源，如果没有，检查接头是否松动、端子板上继电器保险丝是否完好； 4. 保险丝完好，检查电缆是否完好； 5. 电磁阀有24V电源，手动开一下气动阀，如果打不开，阀门是否卡住； 6. 阀门没有卡住，换一个电磁阀； 7. 换个电磁阀还是无法打开，怀疑阀门有问题

表 40　仪表设备常见故障及处理方法（续）

序号	设备类型	故障类型	处理方法
1	气动阀	气动阀反馈不对	1. 先多开几次看看是否正确； 2. 若还是不正确，查看接线是否松动； 3. 反馈线是否接反； 4. 阀门内部接线端子是否接触良好； 5. 阀门上的限位开关是否弄错了； 6. DCS 程序是否做得正确； 7. 气动阀是否开关到位
2	压力变送器	压力变送器无显示	1. 是否有 24V 电源（检查接线是否正确）； 2. 没有 24V 电源，检查供电接线是否松动； 3. 有 24V 电源，检查仪表内部接线是否松动
		压力变送器显示不准确	1. 检查截止阀是否打开； 2. 检查引压管是否堵塞； 3. 检查量程是否满足需要； 4. 检查变送器是否处于大气压下； 5. 检查压力变送器压力容室内是否有沉积物； 6. 传感器组件损坏
3	温度计	双金属温度计显示不准确	1. 安装是否合格； 2. 温度计量程是否适合测量此类物质； 3. 使用时间太长，温度计内部复位弹簧无法复位
		热电阻出现故障	1. 是否有 24V 电源； 2. 没有 24V 电源，检查机柜内接线是否松动（是否配电）； 3. 有 24V 电源，检查仪表内部接线是否松动； 4. DCS 系统内量程设置是否有问题； 5. 仪表内部接线是否正确
4	电磁流量计	流量计指示与实际流量不一致	1. 转换器是否在正常方式； 2. 传感器中被介质是否满管，有无气泡； 3. 接地是否良好； 4. 零位以及量程是否正确； 5. 被测介质的电导率是否过小； 6. 电极上是否有污物； 7. 上游阀门是否全开
5	质量流量计	质量流量显示不准备	1. 检查流量标定系数是否正常； 2. 流量单位是否正常； 3. 检查零位是否正确，若不正确重新做零点调整； 4. 检查流量计组态是测量介质流量还是测量体积流量； 5. 密度标定系数是否正确； 6. 流量计所显示的被测介质的密度、温度是否正常； 7. 接线是否正确； 8. 接地是否正确

表 40　仪表设备常见故障及处理方法（续）

序号	设备类型	故障类型	处理方法
6	pH 计	零点处的不对称电势超出允许范围	1. 电极已超过使用年限； 2. 缓冲液污染； 3. 温度电极没有插入缓冲液中； 4. 所用缓冲液不在组态范围
		由于电极漂移过大，2min 后校验终止	1. 电极故障或需要清洗； 2. 电极内没有电解液； 3. 电极电缆连接时没有接屏蔽线； 4. 周围有强电场对测量造成影响； 5. 缓冲液温度波动大
7	轴振动和轴位移监测	监测器通道均失灵	1. 仪表供电是否正常； 2. 监测器电源单元是否正常
		间隙电压指零	1. 延伸电缆是否短路； 2. 信号电缆是否开路
		间隙电压负向超限	1. 延伸电缆是否开路； 2. 接头接触是否良好，是否有油污； 3. 探头是否故障

附　录　A
（资料性附录）
装置停工交付检修确认表

	确认内容	确认人
装置停工方案执行情况	1. 装置停工方案已全部执行完毕，各关键操作步骤已有专人签字确认	
	2. 装置物料退净，现场倒淋打开检查均无残余物料	
	3. 装置停车期间须存物料容器及管线均已加盲板隔离并明显标识，且安全附件齐全完好	
盲板管理	所有盲板均已按盲板图加装完毕，经检查合格，标识完好，并有专人签字确认	
易燃易爆、有毒有害物质管理	1. 密闭容器、管线等易燃易爆物质、有毒有害气体系统均已置换倒空，且均已采样分析合格	
	2. 防硫化亚铁等物质自燃的监控及安全防范措施完好	
装置放射源管理	装置放射源均已抽出隔离，现场标识完好，并有专人签字确认	
转动设备检修条件	动设备电机已停电，并按照规定挂停电牌	
检修场地环境条件	1. 含油污水井、地漏已用石棉布、沙土封死盖严	
	2. 装置地面、明沟、平台及动静设备外表面无油污、杂物	
	3. 各种停工倒空废液、残液均已移出装置现场	
	4. 装置检修环境可燃、有毒有害气体分析合格	
消防器材管理	1. 高压消防水系统运行正常	
	2. 消防通道畅通	
	3. 灭火器材数量齐全、完好备用	

附　录　B
（资料性附录）
检修施工现场 HSE 日检表

序号	检查内容	存在问题	检查人员	整改情况	验证人	备注
1	临时用电					
1.1	配备合格的持证电工					
1.2	配电箱合格、有防雨措施，按要求标识并上锁					
1.3	配电系统执行“三相五线制”，符合“三级配电二级保护”要求，安装匹配的漏电保护器，漏保动作灵敏好用，并进行日常试验和记录					
1.4	电缆及接头无破损，绝缘良好；铺设规范，走向清晰，标识明确					
1.5	用电严格执行“一机一闸一保护”					
1.6	按要求配置保护零线和工作零线，工作接地和重复接地完好					
1.7	安全电压符合作业环境要求					
1.8	使用工业插头、插座					
2	施工机具					
2.1	各种机具设备安全要求进行定期检查，确保完好					
2.2	设有机械保护装置（如转动设备等）的设备，保护装置处于完好状态					
2.3	用电机具、设施接地完好					
2.4	配备与作业要求相匹配的劳动防护用品					
2.5	空气压缩机压力表、安全阀等在检验期内并处于完好状态，高压气管和软管固定连接可靠					
2.6	气瓶垂直放置，瓶体固定可靠；气瓶分类摆放并保持安全距离，防护措施到位，气瓶阻火器、压力表等安全附件完好，气管无老化破损，连接可靠					

检修施工现场 HSE 日检表（续）

序号	检查内容	存在问题	检查人员	整改情况	验证人	备注
3	脚手架					
3.1	脚手架搭设人员是专业架子工，并持证上岗。搭设人员按要求着装，配备五点双大钩安全带					
3.2	编制脚手架搭设方案，进行安全技术交底并有记录					
3.3	按规范要求搭设脚手架，且有良好的整体稳固性					
3.4	搭设和拆除过程必须有专人监督，周边设置警戒区					
3.5	连墙件设置可靠，各节点扣件扭矩力符合要求					
3.6	通道、护栏、腰杆、踢脚板等符合要求					
3.7	作业面满铺跳板，无孔洞，跳板可靠固定且无探头板					
3.8	作业面临时放置的材料等在允许荷载范围内，严禁超载荷；放置必须稳固，无坠物风险					
3.9	脚手架搭设完成验收合格挂牌使用					
3.10	消防设施保持完好，灭火器和消防水桶按要求配置					
3.11	消防安全通道保持畅通					
3.12	用火作业前，清理周边易燃物，采取接火措施					
4	起重					
4.1	编制了吊装方案、进行交底并有记录					
4.2	起重设备操作人员、司索、指挥持有效证件					
4.3	起重机械证照齐全有效					
4.4	起重机械安全设施、附件完好					
4.5	机索具检查完好，钢丝绳无磨损，连接可靠，绳卡数量和间距满足要求					

检修施工现场 HSE 日检表（续）

序号	检查内容	存在问题	检查人员	整改情况	验证人	备注
4.6	吊装作业半径设置了警戒区，禁止无关人员入内					
4.7	吊装前进行评估，确保在额定起升载荷范围内进行起重作业，不得超载					
4.8	吊车支腿符合要求					
4.9	吊物捆绑符合要求，使用溜绳					
4.10	吊装作业天气、环境、风力等符合要求					
5	焊接、气割					
5.1	设备接地完好					
5.2	焊把线无破损，连接器完好					
5.3	有专人监护，接火、防火措施到位					
5.4	可燃性气瓶与胶管连接完好，无漏气，气瓶有阻火器					
5.5	现场气瓶与明火源保持安全距离					
6	受限空间					
6.1	对所要进行作业的受限空间进行吹扫、蒸煮、置换，并分析合格。所有与受限空间相连接的管线、阀门应进行有效隔离，盲板处应挂标识牌，并经工艺技术人员签字确认					
6.2	出入口内外不得有障碍物，在受限空间入口处设置“危险！严禁入内”警告牌或采取其他封闭措施					
6.3	对有可能发生硫化亚铁自燃的设备、容器必须经充分的钝化脱臭处理，并在现场配置消防水带					
6.4	《进入受限空间作业许可证》实行一点一证					
6.5	进入受限空间作业实行“三不进入”原则，即：①没有经批准有效的《进入受限空间作业许可证》不进入；②安全措施未落实不进入；③监护人不在场不进入					

检修施工现场 HSE 日检表（续）

序号	检查内容	存在问题	检查人员	整改情况	验证人	备注
6.6	作业现场配备必要的救护器具和灭火器材等					
6.7	进入受限空间作业应使用安全电压和安全行灯					
7	作业安全					
7.1	作业前进行班前安全教育和安全技术交底，作业人员清楚当天作业内容和安全风险及注意事项					
7.2	特殊工种持证上岗					
7.3	佩戴合格安全帽，并根据作业任务佩戴专用眼部、面部、手部等防护用品，高处作业人员系挂安全带					
8	收工检查					
8.1	配电系统一级箱断电，关闭气瓶角阀，能量上锁					
8.2	现场火种检查清理完毕					
8.3	清理各作业面材料和杂物等，做到工完料净场地清					
8.4	落实夜间值班、巡检人员，职责到位，检查内容明确					

附　录　C
（资料性附录）
装置检修交回开工确认表

确认内容	施工单位确认	车间确认
装置开工人员及开车保镖人员配备落实		
技术、原辅材料、动力、备品备件等方面的准备		
队伍技术状态、开工方案学习落实情况		
现场规格化情况		
工艺和设备联锁仪表校验情况		
HSE 措施落实情况		
盲板拆除清单、技术准备情况		
机、电、仪、公用工程、储运、质检等相关专业准备情况		
停工临设拆除、施工尾项整改情况等		

附　录　D
（资料性附录）
装置停工检修改造工作总结模版

根据公司《设备检修管理制度》规定，在装置停工检修结束后各相关单位应组织编写装置停工检修工作总结。为此，就进一步做好装置停工检修工作总结提出要求如下：

封面：

名称：××× 部 ××× 装置 ××× 年 ×× 月停工检修工作总结

编写人：×××

审核人：×××

批准人：×××（运行部领导）

编写单位：中国石化 ××× 分公司 ××× 部

编写时间：×××× 年 ×× 月

正文

（一）装置停工检修过程概述：

装置开、停工、检修过程简述，本周期装置运行起止时间。

本周期装置运行中出现的主要问题。

本次停工检修、改造内容简述，检修项目计划数（包括补充、追加），检修计划完成情况。重点检修项目情况。

开停工、检修网络执行情况。

（二）主要检修内容技术总结

反应器部分；

塔、容器部分；

加热炉部分；

冷换设备、空冷器部分；

阀门部分；

管道部分；

压缩机部分；

泵部分；

特殊阀门部分；

输送机械部分；

压力容器检验（包括缺陷返修处理）；

压力管道检验（包括缺陷返修处理）；

安全阀检验；

其他检修方面。

技术分析中要有以下内容：上次运行周期出现的问题，本次检修检查情况及采取措施；上次检修遗留问题处理情况；本周期与上周期设备隐蔽检查情况对照；重复发生问题处理方案有效性；装置系统问题；典型案例。

（三）检修计划准确性分析

（四）检修施工队伍评述

（五）材料供应评述

（六）设计质量评价

（七）检修质量评价

（八）本次检修遗留问题及预案

（九）检修管理亮点、存在的不足和下次检修需注意的问题

（十）附表

表 1　设备增加情况表

序号	位号	名称	规格型号	制造厂	数量	备注

表 2　设备拆除情况表

序号	原位号	名称	规格型号	制造厂	数量	备注

表 3　管线拆除情况表

序号	原编号	名称	规格	长度 /m	备注

表 4　设备更换情况表

序号	位号	名称	规格型号		制造厂		数量	备注
			更换前	更换后	更换前	更换后		

表 5　冷换设备检修情况表

序号	位号	名称	规格型号	抽芯清洗	试压换垫	堵管根数	管束更换

表 6　阀门检修、更换情况表（*DN*50 和 *DN*50 以上）

序号	规格型号	公称直径	检修数量	更换数量

表 7 压力容器检验情况表

序号	计划检验台数	增加变更台数	减少变更台数	实际完成台数	缺陷返修台数

表 8 压力管道检验情况表

序号	检验计划		增加变更		减少变更		实际完成	
	条数	米数	条数	米数	条数	米数	条数	米数

表 9 安全阀门检验情况表

序号	计划检验台数	增加变更台数	减少变更台数	实际完成台数

2. 电站汽轮机维护检修规程

SHS 08001—2019

代替 SHS 08001—2004

目　次

前　言

本规程按照GB/T 1.1—2009《标准化工作导则　第1部分：标准的结构和编写》给出的规则发布。

本规程代替SHS 08001—2004《电站汽轮机维护检修规程》，与SHS 08001—2004相比，除了编辑性修改外，主要技术变化如下：

——增加完善了汽轮机专业控制系统DEH液压部分的检修内容及检修要求；

——删除液压式调节系统设备的检修内容及检修要求（根据实际使用情况）；

——规定了在役机组的金属监督执行标准；

——增加了《防止电力生产事故的二十五项重点要求及编制释义》相关内容；

——增加宁夏能化CCJK330—16.67/1.5/0.5/538/538机组的检修质量标准；

——增加胜利电厂NC220MW和C300机组的检修质量标准。

本规程由中国石油化工集团有限公司、中国石油化工股份有限公司提出。

本规程起草单位：中国石化上海石化股份有限公司、中国石油化工股份有限公司胜利油田分公司、中国石化长城能源化工（宁夏）有限公司。

本规程主要起草人：钟庆、侯建平、杨琳琳、李伟、张振、王永、孙长霞、俞永璋。

本规程历次版本发布情况：

——SHS 08001—1992，SHS 08001—2004。

电站汽轮机维护检修规程

1 范围

1.1 主题内容

石化系统自备电站是承担石化生产装置供电、供热的部门，搞好电站汽轮机设备的维护和检修，是保证发电、供热的安全、稳定、经济运行，提高设备可用系数的重要环节。各级管理部门和每个检修工作者都必须充分重视检修工作，自始至终坚持“质量第一”的思想，切实贯彻“以定期检修为主，逐步扩大状态检修比例，最终形成一套融故障检修、定期检修、状态检修和主动检修为一体的、优化的综合检修方式，提高设备可靠性，降低发电成本”的方针。

本规程规定了电站汽轮机的检修周期与内容、检修程序与质量标准、试车与验收、维护与故障处理。

1.2 适用范围

本规程适用于工作压力3.43～16.7MPa，汽温435～540℃，单机容量为6MW及以上的火力发电厂汽轮机维护和检修工作，并以国产设备为主。对于6MW以下的设备，低蒸汽参数的设备或蒸汽参数和容量类似的进口设备，可参照执行。本规程只包括汽轮机本体部分，调节系统部套、保护装置、油系统及其附件、自动主汽门、调节汽门、抽汽逆止阀、安全阀、凝汽器、抽气器、泵、管道、阀门和交换器应按相应的专业检修规程执行。

1.3 汽轮机按结构分为背压式汽轮机、背压抽汽式汽轮机、具有一级调整抽汽的凝汽式汽轮机、具有二级调整抽汽的凝汽式汽轮机和凝汽式汽轮机等。

1.4 汽轮机的维护和检修除按本规程执行外，还应遵守国务院及有关部门颁发的劳动保护、环境保护、防火、安全等规程的有关规定。

1.5 本规程只包括汽轮机本体部分，调节系统部套、保护装置、油系统及其附件、自动主汽门、调节汽门、抽汽逆止阀、安全阀、凝汽器、抽气器、泵、管道、阀门和交换器应按相应的专业检修规程执行。

1.6 对于即将寿命到期的机组，应按DL/T 654—2009《火力机组寿命评估技术导则》开展寿命评估。

2 规范性引用文件

下列文件中的条款通过本规程的引用而成为本规程的条款。凡是注日期的引用文件，其随后所有的修改单（不包括勘误的内容）或修订版均不适用于本规程，然而，鼓励根据本规程达成协议的各方研究是否可使用这些文件的最新版本。凡是不注日期的引用文件，其最新版本适用于本规程。

防止电力生产事故的二十五项重点要求及编制释义

TSG 21　固定式压力容器安全技术监察规程

TSG D0001　压力管道安全技术监察规程——工业管道

电力工业技术管理法规（试行本）

DL/T 838　燃煤火力发电企业设备检修导则

DL/T 438　火力发电厂金属技术监督规程

DL 5190.3　电力建设施工技术规范　第3部分：汽轮发电机组

DL/T 824　汽轮机电液调节系统性能验收导则

DL/Z 870　火力发电企业设备点检定修管理导则

DL/T 338　并网运行汽轮机调节系统技术监督导则

DL/T 571　电厂用磷酸酯抗燃油运行与维护导则

DL/T 869　火力发电厂焊接技术规程

DL/T 1055　发电厂汽轮机、水轮机技术监督导则

DL/T 439　火力发电厂高温紧固件技术导则

DL/T 932　凝汽器与真空系统运行维护导则

3　检修周期与内容

3.1　检修周期

为满足生产装置长周期运行，检修内容项目应全面、具体、彻底，符合“应修必修，修必修好”的原则。机组的检修周期一般为60～84个月。

3.1.1　对技术状态较好的设备，为充分发挥设备潜力、降低检修费用，应积极采取措施逐步延长检修间隔，但必须经过技术鉴定，并报主管部门批准。累计运行 15×10^4h及以上的国产火电机组，可以小于上述周期的规定。

3.1.2　新机组自投产之日起，第1次A级检修时间为正式投产后1年左右。

3.1.3　汽轮机的检修停用天数：

检修停用天数指机组从与系统解列（或退出备用）到检修完毕，正式交付调度（或转入备用）的总天数。检修停用天数一般按表3确定，母管制锅炉和供热汽轮发电机的检修停用时间，可根据其锅炉铭牌出力所对应的冷凝式汽轮发电机组容量，按表3确定，并可酌情增加1～3天。因设备更换或重要部件或其他特殊需要，机组检修停用时间可超过表1规定。

表 1　停用天数

机组容量 /MW	停用天数
300 ≤ P < 500	51～63
200 ≤ P < 300	46～51
100 ≤ P < 200	33～41
100（具有二级调整抽汽）	33～41
50（具有二级调整抽汽）	30～35
50（具有一级调整抽汽）	30～35
25（抽汽背压式）	18～20
25（背压式）	15～18
25（凝汽式）	15～18
25（具有二级调整抽汽，双缸）	20～25
12（具有二级调整抽汽）	15～17
12（高参数背压式）	15
12（低参数背压式）	9～12
6（低参数背压式）	8～10

3.2　检修内容

检修内容主要指 A 级检修的内容，为满足生产装置长周期运行，检修内容应更全面、更具体、更彻底，符合“应修必修，修必修好”的原则。

3.2.1　汽缸

a）拆卸及装复化妆板。
b）拆除及修补保温。
c）拆除及检修汽缸螺栓。
d）执行 DL/T 438《火力发电厂金属技术监督规程》。
e）检查汽缸结合面漏汽情况，并记录其间隙。
f）检查、清理上、下汽缸结合面及汽缸内部。
g）检查、清理喷嘴。
h）测量汽缸水平。
i）测量汽缸的洼窝中心。
j）拆装导汽管螺栓，更换垫片。
k）拆装蒸汽室盖。
l）检查排汽缸上防爆门。

3.2.2 隔板及隔板套

a）清理隔板套、隔板及静叶。

b）检查隔板套及隔板静叶，除锈垢。

c）测量高压段隔板的变形。

d）检查、修理隔板及隔板套上附件。

e）测量、调整隔板套、隔板膨胀间隙。

f）检查、清理旋转隔板，测量、调整旋转隔板转动环与隔板之间间隙。

g）测量、调整隔板套、隔板洼窝中心。

3.2.3 汽封

a）检查、清理、测量汽封及阻汽片间隙，必要时对汽封梳齿、汽封块、弹簧片进行修理、调整。测量、调整汽封套膨胀间隙。

b）检查清理汽封套及其附件。

c）更换少量汽封块（20%以下）。

3.2.4 转子

a）检查轴颈椭圆度、不柱度及转子弯曲度，测量轴颈扬度，推力盘、叶轮和联轴器瓢偏度。

b）清理转子、除垢。

c）检查动叶片、复环、拉金等。

d）检查叶轮及平衡孔、平衡块、联轴器。

e）检查平衡盘、轴颈、推力盘、联轴器的磨损，松动及裂纹等情况，测量套装叶轮轴向间隙。

f）测量、调整通汽部分间隙。

g）对100～150mm高度以上的动叶做频率试验。

h）找联轴器中心。

i）对重点监视的叶轮叶根槽或键槽进行探伤试验。

j）转子中心孔内窥镜检查及清理。

3.2.5 轴承

a）检查轴瓦钨金及推力瓦块钨金，必要时进行修刮、调整或焊补。

b）测量推力瓦块厚度。

c）测量、调整轴瓦间隙及瓦盖紧力。

d）调整内外油挡的间隙。

e）检查轴瓦球面、垫铁的接触情况。

f）测量、调整推力间隙。

g）清理轴承箱。

h）测量、调整发电机、励磁机轴承座绝缘。

3.2.6 盘车装置

a）解体检查修正蜗杆、蜗轮和大小齿轮的啮合情况。

b）检查杠杆起动脱扣机构工作情况。

c）检查轴承、喷油嘴。测量、调整齿轮、蜗母轮、轴承、导向滑套等部件的间隙。

d）检查、修理油系统接头、阀门。

3.2.7 滑销系统

a）清理检查滑销系统螺栓、垫片、销子。

b）测量、修整各部间隙。

3.2.8 调节系统

a）清理检查放大器、旋转阻尼、压力变换器、同步器、调速滑阀、调压器、调速喷嘴、脉冲油泵（阀）等部套的滑阀、套筒、错油门、波形管、喷嘴等零件的磨损情况，并测量调整间隙和尺寸，必要时修理和更换零件。

b）检查弹簧，必要时作弹簧特性试验，并测量弹簧的自由长度和倾斜度。

c）检查清理 EH 油动机活塞磨损情况，测量调整间隙和尺寸，并进行必要的修理。

d）EH 油动机的伺服阀、伺服放大器、四通滑阀、导阀、溢流阀、滤器、卸荷阀等附件的检查、清理，并更换密封件。

e）检查连接部分销子的灵活情况。

f）蓄能器检查、充压。

g）油箱清理、油质过滤。

3.2.9 保安系统

a）清理检查危急保安器、遮断油门、危急遮断及复位装置，超速试验阀、启动阀、容量限止器、电磁阀、试验油门、危急遮断指示装置等部套的滑阀、套筒等零件的磨损情况，并测量调整间隙和尺寸，必要时修理和更换零件。

b）检查弹簧，必要时作弹簧特性试验，并测量弹簧的自由长度和倾斜度。

3.2.10 配汽机构

a）清理检修油动机、油动机连杆（凸轮装置），调节阀等部套的活塞、错油门、阀杆、套筒等零件的磨损情况，测量间隙、弯曲度，必要时修理和更换密封件及零件。

b）清理、检修连杆销轴或凸轮、轴承等零件，测量间隙。

c）检查调节阀阀碟与阀座的接触面，并进行研磨，测量调节阀行程。

d）检查弹簧，必要时作特性试验，并测量弹簧自由长度和倾斜度等。

e）调节汽阀螺栓100%探伤试验和100%的硬度检验（大于和等于M32的螺栓）。

3.2.11 自动主汽门及操纵座

a）解体清理自动主汽门及操纵座。

b）清理检修活塞、活塞杆、阀杆、阀碟、套筒、滤网等零件，必要时更换零件。

c）测量弹簧自由长度，必要时做特性试验。

d）检查碟阀阀座的严密性，必要时须研磨。

e）测量调整各部间隙及阀杆弯曲度，测量主阀及预启阀行程。

f）高温螺栓作硬度探伤金相试验（大于和等于M32的螺栓）。

3.2.12 油系统及附件

a）清洗、检查油箱、注油器，滤油器、滤网、油位计，必要时修补或更换滤网。

b）清理、检修主油泵、高低压油泵、事故油泵及排烟机，必要时更换零件。

c）清洗油管路，检修油阀门。

d）解体清洗冷油器，并作水压试验。

e）蓄能器检查、充压。

3.2.13 凝汽器

a）清洗冷凝管，消除泄漏，必要时更换少量冷凝管（20%以下）。

b）检查真空系统和水侧的严密性。

c）检修水位计和水位调整器等附件。

d）检查水室腐蚀情况，必要时修复防腐层。

e）根据需要抽取冷凝管进行分析。

f）检查凝汽器喉部伸缩节或支座弹簧。

g）检查修理胶球清洗装置。

3.2.14 射水（汽）抽气器

a）检修喷嘴、扩散管、逆止阀，必要时更换零件。

b）喷嘴混合室、水箱清理防腐。

c）清洗加热器传热面，消除缺陷，并作水压试验。

3.2.15 水环式真空泵

a）全面解体各零部件，清扫锈垢，检查完好状况。

b）更换磨损件，测量调整各部间隙并组装。

c）检查、清洗换热器管束，并进行水压试验。

d）阀门检修，必要时更换。

3.2.16 水泵

a）解体清洗检查凝结水泵、循环水泵、疏水泵、射水泵、冷水泵及其他水泵。

b）测量零部件的间隙、尺寸，修理或更换叶轮、轴承、机封等易损件。

c）检修阀门、滤网，必要时更换零件。

3.2.17 交换器

a）清洗并检查热交换器的传热面。

b）进行水压试验，消除泄漏缺陷。必要时更换少量管子（10%以下）。

c）检修水位计、水位调整器、保护装置系统汽水阀门、安全阀、电磁阀。

3.2.18 汽水管道系统

a）检查电动主汽门、旁路阀、疏水阀、各种安全阀、流量孔板等设备有无裂纹、漏汽、冲蚀松动等缺陷，根据情况进行研磨、修理或更换零件，做严密性试验。

b）检查修理凝结水系统、除盐水系统、工业水系统、循环水系统、给水系统、阀门、流量孔板。

c）蠕胀测量主蒸汽管道壁厚，对高温螺栓进行金属监督。

d）检查管道支架、膨胀指示器，必要时进行调整。

e）检修调整电动阀门的传动装置。

3.3.19 水内冷发电机的冷却系统

a）清理检修冷却器及冷却系统（包括水箱滤网、阀门、流量孔板、进水支座、回水箱）。

b）进行冷却器严密性试验，消除泄漏。

3.2.20 除氧器

a）清理除氧器及附件，安全阀校验，必要时进行水压试验。

b）检查、修理除氧头配水装置。

3.2.21 循环水系统

a）检查、修理循环水泵及进、出口阀门。

b）检查并根据情况适量更换水塔填料、配水装置、除水器。

c）冷却水塔清淤。

3.2.22 附属电气设备

a）检修电动机和开关。

b）检查、校验有关电气仪表、控制回路、保护装置、自动装置及信号装置。

c）检修配电装置、电缆、照明设备和通信系统。

d）预防性试验。

3.2.23 其他

a）按照汽轮机金属监督、化学监督及压力容器、压力管道监察的相关规定进行检查并列入检修内容。对于不符合《防止电力生产事故的二十五项重点要求及编制释义》相关条款的机组，在检修内容中要落实反事故的措施。

b）本规程对检修内容及质量标准未规定的机组，应以设备生产厂家的说明书为准。如本规程规定的质量标准与厂家说明书有冲突，应以设备生产厂家的说明书为准或协商后确定。

4 检修程序与质量标准

4.1 检修前准备

4.1.1 根据设备的运行情况、存在的缺陷和检修核查结果，结合上次A级检修总结进行现场查对，确定检修的标准和非标准项目，制订符合实际情况的对策和措施，并做好有关设计、试验和技术鉴定工作。

4.1.2 落实物资（包括材料、备品、安全工具、施工机具等）准备和检修施工场地布置。

4.1.3 制订施工技术组织措施和安全措施。

4.1.4 准备好技术记录卡片及验收卡片。

4.1.5 确定需测绘和校核的备品配件加工图。

4.1.6 制订A级检修实施计划的网络图、进度表和检修场地布置图。

4.1.7 做好特殊工种和劳动力的安排，确定检修项目和非标准项目的施工负责人及验收负责人。

4.1.8 做好A级检修项目的费用预算。

4.1.9 施工计划经上级批准后，组织各施工方学习、讨论检修计划、项目、进度、措施及质量要求和经济责任制等，施工方学习完成后进行反向交底。

4.1.10 施工单位应努力创建标准化工地，提高检修现场管理水平。

4.2 拆卸与检测

汽轮机拆装一般应遵守下列规定：

4.2.1 拆卸和组装部套应根据制造厂图纸进行，首先要弄清结构情况和相互连接关系，并使用合适的专用工具。当零件拆卸不动时，应找出原因，禁止盲目敲打。

4.2.2 拆下的零件应放在专用的零件箱内或定点放置，精密零件应用干净的塑料布或柔软的布料包好。设备拆除后孔、洞应用专用堵板封牢。

4.2.3 为防止设备、管道异物进入，在检修过程中必须采取防止异物落入的措施，当一部套装好后，必须做到内部清洁，并予以封闭。

4.2.4　由于部套零件多，在安装时要注意位置和方向。

4.3　回装与质量标准

4.3.1　检修质量标准按附录 A（资料性附录）～附录 N（资料性附录）执行。

4.3.2　质量验收程序、验收项目和标准

4.3.2.1　为了确保检修质量，必须严格执行验收制度，加强质量管理。

4.3.2.2　质量验收实行三级验收制度；在已开展全面质量管理的单位，按 PDCA（P——计划，D——实施，C——检查，A——总结）循环的 C 环节进行验收。盖缸和试运行前的总体验收，由生产单位设备主管人员以上主持。核查质量和环境符合要求后，由设备主管以上人员发布盖缸或整体试运行决定。

4.3.2.3　重点部位检修质量验收项目和标准见表 2。

表 2　重点部位检修质量验收项目和标准

序号	部套	验收项目	标准
1	汽缸	扣空缸严密性检查	参照汽轮机检修质量标准
2	推力轴承	推力间隙	
3	汽封	1. 前后汽封间隙； 2. 隔板汽封间隙	用真轴滚橡皮膏法实物验收
4	转子	1. 联轴器端面瓢偏； 2. 联轴器中心记录； 3. 通汽部分间隙； 4. 叶片的频率试验	参照汽轮机检修质量标准
5	隔板	喷嘴磨损	目视检查裂纹、缺口等
6	调速调压部套	1. 碟阀（喷嘴）间隙； 2. 主油泵轴晃动度； 3. 小油动机行程	参照汽轮机检修质量标准
7	保安部套	危急遮断器脱扣杠杆与偏心环之间的间隙	参照汽轮机检修质量标准
8	主汽门	阀碟与阀座研磨接触情况	目视检查，阀线全周接触
9	调节汽阀	阀碟与阀座研磨接触情况	目视检查，阀线全周接触
10	凝汽器	汽侧静水压检漏，铜管（换热管）清洁度	铜管（换热管）全部不漏
11	供汽安全阀	阀碟与阀座研磨接触情况	目视检查，阀线全周接触
12	抽汽逆止阀	阀碟与阀座研磨接触情况	目视检查，阀线全周接触
13	油系统	油箱，油管路清洁度	参照油务监督标准

4.4 A级检修总结和技术文件

4.4.1 汽轮机A级检修竣工后，检修负责人应尽快组织有关人员认真总结经验。对A级检修的质量、进度、安全、费用、管理等工作以及机组试运行情况进行总结，并指出下次A级检修的改进意见。

汽轮机A级检修后应在30天内写出总结，按规定上报。

4.4.2 设备检修技术记录、试验报告、系统变更等技术文件，作为技术档案保存在设备管理部门和档案室。

设备和系统的重大变更及技术改进文件应送主管部门备案。

4.4.3 A级检修技术文件种类参照项目

4.4.3.1 检修项目进度表及网络图（计划与实际比较）。

4.4.3.2 重大非标项目和技术措施及施工总结。

4.4.3.3 改变系统和设备结构的设计资料及图纸。

4.4.3.4 A级检修技术记录和技术经验专题总结。

4.4.3.5 A级检修工时、材料消耗统计资料。

4.4.3.6 A级检修前后机组热效率试验报告。

4.4.3.7 A级检修前后机组调速系统特性试验报告。

4.4.3.8 汽轮机叶片频率试验报告。

4.4.3.9 重要部件材料和焊接试验、鉴定报告。

4.4.3.10 金属、绝热及化学监督的检查、试验报告。

4.4.3.11 其他。

4.4.4 汽轮机A级检修总结报告的内容格式（表3）

表3 汽轮机A级检修总结报告的内容格式

________________厂__________号汽轮机　　_______年____月____日

制造厂________________________________，型式____________________

容量____________MW，蒸汽压力_____________MPa，蒸汽温度_______________℃

调整抽汽压力为______________MPa 和______________MPa

（一）停用日数：

计划：_____年___月___日到_____年_____月___日，共计______天；

实际：_____年___月___日到_____年_____月___日，共计______天。

（二）工时：

计划：______工时，实际：______工时。

（三）费用：

计划：______元，实际：______元。

（四）上次A级检修至此次A级检修运行小时数_____，备用小时数______。

两次A级检修间B级检修_______次，停用小时数__________。

两次A级检修间临时检修______次，停用小时数__________。

两次A级检修间事故检修_______次，停用小时数__________。

（五）机组A级检修前、后主要运行技术指标：

表 3（续）

序号	指标项目	单位	A 级检修前	A 级检修后
1	在额定参数下最大出力	MW		
2	各主轴承（包括发电机）振动值	mm	⊥—⊙	⊥—⊙
	……号轴承			
	……号轴承			
	……号轴承			
	……号轴承			
	……号轴承			
3	效率			
	（1）汽耗值；	kg/kW·h		
	（2）热效率	%		
4	凝汽器特性			
	（1）凝结水流量；	t/h		
	（2）循环水入口温度；	℃		
	（3）排汽压力；	kPa		
	（4）排汽温度与循环水出口温度差	℃		
5	真空严密性（在______MW 负荷下）	Pa/min		
6	调速系统特性			
	（1）速度变动率；	%		
	（2）迟缓率	%		

注：2、3、4 应为额定负荷或可能最大负荷的试验数字，A 级检修前后应在同一负荷下进行。

（六）设备评级：

A 级检修前：________________________________A 级检修后：________________________

升级或降级的主要原因：____

____

____

____

（七）检修工作评语：____

____

____

____

（八）简要文字总结：

1. A 级检修中消除的设备重大缺陷及采取的主要措施。
2. 设备的重大改进及效果。
3. 人工和费用的简要分析（包括重大非标项目的人工、费用概数）。
4. A 级检修后尚存在的主要问题及准备采取的对策。
5. 其他。

检修负责人：

总工程师：

4.5 设备评级

4.5.1 设备检修（包括A级检修、B级检修）后，应按SHS 01001《石油化工设备完好标准》的规定进行评级。

4.5.2 各主管部门应组织同类型机组就检修质量、工期、工时、安全、费用及管理等方面进行交流，对于成绩突出的应予以表扬和奖励。

5 试车与验收

5.1 试车前准备

5.1.1 全部检修工作结束并“工完、料净、场地清”工作完成。

5.1.2 根据检修概况完成启动措施的编写。

5.1.3 分部试运行全部完成。

5.1.4 冷态验收全部完成。

5.1.5 热工联锁及主保护联锁校验完成。

5.1.6 汽轮机在启动前及升速中必须进行的检查项目和标准（表4）。

表4 汽轮机在启动前及升速中必须进行的检查项目和标准

序号	项目	标准
1	油系统和油循环	1. 油箱和油系统设备及管道无渗油现象； 2. 高油位、低油位信号应调整正确 油循环后汽轮机油符合GB/T 7596《电厂运行中汽轮机油质量》、DL/T 571《电厂用磷酸酯抗燃油运行与维护导则》标准
2	盘车检查	挂钩，脱钩灵活，动作正确
3	调速系统静态特性试验和调压器的静态整定	1. 试验数据和整定值均应符合制造厂规定的要求； 2. 任何工况不能出现高频抖动； 3. 主汽门、调节汽门关闭时间的测定符合DL/T 1055的要求
4	抽汽逆止阀的整定	1. 抽汽电磁阀动作后逆止阀能迅速关闭，电磁阀复位后逆止阀应恢复开启； 2. 总行程应符合制造厂规定要求
5	低速下进行“摩擦”检查	低速下倾听汽轮机和内部动静部件及前、后汽封，各轴承等处应无异声
6	振动	1. 发现振动异常情况，应降速或停机； 2. 汽轮发电机组通过临界转速时应平稳、迅速，各振动值应不大于制造厂规定值

5.2 试车

5.2.1 汽轮机在空负荷试运转时应做的试验

5.2.1.1 在额定转速下按制造厂规定，调整润滑油压和调速油压。

5.2.1.2 按要求调整同步器高低限标准，高限为额定转速107%，低限为额定转速95%。

5.2.1.3 自动主汽门和调节汽阀严密性试验。标准为：当自动主汽门（或调节汽阀）单独迅速关闭而调节主汽门（或自动主汽门）全开的情况下，中压机组的最大漏汽量不应引起转子转动，对于进汽压力为8.83MPa及以上的汽轮机，最大漏汽量引起的转动转速应不超过额定转速的1/3。

5.2.1.4 供热逆止门严密性试验，标准为当转速为2400r/min时，开启供热隔离阀旁路门，转速升高不大于100r/min。

5.2.1.5 超速试验标准宜为额定转速的109%～111%。

5.2.2 试运行时间

5.2.2.1 机组A级检修后带额定负荷试运行时间一般为8～24h。

5.2.2.2 由于调度和生产装置制约的原因，不能带额定负荷试运行时，其试运行工况由生产厂与主管部门商定。

5.2.2.3 试运行时间包括在检修工期内。

5.3 验收

5.3.1 汽轮发电机组带负荷运行时应做下列试验并达到指标要求

5.3.1.1 带负荷运行应具备的条件为空负荷试运行正常，各项自动保护及联锁装置动作正常，发电机空载电气试验合格。

5.3.1.2 在带负荷运行时，机组的振动符合GB/T 11348.2在旋转轴上测量评价机器的振动和GB/T 6075.2在非旋转轴上测量评价机器的振动的相关规定。

5.3.1.3 在带负荷运行中应进行真空系统严密性试验，标准为：负荷稳定在额定负荷的80%或以上，关闭空气门，在3～5min内，当机组小于100MW时真空下降速度平均每分钟应不大于0.4kPa，机组大于100MW的真空下降速度平均每分钟应不大于0.27kPa。

5.3.1.4 在带负荷运行中调速系统工作稳定，并能符合以下要求：

a）当汽轮机在额定参数和额定转速下运行，瞬间自额定负荷甩至零时，调节系统应能维持汽轮机空转转速不超过危急保安器的动作转速。

b）汽轮机速度变动率的调整范围一般为额定转速的3%～6%。局部速度变动率最低不小于2.5%。

c）汽轮机运行中，调节系统应稳定地保持给定的电负荷与热负荷。当负荷变化时，调节汽阀应能正常、平稳地开大或关小。

d）调节系统的迟缓率应不大于0.5%，对于新安装的机组应不大于0.2%。

5.3.2 安全阀动作试验，标准按制造厂规定。

注：背压机空负荷时做试验，抽汽机带负荷后做试验。

6 维护与故障处理

6.1 日常维护

6.1.1 确保机组良好的运行，其基本条件按汽轮机设计参数和制造厂规定负荷运行。

6.1.2 汽轮机在运行时，操作人员应严格执行中国石化《炼化企业设备管理制度》的部分内容。

6.1.3 维修工人应严格执行中国石化《炼化企业设备管理制度》的部分内容。

6.1.4 定期检查的项目、标准和周期见表5，包含但不限于以下内容：

表5 定期检查项目、标准和周期

序号	项目	标准	周期
1	汽轮机油质分析	GB 7596	按GB 7596要求，若油中混入水分，要增加次数
2	汽轮机抗燃油油质分析	DL/T 571	按DL/T 571要求
3	轴承振动监测	参见5.3.1.2条	每月一次
4	汽门活动/松动试验	利用就地试验装置或DEH试验逻辑活动汽门10%～20%行程	每天
5	主汽门和调节汽门严密性	参见5.2.1.3条	A级检修前后，正常运行每年
6	抽汽逆止阀活动试验	开启、关闭灵活	每月一次
7	安全阀校验	按运行参数规定动作压力	按安全阀管理规定
8	真空严密性试验	参考5.3.1.3	每月一次
9	状态监测轴承分析仪，分析频谱图	按制造厂标准	每周巡检
10	对主要设备进行巡检	SHS 01001《石油化工设备完好标准》	每周一次

6.1.5 各自管辖的设备应及时按期进行巡回检查，做好记录，对发现的问题及时处理。不能及时处理的问题及特殊情况，均应向有关部门领导做汇报，以便采取有效措施，妥善处理。

6.2 常见功能故障及处理方法

6.2.1 发生故障而必须紧急停机时，操作人员必须按事故处理规程执行。

6.2.2 发生设备事故必须执行中国石化《炼化企业设备管理制度》的部分内容。

6.2.3 设备常见故障与处理方法见表6。

表 6　设备常见故障与处理方法

序号	故障现象	故障原因	处理方法
1	油箱油位下降	1. 油系统有漏油； 2. 事故放油门漏	检查、消漏、加油
2	油系统着火	1. 油系统漏油，油滴到蒸汽管道上； 2. 轴承油挡漏油； 3. 润滑油压太高，油从油挡处喷出	消除漏油，用灭火机扑灭火焰，火大停机，开启事故放油门
3	油系统进水	1. 汽封漏； 2. 轴承室负压太高	加强油品实时监护取样，增加在线滤油装置，对汽封泄漏采取必要的封堵和抽吸 消除轴承室呼吸阀滤网堵，调节排烟风机出力
3	机组振动	1. 转子不平衡； 2. 转子热弯曲，动、静部分摩擦； 3. 汽封局部摩擦； 4. 对中不良； 5. 轴承失油后干摩擦； 6. 推力瓦严重磨损造成动、静部分摩擦； 7. 轴承油膜失稳或破坏造成油膜振荡； 8. 轴承座不稳固； 9. 电机磁场中心不对； 10. 电机线圈匝间短路； 11. 电机空气间隙偏差超标	1. 找平衡； 2. 停机，盘车 2h 后再启动； 3. 停机，盘车 2h 后再启动； 4. 重新校中心； 5. 查明失油原因，进行处理； 6. 停机处理推力瓦； 7. 调整轴承比压； 8. 重紧地脚螺栓或二次灌浆； 9. 调整磁场中心； 10. 处理线圈； 11. 调整空气间隙
4	推力瓦块温度高	1. 瓦块接触不均匀； 2. 装配质量不符合标准； 3. 前轴承瓦销钉不到位，上、下瓦前后错位； 4. 进油量少； 5. 仪表误差	1. 解体研修； 2. 解体重装； 3. 重装销钉； 4. 检查进油孔； 5. 检查调整
5	运行中推力瓦块温度急剧上升	转子轴向位移超过标准，瓦块严重磨损	停机检查
6	轴向推力增大	1. 进入汽轮机主蒸汽带水； 2. 高压加热器漏水倒入汽缸内； 3. 通汽部分的机械损坏； 4. 蒸汽温度急剧下降； 5. 动叶流道积有盐垢	1. 调整蒸汽参数； 2. 检修推力瓦,修刮补焊或换瓦； 3. 揭缸检查，视破坏情况作相应处理； 4. 调整蒸汽参数； 5. 清理汽道积垢

表 6　设备常见功能故障与处理方法（续）

序号	故障现象	故障原因	处理方法
7	支持轴承乌金磨损及脱落	1. 轴承乌金间隙处落入杂质； 2. 轴颈与乌金表面质量不合格，油间隙不正确； 3. 轴瓦浇铸有夹杂、脱胎、过热、强度低； 4. 瞬间断油或油管法兰裂开； 5. 轴电流腐蚀； 6. 油质劣化、杂渣、水分等超标	1. 清理轴瓦，研修轴和轴瓦； 2. 研修轴、瓦，调整油间隙； 3. 严格控制各环节工艺； 4. 启动直流油泵，检查油系统，检修轴瓦； 5. 测轴瓦绝缘及更换绝缘垫，研刮轴瓦； 6. 加强滤油及油质处理，研刮轴瓦
8	汽缸法兰结合面漏汽	1. 汽缸法兰结合面局部不平整； 2. 汽缸变形； 3. 螺栓松紧顺序和紧力不均，不对称或紧力不够； 4. 倒暖机或机组启动过快，膨胀不均，汽缸法兰与螺栓温差过大； 5. 涂料不均或有杂质	1. 研刮、加网垫，刷镀； 2. 研刮法兰结合面； 3. 按螺栓松紧顺序对称拧紧； 4. 严格控制启动温升时间； 5. 严格控制涂料质量，重涂涂料
9	调节系统不能维持空负荷运行	1. 调节汽门阀芯漏气； 2. 调节汽门开度不对或未关严； 3. 调节系统整定值偏差； 4. 油质不良造成调节部套卡涩	1. 停机研磨阀芯或重新调整； 2. 停机重新调整汽门开度； 3. 调速系统重新调整； 4. 重新滤油
10	调节系统摆动	1. 波形管有空气； 2. 油压不稳，调速蝶阀偏斜； 3. 调节汽门卡涩； 4. 调节汽门重叠度不对； 5. 调节系统迟缓率过大； 6. 特性曲线不符合要求； 7. 调节系统部套漏油	1. 消除空气； 2. 解体检查； 3. 解体检查； 4. 重新调整； 5. 检查销孔等连接件尺寸； 6. 更换部件使特性曲线合格； 7. 消除漏油
11	危急遮断器拒动或动作转速没有规律	1. 油中有杂质，芯杆卡涩； 2. 危急遮断油门卡涩； 3. 芯杆弯曲或有腐蚀斑点； 4. 弹簧塑性变形或断裂； 5. 主轴上安装遮断器的孔与轴线不垂直	1. 滤油，清洗； 2. 解体检修危急遮断油门； 3. 更换芯杆； 4. 更换弹簧； 5. 更换主轴
12	主汽门不严	1. 阀杆卡涩； 2. 阀芯阀座不严密； 3. 操纵座油动机卡涩	1. 解体、检修； 2. 研磨阀芯； 3. 解体检查

表6 设备常见功能故障与处理方法（续）

序号	故障现象	故障原因	处理方法
13	调节汽门不严	1. 阀杆卡涩； 2. 阀芯阀座不严密； 3. 汽门开度不对； 4. 调节汽门操纵座的滑架与外壳套之间间隙过小，发生卡涩现象	1. 解体、检修； 2. 研磨阀芯； 3. 重新调整开度； 4. 增大操纵座滑架与外壳套之间隙
14	抽汽逆止阀不严密	1. 电磁阀失灵 2. 操纵座活塞卡涩 3. 抽汽阀阀杆与密封圈卡涩 4. 操纵座回水（或回气）孔不畅通 5. 阀芯、阀座不严密	1. 解体、检修； 2. 解体检查； 3. 增大阀杆与密封圈间隙； 4. 放大回水（回气）孔； 5. 研磨阀芯
15	安全阀运行中误动作或拒动作	1. 脉冲式安全阀： ①脉冲门漏汽大； ②脉冲门杠杆重锤移位； ③电磁铁误动作； ④活塞卡涩，脉冲门卡涩。 2. 弹簧式安全阀： ①压缩弹簧失效； ②调整螺杆并紧螺帽松动； ③阀芯卡涩	1. 研磨阀芯； 2. 重新调整、固定； 3. 解体检修； 4. 解体检修
16	凝汽器铜（钛）管漏	1. 铜（钛）管磨损腐蚀； 2. 铜（钛）管和管板胀口松动	1. 作静水压试验，检漏； 2. 重新胀管，大量漏时，换铜（钛）管
17	抽汽器失效	射水泵故障，逆止阀失灵	解体检修

附 录 A
（规范性附录）
C50-90/13-1（Ⅱ）、CC50-90/42-15
汽轮机检修质量标准

A.1 汽缸

A.1.1 汽缸壁

a）调节级处外壁温度降到100℃以下，上、下汽缸温差不大于50℃时，方可吊走化妆板及拆除保温；

b）向空排汽门应严密不漏，纸板应无开裂及严重缺损；

c）汽缸各部分无裂纹；

d）化妆板及其配件完整；

e）保温良好。

A.1.2 汽缸内部

a）内部应洁净，疏水孔、仪表测点孔应畅通；

b）高低压缸垂直结合面螺丝应无锈蚀和松动；

c）洼窝中心偏差过大进行调整时，应使前后汽封处中心偏差：

$$(a-b) \leqslant 0.06\text{mm}（图 A.1）$$

$$c-(a+b)/2=0.04\sim0.08\text{mm}$$

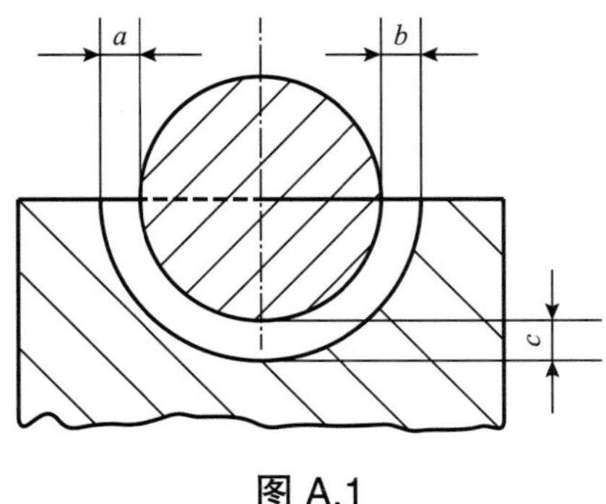

图 A.1

d）喷嘴叶片应无裂纹或卷边、冲蚀现象；

e）喷嘴体内弧板与喷嘴片焊接处应无裂纹。

A.1.3 汽缸结合面检修质量标准

a）应洁净、无涂料及铁锈残留物；

b）结合面应光滑平整无损伤或贯穿裂纹及毛刺；

c）结合面应无裂纹，测量汽缸水平见图 A.2；

d）汽缸结合面的严密性应在紧 1/3 螺丝的情况下用 0.05mm 塞尺塞不进，个别部位塞进的深度不得超过结合面法兰宽度的 1/3；

e）汽缸扣盖前，结合面应清除干净，并用细砂纸打光。

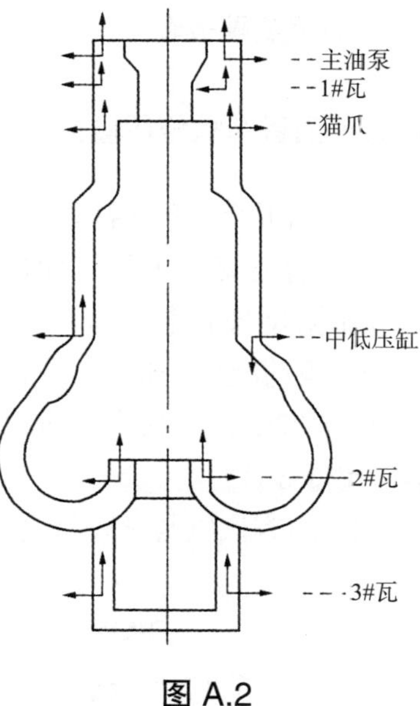

图 A.2

A.1.4 汽缸螺栓

a）螺栓清理干净，无黑铅粉及铁锈等残留；

b）大于 M64 的螺栓及螺帽应有钢印编号；

c）大于 M64 的螺栓金相检验、硬度测定结果应符合技术要求（300 > HB > 200 为合格）；

d）选定高温段部分螺栓监视蠕变情况，测取长度作好记录，与逐次大修比较；

e）螺栓丝扣、螺帽丝扣、汽缸丝扣应完好，无乱扣、缺扣、弯曲、裂纹、毛刺等现象；螺纹配合不应过松和过紧，无卡涩现象；螺帽与汽缸的接触部分应无严重咬毛；发现毛刺应予以铲除；

f）装复汽缸螺栓时应擦二硫化钼；

g）紧汽缸螺丝应以消除汽缸上下法兰面间隙为原则；一般应按一定顺序进行，全部螺丝冷紧完毕后应进行复核，以免紧松不一，紧螺栓次序见图 A.3，并应保证热紧值：

C50 机组：

M120mm 螺栓，热紧值（螺帽外圆弧长）145mm

M76mm 螺栓，热紧值（螺帽外圆弧长）60mm

CC50 机组：

M120mm 螺栓，热紧值（螺帽外圆弧长）128mm

M100mm 螺栓，热紧值（螺帽外圆弧长）94.2mm

M76mm 螺栓，热紧值（螺帽外圆弧长）68.9mm

M64mm 螺栓，热紧值（螺帽外圆弧长）27mm

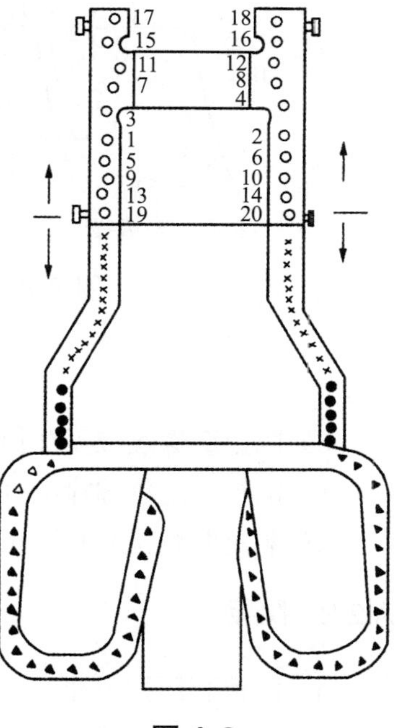

图 A.3

注： 汽缸涂料参考配方如下：

红丹粉	30%
还原铁粉	20%（200 目）
二硫化钼	50%

Y-100 清油（文火煮熟）拌和

A.2 隔板及隔板套

A.2.1 隔板套检修质量标准

a）隔板套清理干净，无水垢及黑铅粉残留；

b）隔板套水平结合面应良好，无漏汽痕迹；接触面积达75%以上，紧螺栓后用0.05mm塞尺塞不通；

c）隔板套各部分间隙：挂耳与上隔板套间隙 a 大于2mm，挂耳与上缸间隙 b 为0.20～0.30mm，隔板套与汽缸间膨胀间隙 d 为2～2.5mm（图A.4），挂耳调整垫片最多不得超过3片；

d）检查汽缸与下隔板套纵向键间隙（图A.5）；

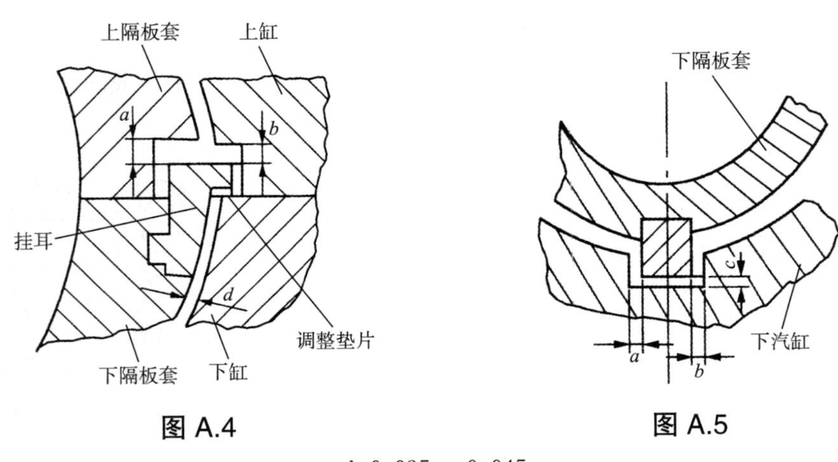

图A.4　　图A.5

$a+b$=0.035～0.045mm

c＞1mm

e）隔板套螺丝应无乱扣、裂纹、丝扣应光滑完好，配合时无松动；

f）隔板套定位螺栓应有防止转动和脱落的保险措施；

g）装复时螺帽应有防止松动的保险措施。

A.2.2 隔板

a）隔板套清扫干净，应无结垢、污物及涂料残留；

b）隔板应无损伤、裂纹、变形、突起、松动和裂纹，对发现的缺陷需作修复或采取明确措施方可使用；

c）隔板水平接合面应严密。高、中压部分0.05mm塞尺塞不进，低压部分0.10～0.20mm塞尺通不过；

d）隔板挂耳、压板、固定螺钉、键、销应完好；挂耳调整垫片最多不得超过4片，并采用抗蠕变材料做成；

e）各部分间隙应符合下列要求（图A.6），压板与上隔板间隙 a 为0.20～0.50mm；

挂耳与压板间隙 b 为 0.10～0.20mm；挂耳与上隔板间隙 c≥2mm；隔板与隔板套膨胀间隙 d 为 2～2.5mm；下隔板与隔板套纵向键间隙（图 A.7）为：$a+b$=0.035～0.045mm；c ≥ 1mm；

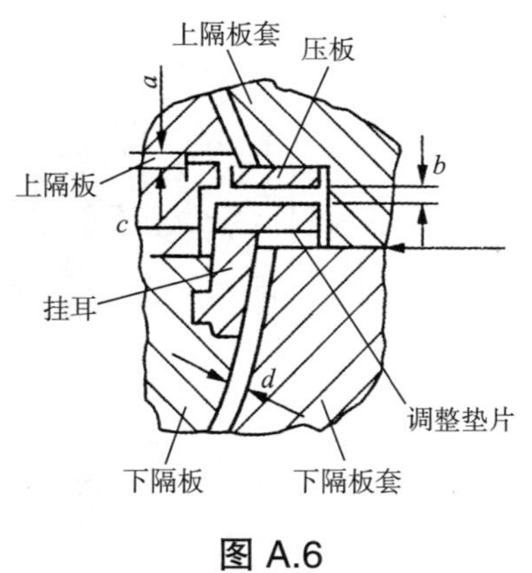

图 A.6

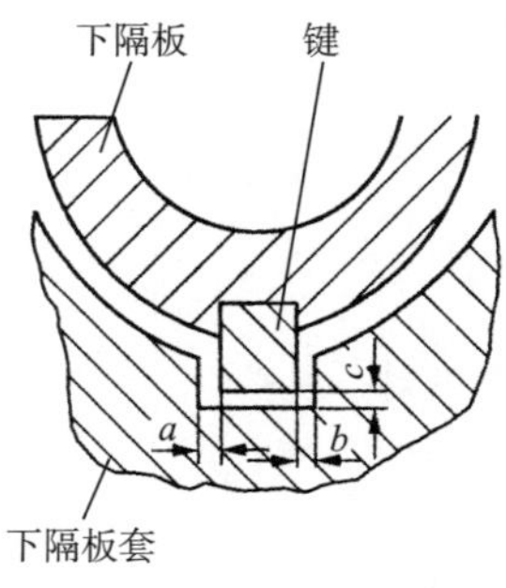

图 A.7

f）隔板与隔板套轴向间隙 0.10～0.20mm；

g）回转隔板除符合隔板检查要求之外还需符合：压板与转动环间隙应为 0.50～0.60mm；组装时转动灵活；盖汽缸前应把回转隔板位置定好，并与低压油动机连接；复核油动机开度及回转隔板位置，正确时方可扣盖；

h）阻汽片应无严重磨损；梳齿顶部应刮尖；顶端厚度为 0.30mm 左右；更换时应符合图纸工艺要求；梳齿与叶片顶端的间隙为 1.5～1.8mm。

A.3 汽封

A.3.1 轴封套

a）轴封套清理干净，无水垢及黑铅粉残留；

b）水平结合面应良好，无漏汽痕迹；接触面积达 75% 以上，紧螺栓后用 0.50mm 塞尺检查应塞不进；

c）洼窝中心允许偏差与隔板相同，见图 A.1 及 A.3.2a）条；

d）紧固件轴向间隙、挂耳键的间隙、与汽缸膨胀间隙均与隔板相同，见 A.2.2e）条。

A.3.2 汽封

a）汽封梳齿应完整无倒伏现象。调整隔板套或隔板中心应符合下列要求：

$$a - b \leqslant 0.06\text{mm}$$

$$c - (a + b)/2 = 0.04\sim0.08\text{mm}\ (\text{图 A.1})$$

b）汽封弹簧片弹性应良好，无裂纹；

c）汽封块装入后，按动汽封环应弹动自如，无卡涩现象；

d）隔板汽封梳齿轴向和辐向间隙见表 A.1、表 A.2；

表 A.1　C50 机组

部位	间隙	标准 /mm	图例
前汽封	a b c d e f	0.40～0.60 3.5 6.5 1.6 3.1 5.0	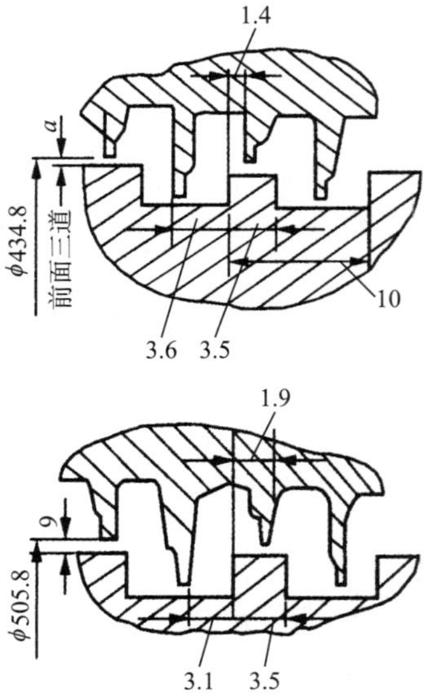
隔板汽封 1～7 级	a b c d e f	0.40～0.70 7.5 2.7 4.7 5.5 9.5	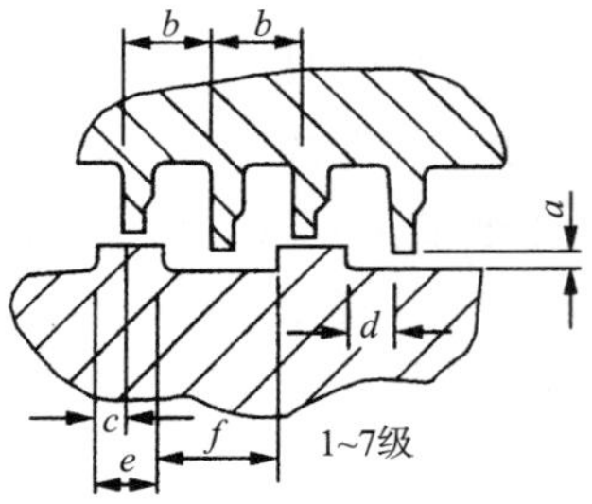
隔板汽封 8～11 级	a b c d e f	0.40～0.70 5.5 9.5 2.7 4.8 7.5	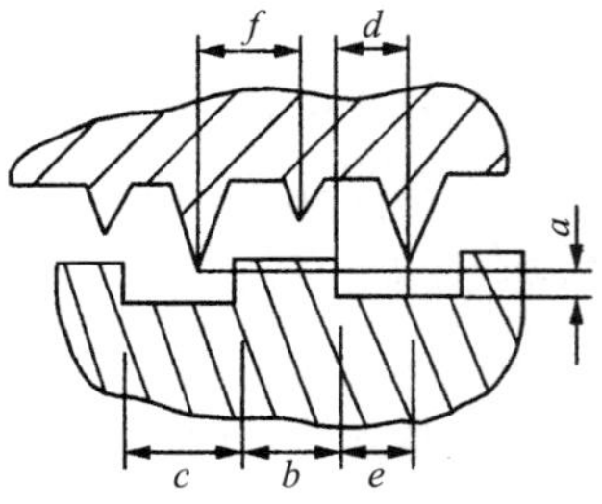
隔板汽封 12～16 级	a b c d e f	0.40～0.60 -- -- -- -- --	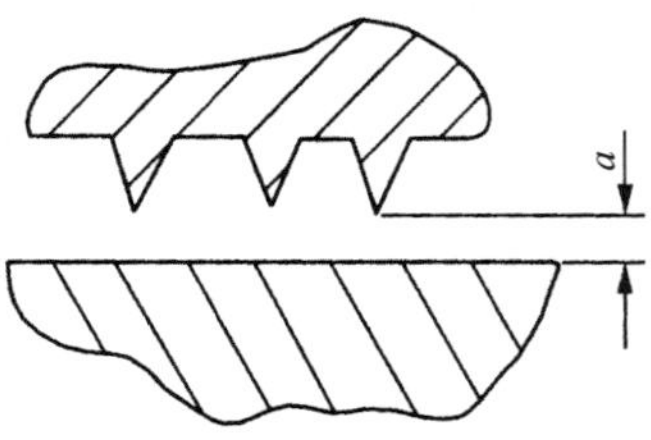

表 A.1 C50 机组（续）

部位	间隙	标准 /mm	图例
后汽封	*a* *b* *c* *d* *e* *f*	0.40~0.60 6 12 3 6 9	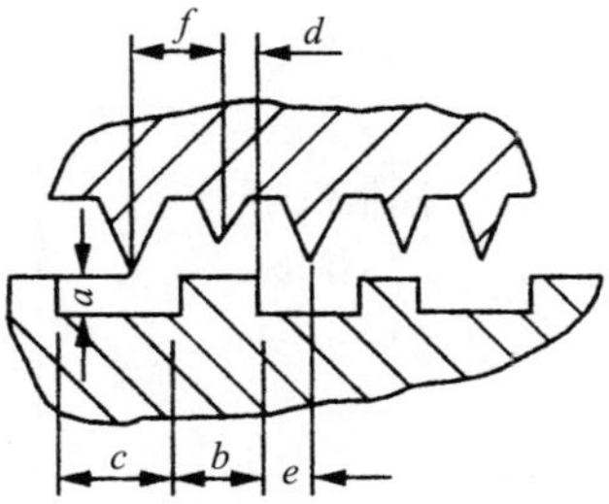

表 A.2 CC50 机组

部位	间隙	标准 /mm	图例
前汽封 （高压）	*a* *b* *c* *d* *e* *f*	0.40~0.60 5 1.6 3.1 3.5 6.5	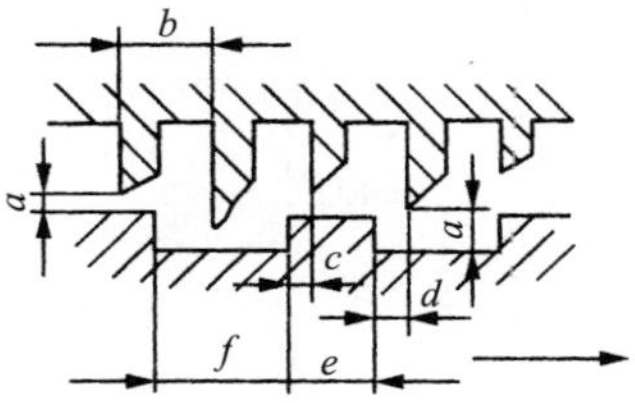
中压汽封	*a* *b* *c* *d* *e* *f*	0.40~0.60 5 1.4 4.8 5.5 9.5	
隔板汽封 1~5 级	*a* *b* *c* *d* *e* *f*	0.40~0.70 7.4 2.7 4.8 5.5 9.5	
隔板汽封 中压汽室 与第 6 级	*a* *b* *c* *d* *e* *f*	0.40~0.70 7.5（中压室 6.9） 2.2 4.2 5.5 9.5	

表 A.2　CC50 机组（续）

部位	间隙	标准 /mm	图例
隔板汽封 7～9 级	a b c d e f	0.40～0.70 5.5 9.5 2.8 4.7 7.5	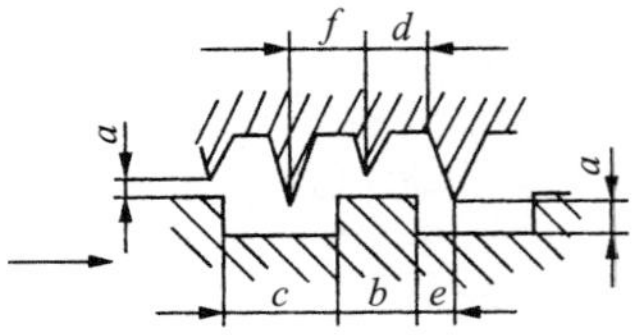
隔板汽封 10～14 级	a	0.40～0.70	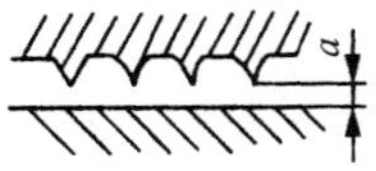
后汽封	a b c d e f	0.40～0.60 6 12 3 6 7	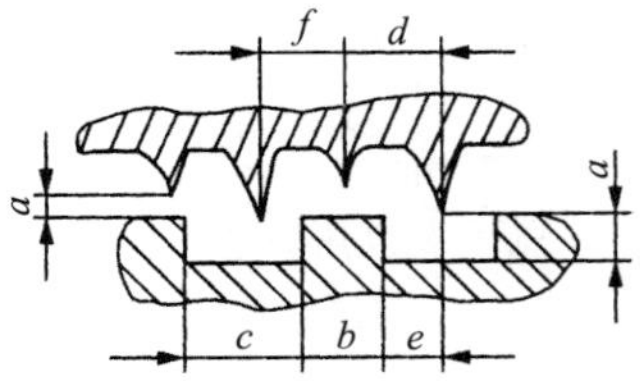

e）更换调整汽封时做对全周膨胀间隙为 0.30～0.50mm。

A.4 转子

A.4.1　主轴及其他部件

a）轴颈及推力盘工作面应光滑无麻斑或纹槽；

b）轴颈及推力盘工作面粗糙度应为 R_a0.8μm；

c）轴颈椭圆度、锥度应≤ 0.02mm，推力盘瓢偏度应≤ 0.02mm；

d）转子中心孔堵板固定牢固；

e）主轴晃动度应≤ 0.06mm；

f）主轴叶轮套装后转子的弯曲应≤ 0.04mm。

A.4.2　叶轮

a）用小锤轻敲套装叶轮，应无松动之声；

b）叶轮应无裂纹及机械损伤；

c）首末级叶轮平衡槽内的平衡块应不松动；

d）测量套装叶轮之间隔圈间隙，并与上次大修进行比较；

e）叶轮瓢偏度应符合下列要求：

整锻的叶轮，瓢偏度允许值≤ 0.03mm；

套装的叶轮，瓢偏度允许值≤ 0.01mm。

A.4.3 动叶片

a）清理水锈及污垢；

b）复环及叶根处汽封梳齿应无卷边和损伤；

c）叶片应完好，无断裂及细微裂纹；

d）叶根及叶根销安装应牢固，无松动；

e）测定叶片频率应符合要求；

f）检查腐蚀及冲蚀情况，并作详细记录；

g）通流部分间隙应符合要求（表 A.3、表 A.4）。

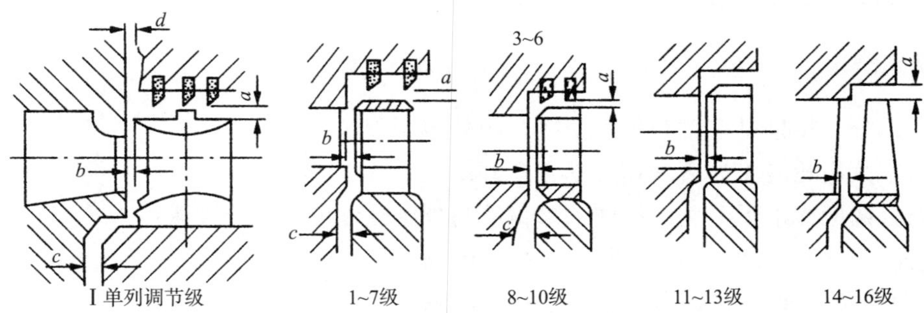

表 A.3 C50 机组

mm

标准＼级号	Ⅰ	1	2	3	4	5	6	7
a	1.5～1.8	1.5～1.8	1.5～1.8	1.5～1.8	1.5～1.8	1.5～1.8	1.5～1.8	1.5～1.8
b	$2^{+0.5}$	$2^{+0.5}$	$1.5^{+0.5}$	$1.5^{+0.5}$	$1.5^{+0.5}$	$1.5^{+0.5}$	$2^{+0.5}$	$2^{+0.5}$
c	5	5	5	5	5	5	5	5
d	0.5	/	/	/	/	/	/	/

标准＼级号	8	9	10	11	12	13	14	15	16
a	1.5～1.8	1.5～1.8	1.5～1.8	/	/	/	3	3	/
b	2	2	2	2.5	3	3.5	4.5	4.9	5.75
c	4.5	4.5	4.5	/	/	/	/	/	/
d	/	/	/	/	/	/	/	/	

表 A.4 CC50 机组

mm

级号 标准	Ⅰ（Ⅱ）	1	2～5	6～8	9	10	11	12	13	14
a	1.5	1.5～1.8	1.5～1.8	1.5～1.8	/	/	/	3	3	/
b	2～2.5	2～2.5	1.5～2	2～2.5	2.5	2.5	3.5	4.5	4.9	5.75
c	5（6）	5	5	4.5	6	6.5	/	/	/	/
d	0.5	/	/	/	/	/	/	/	/	/

A.4.4 联轴器

a）各部分、特别是在轴与平面交接直角处应无裂纹；

b）盘车大齿轮应无显著磨损，啮合良好；

c）结合面应光滑无毛刺；端面的瓢偏度与外圆晃动度应符合要求：

固定式：瓢偏度≤ 0.02mm，晃动度≤ 0.03mm；

半挠性：瓢偏度≤ 0.04mm，晃动度≤ 0.05mm；

d）联轴器螺栓应完好无裂纹、断扣、乱扣，与螺帽配合适宜；

e）螺栓和螺栓孔配合处表面粗糙度为 R_a1.6μm，不得有毛刺和沟槽；

f）组合对轮时，螺栓、螺帽、垫圈应对号入座；螺栓应能用手插入孔一半，然后用 6～8 磅榔头打入；保险垫片或保险螺丝均应完好；

g）励磁机对轮处铜套密封圈应完整无损；

h）对轮中心应符合要求：

汽轮发电机：外圆允差 0.04mm，端面允差 0.02mm；

发电机与励磁机：外圆允差 0.06mm，端面允差 0.05mm；

i）转子进水短管的端部径向晃动度值一般应≤ 0.05mm，短管表面应光洁无损伤。

A.5 轴承

A.5.1 支持轴承

a）钨金应无划损、溶蚀、脱落、龟裂和损伤，与瓦胎接合严密，无脱胎松动现象；

b）钨金与轴颈接触面角度 60° 左右，在此角度内沿下瓦接触应达 75% 以上，且均匀分布；接触应呈斑点状，两端留 0.02mm 的泄油间隙（图 A.8）；

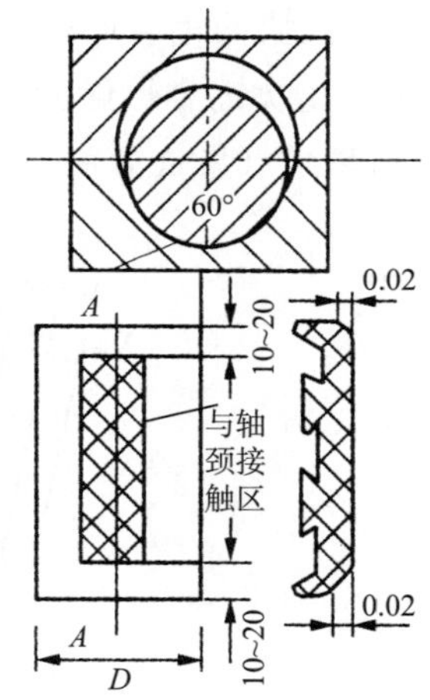

图 A.8

c）轴瓦各水平接合面必须良好，用 0.05mm 塞尺检查不得塞入；衬瓦与轴瓦壳之间必须接触良好；

d）球面与洼窝之间的接触面必须光滑，接触面应达到 70% 以上，均匀分布；

e）瓦枕（轴瓦垫铁）与轴承座洼窝接触均匀，接触面积达 70% 以上，调整垫片不超过 3~4 片，并用抗蠕变材料做成；

f）为保证下瓦的适当紧力，当转子抬起时，两侧垫铁用 0.03mm 塞尺检查塞不进，底部应脱空 0.03~0.07mm，当转子放下时，应无间隙；

g）组装时进出油管及所有的排油孔应洁净、畅通；

h）测量两侧油隙时塞尺插入深度 15~20mm，油间隙及紧力标准见图 A.8、表 A.5；

表 A.5　油间隙及紧力标准

轴承 \ 项目	油隙 /mm		轴承盖紧力 /mm	球面紧力 /mm
	顶部	侧面		
1	0.41~0.50	0.54~0.59	0.00~0.15	0.02~0.04
2	0.39~0.51	0.42~0.48	0.05~0.15	0.03~0.05
3	0.39~0.51	0.42~0.48	0.05~0.15	0.03~0.05
4	0.45~0.60	0.45~0.60	0.03~0.05	
5	0.25~0.30	0.30~0.35	0.00~0.02	
6	0.25~0.30	0.30~0.35	0.00~0.02	

i）内油挡梳齿应刮尖，顶端厚度接近 0.03mm；内油挡与轴颈间隙为：上部 0.15~0.20mm，左右 0.10~0.15mm，下部 0.00~0.10mm；

j）监视下轴瓦轴承合金的磨损及垫铁和垫片厚度变化。

A.5.2　推力轴承

a）推力瓦块和固定底盘无毛刺、损伤，钨金无严重磨损、变形、裂纹、剥落、脱壳、沟槽等缺陷；

b）瓦块的厚度差不应超过 0.02mm；

c）瓦块的钨金厚度一般不超过 1.5mm；

d）瓦块钨金接触面印痕应均匀，占每块瓦块总面积的 75% 以上且呈斑点状，进油侧应有斜坡（图 A.9）；

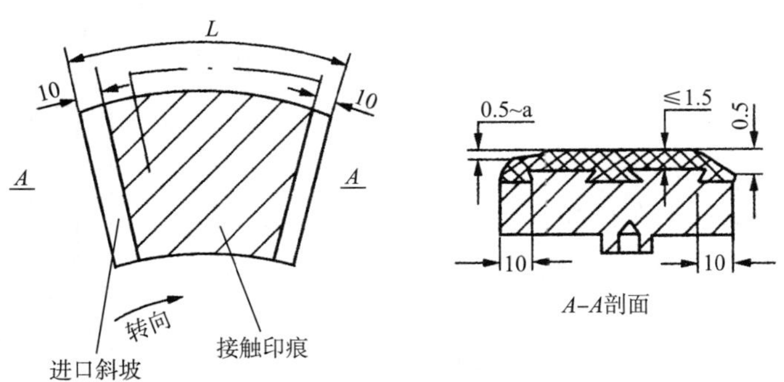

图 A.9

轴向推力间隙（转子串动量）应在 0.45～0.50mm 内；

e）推力盘、轴颈及油封间隙 b 为 0.05～0.165mm，c 为 0.15～0.25mm，d 为 0.08～0.12mm（图 A.10）；

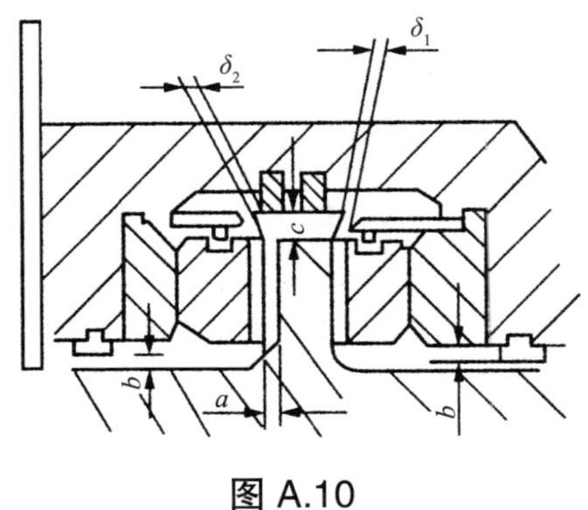

图 A.10

f）瓦块编号顺序不可任意变更，瓦块装入后应活动自如；

g）固定压板不能将瓦块底板压死；

h）各油孔应洁净，畅通无异物；

i）推力瓦块装后应检查推力瓦块测温元件正常，才可扣轴承盖。

A.5.3 轴承座及外盖

a）轴承盖及端盖的结合面应光滑平整，不应有贯穿结合面的伤痕，运行中不渗油；

b）穿过座壁的油管及电缆线处应密封良好，无渗油现象；

c）排油室应洁净，畅通，无异物；

d）刮尖外油挡梳齿，齿顶厚度为 0.30mm 左右，并调整径向间隙：上部 0.20～0.25mm，左右 0.15～0.20mm，下部 0.10～0.15mm；

e）油挡梳齿应固定牢固；

f）油挡水平结合面应用 0.05mm 塞尺检查塞不进；下部回油孔应洁净、畅通；

g）第 4、5、6 号轴承的绝缘值≥ 1MΩ ；

h）轴承侧温度表应装复完好，冒气孔清洁畅通。

A.6 盘车装置

a）蜗杆与蜗轮的接触应均匀，齿高上应 60% 接触，齿宽上应有 65% 以上接触，蜗杆的侧面齿隙应符合要求，齿面光滑，与电动机连接后盘动应轻松、灵活；

b）主导轮（小齿轮）齿面应完好、光滑，无显著磨损和碎裂；

c）内杠杆滚子及其销子无磨损；滚子端面与主导轮颈部间隙，滚子本身的串动量应符合要求；

d）所有滚珠轴承应转动灵活，且无松动，外圈应紧配于外壳内；

e）蜗轮及齿轮的键销无磨损及松动现象；

f）喷油管应清洁畅通，位置正确；

g）顶部小盖结合面应光滑平整；运行中不渗油；油路系统及油管路接头应无渗油；

h）测量有关间隙（图 A.11）。

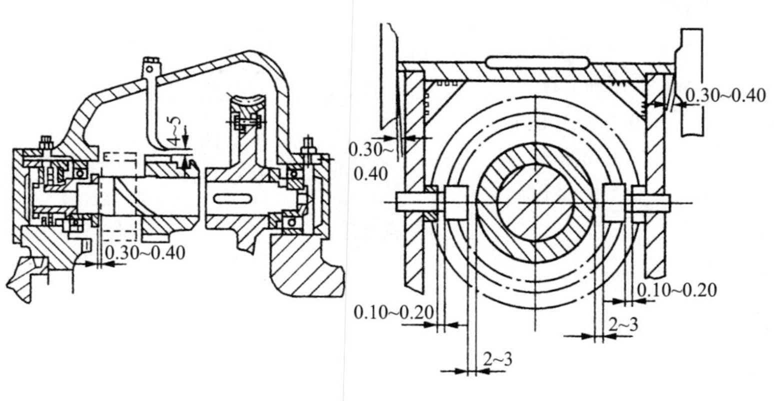

图 A.11

A.7 滑销系统

a）各销面应光洁，无沟槽凹坑、损伤等缺陷。纵销、前座架压板销、立销、猫爪销面接触应良好、均匀，接触面达 70% 以上；

b）在拉猫爪时，应注意汽缸抬高≤ 0.5mm ；

c）销面应洁净，在装复时涂以二硫化钼，保持润滑；

d）各部分间隙应符合要求（图 A.12、图 A.13）。

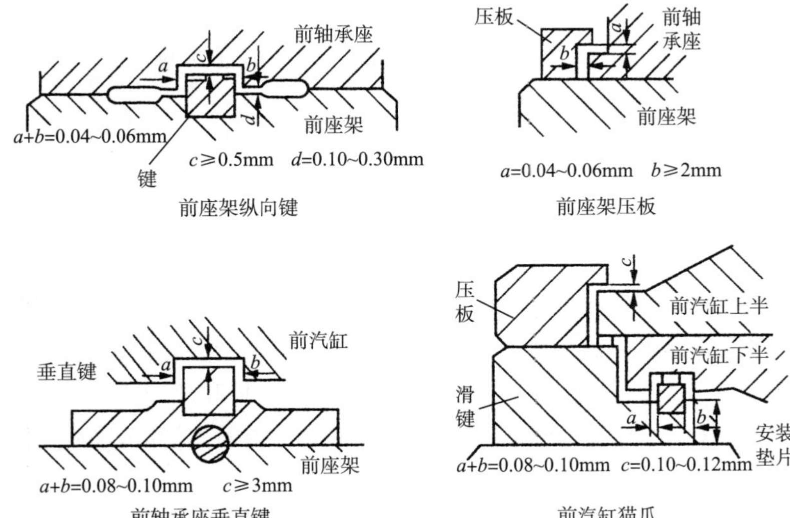

图 A.12

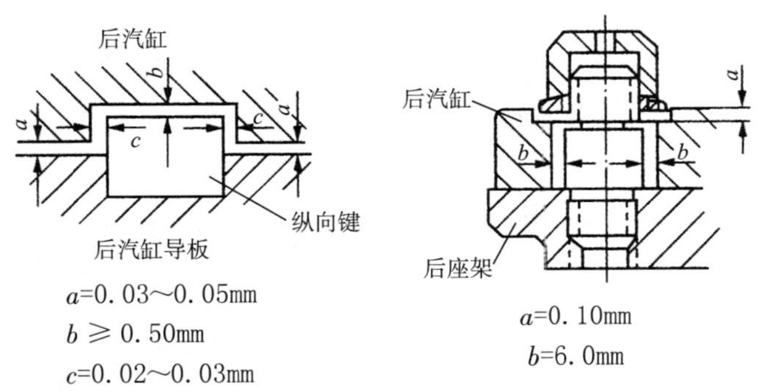

图 A.13

A.8 调节系统

A.8.1 放大器

a）油腔室、油孔清洁畅通；

b）波形管应无变形、断裂；测量波形管自由长度 L_4 为 70mm；

c）波形管应作渗煤油试验 4h 不漏，或作压力为 0.294MPa 的水压试验保持 10min 不漏；

d）各弹簧应无断裂、变形，测量和记录自由长度：

L_1=100mm

L_2=100mm

L_3=40mm

e）板弹簧变形应＜ 0.50mm；

f）碟阀顶针弹簧应无严重磨损，顶针头部应符合图纸要求；

g）碟阀应完好无损，碟阀与阀座应保持同心，不得偏斜；

h）测量调整碟阀间隙，应符合静态调整要求（一般为 0.15～0.24mm）；

i）过压阀，钢珠应完整、无锈斑；

j）弹子盘应完好、无损伤、无卡涩，转动灵活；

k）组装时，板弹簧在水平位置。上限间隙 A 为 0.50～1.00mm，下限间隙 B 为 0，其他弹簧安装位置正确，不得偏斜。固定螺钉及螺帽止动装置可靠（图 A.14）。

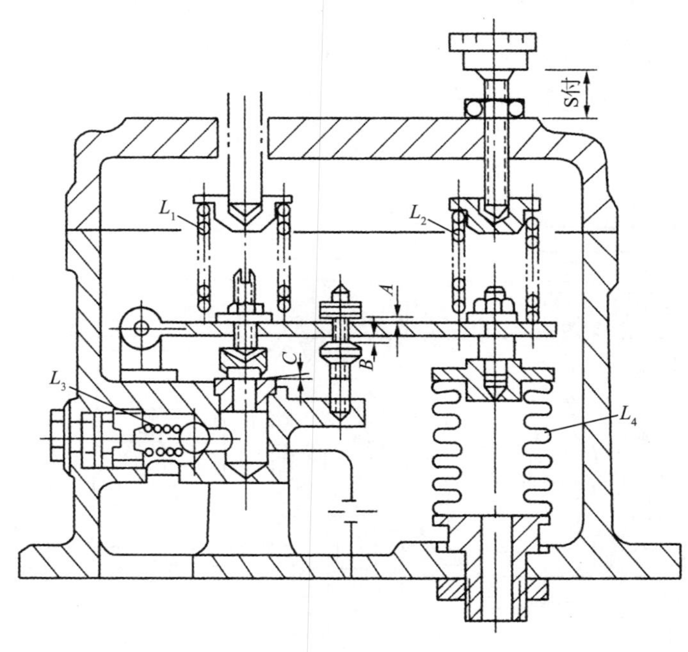

图 A.14

A.8.2 调压器检修质量标准

a）各油室、油孔、油管应清洁畅通、无杂物；

b）波形管应无变形、裂纹；测量和记录其自由长度 L_9 为 64mm；

c）波形管应作 1.862MPa 水压试验，保持 10min 不漏；或作渗煤油试验 4h 不漏；

d）各弹簧应无变形、裂纹；测量和记录其自由长度：

调压器拉弹簧 L_1=177mm

压力变换器弹簧 L_2=70mm

一号脉冲弹簧 L_3=70mm

二号脉冲弹簧 L_4=70mm

小油动机活塞弹簧 L_5=48mm

错油门活塞弹簧 L_6=37.4mm

小油动机活塞杆弹簧 L_7=L_8=80mm

e）碟阀顶针、弹簧座应无严重磨损，顶针头部应符合图纸要求；

f）碟阀应完好无损，碟阀与阀座应保持同心，不得偏斜；

g）碟阀弹簧片应完好，无断裂和变形，应固定无松动；

h）弹子盘应完好无损，无卡涩现象，转动灵活；

i）小错油门弯曲度，应小于 0.05mm；小错油门表面须光滑；错油门封口两侧均应保持垂直，保持过封度；错油门与套筒间隙 g 为 0.05～0.12mm；

j）小油动机活塞及其活塞缸应无磨损痕迹，间隙 E 及 F 均为 0.05～0.12mm；

k）杠杆、十字架应无变形、磨损；各支点应不松动，无卡涩现象，动作灵活；

l）经过调试，使抽汽量从零至额定抽汽量的压力不等率 $\delta \approx 0.098$MPa；

m）调试结束，应将限位尺寸 C 与 D 调整到 0.20～0.25mm，A 为 6mm；止动部件应牢固（图 A.15）。

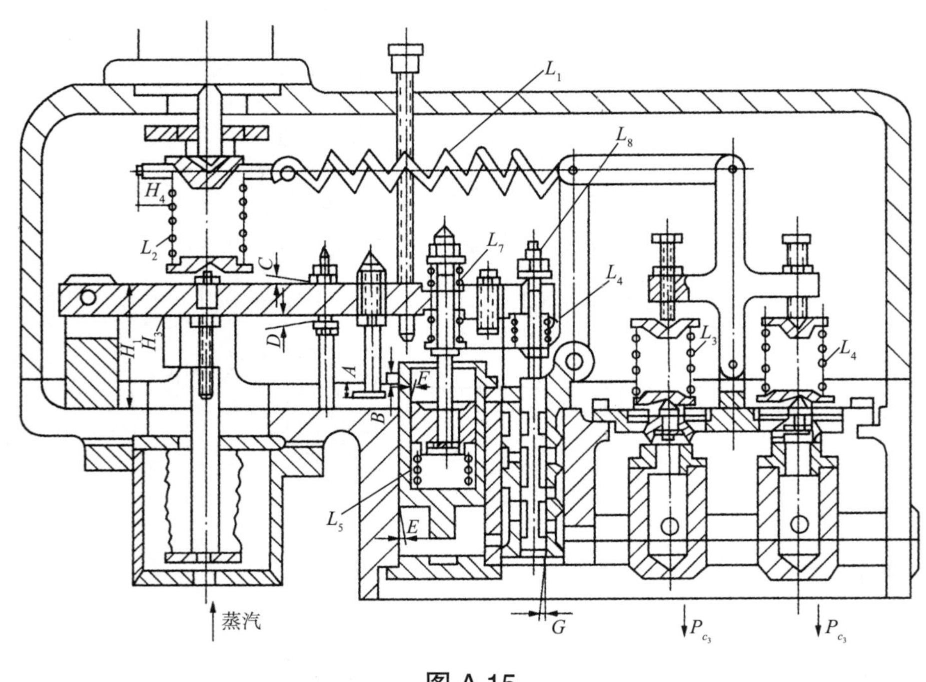

图 A.15

A.8.3 主油泵及旋转阻尼检修质量标准

a）主油泵各部件应无油垢及锈蚀；

b）油泵轴、导向叶轮、动轮、平键等均应完好，无严重磨损及裂纹；导向叶轮、动轮不得有气孔等缺陷，叶轮与油泵的配合不应松动；

c）主油泵出口逆止阀应完好，严密不漏，阀瓣动作灵活；

d）泵壳水平结合面接触严密；紧 1/3 螺栓时其间隙＜ 0.05mm；组装时结合面须涂密封胶；

e）挡油环、油封环应无严重磨损；

f）测量下述数据（图 A.16）：

A=0.05～0.25mm

B=0.06～0.25mm

C=0.05～0.25mm

D=0.05～0.13mm

E=0.05～0.13mm

F=0.012～0.025mm

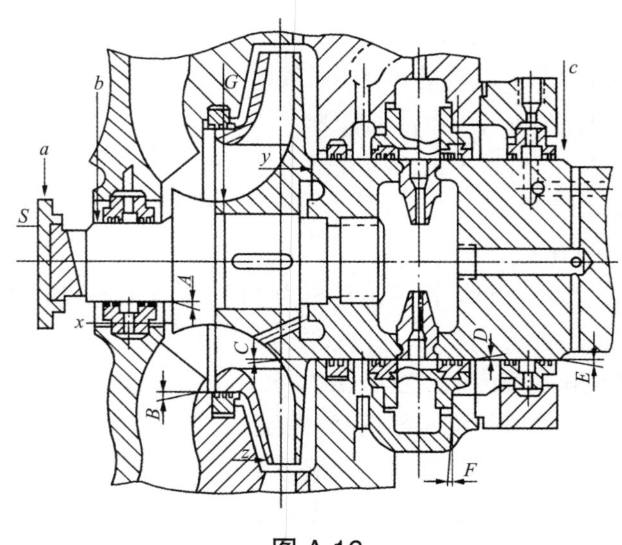

图 A.16

g）主轴与旋转阻尼危急遮断器体主油泵一起装配后，测量各档的径向跳动值；

旋转阻尼及危急遮断器体处：$e \leqslant 0.06$mm：主油泵进油侧油封ϕ60 处：$b \leqslant 0.15$mm；轴向位移盘ϕ150 处：$a \leqslant 0.25$mm；

h）轴向位移盘瓢偏度 $S \leqslant 0.10$mm；

i）动轮出口边与导流环进口边轴向间隙为 2mm，径向间隙为 3mm；

j）旋转阻尼针形阀完好，油孔洁净畅通，阀杆无弯曲、磨损，螺纹无乱扣；

k）阻尼管油室、油孔应洁净、畅通；阻尼管不应松动。

A.8.4 同步器及辅助同步器

a）各腔室应清洁，无锈垢等；

b）弹簧应无变形、裂纹，测量其自由长度 L 为 40mm；

c）推杆应不弯曲，锥顶应无严重磨损、腐蚀；

d）弹子盘应完好，转动灵活；

e）蜗轮蜗杆应无气孔、碎裂，齿面光洁无严重磨损痕迹；蜗轮、蜗杆啮合良好，接触均匀；齿侧间隙 d 为 0.08～0.10mm；

f）装配圆锥轴承间隙要适当，不应卡涩，蜗杆不应有轴向移动；

g）联轴器应无严重磨损、毛刺、损伤、缺口等缺陷；

h）平键和导向键应光滑无毛刺、无严重磨损；

i）组装后，电动和手动均能保证同步器上限到刻度 50，下限至 0，在整个行程中能灵活自如，无卡涩现象；

j）同步器至上限，刻度在 50 时，推杆锥顶与法兰平面距离约为 85mm。

A.8.5 高、中压油动机

a）油室、油腔、油孔应洁净、畅通；

b）弹簧应无裂纹和变形；测量其自由长度：

静反馈拉弹簧：L_1=70mm（高压油动机）

L_1=85mm（中压油动机）

动反馈压弹簧：L_2=170mm

错油门弹簧：L_3=92mm

c）动反馈弹簧之装配长度，高压油动机为 110mm，中压油动机为 130mm。调整时应注意两边均衡；

d）油动机活塞杆和套筒应无严重磨损；

e）油动机活塞和活塞衬套应无严重磨损痕迹；

f）活塞环应完好、无断裂、磨损、卡涩等现象；

g）继动器活塞与继动器油缸应完好，无磨损痕迹；

h）错油门与错油门套筒应无磨损痕迹；

i）杠杆、反馈杠杆各支点应动作灵活，无卡涩、松动等现象；反馈杠杆支点离继动器中心高压油动机为 90mm，中压油动机为 80mm；

j）测量记录下述数据：

错油门与错油门套筒间隙：

f=0.05～0.12mm

e=0.05～0.12mm

d=0.10～0.16mm

继动器活塞与继动器油缸间隙：

a=0.10～0.15mm

b=0.08～0.12mm

活塞杆与活塞杆套筒间间隙：

A=0.06～0.09mm

B=0.06～0.09mm

活塞环与活塞轴向间隙：

D=0.08～0.13mm

k）装配时复查错油门重叠度：

$E=G=0.31\sim0.335$mm

$F=0.21\sim0.285$mm

l）活塞衬套装配时，必须有一个孔口对准壳体孔口；

m）当活塞在最低位置时，指针应对准标尺“0”刻度；

n）C50机组高压油动机活塞行程为150mm，中压油动机活塞行程为125mm（图A.17、图A.18）；

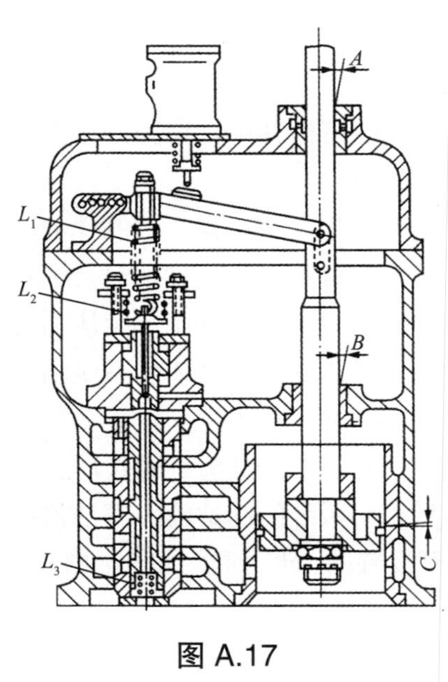

图 A.17

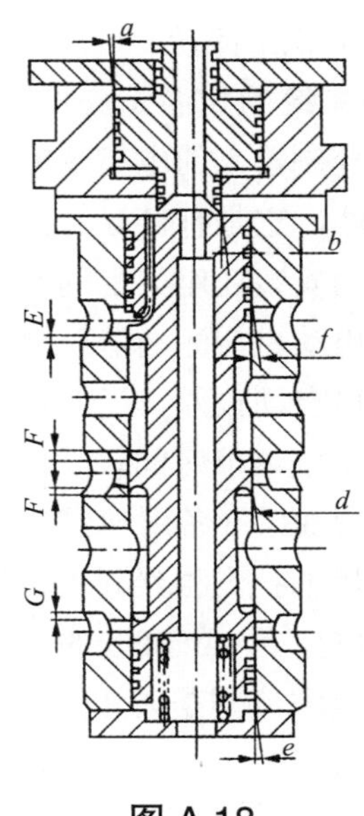

图 A.18

o）CC50机组高压油动机活塞行程为150mm，中压（1#、2#）油动机活塞行程为60mm，中压（3#、4#）油动机活塞行程为35mm，低压油动机活塞行程为125mm。

A.8.6 DEH 控制系统检修质量标准

A.8.6.1 设备检修质量标准

DEH控制系统由如下部分组成：一套供油系统、若干套控制阀门运动的执行机构和一套危急遮断系统。

A.8.6.1.1 蒸汽阀执行机构

各个蒸汽阀的位置是由各自的执行机构来控制的，抗燃油压力使汽门开启，弹簧力使汽门关闭。执行机构上的液压油缸与控制块连接，在控制块上装有隔离阀，快速卸载阀和逆止阀，加或不加伺服阀可组成两种基本形式的执行机构。

没有伺服阀的执行机构仅能控制阀门的全开或全关，高压抗燃油从节流孔进入油缸活塞的下部腔室，此腔室内的油压是由一个快速卸载阀所控制的，当汽轮机挂闸后，此卸载阀就关闭，以使该腔室中的油压逐渐建立并开启阀门，当汽轮机打闸时，快速卸载阀动作，汽阀在弹簧作用下快速关闭。带有伺服阀的执行机构（如调节汽阀和再热汽阀执行机构）可以将汽阀控制在任意的中间位置上，成比例地调节进汽量以适应需要，执行机构装有一个伺服阀和两个线性位移变送器（LVDT），高压油经过一个 10μm 的滤网供给伺服阀，该伺服阀接受来自伺服放大器的阀位信号，从而控制执行机构的位置。LVDT 输出一个正比于阀位的模拟信号，并将它反馈到 DEH 的伺服控制板。

隔离阀可使包括液压油缸在内的执行机构零件进行在线维修，逆止阀可防止油流经泄油回路或危急遮断回路倒流。

A.8.6.1.2 EH 供油系统

EH 供油系统的功能是提供高压抗燃油，并由它来驱动伺服执行机构，该执行机构响应从电子控制器来的电指令信号，以调节汽机各蒸汽阀开度，这种高压抗燃油是一种三芳基磷酸酯，它是有良好的抗燃性能和流体稳定性。

本系统由安装在座架上的不锈钢油箱、有关的管道、蓄压器、控制件、两台变量柱塞泵、两台电动机、滤油器以及热交换器等组成。一台油泵投运时，另一套作为备用，如果需要即可自动投入，当汽轮机正常运行时，一台油泵足以满足系统所需的用油量，偶尔在控制系统调节时间较长时（如甩负荷），或部分蓄压器已坏使系统油压降低的情况下，第二套油泵（备用油泵）可能投入。

油泵供出的抗燃油经过 EH 控制块、滤油器、逆止阀和安全溢流阀，进入高压集管和蓄能器，以建立 14.5MPa 的压力，直接供向系统，系统的回油流经滤油器和冷油器后回油箱。安全溢流阀是防止 EH 系统油压过高而设置的，当油泵上的调压阀失灵时，溢流阀将保持系统油压为 17.0MPa。

（1）EH 系统主油泵（两台）：

电动机：上海五一电机厂　　额定功率：30kW　　额定电流：56.8A　　额定电压：380V

额定转速：1470 r/min　　主油泵：DENISON 公司　　型号：PV29-2R50-C00

（2）EH 系统滤油泵：

上海五一电机厂　　型号：Y801-4B35　　额定电压：380V　　额定电流：1.51A

额定转速：1390r/min　　额定出力：13mL/r　　出口压力：16MPa　　额定功率：0.55kW

（3）EH 系统冷却油泵：

上海五一电机厂　　型号：Y90L-4B35　　额定功率：1.8kW　　额定电压：380V

额定电流：3.65A　　额定转速：1400r/min　　流量：50L/min

A.8.6.1.3 危急遮断系统

危急遮断系统中的隔膜阀一般要装在机头前箱附近，它提供了高压抗燃油系统的自动停机危急遮断部分和润滑油系统的机械超速和手动停机部分之间的接口，从机械超速和手动停机总管来的润滑油供到隔膜阀的上部，使其克服弹簧力将阀关闭，这样就封闭了自动停机危急遮断总管中的高压抗燃油（即 AST 油）的泄油通道，简称机械挂闸。只要机械超速和手动遮断总油管中的油压消失，譬如由一个遮断动作所引起，就会使弹簧开启隔膜阀，泄去遮断油而停机。润滑油和抗燃油彼此相互不接触。

危急遮断系统中电磁阀组件是一个重要且比较复杂的组件，此组件由危急遮断控制块和六个电磁阀组成。

其中四个电磁阀是自动停机遮断电磁阀（20/AST），在正常运行时它们被励磁关闭，从而封闭了自动停机危急遮断总管中抗燃油的泄油通道，可以建立AST油压，简称电气挂闸。当电磁阀打开，则总管泄油，导致所有蒸汽阀关闭而停机。从安全考虑，20/AST电磁阀是组成串并联布置，两个通道中每个通道至少有一只电磁阀误动，才可导致停机。当需要停机时，电磁阀被失电，此时两个通道中每个通道至少有一只电磁阀拒动，才可能停不了机。

其余两个电磁阀是超速保护控制器电磁阀（20/OPC），它们受DEH控制器的OPC部分所控制，并联，正常运行时，电磁阀（20/OPC）不带电就处于关闭，封闭了OPC总管油液的泄放通道，可以建立OPC油压。当转速达103%额定转速时，该两电磁阀就带电打开，使OPC油管油液泄放，执行机构上的快带卸载阀就开启，使调节汽阀和再热调节阀立即关闭。

在自动停机危急遮断油路和OPC油路之间的逆止阀是用来维持前者油路中的AST油压，OPC油压泄放后，调节汽门快速关闭时，AST油仍维持油压，主汽门和再热主汽门仍保持全开，当转速降到额定转速，该两OPC电磁阀关闭，调节汽阀和再热汽阀重新打开，从而由调节汽阀来控制转速，使机组维持额定转速。

在前轴承座边上或是在供油装置顶上装有一个EH油压低试验组件，它是用来监视EH油压和试验各压力开关，试验组件一端由节流孔与供油系统分开，另一端是与排油相连，试验组件布置成两个相同的通道，借助隔离阀可对第一整体或单个元件进行在线维修和试验。

A.8.6.2 各装置检修质量标准（低压DEH系统参照执行）

A.8.6.2.1 供油装置

A.8.6.2.1.1 油箱

a）压力表：运行时每班应记录检查一次，大修时重新校验；

b）液位指示器：运行时每班应记录检查一次，大修时更换密封圈；

c）液位开关：大修时重新校验；

d）空气滤清器：大修时检查清洗滤网；

e）磁性滤芯：小修时清洗；

f）箱体：大修时放油清洗；

g）抗燃油：按照《EH抗燃油管理规范》附录一执行。

A.8.6.2.1.2 集成块：运行时每班应记录检查一次是否漏油，大修时清洗。

a）溢流阀DB10：小修时重新整定，大修时清洗，更换密封圈；

b）直角单向阀：大修时清洗，更换密封圈；

c）截止阀 SHV20 ：大修时清洗，更换密封圈；

d）滤油器：小修时更换滤芯及 O 形圈；

e）各种接头、堵头：运行时每班应检查一次是否漏油，大修时更换密封圈。

A.8.6.2.1.3　电机泵组

a）电动机：运行时每班检查一次是否有异常声音，大修时检查、加油；

b）主油泵：运行时应每班检查一次是否漏油、是否有异常声音或发热，小修时重新整定压力，大修时至少更换一台；

c）循环泵、冷却泵：运行时应每班检查一次是否漏油、是否有异常声音或发热；

d）各种接头：运行时应每班检查一次是否漏油，大修时更换密封圈。

A.8.6.2.1.4　滤油器

a）回油滤油器：小修时更换滤芯，大修时更换密封圈；

b）循环回路滤油器：小修时更换滤芯，大修时更换密封圈；

c）吸油滤油器：小修时清洗或更换滤芯，大修时更换密封圈；

d）截止阀：大修时清洗，更换密封圈；

e）各种壳体、接头：运行时应每班检查一次是否漏油，大修时更换密封圈。

A.8.6.2.1.5　油管路

a）单向阀：大修时清洗，更换密封圈；

b）截止阀：大修时清洗，更换密封圈；

c）各种接头：运行时应每班检查一次是否漏油，大修时更换密封圈。

A.8.6.2.1.6　ER 端子箱

a）电磁阀：大修时清洗，更换密封圈；

b）截止阀：大修时清洗，更换密封圈。

A.8.6.2.1.7　油压低试验块

a）电磁阀：大修时清洗，更换密封圈；

b）截止阀：大修时清洗，更换密封圈；

c）集成块：大修时清洗，更换密封圈；

d）低压 DEH 伺服阀集成块：每两年和大修时拆下清洗。

A.8.6.2.1.8　再生装置

a）硅藻土（离子交换滤芯）滤芯：压差超过 0.3MPa 或没有效果时更换；

b）纤维滤芯：压差超过 0.3MPa 时更换；

c）截止阀：大修时清洗，更换密封圈；

d）节流孔：大修时清洗检查。

A.8.6.2.1.9　冷油器

a）运行时应每班巡检一次是否漏油、漏水，大修时或没有冷却效果时，详见《EH 抗燃油管理规范》附录二。

b）电磁水阀：小修时检查。

A.8.6.2.1.10 蓄能器组件

a）蓄能器：每次开机前检查氮气压力，正常运行时每三个月检查一次氮气，压力不足时需补充充氮或更换皮囊；

b）低压 DEH 蓄能器：每年检查一次充氮压力，充氮压力应为所在管道压力的 0.65～0.7 或厂家规定；

c）截止阀：大修时清洗检查，更换密封圈。

A.8.6.2.2 执行机构

A.8.6.2.2.1 大修时检查油缸活塞杆是否有磨损和渗油，拆开检查活塞和活塞环是否磨损，若有磨损则更换；更换所有密封圈，清洗后装配，装配时应保持清洁；

A.8.6.2.2.2 集成块：大修时清洗，更换密封圈，检查节流孔；

A.8.6.2.2.3 截止阀：大修时清洗，更换密封圈；

A.8.6.2.2.4 单向阀：大修时清洗，更换密封圈；

A.8.6.2.2.5 卸荷阀 DB20 ：大修时清洗，更换密封圈；

A.8.6.2.2.6 伺服阀：大修时清洗，更换密封圈；

A.8.6.2.2.7 电磁阀：大修时清洗，更换密封圈；

A.8.6.2.2.8 过滤器：小修时更换滤芯及密封圈；

A.8.6.2.2.9 位移传感器：小修时检查衔铁拉杆是否弯曲，连接是否牢固，弯曲应校正松动应加固；大修时更换半数传感器；

A.8.6.2.2.10 操纵座：小修时检查连接是否牢固，松动应加固；大修时更换连接螺栓，检查弹簧是否磨损。

A.8.6.2.3 安全装置

A.8.6.2.3.1 电磁阀组件

a）AST 电磁阀：大修时清洗检查，更换密封圈，更换半数一级阀；

b）OPC 电磁阀：大修时清洗检查，更换密封圈；

c）集成块：大修时清洗，检查节流孔和节流管接头，更换密封圈。

A.8.6.2.3.2 压力开关盒：大修时重新校验压力开关，更换管接头中的密封圈。

A.8.6.2.3.3 隔膜阀：大修时清洗检查（对于 655D-4B 型需要检查或更换膜片）。

溢流阀组件：小修时检查设定压力，大修时清洗，更换密封圈。

A.8.6.2.4 油管路

接头、管夹：运行时应每班检查一次是否漏油，油管是否振动，管夹是否动；大修时更换接头密封圈。

A.8.6.2.5 蓄能器组件

a）蓄能器：每次开机前检查氮气压力，正常运行时每三个月检查一次氮气压力，压力不足时需要补充充氮或更换皮囊；

b）截止阀：大修时清洗检查，更换密封圈。

A.9 保安系统

A.9.1 危急遮断器

a）危急遮断器体各油孔洁净无油垢；

b）弹簧、弹簧座应无裂纹、变形、磨损等现象，弹簧自由长度 L_1 为 75mm；

c）芯杆、衬套、套筒、偏心环等应无磨损、腐蚀，飞环疏气孔应洁净畅通；

d）偏心环装配后其外圆晃动≤0.2mm，偏心环动作行程≥3.5mm；

e）当弹簧取出后，偏心环应能灵活松动，不能有丝毫卡涩现象；

f）注油阀油孔应洁净畅通。弹簧无裂纹、变形，其自由长度 L_2 为 38mm；测量间隙 A（图 A.19）；

g）试验时偏心环动作转速应在 3300～3360r/min 连续试验两次。其两次间的偏差不超过 0.6%，偏心环的复位转速约为 3055r/min（不注油时）（图 A.20）。

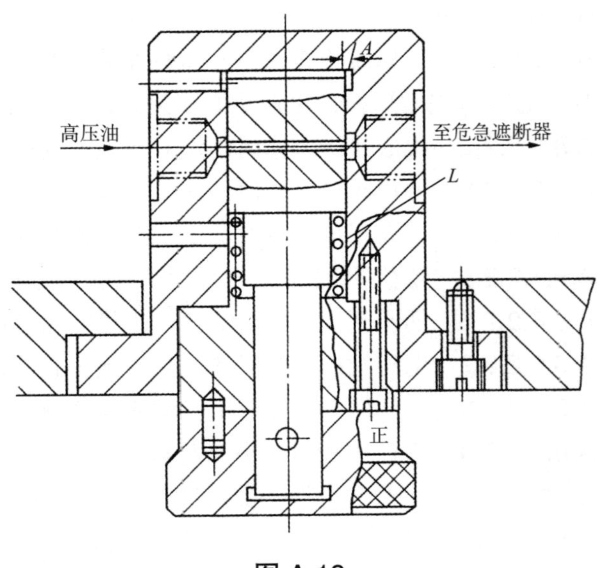

图 A.19

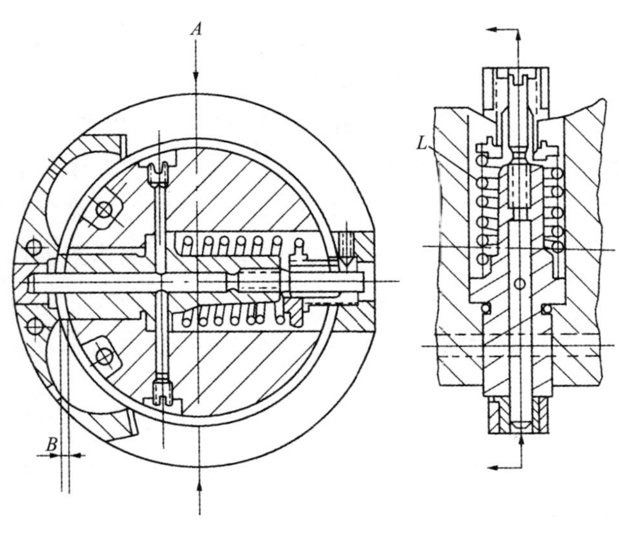

图 A.20

A.9.2 危急遮断油门

a）各油腔、油孔应洁净畅通；

b）弹簧、扭弹簧应无裂纹、变形；弹簧自由长度 L 为 80mm，扭弹簧自由长度 L 为 8mm；

c）油门活塞应无严重磨损痕迹；顶端应无裂纹，挂钩刀口处的槽口应无卷边，无严重撞击磨损等缺陷；

d）油门活塞与油门壳体之间隙 C 为 0.05～0.12mm，部套装配后油门活塞应能十分灵活地上下移动；

e）部套装配后拉钩依靠扭弹簧的作用应能可靠地搭扣挂上，挂钩刀口宽度为 2mm；

f）圆锥销装入后大头端低于拉钩表面并加以铆死；

g）装于轴承座内应使拉钩与危急遮断器的偏心环之间隙 A 保持 0.8～1.0mm，其动作间隙应＜3.5mm（图 A.21）。

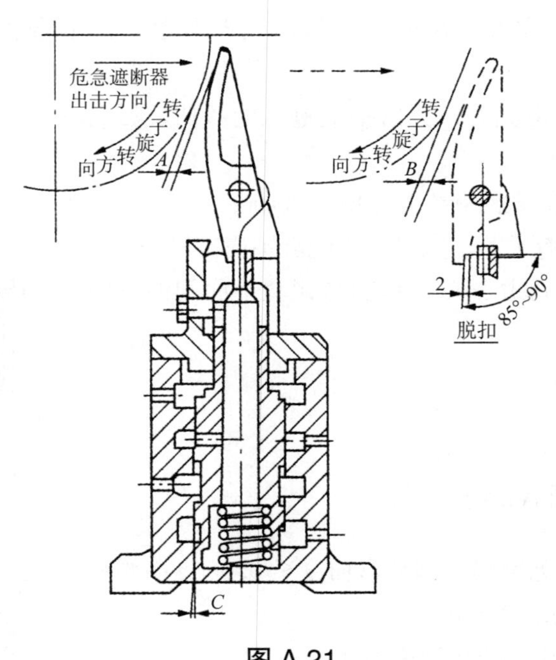

图 A.21

A.9.3 危急遮断及复位装置

a）各油腔、油孔应洁净、畅通；

b）弹簧应无裂纹、变形，测量其自由长度 L_1 为 51mm，L_2 为 20mm；

c）遮断活塞与复位活塞表面应光滑，无磨损痕迹；

d）测量间隙：a=0.05～0.10mm，b=0.05～0.12mm；

e）装配后两活塞动作灵活无卡涩；测量遮断活塞行程 C 为 8mm，复位活塞行程 D 为 11mm（图 A.22）。

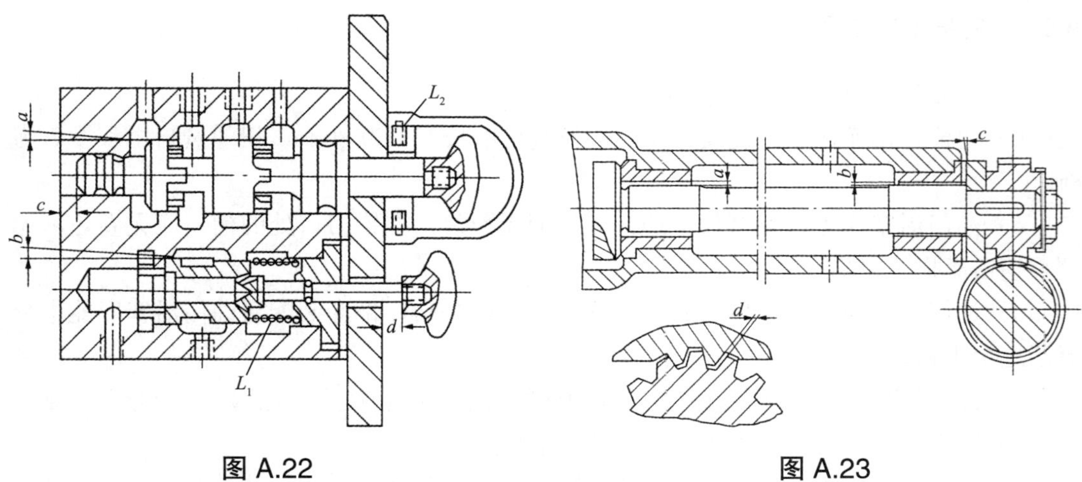

图 A.22　　　　图 A.23

A.9.4　转速表传动装置（图 A.23）

a）蜗轮、蜗杆应完好，齿面应光滑，无严重磨损，啮合良好；齿侧间隙 d 为 0.08～0.10mm；

b）传动轴与铜套应完好，无磨损痕迹，无弯曲，活动应灵活无卡涩；

c）测量轴与铜套间隙为 a=b=0.10～0.20mm；

d）键与键槽不应有毛刺，应光滑；配合不应有松动；

e）蜗轮装复，螺母并紧后，垫圈与铜套平面间的总间隙 c 为 0.14～0.20mm。

A.10　配汽机构

A.10.1　调节汽阀（图 A.24）

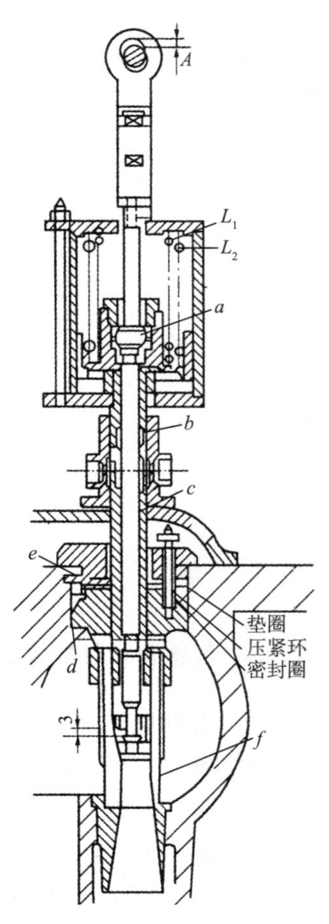

图 A.24

a）汽阀阀杆表面无磨损，阀杆弯曲度≤ 0.05mm；阀杆与阀杆套筒总间隙 c 为 0.35～0.45mm；

b）组装时，阀杆用二硫化钼擦干净；

c）阀芯、阀座接触良好，无斑痕、伤痕、磨损、冲蚀及氧化皮；阀芯与阀座接触线整个圆周全部接触；预启阀行程为 5mm（改进后的机型为 3mm）；

d）阀座点焊牢固，不松动；阀壳应无裂纹和贯穿气孔；

e）阀碟与阀碟套筒间隙 f 为 0.35～0.45mm，组装时擦二硫化钼；

f）阀杆套与阀壳间隙 d 为 0.60～0.70mm，组装时擦二硫化钼；

g）密封套与阀杆套筒间隙 b 为 0.20～0.25mm，组装时擦二硫化钼；

h）密封套疏汽孔应畅通；接头要装牢固，不得漏汽；密封套组装后必须检查阀杆应上下灵活；

i）止动圈、密封环、压紧环完好，无变形、损伤伤痕，止动圈与外壳槽平面间隙 e 为 0.10mm；螺丝无乱扣、缺口、弯曲、裂纹及蠕变现象；装复时，用二硫化钼擦净；合金钢螺丝根据金相要求做试验。

A.10.2　CC50 机组中压调节汽门（图 A.25）

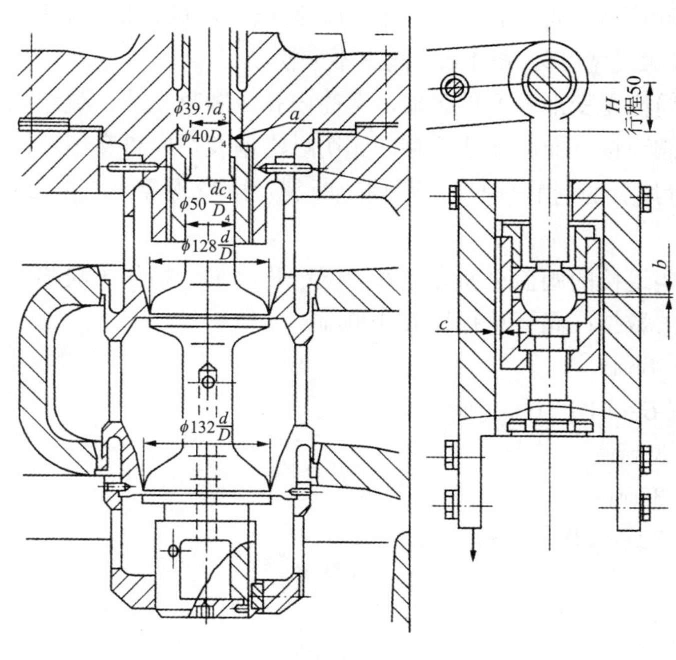

图 A.25

a）阀芯与阀座配合良好，阀线完整，阀杆弯曲＜ 0.03mm；

b）阀杆、阀杆套无磨损、锈蚀，光滑无垢；

c）球形接头、滑块、导板无磨损、卡涩；轴销与轴配合适度，不松旷；

d）紧固件牢固、完整；

e）各部间隙和行程见表 A.6。

表 A.6

名称	代号	标准 /mm
阀杆与阀杆套间隙	a	0.30～0.38
滑块与导板间隙	c	0.05～0.10
阀芯行程	H	50

A.11 自动主汽门

a）自动主汽门疏水管畅通，管接头严密不漏；

b）紧圈、压紧环、密封环应完好，无锈蚀，组装时应擦二硫化钼；

c）滤网应完好，表面应无裂纹，无严重冲蚀、溶蚀、变形及堵塞，滤网拆装无卡涩现象；

d）阀杆表面应无磨损、冲蚀、弯曲、变形，疏气槽应清洁无结垢，组装时用二硫化钼擦揩光滑，阀杆弯曲度＜ 0.05mm；

e）阀碟与阀座接触面应圆整，无损伤、磨损、冲蚀、伤痕和氧化皮；阀碟与阀座应严密不漏，接触线宽度为 3～4mm，阀座不应松动；

f）阀杆套筒应无变形及严重磨损，套筒内孔应圆整光洁，疏汽孔应畅通；

g）阀盖和阀壳接合面应光洁平整，无明显沟槽及径向贯穿裂纹；

h）螺栓螺母应无乱扣、缺口、弯曲、断裂及蠕变现象，有关金属检验合格，螺栓紧力要适度；

i）与操纵座连接的阀盖平面应完好，无严重磨损、损伤等缺陷；

j）测量有关数据：阀杆总行程 E=100mm

主阀行程 F=85mm

预启阀行程 G=（15±0.5）mm

A=0.25～0.35mm

B=0.25～0.35mm

C=0.50～0.70mm（图 A.26）

A.12 油系统

见附录 N。

A.13 射水抽气器（图 A.27）

a）喷嘴和扩散管的内壁应光滑，无蚀坑、锈污、毛刺和卷边等现象；

b）喷嘴和扩散管的喉部直径分别为：

ϕ58±0.05mm，ϕ104±0.05mm；

c）解体前测量好喷嘴和扩散管间的距离，安装时保证该数值的正确；

d）空气逆止阀阀座与碟阀密封面严密不漏，弹簧弹力足够，并有防腐性能；背帽、开口销应牢固完好；

e）喷嘴与扩散管中心线一致，其每米长度内≤ 0.02mm；

f）射水箱壳体无裂纹、腐蚀，防腐涂漆完好，水位计清洁、透明、不漏。

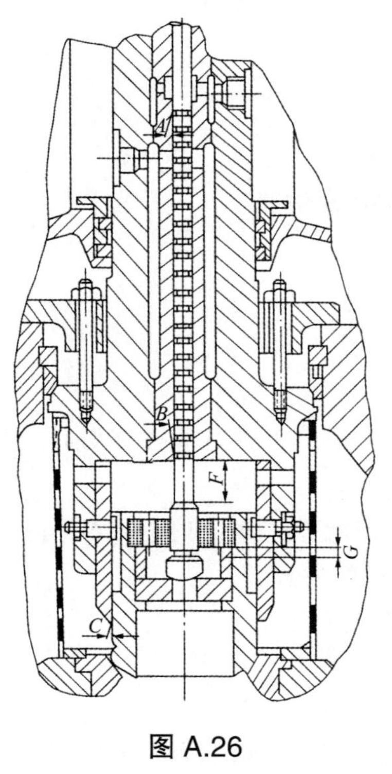

图 A.26

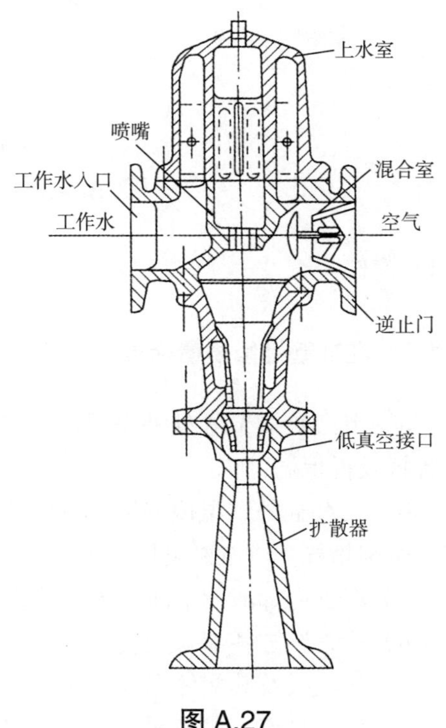

图 A.27

A.14 凝汽器及胶球装置检修质量标准

见附录 N。

附　录　B
（规范性附录）
C50-95-I 汽轮机检修质量标准

B.1　汽缸

B.1.1　汽缸壁检修质量标准

a）上汽缸调节级处外壁温度降到100℃以下，上、下缸温差＜50℃时，方可吊走化妆板及拆保温；

b）上汽缸外壁温度降到100℃以下，上、下缸温差＜30℃时，方可拆除汽缸及导汽管全部螺栓，汽缸温度降到80℃以下时，方可起吊大盖；

c）汽缸内部清扫干净，疏水孔仪表测点无堵塞；

d）检查汽缸各部有无裂纹；

e）化妆板及其配件完整美观；

f）保温良好，推荐采用新型环保型保温材料，当环境温度为25℃时，运行保温层表面的最高温度≤50℃；

g）检查高、中压缸，中、低压缸结合部有无裂纹，螺栓无锈蚀和松动；

h）汽缸隔板槽道应光滑无毛刺，无碰撞凹槽缺陷。

B.1.2　汽缸拆装检修质量标准

a）吊上汽缸前在检查确认起吊制动机构工作正常后，方可起吊；

b）吊上汽缸时应设专人指挥行车，其他人员只有在危及人身和设备安全时才做停止手势；

c）吊上汽缸要缓慢平稳，汽缸应水平，前后高低之差≤2mm；

d）上汽缸吊离或吊入导杆时，应有专人扶稳，以防摆动或碰伤叶片，或不能顺利入孔；

e）吊上汽缸时，禁止向接合面伸手和探头，禁止用人站在汽缸上做平衡重量，来调整汽缸的水平；

f）上汽缸吊起或吊落时，若有卡涩和其他异常观象，应查明原因并处理后再起落上汽缸；

g）所拆卸的零部件，应有专用箱子、架子存放好，以防丢失或挪用，且整修后装配时要按原位置组装；

h）应清理干净安装的垫铁，妥善保存，并注明每块的使用位置；

i）汽缸吊出，落至指定地点的枕木上时，其法兰平面与枕木之间应用浇好透平油的马粪纸垫好，以防平面生锈。

B.1.3 汽缸结合面检修质量标准

a）检查漏汽痕迹，做好记录；

b）汽缸结合面必须清扫干净，无铅粉垢残留；

c）汽缸解体后其结合面不准摆放工具，应盖上5mm橡皮板，以防碰坏平面；

d）禁止采用锋利工具清理汽缸结合面，清理时先用粗砂纸，后用细砂纸包在平整木块上并浇上透平油，纵向擦磨应均匀，不得横向擦磨，以防造成痕迹窜汽；

e）汽缸水平应符合安装数值，相差过大时应查明原因并做必要的调整；

f）清理合格后的汽缸法兰平面必须是将原涂料除净，且光滑无毛刺，然后浇上透平油以防生锈，贴上干净旧报纸，正式扣缸时再去掉；

g）两侧上、下导汽管法兰平面必须用专用合格模具检查其平面接触情况，每平方厘米应有6~7点为合格，必要时进行研磨，在整个研磨过程中要确保原来水平；

h）汽缸的水平要求见表B.1；

表B.1 汽缸水平安装要求

测量项目	允许值	测量条件
汽缸水平纵向前轴承处	4.10°	4.1° 0°
汽缸水平纵向后汽缸处	0°	
汽缸水平横向	≤0.2∶1000	包括猫爪、前轴承座、前后汽封及汽缸等各部位

i）扣空缸检查严密程度，在紧1/3汽缸螺栓情况下，0.050mm塞尺塞不进，个别部位从内外两侧塞入总和不超过结合面法兰宽度1/3，否则应采取措施消除。

B.1.4 汽缸螺栓检修质量标准

a）螺栓、螺母清扫干净，无铅粉垢残留，清扫完后应抹二硫化钼粉或高温防卡剂；

b）螺帽、垫圈要平整、光滑，垫圈与螺帽和汽缸螺孔平面接触达到80%；

c）螺栓、螺母应无毛刺、乱扣、缺扣和弯曲，复装时应抹二硫化钼粉或高温防卡剂。

d）罩盖螺母顶部与螺栓之间不小于5mm；

e）螺栓冷紧使用专用扳手加长管（或自动扳手）的方法进行，紧完后再复紧一遍；

f）大于M76的螺栓作金相试验，硬度测定结果应符合金属监督技术要求（200＜HB＜300）；

g）螺栓加热前，应彻底清理加热孔内的杂物，使加热畅通；

h）螺栓热紧弧长、角度应符合表B.2；

表 B.2　螺栓热紧弧长、角度要求

螺栓规格	螺母外圆弧长 k	角度 α	备注
M120×4	151mm	96°	此栏内热紧值标准均已考虑中分面涂料
M76×4	54.5mm	54.3°	

i）汽缸螺栓热紧值示意见图 B.1；

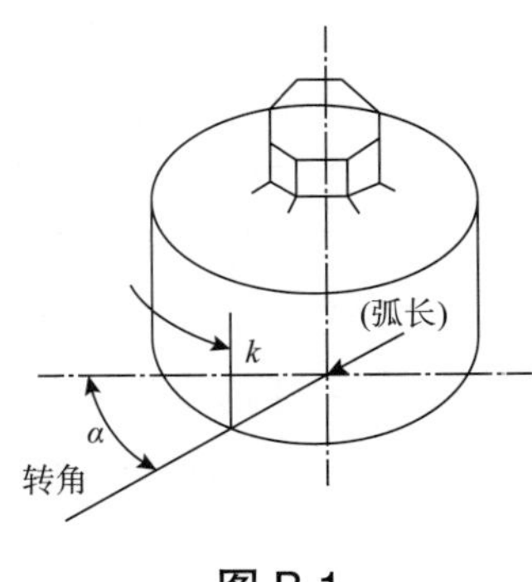

图 B.1

j）螺栓冷、热、紧顺序均按图 B.2 编号两侧对称进行。

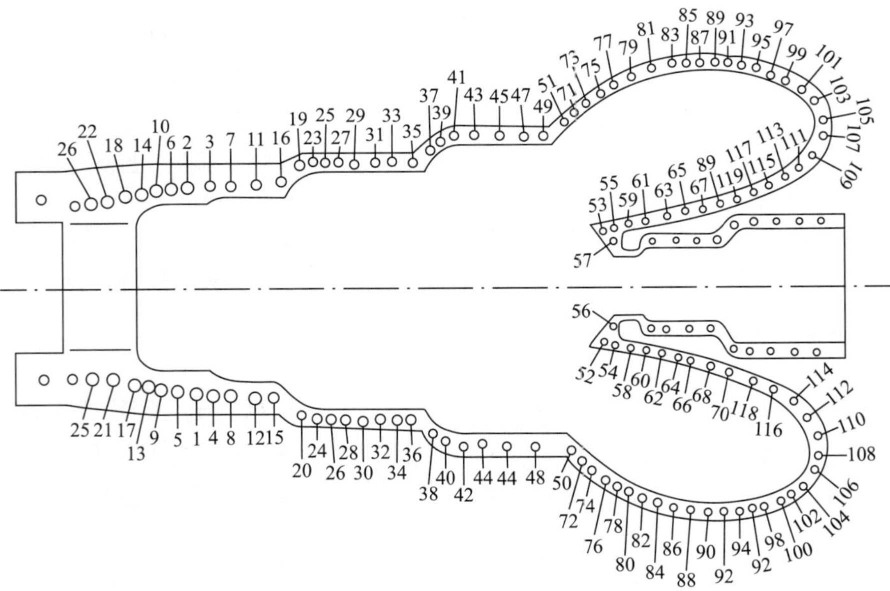

图 B.2

B.1.5　喷嘴检修质量标准

a）清理喷嘴片应无裂纹或卷边，冲蚀、结垢现象；

b）检查喷嘴体内弧板与喷嘴片焊接处应无裂纹。

B.1.6 汽封洼窝中心检修质量标准

a）测量汽封洼窝中心位置处必须清理干净；

b）测量前后轴封处洼窝中心，作好记录，与上次大修比较；

c）因洼窝中心偏差过大进行调整时，应使前后汽封中心偏差为：

高压汽封洼窝中心（$a-b$）≤0.06mm

$c-(a+b)/2$=0.04～0.08mm

低压汽封洼窝中心（$a-b$）≤0.06mm

$c-(a+b)/2$=0.04～0.08mm

d）汽封洼窝中心偏差计算如图 B.3 所示。

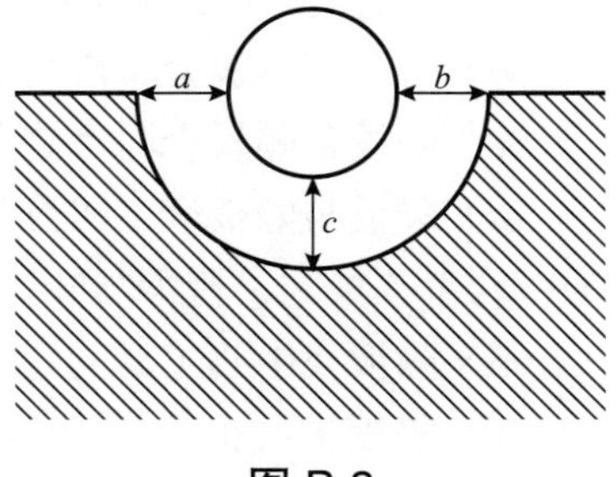

图 B.3

B.1.7 汽缸涂料的配制及涂抹厚度

a）汽缸结合面涂料及配制成分如下（仅作参考），也可采用新型汽缸专用密封胶：

二硫化钼粉　　50%

红丹粉　　25%

还原铁粉　　25%

以上三种涂料用熬好的清油（亚麻仁油）搅拌成糊状，方可使用。

b）涂料涂抹厚度一般为 0.20～0.50mm。

B.2 隔板及隔板套

B.2.1 隔板检修质量标准

a）隔板应清扫干净，无水锈及盐垢附着；

b）详细检查隔板有无损伤、裂纹、变形，焊缝是否良好；静叶片应无卷边、突起、松动和裂纹。对发现的缺陷需作修复或采取明确措施方可使用；

c）检查隔板挂耳、压板、固定螺钉、键、销应完好，挂耳调整垫片不宜过多，最多不得超过 3 片，并采用抗蠕变材料做成；

d）隔板最大挠度（在最大负荷下）不得超过隔板出汽边与叶轮间最大间隙的 1/3，否则应予以更换或作相应处理；

e）安装隔板时，隔板边缘与汽缸接合面应涂抹二硫化钼粉或高温防卡剂；

f）隔板水平结合面应严密；高中压部分 0.05mm 塞尺塞不进，低压部分 0.10mm 塞尺通不过。

B.2.2 隔板套，汽封套检修质量标准

a）隔板套水平结合面应良好、无漏汽痕迹，用红丹粉检查接触面达 75% 以上，紧螺栓后用 0.05mm 塞尺塞不通；

b）吊隔板套、汽封套时，吊环要拧到根部，否则加垫圈调整，钢丝绳要进行检查，合格后方可使用；

c）翻隔板套时，所用的工具要严格检查合格，钢丝绳要挂牢，防止脱钩将喷嘴、叶片碰坏；

d）对卡涩的隔板套、汽封套不可强行起吊，应向止口槽内注些煤油或喷涂松锈剂，并用铜棒振动打活后进行起吊；

e）上、下隔板套、汽封套吊出后，应放在指定场地、专用支架上；

f）隔板、隔板套与汽缸各部间隙见表 B.3；

g）隔板与隔板套上阻汽片应无磨损，梳齿顶部应刮尖，厚度 0.30mm 左右，更换时应符合工艺要求，梳齿与叶片顶端间隙为 1.5～1.8mm；

h）隔板找中心工具的定位，其洼窝应与转子在汽缸的定位洼窝相同；

i）隔板中心的水平方向左右偏差，高、中压缸应≤ 0.05mm，低压缸≤ 0.08mm；隔板中心的上下偏差只允许偏下，其数值≤ 0.05mm；

j）隔板套定位螺栓应有防止转动和脱落的保险措施。

表 B.3　隔板、隔板套与汽缸各部位间隙

mm

部位	示意图	间隙值
高压隔板与隔板套配合间隙	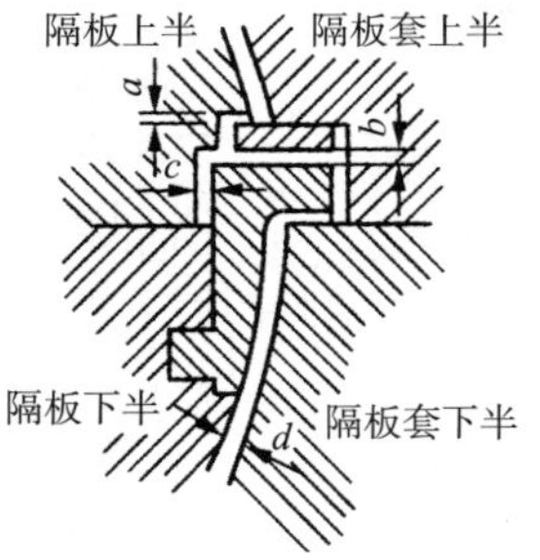 隔板上半 隔板套上半 隔板下半 隔板套下半 a b c d	a=0.2～0.5 b=0.1～0.12 c=3 d=2～2.5
中压隔板及隔板套及汽缸的配合间隙	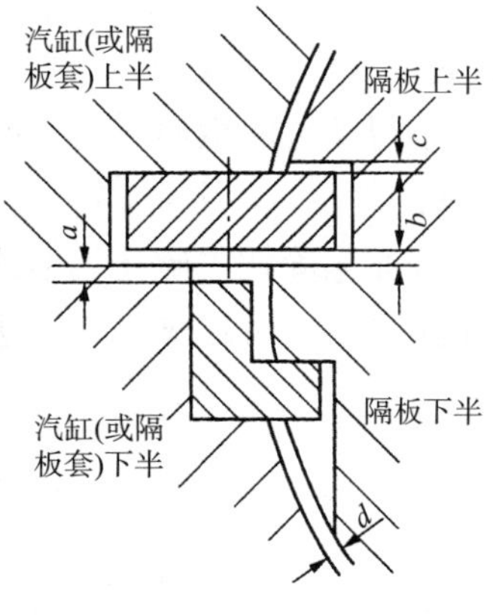 汽缸(或隔板套)上半 隔板上半 汽缸(或隔板套)下半 隔板下半 a b c d	a=0～20 b=0.5 c=0.4～0.7 d=1.5（1～8 级），2（9～10 级）中分面间隙不大于 0.05，悬挂销与隔板汽缸（或隔板套）的水平接触面积不小于 60%

表 B.3 隔板、隔板套与汽缸各部位间隙（续）

部位	示意图	间隙值
中压隔板、隔板套、汽缸下半之纵向键配合间隙		$a+b$=0.035～0.045 c=（1～8 级）1.5～2.1，2（2～9 级） d（隔板套）=1.5～2 $e+f$=0.02（过盈）
高压缸隔板隔板套及汽缸下半之纵向键配合间隙		$a+b$=0.035～0.045 $c\geqslant 1$ d=2～2.5

B.3 汽封

B.3.1 汽封检修质量标准

a）汽封的尖端应锐利，无倒伏、缺损，磨损严重的汽封应进行更换；

b）清扫汽封块及弹簧块，使其光滑、无毛刺、无变形，失去弹力的弹簧片要进行更换；

c）拆、装汽封块时，应用硬木块或铜棒轻轻振击，不得用铁锤硬打以免将汽封块打变形或损坏；

d）装入汽封块后，撤动汽封环应弹动自如，无卡涩现象；

e）汽封周向膨胀间隙为 0.30～0.50mm；

f）应将汽封块作统一编号，拆装应按统一编号进行。

g）若采用蜂窝式轴封，轴封间隙 $a\leqslant 0.10$mm。

B.3.2 各汽封间隙要求（表 B.4）

表 B.4 各汽封间隙要求

mm

部位		示意	间隙值
汽封间隙	中压 1～6 级隔板汽封		a=0.4～0.5（半径） b=5.5 c=9.5 d=2.7 e=4.8 f=7.5

表 B.4 各汽封间隙要求（续）

部位		示意	间隙值
汽封间隙	中压 6～10 级隔板汽封	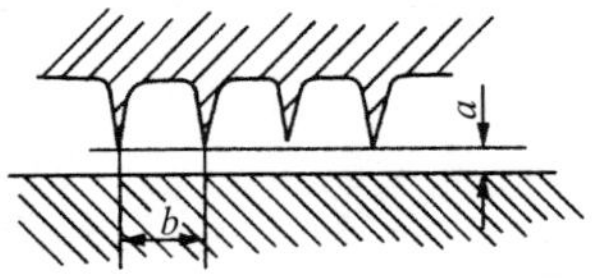	a=0.35～0.45（半径） b=6（6～7 级） b=7.5（8～9 级）
	后汽封	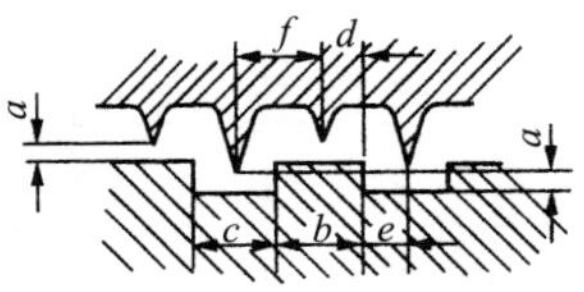	a=0.4～0.6（半径） b=6 c=12 d=3 e=6 f=9
	高压 1～9 级隔板汽封、中间汽封	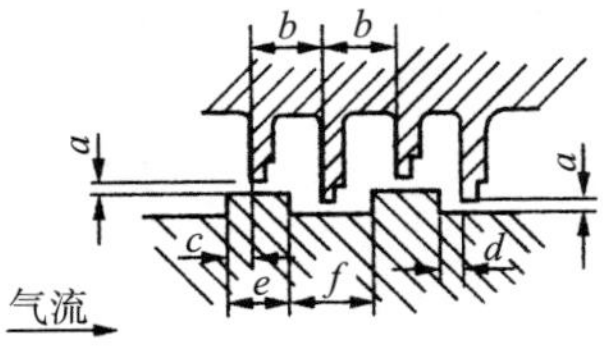	a=0.4～0.5（半径） b=7.5 c=2.7 d=4.7 e=5.5 f=9.5
	前汽封间隙	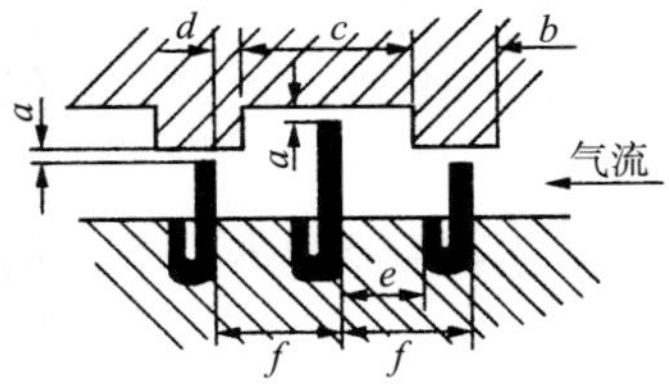	a=0.4～0.6（半径） b=3.5 c=6.5 d=1.9 e=3.4 f=5

B.4 转子

B.4.1 转子主轴检修质量标准

a）无裂纹、毛刺、磨损、腐蚀及麻坑等现象；

b）轴颈椭圆度不超过 0.02mm；

c）轴弯曲值应小于 0.04mm；

d）叶轮瓢偏度允差：整锻叶轮小于 0.03mm，套装叶轮小于 0.15mm；

e）轴颈打磨光滑、没有污垢附着；

f）转子中心孔堵板固定牢固，探伤检查合格。

B.4.2 转子叶轮检修质量标准

a）叶轮清扫干净，无盐垢、裂纹、变形，严重腐蚀和严重磨损；

b）各级叶轮间轴向间隙，测量后与上次测量比较无明显变化；

c）后汽封套和套装叶轮应紧固无松动现象。

B.4.3 转子叶片检修质量标准

a）叶片应清扫干净，无水锈、盐垢附着物；

b）无裂纹、损伤、卷边、变形和严重的冲刷腐蚀观象：

c）复环、拉金、铆钉无松动、断裂和脱出现象；

d）频率及探伤试验应合格。

B.4.4 转子推力盘检修质量标准

a）推力盘应打磨光滑、无毛刺、无伤痕；

b）推力盘瓢偏度应＜ 0.02mm，并且用直尺及塞尺检查推力盘不平度；

c）测量推力盘外圆油挡间隙应为 0.105～0.375mm。

B.4.5 转子联轴器检修质量标准

a）联轴器外圆应光滑、无毛刺；

b）联轴器端面瓢偏度应＜ 0.02mm，外圆晃度应＜ 0.03mm ；

c）盘车大牙轮齿面应无显著磨损，啮合良好；

d）联轴器连接孔配合外表面应光滑，粗糙度应为 R_a1.25，且无毛刺、沟槽；

e）套装联轴器无松动现象。

B.4.6 联轴器找中心检修质量标准

a）盘动转子找中心前，应检查轴瓦各部位良好，轴承摇绝缘合格，润滑正常；

b）找中心工作在记录百分表读数前，须将拉紧的钢丝绳放松并保证对轮孔的穿销松动；

c）盘动转子时，应在 0°、90°、180°、270° 处进行测量、记录，一般不少于两圈，若两圈测量数字计算结果不一致时，应进行三圈以上测量记录，方可确切记数；

d）联轴器找中心应符合表 B.5 要求；

e）联轴器找中心有关扬度数据见表 B.6 ；

f）联轴器找中心时，凝汽器应按制造厂规定充水。

表 B.5 联轴器找中心允差要求（对面读数差最大值）

名称	外圆允差 /mm	端面允差 /mm
汽轮机与发电机	0.04	0.02
发电机与励磁机	0.05	0.04

表 B.6　联轴器找中心有关扬度数据

部位		示意图	扬度
转子找中心	转子水平位置扬度	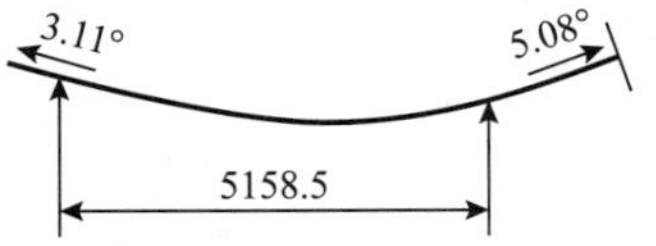	扬度单位 1°=0.1∶1000
	安装时转子位置的扬度	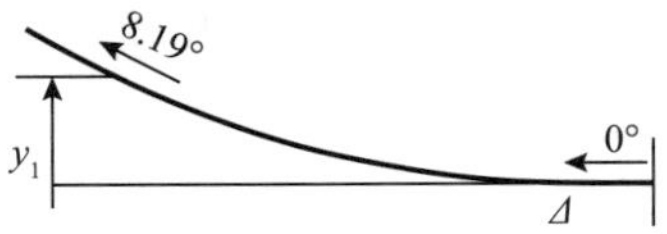	y_1=2.62mm

B.4.7　通汽部分检修质量标准

a）转子复位前，汽缸及各级隔板内确认无异物；

b）放转子前，发电机转子应靠后，以防汽轮机转子放不下去；

c）安装好推力瓦，并把转子向工作面推紧；

d）修前和修后的通汽部分间隙相差太多时，应查明原因进行处理；

e）测量通汽部分间隙时，第一次测量（飞环向上）完毕后，须把转子按正常旋转方向转 90°，再测量一次；

f）通汽部分间隙见表 B.7。

表 B.7　通汽部分间隙

mm

部位	示意图	间隙值
高压单列调节级	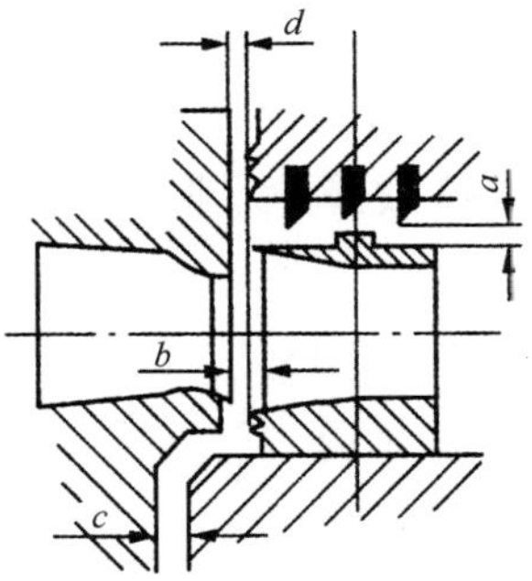	a=1.5～1.8 $b=1.5^{+0.2}_{-0.1}$ c=5 d=0.5
高压 1～8 级	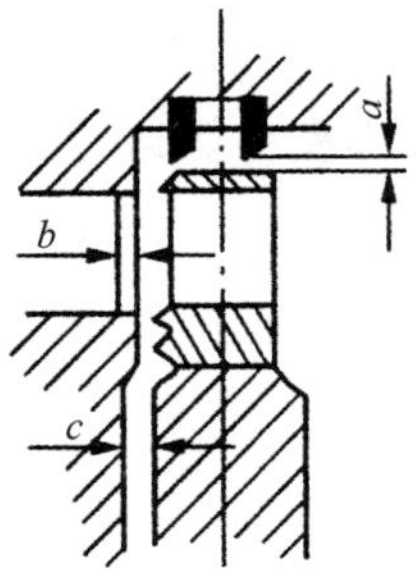	a=1.5～1.8 $b=1.5^{+0.2}_{-0.1}$ c=5（第 1～4 级） c=4.5（第 5～7 级） c=5.5（第 8 级）
高压 9 级		a=1.5～1.8 $b=2^{+0.2}_{-0.1}$ c=5

表 B.7　通汽部分间隙（续）

<table>
<tr><th>部位</th><th>示意图</th><th>间隙值</th></tr>
<tr><td>中压单列级</td><td rowspan="2"></td><td>a=2</td></tr>
<tr><td>中压 1～4 级</td><td>b=1</td></tr>
<tr><td>中压 5～7 级</td><td></td><td>a=2.5（第 5 级）
b=3（第 6 级）
c=3.5（第 7 级）</td></tr>
<tr><td>中压 8～10 级</td><td></td><td>a=4.5（第 8 级）
b=4.9（第 9 级）
c=5.5（第 10 级）
b=3（第 8～9 级）</td></tr>
</table>

B.5　轴承

B.5.1　推力轴承检修质量标准

a）瓦块钨金完整、无裂纹、无脱胎及严重磨损，油囊修刮正确；

b）各瓦块承力均匀，厚度差≤ 0.02mm，与推力盘接触面积≥ 75%，瓦块摆动灵活无卡涩；

c）油室清洁无杂物；

d）轴向推力间隙为 0.40～0.45mm ；

e）固定压板不能将瓦块底板压死；

f）推力瓦块装后应检查推力瓦块测温元件正常，方可扣轴承盖；

g）径向推力联合轴承间隙要求如表 B.8 所示。

表 B.8 径向推力联合轴承间隙要求

mm

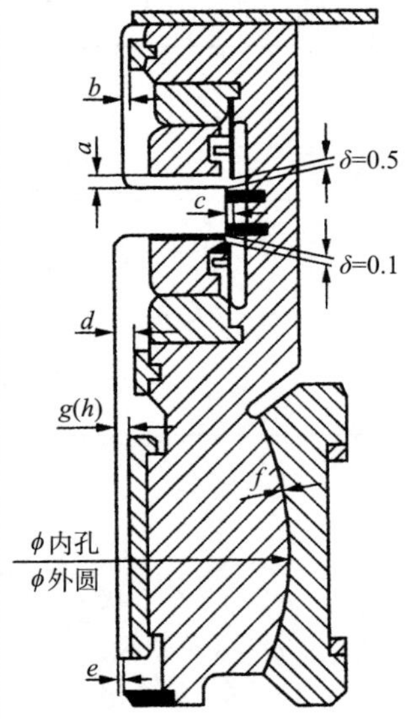

<table>
<tr><td colspan="2">推力盘轴向间隙</td><td>$a=0.04^{+0.05}$</td></tr>
<tr><td colspan="2">油挡径向间隙</td><td>b=0.06～0.15
c=0.105～0.375
d=0.06～0.15
e=0.44～0.6</td></tr>
<tr><td colspan="2">轴承体球面与球面度的过盈</td><td>f=0.02～0.04
（ϕ内孔～ϕ外圆 =0.02～0.04）</td></tr>
<tr><td rowspan="2">轴瓦与轴颈与轴颈间隙</td><td>顶部</td><td>g=0.45～0.60</td></tr>
<tr><td>侧面</td><td>n=0.23～0.30</td></tr>
</table>

B.5.2 支承轴承及油挡检修质量标准

a）轴瓦钨金完好，无裂纹，无脱胎及严重磨损；

b）钨金与轴颈接触均匀，下瓦接触角应为 60°，接触点应达到 6～7 点 /cm²，轴承室清洁无异物，油管连接螺母紧固；

c）各调整垫铁不松动，并与轴承座洼窝保持 70%以上的接触。调整垫片应用抗蠕变材料制成，每块垫铁使用的垫片不得超过 3 片。

d）转子复位前，两侧垫铁用 0.03mm 塞尺检查塞不进，底部垫铁洼窝要有 0.03～0.07mm 脱空，转子复位后，下瓦垫铁与轴承座洼窝应无间隙；

e）油挡齿尖宽不得大于 0.5mm，下油挡回油口畅通；

f）固定销子和螺栓应齐全、完整；

g）支承轴承间隙与紧力如表 B.9 所示；

表 B.9 支承轴承间隙与紧力

mm

<table>
<tr><td rowspan="2">项目
轴承</td><td colspan="2">间隙</td><td rowspan="2">轴瓦紧力</td><td rowspan="2">轴承盖紧力</td><td rowspan="2">油挡上部间隙</td><td rowspan="2">油挡下部间隙</td><td rowspan="2">油挡两侧间隙</td></tr>
<tr><td>顶部</td><td>半侧面</td></tr>
<tr><td>1</td><td>0.41～0.50</td><td>0.54～0.59</td><td>0.02～0.04</td><td>0.04～0.07</td><td>0.20～0.25</td><td>0～0.10</td><td>0.10～0.20</td></tr>
<tr><td>2</td><td>0.39～0.51</td><td>0.42～0.48</td><td>0.02～0.04</td><td>0.04～0.07</td><td>0.20～0.25</td><td>0～0.10</td><td>0.10～0.20</td></tr>
<tr><td>3</td><td>0.39～0.51</td><td>0.42～0.48</td><td>0.02～0.04</td><td>0.04～0.07</td><td>0.20～0.25</td><td>0～0.10</td><td>0.10～0.20</td></tr>
<tr><td>4</td><td>0.45～0.60</td><td>0.45～0.60</td><td>0.02～0.04</td><td>0.02～0.05</td><td>0.20～0.25</td><td>0～0.10</td><td>0.10～0.20</td></tr>
<tr><td>5</td><td>0.25～0.30</td><td>0.30～0.35</td><td>0.01～0.02</td><td>0.00～0.03</td><td>0.15～0.18</td><td>0～0.05</td><td>0.10～0.15</td></tr>
<tr><td>6</td><td>0.25～0.30</td><td>0.30～0.35</td><td>0.01～0.02</td><td>0.00～0.03</td><td>0.15～0.18</td><td>0～0.05</td><td>0.10～0.15</td></tr>
</table>

h）支承轴承间隙示意如图 B.4 所示；

i）如使用活动式密封油挡，应检查活动式密封环磨损程度，及时更换磨损超标的密封环。

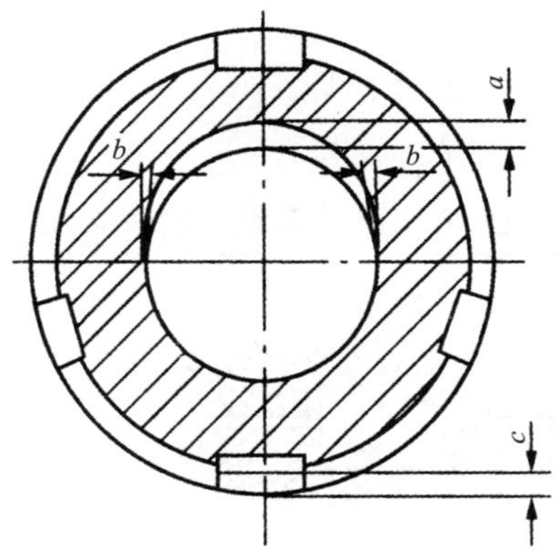

图 B.4　支承轴承间隙示意图

B.6　盘车装置

盘车装置检修质量标准：

a）蜗杆、蜗轮齿面应光滑无裂纹、毛刺、麻坑现象，靠背轮齿的啮合面接触宽度应达到齿宽的 2/3 以上；

b）各齿轮接触斑点：按齿高≥ 45%

按齿长≥ 60%

c）蜗轮前轴承与止动套间隙为 0.30～0.40mm ；

d）内杠杆滚子及其销子无磨损，滚子与端面与主导轮颈部间隙、滚子本身的串动量应符合要求；

e）操作扳手传动轴端部橡皮条油封圈应完好不渗油；

f）所有滚珠轴承应转动灵活，且无松动，外圈应紧配于外壳内；

g）油管接头及法兰结合面应不漏、不渗油；喷油管应清洁畅通，位置应对正齿轮啮合部位并有 4～5mm 距离；组装时要用蒸汽或无水压缩空气吹净；

h）盘车电机挂闸要灵活，要对好电机转向。

B.7　滑销系统

滑销系统检修质量标准：

a）膨胀滑销应进行清扫、检查，应无磨损、锈蚀、污垢；

b）解体前应做好记号并测量间隙；

c）整修或更换后的滑销要平稳，表面粗糙度不得低于 2.5，接触面应达 70% 以上；

d）组装时，对各种滑销要擦二硫化钼粉，滑销间隙要符合标准规定；

e）座架连接螺栓、套管及垫圈要符合标准；

f）取出猫爪安装垫铁及轴承座间的横向平键时，高压缸抬起不应超过 0.5mm，不得使汽缸移动；

g）膨胀指示装置或测定膨胀装置修理完好；

h）滑销系统各部间隙要求见表 B.10。

表 B.10　滑销系统各部间隙要求　　mm

前座架 纵向销	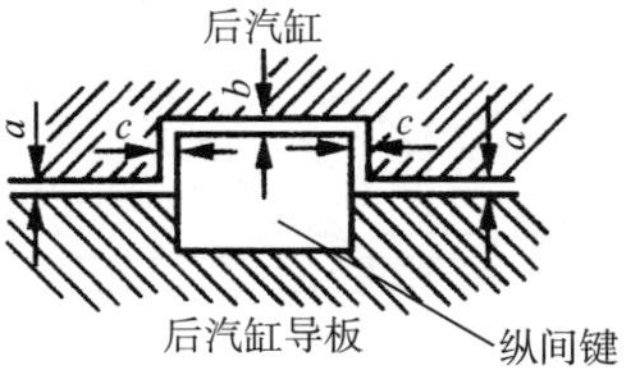	$a+b$=0.04～0.06 $c\geqslant$ 0.50
后汽缸导板 的纵向键	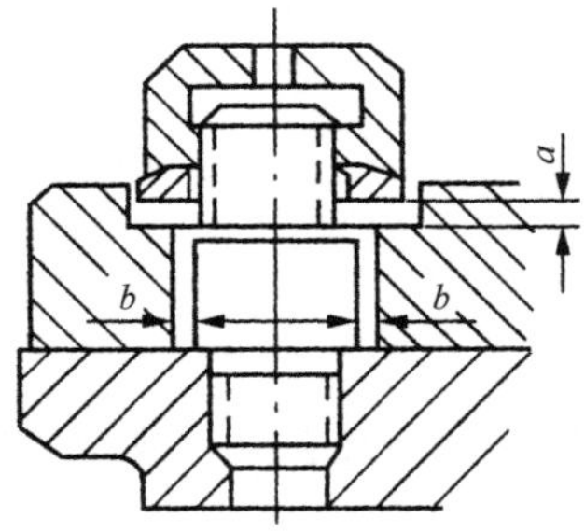	a=0.03～0.05 $b\geqslant$ 0.50 c=0.02～0.03
后座架 连接螺栓	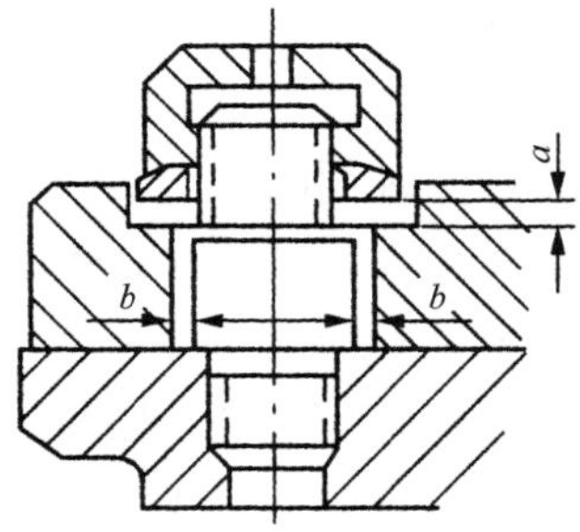	a=0.1 b=6.0
前座架 压板	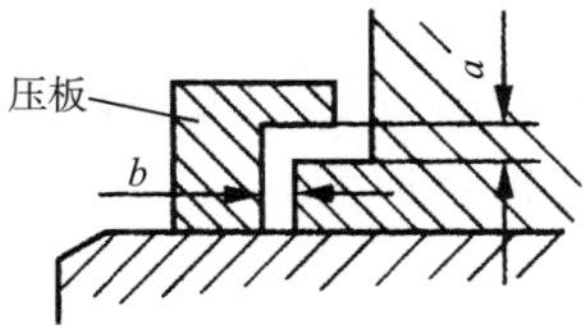	a=0.04～0.06 $b\geqslant$ 2
前轴承座 垂直键	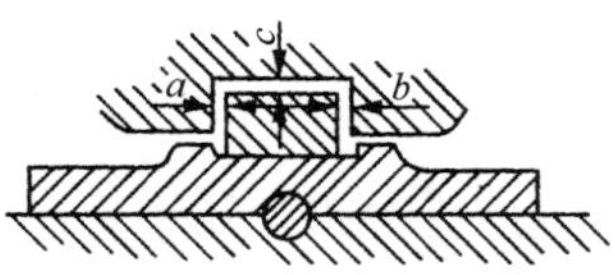	$a+b$=0.08～0.10 $c\geqslant$ 3

表 B.10 滑销系统各部间隙要求（续）

<table>
<tr><td>前汽缸
猫爪</td><td>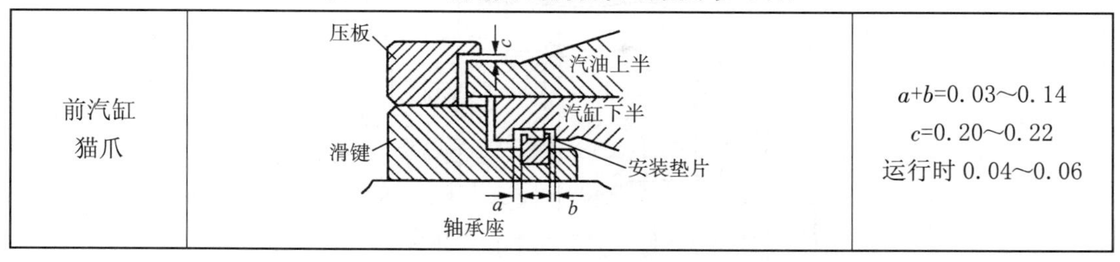</td><td>a+b=0.03~0.14
c=0.20~0.22
运行时 0.04~0.06</td></tr>
</table>

B.8 调节系统

B.8.1 主油泵检修质量标准

a）叶轮和导流叶完整光滑无毛刺，无裂纹、无锈蚀、叶轮不松动；

b）各部间隙及晃动度如下：

叶轮油封径向间隙 D=0.06~0.15mm

旋转阻尼及危急遮断器晃动度≤ 0.03mm

主油泵进油侧小轴颈晃动度≤ 0.05mm

轴向位移圆盘晃动度≤ 0.07mm

主轴泵压紧力 0~0.03mm

c）泵壳水平结合面接触应严密。

B.8.2 旋转阻尼检修质量标准

a）油封环径向间隙 A=0.05~0.13mm；

b）油封环轴向间隙 C = 0.012~0.025mm；

c）两侧油挡径向间隙 B=0.05~0.13mm；

d）旋转阻尼体晃动度 0.03~0.05mm；

e）旋转节流阀螺杆不得有卡涩、松动及螺纹乱扣现象；

f）主油泵及旋转阻尼各部间隙如图 B.5 所示。

g）阻尼管油室、油孔应洁净、畅通，阻尼管不应松动。

B.8.3 放大器检修质量标准

a）波形管无裂纹、变形，油压试验 0.3MPa，10min 不渗不漏，或灌煤油 4h 不渗不漏；

b）碟阀口应完整无锈蚀，碟阀座表面应平整无凹凸缺陷，弹簧弹性良好；

c）平衡杠应平直，无弯曲变形，灵活无卡涩，

d）进出油管接头及壳体结合面应不渗漏；

e）各部间隙：

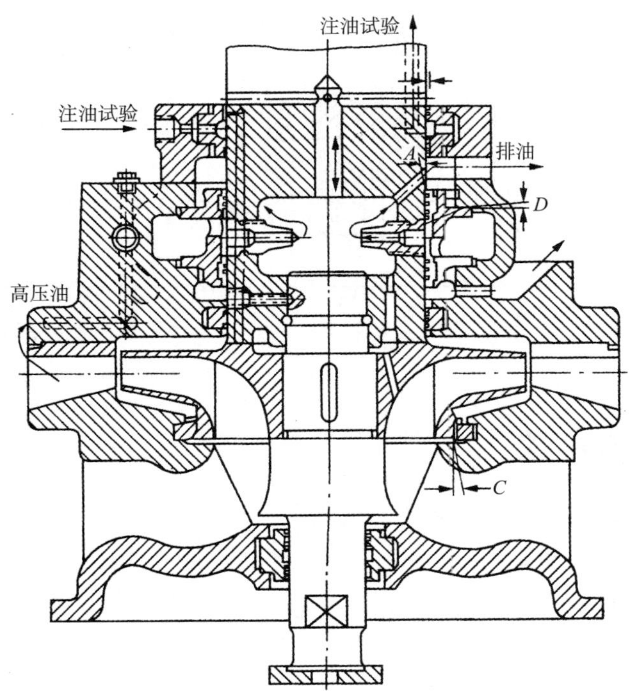

图 B.5 主油泵及旋转阻尼各部间隙

碟阀间隙：C=0.15～0.25mm

上下限位间隙：A=0.50～1.0mm

B=0

f）检查过压阀，钢球应完整、无锈蚀；

g）调整尺寸与检修前应基本一致。

B.8.4 调节滤油器检修质量标准

a）括片组括片要完整，缝隙均匀，转动灵活不卡涩；

b）油室清理无锈垢，无异物，出入口管接头或法兰面上盖、盘根处不渗漏；

c）装配时严格注意上盖的大油孔对准壳体上的出油孔，切勿装反；

d）放大器及调节滤油器结构如图 B.6、图 B.7 所示。

B.8.5 调压器质量标准

a）抽汽脉冲波形管应无裂纹、变形，油压试验 0.2MPa，10min 保持不渗、漏（或灌煤油 4h 不渗、漏）；

b）碟阀口应完整无锈蚀，阀座应平整、光滑，表面无凹凸缺陷，弹簧片无变形，弹性良好；

c）碟阀应完好无损，碟阀与阀座应保持同心，不得偏斜；

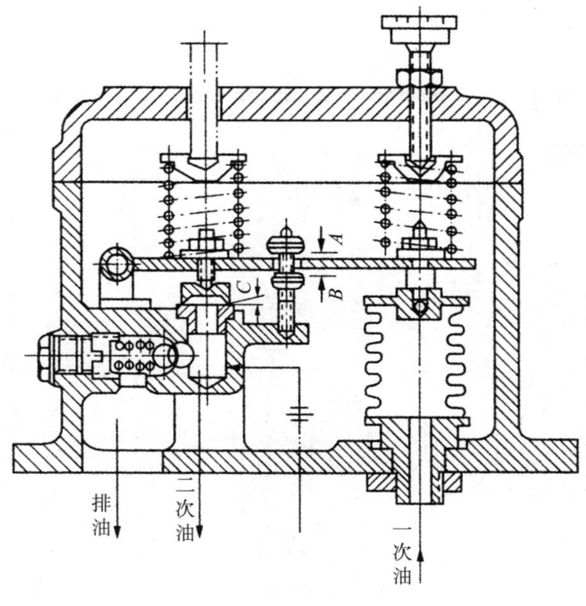

图 B.6

d）检查弹子盘应完好无损，无卡涩现象，转动灵活；

e）检查小错油门芯弯曲度，应小于 0.05mm，小错油门表面应光滑，错油门封口两侧均应保持垂直，保持过封度；

f）小油动机活塞及其活塞缸座无磨损痕迹；

g）杠杆、十字架应无变形、磨损，各支点应不松动，无卡涩现象，动作灵活；

h）小油动机活塞升程应达到 25mm 以上，并活动自如；

i）壳体上各管接头和结合面应不渗、不漏。

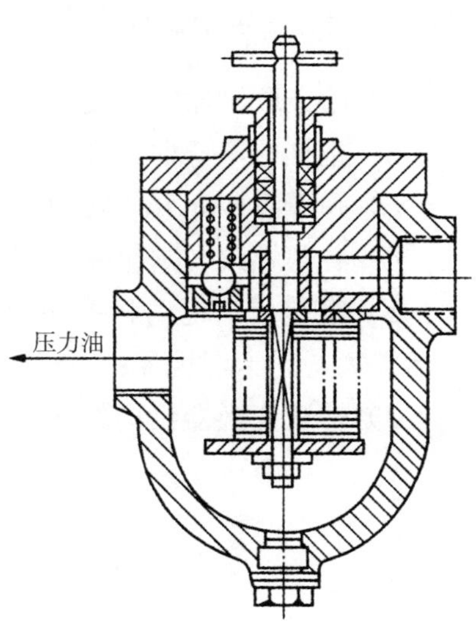

图 B.7

B.8.6 调压器各部间隙（图 B.8）

a=0.028～0.10mm

b=0.028～0.10mm

c=0.095～0.175mm

d=0.045～0.086mm

e=0.03～0.09mm

f=1mm

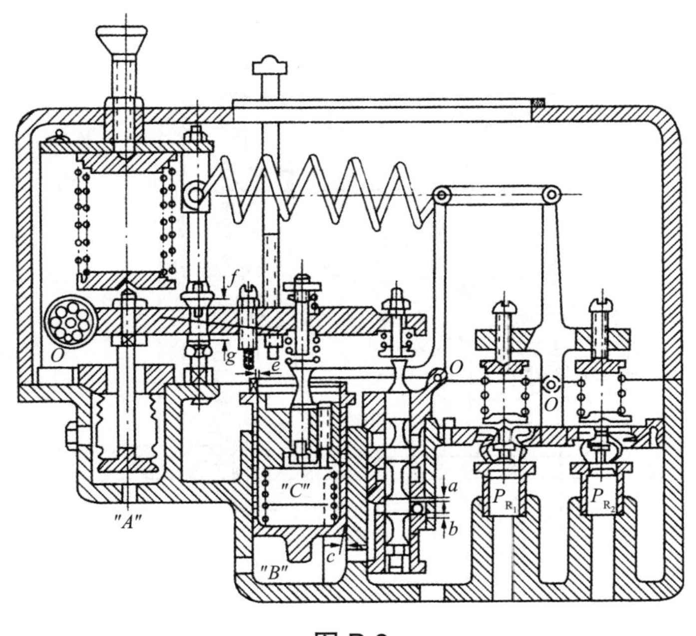

图 B.8

B.8.7 转速变换器及压力变换器检修质量标准

a）哈夫联轴器啮合良好，中心杆键槽光滑无毛刺；

b）推杠应不弯曲，锥顶应无严重磨损、腐蚀；

c）弹子盘应完好，转动灵活：

d）各部螺纹及蜗轮蜗杆应完整，各轴承无锈蚀，装前加适量的黄油；

e）组装后，电动和手动均能保证同步器上限到 50mm，下限至 0，在整个行程中能灵活自如，无卡涩现象；

f）转速变换器结构如图 B.9 所示。

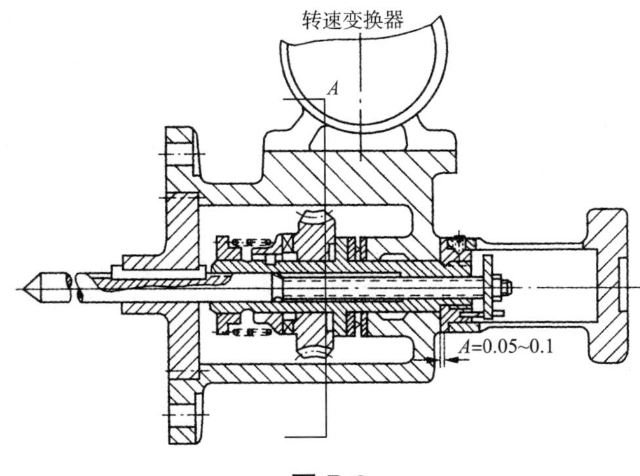

图 B.9

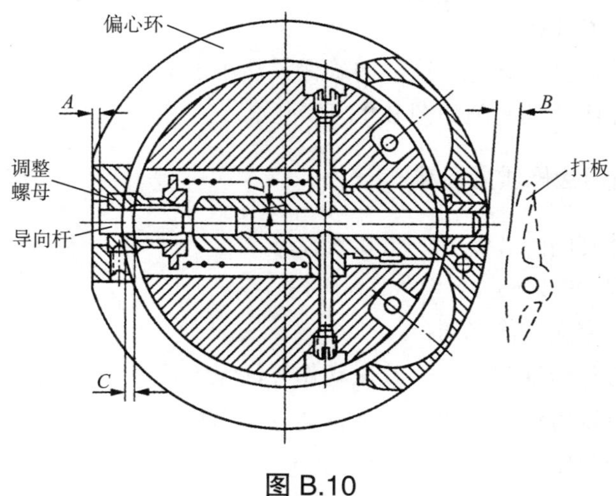

图 B.10

B.9 保安系统

B.9.1 危急遮断器检修质量标准

a）危急遮断器体各油孔洁净无油垢；

b）飞环及导杆表面应光滑、无沟痕、不卡涩；

c）弹簧、弹簧座应无裂纹、变形、磨损等现象，弹簧自由长度 *L*=75mm；

d）当弹簧取出后，偏心环应能灵活松动，不能有丝毫卡涩现象；

e）喷油阀油孔，应洁净畅通，弹簧无裂纹、变形；

f）注油飞环动作转速为 2920～3360r/min，超速动作转速为 3300～3360r/min，偏心环复位转速为 3050r/min±15r/min；

g）组装时严格按修前测量尺寸回装；

h）各部间隙如图 B.10 所示：

导向杆与套间隙 *D*=0.04～0.06mm

飞环动作行程 *C*=3.5mm

飞环装配后，外围晃度不大于 0.20mm

危急遮断油门复位后，检查飞环与打板间隙 *B*=0.80～1.00mm。

B.9.2 危急遮断油门检修质量标准

a）各油腔、油孔应洁净畅通；

b）扭力弹簧无裂纹、变形、弹性良好；

c）拉钩刀口处应完好无撞击、凹痕，能保证脱扣和挂闸；

d）错油门与上盖的空位销应调整合适，错油门动作灵活不卡涩，复位油孔应畅通；

e）打板与飞环间隙 *A*=0.80～1.0mm；

f）错油门与外套间隙 *B*=0.03～0.035mm；

g）错油门行程 C=12mm；

h）装好后要手动打闸试验，错油门确保灵活不卡涩；

i）危急遮断油门各部间隙如图 B.11 所示。

B.9.3 磁力断路油门检修质量标准

a）错油门与外套间隙 A=0.02～0.035mm；

b）错油门行程 26.5mm；

c）各油腔、油室应洁净畅通；

d）电磁铁中心与错油门中心一致，动作灵活无卡涩；

e）复装后通电试验错油门应能上下移动，灵活可靠；

f）磁力断路油门结构如图 B.12 所示。

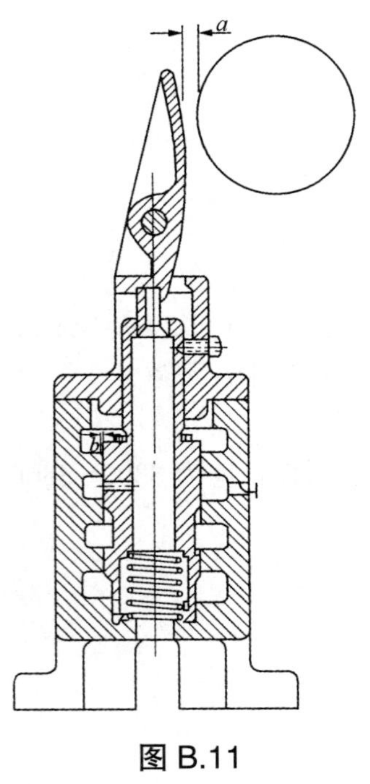

图 B.11

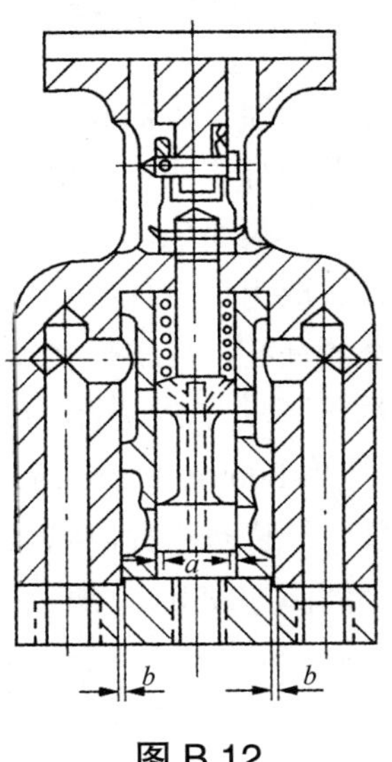

图 B.12

B.9.4 危急遮断及复位装置检修质量标准：

a）各油腔、油孔应洁净、畅通、管接头严密不漏，壳体与面板垫片按原厚度配置；

b）装配后，活动错油门灵活不卡涩，测量两个错油门行程应符合要求；

c）危急遮断油门尾部限位钢珠动作灵活，不卡涩，应保证限位、动作正常；

d）滑阀应无毛刺、沟痕、磨损、腐蚀现象，弹簧应无裂纹、腐蚀，弹性良好；

e）各部间隙行程如下：

遮断错油门与套间隙 a=0.05～0.12mm

复位错油门与套间隙 d=0.05～0.12mm

遮断错油门行程 8mm

复位错油门行程 11mm

f）危急遮断及复位装置结构如图 B. 13 所示。

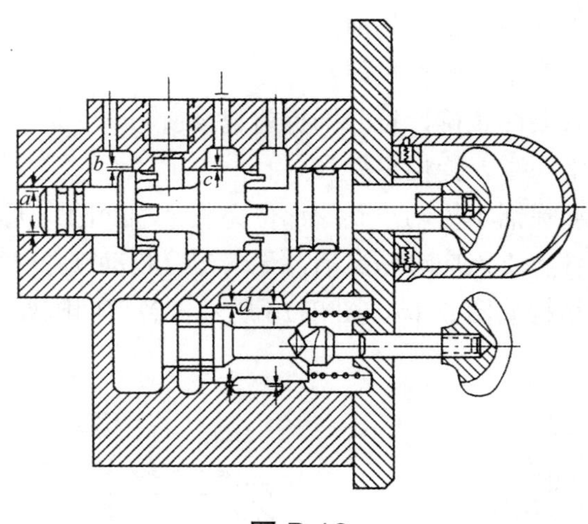

图 B.13

B.9.5 电磁阀检修质量标准

a）各油室油孔应洁净畅通，错油门无毛刺、锈蚀，作灵活；

b）各管接头，结合面应不渗、不漏；

c）电磁阀铁芯与错油门连接后，应动作灵活不卡涩，当电磁阀通电时，错油门应能吸上去；

d）错油门行程 26mm；

e）错油门与外套间隙 A=0. 03～0. 05mm；

f）电磁阀结构如图 B. 14 所示。

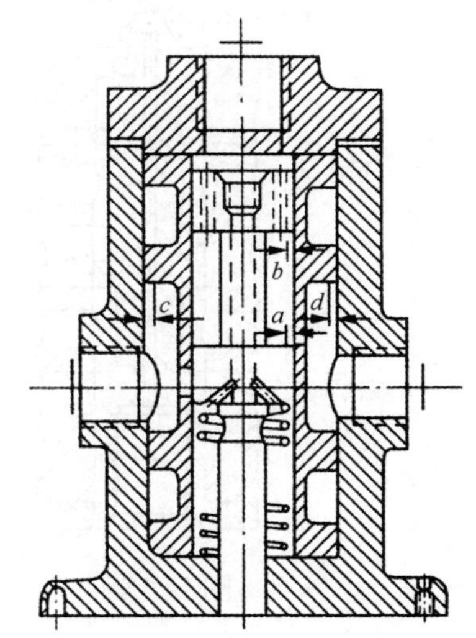

图 B.14 电磁阀结构

B.9.6 流量限止器检修质量标准

a）碟阀口应完整无锈蚀，阀座应平整无凸凹缺陷，弹簧片弹性良好；

b）碟阀与碟阀座应同心不得偏斜；

c）弹簧无腐蚀、变形、裂纹；

d）钢球应光滑，动作灵活，表面无麻坑缺陷；

e）缩孔号码符合修前位；

f）调整杆丝扣无损坏；

g）各管接头及结合面无渗漏。

B.10　配汽机构

B.10.1　高、中压油动机检修质量标准

a）油室、油腔、油孔应清洁、畅通；

b）弹簧应无断裂和变形，弹性良好；

c）各部件相互位置装配正确，符号同拆前记录；

d）活塞胀圈应灵活不卡，弹性良好；

e）继动器活塞杆要灵活不松动，碟阀部位完整，端面圆周无缺口；

f）杠杆、反馈杠杆各支点应动作灵活，无卡涩、松动现象；

g）油动机错油门结构如图 B.15、图 B.16 所示，各部间隙要求见表 B.11。

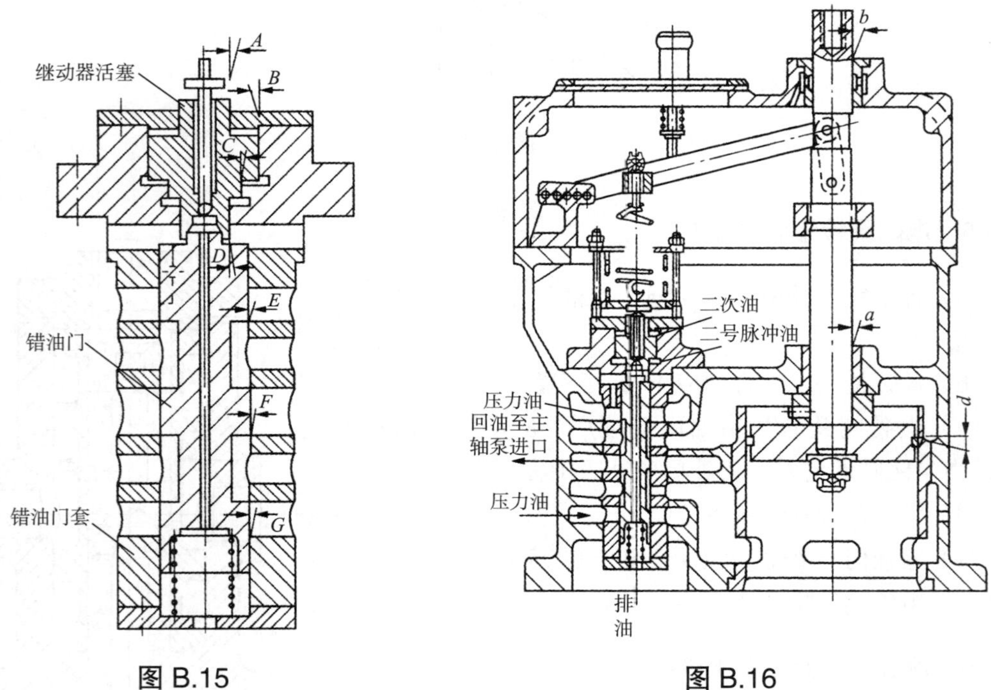

图 B.15　　图 B.16

表 B.11　各部间隙要求

名称	代号	高压	中压
		间隙 /mm	间隙 /mm
继动器活塞与套间隙	*A*	0.08～0.12	0.08～0.12
	B	0.10～0.15	0.10～0.12
	C	0.10～0.15	
	D	0.08～0.12	0.08～0.12

表 B.11 各部间隙要求（续）

名称	代号	高压	中压
		间隙 /mm	间隙 /mm
错油门与套间隙	*E*	0.05～0.12	0.10～0.16
	F	0.10～0.16	0.10～0.16
	G	0.10～0.16	0.15～0.21
活塞杆与铜套间隙	*a*	0.05～0.12	0.05～0.12
	b	0.05～0.12	0.05～0.12
活塞环与活塞轴向间隙	*d*	0.08～0.12	0.08～0.12
活塞行程	*H*	150±1	

B.10.2 调节汽阀检修质量标准

a）检查阀门上弹簧应无裂纹，测量记录弹簧的自由长度符合标准；

b）预启阀无渗漏，主阀研磨后用红丹粉检查，保证主阀线圆周接触无断线；

c）自密封装置应良好，四合环、两半环、密封环无锈蚀、无变形，不卡涩；

d）阀座点焊牢固，不松动，阀壳应无裂纹和贯穿气孔；

e）螺栓无乱扣、缺口、弯曲、裂纹及蠕变现象，复装时，用二硫化钼粉或高温防卡剂擦净，合金钢螺栓更换需做光谱试验，合格后方可使用；

f）阀杆光滑无腐蚀和磨损沟道，汽室干净无杂物；

g）调节阀上部装配前用手活动阀杆保证灵活可靠，不卡涩；

h）阀杆与阀杆套筒间隙 0.35～0.45mm，两半球面垫与球形接头间隙 0.10mm，阀杆弯曲度不大于 0.05mm；

i）各阀安装要求见表 B.12；

表 B.12

阀门号	*A* 值 /mm	*B* 值 /mm	*C* 值 /mm
1	2.6	2	7
2	0	2	7
3	6.75	2	7
4	50.3	2	7

j）调节汽阀结构如图 B.17 所示。

B.11 自动主汽门及操纵座

B.11.1 自动主汽门检修质量标准

a）疏水管畅通，疏水管接头严密不漏；

b）预启阀及主阀接触面密封良好，阀座及阀碟无冲刷，无损坏，用红丹粉检查阀线圆周完整，并保证有一定的密封宽度；

c）自密封装置应良好，四合环，密封环无锈蚀，无变形、无卡涩；

d）滤网无裂纹，不开焊，孔眼畅通；

e）阀杆光滑，无磨损和腐蚀沟道，汽室干净无杂物；

f）阀盖和阀壳接合面应光洁平整，无明显沟槽及径向贯穿裂纹；

g）螺栓、螺母应无乱扣、缺口、弯曲、断裂及蠕变现象，合金钢螺栓更换需做光谱试验，合格后方可使用；

h）全部装配后，保证阀杆动作可靠，不卡涩；

i）自动主汽门各部间隙行程见表 B.13，其结构如图 B.18 所示。

表 B.13　自动主汽门各部间隙行程

名称	代号	要求 /mm
阀杆与套间隙	*A*	0.30～0.40
主汽阀行程	*B*	35
预启阀行程	*C*	15
阀杆弯曲		≤ 0.03
阀座与阀体装配紧力	*G*	0.10～0.15
主汽阀与套筒间隙	*D*	0.50
主汽阀总行程	*B* + *C*	100
导向键总间隙		0.10～0.20

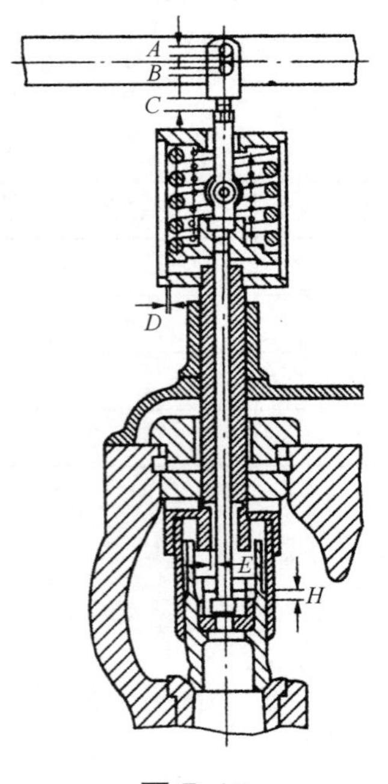

图 B.17

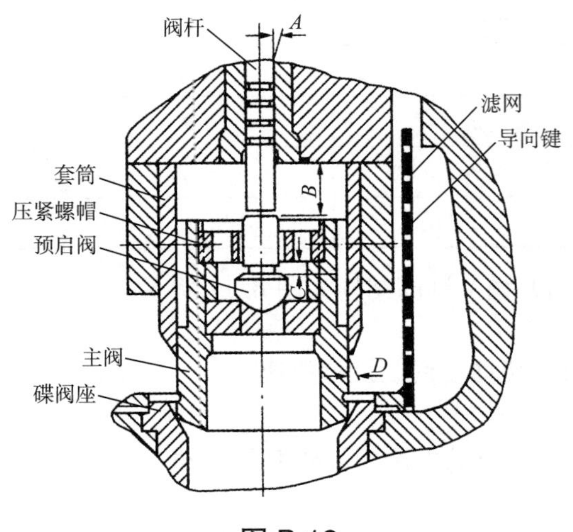

图 B.18

B.11.2 自动主汽门操纵座检修质量标准

a）油室、油孔无污垢、锈蚀，弹簧应无断裂、变形且弹性良好；

b）阀杆和调整铜套螺纹部分，应良好无损伤；

c）推力轴承良好，罩盖转动不卡涩；

d）活塞、罩盖、操纵座上下壳体内外壁应无严重磨损痕迹，壳体上各油管接头应严密不漏；

e）组装活塞油室时要垂直不得偏斜；

f）全部装配好后，确认操纵座活塞在最下部时，行程指针对准零位；

g）自动主汽门操纵座各部间隙行程见表 B.14，其结构如图 B.19 所示。

表 B.14 自动主汽门操纵座各部间隙行程

<table>
<tr><th colspan="2">名称</th><th>代号</th><th>要求 /mm</th></tr>
<tr><td colspan="2">活塞与壳体间隙</td><td>A</td><td>0.05～0.10</td></tr>
<tr><td colspan="2">活塞与阀杆间隙</td><td>B</td><td>0.05～0.10</td></tr>
<tr><td colspan="2">罩盖与活塞间隙</td><td>C</td><td>0.05～0.10</td></tr>
<tr><td colspan="2">阀杆与套间隙</td><td>D</td><td>0.05～0.10</td></tr>
<tr><td rowspan="2">罩盖端部间隙</td><td>轴向</td><td>F</td><td>0</td></tr>
<tr><td>径向</td><td>F</td><td>1</td></tr>
<tr><td colspan="2">罩盖活塞零位间隙</td><td>a</td><td>1</td></tr>
<tr><td colspan="2">活塞行程</td><td>H</td><td>100</td></tr>
<tr><td colspan="2">阀杆弯曲</td><td></td><td>≤ 0.03</td></tr>
</table>

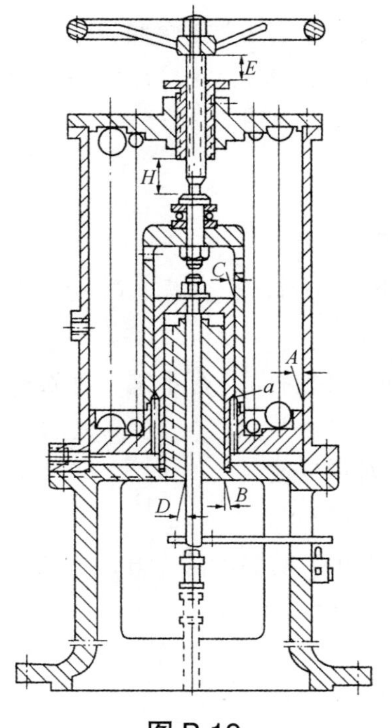

图 B.19

B.12 油系统及附件

B.12.1 主油箱及排烟机检修质量标准

a）油箱内要清洁，无油垢、锈皮、布毛和其他杂物；

b）滤网隔网清洁无破损，框架灵活无卡涩，无油流短路；

c）油位指示器完好，浮球不漏，滑杆垂直不弯，上下动作灵活、油位“0”位与实际油位相符；

d）油箱盖及油箱连接的各法兰，应严密不渗漏；

e）油箱底部放油阀，事故放油阀应完好，严密不漏；

f）排烟机轴、叶轮外壳应无磨损、无污蚀、无摩擦（用手盘动灵活不卡）；

g）排烟机与油管连接的法兰不渗漏。

B.12.2 注油器检修质量标准

a）注油器喷嘴、扩散管应光滑，无裂纹、无腐蚀；

b）螺栓紧固良好，止退垫圈封牢；

c）第一级注油器出口油压（至主油泵入口）0.05MPa，喷嘴直径ϕ14；

d）第二级注油器出口油压（至冷油器入口）0.2MPa，喷嘴直径ϕ17。

B.12.3 滤油器检修质量标准

a）滤油器应清洁，旋转刮片应完好无缺，无锈垢、无异物；

b）各组滤油器上盖、盘根、进出法兰结合面等，应无异物；

c）用煤油或汽油清洗干净全部刮片，按顺序组装，转动灵活。

B.13 射水抽气器

射水抽气器检修质量标准：

a）喷汽和扩散管的内壁应光滑，无结垢、冲刷，无蚀坑、锈污、毛刺和卷边等现象；

b）空气逆止门阀座与阀碟密封面严密不漏，弹簧弹力足够，并有防腐性能，背帽、开口销应牢固可靠；

c）喷嘴与扩散管中心应对正一致；

d）各法兰组装后应保证严密不漏；

e）射水箱壳体无裂纹、腐蚀，防腐涂漆完好，清洁、透明、不漏；

f）射水抽汽器结构如图 B.20 所示。

B.14 抽汽逆止阀

抽汽逆止阀检修质量标准：

a）进水及回水管道应畅通，接头完整不漏；

b）活塞、套筒、弹簧、活塞杆等零件应无严重锈蚀、氧化变形、裂纹等，弹簧刚度合适，弹性良好；

c）阀芯密封面应为环形接触，严密不漏；

d）各部件动作灵活不卡，活塞与阀芯垂直，活塞杆与套筒同心；

e）活塞与套筒的间隙 A=0.25～0.35mm；

f）缓冲活塞与套筒的间隙 C=0.30～0.50mm；

g）活塞杆与上下套间隙 B、D = 0.15～0.20mm；

h）阀门组装时，阀杆应上下灵活，逆止门行程指示正确；

i）水压抽汽逆止阀结构如图 B.21 所示。

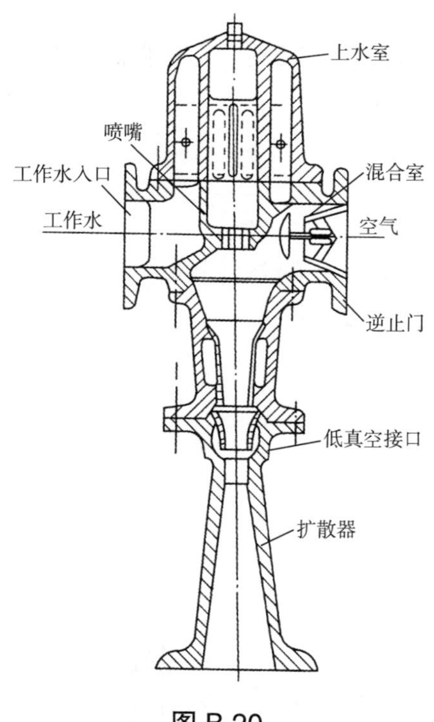

图 B.20

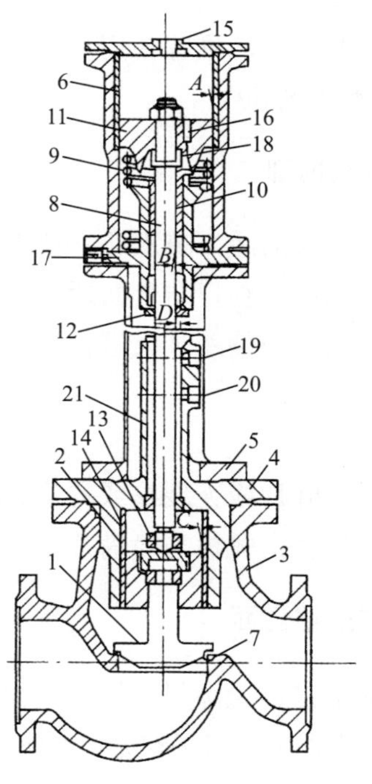

图 B.21

1—阀；2—缓冲活塞；3—门壳；4—阀芯；5—操纵座；6—上部套筒 7—阀座口；8—强制阀杆 9—弹簧；10—弹簧支架；11—上部活塞；12—格兰；13—缓冲汽室；14—节门套阀；15—压力水入口；16—泄水孔；17—排水管；18—调整套圈；19—去轴封加热器；20—去均压箱；21—密封环 30 片

附　录　C
（规范性附录）
C50-90/13-1 汽轮机检修质量标准

C.1　汽缸

C.1.1　汽缸壁

a）调节级处外壁温度降到100℃以下，上、下汽缸温差≤ 50℃时，方可吊走化妆板及拆除保温；

b）向空排汽门应严密不漏，纸箔应无裂开及严重变形；

c）汽缸各部分无裂纹；

d）化妆板及其配件完整；

e）保温良好，推荐使用环保型保温材料，当环境温度为25℃时，运行保温层表面最高温度不超过50℃。

C.1.2　汽缸内部

a）内部应洁净，疏水孔、仪表测点孔应畅通；

b）高低压缸垂直结合面螺丝应无锈蚀和松动，密封焊应无裂纹、漏汽；

c）洼窝中心偏差过大进行调整时，应使前后汽封处中心偏差：

$$(a-b) \leqslant 0.06\text{mm}（图 C.1）$$

$$c-(a+b)/2=0.04\sim0.08\text{mm}$$

d）喷嘴叶片应无裂纹或卷边、冲蚀现象；

e）喷嘴体内弧板与喷嘴片焊接处应无裂纹。

C.1.3　汽缸结合面

a）应洁净、无涂料及铁锈残留物；

b）结合面应光滑平整无损伤或贯穿疵纹及毛刺；

c）结合面应无裂纹，测量汽缸水平（图C.2）；

d）汽缸结合面的严密性应在紧1/3螺丝的情况下用 0.05mm 塞尺塞不进，个别部位塞进的深度不得超过结合面法兰宽度的1/3；

e）汽缸扣盖前，结合面应清除干净，并用细砂纸打光，涂料厚度应在0.50mm左右；

f）各段汽缸水平结合面应彼此齐平，不应有高

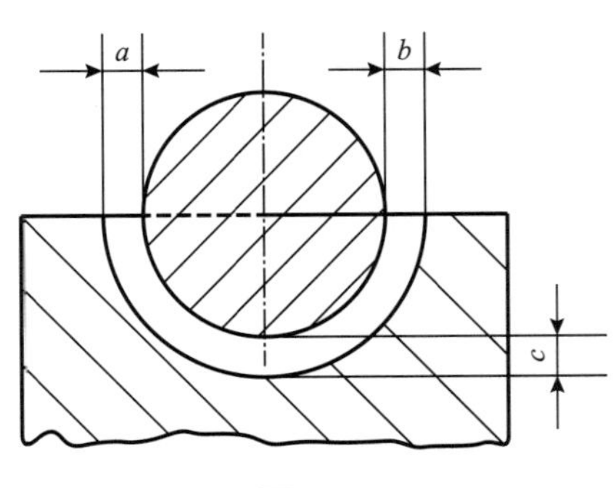

图 C.1

低错口。

C.1.4 汽缸螺栓

a）螺栓清理干净，无黑铅粉及铁锈等残留；

b）大于 M64 的螺栓及螺帽应有钢印编号；

c）大于 M64 的螺栓金相检验、硬度测定结果应符合技术要求（300 ＞ HB ＞ 200 为合格）；

d）选定高温段部分螺栓监视蠕变情况，测取长度作好记录，与逐次大修比较；

e）螺栓丝扣、螺帽丝扣、汽缸丝扣应完好，无乱扣、缺口、弯曲、裂纹、毛刺等现象；螺纹配合不应过松和过紧，无卡涩现象；螺帽与汽缸的接触部分应无严重咬毛；发现毛刺应予以铲除；

f）装复汽缸螺栓时应擦二硫化钼，或采用高温防卡剂；

g）紧汽缸螺丝应以消除汽缸上、下法兰面间隙为原则；一般应按一定顺序进行，全部螺丝冷紧完毕后应进行复核，以免紧松不一，紧螺栓次序见图 C.3，并应保证热紧值，C50 机组：

M120mm 螺栓，热紧值（螺帽外圆弧长）145mm

M76mm 螺栓，热紧值（螺帽外圆弧长）60mm

M64mm 螺栓，热紧值（螺帽外圆弧长）45～50mm

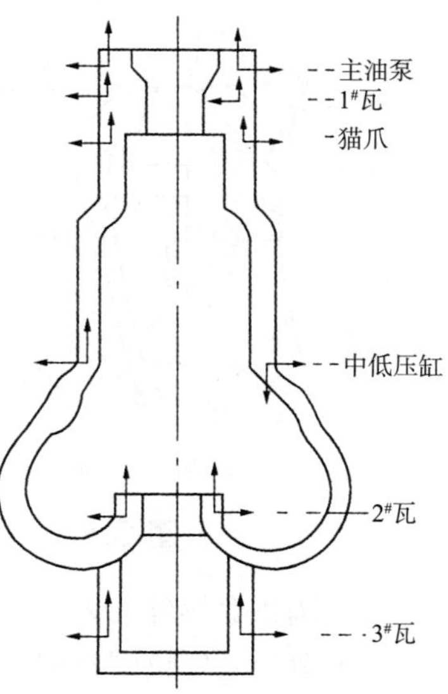

图 C.2

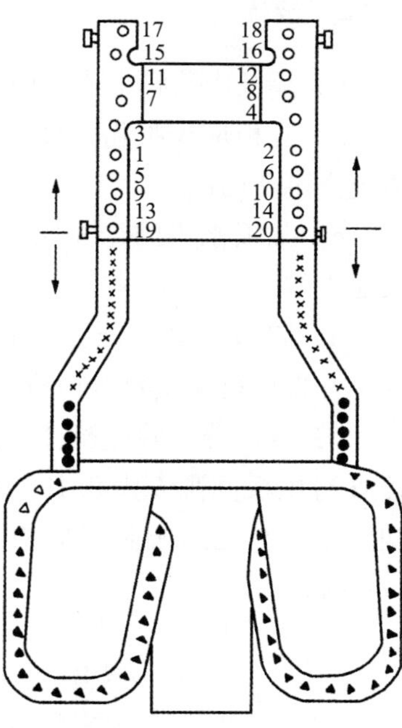

图 C.3

注：汽缸涂料参考配方如下：

红丹粉　30%

还原铁粉　20%（200 目）

二硫化钼　50%

Y-100 清油（文火煮熟）拌和。

也可采用新型汽缸专用密封胶。

C.2 隔板及隔板套

C.2.1 隔板套

a）隔板套清理干净，无水垢及黑铅粉残留；

b）隔板套水平结合面应良好，无漏汽痕迹；接触面积达 75%以上，紧螺栓后用 0.05mm 塞尺塞不通；

c）隔板套各部分间隙：挂耳与上隔板套间隙 a ＞ 2mm，挂耳与上缸间隙 b 为 0.20～0.30mm，隔板套与汽缸间膨胀间隙：d 为 2～2.5mm（图 C.4），挂耳调整垫片最多不得超过 3 片，并用抗蠕变材料制成；

d）检查汽缸与下隔板套纵向键间隙（图 C.5）：

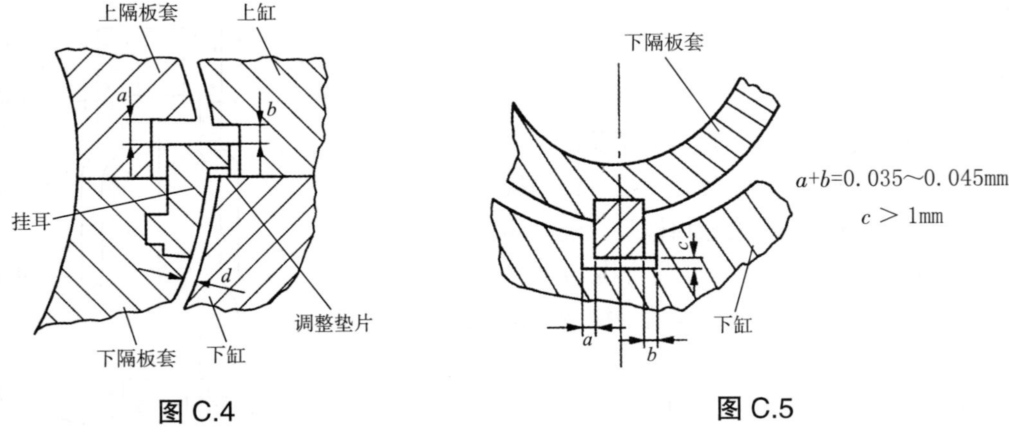

图 C.4　　　　图 C.5

e）隔板套螺丝应无乱扣、裂纹，丝扣应光滑完好，配合时无松动；

f）隔板套定位螺栓应有防止转动和脱落的保险措施；

g）装复时螺帽应有防止松动的保险措施。

C.2.2　隔板

a）隔板应清扫干净，应无结垢、污物及涂料残留；

b）隔板应无损伤、裂纹、变形、突起和松动，对发现的缺陷需作修复或采取明确措施方可使用；

c）隔板水平结合面应严密；高中压部分 0.05mm 塞尺塞不进；低压部分 0.10mm 塞尺通不过；

d）隔板挂耳、压板、固定螺钉、键、销应完好；挂耳调整垫片最多不得超过 3 片，并采用抗蠕变材料做成；

e）各部分间隙应符合下列要求（图 C.6），压板与上隔板间隙 a 为 0.20～0.50mm；挂耳与压板间隙 b 为 0.10～0.20mm；挂耳与上隔板间隙 $c \geqslant$ 2mm；隔板与隔板套膨胀间隙 d 为 2～2.5mm；下隔板纵向键与隔板套间隙（图 C.7）为：$a+b$=0.035～0.045mm，$c \geqslant$ 1mm。

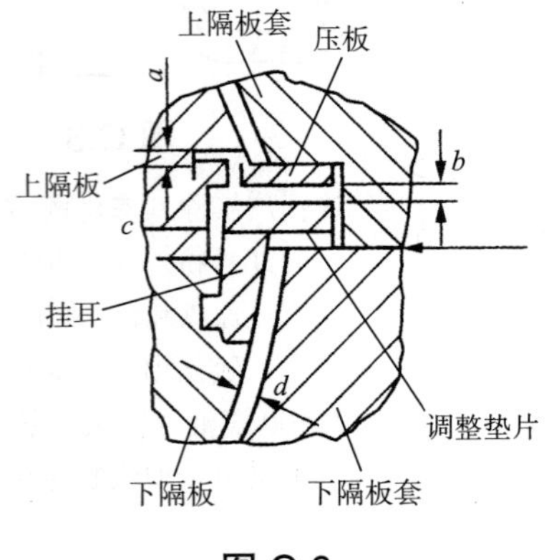

图 C.6

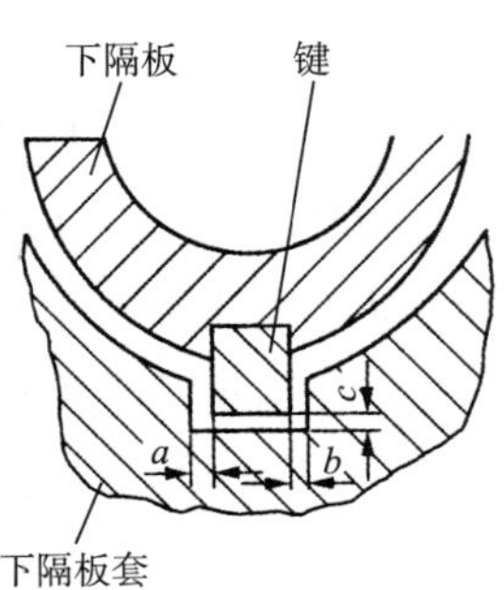

图 C.7

f）隔板与隔板套轴向间隙为 0.10～0.20mm；

g）回转隔板除符合隔板检查要求之外还需符合：压板与转动环间隙应为 0.50～0.60mm；组装时转动灵活。盖汽缸前应把回转隔板位置定好，并与中压油动机连接。复核油动机开度及回转隔板位置，正确后方可扣盖；

h）阻汽片应无严重磨损。梳齿顶部应刮尖，顶端厚度 0.30mm 左右，更换时应符合图纸工艺要求，梳齿与叶片顶端的间隙为 1.5～1.8mm。

C.3 汽封

C.3.1 轴封套

a）轴封套清理干净，无水垢及黑铅粉残留；

b）水平结合面应良好，无漏汽痕迹。接触面积达 75％以上，紧螺栓后用 0.05mm 塞尺检查应塞不进；

c）洼窝中心允许偏差与隔板相同，见图 C.1 及 C.3.2a）条；

d）紧固件轴向间隙、挂耳键的间隙、与汽缸膨胀间隙均与隔板相同，见 C.2.2 中第 e）、f）条。

C.3.2 汽封

a）汽封梳齿应完整无倒伏现象。调整隔板套或隔板中心应符合下列要求：

$$a-b \leqslant 0.06\text{mm}$$

$$c-(a+b)/2=0.04\sim0.08\text{mm}\ （图 C.1）$$

b）汽封弹簧片弹性应良好，无裂纹；

c）汽封块装入后，按动汽封环应弹动自如，无卡涩现象；

d）隔板汽封梳齿轴向和幅向间隙见表 C.1；

e）更换调整汽封时做对全周膨胀间隙为 0.30～0.50mm。

f）若采用蜂窝式汽封，a 值≤ 0.10mm

C.4 转子

C.4.1 主轴及其他部件

a）轴颈及推力盘工作面应光滑无麻斑或纹槽；

b）轴颈及推力盘工作面粗糙度应为 R_a0.8μm；

表 C.1　C50 机组

部位	间隙	标准 /mm	图例
前汽封	a b c d e f	0.40～0.60 3.5 6.5 1.6 3.1 5.0	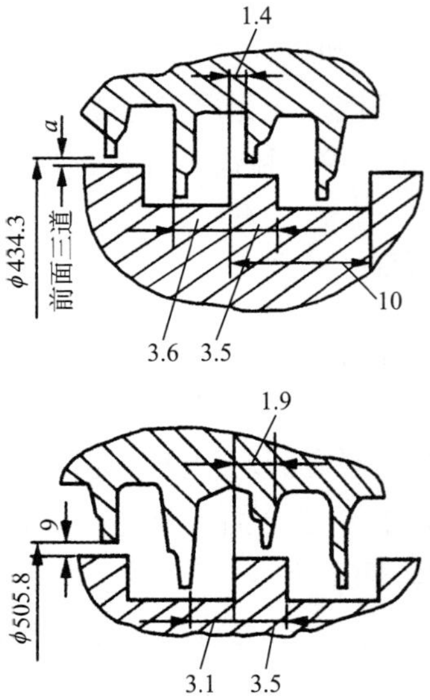
隔板汽封 1～7 级	a b c d e f	0.40～0.70 7.5 2.7 4.7 5.5 9.5	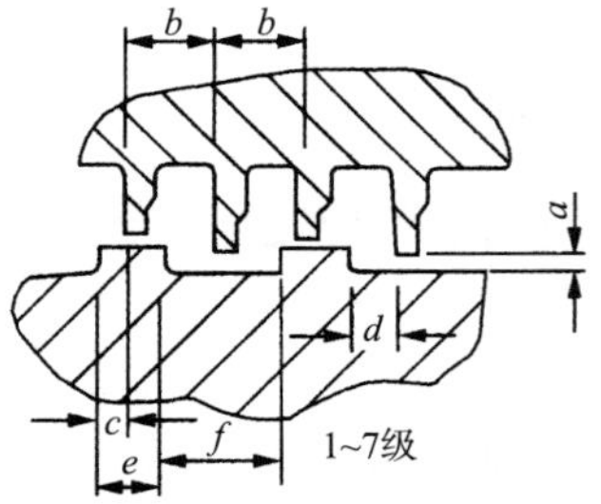
隔板汽封 8～11 级	a b c d e f	0.40～0.70 55 9.5 2.7 4.8 7.5	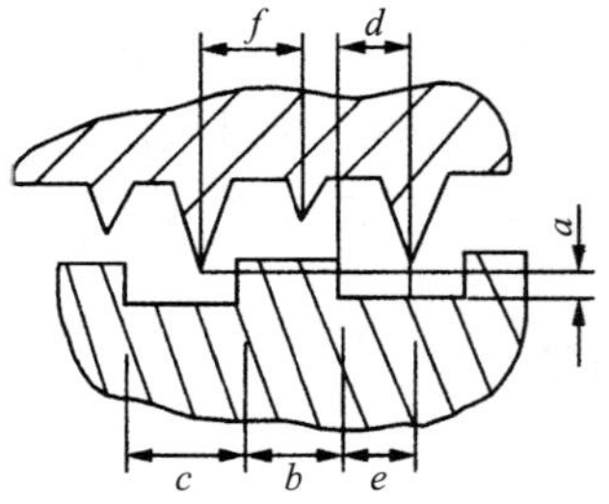
隔板汽封 12～16 级	a b c d e f	0.40～0.60	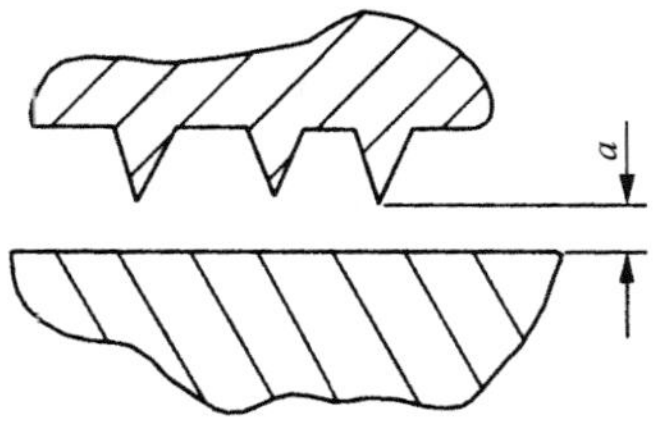

表 C.1 C50 机组（续）

部位	间隙	标准 /mm	图例
后汽封	*a* *b* *c* *d* *e* *f*	0.40～0.60 6 12 3 6 9	

c）轴颈椭圆度、锥度应≤ 0.02mm，推力盘瓢偏度应≤ 0.02mm；

d）转子中心孔堵板固定牢固；

e）主轴晃动度应≤ 0.06mm；

f）主轴叶轮套装后转子的弯曲度应≤ 0.04mm；

C.4.2 叶轮

a）用小锤轻敲套装叶轮，应无松动之声；

b）叶轮应无裂纹及机械损伤；

c）首末级叶轮平衡槽内的平衡块应不松动；

d）测量套装叶轮之间隔圈间隙，并与上次大修进行比较；

e）叶轮瓢偏度应符合下列要求：

整锻的叶轮，瓢偏度允许值≤ 0.03mm；

套装的叶轮，瓢偏度允许值≤ 0.10mm。

C.4.3 动叶片

a）清理水锈及污垢；

b）复环及叶根处汽封梳齿应无卷边和损伤；

c）叶片应完好，无断裂及细微裂纹；

d）叶根及叶根销安装应牢固，无松动；

e）测定叶片频率应符合要求；

f）检查腐蚀及冲蚀情况，并作详细记录；

g）通流部分间隙应符合要求（表 C.2）。

C.4.4 联轴器

a）各部分、特别是在轴与平面交接直角处应无裂纹；

b）盘车大齿轮应无显著磨损，啮合良好；

c）结合面应光滑无毛刺。端面的瓢偏度与外圆晃度应符合要求：

固定式：瓢偏度≤ 0.02mm，晃动度≤ 0.03mm；

半挠性：瓢偏度≤ 0.04mm，晃动度≤ 0.05mm；

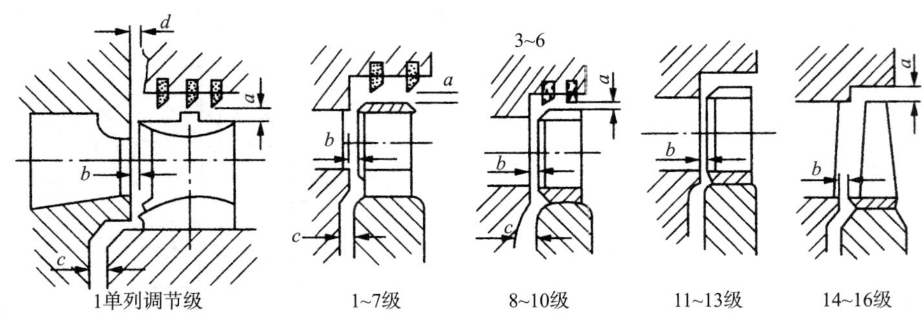

表 C.2　C50 机组

mm

级号 标准	I	1	2	3	4	5	6	7
a	1.5~1.8	1.5~1.8	1.5~1.8	1.5~1.8	1.5~1.8	1.5~1.8	1.5~1.8	1.5~1.8
b	$2^{+0.5}$	$2^{+0.5}$	$1.5^{+0.5}$	$1.5^{+0.5}$	$1.5^{+0.5}$	$1.5^{+0.5}$	$2^{+0.5}$	$2^{+0.5}$
c	5	5	5	5	5	5	5	5
d	0.5							

级号 标准	8	9	10	11	12	13	14	15	16
a	1.5~1.8	1.5~1.8	1.5~1.8				3	3	
b	2	2	2	2.5	3	3.5	4.5	4.9	5.75
c	4.5	4.5	4.5						
d									

d）联轴器螺栓应完好无裂纹、断扣、乱扣，与螺帽配合适宜；

e）螺栓和螺栓孔配合处表面粗糙度为 R_a0.8，不得有毛刺和沟槽；

f）组合对轮时螺栓、螺帽、垫圈应对号入座；螺栓应能用手插入孔一半，然后用 6～8 磅榔头轻敲打入；保险垫片或保险螺丝均应完好；

g）励磁机对轮处铜套密封圈应完整无损；

h）对轮中心应符合要求：

汽轮发电机：外圆允差≤ 0.04mm，端面允差≤ 0.02mm（对面读数差最大值）；

发电机与励磁机：外圆允差≤ 0.06mm，端面允差≤ 0.05mm（对面读数差最大值）；

i）转子进水短管的端部径向晃动度值一般应≤ 0.05mm，短管表面应光洁无损伤。

C.5 轴承

C.5.1 支持轴承

a）钨金应无划损、溶蚀、脱落、龟裂和损伤，与瓦胎接合严密，无脱胎松动现象；

b）钨金与轴颈接触面角度 60° 左右，在此角度内沿下瓦接触应达 75% 以上，且均匀分布；接触应呈斑点状，两端留 0.02mm 的泄油间隙（图 C.8）；

c）轴瓦各水平接合面必须良好，用 0.05mm 塞尺检查不得塞入；衬瓦与轴瓦壳之间必须接触良好；

d）球面与洼窝之间的接合面必须光滑，接触面应达到 70% 以上，均匀分布；

e）瓦枕（轴瓦垫铁）与轴承座洼窝接触均匀，接触面积达 70% 以上，调整垫片不超过 3 片，并用抗蠕变材料做成；

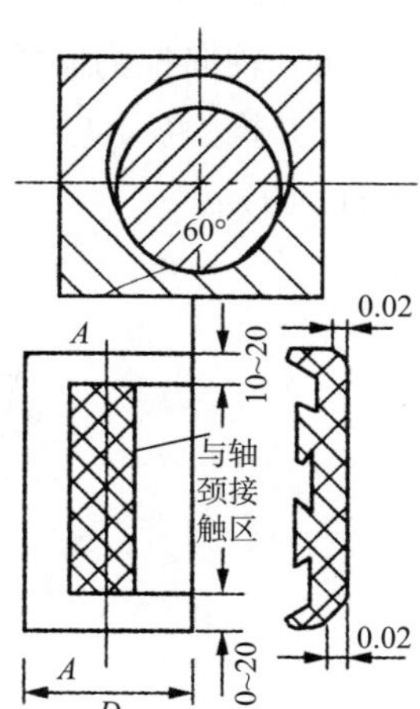

图 C.8 泄油间隙

f）为保证下瓦的适当紧力，当转子抬起时，两侧垫铁用 0.03mm 塞尺检查塞不进，底部应脱空 0.03～0.07mm，当转子放下时，应无间隙；

g）组装时进出油管及所有的排油孔应洁净、畅通；

h）测量两侧油隙时塞尺插入深度 15～20mm，泄油间隙及紧力标准见图C.8、表C.3；

表 C.3 泄油间隙

项目 轴承	泄油间隙 /mm		轴承盖紧力 /mm	球面紧力 /mm
	顶部	侧面		
1	0.41～0.50	0.54～0.59	0.05～0.15	0.02～0.04
2	0.39～0.51	0.42～0.48	0.05～0.15	0.03～0.05
3	0.39～0.51	0.42～0.48	0.05～0.15	0.03～0.05
4	0.45～0.60	0.45～0.60	0.03～0.05	
5	0.25～0.30	0.30～0.35	0.00～0.02	
6	0.25～0.30	0.30～0.35	0.00～0.02	

i）内油挡梳齿应刮尖，顶端厚度接近 0.30mm；内油挡与轴颈间隙：

上部 0.15～0.20mm，左右 0.10～0.15mm，下部 0.00～0.10mm；

j）监视下轴瓦轴承合金的磨损及垫铁和垫片厚度变化。

C.5.2 推力轴承

a）推力瓦块和固定底盘无毛刺，损伤，钨金无严重磨损、变形、裂纹、剥落、脱壳、沟槽等缺陷；

b）瓦块的厚度差≤ 0.02mm；

c）瓦块的钨金厚度一般≤ 1.5mm；

d）瓦块钨金接触面印痕应均匀，占每块瓦块总面积的 75%以上且呈斑点状分布，进油侧应有斜坡（图 C.9）；

e）轴向推力间隙（转子窜动量）应为 0.45～0.50mm；

f）推力盘、轴颈及油封间隙 b 为 0.05～0.16mm，c 为 0.15～0.25mm，d 为 0.08～0.12mm（图 C.10）；

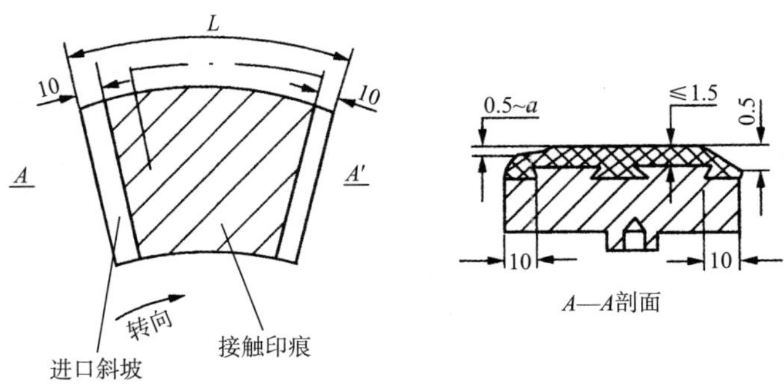

图 C.9　进油侧斜坡

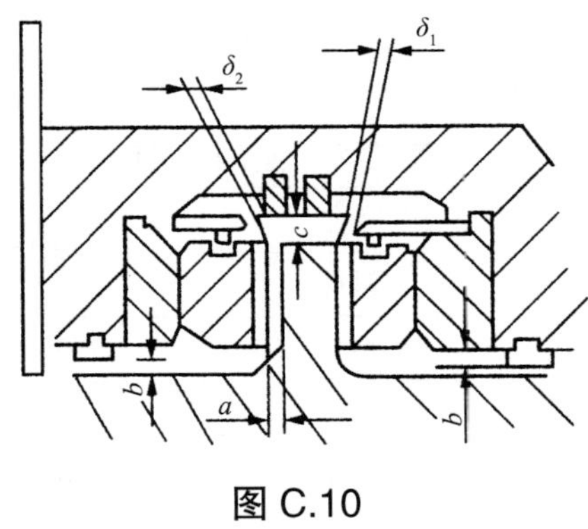

图 C.10

g）瓦块编号顺序不可任意变更，瓦块装入后应活动自如；

h）固定压板不能将瓦块底板压死；

i）各油孔应洁净，畅通无异物；

j）推力瓦块装后应检查推力瓦块测温元件正常，才可扣轴承盖。

C.5.3　轴承座及外盖

a）轴承盖及端盖的结合面应光滑平整，不应有贯穿结合面的伤痕，运行中不渗油；

b）穿过座壁的油管及电缆线处应密封良好，无渗油现象；

c）排油室应洁净，畅通，无异物；

d）刮尖外油挡梳齿，齿顶厚度为0.30mm左右，并调整径向间隙，上部0.20～0.25mm，左右0.15～0.20mm；下部0.10～0.15mm；

e）油挡梳齿应固定牢固；

f）油挡水平结合面应用0.05mm塞尺检查塞不进；下部回油孔应洁净、畅通；

g）第4、5、6号轴承座的绝缘值≥1MΩ；

h）轴承侧温度表应装置完好，冒气孔清洁畅通；

i）若采用活动式密封油挡，应检查活动式密封环磨损程度，及时更换磨损超标的密封环。

C.6 盘车装置

a）蜗杆与蜗轮的接触应均匀，齿高上应有60%接触，齿宽上应有65%以上接触，蜗杆的侧面齿隙应符合要求，齿面光滑，与电动机连接后盘动应轻松、灵活；

b）主导轮（小齿轮）齿面应完好、光滑，无显著磨损和碎裂；

c）内杠杆滚子及其销子无磨损；滚子端面与主导轮颈部间隙，滚子本身的串动量应符合要求；

d）所有滚珠轴承应转动灵活，且无松动，外圈应紧配于外壳内；

e）蜗轮及齿轮的键销无磨损及松动现象；

f）喷油管应清洁畅通，位置正确；

g）顶部小盖结合面应光滑平整；运行中不渗油；油路系统及油管路接头应无渗油；

h）测量有关间隙（图C.11）。

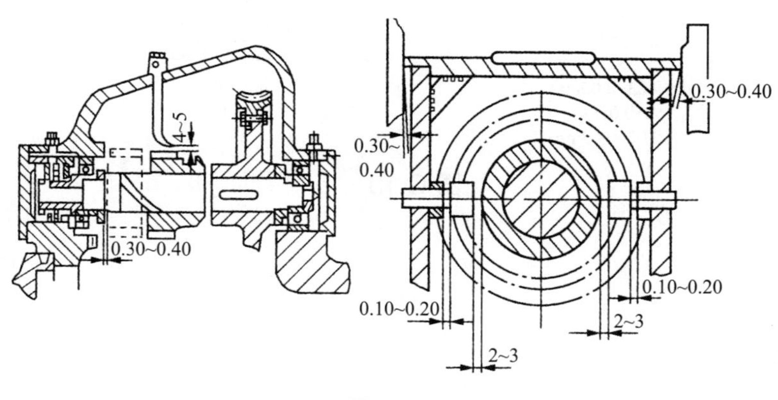

图C.11

C.7 滑销系统

a）各销面应光洁，无沟槽凹坑、损伤等缺陷；纵销、前座架压板销、立销、猫爪销面接触应良好、均匀，接触面达70%以上；

b）在拉猫爪时，应注意汽缸抬高≤0.5mm；

c）销面应洁净，在装复时涂以二硫化钼、保持润滑；

d）各部分间隙应符合要求（图 C.12、图 C.13）。

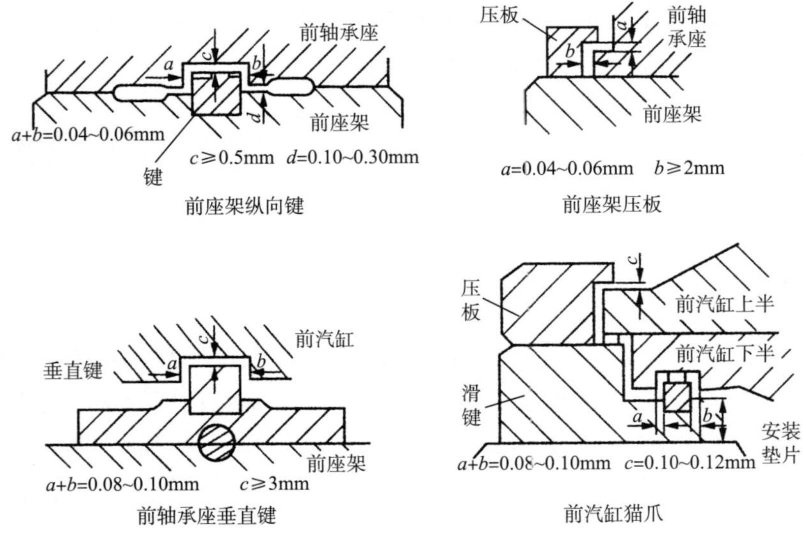

图 C.12

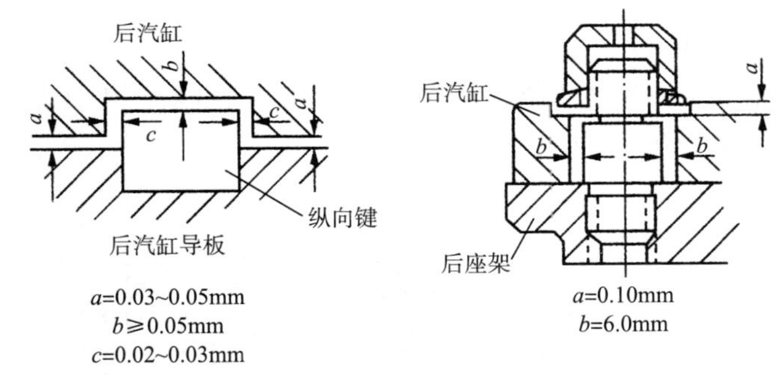

图 C.13

C.8 调节系统

C.8.1 放大器

a）油腔室、油孔清洁畅通；

b）波形管应无变形、断裂；测量波形管自由长度 L_4 为 70mm；

c）波形管应作渗煤油试验 4h 不漏，或作压力为 0.294MPa 的水压试验保持 10min 不漏；

d）各弹簧应无断裂、变形，测量和记录自由长度：

L_1=100mm

L_2=100mm

L_3=40mm

e）板弹簧变形应＜ 0.50mm；

f）蝶阀顶针弹簧座应无严重磨损，顶针头部应符合图纸要求；

g）蝶阀应完好无损，蝶阀与阀座应保持同心，不得偏斜；

h）测量调整蝶阀间隙，应符合静态调整要求（一般为 0.15～0.24mm）；

i）过压阀钢珠应完整、无锈斑；

j）弹子盘应完好、无损伤、无卡涩，转动灵活；

k）组装时，板弹簧在水平位置：上限间隙 A 为 0.50～1.00mm，下限间隙 B 为 0，其他弹簧安装位置正确，不得偏斜。固定螺钉及螺帽止动装置可靠（图 C.14）。

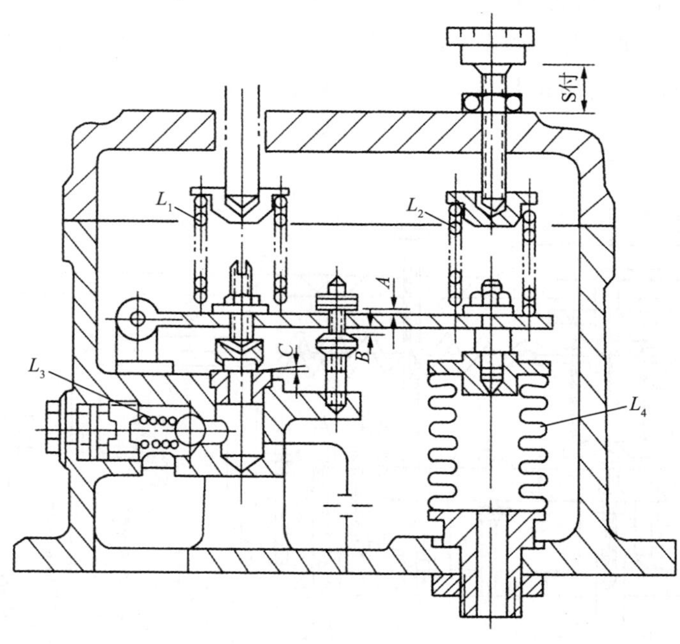

图 C.14

C.8.2 调压器

a）各油室、油孔、油管应清洁畅通、无杂物；

b）波形管应无变形、裂纹；测量和记录其自由长度 L_9 为 64mm；

c）波形管应作 1.862MPa 水压试验，保持 10min 不漏，或作渗煤油试验 4h 不漏；

d）各弹簧应无变形、裂纹；测量和记录其自由长度：

调压器拉弹簧 L_1=177mm

压力变换器弹簧 L_2=70mm

一号脉冲弹簧 L_3=70mm

二号脉冲弹簧 L_4=70mm

小油动机活塞弹簧 L_5=48mm

错油门活塞弹簧 L_6=37.4mm

小油动机活塞杆弹簧 L_7=L_8=80mm

e）蝶阀顶针、弹簧座应无严重磨损，顶针头部应符合图纸要求；

f）蝶阀应完好无损，蝶阀与阀座应保持同心，不得偏斜；

g）蝶阀弹簧片应完好，无断裂和变形，应固定无松动；

h）弹子盘应完好无损，无卡涩现象，转动灵活；

i）小错油门弯曲度应＜0.05mm；小错油门表面须光滑；错油门封口两侧均应保持垂直，保持过封度；错油门与套筒间隙 g 为 0.05～0.12mm；

j）小油动机活塞及其活塞缸应无磨损痕迹，间隙 E 及 F 均为 0.05～0.12mm；

k）杠杆、十字架应无变形、磨损。各支点应不松动，无卡涩现象，动作灵活；

l）经过调试，使抽汽量从零至额定抽汽量的压力不等率 $\delta\approx$ 0.098MPa；

m）调试结束，应将限位尺寸 C 与 D 调整到 0.20～0.25mm，A 为 6mm；止动部件应牢固（图 C.15）。

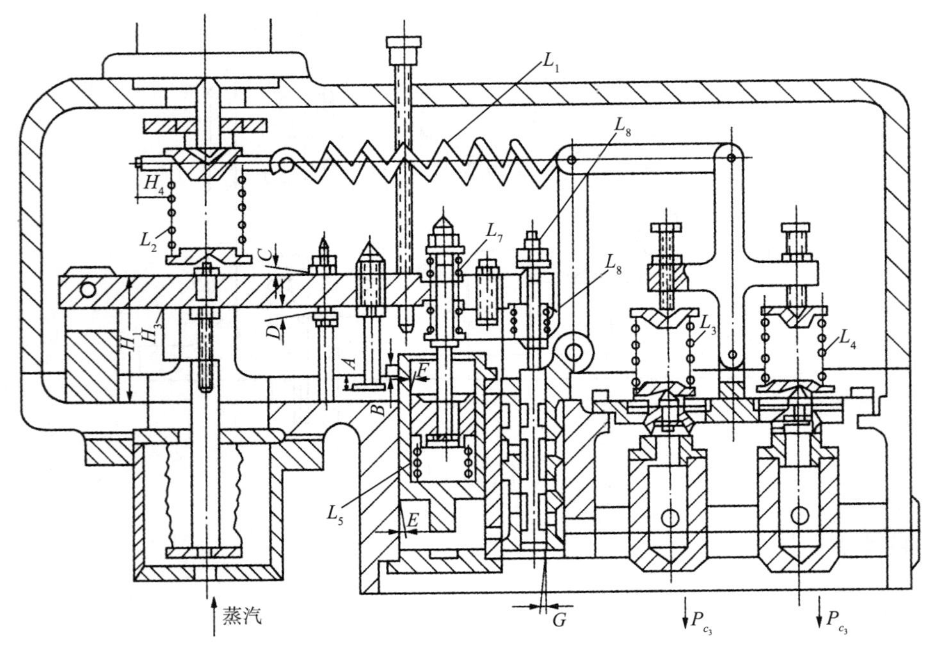

图 C.15 止动部件

C.8.3 主油泵及旋转阻尼

a）主油泵各部件应无油垢及锈蚀；

b）油泵轴、导向叶轮、动轮、平键等均应完好，无严重磨损及裂纹；导向叶轮、动轮不得有气孔等缺陷，叶轮与油泵轴的配合不应松动；

c）主油泵出口逆止阀应完好，严密不漏，阀瓣动作灵活；

d）泵壳水平结合面接触严密，紧 1/3 螺栓时其间隙＜ 0.05mm，组装时结合面可以涂密封胶；

e）挡油环、油封环应无严重磨损；

f）测量图 C.16 中的数据：

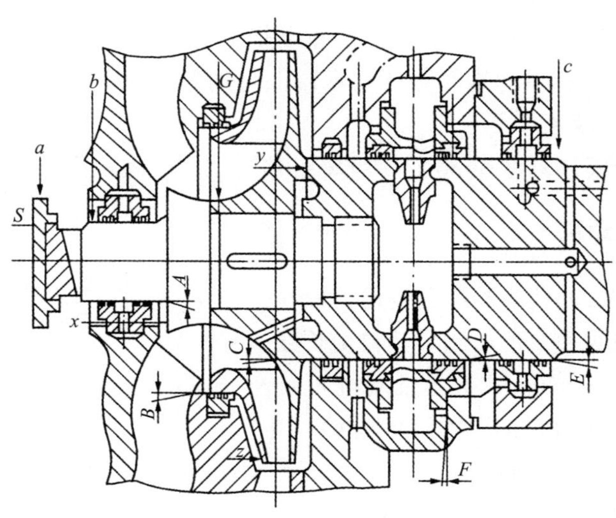

图 C.16　测量数据示意图

A=0.05～0.25mm

B=0.06～0.25mm

C=0.05～0.25mm

D=0.05～0.13mm

E=0.05～0.13mm

F=0.012～0.025mm

g）主轴与旋转阻尼、危急遮断器、主油泵一起装配后，测量各档的径向跳动值：

旋转阻尼及危急遮断器体处：$e \leqslant 0.06$mm；主油泵进油侧油封ϕ60 处：$b \leqslant 0.15$mm；轴向位移盘ϕ150 处：$a \leqslant 0.25$mm；

h）轴向位移盘瓢偏度 $S \leqslant 0.10$mm；

i）动轮出口边与导流环进口边轴向间隙为 2mm，径向间隙为 3mm；

j）旋转阻尼针形阀完好，油孔洁净畅通，阀杆无弯曲、磨损，螺纹无乱扣；

k）阻尼管油室、油孔应洁净、畅通；阻尼管不应松动。

C.8.4　同步器及辅助同步器

a）各腔室应清洁，无锈垢等；

b）弹簧应无变形、裂纹，测量其自由长度 L 为 40mm；

c）推杆应不弯曲，锥顶应无严重磨损、腐蚀；

d）弹子盘应完好，转动灵活；

e）蜗轮、蜗杆应无气孔、碎裂，齿面光洁无严重磨损痕迹；蜗轮、蜗杆啮合良好，接触均匀；齿侧间隙 d 为 0.08～0.10mm；

f）装配圆锥轴承间隙要适当，不应卡涩，蜗杆不应有轴向移动；

g）联轴器应无严重磨损、毛刺、损伤、缺口等缺陷；

h）平键和导向键应光滑无毛刺、无严重磨损；

i）组装后，电动和手动均能保证同步器上限到刻度 50，下限至 0，在整个行程中能灵活自如，无卡涩现象；

j）同步器至上限，刻度在 50 时，推杆锥顶与法兰平面距离约为 85mm。

C.8.5 高、中压油动机

a）油室、油腔、油孔应洁净、畅通；

b）弹簧应无裂纹和变形，测量其自由长度：

静反馈拉弹簧：L_1=70mm（高压油动机）

L_1=85mm（中压油动机）

动反馈压弹簧：L_2=170mm

错油门弹簧：L_3=92mm

c）动反馈压弹簧的装配长度，高压油动机为 110mm，中压油动机为 130mm；调整时应注意两边均衡；

d）油动机活塞杆和套筒应无严重磨损；

e）油动机活塞和活塞衬套应无严重磨损痕迹；

f）活塞环应完好、无断裂、磨损、卡涩等现象；

g）继动器活塞与继动器油缸应完好，无磨损痕迹；

h）错油门与错油门套筒应无磨损痕迹；

i）杠杆、反馈杠杆各支点应动作灵活，无卡涩、松动等现象；反馈杠杆支点离继动器中心高压油动机为 90mm，中压油动机为 80mm；

j）测量记录下述数据：

错油门与错油门套筒间隙：

f=0.05～0.12mm

e=0.05～0.12mm

d=0.10～0.16mm

继动器活塞与继动器油缸间隙：

a=0.10～0.15mm

b=0.08～0.12mm

活塞杆与活塞杆套筒间间隙：

A=0.06～0.09mm

B=0.06～0.09mm

活塞环与活塞轴向间隙：

D=0.08～0.13mm

k）装配时复查错油门重叠度：

E=G=0.31～0.335mm

F=0.21～0.285mm

l）活塞衬套装配时，必须有一个孔口对准壳体孔口；

m）当活塞在最低位置时，指针应对准标尺“0”刻度；

n）C50机组高压油动机活塞行程为150mm，中压油动机活塞行程为125mm(图C.17、图C.18）。

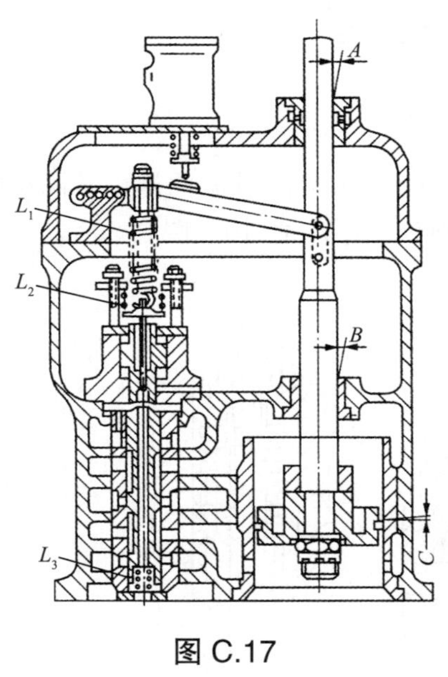

图 C.17

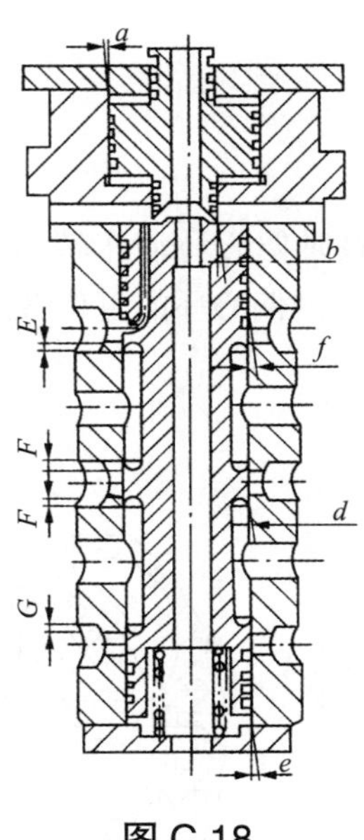

图 C.18

C.9 保安系统

C.9.1 危急遮断器

a）危急遮断器体各油孔洁净无油垢；

b）弹簧、弹簧座应无裂纹、变形、磨损等现象，弹簧自由长度 L_1 为 75mm；

c）心杆、衬套、套筒、偏心环等应无磨损、腐蚀，飞环疏气孔应洁净畅通；

d）偏心环装配后其外圆晃动≤ 0.2mm，偏心环动作行程≥ 3.5mm；

e）当弹簧取出后，偏心环应能灵活松动，不能有丝毫卡涩现象；

f）注油阀油孔应洁净畅通。弹簧无裂纹、变形，其自由长度 L_2 为 38mm；测量间隙 A（图 C.19）；

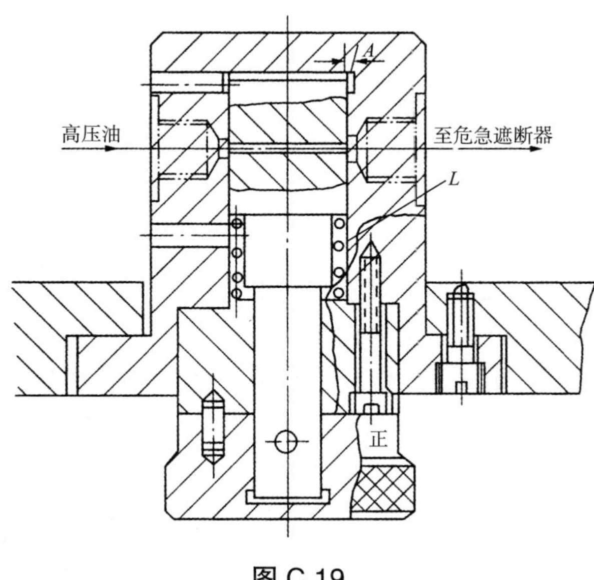

图 C.19

g）试验时偏心环动作转速应在 3300～3360r/min 连续试验两次，其两次间的偏差不超过 0.6%，偏心环的复位转速约为 3055r/min（不注油时）（图 C.20）。

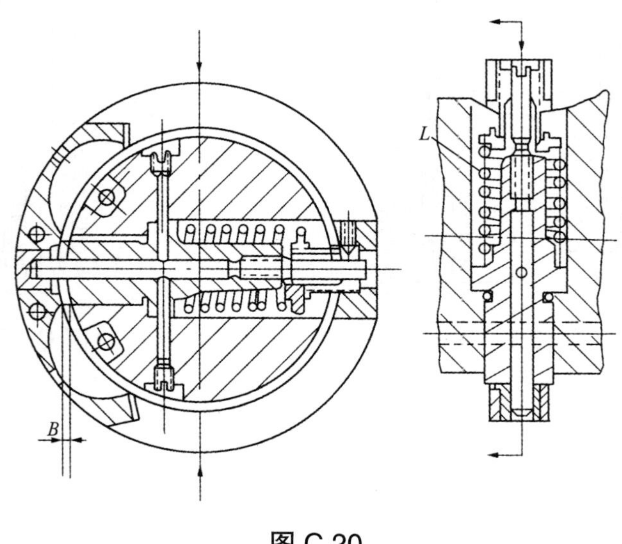

图 C.20

C.9.2 危急遮断油门

a）各油腔、油孔应洁净畅通；

b）弹簧、扭弹簧应无裂纹、变形。弹簧自由长度 L 为 80mm，扭弹簧自由长度 L 为 8mm；

c）油门活塞应无严重磨损痕迹，顶端应无裂纹，挂钩刀口处的槽口应无卷边，无严重撞击磨损等缺陷；

d）油门活塞与油门壳体之间隙 C 为 0.05～0.12mm，部套装配后油门活塞应能十分灵活地上下移动；

e）部套装配后拉钩依靠扭弹簧的作用应能可靠地挂上，挂钩刀口宽度为 2mm；

f）圆锥销装入后大头端低于拉钩表面并加以铆死；

g）装于轴承座内应使拉钩与危急遮断器的偏心环之间隙 A 保持 0.8～1.0mm，其动作间隙 B 应＜3.5mm（图 C.21）。

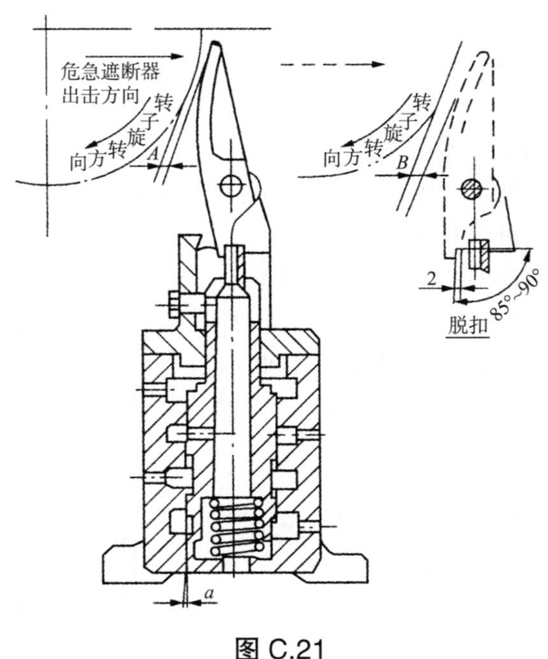

图 C.21

C.9.3 危急遮断及复位装置

a）各油腔、油孔应洁净、畅通；

b）弹簧应无裂纹、变形，测量其自由长度 L_1 为 51mm，L_2 为 20mm；

c）遮断活塞与复位活塞表面应光滑，无磨损痕迹；

d）测量间隙：a=0.05～0.10mm，b=0.05～0.12mm；

e）装配后二活塞动作灵活无卡涩。测量遮断活塞行程 C 为 8mm，复位活塞行程 D 为 11mm（图 C.22）。

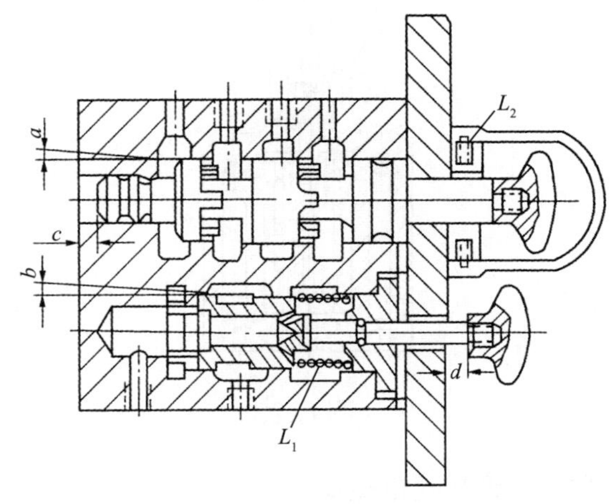

图 C.22

C.9.4 磁力断路油门

a）各油腔、油室应洁净畅通；

b）弹簧应无裂纹、变形；测量其自由长度 L 为 65mm；

c）错油门与套筒应无磨损痕迹；

d）错油门与套筒的间隙 A 为 0.03～0.08mm；

e）装复后通电试验错油门应能上下移动、灵活，错油门行程 H 为 26.5mm。装复时检查尺寸 h 为 7mm（图 C.23）。

C.9.5 电磁阀

a）各油室油孔应洁净畅通；

b）弹簧应无裂纹、变形；测量其自由长度 L 为 50mm；

c）错油门与套筒无磨损痕迹；

d）测量错油门与套筒的总间隙 A 为 0.05～0.12mm；

e）电磁阀铁芯与错油门连接后，在其本身重量和弹簧力的作用下，应灵活地落下，不准有卡涩现象；当电磁阀通电时，错油门应能吸上去；错油门行程应为 25mm；

f）组装时应检查相对位置应为 7mm（图 C.24）。

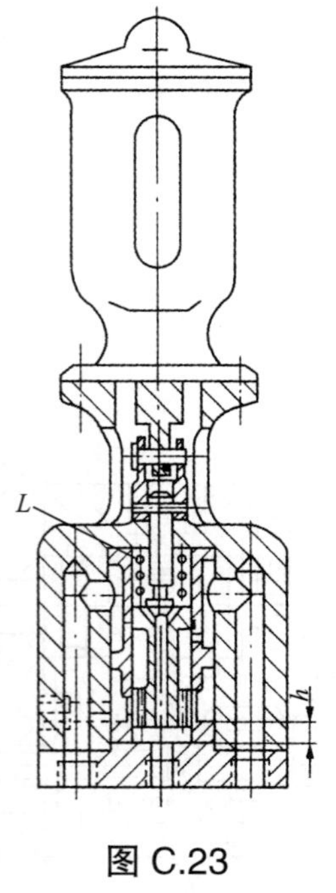

图 C.23

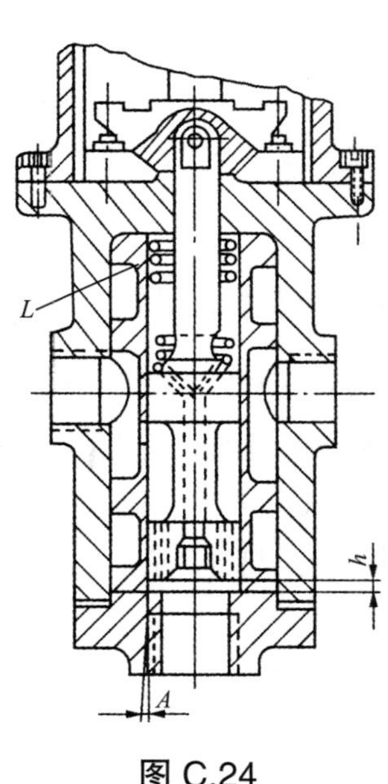

图 C.24

C.9.6 调压器电磁阀

a）调压器电磁阀完好，油腔、油孔洁净，畅通无异物；

b）滑阀完好无毛刺、缺口和磨损痕迹；

测量滑阀与阀体间隙：A=0.06～0.10mm

B=0.06～0.10mm

c）弹簧完好，无变形，无裂纹，测量其自由长度 L；

d）滑阀动作应灵活，在通电和手按时滑阀动作自如不卡涩；

e）油口密封的 O 形耐油橡胶皮圈完好，无缺口、碎裂、老化现象（图 C.25）

C.9.7 功率限制器

a）油腔、油管应清洁畅通；

b）弹簧无裂纹和变形，测量其自由长度 L 为 68mm；

c）调节螺杆、螺钉、弹簧座应无严重磨损；

d）碟阀与碟阀座应同心，不得偏斜；碟阀应完好无损；

e）弹簧片座完好；弹簧片应无裂纹、变形；

f）钢珠应光滑、圆整、无损、无斑痕。

C.9.8 转速表传动装置（图 C.26）

a）蜗轮、蜗杆应完好，齿面应光滑，无严重磨损，啮合良好，齿侧间隙 d 为 0.08～0.10mm；

b）传动轴与铜套应完好，无磨损痕迹，无弯曲，活动应灵活无卡涩；

c）测量轴与铜套间隙为 a=b=0.10～0.20mm；

d）键与键槽不应有毛刺，应光滑；配合不应有松动；

e）蜗轮装复，螺母并紧后，垫圈与铜套平面间的总间隙 c 为 0.14～0.20mm。

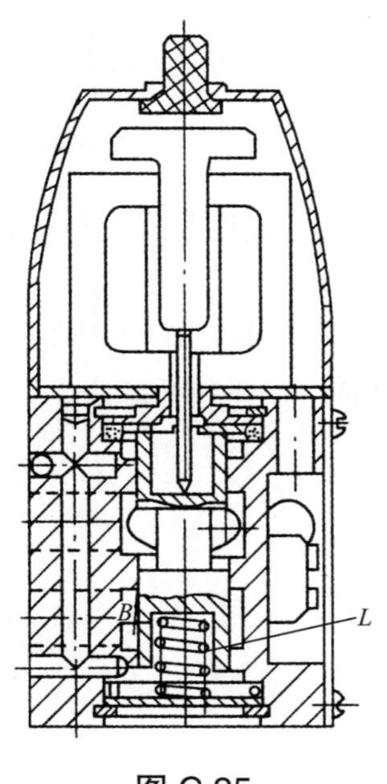

图 C.25

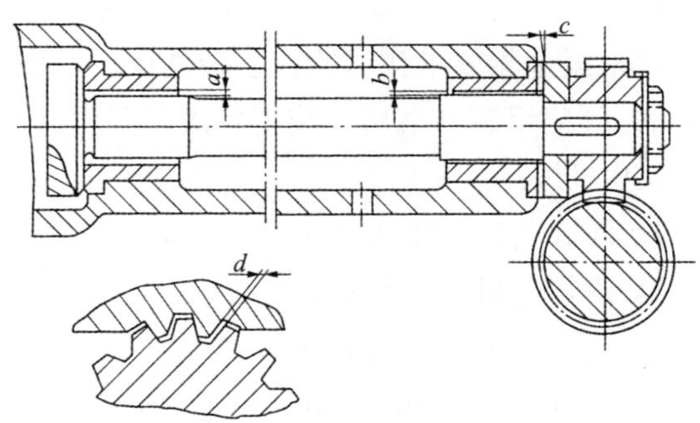

图 C.26

C.10 配汽机构

C.10.1 调节汽阀（图 C.27）

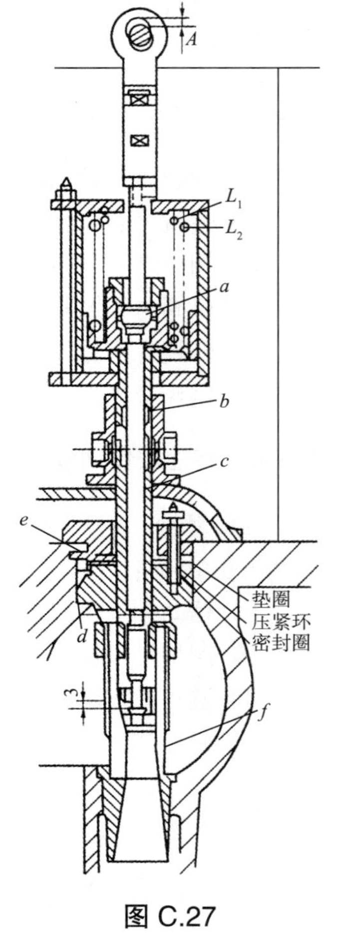

图 C.27

a）阀门上弹簧应无裂纹，测量记录弹簧自由长度。

L_1=372mm（ϕ16）

L_2=324mm（ϕ25）

b）弹簧外圆与弹簧套筒内壁应光滑无毛刺，组装时应擦二硫化钼；

c）两半球面垫与球形接头之间隙 a 为 0.10mm，以便转动灵活；

d）汽阀阀杆表面无磨损，阀杆弯曲度≤ 0.05mm，阀杆与阀杆套筒总间隙 c 为 0.35～0.45mm；

e）组装时，阀杆用二硫化钼擦干净；

f）阀芯、阀座接触良好，无斑痕、伤痕、磨损、冲蚀及氧化皮；阀芯与阀座接触线整个圆周全部接触，预启阀行程为 5mm（改进后的机型为 3mm）；

g）阀座点焊牢固，不松动；阀壳应无裂纹和贯穿气孔；

h）阀碟与阀碟套筒间隙：f 为 0.35～0.45mm，组装时擦二硫化钼；

i）阀杆套与阀壳间隙：d 为 0.60～0.70mm，组装时擦二硫化钼；

j）密封套与阀杆套筒间隙：b 为 0.20～0.25mm，组装时擦二硫化钼；

k）密封套疏汽孔应畅通；接头要装牢固，不得漏汽，密封套组装后必须检查阀杆应上下灵活；

l）止动圈、密封环、压紧环完好，无变形、损伤伤痕，止动圈与外壳槽平面间隙 e 为 0.10mm；

m）螺丝无乱扣、缺口、弯曲、裂纹及蠕变现象；装复时，用二硫化钼擦净；合金钢螺丝根据金相要求作试验；安装结束后，在弹簧未安装前，用手拉活塞应上下灵活；

n）阀门组装结束后，校正各阀门开度：

C50 机组：

1# 调节汽阀，油动机开度 1～2mm；

2# 调节汽阀，油动机开度 16mm；

3# 调节汽阀，油动机开度 73mm；

4# 调节汽阀，油动机开度 38.5mm；

C.10.2 连接杠杆（图 C.27）

a）杠杆、连杆销子孔与轴销应无磨损，孔与轴销之间隙为 0～0.02mm；

b）连接螺丝无乱扣、缺扣，装复时应用二硫化钼擦抹；

c）测量连杆销上部间隙 *A* 值：

1# 阀 *A*=0mm；2# 阀 *A*=8.2mm；3# 阀 *A*=37.4mm；4# 阀 *A*=9.8mm

C.11 自动主汽门及操纵座

C.11.1 自动主汽门

a）自动主汽门疏水管畅通，管接头严密不漏；

b）紧圈、压紧环、密封环应完好，无锈蚀，组装时应擦二硫化钼；

c）滤网应完好，表面应无裂纹，无严重冲蚀、熔蚀、变形及堵塞，滤网拆装无卡涩现象；

d）阀杆表面应无磨损、冲蚀、弯曲、变形，疏气槽应清洁无结垢，组装时用二硫化钼擦揩光滑，阀杆弯曲度＜ 0.05mm；

e）阀碟与阀座接触面应圆整，无损伤、磨损、冲蚀、伤痕和氧化皮。阀碟与阀座应严密不漏，接触线宽度为 3～4mm，阀座不应松动；

f）阀杆套筒应无变形及严重磨损，套筒内孔应圆整光洁，疏汽孔应畅通；

g）阀盖和阀壳接合面应光洁平整，无径向贯穿沟槽或裂纹；

h）螺栓螺母应无乱扣、缺口、弯曲、断裂及蠕变现象，有关金属检验合格，螺栓紧力要适度；

i）与操纵座连接的阀盖平面应完好，无严重磨损、损伤等缺陷；

j）测量有关数据：阀杆总行程 *E*=100mm

主阀行程 *F*=85mm

预启阀行程 *G*=（15±0.5）mm

A=0.25～0.35mm

B=0.25～0.35mm

C=0.50～0.70mm（图 C.28）

C.11.2 自动主汽门操纵座

a）油室、油孔无污垢、锈蚀，洁净、畅通；

b）弹簧应无裂纹、变形，测量记录其自由长度：

L_1=637mm　　L_2=632mm

c）活塞、罩盖、操纵座上下壳体内外壁应无严重磨损痕迹；

d）半球面垫片应无严重磨损痕迹；

e）弹子轴承及单向推力球轴承（8305）应完好，无缺陷、磨损，转动灵活；

f）活塞杆、螺杆应无磨损、弯曲、断裂；

g）调节螺母应完好，无严重磨损；

h）测量各部间隙：

A=0.05～0.10mm　B=0.05～0.10mm

C=0.05～0.10mm　D=0.05～0.10mm

E=0.08～0.12mm　F=6mm

图 C.29 位置为主汽门关闭位置，此时图中各间隙：

a=6mm，b=6mm，C=30mm，d=0mm

主汽门处于全开位置时　d=1mm；

i）齿轮、轴、键应完好，无毛刺，无严重磨损；

j）压力表一次门冷却水门严密不漏（图 C.29）。

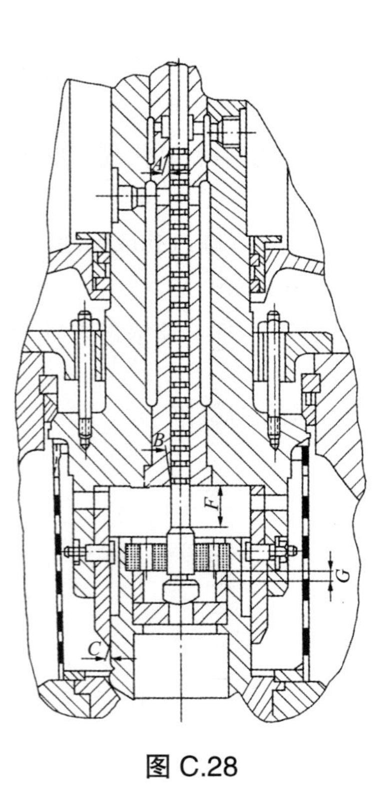

图 C.28

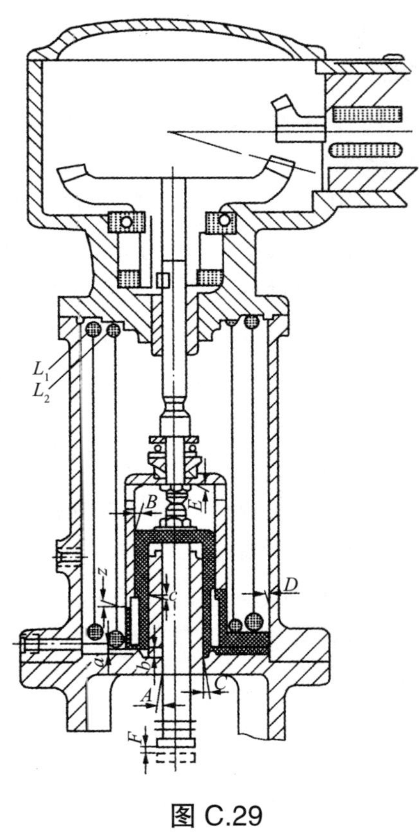

图 C.29

C.12　射水抽气器

C.12.1　单通道射水抽气器（图 C.30）

a）喷嘴和扩散管的内壁应光滑，无蚀坑、锈污、毛刺和卷边等现象；

b）喷嘴和扩散管的喉部直径分别为：

$\phi58\pm0.05$，$\phi104\pm0.05$；

c）解体前测量好喷嘴和扩散管间的距离，安装时保证该数值的正确；

d）空气逆止阀阀座与碟阀密封面严密不漏，弹簧弹力足够，并有防腐性能，背帽、开口销应牢固完好；

e）喷嘴与扩散管中心线一致，其每米长度内≤ 0.02mm；

f）射水箱壳体无裂纹、腐蚀，防腐涂漆完好，水位计清洁、透明、不漏。

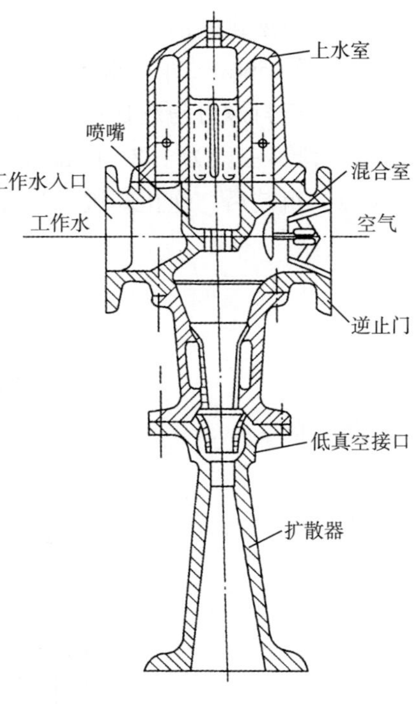

图 C.30

C.12.2 多通道射水抽气器

a）喷嘴与所对应的扩散管同心度＜0.2mm/m；

b）各喷嘴安装面与钢管安装面对应平行度＜ 2.5mm/m；

c）喷嘴混合室、扩散管、喷管及附件应清洁、无垢、无裂纹、划伤及冲蚀等缺陷；

d）逆止门无锈垢、无变形、接触严密、接触面是整个面的 2/3 以上；

e）弹簧应无锈蚀、水垢、裂纹及变形缺陷，端面平整光滑，且垂直于轴心线，无弹性松弛现象。

f）水室应清洁、完整、无锈蚀、裂纹等现象；

g）组装后，水压实验 0.5MPa，不泄漏为合格。

C.13 抽汽水控逆止阀

a）活塞无卡涩，活塞上小孔畅通；

b）弹簧应完整，无严重锈蚀及裂纹，有足够的弹性，测量自由长度；

c）活塞杆应光滑完整，无磨损、毛刺，其弯曲度应＜ 0.05mm；

d）阀杆与汽封片内径间隙 a 为 0.20～0.30mm；阀盖与汽封片外径间隙 b 为 0.30～0.40mm，套筒与活塞间隙 c 为 0.30～0.45mm，汽封螺母与汽封片之间隙为 0.30～0.40mm；

e）阀芯与阀座接触严密无裂纹、麻点，阀芯与阀座在整个圆周上全部接触，接触宽度≥密封宽度的 1/3；

f）进水及回水管应畅通，接头完整不漏；

g）阀杆漏汽孔畅通，管接头应完好，严密不漏；

h）阀门组装时，阀杆应上下灵活，逆止阀行程指示正确；

i）各逆止阀活塞行程应符合下列要求：

一段 45mm，二段 70mm，三段 70mm，五段 95mm，供热 120mm；

j）汽封螺母与汽封片间应保证下列间隙值：

一段、三段为 1.3～1.4mm，二段、五段及供热均为 0.3～0.4mm；

k）组装后，逆止阀进水管必须冲除脏物（图 C.31）。

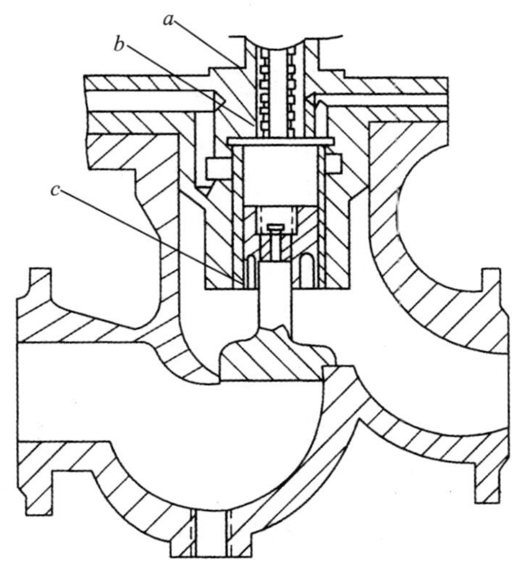

图 C.31

附　录　D
（规范性附录）
CC25-8.83/4.02-0.98 汽轮机检修质量标准

D.1　汽缸

D.1.1　汽缸壁

a）高压缸调节级处内壁温度降至 100℃以下，上下缸温差小于 50℃，方可拆除全部保温层，进行揭缸工作；

b）高、低压缸的内部洁净，疏水孔，压力表管畅通，抽汽孔、疏水孔附近无裂纹；

c）汽缸内壁无裂纹；

d）低压缸垂直结合面连接螺丝应无锈蚀和松动；

e）化装板及其配件完整；

f）保温采用优质硅酸铝纤维板材作为保温主材，用高温黏合剂粘贴成形，分层错缝安装，以丝径 1.2～1.6mm 铁丝网分两层捆扎后，外覆盖层采用硅酸镁浆料抹面；

g）汽缸上下缸保温厚度分别大于 180mm 和 210mm，往后逐渐减薄；周围空气温度为 25℃时，保温层表面的最高温度不得超过 50℃。

D.1.2　汽缸结合面

a）汽缸结合面平整光滑、无漏汽痕迹，无贯穿槽坑及裂纹；

b）高、低压汽缸的结合面应洁净、无涂料及铁锈残留物；

c）汽缸纵横水平与安装数值应无异常变化；

d）扣空缸严格性检查：不紧螺栓时，汽缸间隙变化均匀；冷紧 1/3 螺栓后，其间隙不大于 0.05mm；

e）汽缸扣缸时，采用高温汽缸密封涂料密封，厚度应在 0.2～0.50mm 范围内。

D.1.3　汽缸内部

a）汽缸内部清理干净，疏水孔及仪表测点应畅通；

b）认真检查调节级前喷嘴室区段及螺孔周围，调节汽门座，抽汽口与汽缸连接处，隔板套槽道洼窝，制造厂原焊区等部位有否裂纹。

D.1.4　喷嘴组

a）检查清理喷嘴应无裂纹、卷边、冲刷、撞击，各部应无松动现象；

b）检查喷嘴体接处应无裂纹；

c）喷嘴内腔应无铁屑等其他杂物。

D.1.5 汽封洼窝中心

a）测量前后汽封处洼窝中心，与上次大修比较；

b）调整洼窝中心偏差，前后汽封处中心偏差。

左右：$a-b \leq 0.06$mm

底部：$c-(a+b)/2=0.04 \sim 0.08$mm

D.1.6 汽缸螺栓

a）螺栓、螺帽应清理干净，无黑粉及铁锈等残留物，并涂上高温防卡剂；

b）M56 以上螺栓及螺帽应有钢印编号；严禁螺栓和螺帽互用；

c）螺栓金相、硬度检查符合要求；表面、内孔超声波探伤无裂纹；否则应更换或作恢复性热处理；

d）螺栓、螺帽的丝扣应完好，无乱扣、缺口、裂纹、毛刺等现象，配合良好；

e）螺帽与汽缸或垫圈接触均匀，0.03mm 塞尺应塞不进。

f）汽缸的螺栓丝扣部分，应能全部拧入汽缸法兰内，丝扣应低于法兰平面；

g）更换高压缸及导汽管螺栓、螺母，在组装前应进行光谱分析和硬度检验，以鉴定期限材质，确认与设计相符；

h）当螺母在螺栓上试紧到安装位置时，螺栓应在螺母外露 2～3 牙；罩形螺母紧到安装位置时，罩顶内与螺栓顶部应有不小于 2mm 的间隙；

i）拧紧高、低压缸螺丝时，应以消除汽缸上、下法兰面间隙为原则；紧螺栓顺序：从汽缸中部间隙开始，对称地向前后紧，将汽缸法兰间隙移至前后自由端；全部螺栓冷紧完毕后应进行复核，以免紧松不一；

j）螺栓热紧加热前，应彻底清理加热孔内的杂物，使加热孔畅通；

k）螺栓热紧弧长应符合表 D.1 的要求。

表 D.1 螺栓热紧弧长

螺栓规格	热紧弧长 /mm	角度 /（°）
M120×4	169	107.6
M76×4	65.03	64.8
M56×4	24	31.7

D.2 隔板及隔板套

D.2.1 隔板及隔板套

a）隔板及隔板套清理干净，无水垢及黑粉残留；

b）隔板无损伤、裂纹、变形，焊缝良好，静叶片无缺叶、裂纹、松动、卷边、缺口及严重腐蚀；

c）隔板轴向弹性、塑性变形值与上次大修记录比较无明显变化，塑性变形值不大于 0.05mm；隔板（套）轴向间隙为 0.05～0.10mm；

d）隔板中分面无异常抬高，压板底部无明显脱开；

e）检查隔板搭子、压板固定螺钉、键、销应完好；

f）隔板套水平结合面应良好，无漏汽痕迹；用红丹粉检查，接触面积达 75% 以上，紧螺栓后用 0.05mm 塞尺不进；

g）隔板及隔板套各部间隙详见表 D.2。

表 D.2　隔板及隔板套各部间隙

名称	图示	间隙尺寸 /mm
隔板（或隔板套）与隔板套（或汽缸）间隙	a b d e c	a=2～2.5 b=3～3.5 c=3～3.5 d+e=0.1～0.15
焊接隔板塔子间隙	1 b 3 c a 4 d 2	a=0.40～0.70 b=0.10～0.15 c=2～3 d=3.0～3.5
铸造隔板塔子间隙	3 b 1 a c d 4 2	a=0.40～0.70 b=0.10～0.15 c=2～3 d=3.0～3.5

D.2.2 回转隔板

a）回转隔板的检修质量标准按隔板要求进行；

b）检查回转隔板的转动环应灵活；压板与转动环间隙应为 0.50～0.60mm。

c）扣低压汽缸前应把回转隔板位置定好，并与低压油动机连接，符合油动机开度及回转隔板位置，正确时方可扣缸。

D.2.3 隔板汽封

a）隔板汽封的阻汽片应无严重磨损，梳齿顶部应刮尖，顶端厚度在 0.3mm 左右，更换时应符合图纸工艺要求；

b）检查隔板汽封梳齿轴向和辐向间隙，见表 D.3 和图 D.1；

c）汽封弹簧片弹性应良好，无裂纹；

d）汽封块装入后，掀动汽封环应弹动自如无卡涩现象；

e）由于中心偏移造成汽封磨损，应调整隔板（或隔板套）中心，找中心要求如图 D.2 所示。

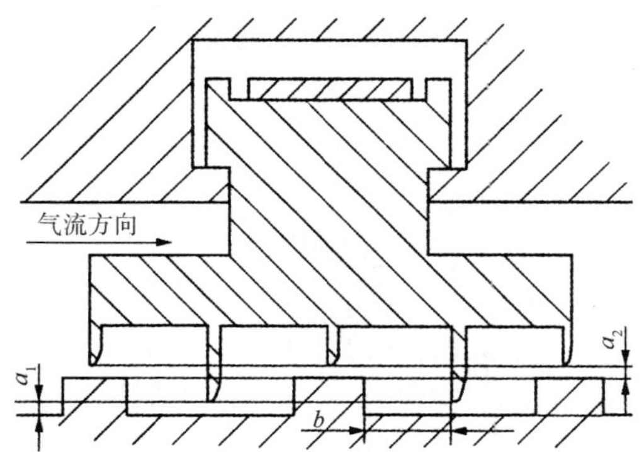

图 D.1 隔板汽封梳齿轴向间隙和辐向间隙

表 D.3 隔板汽封梳齿轴向间隙和辐向间隙

级别	a_1	a_2	b
2	0.5～0.825	0.5～0.775	4.04～6.082
3～4	0.5～0.825	0.5～0.775	4.06～6.062
6	0.5～0.825	0.5～0.775	5.94～7.834
7～8	0.5～0.825	0.5～0.775	6.02～7.754
9～10	0.5～0.825	0.5～0.775	6.02～7.742
11～13	0.5～0.825	0.5～0.775	6.02～7.828
14～16	0.5～0.825	0.5～0.775	5.84～7.81
17	0.5～0.783	0.5～0.835	6.94～8.71
18	0.55～0.835	0.55～0.885	7.06～9.11
19	0.55～0.835	0.55～0.885	6.635～9.065
20	0.55～0.835	0.55～0.885	6.56～8.94

$a-b \leqslant 0.06$mm

$c-(a+b)/2 \leqslant 0.05\sim0.1$mm

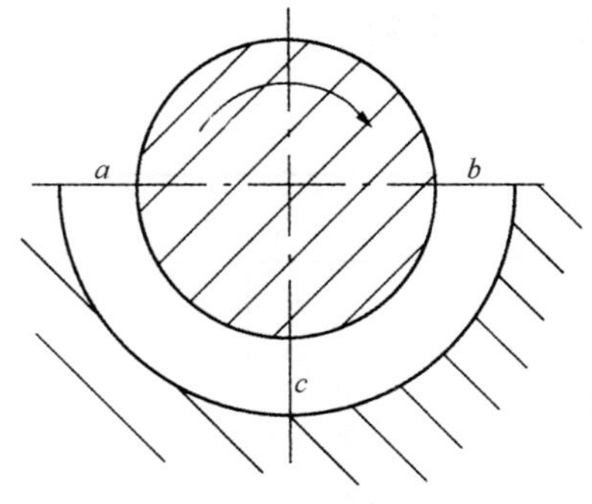

图 D.2 隔板（隔板套）找中心

D.3 汽封

a）轴封套清理干净，无水垢及粉残留；

b）轴封套无裂纹、变形，结合面密封无泄漏，在紧固螺栓的情况下 0.03mm 塞尺不进，接触面积达 75%；

c）轴封套洼窝中心允许偏差值：

$a-b$=0～0.5mm

$c-(a+b)/2$=0.08～0.15mm

d）轴封套与汽封洼窝配合的辐向间隙不小于 1.5mm；

e）转子轴封段的阻汽凸缘与汽封块的长齿无轴向碰擦痕迹；

f）汽封块无裂纹、严重磨损、剥落，齿尖锐利、无毛刺、变形；

g）弹簧片弹性良好、无裂纹及异常变形；

h）测汽封的轴向和辐向间隙，见表 D.4 和图 D.1；

表 D.4 汽封的轴向和辐向间隙

	a_1	a_2	b
高压缸前轴封	0.36～0.625	0.36～0.675	2.07～3.56
高压缸后轴封	0.36～0.625	0.36～0.675	4.29～5.78
低压缸前轴封	0.37～0.67	0.37～0.62	5.42～7.47
低压缸后轴封	0.37～0.63	0.37～0.63	6.67～9.08

i）汽封块装入后，掀动自如，无卡涩现象；

j）汽封块全周膨胀间隙 0.30～0.50mm；

k）两相邻汽封块端面接触良好，在组合状态下间隙小于 0.05mm。

D.4 高、低压转子

D.4.1 动叶片

a）叶片清理后无水锈及污垢；

b）叶片围带、铆钉、叶根等无损伤、裂纹及严重腐蚀或冲刷痕迹；

c）叶片无松动、拔长、歪斜、缺损、卷边等异常现象，对 100～150mm 高度以上的动叶频率试验合格，围带不松动；

d）通流间隙要求如表 D.5 所示。

D.4.2 叶轮

表 D.5 动叶片的流通间隙要求

级别	图示	数值
单列调节级 （1、5 级）	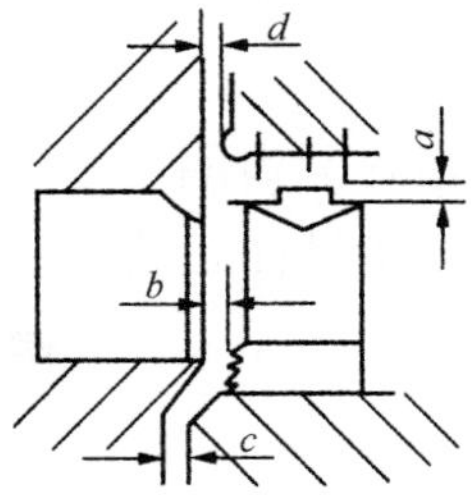	a=0.75～1.10 b=2～2.2 c=4.9～5.4 d=0.85～1.398（1 级） d=1.65～1.324（5 级
第 2～4 级	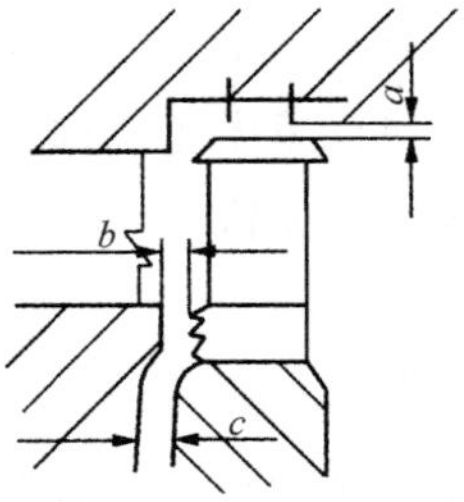	a=1.0～1.25 b=1.28～2.6
第 6～8 级		a=1.0～1.25 b=1.53～2.7
第 9、10 级		a=1.0～1.25 b=2.04～3.2
第 11 级		a=1.0～1.35 b_1=1.5～3.45
第 12、13 级	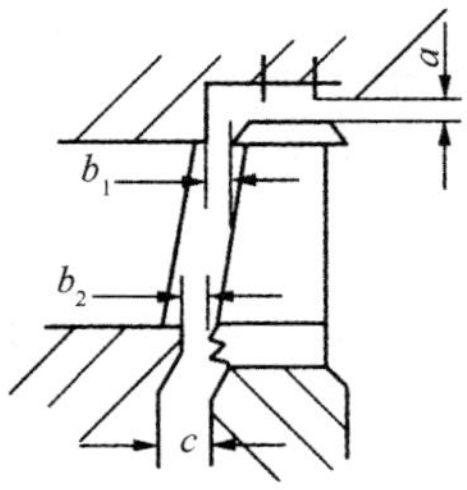	a=1.0～1.35 b_1=b_2=2.4～3.75
第 14、15 级		a=1.0～1.35 b_1=b_2=2.47～3.88
第 16 级		a=1.0～1.35 b_1=b_2=3.47～4.88
第 17、18 级		a=1.5～1.85 b_1=b_2=5.57～7.78 （17 级） b_1=b_2=6.57～7.78 （18 级）
第 19、20 级	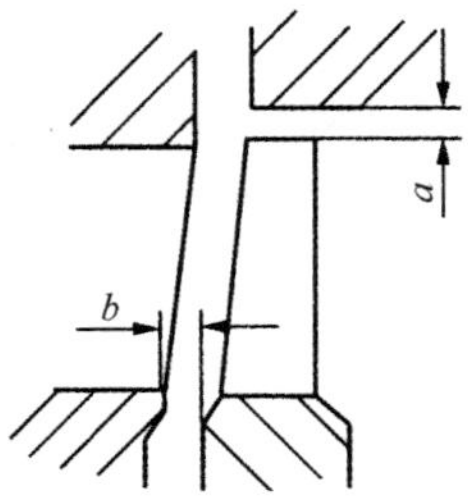	a=2.81～3.38（19 级） b=5.77～6.47（20 级） a=12.82～14.89（19 级） b=12.94～14.92（20 级）

a）叶轮无裂纹、刷蚀或机械锁伤，无动、静磨损痕迹；
b）用小锤轻敲击套装叶轮应无松哑异声，振动特性良好；
c）叶轮平衡槽内的平衡重块及螺丝紧固件不松动，无严重吹损；
d）检查叶轮瓢偏度，其允许值如表 D.6 所示；
e）各级叶轮间轴向间隙，测量后与上次大修测量数据无明显变化。

表 D.6 叶轮瓢偏度允许值

叶轮装配型式	瓢偏度允许值 /mm
整锻式	0.03
套装式	0.15

D.4.3 主轴

a）轴颈光滑、无麻坑或槽纹；
b）轴颈不柱度小于 0.02mm；
c）转子的弯曲值应小于 0.03mm；低压转子的弯曲值应小于 0.04mm；
d）高压转子和低压转子连接起来时，其晃动度应小于 0.04mm；
e）转子扬度值与上次大修无明显变化。

D.4.4 高压转子推力盘

a）推力盘光滑、无麻坑、毛刺、伤痕；
b）推力盘平面瓢偏度不应大于 0.02mm。

D.4.5 转子联轴器

a）联轴器螺丝无裂纹，螺纹无乱扣，螺帽配合不松动；
b）螺栓与螺孔配合光洁，呈轻敲配合；
c）螺帽上十字形槽无棱角、无裂纹，保险螺钉紧固止动装置良好；
d）检查盘车大齿轮大齿应无显著磨损，啮合良好；
e）联轴器的结合面无毛刺、裂纹；
f）联轴器的端面瓢偏度与外圆晃动度应符合表 D.7 的要求；
g）联轴器的大齿轮护罩四周间隙应均匀。

表 D.7 联轴器的端面瓢偏度与外圆晃动度要求

位置	型式	瓢偏度	晃动度
高压转子与主油泵转子	齿形联轴器	≤ 0.06	≤ 0.08
高压转子与低压转子	刚性联轴器	≤ 0.03	≤ 0.04
低压转子与发电机转子	半挠性联轴器	≤ 0.05	≤ 0.06

D.4.6 联轴器找中心

a）a、b、c、d 任意两数之差、对于高、低压转子，不大于 0.04mm；对于低压转子与发电机转子，不大于 0.05mm，见图 D.3；

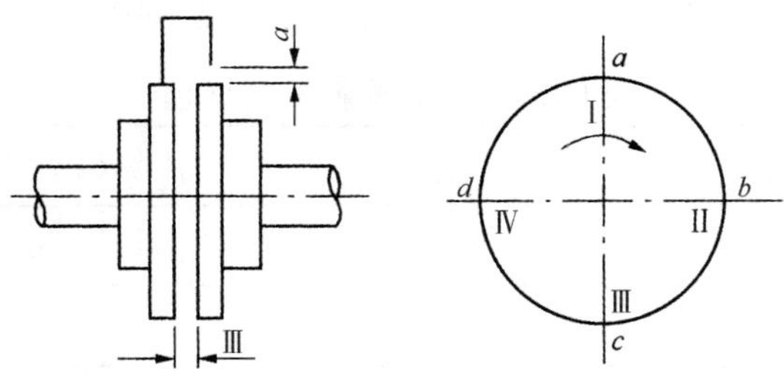

图 D.3 联轴器找中心数值要求

b）Ⅰ、Ⅱ、Ⅲ、Ⅳ任意两数之差，对于高、低压转子，不大于 0.03mm；对于低压转子与发电机转子，不大于 0.06mm；

c）Ⅰ、Ⅱ、Ⅲ、Ⅳ任意两数之差，汽轮机与主油泵转子之间，不大于 0.06mm；

d）主油泵转子相对于汽轮机转子中心线高 0.3～04mm；而 b、d 两数之差不大于 0.05～0.08mm。

D.5 轴承

D.5.1 支持轴承

a）轴承钨金表面光滑、无脱胎、碎落、裂纹、腐蚀、过热和异常磨损；

b）轴瓦钨金与轴颈接触角度 55°～60°，沿下瓦全长的接触面应达 75% 以上并均匀分布，接触宜呈斑点状；

c）轴瓦的接合面良好，用 0.03mm 塞尺塞不进，用红丹粉检查接触面大于 75%，均匀分布；

d）球面与洼窝之间的接合面须光滑，接触面大于 75% 以上，调整垫片不得超过 3 片；

e）为了保证下瓦的适当紧力，当转子抬起时，两侧瓦枕（垫块）用 0.03mm 塞尺不进，而底部应脱空 0.03～0.05mm，当转子下放时应无间隙；

f）固定销子和螺栓应齐全、完整；

g）组装时轴瓦油孔应清洁畅通，并应与轴承座上的进油孔对正，垫铁进油孔周围应与洼窝垫圈接触。

h）内油挡梳齿应刮尖，顶部厚度接近 0.30mm，内油挡与轴颈间隙为：

上部：0.20～0.25mm　　下部：0.10～0.15mm　　左右：0.15～0.20mm

i）轴瓦间隙及紧力，见表 D.8。

表 D.8　轴瓦间隙及紧力要求

mm

轴承号	1#	2#	3#	4#	5#	6#	7#	8#
轴颈尺寸	ϕ200	ϕ200	ϕ300	ϕ300	ϕ280	ϕ280	ϕ100	ϕ100
顶部间隙	0.3～0.45	0.3～0.45	0.3～0.45	0.3～0.45	0.3～0.45	0.3～0.45	0.10～0.15	
侧部间隙	0.15～0.225	0.15～0.225	0.15～0.225	0.15～0.225	0.15～0.225	0.15～0.225	0.05～0.075	
轴承与压盖紧力	0.08～0.10	0.10～0.15	0.10～0.15	0.10～0.15	0.10～0.15	0.10～0.15	0.00～0.03	
瓦套与球面体紧力	0.02～0.06							

D.5.2　支持－推力轴承

a）推力瓦块钨金表面光滑完整，无裂纹、剥落、脱胎、磨损、电腐蚀痕迹和过载发白，无过热熔化或其他机械损伤，各瓦块的工作印痕大致类同；

b）推力瓦的钨金厚度一般为（1.5±0.1）mm。瓦块厚度与原始记录比较无明显磨损，各推力瓦的厚度误差不超过0.02mm，且为点状接触；

c）推力瓦块接触面达75%以上，印痕均布；

d）推力瓦块接触面粗糙度达0.4μm，进油侧应有斜坡；

e）轴承的缓冲弹簧要起到调整作用，使轴承能自位；

f）支持－推力轴承检修测量数据要求如表D.9和图D.4所示。

表 D.9　支持－推力轴承检修测量数据要求

mm

项目	数值
推力瓦轴向间隙 a	0.40～0.45
轴承与轴承座紧力	0.08～0.10
球面过盈 d	0.02～0.06
油挡辐向间隙 e	0.30～0.45
推力工作瓦块厚度	40-0.02
推力定位瓦块厚度	40-0.02

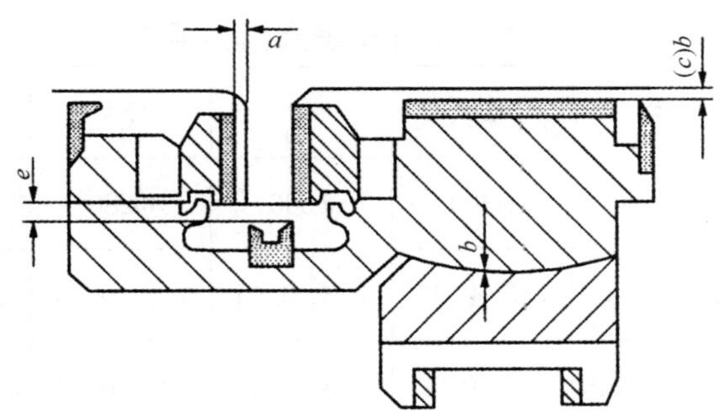

图 D.4 支持 – 推力轴承检修测量要求

D.5.3 轴承箱

a）轴承箱内壁洁净、无杂物；

b）轴承盖及端盖的结合面应清洁干净、光滑平整，不应有贯穿结合面的伤痕；

c）仪表引出线盒处密封良好；

d）轴承的测振装置及测量表计应完好；

e）轴承箱内的热工测量装置完好；

f）轴承箱的油挡水平结合面，用 0.05mm 塞尺检查塞不进；

g）刮尖外油挡梳，齿顶端厚度 0.20～0.30mm，轴承箱的油挡间隙调整合格，符合表 D.10 的要求；

h）油挡梳齿平齐、牢固、无损；

i）发电机、励磁机轴承座的绝缘电阻值不小于 0.5MΩ。

表 D.10 轴承箱的油挡间隙要求

项目	辐向间隙
前轴承后挡油箱	上部：0.15～0.20mm　下部：0～0.05mm　左右：0.10～0.15mm
中周朝箱前、后挡油环	上部：0.15～0.20mm　下部：0～0.05mm　左右：0.10～0.15mm
后轴承箱挡油环	上部：0.15～0.20mm　下部：0～0.05mm　左右：0.10～0.15mm

D.6 盘车装置

a）检查主齿轮齿面完好、光滑；

b）用红丹粉检查主齿轮与动齿轮的接触情况，在齿宽上有 70% 以上接触；

c）摆动齿轮与动齿轮之间的顶隙大于 1.5mm，侧隙为 0.8～1.2mm，如图 D.5 所示；

d）盘车手轮的工作、脱开位置正确，脱、挂灵活：

e）盘车装置的油管接头及法兰结合面应不漏油，不渗油；

f）总装时盘车装置试验动作正常。

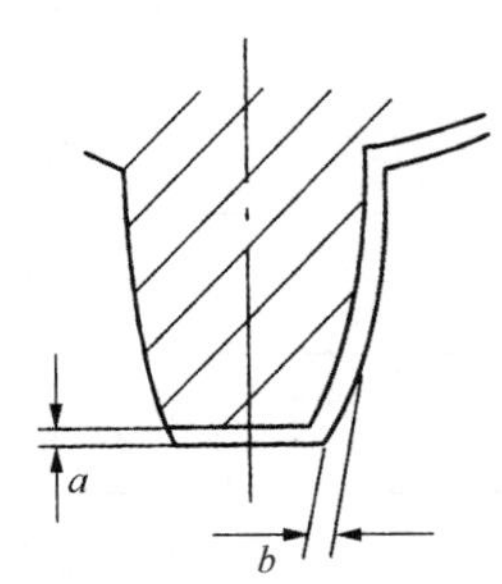

图 D.5 摆动齿轮与动齿轮之间的间隙

D.7 滑销系统

a）滑销应进行清扫、检查，应无磨损、锈蚀、污垢；
b）各销的销面应光滑，并涂以防卡剂；
c）座架连接螺栓、套管及垫圈要符合要求；
d）绝对膨胀装置应完好；
e）滑销系统各部间隙见表 D. 11。

表 D.11 滑销系统各部间隙

项目	图示	标准
前、中、后轴承箱的基架纵销	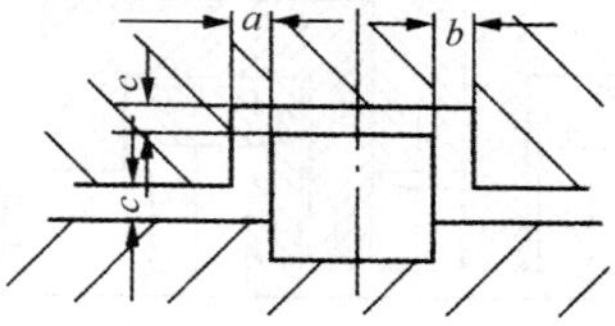 a b c c	$a+b$=0. 04～0. 06
高压缸、低压缸的猫爪销	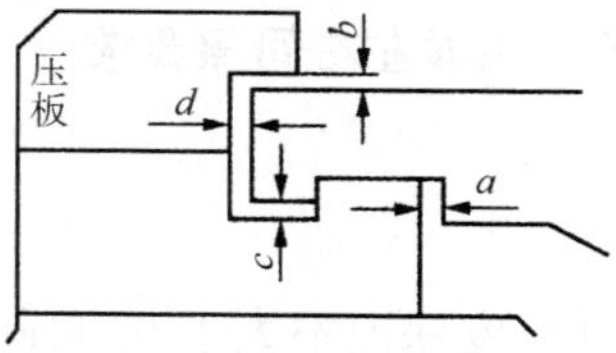 压板 d b a c	a=0. 04～0. 08 b=0. 08～0. 12 c=d=3
前、中、轴承箱与基架的角销	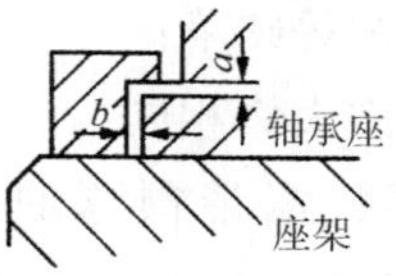 a b 轴承座 座架	a=0. 04～0. 06 b ＞ 1. 0
联结螺栓	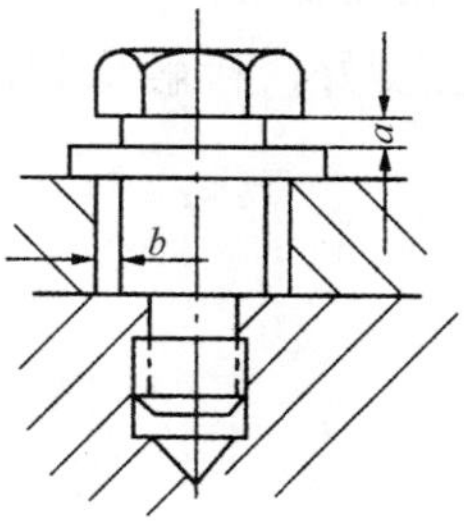 a b	a=0. 1～0. 2
轴承箱立销		两侧总间隙 0. 04～0. 08
后轴承箱基架横销		两侧总间隙 0. 04～0. 08

D.8 调节系统

D.8.1 调速器

a）弹簧及钢带表面应无裂纹；
b）调速器的调速块平面与调速滑阀喷油中心线的垂直度应保证小于 0. 04mm ；

c）飞锤应保证左右对称，即保证 $|a_1-a_2| \leqslant 0.2$mm，如图 D.6 所示；

d）更换调速器部件时，一定要保证调速特性；

e）重新换上的调速器特性要于原设计的调速器特性一样。

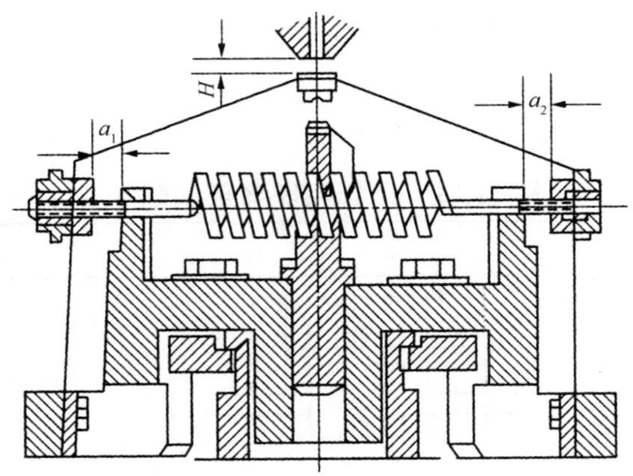

图 D.6　飞锤左右间隙要求

D.8.2　中、低压调压器

a）喷嘴中心线与钢带平面的垂直度保证不大于 0.02mm；

b）薄膜及钢带无裂纹、磨损及腐蚀等缺陷；

c）钢带调整螺栓的位置尺寸与上次大修相同；

d）调压器更换钢带，要重新调整钢带预弯曲，既在薄膜承压力 4.02MPa（或 0.98MPa）时，钢带弯曲为 2.5mm（或 3.3mm）；

e）传动齿轮、蜗轮、蜗杆的啮合良好，接触均匀，齿间间隙为 0.05～0.10mm，蜗杆窜动量小于 0.10mm；

f）调压器手动无卡涩现象。

D.8.3　同步器

a）同步器的行程为 0～34mm；

b）同步器手轮连接无松动，各齿轮组齿面接触良好，齿轮啮合良好，接触均匀，齿间间隙为 0.05～0.10mm，蜗杆窜动量小于 0.10mm，无严重磨损、无毛刺、裂纹；

c）滚珠轴承无卡涩松动现象，与其外壳配合不松动；

d）离合器弹簧松紧度应调整适当，手动同步器时离合器能滑动，电动时离合器应无滑动；

e）螺杆 T 形接头与调速器滑阀端的挂钩间隙不大于 0.20mm；

f）组装后，同步器位于“0”位时，调速滑阀位置正确，喷嘴与调速块距离 H=（1.2±0.05）mm（图 D.6）；

g）功率限制器就位的四支架组成平面与顶轴之间的垂直度不大于 0.08mm。

D.8.4 调速滑阀

a）调速滑阀的连杆不应有变形、弯曲；

b）调速滑阀拆去连杆后检查滑阀，滑套的磨损情况符合设计要求；

c）No. 1 滑阀行程 H_1=32mm；No. 2 滑阀行程 H_2=（15.2±0.2）mm；

d）组装时 No. 3 滑阀套筒油口开度为 10.6mm（No. 1 滑阀、No. 2 滑阀处于左支点时测量），否则需调整连杆上的调整螺母，见图 D. 7；

e）喷油孔的中心线与调速器端面的不直度应不大于 0.04mm；

f）测量喷油嘴的口径为ϕ5；

g）调速滑阀上的节流孔和空气应清理畅通，进油滤网要清洗干净。

D.8.5 综合滑阀

a）滑阀、套筒工作面无锈蚀、磨损、配合良好，见图 D. 8；

b）测量各滑阀的行程，No. 1 滑阀 H_1=15mm，No. 2 滑阀 H_2=（2.7±0.1）mm，No. 3 滑阀 H_3=（2.5±0.1）mm；

c）滑阀上盖连接螺母有紧固件；

d）滑阀底部的调整螺母无松牙、脱扣现象；

e）滑阀及套筒的油口无冲蚀及碰伤情况。

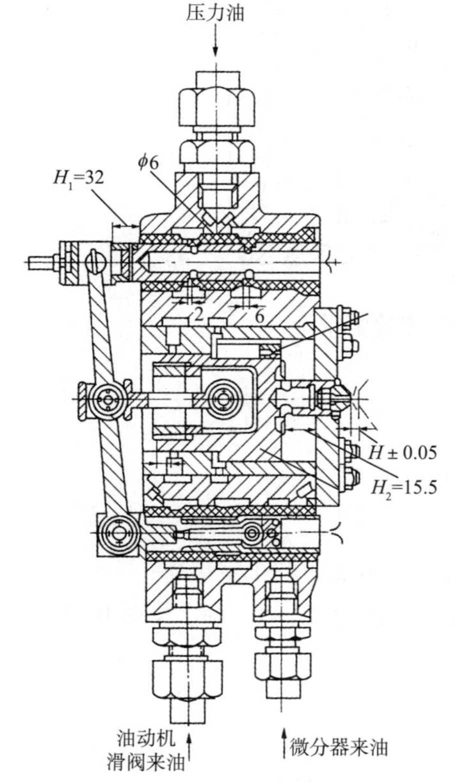

图 D.7 滑阀各部配合要求

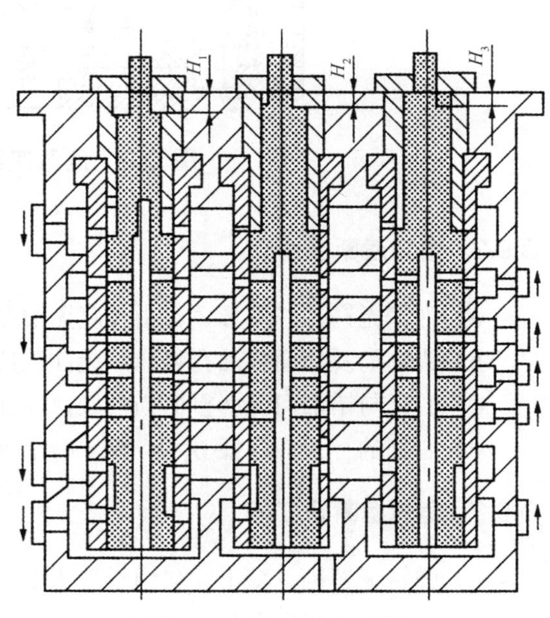

图 D.8 综合滑阀配合要求

D.8.6 调压器切除阀

a）保证手柄轴向行程为（10±0.5）mm，电磁铁行程为（20±0.5）mm，行程开关位移量为 0.3～0.5mm；

b）各连接销无磨损，连接牢固，否则更换；

c）各弹簧无锈蚀、裂纹，自由长度无明显变化；

d）滑阀能够自由移动，试验动作正常；

e）油室、错油门各油孔畅通，油口无冲刷现象。

D.9 保安系统

D.9.1 危急遮断器

a）撞击子和衬套均应无锈垢，在未装弹簧时，撞击子靠自身重量应能在衬套内自由滑动，其间隙 c=0.06～0.12mm；

b）弹簧无锈蚀、变形、裂纹、自由长度无明显变化；

c）撞击子的位置 a=（1±0.2）mm，其移动距离 b=（6±0.2）mm；当调整螺帽顺时针旋转 10°，危急遮断器动作转速升高 35r/min，见图 D.9。

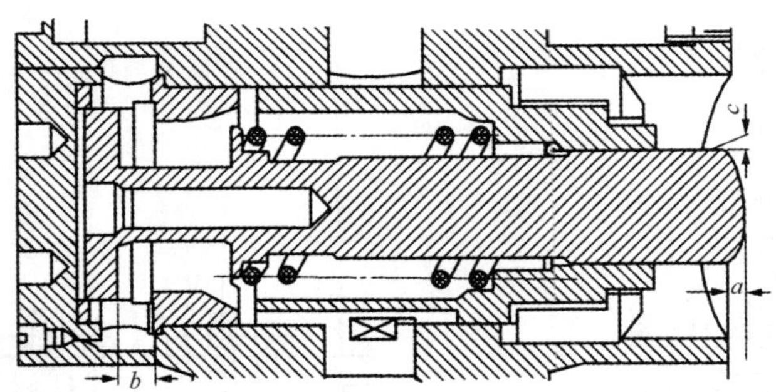

图 D.9 危急遮断器的装配要求

D.9.2 危急遮断器滑阀

a）弹簧无锈蚀、变形、自由长度无明显变化；

b）错油门及套筒各油孔畅通，无冲蚀现象；

c）心杆与错油门无严重磨损痕迹，能保证心杆、错油门的正常动作；

d）心杆的行程应保证 H_1=（16±0.4）mm，错油门行程 H_2=8.5mm，见图 D.10。

D.9.3 危急遮断器杠杆

a）弹簧无锈蚀、变形，自由长度无明显变化；

b）联动杠杆移动自如，滑阀行程 H=（20±0.1）mm，见图 D.11；

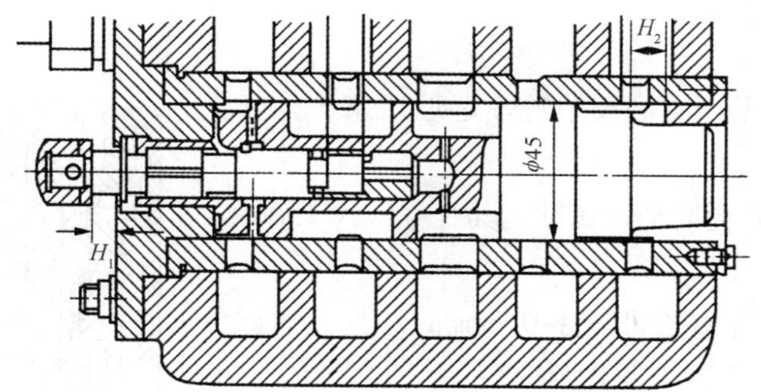

图 D.10 危急遮断器滑阀的装配要求

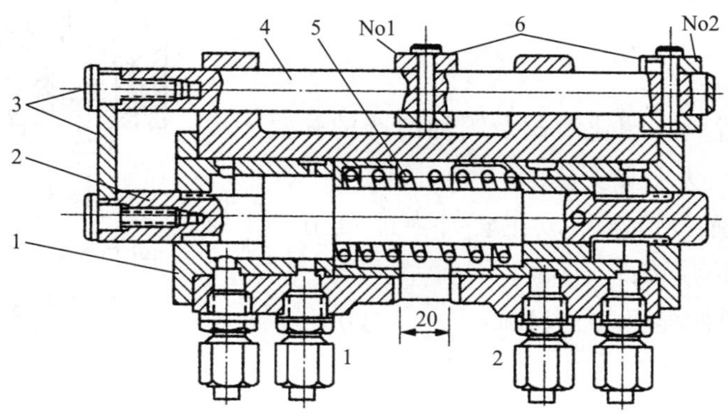

图 D.11 危急遮断器联动杠杆的装配要求

c）杠杆的压板与撞击子的径向间隙为（1±0.2）mm，危急遮断器杠杆与限位块之间的间隙 0.2～0.5mm，见图 D.12；

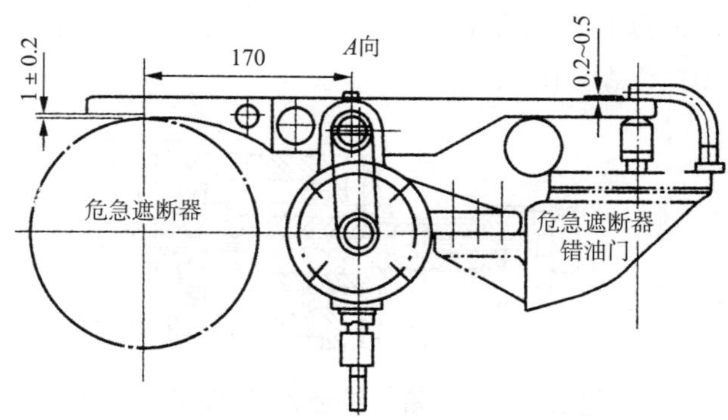

图 D.12 危急遮断器杠杆间隙要求

d）两杠杆的距离应为 100mm；

e）滑阀与滑套无磨损、锈蚀；

f）滑阀与杠杆的连接要牢固可靠。

D.9.4 微分器

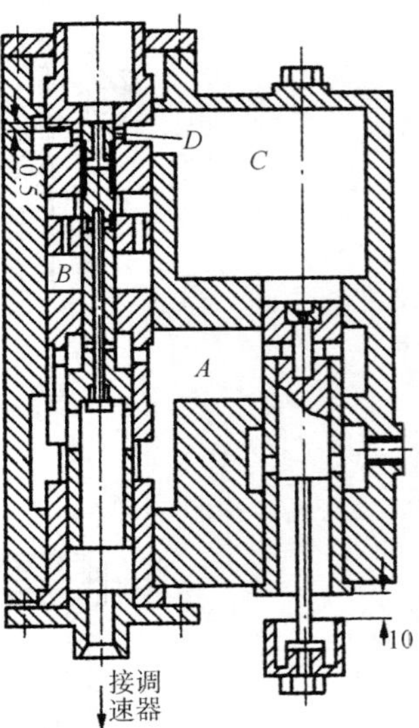

图 D.13 主滑阀与延迟活塞装配要求

a）主滑阀与套筒无严重磨损痕迹，延迟活塞与外套无磨损；

b）放大滑阀与套筒无磨损、锈蚀，其行程应为 10mm；

c）各节流孔畅通；

d）主滑阀与延迟活塞之间有 Δ=0.5mm 的过封度（微分器的脉动油达 1.254MPa 时），见图 D.13；

e）油室及油孔无污垢、锈蚀；

f）各零部件及连接齐全。

D.9.5 保安操纵箱

a）检查电磁解脱阀、超速滑阀及喷油滑阀的弹簧无变形、无锈蚀、自由长度无明显变化；

b）各滑阀未装弹簧情况下，在套衬内能自由上下移动，滑阀无明显的磨损痕迹；

c）电磁解脱滑阀行程应大于 11mm。

D.9.6 功率限制器

a）功率限制器转动自如、无卡涩；

b）齿轮的齿合面接触良好；

c）要保证两转动轴平行；

d）传动轴上的键槽无锈蚀、无裂纹、毛边；

e）顶轴行程应达 10.5mm；

f）保证顶轴位于最上部，综合滑阀的 No.1 滑阀在最下部时 H=（11.5±0.05）mm，此时刻度盘位于“0”，见图 D.14。

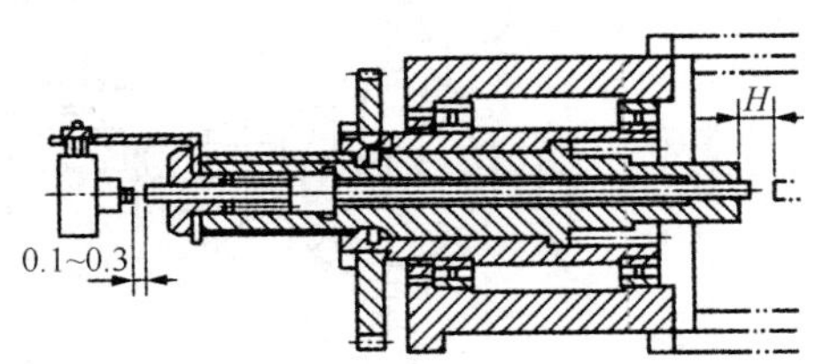

图 D.14 顶轴与综合滑阀的间隙要求

D.10 配气机构

D.10.1 凸轮装置

a）调速汽阀杠杆机圆与凸轮间隙应保证 No.3、No.4 阀为 0.10~0.20mm，No.1、

No.2 阀为 5～6mm（冷态）；

b）凸轮轴应转动灵活；

c）各轴承应无麻点、剥皮、损伤等现象；

d）汽阀上座的弹簧应无裂纹、损伤，调整螺栓及螺帽完好，滚轮无滚压变形的迹象；

e）组装时保证凸轮轴在零位时，油动机与调速汽阀均在关闭位置；

f）油动机导杆齿条应与凸轮轴上的滚轮对号装配好。

D.10.2 高、中、低压油动机

a）反馈滑阀弹簧应无断裂和变形，自由长度无明显变化；

b）油动机活塞与活塞衬塞应无严重磨损痕迹；

c）活塞环无断裂、磨损、卡涩现象；

d）错油门活塞与错油门套筒应无磨损痕迹；

e）高压油动机错油门滑阀全行程为 13.5mm，见图 D.15；

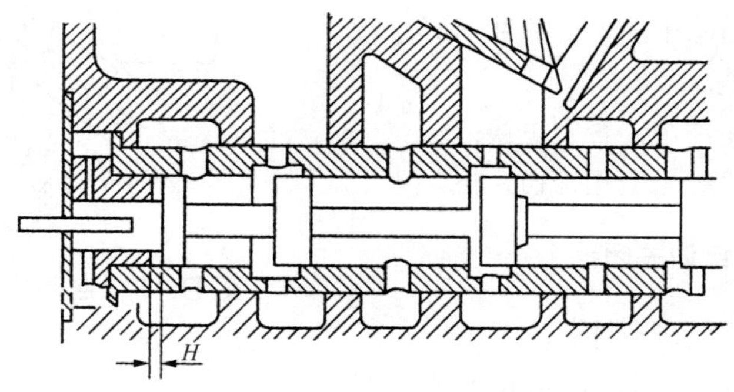

图 D.15 高压油动机错油门滑阀行程要求

f）中压油动机错油门全行程为（13.5±0.2）mm；

g）低压油动机错油门全行程为（5±0.2）mm；

h）高、中压油动机行程为（230±2）mm，低压油动机行程为 120mm；

i）活塞环与活塞轴向间隙 0.08～0.13mm；

j）活塞与活塞套配合间隙 0.08～0.13mm，错油门滑阀与滑套配合间隙 0.05～0.10mm；

k）装复时测定错油门重叠度。

D.10.3 调速汽阀

a）检查蒸汽室内无裂纹，阀座与蒸汽室无松动；

b）门杆与门杆套间隙为 0.30～0.41mm；

c）门杆的弯曲度不大于 0.06mm；

d）门芯与门座用红丹粉检查接触情况，圆周均匀连接接触；

e）门杆上部连接螺帽无松动，垫圈间隙为 0～0.05mm；

f）检查高、中压汽阀行程，预启阀行程为 6mm 时，该阀行程为 36mm，预启阀行程为 14mm，该阀行程为 35mm，预启阀行程为 7mm，该阀行程为 35mm；

g）阀盖结合面清理干净，接触良好；

h）高温、高压调节汽阀螺栓探伤检查合格。

D.11 自动主汽门及操纵座

D.11.1 自动主汽门

a）阀门全程为 75mm，其预启阀行程为（15±0.57）mm，阀杆空行程为 0.3～0.5mm，见图 D.16；

b）门杆与门杆套间隙符合装配要求。

c）门杆弯曲度小于 0.06mm；

d）门座无松动；

e）密封面处清除干净、严密性良好；

f）过滤网完整；

g）齿形垫片无冲蚀，否则更换；

h）主汽阀螺栓螺帽金相探伤合格。

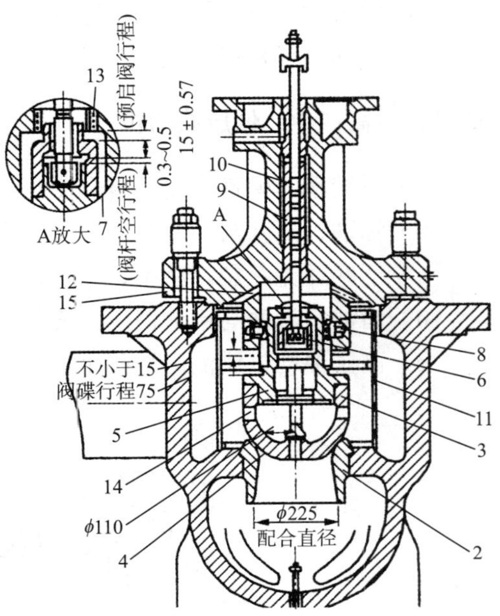

图 D.16 自动主汽门装配要求

D.11.2 操纵座（自动关闭器）

a）油室各油孔清理干净；

b）弹簧无锈蚀变形，自由长度无明显变化；

c）活塞与活塞室的配合良好，滑阀与滑阀套配合良好；

d）自动关闭器行程与指示刻度一致，保证 H=100mm，S=（13±0.5）mm，见图 D.17；

e）连接铰上的滚动轴承完好，锁紧螺帽无损伤，螺母完好。

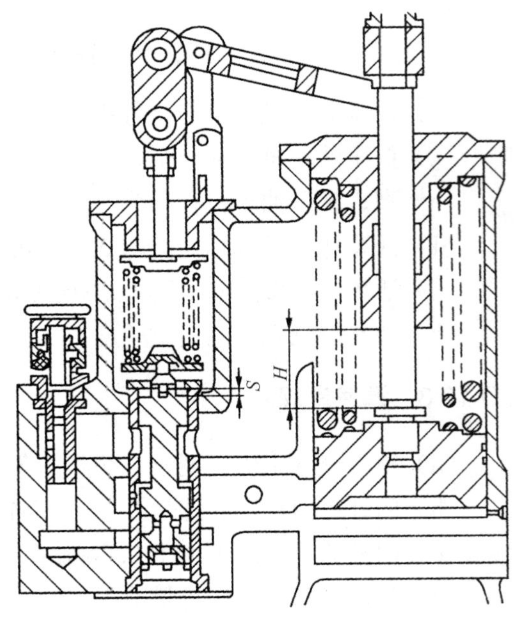

图 D.17 自动关闭器行程要求

D.12 油系统及附件

D.12.1 主油泵

a）主油泵推力间隙为 0.10～0.15mm；

b）轴瓦紧力 0～0.02mm；

c）密封环总间隙 0.25～0.35mm，无明显椭圆度，轴向间隙为 0.02～0.05mm；

d）叶轮瓢偏度及晃度应小于 0.05mm；

e）泵壳水平结合面用 0.03 塞尺检查塞不进，用红丹粉检查接触良好；

f）主油泵转子比汽轮机转子抬高数值 0.30～0.40mm；

g）主油泵叶轮表面光滑无毛刺、无裂纹、气蚀和剥落，内孔与轴配合间隙小于 0.03mm，键槽无明显挤压变形或损伤、裂纹，键与轴槽配合间隙 0～0.01mm。

D.12.2 油箱

见附录N。

D.12.3 注油器

a）喷嘴和扩压管应光滑、无裂纹、无腐蚀；

b）螺栓紧固良好，止退垫圈牢固；

c）注油器的喷嘴口径无明显变化。

d）测量喷嘴与扩散管间隙：

Ⅰ级 A_1=148mm

Ⅱ级 A_2=90mm

D.12.4 油管道有关阀门

见附录N。

D.12.5 溢油阀

见附录N。

D.12.6 冷油器

见附录N。

D.13 凝汽器

见附录N。

D.14 多通道射水抽气器

a）六组喷嘴、扩散管无结垢、冲刷、无坑沟；

b）水室和余速抽汽室壁应清洁完整，无坑、无裂纹等现象；

c）逆止门弹簧应清洁干净、无锈蚀、并有足够弹力；

d）逆止门密封面清扫干净，密封面应无坑沟，接触面应占整个接触面的 2/3；

e）喷嘴与扩张管中心度不大于 0.02mm；

f）组装后、水压试验合格。

D.15 有关阀门

D.15.1 抽汽逆止阀

a）活塞无卡涩，活塞上小孔畅通；

b）弹簧完整、无裂纹；

c）阀杆光滑、无磨损、毛刺，其弯曲度应小于 0.05mm；

d）阀芯与阀座无裂纹、麻点、接触严密，不能有泄漏现象；

e）阀杆上、下动作灵活，行程指示正确；

f）控制系统工作正常，无泄漏现象。

D.15.2 气动快关阀

a）活塞无卡涩，活塞上小孔畅通；

b）弹簧完整、无裂纹；

c）阀杆光滑、无磨损、毛刺，其弯曲度应小于 0.05mm；

d）阀碟与阀座无裂纹、麻点、接触严密，不能有泄漏现象；

e）阀杆旋转动作灵活，开关指示正确；

f）气动控制系统工作正常，无泄漏现象。

D.15.3 抽气安全阀

见附录N。

附 录 E
（规范性附录）
CB25-90/41-13 汽轮机检修质量标准

E.1 汽缸

E.1.1 汽缸壁

a）调节级处汽缸外壁温度降到 100℃以下时，方可拆除保温；

b）汽缸各部应无裂纹；发现裂纹可不作补焊时，应在两头钻限止孔，防止扩展，并绘实样记录；

c）化妆板及其配件完整；

d）汽缸保温应完整良好，保温外壁温度≤ 50℃。

E.1.2 汽缸内部

a）汽缸内部清扫干净，疏水孔畅通；

b）喷嘴叶片应无裂纹或卷边、冲蚀现象；

c）喷嘴体与喷嘴片焊接处应无裂纹：

d）测量前后轴封处洼窝中心，作好记录，与上次大修比较；

e）因洼窝中心偏差过大进行调整时，应使前后汽缸中心偏差：

$$(a-b) \leqslant 0.06\text{mm} \qquad c-(a+b)/2=0.04\sim0.08\text{mm}$$

式中 a、b、c 见图 E.1。

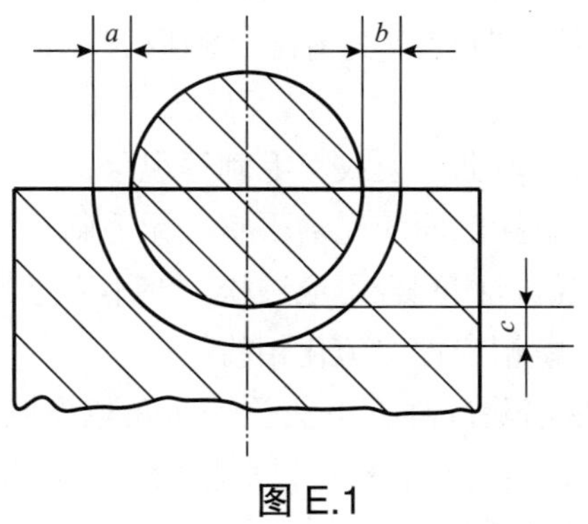

图 E.1

E.1.3 汽缸结合面

a）清理洁净，应无涂料及铁锈残留物；

b）结合面应光滑平整，无损伤或贯穿沟痕及毛刺；

c）汽缸结合面的严密性应在紧 1/3 螺栓的情况下 0.05mm 塞尺塞不进，个别部位塞进的深度不超过结合面宽度的 1/3，否则应采取措施消除（质量标准按特殊工艺要求）；

d）结合面应无裂纹，对原有微细裂纹检查发展趋势，不应有扩展；

e）组合时应将结合面清除干净，用细砂纸打光，涂料厚度一般应在 0.5mm 左右；

f）检查汽缸水平情况，与上次大修及安装记录做比较，不应有较大变化，测量位置见图 E.2；

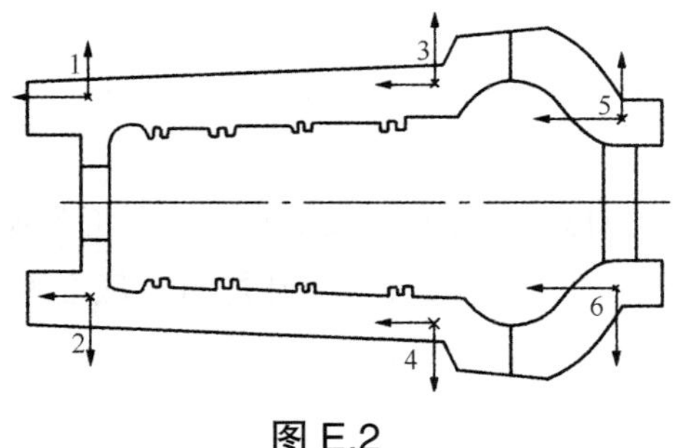

图 E.2

g）高低压缸垂直结合面螺栓应无锈蚀松动；

h）汽缸涂料成分，根据各厂家实际情况而定，也可用汽缸专用密封胶。

注：涂料参考配方（质量比）：

红丹粉　　30%

还原铁粉　　20%（200 目）

二硫化钼　　50%

y-100 清油（文火煮熟）拌和

E.1.4　汽缸螺栓

a）清理干净，无黑铅粉及铁锈等杂物；

b）≥ M76 螺栓及螺帽应有钢印编号，金相试验、硬度测定应符合要求；

c）选定高温段部分螺栓，监视蠕变情况，测取长度，作好记录，并与上次大修比较；

d）螺栓应无乱扣、缺口、弯曲、裂纹、毛刺等现象；

e）螺帽、球面垫圈与汽缸接触面应光洁平整、无毛刺；

f）螺栓与螺帽丝扣、汽缸丝扣配合不应过松，亦不应过紧及卡涩；

g）装复时，汽缸螺栓、螺帽应擦二硫化钼粉；

h）紧汽缸螺栓，以容易消除汽缸上下法兰平面间隙为原则，按一定顺序进行（图 E.3）；全部螺栓冷紧完毕后，应进行复核，以免松紧不一，并应保证热紧值：

M120×530 螺栓，螺帽外径弧长：145mm

M100×500 螺栓，螺帽外径弧长：120mm

M76×480 螺栓，螺帽外径弧长：　50mm

M76×260 螺栓，螺帽外径弧长：　25mm

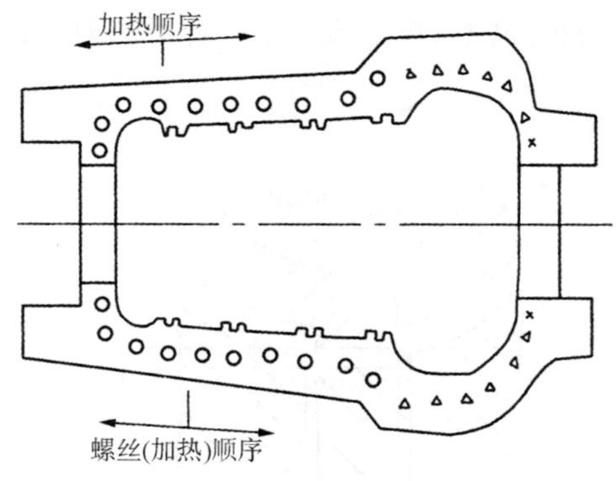

图 E.3

E.1.5 导汽管

a）法兰平面光洁无垢，止口完好，无堆损；法兰无裂纹、损伤等缺陷；

b）管内清洁无杂物，管壁无裂纹、损伤、气孔等缺陷；

c）螺栓、螺帽、垫圈质量要求见 E. 1. 4d）。

E.2 隔板及隔板套

E.2.1 隔板套

a）隔板套清理干净，无水垢及黑铅粉残留；

b）隔板套水平结合面应良好，无漏汽痕迹；接触面积达 75%以上，紧螺栓后，平面间隙≤ 0. 05mm；

c）挂耳调整垫片最多不得超过 4 片，并用抗蠕变材料做成；隔板套各部间隙应符合下列要求（图 E. 4）：

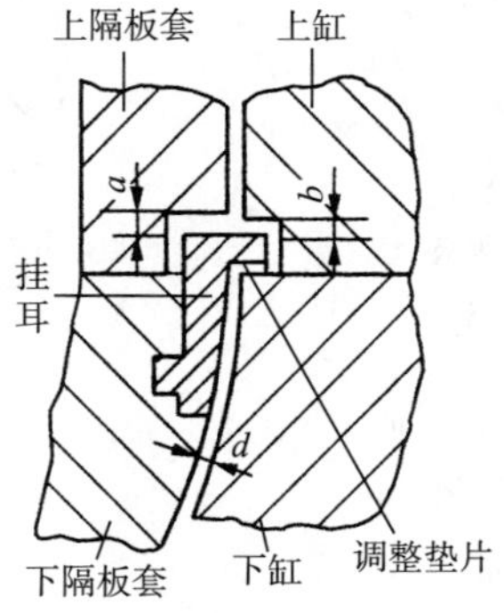

图 E.4

挂耳与上隔板间隙：　$a \geqslant 2$mm

挂耳与上缸间隙：　$b = 0.20 \sim 0.30$mm

隔板套与汽缸膨胀间隙：　d=2. 0～2. 5mm

d）汽缸与下隔板套纵向键间隙（图 E.5）应符合下列要求：

$a+b$=0.035～0.045mm

$c \geqslant$ 1.75mm

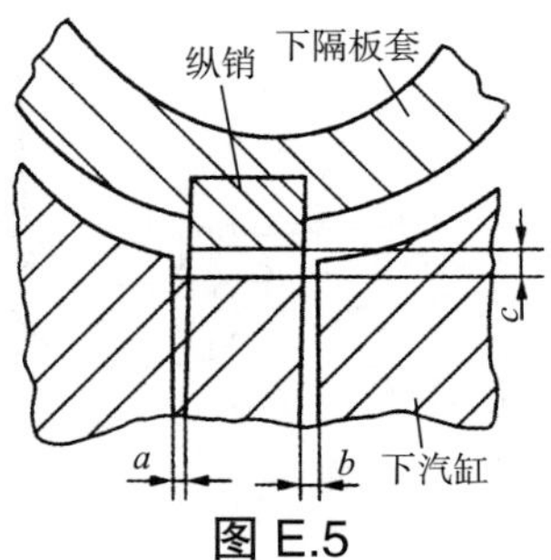

图 E.5

e）隔板套螺栓应无乱扣、裂纹，丝扣应光滑、完好，配合时无松动；

f）隔板套定位螺栓应有防止转动和脱落的保险；

g）装复时螺帽应有防止松动的保险措施。

E.2.2 隔板

a）隔板应清扫干净，应无结垢、污物及涂料残留；

b）隔板应无损伤、裂纹、变形，焊缝应良好，静叶片无卷边、突起、松动、裂纹；

c）隔板水平结合面应严密，高中压部分 0.05mm 塞尺塞不通；

d）隔板挂耳、压板、固定螺钉、键、销完好；挂耳调整垫片最多不得超过 4 片，并用抗蠕变材料做成；各部分间隙（图 E.6、图 E.7）应符合下列要求：

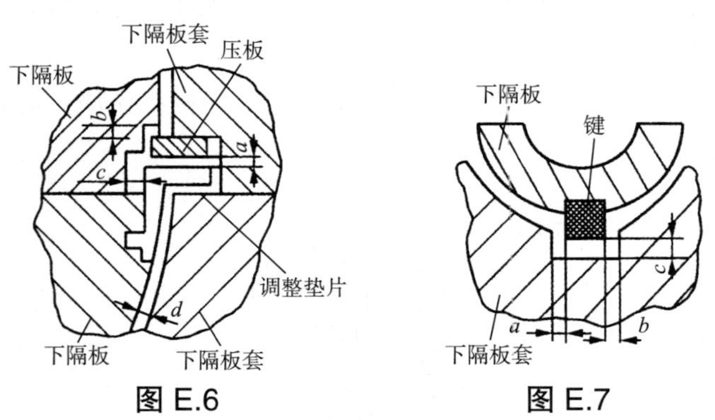

图 E.6　　图 E.7

压板与隔板间隙：a=0.20～0.50mm

挂耳与隔板间隙：b=0.10～0.20mm

挂耳与上隔板间隙：$c \geqslant$ 2mm

隔板与隔板套膨胀间隙：d = 2.0～2.5mm

隔板与隔板套下部键间隙：$a+b$=0.035～0.045mm　　$c \geqslant$ 1.75mm

e）隔板与隔板套的轴向间隙为 0.10～0.20mm；

f）阻汽片应无严重磨损，梳齿顶部应刮尖，顶端厚度 0.20mm 左右，更换时，应符合图纸工艺要求；

g）隔板洼窝中心（图 E.8）应符合下列要求：

a-b ≤ 0.06mm

c-（a+b）/2=0.04～0.08mm

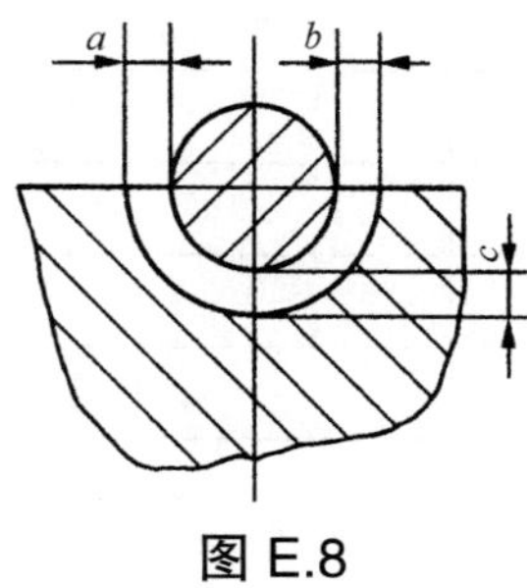

图 E.8

E.3　汽封

E.3.1　端轴封套

a）轴封套清理干净，无水垢及黑铅粉残留；

b）水平结合面应良好，无漏汽痕迹、接触面积达 75% 以上，紧螺栓后，间隙小于 0.05mm；

c）洼窝中心允许偏差值与隔板相同，见图 E.8；

d）紧固件、轴向间隙、挂耳键的间隙、与汽缸的膨胀间隙等均与隔板套相同，见图 E.4、图 E.5。

E.3.2　汽封环

a）汽封环全周膨胀间隙应为：高压 0.30～0.50mm，低压 0.30～0.40mm，汽封各部位间隙见图 E.9、表 E.1；

b）汽封块应无严重磨损，梳齿应完整无倒伏；

c）汽封弹簧片应无裂纹、变形，弹性良好；

d）汽封块装入后，按动自如，无卡涩现象。

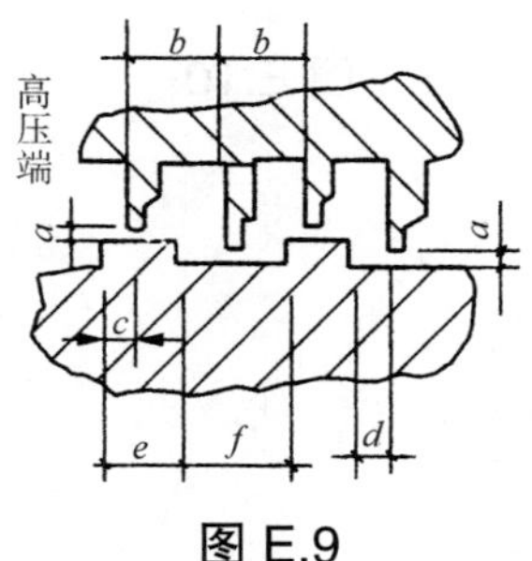

图 E.9

表 E.1

mm

位置＼标准	前轴封	后轴封	隔板
a	0.4～0.6	0.4～0.6	0.4～0.7
b	5	6.5	7.5
c	1.4	3.2	2.7
d	3.0	5.7	4.7
e	3.5	4	5.5
f	6.5	9	9.5

E.4 转子

E.4.1 动叶片

a）清理水垢及污垢；

b）复环及叶根处汽封梳齿应无卷边和损伤；

c）叶片应完好，无断裂及细微裂纹；

d）叶根及叶根销安装牢固，应无松动；

e）对腐蚀及冲蚀情况做详细记录；

f）通流间隙应在规定范围内（图 E.10）：

a = 1.5～1.8mm

b = 2.0～2.5mm

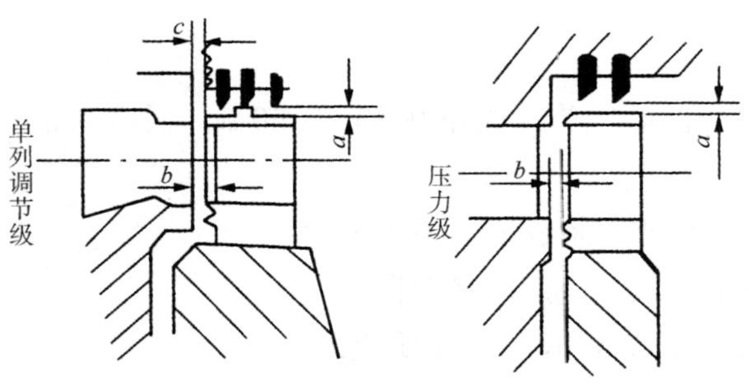

图 E.10

E.4.2 叶轮

a）叶轮应无裂纹及机械损伤；

b）首末级叶轮平衡槽内的平衡块不松动；

c）叶轮瓢偏度≤ 0.03mm；

E.4.3 主轴及其他部件

a）轴颈及推力盘工作面应光滑，无麻斑或沟痕；

b）轴颈及推力盘工作面粗糙度应为 $R_a0.8$；

c）轴颈椭圆度、锥度应≤ 0.02mm；

d）推力盘瓢偏度应≤ 0.02mm；

e）转子中心孔堵板固定牢固；

f）主轴跳动度≤ 0.06mm；

g）各部分特别是在直角处应无裂纹；

h）盘车大齿轮无显著磨损，啮合良好；

i）联轴器结合面应光滑无毛刺，端面的瓢偏度与外圆晃度为：

瓢偏度　≤ 0.04mm

晃动度　　≤ 0.03mm

j）联轴器螺栓应无裂纹、断扣或乱扣，与螺帽配合适宜；

k）螺栓和螺孔配合处表面粗糙度为 $R_a1.6$，不得有毛刺和沟痕存在；

l）组合联轴器时，螺栓、螺帽、垫圈对号入座；螺栓应能用手插入孔深的一半，然后用 6～8 磅榔头打入，保险垫片或保险紧丝均应完好无断裂；

m）联轴器中心应符合下列要求：

汽轮发电机　　端面允差为 0.02mm

　　　　　　　外圆允差为 0.04mm

发电机与励磁机　端面允差为 0.05mm

　　　　　　　外圆允差为 0.06mm

n）转子进水短管的端部径向跳动值一般应≤ 0.05mm，短管表面应光洁、无损伤。

E.5 轴承

E.5.1 支持轴承

a）钨金应无裂纹和损伤，与瓦胎接合严密，无脱胎松动现象；

b）下轴瓦底部约 60° 的弧长与轴颈接触，接触面应均匀，并在轴瓦两端做出长 10～20mm，深约 0.02mm 的泄油间隙（图 E.11）；

c）轴瓦上、下半接合面应良好，间隙≤ 0.03mm；

d）球面与瓦枕之间的接合面必须光滑，接触面积应达到 70% 以上且分布均匀；

e）轴瓦调整垫块与轴承座洼窝接触均匀，接触面积达 70% 以上。调整垫片约 3～4 片，并应用抗蠕变材料做成；

f）为保证下瓦的适当紧力，当转子抬起时，两侧垫铁用 0.03mm 塞尺塞不进，底部应脱空 0.03～0.07mm，当转子放下时，应无间隙；

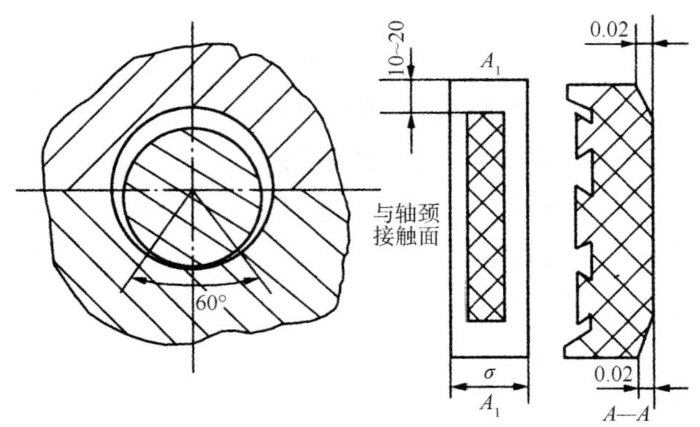

图 E.11

g）组装时，各油管及油孔应洁净畅通；

h）测量两侧油间隙时，塞尺插入深度以 15～20mm 为准，油间隙及紧力标准见表 E. 2；

i）内油挡梳齿应刮尖，顶端厚度接近 0. 30mm，内油挡与轴颈间隙为：

上部 0. 15～0. 20mm

左右 0. 10～0. 15mm

下部 0. 00～0. 10mm

表 E.2　油隙及紧力标准

项目 轴承号	油隙 /mm		球面紧力 /mm	轴承盖紧力 /mm	轴瓦与轴颈接触角
	顶部	侧部（单边）			
1	0. 27～0. 38	0. 28～0. 34	0. 02～0. 04	0. 05～0. 10	≥ 60°
2	0. 29～0. 41	0. 32～0. 38	0. 02～0. 04	0. 07～0. 12	≥ 60°
3	0. 42～0. 56	0. 21～0. 28	0. 02～0. 04	0. 07～0. 12	≥ 60°
4	0. 37～0. 51	0. 18～0. 25		0. 03～0. 05	≥ 60° ～70°
5	0. 25～0. 30	0. 30～0. 35	0. 00～0. 02		60° ～80°
6	0. 25～0. 30	0. 30～0. 35	0. 00～0. 02		

j）监视下轴瓦轴承钨金的磨损及垫铁和垫片厚度的变化，该测量值不应变化太大。

E.5.2　推力轴承

a）推力瓦块和固定底盘应无毛刺、损伤，钨金无严重磨损变形、裂纹、剥落、脱壳、沟痕等缺陷；

b）推力瓦块的厚度差不应超过 0. 02mm；

c）瓦块钨金的厚度一般不超过 1. 5mm；

d）瓦块钨金接触面印痕应均匀占瓦块总面积的 75% 以上，且分布均匀，进油侧应有斜坡（图 E. 12）；

e）轴向推力间隙（转子窜动量）应为 0. 40～0. 45mm；

f）推力盘、轴颈油封、油挡间隙应符合下列要求（图 E. 13）。

b=0. 05～0. 10mm

c=0. 15～0. 25mm

d=0. 28～0. 34mm

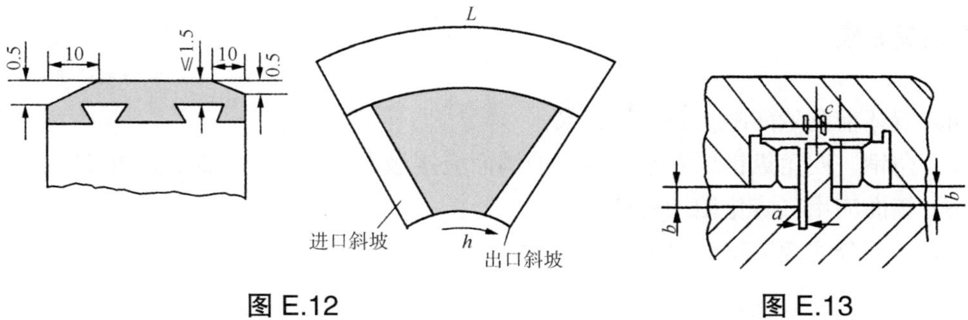

图 E.12　　图 E.13

E.5.3　轴承座

a）轴承盖及端盖的结合面应光滑平整，不应有贯穿结合面的伤痕；

b）轴承座上的油管及电缆线孔处应密封，不应有渗油现象；

c）排油室洁净、畅通无异物；

d）刮尖外油挡梳齿，顶端厚度为 0. 20～0. 30mm，并调整径向间隙，要求：

上部 0. 20～0. 25mm

左右 0. 15～0. 20mm

下部 0. 10～0. 15mm

e）油挡梳齿应固定牢固；

f）油挡水平结合面应用 0. 05mm 塞尺塞不进，下部回油孔畅通；

g）第 4、5、6 号轴承座绝缘值≥ 1MΩ ；

h）轴承侧温度表应装置完好，冒气孔清洁畅通。

E.6　盘车装置

a）主导轮（小齿轮）齿面光滑，无显著磨损；

b）止动销、弹簧、弹簧座等应完好无损，止动销应活动自如，无卡涩现象，弹簧无变形、断裂；

c）单列圆锥滚柱轴承的滚柱应无磨损失效现象，滚柱本身的窜动量应符合要求；

d）导向搭牙应无缺损，扭弹簧无变形断裂；

e）碰块应无缺损、松动；

f）齿轮的键销无磨损及松动现象，制动螺栓无松动现象；

g）喷油管应清洁畅通，位置正确；

h）顶部小盖结合面应光滑平整，紧好螺栓后运行中不渗油，油系统及油管接头应无渗油；

i）在齿轮退足时，主导齿轮与行程开关触头应无间隙；

j）橡胶油封无老化、变形、断裂；

k）看油窗玻璃应完好，无渗油。

E.7 滑销系统

a）解体前测量间隙，并作好记录；

b）角销、四角纵销、立销及猫爪的销面应接触良好，其接触面积应在 70%；

c）销面应用二硫化钼涂料揩擦；

d）各部分间隙应符合要求（图 E. 14）。

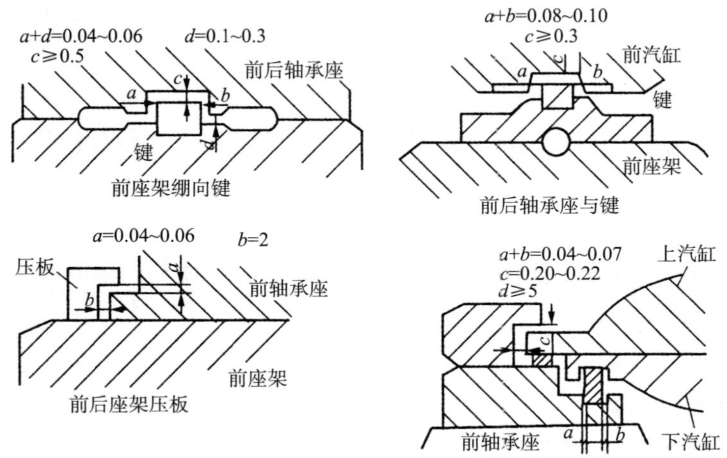

图 E.14

E.8 调节系统

E.8.1 放大器

a）油腔室、油孔清洁畅通；

b）波形管应无变形、断裂，测量波形管自由长度 L_4 为 70mm；

c）波形管应作渗煤油试验 4h 不漏，或作压力为 0.294MPa 水压试验，保持 10min 不漏；

d）各弹簧应无裂纹、变形；测量和记录自由长度：

L_1=100mm　L_2=199mm　L_3=40mm；

e）板弹簧变形应＜ 0.50mm；

f）碟阀顶针弹簧座，应无严重磨损；顶针头部应符合图纸要求；

g）碟阀应完好无损，碟阀与阀座应保持同心，不得偏斜；

h）测量调整碟阀间隙，应符合静态调整要求（一般为0.20～0.24mm）：

i）过压阀钢球应完整、无锈斑；

j）弹子盘应完好、无损伤、无卡涩，转动灵活；

k）组装时，板弹簧在水平位置上，上限间隙 A 为2～2.5mm，下限间隙 B 为0，其他弹簧安装位置正确，不得偏斜，固定螺钉及螺帽止动装置可靠（图E.15）。

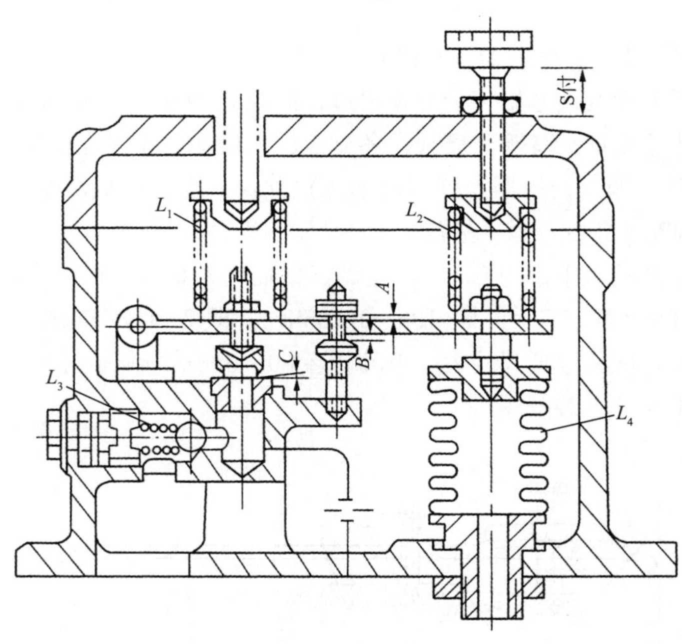

图 E.15

E.8.2 抽汽调压器

a）各油室、油孔：油管应清洁畅通、无杂物；

b）波形管应无变形、裂纹，测量和记录拆前长度和自由长度，自由长度 L_4 为66mm；

c）波形管应作压力为4.9MPa的水压试验，保持10min不漏，或作渗煤油试验4h不漏；

d）各弹簧应无变形、裂纹，测量和记录其自由长度：

压力变换器弹簧 $L_{2主}$=130mm

压力变换器弹簧 $L_{2副}$=94mm

抽汽脉冲弹簧 L_{10}=80mm

小油动机上部弹簧 L_{13}=65mm

小油动机下部弹簧 L_7=65mm

调压器拉弹簧 L_{14}=177mm

e）碟阀顶针、弹簧座应无严重磨损，顶针头部应符合图纸要求；

f）碟阀应完好无损，碟阀与阀座应保持同心，不得偏斜；

g）碟阀弹簧片应完好，无裂纹和变形，应固定无松动，调换弹簧片时应保持碟阀与阀座之间的间隙为 0.50mm，此时弹簧片应处于自由状态；

h）弹子盘应完好无损，无卡涩现象，转动灵活；

i）小错油门弯曲度应＜ 0.05mm，小错油门表面光滑，错油门封口两侧均保持垂直，保持过封度；

错油门与套筒间隙 g 为 0.07～0.12mm；

j）油动机活塞及其活塞缸应无磨损痕迹，间隙 E 为 0.10～0.18mm；

k）杠杆、十字架应无变形、磨损，各支点应无松动，无卡涩现象，动作灵活；

l）在试验时，调节调压器拉弹簧时的预拉伸量，当小动机活塞在下限时，活塞下部油压为 0.098MPa（1kgf/cm^2）左右；

m）试验时小油动机下部为 6mm，经过调试使抽汽为 0～100t/h 时，抽汽脉冲油压压力不大于 0.196MPa（2kgf/cm^2）[0.196～0.135MPa，即 2～1.375kgf/cm^2]；

n）调试结束，应将限位尺寸 H_1、H_2 调整到 0.15～0.20mm（图 E.16）；

o）其余装配尺寸见装配图。

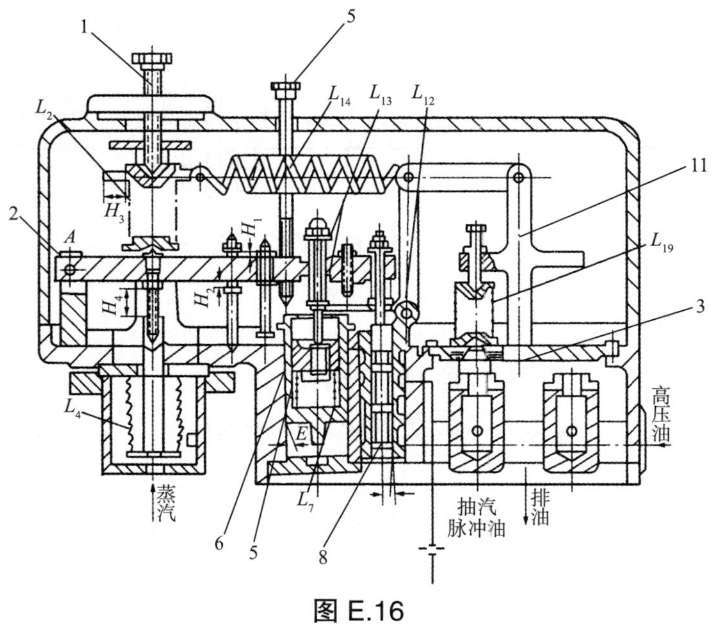

图 E.16

E.8.3 背压调节器

a）各油室、油孔、油管应清洁畅通，无杂物；

b）波形管应无变形、裂纹，测量和记录其自由长度 L_4 为 64mm；

c）波形管应作压力为 1.82MPa 的水压试验，保持 10min 不漏，或作渗煤油试验 4h 不漏；

d）各弹簧应无变形、裂纹，测量和记录其自由长度：

调压器弹簧 L_1=177mm

压力变换器弹簧 L_2=70mm

背压脉冲弹簧 L_{10}=70mm

小油动机上弹簧 L_{13}=65mm

小油动机下弹簧 L_7=65mm

e）碟阀顶针、弹簧座应无严重磨损，顶针头部应符合图纸要求；

f）碟阀应完好无损，碟阀和阀座应保持同心，不得偏斜；

g）碟阀弹簧片完好，无断裂和变形，应固定无松动，调换弹簧片时应保持碟阀与阀座之间的间隙为 0.50mm，此时弹簧片应处于自由状态；

h）弹子盘应完好无损，无卡涩现象，转动灵活；

i）小错油门弯曲度应＜ 0.05mm，小错油门表面须光滑，错油门封口两侧均应保持垂直，保持过封度。错油门与套筒间隙 g 为 0.07～0.12mm ；

j）小油动机活塞及其活塞缸应无磨损痕迹，间隙 E 为 0.10～0.12mm ：

k）杠杆、十字架应无变形、磨损，各支点应不松动，无卡涩现象，动作灵活；

l）在试验时，调节调压器拉弹簧时的拉伸量，当小油动机活塞在下限时活塞下部油压为 0.098MPa（1kgf/cm^2）左右；

m）调试时小油动机下部限位为 6mm，经过调试使排汽从 38t/h 增加到 205t/h 时，背压脉冲油压压力不大于 0.118MPa（1.2kgf/cm^2）[0.147～0.255MPa，即 1.5～2.6kgf/cm^2]；

n）调试结束应将限位尺寸 H_1、H_2 调整到 0.15～0.20mm（图 E.17）；

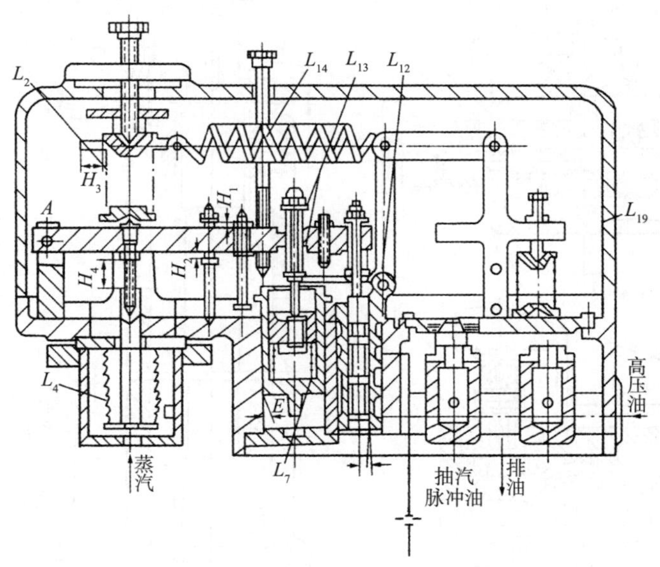

图 E.17

o）其余装配尺寸见装配图。

E.8.4 同步器及辅助同步器

a）各腔室应清洁，无锈垢等；

b）弹簧应无变形、裂纹，测量拆前长度和自由长度，自由长度 L 为 40mm；

c）推杆应不弯曲，锥顶应无严重磨损、腐蚀：

d）弹子盘应完好，转动灵活；

e）蜗轮蜗杆应无气孔、碎裂，齿面光洁，无严重磨损痕迹。蜗轮、蜗杆啮合良好，接触均匀，齿侧间隙 d 为 0.08～0.10mm；

f）装配圆锥轴承间隙要适当，不应卡涩，蜗杆不应有轴向移动；

g）联轴器应无严重磨损、毛刺、损伤等缺陷；

h）平键和导向键应光滑、无毛刺及严重磨损；

i）组装后，电动和手动均能保证同步器上限到刻度 50，下限至 0，在整个行程中能灵活自如，无卡涩现象；

j）同步器至上限，刻度在 50 时，推杆锥顶与法兰平面距离约为 85mm（图 E.18）。

E.8.5 转速表传动装置

a）蜗轮、蜗杆应完好，齿面应光滑，无严重磨损，啮合良好，齿侧间隙 d 为 0.08～0.10mm；

b）传动轴与铜套应完好，无磨损痕迹，无弯曲，活动应灵活、无卡涩；

c）测量轴与铜套间隙：a、b 为 0.05～0.10mm（图 E.19）；

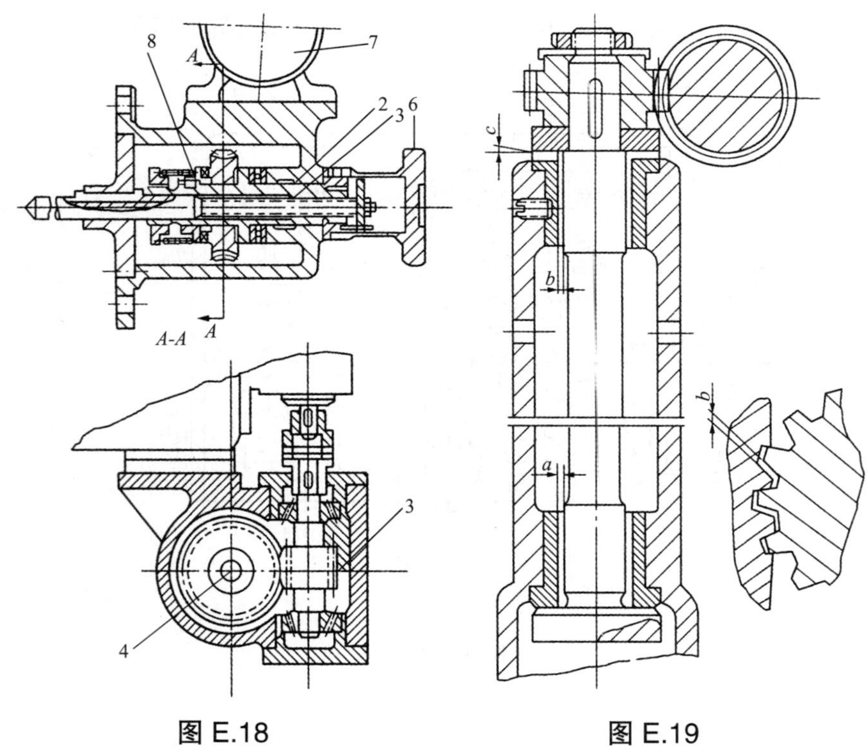

图 E.18　　图 E.19

d）键与键槽不应有毛刺，应光滑，配合不应有松动；

e）蜗轮装复，螺母并紧后，垫圈与铜套平面间的总间隙 c 为 0.14～0.20mm。并紧螺母止动垫圈应牢固可靠；

f）润滑油管喷油口应对准齿轮啮合部位和与钢套轴接触处。

E.8.6 主油泵及旋转阻尼

a）主油泵各部件应无油垢及锈蚀；

b）油泵轴、导向叶轮、动轮、平键等均应完好，无严重磨损、裂纹及气孔等缺陷，叶轮与油泵的配合不应松动；

c）主油泵出口逆止阀应完好，严密不漏。阀瓣动作灵活；

d）泵壳水平结合面接触严密；紧 1/3 螺栓时，其间隙小于 0.05mm；组装时结合面须涂密封胶；

e）档油环、油封环应无严重磨损；

f）测量下述数据：

A=0.05～0.13mm　　B=0.06～0.15mm

C = 0.05～0.13mm　D=0.05～0.13mm

E=0.05～0.13mm　　F=0.012～0.025mm

g）主轴与旋转阻尼危急遮断器体主油泵一起装配后，测量各档的晃动度：

旋转阻尼及危急遮断器体处：$e \leqslant 0.03$mm

主油泵进油侧油封ϕ60 处：$b \leqslant 0.05$mm

轴向位移盘ϕ150 处：$a \leqslant 0.07$mm

h）轴向位移盘瓢偏度：$s \leqslant 0.05$mm；

i）动轮出口边与导流环进口边轴向间隙为 2mm，径向间隙为 3mm；

j）旋转阻尼针形阀完好，油孔洁净畅通，阀杆无弯曲、磨损、螺纹无乱扣；

k）阻尼管油室、油孔应洁净、畅通，阻尼管不应松动（图 E.20）。

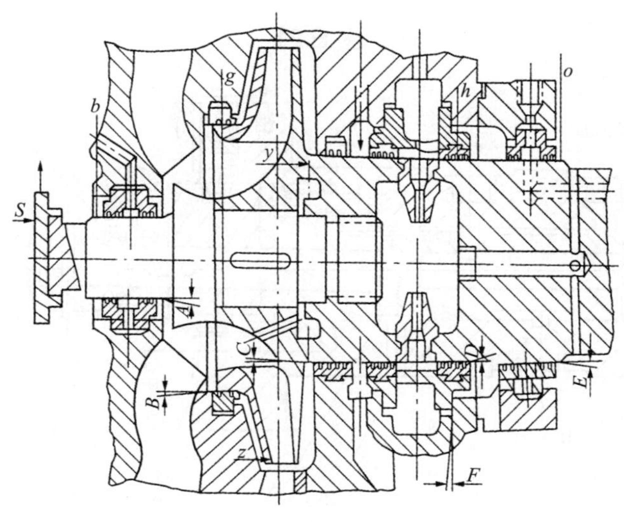

图 E.20

E.9 保安系统

E.9.1 危急遮断器

a）各油孔洁净无油垢，畅通；

b）弹簧、弹簧座应无裂纹、变形、磨损等现象，弹簧自由长度 L_1 为 75mm；

c）芯杆、衬套、套筒、偏心环等应无磨损、腐蚀；

d）偏心环装配后，其外圆跳动≤ 0.2mm，偏心环动作行程≥ 3.5mm；

e）当弹簧取出后，偏心环能灵活松动，不能有丝毫卡涩现象；

f）注油阀油孔、飞环疏气孔应洁净畅通，弹簧无裂纹、变形，其自由长度 L_2 为 38mm；

g）在试验时，偏心环动作转速应在 3300～3360r/min 之间连续试验两次，其两次间的偏差不超过 0.6%，偏心环的复位转速约为 3055r/min（不注油时）（图 E.21、图 E.22）。

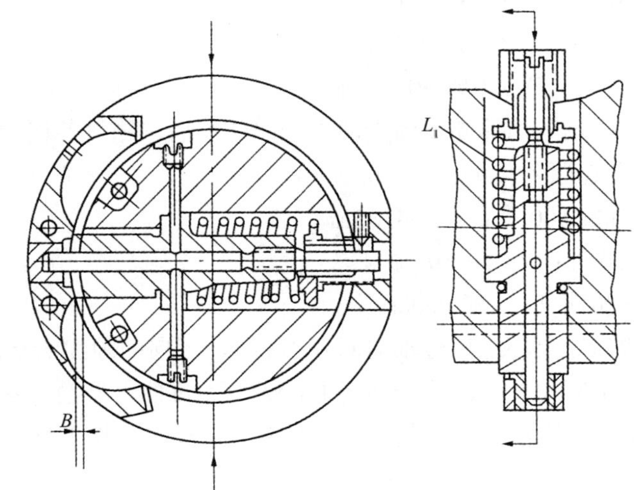

图 E.21

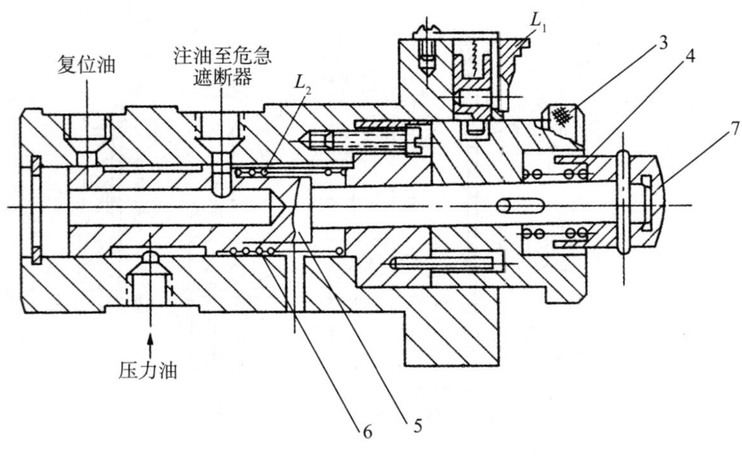

图 E.22

E.9.2 危急遮断油门

a）各油腔、油孔应洁净畅通；

b）弹簧、扭弹簧应无裂纹、变形，弹簧自由长度 L 为 80mm，扭弹簧自由长度 L 为 8mm；

c）油门活塞应无严重磨损痕迹，顶端应无裂纹，挂钩刀口处的槽口应无卷边，无严重撞击磨损等缺陷；

d）油门活塞与套筒之间隙 C 为 0.05～0.12mm；部套装配后油门活塞应能十分灵活上下移动；

e）部套装配后拉钩应依靠扭弹簧的作用可靠地搭扣挂上，挂钩刀口宽度为 2mm；

f）圆锥销装入后，大头端应低于拉钩表面，并加以铆死；

g）装于轴承座内应使拉钩与危急遮断器的偏心环之间隙 A 保持在 0.8～1.0mm，其动作间隙应小于 0.5mm（图 E.23）。

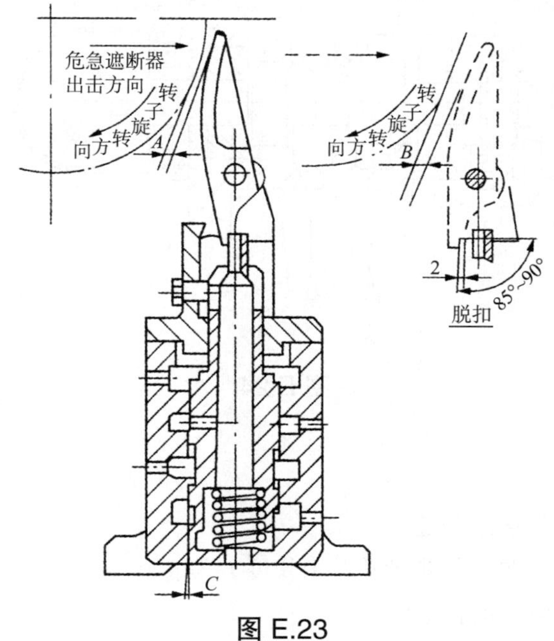

图 E.23

E.9.3 危急遮断及启动装置

a）各油腔、油孔应洁净、畅通；

b）弹簧应无裂纹、变形、测量其自由长度 L_1 为 74mm；L_2 为 23mm；L_4 为 16mm（图 E.24）；

c）遮断活塞与启动活塞表面应光滑、无磨损痕迹；

d）齿轮啮合良好；

e）“O”形橡皮圈无老化、变形；

f）调整杆应无弯曲；

g）测量间隙：

a_1、a_2、a_3、b、d 均为 0.06mm，c 为 0.08mm；

h）装配后两活塞动作应灵活无卡涩，测量遮断活塞行程 B 为 8.5mm，启动活塞行程为 18mm，活塞重叠度为 2.5mm。

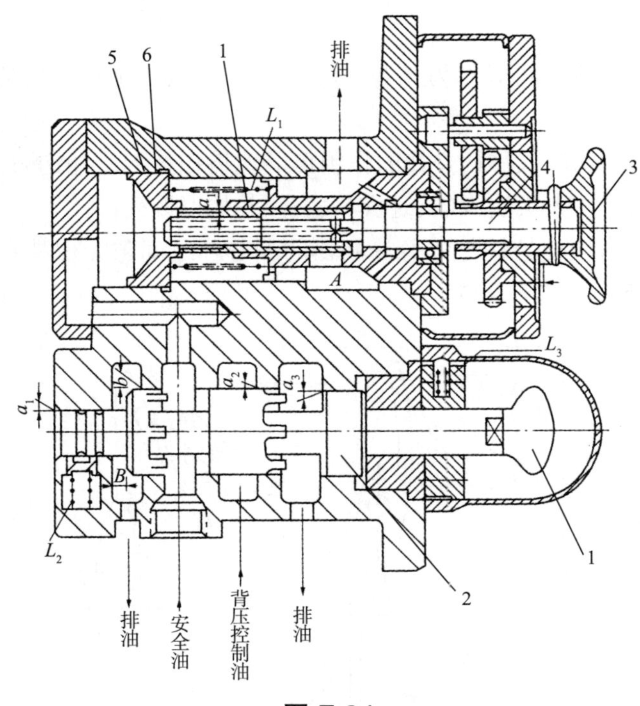

图 E.24

E.9.4　磁力断路油门

a）各油腔、油室应洁净畅通；

b）弹簧应无裂纹、变形，测量其自由长度 L 为 45mm；

c）错油门与套筒应无磨损痕迹；

d）错油门与套筒的间隙 A 为 0.03～0.08mm；

e）装复后通电试验，错油门应能移动灵活；错油门行程 H 为 7mm；

f）测量有关尺寸（图 E.25）：

B=5mm±50μm

C=5mm±50μm

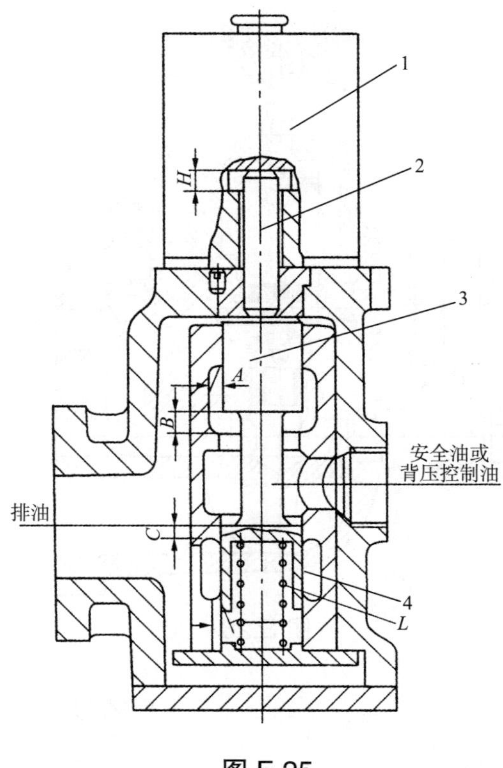

图 E.25

E.9.5 抽汽流量限制器

E.9.5.1 限制油压发生器

a）油腔、油管应清洁畅通：

b）碟阀完整无损，与阀座同心；

c）弹簧座应无严重磨损，各顶杆顶尖不得磨损成圆形，其尺寸应符合图纸要求；

d）测量弹簧自由长度：H_2 为 68mm（图 E.26）。

E.9.5.2 高油压选择器

a）油腔、油路应清洁畅通；

b）滑阀应无毛刺，动作灵活（图 E.27）。

E.9.5.3 抽汽电磁阀

a）油路必须清洁畅通；

b）活塞杆与底壳相对位置保证尺寸 A 为 5mm；

c）电磁阀行程 B 为 8mm：

d）弹簧自由长度 L 为 40mm（图 E.27）。

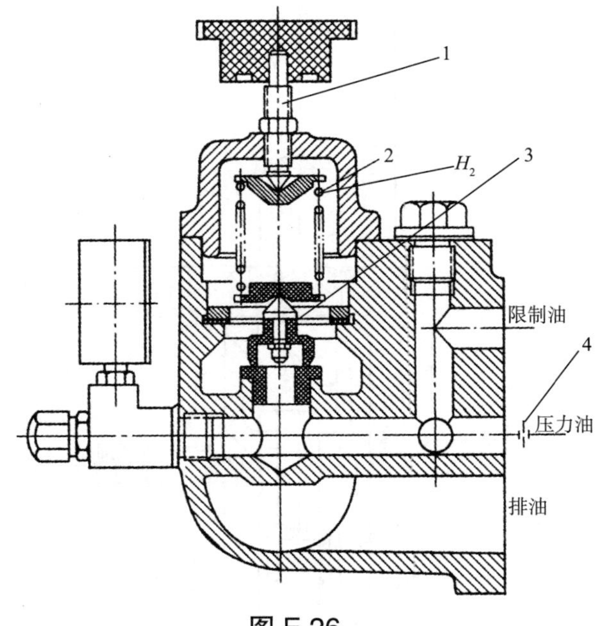

图 E.26

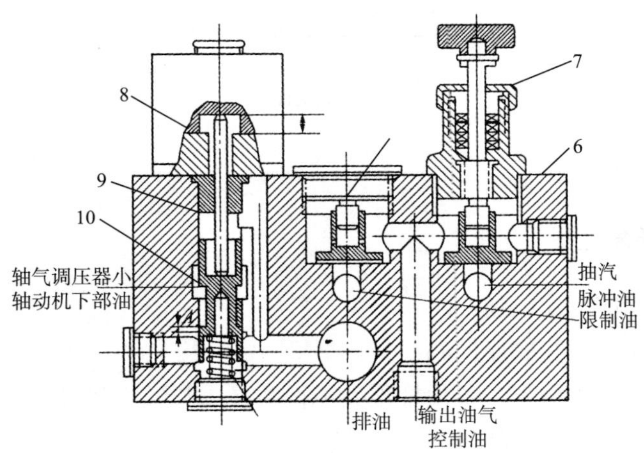

图 E.27

E.9.6 背压容量限制器

E.9.6.1 限制油压发生器检修质量标准见 E.9.5.1。

E.9.6.2 抽汽电磁阀

a）油腔油路应清洁畅通；

b）滑阀应无毛刺，动作灵活（图 E.28）。

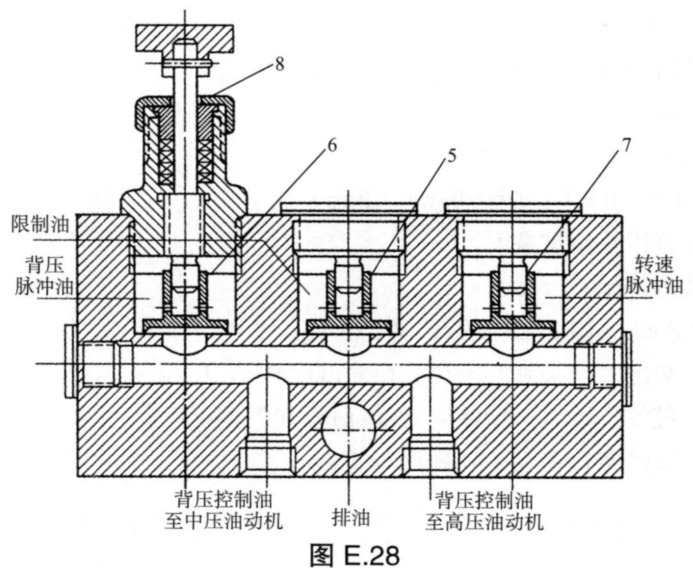

图 E.28

E.10 配汽机构

E.10.1 高压油动机

a）油室、油腔、油孔应清洁、畅通；

b）弹簧应无断裂和变形，测量其自由长度：

静反馈拉弹簧：L_1 为 88mm（高压油动机）

动反馈压弹簧：L_2 为 170mm

错油门弹簧：　L_3 为 92mm

c）动反馈压弹簧之装配长度，高压油动机为 110mm，调整时应注意两边均衡；

d）油动机活塞杆、活塞、活塞衬套、套筒无严重磨损痕迹；

e）活塞环应完好，无断裂、磨损、无卡涩等现象；

f）继动器活塞与继动器油缸应完好，无磨损痕迹；

g）错油门与错油门套筒应无磨损痕迹；

h）杠杆、反馈杠杆各支点动作灵活，无卡涩松动等现象，反馈杠杆支点离继动器中心高压油动机为 90mm；

i）测量记录下述数据：

错油门与油门套筒间隙：

f=0.05～0.12mm（直径总间隙）

e = 0.05～0.12mm（直径总间隙）

d = 0.10～0.16mm（直径总间隙）

继动器活塞与继动器油缸间隙：

a=0.10～0.15mm（直径总间隙）

b=0.08～0.12mm（直径总间隙）

活塞杆与活塞杆套筒之间隙：

A=0.06～0.09mm（直径总间隙）

B=0.06～0.09mm（直径总间隙）

活塞环与活塞轴向间隙：D=0.08～0.13mm；

j）装配时复查错油门重叠度：

E=G=0.31～0.335mm

F=0.21～0.285mm（图 E.29、图 E.30）；

k）活塞衬套装配时，必须有一个孔口对准壳体孔口；

l）当活塞在最低位置时，指针应对准标尺“0”刻度；

m）高压油动机活塞行程为 140mm。

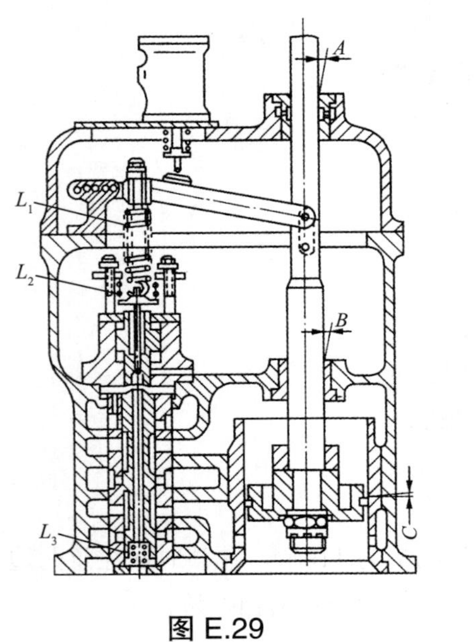

图 E.29

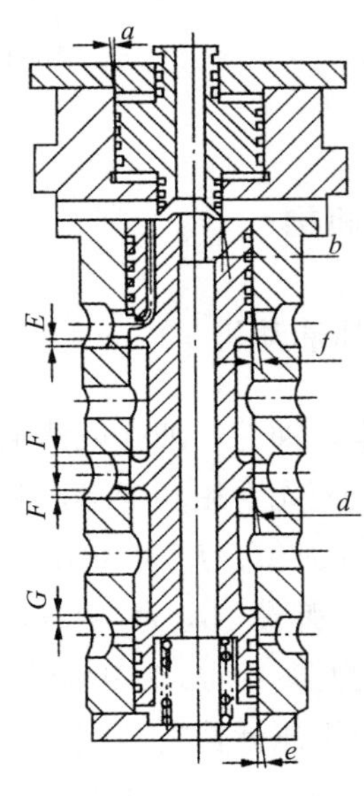

图 E.30

E.10.2 中压油动机

a）油室、油腔、油孔应洁净、畅通；

b）弹簧应无裂纹、变形、测量其自由长度；

L_1=210mm，L_2=140mm，L_3=85mm，L_4=70mm；

c）油动机活塞、活塞衬套、活塞杆和套筒应无严重磨损

d）活塞环应完好，无断裂、磨损、卡涩等现象；

e）继动器活塞与继动器油缸应完好，无磨损痕迹；

f）调整杆无弯曲、变形；

g）碟阀完好，应无变形、损伤等缺陷；

h）碟阀与座保持同心不得偏斜，接触面相对研磨，保持一定的接触面积；

i）O 形橡皮圈不老化变形；

j）测量记录下述数据：

调整杆尺寸 H_1

油动机活塞与油缸间隙 b=0.15～0.25mm ；继动器活塞与法兰套间隙 c=0.12mm；活塞杆与活塞杆套筒之间隙 e=0.06～0.10mm；

碟阀与套筒之间隙 d=0.05～0.15mm；继动器杆尺寸（图 E.31）。

k）装配后，复核各油动机的调整杆尺寸，及行程指示位置。

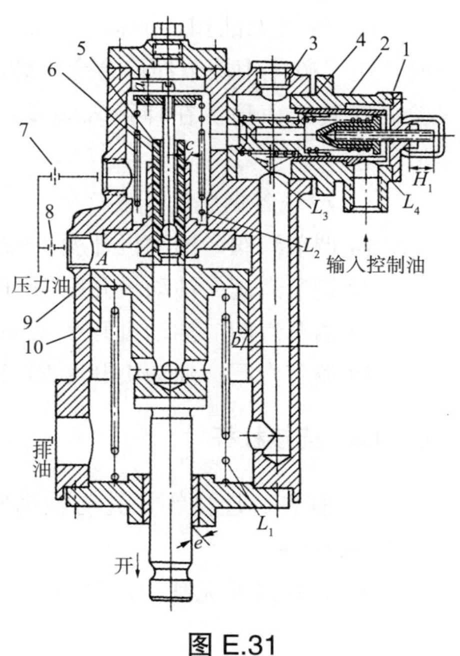

图 E.31

E.10.3 调节阀

a）检查阀门上弹簧应无裂纹，测量记录弹簧自由长度；

L_1=372mm（ϕ16），L_2=324mm（ϕ25）；

b）弹簧外圆与弹簧套筒内壁应光滑无毛刺，组装时应擦二硫化钼；

c）两半球面垫与球形接头之间间隙 a 为 0.10mm，以便转动灵活；

d）汽门阀杆表面无磨损，阀杆弯曲度每米长度内≤ 0.05mm；阀杆与阀杆套筒总间隙 c 为 0.35～0.45mm；

e）组装时，阀杆用二硫化钼擦干净；

f）阀芯、阀座接触良好，无斑痕、伤痕、磨损、冲蚀及氧化皮，阀芯与阀座接触线整个圆周全部接触，预启阀行程为 5mm；

g）阀座点焊牢固、不松动，阀壳应无裂纹和贯穿气孔；

h）阀碟与套筒间隙 f 为 0.35～0.45mm，组装时擦二硫化钼；

i）阀杆套与阀壳间隙 d 为 0.60～0.70mm，组装时擦二硫化钼；

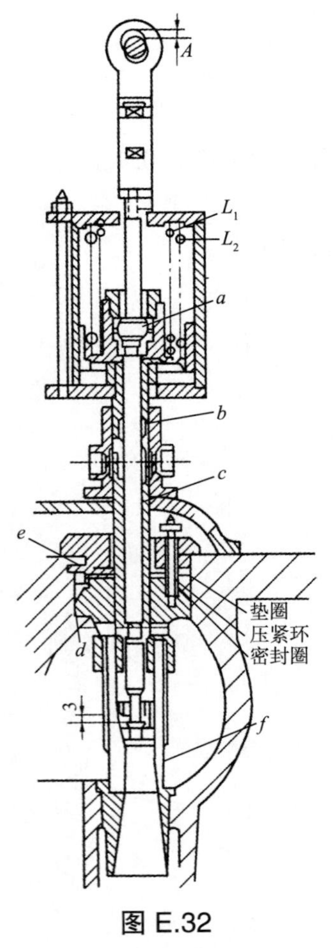

图 E.32

j）密封套与阀杆套筒间隙 b 为 0.20～0.25mm，组装时擦二硫化钼；

k）密封套疏汽孔应畅通，接头要牢固，不得漏汽，组装后必须检查阀杆上下灵活；

l）止动圈、密封环、压紧环均完好，无变形、无损伤，组装时擦二硫化钼。止动圈与外壳槽平面间隙 E 为 0.10mm（图 E.32）；

m）螺丝无乱扣、缺口、弯曲、裂纹及蠕变现象；装复时，用二硫化钼擦干净；合金钢螺丝根据金属监督要求做试验；安装结束后，在弹簧未装复前，应用手拉活塞上下灵活；

n）校正各调整门开度；

1# 调节汽阀：油动机开度 1～2mm

2# 调节汽阀：油动机开度 16.6mm

3# 调节汽阀：油动机开度 38mm

4# 调节汽阀：油动机开度 21.5mm

E.10.4 连接杠杆

a）杠杆、连接销子孔与轴销应无磨损，孔与销轴间隙为 0～0.02mm：

b）连接螺丝无乱扣、缺扣，装复时应用二硫化钼擦抹。

E.11 自动主汽门及纵座

E.11.1 操纵座

a）油室、油孔无污垢、锈蚀、畅通；

b）弹簧应无裂纹、变形；测量记录其自由长度：

L_1=616.5mm

L_2=577mm

L_3=199.5mm

L_4=199.5mm

c）活塞、罩盖、操纵座上下壳体内外壁，应无严重磨损痕迹：

d）半球面垫片应无严重磨损痕迹：

e）单向推力球轴承应完好，无缺陷、无磨损，转动灵活；

f）活塞杆、螺杆应无磨损、弯曲、裂纹；

g）调节螺母应完好，无严重磨损；

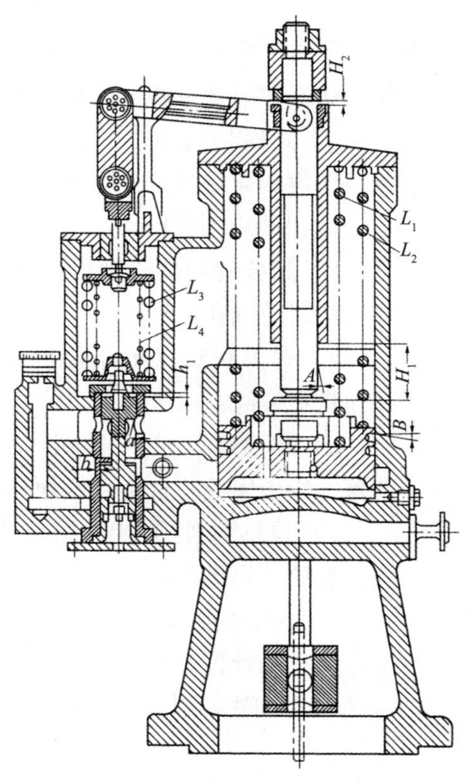

图 E.33

h）测量各部间隙：

A=0.08～0.13mm　　B=0.08～0.13mm

C=0.05～0.10mm　　a=0.10～0.12mm

b=0.10～0.12mm　　H_1=（10±1.5）mm

h=（13±0.5）mm（图 E.33）

i）压力表一次阀及冷却阀完好不漏，冷却水室内无泥垢；

j）调试时，检查活塞从 0 位移到 90 时滑阀下压力变化：

ΔP_1=（0.249±0.03）MPa

当活塞行程从 0～90 时活塞下应力变化：

ΔP_2=（0.038±0.04）MPa

打开启动滑阀时，主汽门操纵座活塞应下降，行程为（20±0.5）mm，下部油压 P_1 为 1.18MPa，当关闭时活塞能恢复到原来位置。

E.11.2 主汽门

a）疏水管畅通，管接头严密不漏；

b）紧圈、压紧环、密封环应完好，无锈蚀，组装时应擦二硫化钼；

c）滤网应完好，表面应无裂纹，无严重冲蚀、熔蚀、变形及堵塞，滤网拆装无卡涩现象；

d）阀杆表面应无磨损、冲蚀、弯曲、变形；阻汽槽应清洁无结垢，组装时用二硫化铝涂擦；阀杆弯曲度＜0.05mm；

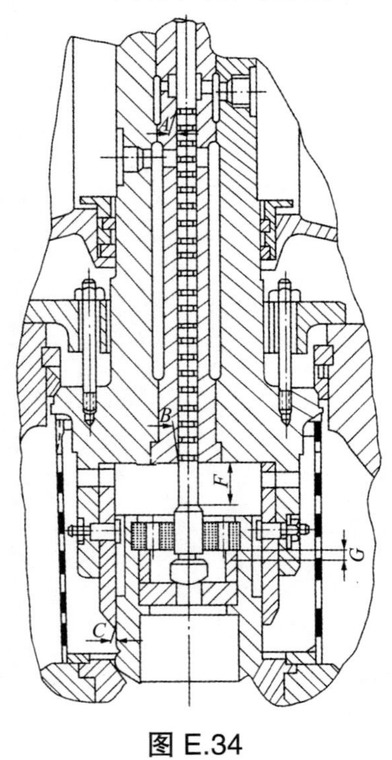

图 E.34

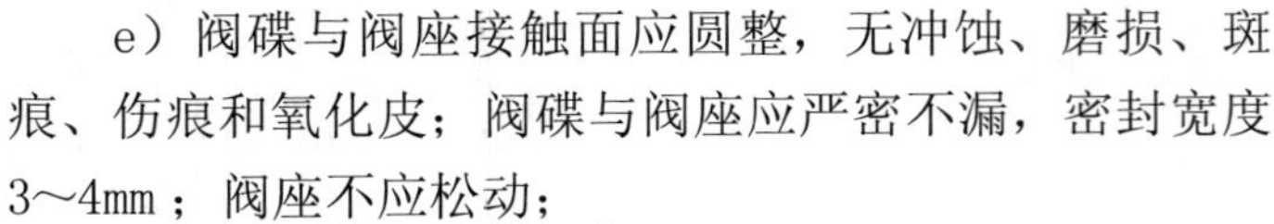

e）阀碟与阀座接触面应圆整，无冲蚀、磨损、斑痕、伤痕和氧化皮；阀碟与阀座应严密不漏，密封宽度3～4mm；阀座不应松动；

f）阀杆套筒应无变形及严重磨损，套筒内孔应圆整光洁，疏汽孔应畅通；

g）阀盖和阀壳接合面应光洁平整，无明显沟槽及径向贯穿裂纹；

h）螺栓螺母应无乱扣、缺口、弯曲、裂纹及蠕变现象；经金属检验合格，螺栓紧力要适度；

i）与操纵座连接的阀盖平面应完好，无严重磨损、裂纹、损伤等；

j）测量有关数据：

阀杆总行程：*E* 为 100mm，主阀行程：*F* 为 85mm；

预启阀行程：*G* 为（15±0.5）mm，*A* 为 0.33～0.38mm；

B 为 0.33～0.38mm，*C* 为 0.50～0.70mm（图 E.34）。

E.12 油系统及附件

见附录 N。

E.12.1 注油器

注油器喷嘴、扩散管完好无损，无锈蚀，喷嘴口清洁、畅通；

喷嘴与扩散管间隙 A_1=14mm（Ⅰ级注油器）

A_2=17mm（Ⅱ线注油器）

E.13 有关阀门

见附录 N。

E.13.1 抽汽脉冲安全门

见附录 N。

E.13.2 抽汽安全阀

见附录 N。

E.13.3 抽汽逆止阀

a）活塞无卡涩，小孔畅通；

b）弹簧应完整，无严重锈蚀及裂纹，有足够的弹性；

c）活塞杆应光滑平整，无磨损、毛刺，其弯曲度应不大于 0.05mm；

d）阀杆与汽封垫片内杆间隙 a 为 0.20～0.30mm，阀盖与汽封片外径间隙 b 为 0.30～0.40mm，套筒与活塞间隙 c 为 0.30～0.45mm，汽封螺母与汽封片间隙为 0.30～0.40mm；

e）阀芯与阀座接触严密无裂纹、麻点，阀芯与阀座在整个圆周上全部接触，接触宽度不小于接触面宽度的 1/3；

f）进气及泄气管应畅通，接头完整不漏；

g）阀杆漏汽孔畅通，管接头应完好，严密不漏；

h）阀门组装时，阀杆上下应灵活，逆止阀行程指示正确；

i）抽汽逆止阀活塞行程 70mm；

j）O 形密封圈每次大修必须更换。

附 录 F
（规范性附录）
B25-90/10-1 汽轮机检修质量标准

F.1 汽缸

F.1.1 化妆板及保温

a）化妆板要使整体汽轮机清洁、整齐、美观；

b）汽轮机在任何工况下，调节级处上下缸之间的温差不应超过 50℃；

c）周围空气温度为 25℃时，保温层表面的最高温度不得超过 50℃；

d）高压缸下保温比上缸加厚 1 倍，往后逐渐减薄；

e）上下缸保温层用钢带兜紧，并与汽缸贴实。

注：保温层经济厚度，采用何种保温材料及保温型式根据本地区的实际情况而定。

F.1.2 汽缸螺栓

a）螺栓清理干净，无黑铅粉及铁锈等残留存在；

b）螺栓丝扣无乱扣、缺口、弯曲、裂纹、毛刺等现象；

c）大于等于 M64 螺栓及螺帽应有钢印编号，组装时按编号回装；

d）每次大修应对大于等于 M76 螺栓作金相试验，硬度测定及超声波检查应符合金属监督有关规定；

e）高压缸螺栓、螺母、球面垫圈及汽缸的载丝孔和丝扣均应光滑无毛刺，螺栓与螺母的配合不宜过松或过紧，应无卡涩现象；

f）螺帽与汽缸或垫圈接触面要均匀，0.03mm 塞尺应塞不进；

g）汽缸的载丝螺栓丝扣部分，应能全部拧入汽缸法兰内，丝扣应低于法兰平面；

h）更换高压缸及导汽管螺栓、螺帽，在组装前应进行光谱分析和硬度检验，以鉴定其材质，确认与设计相符；

i）当螺母在螺栓上试紧到安装位置时，螺栓应在螺母外露 2～3 扣。罩形螺母紧到安装位置时，罩顶内与螺栓顶部应有不小于 2mm 的间隙；

j）装复时，汽缸螺栓涂擦二硫化钼粉；

k）紧汽缸螺栓，从调节级起向两侧进行，全部螺栓冷紧结束，应进行复核以免松紧不一致，并保证热紧值（表 F.1）。

表 F.1

螺栓规格	热紧值 /mm（螺帽外径弧长）
M120×550	115～135
M76×370	40～60
M76×260	35～50

注：1. 调节级处汽缸外壁温度≤ 100℃时方可拆汽缸大盖保温；

2. 调节级处汽缸外壁温度≤ 80℃方可拆卸汽缸水平法兰结合面的高压螺栓。

F.1.3 汽缸水平法兰结合面

a）汽缸水平法兰结台面应无涂料及铁锈残留物；

b）汽缸、导汽管法兰结合面应光滑平整，无损伤或贯穿沟纹及毛刺，导汽管齿形垫应完好；

c）检查汽缸水平法兰结合面漏汽、变形情况，汽缸水平法兰结合面的严密性，在 1/3 螺栓拧紧的情况下 0.05mm 塞尺塞不进，个别部位塞进的深度不超过结合面宽度的 1/3，否则应采取措施消除（质量标准按特殊工艺要求）。

d）检查是否有裂纹，并与原有裂纹发展趋势检查比较；

e）测量汽缸水平，与安装数值做比较；

f）扣缸前，汽缸水平法兰结合面应清理平整光洁，密封涂料厚度应在 0.50mm 左右，涂料内不允许有颗粒、硬质异物。

F.1.4 汽缸内部

a）汽缸内部清理干净，疏水孔及仪表测点孔应畅通；

b）认真检查调节级前喷嘴室区段及螺孔周围、调节汽门座、抽汽口与汽缸连接处，隔板套槽道洼窝和制造厂原补焊区等部位有否裂纹。

注：①各抽汽口，疏水口应封堵好，防止杂物落入管道内；

②汽缸内部出现裂纹，经金属监督、机动科有关部门共同研究提出方案，经总工程师批准后，进行妥善处理，并对裂纹情况绘制实样记录图。

F.1.5 喷嘴组

a）检查清理喷嘴应无裂纹、卷边、冲刷、撞击以及无松动现象；

b）检查喷嘴体焊接处应无裂纹；

c）喷嘴内腔应无铁屑等其他杂物。

F.1.6 汽封洼窝中心

a）测量前后汽封处洼窝中心，与上次大修比较；

b）调整洼窝中心时前后汽封处：

左右：a-b=0～0.06mm

底部：c-(a+b)/2=0.04～0.08mm

F.2 隔板与隔板套

a）隔板套、隔板清理干净，无锈垢及黑铅粉残留；

b）隔板套和隔板的水平结合面、隔板、隔板套、汽缸之间的接触面以及隔板套与汽缸下半纵向键等部件，均无损伤、污垢、毛刺；

c）隔板套、隔板水平结合面应平整、严密完好，无漏汽痕迹，用红丹粉检查接触面达75%以上，紧固螺栓后0.05mm塞尺塞不进；

d）检查隔板套各部间隙（图F.1）；

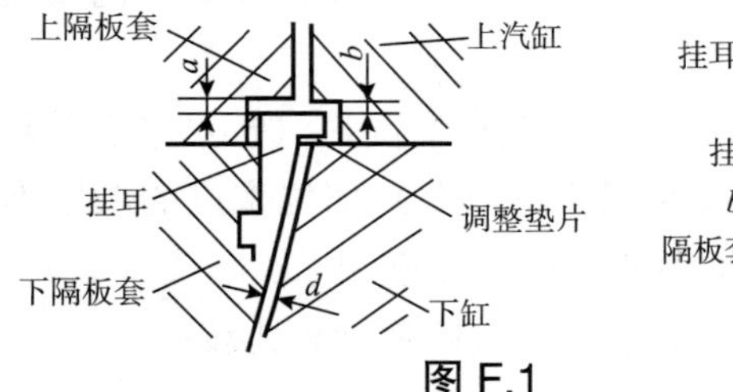

图F.1

汽缸与隔板套纵向键间隙（图F.2）

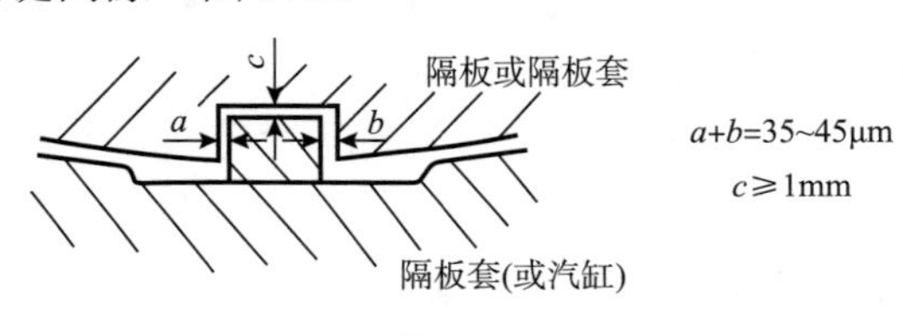

图F.2

e）隔板套螺栓应无乱扣、裂纹、丝扣应光滑完好，配合无松动或卡涩现象；

f）隔板套螺栓应有防止转动和脱落的保险措施；

g）检查隔板有无损伤、裂纹、变形，焊缝是否良好，静叶片有无卷边、突起、松动，有无裂纹；

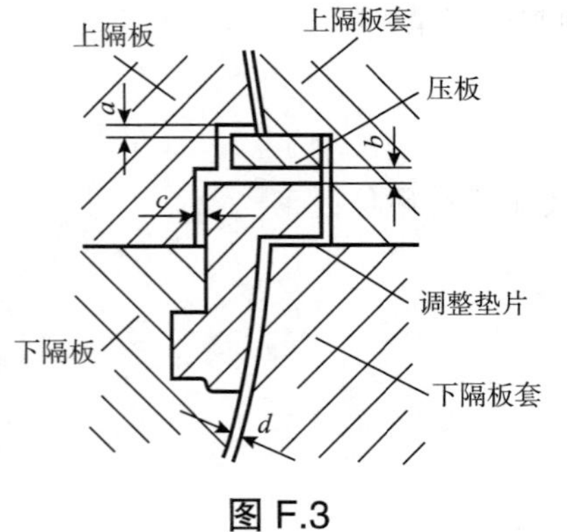

图F.3

h）检查隔板挂耳、压板、固定螺栓、键、销应完好；挂耳调整垫片不允许超过3片，垫片间接触密实，并用抗蠕变材料做成，各部间隙应符合下列要求（图F.3）；

压板与上隔板间隙：a=0.20～0.50mm

挂耳与压板间隙：b=0.10～0.12mm

挂耳与上隔板间隙：c=2mm

i）隔板与隔板套的轴向间隙：0.10～0.20mm；

j）阻汽片应无严重磨损，梳齿顶部应刮尖，顶端厚度0.20～0.30mm；更换时，应符合图纸工艺要求，与叶片顶端的间隙为 1.5～1.8mm；

k）隔板套或隔板中心允差：

a-b ≤ 0.06mm

c-（a+b）/2=0.04～-0.08mm

l）组装时，隔板与隔板套，隔板套与汽缸接触面均涂擦二硫化钼。

隔板与隔板套膨胀间隙：

d=2～2.5mm

隔板与隔板套下部间间隙：

a+b=0.035～0.045mm

c ≥ 1mm（图 F.2）

F.3 汽封

a）汽封套汽封块清理干净，无锈蚀及黑铅粉残留；

b）汽封套水平结台面应平整光滑，接触面达 75%，无漏汽痕迹，紧螺栓后用 0.05mm 塞尺检查塞不进，销钉不应松动；

c）汽封洼窝中心允许偏差值与隔板相同；

d）汽封套紧固件、轴向间隙、纵向键的间隙要求与汽缸膨胀间隙均与隔板相同（图 F.2、图 F.3）；

e）汽封各部间隙（图 F.4）更换新汽封时，调整全周膨胀间隙应达高压 0.30～0.50mm，低压 0.30～0.40mm；

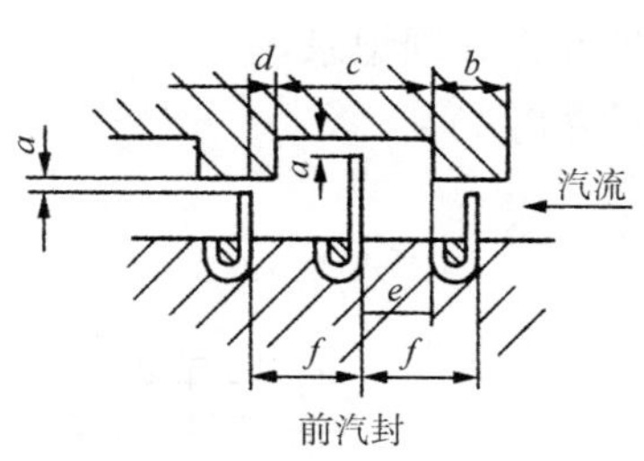

前汽封

前汽封间隙：

a=0.40～0.60mm

b=3.5mm

c=6.5mm

d=3.4mm

e=4.9mm

f=5mm

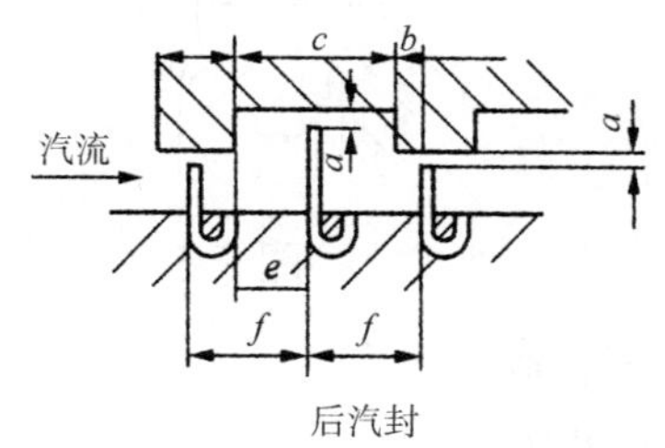

后汽封

后汽封间隙：

a=0.40～0.60mm

b=4mm

c=9mm

d=0.40mm

e=2.9mm

f=6.5mm

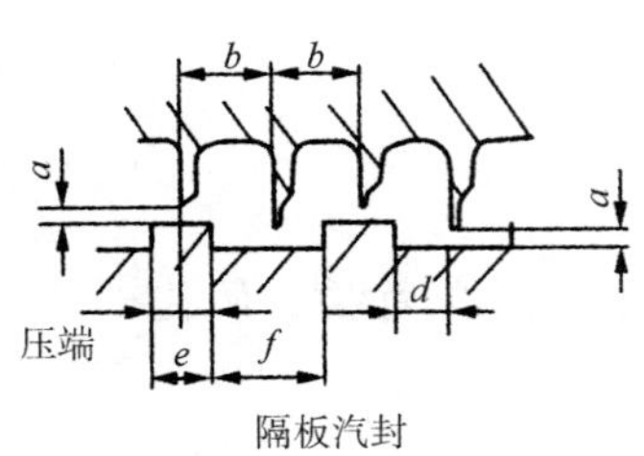

隔板汽封间隙：

a=0.40～0.70mm

b=7.5mm

c=2.7mm

d=4.7mm

e=5.5mm

f=9.5mm

图 F.4

f）整环前后汽封和隔板汽封端部总间隙 0.10～0.20mm，上半环与下半环端部接触面刮配后 0.05mm 塞尺塞不进；

g）汽封应无严重磨损，弹簧片应无裂纹，弹性良好；

h）汽封块装入后，滑动，按动自如，无卡涩现象；

i）汽封槽道与汽封块均应除去锈垢及毛刺，并涂擦二硫化钼。

F.4 转子

F.4.1 动叶片

a）叶片清理干净，无水锈及污垢；

b）叶片、复环、铆钉头应无损伤、卷边及裂纹；

c）检查叶片应完好，无断裂及细微裂纹；

d）叶根及叶根销钉应无松动；

e）检查腐蚀、冲蚀情况，采取有效措施并作详细记录，

f）通流间隙应在规定范围内（图 F.5、图 F.6）；

g）叶片装入后轴偏差为 ±0.20mm。

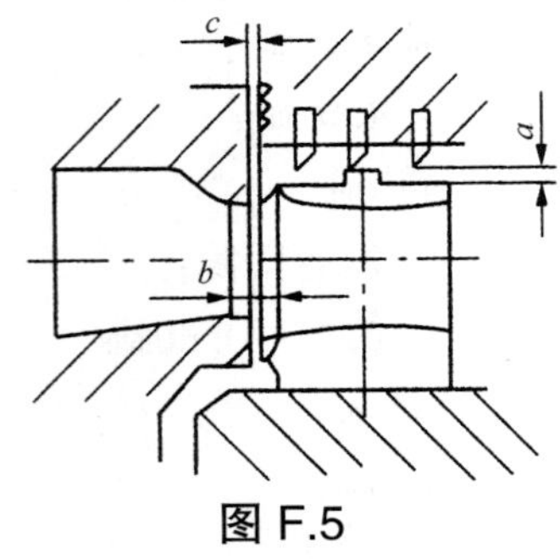

图 F.5

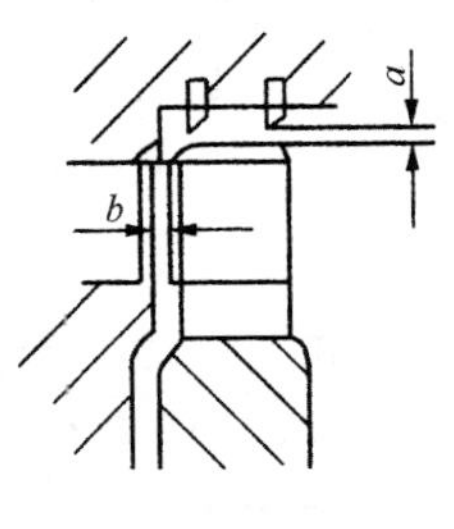

图 F.6

a=1.5～1.8mm

第 1～4 级

b=1.5mm $^{+20}_{-10}$ μm

c=0.50mm

第 5～8 级

a=1.5～1.8mm

b=1.5mm $^{+20}_{-10}$ μm

F.4.2 叶轮

a）叶轮应无裂纹、锈蚀及机械损伤；

b）首末级叶轮平行槽内的平衡块应不松动；

c）叶轮瓢偏度≤ 0.03mm。

F.4.3 主轴及其他部件

a）轴颈及推力盘工作面应光滑，无麻斑或纹槽，粗糙度应为 R_a0.8；

b）轴颈椭圆度、锥度应≤ 0.02mm；

c）推力盘瓢偏应≤ 0.02mm ；

d）主轴晃动度≤ 0.06mm；

e）转子中心孔堵板固定牢固；

f）测量转子扬度，与安装和上次大修记录比较，扬度值不应有明显变化值；

g）轴颈探伤，应无裂纹。

F.4.4 联轴器

a）联轴器上键、螺栓、锁紧螺钉等均应可靠地锁牢；

b）联轴器法兰结合面应光滑无毛刺，瓢偏度≤ 0.02mm，晃动度≤ 0.03mm；

c）联轴器各部分应无毛刺、损伤、裂纹；

d）螺栓应无裂纹、断扣或乱扣，与帽配合适宜；

e）螺栓和联轴器孔配合处表面粗糙度为 R_a1.6，不应有毛刺、损伤、沟槽存在；

f）连接联轴器螺栓、螺孔必须按钢印标记装复。螺栓应能用手插入孔深一半，锁紧垫片和顶丝应完好；

g）更换联轴器螺栓及其他部件应保证联轴器平衡；

h）联轴器中心应符合下列要求：

汽轮机与发电机：外圆允差 0.04、端面允差 0.02mm；

发电机与励磁机：外圆允差 0.05mm、端面允差 0.04mm。

F.5 轴承

F.5.1 支持轴承

a）钨金应无夹渣、气孔、凹坑、划损、裂纹、溶蚀、脱胎等缺陷；

b）轴承各结合面平整、光滑，用 0.05mm 塞尺塞不进；

c）轴瓦球面与瓦枕之间的结合面必须接触严密光滑，接触面积为整个球面 75%左右并均匀分布；

球面与瓦枕紧力，1#、2# 瓦：0.02～0.04mm，其余：0.03～0.05mm；

d）下轴瓦底部接触角约 60°，接触面积应达 75%以上，呈斑点状并均匀分布；

e）轴瓦调整垫块与轴承座洼窝接触均匀，接触面积在75%以上。调整垫片不应超过3～4片，垫片应用抗蠕变材料制成；

f）下瓦应有适当紧力，在转子复位前，两侧垫铁用0.03mm塞尺塞不进，底部应脱空0.03～0.05mm，当转子复位后应无间隙；

g）测量两侧油间隙，塞尺插入深度15～20mm为准，油间隙及紧力标准（表F.2）；

h）组装时轴瓦油孔应清洁畅通，并应与轴承座上的来油孔对正，垫铁进油孔四周应与洼窝整圈接触；

i）内油挡梳齿应刮尖，顶端厚度接近0.30mm，内油挡与轴颈间隙为；

上部：0.20～0.25mm

下部：0.10～0.15mm

左右：0.15～0.20mm

表 F.2　油间隙及紧力标准

项目轴承号	油间隙 /mm		球面紧力 /mm	轴承盖紧力 /mm	轴瓦与轴颈接触角
	顶部	侧部			
1	0.20～0.26	0.35～0.40	0.02～0.04	0.04～0.07	＞60°
2	0.20～0.25	0.35～0.40	0.02～0.04	0.04～0.07	＞60°
3	0.20～0.25	0.35～0.40	0.03～0.05	0.04～0.07	＞60°
4	0.30～0.40	0.15～0.20	0.03～0.05	0.03～0.05	＞60°
5	0.10～0.12	0.05～0.06		0.03～0.05	60°～70°

F.5.2　推力轴承

a）推力瓦块钨金表面光滑平整，钨金无沟槽、溶蚀、脱胎、严重磨损等缺陷；

b）各瓦块厚度差0.02mm，瓦块的钨金厚度≤1.2～1.5mm；

c）瓦块钨金接触面印痕均匀，占总瓦块面积的75%以上，接触面呈斑点状均匀分布，粗糙度为R_a0.8，进油侧应有斜坡（图F.7）；

d）检查油挡径向间隙应符合要求（图F.8）；

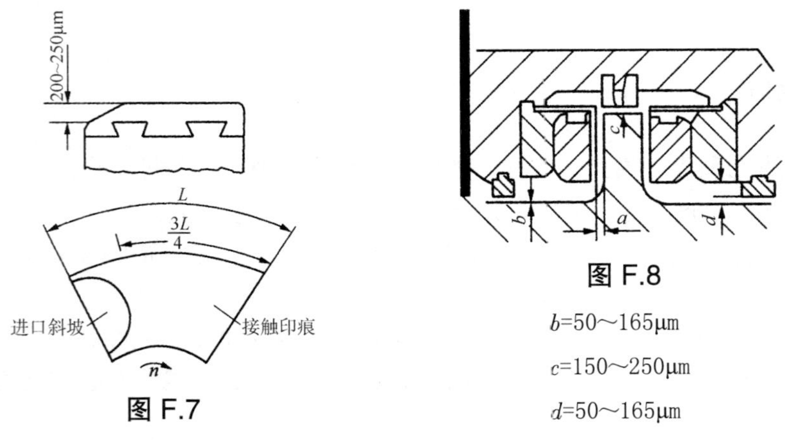

图 F.7

图 F.8

b=50～165μm

c=150～250μm

d=50～165μm

e）轴向推力间隙 a（转子窜动量）应为 0.40～0.45mm，测转子串动量其外壳串动量≤ 0.03mm；

f）瓦块钢印应与安装标记一致，不可任意调换位置，瓦块装入后应活动自如；

g）固定压板不能将瓦块底板压死；

h）各油孔、油腔畅通、清洁、无杂物；

i）推力瓦块装复后应检查推力瓦块测温度元件正常，方可扣轴承盖。

F.5.3 轴承座及外盖

a）轴承盖及端盖结合面应光滑平整，不应有贯穿结合面的伤痕；

b）轴承座上的油管及电缆线孔处应密封，不应有渗油现象：

c）排油室洁净，畅通无异物；

d）刮尖外油挡梳齿顶端厚度 0.20～0.30mm，并调整间隙：

上部：0.15～0.20mm

下部：0.0～0.05mm

左右：0.10～0.15mm

e）油挡梳齿应平齐、牢固、无损伤；

f）油挡水平结合面平整、光滑、严密，0.05mm 塞尺塞不进，下部回油孔畅通；

g）轴承座连接法兰绝缘螺丝套管应无损坏，测轴承座的绝缘值≤ 1MΩ ；

h）各瓦节流孔板应完好无损，垫片与节流孔板不应互相遮盖；

i）轴承测温装置完好，通气孔清洁畅通。

F.4 盘车装置

a）蜗杆蜗轮的啮合应均匀，齿宽有 65% 以上接触，齿高有 60% 的接触；

b）各齿轮接触面应无裂纹、气孔及损伤，齿面光洁，与电动机连接后盘车应轻松灵活；

c）内杠杆辊子及销子无磨损。辊子端面与主导轮颈部间隙，辊子本身的窜动量应符合要求；

d）所有滚珠轴承转动灵活，且无松动，外圈应紧配于外壳内（紧力约 0～0.02mm）；

e）蜗轮及齿轮的键销无磨损及松动现象：

f）喷油管应清洁畅通，位置正确；

g）组装好的盘车装置，手动、电动应能灵活脱、挂；

h）测量有关间隙（图 F.9）；

i）止动销、导向齿、碰块、弹簧无变形，完好无损；

j）齿轮的键销无磨损、松动现象，止动螺栓无松动现象；

k）橡胶油封无老化、变形、断裂。

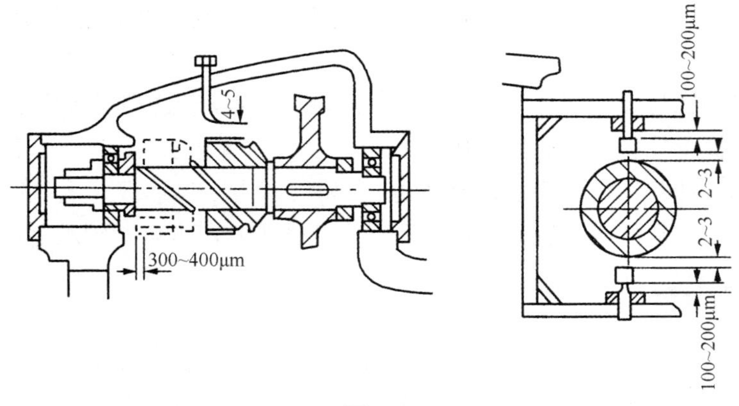

图 F.9

F.7 滑销系统

a）解体前测量各销间隙；

b）销块应平整、光滑、无损伤；

c）滑销或销槽沿滑动方向三点测量值相差应≤ 0.03mm，往复滑动应灵活无卡涩；

d）猫爪销的承力面和滑动面应接触良好，用 0.02mm 塞尺塞不进；

e）检查滑销接触面应平整光滑，其接触面积应在 70％以上；

f）各销孔应无错口，定位钉应光滑无毛刺；

g）销面应用二硫化钼涂擦，保持润滑；

h）滑销各部分间隙应符合要求（图 F. 10～图 F. 13）。

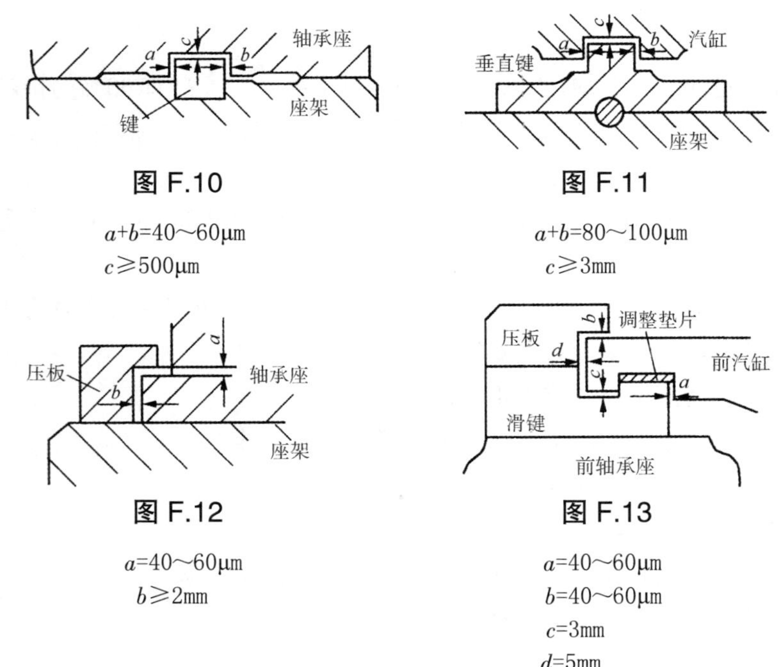

图 F.10

$a+b$=40～60μm
c≥500μm

图 F.11

$a+b$=80～100μm
c≥3mm

图 F.12

a=40～60μm
b≥2mm

图 F.13

a=40～60μm
b=40～60μm
c=3mm
d=5mm

F.8 调节系统

F.8.1 压力变换器

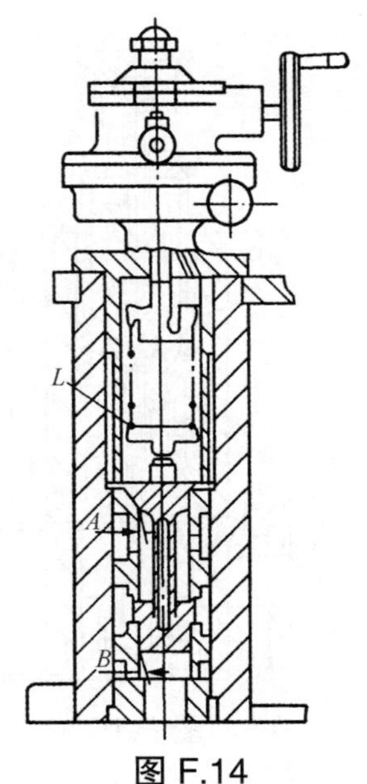

图 F.14

a）油腔、油孔洁净、畅通；

b）错油门滑阀、套筒和弹簧座无磨损，滑阀或套筒重叠度应符合要求；

c）弹簧无裂纹、锈蚀、损伤和变形，端面平整，组装时放正；

d）球座、球形支点完好，活动灵活；

e）测量各部尺寸及间隙（图 F. 14）。

错油门与套筒间隙：

A=0. 05～0. 12mm B=0. 05～0. 12mm

弹簧自由高度 L=184. 5mm

F.8.2 同步器

a）蜗轮和锥形齿轮完好，无缺口、断裂和严重磨损现象；齿轮啮合良好，接触均匀，齿间间隙为 0. 05～0. 10mm，蜗杆窜动量＜ 0. 10mm ；

b）芯杆不弯曲，螺纹完好，无严重撞击、磨损、打滑等情况；

c）撞块、制动杆、滑键完好，无磨损；

d）轴承铜套及单向推力轴承完好，无磨损和碎裂现象，转动灵活；

e）联轴节、齿形联轴节完好，配合良好；

f）组装后，摇动手轮转动灵活，螺杆能均匀轻便地移动；

g）在滑键作用下，芯杆由蜗轮、蜗杆操纵时，不论在上、下极限位置，即走完全行程 17mm+50μm 后，不再上下移动。

F.8.3 调压器

a）各油孔、油腔洁净、畅通；

b）滑阀、套筒无磨损和沟痕，弹簧无变形、锈蚀、裂纹和损伤，端面平整，组装时放正；

c）调整螺杆和顶杆无弯曲，顶部无磨损、腐蚀现象，调整螺杆螺纹完好；

d）弹簧座、球形支点、球座完好，活动灵活；

e）波形管完好无损，浸煤油进行渗油试验，经 4h 不漏；

f）切换手轮转动灵活，凸轮杆无磨损，更换填料，严密不漏；

g）调压器注水门解体检修、研磨、组装后，开关灵活，严密不漏；

h）测量各部尺寸及间隙（图 F. 15）。

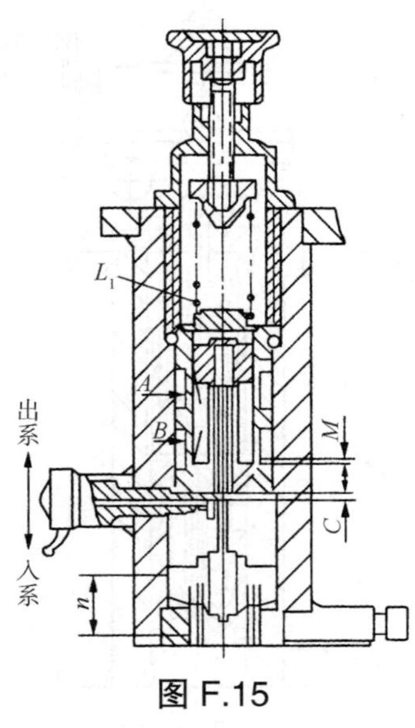

图 F.15

滑阀与套筒间隙：

A=0.05～0.12mm

B=0.05～0.12mm

凸轮杆与滑阀底部间隙

C=1.5mm～2mm

滑阀边缘与套筒窗口底边（指F窗孔）之间距离：

M=1.0mm

弹簧自由长度：L_1=210mm

波形管上盖与胀缩盒之间距离：L_2=70mm

F.8.4 调速器错油门

a）各油腔、油孔洁净、畅通；

b）错油门滑阀与套筒无磨损和沟痕；

c）弹簧座完好，调整螺杆无弯曲、腐蚀及乱扣现象；

d）弹簧无裂纹、锈蚀、损伤和变形、端面平整，组装时放正；

e）更换错油门滑阀与套筒时要测量重叠度；

f）组装后各密封结合面完好，严密不漏；

g）测量各部尺寸和间隙（图F.16）。

错油门与套筒间隙：

A=0.10～0.15mm　　B=0.20～0.25mm

C=0.10～0.25mm

D=0.10～0.15mm

弹簧自由长度：L=141mm

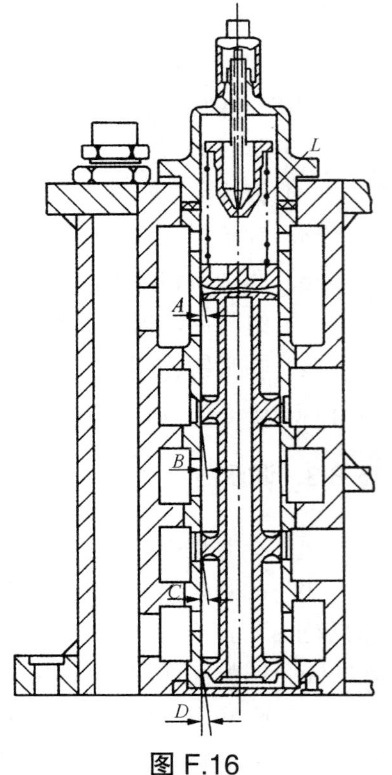

图 F.16

F.8.5 转速表传动机构

a）蜗轮、蜗杆齿面光滑、完好，无严重磨损现象，啮合良好；

b）传动轴与铜套无严重磨损，传动轴不弯曲，无卡涩现象，活动灵活；

c）平键与键槽应无毛刺，配合不得松动；

d）联轴器蜗轮轴凸肩配合良好，不应有严重磨损和过大间隙（应小于0.50mm）；

e）方橡皮应完好、有弹性，无破碎及老化现象；

f）轴承完好，无卡涩现象，转动灵活；

g）润滑油管喷油口应对准齿轮啮合部位和铜套与轴接触处；

h）测量各部尺寸及间隙（图 F.17、图 F.18）。

传动轴与铜套的间隙：

a=0.05～0.13mm　　*b*=0.05～0.13mm

蜗轮装复时，螺母并紧后，上、下垫圈与上、下铜套平面间隙：

c=0.14～0.20mm

蜗轮、蜗杆的齿侧间隙：

d=0.08～0.10mm

联轴器端面与主动轴端面间隙：

g=1～1.5mm

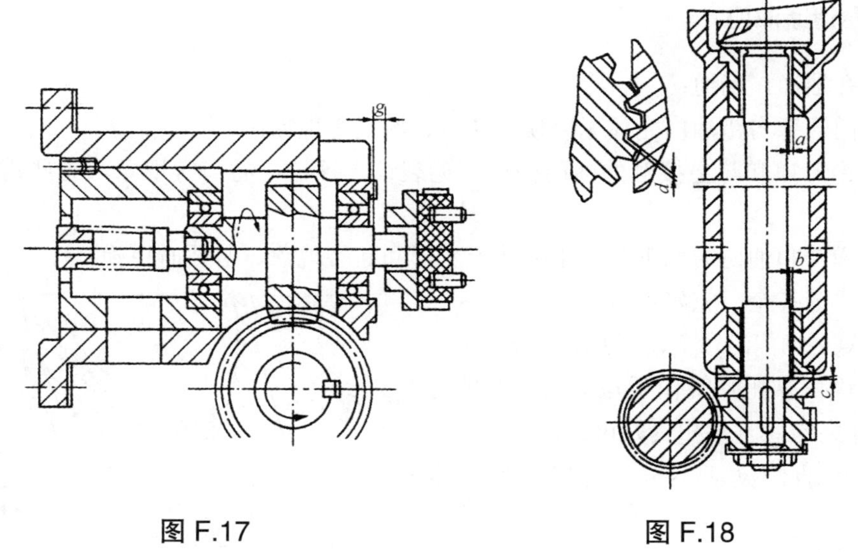

图 F.17　　　　图 F.18

F.9　保安系统

F.9.1　危急遮断器

a）油室油孔洁净、畅通；

b）偏心环、芯杆、衬套，调整螺母，弹簧座应完好，无磨损，腐蚀和油垢；

c）芯杆无弯曲、无卡涩、无乱扣现象，调整螺母完好；

d）弹簧无变形、锈蚀和断裂现象；

e）套筒与危急遮断体无磨损、无卡涩现象：

f）测量各部尺寸和间隙（图 F.19）。

弹簧自由长度：*L*=75mm

芯杆与衬套间隙：*C*=0.04～0.14mm

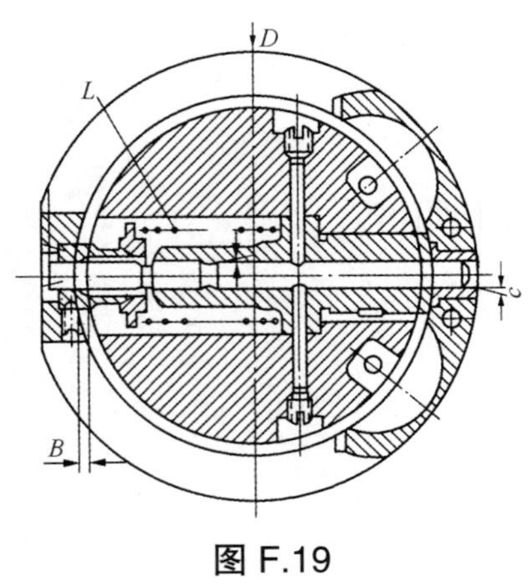

图 F.19

偏心环动作行程：$B > 3.5$mm

偏心环组装后表面晃动度：$D < 0.20$mm

注油试验时，偏心环动作转速：2890～2950r/min

超速试验时偏心环动作转速：3300～3360r/min，

偏心环的复位转速为（3055±15）r/min（不注油时）；

调整螺母每旋转45°，偏心环动作转速相差50r/min；

超速试验应进行两次，两次动作转速之差不应超过0.6%。

F.9.2 危急遮断油门

a）油孔洁净、畅通；

b）油门活塞与错油门壳体无磨损、缺口、沟痕等现象；

c）挂钩刀口和与之接触的油门槽口应无裂纹、钝口、卷口等现象，无严重撞击等缺陷；

d）扭弹簧和油门活塞下部的压弹簧无变形和断裂现象，必要时更换；

e）定位销齐全、完好；

f）装复后油门活塞上、下移动十分灵活；

g）挂钩依靠扭弹簧作用与油门活塞能可靠地自动挂上钩，且搭扣良好可靠；

h）打板动作灵活不卡，刀口接触角度ψ=85°～90°

i）测量各部尺寸和间隙（图F.20）。

油门活塞与壳体间隙：

C=0.07～0.14mm

D=0.05～0.13mm

E=0.05～0.13mm

压弹簧自由长度：L=83mm

油门活塞行程：H=（10±400）mm

挂钩与偏心环静间隙：A=0.80～1.00mm

挂钩与偏心环动间隙：$B < 3.5$mm

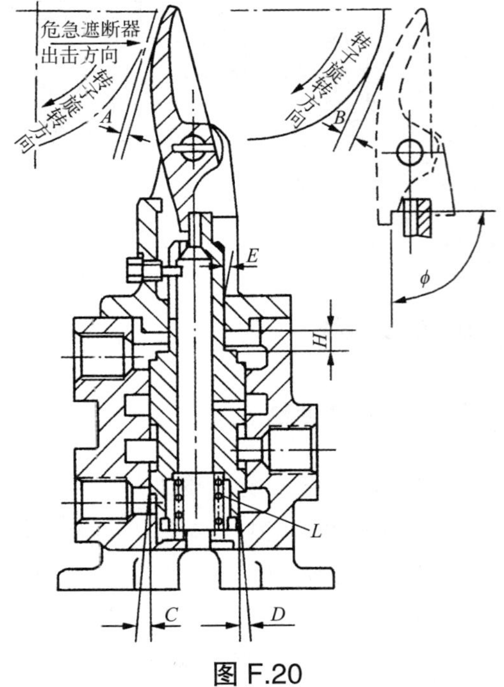

图 F.20

F.9.3 启动及遮断器

a）各油孔、油腔应洁净、畅通；

b）齿轮完好，无磨损，啮合良好：

c）传动轴完好，无弯曲，无严重磨损；

d）阀与套筒无磨损和沟痕；组装后，动作灵活，无卡涩现象；

e）装复后，指示盘手轮应能在 -5～16 范围内灵活转动，并且当滑阀处于不同位置时，内部油路接通或切断正确，应保证启动阀行程与指示盘刻度相符；

f）测量各部尺寸及间隙（图 F.21）。

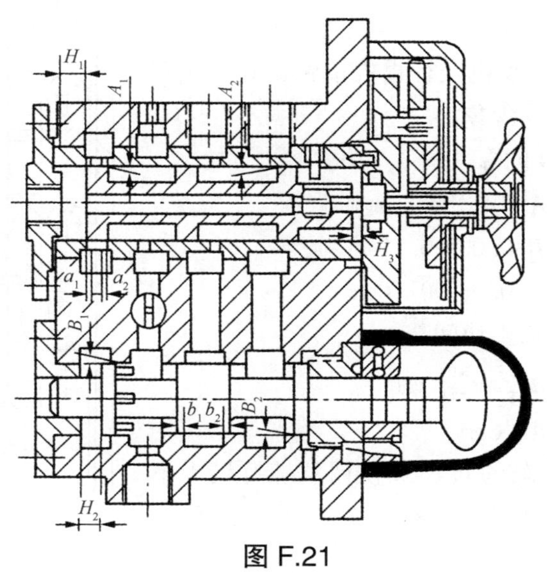

图 F.21

启动滑阀与套筒间隙：

A_1=0.04～0.09mm

A_2=0.04～0.09mm

遮断器滑阀与壳体间隙：

B_1=0.04～0.09mm

B_2=0.04～0.09mm

指示盘在“0”位时启动阀进油重叠度：

a_1=1.5mm　　a_2=1.5mm

遮断器滑阀与壳体重叠度：

b_1=2.5mm　　b_2=2.5mm

启动阀行程：

启动行程 H_1=16.5mm

复位行程 H_2=5mm

遮断器滑阀行程 H_3=16mm

F.9.4　功率限制器

a）各油腔、油孔洁净、畅通；

b）滑阀、活塞、套筒无磨损、沟痕、裂纹、缺口等现象，调整螺杆无弯曲，螺纹完好；

c）轴承完好，无碎裂、破损现象，转动灵活；

d）弹簧无腐蚀、裂纹和变形现象，O 形密封圈完好，无老化，断裂现象；

e）装复后，操作手轮转动灵活，无卡涩，指针和实际位置相对应；

f）滚轮与滑槽在油动机全行程内接触良好，在有油压作用下，不得有跳动现象；

g）测量各部尺寸及间隙（图 F.22）。

滑阀与套筒间隙：A=0.03～0.10mm

活塞与套筒间隙：B=0.03～0.10mm

C=0.03～0.10mm

滑阀边缘与套筒窗口上边间隙：

$a=2\text{mm}\,^{+100}_{+50}\ \mu\text{m}$

弹簧自由长度：L=45.6mm

注：切勿将手轮旋转过度，致使调整螺钉过于下移，造成油动机活塞上移时顶坏零件。

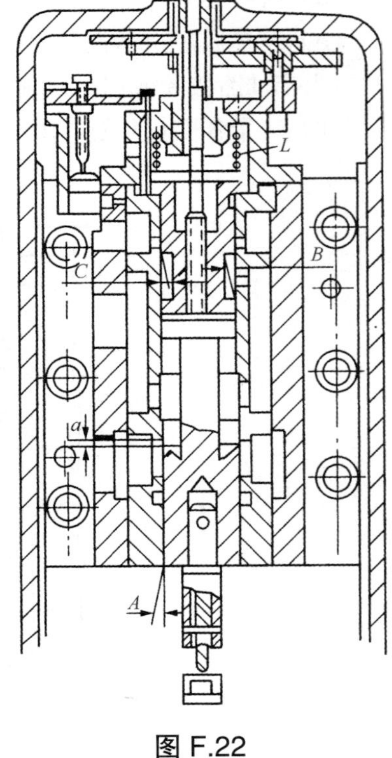

图 F.22

F.9.5 电磁阀

a）油室、油孔洁净、畅通；

b）各密封橡皮完好，无老化现象；

c）阀芯严密不漏，活塞杆，调整杆无弯曲；

d）活塞、套筒完好，无磨损，无缺口；

e）滑阀在通电后能被吸上，在断电后能自由落下，动作灵活，无卡涩现象；

f）测量各部尺寸和间隙（图 F.23）。

活塞与套筒间隙：

A=0.05～0.12mm

活塞行程：H=10mm

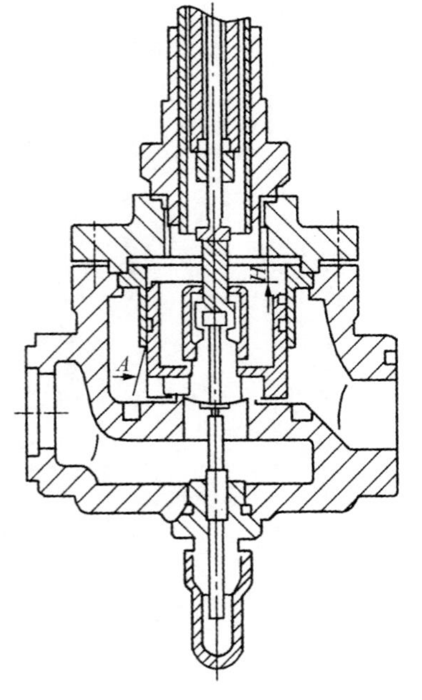

图 F.23

F.9.6 磁力断路油门

a）油腔、油孔清洁、畅通；

b）滑阀、套筒无磨损、沟痕、裂纹等；

c）弹簧完好、无裂纹、变形等缺陷；

d）装复后，滑阀上下动作灵活，无卡涩现象；通电试验，错油门滑阀动作正常，并能自锁；

e）测量各部尺寸及间隙（图 F. 24）。

错油门滑阀与套筒间隙：A=0. 03～0. 08mm

错油门滑阀行程：H=22. 5mm

油门滑阀底面至套筒下端面距离：h=7mm

弹簧自由长度：L=63mm

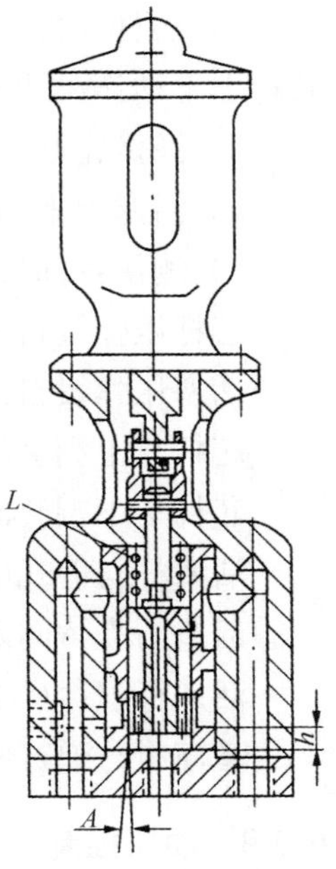

图 F.24

F.9.7 危急遮断试验油门

a）各油腔、油孔洁净，畅通；

b）转换油门与试验油门完好，无磨损和沟痕；

c）齿轮无碎裂，无严重磨损，啮合良好，接触均匀；

d）单向推力轴承完好无损，转动灵活；

e）试验油门弹簧完好，无裂纹、变形及腐蚀现象：

注：装复时，主动齿轮与从动齿轮对准啮合记号，从动齿轮与盖板也应对准解体时所做记号。

f）装复后，试验油门转动灵活，无卡涩现象；

g）测量各部尺寸及间隙（图 F. 25）。

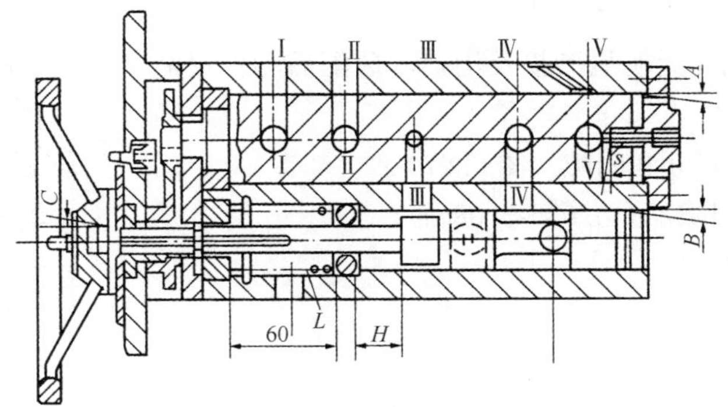

图 F.25

试验油门拉出至复位行程（无弹簧段）：H_1=23mm

试验油门拉出至试验行程（有弹簧段）：H_2=29mm

转换油门与壳体间隙：A=0. 05～0. 13mm

试验油门与壳体间隙：B=0. 05～0. 13mm

试验油门阀杆与衬套的间隙：C=0. 03～0. 08mm

法兰与转换油门端面间隙：s=0. 10～0. 15mm

试验油门压缩弹簧的自由长度：L=70mm

F.9.8 危急遮断指示器

a）油室、油孔洁净、畅通；

b）活塞、套筒组壳体完好，无磨损；

c）芯杆完好，无弯曲、无磨损，铜套完好，无磨损，芯杆上下动作灵活；

d）弹簧完好，无变形、断裂现象；

e）活塞上下动作灵活，指示器动作正常；

f）测量各部尺寸和间隙（图 F. 26）。

芯杆压弹簧自由长度：L_1=80mm

活塞压弹簧自由长度：L_2=50mm

芯杆与上铜套间隙：A=0. 05～0. 10mm

芯杆与下铜套间隙：B=0. 05～0. 10mm

活塞杆与盖孔的间隙：C=0. 05～0. 10mm

活塞与壳体间隙：D=0. 05～0. 10mm

活塞行程：H=15mm

套筒组与弹簧座端面距离：a=60mm

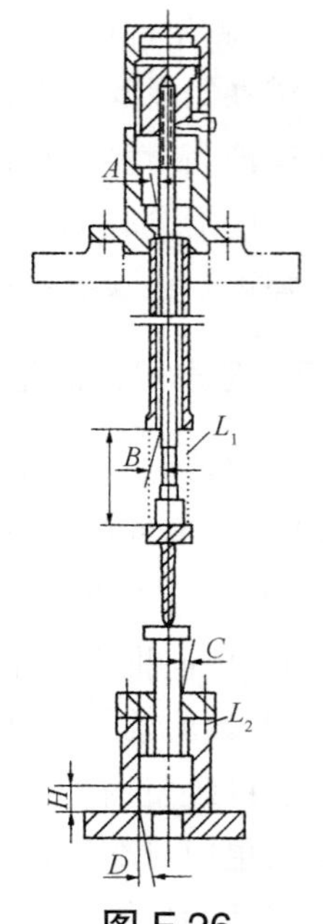

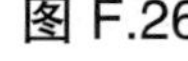
图 F.26

F.9.9 油压控制阀

a）油室、油孔洁净、畅通；

b）弹簧完好，无变形和裂纹；

c）滑阀及壳体无明显磨损及沟痕，装配后动作灵活，无卡涩现象；

d）测量各部尺寸和间隙（图 F. 27）。

滑阀与壳体间隙：a=0. 03～0. 08mm

弹簧自由长度：

L_1=61mm

L_2=61. 5mm

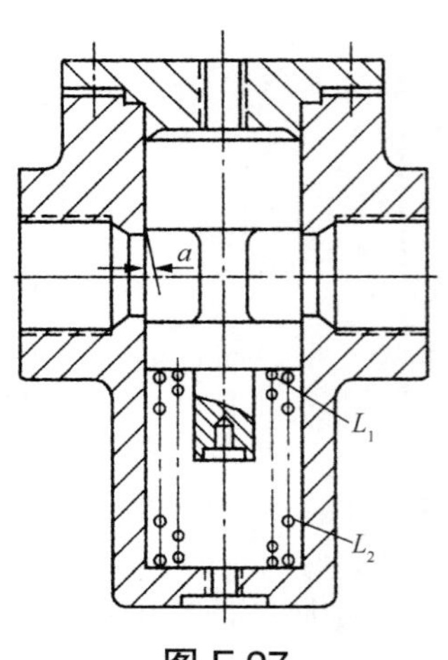

图 F.27

F.10 配汽机构

F.10.1 油动机

a）各油腔、油孔及活塞上$\phi 1$ 的通气孔应洁净、畅通，无堵塞现象，且在装配时$\phi 1$孔在上面位置；

b）活塞缸内壁无严重磨损痕迹，活塞完好，无磨损；

c）活塞环完好，无断裂，与活塞配合良好，活塞环与活塞轴向间隙为B=0. 03～0. 08mm；

d）活塞杆套与套筒完好，无磨损痕迹，其间隙 a=0. 10～0. 19mm；

e）活塞球型连接体组合后，其球面间隙f=0. 03～0. 08mm，活塞拉杆能转动，但上、下跳动＜ 0. 05mm；

f）活塞拉杆处于活塞杆套正中位置，在油动机全行程内单侧最大间隙与最小间隙之差＜ 2mm；

g）反馈滑槽的前表面应比活塞杆套的外圆低 1mm，并且平行，当处在最大斜率时，也不应高出活塞杆套的外圆表面；

h）转轮、滑块，调整螺钉完好；

i）反馈滑槽应平整光滑，在活塞杆上固定牢固，与滚轮间无卡涩现象；

j）O 形密封圈完好，有弹性，无折断、老化现象；

k）活塞在最低位置时，指针的刻度为零位；

l）油动机行程 H=（250±2）mm（图 F.28）。

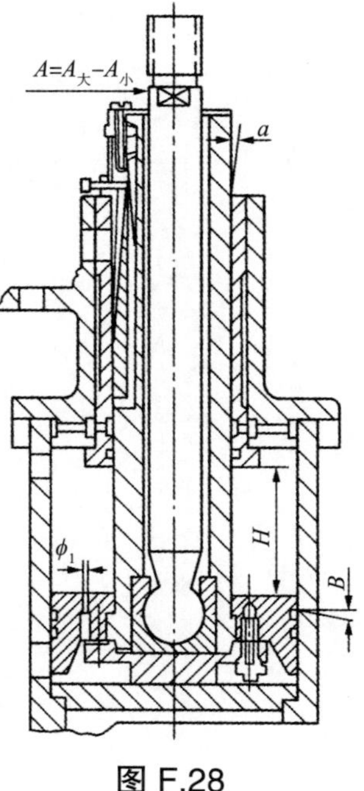

图 F.28

F.10.2 调速连杆及凸轮配汽机构

a）各凸轮的方位、型线、排列次序应正确；

b）所有滚轮、轴承、滚针轴承及凸轮在装复前，在其、内外圈上均用二硫化钼擦亮；

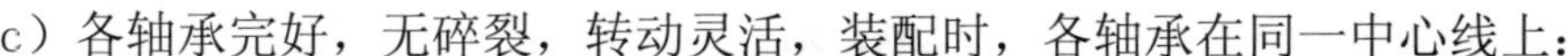

c）各轴承完好，无碎裂，转动灵活，装配时，各轴承在同一中心线上：

d）各凸轮的工作面应光滑无沟痕和严重磨损现象，与轴配合不得松动；

e）与凸轮接触的滚轮应完整无损，转动灵活，滚轮与凸轮应对正，偏斜者调正；

f）汽缸与凸轮轴支架间的结合面和滑动槽应平整，其定位销和紧固螺栓必须牢固可靠，滑动槽间隙 c=0.02～0.06mm，螺栓间隙 e=0.02～0.04mm：

g）齿条中心线相对于齿轮中心线的横向位移不超过 3mm；

h）齿条与滑架上滚柱的间隙 d=0.25～0.50mm；

i）在调节阀全关时，齿条端部比凸轮配汽机构滑架上滚柱位置高出 F=30mm；

j）在调节阀全关时，凸轮与滚轮之间的间隙为：

1#：b=3.2mm　2#：b=3.2mm

3#：a=0.5mm

4#：a=0.5mm

k）凸轮轴冷却水进出水门完好，严密不漏，管子接头完好（图 F.29）。

F.10.3 调节阀及操纵座

a）弹簧无裂纹、变形现象，端面平整光滑，装配时放正；

b）操纵座滑架完好，其两侧滑道无严重磨损；

c）各轴承完好，转动灵活，不能有卡涩现象；

d）顶杆与上下部支持垫块球面部分光滑，无凹凸现象，各疏汽管接头完好；

e）阀杆、阀碟、阀座无冲蚀、磨损现象，阀座牢固，不可松动，组装时涂二硫化钼；

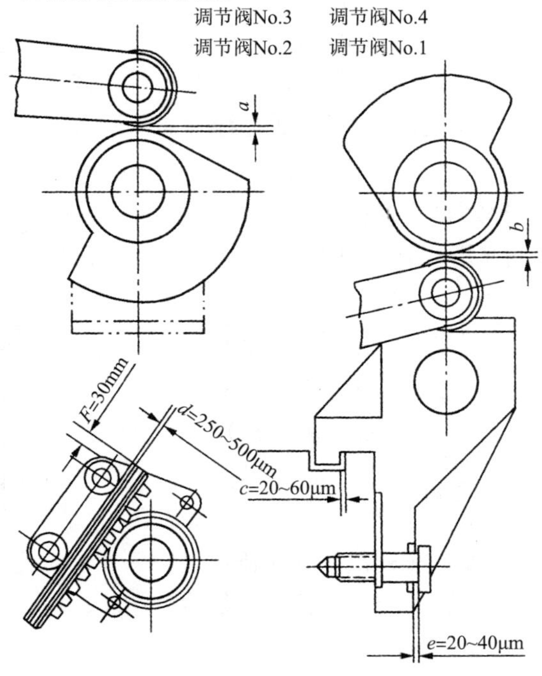

图 F.29

f）阀碟与阀座接触良好，阀碟与阀座须全周接触；

g）侧部杠杆销轴与铜套无磨损，转动灵活；

h）调节阀蒸汽室盖的高温螺栓应进行“金属监督”检查合格后，方可使用；

i）测量各部尺寸和间隙。

阀杆与阀杆套间隙：0.35～0.40mm

阀碟与套筒间隙：0.40～0.45mm

阀碟在套筒内转动间隙：5～6mm

套筒与壳体间隙：0.07～0.09mm

特制垫圈与上夹紧环间隙；0.05mm

阀杆弯曲度：不超过 0.05mm

各阀的预启阀行程：如表 F.3 所示。

各调节阀门最大行程：37.5mm

表 F.3

mm

阀门序号	1#	2#	3#	4#
预启阀行程	7	14	14	6

注：1. 调节阀解体后，汽室应及时加临时盖板，并用封条封好，防止落入异物；

2. 四个调节阀解体后，零部件应分开单独保存，不可混放，严禁零部件互换；

3. 疏汽管接头和蒸汽室盖螺栓都是合金材料，禁止代用，更换时必须经“金属监督”检查合格后，方可使用。

F.11 自动主汽门及操纵座

F.11.1 主汽门操纵座

a）油室、油孔洁净、畅通；

b）活塞及活塞缸内壁应光滑，无磨损，活塞环完好，无断裂现象，活塞杆无磨损及弯曲缺陷；

c）各滑阀与套筒完好，无严重磨损、缺口、裂纹现象，滑阀动作灵活；

d）各铰链轴、反馈连杆、销轴等应无磨损、不松动、不卡涩、动作灵活，各轴承完好，无缺损，转动灵活；

e）各弹簧无裂纹、锈蚀、损伤和变形，端面平整，装配时放正；

f）测量各部尺寸及间隙（图 F.30、图 F.31）。

活塞与活塞杆套间隙：A=0.08～0.13mm

胀圈与活塞槽的轴向间隙：b=0.03～0.08mm

错油门滑阀与套筒间隙：a=0.07～0.15mm

b=0.07～0.15mm

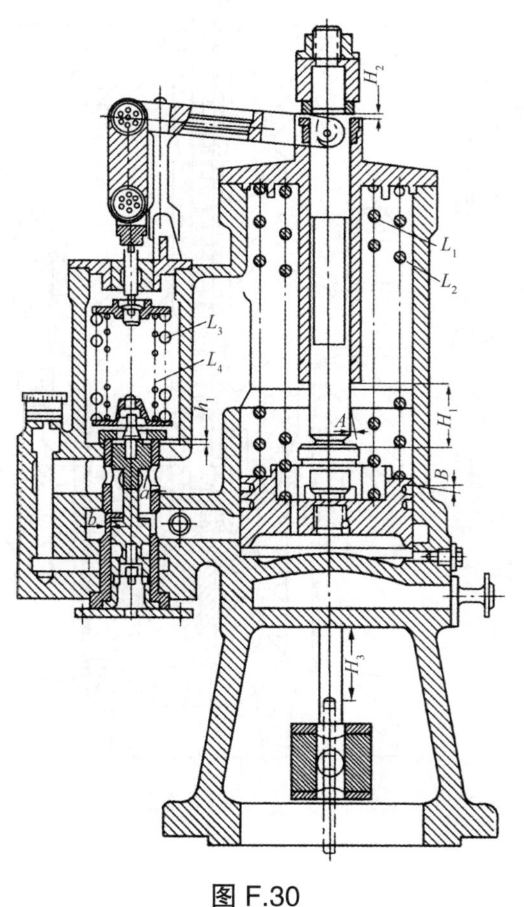

图 F.30

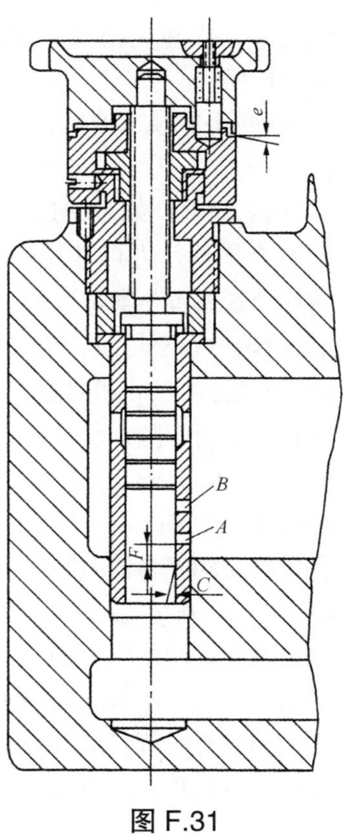

图 F.31

试验油门滑阀与套筒间隙：C=0.04～0.06mm

试验门油滑阀与“A”孔的重叠度：F=5mm

试验油门手轮与特制螺帽间隙：e=0.10mm

活塞小弹簧自由长度：L_1=577mm

活塞大弹簧自由长度：L_2=616.5mm

错油门大弹簧自由长度：L_3=215mm

错油门小弹簧自由长度：L_4=215mm

活塞行程：H_1=90mm

操纵座盖与连接杆间隙：H_2=10mm±500μm

操纵座就位后，门杆至操纵座底部的距离：H_3=104mm

错油门行程：h_1=13mm±500μm

F.11.2 主汽门

a）汽室、疏汽管，导汽管畅通，无异物，各接头完好，装复时涂二硫化钼；

b）齿形垫表面完好，不应有连通内外边缘的沟槽，无冲蚀和压扁变形现象；

c）阀杆无弯曲，无锈垢变形和磨损现象，装复时用二硫化钼擦光滑；

d）阀碟与阀座接触良好，用红丹粉检查，密封线连续，阀座无松动，预启阀上下活动灵活，接触良好；

e）滤网无冲蚀、破损、堵塞、断裂及变形现象；

f）阀盖螺栓、螺母应进行“金属监督”试验，检查合格后，方可使用。装配前涂二硫化钼，螺栓冷紧后再热紧，弧长 16mm：

g）组装后各密封面、结合面严密不漏；

h）测量各部尺寸和间隙见图 F.32。

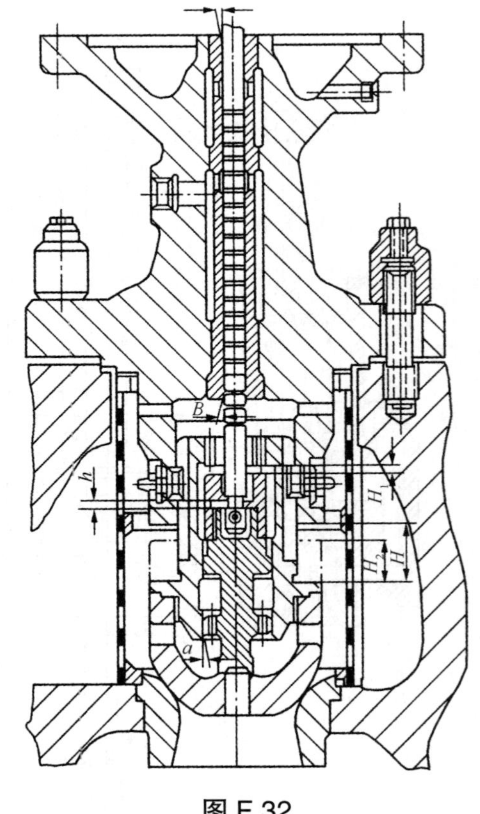

图 F.32

门杆与套筒间隙：

A=0.25～0.35mm

B=0.25～0.35mm

预启阀与阀碟套筒间隙：

a=0.05mm～0.20mm

预启阀空行程：h=0.30～0.50mm

预启阀行程：H_1=15mm±500μm

主汽门阀碟行程：H_2=75mm

主汽门总行程：H=90mm

阀碟导向键与套筒导槽间隙：Y=0.40～0.60mm

蒸汽滤网销子与销子槽间隙：Z=0.40～0.60mm

阀杆最大弯曲度：$d \leqslant 0.03$mm

注：①主汽门解体后，汽室应及时加临时盖板，并用封条封好，安装时确保汽室内无杂物；

②阀碟与蒸汽室盖解体时，两个导向键的方向要做好记号，防止回装时装反；

③更换合金螺栓，应做“金属监督”检查，并打上钢印，方可使用。

F.12 油系统及附件

F.12.1 主油箱及排烟机

见附录N。

F.12.2 注油器

a）喷嘴扩压管应光滑，无裂纹、无锈蚀；

b）螺丝固定牢固，止退垫圈完好；

c）注油器与油箱之法兰处，接触良好，严密牢固可靠；

d）测量喷嘴与扩散管间隙（图F.33）。

A_1=65mm（Ⅰ级注油器）

A_2=100mm（Ⅱ级注油器）

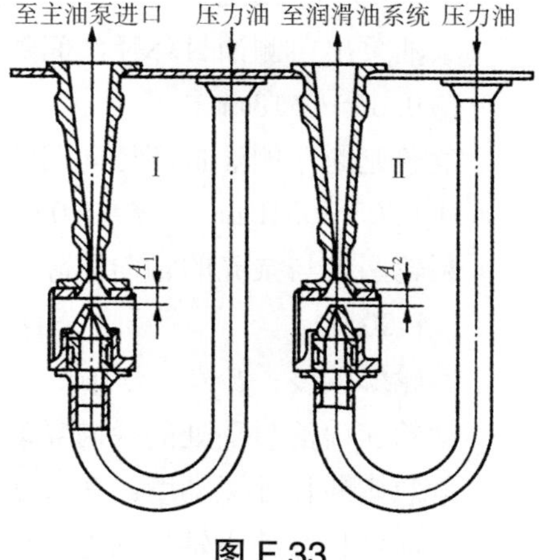

图F.33

F.12.3 主油泵

a）动轮完好无裂纹，无缺口，无严重磨损现象，动轮与危急遮断器体的配合不应松动，其接触端面无间隙；

b）如更换动轮，必须做静平衡试验；

c）各油封环无变形，无严重磨损现象，表面光滑；

d）泵壳水平结合面平整、光洁、接触严密，当紧1/3螺栓后，用0.05mm的塞尺塞不进；

e）稳流网完好无损；

f）主油泵逆止门严密不漏，阀瓣动作灵活；

g）测量各部尺寸和间隙（图F.34）。

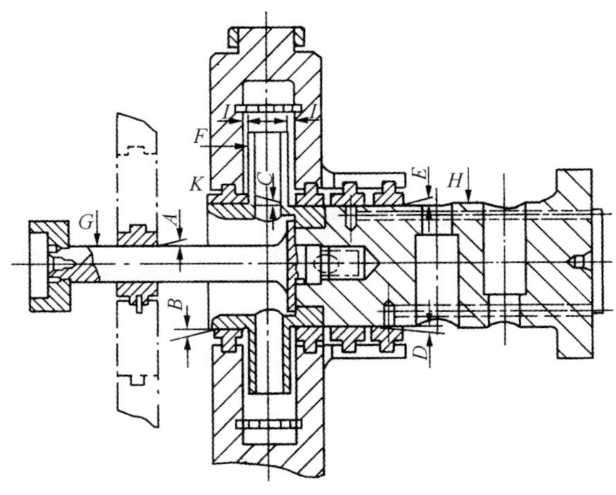

图 F.34

主油泵入口处油封环（ϕ30）径向间隙：

A=0～0.08mm

主油泵入口处油封环（ϕ150）径向间隙：

B=0.05～0.13mm

主油泵出口侧油封环径向间隙：

C=0.05～0.13mm

危急遮断器侧油封环径向间隙：

D=0.05～0.13mm　　*E*=0.05～0.13mm

泵轮两侧与泵壳的轴向间隙 *I* 应相等：

I=4.00mm

动轮瓢偏度：*F* ＜ 0.05mm

动轮在前油封环处的径向晃动度：*K* ＜ 0.05mm

危急遮断体处晃动度：*H* ＜ 0.04mm

轴向位移盘处小轴晃动度：*G* ＜ 0.12mm

F.12.4　节流逆止装置

a）油孔、油室洁净、畅通；

b）逆止阀上下动作灵活，无卡涩现象；

c）逆止阀阀杆与螺母孔的间隙（图 F.35）。

Q=0.05～0.10mm

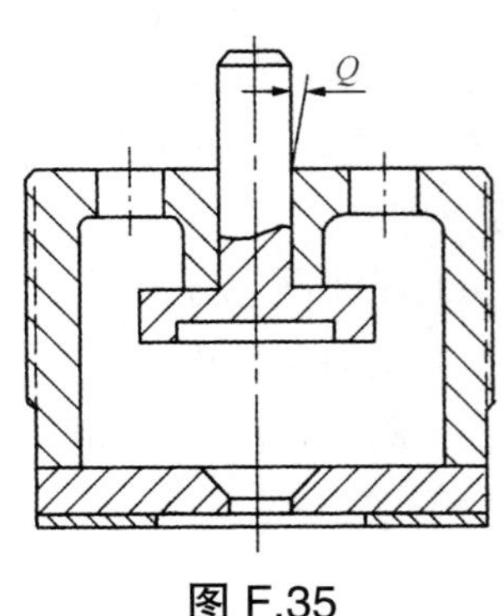

图 F.35

F.12.5　油管路

见附录 N。

F.12.6 低压油过压阀

见附录 N。

F.13 有关阀门

F.13.1 抽汽逆止门

a）阀碟与门座密封面应无沟痕，经研磨后粗糙度应达 R_a1.6，表面硬度 RC40～42，接触宽度为密封面宽度的 1/3；

b）清理检修阀杆、汽封片、汽封圈、门杠丝扣、顶丝孔、定位螺母内螺纹；

c）活塞杆应光滑完整，无磨损，表面应有 0.30mm 渗氮层，硬度 HB ＞ 650，阀杆全长不直度允差≥ 0.03mm；

d）汽封片应无磨损及其他伤痕，其两平面之间不平行度≤ 0.02mm，内孔粗糙度达 R_a0.8 以上；

汽封片与门杆配合间隙：

a=0.20～0.30mm

汽封片外径与门盖套配合间隙：

b=0.30～0.40mm

e）清理汽侧、水侧活塞套筒应光滑，无锈蚀，有 0.30mm 渗氮层；

水侧活塞与套筒间隙：

c=0.25～0.35mm

汽侧活塞与套筒间隙：

d=0.32～0.50mm

f）活塞无卡涩，小孔畅通；

g）弹簧无锈蚀、裂纹及永久变形，应有足够的弹性，测量弹簧自由长度：L=377mm；

h）疏通汽水管路，应无锈蚀、变形，接头完整无泄漏；

i）一、二段抽汽逆止门行程应符合表 F.4 要求；

j）作严密性试验。

表 F.4

名称	公称压力 /MPa	公称直径 /mm	行程 /mm
一段抽汽逆止门	6.27	150	45
二段抽汽逆止门	6.27	100	45

F.13.2 电磁阀

a）活塞、套筒、衬套应光滑完整，无锈蚀、沟痕、磨损；

b）活塞与套筒、衬套上下滑动灵活，活塞与套筒直径间隙为 0.085～0.135mm；

c）活塞杆上端与销轴装配后应能保证自由相对活动 5mm；

d）芯柱行程为 4mm，电磁阀总行程为 30mm；

e）装配电磁铁应与电磁阀同心，活塞杆与门口垂直，动作灵活无卡涩，芯柱端部插销牢固可靠；

f）滤水网无堵塞、损坏、腐蚀、破损。

F.13.3 抽汽安全门

见附录 N。

F.13.4 脉冲阀

见附录 N。

附　录　G

（规范性附录）

CC12-35/10-1.2 汽轮机检修质量标准

G.1　汽缸

G.1.1　汽缸壁

a）当调节级处汽缸壁温度降低到 100℃以下，上、下缸温差不大于 50℃时，方可吊走化妆板及拆保温；

b）汽缸内部清扫干净，疏水孔无堵塞；

c）汽缸各部无裂纹；

d）化妆板及其配件完整；

e）保温良好，在工作条件下为不可燃物，当环境温度为 25℃时，运行保温层表面的最高温度不超过 50℃。

G.1.2　汽缸结合面

a）汽缸结合面应清扫干净，无黑铅粉及污垢等残留；

b）用刮刀清理结合面时，严禁横向刮，以防出沟，造成漏汽，更不能用手锤击打结合面；

c）螺栓孔边缘和固定螺栓根部没有毛刺和凸出来的部分；

d）测量汽缸水平，汽缸水平应符合安装数值，相差过大时，查明原因并做好必要的调整；

e）汽缸水平情况见表 G.1；

f）扣空缸检查严密程度，不紧螺栓，汽缸间隙变化均匀，冷紧 1/3 螺栓后其间隙一般小于 0.05mm，最大不允许超过 0.08mm。

表 G.1　汽缸水平安装要求

测量项目	允许值
汽缸水平纵向前箱处	5.34°
汽缸水平纵向前缸处	2.67°
汽缸水平纵向后缸处	0°
汽缸水平横向	不大于 0.2%

G.1.3　汽缸螺栓

a）螺栓、螺母清扫干净，无黑铅粉及污垢等残留，清扫完后涂抹二硫化钼或高温防卡剂；

b）螺栓、螺母应无毛刺、伤痕、乱扣、缺扣和弯曲；大于 M68 的螺栓应作金相检验，硬度测定应符合技术要求（200 ≤ HB ≤ 300）；

c）螺母垫圈要平整、光滑，垫圈与螺母接触面应在 80% 以上；

d）螺母套在螺杆上应用手自如地旋转到底，且轴向和径向不能有明显的松动；

e）螺栓冷紧应使用专用扳手加长管或自动扳手的方法进行，应尽量避免用大锤冲击法来冷紧；

f）各螺栓冷紧要求见表 G.2；

表 G.2　各螺栓冷紧要求

螺栓规格	套管长度	人数
M72×4	2.5m	6~8 人
M68×4	2.0m	4~6 人

g）螺栓加热前应彻底清理加热孔内的杂物，使加热孔畅通；

h）螺栓热紧角度见表 G.3；

表 G.3　螺栓热紧角度要求

螺栓规格	热紧角度
M72×4	35°
M68×4	32°

i）螺栓冷、热紧顺序见图 G.1，两侧对称进行。

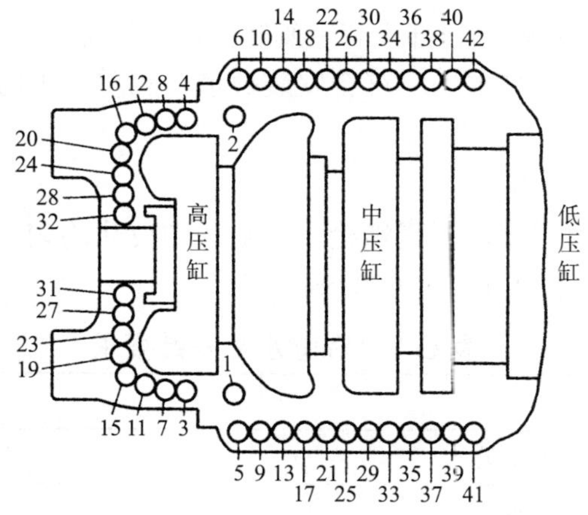

图 G.1　螺栓冷、热紧顺序图

G.1.4　汽缸涂料

a）采用精炼亚麻仁油或清油（亚麻仁油的精炼是用文火保持油温为 130℃左右，使其水分蒸发，增加精度到拉出 10~15mm 的丝份为止）和小鳞状黑铅粉按 1 ∶ 1 体积比调制，也可采用新型汽缸密封胶；

b）涂料涂抹厚度 0.5～0.8mm，但在螺栓和定位销孔周围和汽缸结合面内缘应留10mm 宽度不涂抹。

G.1.5 汽缸保温

a）下缸采用通用保温材料如硅藻土砖，保温层厚 72～75mm，也可采用新型环保型保温材料；

b）汽室及上汽缸采用硅酸铝保温材料，用石棉布砌成块状，厚度为 50～70mm，也可采用新型环保型保温材料；

c）保温罩与保温材料间留 5～10mm 空气间隙；

d）调门冷却水等管子不要保温，尤其不要与蒸汽管道包在一起。

G.2 隔板及隔板套

G.2.1 隔板

a）隔板两侧无与叶轮摩擦的痕迹，或粘有金属熔积层；

b）静叶片无伤痕、卷边、裂纹等，静叶片无脱落、松动情况；

c）隔板及蒸汽流通的腐蚀结垢清除，配合化验室进行化验分析；

d）挂耳及上、下定位销无损伤及松动，挂耳调整垫片不宜过多，最多不超过 4 片，并采用抗蠕变材料制成；

e）隔板及导叶环上的阻汽片无松动，检查汽缸底部各疏水孔并清理干净；

f）检查各级隔板、旋转隔板中分面严密性，高压部分以 0.05mm 塞尺不过，低压部分以 0.10mm 塞尺不过，紧固螺栓后，间隙都应小于 0.05mm；

g）安装隔板时，隔板边缘与汽缸接合面应涂抹二硫化钼或高温防卡剂；

h）隔板最大挠度不得超过隔板出汽侧与叶轮间隙的 1/3；

i）回转隔板滑动密封情况必须良好，所有通汽窗口接触良好，接触面积在80%以上。

G.2.2 隔板套汽封套

a）吊隔板套、汽封套时，吊环要拧到根部，否则加垫圈调整；

b）吊上隔板套、汽封套时要平稳，不得倾斜，以防碰坏复环和叶片；

c）对卡涩隔板套、汽封套不可强行起吊，应浇上煤油或松锈液，用铜棒轻轻敲打后进行起吊；

d）上、下隔板套、汽封套吊出后，应放在指定场所的专用支架上；

e）隔板套与汽封套与汽缸各部分间隙见表 G.4；

f）隔板套定位螺栓应有防止转动和脱落的保险措施。

表 G.4　隔板套与汽封套、汽缸各部分配合要求

项目	图示	要求
隔板汽封套的膨胀间隙	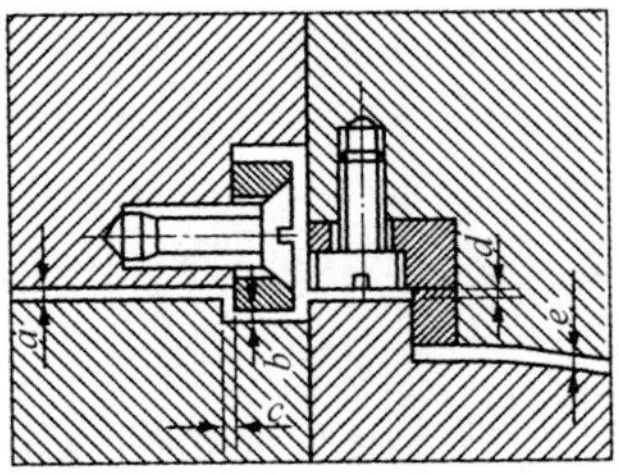	a=1.5～2.0 b=2～3 c=0.4～0.7 d=1.5～2 e=2～3
隔板、隔板套、汽封套的径向窜动	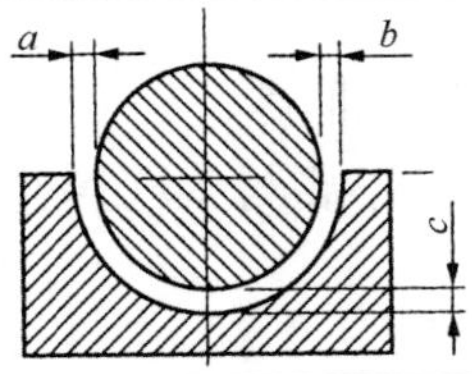	a+b=0～0.05 c=1
隔板、隔板套、汽封套的轴向窜动	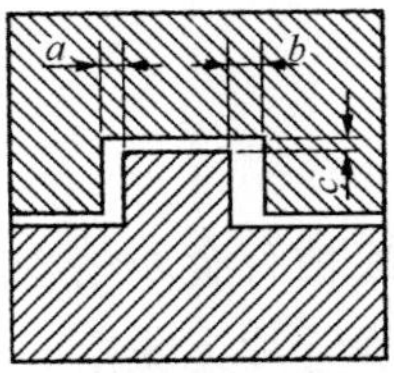	钢：a+b=0.05～0.10 铸铁：a+b=0.20
隔板、隔板套、汽封套洼窝中心	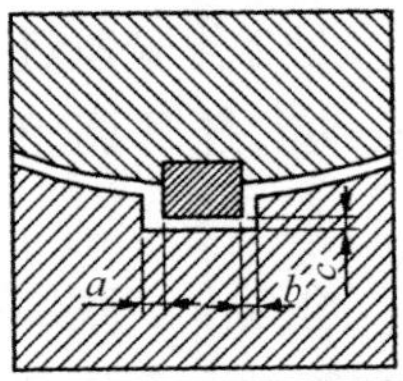	a−b=±0.06 c−（a+b）/2=0.04～0.08

G.3　汽封

G.3.1　汽封

a）汽封的尖端应锐利，无倒伏、缺损；

b）清扫汽封块及弹簧片，使其光滑、无毛刺、无变形；

c）汽封块之间接触应良好，连接圆滑，无张口、凸出，用 0.05mm 塞尺塞不进；

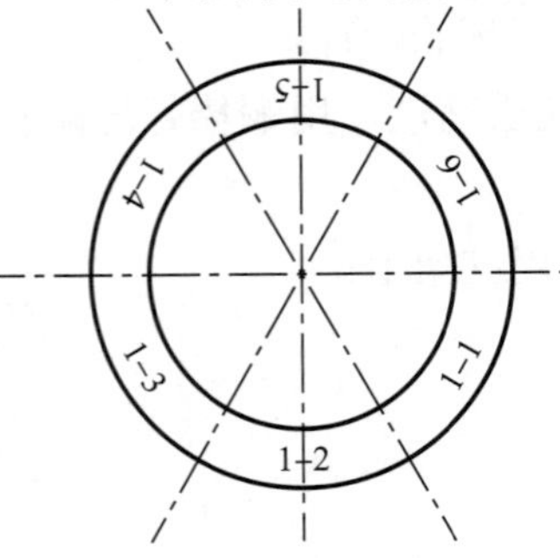

图 G.2　汽封块拆装编号

d）拆装汽封时，应用硬木块或硬木块加铜棒轻轻振出，不得硬打，以免将汽封打变形或损坏；

e）弹簧片应无折断、残缺，弹性应良好，汽封调整压块应完整无锈蚀，固定螺栓应紧固，无松动；

f）应将汽封块作统一编号，拆装应按下列统一编号进行（见图 G.2）；

g）若采用蜂窝式汽封，汽封间隙 $a \leqslant 0.1$mm。

h）各汽封间隙见表 G.5。

表 G.5 各汽封间隙表

高压汽封间隙 隔板汽封间隙		a=0.25～0.35 a = 0.35～0.45
汽封圈总膨胀间隙		a=0.30～0.60 其他各接触面 0.05 塞尺塞不进

G.4 转子

G.4.1 转子主轴

a）无裂纹、毛刺、磨损及麻坑等现象，应经探伤检查合格；

b）轴颈锥度和椭圆度不大于 0.02mm；

c）轴弯曲度不大于 0.04mm；

d）转子上推力盘的瓢偏度不大于 0.03mm，靠背轮瓢偏不大于 0.05mm，叶轮瓢偏不大于 0.10mm；

e）轴颈打磨光滑，无油垢附着。

G.4.2 转子叶轮质量标准

a）叶轮清扫干净无盐垢、铁锈；

b）无裂纹、毛刺、磨损、腐蚀、麻坑等，经探伤检查合格；

c）各级叶轮轴向间隙，测量后与上次测量比较无明显变化；

d）后汽封套和套装叶轮应紧固，无松动现象；

e）叶轮上的平衡块无损伤、松动现象。

G.4.3 转子叶片

a）叶片应清扫干净，无铁锈、盐垢附着；

b）无裂纹、损伤、卷边、变形、严重的冲刷腐蚀现象；

c）复环、拉金、铆钉无松动、断裂和脱出的现象；

d）频率试验应合格。

G.4.4 推力盘与联轴器

a）推力盘应打磨光滑、无毛刺、无伤痕；

b）测量推力盘油挡间隙不大于 0.15mm；

c）联轴器外圆应光滑、无毛刺；

d）套装联轴器无松动现象，联轴器的螺栓孔及螺栓应打磨光滑、无毛刺。

G.4.5 联轴器

a）轴与平面交接直角处无裂纹；

b）盘车大牙齿应无磨损，啮合良好；

c）结合面光滑、无毛刺；

d）联轴器螺栓及螺孔无裂纹、断扣、乱扣，与螺母配合良好；

e）螺栓、螺母、垫圈应对号入座，保险垫片与保险螺钉完好，无松动；

f）允许汽轮机中心高于发电机中心 0～0.04mm；

g）允许对轮平面上张口 0～0.06mm；

h）圆周左右允许误差不大于 0.02mm；

i）端面左右允许误差不大于 0.02mm；

j）联轴器齿侧间隙为 0.01～0.2mm，磨损极限为 0.30mm。

G.4.6 通流部分

a）通汽部分应无垢、无锈；

b）通流部分动、静叶片无损伤和裂纹；

c）通流部分间隙如表 G.6；

d）轮鼓间隙见表 G.7 及图 G.3。

G.5 轴承

G.5.1 轴瓦

a）钨金面应无划伤、磨损、裂纹、局部剥落、脱胎、电腐蚀、砂、孔等现象；

b）钨金与轴颈接触均匀，接触角应为 60°，轴承室清洁无异物；

c）进油孔和排油孔清扫干净，无污垢残留；

d）各调整块不松动，垫铁与轴承座洼窝保持 70% 以上接触，调整垫片应用抗蠕变材料制成，每块调整块使用的垫片不得超过 3 片：

e）转子复位前，轴瓦下部调整块洼窝要留 0.05～0.08mm 间隙，转于复位后，下瓦垫铁与轴承座洼窝无间隙；

f）球面轴承的球面和调整块接触面的接触面积应达 75% 以上，且上、下球面轴瓦结合面错口不得大于 0.01mm；

g）支持轴承间隙见表 G.8 及图 G.4。

表 G.6 流通部分间隙要求

mm

高、中压复速级	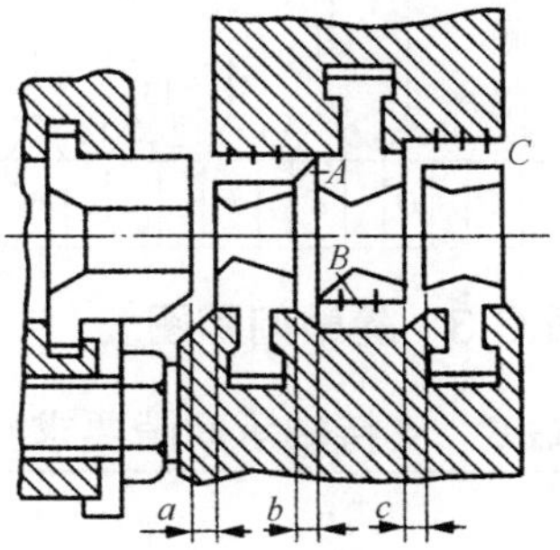	$A=B=C=1.5\sim1.8$ $a=1.5^{+0.6}_{-0.3}$ $b=4^{+0.6}_{-0.3}$ $a=3^{+0.6}_{-0.3}$
1～5 压力级	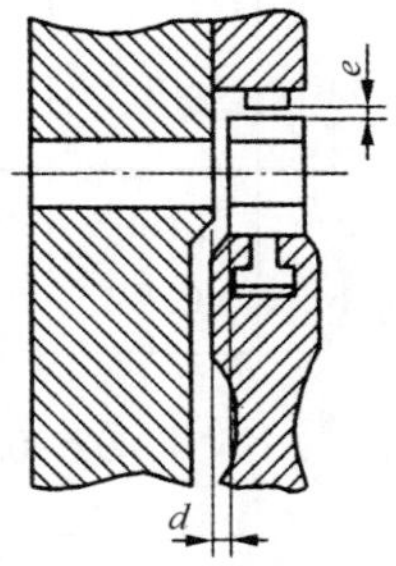	$e=1\sim2$ $a=1.5^{+0.6}_{-0.3}$
7 压力级	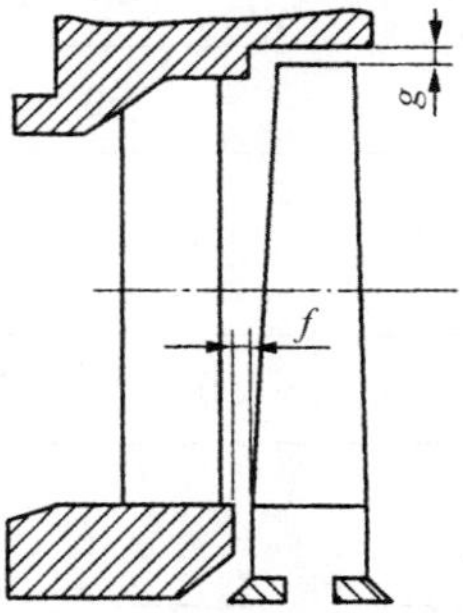	$g=4\pm1$ $f=4\pm1$
旋转隔板 窗口间隙	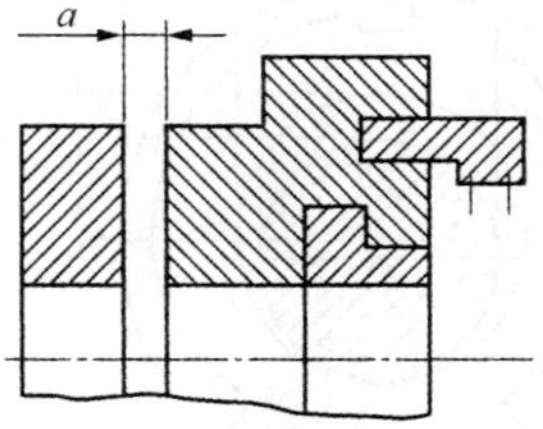	$a=1.5^{+0.6}_{-0.3}$

表 G.7 轮鼓间隙要求

mm

A		B		C		D		E	
1	2	3	4	5	6	7	8	9	10
0.50	0.25	0.20	0.10	0.20	0.25	0.10	0.25	0.15	0.25

F		G		H		I		轮毂
11	12	13	14	15	16	17	18	测点 要求
0.10	0.10	0.10	0.25	0.10	0.10	0.10	0.20	

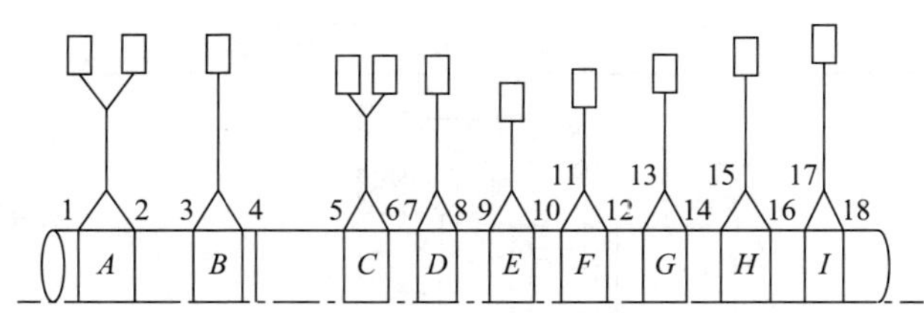

图 G.3　轮鼓间隙图

表 G.8　支持轴承间隙要求

mm

瓦号	1#		2#		3#		4#	
部位 项目	*a*	*b*	*a*	*b*	*a*	*b*	*a*	*b*
轴瓦与轴颈间隙	0.33～0.44	0.165～0.22	0.33～0.44	0.165～0.22	0.33～0.44	0.165～0.22	0.33～0.44	0.165～0.22
轴承体、球面与球面座之过盈	0.02～0.04							
轴瓦中分面间隙	＜0.05							
轴瓦与轴颈接触角	60°							
轴承座球面垫块与轴承座之间间隙	0.03～0.05							
轴承盖与轴承体紧力	0.04～0.08		0.04～0.06		0.04～0.08		0.04～0.06	

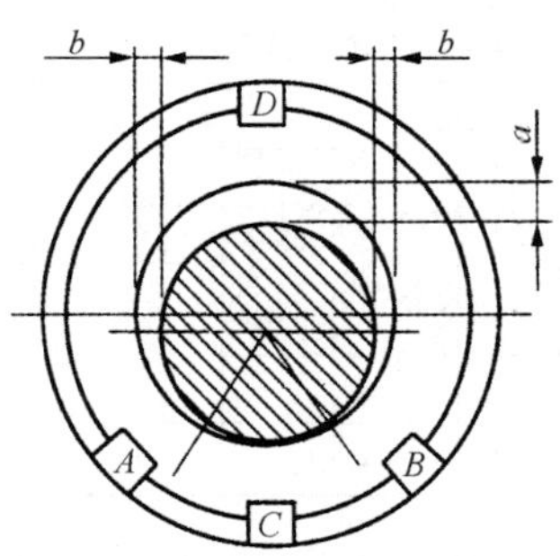

图 G.4　支承轴承间隙图

G.5.2　油挡

a）油挡密封齿不能有磨平、铜条卷曲或脱落等现象；

b）油挡体不能有裂纹或结合面沟槽，油挡与轴承座的结合面一定要清理干净，用塞尺检查上、下两半油挡的结合面，0.05mm 塞不进且不许错口；

c）轴承内、外油挡齿尖不得厚于 0.50mm；

d）测量油挡间隙应符合表 G.9；

表 G.9 油挡间隙要求

mm

油挡 \ 测量位置	上	下	左	右
#1～4 瓦油挡间隙	0.20～0.25	0.05～0.03	0.10～0.20	0.10～0.20
各轴承箱前后各油挡间隙	0.15～0.25	0.05～0.03	0.10～0.20	0.10～0.20

e）如使用活动式密封油挡，应检查活动式密封环磨损程度，及时更换磨损超标的密封环。

G.5.3 推力轴承

a）推力瓦钨金表面应光滑平整，不能有严重磨损；

b）钨金不应有裂纹、脱胎；

c）轴承座外壳结合面定位销不能太松，瓦块定位销无松动；

d）温度测点接线无损伤，各瓦块冷态温度相差不应超过 3℃；

e）推力瓦各块厚差不超过 0.01mm；

f）推力间隙为 0.40～0.45mm；

g）推力瓦接触面积不小于 75%，接触点应均匀分布并做到 3～5 点 /cm²；

h）径向推力联合轴承间隙要求见表 G.10。

表 G.10 径向推力联合轴承间隙要求

mm

<table>
<tr><td colspan="2">推力盘轴的间隙</td><td>$i_1+i_2=0.40^{+0.05}$</td></tr>
<tr><td colspan="2">油挡径的间隙</td><td>a=0.05～0.125
b=0.15～0.25
c=0.08～0.12</td></tr>
<tr><td colspan="2">油挡推力盘间隙</td><td>δ=0.1　　δ=0.5</td></tr>
<tr><td colspan="2">轴承体球面与球面座的主体</td><td>f=0.02～0.04
（装配时）加工时间隙
$\phi_{内}-\phi_{外}$=0.02～0.04</td></tr>
<tr><td rowspan="2">轴瓦与轴颈间隙</td><td>顶部</td><td rowspan="2">g=0.41～0.50
h=0.54～0.59</td></tr>
<tr><td>侧面</td></tr>
<tr><td colspan="2">轴承体球面与球面座的接触面积</td><td>≥ 50%</td></tr>
<tr><td colspan="2">轴承体中分面间隙</td><td>＜ 0.05</td></tr>
</table>

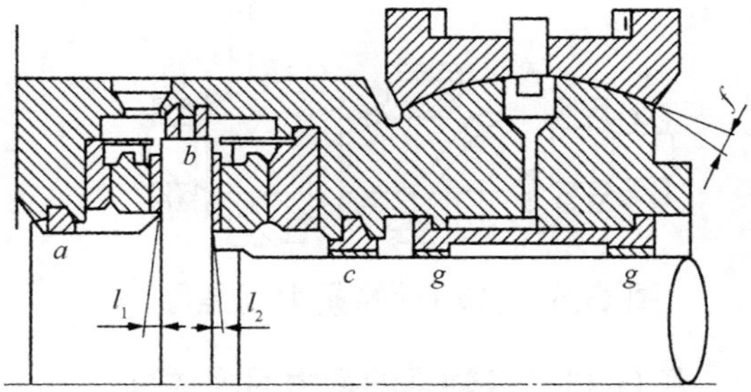

G.5.4 轴向位移

a）轴向位移发讯器应完好合格，被测的圆盘应紧固；

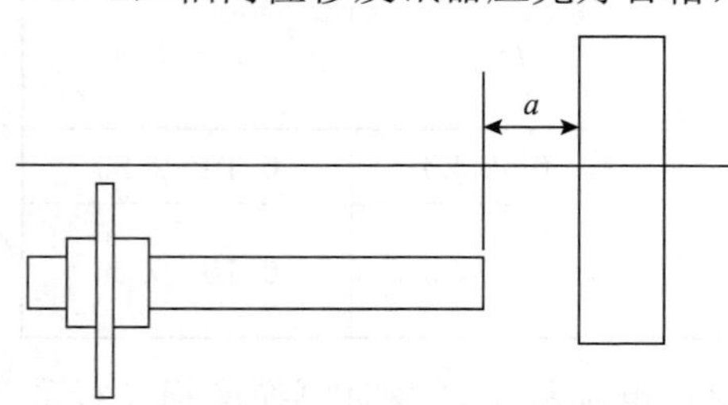

图 G.5 发讯器与固定架的间隙图

b）固定架无松动，发讯器旋入固定架后，两端用螺母并好；

c）调整好轴向位移表的零位；

d）间隙应符合下列数据（见图 G.5）：a=3mm±0.05mm，根据不同厂家不同型号的产品适当调整。

G.6 盘车装置

a）蜗杆、蜗轮齿面应光滑无裂纹、毛刺、麻坑等现象，靠背轮齿轮啮合面接触宽度应达到齿宽的 2/3 以上；

b）油挡处不漏油，油挡间隙上部为 0.10～0.15mm，两侧为 0.05～0.10mm，下部为 0mm；

c）蜗杆轴应转动灵活，推力间隙为 0.10mm；

d）摇杆辊子应转动灵活，保持轴向间隙 0.30～0.40mm，滑动啮合齿轮配合间隙（径向间隙）为 1.50～2.00mm；

e）控制手柄与壳体轴向间隙在 0.10～0.20mm；

f）盘车油管接头及法兰结合面应不渗油，组装时用蒸汽或压缩空气吹净；

g）盘车压缩油门应无渗漏，马达挂闸灵活；

h）蜗轮前轴承与止动衬套间隙为 0.30～0.40mm；

i）各轴承的紧力间隙见图 G.6 及表 G.11。

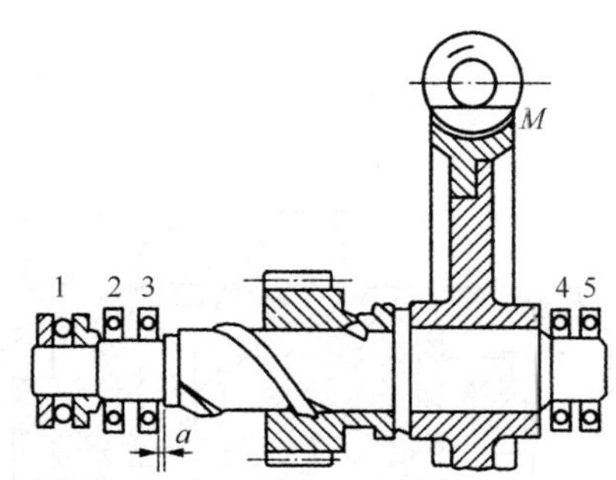

图 G.6 各轴承的紧力间隙图

表 G.11 各轴承的紧力间隙要求

mm

名称	轴承型号		蜗轮间隙		轴向间隙 a	着色 M	轴承紧力			
代号	1	2～5	齿侧	齿顶			1	2	3	4
标准	8312	2213	0.15～0.20		0.30～0.40	65% 齿长	0.01～0.02	0.01～0.02	0.01～0.02	0.01～0.02

G.7 汽缸滑销系统

a）清洗各滑键，应无毛刺等；
b）表面应光滑，无锈蚀、沟槽；
c）滑动灵活无卡涩，接触面积在 80% 以上；
d）清扫所有连接螺栓，检查并修好丝扣，涂擦黑铅粉或高温防卡剂；
e）滑销间隙测量并作好记录；
f）滑销间隙如表 G.12 所示。

表 G.12 滑销间隙要求

mm

前轴承架纵向导键	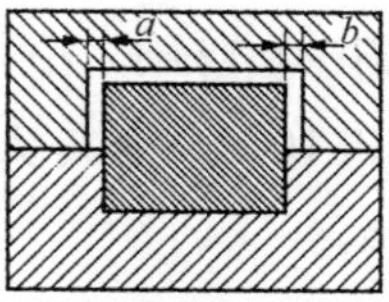	$a=b=0.02\sim0.03$
后汽缸纵向导键	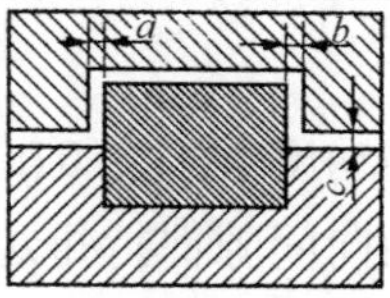	$a=b=0.02\sim0.03$ $c=0.03\sim0.05$
前汽缸上导向键	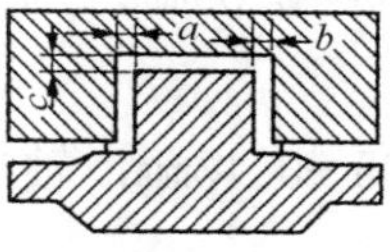	$a=b=0.04\sim0.05$ $c=3$
后汽缸后座架连接螺栓	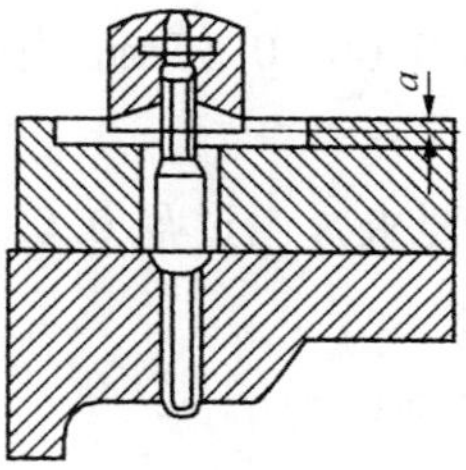	$a=10$
前轴承座压板间隙	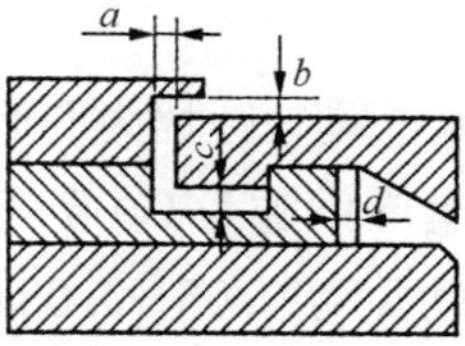	$a=0.04\sim0.05$
前汽缸猫爪间隙	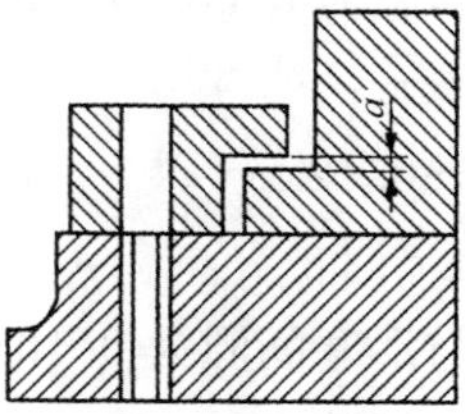	$a=5$ $b=0.04\sim0.06$ $c=3$ $d=0.04\sim0.07$

G.8 调节系统

G.8.1 旋转阻尼（见图 G.7）

a）阻尼管、阻尼体各闷头均不得有松动或退出；

b）阻尼体周围应清洁、光滑，晃动度不大于 0.03mm；

c）阻尼外壳水平结合面 0.05mm 塞尺塞不进；

d）油封环径向间隙 d 为 0.05～0.13mm，不得大于 0.2mm；

e）油封环径向间隙 g 为 0.012～0.025mm，不得大于 0.05mm；

f）油封环乌金完整，无裂纹、卷角；

g）挡油环径向间隙 e、f 为 0.05～0.13mm，不得大于 0.30mm；

h）挡油环轴向间隙 i 为 0.03～0.10mm，不得大于 0.30mm；

i）节流阀杆弯曲度小于 0.10mm。

G.8.2 主油泵（见图 G.7）

a）主油泵主轴在前挡油环处晃动度小于 0.07mm；

b）动轮出口边导流环进口边轴向间隙保持每边 2mm；

c）前挡油环径向间隙 a 为 0.03～0.09mm，轴向间隙为 0.05～0.10mm；

d）后挡油环径向间隙 c 为 0.05～0.13mm，轴向间隙为 0.05～0.10mm；

e）叶轮密封环径向间隙 b 为 0.06～0.15mm，轴向间隙为 0.05～0.70mm；

f）主油泵外壳与轴承座装配要求，由过盈 0.03mm 至间隙 0.13mm；

g）主油泵油压 1.0MPa，油量 3mL/min。

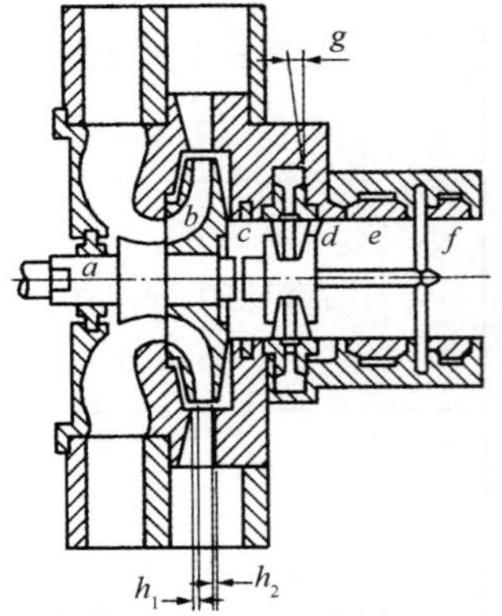

图 G.7 旋转阻尼及主油泵各间隙图

G.8.3 高压油动机

a）高压油动机全行程为 168mm，缓冲行程为 6mm；

b）油动机活塞杆与上盖密封套圈间隙为 0.05～0.12mm；

c）油动机活塞杆与密封套圈间隙为 0.05～0.08mm；

d）油动机活塞杆与缓冲阻尼间隙为 0.06～0.245mm；

e）油动机活塞杆开口间隙为 1mm；

f）继动器与活塞间隙为 0.08～0.12mm；

g）继动器与活塞全行程为 15mm；

h）继动器壳体内壁上、中部与活塞间隙为 0.10～0.15mm；

i）继动器壳体内壁下部与活塞间隙为 0.08～0.12mm；

j）继动器活塞刀口与错油门活塞凸缘间隙为 0.06～0.13mm；
k）平衡弹簧装配长度为 75mm，工作长度为 78mm；
l）错油门进油重叠度为 0.31～0.335mm；
m）错油门排油重叠度为 0.21～0.285mm；
n）错油门套筒上、下部与活塞间隙为 0.10～0.16mm；
o）错油门套筒中部与活塞间隙为 0.15～0.21mm；
p）错油门套筒与壳体为过渡配合，由间隙 0.27mm 至过盈 0.004mm；
q）二次油压节流孔直径为$\phi 5$；
r）放大器阀间隙 S_2 为 2.5～3mm，自由状态 S_1 为 0mm；
s）反馈杠杆支点离继动器中心应为 90mm；
t）不属紧固件的零配件，有活动性能的，一般装配时均留有间隙 0.05～0.07mm。

G.8.4 主、辅同步器

a）装配后，螺母套筒与同步器盖轴向间隙为 0.05～0.10mm；
b）蜗杆轴承间隙为 0.05～0.12mm；
c）蜗轮与蜗杆齿轮接触面，红丹粉检查均匀良好；
d）蜗轮与联轴器啮合良好，紧松适宜，滑动自如；
e）导向键、平键配合恰当，紧松适宜，滑动自如。

G.8.5 中、低压调压器

a）上夹板与壳体间距 3mm，下夹板与薄膜壳间距为 2.5mm；
b）错油门活塞杆与套筒间隙上、下部为 0.016～0.05mm，中部为 0.045～0.09mm；
c）错油门活塞杆与套筒重叠度为 0.05～0.10mm；
d）油动机大活塞与小活塞间隙为 0.025～0.075mm；
e）油动机大活塞与壳体间隙为 0.095～0.175mm；
f）油动机活塞杆弯曲不大于 0.05mm；
g）错油门活塞杆弯曲活塞段不大于 0.01mm，直杆段不大于 0.08mm；
h）杠杆全行程确定后，限制块螺钉间隙保留 0.02mm；
i）摇杆销轴装配间隙为 0.10～0.15mm。

G.9 保安系统

G.9.1 危急遮断与复位装置

a）遮断活塞间隙为 0.03～0.08mm；
b）遮断活塞行程为 8mm；
c）遮断活塞进、排油重叠度均为 1.5mm；
d）复位活塞间隙为 0.08～1.5mm；

e）复位活塞行程为 11mm；

G.9.2　危急遮断器（见图 G.8）

a）键对套筒两侧过盈量 0.03～0.05mm，对遮断器体导向槽间隙为 0.03～0.05mm；

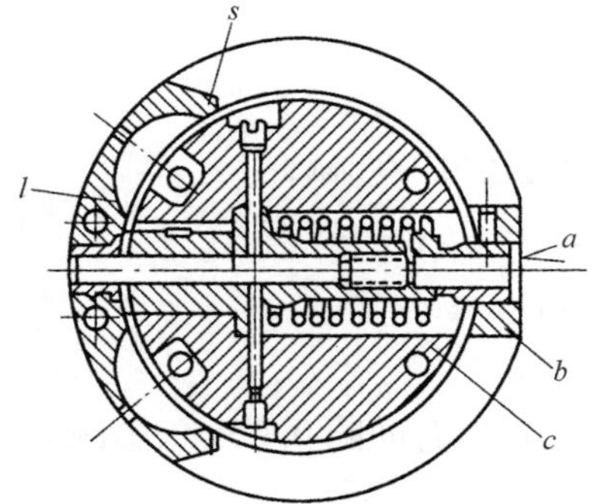

图 G.8　危急遮断器的配合要求

b）芯杆与调整螺母间隙 *a* 为 0.05～0.14mm；

c）芯杆弯曲度，径向跳动不大于 0.02mm；

d）芯杆与衬套间隙 *b* 为 0.05～0.14mm；

e）偏心环外圆晃动度小于 0.2mm；

f）偏心环行程为 3.5mm；

g）偏心环的复位转速设计值为（3055±15）r/min；

h）偏心环与油门挂钩装配间距：0.8～1.0mm；

i）调整螺母每转位 180℃，转速改变的值为 200r/min。

G.9.3　危急遮断油门（见图 G.9）

a）活塞与油门盖支脚孔径向间隙为 0.03～0.07mm；

b）活塞与油门盖径向间隙 *b* 为 0.05～0.12mm；

c）活塞与壳体径间隙（中段）*a* 为 0.08～0.15mm；

d）活塞与壳体径间隙（下段）*c* 为 0.05～0.12mm；

e）油门活塞行程为（10±0.4）mm；

f）挂钩搭扣深度为 1.5～2mm，成直角，不得任意修刮；

g）油门活塞搭扣部位成直角，不可任意修刮；

h）运行间隙为 0.8～1.0mm。

G.9.4　磁力断路油门（见图 G.10）

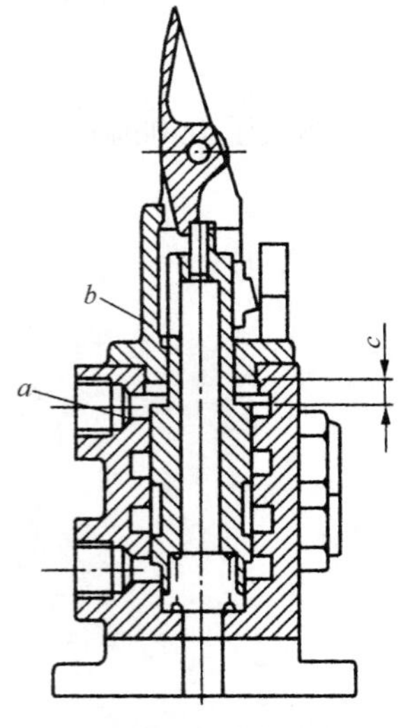

图 G.9　危急遮断油门配合要求

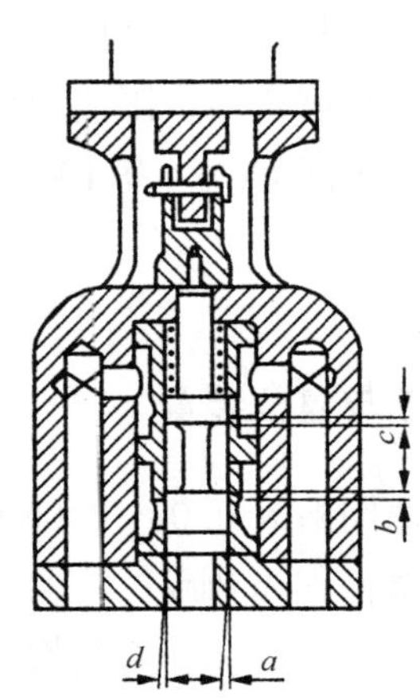

图 G.10　磁力断路油门配合要求

a）油门杆与套筒间隙 a 为 0.08～0.12mm，最大不超过 0.15mm；
b）装配后，油门杆与套筒的下端面间距 d 为 7mm；
c）套筒与壳体过量 e 为 0.01～0.03mm；
d）油门杆全行程为 30mm；
e）上重叠度 c 为 0.68mm；
f）下重叠度 b 为 2.45mm。

G.9.5 流量限止器（见图 G.11）

a）节流孔塞应对准节流孔体；
b）限制油压应比高压油动机最大开度所对的二次油压高 0.01MPa。

G.9.6 润滑油过压阀

a）滑阀与套筒间隙 a 一般为 0.03～0.08mm，最大不超过 0.15mm；
b）套筒与壳体装配过盈量 f 为 0～0.03mm；
c）滑阀与套筒油口重叠度 b 为 2mm；
d）润滑油压调整范围为 0.08～0.15MPa。

G.10 高压调速汽门及三角架

G.10.1 三角架（见图 G.12）

a）各销轴除垢，保持光洁，涂擦干二硫化钼粉剂或高温防卡剂，销轴与衬套相配转动灵活，无卡涩；

b）滑动、导板面除垢，确保光滑，涂擦干二硫化钼粉剂或高温防卡剂，滑块与导板滑动两侧间隙为：$a=b+c=$0.05～0.07mm；

c）立销两侧间隙为 0.01mm；

d）杠杆与滑块装配间隙，内侧各为 1.5mm，外侧各为 4.5mm。

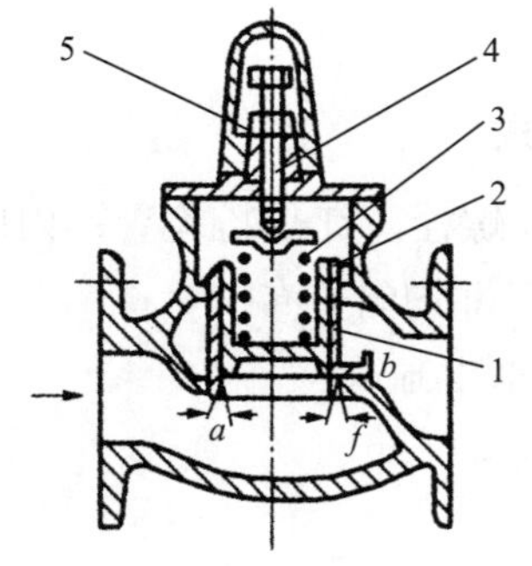

图 G.11 流量限止器配合要求

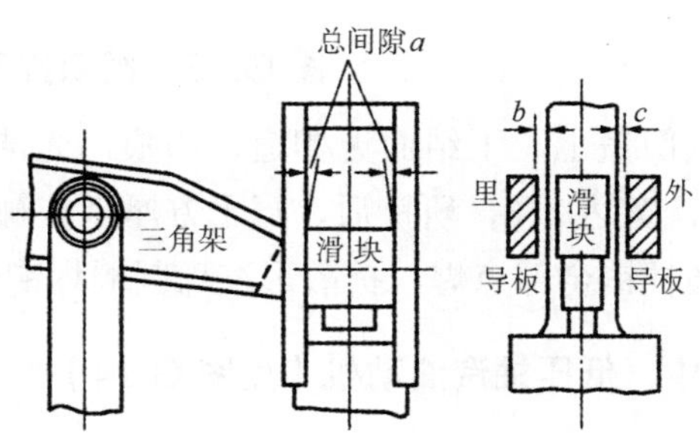

图 G.12 三角架配合要求

G.10.2　高压调速汽门

a）提升弯曲度一般不大于 0.04mm，大于 0.08mm 时应予更换；

b）提升杆螺母与垫圈，上压板装配间隙为 0.12mm±0.02mm；

c）提升杆摇板装配间隙内侧为 8mm，外侧为 4mm；

d）提升杆与套筒间隙一般为 0.20～0.25mm，最大不超过 0.35mm；

e）提升杆与套筒与外壳装配过盈度为 0.03～0.05mm；

f）横梁压在碟座上呈水平，间隙应在 0.25mm 以内，球面螺母摆动自如；

g）阀碟、汽嘴、球面光洁，严密性用红丹检查，圆周接触无断痕，宽度为 1～3mm；

h）1#～8# 阀碟提升行程要求见图 G.13 和表 G.13，重叠度要求不大于 0.20mm，阀碟开启顺序：7#，5#，3#，1#，2#，4#，6#，8#；

表 G.13　阀碟提升行程要求表

mm

阀号	冲程	尺寸 A	尺寸 C
1	22.5	B+0	4.4
2	4.5	B+27.1	4.4
3	9.8	B+27.1	4.4
4	10.6	B+36.9	4.4
5	11	B+47.5	4.4
6	11.9	B+58.5	4.4
7	11.9	B+70.1	4.4
8	11.9	B+82	4.4

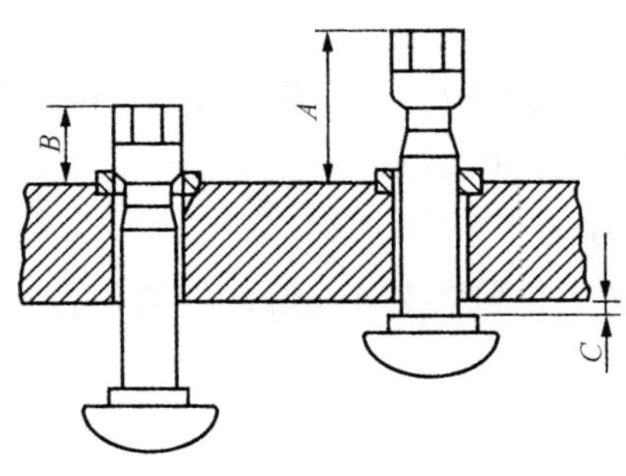

图 G.13　阀碟提升行程要求

i）汽门盖上、下结面无槽道、印痕，光洁，紧 1/3 螺栓，红丹粉检查：内圈接触闭合成圈，宽达 2/3，研铲后，每平方厘米接触 1～2 点，并均匀分布；

j）圆柱销全部点焊，扩散形汽嘴圆周焊铆处，每处长 20mm。

G.10.3　中、低压抽汽油动机（见图 G.14）

a）继动器活塞间隙上、下部位 a、c、d 均为 0.08～0.12mm，中部 b 为 0.1～0.15mm；

b）继动器活塞全行程为 15mm；

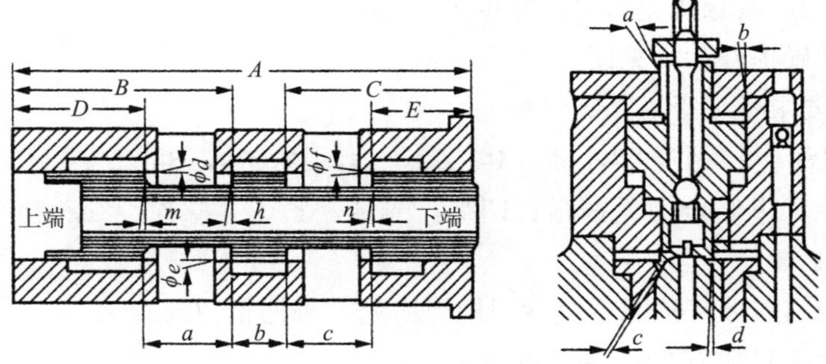

图 G.14　中、低压抽汽油动机配合要求

c）继动器平端紧固螺钉凸出壳体 2mm，活塞全行程为 15mm；

d）继动器活塞与错油门凸缘间距 e 为 0.06～0.13mm；

e）继动器活塞杆装配间隙为 0.03～0.15mm；

f）错油门活塞与套筒间隙上、下部位 d、f 均为 0.1～0.16mm，中间部位 e 为 0.15～0.12mm；

g）错油门进油重叠度 m、n 为 0.31～0.235mm；

h）错油门回油重叠度 h 为 0.21～0.285mm；

i）抽动机活塞杆与上、下套筒间隙为 0.06～0.13mm；

j）错油门套筒与壳体为过渡配合，由间隙 0.027mm 至过盈 0.04mm；

k）油动机上套筒与壳体间隙为 0.031～0.045mm；

l）油动机下套筒与壳体间隙为 0.012～0.045mm；

m）油动机活塞杆与活塞间隙为 0.012～0.084mm；

n）油动机活塞环接口间距为 1mm；

o）油动机衬套与壳体为过渡配合，由间隙 0.015mm 到过盈 0.07mm；

p）中压油动机全行程为 162mm；

q）低压油动机全行程为 88mm；

r）油动机缓冲行程为 6mm；

s）反馈杠杆可调支点与继动器中心间距为 96mm；

t）销轴装配间隙为 0.05mm；

u）平衡弹簧长度为 60mm。

G.10.4　中压调速汽门及传动装置

a）提升杆弯曲度一般不大于 0.04mm，最大不超过 0.08mm；

b）提升杆与套筒间隙一般为 0.20～0.25mm，最大不超过 0.35mm；

c）提升杆螺母与垫圈装配间隙为 0.10mm；

d）提升杆套筒与外壳装配过盈量为 0.30～0.05mm；

e）横梁压在阀碟座上呈水平，间隙应在 0.40mm 以内，阀碟、汽嘴球面光洁，严密性经红粉检查：圆周接触线无断痕，宽度为 1～3mm；

f）1#～8# 阀碟提升行程见图 G.13，

碟阀重叠度要求不大于 0.15mm，

碟阀开启顺序（机头）：6#，5#，4#，2#，1#，3#，7#，8#；

g）汽门盖上、下结合面无槽道、印痕，光洁，紧 1/3 螺栓，红粉检查：内圈接触闭合成圈，宽达 2/3；

h）圆锥销全部点焊，扩散形汽嘴圆周焊铆处，每处长 20mm；

i）转轴与轴承间隙为 0.03～0.06mm。

G.11 自动主汽门及操纵座

G.11.1 主汽门（见图 G.15）

a）水压试验：壳体为 4.625MPa，阀碟为 5.55MPa；

b）阀杆弯曲度一般不大于 0.04mm，最大不超过 0.08mm；

c）阀杆与套筒间隙 a 为 0.25～0.30mm，最大不超过 0.35mm；

d）主阀与旁阀装配间隙为 0.35mm；

e）阀杆套筒与壳体装配过盈量 g 为 0.05mm；

f）主阀与旁路阀之间密封面闭合完整，无断痕，宽达 1～2mm；

g）主阀全行程为 100mm；

h）旁路阀全行程为 16mm；

i）蒸汽滤网外径与阀体装配间隙小于 0.05mm，滤网无损坏；

j）主汽门与座架浮动间距为 12mm。

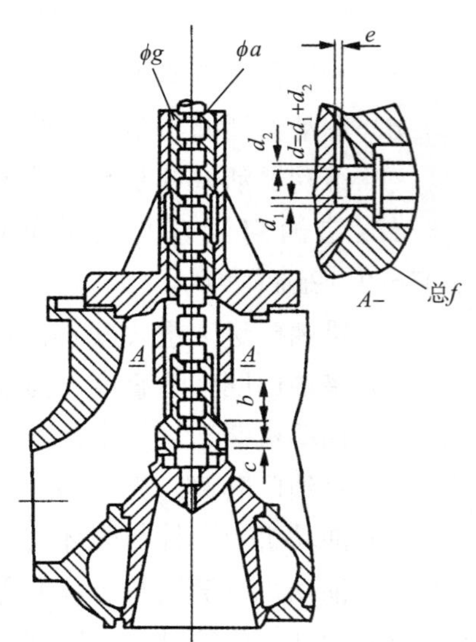

图 G.15 主汽门配合要求

G.11.2 主汽门操纵座（见图 G.16）

a）活塞与上壳体间隙 c、b 一般为 0.12～0.15mm，最大不超过 0.25mm；

b）活塞与下壳体间隙 a 一般为 0.06～0.12mm，最大不超过 0.15mm；

c）活塞杆与下壳体间隙 f 一般为 0.06～0.12mm，最大不超过 0.15mm；

d）活塞杆上、下移动无卡涩，弯曲度不大于 0.05mm；

e）活塞下端面与下壳体凸缘间距 n 为 5mm；

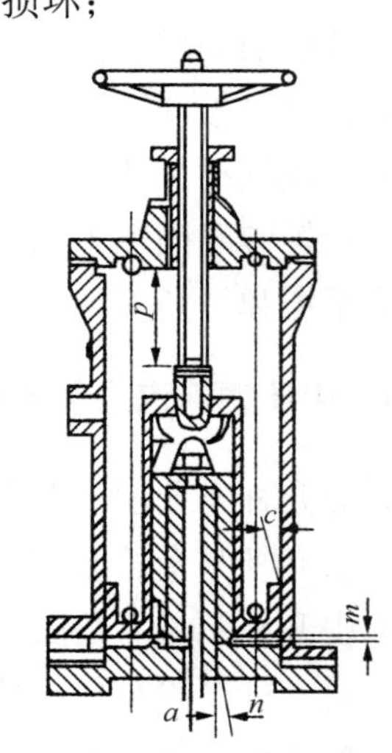

图 G.16 主汽门操纵座配合要求

f）螺杆倒关结合面密封良好；

g）油动全行程 p 为 105mm；

h）单向推力环轴承装配间隙 d 为 0.03～0.05mm；

i）红粉检查：罩盖与活塞接合面闭合良好，油孔圆周全部封闭，光洁平整。

G.12 油系统及附件

G.12.1 主油箱

见附录 N。

G.12.2 注油器

a）一级注油器喷嘴直径 ϕ16mm，扩散管喉口直径 ϕ80.5mm；出口油压约 0.05MPa；装配间距 145mm；

b）二级注油器喷嘴 ϕ13.5mm；扩散管口喉口直径 ϕ33mm；出口油压约 0.3MPa；装配间距 59.5mm。

G.12.3 冷油器

参见附录 N。

G.12.4 碟式滤油器

a）锥阀接触面印色检查，前、后端封闭严密，闭合无中断，油腔室良好；

b）不锈钢丝布规格 100 目；

c）放油考克严密不漏。

G.12.5 排油烟风机

a）止退保险完整可靠；

b）动静部件无摩擦，中心一致；

c）法兰面密封良好；

d）叶轮与蜗壳径向间隙为 1mm；

e）叶轮进口端与蜗壳轴向间隙为 0.5mm；

f）主轴晃动度不大于 0.05mm；

g）主轴与叶轮间隙为 0.01～0.03mm。

G.12.6 汽轮油泵及附属部件

G.12.6.1 汽轮油泵（见图 G.17）

a）喷嘴与叶轮间距 a 为（1.5±0.1）mm；

b）汽封圈、汽封齿轴向、径向间隙 b、c 均为 0.20mm；

c）转速调定后，调整汽封退出，d 为 3mm，固定；

d）汽叶轮与主轴装配过盈量：ϕ 为

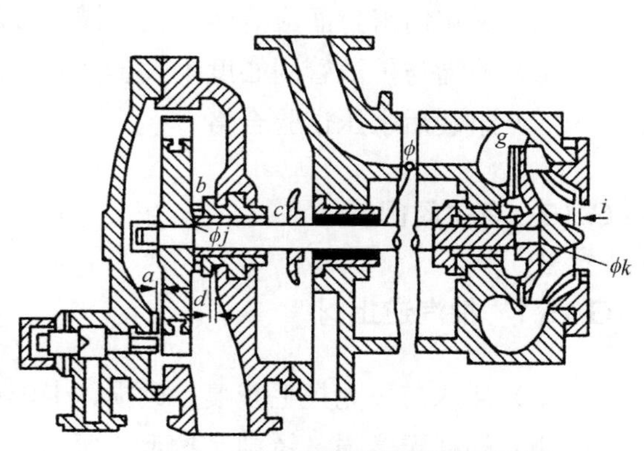

图 G.17 汽轮油泵配合要求

0.013～0.018mm；

e）轴承油间隙ϕe、ϕf为0.08～ 0.115mm，进油槽倒圆角；

f）推力面平整光洁，印色检查，接触达85%以上，分布均匀；

g）油叶轮与主轴装配间隙ϕk为-0.01～+0.01mm；

h）密封环单侧间隙g、h为0.10～0.21mm；

i）进口盖与油叶轮轴向间隙r为0.20～0.30mm；

j）出口压力0.8MPa，油量800L/min。

G.12.6.2 汽动油泵蒸汽室

a）阀杆行程为20mm；

b）阀杆与阀盖间隙为0.16～0.20mm；

c）阀杆与阀座密封面印色检查，圆周无中断，宽度达2/3以上；

d）活塞与外壳间隙为0.07～0.14mm；

e）活塞行程为44.5mm；

f）球形连杆与支承座装配间隙为0.03～0.10mm。

G.12.6.3 汽轮油泵蒸汽室错油门

a）活塞与套筒间隙为0.04～0.07mm；

b）套筒与外壳间隙为0.01～0.025mm；

c）润滑油压低于0.05MPa时，油门动作，开启汽阀；

d）润滑油压高达0.12MPa时，油门动作，关闭汽阀。

G.13 凝汽器

见附录N。

G.14 射水抽气器

a）喷嘴、扩散管无结垢、冲刷，无坑沟；

b）水室壁应清洁、完整，无锈蚀、裂纹等现象；

c）逆止门弹簧应清洁干净、无锈蚀，有足够的弹力；

d）逆止门密封面应清洁、无沟槽，接触面占整个面积的2/3；

e）喷嘴与扩散管同心度不大于0.02mm；

f）组装后水压试验合格。

G.15 有关阀门

G.15.1 抽汽逆止阀

a）活塞与环无拉毛咬痕、磨损、卡涩；

b）阀杆无磨损、锈蚀、拉毛、弯曲；

c）汽封套无磨损、拉毛、卡涩，疏汽孔无阻塞；

d）缓冲活塞无磨损、拉毛、卡涩；

e）阀芯与座接触良好，无断线、麻点；

f）弹簧无蚀、变形、裂纹，自由长度无变化；

g）各部间隙满足下列要求：

活塞环与槽轴向间隙为 0.06～0.13mm；阀杆与汽封套间隙为 0.20～0.30mm；汽封套与汽室间隙为 0.15～0.25mm；缓冲活塞间隙为 0.35～0.45mm。

G.15.2 抽汽安全阀及脉冲阀

见附录 N。

附　录　H
（规范性附录）
B12-8.83/4.02 汽轮机检修质量标准

H.1　汽缸

H.1.1　汽缸壁

a）高压缸调节级处内壁温度降至 100℃以下，上、下缸温差小于 50℃，方可拆除全部保温层，进行揭缸工作；

b）高、低压缸的内部洁净，疏水孔、压力表管畅通，排汽孔、疏水孔附近无裂纹；

c）汽缸内壁无裂纹；

d）化妆板及其配件完整；

e）保温采用优质硅酸铝纤维板材作为保温主材，再用高温黏合剂粘贴成形，分层错缝安装，以丝径 1.2～1.6mm 铁丝网分两层捆扎后，外覆盖层采用硅酸镁浆料抹面；

f）汽缸上、下缸保温厚度分别不小于 180mm 和 210mm，往后逐渐减薄。周围空气温度为 25℃时，保温层表面的最高温度不得超过 50℃。

H.1.2　汽缸结合面

a）汽缸结合面平整光滑、无漏汽痕迹、无贯穿槽坑及裂纹；

b）汽缸的结合面应洁净、无涂料及铁锈残留物；

c）汽缸纵横水平与安装数值应无异常变化；

d）扣空缸严格性检查：不紧螺栓时，汽缸间隙变化均匀，冷紧 1/3 螺栓后，其间隙不大于 0.05mm；

e）汽缸扣缸时，采用高温汽缸密封涂料密封，涂料厚度应为 0.2～0.50mm。

H.1.3　汽缸内部

a）汽缸内部清理干净，疏水孔及仪表测点应畅通；

b）认真检查调节级前喷嘴室区段及螺孔周围，调节汽门座，排汽口与汽缸连接处、隔板套槽道洼窝、制造厂原焊区等部位有否裂纹。

H.1.4　喷嘴组

a）检查清理喷嘴应无裂纹、卷边、冲刷、撞击，各部应无松动现象；

b）检查喷嘴体连接处应无裂纹；

c）喷嘴内腔应无铁屑等其他杂物。

H.1.5 汽封洼窝中心

a）测量前、后汽封处洼窝中心，与上次大修比较；

b）调整洼窝中心偏差，前、后汽封处中心偏差：

左右：$a-b \leqslant 0.06$mm

底部：$c-(a+b)/2=0.04\sim0.08$mm

H.1.7 汽缸螺栓

a）螺栓、螺帽应清理干净，无黑粉及铁锈等残留物，并涂上高温防卡剂；

b）螺栓及螺帽应有钢印编号；

c）螺栓金相、硬度检查符合要求，表面、内孔超声波探伤无裂纹，否则应更换或作恢复性热处理；

d）螺栓、螺帽的丝扣应完好，无乱扣、缺口、裂纹、毛刺等现象，配合良好；

e）螺帽与汽缸或垫圈接触均匀，0.03mm 塞尺应塞不进；

f）汽缸上的螺栓丝扣部分，应能全部拧入汽缸法兰内，丝扣应低于法兰平面；

g）更换高压缸及导汽管螺栓、螺母，在组装前应进行光谱分析和硬度检验，确认与设计相符；

h）当螺母在螺栓上试紧到安装位置时，螺栓应在螺母外露 2～3 牙，罩形螺母紧到安装位置时，罩顶内与螺栓顶部应有不小于 2mm 的间隙；

i）拧紧高、低压缸螺丝时，应以消除汽缸上、下法兰面间隙为原则，紧螺栓顺序：从汽缸中部间隙开始，对称地向前后紧，将汽缸法兰间隙移至前后自由端，全部螺栓冷紧完毕后应进行复核，以免紧松不一；

j）螺栓热紧加热前，应彻底清理加热孔内的杂物，使加热孔畅通；

k）螺栓热紧弧长应符合表 H.1 的要求。

表 H.1 螺栓热紧要求

螺栓规格	热紧弧长 /mm	角度 /（°）
M120×4	169	107.6
M76×4	65.03	64.8

H.2 隔板及隔板套

H.2.1 隔板及隔板套

a）隔板及隔板套清理干净，无水垢及黑粉残留；

b）隔板无损伤、裂纹、变形，焊缝良好，静叶片无缺叶、裂纹、松动、卷边、缺口及严重腐蚀；

c）隔板轴向弹性、塑性变形值与上次大修记录比较无明显变化，塑性变形值不大于 0.05mm。隔板（套）轴向间隙为 0.05～0.10mm；

d）隔板中分面无异常抬高，压板底部无明显脱开；

e）检查隔板搭子、压板固定螺钉、键、销应完好；

f）隔板套水平结合面应良好，无漏汽痕迹，用红丹粉检查，接触面积达 75% 以上，紧螺栓后用 0.05mm 塞尺不进；

g）隔板及隔板套各部间隙详见表 H.2。

表 H.2　隔板及隔板套间隙要求

名称	图示	规定值 /mm
隔板（或隔板套）与隔板套（或汽缸）间隙	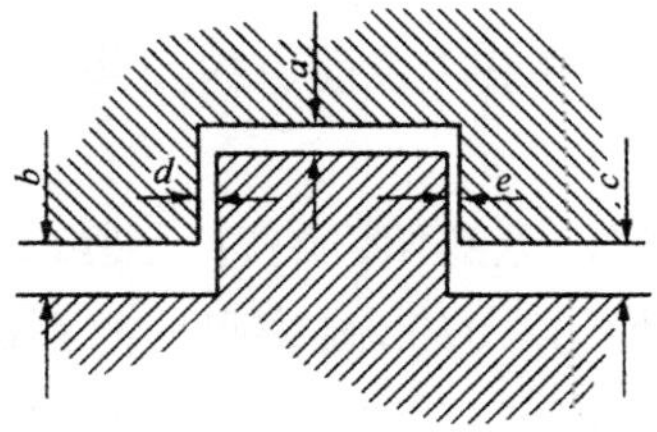 a b d e c	a=2～2.5 b=3～3.5 c=3～3.5 d+e=0.1～0.15
焊接隔板塔子间隙	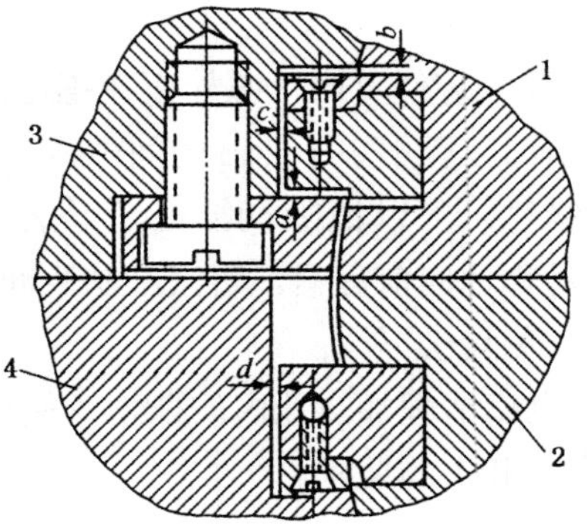 b 1 c 3 a d 4 2	a=0.40～0.70 b=0.10～0.15 c=2～3 d=3.0～3.5
铸造隔板塔子间隙	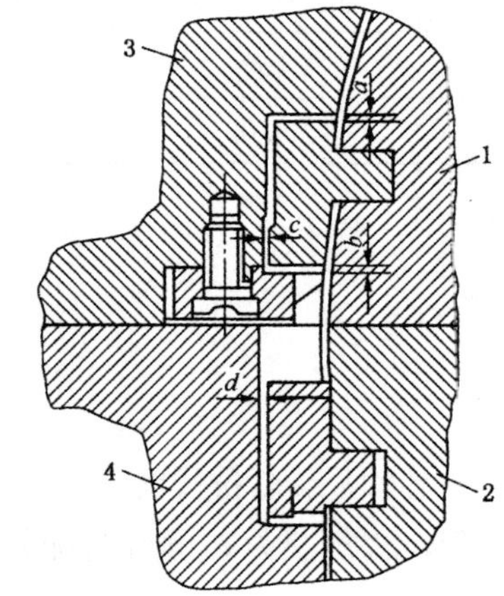 3 a 1 c b d 4 2	a=0.40～0.70 b=0.10～0.15 c=2～3 d=3.0～3.5

H.2.2 隔板汽封

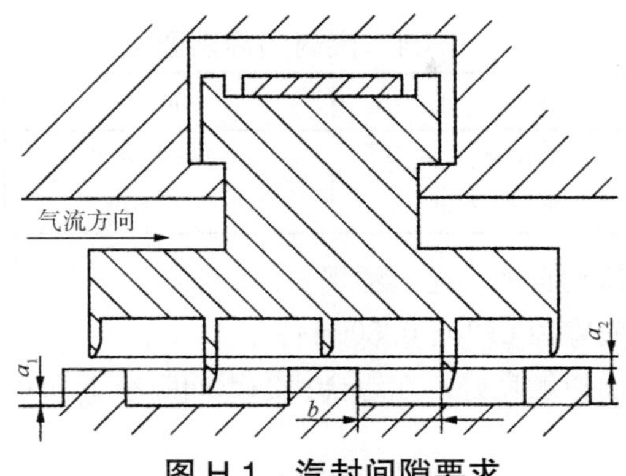

图 H.1 汽封间隙要求

a）隔板汽封的阻汽片应无严重磨损，梳齿顶部应刮尖，顶端厚度在 0.3mm 左右，更换时应符合图纸工艺要求；

b）检查隔板汽封梳齿轴向和幅向间隙，见表 H.3 和图 H.1；

c）汽封弹簧片弹性应良好，无裂纹；

d）汽封块装入后，掀动汽封环应弹动自如，无卡涩现象；

表 H.3 隔板汽封间隙要求

mm

级别	a_1	a_2	b
2 3～4	5～0.825 0.5～0.825	0.5～0.775 0.5～0.775	4.04～6.082 4.06～6.062

e）由于中心偏移造成汽封磨损，应调整隔板（或隔板套）洼窝中心，找中心要求如图 H.2 所示。

H.3 汽封

a）轴封套清理干净，无水垢及粉残留；

b）轴封套无裂纹、变形，结合面密封无泄漏，在紧固螺栓的情况下 0.03mm 塞尺不进，接触面积达 75%；

c）轴封套洼窝中心允许偏差值：

$a-b$=0～0.5mm

$c-(a+b)/2$=0.08～0.15mm

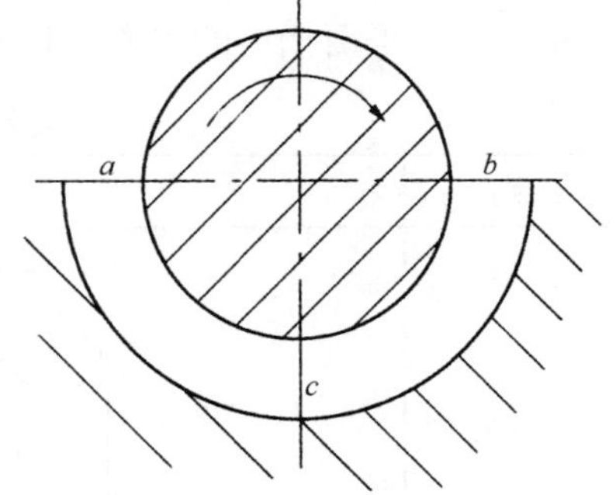

图 H.2 隔板中心确认要求

$a-b \leqslant 0.06$mm；$c-(a+b)/2 \leqslant 0.05$～0.1mm

d）轴封套与汽封洼窝配合的辐向间隙不小于 1.5mm；

e）转子轴封段的阻汽凸缘与汽封块的长齿无轴向碰擦痕迹；

f）汽封块无裂纹、严重磨损、剥落，齿尖锐利，无毛刺、变形；

g）弹簧片弹性良好、无裂纹及异常变形；

h）汽封的轴向和辐向间隙见表 H.4 和图 H.1；

表 H.4　汽封的间隙要求

mm

	a_1	a_2	b
汽缸前轴封 汽缸后轴封	0.36～0.625 36～0.625	0.36～0.675 36～0.675	2.07～3.56 4.29～5.78

i）汽封块装入后，掀动自如，无卡涩现象；

j）汽封块全周膨胀间隙为 0.30～0.50mm；

k）两相邻汽封块端面接触良好，在组合状态下间隙小于 0.05mm。

H.4　转子

H.4.1　动叶片

a）叶片清理后无水锈及污垢；

b）叶片围带、铆钉、叶根等无损伤、裂纹及严重腐蚀或冲刷痕迹；

c）叶片无松动、拔长、歪斜、缺损、卷边等异常现象，对高度为 100～150mm 以上的动叶频率试验合格，围带不松动；

d）通流间隙要求如表 H.5 所示。

H.4.2　叶轮

a）叶轮无裂纹、刷蚀或机械锁伤，无动、静磨损痕迹；

b）用小锤轻敲击套装叶轮应无松哑异声，振动特性良好；

c）叶轮平衡槽内的平衡重块及螺丝紧固件不松动，无严重吹损；

表 H.5　叶片流动间隙要求

级别	图示	间隙标准 /mm
调节级	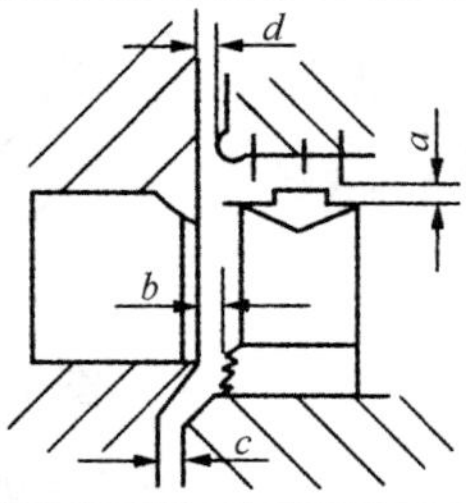	a=0.75～1.1. b=2～2.2 c=4.9～5.4 d=0.85～1.398（1 级）
第 2～4 级	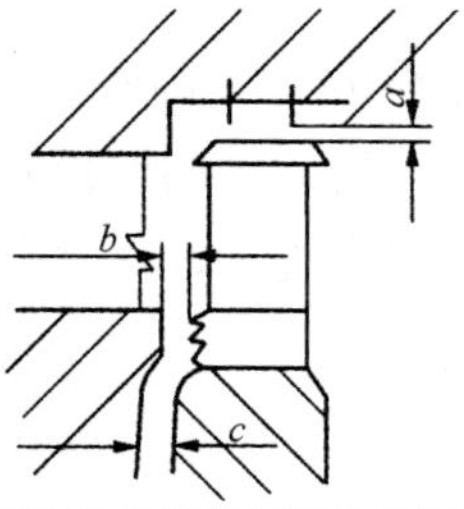	a=1.0～1.25 b=1.28～2.6

d）检查叶轮瓢偏度，其允许值小于 0.03mm；

e）各级叶轮间轴向间隙，测量后与上次大修测量数据无明显变化。

H.4.3 主轴

a）轴颈光滑、无麻坑或槽纹；

b）轴颈不柱度小于 0.02mm；

c）转子的弯曲值应小于 0.03mm；

d）叶轮瓢偏度允许值小于 0.03mm；

e）转子晃动度应小于 0.04mm；

f）转子扬度值与上次大修无明显变化。

H.4.4 转子推力盘

a）推力盘光滑、无麻坑、毛刺、伤痕；

b）推力盘平面瓢偏度不应大于 0.02mm。

H.4.5 转子联轴器

a）联轴器螺丝无裂纹，螺纹无乱扣，螺帽配合不松动。

b）螺栓与螺孔配合光洁，呈轻敲配合；

c）螺帽上十字形槽无棱角、无裂纹，保险螺钉紧固止动装置良好；

d）检查盘车大齿轮大齿应无显著磨损，啮合良好；

e）联轴器的结合面无毛刺、裂纹；

f）联轴器的端面瓢偏度不大于 0.05mm；外圆晃动度不大于 0.06mm；

g）联轴器的大齿轮护罩四周间隙应均匀。

H.4.6 联轴器找中心

a）*a*、*b*、*c*、*d* 任意两数之差不大于 0.05mm，见图 H.3；

b）Ⅰ、Ⅱ、Ⅲ、Ⅳ任意两数之差不大于 0.06mm；

c）汽轮机与主油泵转子之间，不大于 0.06mm；

d）主油泵转子相对于汽轮机转子中心线高 0.3～0.4mm；而 *b*、*d* 两数之差不大于 0.05～0.08mm。

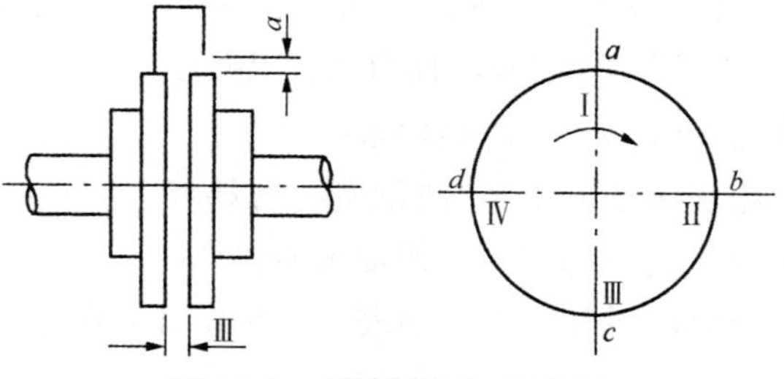

图 H.3 联轴器中心确认

H.5 轴承

H.5.1 支持轴承

a）轴承钨金表面光滑，无脱胎、碎落、裂纹、腐蚀、过热和异常磨损；

b）轴瓦钨金与轴颈接触角度 55°～60° 左右，沿下瓦全长的接触面应达 75% 以上并均匀分布，接触宜呈斑点状；

c）轴瓦的接合面良好，用 0.03mm 塞尺塞不进，用红丹粉检查：接触面大于 75%，均匀分布；

d）球面与洼窝之间的接合面须光滑，接触面大于75%以上，调整垫片不得超过3片；

e）为了保证下瓦的适当紧力，当转子抬起时，两侧瓦枕（垫块）用 0.03mm 塞尺不进，而底部应脱空 0.03～0.05mm，当转子下放时应无间隙；

f）固定销子和螺栓应齐全、完整；

g）组装时轴瓦油孔应清洁畅通，并应与轴承座上的进油孔对正，垫铁进油孔周围应与洼窝垫圈接触；

h）内油挡梳齿应刮尖，顶部厚度接近 0.30mm，内油挡与轴颈间隙为：

上部：0.20～0.25mm，下部：0.10～0.15mm，左右：0.15～0.20mm；

i）轴瓦间隙及紧力，以及轴瓦两端挡油环与轴之间间隙见表 H.6。

表 H.6 轴瓦间隙及紧力以及轴瓦两端挡油环与轴之间间隙表

mm

轴承号	1#	2#	3#	4#
轴颈尺寸	ϕ200	ϕ200	ϕ200	ϕ200
顶部间隙	0.3～0.45	0.3～0.45	0.3～0.45	0.3～0.45
侧部间隙	0.15～0.225	0.15～0.225	0.15～0.225	0.15～0.225
轴承与压盖紧力	0.08～0.10	0.10～0.15	0.10～0.15	0.10～0.15
瓦套与球面体紧力	0.02～0.06			

H.5.2 支持－推力轴承

a）推力瓦块钨金表面光滑完整，无裂纹、剥落、脱胎、磨损、电腐蚀痕迹和过载发白，无过热熔化或其他机械损伤，各瓦块的工作印痕大致类同；

b）推力瓦的钨金厚度一般为 1.5mm±0.1mm。瓦块厚度与原始记录比较无明显磨损，各推力瓦的厚度误差不超过 0.02mm，且为点状接触；

c）推力瓦块接触面达 75% 以上，印痕均布；

d）推力瓦块接触面粗糙度达 R_a0.4，进油侧应有斜坡；

e）轴承的缓冲弹簧要起到调整作用，使轴承能自位；

f）支持－推力轴承检修测量数据要求如表 H.7 和图 H.4 所示。

表 H.7 支持 – 推力轴承检修测量数据

项目	数值
推力瓦轴向间隙 a/mm	0.40～0.45
轴承与轴承座紧力 /mm	0.08～0.10
球面过盈 d/mm	0.02～0.06
油挡幅向间隙 e/mm	0.30～0.45
推力工作瓦块厚度 /mm	37-0.02
推力定位瓦块厚度 /mm	37-0.02

H.5.3 轴承箱

a）轴承箱内壁洁净、无杂物；

b）轴承盖及端盖的结合面应清洁干净、光滑平整，不应有贯穿结合面的伤痕；

c）仪表引出线盒处密封良好；

d）轴承的测振装置及测量表、计应完好；

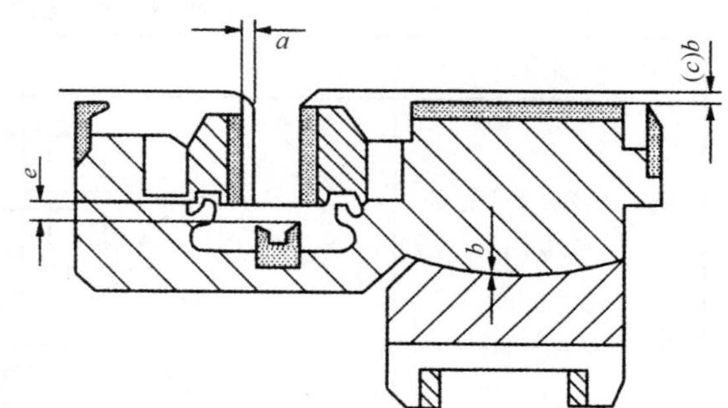

图 H.4 支持 – 推力轴承需检修测量数据

e）轴承箱内的热工测量装置完好；

f）轴承箱的油挡水平结合面，用 0.05mm 塞尺检查塞不进；

g）刮尖外油挡梳，齿顶端厚度为 0.20～0.30mm，并调整间隙，符合表 H.8 的要求；

h）油挡梳齿平齐、牢固、无损；

i）发电机、励磁机轴承座的绝缘电阻值不小于 0.5MΩ。

表 H.8 轴承箱间隙要求

mm

项目	辐向间隙
前轴承后挡油箱	上部：0.15～0.20mm；下部：0～0.05mm；左右：0.10～0.15mm
后轴承箱挡油环	上部：0.15～0.20mm；下部：0～0.05mm；左右：0.10～0.15mm

H.6 盘车装置

a）检查主齿轮齿面完好、光滑；

b）用红丹粉检查主齿轮与动齿轮的接触情况，在齿宽上有 70% 以上接触；

c）摆动齿轮与动齿轮之间的顶隙大于 1.5mm，侧隙为 0.8 ～ 1.2mm，如图 H.5 所示；

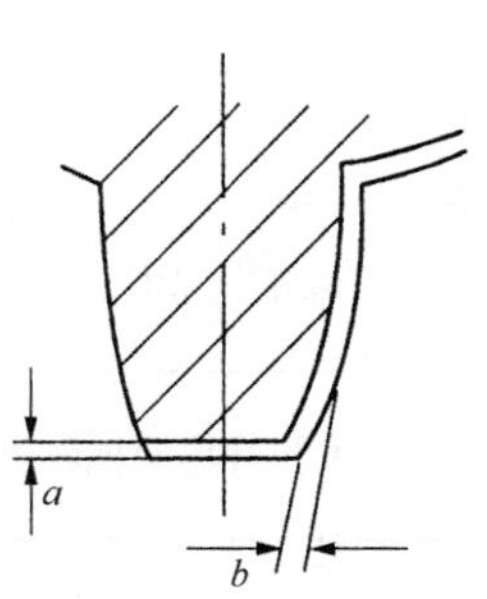

图 H.5 摆动齿轮与动齿轮间隙要求

d）盘车手轮的工作、脱开位置正确，脱、挂灵活：

e）盘车装置的油管接头及法兰结合面应不漏油、不渗油；

f）总装时盘车装置试验动作正常。

H.7 滑销系统

a）滑销应进行清扫、检查，应无磨损、锈蚀、污垢；
b）各销的销面应光滑，并涂以防卡剂；
c）坐架连接螺栓、套管及垫圈要符合要求；
d）绝对膨胀装置应完好；
e）滑销系统各部间隙见表 H.9。

表 H.9 滑套系统各部间隙要求

项目	图示	间隙要求 /mm
前、后轴承箱的基架纵销	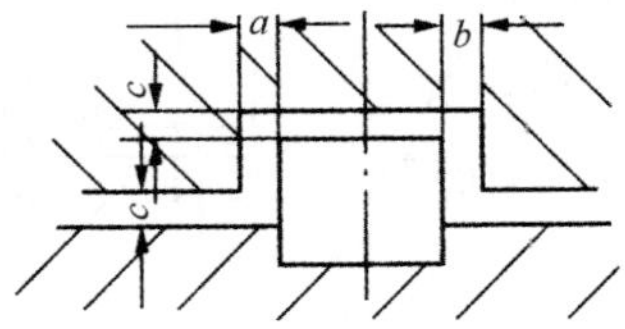 a b c c	a+b=0.04～0.06
汽缸的锚爪销	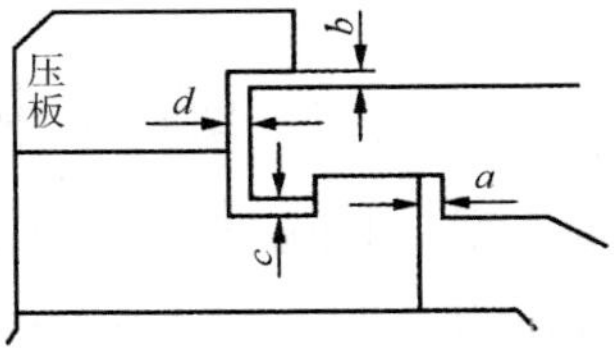 压板 d b a c	a=0.04～0.08 b=0.08～0.12 c=d=3
前轴承箱与基架的角销	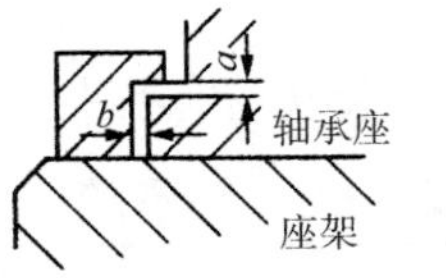 a b 轴承座 座架	a=0.04～0.06 b ＞ 1.0
连接螺栓	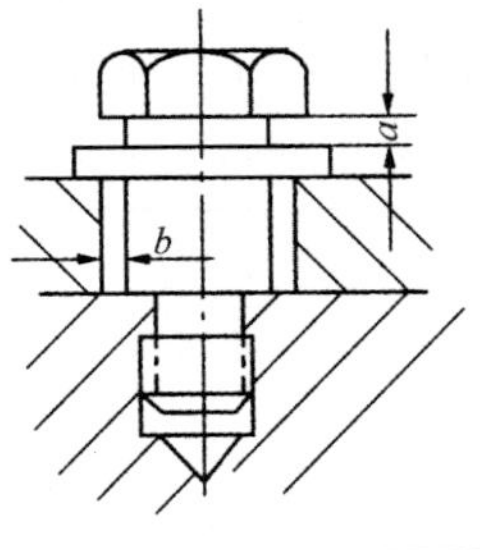 a b	a=0.1～0.2
轴承箱立销		两侧总间隙 0.04～0.08
后轴承箱基架横销		两侧总间隙 0.04～0.08

H.8 调节系统

H.8.1 调速器

a）弹簧及钢带表面应无裂纹；

b）调速器的调速块平面与调速滑阀喷油中心线的垂直度应保证小于 0.04mm，距离 H=1.2mm±0.05mm；

c）飞锤应保证左右对称，即保证 $|a_1-a_2| \leqslant 0.2$mm，如图 H.6 所示；

d）更换调速器部件时，一定要保证调速特性；

e）重新换上的调速器特性要与原设计的调速器特性一样。

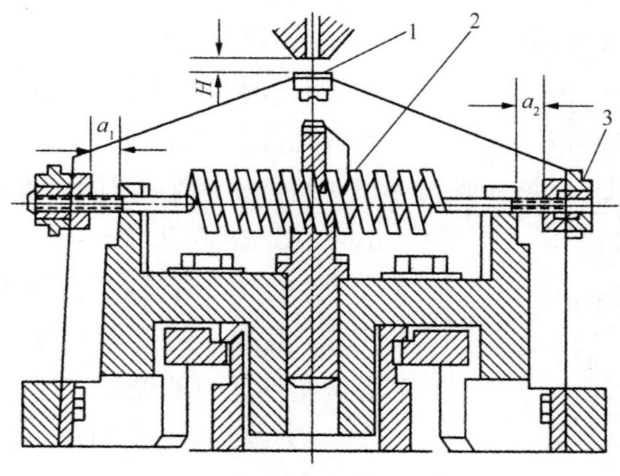

图 H.6 飞锤左右对称尺寸要求

H.8.2 调压器

a）喷嘴中心线与钢带平面的垂直度保证不大于 0.02mm；

b）薄膜及钢带无裂纹、磨损及腐蚀等缺陷；

c）钢带调整螺栓的位置尺寸与上次大修相同；

d）调压器更换钢带，要重新调整钢带预弯曲，即在薄膜承压 4.02MPa 时，钢带弯曲为 2.5mm；

e）传动齿轮、蜗轮、蜗杆的啮合良好，接触均匀，齿间间隙为 0.05～0.10mm，蜗杆窜动量小于 0.10mm；

f）调压器手动无卡涩现象。

H.8.3 同步器

a）同步器的行程为 0～34mm；

b）同步器手轮连接无松动，各齿轮组齿面接触良好，接触均匀，齿间间隙为 0.05～0.10mm，蜗杆窜动量小于 0.10mm，无严重磨损、毛刺、裂纹；

c）滚珠轴承无卡涩松动现象，与其外壳配合不松动；

d）离合器弹簧松紧度应调整适当，手动同步器时离合器能滑动，电动时离合器应无滑动；

e）螺杆 T 形接头与调速器滑阀端的挂钩间隙不大于 0.20mm；

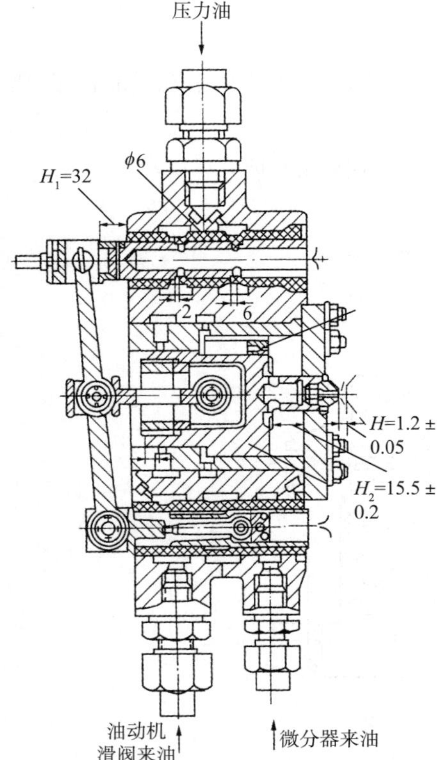

图 H.7 调速滑阀行程要求

f）组装后，同步器位于“0”位时，调速滑阀位置正确；喷嘴与调速块距离 H=（1.2±0.05）mm，见图 H.7；

g）功率限制器就位的四支架组成平面，与顶轴之间的垂直度不大于 0.08mm。

D.8.4 调速滑阀

a）调速滑阀的连杆不应有变形、弯曲；

b）调速滑阀拆去连杆后检查滑阀，滑套的磨损情况符合设计要求；

c）No.1 滑阀行程 H_1=32mm；No.2 滑阀行程 H_2=（15.2±0.2）mm；

d）组装时 No.3 滑阀套筒油口开度为 10.6mm（No.1 滑阀、No.2 滑阀处于左支点时测量），否则需调整连杆上的调整螺母，见图 H.7；

e）喷油孔的中心线与调速器端面的不直度应不大于 0.04mm；

f）测量喷油嘴的口径为 ϕ5mm；

g）调速滑阀上的节流孔和空气应清理畅通，进油滤网要清洗干净。

H.8.5 调压器滑阀

a）滑阀、套筒工作面无锈蚀、磨损，配合良好，见图 H.8；

b）测量滑阀的行程，H_1=（4.1±0.2）mm；

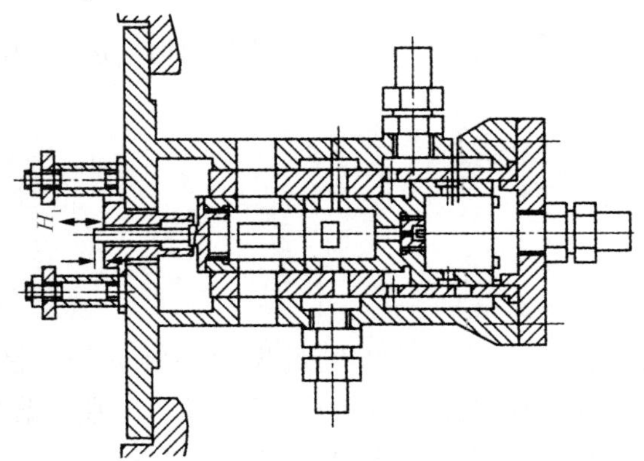

图 H.8 滑阀行程要求

c）滑阀上盖连接螺母有紧固件；

d）滑阀底部的调整螺母无松牙、脱扣现象；

e）滑阀及套筒的油口无冲蚀和碰伤情况。

H.8.6 调压器切除阀

a）保证手柄轴向行程为 10mm±0.5mm，电磁铁行程为 20mm±0.5mm，行程开关位移量为 0.3～0.5mm；

b）各连接销无磨损，连接牢固，否则更换；

c）各弹簧无锈蚀、裂纹，自由长度无明显变化；

d）滑阀能够自由移动，试验动作正常；

e）油室、错油门各油孔畅通，油口无冲刷现象；

H.9 保安系统

H.9.1 危急遮断器

a）撞击子和衬套均应无锈垢，在未装弹簧时，撞击子靠自身重量应能在衬套内自由滑动，其间隙 c=0.06～0.12mm；

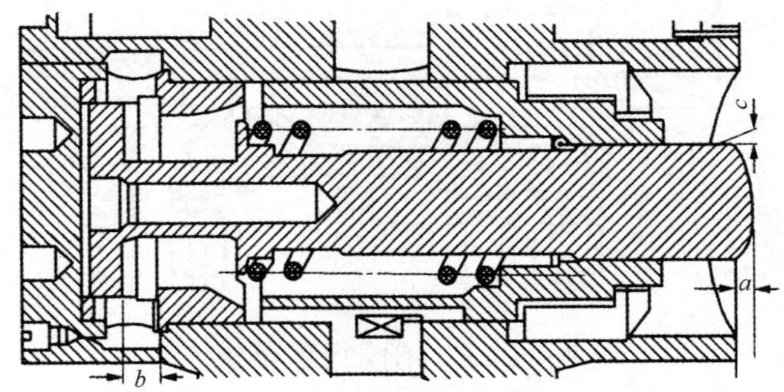

图 H.9 危急遮断器装配要求

b）弹簧无锈蚀、变形、裂纹，自由长度无明显变化；

c）撞击子的位置 a=±0.2mm，其移动距离 b=6mm±0.2mm。当调整螺帽顺时针旋转 10°，危急遮断器动作转速升高 35r/min，见图 H.9。

H.9.2 危急遮断器滑阀

a）弹簧无锈蚀、变形、自由长度无明显变化；

b）错油门及套筒各油孔畅通，无冲蚀现象；

c）芯杆与错油门无严重磨损痕迹，能保证心杆、错油门的正常动作；

d）芯杆的行程应保证 H_1=16mm±0.4mm，错油门行程 H_2=（8.5±0.1）mm，见图 H.10。

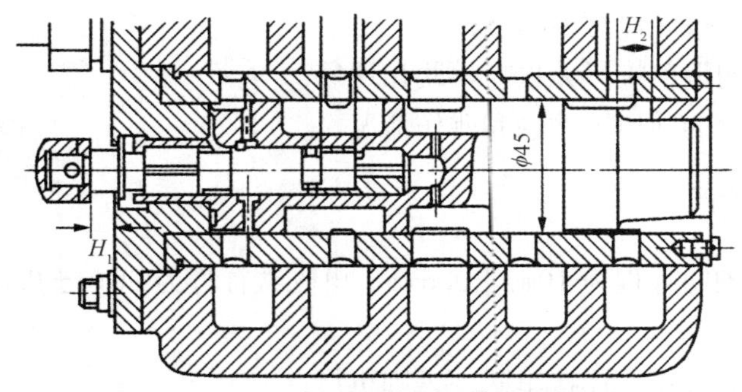

图 H.10　心杆与错油门的行程要求

H.9.3　危急遮断器杠杆

a）弹簧无锈蚀、变形，自由长度无明显变化；

b）联动杠杆移动自如，滑阀行程 H=20mm±0.1mm，见图 H.11；

c）杠杆的压板与撞击子的径向间隙为 1mm±0.2mm，危急遮断器杠杆与限位块之间的间隙为 0.2～0.5mm，见图 H.12；

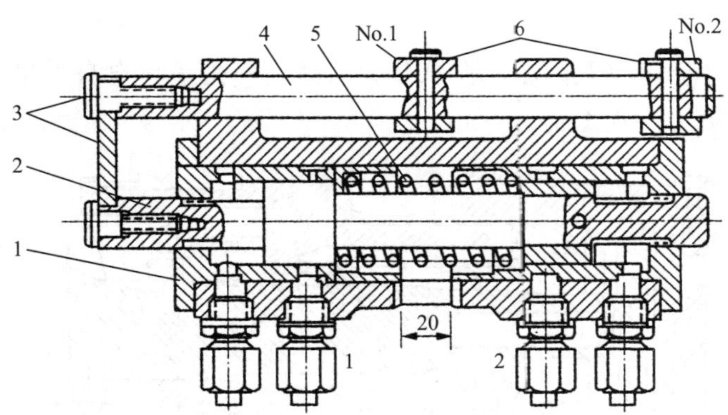

图 H.11　滑阀行程要求

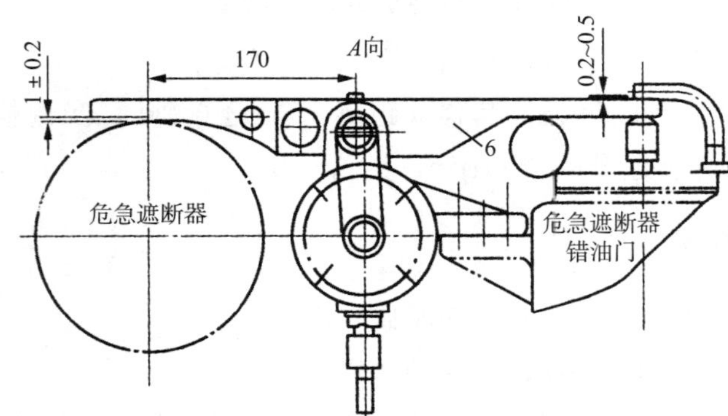

图 H.12　危急遮断器与限位块的间隙要求

d）两杠杆的距离应为 100mm；

e）滑阀与滑套无磨损、锈蚀；

f）滑阀与杠杆的连接要牢固可靠。

H.9.4 微分器

a）主滑阀与套筒无严重磨损痕迹，延迟活塞与外套无磨损；

b）放大滑阀与套筒无磨损、锈蚀，其行程应为 10mm；

c）各节流孔畅通；

d）主滑阀与延迟活塞之间有Δ=0.5mm 的过封度（微分器的脉动油达 1.254MPa 时），见图 H.13；

e）油室及油孔无污垢、锈蚀；

f）各零部件及连接齐全。

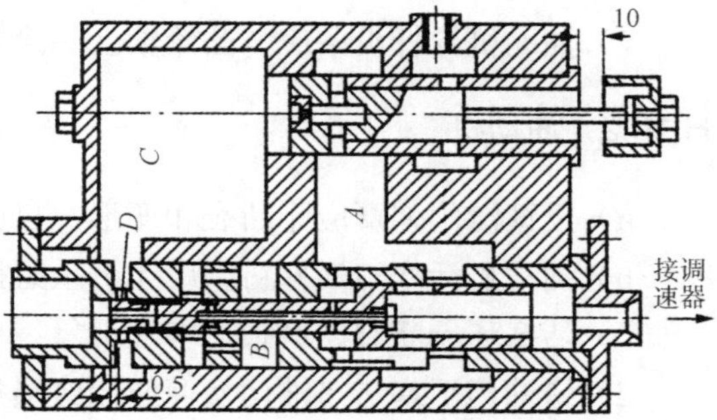

图 H.13 主滑阀与延迟活塞的配合要求

H.9.5 保安操纵箱

a）检查电磁解脱阀、超速滑阀及喷油滑阀的弹簧无变形、锈蚀，自由长度无明显变化；

b）各滑阀未装弹簧情况下，在套衬内能自由上下移动，滑阀无明显的磨损痕迹；

c）电磁解脱滑阀行程应大于 11mm。

H.9.6 功率限制器

a）功率限制器转动自如、无卡涩；

b）齿轮的齿合面接触良好；

c）要保证两转动轴平行；

d）传动轴上的键槽无锈蚀、裂纹、毛边；

e）顶轴行程应达 10.5mm；

f）保证顶轴位于最上部，综合滑阀的 No.1 滑阀在最下部时 H=11.5mm±0.05mm，此时刻度盘位于“0”，见图 H.14。

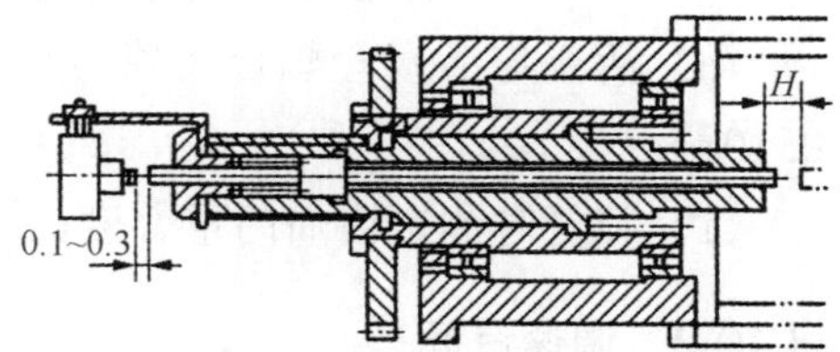

图 H.14 顶轴位于最上部，综合滑阀最大部的尺寸要求

H.10 配气机构

H.10.1 凸轮装置

a）调速汽阀杠杆机圆与凸轮间隙应保证 No.3、No.4 阀为 0.10～0.20mm，No.1、No.2 阀为 5～6mm（冷态）；

b）凸轮轴应转动灵活；

c）各轴承应无麻点、剥皮、损伤等现象；

d）汽阀上座的弹簧应无裂纹、损伤，调整螺栓及螺帽完好，滚轮无滚压变形的迹象；

e）组装时保证凸轮轴在零位时，油动机与调速汽阀均在关闭位置；

f）油动机导杆齿条应与凸轮轴上的滚轮对号装配好。

H.10.2 油动机

a）反馈滑阀弹簧应无断裂和变形，自由长度无明显变化；

b）油动机活塞与活塞衬塞应无严重磨损痕迹；

c）活塞环无断裂、磨损、卡涩现象；

d）错油门活塞与错油门套筒应无磨损痕迹；

e）油动机错油门滑阀全行程为 13.5mm，见图 H.15；

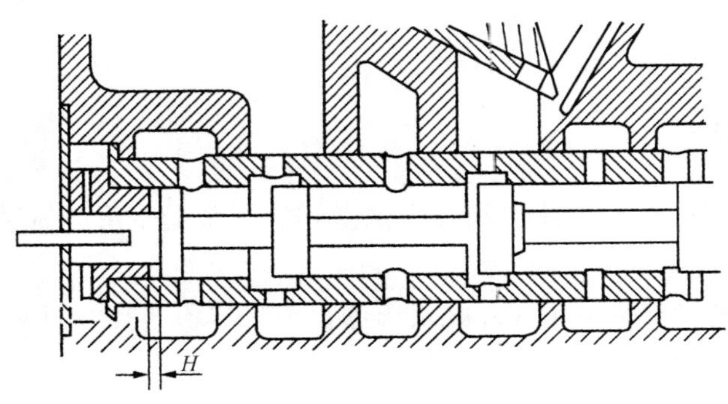

图 H.15 油动机错油门滑阀行程

f）油动机行程为（230±2）mm；

g）活塞环与活塞轴向间隙为 0.08～0.13mm；

h）活塞与活塞套配合间隙为 0.08～0.13mm，错油门滑阀与滑套配合间隙为 0.05～0.10mm；

i）装复时测定错油门重叠度。

H.10.3 调速汽阀

a）检查蒸汽室内无裂纹，阀座与蒸汽室无松动；

b）门杆与门杆套间隙为 0.30～0.41mm；

c）门杆的弯曲度不大于 0.03mm；

d）门芯与门座用红丹粉检查接触情况，圆周均匀连接接触；

e）门杆上部连接螺帽无松动，配准垫圈间隙为 0～0.05mm；

f）检查调速汽阀行程，预启阀行程为 6mm 时，该阀行程为 36mm，预启阀行程为 14mm，该阀行程为 35mm，预启阀行程为 7mm，该阀行程为 35mm；

g）阀盖结合面清理干净，接触良好；

h）调节气阀螺栓探伤检查合格。

H.11 自动主汽门及操纵座

H.11.1 自动主汽门

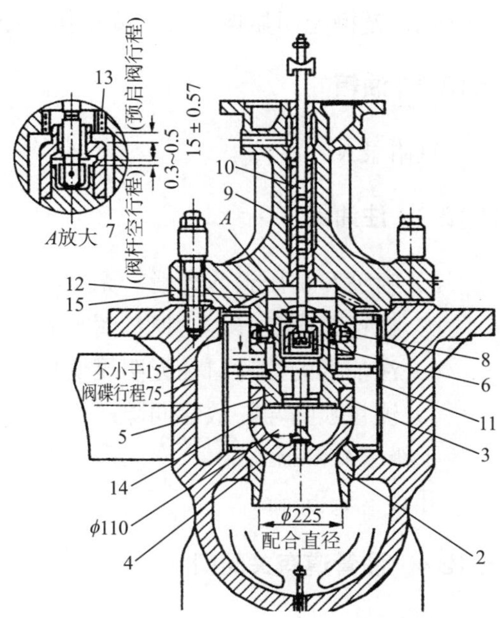

图 H.16 自动主汽门阀门行程

a）阀门全程为 75mm，其预启阀行程为 15mm±0.57mm，阀杆空行程为 0.3~0.5mm，见图 H.16；

b）门杆与门杆套间隙符合装配要求。

c）门杆弯曲度小于 0.03mm；

d）门座无松动；

e）密封面处清除干净、严密性良好；

f）过滤网完整；

g）齿形垫片无冲蚀，否则更换；

h）主汽阀螺栓螺帽金相探伤合格。

H.11.2 操纵座（自动关闭器）

a）油室各油孔清理干净；

b）弹簧无锈蚀变形，自由长度无明显变化；

c）活塞与活塞室的配合良好，滑阀与滑阀套配合良好；

d）自动关闭器行程与指示刻度一致，保证 *H*=100mm，*S*=（13±0.5）mm，见图 H.17；

e）连接铰上的滚动轴承完好，锁紧螺帽无损伤，螺母完好。

H.12 油系统及附件

H.12.1 主油泵

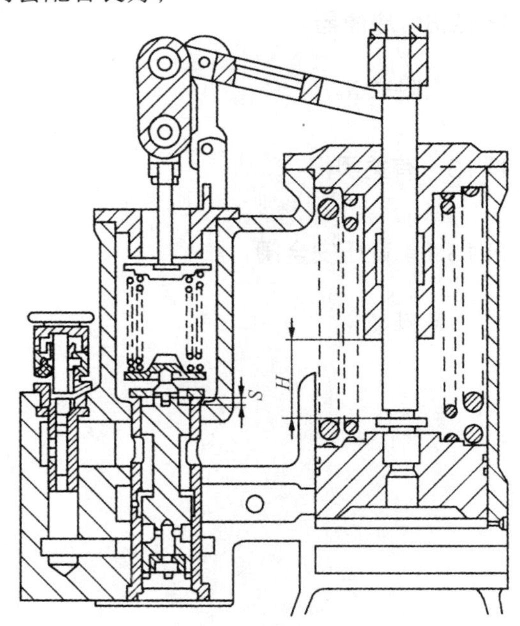

图 H.17 自动关闭器行程

a）主油泵推力间隙为 0.10~0.15mm；

b）轴瓦紧力为 0~0.02mm；

c）密封环总间隙为 0.25~0.35mm，无明显椭圆度，轴向间隙为 0.02~0.05mm；

d）叶轮瓢偏度和晃动度应小于 0.05mm；

e）泵壳水平结合面用 0.03mm 塞尺检查塞不进，红丹粉检查接触良好；

f）主油泵转子比汽轮机转子抬高数值 0.30~0.40mm；

g）主油泵叶轮表面光滑无毛刺、裂纹、汽蚀和剥落，内孔与轴配合间隙小于

0.03mm，键槽无明显挤压变形或损伤、裂纹，键与轴槽配合间隙为 0～0.01mm。

H.12.2　油箱

见附录 N。

H.12.3　注油器

a）喷嘴和扩压管应光滑，无裂纹、腐蚀；

b）螺栓紧固良好，止退垫圈牢固；

c）注油器的喷嘴口径无明显变化。

d）测量喷嘴与扩散管间隙：

Ⅰ级　A_1=82mm；

Ⅱ级　A_2=63mm。

H.12.4　油管道有关阀门

见附录 N。

H.12.5　溢油阀

见附录 N。

H.12.6　冷油器

见附录 N。

H.13　有关阀门

H.13.1　背压安全阀

见附录 N。

附 录 I
（规范性附录）
B12-35/10 汽轮机检修质量标准

I.1 汽缸

I.1.1 化妆板

a）化妆板外观平整、光洁，骨架完整无损；

b）安装后骨架不妨碍机组热膨胀。

I.1.2 保温

a）汽缸外壁温度降到 100℃以下后，汽缸内壁上、下缸温差小于 50℃，方可拆掉保温；

b）装复保温时，保温材料选用优质硅酸铝保温板，用高温黏合剂粘贴成形，分层错缝安装，以直径ϕ1.2～ϕ1.6mm铁丝网分两层捆扎后，外覆盖层采用硅酸镁浆料抹面；

c）保温钩直径ϕ6～ϕ8mm，间距 300mm；

d）保温外层由金属网兜紧；

e）保温外抹面（使用粘接型材料除外）光滑、整洁、美观；

f）室温 25℃时，保温层表面温度≤ 50℃；

g）保温层不得影响缸体、管道及支吊架等的热膨胀，保证上、下汽缸温差在运行过程中≤ 50℃。

I.1.3 螺栓

a）螺栓应光洁，无毛刺、损伤，并涂抹螺栓防卡剂，高压螺栓应进行无损探伤，合格后方可继续使用；

b）导汽管螺栓应光洁，无毛刺、损伤，无损探伤合格，涂沫螺栓防卡剂；

c）蒸汽室盖螺栓应光洁，无毛刺、损伤，无损探伤合格，涂沫螺栓防卡剂；

d）汽缸结合面螺栓与螺母应打与顺序号相符的钢印，涂抹螺栓防卡剂，螺栓与螺母必须旋在一起存放。

I.1.4 汽缸本体

a）汽缸水平中分面必须光洁平整，无任何划伤痕迹，内壁无锈垢，各种表计插孔、疏水孔、抽汽口清洁畅通，内壁过渡处光洁无损伤，上、下汽缸无泄漏痕迹，无裂纹、砂眼等缺陷；

b）汽缸水平基本上应保持原安装数值，横向水平每米长度内≤ 0.2mm，轴向应符合转子扬度；

c）汽缸与前后汽封、隔板洼窝中心应符合下列要求：

前汽封洼窝：±0.05mm，

隔板洼窝：±0.025mm，

后汽封洼窝：±0.05mm ；

d）上、下汽缸合缸后水平中分面间隙应符合下列要求：

合缸不紧螺栓时：≤ 0.05mm，

合缸紧固 1/3 螺栓时：≤ 0.03mm ；

e）汽缸螺栓紧固顺序从中间起始，向两侧交叉进行，全部螺栓紧固后，应复核一遍，保证松紧一致；

f）汽缸采用高温汽缸密封脂密封，涂层厚度约为 0.5mm（如结合面间隙不均，可适当增加涂层厚度，但最大厚度≤ 0.8mm）。

I.2 隔板

a）隔板及导叶环应完整无损、无锈垢、无变形，静叶片内背弧应光洁无锈蚀、水垢等，进出汽边完整无损伤、裂纹、变形等缺陷；

b）隔板中分面间隙≤ 0.05mm ；

c）隔板中分面处与汽缸配合间隙应符合图 I.1 要求；

d）隔板下半与汽缸配合间隙应符合图 I.2 要求；

e）隔板汽封装入后，按动自如，无卡涩现象；

f）弹簧片无锈蚀、变形、裂纹等缺陷，刚度合格。

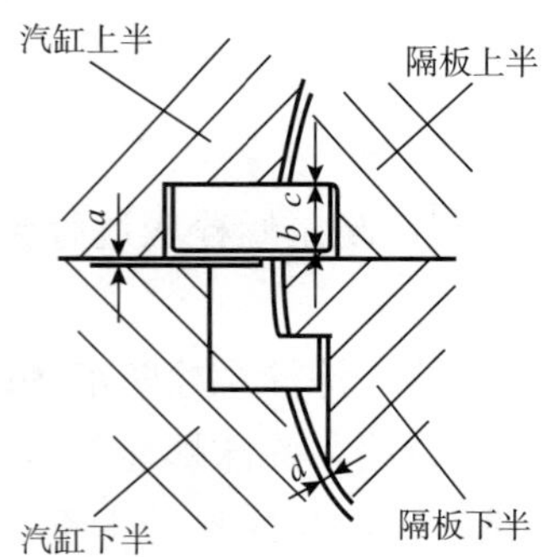

图 I.1 隔板中分面与汽缸配合间隙要求

a=0.2mm ；b、c=0.25mm ；d=1.2～1.5mm

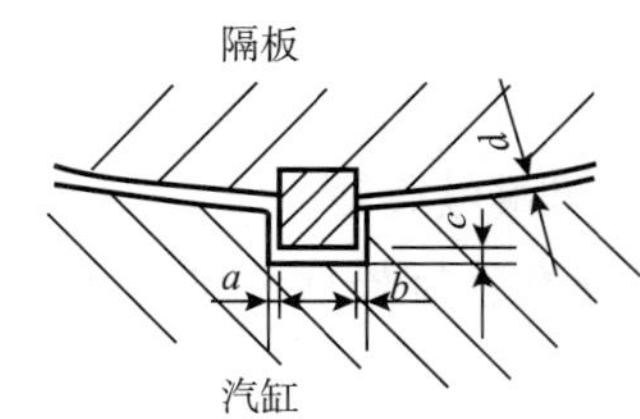

图 I.2 隔板下半与汽缸配合间隙要求

$a+b$=0.03～0.045mm ；c=1.2～1.5mm ；d=1.2～1.5mm

I.3 汽封

a）汽封梳齿应完好无损，无毛刺、无锈蚀和污垢，各部尺寸符合图纸要求，镶片式的汽封片无倒伏、缺损等缺陷，填压条及汽封片镶嵌牢固，弹簧片无锈蚀、裂纹、变形等缺陷，刚度合格，汽封环装入后按动自如，无卡涩现象；

b）前、后汽封及隔板汽封各部间隙应符合图 I.3、图 I.4 要求；

c）汽封体上、下结合面应光洁，无机械损伤、锈蚀、泄漏痕迹，其间隙≤ 0.05mm，内腔和抽汽孔洁净，无锈垢；

d）连接螺栓、定位螺销完好，配合面光洁，螺纹完整，无松动和卡涩现象。

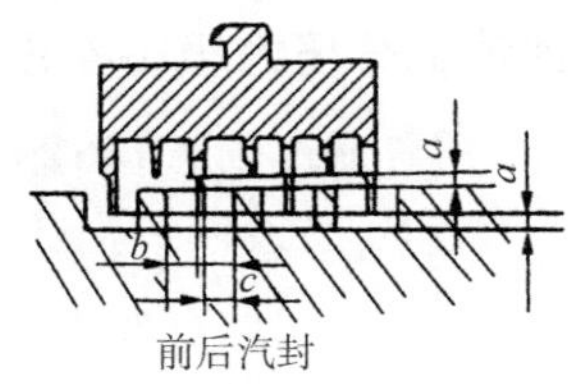

图 I.3 前、后汽封各部间隙要求

前汽封：

a=0.25～0.4mm；

b=3.1mm；　镶片式 b=3mm；

c=2.8mm；　c=2mm；

后汽封：

a=0.25～0.4mm；b=4mm；c=3.3mm

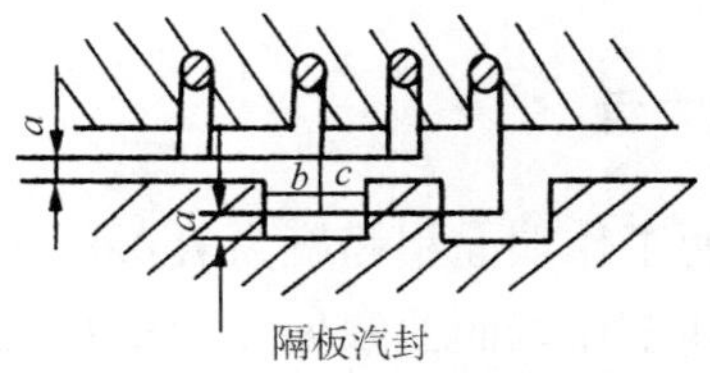

图 I.4 隔板汽封各部间隙要求

a=0.3～0.45mm；b=4mm；c=3mm

I.4 转子

I.4.1 主轴

a）前、后轴颈表面应光洁，无锈蚀、机械损伤、裂纹、白点、夹杂等缺陷，并经无损探伤合格后方可继续使用；

b）前、后轴颈的椭圆度及圆柱度均≤ 0.03mm；

c）主轴弯曲度≤ 0.04mm；

d）主轴的扬度：2# 瓦轴颈处为 0，1#、3#、4# 瓦轴颈处为自由扬度；

e）主轴表面应光洁，无任何污垢、锈蚀或机械损伤，叶轮与隔套之间间隙内必须清洁，无任何杂物，保证叶轮的热膨胀。

I.4.2 叶轮、叶片

a）叶轮轮盘及平衡孔表面应光洁无锈垢、裂纹或机械损伤，平衡孔过渡处应光洁无垢；

b）叶片及围带完好无损，无锈蚀、污垢、裂纹、变形等缺陷，叶片内背弧形线完好光洁；

c）通流部分动静间隙、调节级应符合图 I.5 要求，压力级 1～4 级应符合图 I.6 要求。

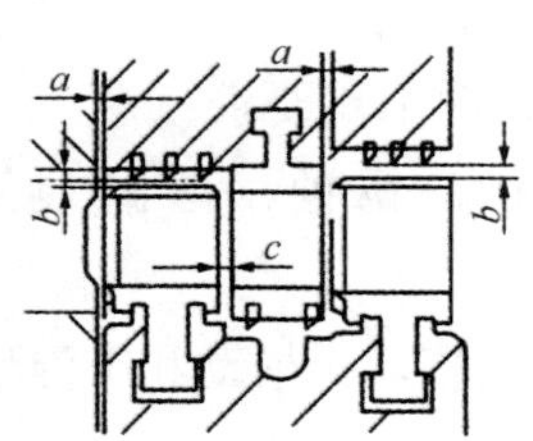

图 I.5　通流部分间隙及调节级要求

a=1.25～1.75mm；b=1.75～2mm；c=3mm

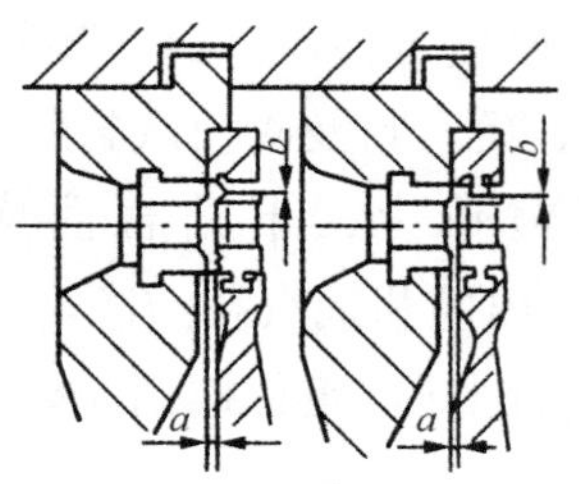

图 I.6　通流部分压力级 1~4 级要求

a=1.25～1.75mm；b=1.75～2mm

I.4.3　推力盘

a）两工作端面粗糙度为 R_a0.8；

b）两工作端面的瓢偏度均≤ 0.02mm。

I.4.4　联轴器

a）联轴器与轴连接牢固，无松动现象，外表面光洁，止口、端面和外圆无机械损伤；

b）螺销孔清洁，内表面粗糙度为 R_a1.6，孔边无毛刺，螺销与孔的配合无过紧或松动现象；

c）联轴器端面瓢偏≤ 0.02mm，止口晃度≤ 0.03mm，外圆跳动≤ 0.03mm；

d）螺销的螺纹部分丝扣完好无损，配合面粗糙度为 R_a1.6，并经无损探伤合格后方可继续使用；

e）联轴器找中心，外圆≤ 0.04mm，端面≤ 0.02mm，允许呈下开口状态。

I.5　轴承

I.5.1　径向轴承

a）钨金不得有龟裂、脱胎、夹渣、气孔、凹坑、熔蚀现象，表面不允许有机械损伤；

b）轴承衬瓦间隙和接触角见图 I.7、表 I.1；

c）轴承紧力为 0～0.03mm；

d）轴承油挡间隙应符合下列要求：

上部：0.2～0.25mm，下部：0.05～0.1mm，两侧：0.1～0.2mm；

e）轴承体球面与球面座接触面积应＞ 75%；

f）轴承体中分面间隙应＜ 0.55mm；

g）更换新衬瓦时，新瓦必须做探伤或浸煤油试验（≥ 12h），检查合格后方可使用；

h）轴承组装前所有零部件必须彻底清洗干净，确保无尘、无垢。

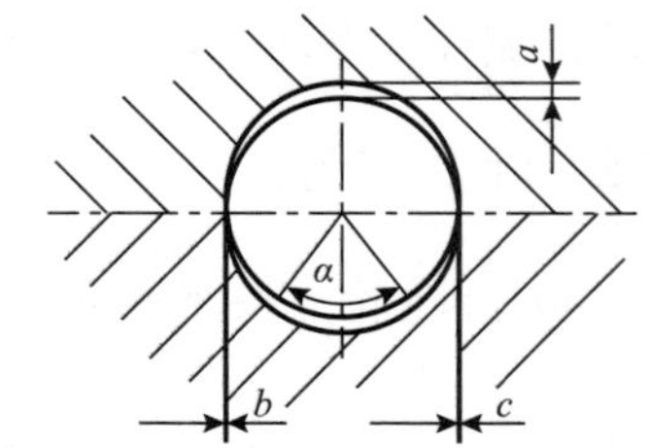

图 I.7　轴承衬瓦间隙及接触角

表 I.1　轴承衬瓦间隙及接触角要求

序号	名称	数值	序号	名称	数值
1	汽轮机前轴承顶部间隙 a 两侧间隙 b 或 c 轴颈接触面中心角 α	0.2～0.25mm 0.35～0.40mm 60° 左右	3	发电机前轴承顶部间隙 a 两侧间隙 b 或 c 轴颈接触面中心角 α	0.2～0.25mm 0.35～0.40mm 60° 左右
2	汽轮机后轴承顶部间隙 a 两侧间隙 b 或 c 轴颈接触面中心角 α	0.20～0.25mm 0.35～0.40mm 60° 左右	4	发电机后轴承顶部间隙 a 两侧间隙 b 或 c 轴颈接触面中心角 α	0.33～0.38mm 0.2～0.25mm 60° ～65°

I.5.2　推力轴承

a）推力瓦块的钨金不得有龟裂、沟痕、脱胎及严重磨损情况，接触面积≥ 75%，接触点分布均匀，接触点数应符合Ⅱ级刮研标准；

b）连续运行两个大修周期的机组，应测量钨金厚度，符合原设计要求；

c）测温元件、布线合理，安装牢固，信号准确；

d）推力轴承与推力盘的间隙为 0.35～0.40mm；

e）全部零部件必须彻底清洗后，无尘、无垢方可组装；

f）油挡间隙应符合下列要求：

油挡与主轴：0.1～0.2mm，

油挡与推力盘：0.08～0.28mm（适用于 B05A 机组）；

g）轴承垫片最多不超过 3 片，并且均为刚性垫片。

I.5.3　轴承箱（座）

a）内表面无裂纹、砂眼、防腐层脱落等缺陷，箱内清洁无杂物，各进出油孔干净畅通，紧固件齐全；

b）外油挡间隙：

上部：0.15～0.20mm，下部：0.05～ 0.1mm，左右：0.1～0.15mm；

c）发电机后轴承座绝缘＞ 1MΩ；

d）所有密封点不得有渗、漏现象。

I.6　盘车系统

a）蜗轮、蜗杆及大小齿轮完好无损、齿面光洁、啮合良好，啮合面按齿高＞45%，按齿长＞ 66%；

b）小齿轮复位后与垫片之间应保持 0.3mm 的间隙；

c）轴承紧力为 0～0.01mm；

d）两联轴器间隙为 2～3mm；

e）中心要求：圆 0.05～0.08mm，面：0.03～0.05mm；

f）供油器供油畅通；

g）电动或手动盘车，各部转动灵活，无卡涩现象，脱挂自如，所有密封处无渗漏现象；

h）各部间隙要求见图 I.8。

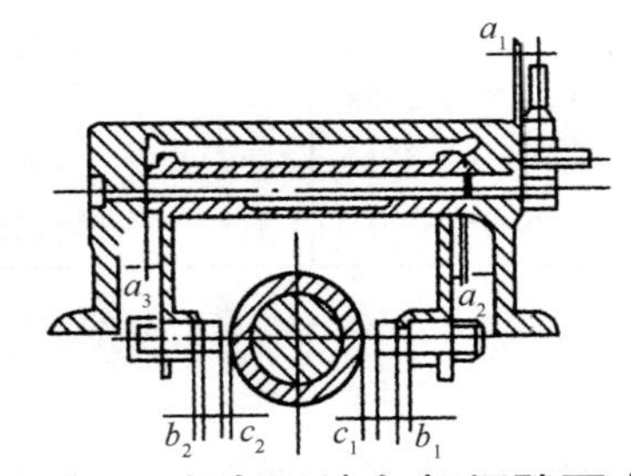

图 I.8　盘车系统各部间隙要求

a_1、a_2、a_3=0.3mm；b_1、b_2=0.1～0.2mm；c、c_1=2～3mm

I.7　滑销系统

a）连接螺栓应完好无损，无毛刺，组装前应涂抹螺栓防卡剂；

b）滑销与轴承箱及台板之间的各配合面粗糙度为 R_a1.6；

c）滑销应做好防尘密封措施；

d）滑销系统各部间隙应符合表 I.2 要求。

表 I.2　滑销系统各部间隙要求

序号	名称	间隙 /mm	图示
1	前轴承和前座架的纵销： ①两侧间隙之和 2a； ②上部间隙 b	0.04～0.6 1	
2	后轴承和后座架的纵销： ①两侧间隙之和 2a； ②上部间隙 b	0.03～0.07 1	
3	前轴承座与前座架连接螺母之间间隙 e f g	0.10 2 16	
4	前轴承座与前座架连接螺母之间间隙 e f g	0.10 6 6	也适用于 N25.35

I.8 调节系统

I.8.1 压力变换器

a）滑阀及套筒应光洁，无划伤、锈蚀、毛刺及变形等缺陷，其表面粗糙度≤R_a0.8；

b）弹簧刚度试验，弹簧高度压至105.5mm处保持12h，消除压力后能立即复原；

c）支承钢珠表面光洁，无锈蚀、划伤等缺陷，活动自如，安装时钢珠与弹簧必须与滑阀在同一轴心线上；

d）各部油孔洁净畅通，孔边无毛刺，窗口尺寸规整无损伤；

e）上部衬套端面与同步器壳体下端面之间间隙为0.15～0.2mm；

f）滑阀与套筒径向间隙为0.06～0.12mm。

I.8.2 错油门

a）滑阀及套筒应光洁，无划伤、锈蚀、毛刺及变形等缺陷，其表面粗糙度≤R_a0.8；

b）弹簧刚度试验，弹簧高度压至94mm处保持12h，消除压力后能立即复原；

c）支承钢珠表面光洁，无锈蚀、划伤等缺陷，活动自如，钢珠与弹簧必须与滑阀在同一轴心线上；

d）各部油孔洁净畅通，孔边无毛刺，窗口尺寸规整无损伤；

e）套筒与上盖之间间隙为0.06～0.20mm；

f）滑阀与套筒的径向间隙为0.06～0.12mm；

g）重叠度应符合图I.9要求。

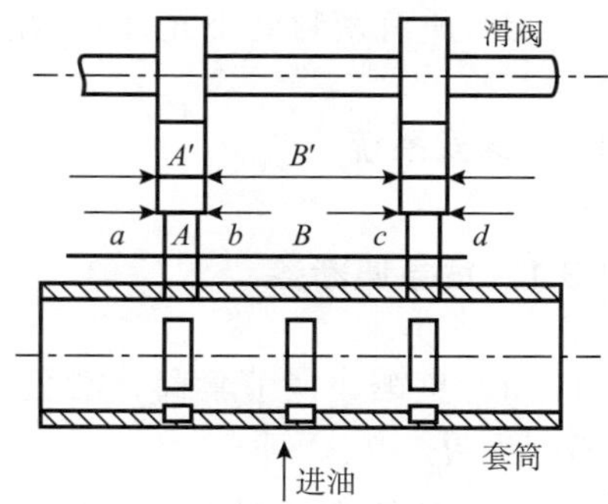

图 I.9 错油门各部重叠度要求

进油侧：$b=c=0.2$mm；排油侧：$a=d=4.2$mm；窗口高度16mm

I.8.3 同步器

a）蜗轮、蜗杆、伞形齿轮、锥形齿轮完好无损，齿面光洁无严重磨损、毛刺、锈蚀等缺陷，啮合良好；

b）芯杆配合面光洁无磨损、划伤、锈蚀、斑痕、弯曲变形等缺陷，尺寸规整，符合图纸要求，螺纹完好无毛刺、损伤等缺陷；

c）所有小弹簧受压后能立即复原；

d）轴承无锈蚀、斑痕、划伤等缺陷，游隙合格，转动自如；

e）伞齿轮与上盖间隙为0.1～0.15mm；

f）涡轮下部止退垫圈与壳体之间轴向间隙为0.1～0.15mm；

g）芯杆键槽与滑键配合滑动自如，行程高度为6～18mm；

h）同步器组装后手动应灵活自如，无卡涩现象；

i）连接电动机后应作电动试验，操作灵便，转动自如；

j）手动与电动切换销子动作正常、准确。

I.8.4 调压器

a）调整螺杆螺纹完整无损、无毛刺；

b）弹簧刚度试验，弹簧高度压至 90mm 处保持 12h，消除压力后能立即复原；

c）顶杆、滑阀及套筒应光洁无划伤、锈蚀及变形缺陷。其各配合面粗糙度≤ R_a0.8；

d）胀缩盒应完好无损，无变形现象，水压试验 1.47MPa，保持 10min 不漏，各部尺寸符合图纸要求；

e）切换手柄及凸轮完好无锈蚀，动作灵活，无自动脱离现象；

f）滑阀与套筒的径向间隙为 0.06～0.12mm；

g）上盖与上衬套之间间隙为 0.05～0.1mm。

I.8.5 调节器壳体

a）节流孔清洁完整无损；

b）壳体及壳体内各部套腔室、油孔洁净、畅通；

c）紧固件完整无缺，装配牢固；

d）所有密封处不允许有渗漏现象；

I.9 保安系统

I.9.1 危急遮断器

a）重锤、调节套筒、滑套应完好，清洁无损，配合表面无锈蚀、划伤等缺陷，粗糙度为 R_a0.8；

b）弹簧自由状态长度为 51mm，装配后静止时长度为 40mm，正常工作时长度为 36mm，两端面平整并垂直于轴线；

c）组装后手按重锤应滑动灵活，无卡涩现象；

d）重锤跳动转速为 300～3360r/min，重锤复位转速为 2945r/min，调节套筒每转一周，转速变动为 150r/min。

I.9.2 危急遮断器错油门

a）套筒与芯杆等动作零件应光洁无锈蚀、划伤及变形等缺陷；

b）各种弹簧和拉簧无严重锈蚀、裂纹、变形等缺陷，刚度合格；

c）油室、油孔洁净畅通，无损伤；

d）错油门行程 30mm；

e）组装后手击试验动作灵敏；

f）挂钩与飞锤的间隙为 1～1.5mm。

I.9.3 磁力断路油门

a）滑阀与套筒完好，无损伤、锈蚀及斑痕等缺陷，滑阀在套筒内动作灵敏；

b）弹簧应完好，无裂纹、锈蚀变形等缺陷，位置正确；

c）断电后滑阀应在弹簧作用下迅速复位；

d）阀行程为 22.5mm；

e）油室油孔清洁畅通，孔边无损伤；

f）装配后与主汽门一起进行通电试验，要求动作灵敏、准确。

I.10 配汽机构

I.10.1 调节汽阀及连杆

a）蒸汽室内部清洁，无任何杂物，扩散喷嘴光洁，无锈蚀、汽蚀、划伤及裂纹等缺陷，装配牢固，无松动现象，蒸汽室与盖两接合面平整，无机械损伤和漏汽痕迹，密封间隙应＜ 0.05mm；

b）螺栓应完好无损，丝扣完整、光洁、无毛刺，经无损探伤合格后涂抹螺栓防卡剂方可使用；

c）阀碟应光洁，无机械损伤、锈蚀等缺陷，与扩散喷嘴接合面呈线状且严密，不允许有断线处，必要时可作煤油渗漏试验，要求不渗、不漏；

d）横梁上平面各阀杆孔端面必须平整光洁，并保持在同一水平面上；

e）提升杆应光洁，无机械损伤、锈垢及变形等缺陷，表面粗糙度＜ R_a0.8，弯曲不大于 0.04mm，套筒内无锈、无垢，提升杆在套筒内应上下活动自如；

f）拉杆的球形活动装置及三角架活动灵敏无卡涩现象；

g）调节汽门有关间隙应符合图 I.10 要求；

h）调节汽门杆绞接间隙应符合图 I.11 要求；

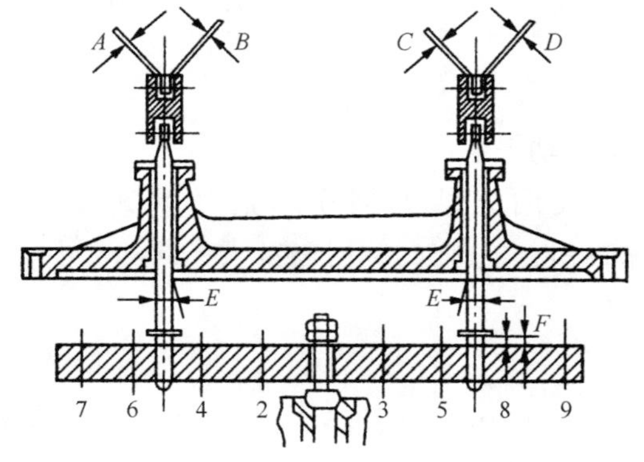

图 I.10 调节汽门有关间隙要求

A、*D*=1.5mm；*B*、C=3.5mm；
E=0.1～0.3mm；*F*=0.1～0.15mm

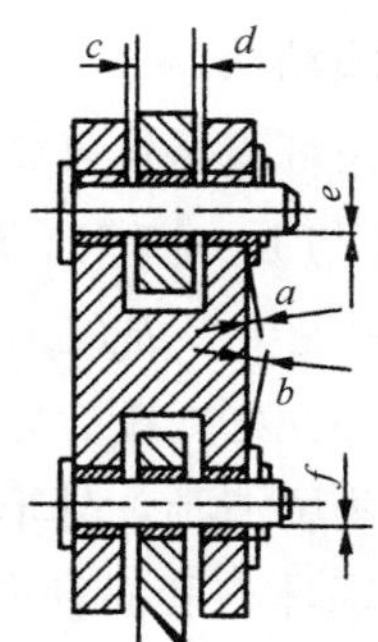

图 I.11 调节汽门杆绞接间隙要求

a=0.2～0.3mm；*b*=0.2～0.3mm；
c=3.5mm；*d*=1.5mm

i）配汽度应符合图 I.12、表 I.3。

j）连杆活动比例应符合图 I.13，表 I.4。

表 I.3　配汽度要求

阀号 机型	1	2	3	4	5	6	7	8	9
B05	1.5	11.1	23.7	36.3	48.9	61.5	76.6	80.5	92.1
B05A	1.5	16.3	28.9	41.5	54.1	66.7	81.8	85.7	97.3

表 I.4　连杆活动比例

	A_1	B_1	C_1	A_2	B_2	C_2	L_1	L_2	L	D
B05	159.81	69.98	80.43	106.54	60	46.54	518	346		
B05A	159.81	74.01	85.58	111.74	60	51.74	630	440	1070	50

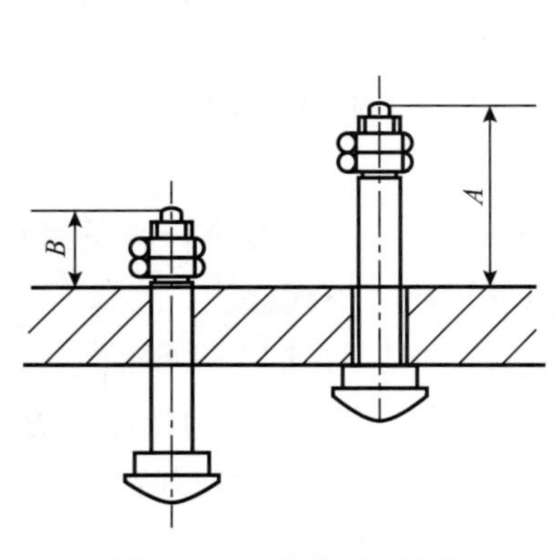

图 I.12　配汽度要求

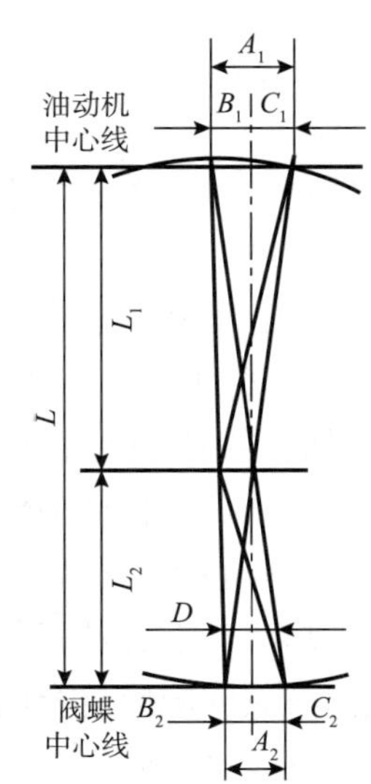

图 I.13　连杆活动比例

I.10.2　油动机

a）球形拉杆无锈蚀及弯曲变形，球头活动灵活；

b）活塞与反馈套筒等件的各配合表面光洁无划伤，无严重磨痕，椭圆度≤0.02mm，粗糙度≤R_a0.8，反馈窗口无损伤、毛刺，尺寸规整；

c）活塞环完好，配合紧密，活动灵活；

d）标尺刻度清晰，外形规整美观；

e）外活塞环与套筒径向间隙为 0.06～0.09mm，内活塞环与反馈套筒的径向间隙为 0.07～0.12mm；

f）油动机行程为 160mm；

g）内部各进、出油孔清洁畅通，孔边无损伤、毛刺。

I.11 自动主汽门

I.11.1 操纵座

a）活塞缸内壁应光洁无划伤、裂纹及变形等缺陷，油室、油孔清洁畅通；

b）推力轴承完好无损，无锈蚀、斑点，转动灵活；

c）底座、套筒、活塞及活塞杆的各配合表面应光洁，无划伤、变形等缺陷，相对运行灵活，无卡涩现象；

d）活塞杆弯曲≤ 0.04mm；

e）丝杠螺纹完好，无严重磨损、毛刺、弯曲变形等，活动灵敏，无卡涩现象；

f）弹簧无严重锈蚀，无裂纹、变形等缺陷，端面平整，位置正确；

g）行程开关动作灵敏，信号准确；

h）各部间隙符合图 I.14 要求；

i）所有密封点不允许有渗漏现象。

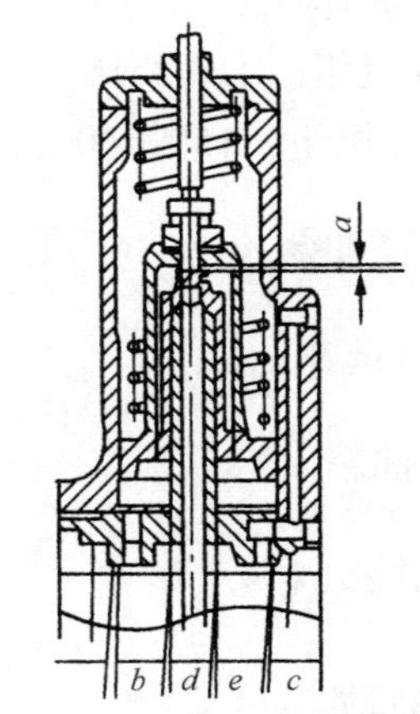

图 I.14 自动主汽门各部间隙要求

a=0.3～0.5mm；b+c=0.1～0.15mm；d+e=0.075～0.11mm

I.11.2 主汽门

a）阀体清洁，各法兰端面平整光洁，无机械损伤和泄漏痕迹；

b）扩散喷嘴及阀碟光洁，无锈蚀、划伤、沟痕和结垢现象，喷嘴与阀碟接触面呈线状且严密，不得有断线处，接触宽度 2～3mm，喷嘴装配牢固；

c）阀杆必须光洁无机械损伤，无锈垢、腐蚀斑点及弯曲变形等缺陷，阀杆在套筒中上下活动自如，无卡涩现象；

d）蒸汽滤网必须清洁无破损，安装牢固；

e）预启阀行程 2mm，主阀行程 110～220mm；

f）阀盖螺栓（M42×3）经无损探伤合格并涂抹螺栓防卡剂后方可使用。

I.12 油系统及附件

I.12.1 主油泵

a）稳流网清洁无损，孔边无毛刺；

b）油封间隙为 0.04～0.08mm；

c）逆止阀严密不漏，阀瓣动作灵活。

I.12.2 注油器

a）各油室、喷嘴、喷管及管道内壁清洁，无锈垢、杂物；

b）喷嘴光洁无严重磨损及锈蚀现象；

c）滤网清洁无污垢及破损处，孔边光滑，无毛刺；

d）喷嘴端面至滤网外端面距离：

B05 机组：24～25mm，

B05A 机组：1# 为 40mm，2# 为 20mm。

I.12.3 滤油器

见附录 N。

I.12.4 油箱

见附录 N。

I.13 油管路

见附录 N。

I.14 有关阀门

I.14.1 背压安全门

a）安全门内部清洁无锈垢，壳体无裂纹、泄漏痕迹，阀口接合面呈线状且连续不断，腐蚀斑点＜ 0.05；

b）活塞环组装时，各环开口应相对错位 90° 以上或对称 180° ；

c）安全门整定压力：1.26～1.28MPa；

d）各部间隙见图 I.15、图 I.16。

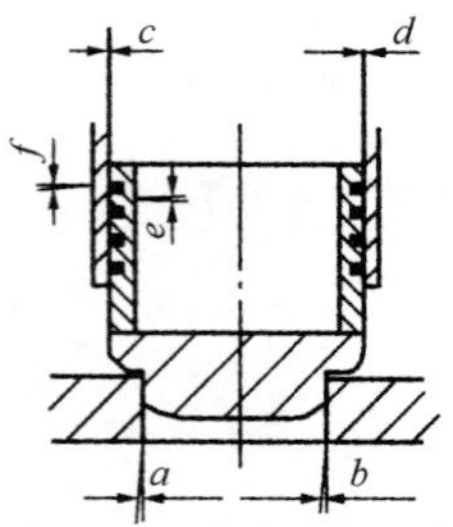

图 I.15 背压安全门活塞间隙要求

$a+b$=0.6～1.2mm；$c+d$=0.17～0.84mm；$e+f$=0.015～0.085mm

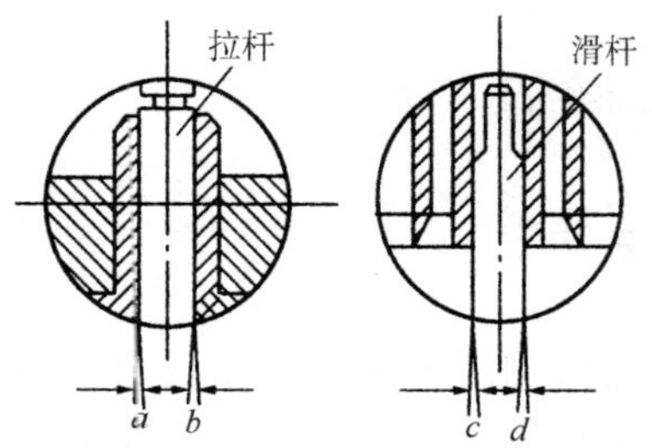

图 I.16 背压安全门拉杆、滑杆间隙要求

$a+b$=0.28～0.42mm；$c+d$=0.07～0.13mm

I.14.2 脉冲阀

a）阀体内部清洁无锈蚀、无裂纹和泄漏痕迹；

b）滑阀及套筒光洁无垢，无机械损伤，相对运行灵活，无卡涩现象；

c）刀口平直锐利，确保与杠杆呈线状接触；

d）脉冲阀整定压力为 1.28MPa；

e）脉冲阀的行程与汽封间隙见图 I.17 要求。

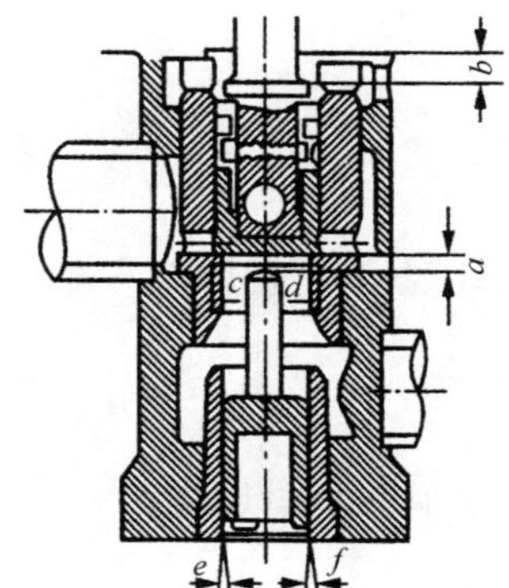

图 I.17 脉冲阀的行程与汽封间隙要求

a=5mm；b=9mm；c+d=0.03～0.15mm；
e+f=0.03～0.27mm

附　录　J
（规范性附录）
N25-35-1 汽轮机检修质量标准

J.1　汽缸

J.1.1　化妆板

a）化妆板及其配件完整；

b）骨架不应妨碍机组热膨胀，外观完整美观。

J.1.2　保温

a）汽缸外壁温度降到100℃以下后，汽缸内壁上、下缸温差小于50℃，方可拆掉保温；

b）装复保温时保温材料应紧贴设备，不得有脱空或接缝处不严现象，保温材料选用优质硅酸铝保温板，用高温黏合剂粘贴成形，分层错缝安装，以直径ϕ1.2～ϕ1.6mm铁丝网分两层捆扎后，外覆盖层采用硅酸镁浆料抹面；

c）保温层与化妆板壳之间保持5～10mm空气间隙；

d）保温钩直径ϕ6～ϕ8mm，间距为300mm；

e）保温层不得影响缸体、管道及支吊架等的热膨胀，下汽缸保温层厚度应大于上汽缸，保证机组运行中上、下汽缸温差≤50℃；

f）当室温25℃时，保温层表面温度≤50℃。

J.1.3　汽缸本体

a）汽缸水平中分面必须光洁、平整，无任何划伤痕迹，内壁无锈垢，各种表计插孔、抽汽口清洁畅通，内壁过渡处光洁无损伤，上、下汽缸无泄漏痕迹以及裂纹、砂眼等缺陷；

b）汽缸水平基本上应保持原安装数值：

横向水平：每米长度内≤0.2mm，

轴向水平：应符合转子扬度；

c）汽缸与前、后汽封，隔板及隔板套洼窝中心，应符合下列要求：

前汽封：±0.05mm，

隔　板：±0.025mm，

后汽封：±0.05mm；

d）下汽缸合缸后水平中分面间隙，应符合下列要求：

合缸不紧螺栓时：不大于 0.05mm，

合缸紧固1/3螺栓时：不大于0.03mm；

e）汽缸螺栓紧固顺序见图 J.1；

f）汽缸采用高温汽缸密封脂密封，涂层厚度约为 0.5mm（如结合面间隙不均，可适当增加涂层厚度，但最大厚度≤0.8mm）。

J.1.4 螺栓

a）螺栓、螺母的螺纹应无毛刺、损伤等缺陷，用手自由旋到底，无卡涩现象，无过松或过紧现象，高压段螺栓须做无损探伤，合格方可使用；

b）汽缸结合面螺栓与螺母应打与顺序号相符的钢印，涂抹螺栓防卡剂，螺栓与螺母必须旋在一起存放。

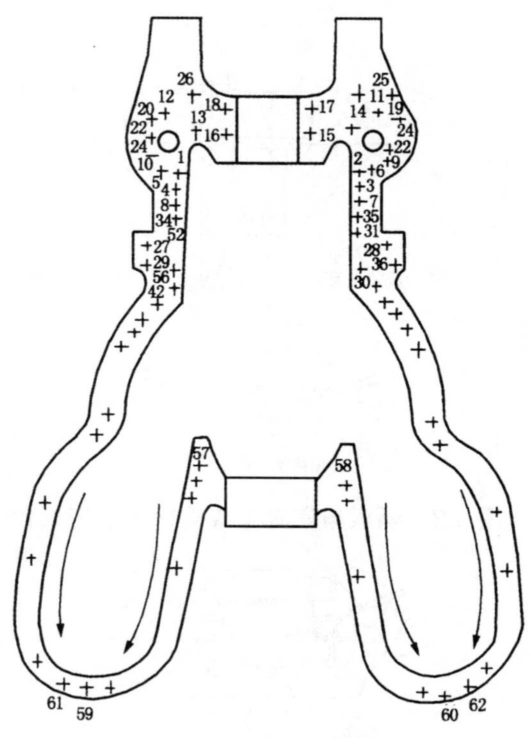

图 J.1 汽缸螺栓紧固顺序

J.2 隔板与隔板套

a）隔板、隔板套及转向导叶环应无锈垢、裂纹、变形，静叶片无松动和进、出汽边缺损现象，内背弧应光洁，上、下结合面平整光洁，无机械损伤及漏汽痕迹；

b）汽封片平整无损，无倒伏现象，顶端厚度 0.3mm；

c）隔板、隔板套及转向导叶环上、下半的结合面间隙≤ 0.05mm；

d）隔板洼窝中心要求见图 J.2；

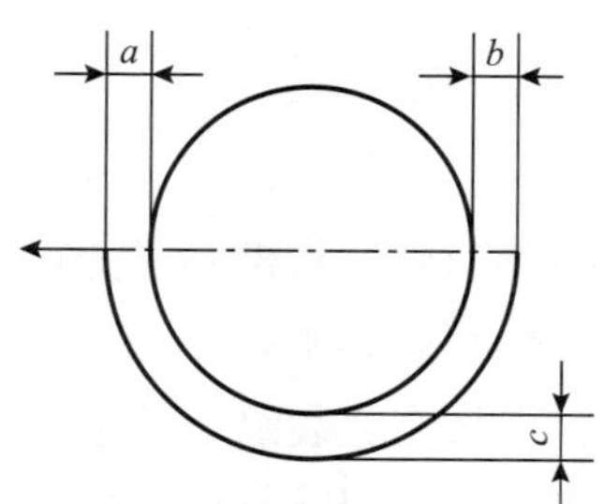

图 J.2 隔板洼窝中心要求

$a-b=\pm0.06$mm；$c-(a+b)/2=0.04\sim0.08$mm

e）低压段（末 3 级）隔板疏水孔应洁净畅通；

f）隔板及隔板套组装前应涂抹螺栓防卡剂；

g）隔板及隔板套与汽缸装配间隙要求见图 J.3；

h）转向导叶环与汽缸装配间隙要求见图 J.4；

i）连接螺栓、定位螺销完好，配合面光洁，螺纹完整，无松动和卡涩现象。

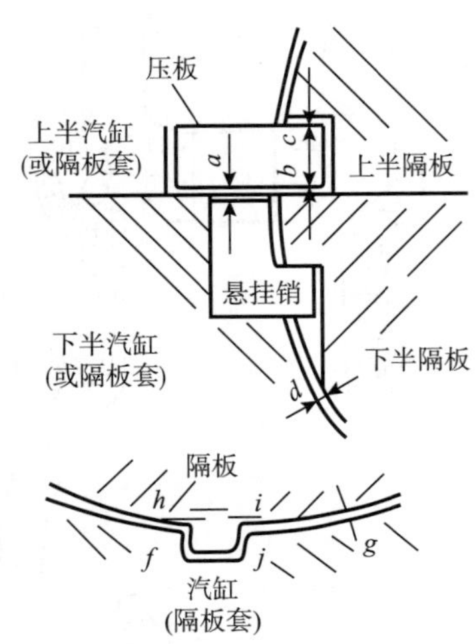

图 J.3　隔板与汽缸（或隔板套）的配合

a=0～0.20mm；

b=0.5mm；

c=0.4～0.7mm；

d=1.5mm（第 1～10 级）

=2mm（第 11、12 级）；

e=1.5～2.1mm（第 1～10 级）

=2～2.6mm（第 11、12 级）；

$f+g$=0.035～0.045mm；

$h+i$= －0.02mm（过盈）；

上、下半隔板中分面与悬挂销间隙＜0.05mm；

隔板与汽缸或隔板套的水平面接触面积≥60%

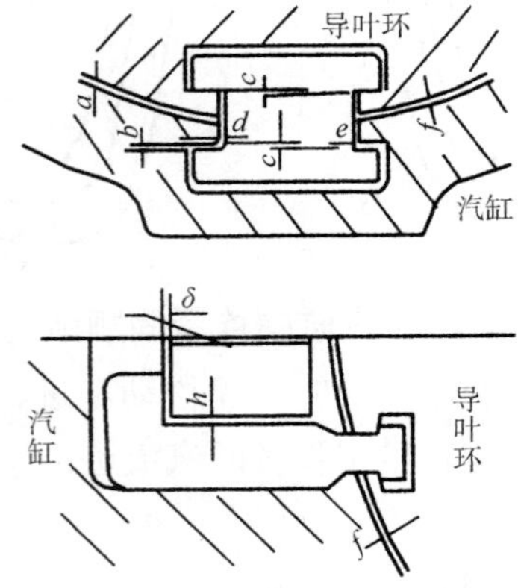

图 J.4　转向导叶环与汽缸的配合

a=0；

b=0.28～0.30mm；

c=0～0.02mm；

$d+e$=0.05～0.10mm；

f=1.5mm；

g=0～0.05mm；

h=0.4～0.5mm

J.3　汽封

a）汽封体上、下结合面应光洁，无机械损伤、锈蚀、泄漏痕迹，其间隙≤0.05mm，内腔和抽汽孔洁净，无锈垢等杂物；

b）连接螺栓、定位销完好，无损伤、裂纹、锈蚀，螺纹完整，无松动或卡涩现象；

c）汽封梳齿应完整，无毛刺、锈蚀及污垢（镶片式汽封的汽封片应平整无损，无倒伏现象，其填压条及汽封片镶嵌牢固），汽封环装入后，按动自如，无卡涩现象；

d）弹簧片平整光洁，无锈蚀、裂纹、变形等缺陷，刚度合格；

e）汽封各部间隙要求见图 J.5；

f）前、后汽封及隔板汽封环的全周膨胀间隙为 0.1～0.22mm；

g）转子在汽封洼窝处的中心要求见图 J.2。

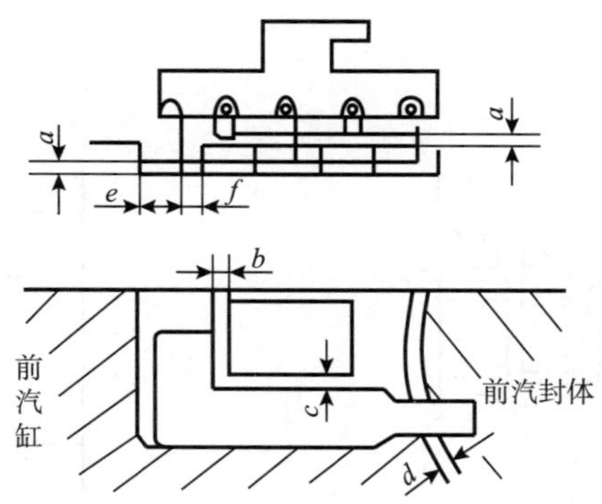

图 J.5 汽封各部件配合

前汽封：	后汽封：	隔板汽封：
a=0.25～0.4mm；	*a*=0.25～0.35mm；	*a*=0.35～0.45mm；
b=0～0.05mm；	*b*=0～0.05mm；	*e*=3.6mm；
c=0.4～0.5mm；	*c*=0.4～0.5mm；	*f*=3.1mm
d=1.5mm；	*d*=1.5mm；	
e=2mm；	*e*=3mm；	
f=2.8mm	*f*=3.8mm	

J.4 转子

J.4.1 主轴

a）前后轴颈表面应光洁，无锈蚀、损伤、裂纹、白点、夹杂等缺陷，无损探伤合格；

b）轴颈椭圆度及圆柱度均≤ 0.03mm；

c）主轴弯曲度≤ 0.04mm；

d）主轴扬度：2# 瓦轴颈处为 0，1#、3#、4# 瓦处为自由扬度；

e）主轴表面应光洁，无锈垢、锈蚀或机械损伤，叶轮与隔套之间的间隙内必须清洁无杂物，保证叶轮的热膨胀。

J.4.2 叶轮叶片

a）叶轮轮盘及平衡孔表面应光洁，无锈垢、裂纹或机械损伤，平衡孔过渡处圆滑光洁；

b）叶片及围带应完好，无锈蚀、污垢、裂纹、变形等缺陷，叶片内，背弧型线完好光洁，末 3 级（252mm、368mm、485mm）叶片做静频率测试和无损探伤，符合生产厂原设计要求；

c）插入式叶根、销钉应装配牢固，无松动、锈蚀、变形和裂纹等缺陷；

d）通流间隙应符合下列要求：

调节级见图 J.6，

压力级 1～6 级见图 J.7，

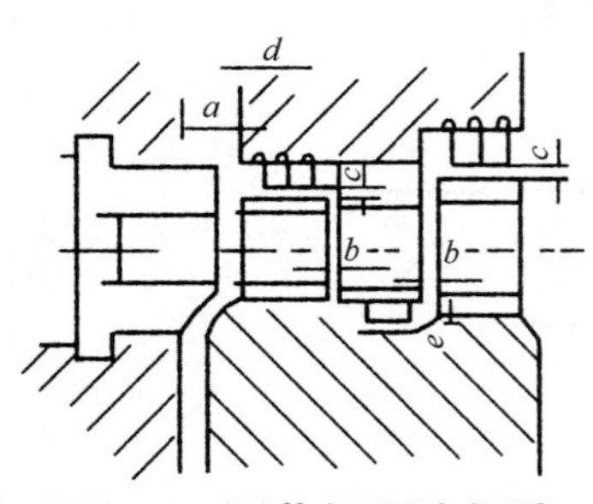

图 J.6　调节级通流间隙

a=1.5mm；b=3mm；c=1.5～1.8mm；d=45mm

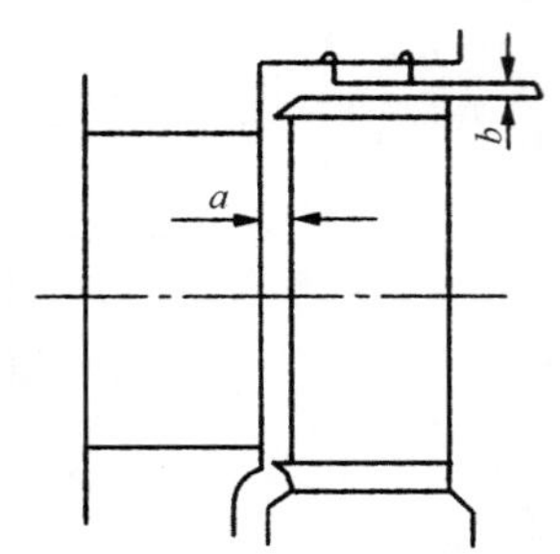

图 J.7　压力级 1~6 级通流间隙

a=1.5mm；b=1mm

压力级 7～8 级见图 J.8，

压力级 10～12 级见图 J.9；

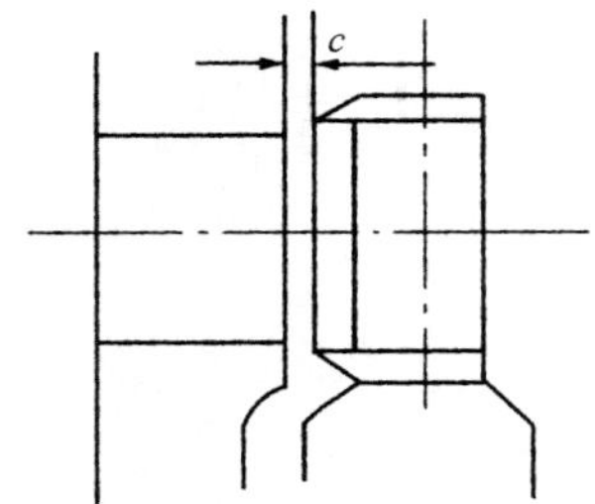

图 J.8　压力级 7~8 级通流间隙

c=1.5mm

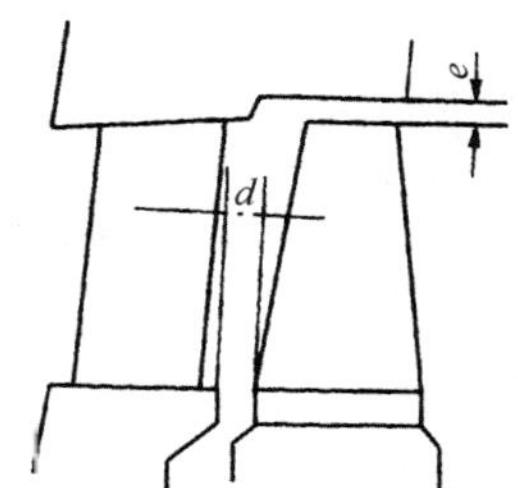

图 J.9　压力级 10~12 级通流间隙

10 级 d=9mm，e=3mm；11 级 d=20mm，e=3mm；12 级 d=25mm，e=4mm

e）叶轮壳端面与隔套轴向间隙应符合图 J.10 要求。

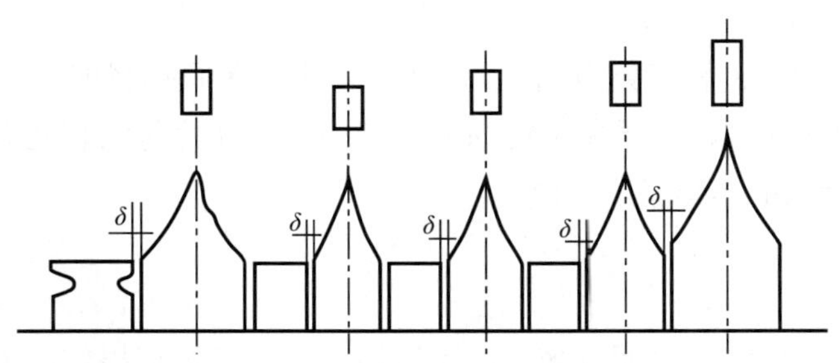

图 J.10　叶轮壳端面与隔套轴向配合

调节级前：δ=0.2mm；各压力级：δ=0.1mm

J.4.3　推力盘

a）推力盘外表面无锈蚀、裂纹、机械损伤，工作端面粗糙度为 R_a0.8；

b）两端面瓢偏度≤ 0.02mm，外圆跳动≤ 0.03mm。

J.4.4 联轴器

a）联轴器与轴连接牢固无松动现象，外表面光洁，无锈垢、裂纹，止口，端面无机械损伤；

b）螺栓销孔清洁，内表面粗糙度为 R_a1.6，孔边无毛刺和机械损伤，螺栓销与孔配合无过紧或过松现象，以用手推入 1/3 长度后，轻松到位为佳；

c）联轴器端面瓢偏度≤ 0.02mm，外圆跳动≤ 0.03mm；

d）连接螺栓销，螺纹无损伤、锈蚀现象，配合面粗糙度为 R_a1.6，并经无损探伤合格方可使用；

e）联轴器中心要求：圆周≤ 0.04mm，端面≤ 0.02mm，允许呈下开口状态。

J.5 轴承

J.5.1 推力轴承前轴承

a）推力瓦块钨金不得有龟裂、沟痕、脱胎及严重磨损，接触面积≥ 75%，接触点分布均匀，

符合Ⅱ级刮研标准；

b）推力瓦块厚度差≤ 0.02mm；

c）轴承内腔、油孔洁净畅通；

d）轴承球面体两结合面光洁，接触点分布均匀，接触面积≥ 75%；

e）轴承垫片最多不超过 3 片，并且均为刚性垫片；

f）推力轴承前轴承各部间隙应符合图 J.11 要求。

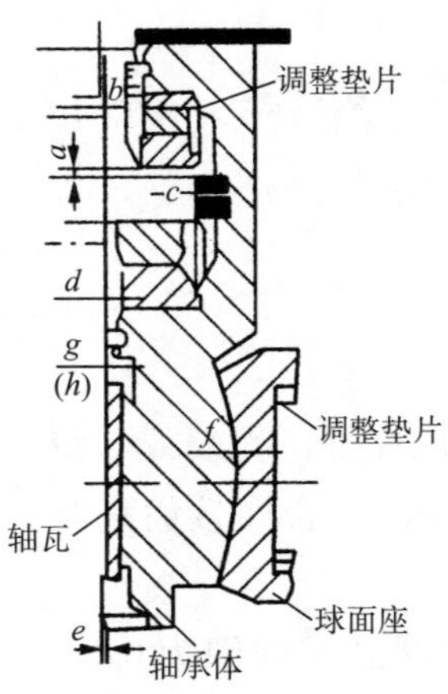

图 J.11 推力轴承前轴承各部配合

a=0.3～0.4mm；b=0.045～0.165mm；c=0.53～0.19mm；d=0.06～0.113mm；e=0.06～0.135mm；f=(−0.02)～(−0.04) mm；g=0.375～0.5mm(顶部) =0.19～0.25mm(两侧)；球面体与球面座接触面积≥ 75%；轴瓦与轴颈接触角为 60°；轴承体中分面间隙＜ 0.05mm

J.5.2 径向轴承

a）钨金不得有龟裂、脱胎、夹渣、气孔、熔蚀等缺陷，表面无机械损伤；

b）轴承体中分面光洁平整，无机械损伤，结合间隙＜ 0.05mm；

c）球面体配合面接触面积≥ 75%，且接触点分布均匀，紧力为 0.02～ 0.04mm；

d）轴瓦与轴颈接触角为 60°，圆筒轴瓦为 60°～65°；

e）轴瓦与轴颈各部间隙应符合下列要求：

汽机后轴承	发电机各轴承
顶部：0.39～0.52mm，	顶部：0.42～0.56mm，
两侧：0.195～0.26mm，	两侧：0.21～0.28mm；

f）油挡间隙应符合下列要求：

上部：0.2～0.25mm，

两侧：0.1～0.2mm，

下部：0.05～0.1mm；

g）轴承紧力为 0～0.03mm；

h）油室、油孔洁净畅通；

i）更换新轴瓦前，新瓦必须做无损探伤或浸煤油试验。

J.5.3 轴承箱（座）

a）内表面无裂纹、砂眼、防腐层脱落等缺陷，箱内无杂物，油孔洁净畅通，紧固件齐全；

b）外油挡间隙：

上部：0.15～0.20mm， 下部：0.05～0.1mm，

两侧：0.1～0.15mm；

c）发电机后轴承及励磁机轴承绝缘应＞ 1MΩ；

d）所有密封点不得有渗漏现象。

J.6 盘车装置

a）蜗轮、蜗杆及大小齿轮应完好，无裂纹、锈蚀等缺陷，齿面光洁，啮合良好，啮合面按齿高＞75%，按齿长＞ 66%；

b）小齿轮在空挡位置与垫圈之间间隙为 0.3～0.4mm；

c）轴承紧力为 0～0.01mm；

d）各部间隙符合图 J.12 要求；

e）供油器供油畅通；

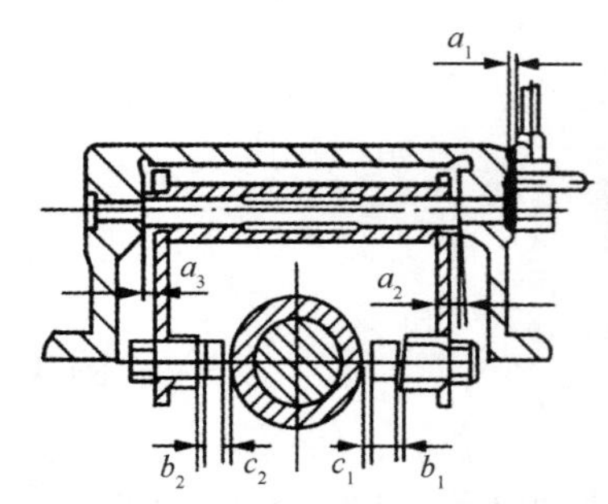

图 J.12 盘车装置各部配合

a_1、a_2、a_3 ＞ 0.3mm；c_1、c_2=2～3mm

f）电动或手动盘车，各部转动灵活，无卡涩现象，脱挂自如，所有密封点不渗、不漏。

J.7 滑销系统

a）连接螺栓应完好无损，无毛刺、乱扣等缺陷，组装前应涂抹螺栓防卡剂；

b）滑销系统的各个配合表面应洁净，无锈蚀，粗糙度为 $R_a1.6$；

c）滑销系统应做好防尘措施；

d）各部间隙要求见表 J.1。

表 J.1 滑销系统各部配合许可值

名称	简图	许可值 /mm
缸中分面横向水平		0.05/1000
前座架的纵向键	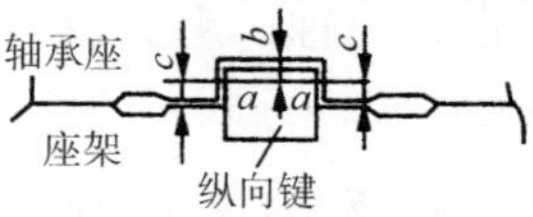 轴承座 座架 纵向键	a=0.02～0.03 b=3.5～3.8 c=3
前座架压板	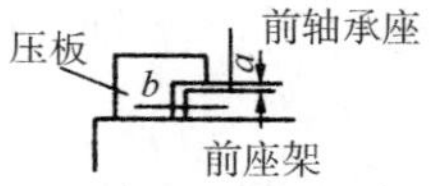 压板 前轴承座 前座架	a=0.04～0.05 b ＞ 2.0
前轴承座垂直键	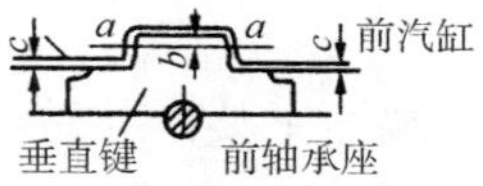 前汽缸 垂直键 前轴承座	a=0.04～0.05 b ≥ 3.0 c ≥ 3.0
前汽缸猫爪	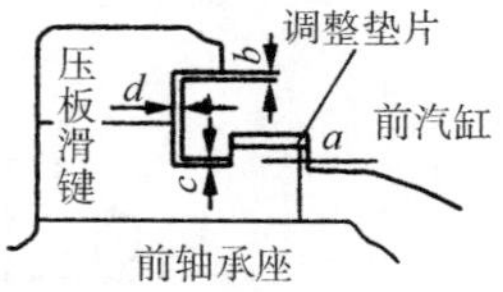 调整垫片 压板滑键 前汽缸 前轴承座	a=0.04～0.05 b=0.05 c=3.0 d=5.0
后汽缸导板的纵向键	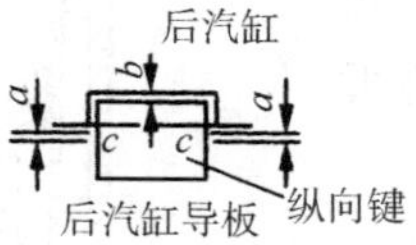 后汽缸 后汽缸导板 纵向键	a=0.03～0.05 b ≥ 0.5 c=0.02～0.03 该数值根据机组振动情况可做适当调整
后座架连接螺栓	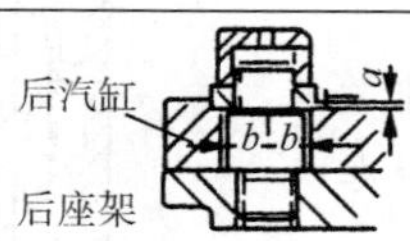 后汽缸 后座架	a=0.1 b=6.0

J.8 调节系统

J.8.1 同步器

a）蜗轮、蜗杆、伞形齿轮、锥形齿轮完好，齿面光洁，无严重磨损、裂纹、毛刺、锈蚀等缺陷，啮合良好；

b）芯杆配合面光洁，无损伤、锈蚀、弯曲变形等缺陷；

c）弹簧无锈蚀、裂纹、变形，端面平整，安装位置正确；

d）轴承无锈蚀、斑痕，游隙合格，转动自如；

e）伞齿轮与上盖间隙为 0.15～0.2mm；

f）蜗轮下部垫圈与壳体之间轴向间隙为 0.15～0.2mm；

g）芯杆行程为 16～18mm；

h）组装后手动应灵活，无卡涩现象，连接电动机后，电动试验，操作灵便；

i）手动与电动切换销子动作正常、准确。

J.8.2 压力变换器

a）滑阀及套筒应光洁，无划伤、锈蚀、毛刺及变形等缺陷，表面粗糙度 $R_a \leqslant 0.8$；

b）支承钢珠表面光洁、无锈蚀及机械损伤，安装时钢珠与弹簧必须在同一轴心线上；

c）油室、油孔洁净畅通，孔边无毛刺，窗口无损伤；

d）弹簧无锈蚀、裂纹、变形，端面平整，并垂直于轴线；

e）各部间隙要求见图 J.13。

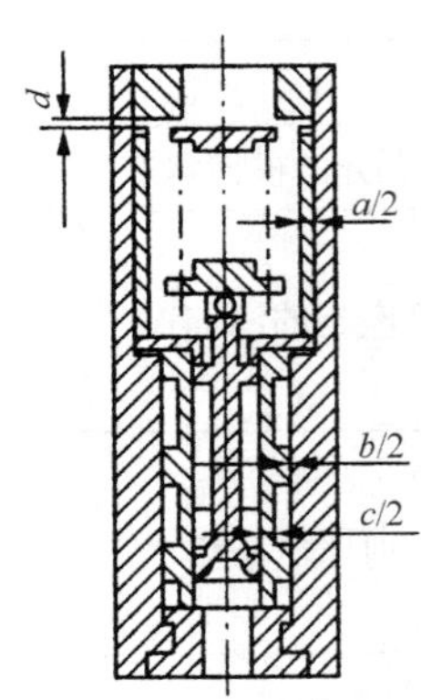

图 J.13 压力变换器各部配合

a=0.05～0.12mm；b=0.05～0.12mm；c=0.05～0.12mm；d=0.15～0.2mm

J.8.3 错油门

a）滑阀及套筒应光洁，无伤、锈蚀、毛刺和变形等缺陷，表面粗糙度 $R_a \leqslant 0.8$；

b）弹簧无锈蚀、裂纹、变形，端面平整，并垂直于轴线；

c）支撑钢珠表面光洁，无锈蚀及机械损伤，安装时钢珠与弹簧必须在同一轴心线上；

d）油室油孔洁净畅通，孔边无毛刺，窗口无损伤；

e）各部间隙、重叠度应符合图 J.14 要求。

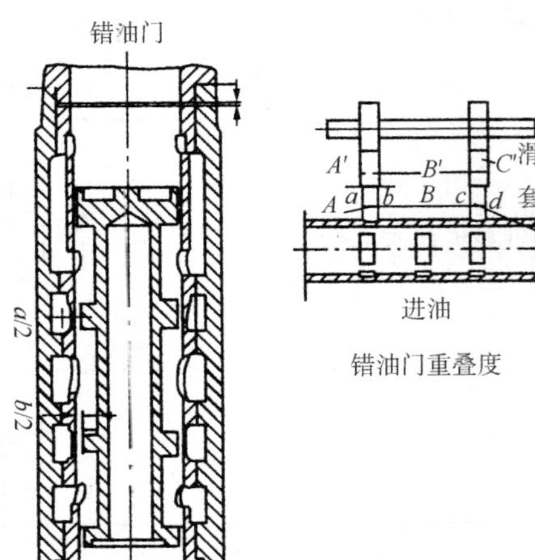

图 J.14 错油门各部配合

a=0.05～0.08mm；b=0.06～0.12mm；δ=0.15～0.2mm；
错油门重叠度：进汽侧：b=c=0.2mm；
排汽侧：a=d=0.2mm；窗口高度：16mm

J.8.4 调节器壳体

a）节流孔清洁完整；

b）壳体及壳体内各部套腔室、油孔，洁净畅通；

c）紧固件完整无缺，装配牢固；

d）所有密封点无渗漏现象。

J.9 保安系统

J.9.1 危急遮断器

a）组装后偏心环外圆表面跳动≤ 0.2mm；

b）调整螺母与偏心环外圆距离为 2.4mm，螺母每旋转 45℃时，偏心环动作转速差为 50r/min；

c）偏心环动作转速 3270～3360r/min；

d）偏心环动作行程≥ 3.5mm；

e）弹簧无锈蚀、裂纹、变形，端面平整并垂直于轴心线；

f）偏心环、芯杆、螺丝、销轴等件无损伤、锈蚀、裂纹、弯曲变形等缺陷；

g）油室、油孔洁净畅通。

J.9.2 危急遮断油门

a）调节套筒、滑套、活塞及壳体应完好，无锈蚀、裂纹、划伤等缺陷，各配合表面光洁，其粗糙度为 R_a0.8；

b）活塞工作行程为 10mm±0.4mm；

c）拉钩上的销轴不得突出拉钩表面，两端应铆死；

d）各种弹簧应完好，无锈蚀、裂纹和变形等缺陷；

e）错油门应清洁、严密、灵活；

f）油室、油孔洁净畅通；

g）间隙要求见图 J.15。

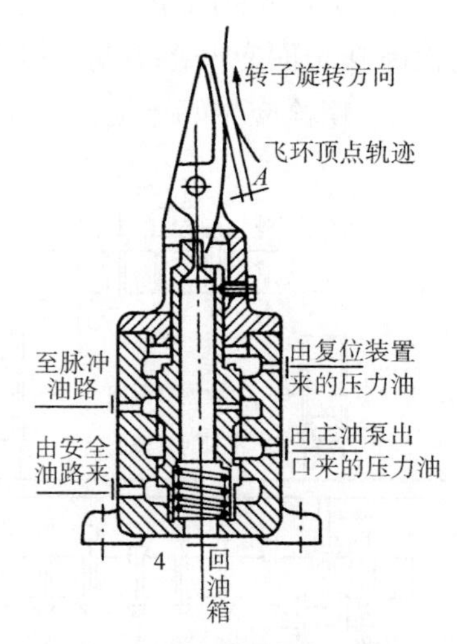

图 J.15 危急遮断器间隙要求

A=0.8～1mm

J.9.3 复位装置

a）拉杆、套筒应完好，无锈蚀和机械损伤，各配合表面光洁，无划伤痕迹，滑动灵活，壳体无裂纹及砂眼、气孔等缺陷；

b）弹簧无锈蚀、裂纹、变形等缺陷，端面平整；

c）油腔、油孔洁净通畅；

d）各部件动作灵活，无卡涩、渗漏。

J.9.4 磁力断路油门

a）滑阀及套筒完好，无损伤、锈蚀及斑痕等缺陷，滑阀在套筒内动作灵敏；

b）弹簧应完好，无损伤、锈蚀、变形等缺陷，位置正确；

c）活塞与底座距离为 7mm，行程为 22.5mm；

d）油门试验活动自如，所有密封点无渗漏现象；

e）装配后与主汽门一起进行通电试验，要求动作灵敏准确。

J.10 配汽机构

J.10.1 油动机

a）球形拉杆无锈蚀和弯曲变形，球头活动自如；

b）活塞与反馈套筒等件各配合表面光洁，无划伤和严重磨损，粗糙度为 R_a0.8，反馈窗口无损伤、无毛刺；

c）标尺刻度清晰，外形完整美观；

d）全部汽阀关闭时，活塞顶部间隙为 3mm；

e）油动机全行程为 163mm；

f）反馈套筒与活塞内环间隙为 0.06～0.14mm；

g）外活塞环与套筒间隙为 0.15～0.17mm；

h）油室、油孔洁净畅通。

J.10.2 调节汽阀及连杆

a）蒸汽室内部清洁，无杂物，扩散喷嘴无锈蚀、汽蚀、划伤及裂纹等缺陷。门盖与汽室接合面应严密不漏，接合面平整光洁，密封要求≤ 0.05mm；

b）螺栓应完好无损，经无损探伤合格后涂抹螺栓防卡剂方可使用；

c）阀碟应光洁，无锈蚀、汽蚀和机械损伤，与喷嘴接合呈线状且严密，无断线处，要求不渗、不漏；

d）提升杆应光洁，无机械损伤、污垢及弯曲变形等缺陷，表面粗糙度为 R_a0.8，弯曲度≤ 0.04mm，提升杆在套筒中上下活动自如，无卡涩现象；

e）三角架横轴配合间隙为 0.15～0.2mm；

f）各部间隙及配汽度要求见图 J.16、表 J.2。

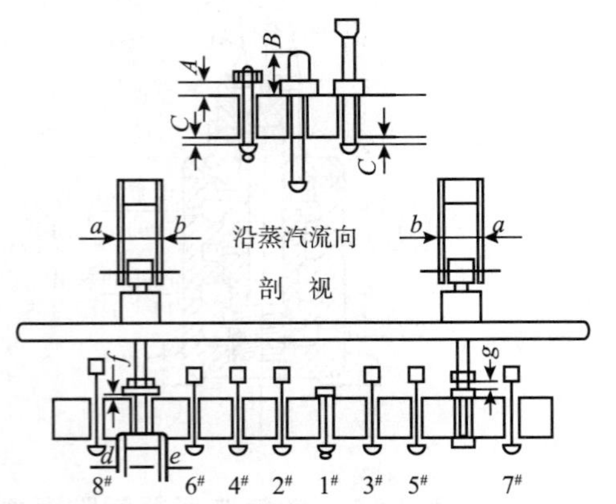

图 J.16 油动机各部间隙及配汽度要求

表 J.2　油动机各部间隙及配汽度数值

阀号 项目	1	2	3	4	5	6	7	8	a=45
升程	24.5	2.8	9.6	8.7	10.6	11.3	8.5	8.2	b=1.5 g=0.10～0.14 d=8.0 e=12，f=0.15～0.18
A	0	B+ 24.5	B+ 27.3	B+ 36.9	B+ 45.6	B+ 56.2	B+ 67.5	B+ 76	
C	1.7	1.7	1.7	1.7	1.7	1.7	1.7	1.7	

J.11　自动主汽门

J.11.1　操纵座

a）活塞缸、罩壳、滑套、活塞等部件应清洁，无机械损伤、裂纹及变形等缺陷，油室、油孔清洁畅通；各配合表面光洁，无划伤及严重磨损；

b）丝杠、活塞杆光洁，无锈蚀和机械损伤，无弯曲变形等，活塞杆弯曲度不大于 0.04mm，与主汽门杆间隙为 4mm；

c）活塞与罩盖接触严密不漏；

d）弹簧无锈蚀、损伤、裂纹及变形等缺陷，端面平整且与轴心线垂直；

e）装配间隙要求见图 J.17。

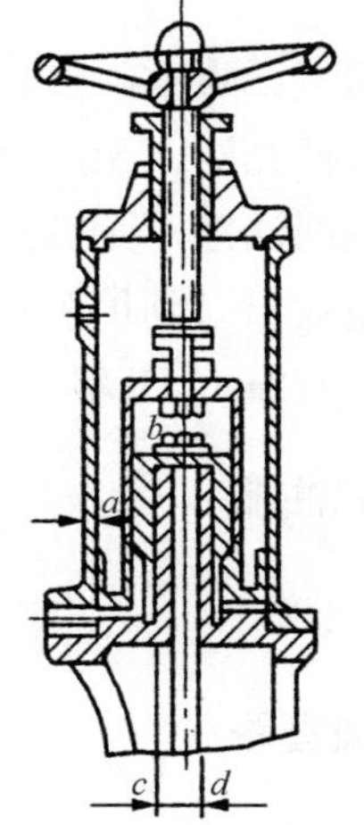

图 J.17　操纵座装配间隙要求

a=0.11～0.17mm；b=0.3～0.45mm；c=0.08～0.18mm；d=0.04～0.09mm

J.11.2　主汽门

a）阀体内部清洁无垢，无裂纹，法兰结合面平整光洁，无机械损伤和泄漏痕迹；

b）扩散喷嘴及蝶阀光洁，无锈蚀、沟痕和结垢现象，喷嘴与蝶阀接触面呈线状，且严密，不得有断线处，接触宽度 2～3mm，喷嘴装配牢固；

c）滤网完好，清洁无垢，无裂纹；

d）阀杆光洁无裂纹和弯曲变形，弯曲度不大于 0.04mm，阀杆在套筒内上下活动自如，无卡涩现象，间隙为 0.25～0.29mm；

e）紧固螺栓完好，无损伤，无损探伤合格后涂抹螺栓防卡剂；

f）小阀碟行程：16mm，大阀碟行程：80mm；

g）所有密封点不渗不漏。

J.12 油系统及附件

J.12.1 主油泵

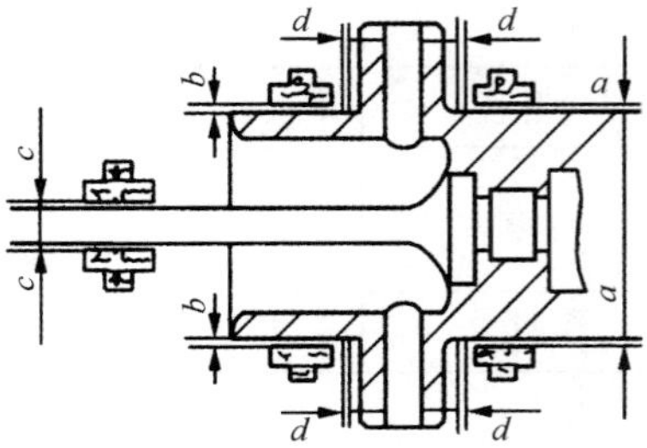

a）稳流网应清洁无破损，孔边无毛刺；
b）逆止阀严密不漏，阀瓣动作灵活；
c）传动轴（导流杆）在 c 处径向跳动≤ 0.03mm；
d）主油泵在额定转速下出口压力为 0.931MPa；
e）各部间隙要求见图 J.18。

图 J.18 主油泵各部间隙要求

a=0.08～0.18mm；b=0.08～0.18mm；
c=0.025～0.05mm；d=0.02～0.1mm

J.12.2 油箱

见附录 N。

J.12.3 注油器

a）油室、喷嘴、喷管及管道内壁洁净，无锈垢，杂物、裂纹及渗漏等缺陷；
b）喷嘴光洁，无严重冲蚀、锈蚀；
c）滤网洁净，无破损，孔边无毛刺；
d）喷嘴出口到扩散喷管喉部距离：
Ⅰ级：72mm，Ⅱ级：110mm。

J.12.4 滤油器

见附录 N。

J.12.5 油管路

见附录 N。

J.13 凝汽器

见附录 N。

J.14 射水抽汽器

a）喷嘴、混合室、扩散管、喷管等件应清洁，无锈垢、裂纹、划伤及冲蚀等缺陷；
b）喷嘴与收缩管的距离为 235mm±0.5mm；
c）逆止门无锈垢，接触严密，在 0.981MPa 表压水压试验下，5min 不漏；
d）弹簧应无锈蚀、水垢、裂纹及变形等缺陷，端面平整光洁，且垂直于轴心线。

J.15 抽汽逆止门

a）活塞光洁，无损伤、锈垢及卡涩现象；

b）活塞杆光洁，无锈蚀、损伤、裂纹及弯曲变形等缺陷，其弯曲度＜0.05mm，活塞杆在套筒中活动自如，无卡涩现象；

c）弹簧无锈蚀、裂纹及变形等缺陷，两端面平整光洁，且垂直于轴心线；

d）各结合面平整光洁，无机械损伤、锈蚀、裂纹等缺陷，配合紧密无泄漏；

e）阀碟与阀座配合紧密，无锈蚀、沟痕、裂纹，接触面呈线状且无断线处，接触宽度不小于结合面宽度的1/3。

f）衬套与活塞间隙为0.3～0.39mm；

g）套筒与阀杆间隙为0.15～0.20mm；

h）操纵座行程为70mm；

i）壳体水压试验，表压1.47MPa，5min不漏为合格。

附　录　K
（规范性附录）
CC100/8.83/4.12/1.47
汽轮机检修质量标准

K.1　汽缸

K.1.1　汽缸壁

a）高压缸化妆板及其配件完整；

b）各轴承盖上温度计及振动测量装置完整；

c）当调节级处汽缸壁温度降至100℃以下，上、下缸温差不大于50℃时，方可拆去汽缸保温层；

d）高压缸、低压缸各中分面定位销保存完好，记号清晰。

K.1.2　汽缸拆卸

a）在起吊汽缸前，应仔细检查汽缸水平中分面所有螺栓、定位销，确已全部拆去，与上缸连接的各导汽管、疏水管法兰已全部拆开；

b）装入导杆，导杆应清洗干净，涂上润滑油；

c）挂好起吊专用吊具，行车对准中心，缓慢提升行车吊钩，检查钢丝绳紧力均匀；

d）在所揭大盖内的转子两端轴颈处分别装上百分表，拧入顶丝将大盖均匀顶起5～10mm；

e）用行车将大盖略吊起，进行找平，并检查转子上的百分表，确认不应随大盖同时吊起的部件未被抬起时方可起吊大盖；

f）在大盖吊起100～150mm时，暂停起吊，检查应随大盖同时起吊的部件是否有掉落的可能性，在确保安全无误的情况下，再慢慢将大盖吊出放在指定的检修场地；

g）大盖吊起后，要有专人检查汽缸结合面的密封情况，做好记录以备检修，由专人检查持环、隔板、叶片等缸内各部件是否有脱落、断裂、缺少的情况，做好记录，堵好抽汽孔，同时检查其他异常情况；

h）通知化验人员对通汽部分的结垢情况进行取样分析。

K.1.3　汽缸结合面

a）汽缸及其结合面、内壁、洼窝洁净，无裂纹、毛刺、损伤、锈垢、凹坑，各疏水孔畅通；

b）汽缸纵横向水平与上次大修纪录比较无异常变化，测量汽缸水平每次必须在同一位置和同样组合及负重状态下进行；

c）合空缸检查中分面间隙，未紧螺栓时中分面间隙一般不超过 0.05mm，冷紧 1/3 螺栓后中分面间隙一般不超过 0.03mm，塞尺塞入深度不超过密封面 1/3 宽度；

d）中低压连通管管壁、波纹管焊缝无裂纹、严重腐蚀，运行中无泄漏；

e）低压缸导流板、加强筋无裂纹，喷水装置固定牢固，喷嘴雾化性能良好。

K.1.4 汽缸螺栓

a）汽缸螺栓丝扣完整，无毛刺，与螺帽配合灵活、无晃动、无卡涩，螺栓无裂纹、缺扣、弯曲、损伤，高温合金钢螺栓符合下列性能指标：

硬度值：HB240～270，

冲击韧性值：M64 以下螺栓　$a_k \geqslant 100J/cm^2$，

M64～M100 螺栓　$a_k \geqslant 80J/cm^2$，

M100 以上螺栓　$\alpha_k \geqslant 60J/cm^2$，

金相组织：以均匀索氏体为主，无明显网状组织和奥氏体晶界，超声波探伤无裂纹；

b）螺栓、螺母清扫干净，无垢物残留，清扫完后涂抹防卡剂；

c）螺母垫圈要平整、光滑，垫圈与螺母接触面应在 80% 以上；

d）新制螺栓安装使用前，应经专业人员检验合格；

e）各汽缸螺栓冷、热紧参数，见表 K.1。

表 K.1　各汽缸螺栓冷、热紧参数

规格	初始紧力 /（N·m）	热紧角度(参考)/(°)	弧长（参考）/mm	螺栓伸长量 /mm
M125×8-TK×740	1335	69	108	0.909～0.955
M160×8-TK×950	1710	100	205	1.176～1.235
M100×6-TK×670	1070	82	104	0.845～0.887
M80×6-TK×470	855	58	58	0.581～0.610
M64-TK×560	685	63	53	0.671～0.705
M64×4×280	684	65		

K.2 喷嘴组、持环及隔板

a）喷嘴、持环及隔板应洁净完好，无裂纹、变形、损伤；

b）各级静叶完整，无折断、变形、卷边、缺口，弧面洁净、无垢物；

c）隔板轴向间隙一般在 0.05～0.20mm 以内，隔板、持环径向膨胀间隙大于 2mm；

d）隔板、持环水平中分面光滑平整，无贯穿槽痕、无漏汽痕迹，在自由状态下，上、下半中分面的间隙≤ 0.05mm；

e）隔板、持环挂耳垫片一般不得超过三片，各片间应接触严密；

f）其余各部间隙见表 K.2。

表 K.2 喷嘴组、持环、隔板及汽封洼窝部分件间隙要求

名称	简图	要求值 /mm
第 1～4 级持环，平衡活塞缸、中压蒸汽室（Ⅰ）、（Ⅱ）与汽缸水平支承	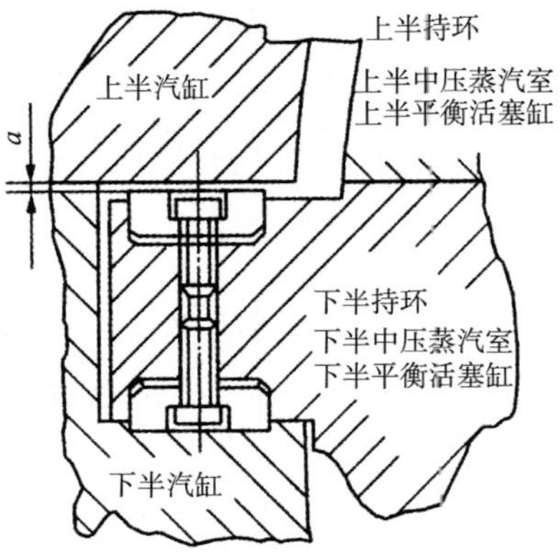	a=0.10～0.15
第 1～4 级持环，平衡活塞缸、中压蒸汽室（Ⅰ）、（Ⅱ）与汽缸下半导向键	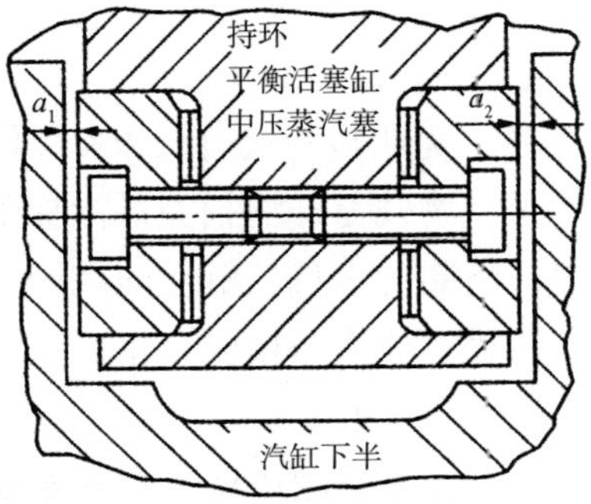	a_1+a_2=0.025～0.075
平衡活塞缸与高压缸	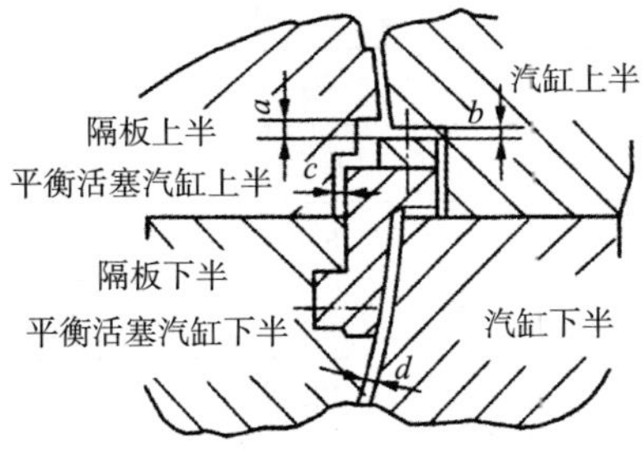	a=0.5～1.0 b=0.2～0.3 $c \geqslant 2$ $d \geqslant 3$
低压 1～5 级（左、右）与低压内缸		a=0.5～1.0 b=0.10～0.20 $c \geqslant 2$ d=2～2.5
低压第 6 级（左、右）与低压内缸	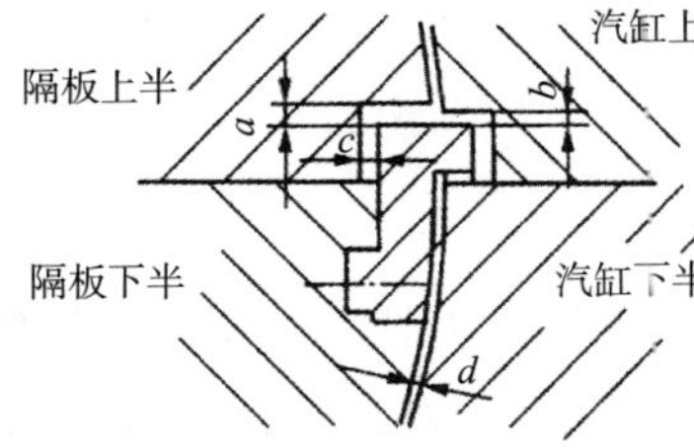	a=0.5～1.0 b=0.10～0.20 $c \geqslant 2$ d=2～2.5
低压隔板与低压内缸下半之纵向键	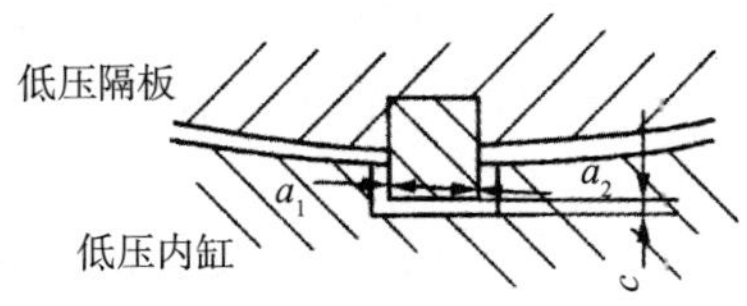	a_1+a_2=0.035～0.045 $c \geqslant 1$

表 K.2 喷嘴组、持环、隔板及汽封洼窝部分件间隙要求（续表）

名称	简图	要求值 /mm
前后汽封、隔板汽封洼窝	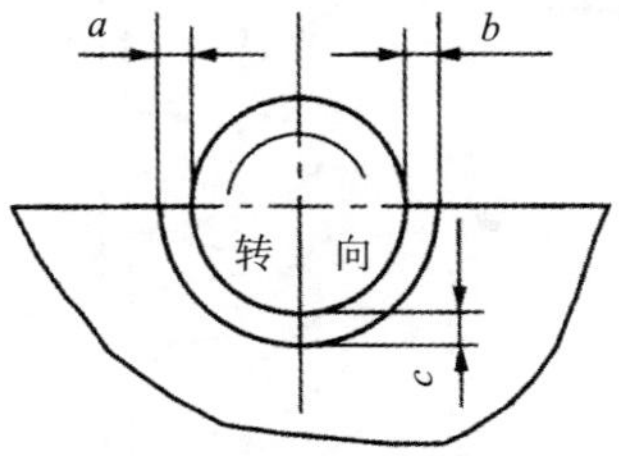 a b 转 向 c	$a-b$=0～0.06 $c-(a+b)/2$=0.04～0.08

K.3 汽封及汽封套

K.3.1 汽封套

a）汽封套洁净，无积垢及其他残留物；

b）汽封套无裂纹、变形，中分面压板上无过膨胀引起的硬印；

c）结合面无泄漏，接触面积达 75% 以上，在紧固螺栓后用 0.03mm 的塞尺塞不进；

d）平衡活塞缸与汽缸轴向总间隙为 0.07～0.16mm；

e）高压汽封套与汽缸轴向总间隙为 0.05～0.20mm；

f）汽封洼窝间隙，见表 K.2。

K.3.2 汽封

a）汽封块无裂纹、严重磨损、剥落，齿尖锐利，无毛刺、倒伏；

b）弹簧片弹性良好，无裂纹及异常变形；

c）所有平面压板螺栓和汽封块背部调整螺钉无滑牙、裂纹和损伤；

d）汽封齿刮尖时，应保持原有的齿形，齿端要有一定的厚度（0.4mm 左右），不能刮成圆角；

e）如汽缸组合静挠度对汽封间隙的修正值无确切数值时，应先将汽封块整圈膨胀间隙做好，将上、下汽封全部组合，盖缸并拧紧螺栓，盘动转子，再解体检查摩擦痕迹，做必要的调整和修刮；

f）汽封块背部调整块紧固不松动，调整块不外露，汽封块组装后，用手检查每一段汽封块应弹动自如、不卡涩，弹簧片无重叠，汽封块退让间隙为 2.0～3.5mm；

g）高压后汽封环各弧段间接触，在中分面处上、下半之总间隙为 0.20～0.30mm；

h）低压后汽封环各弧段间接触，在中分面处上、下半之总间隙为 0.15～0.30mm；

i）低压隔板汽封环各弧块接触，其间隙不大于 0.05mm；

j）其余部分间隙见表 K.3。

表 K.3　汽封部分件间隙要求

mm

简　图

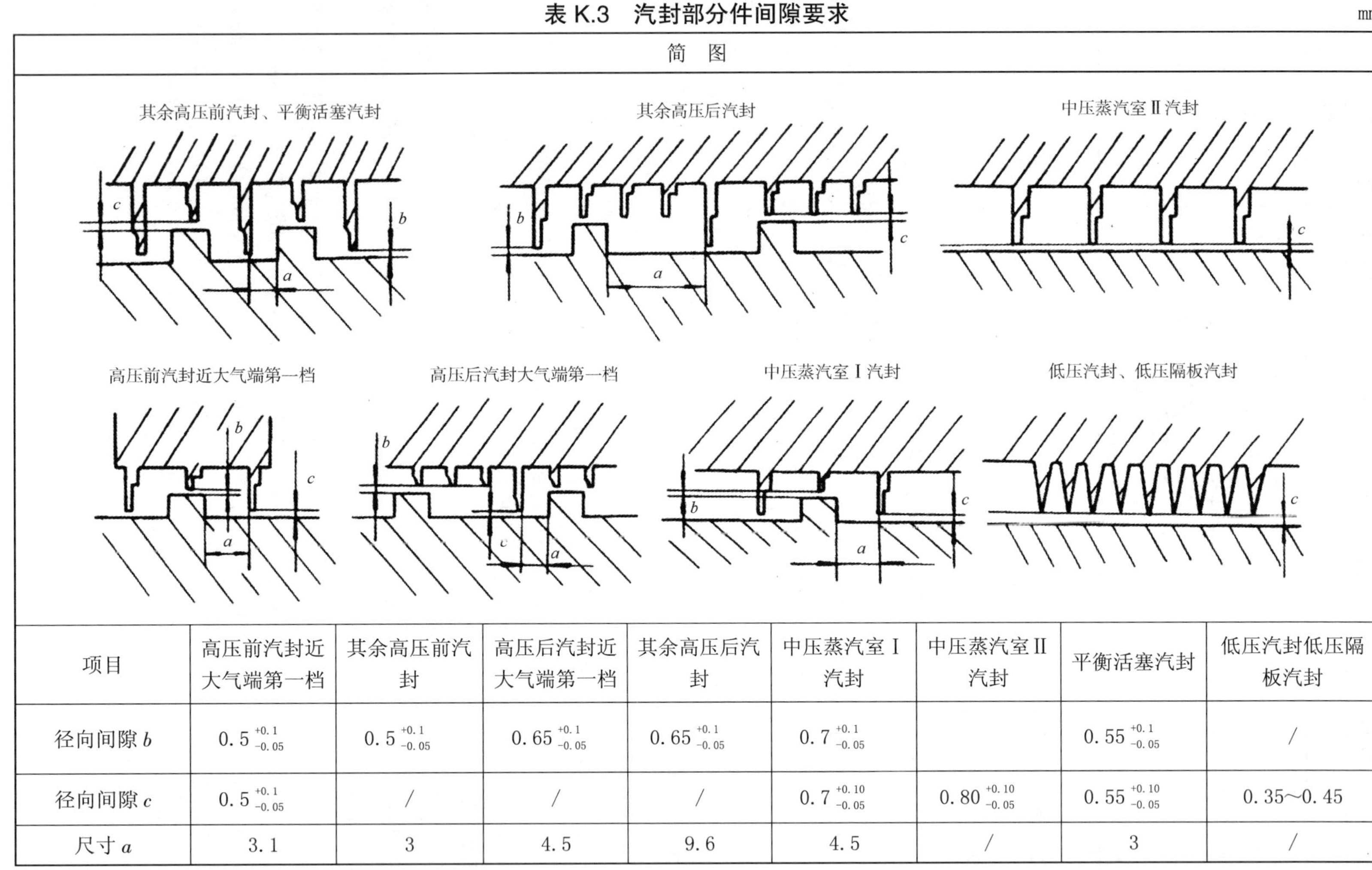

项目	高压前汽封近大气端第一档	其余高压前汽封	高压后汽封近大气端第一档	其余高压后汽封	中压蒸汽室Ⅰ汽封	中压蒸汽室Ⅱ汽封	平衡活塞汽封	低压汽封低压隔板汽封
径向间隙 b	$0.5^{+0.1}_{-0.05}$	$0.5^{+0.1}_{-0.05}$	$0.65^{+0.1}_{-0.05}$	$0.65^{+0.1}_{-0.05}$	$0.7^{+0.1}_{-0.05}$	/	$0.55^{+0.1}_{-0.05}$	/
径向间隙 c	$0.5^{+0.1}_{-0.05}$	/	/	/	$0.7^{+0.10}_{-0.05}$	$0.80^{+0.10}_{-0.05}$	$0.55^{+0.10}_{-0.05}$	0.35～0.45
尺寸 a	3.1	3	4.5	9.6	4.5	/	3	/

K.4　转子

K.4.1　主轴及其他部件

a）轴颈及推力盘工作面光滑、无麻坑或槽纹、粗糙度 R_a=0.8，使用油石研磨轴颈时，油石应沿圆周方向来回移动，切不可沿轴向研磨；

b）轴颈锥度和椭圆度不大于 0.02mm；

c）推力盘平面瓢偏度不大于 0.02mm，平面不平度不大于 0.02mm；

d）轴弯曲度不大于 0.04mm；

e）转子平衡块、平衡螺栓无松动、位移、缺损；

f）各轴颈的扬度与上次大修比较应无重大变化，相邻两轴颈的扬度应基本一致并符合表 K.4；

表 K.4　轴颈扬度标准

轴承号	1#	2#	3#	4#	5#
轴承升高 /mm	4.529	0.742	0.00	0.00	2.35

g）高中压转子各处挠度值，见简图 K.1、表 K.5；

表 K.5　高中压转子各处挠度值

位置	1# 轴承	前汽封	平衡活塞汽封	高压调节级	中压汽封 Ⅰ	中压调节级 Ⅰ	中压汽封 Ⅱ	中压调节级 Ⅱ	第十八级	转子端部	后汽封	2# 轴承
离 1# 轴承距离 /mm	0	670	1025	1670	2540	2800	3600	3840	4980	5170	5580	6075
各点处挠度 /mm	0	0.109	0.147	0.209	0.255	0.261	0.255	0.246	0.182	0.165	0.107	0

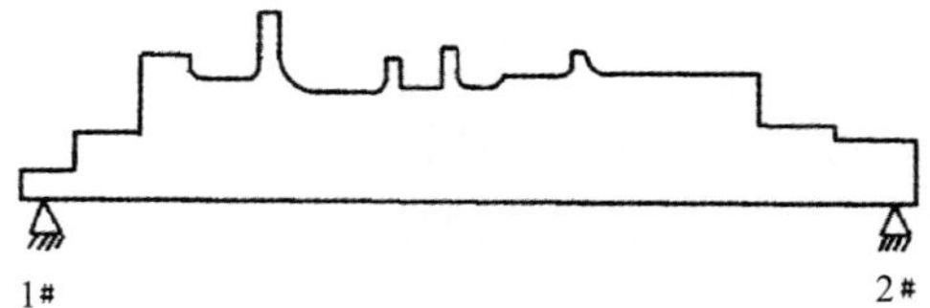

图 K.1　高中压转子各处挠度简图

h）低压转子各处挠度值，见简图 K.2、表 K.6；

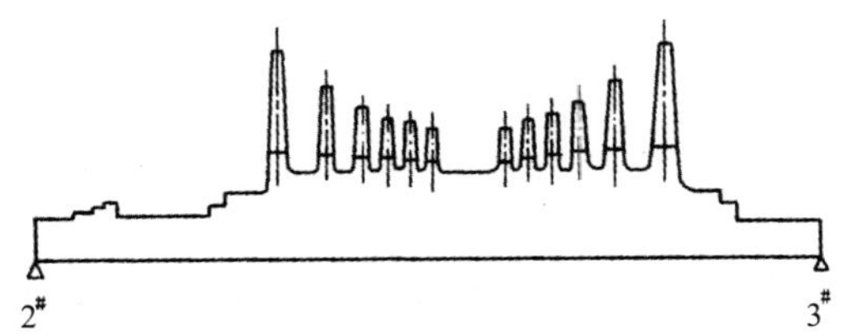

图 K.2 低压转子各处挠度简图

表 K.6 低压转子各处挠度值

位置	2#轴承	前汽封	6 级（左）	5 级（左）	3 级（左）	1 级（左）	1 级（右）	3 级（右）	5 级（右）	6 级（右）	后汽封	3#轴承
离 2# 轴承距离 /mm	0	1176	1616	1946	2366	2636	3136	3406	3826	4156	4596	5396
各点处挠度 / mm	0	0. 224	0. 233	0. 233	0. 229	0. 224	0. 208	0. 197	0. 176	0. 155	0. 122	0

i）转子各挡跳动值，见表 K. 7。

表 K.7 转子各挡跳动值

名称	简图	要求值 /mm
高中压转子各挡跳动值		$a \leqslant 0.02$ $b \leqslant 0.03$ $c \leqslant 0.02$
低压转子各挡跳动值		$a \leqslant 0.02$ $b \leqslant 0.03$ $c \leqslant 0.05$ $d \leqslant 0.02$

K.4.2 转子叶片

a）叶片应清扫干净，无水垢、盐垢附着；

b）无裂纹、损伤、卷边、变形及严重的冲刷腐蚀现象；

c）复环、铆钉无松动、断裂和脱出的现象；

d）调频叶片频率试验应合格；

e）叶片、围带、铆钉头、叶根无损伤、裂纹及严重腐蚀或冲刷，动叶片无松动，缺损、卷边等异常情况，围带无变形、摩擦及断裂，拉筋无断裂、裂纹，叶片的冲刷情况每次大修应作好记录，进行比较；

f）通流部分间隙应符合要求，见表 K. 8、表 K. 9；

表 K.8 高压部分通流间隙要求

mm

简 图

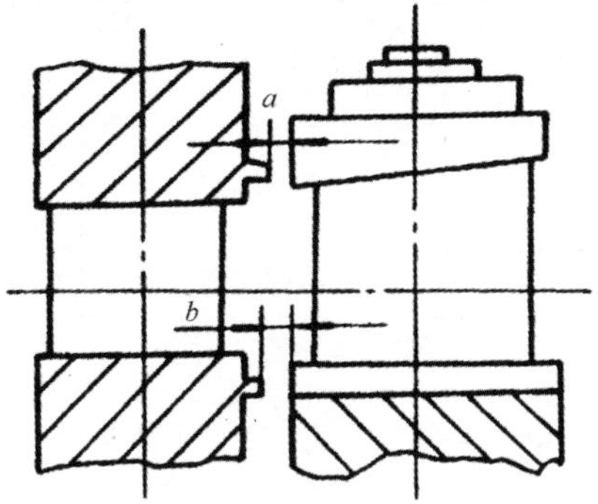

高压调节级
中压调节级 I
中压调节级 II

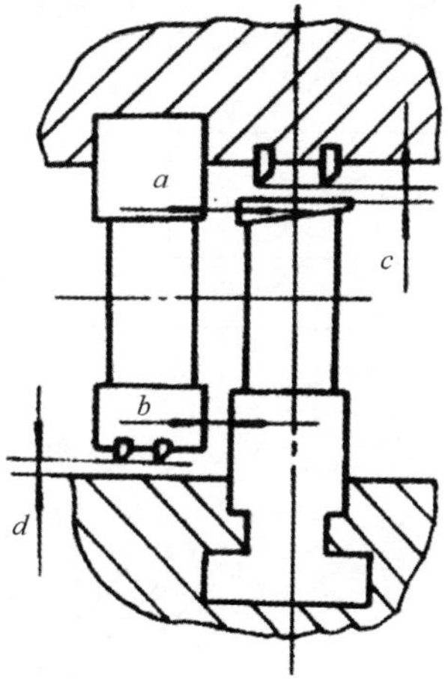

第1～6级
第8～11级

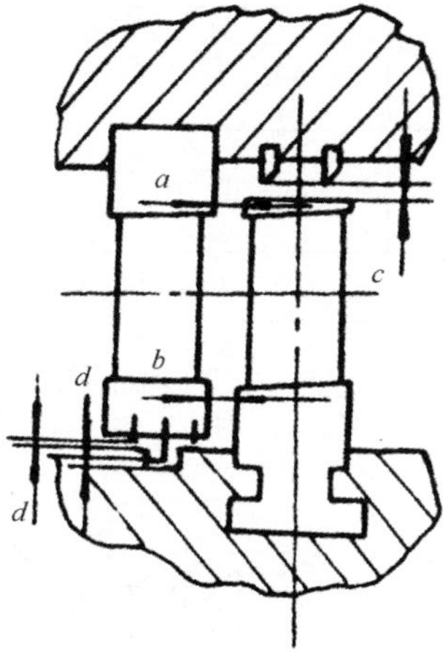

第7，12～18级

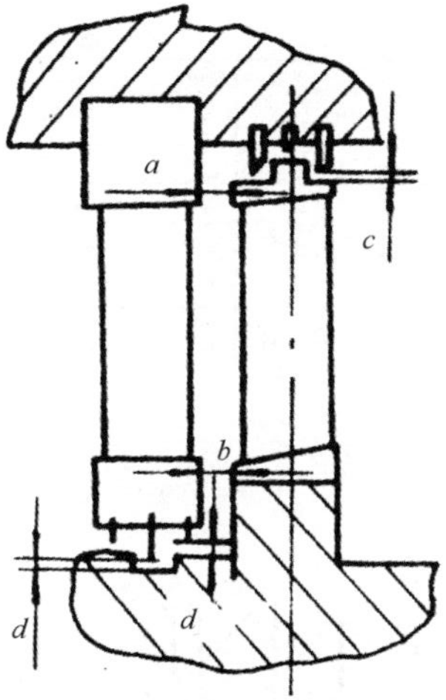

第19～21级

项目	高压调节级	中压调节级 I II	第 1～6 级	第 7 级	第 8～12 级	第 13～18 级	第 19～21 级
轴向间隙 a	$1.5^{+0.5}_{0}$	$2^{+0.5}_{0}$	7.15	8.76	8.76	8.76	9.53
轴向间隙 b	$1.5^{+0.5}_{0}$	$2^{+0.5}_{0}$	7.92	9.53	9.53	9.53	9.53
径向间隙 c	/	/	$0.75^{+0.20}_{-0.10}$	$0.75^{+0.20}_{-0.10}$	$0.75^{+0.20}_{-0.10}$	$0.85^{+0.20}_{-0.10}$	$0.85^{+0.20}_{-0.10}$
径向间隙 d			$0.75^{+0.20}_{-0.10}$	$0.75^{+0.20}_{-0.10}$	$0.75^{+0.20}_{-0.10}$	$0.85^{+0.20}_{-0.10}$	$0.85^{+0.20}_{-0.10}$

表 K.9 低压部分通流间隙要求

mm

简图						
	5～6级（左）	1～4级（左）		1～4级（右）	5～6级（右）	
项目	1（左）/1（右）	2（左）/2（右）	3（左）/3（右）	4（左）/4（右）	5（左）/5（右）	6（左）/6（右）
轴向间隙 a	10/6	10/6	11/7	15/11	20/16	20/16
轴向间隙 b	10.19/6.19	10.11/6.11	14.75/10.75	18.37/14.37	/	/
径向间隙 c	$1.5^{+0.2}_{-0.1}$ /$1.5^{+0.2}_{-0.1}$	$1.5^{+0.2}_{-0.1}$ /$1.5^{+0.2}_{-0.1}$	$1.5^{+0.2}_{-0.1}$ /$1.5^{+0.2}_{-0.1}$	$1.5^{+0.2}_{-0.1}$ /$1.5^{+0.2}_{-0.1}$	$3.3^{+0.2}_{-0.1}$ /$3.3^{+0.2}_{-0.1}$	$7^{+0.2}_{-0.1}$ /$7^{+0.2}_{-0.1}$

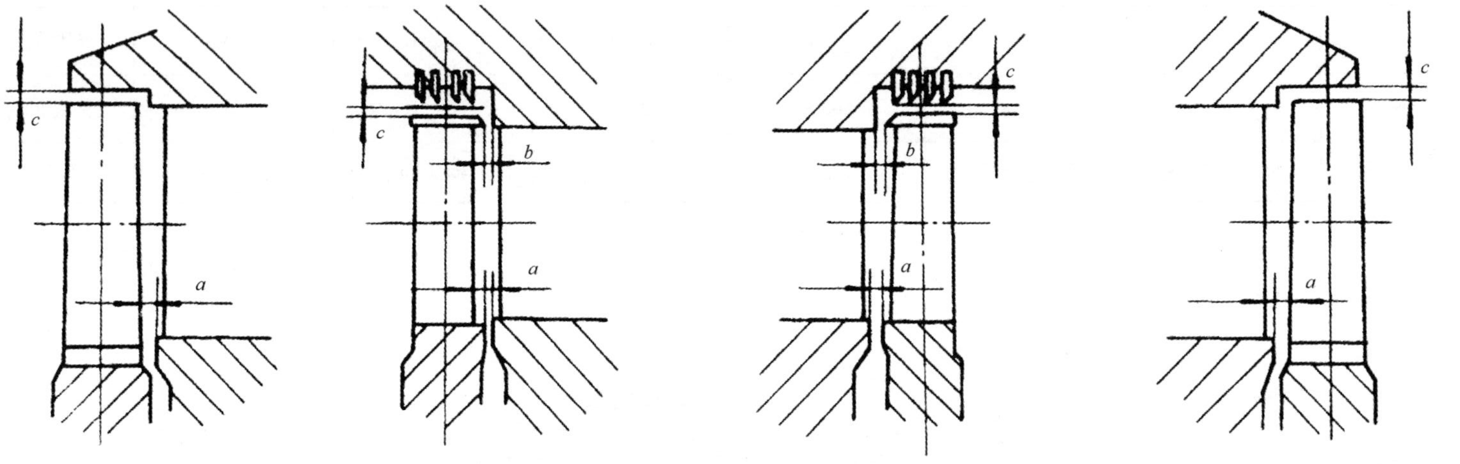

K.4.3 联轴器

a）联轴器外圆及结合面应光滑、无毛刺；

b）套装联轴器无松动现象，联轴器的螺栓孔及螺栓应打磨光滑、无毛刺；

c）轴与平面交接直角处无裂纹；

d）盘车大牙齿应无磨损，啮合良好；

e）联轴器的端面瓢偏度不大于 0.03mm，外圆晃动度不大于 0.04mm；

f）联轴器螺栓应无裂纹，螺纹无乱扣或断扣，与螺母配合不松动，螺栓与螺孔配合面光洁无毛刺，呈轻敲配合；

g）螺栓、螺母、垫圈应对号入座，保险垫片与保险螺钉完好无松动；

h）联轴器找中心，见表 K.10。

表 K.10 联轴器中心位置确定

位置	简图	要求值 /mm
高压转子与低压转子联轴器	高压转子 → ‖ ← 低压转子	外圆跳动＜ 0.03 左右平面张口＜ 0.03 下张口≤ 0.03
低压转子与发电机转子联轴器	低压转子 → ‖ ← 发电机转子	外圆跳动＜ 0.03 平面张口＜ 0.03

K.5 轴承

a）轴瓦洁净完好，无污垢、金属渣等杂物，进油孔畅通；

b）轴瓦钨金完好，工作面光滑无脱胎、裂纹、腐蚀、过热及异常磨损；

c）每块垫铁接触痕迹应占总面积的 70% 以上且分布均匀，垫片应采用不锈钢垫片且垫片张数一般不超过三张，垫片外观平整，无毛刺、卷边，其尺寸应比垫块稍窄，垫片上的螺栓孔或油孔的孔径应比原孔稍大且要对正；

d）轴承各部间隙、紧力见表 K.11；

表 K.11 轴承各部间隙、紧力要求

名称及位置				要求值	简图
径向轴承	轴瓦与轴颈的间隙	1#	顶部	a=0.42～0.52mm	c a(b)
			侧面	b=0.45～0.50mm	
		2#	顶部	a=0.46～0.58mm	
			侧面	b=0.49～0.55mm	
		3#	顶部	a=0.46～0.58mm	
			侧面	b=0.49～0.55mm	
		4#	顶部	a=0.42～0.52mm	
			侧面	b=0.45～0.50mm	

表 K.11 轴承各部间隙、紧力要求（续）

名称及位置		要求值	简图
径向轴承	底部球面垫块与轴承座之间间隙	s=0.03～0.05mm（转子未放入时测量）	
	轴承体与球面座的过盈	c=0.02～0.04mm	
	轴承体球面与球面座的接触面积	≥ 70%	
	轴瓦与轴颈的接触角（圆柱）	＞ 60°	
	轴承体中分面间隙	＜ 0.05mm	
推力轴承	轴向间隙	a=0.25～0.38mm	高压缸侧 低压缸侧

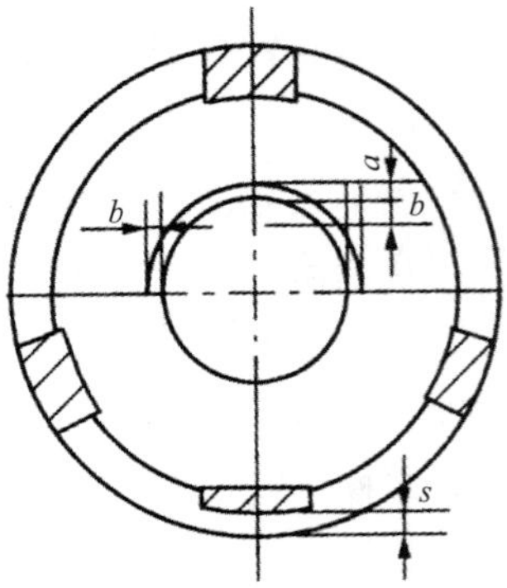

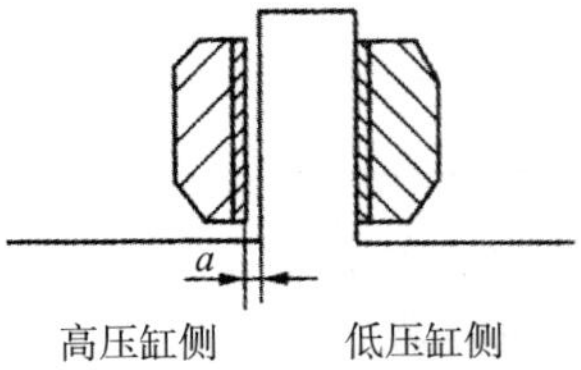

e）顶轴油池尺寸符合标准要求，四周与轴颈接触严密，顶轴油孔、油路正确畅通，顶轴油池深度为 0.20～0.40mm；

f）油挡板应在轴承座或轴瓦上固定牢固，上、下油挡板中分面的对口应严密，最大间隙不大于 0.10mm，油挡板尖齿厚度为 0.10～0.20mm，油挡辐向间隙上部为 0.2～0.25mm，下部为 0.05～0.10mm，两侧为 0.10～0.20mm；

g）推力瓦块钨金表面光滑、平整，无裂纹、剥落、脱胎、磨损、电腐蚀痕迹和过载发白、过热熔化或其他机械损伤，各瓦块工作印痕应大致均匀类同；

h）推力瓦块厚度与原始记录比较无明显变化，各瓦块厚度差不超过 0.02mm，在组合状态下检查推力盘接触印痕面积大于 75%，各瓦块大致相等并接触均匀；

i）推力间隙为 0.25～0.38mm；

j）发电机轴承座下绝缘板、绝缘套管及定位销绝缘垫片应完整，绝缘应合格。

K.6 盘车装置

a）各油管畅通，油管内无油垢，杂物，油管接头严密不渗油；

b）喷油管位置正确，喷油嘴应对准齿轮啮合部分，保持 4～5mm 的间隙；

c）各部件完好洁净无损伤、裂纹等现象，齿轮、蜗母轮无磨损，齿面光滑、接触面均匀，接触斑点按齿高应≥45%，按齿长应≥60%；

d）小齿轮之滑动螺旋键无毛刺，滑动灵活，辊子与摇杆的轴向间隙为 0.1～0.2mm，摇杆轴的套筒与小盖的轴向间隙为 0.3～0.4mm；

e）各滚珠轴承无麻点、裂纹，不松动，转动灵活；

f）挂闸装置良好，用手操作应能灵活咬合或脱开；

g）盘车装置各水平和垂直结合在不加涂料，螺栓紧固的情况下，用 0.05mm 塞尺塞不进；

h）蜗杆对轮与电机对轮中心允许偏差：圆周为 0.06mm，平面为 0.04mm，轴向间隙为 3mm。

K.7 汽缸滑销系统

a）各滑动面应无磨损、卡涩现象；

b）滑销间隙应在全长上均匀分布；

c）滑销系统清理干净后，应用胶布封好以防垃圾落入；

d）不允许用点焊、捻打或挤压的方法来修补过大的间隙；

e）滑销系统各部间隙，见表 K.12。

表 K.12 滑销系统各部间隙要求

名称	简图	要求值 /mm
高压进汽缸与前轴承座之横向平键连接	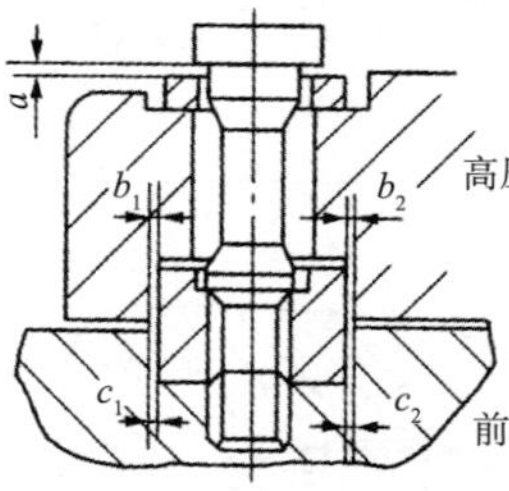	a=0.10～0.20 b_1+b_2=0.02～0.05 c_1+c_2=0～0.03
高压排汽缸、低压外缸与轴承座垂直键	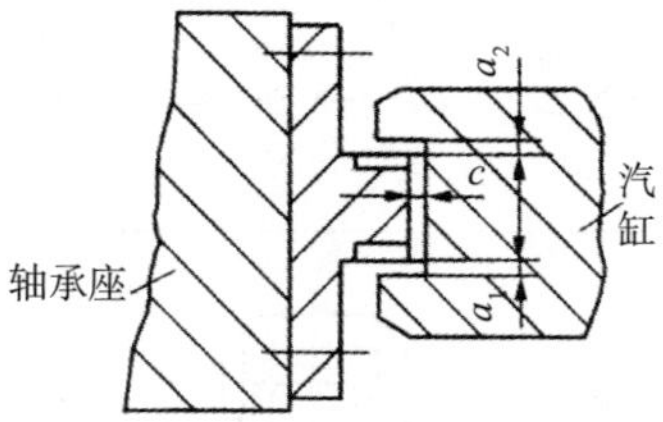	a_1+a_2=0.04～0.08 $c \geqslant 5$
低压外缸与后汽缸座架，中后轴承座与中后座架的连接螺栓	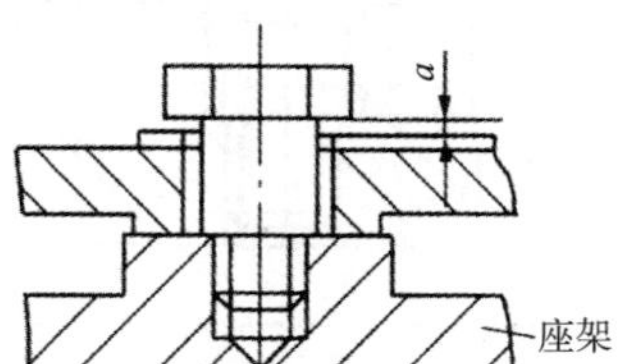	a=0.10
高压进汽缸与前轴承座之垂直键	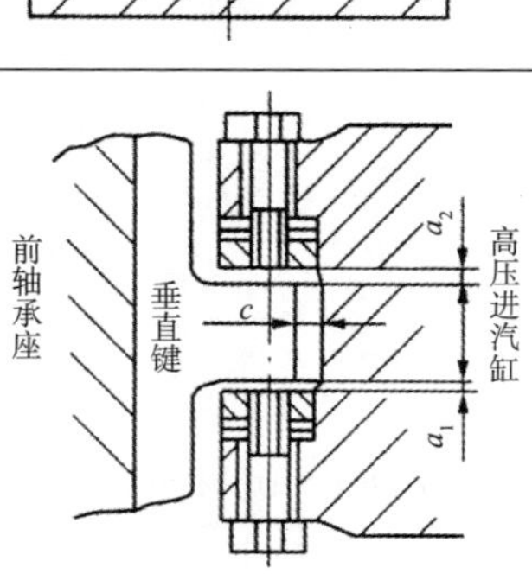	a_1+a_2=0.05～0.10 $c > 5$

表 K.12　滑销系统各部间隙要求（续）

名称	简图	要求值 /mm
低压外缸与内缸间纵向键、横向键	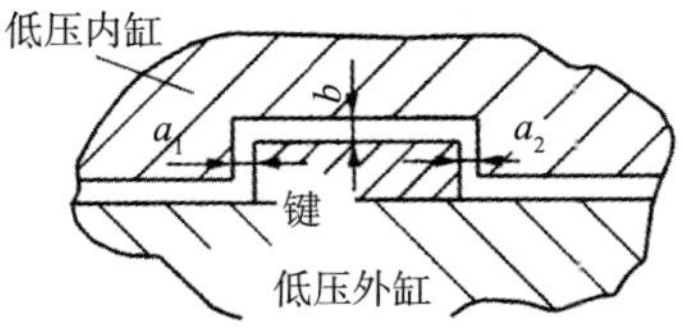	a_1+a_2=0.04～0.08 $b \geqslant 5$
前轴承座与前座架纵向键	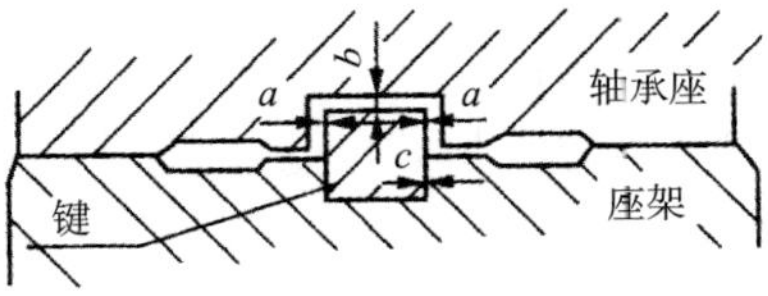	$2a$=0.04～0.08 $b \geqslant 1.0$ $2c$=0～0.2（过盈）
前座架压板与前轴承座	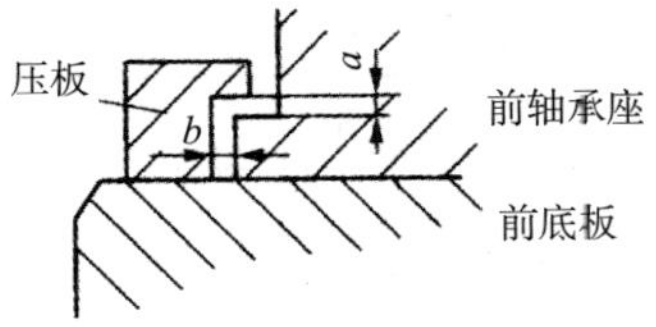	a=0.04～0.08 $b \geqslant 2$
后轴承座与后坐架纵向键	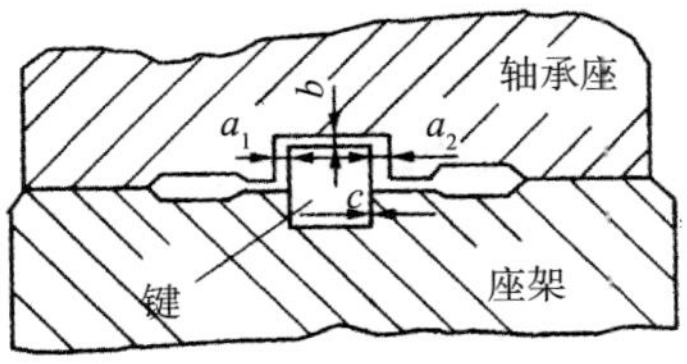	a_1+a_2=0.04～0.06 b=2 c=0.01～0.02（过盈）
中轴承座与中座架纵向键、横向键		a_1+a_2=0.04～0.06 b=2 c=0.01～0.02（过盈）
高压排汽缸与座架	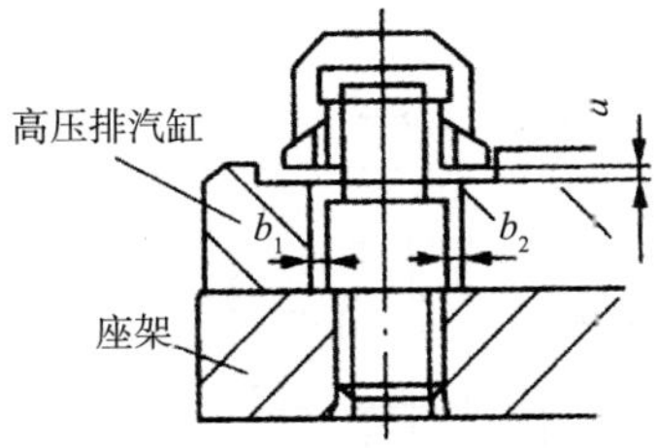	a=0.10 b_1=b_2=6

K.8　调节系统及安全保护装置

K.8.1　EH 油动机

K.8.1.1　主汽门油动机

a）衬套与油缸活塞直径间隙为 0.065～0.135mm；

b）油缸行程为（266±1）mm；

c）装配时每个零件均须用酒精彻底清洗，所有零件不得与含氯溶液接触；

d）油缸活塞杆在油缸内应上下灵活；

e）逆止阀、截止阀、滤芯密封件完好。

K.8.1.2 调节汽阀油动机

a）油动机行程为 250mm；

b）零件应用酒精清洗干净，不得接触含氯溶液；

c）油缸活塞杆在油缸内应上下灵活；

d）逆止阀、截止阀、滤芯密封件完好。

K.8.1.3 中压油动机

a）油动机行程为 160mm；

b）零件应用酒精清洗干净，不得接触含氯溶液；

c）油缸活塞杆在油缸内应上下灵活；

d）逆止阀、截止阀、滤芯密封件完好。

K.8.2 主油泵及自动跳闸重锤（见图 K.3、图 K.4）

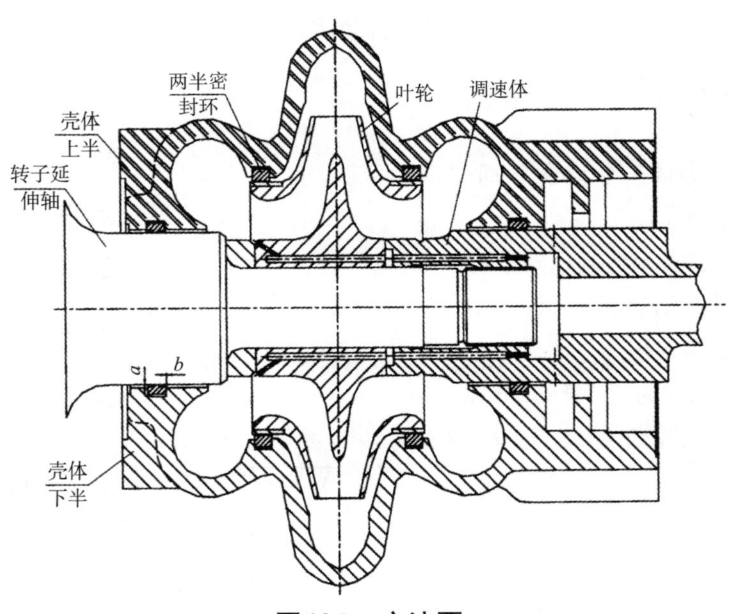

图 K.3 主油泵

a）各两半密封环径向直径间隙 a 为 0.05～0.15mm；

b）各两半密封环轴向间隙 b 为 0.05～0.13mm；

c）圆柱型压缩弹簧与自动跳闸重锤半径间隙 c 为 0.4～0.8mm；

d）平衡块与自动跳闸重锤半径间隙 d 为 0.1～0.15mm；

e）弹簧保持环与自动跳闸重锤半径间隙 e 为 0.1～0.15mm；

f）自动跳闸重锤与弹簧半径间隙 f 为 0.1～0.4mm；

g）自动跳闸重锤位移量 g 为 7.1mm；

h）自动跳闸重锤与调速体半径间隙 h 为 0.4～1mm；

i）轴颈的径向晃动不大于 0.03mm，叶轮密封环处的径向晃动不大于 0.05mm。

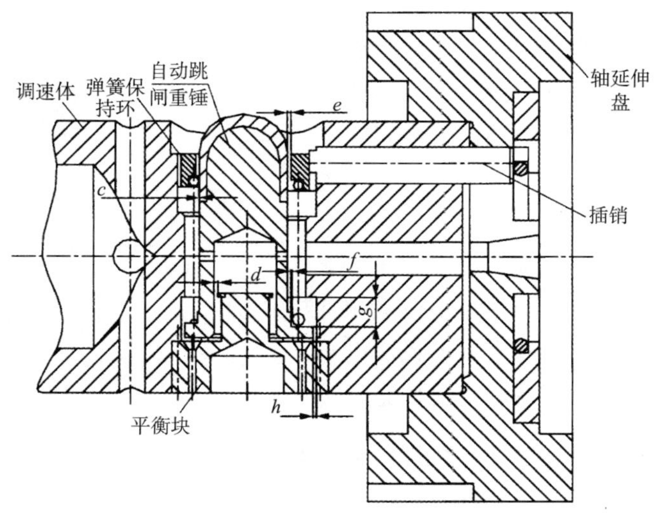

图 K.4　自动跳闸重锤

K.8.3　危急遮断油门（见图 K.5）

a）遮断继动器在继动器套筒内应滑动自如，无任何卡涩；

b）阀碟阀芯应无毛刺、缺损等；

c）试验用继动器轴应无毛刺，滑动灵活，无卡涩；

d）转动间隙 a 为 1.57～2.36mm；

e）扳机与遮断继动器间隙 b 为 0.01～0.05mm；

f）遮断继动器与继动器套筒凸肩结合面 A 研磨至 R_a0.8；

g）扳机与盖两侧间隙为 0.79mm；

h）特殊螺栓与自润滑杆端关节轴承间隙为 0.4mm；

i）凸轮式手柄组件、手柄组件与箱壁间隙为 0.8mm；

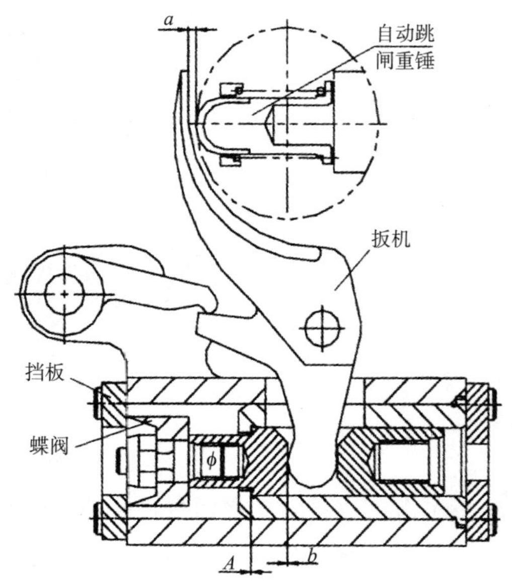

图 K.5　危急遮断油门

j）复位连杆、传动连杆与盖侧面间隙为 0.5mm；

k）红丹检查阀芯阀座，沿径向不得有断开。

K.8.4 蓄能器

a）锥管螺纹管接头装配时，应包聚四氟乙烯薄膜，端部两牙不包；

b）皮囊装上后应保证严密不漏。

K.8.5 电磁阀

a）O 形密封圈完好，装上后无泄漏；

b）筒式逆止阀阀芯与套筒无毛刺、划痕，阀芯，阀座密封完好，整圈连续均匀接触，无腐蚀及径向凹痕；

c）弹簧无裂纹、锈蚀、损伤和变形等缺陷，端部应平整。

K.8.6 空气引导阀

a）弹簧无裂纹、锈蚀、损伤和变形等缺陷，端面应平整；

b）活塞在缸体内上下灵活，无卡涩、松动；

c）O 形密封圈弹性良好，无老化现象。

K.8.7 EH 组合油箱

a）油箱内部彻底清理干净，无污垢、杂质、布毛等，磁性过滤器清洁无杂物；

b）油箱顶盖及管子接头结合面应光滑平整并有合适的垫片，严密不漏；

c）油位计清晰完好，无破损。

K.8.8 EH 油箱控制块

a）各部件洁净完好，无毛刺、磨损、斑痕；

b）针阀阀杆光洁、丝扣完整、无弯曲，密封线完好无径向凹痕，整圈连续且均匀接触，密合良好；

c）滤油器滤芯完好无损、洁净无杂物附着；

d）所有锥管螺纹接头，需用聚四氟乙烯薄膜密封，并且端部两牙不包；

e）更换的 O 形密封圈必须完好无损；

f）所有部件用酒精清洗，不得接触含氯溶液。

K.8.9 隔膜阀（见图 K.6）

a）各部件洁净完好、无毛刺、磨损；

b）阀杆正直弯曲度不超过 0.05mm；

c）弹簧完好，无变形及裂纹，性能符合设计要求；

d）阀座、阀芯密封线完好，整圈连续均匀接触，密合良好，无腐蚀及径向沟痕。

K.8.10 卸荷阀（见图 K.7）

a）各部件洁净完好、无磨损；

b）弹簧完好无变形、裂纹，端部平整；

c）杯状滑阀与套筒无磨损、沟痕，组装后上下滑动灵活，无轻微卡涩；

d）针阀阀杆正直，阀芯、阀座密封线完好，无径向沟槽凹痕，整圈连续均匀，密合良好。

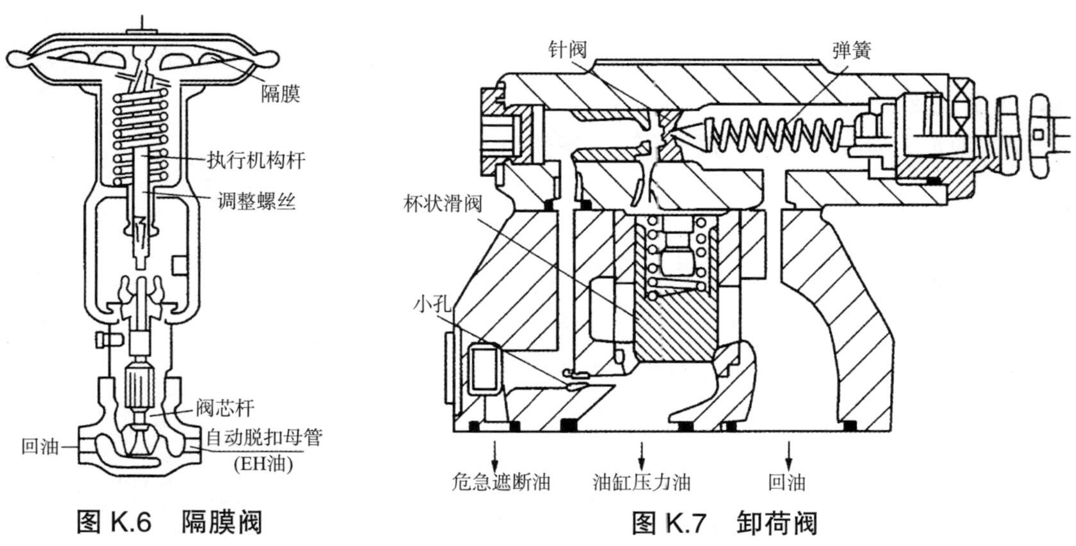

图 K.6 隔膜阀

图 K.7 卸荷阀

K.9 配汽机构

K.9.1 高压调节汽阀（见图 K.8）

a）连接头与阀杆直径间隙 a 为 0.03～0.11mm；

b）连接头与阀盖最小间距 A 为 25.4mm；

c）阀杆与套筒直径间隙 b 为 0.28～0.34mm；

d）套筒与阀座直径间隙 c 为 0.1～0.18mm；

e）阀套与套筒直径间隙 d 为 0.25～0.30mm；

f）阀套与阀杆直径间隙 e 为 1.58mm；

g）阀套与阀杆底部轴向间隙 f 为 0.60～0.90mm；

h）阀杆行程 B 为 65mm；

i）阀杆装入阀套研磨，确保有 80% 以上接触面积；

j）阀杆装入套筒研磨后，确保阀杆和套筒 100% 接触，接触面积不小于 80%；

k）将弹簧箱和弹簧座装配到阀盖上，验证安装面与孔壁面垂直度为 0.12mm；

l）将球面垫圈装到弹簧座下，验证球面垫圈 75% 以上接触面积；

m）涂蓝检查接头和阀杆，验证有 80% 的最小接触面积；

n）阀杆与套筒后座接触后，验证阀套凸肩与套筒之间的最小轴向间距为 3mm；

o）弹簧应无裂纹、锈蚀、损伤、变形等缺陷，端面应平整。

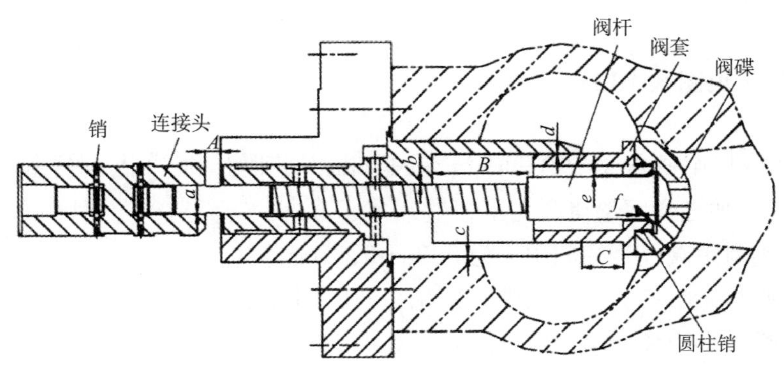

图 K.8　高压调节汽阀

K.9.2　中压调节汽阀（见图 K.9）

a）垫圈与油动机杆直径间隙 a 为 0.027～0.093mm；

b）阀杆与连接器直径间隙 b 为 0.03～0.09mm；

c）阀杆与套筒直径间隙 c 为 0.3～0.355mm；

d）阀杆与阀碟为过盈配合，直径过盈 d 为 0.004～0.04mm；

e）阀杆行程 A 为：

DN250：90mm，　　DN200：68mm；

f）连接器与阀杆端面 Z 涂红丹检查，保证贴合；

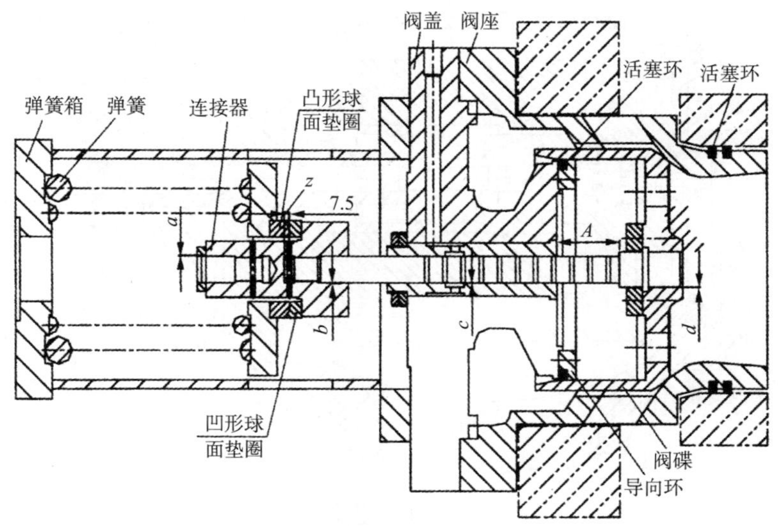

图 K.9　中压调节汽阀

g）装配时加工垫圈厚度，使阀碟关下时留有 3mm 间隙；

h）阀杆与套筒端面接触部分相研磨，保证贴合；

i）弹簧应无裂纹、锈蚀、损伤、变形等缺陷，端面应平整；

j）油动机安装于弹簧箱前，实测出垫圈厚度，保证空行程 6.4mm，固定并打定位销。

K.10 主汽门（见图 K.10）

a）弹簧座与主阀杆的装配间隙 a 为 1.5mm（此时压缩弹簧压缩量应为 6.3mm±0.75mm，可通过加工弹簧垫得到此压缩量）；

b）弹簧座与小阀碟直径间隙 b 为 0.30～0.45mm；

c）弹簧座与主阀杆的直径间隙 c 为 0.25～0.31mm；

d）压缩弹簧自由长度为 125.8mm；

e）衬套与主阀碟直径间隙 d 为 0.03～0.11mm；

f）衬套与主阀碟直径间隙 e 为 0.28～0.43mm；

g）主阀碟与阀碟螺帽直径间隙 f 为 1.45～1.75mm；

h）主阀杆与衬套直径间隙 g_1 为 0.25～0.33mm，g_2 为 0.26～0.33mm；

i）环与主阀碟直径间隙 h 为 0.25～0.33mm；

j）主汽门与主汽门盖直径间隙 i 为 0.22～0.48mm；

k）主阀杆与弹簧导杆直径间隙 j 为 0.13～0.18mm；

l）主汽门盖与衬套直径间隙 k 为 0.03～0.13mm；

m）弹簧导杆与衬套直径间隙 l 为 0.25～0.33mm；

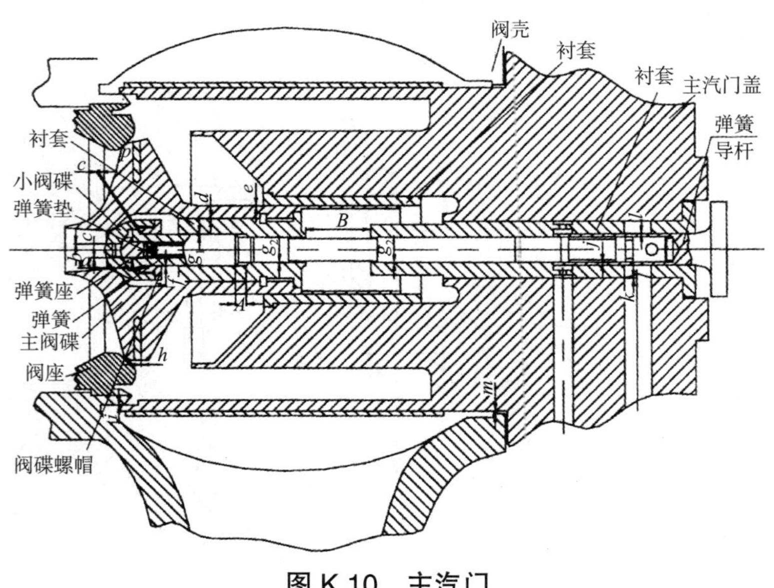

图 K.10 主汽门

n）主汽门盖与阀壳直径间隙 m 为 0.03～0.25mm；

o）装配时主阀碟与阀座研磨至 R_a=0.8；

p）衬套与衬套研磨至 R_a=0.8；

q）阀杆行程 A 为 15.5mm（17.2～14.2mm）；

r）主阀行程 B 为 102mm（104.6～98.6mm）；

s）小阀行程 C 为（3.0±0.5）mm；

t）弹簧应无裂纹、锈蚀、损伤、变形等缺陷，端面应平整。

K.11 抽汽阀及操纵座

K.11.1 抽汽阀（见图 K.11）

a）阀门各部件洁净完好，无锈垢、损伤，腔室无杂物；

b）阀座、阀碟密封面完好，整圈连续均匀接触，密合良好，无径向沟痕；

c）阀碟旋启灵活，无卡涩，阀碟与摇臂轴直径间隙为 0.10～0.15mm；

d）摇臂与调整垫片，摇臂与杠杆轴的轴向间隙为 1～1.2mm；

e）装配中调整阀碟的长度，保证各阀碟转角符合表 K.13 要求；

表 K.13 各阀碟转角

规格 /mm	转角 /（°）
*PN*6.3　*DN*200	40～41
*PN*3.9　*DN*250	40～41
*PN*2.45　*DN*300	39～41
*PN*2.45　*DN*500	40～40.5
*PN*2.45　*DN*600	40～40.5

f）装配后，进水腔室做水压密封试验，不得有连续渗漏线状出现，如表 K.14 所示。

表 K.14 进水腔室水压密封试验要求

规格 /mm	泵水压力 /MPa	最大渗漏量性 /（$10^{-5}m^3/h$）	时间 /min
*PN*6.3　*DN*200	6.3	2.4	10
*PN*3.9　*DN*250	3.9	3.0	10
*PN*2.45　*DN*300	2.45	3.0	10
*PN*2.45　*DN*500	2.45	5.0	10
*PN*2.45　*DN*600	2.45	5.5	10

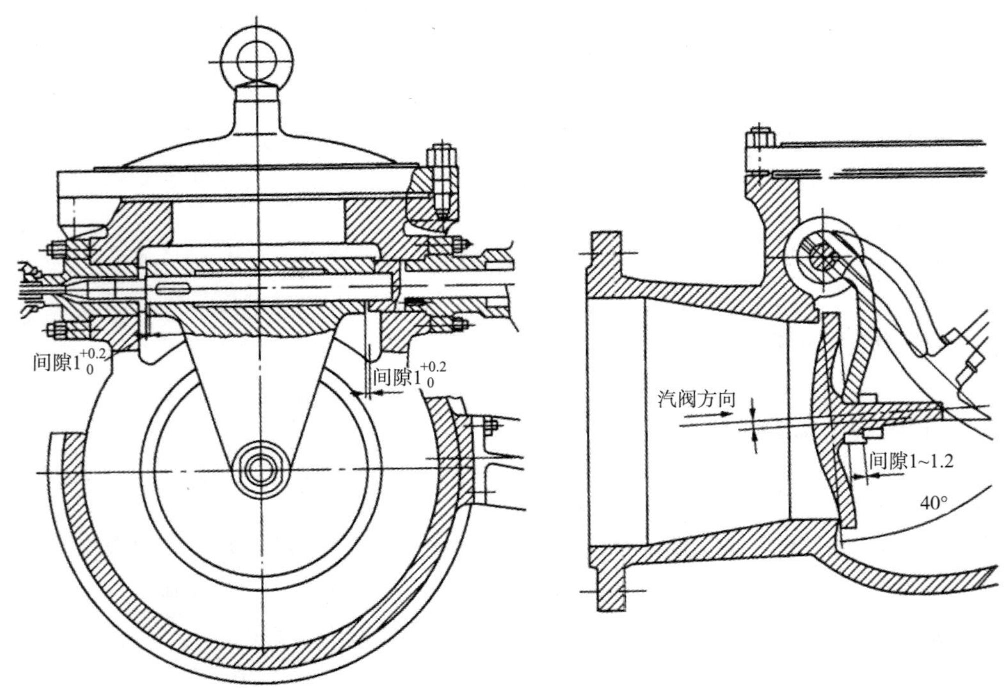

图 K.11　抽油阀

K.11.2　操纵座（见图 K.12、图 K.12-1）

a）各部件洁净完好，活塞 O 形密封圈无老化，弹性良好；

b）活塞杆光洁正直，无毛刺、拉痕，与衬套直径间隙为 0.06～0.10mm；

c）弹簧应无裂纹、锈蚀、损伤、变形等缺陷，端面应平整；

d）部套装配完毕后，需通压缩空气做密封性试验，要保证活塞动作灵活，无卡涩现象，各操纵座密封性试验压力为：

至 4#、5# 高加、低抽母管、鼓泡除氧器抽汽阀操纵座试验压力为 0.392～0.686MPa，至 2#3# 低加、除氧器加热蒸汽抽汽阀操纵座试验为 0.3～1.1MPa；

e）壳体内腔室（工作腔室）作水压试验，保证 10min 无渗漏现象，各操纵座水压试验压力为：

至 4#5# 高加、低抽母管、鼓泡除氧器抽汽阀操纵座水压试验压力为 1.1MPa，

至 2#3# 低加、除氧器加热蒸汽抽汽阀操纵座水压试验为 1.5MPa；

f）抽汽阀组装后，各活塞的实际工作行程为：

至 4#5# 高加、低抽母管、鼓泡除氧器抽汽阀操纵座工作行程为 80mm，

至 2#3# 低加、除氧器加热蒸汽抽汽阀操纵座工作行程为 137mm；

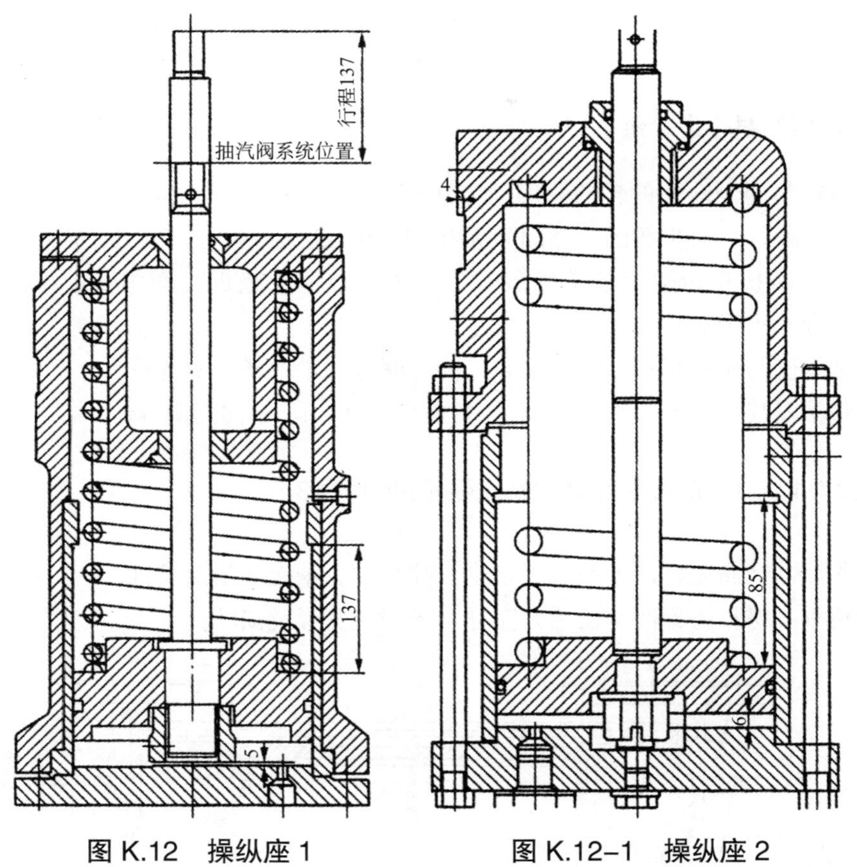

图 K.12　操纵座 1　　　图 K.12-1　操纵座 2

K.12　油泵

K.12.1　危急滑油泵、轴承滑油泵

a）各部件完好，洁净无油垢，泵室无杂物，密封圈弹性良好；

b）滚珠轴承装配无松动，转动灵活无卡涩，滚珠内、外圈接触良好无松动，内、外圈装配紧力为 0.01～0.03mm；

c）含油轴承与轴直径间隙为 0.08～0.12mm；

d）叶轮与上、下密封环半径间隙为 0.15～0.22mm，且四周间隙均匀；

e）主轴正直不变形，弯曲度不大于 0.05mm；

f）下轴承支座放气口与调整螺栓底部间隙为 1mm；

g）组装后盘动转子应转动灵活、无卡涩；

h）联轴器找中心偏差圆周为 0.08mm，端面为 0.06mm，间隙为 3～5mm。

K.12.2　顶轴油泵

a）制造厂说明，本油泵用户不得自行拆检；

b）联轴器找中圆周偏差不大于 0.10mm，端面偏差不大于 0.08mm，两联轴器间隙为 2mm。

K.12.3 高压油泵（齿轮泵）

a）齿轮与两侧端面的轴向总间隙为 0.08～0.13mm，齿轮顶圆与泵壳的径向间隙为 0.04～0.075mm，一对齿数的齿侧间隙为 0.15～0.22mm；

b）装配时检查齿轮付的接触斑点，要求斑点位置趋近齿面中部，按高度不小于 50%，按长度不小于 70%；

c）轴承套与轴承套外套端面平齐，并使润滑油进油槽口对齐；

d）联轴器找中，外圆≤ 0.08mm，端面≤ 0.05mm，轴向间隙 3mm。

K.13 2BW4 253-0BK3 型水环式真空泵（见图 K.13）

a）各部件洁净完好，各腔室无杂物，叶轮，主轴无磨损及腐蚀；

b）阀板（材料为聚四氟乙烯）完好，无塑性变形及损坏；

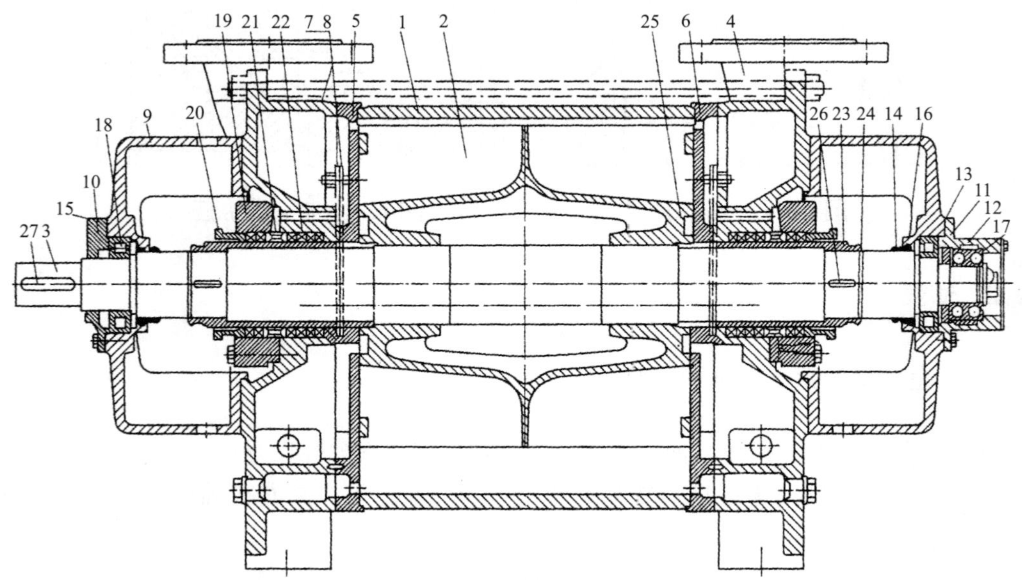

图 K.13 2BW4 253-0BK3 型水环式真空泵结构图

1—泵体；2—叶轮；3—泵轴；4—侧盖；5—前分配板；6—后分配板；7—阀板；8—阻水板；9—轴承座；10—前轴承压盖；11—后轴承座；12—调整螺母；13—补偿垫圈；14—轴封圈（2 个）；15—轴封圈（1 个）；16—毡圈；17、18—轴承；19—填料函体；20—填料压盖；21—填料环；22—填料；23—轴套；24—轴用弹性挡圈；25—O 形密封圈；26、27—平键；

c）调整补偿垫圈厚度或用调整螺母调整轴承位置，使叶轮处于泵体中间；

d）叶轮两侧轴向总间隙为 0.20～0.30mm，且单边间隙相等；

e）单边最小剩余间隙为 0.07mm（泵的单边剩余间隙等于泵单边间隙减去深沟轴承

游隙的一半）;

f）深沟轴承的最大允许游隙为 0.06mm ;

g）深沟轴承装配无松动，滚动灵活无卡涩，滚子内、外圈接触良好，无松旷，间隙为 0.03～0.05mm，内外圈装配紧力为 0.01～0.03mm，轴承与轴承盖的轴向间隙为 0.05～0.10mm ;

h）对轮与轴装配紧力为 0～0.03mm，对轮间隙为 3～5mm，对轮中心偏差平面为 0.06mm，圆周为 0.08mm ;

i）盘根每圈一根，接口切成 45° 斜形搭接，相邻两圈的接口错开 120°～180°，格兰紧度适宜，以每分钟 20～30 滴漏水为宜;

j）安装后用手盘动转子，回转应轻快无摩擦、卡涩情况。

附　录　L
（规范性附录）
C12-3.43/0.98（C12-35/10）
汽轮机检修质量标准

L.1　汽缸

L.1.1　汽缸壁

a）当调节级处汽缸壁温度降低到100℃以下，上、下缸温差≤50℃时，方可拆除保温；

b）汽缸内部清扫干净，疏水孔无堵塞；

c）汽缸各部无裂纹；

d）化妆板及其配件完整；

e）保温良好。

L.1.2　汽缸结合面

a）汽缸结合面应清扫干净，无铅粉垢残留；

b）用刮刀清理结合面时，严禁横向刮，以防刮出沟，造成漏汽，更不能用榔头击打结合面；

c）螺栓孔边缘和固定螺栓根部没有毛刺和凸出来的部分；

d）测量汽缸水平，汽缸水平应符合安装数值，相差过大时，查明原因并做必要的调整；

e）汽缸水平情况见表 L. 1 ；

f）扣空缸检查严密程度，不紧螺栓，汽缸间隙变化均匀，冷紧 1/3 螺栓后其间隙＜ 0. 05mm。

表 L.1　汽缸水平情况

测量项目	允许值
汽缸水平纵向前箱处	5. 34°
汽缸水平纵向前缸处	2. 67°
汽缸水平纵向后缸处	0°
汽缸水平横向	≤ 0. 2%

注：扬度单位：1° =0. 1/1000。

L.1.3　汽缸螺栓

a）螺栓、螺母清扫干净，无铅粉垢残留，清扫完后涂抹二硫化钼；

b）螺栓、螺母应无毛刺、伤痕、乱扣、缺扣和弯曲；

c）螺母垫圈要平整、光滑，垫圈与螺母接触面应在 80% 以上；

d）螺母套在螺杆上应用手自如地旋转到底，且轴向和径向不能有明显的松动；

e）螺栓冷紧应使用专用扳手加套管的方法进行，避免用大锤冲击法来冷紧；

f）各螺栓冷紧要求如表 L.2；

表 L.2 汽缸螺栓冷紧要求

螺栓规格	套管	人数
M80×4	3.0m	8～10
M72×4	2.5m	6～8
M60×4	2.0m	4～6

g）螺栓加热前应彻底清理加热孔内的杂物，使加热孔畅通；

h）紧螺栓顺序见图 L.1，两侧对称进行。

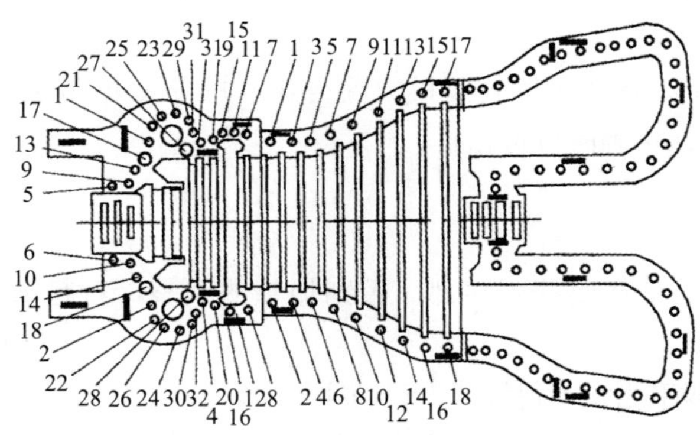

图 L.1 汽缸螺栓冷紧顺序

说明： 1. 图 L.1 中粗黑线表示水平仪位置。

2. 后缸螺栓按中心对称拧紧。

L.1.4 汽缸涂料

a）采用精练亚麻仁油或清油（亚麻仁油的精练是用文火保持油温为 130℃左右。使其水分蒸发，增加精度到拉出 10～15mm 的丝份为止）和小磷状黑铅粉按 1∶1 体积比调制或采用专用密封涂料。

b）涂料涂抹厚度 0.2～0.5mm 左右，但在螺栓和定位销孔周围和汽缸结合面内缘应留 10mm 宽度不涂抹。

L.1.5 汽缸保温

a）上、下汽缸采用硅酸铝保温材料，层间涂高温黏合剂，保温后表面温度不超过 50℃；

L.2 隔板

L.2.1 隔板

a）隔板两侧无摩擦痕迹或粘有金属熔积层；

b）静叶片无伤痕、卷边、裂纹等，静叶片的连接无脱落、松动情况；

c）隔板及蒸汽流道的腐蚀结垢应清除，配合化验室进行化验分析；

d）挂耳及上、下定位销无损伤及松动；

e）隔板及导叶环上的阻汽片无松动，检查汽缸底部各疏水孔并清理干净；

f）检查各级隔板及旋转隔板中分面严密性，高压部分以 0.05mm 塞尺不过，低压部分以 0.10mm 塞尺不过；紧固螺栓后，间隙应＜ 0.05mm ；

g）安装隔板时，隔板边缘与汽缸接合面应涂抹二硫化钼或黑铅粉；

h）隔板最大挠度不得超过隔板出汽侧与叶轮间隙的 1/3 ；

i）回转隔板滑动密封情况必须良好，所有通汽窗口接触良好，接触面积在 75% 以上；

j）扣上汽缸之前，应先把回转隔板位置定好，并与低压油动机连接，复核油动机开度及回转隔板位置，正确时方可扣缸。

L.2.2 汽封套

a）吊汽封套时，吊环要拧到根部，否则加垫圈调整，对起吊用的钢丝绳进行检查，合格方可使用；

b）吊汽封套时要平稳，不得倾斜，以防碰坏复环和叶片；

c）对卡涩汽封套不可强行起吊，应浇上煤油，用铜棒轻轻敲打后起吊；

d）上、下汽封套吊出后，应放在指定场所的专用支架上；

e）隔板、汽封套与汽缸各部分间隙见表 L.3。

表 L.3　隔板、汽封套与汽缸各部分间隙要求

位置	简图	要求值 /mm
隔板、汽封套的膨胀间隙	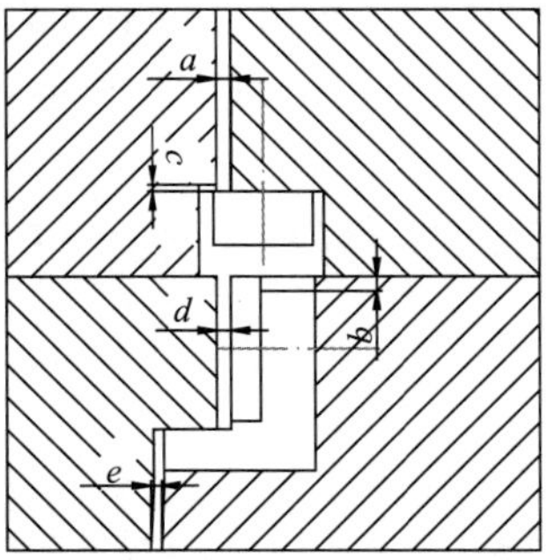 a c d b e	a=1.5 b=0.50 c=0.4～0.7 d=1.5 e=1.5

表 L.3 隔板、汽封套与汽缸各部分间隙要求（续）

位置	简图	要求值 /mm
隔板、汽封套的洼窝中心	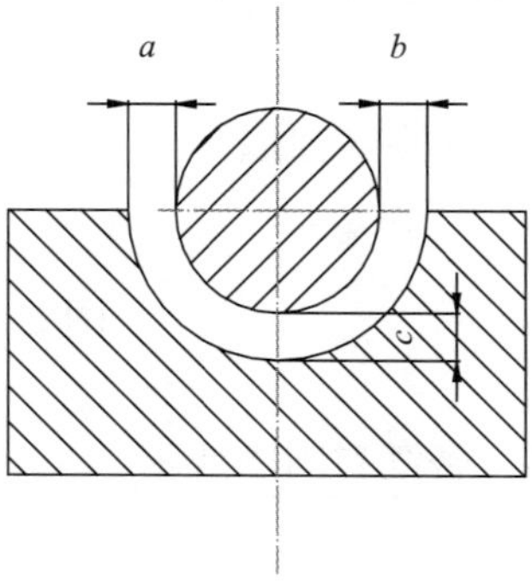	$a+b$=0～0.05 c=1
转向导叶环与汽缸的配合间隙	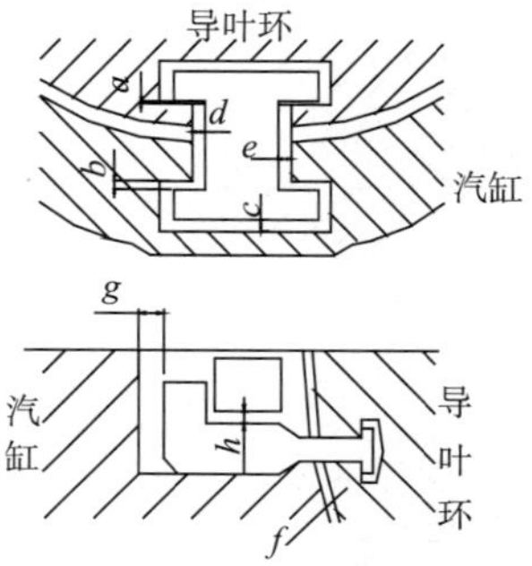	a=0 b=0.28-0.30 c=0-0.02 $d+e$=0.05-0.30 f=1.5 g=0-0.05 h=0.40-0.50
隔板、汽封套与汽缸下半纵向键	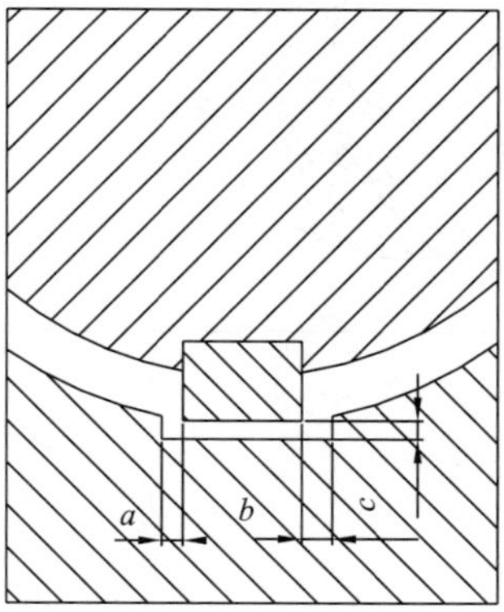	$a+b$=0.035～0.045 c=1.5～2.1

L.3 汽封

L.3.1 汽封

a）汽封的尖端应锐利，无倒伏、缺损；

b）清扫汽封块及弹簧块，使其光滑，无毛刺、变形；

c）汽封环之间接触应良好，连接圆滑，无张口、凸出，用 0.05mm 塞尺塞不进；

d）拆装汽封时，应用硬木块或厚铅板轻轻振出，不得硬打以免将汽封块打变形或损坏；

e）弹簧片应无折断、残缺，汽封调整压块应完整，无腐蚀，固定螺栓应紧固，无松动；

f）应将汽封块作统一编号，拆装应按下列编号进行（见图 L.2）；

g）各汽封间隙见表 L.4。

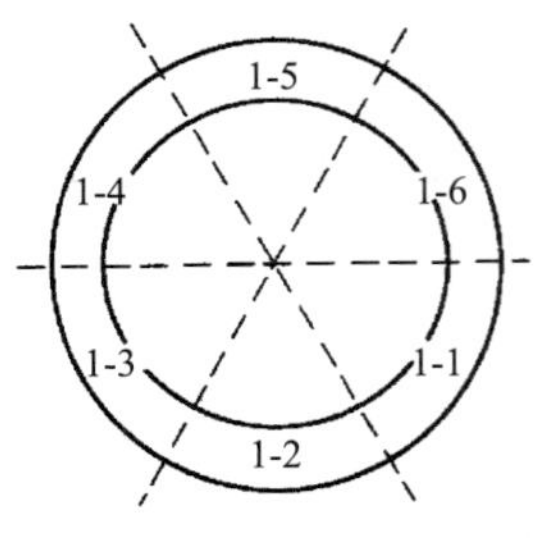

图 L.2　汽封块拆装顺序编号

表 L.4　各汽封间隙要求

位置	简图	要求值 /mm
前、后汽封间隙 隔板汽封间隙	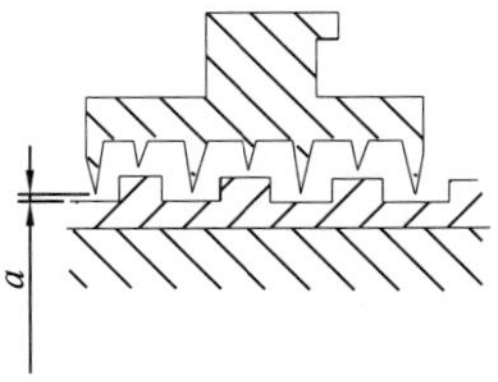 a	a=0.25～0.35 a=0.35～0.45
汽封圈总膨胀间隙	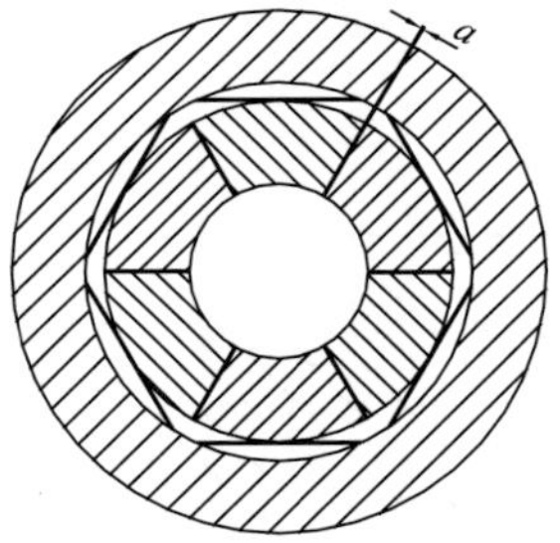 a	a=0.30～0.60 其他各接触面 0.05mm 塞尺塞不进

L.4　转子

L.4.1　主轴

a）无裂纹、毛刺、磨损、腐蚀及麻坑等现象；

b）轴颈锥度和椭圆度≤ 0.02mm；

c）轴弯曲度≤ 0.04mm；

d）轴颈打磨光滑，无油垢及附着物。

L.4.2　叶轮质量标准

a）叶轮清扫干净，无盐垢；

b）无裂纹、毛刺、磨损、腐蚀、麻坑等；
c）各级叶轮轴向间隙，测量后与上次测量比较无明显变化；
d）后汽封套和套装叶轮应紧固无松动现象。
e）叶轮瓢偏≤ 0.10mm；

L.4.3 叶片

a）叶片应清扫干净，无水垢、盐垢附着；
b）叶片无松动、裂纹、损伤、卷边、变形及严重的冲刷腐蚀现象；
c）复环、铆钉无松动、断裂和脱出的现象；
d）扭叶片静频试验合格。

L.4.4 推力盘

a）推力盘应打磨光滑，无毛刺、伤痕；
b）测量推力盘油挡间隙≤ 0.15mm；
c）推力盘平面瓢偏度≤ 0.03mm；
d）套装推力盘无松动现象，锁紧螺母与丝扣配合良好。

L.4.5 联轴器

a）轴与平面交接直角处无裂纹；
b）盘车大牙齿应无磨损，啮合良好；
c）结合面光滑、无毛刺；
d）联轴器螺栓及螺孔无裂纹、断扣、乱扣，与螺母配合良好；
e）联轴器的端面瓢偏度≤ 0.02mm，外圆晃动度≤ 0.04mm；
f）螺栓、螺母、垫圈应对号入座，保险垫片与保险螺钉完好无松动；
g）联轴器找中心：
允许发电机中心高于汽轮机中心 0～0.04mm，
允许对轮平面上张口 0～0.02mm，
圆周左右允许偏差≤ 0.04mm，
端面左右允许偏差≤ 0.02mm，
联轴器齿侧间隙为 0.01～0.20mm，磨损极限为 0.30mm。

L.4.6 通流部分

a）通流部分应无垢、无锈；
b）通流部分动、静叶片无损伤和裂纹；
c）通流部分间隙见表 L.5；

表 L.5 通流部分间隙要求

位置	简图	间隙要求 /mm
高中压复速级	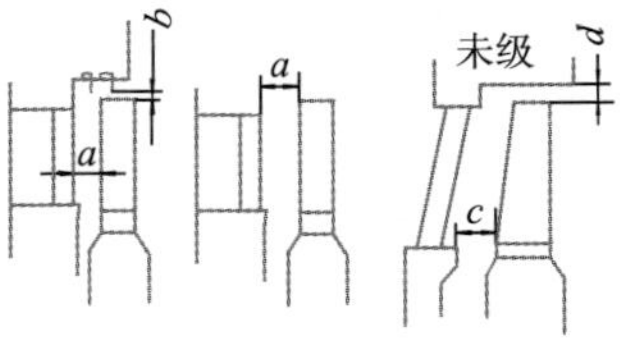	$c_1=c_2=c_3=1.5\sim1.8$ $a_2=a_1=1.5$ $b=3$ $d=45$
1～7 压力级	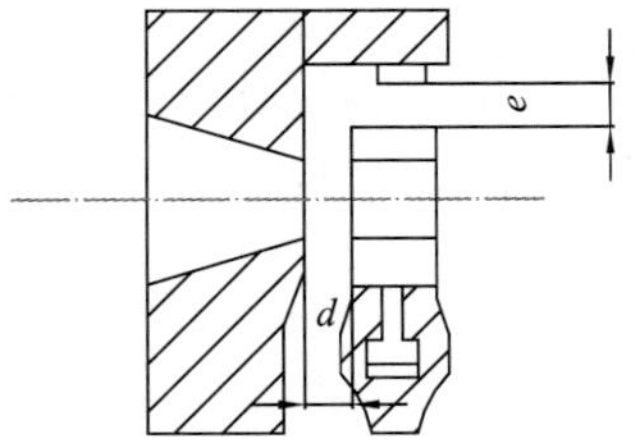	$e=1$ $d=1.5$
8、9 压力级	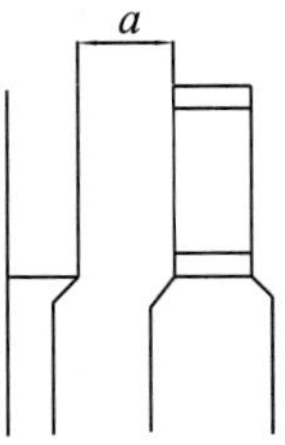	$a=4$
10 压力级	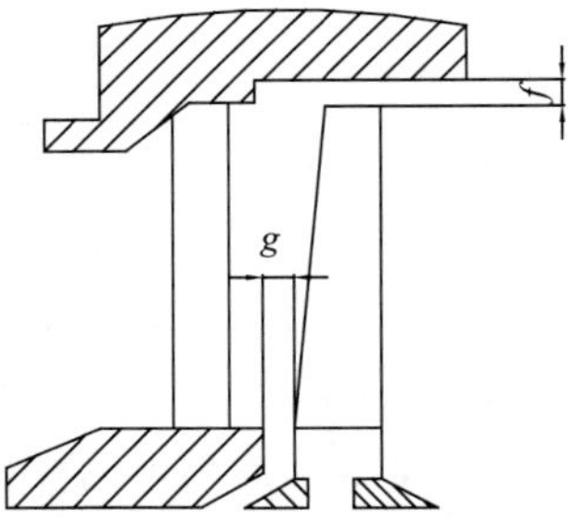	$g=5$ $f=3$
罩环与转动环径向间隙	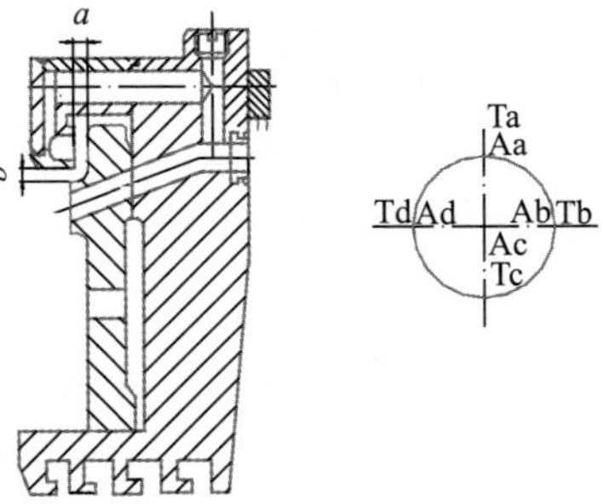	$a=0.45\sim0.65$
罩环与转动环轴向间隙		$b=1.5$

L.5 轴承

L.5.1 支持轴承

a）钨金面应无划伤、磨损、裂纹、局部剥落、脱胎、电腐蚀、砂孔等；

b）钨金与轴颈接触均匀，接触角应为 60°～70°，轴承室清洁无异物；

c）进油孔和排油孔清扫净，无污垢残留；

d）各调整块不松动，并与轴承座洼窝保持 70% 以上接触，调整垫片应用不锈钢片制成，每块调整块使用的垫片不得超过 3 片；

e）转子复位前，轴瓦下部调整块洼窝要有 0.03～0.05mm 间隙，转子复位后，下瓦垫铁与轴承座洼窝无间隙；

f）球面轴承球面和调整块接触面接触面积，应达 75% 以上，且上、下球轴瓦结合面错口不得大于 0.01mm；

g）支持轴承间隙见表 L.6 及图 L.3。

表 L.6　支持轴承间隙要求

mm

瓦号 项目 部位	1#		2#		3#		4#	
	a	*b*	*a*	*b*	*a*	*b*	*a*	*b*
轴瓦与轴颈间隙	0.375～0.50	0.19～0.25	0.30～0.40	0.15～0.20	0.30～0.40	0.15～0.20	0.30～0.40	0.15～0.20
轴承体、球面与球面座之过盈	0.02～0.04							
中分面间隙	＜0.05							
轴瓦与轴颈接触角	60°～70°							
轴承盖与轴承体紧力	0.04～0.08		0.04～0.06		0.04～0.06		0.04～0.06	
底部球面垫块与轴承座间隙 *c*	0.03～0.05							

L.5.2　油挡

a）油挡密封齿不能有磨平、铜条卷曲或脱落等现象；

b）油挡体不能有裂纹或结合面沟槽，油挡与轴承座的结合面一定要清理干净，用塞尺检查上、下两半挡档的结合面，0.05mm 塞不进且不许错口；

c）轴承内、外油挡齿尖不得厚于 0.50mm；

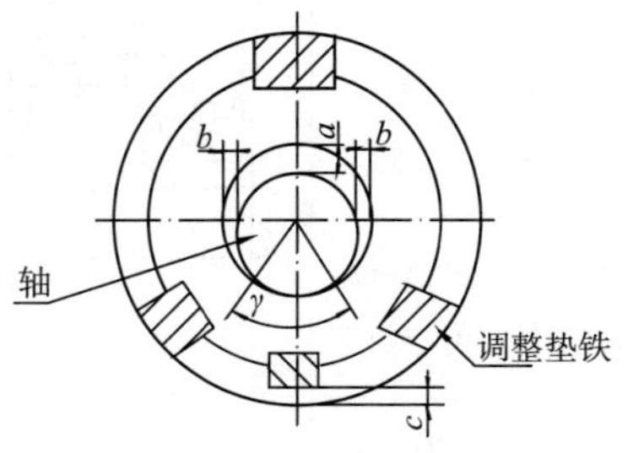

图 L.3　支持轴承间隙

d）测量油挡间隙应见表 L.7。

表 L.7　油挡测量间隙要求

mm

测量位置 油挡	上	下	左	右
1#～4# 瓦油挡间隙	0.30～0.50	0.15～0.20	0.25～0.30	0.25～0.30
各轴承箱前、后各油挡间隙	0.20～0.25	0.05～0.10	0.10～0.20	0.10～0.20

L.5.3　推力轴承

a）推力瓦钨金表面应光滑平整，不能有严重磨损；

b）钨金不应有裂纹、脱胎；

c）轴承座外壳结合面定位销不能太松，瓦块定位销无松动；

d）温度测点接线无损伤，各瓦块冷态温度相差不应超过 3℃；

e）推力瓦各块厚差≤ 0.02mm；

f）推力间隙为 0.40～0.45mm；

g）推力瓦接触面积不小于 75%，接触点应均匀分布并做到 3～5 点 /cm^2；

h）径向推力联合轴承间隙要求见表 L.8。

表 L.8

位置		简图	要求值 /mm
推力盘轴向间隙		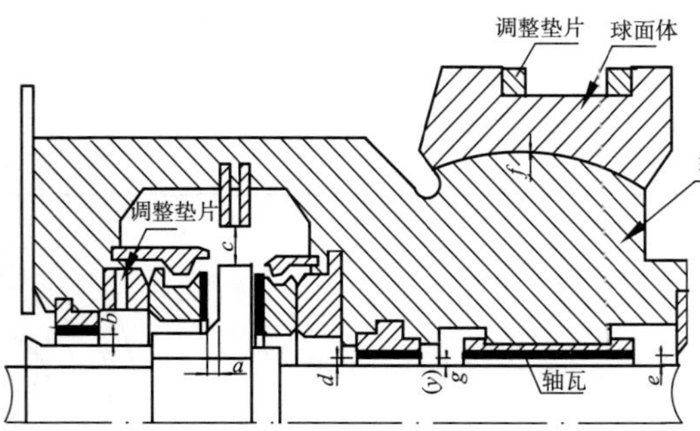	a=0.35～0.40
油挡径向间隙			b=0.05～0.125 c=0.15～0.25 d=0.08～0.12
轴承体球面与球面座的主体			f=0.02～0.04 （装配时）加工时间隙 $\phi_{内}-\phi_{外}$=0.02～0.04
轴瓦与轴颈间隙	顶部 侧面		g=0.375～0.50 h=0.19～0.25
轴承体球面与球面座的接触面积			≥ 50%
轴承体中分面间隙			＜ 0.05

L.6 盘车装置

a）蜗杆、蜗轮齿面应光滑无裂纹、毛刺、麻坑等现象，靠背轮齿轮啮合面接触宽度，应达到齿宽的 2/3 以上；

b）油挡处不漏油，油挡间隙上部为 0.10～0.15mm，两侧为 0.05～0.10mm，下部为 0mm；

c）蜗杆轴应转动灵活，推力间隙为 0.10mm；

d）滑动啮合齿轮配合间隙（径向间隙）为 1.50～2.00mm；

e）控制手柄与壳体轴向间隙为 0.10～0.20mm；

f）盘车装置组装时应试验脱扣手柄动作灵活可靠；

g）轴承型号与蜗轮间隙见图 L.4 及表 L.9。

表 L.9 轴承型号与蜗轮间隙要求

mm

轴承型号		蜗轮间隙（齿侧）	轴向间隙 a	着色 M
1	2～5			
8312	2213	0.15～0.20	0.30～0.40	65% 齿长

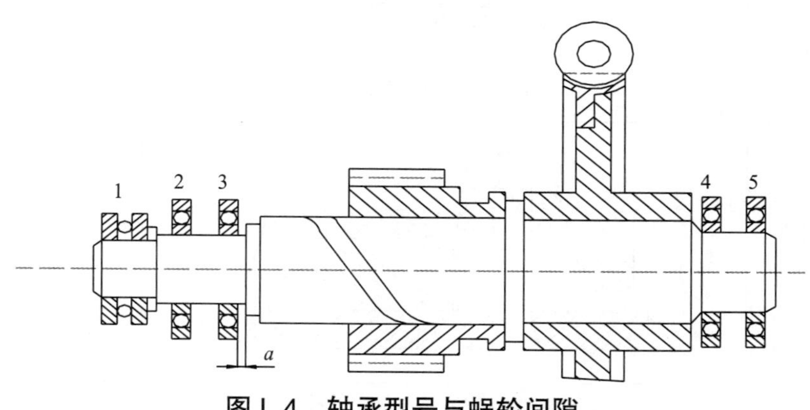

图 L.4 轴承型号与蜗轮间隙

L.7 汽缸滑销系统

a）清洗各滑键，应无毛刺等；

b）表面粗糙度 R_a 值应小于 2.5μm；

c）滑动灵活无卡涩，接触面积在 80% 以上；

d）清扫所有连接螺栓，检查修复丝扣，涂擦黑铅粉；

e）滑销间隙测量并做好记录；

f）滑销间隙如表 L.10 所示。

表 L.10　滑销间隙要求

位置	简图	要求值 /mm
前轴承架 纵向导键	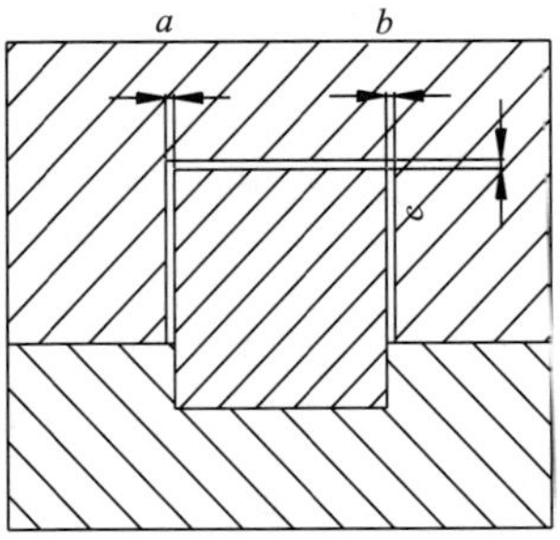	a=b=0.02～0.03 c=3.5～3.8
后汽缸 纵向导键	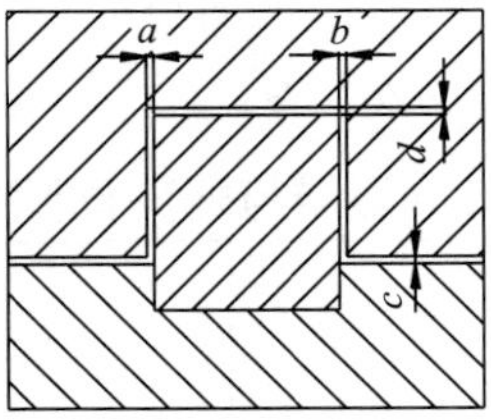	a=b=0.02～0.03 c=0.03～0.05 d=0.50
前汽缸 上导向键	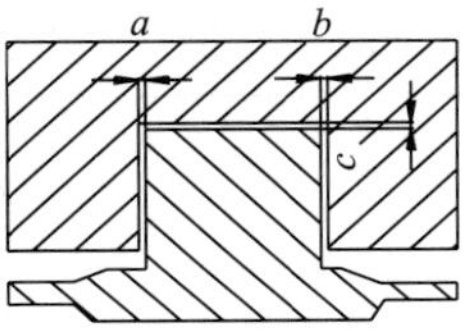	a=b=0.04～0.05 c=3
后汽缸后座架 连接螺栓	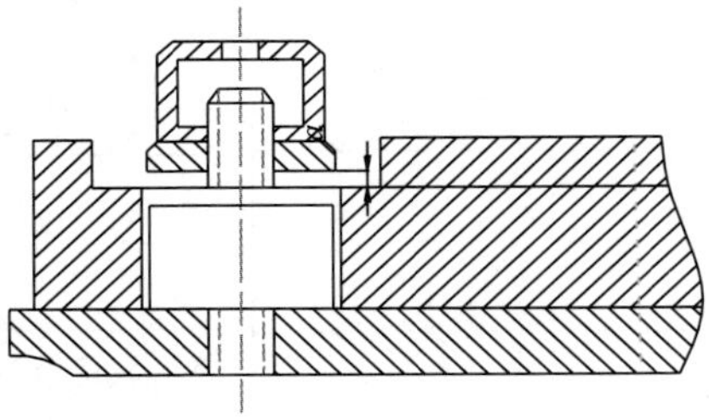	a=0.05～0.08
前轴承座 压板间隙	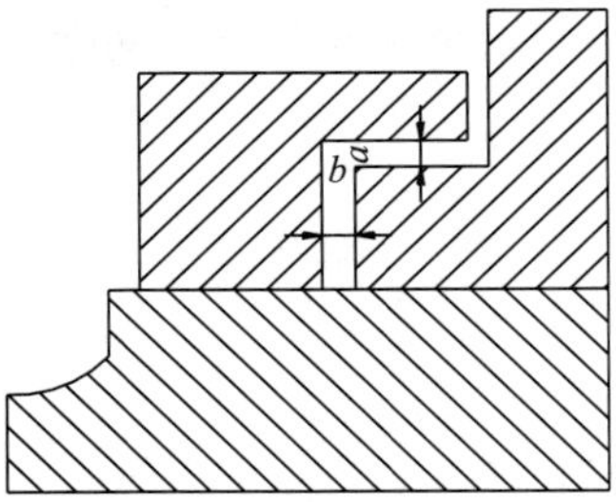	a=0.02～0.03 b=3.5～3.8
前汽缸猫爪间隙	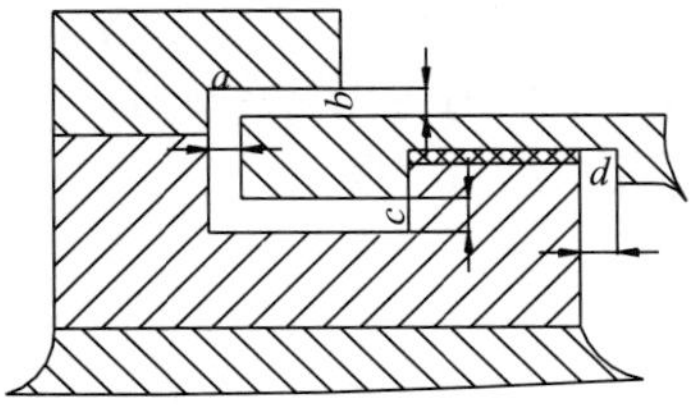	a=5 b=0.04～0.05 c=3 d=0.04～0.05

L.8 调节系统

L.8.1 主油泵（见图 L.5）

a）主油泵主轴在前挡油环处晃动度≤ 0.07mm；

b）动轮出口边导流环进口边轴向间隙保持每边 2mm；

c）前挡油环径向间隙 a 为 0.03～0.09mm，轴向间隙为 0.05～0.10mm；

d）后挡油环径向间隙 c 为 0.05～0.13mm，轴向间隙为 0.05～0.10mm；

e）叶轮密封环径向间隙 b 为 0.06～0.15mm，轴向间隙为 0.05～0.70mm；

f）主油泵外壳与轴承座装配要求，由过盈 0.03mm 至间隙 0.13mm；

g）主油泵油压 1.1MPa，油量 3000L/min。

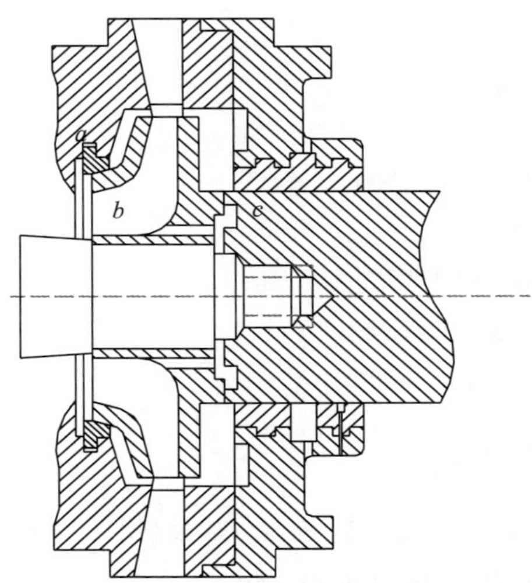

图 L.5 主油泵部件间隙要求

L.8.2 油动机、错油门

a）中压油动机全行程为 180mm，实际行程为 168～170mm，缓冲行程为 10～12mm；低压油动机全行程为 180mm，实际行程为 90～110mm；

b）错油门套筒上、下部与活塞间隙为 0.07～0.14mm；

c）错油门套筒中部与活塞间隙为 0.10～0.16mm；

d）错油门套筒与壳体间隙为 0.05～0.12mm；

L.8.3 505E 调速器

a）接收转速传感器和压力变送器传来的汽轮机转速信号和抽汽压力信号，与设定值进行比较后输出执行信号给两个电液转换器，转换成相应二次脉冲油压给错油门、油动机，操纵高调门和低调门。

b）静态测试见表 L.11、表 L.12。

表 L.11　中调门静态测试

505E 输出 /mA	二次油压 /MPa	中调门油动机升程 /mm
4	0.14（0.15）	0
20	0.46（0.51）	170（168）

表 L.12　低调门静态测试

505E 输出 /mA	二次油压 /MPa	低调门油动机升程 /mm
4	0.18（0.20）	0
20	0.45（0.35）	90（110）

L.9　保安系统

L.9.1　危急遮断与复位装置

a）遮断活塞间隙为 0.03～0.08mm；

b）遮断活塞行程为 8mm；

c）遮断活塞进、排油重叠度均为 1.5mm；

d）复位活塞间隙为 0.08～0.15mm；

e）复位活塞行程为 11mm。

L.9.2　危急遮断器（见图 L.6）

a）键对套筒两侧过盈量为 0.03～0.05mm，对遮断器体导向槽间隙为 0.03～0.05mm；

b）芯杆与调整螺母间隙 a 为 0.05～0.14mm；

c）芯杆弯曲度，径向跳动≤ 0.02mm；

d）芯杆与衬套间隙 b 为 0.05～0.14mm；

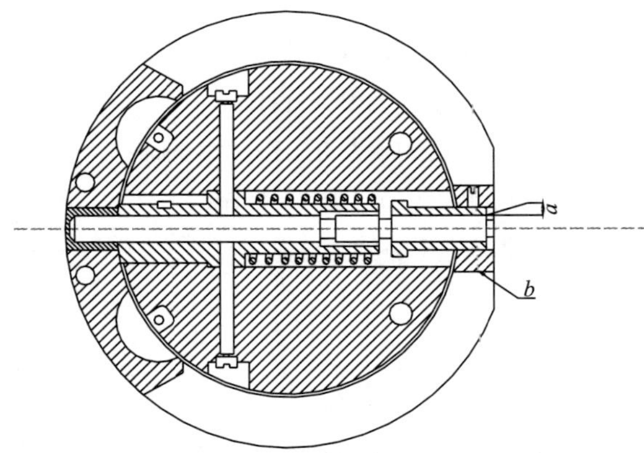

图 L.6　危急遮断器各部件间隙要求

e）偏心环外圆晃动度＜ 0.2mm；

f）偏心环行程≥3.5mm；

g）偏心环的复位转速设计值为（3055±15）r/min；

h）偏心环与油门挂钩装配间距为0.8～1.2mm；

i）调整螺母每转位45°，转速改变的值为50r/min；

j）飞环动作转速为3315～3360r/min；

k）套筒压入后中心孔与轴线不垂直度≤0.05/100。

L.9.3 危急遮断油门（见图L.7）

a）活塞与油门盖支脚孔径向间隙为0.03～0.07mm；

b）活塞与油门盖径向间隙为0.05～0.12mm；

c）活塞与壳体径向间隙（中段）$b/2$为0.08～0.15mm；

d）活塞与壳体径向间隙（下段）为0.05～0.12mm；

e）油门活塞行程H为（10±0.4）mm；

f）挂钩搭扣深度1.5～2mm，成直角，不得任意修刮；

g）油门活塞搭扣部位成直角，不得任意修刮；

h）运行间隙K为0.8～1.2mm。

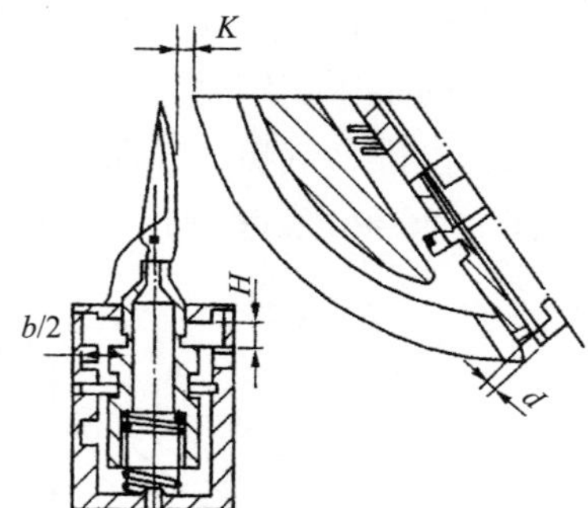

图L.7 危急遮断油门各部件间隙要求

L.9.4 润滑油过压阀

见附录N。

L.10 调速汽门及三角架

L.10.1 三角架（见图L.8）

a）各销轴除垢，保持光洁，涂擦干二硫化钼粉剂，销轴与衬套相配转动灵活，无卡涩；

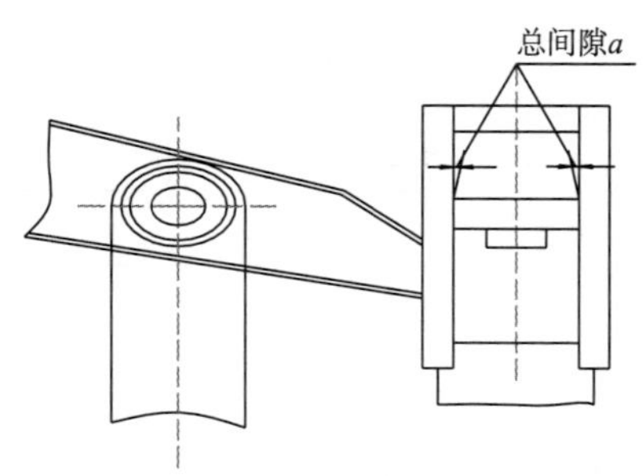

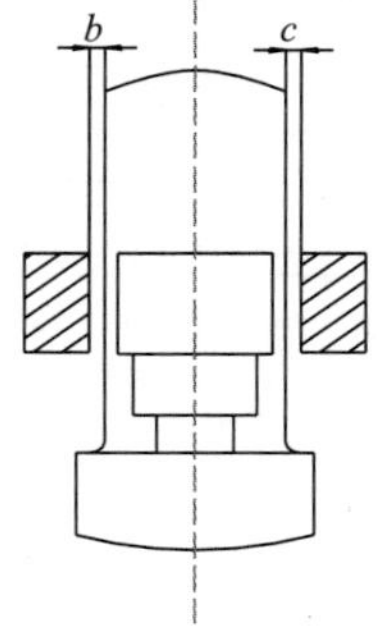

图L.8 三角架各部件间隙要求

b）滑动、导板面除垢，确保光滑，涂擦干二硫化钼粉剂，滑块与导板滑动两侧间

隙为 $a=b+c$=0.05～0.07mm；

c）立销两侧间隙为 0.01mm；

d）杠杆与滑块装配间隙内侧各为 1.5mm，外侧各为 4.5mm；

L.10.2 调速汽门

a）提升杆弯曲度＜ 0.05mm，当＞ 0.08mm 时应予更换；

b）提升杆螺母与垫圈，上压板装配间隙为（0.12±0.02）mm；

c）提升杆摇板装配间隙内侧为 8mm，外侧为 4mm；

d）提升杆与套筒间隙一般为 0.20～0.25mm，最大不超过 0.35mm；

e）提升杆与套筒与外壳装配过盈度为 0.03～0.05mm；

f）横梁压在碟座上呈水平，间隙应在 0.25mm 以内，球面螺母摆动自如；

g）阀碟、汽嘴、球面光洁，严密性用红丹检查，圆周接触无断痕，宽度 1～3mm；

h）1#～8# 阀碟提升行程要求见图 L.9 和表 L.13；

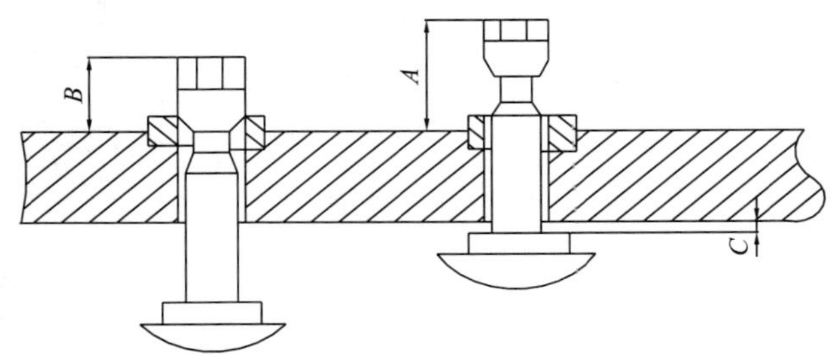

图 L.9 1#~8# 阀碟提升行程

重叠度要求不大于 0.20mm，

阀碟开启顺序：1#、2#、3#、4#、5#、6#、7#、8#；

i）汽门盖上、下结合面光洁无槽道，印痕，紧 1/3 螺栓红丹粉检查，内圈接触闭合成圈，宽达 2/3，研铲后，每平方厘米接触 1～2 点，并均匀分布；

j）圆柱销全部点焊，扩散形汽嘴圆周焊铆处，每处长 20mm。

表 L.13 1#~8# 阀碟提升行程要求

mm

阀号	升程	尺寸 A	尺寸 C
1	24.5	50	3
2	2.8	B+29.5	3
3	9.6	B+32.3	3
4	8.7	B+41.9	3
5	11	B+50.6	3
6	11.3	B+61.2	3
7	1.08	B+72.5	3
8	10	B+83.3	3

L.11　自动主汽门及操纵座

L.11.1　主汽门（见图 L.10）

a）水压试验：壳体为 4.625MPa，阀碟为 5.55MPa；
b）阀杆弯曲度≤ 0.04mm；
c）阀杆与套筒间隙 g 为 0.30～0.50mm；
d）主阀与预启阀装配间隙为 0.35mm；
e）阀杆套筒与壳体装配过盈量 g 为 0.05mm；
f）主阀与预启阀之密封面闭合完整，无断痕，宽达 1～2mm；
g）主阀全行程＞ 80mm；
h）预启阀全行程为 16mm；
i）蒸汽滤网外径与阀体装配间隙小于 0.05mm；
j）主汽门与座架浮动间距为 12mm。

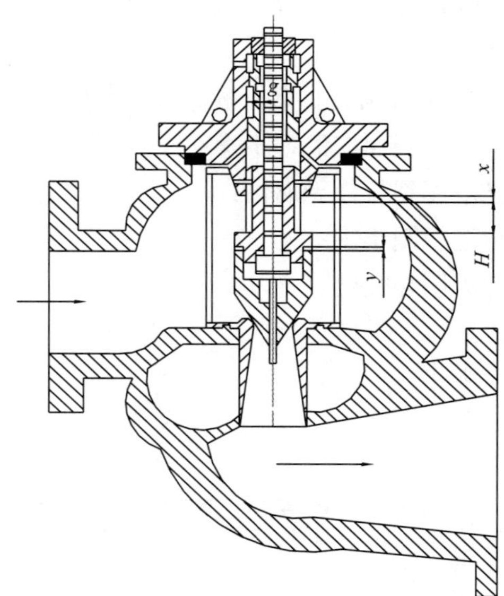

图 L.10　主汽门各部件间隙要求

L.11.2　主汽门操纵座（见图 L.11）

a）活塞与上壳体间隙为 0.12～0.15mm；
b）活塞与下壳体间隙为 0.12～0.15mm；
c）活塞杆与下壳体间隙为 0.06～0.12mm；
d）活塞杆上、下移动无卡涩，弯曲度不大于 0.05mm；
e）活塞下端面与下壳体凸缘间距 d 为 5mm；
f）螺杆倒关结合面密封良好；
g）罩盖全行程 H 为 105mm；

h）单向推力环轴承装配间隙为 0.03～0.05mm；

i）红粉检查，罩盖与活塞接合面闭合良好，油孔圆周全部封闭，光洁平整；

j）手轮距离 b=12～72mm；

k）阻抗余量 c=7mm；

l）限位螺杆螺帽间隙 a=0.20mm。

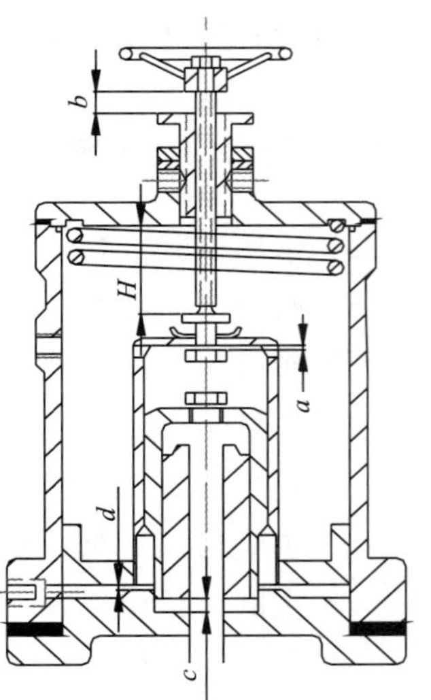

图 L.11　主汽门操纵座各部件间隙要求

L.12　油系统及附件

L.12.1　主油箱

见附录 N。

L.12.2　注油器（见图 L.12）

a）一级注油器喷嘴直径为ϕ18mm；扩散管喉口直径为ϕ64mm；出口油压为 0.22MPa；

b）二级注油器喷嘴直径为ϕ17mm；扩散管喉口直径为ϕ42.5mm；出口油压为 0.12MPa；

c）进油管在安装运行时内表面应清理干净；

d）喷嘴和扩压管应光滑无裂纹、无腐蚀；

e）螺栓紧固良好，止退垫圈牢固；

f）注油器的喷嘴口径无明显变化。

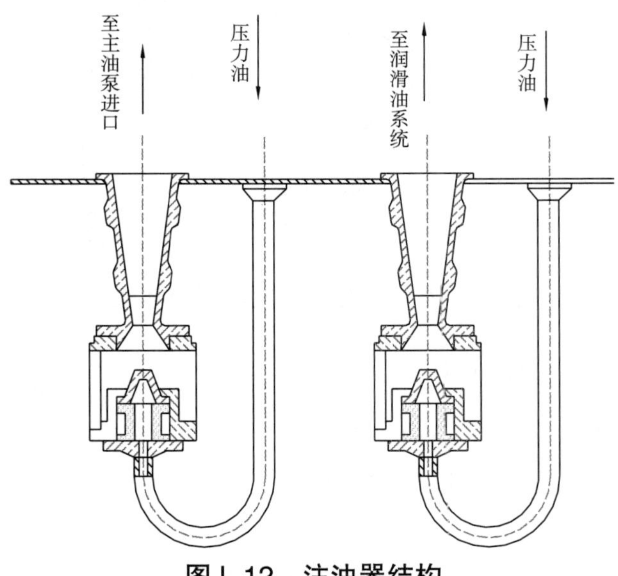

图 L.12　注油器结构

L.12.3　冷油器

见附录 N。

L.12.4 碟式滤油器

a）接触面积印色检查，前、后端封闭严密，闭合无中断，油腔室隔离良好；
b）铜丝布规格 100 目；
c）放油考克严密不漏。

L.12.5 凝汽器

见附录 N。

L.13 射水抽气器

a）喷嘴、扩散管无结垢、冲刷，无坑沟；
b）水室壁应清洁完整，无锈蚀、裂纹等现象；
c）逆止门弹簧应清洁完整，无锈蚀、裂纹等现象；
d）逆止门密封面应清洁无沟槽，接触面积占整个面积的 2/3；
e）喷嘴与扩散管同心度偏差不大于 0.02mm；
f）组装后水压试验合格。

L.14 有关阀门

L.14.1 抽汽逆止阀

a）活塞与环无拉毛咬痕、磨损、卡涩；
b）阀杆无磨损、锈蚀、拉毛、弯曲；
c）汽封套无磨损、拉毛、卡涩，疏气孔无堵塞；
d）阀芯与座接触良好无断线、麻点；
e）弹簧无蚀、变形、裂纹，自由长度无变化；
f）各部间隙满足下列要求：
活塞环与槽轴向间隙为 0.06～0.13mm，
阀杆与汽封套间隙为 0.20～0.30mm，
汽封套与汽室间隙为 0.15～0.25mm，
缓冲活塞间隙为 0.35～0.45mm。

L.14.2 抽汽安全阀及脉冲阀

见附录 N。

附　录　M
（规范性附录）
B6-3.43/0.98 汽轮机检修质量标准

M.1　汽缸

M.1.1　化妆板

化妆板要使整体汽轮机清洁、整齐、美观，骨架应平直完整无损，位置正确。

M.1.2　保温

a）汽轮机上、下缸之间的温差≤ 50℃，拆除保温材料必须在汽缸外壁温度降到 100℃以下进行；

b）装复保温时，保温材料必须紧贴汽缸外表面，必须砌死缝隙，两层以上者要压缝；

c）保温钩直径为ϕ6～ϕ8mm，间距为 300mm ；

d）上、下缸保温层用金属网兜紧；

e）保温外抹面（使用环保型保温材料）光滑、整洁、美观；

f）室温 25℃时，保温层表面温度≤ 50℃ ；

g）保温层不得影响缸体、管道及支吊架等的热膨胀。

M.1.3　螺栓

a）螺栓应清理干净，无黑铅粉及铁锈等残留存在，并涂高温防卡剂；

b）螺栓应光洁，无毛刺、损伤，无损探伤合格；

c）螺帽与汽缸或垫圈接触面要均匀；

d）汽缸的螺栓丝扣部分，应能全部拧入汽缸法兰内，丝扣应低于法兰平面。

M.1.4　汽缸本体

a）汽缸水平中分面必须光洁平整，无任何划伤痕迹，内壁无锈垢，各种表计插孔、疏水孔、抽汽口清洁畅通，内壁过渡处光洁无损伤，上、下汽缸无泄漏痕迹、裂纹、砂眼等缺陷；

b）汽缸水平基本上应保持原安装数值，横向水平每米长度内≤ 0.2mm，轴向应符合转子扬度；

c）汽缸与前后汽封、隔板洼窝中心应符合下列要求：

前汽封洼窝：±0.05mm ；

隔板洼窝：±0.025mm；

后汽封洼窝：±0.05mm；

d）上、下汽缸合缸后水平中分面间隙应符合下列要求：

合缸不紧螺栓时：≤ 0.05mm；

合缸紧固 1/3 螺栓时：≤ 0.03mm；

e）汽缸螺栓紧固顺序从中间起始，向两侧交叉进行，全部螺栓紧固后，应复核一遍，保证松紧一致；

f）汽缸涂料厚度为 0.5mm 左右（采用汽缸专用密封胶）。

M.2 隔板及转向导叶环

a）隔板及转向导叶环应完整无损，无锈垢、变形，静叶片内背弧应光洁无锈蚀、水垢等，进出汽边完整无损伤、裂纹、变形等缺陷；

b）转向导叶环的间隙见图 M.1；

c）在自由状态下，隔板中分面间隙≤ 0.05mm；隔板中分面处与汽缸配合间隙应符合安装的要求，见图 M.2；

d）隔板下半与汽缸配合间隙应符合安装的要求，同一隔板尺寸偏差≤ 0.05mm；

e）隔板汽封装入后，按动自如，无卡涩现象：

f）弹簧片无锈蚀、变形、裂纹等缺陷，刚度合格。

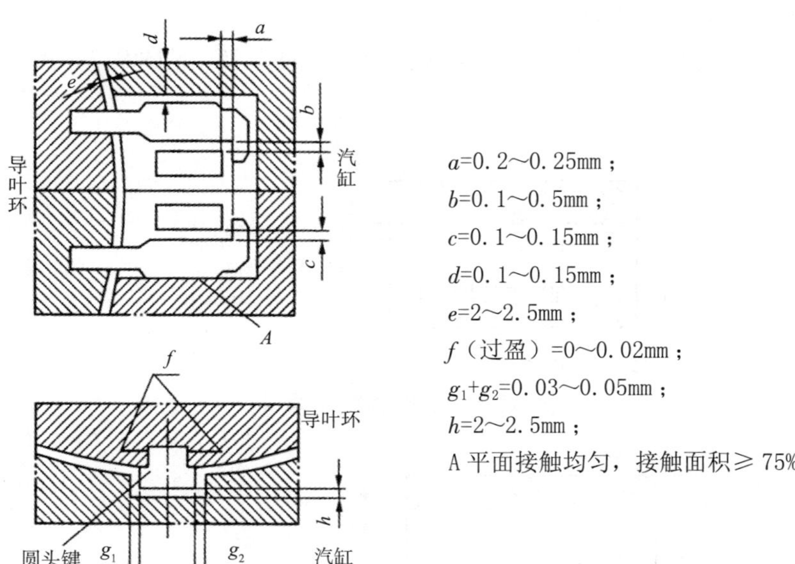

图 M.1 转向导叶环间隙要求

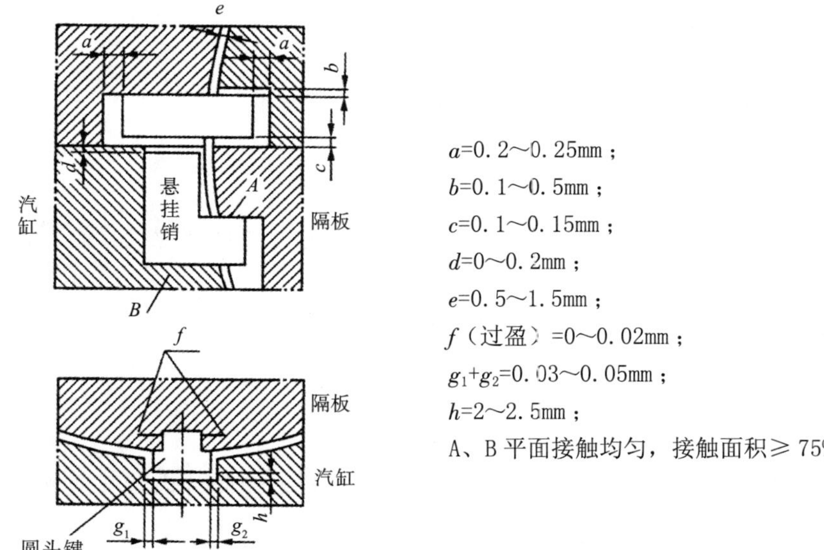

图 M.2　隔板间隙要求

M.3　汽封

a）汽封套汽封块清理干净，无锈蚀和黑铅粉、铁锈等残留存在，汽封梳齿应完好无损，无毛刺、锈蚀和污垢，各部尺寸符合图纸要求，镶片式的汽封片无倒伏，缺损等缺陷，填压条及汽封片镶嵌牢固，弹簧片无锈蚀，裂纹、变形等缺陷，刚度合格，汽封环装入后按动自如，无卡涩现象；

b）前、后汽封及隔板汽封各部间隙应符合安装的要求，见图M.3、图M.4，隔板汽封见图M.5；

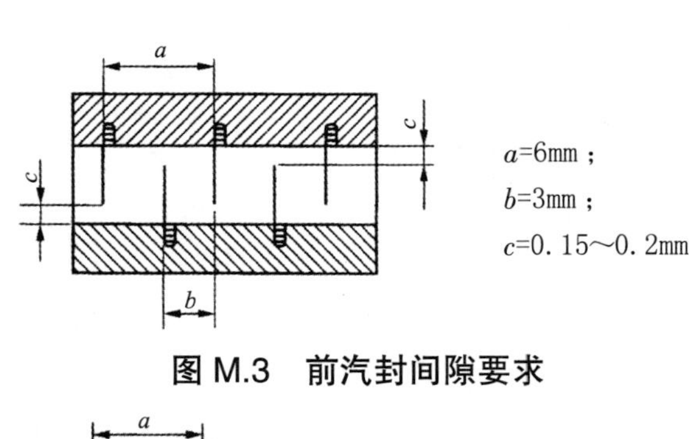

图 M.3　前汽封间隙要求

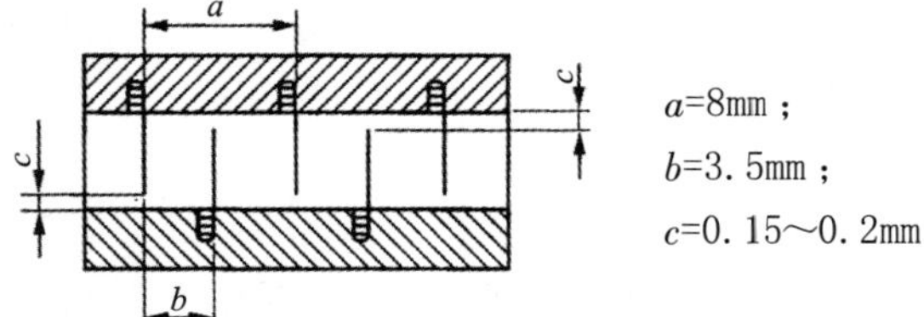

图 M.4　后汽封间隙要求

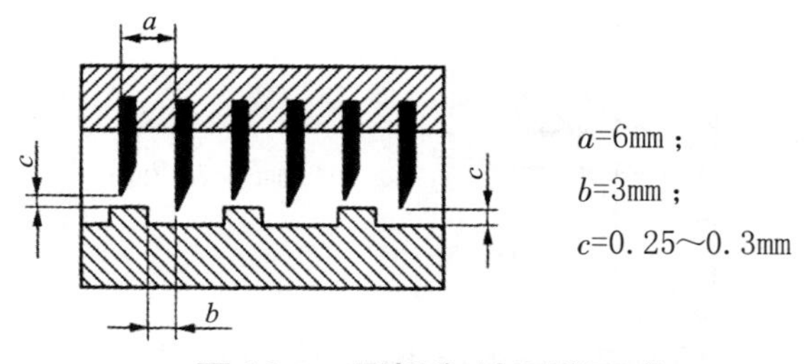

图 M.5　隔板汽封间隙要求

c）汽封体上、下结合面应光洁，无机械损伤、锈蚀、泄漏痕迹，其间隙≤ 0.05mm，内腔和抽汽孔洁净，无锈垢；

d）连接螺栓、定位螺销完好，配合面光洁，螺纹完整，无松动和卡涩现象。

M.4　转子

M.4.1　主轴

a）前、后轴颈表面应光洁，无锈蚀、机械损伤、裂纹、白点、夹杂等缺陷，并经无损探伤合格后方可继续使用；

b）前后轴颈的椭圆度及不柱度均≤ 0.03mm；

c）主轴弯曲度≤ 0.03mm；

d）主轴的扬度要符合图纸的要求；

e）主轴表面应光洁，无任何污垢、锈蚀或机械损伤，叶轮与隔套之间间隙内必须清洁，无任何杂物，保证叶轮的热膨胀。

M.4.2　叶轮、叶片

a）叶轮轮盘及平衡孔表面应光洁无锈垢、裂纹或机械损伤，平衡孔过渡处光洁无垢；

b）叶片及围带完好无损，无锈蚀、污垢，裂纹、变形等缺陷，叶片内背弧形线完好光洁；

c）通流部分动静间隙，调节级应符合安装的要求见图 M.6，压力级 1～2 级应符合安装的要求见图 M.7。

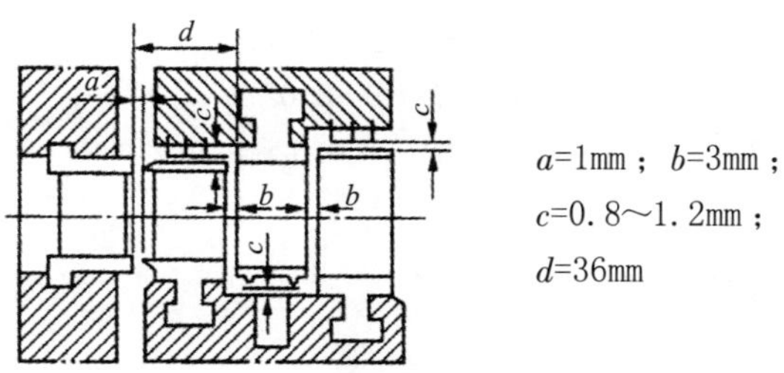

图 M.6　双列复速级间隙要求

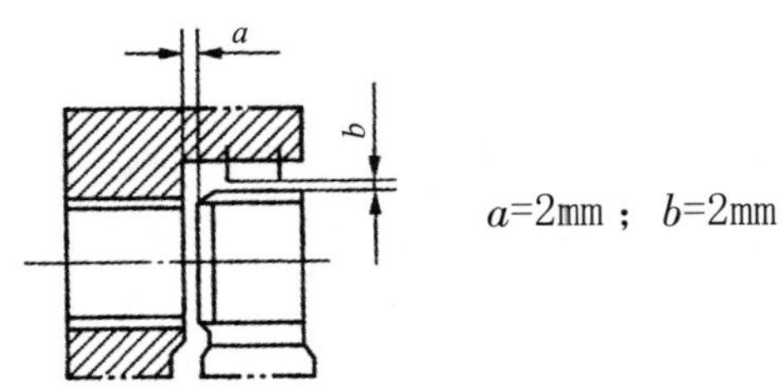

图 M.7　压力级 1~2 级间隙要求

M.4.3　推力盘

a）两工作端面粗糙度为 R_a0.8；

b）两工作端面的瓢偏度均≤ 0.02mm。

M.4.4　联轴器

a）联轴器与轴连接牢固，无松动现象，外表面光洁，止口、端面和外圆无机械损伤；

b）螺销孔清洁，内表面粗糙度 R_a1.6，孔边无毛刺，螺销与孔的配合无过紧或松动现象；

c）联轴器端面瓢偏≤ 0.02mm，止口晃动度≤ 0.03mm，外圆跳动≥ 0.03mm；

d）螺销的螺纹部分丝扣完好无损，配合面粗糙度 R_a1.6，并经无损探伤合格后方可继续使用；

e）转子与汽缸同轴度（汽封洼窝处）见图 M.8；

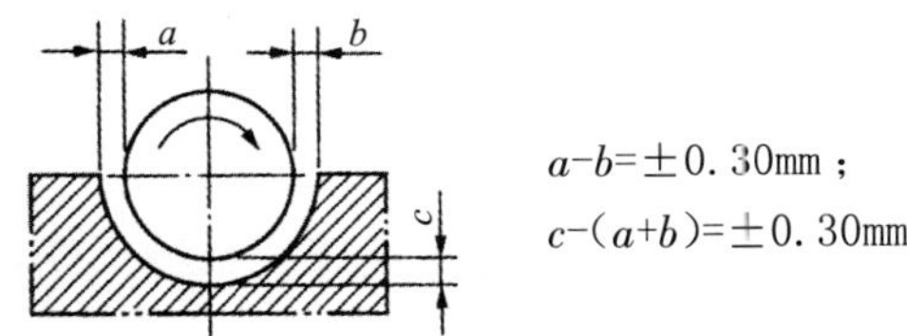

图 M.8　转子与汽缸同轴度间隙要求

f）联轴器找中心，后轴承处扬度为零，见图 M.9 和图 M.10。

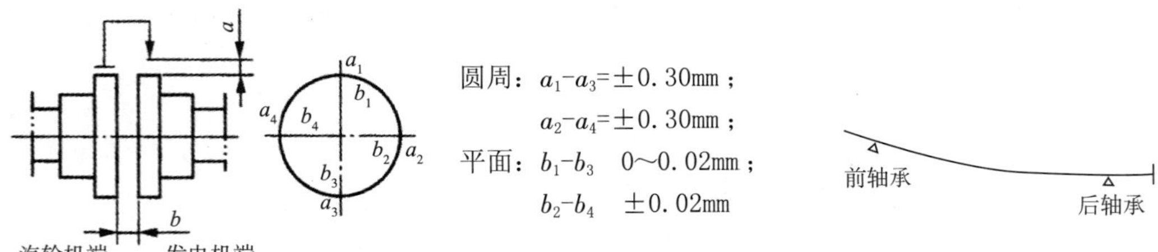

图 M.9　联轴器中心位置确定　　图 M.10　后轴承处扬度

M.5 轴承

M.5.1 径向轴承

a）钨金不得有龟裂、脱胎、夹渣、气孔、凹坑、熔蚀，表面不允许有机械损伤；

b）轴承衬瓦间隙和接触角要符合安装的要求；

c）轴承紧力为 0.02～0.04mm；

d）轴承油挡间隙应符合下列要求，见图 M.11；

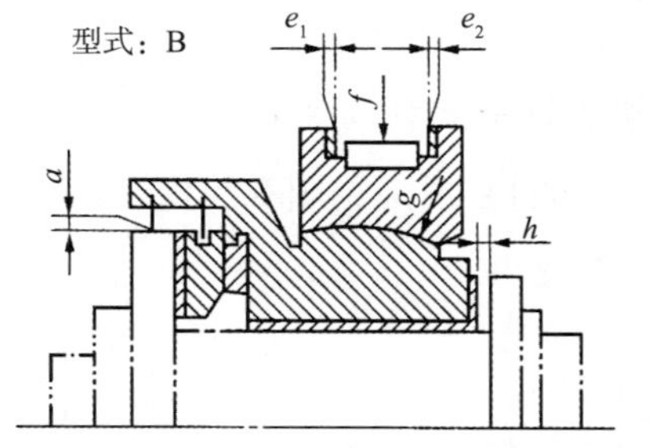

上部：0.16～0.34mm；
下部：0.01～0.19mm；
两侧：0.11～0.26mm；
e_1+e_2：0.02～0.04mm

图 M.11　轴承油挡间隙要求

e）轴承体球面与球面座接触面积＞ 75%；

f）轴承体中分面间隙＜ 0.05mm；

g）更换新衬瓦时，新瓦必须做探伤或浸煤油（最少12h）检查，合格后方可使用；

h）轴承组装前所有零部件必须彻底清洗干净，确保无尘、无垢。

M.5.2 推力轴承

a）推力瓦块的钨金不得有龟裂、沟痕、脱胎及严重磨损情况，接触面积≥ 75%，接触点分布均匀，接触点数应符合Ⅱ级刮研标准；

b）连续运行两个大修周期的机组，应测量钨金厚度，符合原设计要求；

c）测温元件、布线合理，安装牢固，信号准确；

d）推力轴承与推力盘的间隙为 0.35～0.40mm；

e）全部零部件必须彻底清洗后，无尘、无垢方可组装；

f）油挡间隙符合下列要求：

油挡与主轴：0.1～0.2mm，

油挡与推力盘：0.08～0.28mm。

M.5.3 轴承箱（座）

a）内表面无裂纹、砂眼、防腐层脱落等缺陷，箱内清洁无杂物，各进出油孔干净畅通，紧固件齐全；

b）外油挡间隙：上部为0.15～0.20mm，下部为0.05～0.1mm，左右为0.1～0.15mm；

c）发电机后轴承座绝缘＞ 1MΩ；

d）所有密封点不得有渗、漏现象；

e）汽轮机后轴承的安装间隙要符合图纸的要求，见图 M.12；

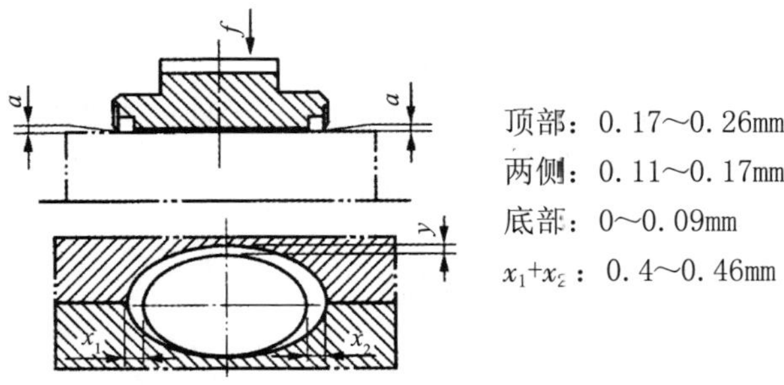

图 M.12　汽轮机后轴承安装间隙要求

f）发电机前轴承的安装间隙要符合图纸的要求，见图 M.13；

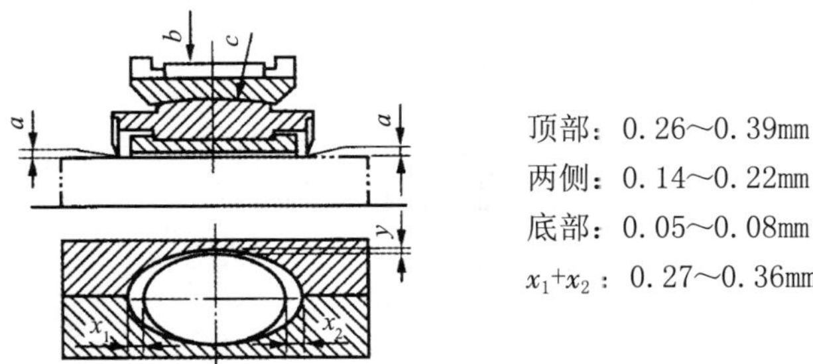

图 M.13　发电机前轴承安装间隙要求

M.6　盘车装置

a）蜗轮、蜗杆及大小齿轮完好无损、齿面光洁、啮合良好，啮合面按齿高＞45%，按齿长＞66%；

b）小齿轮复位后与垫片之间应保持 0.3mm 的间隙；

c）轴承紧力为 0～0.01mm；

d）两联轴器间隙 2～3mm；

e）中心要求：圆为 0.05～0.08mm，面为 0.03～0.05mm；

f）供油器供油畅通；

g）电动或手动盘车，各部转动灵活，无卡涩现象，脱挂自如，所有密封处无渗漏现象；

h）各部间隙符合安装的要求。

M.7　滑销系统

a）连接螺栓应完好无损，无毛刺，组装前应涂防卡剂；

b）滑销与轴承箱及台板之间的各配合面粗糙度 $R_a \leqslant 1.6$；

c）滑销应做好防尘密封措施；

d）滑销系统各部间隙应符合安装的要求；

e）前轴承座与前座架间纵向键间隙见图 M. 14。

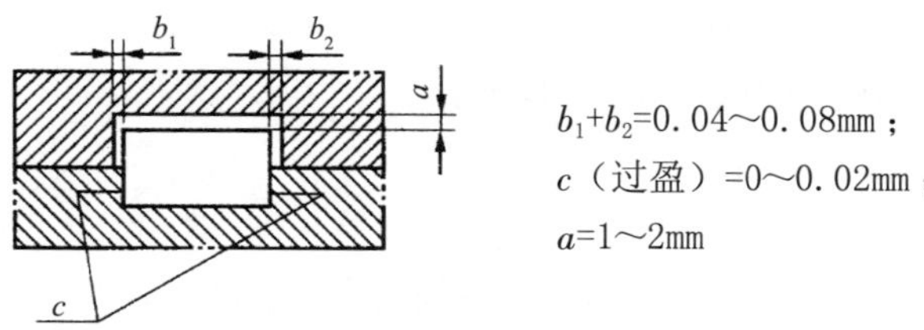

图 M.14　前轴承座与前座架间纵向键间隙要求

f）后轴承座与后座架间纵向键间隙见图 M. 15；

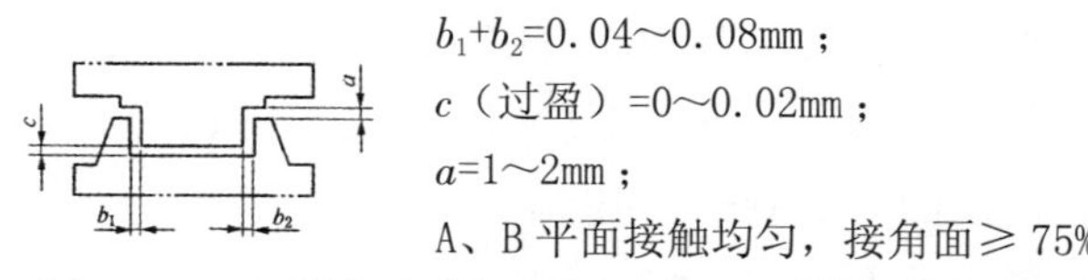

图 M.15　后轴承座与后座架间纵向键间隙要求

g）后汽缸猫爪间隙见图 M. 16；

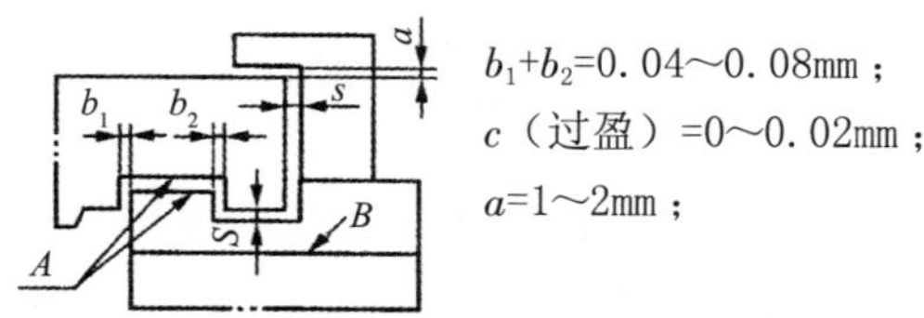

图 M.16　后汽缸猫爪间隙要求

h）前轴承座与前座架间连接螺母间隙见图 M. 17；

i）后轴承座与后座架间连接螺母见图 M. 17。

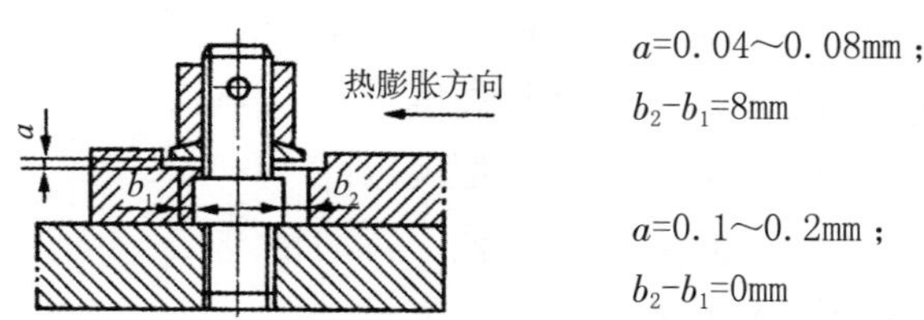

图 M.17　前、后轴承座与前、后座架间连接螺母间隙要求

M.8　调节系统

M.8.1　压力变换器

a）滑阀及套筒应光洁，无划伤、锈蚀、毛刺及变形等缺陷，其表面粗糙度为 R_a0. 8；

b）弹簧刚度试验，压至高度 105. 5mm 保持 12h，消除压力后能立即复原；

c）支撑钢珠表面光洁，无锈蚀、划伤，活动自如，安装时钢珠与弹簧必须与滑阀在同一轴心线上；

d）各部油孔洁净畅通，孔边无毛刺，窗口尺寸规整无损伤；

e）上部衬套端面与同步器壳体下端面之间隙为 0.15～0.2mm；

f）滑阀与套筒径向间隙为 0.06～0.12mm。

M.8.2 错油门

a）滑阀及套筒应光洁，无划伤、锈蚀、毛刺及变形等缺陷，其表面粗糙度为 R_a0.8；

b）弹簧刚度试验，压至高度 94mm 保持 12h，消除压力后能立即复原；

c）支撑钢珠表面光洁，无锈蚀、划伤，活动自如，安装时钢珠与弹簧必须与滑阀在同一轴心线上；

d）各部油孔洁净畅通，孔边无毛刺，窗口尺寸规整无损伤；

e）上部衬套端面与同步器壳体下端面之间隙为 0.15～0.2mm；

f）滑阀与套筒径向间隙为 0.06～0.12mm；

g）重叠度应符合安装的要求。

M.8.3 同步器

a）蜗轮、蜗杆、伞形齿轮、锥形齿轮完好无损，齿面光洁无严重磨损、毛刺、锈蚀等缺陷，啮合良好；

b）芯杆配合面光洁无磨损、划伤、锈蚀、斑痕、弯曲变形等缺陷，尺寸规整，符合图纸要求，螺纹完好无毛刺、损伤等缺陷；

c）所有小弹簧受压后能立即复原；

d）轴承无锈蚀，斑痕、划伤等缺陷，游隙合格，转动自如；

e）伞齿轮与上盖间隙为 0.1～0.15mm；

f）蜗轮下部止退垫圈与壳体之间轴向间隙为 0.1～0.15mm；

g）芯杆键槽与滑键配合滑动自如，行程高度为 6～18mm；

h）同步器组装后手动应灵活自如，无卡涩现象；

i）连接电动机后应作电动试验，操作灵便，转动自如；

j）手动与电动切换销子动作正常、准确。

M.8.4 调压器

a）调整螺杆螺纹完整无损、无毛刺；

b）弹簧刚度试验，压至高度 90mm 保持 12h，消除压力后能立即复原；

c）顶杆、滑阀及套筒应光洁无划伤、锈蚀及变形缺陷，其各配合面粗糙度为 R_a0.8；

d）胀缩盒应完好无损，无变形现象，各部尺寸符合图纸要求；

e）切换手柄及凸轮完好无锈蚀，动作灵活，无自动脱离现象；

f）滑阀与套筒的径向间隙为 0.06～0.12mm；

g）上盖与上衬套之间隙为 0.05～0.1mm。

M.8.5 调节器壳体

a）节流孔清洁完整无损；

b）壳体及壳体内各部套腔室、油孔洁净、畅通；

c）紧固件完整无缺，装配牢固；

d）所有密封处不允许有渗漏现象。

M.9 保安系统

M.9.1 危急遮断器

a）重锤、调节套筒、滑套应完好，清洁无损，配合表面无锈蚀、划伤，粗糙度 R_a0.8；

b）弹簧自由状态长度为 51mm，装配后静止时长度 40mm，正常工作时长度 36mm，两端面平整并垂直于轴线；

c）组装后手按重锤应滑动灵活，无卡涩现象；

d）重锤跳动转速为 3300～3360r/min，重锤复位转速为 2800r/min，调节套筒每转一周，转速变动为 150r/min。

M.9.2 危急遮断器错油门

a）套筒与芯杆等动作零件应光洁，无锈蚀、划伤及变形等缺陷；

b）各种弹簧和拉簧无严重锈蚀、裂纹、变形等缺陷，刚度合格；

c）油室、油孔洁净畅通，无损伤；

d）错油门行程 30mm；

e）组装后手击试验动作灵敏；

f）挂钩与飞锤的间隙为 1～1.5mm，见图 M.18，轴向位移遮断器喷油嘴与喷油圈间隙为 0.5mm，见图 M.19，转速传感器间隙 1mm，见图 M.20。

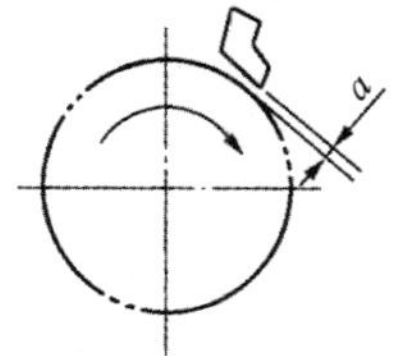

图 M.18 挂钩与飞锤的间隙要求

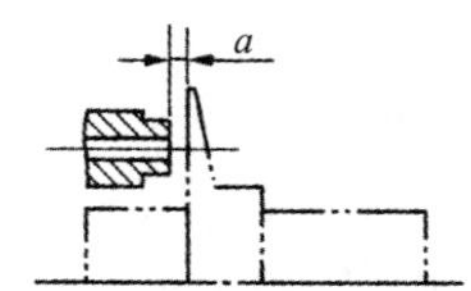

图 M.19 轴向位移遮断器喷油嘴与喷油圈间隙要求

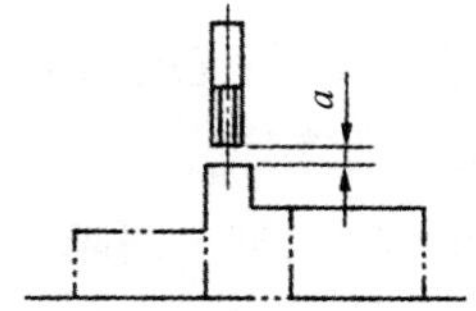

图 M.20 转速传感器间隙要求

M.9.3 磁力断路油门

a）滑阀与套筒完好，无损伤、锈蚀及斑痕，滑阀在套筒内动作灵敏；

b）弹簧应完好，无裂纹、锈蚀变形等缺陷，位置正确；

c）断电后滑阀应在弹簧作用下迅速复位；

d）滑阀行程为 22.5mm；

e）油室油孔清洁畅通，孔边无损伤；

f）装配后与主汽门一起进行通电试验，要求动作灵敏准确。

M.10 配汽机构

M.10.1 调节汽阀及连杆

a）蒸汽室内部清洁，无任何杂物，扩散喷嘴光洁，无锈蚀、汽蚀、划伤及裂纹等缺陷，装配牢固无松动现象，蒸汽室与盖两接合面平整，无机械损伤和漏汽痕迹，密封间隙应＜ 0.05mm；

b）螺栓应完好无损，丝扣完整、光洁、无毛刺，经无损探伤合格后涂抹黑铅粉方可使用；

c）阀碟应光洁，无机械损伤及锈蚀，与扩散喷嘴接合面呈线状且严密，不允许有断线处，必要时可作煤油渗漏试验，要求不渗不漏；

d）横梁上平面各阀杆孔端面必须平整光洁，并保持在同一水平面上；

e）提升杆应光洁，无机械损伤、锈垢及变形等缺陷，无垢，提升杆在套筒内应上下活动自如；

f）拉杆的球形活动装置及三角架活动灵敏无卡涩现象；

g）调节汽门有关间隙应符合图纸的要求；

h）调节汽门杆铰接间隙应符合图纸的要求。

M.10.2 油动机

a）球形拉杆无锈蚀及弯曲变形，球头活动灵活；

b）活塞与反馈套筒等件，各配合表面光洁无划伤，无严重磨痕，椭圆度≤ 0.02mm，粗糙度为 R_a0.8，反馈窗口无损伤、无毛刺，尺寸规整；

c）活塞环完好，配合紧密，活动灵活；

d）标尺刻度清晰，外形规整美观；

e）外活塞环与套筒径向间隙为 0.06～0.09mm，内活塞环与反馈套筒的径向间隙为 0.07～0.12mm；

f）油动机行程为 160mm；

g）内部各进出油孔清洁畅通，孔边无损伤、毛刺。

M.11 自动主汽门

M.11.1 操纵座

a）活塞缸内壁应光洁，无划伤、裂纹及变形等缺陷，油室、油孔清洁畅通；

b）推力轴承完好无损，无锈蚀、斑点，转动灵活；

c）底座、套筒、活塞及活塞杆，各配合表面应光洁，无划伤、变形等缺陷，相对运动灵活，无卡涩现象；

d）活塞杆弯曲≤ 0.04mm；

e）丝杠螺纹完好，无严重磨损、毛刺、弯曲变形等，活动灵敏，无卡涩现象；

f）弹簧应无锈蚀，无裂纹、变形等缺陷，端面平整，位置正确；

g）行程开关动作灵敏，信号准确；

h）各部间隙符合图纸的要求；

i）所有密封点不允许有渗漏现象。

M.11.2 主汽门

a）阀体清洁，各法兰端面平整光洁，无机械损伤和泄漏痕迹；

b）扩散喷嘴及阀碟光洁，无锈蚀、划伤、沟痕和结垢现象，喷嘴与阀碟接触面呈线状且严密，不得有断线处，接触宽度为 2～3mm，喷嘴装配牢固；

c）阀杆必须光洁，无机械损伤，无锈垢、腐蚀斑点及弯曲变形等缺陷，阀杆在套筒中上下活动自如，无卡涩现象；

d）蒸汽滤网必须清洁，无破损，安装牢固；

e）预启阀行程为 2mm，主阀行程为 110～220mm；

f）阀盖螺栓经无损探伤合格并涂抹防卡剂方可使用。

M.12 油系统及附件

M.12.1 主油泵

a）稳流网清洁无损，孔边无毛刺；

b）油封间隙为 0.04～0.08mm；

c）逆止阀严密不漏，阀瓣动作灵活。

M.12.2 注油器

a）各油室、喷嘴、喷管及管道内壁清洁，无锈垢、杂物；

b）喷嘴光洁无严重磨损及锈蚀现象；

c）滤网清洁无污垢及破损处，孔边光滑，无毛刺；

d）喷嘴端面至滤网外端面距离按图纸要求。

M.12.3 滤油器

a）滤油器内部必须清洁，无污垢和杂物，油孔清洁畅通，放油取样阀门严密；

b）滤油网清洁无破损；

c）回油和控制阀杆端面光洁，与各阀体配合严密；

d）切换装置好用无泄漏；

e）所有密封点无泄漏现象。

M.12.4 油箱

见附录N。

M.13 油管路

见附录N。

M.14 有关阀门

M.14.1 背压安全门

见附录N。

M.14.2 脉冲阀

见附录N。

附 录 N
（规范性附录）
汽轮机专业通用附属设备检修质量标准

N.1 凝汽器及胶球清洗装置

N.1.1 凝汽器质量标准

a）凝汽器水室应清洁，无泥垢、杂物等，防腐涂料应完好无损；

b）铜管内壁应清洁，无积垢；

c）汽侧灌水，静压试验不漏；

d）固定支座下，弹簧压缩后最大偏差不大于 1mm；

e）管板孔内径与铜管外径差值一般为 0.2～0.5mm，最大不超过 0.75mm；

f）铜管胀后内部应光滑无裂纹和死棱角，胀口不应有过胀和较多胀现象，胀口处的管壁减薄一般为 4%～6%；

g）胀口深度一般为管板厚度的 75%～90%，铜管胀完后，进水侧胀口应翻边，角度应在 15° 左右；

h）玻璃水位计应透明、干净，截止门灵活严密，无渗漏现象；

i）铜管的堵漏率不超过每组管总数的 5%；

j）更换新铜管必须通过 5% 单根水压试验、扩张试验、压扁试验以及氨熏法等试验，合格后方可更换；

k）应按新铜管的 1/1000 比例抽样，评定管材尺寸及其允许偏差、所有圆度和弯曲度等；

l）按新铜管的 3/10000～5/10000 比例抽样进行化学成分分析；

m）安装现场应对所有新铜管进行涡流探伤。

n）应以 5% 比例抽样进行液压试验，压力为 0.3～0.5MPa，时间 10min。

o）按新铜管的 1/1000 比例抽样进行氨熏残余应力试验。

N.1.2 胶球清洗装置质量标准

a）二次滤网、收球网、装球室、分配器应清洁，无污物、垃圾，网板完好，无腐蚀现象；

b）胶球分路装置及观察玻璃应严密不漏，观察玻璃要清洁透明，能观察胶球的动态；

c）胶球回收网安装应牢固，网孔应保证不漏胶球；

d）检查涡流区死角应焊有弧形衬板，与水室连接的其他管口应有遮盖网，水室盲孔口应加堵板，上、下水室隔板与端盖板的密封条，应做到严密无缝隙；

e）对整个系统管路，要确定短捷、合理的路线，尽可能减少阻力，收球阀出口到球泵入口一般顺流程方向应有不小于 2% 的坡度，不得有 180° 急弯，管路还应装有牢固的支架。

f）通水量达 70% 时，收球率一般应达 94% 以上。

N.2 有关阀门

N.2.1 抽汽逆止门

a）阀碟与门座密封面应无沟痕；表面硬度为 HRC40～42，接触宽度为密封面宽度的 1/3；

b）清理检修阀杆、汽封片、汽封圈、门杠丝扣、顶丝孔、定位螺母内螺纹；

c）活塞杆应光滑完整，无磨损，表面应有 0.30mm 渗氮层，硬度 HB > 650，阀杆全长不直度允差≤ 0.03mm；

d）汽封片应无磨损及其他伤痕，其两平面之间不平行度≤ 0.02mm，内孔粗糙度为 R_a0.8；

e）汽封片与门杆配合间隙 a=0.20～0.30mm，汽封片外径与门盖套配合间隙 b=0.30～0.40mm；

f）清理汽侧、水侧活塞套筒应光滑无锈蚀，有 0.30mm 渗氮层，

水侧活塞与套筒间隙 C=0.25～0.35mm，

汽侧活塞与套筒间隙 d=0.32～0.50mm；

g）活塞无卡涩，小孔畅通；

h）弹簧无锈蚀、裂纹及永久变形，应有足够的弹性，测量弹簧自由长度：L=377mm；

i）疏通汽水管路，应无锈蚀、变形，接头完整无漏泄；

j）一、二段抽汽逆止门行程应符合表 F.1 要求；

表 F.1 一、二段抽汽逆止门行程

名称	公称压力 /MPa	公称直径 /mm	行程 /mm
一段抽汽逆止门	6.27	150	45
二段抽汽逆止门	6.27	100	45

注： 做严密性试验。

N.2.2 电磁阀

a）活塞、套筒、衬套应光滑完整，无锈蚀、沟痕、磨损；

b）活塞与套筒、衬套上下滑动灵活，活塞与套筒直径间隙为 0.085～0.135mm；

c）活塞杆上端与销轴装配后应能保证自由相对活动 5mm；

d）芯柱行程为 4mm，电磁阀总行程为 30mm；

e）装配电磁铁应与电磁阀同心，活塞杆与门口垂直，动作灵活无卡涩，芯柱端部插销牢固可靠；

f）滤水网无堵塞、损坏、腐蚀、破损。

N.2.3 抽汽安全门

a）阀与阀座结合面严密，无裂纹、麻点、纵向沟痕，接触面≥密封面 1/3，煤油浸渗试验 15min 不漏；

b）门芯套筒椭圆度最大点与门座内套的直径间隙≤ 0.50mm（下弹簧式）；

c）胀圈无裂纹，弹性良好，厚度均匀，厚薄差不应超过 0.05mm，胀圈接头处间隙为 0.40～0.60mm，胀圈与槽的配合间隙为 0.15～0.25mm；

d）汽平衡小孔畅通；

e）滑阀与滑阀套间隙为 0.35～0.40mm；

f）滑阀杆弯曲度＜ 0.05mm；

g）杠杆弯曲度＜ 0.10mm；

h）门杆与门座上的导向套间隙为 0.03～0.40mm；

i）弹簧应完整，无锈蚀、裂纹、变形，有足够弹性，

弹簧自由长度：

上弹簧式：H=280mm，下弹簧式：H=272mm，

下弹簧式阀碟行程：H_{max}=90mm，H_{min}=55mm，

上弹簧式阀碟行程：H=55mm；

j）针形阀针塞丝扣完整、光滑，针塞与针塞座结合面严密，针形阀气孔畅通；

k）阀盖结合面无深坑、损伤和径向沟痕；

l）各部件清理干净，涂擦二硫化钼；

m）阀盖结合面螺栓经金属检验合格。

N.2.4 脉冲阀

a）阀与阀座密封面接触严密，接触宽度≥密封面 1/2，浸渗煤油试验 15min 无渗漏；

b）阀与阀座套间隙 b=0.17～0.22mm，阀外圆及阀座套内表面粗糙度为 R_a0.8；

c）滑阀与滑套筒间隙 c=0.17～0.22mm。

d）联接杠杆与导向套筒间隙 a=0.17～0.22mm，表面粗糙度为 R_a0.8；

e）阀碟关闭时滑阀行程 d=5mm，阀碟行程 h=9mm；

f）连接门销孔与刀口中心应在同一中心线上；

g）杠杆上刀口、刀尖与杠杆上平面在一直线上（见图 N.1）；

h）夹板、刀口、销孔均无变形、堆损、松旷、销子与销孔间隙不大于 0.50mm；

i）各法兰结合面平整，无径向伤痕；

j）各部件清理干净，涂擦二硫化钼；

k）阀盖结合面螺栓经金属检验合格（见图 N.2）。

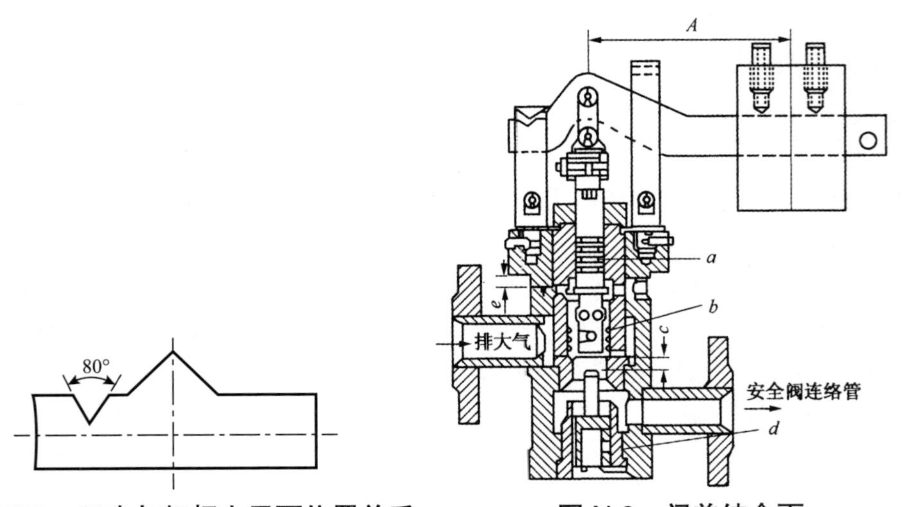

图 N.1　刀口、刀尖与杠杆上平面位置关系　　图 N.2　阀盖结合面

N.3　油系统

N.3.1　油箱、注油器、排烟机、油位计

a）油箱内部应洁净无杂物，油漆完好，无剥落、损伤；

b）油滤网清洁完好无破损；

c）油位指示器完好，浮球不漏，滑杆垂直不弯，上下动作灵活，油位零位与实际油位相符；

d）注油器喷嘴、扩散管完好无损，无锈蚀，喷嘴口清洁、畅通。Ⅰ级注油器出口压力为 0.05MPa，Ⅱ级注油器出口压力为 0.2MPa。

e）Ⅰ级注油器喷嘴喉部直径为ϕ14mm，喷嘴至扩散管喉部距离为 A_1，Ⅱ级注油器喷嘴喉部直径为ϕ17mm，喷嘴至扩散管喉部距离为 A_2（见图 N.3）：

A_1=124mm（Ⅰ级注油器），A_2=77mm（Ⅱ级注油器）

若油压不符合要求可通过调整垫圈来达到；

f）注油器出口逆止阀完好，阀线严密不漏，法兰结合面完好，阀芯上、下动作灵活，不卡涩；

g）排烟机轴、叶轮外壳等完好，无磨损、气蚀、摩擦，排烟机与油管连接的法兰不漏；

h）油箱底部放油阀、事故放油阀完好，严密不漏。

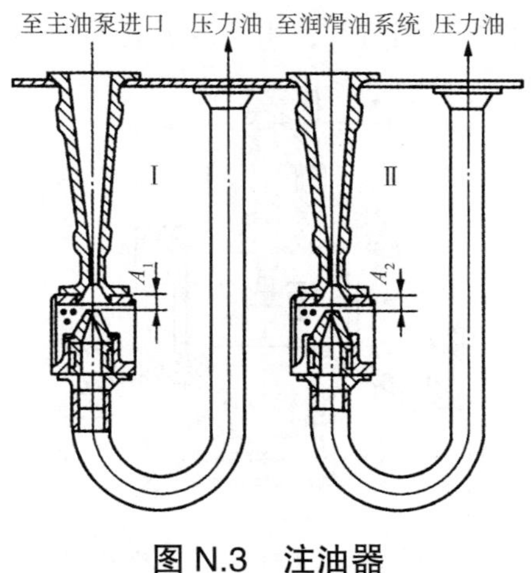

图 N.3 注油器

N.3.2 油管路

a）油系统阀门严密不漏，阀杆灵活完好无严重磨损，阀盖、阀壳完好；

b）仪表一次门严密不漏；

c）回油窗有机玻璃板清洁透明；

d）油管法兰平面应光洁平整，无贯穿凹痕；

e）拆下的油管需用洁净的热水（给水或提泵水）冲洗至管壁无油垢，然后用压缩空气吹干，油垢较多可用蒸汽冲洗；

f）改样的油管需仔细清理，内壁的焊渣、氧化皮、焊药等应清除干净，清洗好的管子开口处应用布包扎好；

g）发电机、励磁机油管法兰的绝缘胶木圈、胶木垫完好无碎裂，组装时应测绝缘 ≥ 1MΩ ；

h）油管的管接头应完好，接触面严密不漏，螺纹完好无毛刺、乱扣，不松动；

i）油管法兰螺丝完好，不弯、不断、不松、不咬；

j）高压油管的阀门和接头应选用高一级压力等级的阀门和接头，调速油系统不得采用铸铁阀门和铜考克；

k）防爆油箱应清洁无杂物，底部放油门应关时严密，开时畅通；

l）管道与构筑物、花铁板、管道相互之间不应相互碰摩擦，固定支架应牢固。

N.3.3 低油压过压阀

a）油室、油孔应洁净、畅通；

b）阀芯、阀座完好无缺，无磨损、卡涩，测量间隙 a 为 0.06～0.16mm ；

c）阀盖阀壳完好，结合面平整，无碎裂；

d）调节螺杆完好，无弯曲，螺纹完好，测量调整杆高度 H，并做好记录；

e）弹簧完好无变形、裂纹，测量其自由长度 L 为 86mm（见图 N.4）。

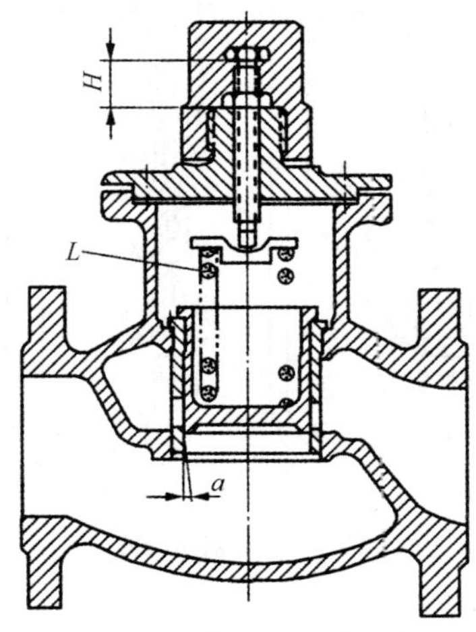

图 N.4　低油压过压阀

N.3.4　冷油器

a）水室管板、铜管的水侧应无污泥、杂物，用水冲洗清洁水室管板并涂以防腐漆；

b）铜管油侧应清洁无油垢、灰尘，可用 3%～5% 磷酸三钠液煮沸清洗后再用给水冲净，酚酞滴剂检验中性为合格；

c）油侧水压实验 0.5MPa，保持 10min 不泄漏，铜管闷堵不得超过 10%；

d）管板与外壳法兰、管板与水室法兰、水室与盖板法兰结合面应平整，无贯穿裂纹、凹陷等；

e）橡皮圈应完好，无断裂、缺口、老化等现象；

f）压紧圈应完好，芯子与外壳不卡，但挡板与外壳间隙不应超过 1mm，以免油流短路；

g）组装时芯子位置应与油流方向相对应。

N.3.5　高低压油泵

a）叶轮应完好，无裂纹、气孔、缺口、夹渣等铸造缺陷和磨损；

b）叶轮与轴配合不应过紧，也不应过松，应有间隙 Z=0.03～0.10mm；

c）叶轮装在轴上测晃动度（见图 N.5）：

进口侧密封环处 $D<0.10$mm，

出口侧密封环处 $E<0.10$mm；

d）测量叶轮进口侧端面与泵壳端面间隙 X=5mm，叶轮出口侧端面与泵体端面间隙 Y=5mm；

e）轴应完好，圆直不弯曲，最大弯曲度 $C<0.05$mm；

f）轴套完好，与轴套配合不应过分松动，要求间隙 H=0.02～0.04mm，轴套与盘根接触处应光滑，无严重磨损槽痕；

g）键和键槽应完好，无毛刺、卡涩，配合不应过松，紧度适中；

h）滚珠轴承应完好无损、无卡、无碎裂，转动灵活，轴承内圈与轴配合不应松动，外圈与轴承室有≤ 0.02mm 的紧力；

i）密封环完好，光滑无磨损，且无松动，测量密封环间隙：

叶轮进口侧 F ＜ 0.50mm，

叶轮出口侧 G ＜ 0.50mm ；

j）冷却水室清洁无污垢，橡皮圈完好，无缺口、老化脆裂、泡胀及折断现象；

k）泵壳、泵体完好，平面光整无凹痕、断裂等现象；

l）装复后轴的串动量 K=0.10～0.20mm

m）冷却水进、回水管，漏斗疏通洁净、畅通、无堵塞，冷却水闸门严密不漏；

n）联轴器及螺丝完好，螺丝不弯曲、无断裂，螺丝配合不咬煞也不松动；

o）对轮螺丝的橡皮圈完好无损伤，无老化、脆裂，橡皮圈外圈与联轴器螺丝孔配合不应过紧和过松，以避免引起油泵的振动；

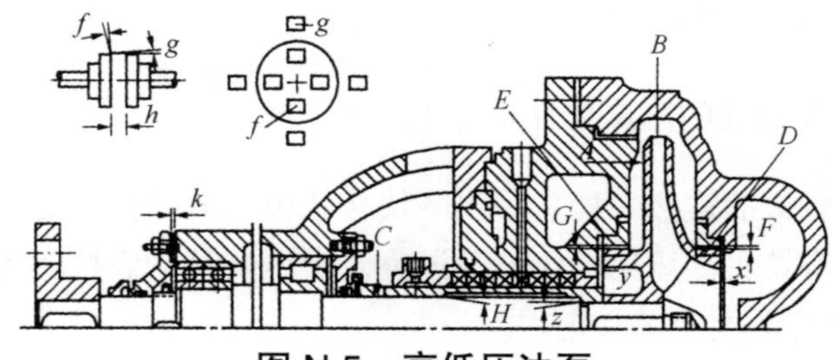

图 N.5 高低压油泵

p）油泵校中心要求，外圈偏差 g ＜ 0.05mm，平面偏差 f ＜ 0.06mm，连联轴器平面间隙 h=2～4mm ；

q）盘根密封：压盖不能和轴套相碰，四周应均匀留有 0.6～1.0mm 间隙，盘根不应压的过紧，以轴封不漏为宜；

r）若采用机械密封：动、静环完好，表面应光滑平直，不得有裂纹、划伤、麻斑，动环在轴上应能灵活转动；O 形密封圈或聚四氟乙烯，V 形垫应完好，耐油、耐腐蚀，有弹性而无老化、脆裂、泡胀现象；

s）弹簧应完好，无断裂、变形，装配时应注意弹簧的旋向应与轴的转向相反，测量弹簧的自由长度 L；

t）静环室防转销完好，不应锈蚀、断裂和松动脱落；

u）换新叶轮时应检查轮轴晃动度 B ＜ 0.10mm，叶轮飘偏度 A ＜ 0.05mm，并校静平衡合格。

附 录 O
（规范性附录）
CCJK330-16.67/1.5/0.5/538/538 汽轮机检修质量标准

O.1 汽缸检修

O.1.1 汽缸解体前的准备工作

汽轮机停止运行后，要监视汽缸温度的变化，按照调节级外缸壁温度来安排汽缸解体前的各项准备工作。汽轮机调节级外缸壁金属温度降到150℃以下停止盘车装置运行；金属温度降到120℃以下时拆除汽缸及导汽管保温材料；金属温度降到80℃以下时可以拆除导汽管、汽封供回汽管及其他附件，拆卸汽缸结合面螺栓，进行汽缸检修。同时还要准备专用工器具（起重专用工器具和检修专用工器具）。

O.1.2 高压缸、中压缸检修工艺

O.1.2.1 拆除与缸体相连的附属部件

O.1.2.1.1 拆除化妆板的连接螺栓，吊出多块化妆板，放到指定处。

O.1.2.1.2 当确定汽轮机高压第一级持环温度及中压缸第一级持环温度均低于规定温度150℃时，拆除本体部分及有关管道保温。

O.1.2.1.3 拆吊中、低连通管。

a）清理干净中、低联通管与高、中压外缸相连法兰保温，拆除法兰螺栓。

b）拆除低压端法兰罩，把法兰吹扫干净。

c）拆除联通管与低压进汽短管相连螺栓的罩螺母。

d）把联通管吊开放到指定位置上，架在已准备好的枕木上。

注意：如果起吊困难，可能是连接螺栓吃力，应消除后再吊。

e）拆除密封隔板与低压外缸的连接螺栓，吊开密封隔板。

f）把四处定位键做好标记并取出。

g）用准备好的堵板把两汽缸法兰口封好贴上封条。

h）进行缸体正式解体前，进行以下测量，工艺可参阅相关内容：

（a）轴瓦测量；

（b）扬度测量；

（c）中心值测量；

（d）K 值确定，即 L 测量。

O.1.2.1.4 拆除端部汽封及其他相关附件。

a）拆除汽缸端部汽封及供、排汽管。

b）拆除热工元件。

O.1.2.2 高、中压缸负荷分配测量，采用全实缸垂弧法（根据大修具体情况进行此项工艺）

a）清理干净某一角猫爪，拆出压紧螺栓。

b）在该角架一块百分表用来观测汽缸顶起和下落，记录好原始读数 H_0。

c）用千斤顶在该角微顶汽缸，注意监视百分表读数，一般顶起 0.20mm 即可，以能抽出支承键为原则，但顶缸值不得超过 0.50mm（防止损伤轴封和轴瓦），顶起后记录百分表读数 H_1。

d）抽出支承键，注意垫片数量及厚度测量并作好记录。

e）放松千斤顶，使汽缸该角自由下落，记录百分表读数 H_2。H_1-H_2 为该角的垂弧值。

f）顶起汽缸到 H_1 左右，放入支承键（注：不能把任何异物带入），松开千斤顶，此时百分表应回 H_0 位置，如不能应查找原因并消除。

g）按要求回装压紧螺栓，用同样的方法测量另外三处垂弧值。

O.1.2.3 拆吊高、中压外缸

O.1.2.3.1 拆中分面螺栓

a）拆卸汽缸螺帽上的封盖螺钉，清理汽缸螺栓加热孔，螺钉要保管好。

b）按“高压内外缸持环汽缸中分面螺栓布置图”“中压内外缸持环汽缸中分面螺栓布置图”分东西侧对每只螺栓进行编号。

注意：编号时，螺栓与螺帽及垫片都要有一致的编号。

c）按照从中间向两端的顺序依次对汽缸侧螺栓进行加热松卸，螺栓及螺帽按编号顺序放置在指定地点。

d）拆卸高、中压外缸端位汽封体中分面螺栓。

O.1.2.3.2 起吊高、中压外缸

a）起吊工作必须由起重工专人负责指挥，其他人员不能任意指挥，缸的前后左右各角有一人以上专门监视。

b）仔细检查中分面所有螺栓、销钉及热工测件确已全部拆除，与上汽缸连接的各汽管、疏水管法兰确已全部分解。

c）安装专用起吊工具，行车对准中心。

d）缓慢提升行车吊钩，检查前、后、左、右钢丝绳受力情况。

e）四角先用 30t 千斤顶将汽缸顶起，密切注意上、下缸平面间隙，保持四角顶起均匀，至上、下缸平面间隙达 3～5mm 左右即停止起顶，全面检查螺栓与螺孔有无卡涩现象，转子是否被抬起，在轴颈处架表观测，确认一切正常后方可继续起顶。当上、下

缸平面间隙达 125～150mm 时，（此时进汽套管脱离喷嘴室）即停止顶起，全面检查行车和钢丝绳捆绑情况，四角绑好拉绳，确认无误（配合部位应无咬合、拖挂现象）后再用行车继续缓慢起吊。

f）在起吊过程中四角监视人员扶稳汽缸，并监视各处有无卡涩摩擦现象，四角专人随时测量起吊高度（按指挥人要求统一测量）并相互报数，如发现任一部位未跟随行车吊钩上升或发生其他不正常情况，应立即停止起吊，重新调整找正，查明原因后方可起吊。

g）吊缸时四角高度前后相差不大于 3mm，左右相差不大于 5mm，外缸吊出后，放在指定地点，平稳放置在支缸的专用工具上。

h）检查汽缸结合面漏汽痕迹，作好记录。

i）拆卸汽缸双头螺栓（便于以后的工作），待漏汽痕迹记录完毕后，把结合面上的双头螺栓全部旋出。

O.1.2.4 拆吊高压内缸

O.1.2.4.1 测量高内缸支承键的部分技术参数，如图 O.1 所示。

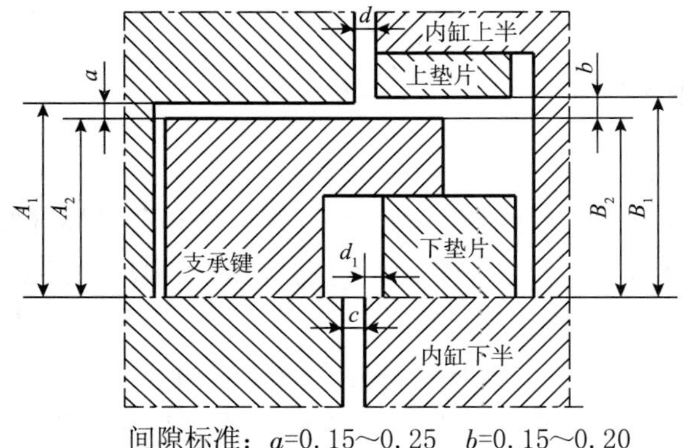

间隙标准：a=0.15～0.25　b=0.15～0.20

图 O.1　高、中压各部套支承键间隙测量

O.1.2.4.2　拆中分面螺栓

拆卸螺帽上的封堵螺钉，清理螺栓加热孔，螺钉要保管好。

按“高压内、外缸、中压缸持环汽缸中分面螺栓布置图”分别对汽缸两侧每只螺栓编号。

对汽缸侧螺栓以中间向两端依次进行加热，拆卸螺帽，按编号顺序放置在指定地点。

O.1.2.4.3　起吊高压内缸

安装起吊工具，行车对准中心。缓慢提升行车吊钩，检查前后左右钢丝绳受力程度。

用顶开螺钉，在四角把汽缸均匀顶起，吊钩跟随提升。

顶起过程中，要监视螺栓与螺孔有无卡涩现象，四角顶起高度误差不大于 3mm，当结合面间隙达 10mm 时停止起吊，全面检查行车和捆绑情况，确认无误后，再用行车缓慢起吊，当汽缸离开螺栓后，注意防止缸体旋转晃动。

检查内缸水平中分面漏汽痕迹，并作好记录。

拆卸中分面螺栓，把下缸结合面上的螺栓全部旋出。

O.1.2.4.4　用拆卸高压上内缸的方法完成下列工序：

a）拆吊高压静叶持环（拆卸前测量各部套支承键的技术参数见图 0.1）。

b）拆吊中压 2#、3# 静叶持环上半部分。

c）拆吊中压 1# 静叶持环上半部分。

d）拆吊高压排汽侧平衡活塞汽封套上半部分。

e）拆吊中压缸端部内汽封套上半部分。

f）拆吊高压缸端部内汽封套上半部分。

g）转子测量工作完成后，吊出转子，再按上述相反顺序吊出静叶持环和平衡活塞汽封套下半部分。

注：在整个拆卸过程中，每露出一个孔洞，都必须及时堵好，以免异物进入。在起吊高、中压外缸和高、中压内缸时，应严密监视转子是否有被带起现象，如果内外部件卡涩，将转子抬起时应立即停止起吊，查明原因并消除后方可继续起吊。

翻缸：一般用行车双钩翻缸。翻缸时，钢丝绳吊在汽缸外缘的吊耳上，行车中心找正后，大钩先起吊约 100mm，再起吊小钩，使汽缸离开枕木少许，然后全面检查所有吊具。确认无问题后再继续起吊大钩，吊起高度以保证小钩松开后汽缸不碰地即可，逐渐松下小钩，使缸盖的全部重量由大钩承担。全松小钩，取下钢丝绳，将汽缸转过 180°，再将钢丝绳挂到小钩上，并吊紧钢丝绳，再将大钩缓缓松下（必要时适当起升小钩），直到汽缸水平面放平后，用枕木垫实，安放稳妥后，松下两吊钩。

O.1.2.5　汽缸的清理、检查与测量

O.1.2.5.1　用砂纸将汽缸结合面清理干净，低压缸结合面的涂料全部用铲刀铲除后，再用煤油或砂布清理。

O.1.2.5.2　测量下缸结合面水平。

O.1.2.5.3　水平仪放置在安装或第一次大修做好的永久性记号上，用合像水平仪直接测量。

O.1.2.5.4　为消除水平仪误差，应将水平仪调转 180° 再测量一次。

O.1.2.5.5　取两次测量结果的算术平均值为最后测量数值。

O.1.2.5.6　汽缸结合面及内外壁检查：

a）汽缸结合面清理后，进行磁粉探伤。

b）如有必要对汽缸外壁进行检查时，应打去保温并清理干净，再进行探伤。

c）如发现裂纹应查明其深度。汽缸结合面的裂纹深度可用超声波探伤仪测定。

d）汽缸结合面应光滑平整，无贯通性沟痕，水平测量值应与安装记录（或上次大修）基本相符，如发现汽缸裂纹变形等缺陷，应汇报有关部门研究处理。

e）清理检查静叶持环、轴封体洼窝和汽缸螺栓支承面。用砂纸清理汽缸静叶持环和轴封套洼窝槽后做肉眼检查。

f）检查低压外缸导流板及加强筋无裂纹，如开裂应焊接加固。

g）检查低压缸内喷水管路及支架，检查确认管路无腐蚀，喷水孔无阻塞，喷射方向正确。

O.1.2.5.7 汽缸螺孔上螺帽支承面处理干净，修整毛刺，并用小圆平板检查接触状况。

O.1.2.5.8 清理、检查、修整汽缸螺栓和螺母。

O.1.2.5.9 用钢丝刷将汽缸螺帽及螺栓的螺纹部分清理干净。

O.1.2.5.10 仔细检查螺纹，如有碰伤或毛刺可用三角油石或细锉刀修整，然后进行带帽检查，螺母上可涂少许透平油后旋入螺栓，继续做必要修理，直到能用手拧到底（汽缸上内螺纹也应用螺栓对号拧入进行检查），如螺栓与螺母配合较紧而螺纹上确无毛刺时，可用细研磨膏做必要研磨，并用煤油清理干净。

O.1.2.5.11 测定全部合金钢汽缸螺栓硬度。

O.1.2.5.12 M56 以上螺栓应做超声波探伤。

O.1.2.5.13 对所有 M56 以上螺栓进行金相组织检查。有关工艺按《火力发电厂高温紧固件技术导则》进行。

O.1.2.5.14 检查汽缸螺栓的球垫圈有无毛刺，并做必要修理。

O.1.2.5.15 经清理、检查、修整后的螺栓螺母和垫圈用粉状黑铅粉仔细擦抹螺纹和表面，使表面全部呈银黑色光泽，擦去残留黑粉，妥善保管待用。

O.1.2.5.16 对高、中压缸合金钢螺栓的要求：

1）螺栓及螺母干净，螺纹无乱扣，毛刺，配合良好无卡涩，螺栓无裂纹损伤、弯曲等异常现象。

2）螺纹硬度 HB240～270，金相组织无明显网状组织。

3）冲击韧性应达以下要求：M65 以下螺栓，$a_k \geqslant 100J/cm^2$；

M65～M100 螺栓，$a_k \geqslant 80J/cm^2$；M100 以上螺栓，$a_k \geqslant 60J/cm^2$。

4）螺栓硬度值＞ HB300 或＜ HB200，应更换螺栓或做恢复性热处理。

O.1.2.5.17 扣空缸检查汽缸结合面严密性：汽缸结合面清理完毕，按需要植入部分汽缸螺栓后，将上缸就位，在自由状态和冷紧 1/3 汽缸螺栓两种情况下分别用塞尺测量汽缸内外水平中分面间隙，着重检查两侧支承键与上缸及处缸配合部位，并做记录，结束后，松去螺栓，吊去上缸。空扣缸时的结合面间隙标准：高压外缸、中压内外缸扣空缸时，在自由状态下，结合面间隙一般为≤ 0.10mm，紧 1/3 螺栓时一般为≤ 0.03mm，低压内外缸结合面间隙在紧 1/3 螺栓时一般为≤ 0.05mm。若大于上述标准，应对汽缸结合面进行赤红丹研刮达到标准为止。

O.1.2.5.18 测量调整内外缸间的支承工作垫片间隙。

O.1.2.5.19 用深度尺或百分表测量上外缸上的工作垫片与内缸中分面的相对高度。

O.1.2.5.20 用深度尺测量内上缸猫爪高度和外上缸相应凹槽的深度，并核算扣缸后的内缸两侧支承键配合间隙。

O.1.2.6 高、中压缸的复装工艺

O.1.2.6.1 吊出高、中压缸内部的零部件，彻底清理检查。

O.1.2.6.2 各零部件配合面，包括螺栓的螺纹部分，均需清理后砂光，直至露出金属光泽，螺纹部分涂耐高温防咬剂（但不能使用二硫化钼）。

O.1.2.6.3 依次吊入各级静叶持环、平衡活塞汽封、端部汽封的下半部。注意检查内缸有关热工测量元件已装复。

O.1.2.6.4 组装 1#、2#、3#、4# 轴承及推力轴承，清理干净后吊入相应的轴承室，把轴承室内部油管装复。

O.1.2.6.5 将高、中压转子吊入汽缸内，按"*K*"值定位，并组装好推力轴承（"*K*"值系转子调阀端第一级动叶进汽侧之轴向间隙）。

O.1.2.6.6 依次合盖各级静叶持环、平衡活塞汽封体、端部汽封及高压内缸的上半部，分面涂以 MF 系列汽缸专用涂料，同时按要求紧中分面连接螺栓，复测支承键间隙。

注：各部件扣合时要进行试扣，即首先把上部件扣合到下部件上检查中分面的接触是否良好，确认无异常后，把部件吊起 200～300mm，四角垫以木块，在中分面均匀涂抹涂料后拿去木块，扣合部件，然后进行螺栓冷热紧工作，冷紧及热紧顺序依照以下原则进行：

a）两侧法兰螺栓按照由中间向两端进行。

b）端部法兰由洼窝向两端进行。

c）热紧值参见表 O.1、表 O.2、表 O.3、表 O.4。

表 O.1 高压内缸中分面螺栓热紧旋转弧长

件号	数量	螺栓规格	伸长量 / mm	转角 / (°)	冷紧力矩 / (N·m)	螺孔标记	螺母外径 / mm	旋转弧长 / mm
4	2	M100×4	0.65	109	1067	b	150	142.6
7	18	M125×4	0.69	119	1333	a	197	204.5
21	2	M140×4	0.70	126	1490	f	200	219.8

表 O.2 高压外缸中分面螺栓热紧旋转弧长

件号	数量	螺栓规格	伸长量 / mm	转角 / (°)	冷紧力矩 / (N·m)	螺孔标记	螺母外径 / mm	旋转弧长 / mm
32	16	M90×4×755	0.874	122	960	D	135	143.65
35	2	M80×4×1068	1.36	180	855	F	120	188.40
38	32	M80×4×1068	1.36	180	855	C	120	188.40
39	2	M90×4×755	0.874	122	960	G	135	143.65
40	2	M80×4×718	0.85	117	855	H	120	122.46
41	2	M80×4×718	0.85	117	855	J	120	122.46
49	4	M64×4×670	0.81	110	685	E	100	95.90

表 O.3　中压缸中分面螺栓热紧旋转弧长

件号	数量	螺栓规格	伸长量 / mm	转角 / (°)	冷紧力矩 / (N·m)	螺孔标记	螺母外径 / mm	旋转弧长 / mm
3	2	M80×1235	1.61	271	540		120	283.60
8	2	M100×3×1270	1.62	272	1060		150	355.86
13	8	M125×4×1185	1.42	238	1334		185	384.04
18	4	M115×3×1130	1.37	230	1227		170	341.04
21	2	M125×1255	1.53	256	1334		185	413.08
22	6	M160×4×1310	1.54	259	1708		230	519.60
27	2	M140×4×1245	1.48	248	1494		205	443.44
30	8	M90×3×890	1.15	192.5	770		135	226.67
33	2	M80×1035	1.32	221	540		120	231.31
34	8	M76×3×855	1.11	187	465		115	187.57
37	12	M72×3×840	1.10	185	390		115	185.57
40	6	M90×3×1275	1.72	289	770		135	340.30

表 O.4　低压内缸中分面螺栓热紧旋转弧长

件号	数量	螺栓规格	伸长量 /mm	转角 / (°)	冷紧力矩 / (N·n)	螺孔标记	螺母外径 / mm	旋转弧长 / mm
	16	M72×3×320	0.329±0.13	53	768		115	53.16

O.1.2.6.7　检查热工元件装复后，对高、中压外缸进行试盖，确认正常后，在中分面均匀涂抹涂料（MFZ 系列汽缸专用涂料），盖合外缸上部（高导管、一段抽汽进汽钟罩的检查）。

注意：装复螺栓、螺帽（按拆前所作记号原位装复）及垫片，螺栓冷、热紧顺序应从中部开始，向两端部交替均匀进行，全部紧完复查一次。冷紧完毕后，按照冷紧扭矩及热紧弧长，分别把各条螺栓紧到位。

O.1.2.6.8　装复高压进汽导管和一段抽汽管道，连接法兰。

O.1.2.6.9　装复前后轴封各管路和各疏水管路及法兰。

O.1.2.6.10　检查汽缸表面保温钩齐全装置保温层，汽缸保温层包扎应牢固紧密，当室温 25℃时，保温层表面温度不大于 50℃，保温材料可选用微硅酸铝纤维毡，保温层厚度建议如下：高中压缸，按照图纸要求保温；中压排汽缸，同上。

O.1.2.6.11　装化妆板，化妆板各块组合后应连接牢固，各螺栓拧紧。

O.1.3　低压缸检修工艺

O.1.3.1　按照高、中压缸拆卸工艺，拆吊中低联通管。

O.1.3.2　拆吊低压外缸。

O.1.3.2.1　打开低压外缸人孔门。

O.1.3.2.2　用紧线扣（导链）把排汽导流环固定在外缸内的吊架上。

O.1.3.2.3　拆除喷水管路中分面接头。

O.1.3.2.4　拆卸排汽导流环与低压内缸在垂直结合面上半部的全部螺栓及销钉。

O.1.3.2.5　拆除低压外缸外部中分面螺栓。

O.1.3.2.6　拆除低压外缸内壁筋板中分面螺栓。

O.1.3.2.7　以 4 个人孔门为吊点挂好钢丝绳，行车找正检查各钢丝绳受力情况。

O.1.3.2.8　在缸体对角装好专用导杆，必要时装 4 支导杆。

O.1.3.2.9　清理顶丝孔，用顶开螺钉把汽缸均匀顶起 3～5mm。

O.1.3.2.10　检查无误后，用行车缓慢起吊，四角要有专人监视。

O.1.3.2.11　待中分面间隙达 100～150mm 时即停止起吊，全面检查行车和钢丝绳捆绑情况，并在外缸四角系上拉绳，确认无误后，再用行车缓慢起吊。

O.1.3.2.12　吊起过程中，缸体四角高度前后相差不大于 3mm，左右相差不大于 5mm，四角拉绳应平稳，防止汽缸扭动或晃动，吊开后放在指定地点，平稳放置在专用工具上。

O.1.3.2.13　待外缸吊出后，检查结合面泄漏痕迹，作好记录。

O.1.3.2.14　汽缸平面上用专用盖板覆盖好。

O.1.3.3　拆吊低压进汽短管。

O.1.3.3.1　拆除进汽短管与低压内缸的连接螺栓的罩螺母。

O.1.3.3.2　把进汽短管吊放在指定位置，架在已准备好的枕木上。注意：如果起吊困难，可能是连接螺栓吃力，应消除后再吊。

O.1.3.3.3　拆除密封隔板与内缸连接螺栓，吊开密封隔板。

O.1.3.3.4　把四处定位键做好标记并取出，妥善保管。

O.1.3.3.5　用准备好的堵板，把汽缸法兰口堵好。

O.1.3.4　拆吊低压上内缸。

O.1.3.4.1　拆除两侧人孔门螺栓。

O.1.3.4.2　拆除内缸内外中分面螺栓。

O.1.3.4.3　由专人检查中分面螺栓是否全部拆除。

O.1.3.4.4　用起吊外缸的方法，吊出低压内缸上半。

O.1.3.4.5　待低压内缸吊出后，检查结合面泄漏情况，作好记录。对结合面露出的孔洞进行封堵。

O.1.3.5 拆吊调阀端、电机端静叶持环上半。
O.1.3.6 拆吊低压进汽导流环上半。
O.1.3.7 待转子各测量工作完后吊出转子。
O.1.3.8 拆吊调阀端、电机端静叶持环下半。
O.1.3.9 拆吊低压进汽导流环下半。

注：在整个拆卸过程中，每露出一个孔洞都必须封堵好，以免异物进入。

O.1.3.10 如有特殊情况必须翻缸时，可按《高中压外缸拆卸工艺》中的翻缸工艺进行，把低压内缸翻转并放稳以便检修。

O.1.4 低压缸复装工艺

O.1.4.1 吊出低压缸体各零部件，彻底清理干净。
O.1.4.2 各零部件配合面包括各螺栓的螺纹部分，均需清理后砂光，直至露出金属光泽，螺纹部分涂耐高温防咬剂涂料（不能使用二硫化钼）。
O.1.4.3 依次吊入，并安装下半缸通流部分各部套、各部件。
O.1.4.4 组装 5#、6# 轴承并清理干净，吊入相应轴承座内，把轴承座内部油管装复。
O.1.4.5 用专用扁担，吊入低压转子，按 K 值定位。
O.1.4.6 依次把上半进汽导流环、静叶持环盖合，按螺栓预紧力要求，旋紧螺栓。
O.1.4.7 依次吊入低压内缸，按螺栓紧力要求紧好中分面螺栓。
O.1.4.8 吊入密封隔热及低压进汽导管。
O.1.4.9 复装低压外缸：
O.1.4.9.1 低压缸外缸扣盖前，先检查排汽导流环是否捆绑牢固，并检查缸内各种疏水管是否安妥，热工元件是否已恢复。
O.1.4.9.2 确认上述工艺无误后，扣合外缸（必须进行试盖，可参考高中压外缸装复工艺）按要求紧固中分面螺栓（内，外），紧固要求参考附录。
O.1.4.10 装复排汽导流环和低负载喷水管路。
O.1.4.11 更换低压缸大气薄膜（注：薄膜铅板厚度为 1mm，直径为 800mm）。
O.1.4.12 中低连通管（结构如图 O.2 所示）的安装可于高中压外缸盖合后进行，工艺方法如下：
O.1.4.12.1 拧紧低压侧法兰的罩盖螺母和压圈螺钉，中低压联通管在低压外上缸就位之后进行。
O.1.4.12.2 用顶开螺钉使中缸侧法兰定位。
O.1.4.12.3 在装螺钉和螺母时，用力矩扳手沿径向相互对称地依次拧紧各螺钉和螺母。
O.1.4.13.4 按照下列程序拧紧螺钉螺母：①随手扳紧；②力矩加到 22500lb•in；③力矩加到 45000lb•in。在法兰经受了至少为 2/3 的运行温度几个小时后，低压缸进汽接口法兰的螺钉连接就须按规定的径向对称顺序来重新拧紧。该接口处螺纹的摩擦系数由于螺纹润滑剂“受热蒸发”将会显著增加，因此重新拧紧到原来所规定的力矩值将是不够的。如果已经适当地加上了初始应力，那么可以通过对螺母扭转规定的附加转角来达到重新拧紧。在接合面有一个高强石墨垫片的情况下螺母压紧半圈。而两面各有一高强石墨垫片的接合面则压紧一圈，要是螺钉和法兰温度近似相等而且在法兰上只有很小或没有蒸汽压力载荷，那么可用加热法使螺钉重新带紧。如果用在中压排汽接口法兰的垫片是高强石墨垫片，那么螺钉就不需要重新扭紧。低压连通管法兰螺栓扭紧力矩见表O.5。

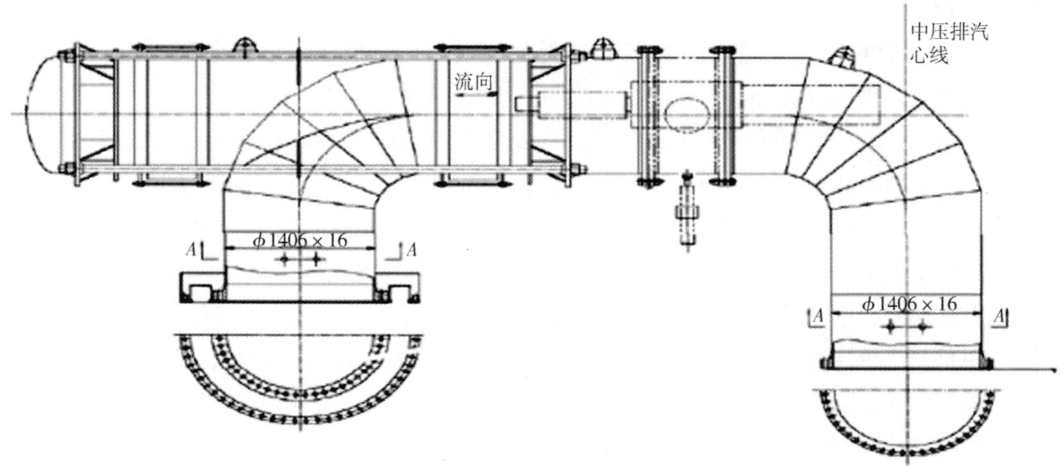

图 O.2　中低连通管

表 O.5　低压连通管法兰螺栓扭紧力矩

序号	螺栓尺寸 /mm	扭紧力矩 /N・m
1	M27	620
2	M33	1150
3	M39	1910

O.2　转子检修

O.2.1　结构概述

转子担负着工质能量转换及扭矩传递的重任，它处在高温工质中，并以高速旋转，因此它承受着叶片、叶轮、主轴本身质量产生的离心力所引起的巨大机械引力，以及由于温度分布不均匀引起的热应力，不平衡质量的离心力还将引起转子的振动，另一方面蒸汽作用在叶栅上的力矩，通过转子的叶轮、主轴、联轴器传给发电机，所以转子要具有很高的强度和均匀的质量，以保证它安全工作。任何设计、制造、安装、运行等方面的疏忽，均会造成重大事故。

本机组高压转子是由整体合金钢锻件加工而成的无中心孔转子，结构与相同情况下的有中心孔转子相比较，中心部位最大应力可减少 1/2，转子的应力大为降低，转子寿命得以延长。

高压转子采取单流布置，在高压电机端轴封内侧设置一个高压平衡活塞，采用转子轴径差形成一个指向机尾的反推力，以达到高压缸在各种工况下的推力自动平衡。

转子制造后进行高速动平衡及超速试验。在转子两端轮盘和中部均设有螺孔，用于加平衡螺塞来补偿转子的不平衡量。转子支承于两个径向轴承上，跨距为3800mm，装好叶片的转子重约10t。高压转子包括1级三叉三销叶根的单列调节级及8级压力级，压力级均为T形叶根。各轮盘间的转子外圆有一系列高低齿槽，以供装隔板汽封。在各级动叶围带处，均装有径向镶嵌式围带汽封，在转子两端有成组高低齿槽用于安装高压缸端部汽封，以防蒸汽的外泄。高压包括1级叉形叶根的单列调节级及11级T型叶根的压力级，T型叶根密封性能好。中压共7级，采用枞树型叶根。各轮盘间的转子外圆有一系列高低齿槽，以供装隔板汽封，在各级动叶围带处，均装有径向汽封，在转子两端有成组高低槽用于安装汽封，以防各级间漏气及蒸汽的外泄。

推力轴承位于高压转子的近发电机端处，为可倾瓦轴承，推力盘以高压转子为一个整体，在推力盘的前后两侧装有工作和非工作推力瓦块，各有10块布置在整个圆上，瓦块上装有铂电阻测温装置，可测瓦块温度，推力瓦的背面支托在安装环上，轴向推力为正向或负向时，分别作用在工作瓦或工作推力瓦上，推力间隙为0.25～0.38 mm，即轴在推力瓦中的轴向窜动不大于此间隙，回油从上面排出，在回油出口处装有两只调节回油螺钉，可分别调整回油量以调节回油温度。

高压转子调阀端与主油泵小轴用螺栓方式进行刚性连接，主油泵小轴装有主油泵轮并与危急遮断器小轴相连。高压转子电机端与中压转子调阀端用联轴器、螺栓刚性地连接在一起，形成刚性联轴器连接。联轴器传递扭矩、轴向推力。两转子中间配有垫片，联轴器凸缘与凹口相匹配以达到定中心的作用。借助于改变联轴器垫片的厚度，可调整转子的轴向相对位置，以保证所需的动、静间隙。为了拆去垫片，转子必须做轴向移动，使相邻转子之间两半联轴器分离，直至脱开定位凸缘，为此在两半联轴器中设有顶开螺钉孔。

本机组中压转子是由整体合金钢锻件加工而成的无中心孔转子，无中心孔转子中心部位的最大应力低，所以转子寿命得以延长并可取消中速暖机以缩短启动时间。

中压转子采取单流布置，在中压位于进汽侧设置两组中压平衡活塞。利用两个平衡活塞处的转子直径差形成一个指向机头的推力，以达到中压缸在各种工况下的推力自动平衡。

中压转子支承于两个径向轴承上，跨距为4692 mm，装好叶片的中压转子重约20t，中压共7级压力级，其中前六级为密封性能好的T型叶根，第七级采用高强度枞树型叶根，各轮盘间的转子外圆有一系列高低齿槽，以供装隔板汽封，在各级动叶围带处，均装有径向汽封，在转子两端有成组高低槽用于安装端部汽封，以防各级间漏气及蒸汽的外泄。

低压转子为双流对称结构，保证了通流部分的推力平衡。转子支承于两径向轴承上，跨距为5650 mm，装好叶片的转子重量约为44t。

低压转子由整段合金钢锻件加工而成，无中心孔。与高中压转子一样，低压转子在加工装配后，也要进行高速动平衡和超速试验，以尽量消除引起运行振动的不平衡因素。

低压转子为双流 6 级。前 4 级为鼓式，末两级采用盘式，它可有效地减轻转子重量。在轮缘上加工出侧装枞树形叶根槽，该类叶根具有较大的承载能力。各级之间装有隔板汽封。动叶顶部装有围带汽封，以防止大气漏入排汽腔室内。

在转子末级盘的外侧有凸肩，凸肩以下的斜面上有平衡螺塞孔，以供现场动平衡之用。

低压转子两端均有联轴器，它们与转子制成一体。转子调阀端与中压转子刚性连接，电机端与发电机转子刚性连接，低压转子与发电机转子两联轴器间装有盘车大齿轮，同时安装调整垫片，可调整低压转子与发电机转子的相对位置，以保证所需的动、静轴向间隙。

转子在轴承上就位前，需要平板检查各联轴器端，如果发现任何毛刺或擦伤，都应该修刮掉，但不得使用锉刀。检查所有螺孔、刮面等，并除去发现的任何毛刺，当这一工作完成时，清洗所有联轴器并匹配好各螺钉孔。当各转子和盘车大齿轮吊装就位时，要确保正确的对准整个部套的各匹配记号。安装时根据转子装配图中轴向间隙的要求，移动转子，使各半联轴器在一起，禁止用螺钉将它们拉在一起。

汽轮机发电机组的轴系各阶临界转速与工作转速避开 ±15%，轴系临界转速值的分布保证有安全的暖机转速和进行超速试验转速。轴系的临界转速见表 O.6。

表 O.6　轴系的临界转速

轴段名称	一阶临界转速 / （r/min）	二阶临界转速 / （r/min）
	设计值（轴段 / 轴系）	设计值（轴段 / 轴系）
高压转子	2260/2384	＞4000/＞4000
中压转子	1574/1666	＞4000/＞4000
低压转子	1422/＞1418	4226/＞4000
发电机转子	718/846	2285/＞2388

O.2.2　转子检修工艺

O.2.2.1　测量轴颈扬度（揭缸前）

O.2.2.1.1　测量扬度前，将水平仪底座和轴颈擦干净。

O.2.2.1.2　将转子转到合适位置（轴颈无损伤处）进行正反两次测量（先后调转 180°），取两次测量结果的算术平均值为最终测量数值，同时记录轴端鉴向槽相位。

O.2.2.1.3　各处轴颈扬度应与标准或上次检修比较无重大变化。

O.2.2.2　拆卸联轴器

O.2.2.2.1　拆下对轮护板，做好装配标记，螺栓、螺母、螺孔对应地做标记。

O.2.2.2.2　拆下对轮螺栓，螺栓螺母对应拧上，放到指定地点。

O.2.2.2.3　在最后两螺栓拆下前，用拉紧螺栓将对轮调整垫片拉住，并将两专用铜销插入对轮螺孔内以免对轮顶开后垫片脱落。

O.2.2.2.4　用行车把对轮低的一端拉住，钢丝绳吃力适当，以减少止口脱开时受力过大。

O.2.2.2.5　用两根专用顶丝（或千斤顶）将对轮均匀顶开。

O.2.2.2.6　将顶丝（或千斤顶）松开，拉紧螺钉卸下，使调整垫片脱落在专用铜销上。

O.2.2.2.7　用软吊绳把调整垫片圆周托好，抽出专用铜销，把调整垫片吊起少许，当调整垫片螺孔露出后，立即把两专用铜销插入，放下吊绳再以调整垫片螺孔为吊点，把它吊出。

注意：调整垫片吊出前，认真确定好对轮垫片的装配方向，调整垫片与两对轮的对应点，做好装配标记。

O.2.2.3　装上转子轴向限位板（高中压转子由推力轴承限位），进行中心测量。

O.2.2.4　待揭缸后，整个机组处于半实缸状态，复测中心。

O.2.2.5　起吊转子

O.2.2.5.1　把转子对轮处顶开以后，可起吊转子。

O.2.2.5.2　起吊转子必须由专人指挥，前后左右均必须有人监视，吊出转子时应注意监听动静部分声响。

O.2.2.6　转子的清理、检查

O.2.2.6.1　将动叶围带和轮盘清理干净。

O.2.2.6.2　清理结束后对动叶进行逐片检查，并做好检修记录。

O.2.2.6.3　转子应无裂纹、损伤等缺陷，动叶片、围带、铆钉头、叶根等应无损伤、裂纹及严重腐蚀。各级末叶片锁紧销牢固无松动。

O.2.2.6.4　动叶片无松动、拔长、歪斜、变形等现象。

O.2.2.6.5　对低压全部叶片做频率测量，全部应在合格范围内。

O.2.2.6.6　叶轮无裂纹、腐蚀或机械损伤，无动静摩擦痕迹，高温叶片无蠕变，平衡螺钉紧固不动。

O.2.2.6.7　检查末级叶片，并做好侵蚀记录。

O.2.2.6.8　轴颈及推力盘工作面光滑无毛刺、麻坑、槽痕。对轮应无任何毛刺和槽伤（轴颈应用细砂纸加透平油进行拉磨，推力盘应用细油石或金相砂纸打磨，以保证其光洁度）。

O.2.2.6.9　测量转子轴颈的椭圆度、锥度，转子轴颈处的椭圆度、锥度应≤ 0.02mm。

O.2.2.6.10　测量推力盘及对轮的平面度，应≤ 0.02mm。

O.2.2.6.11　当支承瓦就位时，吊入转子，装好限位装置。

O.2.2.6.12　转子测量

对轮及叶轮端面瓢偏度测量，测量方法：

a）装好转子临时限位装置，适当限制转子轴向窜动。

b）将被测部位的圆周八等分，用粉笔逆向编上序号，第一点的位置应有一固定记号。

c）在距边缘相同距离的端面上对称固定两只百分表，把表的测量杆对准记号“1”点和“5”点，并与盘面垂直，调整好表面指针，如图 O.3 所示。

d）顺转向盘动转子，使百分表依次对准各点并记录两百分表的读数，最后使表回到“1”“5”位置（测量过程中转子不可逆向盘动）。

e）瓢偏度计算参见表 O.7。

表 O.7　转子端面瓢偏度测量计算方法

读数	Ⅰ表	（1）	（2）	（3）	（4）
	Ⅱ表	（1′）	（2′）	（3′）	（4′）
计算平均值		[（1）+（1′）]/2	[（2）+（2′）]/2	[（3）+（3′）]/2	[（4）+（4′）]/2
平均值		*A*	*B*	*C*	*D*
读数	Ⅰ表	（5）	（6）	（7）	（8）
	Ⅱ表	（5′）	（6′）	（7′）	（8′）
计算平均值		[（5）+（5′）]/2	[（6）+（6′）]/2	[（7）+（7′）]/2	[（8）+（8′）]/2
平均值		*E*	*F*	*G*	*H*
各点瓢偏度		*A*−*E*	*B*−*F*	*C*−*G*	*D*−*H*

转子弯曲度测量，测量方法：

a）将被测部位的圆周八等分，用粉笔逆转向编上序号（第一点应设永久记号）并按图 O.4 所示架表。

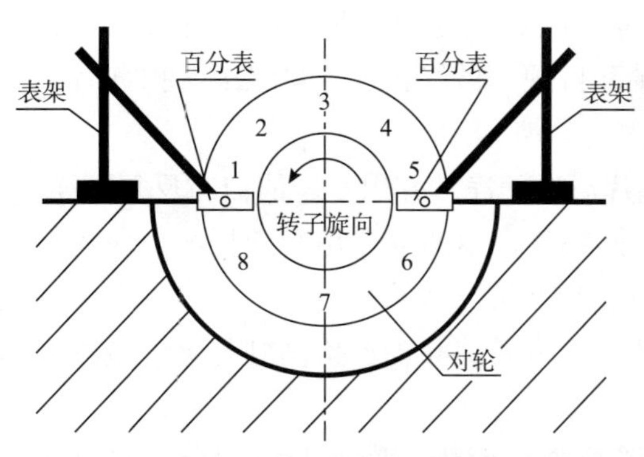

图 O.3　用百分表测量推力盘的瓢偏度

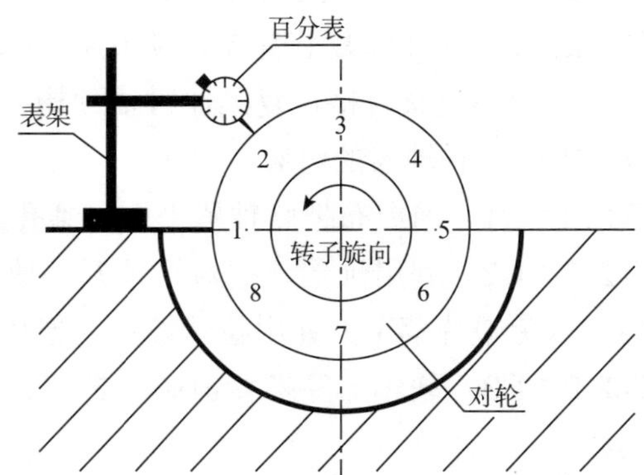

图 O.4　测量转子晃动度及弯曲度

b）按转子工作旋向盘动转子，每盘动 45° 停一次，并记录百分表读数。

c）同一直径两端读值差值之一半即为该点弯曲值。

d）绘制转子弯曲图：按端面八等分点上绘出同一直径上两点（沿轴向将转子剖开

作剖面图，标出不同测量点的弯曲值，并连成光滑连续的曲线，即为该截面上的弯曲图（共四幅）。

e）找出四截面上的最大弯曲点。

如需进一步确定最大值及弯曲点，可将端面进一步等分（16 等分或 32 等分）再进行测量，直到确定上转子有最大弯曲值及弯曲点。

转子晃动度的测量：测量方法与转子弯曲测量方法相同。

晃动度的计算：同一直径上两点读值之差即为该点晃动值。

O.2.2.6.13 吊出转子，把转子放到专用支架上。

O.2.2.6.14 检查联轴器螺栓，螺母应无裂纹，螺纹无断扣、乱扣，销子部分表面光滑无毛刺，硬度在合格范围。

O.2.2.6.15 联轴器螺孔发现有凸台或啃坏时，必须用半圆锉修好，用手触摸时，应光滑无毛刺。必要时进行铰孔，并更换销子（更换时称重，并做金相检查）。

O.2.2.7 当缸体处于复装半实缸状态时，吊入转子复测轴颈扬度。

O.2.2.8 转子按联轴器找中心。

O.2.2.8.1 对于高中压转子装入推力轴承下半部分进行定位，低压转子、发电机转子装好限位装置。

O.2.2.8.2 用专用工具测量联轴器平面和圆周偏差，作好记录。

O.2.2.8.3 根据测量结果，计算调整量（应考虑缸体处于半实缸和全实缸状态，缸体及转子挠度的变化，此时中心值为预调值）。

O.2.2.8.4 微抬转子，翻出下轴瓦按调整量调整轴瓦球面垫铁的垫子，高中压前轴承的调整是通过轴承体下部垫片来完成的，详见轴承的检修工艺。

O.2.2.8.5 垫子调整后要盘动转子 3～10 周以上，垫片压实后，且接触符合要求后，复查中心两遍数据要相同，否则查找原因。

O.2.2.9 测量此时转子的各轴颈扬度。

O.2.2.10 待缸体复装完毕，确认各转子定位正确后，复测轴颈扬度，复校联轴器中心，把中心调整合格，复测此时轴颈扬度及轴瓦桥规，做好各项测量记录（扣缸后）。

O.2.2.11 联轴器的组装

O.2.2.11.1 用白布把联轴器平面、螺孔、垫片清洗干净，并用干净的白布反复擦净。

O.2.2.11.2 利用顶丝，把对轮顶开，放入轮间垫片，用两只专用套筒插入对轮螺栓孔内，以免垫片落下，并用拉紧螺钉，把垫片拉住紧贴某一对轮。

O.2.2.11.3 联轴器穿螺栓前必须把记号对准，并将低的联轴器抬高到与另一端联轴器同心。

O.2.2.11.4 用专用螺栓均匀对称地把联轴器拉紧，使垫片嵌入凹凸部分，穿进所有螺栓。

O.2.2.11.5 在穿螺栓时，在螺栓上抹少量透平油对号入座，用紫铜棒轻轻打入螺孔，先在水平和垂直方向对称紧四只螺栓，然后依次紧其他螺栓，初紧之后再紧一遍。

O.2.2.11.6　装好护板，确定护板完全进入止口。

O.2.2.11.7　检测转子轴颈，做记录。

轴颈椭圆度与锥度的测量方法：

a）将转子放在轴承内，用百分表测量其最大晃动度值即为椭圆度。

b）用外径千分尺在同一横断面测量外径，最大直径与最小直径差即为椭圆度。锥度用外径干分尺测量，同一纵断面内最大直径与最小直径差与跨度值之比即为锥度。

推力盘平面度测量方法：将规矩的平尺靠在平面上，用塞尺检查平尺与平面间的间隙，测量一次后，将平尺旋转一个角度再测量（从不同的角度进行多次测量），若0.02mm 塞尺塞不进即认为合格，如不符合要求，应进行修理。

O.2.2.11.8　转子按联轴器找中心方法。

注意：找中心时需用专用工具将转子定位，以防转子窜轴造成测量误差。

测量方法：

a）按图 O.5 所示方法装上测量圆周和端面的百分表。

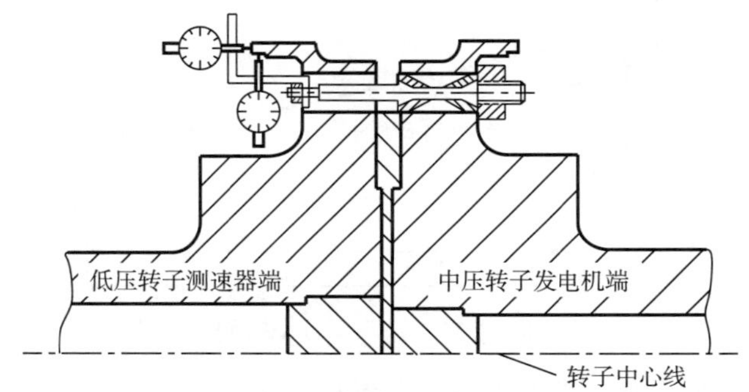

图 O.5　转子按联轴器找中心测量方法

b）表架和百分表应固定牢固，百分表测量杆接触处光滑平整。

c）将两半联轴器对准“0”位，并用临时铜销子连接。

d）测量时顺转向盘动转子，使百分表依次对准均分成 90° 的每个测点。并记录百分表读数。

e）在转子转过一周回到起始位置时，测圆周的百分表的读数应复原；测端面的两表读数与原始读数差值应相同，若发现圆周误差大于 0.02mm，平面误差大于 0.01mm，应查明原因后重测。在测量整个过程中转子不可逆向转动。轴瓦调整量计算；

轴瓦调整量的计算方法很多，应根据具体情况选择合适的调整方法。选择调整方法的原则应是尽量恢复机组安装时（或上次大修后）转子与汽缸的相对位置，保持动、静部分的中心关系，因此应参照轴颈扬度、轴颈下沉度、轴封洼窝中心来选择调整方法，即在保证对轮中心的前提下尽量满足洼窝中心、轴颈扬度的要求。

以下是仅调整一个转子的两轴瓦的计算方法。

中心值计算方法（见图 O.7）：

根据图 O.6 记录值，计算出两联轴器的圆周偏差如下：

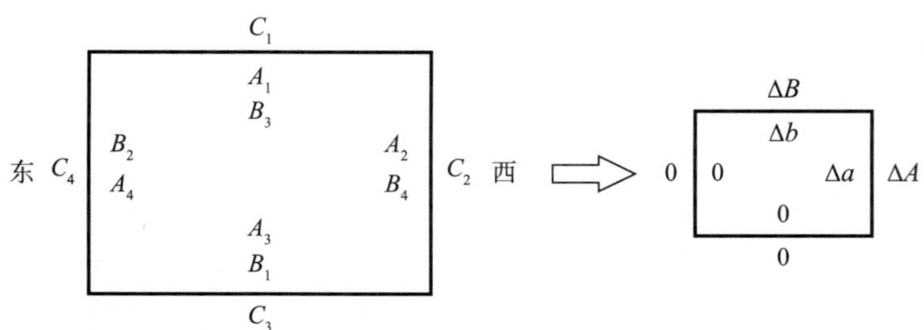

图 O.6 转子中心测量记录格式

左右端面偏差：$\Delta a=(A_2+B_4)/2-(B_2+A_4)/2$

上下端面偏差：$\Delta b=(A_1+B_3)/2-(B_1+A_3)/2$

左右圆周偏差：$\Delta A=(C_2-C_4)/2$

上下圆周偏差：$\Delta B=(C_1-C_3)/2$

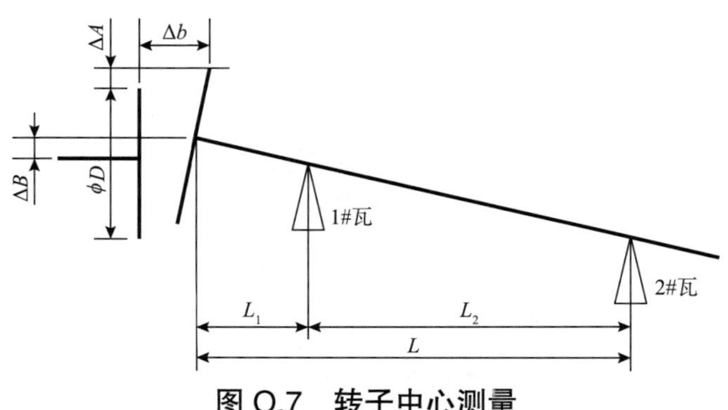

图 O.7 转子中心测量

保持圆周偏差 ΔB 不变，算出为消除上下端面偏差 Δb，1# 瓦、2# 瓦的移动量 X'、Y'，解三角形可得：$X'=L_1/\phi D\Delta$，$Y'=L/\phi D\Delta a$，$X'=\Delta b\cdot L_1/\phi d$，$Y'=\Delta b\cdot L/\phi d$

平移转子消除圆周偏差 ΔB，其平移量为 ΔB。轴瓦的总移动量：

$X=X'+\Delta A=\Delta b\cdot L_1/\phi d+\Delta B$，$Y=Y'+\Delta B=\Delta b\cdot L/\phi d+\Delta B$

式中：X' 及 Y' 与 Δb 的方向一致，即 Δb 为上张口时，两轴瓦向上抬并定为正值，Δb 为下张口时，两轴瓦下落，并定为负值。

当转子中心线偏低时，ΔB 为正值，反之为负。左右调整计算方法同上下调整方法一致。

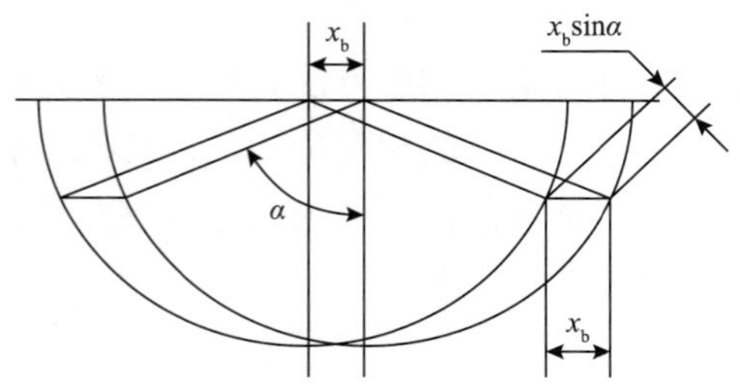

图 O.8 瓦侧面垫铁调整量

轴瓦的调整：本机组的轴瓦具有多样性，所以调整方法不同。1# 轴瓦通过调整轴瓦支座底部和侧部的垫片来移动轴瓦。2#～9# 轴瓦可采用改变下半轴瓦上的垫块厚度，即调整垫铁的垫片厚度来移动轴瓦，其中 2#～9# 轴瓦下半部的两侧垫铁与轴瓦垂直中心线的夹角为 α，垫铁垫片的调整值与轴瓦移动量的关系如图 O. 8 所示。

a）垂直方向移动 x_b 时，下部垫铁垫片加减值与轴瓦移动量 x_b 相同，两侧垫铁垫片则分别加减 $x_b\cos\alpha$ 或 $x_b\mathrm{Cos}\alpha$

b）水平方向移动 x_b 时，下部垫铁不动，两侧垫铁垫片分别加减 $x_a\sin\alpha$。

若轴瓦需同时在垂直、水平方向移动时，两侧垫片调整值为上述两项的代数和。

O.3 喷嘴静叶持环和隔板检修

O.3.1 结构概述

高压通流部分由 1 级单列调节级（冲动式）和 8 级压力级（冲动式）所组成，高压喷嘴安装于蒸汽室。8 级隔板均装配在高压内缸上，而高压内缸由高压外缸支承，主蒸汽经过布置在高压缸两侧的两个主汽阀和四个调节汽阀，从位于高压缸端部的上下各 2 个进汽口进入喷嘴室和调节级，然后再流经高压缸各级。

中压通流部分全部采用冲动式压力级，其中第六级安放旋转隔板，中压共为 7 级，其中中压第 1 与 2 级隔板装于中压 1# 隔板套上，中压第 3 至 5 级隔板装于中压 2# 隔板套上，中压第 6 与 7 级隔板装于中压 3# 隔板套上。中压 1#、2# 及 3# 隔板套均由中压外缸支承（中压缸无内缸）。

低压缸采用双流反动式压力级，共 2×6 级。蒸汽从低压缸中部进入，然后分别流向二端排汽口进入下部排汽装置。因对称双流，故低压转子的轴向推力基本平衡，对转子上产生的轴向推力几乎为零。末级叶片长为 665mm。

O.3.2 通流部分轴向间隙的测量

O.3.2.1 未揭缸前，解体轴承室后（未解对轮），待机组处于冷态下，测量 L_{AG}、L_{AD}，把 $L_{AG}+L_{AD}$ 之和与安装值比较，两者之差的绝对值应小于 0.03mm，若超过此标准，应查明原因后复则。

O.3.2.2 高、中压部分

O.3.2.2.1 把转子吊入汽缸，转子按 K 值定位，K 值为高压第 1 级动叶出口之轴向间隙。

O.3.2.2.2 测量 LAG（见图 O.9），此值是为了换算轴向通流间隙和验证盖缸后转子整定值 K 是否正确。

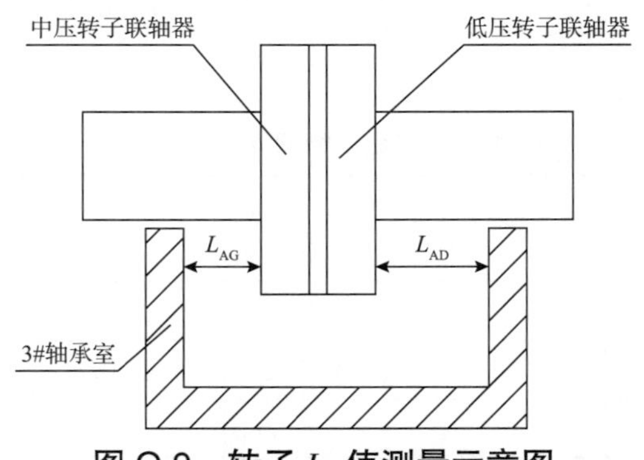

图 O.9 转子 L_A 值测量示意图

O.3.3 检修工艺

O.3.3.1 通流部分轴向间隙的测量

O.3.3.1.1 未揭缸前，解体轴承室后（未解对轮），待机组处于冷态下，测量 L_{AG}、L_{AD}，把 $L_{AG}+L_{AD}$ 之和与安装值比较，两者之差的绝对值应＜ 0.03mm，若超过此标准，应查明原因后复测。

O.3.3.1.2 高、中压部分

O.3.3.1.3 把转子吊入汽缸，转子按 *K* 值定位，*K* 值为高压第 1 级动叶出口之轴向间隙，高压 *K*=（8.0±0.13）mm，中压 *K*=（11±0.13）mm。

O.3.3.1.4 测量 L_{AG}（见图 O.9），此值是为了换算轴向通流间隙和验证盖缸后转子整定值 *K* 是否正确。

O.3.3.1.5 以整定值 *K* 为起点，转子作前后窜动，测量窜动值，向电机端移动量为 6.37mm（检查动静是否有异常情况）

O.3.3.1.6 把转子重新按 *K* 值定位，并使零位向上（飞锤竖直向上）。

用塞尺测量动叶叶根和叶顶的轴向间隙，在测量时，用的塞尺片数不可太多，一般不超过 3 片，如果使用楔形塞尺，用力不可太大，以免增大测量误差，测量的数值应以最小点为准，叶轮与隔板的轴向间隙应在新装机组的第一次大修或有关部件更新后作原始记录，并在测量位置做好记号，以备复核校验，测量叶轮、叶片及隔板的轴向间隙应按叶轮的瓢偏度和隔板在汽缸内的垂直度及其位置偏差至最小值时进行。当测得数据与原始数据或设计值见表偏差过大时，应进一步校对并查明原因，必要时做相应的处理。

高压通流部分安装间隙测量调整值见表 O.8。

表 O.8 高压通流部分安装间隙测量调整值

I 2:1

1.3典型 0.6 0.7±0.1 0.7±0.1 0.4典型 5 4 5.5 5 5.1 4.4

II 2:1 典型5处

1.3典型 0.5 0.5±0.1 0.5±0.1 0.4典型 0.5 5.5 4 5 5 5.5 4

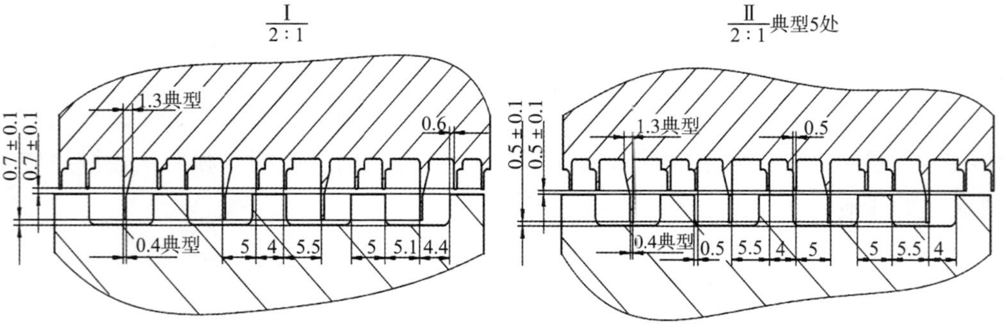

高压缸电机端汽封径向间隙 Ⅰ 和 Ⅱ

由电机端指向调端	1	2	3	4	5	6
低齿设计值	0.6～0.8	0.4～0.6	0.4～0.6	0.4～0.6	0.4～0.6	0.4～0.6
高齿设计值	0.6～0.7	0.4～0.6	0.4～0.6	0.4～0.6	0.4～0.6	0.4～0.6
低齿检查值						

高压缸电机端汽封径向间隙Ⅰ和Ⅱ（续）

高齿检查值						
低齿调整值						
高齿调整值						

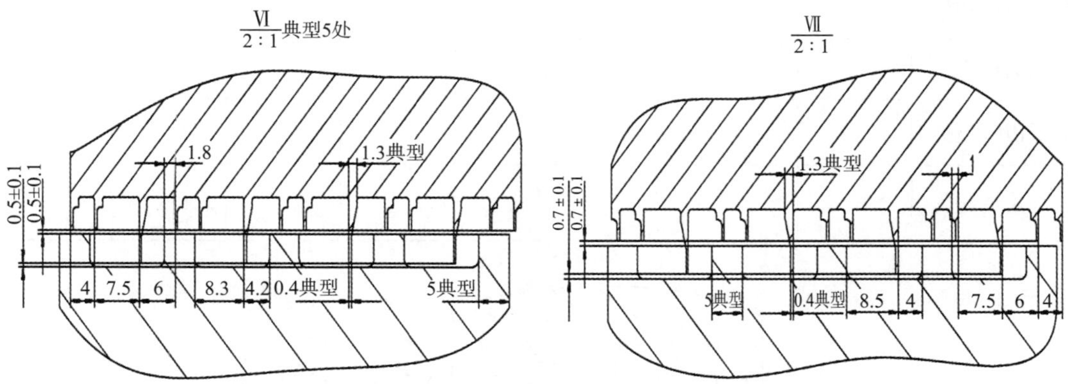

高压缸调阀端汽封径向间隙Ⅵ和Ⅶ

由电机端指向调端	1	2	3	4	5	6
低齿设计值	0.4～0.6	0.4～0.6	0.4～0.6	0.4～0.6	0.4～0.6	0.6～0.8
高齿设计值	0.4～0.6	0.4～0.6	0.4～0.6	0.4～0.6	0.4～0.6	0.6～0.8
低齿检查值						
高齿检查值						
低齿调整值						
高齿调整值						

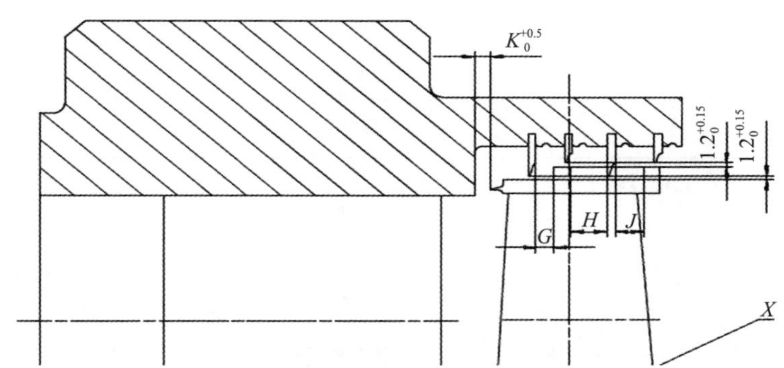

高压缸动叶汽封叶顶径向间隙

叶顶汽封	1R	2R	3R	4R	5R	6R	7R	8R
高齿设计值	1.2～1.35	1.2～1.35	1.2～1.35	1.2～1.35	1.2～1.35	1.2～1.35	1.2～1.35	1.2～1.35

高压缸动叶汽封叶顶径向间隙（续）

叶顶汽封	1R	2R	3R	4R	5R	6R	7R	8R
低齿设计值	1.2～1.35	1.2～1.35	1.2～1.35	1.2～1.35	1.2～1.35	1.2～1.35	1.2～1.35	1.2～1.35
低齿检查值								
高齿检查值								
低齿调整值								
高齿调整值								

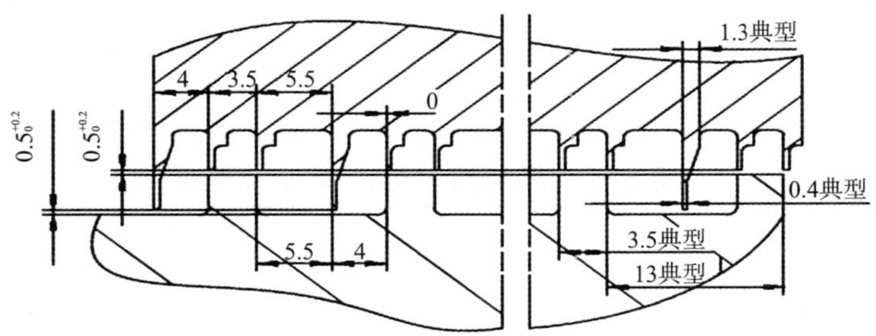

高压缸静叶汽封径向间隙 V

隔板汽封	1C	2C	3C	4C	5C	6C	7C	8C
高齿设计值	0.5～0.7	0.5～0.7	0.5～0.7	0.5～0.7	0.5～0.7	0.5～0.7	0.5～0.7	0.5～0.7
低齿设计值	0.5～0.7	0.5～0.7	0.5～0.7	0.5～0.7	0.5～0.7	0.5～0.7	0.5～0.7	0.5～0.7
低齿检查值								
高齿检查值								
低齿调整值								
高齿调整值								

$\frac{\text{Ⅲ}}{2:1}$ 典型5处

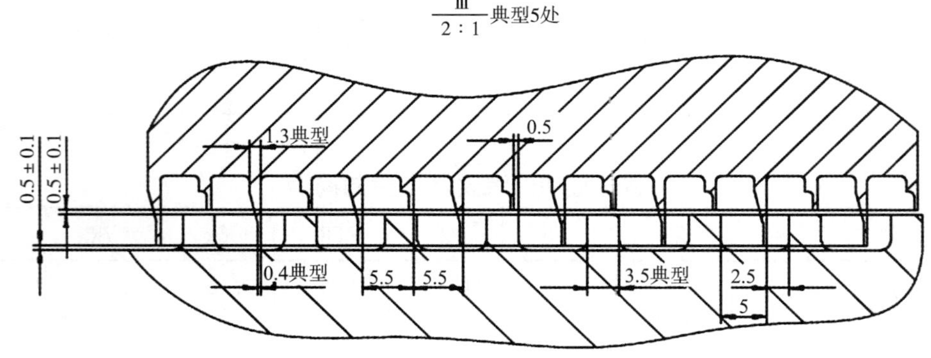

高压缸平衡活塞汽封Ⅲ

由电机端指向调端	1	2	3	4	5
高齿设计值	0.4～0.6	0.4～0.6	0.4～0.6	0.4～0.6	0.4～0.6
低齿设计值	0.4～0.6	0.4～0.6	0.4～0.6	0.4～0.6	0.4～0.6
低齿检查值					
高齿检查值					
低齿调整值					
高齿调整值					

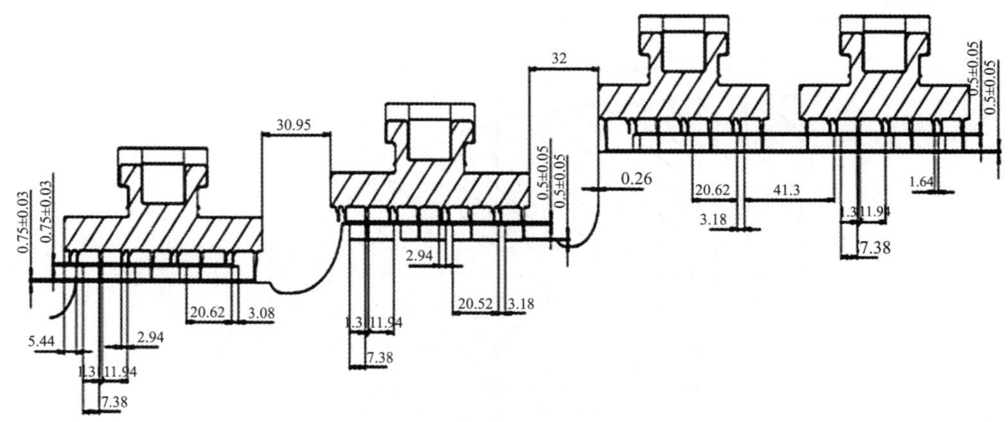

中压缸电机端端部汽封径向间隙Ⅰ

由电机端指向调端	1	2	3	4
低齿设计值	0.7～0.8	0.45～0.55	0.45～0.55	0.45～0.55
高齿设计值	0.7～0.8	0.45～0.55	0.45～0.55	0.45～0.55
低齿检查值				
高齿检查值				
低齿调整值				
高齿调整值				

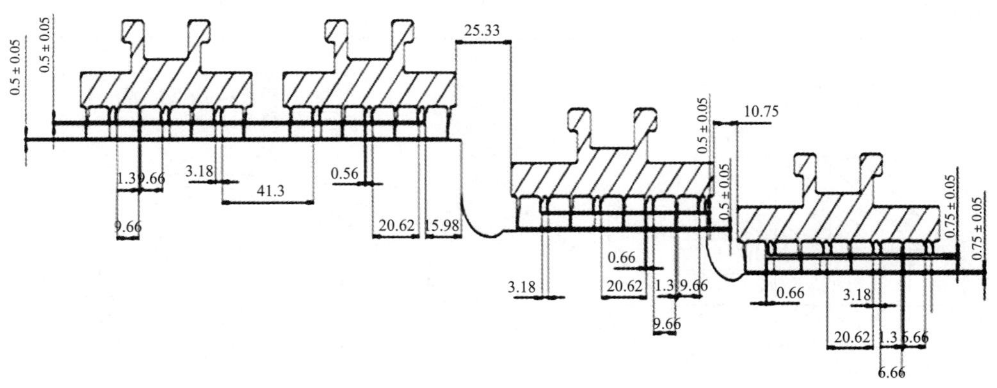

中压缸调阀端端部汽封径向间隙Ⅴ

由电机端指向调端	1	2	3	4
低齿径设计值	0.45~0.55	0.45~0.55	0.45~0.55	0.7~0.8
高齿设计值	0.45~0.55	0.45~0.55	0.45~0.55	0.7~0.8
低齿检查值				
高齿检查值				
低齿调整值				
高齿调整值				

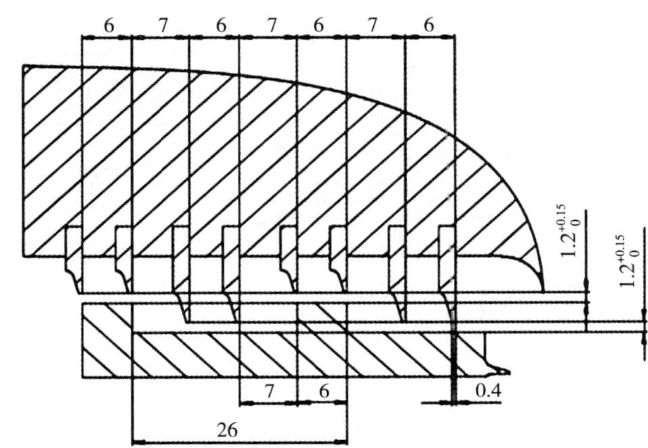

中压缸动叶叶顶径向间隙Ⅵ和Ⅶ

叶顶汽封	1R	2R	3R	4R	5R	6R	7R
高齿设计值	1.2~1.35	1.2~1.35	1.2~1.35	1.2~1.35	1.2~1.35	1.5~1.65	1.2~1.35
低齿设计值	1.2~1.35	1.2~1.35	1.2~1.35	1.2~1.35	1.2~1.35	1.5~1.65	1.2~1.35
低齿检查值							
高齿检查值							
低齿调整值							
高齿调整值							

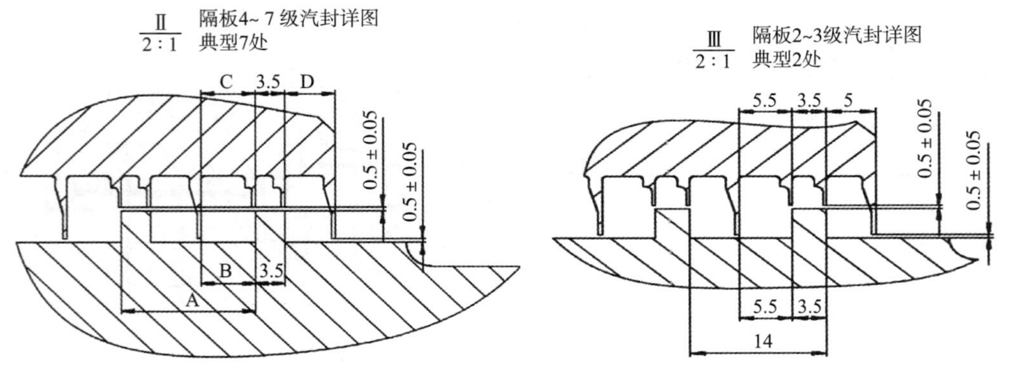

中压缸静叶叶顶径向间隙Ⅱ和Ⅲ

隔板汽封	1C	2C	3C	4C	5C	6C	7C
高齿设计值	0.05~0.25	0.45~0.55	0.45~0.55	0.45~0.55	0.45~0.55	0.45~0.55	0.45~0.55
低齿设计值	0.05~0.25	0.45~0.55	0.45~0.55	0.45~0.55	0.45~0.55	0.45~0.55	0.45~0.55
低齿检查值							
高齿检查值							
低齿调整值							
高齿调整值							

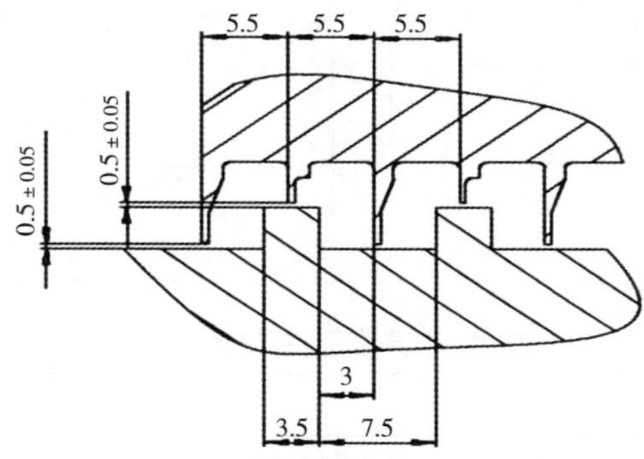

中压缸平衡活塞汽封径向间隙Ⅳ

平衡活塞汽封	1	2	3	4	5	6	7	8
低齿设计值	0.45~0.55	0.45~0.55	0.45~0.55	0.45~0.55	0.45~0.55	0.45~0.55	0.45~0.55	0.45~0.55
高齿设计值	0.45~0.55	0.45~0.55	0.45~0.55	0.45~0.55	0.45~0.55	0.45~0.55	0.45~0.55	0.45~0.55

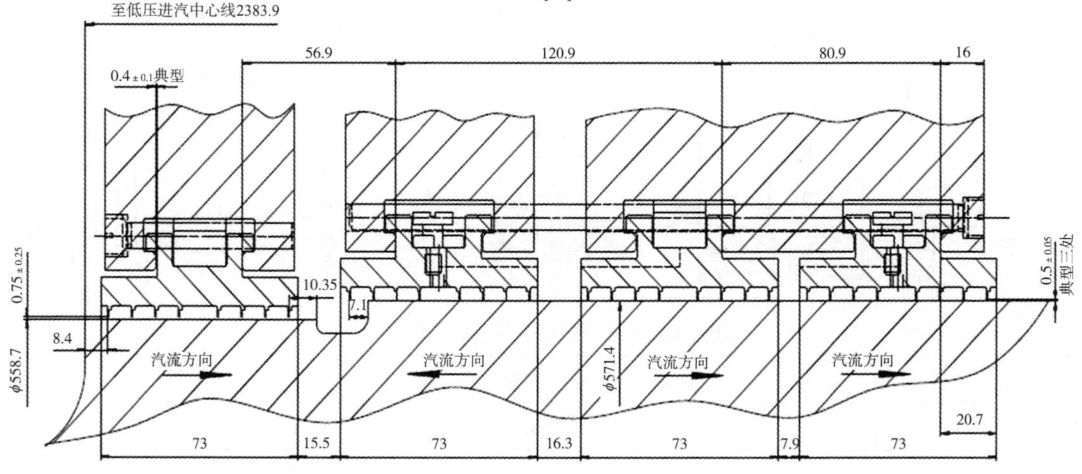

低压缸电机端端部汽封径向间隙Ⅲ

由电机端指向调端	1	2	3	4
径向间隙设计值	0.7～0.8	0.45～0.55	0.45～0.55	0.45～0.55

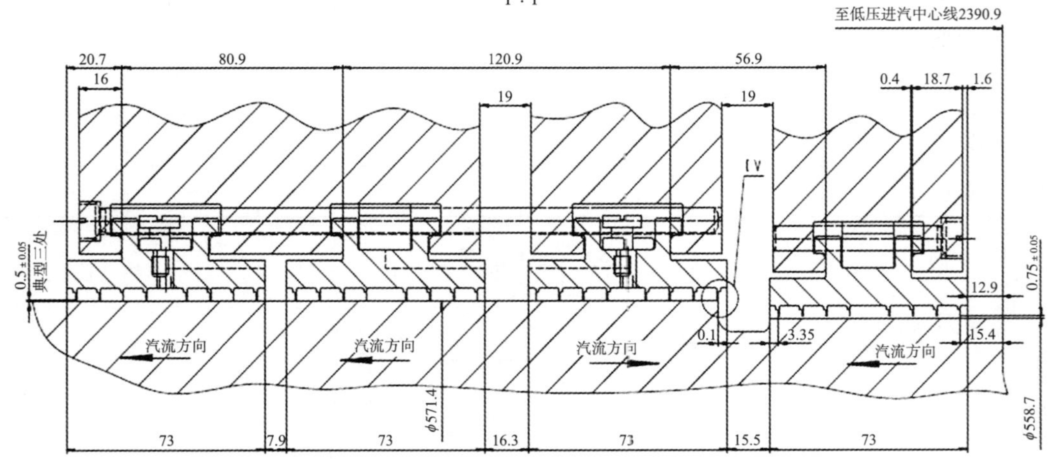

低压缸调阀端端部汽封径向间隙Ⅱ

由电机端指向调端	1	2	3	4
径向间隙设计值	0.45～0.55	0.45～0.55	0.45～0.55	0.7～0.8

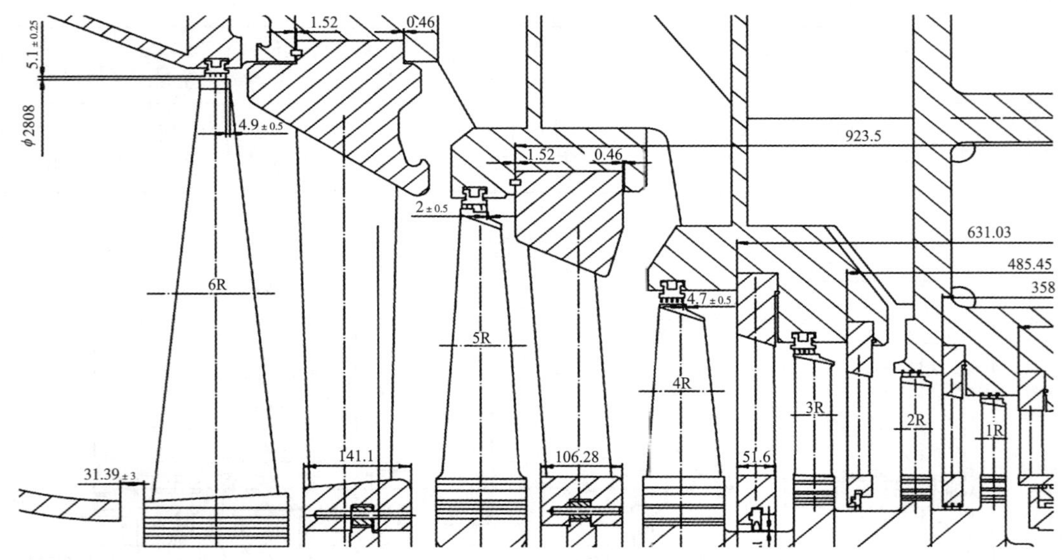

低压缸电机端转子汽封径向间隙

转子汽封	1R	2R	3R	4R	5R	6R
径向间隙设计值	0.9～1.2	1.2～1.5	2.0～2.2	4.2～5.2	1.5～2.5	4.85～5.35

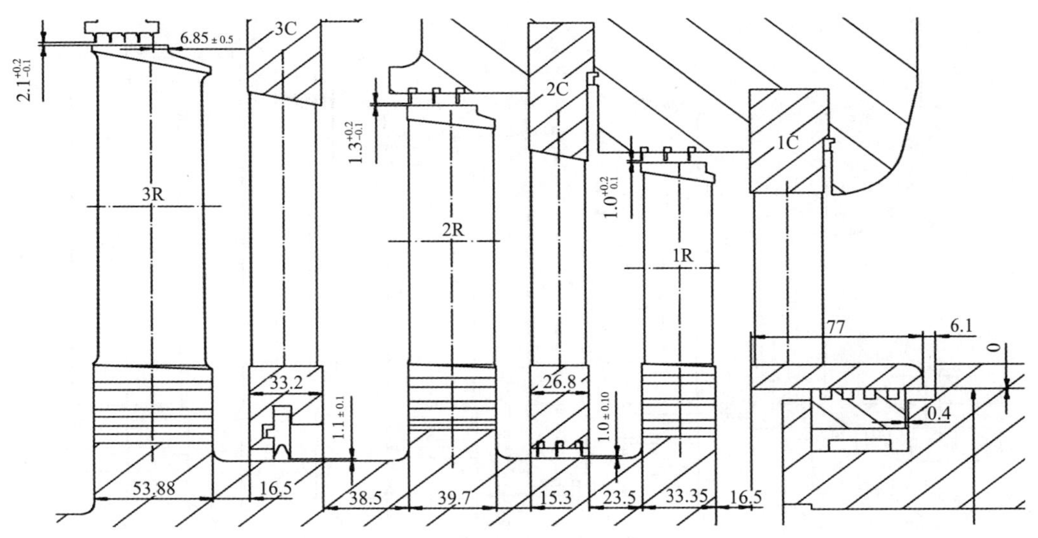

低压缸电机端隔板汽封径向间隙

隔板汽封	1C	2C	3C	4C	5C	6C
径向间隙设计值	0	0.9～1.1	1.0～1.2	1.2～1.4	1.45～1.63	1.45～1.63

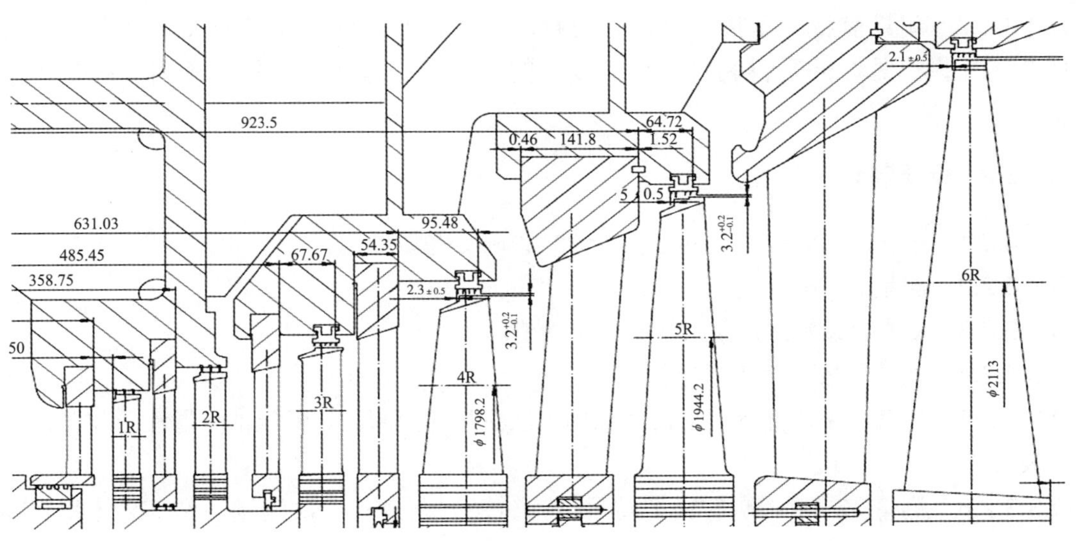

低压缸调阀端转子叶顶汽封径向间隙

叶顶汽封	1R	2R	3R	4R	5R	6R
径向间隙设计值	0.9～1.2	1.2～1.5	2.0～2.3	3.1～3.4	3.1～3.4	4.85～5.35

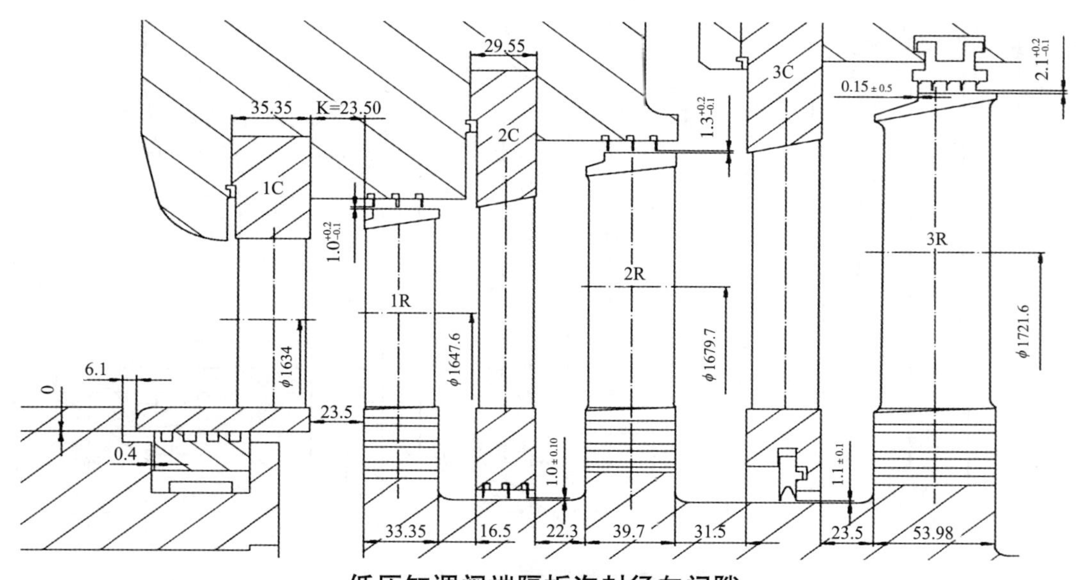

低压缸调阀端隔板汽封径向间隙

隔板汽封	1C	2C	3C	4C	5C	6C
径向间隙设计值	0	0.9～1.1	1.0～1.2	1.2～1.4	1.45～1.63	1.45～1.63

O.3.3.1.7　测量前将转子按顺时针方向盘动一圈，并且使危急遮断飞锤垂直向上后做 0° 测量，盘动 90° 再测量一遍（以上的工作在解体和复装阶段各测一次并作完整记录）。

O.3.3.2　低压部分

O.3.3.2.1　把转子吊入汽缸，转子按 K=23.50mm 定位。

O.3.3.2.2　测量 L_{AD} 值（参见图 O.9）。

O.3.3.2.3　K 值为起始点，测量转子的窜动值。

O.3.3.2.4　把转子按 K 值重新定位。

O.3.3.2.5　参考高中压部分测通流间隙的方法测量通流间隙。低压部分通流间隙设计值见表 O.8。

O.3.3.2.6　测量完毕后，顺转向把转子转动 90°，再进行一次测量工作（解体和复装阶段各测一次）。

O.3.3.3　洼窝中心的测量

O.3.3.3.1　在转子按联轴器找中心工作结束后，洼窝中心的测量根据现场条件选择以下方法：

a）假轴法：将轴瓦清扫干净并正确组装后，把假轴轴颈处理干净，不应有毛刺，然后吊入轴承内，浇上透平油滑润，并把两端适当固定，使轴没有大的窜动现象。根据现场条件可用内径量表和百分表进行测量工作。

b）压铅块法：将轴瓦清扫干净并正确组装。取出隔板及汽封体内的汽封块，在隔板汽封槽内环及汽封体底部放置铅块，铅块事先制成圆台形，尺寸可根据待测部位尺寸大小加 3～5mm（压缩量），以能立稳即可，压缩量在 20% 为宜。把转子颈处理干净，不应有毛刺及污物，然后吊入轴承内（注：转子落至 20mm 左右时，就在转子四角扶稳，然后平稳落下）。测量转子桥规值，确认转子已正确就位。用塞尺测量隔板及汽封体两侧间隙，并做记录。吊出转子，测量铅块压扁后的尺寸，即是相应部位的底部位间隙，并作记录。将测量值与安装值及上次检修记录进行比较应无较大变化。

c）拉钢丝法：使用该方法测量时，低压部分洼窝中心以前、后轴承室之内油挡洼窝中心线为调整基准，高中压部分皆以高中压外缸端部内汽封挡之中心连线作为调整基准。

O.3.3.3.2　洼窝中心的标准

使用拉钢丝法：各通流部件洼窝中心，皆以高中压外缸端部内汽封挡之中心连线作为各挡中心调整之基准。各件洼窝中心之左、右偏差为 ±0.05mm，其中，下洼窝中心要求预调。

若采用假轴法或压铅块法，洼窝中心值标准为：上、下中心偏差（a+b）/2-c ≤ ±0.05mm，左、右中心偏差（a-b）/2 ≤ ±0.05mm，如图 O.10 所示。

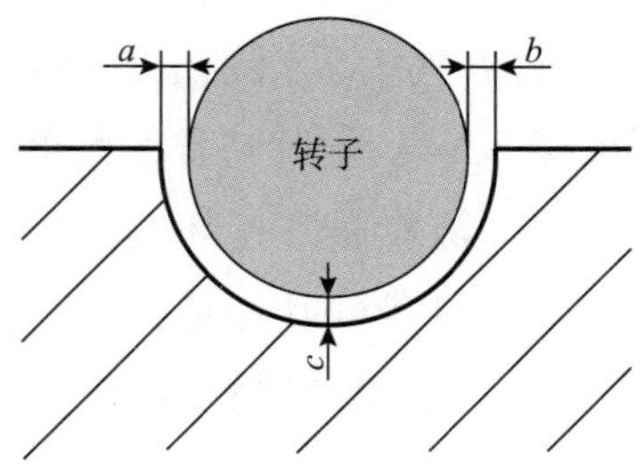

图 O.10　洼窝中心测量

O.3.3.4　洼窝中心的调整

O.3.3.4.1　高压内缸、中压内缸、各静叶持环、平衡活塞调整垂直偏差的方法是加减支承键下垫片的厚度。

注 1：测量静叶持环、平衡活塞汽封、轴封的洼窝中心需测量底销的配合状况和部件能否沿径向移动。

注 2：部件洼窝调整后，需重新测量支承键间隙和径向膨胀间隙。

注 3：如果机组低压缸在运行后有下沉现象，调整洼窝时可作适当的修正。

O.3.3.5　静叶持环、隔板的检查、测量及处理

O.3.3.5.1　检查静叶持环、隔板的中分面接触及漏汽痕迹，并做记录。

O.3.3.5.2　检查动静间的碰擦痕迹并做记录。

O.3.3.5.3　外观的检查及处理。

O.3.3.5.4　检查各级隔板应无弯曲、变形现象（重点检查高中压部分）。

O.3.3.5.5　检查隔板沿轴向或径向能否移动，塞紧条是否有松动、脱落或腐蚀的现象。

O.3.3.5.6　检查喷嘴、静叶片有无伤痕、卷边、脱焊、裂纹等现象（重点检查中分面两

端静叶）。

O.3.3.5.7 抽查部分叶片，做影像检查。

O.3.3.5.8 有疑问的叶片用放大镜仔细察看或用着色法做进一步检查。

O.3.3.5.9 对静叶的裂纹、缺口等缺陷作修整，小缺口用圆锉修成圆角，裂纹较长的应在裂纹顶端打延长孔，出口卷边严重的应做必要的热校正，缺口较大的应进行补焊。

注：静叶表面凹坑、凸包及卷边的缺陷，必要时可用整形的方法处理，先仿照汽道断面形状制造垫块塞入汽道内，用小铜棒或手锤垫一铜棒敲平，若难以敲平，可对静叶片适当加热（不超过 700℃）（锤击时如温度下降至 500℃以下时应停止锤击再进行加热），对静叶的裂纹可焊补处理，对较大的缺口可用同样的材质的钢材焊接（焊补工艺需金属部门制定专门的技术措施），经整修或焊补以后的汽道，均要用锉刀或风动砂轮修平，以减少汽道的流动阻力。

O.3.3.5.10 检查各级静叶持环应无裂纹、变形等现象，各装配面应光滑，无毛刺。

O.3.3.5.11 汽缸复合后和静叶修复后，应在汽缸组合和紧部分结合面螺栓的情况下，检查有关静叶持环和隔板中分面的情况。

O.3.3.5.12 静叶持环中分面要求无泄漏，间隙≤0.03mm。

O.3.3.5.13 低压隔板中分面间隙：≤0.03mm。

注：对有漏汽痕迹的持环中分面应做重点检查。

O.3.3.5.14 静叶持环装配间隙的测量及调整

a）测量静叶持环的底销装配间隙；

b）测量静叶持环、支承键的装配数据和膨胀间隙；

c）测量静叶持环的底销装配间隙；

d）间隙不合格的部件，可通过对相应处进行修刮，研磨、补焊等手段使之达到要求。

O.4 汽封检修

O.4.1 汽封结构概述

汽封包括隔板及围带汽封、平衡活塞汽封、高、中压缸及低压缸端部汽封。这些汽封有效地阻止了蒸汽在各腔室内的泄漏、蒸汽的外泄及空气进入。

O.4.1.1 高、中压汽封（见图 O.11 和图 O.12）

高压部分由于压力高，采用 T 形叶根可有效地防止蒸汽泄漏，从而进一步提高高压缸的效率。在静叶持环内径及隔板处装有退让式弹簧汽封及嵌入式汽封，与动叶围带和转子形成较小的径向间隙，减少各级间漏汽。中压部分静叶持环内径及隔板内径处亦装有退让式弹簧汽封，亦与动叶围带和转子形成较小的径向间隙，减少各级间漏汽。

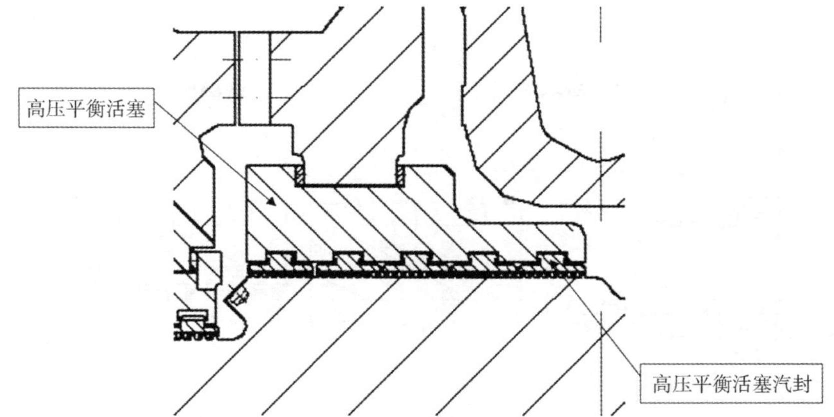

图 O.11　高压平衡活塞及汽封

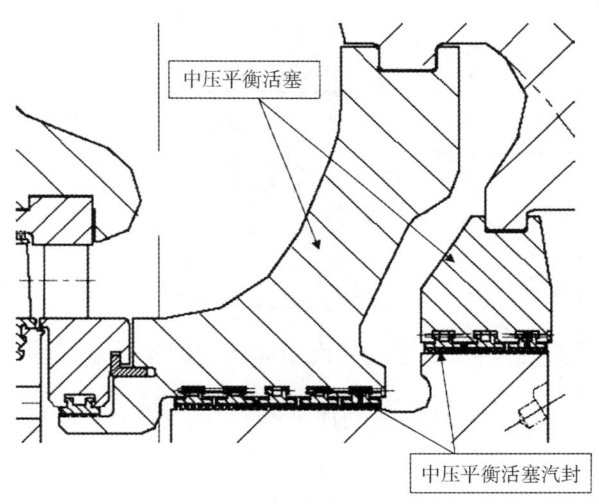

图 O.12　中压平衡活塞及汽封

O.4.1.2　低压汽封

低压静叶持环内径及隔板内径处装有退让式弹簧汽封，用于减少漏汽损失。

O.4.1.3　高、中、低压转子端部汽封

O.4.1.3.1　高、中压转子端部汽封（见图 O. 13 和图 O. 14）

转子汽封系由多级汽封片组成的曲径迷宫式汽封，它可减少漏汽。漏汽从“Y”腔室通过汽封体上半的两个接口通至汽封冷却器。冷却器在“Y”腔室中维持低真空，以防止蒸汽通过汽封泄漏到汽轮机机房。

密封汽通过汽封体上半两个接口被送到腔室“X”。利用汽封蒸汽控制器可自动保持该腔室在各种运行工况下的压力均为一定值。

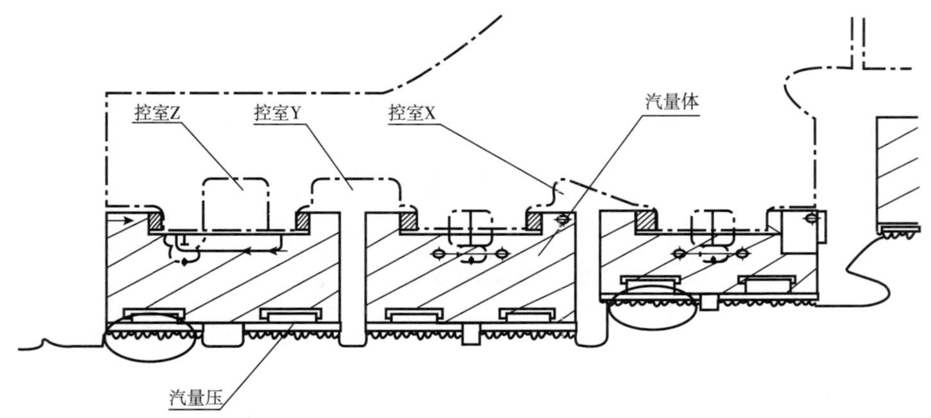

图 O.13　高压转子端部汽封

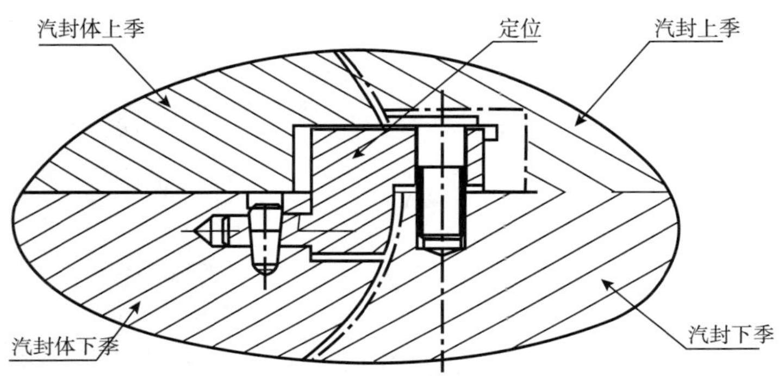

图 O.14　高压端部汽封体的装配定位示意图

两个汽封环为同一形式。汽封环制成 8 个弧段。每个环均带有 T 形根，可装入汽封体中相应槽内。这些汽封环用止动销来防止旋转。止动销装在两个上半汽封环弧段水平中分面处所铣出的槽内。每个弧段由螺钉固定的带状弹簧压紧。在螺钉头下有足够间隙，以允许弹簧移动。装配时冲铆汽封环，以锁住环上的螺钉。

各弧段每一接合面均有标记，以资鉴别，在迷宫汽封环弧段上均开有供压槽，以使汽封环能依靠外侧大于内侧的蒸汽作用力而径向就位。装汽封环时应使这些槽位于汽流进入汽封环的一侧。

汽封齿和转子上的台阶形汽封槽形成很小的高低交错排列的运行间隙，以防止汽流直线通过汽封缝隙。

在装配汽封体时利用 4 个键来定位。这些键装在汽封体上的键槽内并用定位销固定在汽轮机外缸上。这些键可允许汽封体径向膨胀，以保持汽封片和汽轮机转子的相对位置。

O.4.1.3.2　低压转子端部汽封

转子汽封系由多级汽封片组成的曲径迷宫式汽封，它可减少漏汽。漏汽从“Y”腔室通过汽封体上半的两个接口通至汽封冷却器。冷却器在“Y”腔室中维持低真空，以防止蒸汽通过汽封泄漏到汽轮机机房。

密封汽通过汽封体上半两个接口被送到腔室“X”。利用汽封蒸汽控制器可自动保持该腔室在各种运行工况下的压力均为一定值。

各个汽封环均为同一形式。每个环均带有可装入汽封体内相应槽中的 T 形根，这些汽封环用止动销来防止旋转。止动销装在两个上半汽封环弧段水平中分面处所铣出的槽内。每个汽封环均由用螺钉固定在弧段上的 4 支带状弹簧压紧。在螺钉头下有足够间隙，以允许弹簧移动。装配时利用冲铆来锁住固定螺钉。

在各弧段每一接合面均有标记，以资鉴别，在汽封环拆下后重新装配时，按这些弧段原先的相应位置装配。在每个汽封环的各弧段上均由供压槽，以使汽封环能依靠外侧大于内侧的蒸汽作用力而径向就位。汽封环装入时这些槽应位于汽流汽封环的一侧。外侧汽封环的弧段部需要供压槽。

汽封体装上汽缸后，通过上半汽封体法兰的螺栓节圆向汽缸上半部钻两只定位销孔，并装入定位销。在汽封拆除时，可利用螺母来拔掉这些定位销。

O.4.1.3.3　高、中压平衡活塞汽封和内汽封

调阀端和电机端内汽封体均制成两半，在水平中分面处用双头螺栓连结。汽封体支承在外缸水平中分面处，并由底部的定位销来导向。这种保证允许汽封体随温度变化而自由膨胀或收缩，并保持相对汽轮机轴线的正确位置。

为了减少高、中压转子与各自平衡活塞之间的漏汽，本机型在三个平衡活塞上还装有迷宫式汽封。其中高压平衡活塞安装在高压内缸上，中压的两个平衡活塞安装在中压外缸上。平衡活塞与汽缸之间的安装，既要保证其自由膨胀，又要保证其中心不变。平衡活塞用支承键支托于汽缸水平中分面上，上、下垫片保证了中心的上、下位置。平衡活塞的顶部或底部设有定位销，以确定中心的左、右位置；轴向定位借助于支承凸缘，所有定位配合均留有余量，待总装时加以修正。

每个汽封环均由 4 个用螺钉固定在弧段上的带状弹簧压住。螺钉头部留有足够的径向空间以允许移动。装配时冲铆每个螺钉以防松脱。

在每个汽封弧段上均开有压槽，以使汽封环依靠外侧大于内侧的蒸汽作用力而径向就位。装汽封环弧段时，应使这些槽位于气流进入汽封环的一侧。每环各弧段在各结合面应做好标记以便在拆下各环后，能将这些弧段按它们原先的相应位置重新装配。

汽封片和转子上的台阶形汽封槽，形成高低交错排列的很小的运行间隙，以防止汽流直线通过汽封缝隙。

O.4.2　工艺要求

O.4.2.1　待缸体吊开后，拆除高中压内侧轴封和各级平衡活塞汽封体的中分面销钉和螺栓。

O.4.2.2　吊出汽封体部件的上半部分，分别做好对应标记。

O.4.2.3　检查这些部件的结合面有无泄漏痕迹，上汽封有无磨损，并做记录。

O.4.2.4　待转子吊开后，检查下汽封的磨损情况，并检查汽封体径。

O.4.2.5　拆卸检查汽封块及各部件。

O.4.2.5.1　拆除汽封环紧定螺钉或销钉。

O.4.2.5.2　在汽封块端面垫铝板，用小锤敲击至活动以后，拉出汽封块，如锈蚀比较严重，可用5～10mm厚的钢板，锉成与汽封块的端面形状相似但尺寸较小的垫块，将其垫在汽封块端面上，然后用φ50mm的紫铜弯成弧形，顶住汽封块端面的垫块，用手锤轻击。

注：敲打汽封块时，着力点应在汽封块的根部，不可在齿上。

O.4.2.5.3　汽封块拆卸时必须校对记号，如记号不清应重新编号。编号方法为在汽封块侧面或端面打上表示环及位置的序号和字母：

为使各段汽封块有明显区别，每段汽封分别在序号前以特定字母，如高压前汽封为A，高压隔板汽封为B，高压后汽封为C，中压隔板汽封为D……等以示区别。

每圈汽封块编成一组，六段弧段应打上一组号，一般按蒸汽流动方向编号，如高压前轴封第一组用A1，中压第四组用D4……等，每组端面的接头要有记号，以防搞错。

O.4.2.5.4　各级汽封和弹簧片要分类放好，以免混淆。

O.4.2.5.5　用砂布、碎砂轮片、钢丝刷等工具清理汽封块、弹簧片、汽封槽和其他零件。

O.4.2.5.6　检查汽封块、汽封体、平衡活塞体应无裂纹、卷曲等现象，弹簧片的弹性良好，无裂纹，各装配处光滑无毛刺。

O.4.2.5.7　检查各部件水平中分面的螺栓和销钉。

O.4.2.5.8　修理刮尖所有的汽封块齿尖。

注：汽封块刮尖时，应保持原有的齿形，齿端要有一定厚度（0.30～0.40mm），不能刮成圆角。

O.4.2.6　合盖各级平衡活塞体及高中压内轴封体，检查水平中分面的严密性（在紧螺栓情况下，0.03mm塞尺不进），必要时进行修研。

O.4.2.7　测量调整注窝中心（参阅《喷嘴、持环和隔板的检修工艺》）。

O.4.2.8　测量调整汽封、轴封的径向和轴向间隙。轴封的间隙要求见表O.9～表O.12。

表O.9　高中压缸汽封间隙测量调整标准值

（端部汽封内侧各挡1、2、3都是从外到内排序）　　mm

<table>
<tr><th>序号</th><th colspan="4">测量指标</th><th>设计值</th></tr>
<tr><td>1</td><td rowspan="8">高压端部汽封</td><td rowspan="2">近大气挡</td><td rowspan="8">径向间隙</td><td>上下</td><td rowspan="2">0.65±0.05</td></tr>
<tr><td>2</td><td>左右</td></tr>
<tr><td>3</td><td rowspan="2">内侧各挡1</td><td>上下</td><td rowspan="6">0.45±0.05</td></tr>
<tr><td>4</td><td>左右</td></tr>
<tr><td>5</td><td rowspan="2">内侧各挡2</td><td>上下</td></tr>
<tr><td>6</td><td>左右</td></tr>
<tr><td>7</td><td rowspan="2">内侧各挡3</td><td>上下</td></tr>
<tr><td>8</td><td>左右</td></tr>
</table>

表 O.9 高中压缸汽封间隙测量调整标准值

（端部汽封内侧各挡 1、2、3 都是从外到内排序）（续） mm

<table>
<tr><th>序号</th><th colspan="4">测量指标</th><th>设计值</th></tr>
<tr><td>9</td><td rowspan="8">中压端部汽封</td><td rowspan="2">近大气挡</td><td rowspan="8">径向间隙</td><td>上下</td><td rowspan="2">0.65±0.05</td></tr>
<tr><td>10</td><td>左右</td></tr>
<tr><td>11</td><td rowspan="2">内侧各挡 1</td><td>上下</td><td rowspan="6">0.45±0.05</td></tr>
<tr><td>12</td><td>左右</td></tr>
<tr><td>13</td><td rowspan="2">内侧各挡 2</td><td>上下</td></tr>
<tr><td>14</td><td>左右</td></tr>
<tr><td>15</td><td rowspan="2">内侧各挡 3</td><td>上下</td></tr>
<tr><td>16</td><td>左右</td></tr>
</table>

表 O.10 高中压缸平衡活塞汽封间隙测量调整标准值

（高压进汽侧平衡活塞汽封内侧各挡 1 ～ 5 是从调到电排序） mm

<table>
<tr><th>序号</th><th colspan="4">测量指标</th><th>设计值</th></tr>
<tr><td>1</td><td rowspan="4">高压排汽侧平衡活塞汽封</td><td rowspan="2">调</td><td rowspan="4">径向间隙</td><td>上下</td><td rowspan="4">0.55～0.85</td></tr>
<tr><td>2</td><td>左右</td></tr>
<tr><td>3</td><td rowspan="2">电</td><td>上下</td></tr>
<tr><td>4</td><td>左右</td></tr>
<tr><td>5</td><td rowspan="10">高压进汽侧平衡活塞汽封</td><td rowspan="2">1</td><td rowspan="10">径向间隙</td><td>上下</td><td rowspan="10">0.55～0.85</td></tr>
<tr><td>6</td><td>左右</td></tr>
<tr><td>7</td><td rowspan="2">2</td><td>上下</td></tr>
<tr><td>8</td><td>左右</td></tr>
<tr><td>9</td><td rowspan="2">3</td><td>上下</td></tr>
<tr><td>10</td><td>左右</td></tr>
<tr><td>11</td><td rowspan="2">4</td><td>上下</td></tr>
<tr><td>12</td><td>左右</td></tr>
<tr><td>13</td><td rowspan="2">5</td><td>上下</td></tr>
<tr><td>14</td><td>左右</td></tr>
<tr><td>15</td><td rowspan="2">中压进汽侧平衡活塞汽封</td><td colspan="2" rowspan="2">径向间隙</td><td>上下</td><td rowspan="2">0.55～0.85</td></tr>
<tr><td>16</td><td>左右</td></tr>
</table>

表 O.11 低压缸汽封间隙测量调整标准值

（端部汽封内侧各挡 1、2、3 都是从外到内排序） mm

<table>
<tr><th>序号</th><th colspan="4">测量指标</th><th>设计值</th></tr>
<tr><td>1</td><td rowspan="8">低压调端端部汽封</td><td rowspan="2">近大气挡</td><td rowspan="8">径向间隙</td><td>上下</td><td rowspan="2">0.75±0.05</td></tr>
<tr><td>2</td><td>左右</td></tr>
<tr><td>3</td><td rowspan="2">内侧各挡 1</td><td>上下</td><td rowspan="6">0.50±0.05</td></tr>
<tr><td>4</td><td>左右</td></tr>
<tr><td>5</td><td rowspan="2">内侧各挡 2</td><td>上下</td></tr>
<tr><td>6</td><td>左右</td></tr>
<tr><td>7</td><td rowspan="2">内侧各挡 3</td><td>上下</td></tr>
<tr><td>8</td><td>左右</td></tr>
<tr><td>9</td><td rowspan="8">低压电端端部汽封</td><td rowspan="2">近大气挡</td><td rowspan="8">径向间隙</td><td>上下</td><td rowspan="2">0.75±0.05</td></tr>
<tr><td>10</td><td>左右</td></tr>
<tr><td>11</td><td rowspan="2">内侧各挡 1</td><td>上下</td><td rowspan="6">0.50±0.05</td></tr>
<tr><td>12</td><td>左右</td></tr>
<tr><td>13</td><td rowspan="2">内侧各挡 2</td><td>上下</td></tr>
<tr><td>14</td><td>左右</td></tr>
<tr><td>15</td><td rowspan="2">内侧各挡 3</td><td>上下</td></tr>
<tr><td>16</td><td>左右</td></tr>
</table>

表 O.12 高中压平衡活塞汽封和高压静叶持环汽封间隙测量调整标准值

（高压进汽侧平衡活塞汽封内侧各挡 1~5 是从调到电排序） mm

<table>
<tr><th>序号</th><th colspan="4">测量指标</th><th>设计值</th></tr>
<tr><td>1</td><td rowspan="10">高压进汽侧平衡活塞汽封</td><td rowspan="2">1</td><td rowspan="2">轴向间隙</td><td>迎汽侧</td><td>7.1±0.50</td></tr>
<tr><td>2</td><td>背汽侧</td><td>4.3±0.50</td></tr>
<tr><td>3</td><td rowspan="2">2</td><td rowspan="2">轴向间隙</td><td>迎汽侧</td><td>7.1±0.50</td></tr>
<tr><td>4</td><td>背汽侧</td><td>4.3±0.50</td></tr>
<tr><td>5</td><td rowspan="2">3</td><td rowspan="2">轴向间隙</td><td>迎汽侧</td><td>7.1±0.50</td></tr>
<tr><td>6</td><td>背汽侧</td><td>4.3±0.50</td></tr>
<tr><td>7</td><td rowspan="2">4</td><td rowspan="2">轴向间隙</td><td>迎汽侧</td><td>7.1±0.50</td></tr>
<tr><td>8</td><td>背汽侧</td><td>4.3±0.50</td></tr>
<tr><td>9</td><td rowspan="2">5</td><td rowspan="2">轴向间隙</td><td>迎汽侧</td><td>7.1±0.50</td></tr>
<tr><td>10</td><td>背汽侧</td><td>4.3±0.50</td></tr>
</table>

表 O.12 高中压平衡活塞汽封和高压静叶持环汽封间隙测量调整标准值

（高压进汽侧平衡活塞汽封内侧各挡 1 ～ 5 是从调到电排序）（续） mm

<table>
<tr><th>序号</th><th colspan="4">测量指标</th><th>设计值</th></tr>
<tr><td>11</td><td rowspan="2">中压进汽侧
平衡活塞汽封</td><td colspan="2" rowspan="2">轴向间隙</td><td>迎汽侧</td><td>9.58±0.50</td></tr>
<tr><td>12</td><td>背汽侧</td><td>5.78±0.50</td></tr>
<tr><td>13</td><td rowspan="5">高压静叶持环汽封</td><td>调节级</td><td>轴向
间隙</td><td>调</td><td>13.74±0.50</td></tr>
<tr><td>14</td><td rowspan="2">第一级
隔板</td><td rowspan="2">轴向
间隙</td><td>电</td><td>9.66±0.50</td></tr>
<tr><td>15</td><td>调</td><td>10.42±0.50</td></tr>
<tr><td>16</td><td rowspan="2">第二级
隔板</td><td rowspan="2">轴向
间隙</td><td>电</td><td>7.11±0.50</td></tr>
<tr><td>17</td><td>调</td><td>6.37±0.50</td></tr>
</table>

O.4.2.8.1 复装汽封，按序号依次装入，轴封的弧段用楔形块胀紧于相应汽封槽内。

O.4.2.8.2 汽封径向间隙的测量与调整。

在复装后，转子就位状况下，用塞尺测量中分面两侧的径向间隙，并做好记录。测量汽封的径向间隙，通常用压胶布的方法。按规程规定的间隙要求，在每块汽封两端近 15mm 处贴相应层的胶布（常用的医用胶布，做成 7～10mm 宽的条子，每层厚度一般按 0.25mm 计算）。胶布贴好后，吊入转子（涂少量红丹粉）、部套和缸体的上半部，部套中分面紧 1/2 螺栓，轴封的中分面螺栓全紧，并监测中分面间隙。盘车数周，拆卸中分面螺栓，起吊缸体、各部套的上半部和转子。根据转子与胶布的接触情况，分析汽封实际间隙，并作好记录。汽封的径向间隙可使用专用工具刮凸肩支承面缩小间隙，也可以轻铆背面的侧面，增大间隙。

O.4.2.8.3 汽封轴向间隙的测量与调整。首先按 *K* 值把转子定位。测量汽封轴向间隙一般用小塞尺直接测量，测量部位及间隙要求值。汽封轴向间隙的调整方法：高中压外侧轴封和低压轴封的调整可通过加减壳体与缸体连接处的垫片完成，高中压内侧轴封可通过刮拂和补焊配合面来完成。隔板汽封与持环汽封的轴向调整一般是通过持环体的整体移动完成的。方法是补焊和刮、车配合面。平衡活塞汽封也是通过补焊和刮、车汽封体的配合面完成的。

注 1：若某一组汽封环偏向一侧，一般应更换，并做一定的调正处理。

注 2：汽封环组装后，弹簧片及汽封块不许高出结合面，各弧段接头要经过研合，一圈汽封环的总膨胀间隙应为 0.60～0.80mm，汽封的退让间隙≥ 2mm。

注 3：汽封环与槽道的配合为动配合，若配合过紧，应进行处理（修锉），不许强行打入槽内。

注 4：用塞尺测量间隙，不可用力过大，以免因弹性变形造成测量误差。

注 5：贴胶布时，一定要贴得平整、均匀，不可有重叠或翘起现象，胶布的每组间应剪断，以免摩擦后相互影响。

注 6：转子上涂红丹粉时，要涂抹均匀，不可太多，以免造成假象。

注 7：测量间隙时，隔板和汽封体不能前后左右晃动，配合面接触良好。

注 8：测量间隙时，要考虑汽缸挠曲热态膨胀、油膜厚度等对间隙造成的影响（油膜厚度 0.12mm）

注 9：在进行最后一次调整时，必须把螺钉的顶部冲铆好，以防松动，复装时要在汽封块的槽内涂抹二硫化钼。

注 10：高中压缸有热跑偏现象，或上、下缸温差太大而挠曲时，应设法查明原因予以消除。缺陷消除前，调整汽封间隙时应考虑此因素的影响并予以修正。

O.4.2.9 复装

汽封槽、汽封块各配合面用黑铅粉擦抹。按记号组装各汽封环上半部上好锁钉。下半部复装时，用压缩空气吹净，仔细检查各汽封块，确无反装、错装后，在配合面涂抹二硫化钼，吊进下缸就位，吊入转子。检查上半部汽封，确认无误后，盖合部套，紧螺栓。

O.4.2.10 汽封装复后，盘动转子，验证汽封内有无动静摩擦声。

O.5 轴承检修

O.5.1 推力轴承

O.5.1.1 推力轴承概述

本机组推力轴承安置在前箱内，结构如图 O.15 所示。

推力轴承是自位式的，这种形式的推力轴承能自动地把载荷均布于各瓦块上。这些瓦块支承于均压块 2 和 6 上，并装入制成两半的支承环 4 内。通过均压块的摆动使各瓦块浇有巴氏合金表面的载荷中心都处于同一平面内。因此，每一瓦块均承受着同样的载荷。这种结构并不要求全部瓦块的厚度必须严格相同。在推力盘轴线与轴承座内孔轴线并不完全平行时，通过各均压块累积的位移，推力瓦块的负荷也能均匀分布。由推力轴承壳体 *A-A-A* 截面可知，瓦块 1 和均压块 2 及 6 系装在有水平中分面的支承环 4 内。支承环本身又装在推力轴承壳体内，并用防转键 12 防止在壳体中转动。该键装在推力轴承壳体上半的键槽内。推力轴承壳体制成两半，在水平中心线处分开并用螺栓和定位销连接在一起。此壳体又以伸入轴承座下部水平中分面槽内的定位块防止在轴承座内转动。

在推力轴承壳体外表面上车有凸肩配在轴承座下部和上盖的槽内，以此确定壳体轴向位置。轴承始终浸在压力油中。油直接从主轴承供油管道供给。当推力盘相对于瓦块旋转时，每一瓦块和推力盘间的油膜有形成厚边在瓦块进油侧的楔形的趋势。于是，油由推力盘的运动带入轴承各表面间并保证这些表面获得充分润滑。流过这轴承的油量取决于推力轴承壳体出油管道上的两只节流孔螺钉 14。

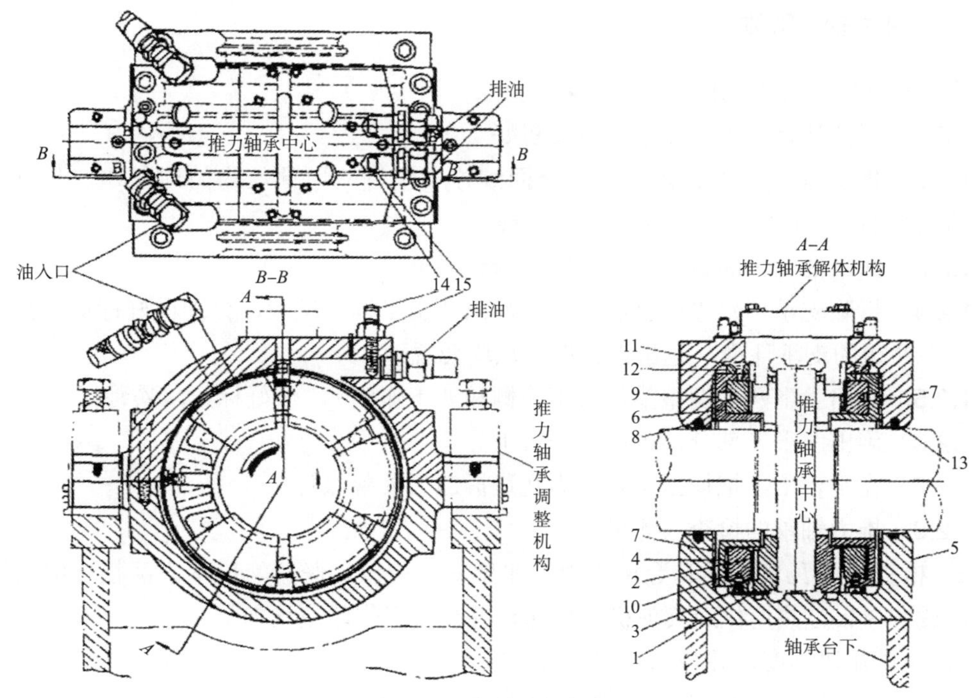

图 O.15　推力轴承结构

1—推力瓦块；2—均压块；3—调整块固定螺栓；4—支承环；5—外壳；6—调整块；7—外壳衬板；8—油封环；9—调整块销子；10—下部调整块；11—防转键固定螺栓；12—防转键；13—油封环；14—节流孔螺钉；15—螺母

推力轴承定位机构如图 O. 16 所示。

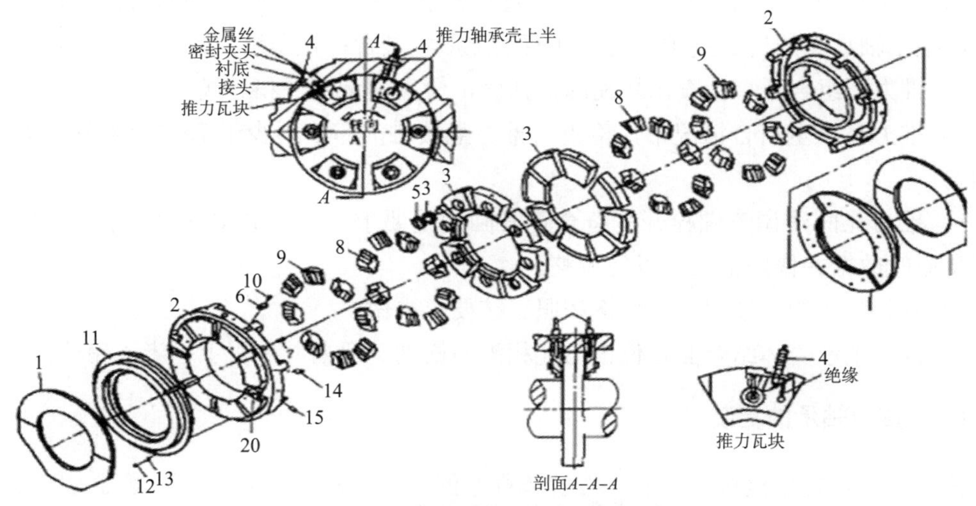

图 O.16　推力轴承拆卸与组装图

1—平面垫片；2—承力环；3—可倾瓦（推力瓦块）；4—热电偶；5—支托销；6—垫片；7—上水平连接螺钉；8—上调整块；9—下调整块；10—下水平连接螺钉；11—底环垫片；12—螺钉；13、15—垫圈；14—销；16—键

O.5.1.2 推力轴承解体

推力轴承解体可参阅图 O. 16。

O.5.1.2.1 拆卸油管，用白布把管接头封好。

O.5.1.2.2 拆除推力轴承壳体水平结合面螺栓和销钉，用顶丝均匀顶起 30～40mm，吊出壳体上半部，并拆除热工测量元件引出线。

O.5.1.2.3 测量油封环间隙，拆卸时做好标记妥善保管。

O.5.1.2.4 拆除支承环水平结合面螺栓，吊出两上半推力轴承，分别做好标记（瓦块松散地装在两边的支承环内，起吊该部件时瓦块会脱落）。

O.5.1.2.5 取出上下两半调整垫片（工作侧和非工作侧），做好标记，妥善保管。

O.5.1.2.6 旋出两下半部分，吊放到平台上。

O.5.1.2.7 在平台上，把均压块和推力瓦块拆卸后妥善保管。

O.5.1.2.8 推力轴承的检查与测量

a）检查推力瓦块表面乌金应光滑、平整，无裂纹、脱胎、脱落、磨损、电腐蚀痕迹和过载发白、过热熔化或其他机械损伤，各瓦块工作印痕均匀。

b）测量瓦块厚度，并与原始记录做比较。

c）检查均压垫块应光滑无毛刺。

d）检查支承环与壳体的接触面，定位键与键槽的配合面光滑，无毛刺，且符合装配要求。

e）推力瓦两侧挡油环组装正确，上下对正，螺丝紧好，乌金无脱胎、裂纹、剥落现象，组装后结合面用 0.03mm 塞尺检查无间隙。挡油环与轴径向间隙 0.04～0.12mm。

f）检查推力瓦块楔形油口间隙，用直尺搁在瓦块乌金表面，用塞尺测量楔形油口间隙，根据轴承上的乌金接触印痕，观察油隙形状是否符合图纸要求。

g）推力瓦组合后，检查每块瓦的摇摆度，检查测量元件和导线。

h）推力瓦在全组合情况下，检查与推力盘接触的印痕不少于 75%，各瓦块要求接触均匀。

i）推力瓦回油调节螺栓开度符合正常回油量要求（一般调好不要动），如需调整应测量原始数据并作好记录，以便调整。

j）安装瓦块的全过程，要严格按照工艺要求去做。

k）推力轴承壳体结合面定位销与孔相配不松动、弯曲，外壳上下半不错位。

O.5.1.3 推力轴承的复装

按要求进行各项检查完毕后，按解体程序的逆序复装，组装后，复测推力间隙，并检查组装是否正确。注意事项：重新装配时，靠近水平中分面的瓦块和自位均压块应用厚油脂黏住，以防止这些均压块脱落，如果固定均压块和瓦块失去灵活摆动能力，可能引起两块或更多瓦块超负荷的危险。

O.5.1.4 推力轴承定位机构的检修、推力间隙的测量及推力轴承轴向位置的调整

O.5.1.4.1 推力轴承定位机构的检修（见图 O. 17）

a）定位机构的拆卸：

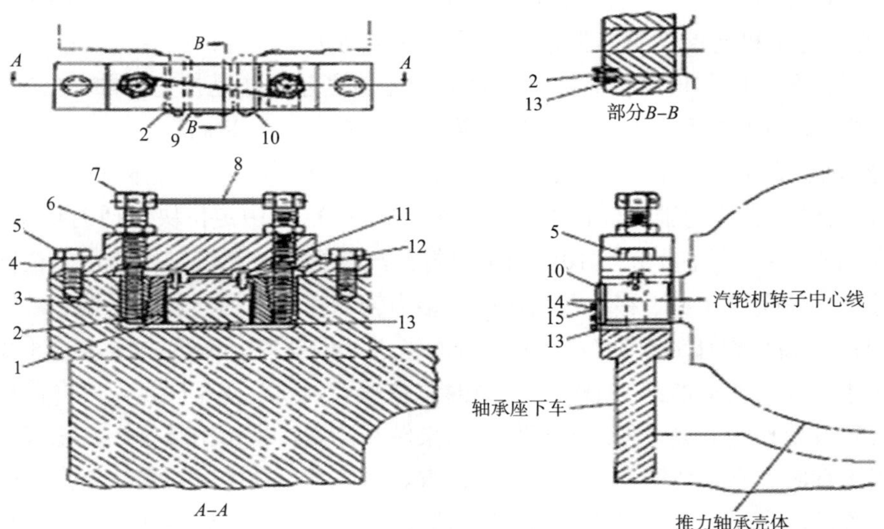

图 O.17 推力轴承定位机构示意图

1—固定楔块；2—垫片（垂直）；3—可调楔块；4—座架盖；5—座架盖固定螺钉；6—锁紧螺钉；7—调整螺钉；8—锁紧线；9—板；10—垫片；11—锲埠固定螺钉；12—锁紧垫圈；13—垫片（水平）；14—垫片固定螺钉；15—垫圈

（a）拆卸固定专用螺钉的钢丝。

（b）旋松专用螺钉上的锁紧螺母。

（c）拆卸壳体水平结合面的连接螺栓。

（d）把四支专用螺钉逆时针旋松数周。

（e）起吊定位机构上半部，各对应部做好标记。

（f）拆下活动楔铁，拆卸时与相应的调整螺钉做好标记。

（g）拆除四个紧定螺钉，取出固定楔铁和垫片，记录对应处记号，若不清楚或没有，则需重新标记并做记录。

b）部件的检查与处理：

（a）检查螺栓及螺帽干净，螺纹无乱扣、毛刺，配合良好无卡涩，螺栓无裂纹损伤、弯曲等异常现象。

（b）活动楔铁与固定楔铁，固定楔铁与垫片配合紧密，用 0.03mm 塞尺塞不进，接触面粗糙度要达到 R_a3.2。若配合面不符合要求则需重新研磨。

（c）壳体应无裂纹、变形等缺陷。

（d）将各部件擦拭，清理干净。

c）定位装置的复装：按拆卸工艺的逆序组装各部件，组装后要进行调试。

O.5.1.4.2 推力间隙的测量

a）推力轴承在组合状态，盖上推力轴承的内盖，打入内销，拧紧水平中分面螺栓。

b）组装推力轴承定位机构。

c）在推力轴承外壳上架一百分表，测量杆要与轴平行，以测量轴承的轴向位移。

d）另用一百分表，测量杆支在转子的某一端，面上与轴平行，以监视转子的位移。

e）通过定位机构的调整，把推力轴承来回推向极限位置读出百分表的最大、最小值，与转子百分表的差值与推力瓦外表百分表差值之差，便是推力间隙，（定位机构的调整参见推力轴承轴向位置的调整工艺）推力间隙 0.25～0.38mm。

f）推力轴承轴向位置的调整是通过推力轴承定位机构的调整完成的。

g）推力轴承壳体的轴向位置由定位块决定。图 O.17 中定位块包括调整螺钉 7、可调楔块 3、固定块 1、垫片 2 与 10。当需要得到汽轮机转子在汽缸内的正确位置时，可用调整螺钉 7 使楔块 3 上下移动，从而改变推力轴承壳体的轴向位置。调整螺钉 7 转一圈可改变推力轴承壳体的轴向位置 0.10mm。当进行调整时，应拆去锁紧线 8 并松开锁紧螺母，才能转动调整螺钉。轴承座两边的调整螺钉必须改变相同量。同样前楔块和后楔块也必须改变相同的量，但方向相反。如果轴端测微计指示出转子不在正确位置，即使在机组运行时，有必要的话，也要进行调整。在壳体一端的一对楔块给定子转子正确的轴向位置后，另一端的一对楔块也必须嵌紧，以防止壳体在轴承座内轴向移动。这种可调定位块的结构在安装检修时易于拆卸。可调楔块 3 应如下调整：调整推力轴承壳体的轴向位置，以使汽轮机转子处在转子间隙图所给出轴向间隙的正确位置。

注：确保推力盘和推力轴承瓦块间的间隙与如“转子间隙图”中所示在推力盘的同一侧。然后向下拧紧可调楔块 3 直到它紧贴壳体的支脚，以便在这个位置上固定住壳体，并消除壳体在轴承座内的端部间隙。

h）当调整各楔块时，应牢记下列几点：

（1）调整螺钉 7 转一周，可使推力轴承壳体移动 0.10mm，如果要求移动量大于 0.80mm 左右，必须更换垫片 2 和 10。

（2）顺时针方向旋转调整螺钉 7，可使楔块 3 向下移动。

（3）逆时针方向旋转右侧调整螺钉 7，即可允许推力轴承壳体向操作者右侧滑动。

（4）逆时针方向旋转左侧调整螺钉 7，即可允许推力轴承壳体向操作者左侧移动。

（5）在推力轴承座架的每一侧，均有一对调整螺钉 7 和固定楔块 1。因此当向发电机端看时站在位于推力轴承座架左侧的调整螺钉 7 前，欲使汽轮机向发电机端移动推力轴承壳体时，可逆时针旋转左手侧调整螺钉 7。到推力轴承座架右侧并逆时针旋转右手侧调整螺栓相同的量，这时将在楔块和壳体支脚间形成间隙。然后仍站在推力轴承座架的右侧，顺时针旋转左手侧调整螺钉，向下移动楔块即可使推力轴承壳体向操作者右侧的发电机端移动。接着再到推力轴承座架的左侧，顺时针方向旋转右手侧调整螺钉，使楔块向下移动，紧贴推力轴承壳体的支脚。在并紧这些调整螺钉时，要查明壳体确实紧密地固定在可调楔块 3 间，以消除壳体在轴承座内的端部间隙。

i）完成调整后，在调阀端轴承座端盖上的孔处，用轴端测微计来检查壳体的位移量。在进行调整时应向轴承供油并投入盘车装置。

O.5.2 支持轴承

O.5.2.1 支持轴承结构

本汽轮机转子采用两点支承方式，每根转子用两个径向轴承支承，共有 4 个径向支持轴承，发电机有 2 个径向轴承支承。

高、中压部分 1#、2#、3#、4# 和低压部分 5#、6# 轴承均采用四片可倾瓦块结构，该轴承之特点是：可避免油膜振荡，运转中具有良好的稳定性，可倾瓦的上瓦块出油侧外圆沉孔处装有减振弹簧将瓦块紧压于轴颈上，可防止运转中上瓦之振摆。

注：1#、2#、上瓦块尚有安装用工艺螺钉，当轴承上半盖合时应将其拆下保存。

高中压前轴承（1#）为可倾瓦轴承，其结构如图 O. 18 所示。

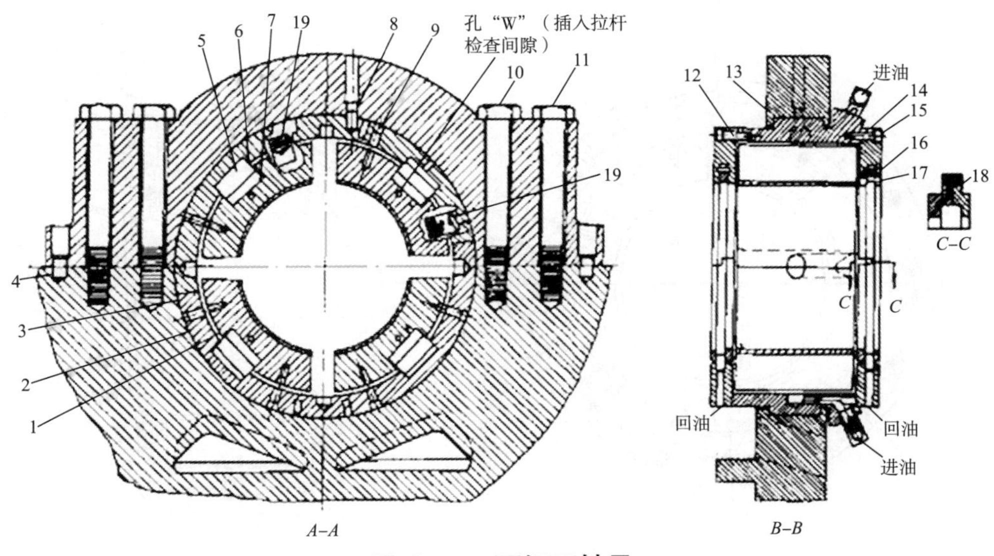

图 O.18 可倾瓦轴承

1—轴承瓦块；2—轴承体；3—轴承体定位销；4—定位销；5—外垫片；6—调整垫块；7—内垫片；8—轴承体定位销；9—螺塞；10，11—轴承盖螺栓；12—挡油板；13—轴承盖；14—挡油板；15—螺栓；16—挡油环限位销；17—油封环；18—挡油环销；19—弹簧

图 O. 18 所示的可倾瓦轴承是由孔径镗到一定公差的四块浇有巴氏合金钢制瓦块 1 组成的自位式轴承。各瓦块均支承在轴承体 2 内，并由自位垫块定位。自位垫块除决定各瓦块的位置外，尚可以嵌入瓦块中心的内垫片 7 作为自位垫块球形面的支点来调整瓦块与轴颈表面。调整垫块 6 的平面端则与磨成要求厚度的外垫片 5 和 24 紧贴，以维持适当的轴承间隙。轴承体 2 制成两半并在水平中分面用销 3 定位。它装在加工于轴承座下半和轴承盖 13 内孔上的槽内。这条槽确定轴承的轴向位置。销 8 则确定周向位置。瓦块 1、垫片 5 和 24、7 及自位垫块 6 均从 1 到 4 编号，并在轴承体 2 上也相应地打上编号，以便在检修后这批零件仍能装配在其原来的位置。轴承通过在轴承座下部的多管块由润滑油系统来的油润滑。油由挠性管引到轴承体。然后通过位于水平垂直中心线的

4 个开孔进入轴承瓦块。油沿着各瓦块间的轴颈表面分布并从两端排出。挡油环 17 和油板 14 防止从轴承两端大量漏油。挡油板做成两半并固定在轴承体上。油通过钻在挡油环上的一些油孔和挡油板上的通道返回轴承座。用限位销 16 防止挡油环转动。

上半瓦块带有防止这些瓦块的进油边与转子轴颈发生制动现象的弹簧。这两块瓦块的巴氏合金进口边也被修去。

高、中压后轴承（2#、4#）为自位式可倾瓦轴承，其结构如图 O. 19 所示。可倾瓦块轴承是由 4 块垫块来支承的自位式轴承。它由一个钢制轴承体和把孔径镗到一定公差的 4 块浇有巴氏合金的钢制瓦块组成，并具有可径向调整和润滑措施。轴承体制成两半，并在水平中分面用销定位。各瓦块都装在轴承体内，并以球面垫块来支承和定位，垫块球形表面与位于各瓦块中心的垫片接触。这样可允许轴承转动和与转子自动对中。

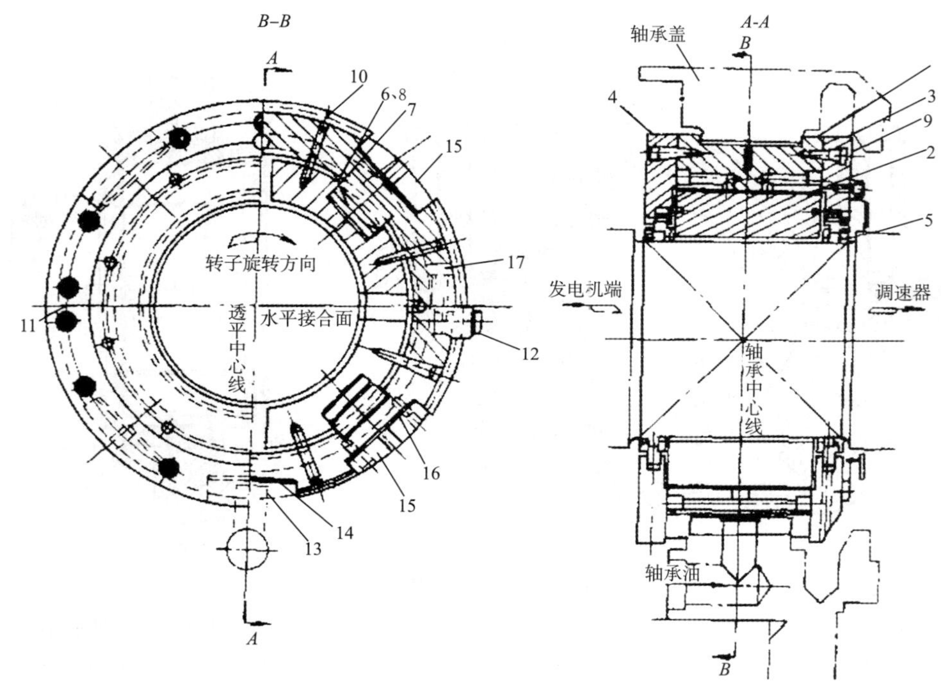

图 O.19　自位式可倾瓦轴承

1—轴承体（二半）；2—轴承瓦块（4 块弧段）；3—浮动油挡支持板；4—浮动油挡支持板；5—浮动油挡；6—内、外垫片；7—衬垫；8—内、外垫片；9—埋头螺栓；10—临时固定螺栓；11—平行销；12—防转销；13—轴承调整块；14—调整垫片；15—轴承调整块；16—调整垫片挡油板；17—六角螺栓

轴承体由 4 块钢垫块和轴承垫块（仅下部有）支承在轴承座球形孔上，垫块的外表面加工成与轴承座内孔相同的半径。在垫块和轴承体之间的垫片和衬垫可用来垂直地和水平地移动轴承，使转子准确地在汽缸中定位。配装在轴承体内的限位销伸到在略低于轴承座下半水平中分面的缺口内，以此防止轴承相对轴承座的转动。每一上半瓦块带有防止这些瓦块的进油边与转子轴颈发生制动现象的弹簧。这两块瓦块的巴氏合金进油边也被修去。轴承用油润滑油从润滑油系统通过轴承座下部的通道供给轴承。润滑油通过

垫块中心的孔进入轴承体的下半，然后轴向进入轴承体两端的环形通道。再从环形通穿过六个钻孔进入轴承瓦块，其中两个在垂直中心线的顶部，在水平中心线的两侧各有两个，润滑油也通过垂直中心线底部的单个钻孔供给轴承。润滑油沿轴颈分布并在两端流出。由挡油环来防止从轴承两端大量漏油。润滑油通过油封环下半和挡油板上的通道返回轴承座。限位销用来防止油封环的转动。挡板用来防止外挡油环功能受影响而从轴承座或沿转子轴漏出过量的油。轴承座内轴承的任何轴向转动都能引起瓦块和转子轴颈间的间隙减少，所以装有轴向定位装置来防止轴向移动。

低压缸调阀端 5# 轴承和低压缸电机端 6# 轴承均为进口可倾瓦，其结构与 1#、2# 轴承大同小异，比压和轴承受力高于 1#、2#。低压转子的可倾瓦也由四块可倾瓦块组成，但是它的结构与调整方法有所不同。轴承中只有球面支承在轴承座的洼窝内，支承垫块与轴承体之间有若干片垫片，用来调整轴承体的位置。

O.5.2.2 径向支持轴承的检修工艺

O.5.2.2.1 可倾瓦轴承的检修工艺（1#、2#、3#、4#、5#、6#）：

a）轴承的解体：

（a）拆除轴承盖水平结合面销钉及螺栓，吊走轴承盖。

（b）拆卸润滑油管，用白布把管接头包好。

（c）拆除球枕水平结合面销钉及螺栓，吊出上半部注意结合面是否有垫片（此道工序只对 1# 轴承）。

（d）拆除轴承体两侧挡油板与轴承体在竖直结合面的销钉及螺栓，取出两上半挡油板，分别做好标记。

（e）用塞尺测量浮动油挡间隙，并且作好记录，把浮动油挡拆卸取出，分别做好标记。

（f）用塞尺测量轴瓦的顶隙，并且作好记录。

（g）用专用抬轴工具抬起转子（0～0. 50mm），把轴承逆着转子旋向旋转 10°，使轴承的中分面与轴承室的水平结合面平齐（此道工序只对 1# 轴承）。

（h）放下转子，松开抬轴专用工具的拉起螺钉（此道工序只对 1# 轴承）。

（i）旋出上半轴承体上的螺塞，用工艺螺栓固定瓦块。

（j）拆除轴承体水平结合面销钉及螺栓，吊走轴承上半部，放到指定检修地点。

（k）用抬轴专用工具将转子抬起 0～0. 50mm（用百分表架在轴颈上监视）（大修中此工序者略）。

（l）旋出轴承体下半部，吊出时，要用工艺螺栓固定瓦块。

b）轴瓦的检查、处理：

（a）检查可倾瓦块时，注意记录瓦块、瓦块垫片及自锁垫块的编号，如记号不清晰，需重新编号。

（b）检查轴承合金表面工作痕迹所占位置和表面状况，用手揿压轴承合金边缘，检查轴承合金与衬瓦体结合面有无油或气泡挤出。

（c）轴承合金表面应光滑无脱胎、碎落裂纹、腐蚀、过热和异常磨损等现象。

（d）检查球体应无毛刺、硬伤，接触面积应在75％以上。

（e）轴瓦的四块垫铁螺丝，应无松动脱落，垫铁接触面积在75％以上。

（f）检查弹簧应无裂纹、污垢、弹簧的弹性良好。

（g）瓦块组装后，应可摇摆自如，无卡涩现象。

注：可倾瓦块的合金除非在特殊情况下，一般不予刮研。

c）常见缺陷的处理：

（a）轴瓦油隙过大及轴承合金（包括推力瓦块）有气孔、夹渣或小裂纹，可做局部补焊处理，脱胎严重的轴瓦不宜补焊，可以考虑更换新瓦。

（b）先将需补焊处彻底清理干净，清理去除油污，露出新的乌金面，并将四周铲成斜坡形，并且曲线圆滑，增加新轴承合金的咬合面积。

（c）用氯化锌焊水在被清理好的表面涂一层，然后加热挂锡（如没有露出瓦体部位不用挂锡）。

（d）将轴瓦浸在水中（堆焊处露出水面），然后由熟练的气焊工施焊，采用较小的焊嘴堆焊，用气焊火焰将需堆焊处的轴承乌金表面局部熔化以后，再用细条优质合金熔化，使其熔合，施焊时间不宜过长，熔化范围宜小，以免轴瓦温度过高发生脱胎，注意轴瓦体温度不要超过100℃，否则应停下以后降温。

（e）如在轴瓦两端边缘补焊，为施焊方便可用铁板垫以石棉垫挡住轴瓦两端。堆焊以后，用半圆锉及刮刀修平。

（f）如堆焊面积较大，需先用锉刀修平后再进行刮研，支持轴瓦一般可先车一个与转子轴径相同的假轴颈，用作研磨工具，以减少轴瓦吊装翻瓦工作，用假轴颈研刮基本合格后，必须将轴瓦正式组装，并且在轴颈上涂抹少量均匀的红丹，检查接触情况后再进行研刮或复查。

d）瓦的测量、调整：

（a）用压铅丝法测量轴瓦紧力，把适当长度的铅丝放到球面顶部或上垫铁顶部，铅丝的直径为1mm，在下轴瓦的水平结合面处，相对应放上铅丝，为使压力均匀起见，常在轴瓦结合面四角放入厚约0.50mm、长0.50mm、宽0.30mm的四块钢片，然后扣上盖，对称紧固中分面螺栓，松开后吊走上盖，测量铅丝厚度，根据铅丝的平均厚度差，可计算紧力的大小（使用铅丝不可太粗，其压缩量不超过1/2）。

（b）轴承顶部无垫铁轴瓦顶隙的标准如上，若间隙有误差，应找出原因后调整。

（c）轴瓦底部垫铁在没有放转子以前应有0.03～0.05mm的间隙，放入转子以后就不应有间隙（0.03mm的塞尺塞不入）。

（d）轴承两半装配时中分面必须密合，且0.03mm塞尺不入。

（e）检查修整内外油挡间隙：

用塞尺塞出外油挡的间隙，如外油挡的间隙大可捻打铜齿以延伸铜齿高度，缩小其间隙，如上下间隙过大也可以用修刮结合面处理，无法用捻打法缩小间隙或铜齿有断裂时，应重新嵌装铜齿。

浮动油挡主要靠机械加工来达到各部要求，如左右间隙符合要求，上下间隙过大时可刮结合面处理，左右间隙超标和浮动油挡内乌金脱落等则需要更换。

e）轴承的复装：按解体程序的逆序复装。

注1：装复时，当工艺螺栓拆除后，旋入螺塞、螺塞旋入后必须略低于轴承体或与之平齐。

注2：旋转轴承体时必须到底，使防转销紧靠轴承座洼窝。

O.5.2.2.2 圆筒瓦（7#、8#、9#）

a）轴承的解体：

（a）拆除发电机上端盖水平和垂直结合面螺栓、销钉，吊出发电机上端盖。

（b）拆除润滑油管的接头，用白布包好。

（c）轴瓦的止动销，要做好标记，放在固定位置。

（d）拆除轴承体水平结合面螺栓销钉，用专用工具吊起上半部。

（e）测量轴瓦的顶部间隙，用压铅丝的方法测量，将铅丝沿瓦轴颈上摆放，确认结合面无毛刺且清理干净，进行下一步工序。

（f）吊出轴承盖或轴瓦上半部时，注意水平面或顶部有无垫片，如有，要测量厚度，作好记录，妥善保管。

（g）用钢丝绳抬起转子0.50～0.70mm。

（h）旋出下瓦，吊出放到指定检修地点。

b）轴瓦的检查处理：

（a）检查轴承合金表面工作痕迹所占位置和表面状况，用 手揿压轴承合金边缘，检查轴承合金与衬瓦体结合面有无油或气泡挤出。

（b）轴承合金表面应光滑，无脱胎、裂纹、过热和异常磨损等现象。

（c）检查轴颈与下瓦接触均匀，接触角60°。

（d）检查球面座表面无毛刺、硬伤等。

（e）轴瓦的垫铁螺丝，应无松动脱落，垫铁接触面积在75%以上。

（f）轴瓦常见缺陷的处理（详见可倾瓦轴承的检修工艺）。

（g）轴瓦的修整修刮轴瓦与轴颈部分的刮研花纹，如已磨亮可用三角刮刀在轴瓦乌金表面做交叉的轻微修刮，检查顶轴油孔间隙，用直尺搁在乌金上，检查油口间隙应符合标准，并适量地修刮油囊。

c）轴瓦的测量调整：

（a）用塞尺在轴瓦中分面四角测量间隙，塞尺插入深度约为轴颈直径的1/10～1/12，并做记录。

（b）用压铅丝方法测量顶部间隙，将长50～70mm的铅丝横放在轴颈顶部，将上瓦扣上，紧结合面连接螺栓，用塞尺检查结合面间隙应不大于0.03mm，然后松开结合面螺栓，吊去上瓦，用千分尺测量铅丝厚度，根据铅丝的平均厚度差（两端厚度差不大于0.03mm），可计算轴瓦顶部间隙大小。

注：使用铅丝不可太粗，压缩率不超过50%，以减小测量误差。

（c）轴瓦紧力的测量方法和轴瓦顶部的测量方法基本一样，都是用铅丝方法，不过压的铅丝放的位置不同，垫片放在瓦枕和轴承结合面相对应的地方，其紧力大小为结合面垫片厚度减去顶部铅丝的最小厚度。

（d）轴瓦底部垫铁在没有放转子以前应有 0.03～0.05mm 的间隙，放入转子以后就不应有间隙（0.03mm 的塞尺塞不入）。

（e）轴瓦的顶隙若与标准有误差，可用结合面加垫片或铣刨结合面的方法解决。轴承上半部两半装配时，中分面 0.03mm 塞尺不入。

（f）检查修整内外油挡间隙（参见可倾瓦轴承的检修工艺）。

（g）轴承的复装按解体顺序的逆序复装。

O.5.2.3 绝缘性的测量、调整

O.5.2.3.1 检查发电机端盖及继电环绝缘，为防止在运行中产生的轴电流漏电而造成轴瓦乌金电腐蚀，在发电机轴瓦垫铁处和油管法兰间加装绝缘层（绝缘套管、垫圈）。

O.5.2.3.2 端盖式轴承的绝缘应符合以下要求：

a）发电机轴瓦球面座内外套中间的绝缘板应为整张的，厚度应均匀，表面应清洁无毛刺和卷边，其单层厚度和总厚度应符合厂家要求。

b）为便于测量绝缘数值而装设在两层绝缘板之间的金属垫片应平整，一般厚度为 0.20mm，并且必须使用整张的。

c）上下瓦套水平中分面处的绝缘垫板也应符合上述要求，左右两块的厚度应相同。

d）轴瓦球面座的外套和内套与绝缘板之间的接触应密实；外圆周的紧固螺钉应切实拧紧，当放上转子后各层结合面间用 0.03mm 塞尺检查应不入。在水平中分面处，绝缘板应与轴瓦球面座内外套平齐。

e）轴瓦球面座内外套之间的绝缘电阻值在正式组装完毕后，隔绝发电机等的各项绝缘部件应光洁、无翘曲及缺陷，厚度应均匀并有良好的绝缘性能，安装后一律用 1000V 绝缘电阻表测量，其绝缘电阻应符合要求，一般应≥ 0.5MΩ。

O.6 发电机油密封系统检修

O.6.1 概述

汽轮发电机冷却氢气在端盖与转轴接壤处靠油密封，设置了专门的双流环式密封瓦，其作用是通过轴径与密封瓦氢气侧与空气侧之间的油流阻止了氢气外逸。双流环式密封瓦的氢气侧与空气侧各有独立的油路。

O.6.2 检修工艺

O.6.2.1 密封瓦

O.6.2.1.1 密封瓦的解体

a）拆密封瓦供、回油管法兰螺栓，包括发电机前、后支持轴承的供、回油管法兰

螺栓，将螺栓用专用的铁盒保管好。

b）拆外部挡油环结合面、立面螺栓，此时应注意绝缘套管要全部取出来，同对应把螺栓、螺母、垫圈组合在一起放好，将立面螺栓与螺孔对应做好标记，组装时按这个标记组装，防止有的螺孔深，有的螺孔浅，组装时出现螺栓拧不到位或被顶住而引起漏氢现象。

c）拆支持轴瓦结合面螺栓，将上半轴瓦吊出，结合面螺栓要与其他螺栓放在一起，防止碰坏或丢失。吊轴瓦过程中要特别注意轴瓦水平吊起或下落，起吊过程中绝对不能碰伤轴瓦合金面。此处轴承在发电机上端盖的洼窝里面，因此需要做一个专用工具，专用工具的形状、结构可根据具体情况确定。

d）拆密封瓦上半壳体垂直结合面螺栓，拆发电机大盖水平和垂直结合面螺栓，吊走发电机大盖，做好标记。

e）拆密封瓦壳水平结合面螺栓，将密封瓦上半壳体用专用工具吊走，在吊上半壳体过程中，防止碰伤密封瓦乌金或密封瓦产生变形。

f）将密封瓦环用手盘动到自由状态，以活动自如为准，然后用塞尺测量密封瓦与下瓦壳之间轴向配合间隙。安装一块百分表，表杆在正上方垂直指向密封瓦外圆周并与其接触，利用外力将密封瓦抬至百分表指针不动为止，这时百分表读数的变化量即为密封瓦与轴径间的径向间隙，作好记录。

g）将密封瓦水平结合面的销子拆下来，做好记号。

h）取出密封瓦，用塑料布或白布包好放在专用盒内，绝不允许与硬物接触。

i）拆卸下半密封瓦壳立面螺栓，用专用翻瓦壳装置将下半瓦壳翻出并吊走。

O.6.2.1.2 密封瓦检修

a）检查密封瓦结合面应无磨损、压伤、凹坑、毛刺和变形；用着色、超声波探伤检查合金面，应无气孔、裂纹、脱胎现象。

b）将密封瓦、螺栓紧固件用煤油或清洗剂干净；将螺栓孔、立面结合面、轴承室清扫干净。

c）将密封瓦上下半组合在一起，要求两半瓦之间无错口。在组合过程中，检查定位销的松紧度，若定位销不能正确定位，则需要更换。

d）用内径千分尺测量密封瓦的内径，里、中、外环均应测量 9 个方向，并作好记录。

e）将测量出的 A、B、C、D、E、F、G、H、I 九个数进行比较，其差值为密封瓦内圆的椭圆度，要求不能超过 0.03mm。

f）测量与密封瓦对应的轴径尺寸，也是对应测量 9 点，其最大差值为轴径的最大椭圆度，轴径的最大椭圆度不允许超过 0.03mm，否则要进行加工。

g）将密封瓦内径尺寸的平均数减去轴径尺寸的平均数即为密封瓦径向密封间隙，与标准比较，超标则更换。

h）在密封瓦侧面圆周上取 12 个等分点，在等分点处，用外径千分尺分别测量密封瓦的厚度，然后在密封瓦壳的对应点处，用内径百分表分别测量相应的槽宽，将对应的槽宽与密封瓦的厚度值相减，求出所有差值的平均值即为密封瓦与瓦壳间的轴向配合间隙值，与标准比较，看是否合格，超标则需要更换。

i）修复或更换有缺陷的紧固件。

j）按样板分别制造前后两侧密封瓦壳与端盖间的绝缘耐油板，各螺栓孔、油孔不能漏检。

k）密封瓦壳清扫干净，与密封瓦配合面应光滑，无毛刺，各油孔应畅通，各油挡齿应无弯曲，齿尖厚度应小于 0.20mm，与密封瓦配合的轴半径应光滑，无毛刺。

O.6.2.1.3 密封瓦组装

a）用环氧缘清漆将绝缘耐油板粘到下端盖接合面处，再次检查各油孔是否畅通。

b）将密封瓦下半壳体翻回，用塞尺检查内油挡间隙，若间隙不合格，应松开立面接合面螺栓重新调整，直至合格为止，并作好记录，再按标准力矩紧固立面螺栓。

c）在轴上组合密封瓦，并用塞尺复查密封间隙是否合格。

d）吊装密封瓦上半壳体，紧固壳体水平接合面螺栓。紧固时要注意对称紧固，紧固力矩要均匀，紧完螺栓后检查接合面间隙，0.02mm 塞尺不能通过。

e）通过瓦壳侧面小孔拨动密封瓦，观察是否活动自如，若有卡涩现象，则应解体重新检查组装。

f）在上半瓦壳密封面涂环氧绝缘清漆，将绝缘耐油板粘好，与下半接口对好，回装发电机大盖，紧固水平、垂直接合面螺栓，然后紧固密封瓦上壳与发电机端盖间的立面螺栓。

g）连全部供、回油管法兰螺栓。

h）测密封瓦壳绝缘，不合格时应查明原因进行处理。

i）做浮动试验。

将三只百分表指针头旋去，配制 250～300mm 左右的接长杆，旋在百分表指针上。用三只磁性表座分别将三只百分表接长杆架在密封瓦的轴向平面的左、上、右三点，并对准各表读数均在 50 刻度位置。按顺序启动空侧油泵、氢侧油泵、浮动密封油泵，分别记录各表读数。再按逆顺序停三种油泵，分别记录所有读数。最后一台泵停后，三只百分表的读数应回复原位，误差不大于 0.02mm。分别计算三只百分表最大与最小读数差，该差值大于氢密封瓦的轴向间隙一半时，说明密封瓦活动自如，安装合格；否则，应查明原因与以消除。

j）回装外油挡。

O.6.2.2 挡油盖、挡油环的检修

O.6.2.2.1 清理检查挡油盖、挡油环有无磨损、变形及裂伤等异常。

O.6.2.2.2　安装内挡油盖，调整挡油盖与转轴间隙顶部为 0.30～0.40mm，侧面为 0.10～0.20mm，底部为 0.05～0.10mm。挡油盖合缝螺钉应紧固并锁牢。先把下半内挡油盖与下半端盖拧紧，注意绝缘垫上好，待上半端盖装好后，再由端盖上视察孔将上半内挡油盖与上端盖拧紧。

O.6.2.2.3　测量励侧内挡油盖对地（端盖）绝缘，应不低于 1MΩ。

O.6.2.2.4　安装调整挡油环，检查有无损伤变形，与轴间隙为 0.052～0.188mm；测量励侧挡油环对地绝缘，应不小于 1MΩ。

O.6.2.2.5　待主轴承等安装好后，安装外挡油装置，间隙调整与内挡油盖相同。

O.6.2.2.6　测量励侧外挡油盖对地绝缘，应不小于 1MΩ。

O.6.2.3　密封瓦的质量标准

O.6.2.3.1　密封瓦、密封座合缝面用 0.03mm 塞尺塞进深度不超过 5mm，接触面应大于 80%，并均匀分布。

O.6.2.3.2　轴径的椭圆度不允许超过 0.03mm。

O.6.2.3.3　密封瓦两侧面在标准平板上研平，使其用 0.02mm 塞尺塞不进，同时保持瓦两侧面与瓦轴心线垂直。

O.6.2.3.4　研刮密封瓦，使其与轴径双面间隙 0.15～0.25mm。

O.6.2.3.5　密封瓦和密封座两者之间的侧面间隙为 0.13～0.22mm，密封瓦在密封座里转动灵活。

O.6.2.3.6　密封座与转轴之间的间隙为 4mm。

O.6.2.3.7　励侧密封座对地绝缘应不低于 1MΩ。

O.6.2.3.8　挡油盖与转轴间隙为，顶部为 0.30～0.40mm，c 侧面为 0.10～0.20mm，底部为 0.05～0.10mm。

O.6.2.3.9　挡油环与轴间隙为 0.052～0.188mm。

O.7　滑销系统检修

O.7.1　结构概述

机组滑销系统结构如图 O.20 所示。

轴承座台板与基础间用地脚螺钉固定。该轴承座与台板间设有两只纵向导键，引导该轴承座在台板上沿汽轮机纵向中心线膨胀滑移，该轴承座侧部有两块压板及各两只螺钉把轴承座压住，以防轴承座滑移时向上跳动。高中压外缸的下缸是由四个猫爪支承在前轴承座和低压缸（调阀端）的轴承箱垫块上，该猫爪为悬挂式结构，支承面与汽缸中分面加工成同一平面，从而避免因猫爪热胀引起的汽缸走中。

高中压外缸调阀端、电机端均设有“H”形定心梁，通过它与前轴承座和低压外缸（调阀端）轴承连接，在汽缸胀缩时起推拉作用，同时又保证了汽缸与轴系的中心不变。

汽轮机静子死点处于低压缸进汽中心，即低压缸之纵向和横向定位锚固板中心线交点，低压缸由连接地脚所支承，这地脚与外缸下部制成一体并在下缸周围。地脚支承在预埋于基础中的底板上。它的位置由底脚与座板之间的四个键来保持。键安放的位置如下：两个键，每端各一，沿纵向中心线轴向放置，使汽缸在横向定位而允许轴向自由膨胀；其余两个键，每侧各一，靠近横向中心线轴向放置，使汽缸在轴向定位而允许横向自由膨胀。因此，以靠近排汽口中心的一点为中心，汽缸可在基础座板上向任何方向自由膨胀。内缸、静叶持环及平衡活塞汽封定位结构，侧部均设有支承键，该键固定于下半中分面处，利用下垫片调整通流部分各部件上、下中心。上述诸件的左右中心通过底部，顶部之偏心由定位销来调整。

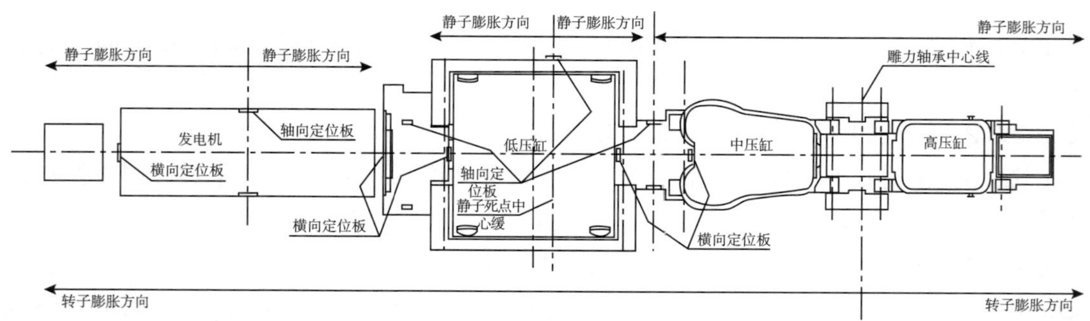

图 O.20　汽轮机滑销系统示意图

O.7.2　工艺要求

O.7.2.1　测量及检查内容：测量 2# 轴承箱、3# 轴承箱、4# 轴承箱，低压缸纵向与横向 L 形定位键间隙，要求装配间隙 0.05～0.08 ㎜。测量猫爪联系螺栓平面间隙，厂家要求 0.13～0.25 ㎜，猫爪联系螺栓圆周膨胀间隙，厂家要求单边间隙电端≥ 9.5㎜，调端≥ 9㎜。

O.7.2.2　测量方法：用塞尺、量块、游标卡尺测量。

O.7.2.3　测量结果：2# 轴承箱、3# 轴承箱、4 # 轴承箱，低压缸纵向与横向 L 形定位键间隙测量值都在要求范围之内；猫爪垫块承力面及滑动面接触良好，接触面积 80%，0.05 塞尺不入。间隙标准见表 O.13。

表 O.13　间隙标准

mm

序号	名称	位置	要求
1	猫爪联系螺栓平面间隙	左前	0.13～0.25（厂标）
2		左后	
3		右前	
4		右后	

表 O.13 间隙标准（续）

mm

序号	名称	位置	要求
5	猫爪螺孔与螺栓四周间隙	左前	≥ 9.0（厂标）
6		左后	≥ 9.5（厂标）
7		右前	≥ 9.0（厂标）
8		右后	≥ 9.5（厂标）

O.7.2.4 前箱滑销间隙记录：见表 O.14。

表 O.14 前箱滑销间隙记录

mm

	测量位置		安装结果
调端测量	上键宽为	槽宽为	间隙 0.08（厂标间隙 0.04～0.08
	49.98	50.06	
	下键宽为	槽宽为	过盈 0（厂标过盈 0～0.02）
	49.98	49.98	
	键和轴承箱顶部间隙为 2.1（厂标键与轴承座顶部间隙为 1.5～2.5）		
电端测量	测量位置		安装结果
	上键宽为	槽宽为	间隙 0.08（厂标间隙 0.04～0.08）
	49.98	50.06	
	下键宽为	槽宽为	过盈 0（厂标过盈 0～0.02）
	49.98	49.98	
	键和轴承箱顶部间隙为 2.0（厂标键与轴承座顶部间隙为 1.50～2.50）		

O.7.2.5 工艺：用粉状黑铅粉擦拭后装复，再测量间隙。如间隙不合格可在其承力面处加减垫片调整。

O.7.2.6 前轴承座与座架纵向键之间隙，底平面与台板结合面的检查。如起吊前轴承座则可进行下列工序：清理检查各配合面，要求光滑，无毛刺、无腐蚀、无裂纹；检查测量键的配合间隙，若有偏差则需重新调整；键与轴承座槽底间隙检查；检查轴承座底面与台板的接触状况，要求接触均匀，接触面积＞ 75%，接合面间隙≤0.05mm，若不符合要求，则需重新研磨直到达到标准。

O.7.2.7 清理检查高中压外缸猫爪。高中压外缸猫爪支承安装要求：猫爪支承键与猫爪下平面接触均匀，面积＞75%。若支承键与键槽左右间隙不符合标准则起吊下缸，进行以下工序：拆卸拉紧螺母及螺栓，取出支承键；清理打磨螺纹和各配合面；检查螺纹配合应光滑，无毛刺、无裂纹；检查支承键与上下配合面应接触均匀，面积＞ 75% ；用塞尺测量支承键与键槽间隙应符合标准。

O.7.2.8 “H”形中心梁的清理检查，检查连接螺栓及销钉配合良好，无裂纹。清理检查 H 形中心梁无裂纹、弯曲等现象。

O.7.2.9 低压缸内缸与低压外缸底部中心销结构间隙检查。

O.7.2.10 低压外缸横销、纵销的清理检查：低压缸纵销检查，将纵销及键槽清理干净，用塞尺测量滑动面总间隙，对间隙超标的纵销，要重新配制销来调整间隙；低压缸横销检查，将横销及键槽清理干净，用塞尺测量滑动面总间隙，对间隙超标的横销，要重新配制销来调整间隙，低压缸横销结构与低压缸纵结构类似。

O.8 盘车装置

O.8.1 结构概述

汽轮机还设有回转设备（亦称为盘车装置），它设有控制电路，可将设备切换到自动或手动位置。回转设备之手动操作是通过操纵杆来达到小齿轮与盘车大齿轮之啮合或脱开，启动回转设备马达后，通过一系列减速机构，使转子以约 2.51r/min 的速度进行盘车，当转子升速超过盘车转速时，小齿轮将自动脱开，若控制开关处于“自动”位置，当转速降到 600r/min 以下时，自动程序电路将起作用，当转子停转时，零转速指示器使压力开关闭合，通入压缩空气推动操纵杆使小齿轮与盘车大齿轮啮合，气动缸继续动作，启动马达使转子盘动，如图 O.21 所示。

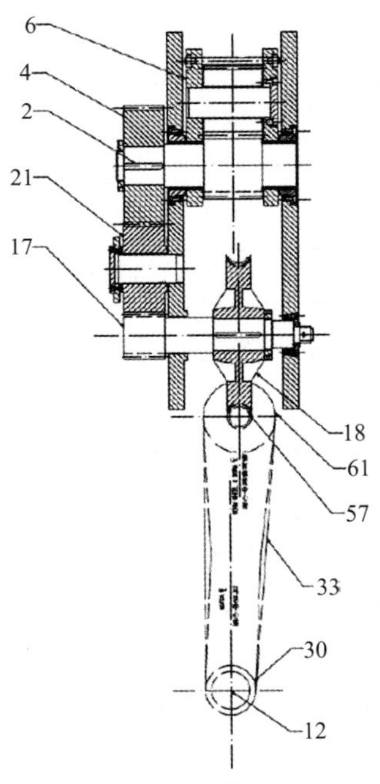

图 O.21 传动齿轮轮系展开图

2—主齿轮轴；4—减速齿轮；6—啮合齿轮；12—主动轮；17—第一级齿轮；18—涡轮；21—惰轮；30—主动链条；33—传动链条；57—蜗杆；61—从动链轮

汽轮机启动冲转前和停机后，使转子以一定的转速连续地转动，以保证转子均匀受热和冷却的装置称为盘车装置。

汽轮机启动时，为了迅速提高真空，常需在冲动转子以前向轴封供汽。这些蒸汽进入汽缸后大部分滞留在汽缸上部，造成汽缸与转子上下受热不均匀，如果转子静止不动，便会因自身上下温差而产生向上弯曲变形。弯曲后转子重心与旋转中心不相重合，机组冲转后势必产生很大的离心力，引起振动，甚至引起动静部分的摩擦。因此，在汽轮机冲转前要用盘车装置带动转子作低速转动，使转子受热均匀，以利机组顺利启动。

启动前盘动转子，可以用来检查汽轮机是否具备运行条件，如动静部分是否存在摩擦、主轴弯曲度是否正常等。

汽轮机停机后，汽缸和转子等部件由热态逐渐冷却，其下部冷却快，上部冷却慢，转子因上下温差而产生弯曲，弯曲程度随着停机后的时间而增加，对于大型汽轮机，这种热弯曲可以达到很大的数值，并且需要经过几十个小时才能逐渐消失，在热弯曲减小到规定数值以前，是不允许重新启动汽轮机的。因此，停机后，应投入盘车装置，盘车可搅合汽缸内的汽流，以利于消除汽缸内上半、下半温差，防止转子变形，有助于消除温度较高的轴颈对轴瓦的损伤。

对盘车装置的要求是：它既能盘动转子，又能在汽轮机转子转速高于盘车转速时自动脱开，并使盘车装置停止转动。

汽轮机配备的盘车属于自动啮合型盘车装置，是一套低速盘车装置，其结构如图O.21所示。盘车应在汽轮机启动冲转前和停机后应作短时间运行。对任意一台特定的机组来说，其最佳盘车程序仅能通过实际运行经验和靠近各轴封处的精确的指示器所显示的转子挠度来确定。装在轴承座上的回转设备马达通过各大小齿轮与小齿轮啮合，从而使它能以2.51r/min的速度来盘动转子。回转设备的主要零件是马达，用来减速的大小齿轮传动系统以及使小齿轮与盘车大齿轮相啮合和退出所必需的连杆机构和操纵杆。

马达轴带动主动链轮旋转，通过”HY-VD”链条、从动链轮、蜗杆、蜗轮、蜗轮轴小齿轮以及惰轮来转动减速齿轮，减速齿轮则用键与主齿轮轴相连接，主齿轮轴跟减速小齿轮相啮合，而减速小齿轮又与盘车大齿轮啮合。小齿轮轴和齿轮的衬套均为含聚氟乙烯的多孔性青铜，它不需要润滑。蜗杆衬套和蜗杆上的推力面用油管通过主机油系统供压力油来润滑。蜗杆和蜗轮始终在如“侧视图”（调阀端）中所示油槽的油位下啮合。

小齿轮可在齿轮轴上转动，齿轮轴装在两块杠杆板上，而杠杆板又以齿轮轴为支轴转动。这些杠杆板的内端用适当的连杆机构与操纵杆相连接。因此，将操纵杆移到“投入”（IN）位置时，小齿轮即与盘车大齿轮啮合。将杆移到“退出”（OUT）位置时，小齿轮即退出啮合。由于旋转的方向以及小齿轮相对杠杆板转动点位置的缘故，只要小齿轮在盘车大齿轮上施加转动力矩，其转矩总会使它保持啮合状态。两只挡块限止了小齿轮向盘车大齿轮的位移。这样就限止了轮齿能啮入的深度。当汽轮机转子的转速增加到足以驱动回转设备时，大齿轮轮齿所施加的转矩能使盘车机构脱开。

O.8.2 工艺要求

O.8.2.1 停止盘车运行，断电后通知电气拆除电动机接线。
O.8.2.2 啮合齿轮脱开后，拆除底板螺栓，起吊整套盘车装置，放在指定检修场地。
O.8.2.3 拆除盘车装置各润滑油管路，用白布把各油口包好或堵好。
O.8.2.4 拆除链条小齿轮轴承及油挡，解开链条。
O.8.2.5 拆卸蜗轮、蜗杆、减速齿轮及啮合齿轮。
O.8.2.6 检查滚动轴承与轴配合有无松动，各轴承及各轴套是否磨损，间隙超标或破损时要更换，如完好，可用煤油清洗，轴套与轴间隙 0.10～0.20mm，轴承径向游隙 ≤ 0.06mm。
O.8.2.7 检查各齿轮及蜗轮蜗杆，要求各接触面接触均匀，无腐蚀裂纹、砂眼、毛刺等缺陷。
O.8.2.8 组装后在齿轮上涂上红丹粉，检查齿轮啮合情况，并做必要的调整。
O.8.2.9 用塞尺测量顶杆与摆动轮外壳端面接触，要求紧密配合，0.03mm 塞尺不入。
O.8.2.10 用百分表测量摆动轮实际中心与自然中心偏差≤ 2mm，
O.8.2.11 测量各滚珠轴承自由间隙≤ 0.02mm，轴向窜动量≤ 0.10mm，否则可通过加减垫片调整。
O.8.2.12 测量齿轮啮合间隙，侧面在 0.30～0.50mm，顶部在 2～3mm。
O.8.2.13 检查各管路应畅通无油垢，接头无开裂、渗油等异常情况。
O.8.2.14 各部件清扫干净，保持完整。
O.8.2.15 整体复装完毕后，进行整体吊装，密封面应涂密封胶，油口密封圈应安放好。
O.8.2.16 如更换电机应试正反转，试转应在未连链条情况下进行，方向是从电机尾部看为逆时针方向。

O.9 发电机氢冷供气系统检修

O.9.1 概述

发电机氢冷供气系统是为发电机提供足够的合格氢气，供给冷却用，还要具备系统的严密性，防止泄漏 .

O.9.2 氢系统各阀门的检修

O.9.2.1 各阀门大修中应拆下清理检查，仔细研磨修理，对磨损大、不能修复的，应予以更换。
O.9.2.2 检查各阀门应开关灵活，阀杆无外斜、卡涩。
O.9.2.3 检查阀盖与阀体丝扣等均无异常、脱落及泄漏。
O.9.2.4 阀门应有良好的严密性，不串气、漏气。修后应进行严密性气压试验，把阀门浸入水中，进气端通入 2～2.5 倍额定压力的气体，保持 0.5h，无气泡冒出为合格。

O.9.2.5 对衬胶隔膜阀门，要注意检查隔膜胶垫有无压裂损坏、老化龟裂和失去弹性等；模压的金属螺钉是否损坏脱落等；修整阀口弧线，不要刮除衬胶层而露出金属阀体，否则要更新；衬胶阀口和隔膜阀应有良好的吻合弧线，弧线宽度应大于 8mm，可使用压印法检查吻合弧线宽度。

O.9.2.6 各阀门名称、编号和标志等应齐全、醒目。

O.9.3 氢系统各管道的检修（包括置换二氧化碳用管道）

O.9.3.1 氢气管道均应采用无缝钢管制成，为了避免锈蚀，最好采用不锈钢管。

O.9.3.2 检查、清理各管道，做到清洁无油污、铁锈，畅通无阻，可用压缩空气吹扫。

O.9.3.3 检查管道各法兰的连接，每次大修均应更换法兰密封橡胶垫，橡胶垫应采用质量优良的耐油橡胶板制造，连接严密不漏气。

O.9.3.4 管道各压力表计检查，校验、接头无渗漏。

O.9.3.5 管道检修后气密试验，压力 0.5MPa，经过 0.5h 左右无泄漏。

O.9.3.6 注意在管道解开法兰连接及阀门后，要用铁板堵住或用塑料布包住管口，以免进入异物。

O.9.3.7 管道着色、标志等应齐全、醒目。

O.9.4 氢气干燥器

该设备的大修着重于各部件的外观检查清扫，检查制冷系统有无泄漏，有无电气检查调试控制回路。

O.9.5 弹簧安全阀

弹簧安全阀是防止氢气系统超压运行的保安装置，它的排氢应引到厂房外，或把安全阀装在厂房外。安全阀应定期拆卸检修，清理灰尘及油污，检查有无损伤，压力弹簧有无锈蚀断裂及弹性是否正常，动作应正确灵活、无卡涩、漏气、串气，和氢气管道一起做气密试验合格；动作压力整定在 1.1～1.5 倍额定氢压（入启动值 0.35MPa，返回值 0.33MPa），动作压力试验合格。

O.10 发电机外部冷却水系统检修

O.10.1 概述

发电机的外部冷却水系统为定冷水系统，它包括定冷水箱（回水箱）、定冷却器、定冷却泵、管道及阀门等。

O.10.2 检修工艺

O.10.2.1 定冷水箱的检修工艺

O.10.2.1.1 机组大修时，等发电机定子水路反冲洗结束及电气预试后，排净定冷水箱中的水。

O.10.2.1.2 清理干净箱内污垢及杂物，检查定冷水箱有无渗漏水。

O.10.2.1.3 检查水位计自动给水设置是否灵敏可靠，如对补水电磁阀及回路检查，应动作良好，操作无误，绝缘电阻大于0.5MΩ。

O.10.2.1.4 检查、清理排污阀门及溢流管，应无堵塞、无损坏，阀门开关灵活，关闭后不渗漏水。

O.10.2.1.5 定冷水箱应由不锈钢材料制造，对于普通钢材制品因易生锈，影响水质，应更换为不锈钢制品。

O.10.2.1.6 对定冷水箱内腔用合格的化学除盐水反复冲洗干净，然后，再加满除盐水或汽轮机凝结水，要求该冷却水的电导率不大于0.5～1Ms/cm，硬度小于2mg/L，pH值为7～8。定冷水箱上的氢气流量表应定期校验。

O.10.2.2 定冷却器的检修工艺

本冷却器为管式冷却器，管式冷却器大修时主要是打开水室进行检查及清洗，清洗可用专用毛刷，逐孔捅洗冷却器水管内壁；对于胀口泄漏，可以使用胀管器重新胀紧，如果属于管体断裂或腐蚀漏水，可以采取两头加铜元堵封死漏管，检修后的冷却器应做水压试验，试验压力按冷却器工作压力的1.2～1.5倍，经历0.5h左右而无渗漏水。

O.10.2.3 管道和阀门及其他

O.10.2.3.1 阀门：各阀门应为不锈钢材质制成，以免生锈影响水质；每次大修，应拆开各阀门检修清理，仔细研磨修理，对磨损大、不能修复的，应予以更新；阀门开关应灵活，无卡涩现象；阀盖与阀体丝扣及阀杆丝均应无异常、脱落和泄漏现象；阀门应严密，不串水，修后应进行严密性加压试验，把阀门进水端接到打压工具上，浸入水中，通入2.0～2.5倍的额定压力的气体，经历0.5h，无气泡冒出为严密。

O.10.2.3.2 管道：各管道也应采用不锈钢管制成，以防锈蚀，影响水质，对焊接也应采用不锈钢焊条；检查清理各管道，应无堵塞、无沉积物，对不合格者应予以更换；另外注意，在管道解开法兰及阀门后，应用铁板堵或用塑料布包住管口，以免进入灰尘及杂物。

O.10.2.3.3 系统管道压力表计检查校验，接头无渗漏。

O.10.2.3.4 系统各管道、阀门的名称、编号、标志、着色应齐全、醒目。

O.11 引进型 330MW 机组缸中分面螺栓热紧工作的说明

O.11.1 关于中分面螺栓材料问题，制造厂家如下规定：

O.11.1.1 新制造的机组及电厂要求重新订购同一部套的全套备件螺栓一律采用 20Cr1Mo1VNbTiB 代替 GH4145/SQ 和 WR26。

O.11.1.2 电厂备件螺栓，只要材料检验合格加工制造完全符合设计要求，经过严格检验的均可以在电厂使用。

O.11.1.3 注意在同一部套中的水平中分面螺栓不能同时使用两种材料，即同一部套中的螺栓材料不要混用。

O.11.1.4 在使用中注意两种材料的预紧力及热紧转角不同。

O.11.2 中分面螺栓热紧以伸长量考核，允差 ±10%，如施工时采用转角法，则在螺栓就位后，需用螺栓伸长测量装置测量，考核其实际伸长量是否达到要求，如超差需要再次加热，调整转角进行修正。

O.11.3 中分面螺栓在热紧前，需按要求先进行冷紧，以冷紧后的位置作为计算转角的起始位置，冷紧应采用力矩扳手。不得用锤击法。

关于冷紧力矩，规定每英寸螺栓直径用 200lb·ft 力矩进行冷紧，转化为公制是每直径厘米施加 106.76N·m 力矩。对这一规定的冷紧力矩，STC 做过厂内实机试验，实测出螺栓冷紧伸长量为 0.02～0.04mm，显然，以这样力矩冷紧后的螺帽位置作为热紧转角起始点，是十分合理的（已消除所有间隙，并刚开始变形）。目前，在图纸上已严格按此规范规定了各螺栓的冷紧力矩，具体数值见表 O.15 和表 O.16。

表 O.15 高压外缸中分面主要螺栓一览表

功能	中分面螺栓型式	螺栓	数量	伸长量 /mm
连接	通孔式	M80×4×1068	32	1.36
定位	通孔式	M80×4×1068	2	1.36
定位	埋入式	M80×4×718	2	0.85
连接	埋入式	M80×4×718	2	0.85
定位	埋入式	M90×4×755	2	0.874
连接	埋入式	M90×4×755	16	0.874
连接	埋入式	M64×4×670	4	0.81

表 O.16 高压内缸中分面主要螺栓一览表

功能	中分面螺栓型式	螺栓	数量	伸长量 /mm
连接	通孔式	M100×4	2	0.65
连接	通孔式	M125×4	18	0.69
连接	通孔式	M140×4	2	0.70

O.12 汽轮机调节系统检修规程

O.12.1 CCJK330-16.67/1.2/.05/538/538 汽轮机调节保安系统检修通则

2×330MW 采用上海新华控制工程公司生产的数字电液调节系统（DEH）来控制进入汽轮机调节阀门的蒸汽流量，同时可实现事故状态下保护机组的功能。该系统采用高压抗燃油作为工作介质，具有工作压力高、设备尺寸小、灵敏度高、可靠性强等特点。

高压抗燃油是一种化学合成油，化学名称为三芳基磷酸酯，EH 液压系统采用美国 STAUFFER 化学公司生产的牌号为 FYRQUEL 高压抗燃沚，抗燃油使用时应注意以下要求。

O.12.1.1 新抗燃油的验收

O.12.1.1.1 对新油的验收，应按照有关标准方法进行，以保证数据的真实性和可靠性。对进口抗燃油，按合同规定的新油标准验收。

O.12.1.1.2 新油注入设备后试验程序如下：

a）新油注入设备后应循环冲洗过滤，以除去系统内残留的固体杂质污染物，在冲洗过程中取样测量颗粒污染度，直至测定结果达到制造厂要求的清洁度后，才能停止冲洗过滤，取样进行全面分析，结果应符合新油质量标准。

b）系统冲洗完毕，机组启动运行 24h 后，从设备中取两份油样，一份作全面分析，一份保存。

O.12.1.2 运行中抗燃油的监督

对运行中抗燃油，除定期进行全面检测外，平时应注意有关项目的监督检测，以便随时了解调速系统抗燃油的运行情况，如发现问题，迅速采取处理措施，保证机组安全运行。

O.12.1.2.1 运行人员监测项目：监测抗燃油的外观颜色变化；记录油温，油箱的油位高度及补油量；记录旁路再生装置精密过滤器的压差变化，及时通知检修人员更换滤芯。

O.12.1.2.2 试验室试验项目及周期：

a）机组正常运行情况下，实验室试验项目及周期见表 O.17，每年至少 1 次，由经过认可的实验室进行油质全分析。

b）如果油质异常，应缩短试验周期，并取样进行全分析。

c）根据运行抗燃油质量标准，分析实验结果。如果超标，应及时通知有关人员，认真分析原因，采取处理措施。

O.12.1.3 运行中抗燃油的维护

O.12.1.3.1 影响抗燃油变质的因素及防护措施

a）系统的结构设计

汽轮机调速系统的结构对抗燃油的使用寿命有着直接的影响，因此系统设计应考虑以下因素：

（a）系统应安全可靠。抗燃油应采用独立的管路系统，以免矿物油、水分等泄漏至抗燃油中造成污染。系统管路中尽量减少死角，以便于冲洗系统。

（b）油箱容量大小适宜，油箱用于储存系统的全部用油，同时还起着分离空气和机械杂质的作用。如果油箱容量设计过小，抗燃油在油箱中停留时间短，起不到分离作用，会加速油质劣化，缩短抗燃的使用寿命。

（c）回油速度不宜过高，回流管路要插入油层中，以免油回到油箱时产生冲击、飞溅，形成泡沫影响杂质的分离。

（d）油系统应安装精密过滤器，磁性过滤器及旁路再生装置，便于运行中抗燃油的再生净化。

b）启动前的系统状况

（a）设备出厂前，制造厂应严格检查各部件的清洁度，去掉焊渣、污垢、型砂等杂物，并用抗燃油冲洗至颗粒度达至SAE 749D 5级后密封。安装前，基建单位复查，验收合格后，方可安装。

（b）设备安装完毕后，应按照DL 5190.3《电力建设施工技术规范 第3部分：汽轮发电机组》及制造厂编写的冲洗规程制订冲洗方案，使用抗燃油对系统进行循环冲洗过滤。冲洗完毕后，高压油系统必须达到SAE 749D 3级标准，冲洗合格后对冲洗油取样进行全分析，经化学监督人员按新油标准验收合格后，方可启动运行，否则放出冲洗油，注入新油继续冲洗至油质指标合格。

c）抗燃油系统运行温度

运行油温过高，会加速抗燃油老化，因此必须防止油系统局部过热，当系统油温超过正常温度时，查明原因，同时调节冷油器阀门，控制油温。

d）油系统检修

对油系统检修，除应严格保证检修质量外，还应注意以下问题：

（a）不能用含氯量大于1mg/L的溶剂清洗系统。

（b）按照制造厂规定的材料更换密封衬垫，推荐使用氟橡胶。

e）添加剂

运行抗燃油中需加添加剂时，应做相应的试验，以保证添加效果，添加剂不合适，会影响油品的老化性能，甚至造成油质劣化。

O.12.1.3.2 补油

（a）运行中系统需要补加抗燃油时，应补加经检验合格的相同牌号的抗燃油，对不同牌号的油品，补油前应进行混油试验，油样的配比应与实际使用的比例相同，试验合格后方可补入。

（b）抗燃油与矿物油有本质的区别，严禁混合使用。

O.12.1.3.3 运行中抗燃油的防劣措施：为延长抗燃油的使用寿命，对运行中的抗燃油必须进行精密过滤以及旁路再生。

a）系统中的精密过滤器的过滤精度应在 3μm 以上，以除去运行中由于磨损等原因产生的机械杂质，以保证运行油的清洁度。

b）对油系统进行定期检查，如发现精密过滤器压差异常，说明滤芯堵塞或破损，应及时查明原因进行清洗或更换。

c）在机组启动的同时，应开启旁路再生装置，该装置是利用硅藻土、分子筛等吸附剂的吸附作用，除去运行油老化产生的酸性物质、油泥、水分等有害物质的，是防止油质劣化的有效措施。

d）在旁路再生装置投运期间，应定期从其进口取样分析，判断吸附剂是否失效，以便及时更换再生滤芯及吸附剂，一般情况下，半年更换一次，如发现进出口压差增大，应查明原因，采取处理措施。

O.12.1.4 技术管理及安全要求

O.12.1.4.1 库存抗燃油管理

对库存抗燃油，应认真做好油品入库、储存、发放工作，防止油的错用、混用及油质劣化。

a）对新购抗燃油，必须经验收合格方可入库。

b）对库存油，应分类、分牌号存放，油桶标记必须清楚。

c）库房应清洁，阴凉干燥，通风良好。

O.12.1.4.2 建立健全技术管理档案

a）设备卡：设备卡包括机组编号、容量、调速系统装置、油压、油量、设备投运日期等。

b）设备检修台账：设备检修台账包括油箱、冷油器、高中压调节阀和主汽门油动机、自动关闭器、油管路等部件的检查结果，处理措施、检修日期、补加油量以及累计运行小时数。

c）抗燃油质量台账：抗燃油质量台账包括新油、补充油、运行油、再生油的检验报告及退出油的处理措施、结果等。

O.12.1.4.3 安全防护措施

a）实验室应有良好的通风条件，加热应在通风橱中进行。

b）从事抗燃油工作的人员，在工作时应穿工作服，戴手套及口罩，在现场不允许吸烟、饮食。

c）人体接触抗燃油后的处理措施如下：

（a）误食处理：一旦吞进抗燃油，应立即采取措施将其呕吐出来，然后到医院进一步治疗；

（b）误入眼内：立即用大量清水冲洗，再到医院治疗；

（c）皮肤沾染：立即用水、肥皂清洗干净；

（d）吸入大量蒸汽：立即脱离污染汽源，如有呼吸困难，立即送往医院诊治。

d）抗燃油具有良好的抗燃性，但不等于不燃烧，如有泄漏迹象，应采取以下措施：

（a）消除泄漏点；

（b）采取包裹或涂敷措施，覆盖绝热层，消除多孔性表面，以免抗燃油渗入保温层中；

（c）将泄漏的抗燃油通过导流沟收集；

（d）如果抗燃油渗入保温层并发生火灾，使用二氧化碳及干粉灭火器灭火，尽量避免用水灭火，冷水使热的钢部件变形或破裂。抗燃油燃烧会产生有刺激性的气体，除产生二氧化碳、水蒸气外，还可能产生一氧化碳、五氧化二磷等有毒气体，因此，消防人员应配备供氧装置或防毒面具，防止吸入对身体有害的烟雾。

O.12.1.5 抗燃油的检验（见表 O.17 和表 O.18）

表 O.17 试验室试验项目及周期

<table>
<tr><th rowspan="2">检验项目</th><th colspan="2">运行时间</th></tr>
<tr><th>第一个月</th><th>第二个月后</th></tr>
<tr><td>颜色、外观、酸值</td><td>每周一次</td><td>每月一次</td></tr>
<tr><td>氯含量、电阻率、闪点、水分</td><td>每周一次</td><td>三个月一次</td></tr>
<tr><td>密度、凝点、自然点、运动黏度、泡沫特性、颗粒污染度、矿物油含量</td><td>每月一次</td><td>半年一次</td></tr>
</table>

注 1：补油后应测定颗粒污染度。

注 2：每次检修后、启动前应做全分析，启动 24h 后测定颗粒污染度。

表 O.18 运行中抗燃油油质异常原因及处理措施

<table>
<tr><th>项目</th><th>异常极限值</th><th>异常原因</th><th>处理措施</th></tr>
<tr><td>外观</td><td>浑浊</td><td rowspan="2">（1）被其他液体污染；
（2）老化程度加深；
（3）油温升高，局部过热</td><td rowspan="2">（1）更换旁路吸附再生滤芯或吸附剂；
（2）调节冷油器阀门，控制油温；
（3）考虑换油</td></tr>
<tr><td>颜色</td><td>迅速加深</td></tr>
<tr><td>密度 20℃ /（g/cm^3）</td><td>＜ 1.13</td><td rowspan="5">被矿物油或其他液体污染</td><td rowspan="5">换油</td></tr>
<tr><td>运行黏度 4℃ /（mm^2/s）</td><td>比新油值差值 ±20%</td></tr>
<tr><td>矿物油含量 /%</td><td>＞ 4</td></tr>
<tr><td>闪点 /℃</td><td>＜ 240</td></tr>
<tr><td>自燃点 /℃</td><td>＜ 530</td></tr>
</table>

表 O.18 运行中抗燃油油质异常原因及处理措施（续）

项目	异常极限值	异常原因	处理措施
酸值 /（mgKOH/g）	＞ 0.20	（1）运行油温度升高，导致老化； （2）油中混入水分使油水解	（1）调节冷油器控制阀门油温； （2）更换吸附再生滤芯或吸附剂每隔 48h 取样分析，直到正常
水分 /%	＞ 0.10		
氯含量 /%	＞ 0.010	（1）含氯杂质污染； （2）强极性物质污染	（1）检查系统密封材料等是否损坏； （2）更换吸附再生滤芯或吸附剂，每隔 48h 取样分析，直到正常
电阻率 20℃ /（Ω·cm）	＜ 5×10^{91}		
颗粒污染度 SAE 749D 级	＞ 3	（1）被机械杂质污染； （2）精密过滤器失效	（1）检查精密过滤器是否破损、失效，必要时更换滤芯； （2）检查油箱密封及系统部件是否有腐蚀、磨损； （3）消除污染源，进行旁路过滤，直至合格
泡沫特性（24℃）/L	＞ 200	（1）油质老化或被污染； （2）添加剂不合适	（1）查明原因，消除污染源； （2）更换旁路吸附再生滤芯或吸附剂，进行处理

O.12.1.6 抗燃油的油质要求（见表 O.19）

表 O.19 新液体的典型特性参数

项目	参数
黏度（ASTM D445-72） 37.8℃（100 ℉）下赛波黏度（saybolt）（38℃） 98.9℃（210 ℉）下赛波黏度（saybolt）（100℃）	 220s 43s
黏度指数	0
相对密度 60/15.6℃（60 ℉）	1.142
流动点 / ℉	0
最大含水量	0.03
最大含氯量（X 射线荧光分析）	20
最低闪点（ASTMD92.72）/℃（cleveland 开式杯）	246
自燃温度（ASTM D286-58T）	566
酸指数 /（mgKOH/g）	0.03

表 O.19 新液体的典型特性参数如表（续）

最大发泡（气泡沫） （ASTM D892-72）/mL	10
最大色度（ASTM）	1.5
颗粒分布（SAEA-60）试行	3 级
水解稳定性（48）/h	合格
最小电阻值 /（Ω/cm）	12×10^{9}
热膨胀系数：16℃时 37℃时	0.00038 0.00054
空气夹带量（ASTM D3427）/min	1.0

O.12.1.7 检修人员注意事项

O.12.1.7.1 不得使用含有氯的溶液来清洁 EH 管路或部件，最好用纯酒精或丙酮，擦拭时用白绸布擦洗干净。

O.12.1.7.2 EH 系统大部分采用 O 形圈密封，O 形圈的材料必须采用氟化橡胶。装配时 O 形圈不得扭曲，装配后应保证 O 形圈无损伤。

O.12.1.7.3 EH 部件解体后进行复装时，原则上应更换新 O 形圈，旧圈应及时切断，以防新旧混淆。

O.12.1.7.4 EH 液压系统所用的压力表不得采用普通铜质压力表，与 EH 管子直接接触处不得用黄铜或其他铜轴承材料。

O.12.1.7.5 检修高低压蓄能器时，必须将高压抗燃油及氮气放掉，方可解体，以免发生危险。

O.12.1.7.6 EH 系统管路的安装要注意清洁，随时用套管和白布封住管子出口，防止灰尘进入管道中。

O.12.1.7.7 EH 系统管路的焊接均应采用氩弧焊，并且保证焊接质量。焊工不能用焊头敲击油管来试验焊接是否正常，避免烧穿管子或造成管壁损坏。

O.12.2 EH 供油系统图及 EH 液压调节系统图

EH 供油系统图如图 O.22 所示、EH 液压调节系统图如图 O.23 所示。

O.12.3 EH 高压抗燃油供油系统

本系统由不锈钢油箱、变量轴向柱塞泵、滤油器、高压蓄能器、控制块、磁性过滤器、逆止阀、溢流阀、截止阀、冷油器以及部分热工测压、测温、测油位元件组成。

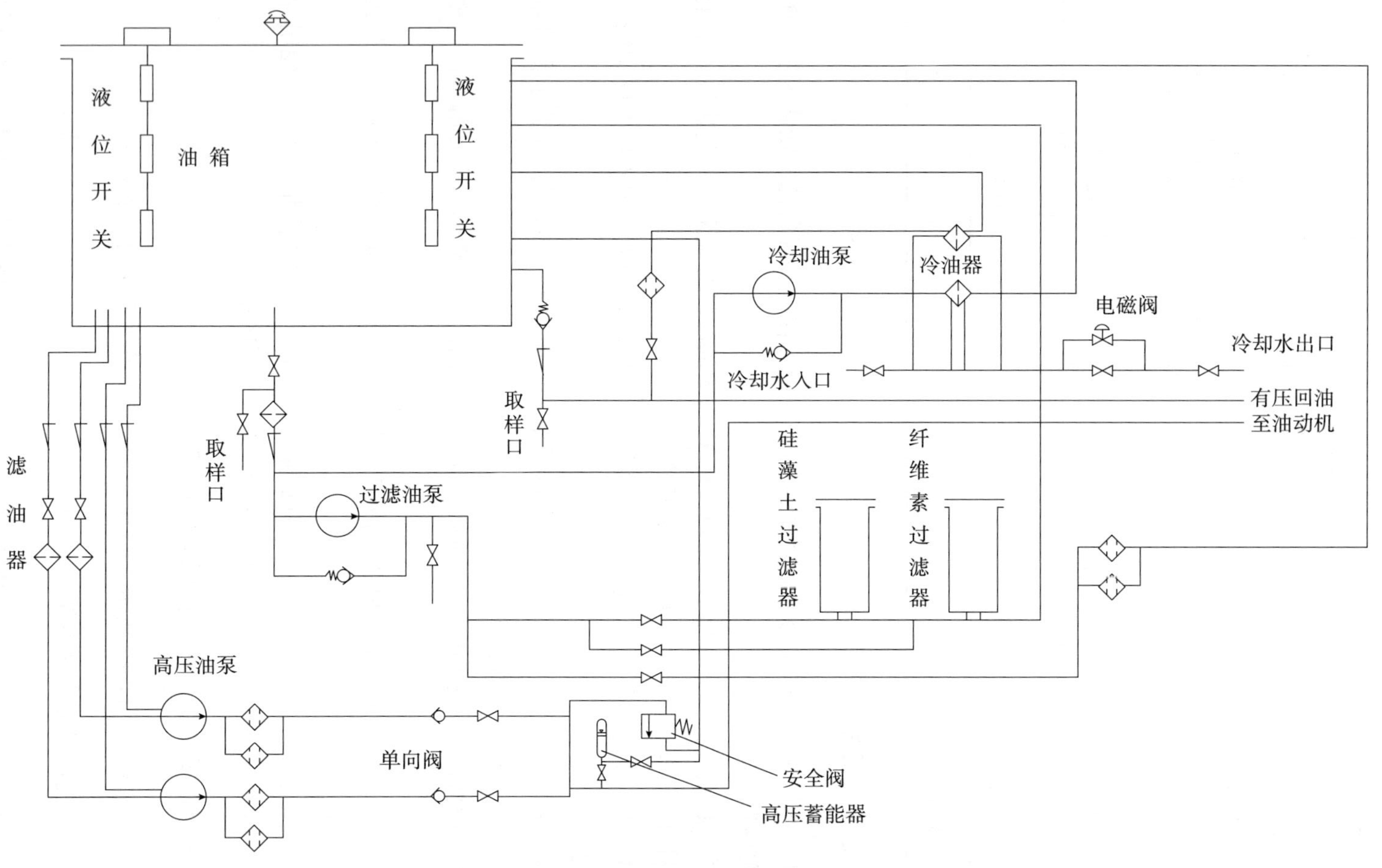

图 O.22 EH 供油系统图

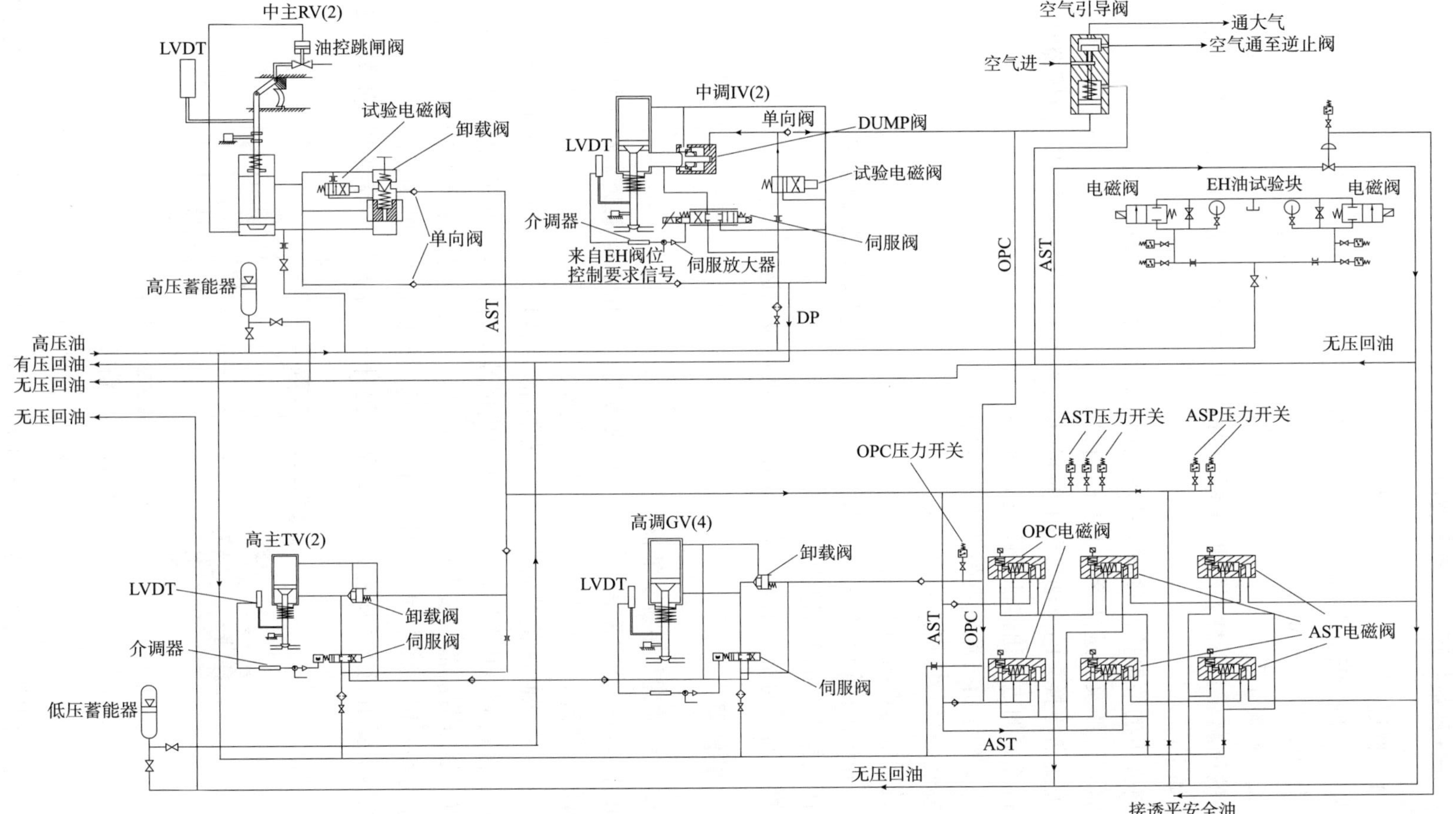

图 O.23　EH 液压调节系统图

O.12.3.1 EH 变量柱塞泵（美国进口）

O.12.3.1.1 概述

型号：PV.29-2R5D-F00；

出口压力：11.0～15.0MPa。

O.12.3.1.2 检修工艺

采用的抗燃油变量柱塞泵是由美国进口，厂家不推荐进行拆修，建议整台泵调换，调换步骤如下：

a）将要拆的泵停掉，并确认备用泵已可靠地投入工作；

b）将要拆的泵的进油管路上的阀门关闭严密；

c）关闭所更换泵的出油管路上的阀门（此阀门在 EH 油箱顶部的液压控制块上）；

d）拆除泵的进、出口油管路及其附件；

e）从支架上拆去联轴器弹性块及油泵；

f）安装新泵，按相反顺序复装；

g）进行泵与电机的中心找正；

h）打开进出油管路的阀门，重新启动油泵并检查转动是否正常；

i）详细检查泵的各部无渗漏；

j）检查油泵的出口压力，确认正常后，即可投入运行。

O.12.3.2 蓄能器

O.12.3.2.1 供油调节系统蓄能器

油箱旁装设一个高压蓄能器，用来吸收泵出口压力的高频脉冲分量，维持油压平稳。此蓄能器通过一个蓄能器块与油系统相连。

汽轮机高中压缸两侧装设高、低压蓄能器各两组，每组两个蓄能器。高压蓄能器安装在高压油管路上，其作用是在系统压力出现波动时，维持油压稳定，保证系统压力达到额定值。低压蓄能器安装在压力回油管路上，其作用是在机组故障停机、系统大量回油时，起缓冲作用，减小回油管中的压力波动，保证系统回油顺畅。

蓄能器主要由壳体、皮囊、充气装置、提升阀（菌形阀）等组成，如图 O.24 所示。

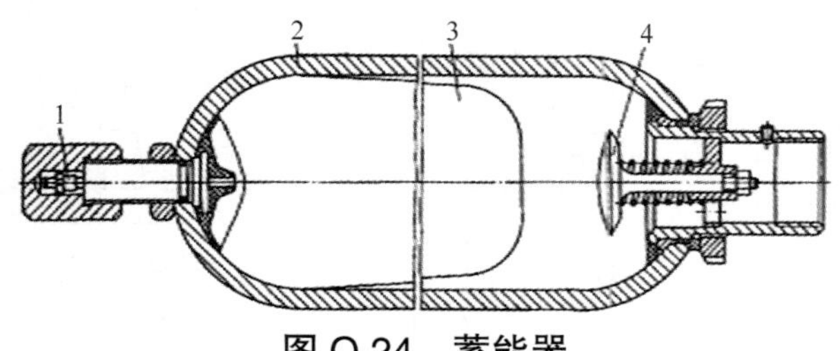

图 O.24 蓄能器

1—充气阀；2—壳体；3—皮囊；4—提升阀（菌形阀）

高压蓄能器工作压力为 8.20～9.30MPa，低压蓄能器工作压力为 0.17～0.21MPa。

O.12.3.2.2 检修工艺

a）高低压蓄能器一般不做解体检查，若需解体检查，必须先放掉高压抗燃油及氮气，不得在蓄能器筒中有任何压力的情况下拆卸检修，以免发生危险。

b）建议每次小修时，对所有高低压蓄能器进行氮气压力检查，必要时进行氮气充压，充氮气压力如O.12.3.2.1所示。

c）蓄能器充氮时，必须使用专用的充氮工具，检查各部管路连接正常，减压阀、压力表等表计正常，氮气瓶的压力应高于12MPa，以提高充氮效率。

d）如果蓄能器压力不是在正常运行值范围内，应采用涂肥皂液的方法对所有连接处进行泄漏检查，以找出漏点位置。

e）蓄能器的充氮步骤：

（a）关闭蓄能器进油隔绝阀；

（b）打开蓄能器回油阀；

（c）装设充氮工具，检查蓄能器皮囊内的氮气压力，若小于规定值应重新充气；蓄能器只能用干燥的氮气重新充装；

（d）将蓄能器上部气阀顶部的六角螺帽松开一圈，此时阀杆由于空气夹头的作用会松开，以进行充气。打开氮气瓶上的阀门，使蓄能器充到规定的压力值；

（e）压力充至正常后，关闭氮气瓶上的阀门，旋紧蓄能器顶部气阀六角螺帽，拆去充氮工具；

（f）严密关闭蓄能器回油阀；

（g）缓慢打开蓄能器进油阀，直到全开位置。

f）如确认蓄能器皮囊已破裂，应予更换，步骤如下：

（a）排油泄压；

（b）打开蓄能器上部充气阀的保险盖；

（c）松开蓄能器上部的两个备紧螺母；

（d）松开蓄能器下部的备紧螺母；

（e）拆除蓄能器内部的皮囊及提升阀；

（f）取出破损的皮囊，更换新皮囊复装，顺序与上述相反。

g）工作过程中应防止脏物进入蓄能器筒体内部，拆装过程中应注意各部密封面应完好，必须更换O形圈。

O.12.3.3 EH油泵出口溢流阀、逆止阀及高压出口、过滤器

O.12.3.3.1 概述

溢流阀主要由先导阀、主阀体、主阀活塞、阻尼孔等组成，如图O.25所示。其作用是：当EH系统由于某种原因导致压力升高超过规定值时，泄去多余油液，从而保证系统供油压力基本恒定，同时保护液压部件。

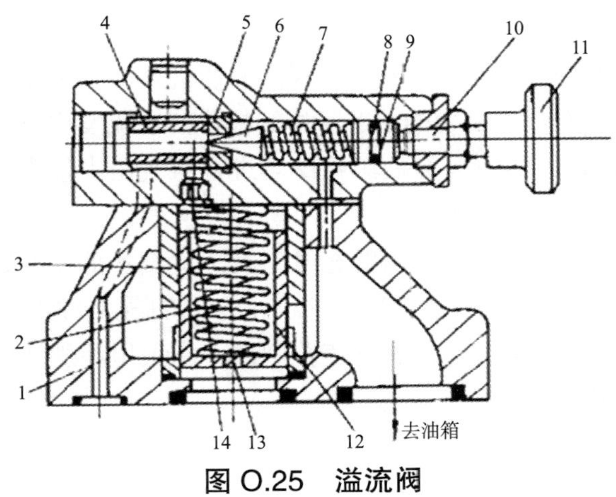

图 O.25　溢流阀

1—阀座；2—弹簧；3—套筒；4—锥座垫；5—锥座；6—锥阀；7—弹簧；8—密封活塞；
9—O 形密封圈；10—调整螺钉；11—手轮；12—滑阀；14—节流孔

逆止阀的作用是：装于 EH 油泵出口管路上，防止 EH 系统压力母管中的油流倒流，如图 O. 26 所示。

各部件装配示意图如图 O. 27 所示。

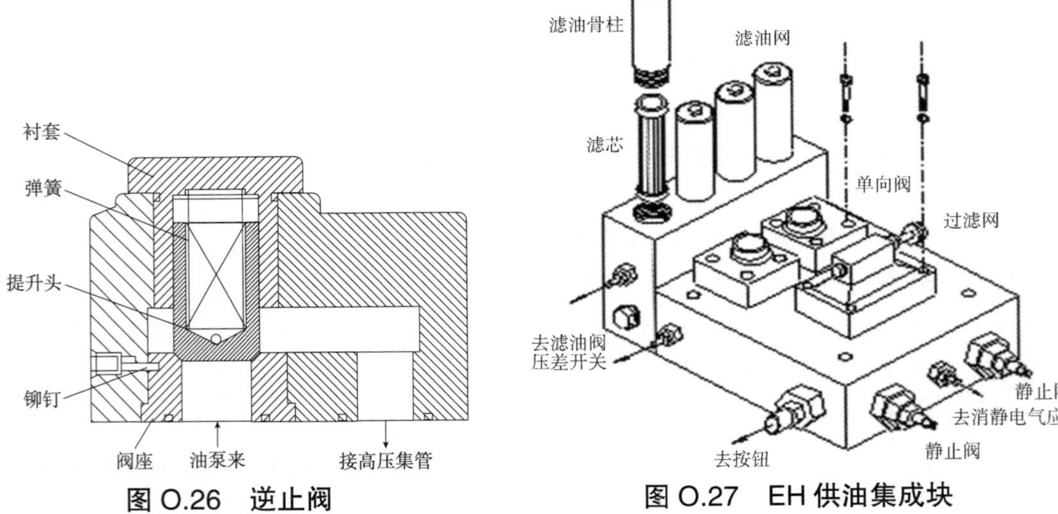

图 O.26　逆止阀　　　　图 O.27　EH 供油集成块

O.12.3.3.2　检修工艺

a）如需调换、检修溢流阀，机组必须停机，系统油压必须泄掉。

b）可以在机组运行时调换出口逆止阀和相连的出口过滤器。

（a）将与要换的逆止阀或高压过滤器相连的正在工作的油泵停掉，同时检查备用泵的运转情况，看其是否正常地维持系统压力；

（b）将与要换的逆止阀及高压出口过滤器相连的截止门关闭；

（c）换上装有新 O 形圈的相应组件；

（d）打开高压截止门，检查各部无泄漏。

c）更换溢流阀后，必须重新进行压力整定，压力整定值为（17.0±0.2）MPa。

d）EH 油泵出口高压过滤器前后装有压差开关，当压差大于（0.55±0.5）MPa 时报警，检修人员应进行更换滤芯。

O.12.3.4 EH 油箱使用与维护

O.12.3.4.1 概述

EH 油箱容积约 1350L（300gal），全部由不锈钢制造，其作用是汇集、储存 EH 系统抗燃油。

O.12.3.4.2 各油位值：见表 O.20。

表 O.20 各油位值

EH 油箱正常油位	430～560mm
EH 油箱高油位报警	（560±10）mm（升）
EH 油箱低油位报警	（430±10）mm（降）
EH 油箱低油位报警	（300±10）mm（降）

注：油位值是指油位至油箱底部距离。

O.12.3.4.3 各温度：见表 O.21。

表 O.21 各温度值

EH 油泵启动时最低温度	21℃
EH 油系统循环时最低温度	23℃
EH 油箱油温高报警	55℃
EH 回油整定温度	30～60℃

O.12.4 蒸汽阀门的控制执行机构

O.12.4.1 概述

本机组共有 4 个调节阀，2 个再热调节阀，2 个主汽门和 2 个再热主汽门，合计 10 个蒸汽阀门。4 个调节阀布置在高中压缸两侧，每侧 2 个，2 个主汽门在汽轮机中轴承座两侧靠近低压端每侧各 1 个，2 个再热调节阀和 2 个再热主汽门也是分别布置在汽轮机的前轴承座两侧，它们的开启和关闭均有各自的执行机构（油动机）来控制，其中调节阀及主汽门和再热调节阀的油动机是可以调节控制的，可将阀门控制在任意的中间位置成比例地调节进汽量，以适应需要，而中间再热主汽门的油动机只能控制阀门全开或全关，如图 O.28～图 O.34 所示（注：在旁路系统投入运行，利用中压缸启动时，中间再热调节阀是进行调节控制的）。这些油动机，一般是不允许随意解体的，若必须解体，则所有的 O 形圈均须更换新的，否则有可能漏油。主要由油动机、隔绝阀、逆止阀、滤油器、电液转换器、快速卸荷阀（再热调门油动机配置的DUMP阀）等部件组成，在此作统一检修说明。

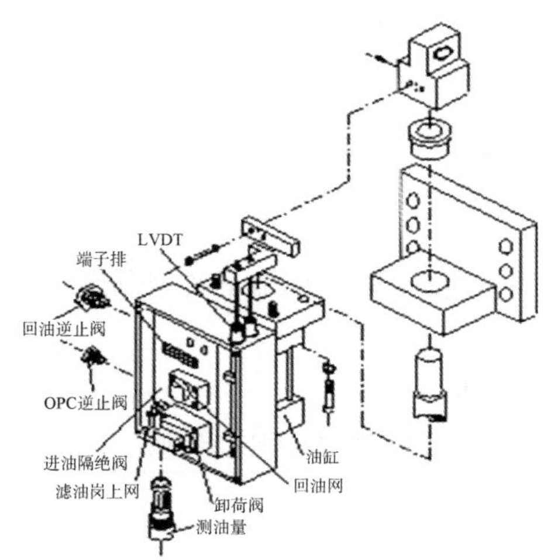

图 O.28　高压主汽门油动机示意图

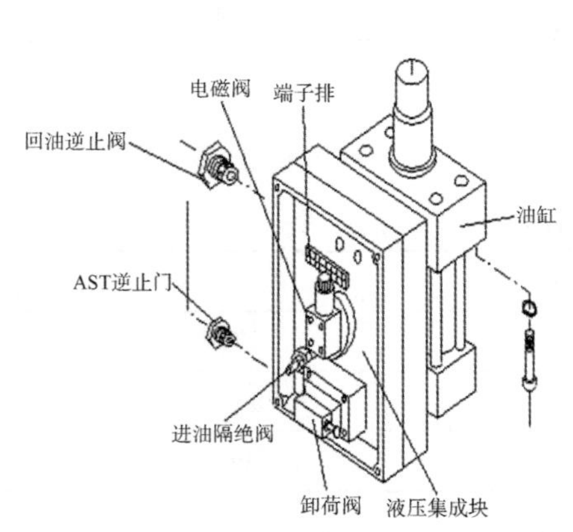

图 O.29　再热主汽门油动机示意图

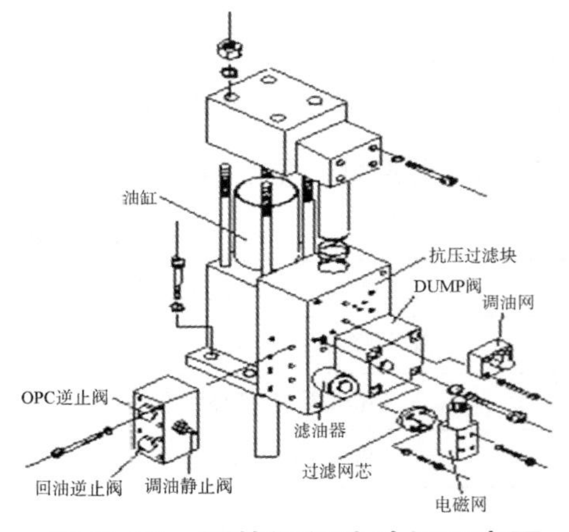

图 O.30　再热调门油动机示意图

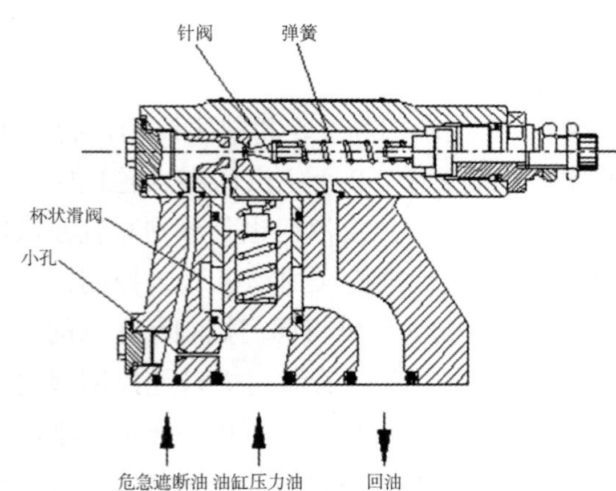

图 O.31　快速卸荷阀示意图

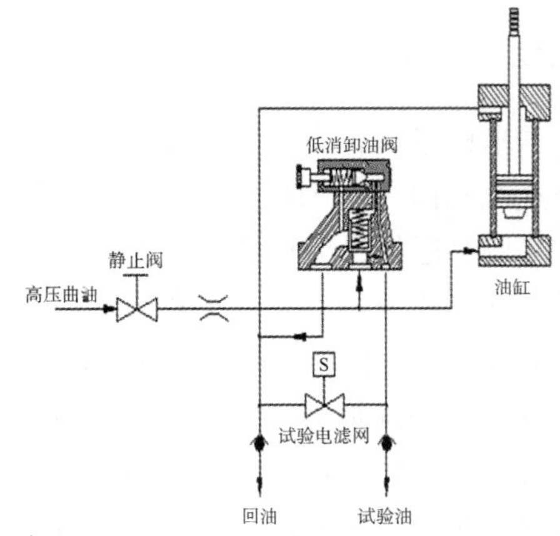

图 O.32　再热主汽门调节控制原理图

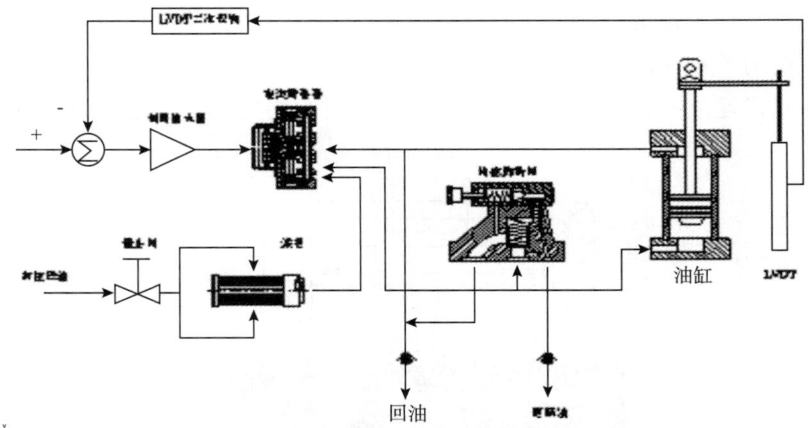

图 O.33　高压主汽门、高压调门调节控制原理图

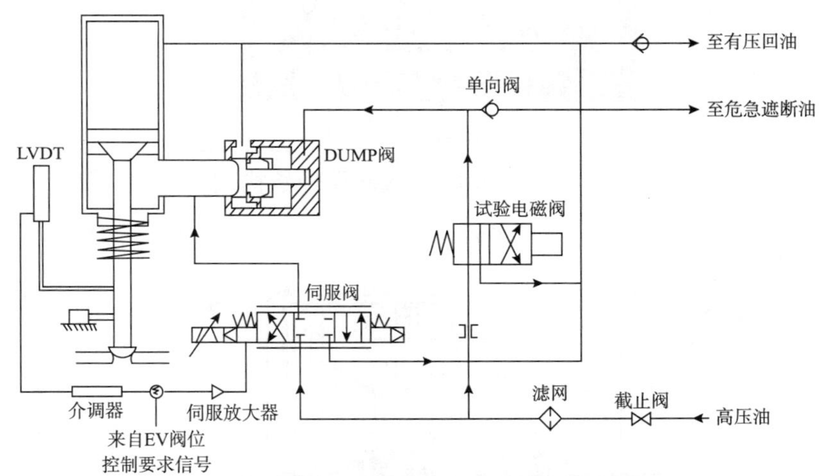

图 O.34　再热主汽门调节控制原理图

O.12.4.2　电液伺服阀

O.12.4.2.1　概述

电液控制系统采用的电液伺服阀是进口 MOOG 阀，它既是电－液转换元件，又是功率放大元件，它将热工转速控制较小的电气信号转换为大功率的液压信号，用以推动油动机的动作，达到调整机组进汽量的目的。

它主要由力矩马达和液压放大器两部分组成，详细原理结构如图 O. 35 和图 O. 36 所示。

O.12.4.2.2　检修工艺

1）厂家不推荐使用单位对电液伺服阀进行分解检修。

2）在机组大、小修时，原则上只对能够正常工作的电液伺服阀进行动态活动试验检查。

3）当发现伺服阀失灵或堵塞时，须更换伺服阀：对新领回的伺服阀应核对型号正确，包装完整，在更换前不允许过早打开伺服阀的封堵板；更换时应用干净的白布擦拭结合面，应使用酒精冲洗，不允许用含氯溶液冲洗相关部件；严禁使用旧 O 形圈；安装时应注意各孔口连接的正确性，紧固内六方螺钉时应用力均匀，适当对称紧固。

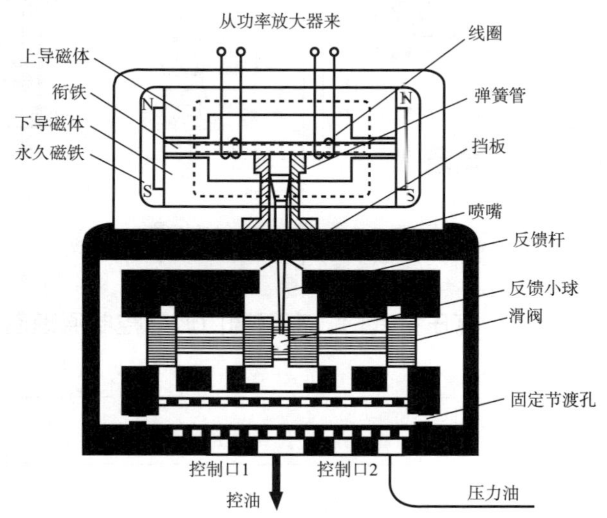

图 O.35　小机伺服阀原理结构图

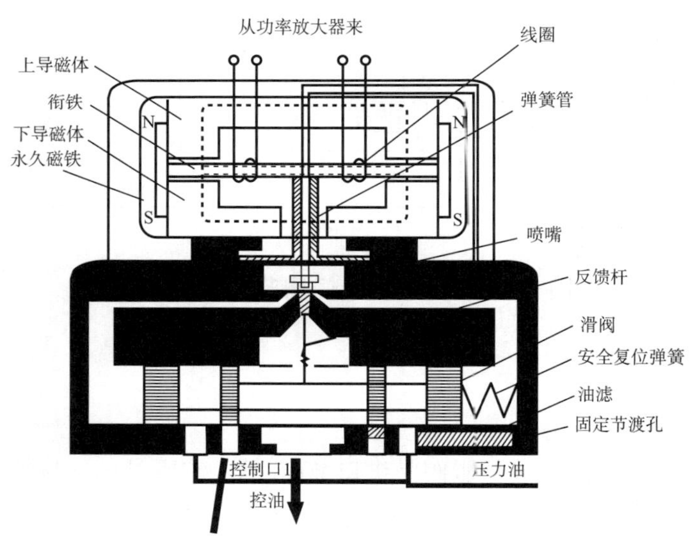

图 O.36　大机伺服阀原理结构图

O.12.4.3　滤油器（过滤精度 10μm）

O.12.4.3.1　概述

作用：滤去 EH 油液中的固体机械杂质，避免液压元件磨损或卡死，使油液保持清洁，提高液压件动作灵敏度与可靠性，确保电液调节系统能够正常地工作。

O.12.4.3.2　检修工艺

a）严密关闭进口隔绝阀；

b）松下过滤器外罩油杯，注意避免抗燃油滴漏到其他设备上；

c）拆下专用滤芯；

d）从塑料袋中取出新滤芯，检查新装 O 形圈应良好无异，按相反顺序复装；

e）从库房领出滤芯后应仔细核对其型号和 O 形圈的规格，防止错装；

f）安装前不得过早地打开装滤芯的塑料袋，以保证滤芯干净不受污染。

O.12.4.4 快速卸载阀（导阀控制的溢流阀）

O.12.4.4.1 概述

此阀与油动机的油流通道相连，正常运行时，压力整定调整杆调到最高压力，危急遮断油压与高压油压力相等，靠着滑阀弹簧的作用，使滑阀贴紧在滑阀座上，使油动机的工作油不会漏到回油中去。当主汽门危急遮断油泄去时，快速卸载阀也将油缸中的所有工作油放到回油中去，这与电液转换器的位置是无关的。快速卸载阀也可以用作主汽门及各高调门的手动关闭，手动关闭任何一个汽门，首先要关闭隔绝阀，以防止快速卸载阀放走大量的高压油，然后将压力整定调整杆反向慢慢旋出，观察油动机及阀门移动到关闭位置，如要重新打开阀门，首先将压力整定调整杆调到最高压力的位置，然后慢慢打开隔绝阀。

O.12.4.4.2 检修工艺

a）修前做好调整杆的位置记录；

b）松下调整手轮的锁紧螺帽及调整螺母，小心取出弹簧及锥形阀，锥形阀密封型线应均匀完整，表面光洁无毛刺。

c）拆下快速卸荷阀上部的先导控制部分，取出弹簧及杯状滑阀；

d）测量杯状滑阀与套筒之间的径向间隙，杯状滑阀外圆表面应光滑无损伤，检查其底部节流孔应畅通；

e）拆下快速卸荷阀侧部的逆止阀，检查逆止阀密封型线应均匀完整，动作灵活无卡涩；

f）检查清洗后复装，复装时须更换全部相应型号的 O 形圈。

O.12.4.5 卸荷阀（用于再热调节汽阀油动机，即 DUMP 阀）

O.12.4.5.1 概述

当 OPC 油压泄去后，快速关闭再热调节汽阀。

O.12.4.5.2 检修工艺（见图 O.37）

a）拆下顶部逆止阀旋塞，检查逆止阀密封良好，动作灵活；

b）松开 DUMP 阀紧固螺钉，取下阀体上盖；

c）取出阀芯及弹簧；全面检查滑阀各部光滑无损伤，密封型线良好；

d）按图纸要求检验调整阀芯的两个密封尺寸；

e）清洗后按相反顺序复装，注意各油孔通道位置应正确无误，复装时须更换全部相应型号的 O 形圈。

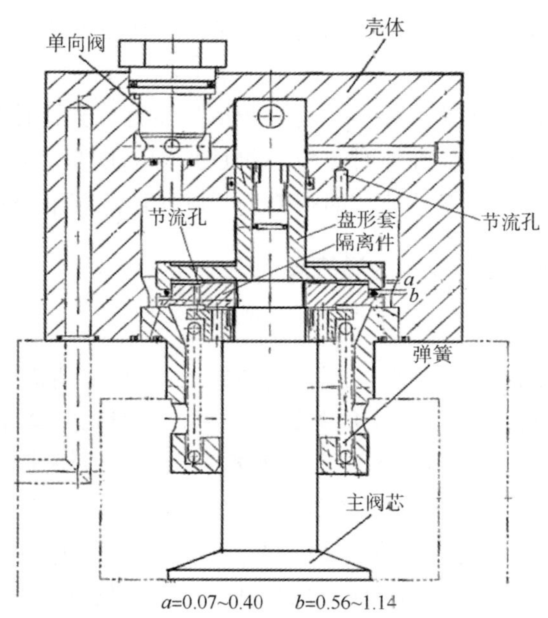

图 O.37　卸载阀（DUMP）安装图

O.12.4.6　EH 系统液压执行机构（油动机）

O.12.4.6.1　概述

EH 油动机是 EH 液压系统的执行机构，包括高压主汽阀油动机、高压调节汽阀油动机、再热主汽阀油动机、再热调节阀油动机及 MEH 低压调节油动机等几种类型。其中主汽阀、高压调节汽阀、再热调节汽阀和 MEH 低压调节油动机是可以调节控制的，可将阀门控制在任意的中间位置成比例地调节进汽量，以适应需要；而中间再热主汽门的油动机只能控制阀门全开或全关。

由于上述各油动机的结构特点完全相同，只是几何尺寸及油管接口配置有所差异，在此对检修工艺进行统一叙述（参见图 O. 28 高压主汽门油动机示意图）。

O.12.4.6.2　检修工艺

a）联系热工人员拆除油动机的电液伺服阀、有关试验电磁阀的电线及 LVDT 反馈装置。

b）用无水酒精清洗油动机 EH 油管接头，包括 AST 管口接头、OPC 管口接头、高压进油管接头、有压回油管接头等。

c）分解油动机 EH 油管接头，及时用专用堵头封堵上述接头管口。

d）打下油动机活塞杆与汽阀调节杠杆的销钉，分解油动机与汽阀壳体的连接螺栓，吊除油动机，并做好相关记录。

e）将油动机置于专用检修平台进行解体检查，解体前须在此对其各部位进行认真清洗，以防止污物进入油动机内部。

f）油动机集成块的检修：

（a）用内六方扳手分解油缸与集成块的连接螺丝，注意检查上下管口处的密封圈，并作好记录；

（b）解体集成块，检修内部的逆止阀、节流孔，拆卸快速卸荷阀，检查清洗集成块的内部油管道，同时详细记录各部件的位置、安装方向、密封圈的型号及数量；

（c）将电液伺服阀拆下后包裹严密，送专业机构进行清洗检测；

（d）在安装伺服阀的位置加装油循环冲洗堵板，注意要保证安装方向正确，防止油流不畅，影响冲洗效果；

（e）有关滤油器、快速卸荷阀、逆止阀等的检修工艺参照前款所述，在此不再重复；

（f）更换集成块的全部密封件。

g）油缸本体的检修：

（a）油缸解体前对各部位进行详细的位置记录；

（b）用梅花扳手分解油缸下端部的四个连杆螺母，取下油缸紧固板，检查连杆及螺母应完好；

（c）用紫铜棒轻敲油缸的上下端盖，取下两端盖，拉出活塞及活塞杆；

（d）检查活塞杆、活塞环、缸筒的磨损情况，对于锈蚀磨损较轻部位可用 400 目的金相砂纸打磨处理，注意打磨的时应沿圆周方向做环形打磨，切不可沿轴向进行研磨；

（e）更换油缸上端盖导向铜套的 Yx 密封圈，安装时注意 Yx 密封圈的型号应正确，密封圈的 Y 形开口方向应朝向油缸内侧；

（f）全面清洗后按原位进行回装，须更换油缸上的全部密封件；

（g）用梅花扳手紧固油缸下端部的四个连杆螺母，须在标准研磨平台上进行，以保证油管口两平面处于同一平面内。

h）按原位组装集成块与油缸。

i）复装油动机，更换油动机 EH 管口的全部密封圈，各管路接头紧固力度适当。

O.12.5 危急遮断系统

O.12.5.1 概述

该系统主要用于监视汽轮机某些参数，当这些参数超过运行极限时，该系统就起作用，相应地去关闭汽轮机的进汽阀门，从而保护机组，避免事故扩大。

O.12.5.1.1 组成

危急遮断系统由 AST 电磁阀、OPC 电磁阀、隔膜阀（危急遮断阀）、超速遮断机构、空气引导阀、危急遮断控制块、两个单向阀等组成，如图 O.38 和图 O.39 所示。

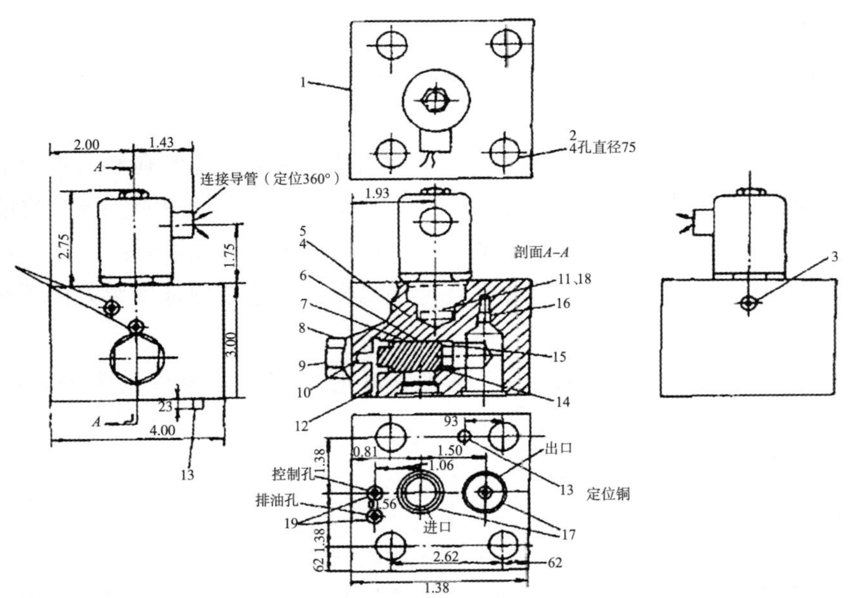

图 O.38　AST、OPC 电磁阀的结构

1—阀体；2—螺栓；3、15—干密封管塞；4—节流螺钉；5—紧固螺钉；6—提升头；9—罩盖；10—弹簧；11、16—电磁阀；12—弹簧销；13—定位销；14—座圈；7，8，13，17，18，19—O 形圈

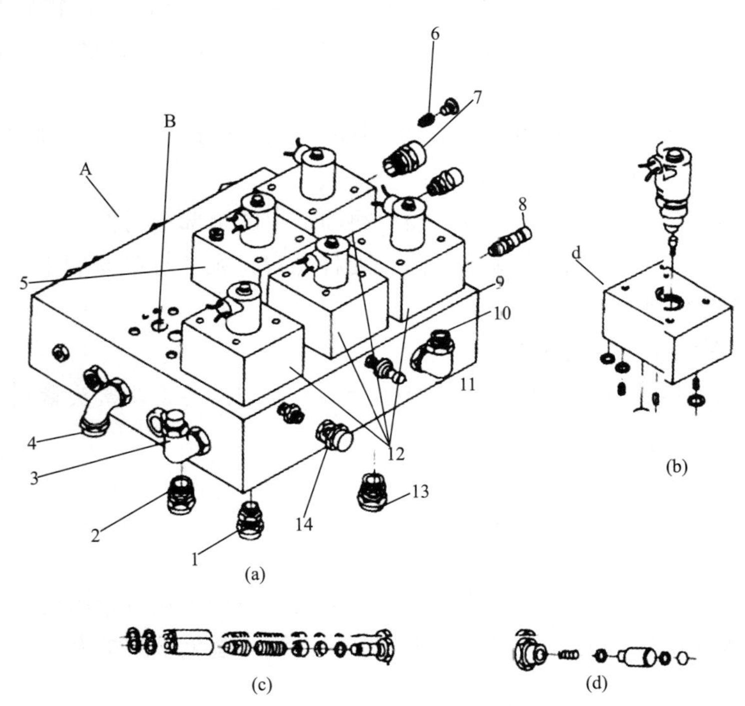

图 O.39　危急遮断控制块

1—至空气引导阀；2—至 OPC 母管；3—至 A5P 母管；4—回油管 DV1 ；5—OPC 电磁阀；6—节流孔；7—至隔膜阀；8—EH 高压油 HP 母管（有节流孔）；9—块；10—至 AST 母管；11—EH 高压油 HP 母管（有节流孔）；12—AST 电磁阀；13—至 AST 母管；14—回油管 Dv2

O.12.5.1.2　危急遮断系统监视的主要参数

a）汽轮机超速；

b）推力轴承磨损；

c）轴承油压过低；

d）轴承回油温度过高；

e）凝汽器真空过低；

f）抗燃油压低。

O.12.5.2　电磁阀、控制块

O.12.5.2.1　概述

该部套安装在主机前箱轴承座右侧，在控制块上装有两只 OPC 电磁阀作超速保护用，四只 AST 电磁阀作危急遮断停机用。AST、OPC 电磁阀的结构如图 O. 39 所示。

AST 电磁阀与 OPC 电磁阀结构相似，它们的区别是：OPC 电磁阀由内部供油控制，而 AST 电磁阀是由外部供油控制的。

O.12.5.2.2　检修工艺

a）原则上厂家不推荐使用单位进行分解检修。

b）必须分解检查时，首先要停运 EH 变量柱塞泵，做好安全措施。

c）由热工人员拆除电磁阀上部电磁线圈部分。

d）将电磁阀控制块全面清扫干净后，拆下电磁阀的一级阀，检查一级阀内部的小针阀动作是否灵活，油孔是否通畅。

e）检查阻尼孔是否堵塞。

f）用梅花扳手拆下堵头，取出弹簧及滑阀，谨防弹簧弹出。检查滑阀各部应光洁、无损伤，弹簧无变形，弹力适中。

g）必要时用内六角扳手拆下电磁阀体四角的四个紧固螺钉，整体取下电磁阀，拆前应记好阀体的安装方向。

h）检查无异后用无水酒精彻底冲洗，按上述相反顺序复装。

i）注意事项：

（a）电磁阀检修应逐个进行，以防部件相同者相互混装；

（b）整体拆下电磁阀体后，应及时将控制块上的油流孔口用干净的白布进行封堵、覆盖，防止异物落入；

（c）电磁阀体由铝合金制造，密封面硬度较低，易受损伤，拆装过程中要小心谨慎，切勿损伤密封面，安装堵头等螺纹连接件时，用力应适当，谨防丝扣滑脱；

（d）复装时应对准各油孔的原始位置，各部 O 形圈应全部更换。

O.12.5.3　隔膜阀（危急遮断阀）

O.12.5.3.1　概述

如图 O. 40 所示，它联系着润滑油系统与 EH 油系统，其作用是当润滑油系统的压

力降到不允许的程度时，可通过 EH 系统遮断汽轮机；当汽轮机正常运行时，润滑系统的高压油通入阀盖内隔膜上面的腔室中，克服弹簧弹力，使下部阀芯保持在关闭位置，堵住 EH 系统中 AST 油的回油通道，使 EH 系统投入工作。当由于某种原因使润滑油压力降低或消失时，弹簧迫使阀芯上移，泄去 AST 油，关闭机组进汽阀与抽汽阀，遮断汽轮机。

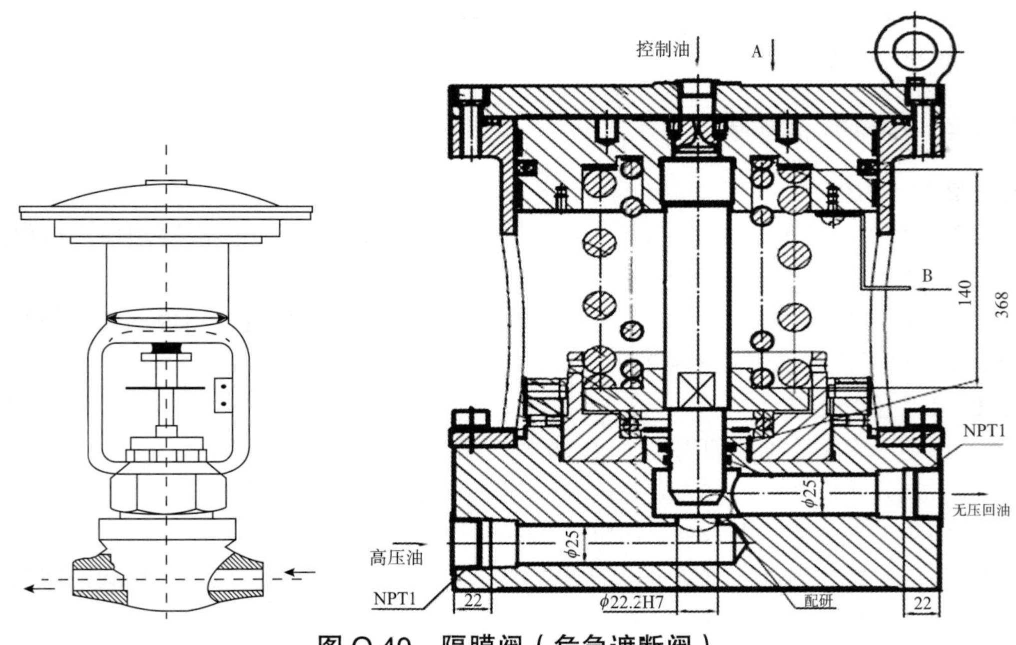

图 O.40　隔膜阀（危急遮断阀）

O.12.5.3.2　检修工艺

a）更换隔膜阀膜片：

（a）拆除隔膜阀上部的润滑油管路及压力表；

（b）松开上阀盖的紧固螺栓取下阀盖；

（c）检查隔膜阀膜片，取下损伤的隔膜阀膜片，换装新膜片（注意正反方向）；

（d）按上述相反顺序复装。

b）检查隔膜阀下方内部阀芯：

（a）当隔膜阀的阀芯密封不严时，可能造成 AST 油压较低甚至遮断汽轮机，所以必要时可对阀芯进行分解检查；

（b）拆除隔膜阀上部润滑油管路及压力表；

（c）松开隔膜阀芯的传动杆；

（d）松开阀芯杆的密封压盖；

（e）逆时针旋转连接螺母，取出阀芯杆，检查阀芯密封型线良好，各部光滑无毛刺；

（f）检查各部无异，清洗干净后按上述相反顺序复装。

c）注意事项：进行上述工作时应及时封闭各油管孔口，切勿将汽轮机油滴入 EH 系统管路中。

O.12.5.4 超速遮断机构

O.12.5.4.1 概述

超速遮断机构由危急遮断油门、危急遮断油门复位装置和与主油泵轴相连的危急保安器等组成，如图 O.41 所示。

O.12.5.4.2 危急遮断油门

a）概述

当机组转速超过 110%～112%额定转速时，飞锤击出撞击危急遮断油门扳机，泄去隔膜阀上腔压力油，同时联动泄去 AST 油压，遮断汽轮机。

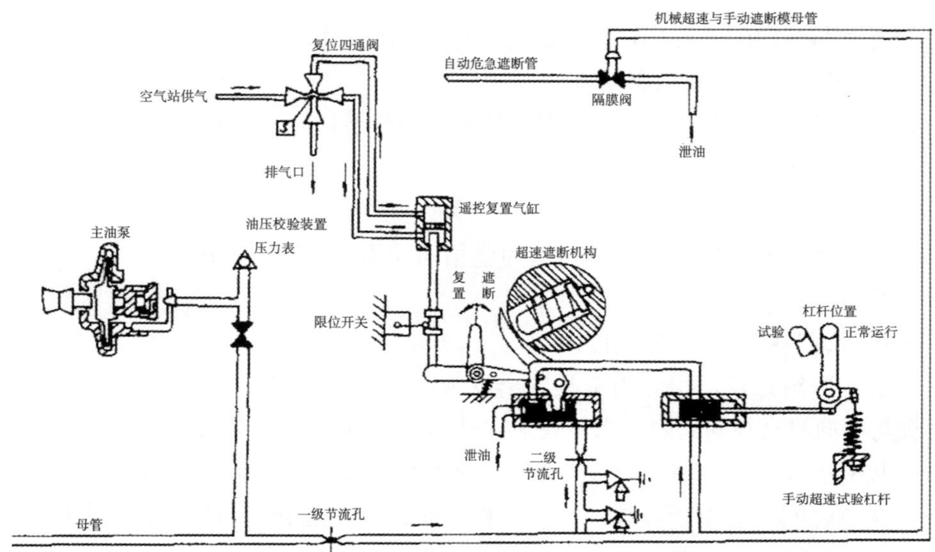

图 O.41 机械超速遮断机构系统连接原理图

b）检修主要参数

（a）扳机（打击板）与飞锤端部的间隙为 1.57～2.36mm（此时飞锤应在水平位置），最小间隙为 0.79mm（此时指复置扳机时的间隙值）；

（b）遮断继动器活塞全行程为 9.70mm；

（c）试验继动器活塞全行程为 17.30mm；

（d）遮断油门碟阀在复置位置应无泄漏，密封面研磨精度应达 R_a0.8 以上。

c）调整注意事项

（a）溢流阀一只调整为 0.703～0.773MPa，另一只调整为 0.773～0.843MPa；

（b）用扳机或复置连杆进行遮断，动作几次检查所有零件应动作灵活；

（c）试验继动器在“试验”位置时复位所需时间应不超过 2s，试验继动器两端的泄漏应不喷出；

（d）应检查压力油入口油压在 1.60MPa 左右，各部节流孔无堵塞，入口管路节流孔孔径为ϕ2.40mm，进入遮断油门的节流孔孔径为ϕ1.60mm。

O.12.5.4.3　危急遮断油门复位装置

a）概述

用于手动或远方操作复置汽轮机。

b）主要参数及注意事项

（a）气缸全行程为50mm，通入压缩空气为0.5886MPa；

（b）气缸上部有M10×1.0调整推杆，当气缸活塞在上限位置时，应调整推杆的伸长量，以确保复置杠杆能关闭遮断油门的碟阀、建立油压。

O.12.5.4.4　危急保安器

a）概述

与危急遮断油门配合使用，当机组超速时遮断汽轮机。

b）主要参数及检修注意事项

（a）危急保安器装在调速体内，调速体旋紧到转子延伸轴上的力矩为69.20kgf·m。

（b）飞锤动作的全行程为7.14mm。

（c）检修工艺：

——测量飞锤与危急遮断油门挂钩的脱扣间隙为1.57～2.36mm。

——测量飞锤高度。

——测量调整螺帽与壳体高度。

——拆卸骑缝螺丝，用专用工具旋出闷头取出限位衬套、飞锤、弹簧、导向衬套，检查飞锤与导向衬套径向间隙、飞锤与限位衬套径向间隙以及导向衬套与壳体径向间隙。

——装配后（未装弹簧），飞锤必须能靠其自重在衬套中自由滑动。

——调整螺帽一般不予解体，当需要检修时，应注意其确切位置。装配时，调整螺帽位置试验时调整。

——按解体相反顺序复装。

（d）各部间隙值：

——飞锤与前导向衬套径向间隙为0.20～0.30mm（均指直径间隙，下同），飞锤内孔与后芯盖的径向间隙为0.20～0.30mm。

——后闷盖与壳体的径向间隙为0.82～2.02mm。

（e）超速试验时若飞锤不能在正确转速下飞出，则应调整。调整方法如下：拉出定位销，将飞锤弹簧定位螺母拧入或退出一个缺口（每一个缺口改变转速40rpm），调整后恢复定位销，直至试验合格。

c）超速试验步骤

（a）停运机组盘车；

（b）再次检查喷油试验针型阀确已严密关闭；

（c）拆开主机油箱前箱圆堵板；

（d）拆卸喷油试验油管及其固定支架；

（e）用螺丝刀小心撬出小轴端部的弹簧挡圈，找到危急遮断器弹簧调整螺母的定位销孔，旋入 M5 的螺杆，拔出定位销；

（f）做好调整螺母的原始位置记录，用专用调整工具按预先计算的数值进行调整（注：调整螺母转动每个缺口大约改变机组转速约为 40r/min）。

（g）调整后按上述相反的顺序进行复装；

O.12.5.5 油动遮断阀

O.12.5.5.1 概述

当汽轮机复置后再热主汽门将处于开启状态，同时油动遮断阀处于关闭状态。超速机构动作时，将泄去油动遮断阀的压力油，靠弹簧弹力和气压推力将油动遮断阀开启，使再热主汽门轴端部腔室与一低压相通，从而减小作用于轴端的蒸汽压力，以致可以用最小的力关闭再热主汽门。油动遮断阀的结构如图 O.42 所示。

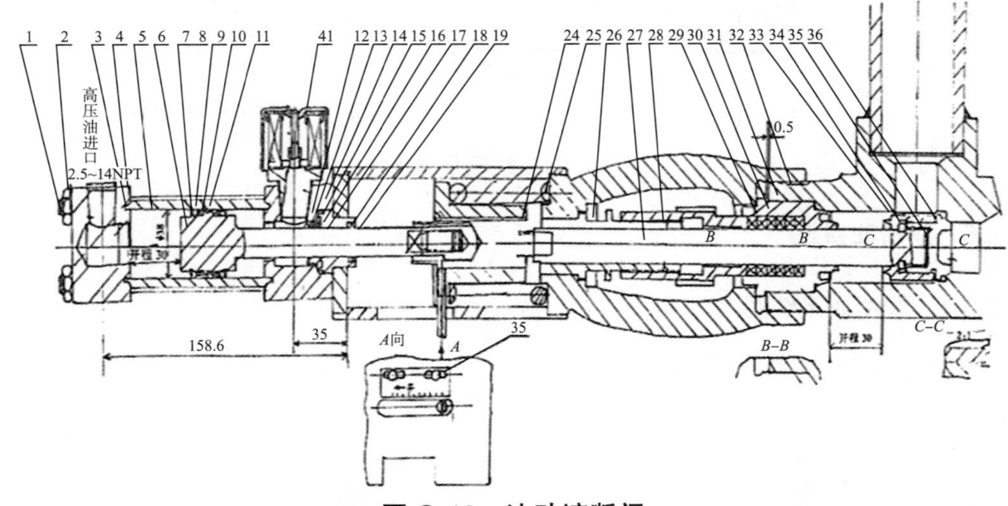

图 O.42 油动遮断阀

1—螺栓；2—螺母；3—油缸下端盖密封；4—油缸下端盖；5—缸体；6—活塞；7—弹性垫圈；8、33—挡圈；9—挡环；10、18、19—密封圈；11—弹性铜圈；12—座圈；13—弹簧环；14—油缸上盖；15—垫圈；16—密封环；17—端盖；24—弹簧套筒；25—弹簧；26—套式接头；27—阀杆；28—接头；29—密封座；30—填料；31—油动遮断阀接管；32—花蓝扳手；34—两半挡圈；35—阀碟；36—止退垫圈；41—空气滤清器

O.12.5.5.2 检修工艺

a）遮断阀开启行程 30mm；

b）油动遮断阀油缸活塞行程大于 30mm；

c）一般情况下对油缸及阀体不做分解处理，特殊情况下对油缸进行分解装配后需对其进行密封性试验，试验压力为 20.58MPa；

d）分解油缸后应更换全部 O 形圈和聚四氟乙烯挡圈。

O.12.5.6 空气引导阀

O.12.5.6.1 概述

OPC 油压连气压时，打开供给气动抽汽逆止门的压缩空气，使抽汽逆止门打开；OPC 无油压时，使抽汽逆止门的压缩空气排大气，使抽汽逆止门快速关闭。

O.12.5.6.2 检修工艺

检修时参见油动遮断阀的检修工艺要求，同时检查提伸头的密封接触情况，检查弹簧有无裂纹、异常，如图 O. 43 所示。

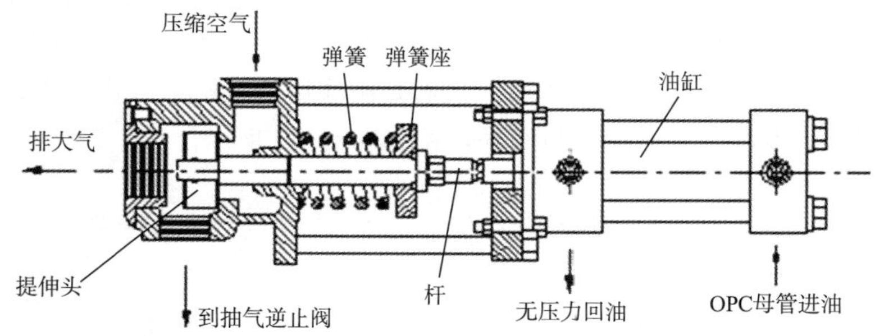

图 O.43 空气引导阀

O.12.6 润滑油系统

O.12.6.1 润滑油系统图

润滑油系统图如图 O. 44 所示。

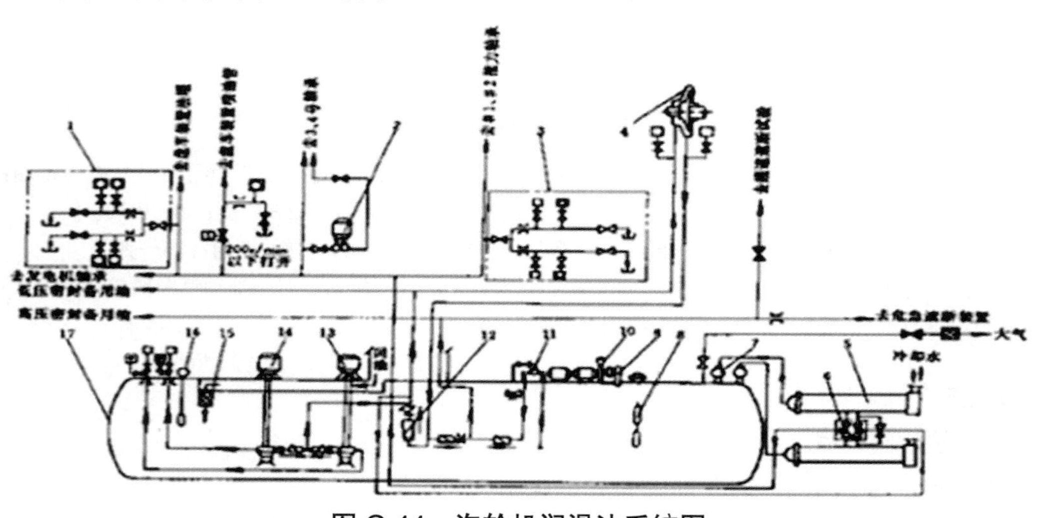

图 O.44 汽轮机润滑油系统图

1、3—交流电动辅助油泵和直流事故油泵自启动试验装置；2—顶轴油泵（2 台）；4—主油泵；5—冷油器；6—三通阀；7—窥视口；8—高低油位报警开关；9—除油雾装置；10—排油烟机；11—密封油备用泵；12—注油器；13—交流电动辅助油泵；14—直流事故油泵；15—回油滤网；16—油位计；17—油箱

O.12.6.2 轴承润滑油泵

O.12.6.2.1 概述

轴承润滑油泵向润滑油系统提供液压能源。该油泵属立式油泵，主要由电动机、联轴器、油泵端盖、轴承、轴叶轮、进油滤网等组成，如图 O.45 所示。

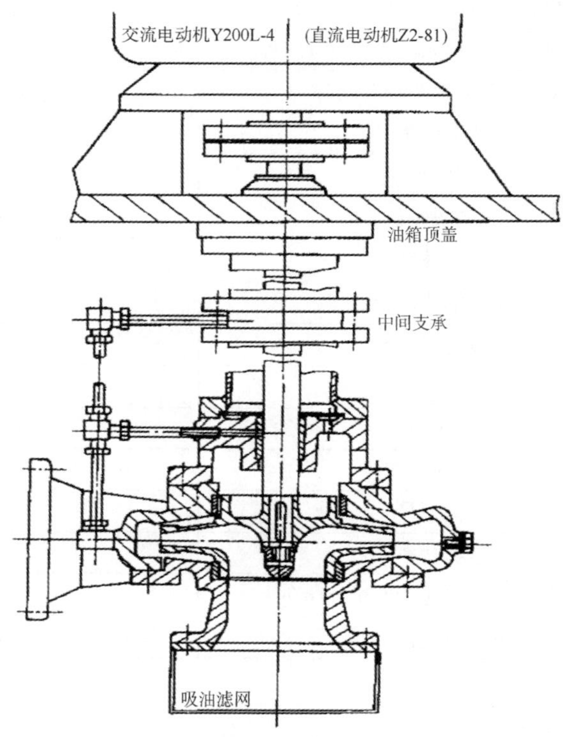

图 O.45 轴承润滑油泵

O.12.6.2.2 检修工艺

a）拆开联轴器，吊走电动机；

b）排除主油箱积油，拆开有关管道接头；

c）松开油泵基础座架螺栓，分解前做好各结合面相对位置记号；

d）用专用工具拔出油泵对轮；

e）卸下轴承压盖，旋下锁紧螺母，拆下上法兰及滚动轴承；

f）拆下滤网和下密封环压盖，测量叶轮的瓢偏及轴端跳动，作好记录；

g）旋下叶轮下方的锁紧螺母，抽出叶轮；

h）用 0.5t 小倒链将主轴垂直吊起，主轴抽出后保持垂直吊装放置；

i）测量轴的弯曲和密封环间隙，检查有无磨损、锈蚀，检查轴承磨损情况，分解的各部件用煤油进行清洗；

j）组装时按相反的顺序进行，对滚动轴承清洗后应添装适量的黄油；

k）轴承润滑油泵检修质量标准见表 O.22。

表 O.22 轴承润滑油泵检修质量标准

序号	名称	标准 /mm
1	轴弯曲度	≤ 0.10
2	进口油封环的径向间隙	单边 0.15~0.25
3	出口油封环的径向间隙	单边 0.15~0.25
4	轴杆与中间轴承的径向间隙	0.08~0.15
5	轴杆与下轴承的径向间隙	0.08~0.15
6	轴窜动量	0.20~0.35
7	轴弯曲小于	≤ 0.06
8	叶轮瓢偏值	≤ 0.20
9	叶轮外径	
10	叶轮轴孔内径	
11	叶轮轴外径	
12	泵轴直径 mm	
13	叶轮吸入口直径	
14	叶轮出油口宽度	
15	电机型号	
16	电机功率	
17	设计工况下，转速 3000r/min 时	
18	中心找正标准	端面跳动≤ 0.05、圆周跳动≤ 0.05

O.12.6.3 危急润滑油泵

O.12.6.3.1 概述

危急润滑油泵的作用与轴承润滑油泵相同，所不同的是它由直流电机驱动，在交流电源失电的情况下向润滑系统提供液压能源。

O.12.6.3.2 检修工艺

由于危急润滑油泵与轴承润滑油泵在结构上完全相同，其检修工艺可参照执行，这里不再重复。

O.12.6.4 冷油器

O.12.6.4.1 概述

冷油器是用来冷却轴承润滑油的，本机组采用的是双联冷油器，它与换向阀相连，在运行过程中可切除一台冷油器并由另一台冷油器来维持油温。该冷油器冷却面积为 250m^2，冷却水量为 8000L/min。

O.12.6.4.2 检修工艺

a）冷油器在大修时应重点彻底清洗油水两侧，首先必须拆除上、下两个水室。

b）在拆除水室前，应排出冷油器中所有的油和水。

c）在检查有缺陷的挡板时可能要拉出管束，在拉出管束之前，必须先拆下换向水室，管侧 O 形圈和在换向端的密封隔板，拆卸时要十分小心，以免划伤换向管板密封面，决不可使用锐利或尖头的工具，当拉出管束时壳侧 O 形圈将落出，可用特制的吊环螺钉来拉出管束，管束应在支架或导轨上移动，并应放置在适当的木快或特制支托板上，切不可使个别管子受力。

d）拉出管束后，检查所有 O 形圈，如果已损坏或脱落，即需要更换，在冷油器的换向端任一 O 形圈的内径大于换向管板的外径时，即需更换。

e）清洗完毕后对冷油器进行组装打压，油侧额定试验压力为 1.25 倍的工作油压（即 0.49MPa），耐压时间为 5min。

f）如果铜管泄漏，可采取两端加堵的办法，但封堵铜管数目不应超过铜管管束总量的 10%。

g）换向管板端 O 形圈的安装（下端）

由于本冷油器的密封采用 O 形圈密封，对安装工艺要求较高，这里重点进行讲述。

（a）装配前彻底清除污物，保持各部洁净；

（b）装入 O 形圈前可用凡士林，黄油或多用途锂润滑脂稍加润滑 O 形圈；

（c）把 O 形圈的一边放在换向管板顶部，然后将另一边直接向下拉，应注 O 形圈不可扭曲，并把它套上管板外圈；

（d）用手指把 O 形圈压入环形开口，观察那里的 O 形圈已压入，该点就是压入的开始点；

（e）按正确的装圈次序，重复多次进行，小心压入；可使用一个边缘光滑的平头工具适力压入 O 形圈；

（f）在 O 形圈全部与槽边接触后，用锤绕轴 360°，轻敲 O 形圈，以确保 O 形圈可靠密合；

（g）把密封隔板装在相应位置，然后再装上外 O 形圈，装上换向水室和螺栓，把螺母拧到金属与金属接触即可，无须拧得过紧。

h）进水端 O 形圈的安装（上端）

冷油器进水端的 O 形圈不需要有专门工具，在进水管板和壳体法兰上车出的槽可使 O 形圈安装在一个平面上，只要交错拧紧进水室法兰上的四根等距离螺母，就可把 O 形圈紧紧地固定在密封槽内。

O.12.6.5 换向阀

O.12.6.5.1 概述

它可实现两个冷油器油流的任意切换，并实现在切换过程中不中断向汽轮机供油。换向阀手柄的指向位置表明那一个冷油器在运行。其主要参数：工作介质为透平油，工作压力为 0.345MPa，最高工作温度为 93.3℃。

O.12.6.5.2 检修工艺

a）该阀门至少每年应该检查和使用一次，以保证操作灵活。

b）需要转动手柄前，须先转动手轮 2 圈以放松对轴的紧力，手柄转动完毕后，须再次反向转动手轮以压紧转轴，防止轴径处泄油。

c）该阀门一般不进行解体检查，特殊情况下如需进行解体检查，须遵循下列步骤：

（a）从顶端拆下转向手柄销子，卸下转向手柄；

（b）逆时针方向转动并拆掉压紧手轮；

（c）拆下轴压盖的内六角螺钉和相关 O 形圈；

（d）拆下切换阀上端盖；

（e）拆去套筒；

（f）从阀内拆出上阀碟，取下键；

（g）卸去下法兰板，从阀内把阀杆和下阀碟一起拉出，拉出后拆下下阀碟，保持定位螺母的位置不变；

（h）复装时按分解的相反顺序进行。

d）注意事项：

（a）该阀采用 O 形圈密封，解体过程中要注意保护各密封面，严防出现损伤划痕等缺陷，更换新 O 形圈时应先以适量油脂对其进行润滑；

（b）操作切换阀时应尽量保持两个冷油器的油压相等或接近，以减小转动力矩。

O.12.6.5.3 排除故障

换向阀的常见故障及处理方法见表 O. 23。

表 O.23 换向阀常见故障及处理方法

故障现象	故障原因	处理方法
套筒环和套筒间泄漏	0. 12. 圈磨损或损坏	更换 O 形圈（用少量油脂润滑）
阀杆和 O 形圈法兰间泄漏	0. 12. 圈磨损或损坏	更换 O 形圈（用少量油脂润滑）
0. 12. 圈法兰和壳体法兰间泄漏	固定 O 形圈法兰和螺栓松不动	拧紧螺钉，更换法兰垫片
闷头法兰和壳体法兰间泄漏	固定闷头法兰的螺栓松动，闷头法兰垫片磨损或损坏	拧紧螺钉，更换法兰垫片
阀门操作困难（在转换运行方式时）	作用在阀盘上的压差过大	不要操作阀门

O.12.6.6 顶轴油泵

O.12.6.6.1 概述

主机顶轴油泵均采用的是上海高压油泵厂生产的轴向柱塞泵。其主要参数：型号为 P. LS63/45，流量为 63mL/r，转速为 1500r/min，公称巨力为 16MPa。

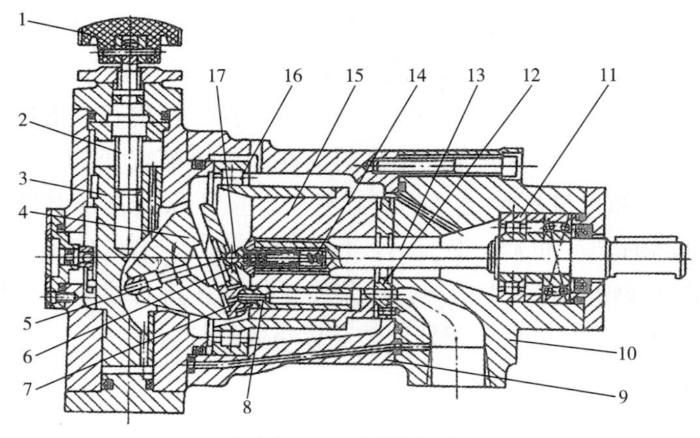

图 O.46　顶轴油泵

1—手轮；2—螺杆；3—活塞；4—斜盘；5—销；6—压盘；7—滑履；8—柱塞；
9—中间泵体；10—前泵体；11—前轴承；12—配流盘；13—轴；14—中心弹簧；15—缸体；
16—大轴承；17—钢球

顶轴油泵由泵壳、泵盖、泵轴、旋转缸体、柱塞、配油盘、回程盘、滑靴、变量头、轴承等组成，如图 O. 46 所示。冷油器出口的润滑油经入口滤网，进入泵壳、配油盘，工作时泵内充满润滑油。泵轴带动缸体、七支柱塞、回程盘、滑靴，沿着变量头平面上的耐磨衬板旋转。同时，各柱塞往复运动，从配油盘的吸入侧吸油，通过配油盘输出侧的油路输出高压油。柱塞中的高压油提供配油盘两侧的密封压力，柱塞后的油孔向滑靴、变量头注入润滑油，柱塞转动也使得泵壳内的润滑油流动，供给 5#、6#、7#、8# 轴承的润滑顶轴用油。

为了不使泵内油温过高，有一部分油送回油箱；调节变量头的倾斜角，可以调节油量、油压；输出油压过高时，顶轴油系统的安全阀将动作、泄油至主油箱。顶轴油泵的泵体上部并联装设有溢流回油管路至主油箱。

O.12.6.6.2　检修工艺

a）拆离泵壳上的各油管接头，拆开联轴器。拆卸泵壳前端面、支座间的紧固螺栓，抽出油泵、吊运至检修场地解体。拆出泵壳侧面的放油丝堵，放尽泵内的存油。

b）拆卸泵盖，在止口拆出时放松轴端的弹簧；取出拨杆、变量头、衬板，连同回程板抽出各柱塞、滑靴；解体滑靴，取出柱塞。从轴端取下球体、弹簧、内外弹簧座；拆下缸体、配油盘、防转挂销；拉下联轴器，拆出弹性填圈、压盖，抽出泵轴，拆下各组滚动轴承；拆下变量端盖，抽出连杆、活塞。

c）用平尺检查缸体端面、配油盘两侧的密封面、变量头衬板的磨损情况，不严重时用油石找平，上平板研磨，用红丹粉检查配油盘两侧密封面的接触严密情况。磨损严重时，在平面磨床上找平。

d）检查柱塞与缸体、滑靴瓦片的磨损情况，拉毛、磨损时更换；研磨滑靴平面、球铰，抛光柱塞、缸体孔表面；修光变量头两侧的半圆销、销座；检查拨杆端部的磨损情况，修光拨杆端部的球面。

e）检查变量调节连杆与活塞的连接部位应无损坏，活塞凹窝应无磨损、拉毛，抛光连杆、活塞表面。取出变量端盖内的逆止阀弹簧、活塞，均应正常；拆下泵盖上的变量指示盘，其他如轴承、轴端的压弹簧、球体等，按照常规检查、处理。

f）用煤油清洗全部零件、疏通各部位的油孔，用压缩空气吹净。组装中，各柱塞按松紧程度选配。按原厚度更换全部的密封衬垫，按照原来直径更换各处的橡胶密封圈，在各滑动表面浇注汽轮机油。装复后，封扎全部油口，装入底座。

g）用平尺检查联轴器的对中情况，调整电动机底座进行找正。更换各油管接头的衬垫，连接各进、出油路，将变量连杆调整至较小的位置。

O.12.6.7 注油器

O.12.6.7.1 概述

注油器除供给离心式主油泵入口用油以外，还供给润滑油系统用油，这样可避免用高压油供给润滑油，减少功率的额外损耗，提高系统的经济性。注油器由喷嘴、滤网、扩压管、进油管等组成，如图 O.47 所示。

当压力油经油喷嘴高速喷出时，在喷嘴出口形成真空，利用自由射流卷吸作用，把油箱中的油经滤网带入扩散管，经扩散管减速升压后以一定的压力排出。注油器出口油压太高，主要原因是高压油流量太大，供油量过剩，只要将油喷嘴出口直径减少即可。注油器出口油压波动，可能是因为喷嘴堵塞、油位太低或油中泡沫太多。

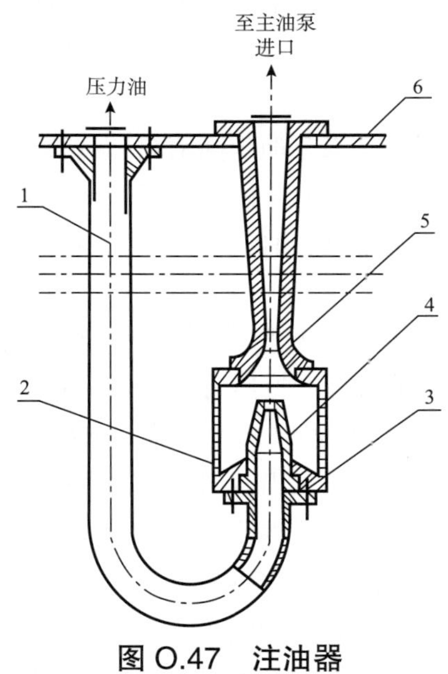

图 O.47 注油器

1—进油管；2—喷嘴；3—螺栓；4—扩压管；5—盖板；6—滤网

O.12.6.7.2 检修工艺

注油器在无缺陷的情况下一般不进行检修。如需检修，按以下步骤进行：

a）卸下紧固螺栓，拆下进油管喷嘴、油室和扩压管。

b）清洗检查上述部件，喷嘴及扩散管应光滑，无毛刺及严重锈蚀或汽蚀，油室无杂物。

c）拆前测量喷嘴到扩压管的间距、喷嘴口直径和扩散管喉部直径，并作好记录，回装时保证以上原始尺寸。

d）回装后螺栓应紧固可靠。

O.12.6.8 主油箱

O.12.6.8.1 概述

主油箱主要是用来储存系统用油，同时还担负着分离油中的水分、蒸汽、沉淀物、空气泡以及油烟气的任务。

O.12.6.8.2 主要技术参数

主油箱的主要技术参数见表 O.24。

表 O.24 主油箱主要技术参数

序号	名称	数据
1	名义容积	$25m^3$
2	最大容积	$39m^3$
3	油箱总长	5810mm
4	油箱总高	3020mm

注：液位高度以油箱底部最低点为基准。

O.12.6.8.3 检修工艺

a）打开油箱放油门，将油放净。

b）打开 6.3m 平台上进油箱顶部的门栏，在油箱周围设置临时围栏，以免外人误入。

c）在将油箱顶部清扫净后，揭开滤网上部盖板及人孔盖，将滤网吊出检查，若有破损，应补焊或更换。

d）经化学人员查看油箱内部情况后，从人孔进入油箱内部清理。首先用盖板将放油口堵住，分别用白布、煤油和面沾净，经化学人员验收后，准备复装。

e）检查注油器和油位指示器。

f）检查油箱内无遗物后，放进滤网，扣上盖板及人孔门盖板。

g）检查排油烟风机。

h）关闭油箱放油门及事故放油门，将油注入油箱至规定值。

O.12.6.9 主油泵

O.12.6.9.1 概述

该主油泵轴与高压转子刚性连接，其作用是在机组正常运行时向润滑系统及注油器供油，同时向危急遮断母管供油，以维持隔膜阀处于关闭状态，如图 O.48 所示。

主要参数：型式为蜗壳型离心泵，额定转速为3000r/min，出口油压为2.0MPa。

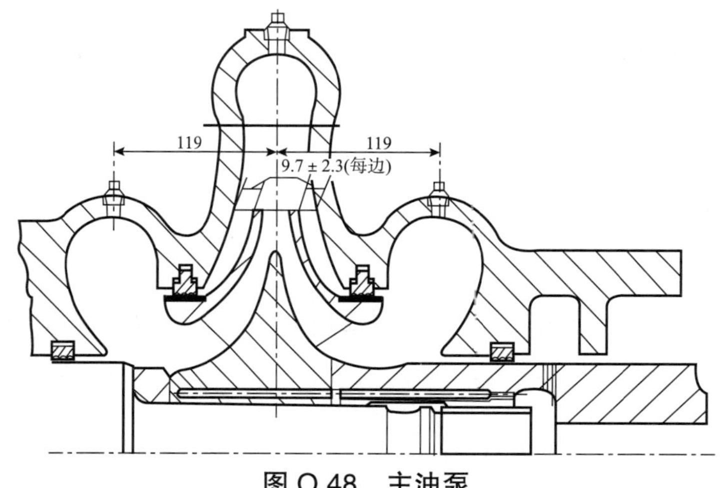

图 O.48　主油泵

O.12.6.9.2　检修工艺

O.12.6.9.2.1　拆掉主机前箱盖及前端圆盖。

O.12.6.9.2.2　视具体情况由热工人员拆除有关测点，探头等接线。

O.12.6.9.2.3　用内六方扳手和梅花扳手松开油泵上盖螺丝，取出油泵结合面定位销，平稳地吊出油泵上盖。

O.12.6.9.2.4　检查油泵内外四个密封环能自由转动，无椭圆毛刺、磨损，大密封环与叶轮间隙为0.05～0.15mm（直径），小密封环与叶轮径向间隙为0.05～0.15mm（直径）。

O.12.6.9.2.5　检查叶轮，表面光滑，无毛刺，叶片无裂纹、汽蚀。叶轮外缘与泵壳侧隙，单边为11mm。

O.12.6.9.2.6　主油泵叶轮通常与高压转子不进行分解。必须分解时要做好相应的记号，连接螺栓应编号，复装时按原位装回。复装后检查推力盘的外圆和平面值≤0.02mm。

O.12.6.9.2.7　对叶轮进行着色探伤检测，同时做好检测记录。

O.12.6.9.2.8　全面检查泵上盖与壳体，应完好无异常。

O.12.6.9.2.9　按解体的相反顺序复装，复装完毕后应检查泵上盖与壳体间隙合格。

O.12.6.9.2.10　复装时的注意事项：

a）检查油泵叶轮室、进油室、出油室无异物。

b）复装过程中应再次检查各密封环的间隙及其他相关参数，符合标准时方可继续复装。

c）安装密封环时应注意左右旋向，切勿装错。靠近机头侧的为右旋，靠近高压缸侧的为左旋。

d）装后测量转子延伸轴的跳动量，应小于0.10mm。

O.12.6.9.2.11　主油泵检修质量标准：见表O.25。

表 O.25　主油泵检修质量标准

序号	名称	标准 /mm
1	大密封环与壳体轴向间隙（双侧）	0.05～0.13
2	大密封环与叶轮间隙	0.05～0.15
3	小密封环与壳体轴向间隙（双侧）	0.05～0.13
4	小密封环与叶轮间隙	0.05～0.15
5	叶轮外缘与泵壳轴向侧隙	约为 11
6	推力盘的外圆和平面值	≤ 0.02
7	转子延伸轴的跳动量	≤ 0.10
8	叶轮晃动度	≤ 0.05

O.12.7　配汽机构

本机配汽机构包括两只高压主汽门，六只高压调节汽阀，两只再热主汽门和两只再热调节汽阀。

O.12.7.1　高压主汽门

O.12.7.1.1　概述

事故状态时快速切断进入汽轮机的高压蒸汽，防止机组超速，另一方面它可由电液伺服阀控制参与汽轮机的调节，如图 O.49 所示。

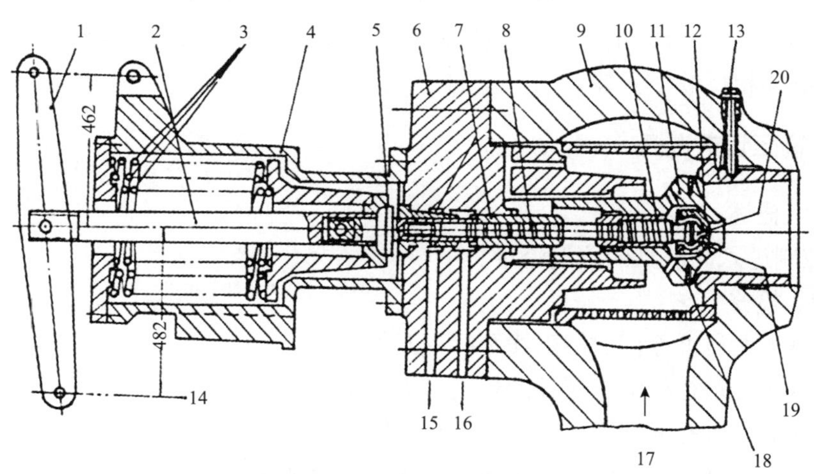

图 O.49　高压自动主汽门

1—杠杆；2—传动杆；3—压弹簧；4—弹簧室；5—导向杆；6—阀盖；7—封套；8—阀杆；9—阀体；10—螺纹衬套；11—主阀芯；12—预启阀阀芯；13—阀座（扩散器）；14—油动机中心线；15—低压疏汽口；16—高压疏汽口；17—进汽管口；18—弹性填块；19—阀杆膨胀间隙；20—小弹簧的支座

O.12.7.1.2　检修工艺

a）首先由热工人员拆除电液伺服阀引线，拆除行程开关盒。

b）测量并记录全开位置限位螺杆的长度，拆下限位螺杆。

c）松开油动机各油管接头，注意检查 O 形圈不可掉入管道内，松开的接头及时进行封堵，严防杂质落入。

d）卸下油动机杠杆与弹簧杆的销子，松下油动机与弹簧盖相连的内六角螺栓。

e）用专用加长杆缓慢、均匀地松开弹簧，取下弹簧盖，用铁丝将四组弹簧与弹簧室捆扎牢固。

f）取下主汽门连杆与弹簧杆的销子。

g）卸下弹簧座 M27 的罩盖螺母，用行车吊走弹簧室。

h）测量并记录主阀的予启行程和全行程。

i）拆卸主汽门盖下方的疏汽管道。

j）用加热棒热松主汽门螺栓，金属监督部门应对各螺栓进行探伤检测。

k）用专用顶丝顶起主汽门盖，用行车将门盖及滤网组件整体吊离，取下主汽门垫片。

l）及时用盖板对阀壳口进行封堵，并加装封条。

m）各部件主要参数：

（a）主阀行程：（105±3）mm；预启阀行程：（13±1）mm；

（b）导向套与阀碟的直径间隙：0.33～0.40mm；

（c）主阀杆与阀套的直径间隙：0.28～0.34mm；

（d）弹簧导杆与套的直径间隙：0.25～0.33mm；

（e）导向杆与主汽门阀盖外端套筒直径间隙：0.06～0.12mm。

n）主汽门螺栓（M72×3×485）的冷紧力矩力是 760N·m，当螺栓螺纹的表面质量下降时应适当加大冷紧力矩。热紧螺栓弧度 $\theta=85°$，伸长量为 0.40mm。

o）按解体相反顺序复装。

O.12.7.2 高压调节汽阀

O.12.7.2.1 概述

调节控制进入高压缸的蒸汽流量。

O.12.7.2.2 检修工艺

a）由热工人员拆除伺服阀引线及行程开关盒。

b）测量并记录行程限位螺杆的长度，拆下限位螺杆。

c）松开油动机各油管路，并及时进行封堵。

d）松开弹簧座与接座的连接螺栓，整体吊走弹簧室。

e）拆去调节汽阀盖的紧固螺栓，整体吊出调节汽阀盖和调节阀体。

f）用专用工具从阀碟端旋出阀杆，从调节汽阀盖中抽出套筒。

g）及时封堵蒸汽阀室孔口并贴封条。

h）按相反顺序进行复装。

i）主要技术参数：

（a）阀杆与套筒的径向间隙：0.28～0.33mm（单边，下同）

（b）阀套与套筒的径向间隙：0.25～0.30mm；

（c）阀碟公称密封接触直径：ϕ152.06mm；

（d）阀杆密封行程：（57.18±2.29）mm。

j）注意事项：装配时应仔细研磨调节汽阀盖和蒸汽室壳体的接触面，确保严密不漏。

k）高压调节汽阀部套间隙标准：见表 O.26。

表 O.26 高压调节汽阀部套间隙标准

序号	名称	标准 /mm
1	主阀与阀座阀线（必要时研磨）	全周接触
2	阀套与套筒径向间隙	0.25～0.30
3	阀杆密封行程	57.18±2.29
4	阀杆与套筒径向间隙	0.28～0.33
5	阀盖与壳体平面接触（必要时研磨）	全周接触
6	压缩弹簧（大）自由长度	543
7	压缩弹簧（小）自由长度	543
8	拉力弹簧长度	230
9	油动机工作行程	80
10	预启阀行程	3.01～3.51

O.12.7.3 再热主汽门

O.12.7.3.1 概述

控制进入汽轮机中压缸的蒸汽流量，如图 O.50 所示。

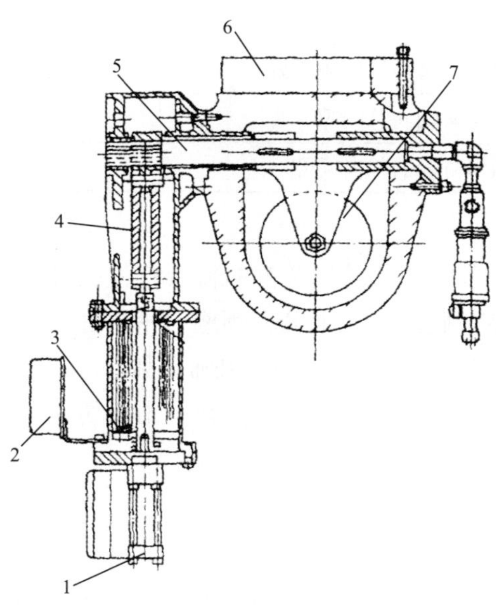

图 O.50 再热主汽门

1—油动机；2—开关接线盒；3—弹簧组；4—曲臂；5—门杆；6—阀盖；7—门芯

O.12.7.3.2　检修工艺

a）用装拆弹簧专用工具拆下弹簧组，拆下油动机，及时对管口进行封堵。

b）打出阀杆上的圆柱销，旋下阀杆。

c）拆下阀盖螺栓，吊走阀盖，并及时封堵孔口。

d）拆去油动遮断阀，拆下轴承盖。

e）将专用短轴压入主轴内孔，从轴承盖端抽出门轴，同时防止主阀碟磕碰损伤，防止零部件掉入蒸汽管道。

f）测量如下技术参数：

（a）主轴与衬套直径间隙：0.38～0.48mm；

（b）轴承盖套与阀壳的直径间隙：0.03～0.13mm；

（c）轴承盖法兰止口与阀壳的直径间隙：0.03～0.23mm；

（d）摇臂轴套与两侧的支承轴套的总侧隙；2.30mm；

（e）阀碟与摇臂连接配合的直径间隙：3.07～3.28mm。

（f）油动机全行程：177.8mm，

g）按解体的相反顺序复装。

h）再热主汽门检修质量标准：见表O.27。

表 O.27　再热主汽门检修质量标准

序号	名称	标准 /mm
1	摇臂与螺母沿周间隙（全周）	0.25～0.38
2	摇臂与阀杆的径向间隙	3.07～3.28
3	轴与衬套的径向间隙	0.38～0.48
4	阀碟与阀座接触	100%
5	装配时研磨确保接触良好	全圆周上有 80% 的表面接触
6	摇臂轴向总间隙	2.30
7	轴与衬套的径向间隙	0.38～0.48

i）注意事项：

（a）当阀碟在关闭位置时，油动机关侧的富余行程应等于6.40mm；

（b）安装阀碟时应使阀碟能自如地贴合阀座的密封面，阀碟背紧螺母拧紧后，应保证背紧螺母与摇臂结合面全周保持0.25～0.38mm间隙；

（c）拆装弹簧组时应使用专用工具，防止弹簧击出伤人。

O.12.7.4　再热调节阀

O.12.7.4.1　概述

调节控制由锅炉来的再热蒸汽进入中压缸的流量与高压调门共同参与机组负荷的调整，如图O.51所示。

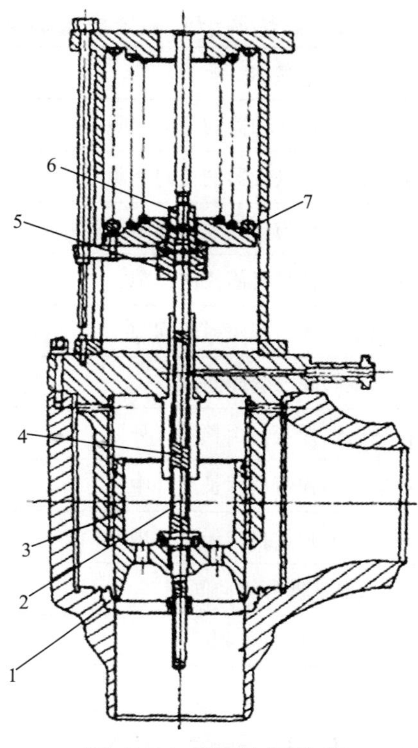

图 O.51 再热调节阀

1—阀座；2—门杆；3—门芯；4—阀套；5—连接器；6—油动机门杆；7—弹簧组

O.12.7.4.2 检修工艺

a）松下汽阀盖螺栓，松开疏汽管法兰，吊出汽阀盖和滤网。

b）拆下连接油动机的内六角螺钉，小心地吊走油动机，防止油动机活塞杆碰伤。

c）用装拆弹簧专用工具紧固弹簧，直至露出凸型垫圈，然后继续紧固弹簧15～25mm，将凸凹垫圈上推，露出圆柱销，将其打出；用螺丝刀将油动机侧连轴止动螺钉旋出，最后可用勾形扳手将连接器旋下。

d）及时封堵阀壳孔口并加贴封条。

e）对各部进行修磨，测量以下参数：

（a）阀杆与联接器内孔的直径间隙：0.03～0.10mm；

（b）阀盖与套筒的过盈间隙：0.10～0.18mm；

（c）阀杆与套筒内孔的直径间隙：0.285～0.36mm；

（d）阀碟与阀盖内衬套的直径间隙：0.915～1.065mm；

（e）阀杆下端与导向衬套的直径间隙：0.33～0.38mm；

（f）阀碟总行程：222mm。

f）按相反顺序复装。

g）再热调节阀检修质量标准：见表 O.28。

表 O.28 再热调节阀检修质量标准

序号	名称	标准 /mm
1	油动机门杆与联轴器的径向间隙	0.025～0.13
2	汽侧上门杆与联轴器的径向间隙	0.025～0.10
3	汽侧上阀杆与套筒径向间隙	0.33～0.38
4	汽侧下阀杆与套筒径向间隙	0.33～0.38
5	汽侧下阀杆与阀座衬套间隙	0.33～0.38
6	主阀碟与套筒间隙	0.915～1.065
7	圆柱型压缩弹簧自由长度（外）	
8	圆柱型压缩弹簧自由长度（中）	
9	圆柱型压缩弹簧自由长度（内）	
10	汽侧活塞环轴向间隙	0.22～0.38
11	汽阀全行程	222

h）注意事项：

（a）在阀碟上装设两个活塞环，每一活塞环装入槽中后，转动并检查其垂直方向和端缝间隙；

（b）阀盖内孔与活塞环研磨应达到如下要求：在阀盖内孔圆周上接触面应达 90%以上；每一环的周向接触应为总宽度的 90%以上；

（c）装配完毕后，应调整油动机的缓冲行程为 6.35mm。

O.12.8 CCJK330-16.67/1.2/0.5/538/538 汽轮机超速试验措施

O.12.8.1 组织分工与工作人员的条件要求

O.12.8.1.1 所有工作人员必须熟悉检修设备的工作原理及构造，了解超速试验的目的与要求。

O.12.8.1.2 参加检修的工作人员精神状况应良好。

O.12.8.1.3 所有工作人员应服从组织，合理分工，保持试验过程中的通信畅通。

O.12.8.1.4 在试验过程中应严格遵守有关安全措施，确保人员的人身安全，确保汽轮机设备的安全。

O.12.8.2 试验技术措施

O.12.8.2.1 主机班在试验前应准备好相应的图纸、资料和试验所必需的工具。

O.12.8.2.2 超速试验前应全面检查记录机组运行的各个参数值，主机班应将本班所辖设备的运行参数记录好，如油系统的压力值、AST、OPC 的油压值、润滑油压等。

O.12.8.2.3 超速试验前应充分暖机，在 3000r/min 以下进行机组的喷油试验，以检查危急遮断器的动作可靠性，注意记录喷油试验的油压值，并和停机前所试验的记录值相比较（停机前的喷油试验压力值为 0.045MPa）。

O.12.8.2.4 危急遮断器的动作转速应整定在额定转速的 110%～112%动作，试验时先带部分负荷运行，4～5h 后解列进行试验。

O.12.8.2.5 如危急保安器的动作转速超出规定值时，必须对其弹簧预紧力的调整螺母进行重新整定，具体整定步骤如下：

a）停运机组盘车；

b）再次检查喷油试验针型阀确已严密关闭；

c）拆开主机油箱前箱圆堵板；

d）拆卸喷油试验油管及其固定支架；

e）用螺丝刀小心撬出小轴端部的弹簧挡圈，找到危急遮断器弹簧调整螺母的定位销孔，旋入 M5 的螺杆，拔出定位销；

f）做好调整螺母的原始位置记录，用专用调整工具按预先计算的数值进行调整（注：调整螺母转动每个缺口大约改变机组转速约 40r/min）；

g）调整后按上述相反的顺序进行复装。

O.12.8.2.6 考虑到转子的热弯曲、机组差胀等因素，上述调整工作时间应尽可能短，一般不超过 15min 为宜。

O.12.8.3 安全措施

O.12.8.3.1 超速试验前主机班应对主机油系统、顶轴油系统、EH 油系统、AST、OPC 危急遮断系统进行全面的检查，做到人员分工合理、工作有序，同时保持通信联络畅通。

O.12.8.3.2 试验人员听从试验总指挥的统一指挥调度，发现异常情况及时报告。

O.12.8.3.3 在进行试验时应避免主汽压力过高，防止调门瞬时开大而造成严重超速。

O.12.8.3.4 超速试验前应检查热工 AST、OPC 电磁阀试验合格，检查手动脱扣及远方脱扣试验合格。

O.12.8.3.5 危急遮断器的调整工作由汽机维修部主机班负责，主机班事前应向有关人员进行专项培训。

O.12.8.3.6 调整的过程中要小心谨慎，采取切实可行的措施，防止螺丝、工具等异物落入主机前箱。

O.12.8.3.7 调整时应有专人监护。

O.13 TGQ06-7 型给水泵汽轮机本体检修工艺规程

O.13.1 汽轮机技术数据

O.13.1.1 汽轮机型号、名称和型式：

a）型号：TGQ06/7-1。

b）名称：330MW 汽轮发电机组半容量锅炉给水泵驱动汽轮机。

c）型式：单缸、双汽源、高低压汽源内切换、冲动凝汽式、（上）下排汽。

d）运行方式：变参数、变功率、变转速。

e）额定功率：4.137MW（对应大机 THA 工况）。

f）额定进气压力：1.1759MPa；温度：392.5℃。

g）额定排汽压力：12.2kPa；温度：49.8℃。

h）额定内效率：82.1%。

i）额定转数：5226r/min。

j）调速范围：3000～6000r/min。

k）最大连续功率：6MW。

l）超速保护动作转速：5696～5801r/min（机械）；5644r/min（电气）。

m）旋转方向：面对机头为顺时针。

O.13.1.2 额定工况下汽轮机汽源参数允许变化范围：见表 O.29。

表 O.29 额定工况下汽轮机汽源参数允许变化范围

汽源＼参数		主蒸汽门前蒸汽参数	
		压力 /MPa	温度 /℃
高压汽源	主机四段抽汽	1.0	310～400
低压汽源	辅助蒸汽联箱供汽	1.0	280～350

O.13.1.3 排汽压力：额定工况 4.7～13.1kPa，最大允许背压 47.7kPa。

O.13.1.4 额定工况汽耗率：4.7～5.3kg/kW。

O.13.1.5 连续运行转速范围：3000～6000r/min。

O.13.1.6 危机保安器动作转速为锅炉给水额定转速的 109%～111%（机械）。

O.13.1.7 汽机转子临界转速计算值：一阶为 2550r/min，二阶为 12200r/min。

O.13.1.8 盘车装置：汽轮机转子盘车转速 43r/min，盘车装置交流电动机容量 4kW。

O.13.1.9 汽轮机转子旋转方向：自汽轮机向给水泵方向看为顺时针方向旋转。

O.13.1.10 汽轮机本体主要件重量：

a）汽轮机本体总重：29t；

b）汽轮机转子：1.85t；

c）汽轮机上半（包括汽缸上半、隔板、汽封上半、配气机构、低压调速喷嘴、后端盖及 2# 轴承座上半）：约 7.71t；

d）汽轮机下半（包括汽缸下半、隔板、汽封下半、后端盖及 2# 轴承座下半）：约 6.22t；

e）低压主汽门：1.67t；

f）中压主汽门：0.89t；

g）高压主汽门：0.65t。

O.13.1.11　汽轮机本体外形尺寸：

a）长 × 宽 × 高（运行层以上）：3900×3570×3080（mm）；

b）汽轮机转子中心距运行层之间高度：1000mm。

O.13.1.12　油系统（所标油系统的压力均指表压）：

a）电动主油泵出口油压：0.70MPa，经调压阀调整后 12m 平台油压为 0.25MPa；

b）电动主油泵油量：267L/min；

c）润滑系统油压：经调压阀调整后 12m 平台油压为 0.25MPa；

d）直流事故油泵出口油压：0.70MPa，经调压阀调整后 12m 平台油压为 0.25MPa；

e）直流事故油泵油量：267L/min。

O.13.2　概述

TGQ06/7-1 型汽轮机为驱动给水泵用变转速单缸冲动冷凝式汽轮机。用于配套 300MW 汽轮发电机组半容量，可直接拖动锅炉给水泵，每台汽轮发电机组除配备汽轮机驱动给水泵外，另一台 30% 容量的电动机驱动给水泵，汽动给水泵投入正常运行时，电动给水泵作为启动或备用给水泵。本汽轮机是北京电力设备总厂生产的变转速、变功率、变参数、多汽源的单缸、单轴、反动式、纯凝汽式汽轮机。采用主汽轮机四段抽汽作为工作汽源，当主机负荷降到约 35% 额定负荷（定压）或 30% 额定负荷（滑压）以下，调节阀开度大于 95%，主机四段抽汽不能满足给水泵的耗功要求，布置在备用蒸汽管道上的蒸汽调节阀（切换阀）打开，将备用蒸汽引入，相续通过主汽阀、调节阀，然后进入喷嘴做功。此时，工作汽源已由主机四段抽汽切换至备用蒸汽。反之，当主机负荷升到约 35% 额定负荷（定压）或 30% 额定负荷（滑压）时，关闭备用蒸汽管道上的蒸汽调节阀（切换阀），主机四段抽汽通过主汽阀、调节阀，然后进入喷嘴做功。此时，工作汽源已由备用蒸汽切换至主机四段抽汽。其他工况出现切换，原理同上。蒸汽在汽轮机中做完功后，排汽至主机凝汽器，排汽管上装有一只电动真空蝶阀，以便给水泵在停用时，切断给水泵汽轮机与主汽轮机凝汽器的联系，且不影响主汽轮机的真空。本机组设有控制油系统和独立的润滑油系统两套油系统。控制油系统由主机的 EH 油系统供油；润滑油系统由两台交流油泵、一台直流油泵为轴承提供润滑冷却油。给水泵汽轮机汽水系统图如图 O.52 所示。

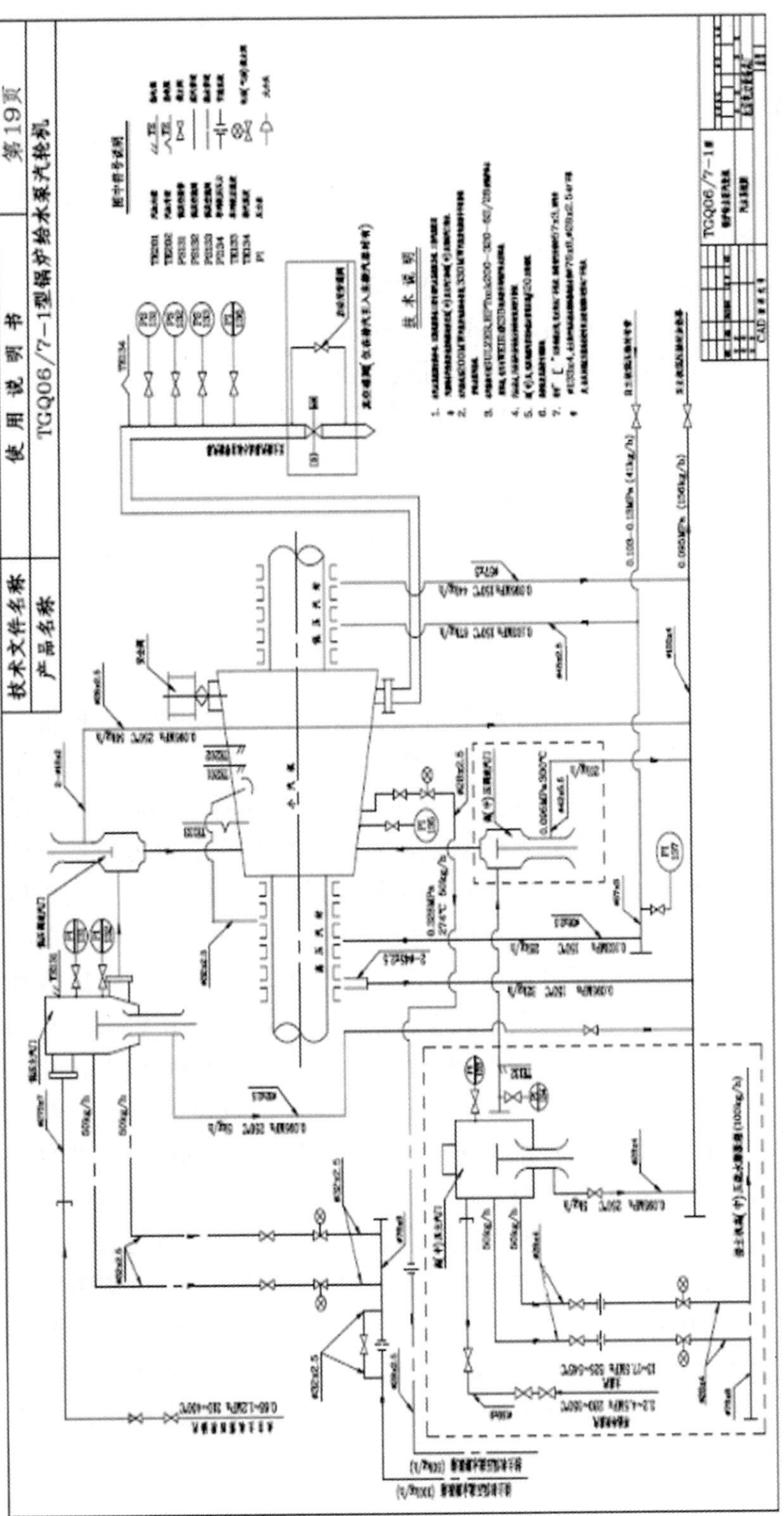

图 O.52 给水泵汽轮机汽水系统图

O.13.3 汽缸检修

O.13.3.1 概述

O.13.3.1.1 汽缸/弹簧板支承结构

本汽轮机为单缸机组，汽轮机本体由汽缸、转子、喷嘴组、隔板、轴封、隔板汽封、径向轴承、主汽门及配汽机构等主要部件组成。另外还有一套能保证汽缸沿着预定方向自由膨胀，其中心保持不变的弹簧板及导向机构，为了防止在停机或启机时转子弯曲设置的盘车装置。

汽轮机汽缸由高压缸和低压缸组成，高压缸采用铸钢件，低压缸采用钢板焊接件，高压缸和低压缸在垂直接合面处焊接在一起，汽缸在汽轮机水平中分面分成上下两半，低压喷嘴组位于前汽缸的上半，汽轮机配备的高压联合主汽门和低压主汽门分别位于汽缸的两侧，高压喷嘴组位于前汽缸的下半，本汽轮机通过低压缸向下排汽，在低压缸顶部装有一只汽阀。

汽缸的死点为排汽口中心线与轴心线交点，整体汽轮机位于含有四组弹簧支撑板的整体底盘上，汽轮机的定位由这四组弹簧支撑板确定，前弹簧板与前轴承箱把合固定，后弹簧板通过连接板与汽缸把合在一起，左右侧对称布置的弹簧板支撑结构则与汽缸紧固在一起，这种结构确保汽缸膨胀时前后方向的膨胀，死点位于排汽口中心，膨胀量由前后弹簧板承接，而左右方向发生膨胀时，死点位于汽机轴线上，膨胀量则由对称布置的侧面弹簧板承接。

O.13.3.1.2 转子及动叶

为适应本汽轮机采用不同参数的蒸汽、高速运行的情况，转子采用高强度合金钢为材料的整锻转子，由于转子直径小，设计为无中心孔的实心转子。

转子上共有 7 级叶轮，沿汽流方向依次为单列调节级，第二至第七级压力级叶轮，各级叶轮装有动叶片，轴的前端装有机械式危急遮断器，盘车壳体，径向推力联合轴承，推力盘与转子体整体加工而成，轴的后端装有径向轴承和与给水泵相连的联轴器，转子总长 3190mm，总重 1850kg，前后轴承中心间距 2250mm，前轴直径为 125mm，后轴颈直径为 160mm，转子组装完毕后做动平衡，以消除转子的不平衡重量，调节级及末级叶轮的侧面开有槽沟，以备加平衡块时使用。

本汽轮机是变转速汽轮机，正常运行的转速范围较宽，所以转子上动叶片全部采用不调频叶片，叶片材料选用具有较高的热强性、良好的减振性和抗腐蚀性的马氏体型耐热不锈钢制造，第一至第五级为直叶片，末两级为扭叶片，叶根采用外包双菌型叶根，在叶片的顶端装有围带，围带和叶片分组铆接在一起，末级叶片的叶身高度为 195mm，其节径为ϕ821mm。

O.13.3.1.3 喷嘴组

本汽轮机低压蒸汽由低压主汽门进入配汽机构的蒸汽室，再通过低压喷嘴室进入汽轮机上半缸，高压蒸汽从高压主汽门通过高压喷嘴组进入汽轮机下半缸。

低压喷嘴组分为四组，按低压调节汽阀开启顺序喷嘴个数排列为7-8-9-8，喷嘴叶片与内、外环焊成一体，用螺栓与前汽缸上半低压喷嘴室连接。

中压喷嘴组由喷嘴内外环和导叶栅焊接而成，共15个汽道，喷嘴与中压喷嘴室焊成一体，中压喷嘴组一端与前汽缸下半把合在一起，并通过法兰短节与中压联合汽门相连，而另一端可沿四周自由膨胀，当双汽源汽轮机使用主机再热冷段蒸汽作为高压汽源时配备高压喷嘴组。

高压喷嘴组由材料为马氏体型耐热不锈钢的喷嘴板加工的七只锥孔喷嘴构成，喷嘴板与高压喷嘴室焊成一体，高压喷嘴组与前汽缸下半把合在一起，并通过法兰短节与高压联合主汽门相连，而另一端可沿四周自由膨胀。

O.13.3.1.4 隔板

本汽轮机共有六级隔板，为适应变参数，急剧的负荷变化和快速启动，各压力级隔板全部采用焊接式隔板，即将铣制不锈钢静叶片焊接在内外围带之间成为静叶栅，静叶栅再与隔板外环和隔板体焊接在一起，每级隔板设计成上、下两半，上、下两半隔板中分面处在左右端各有一件调整螺钉，通过调整螺钉可使隔板中心和转子中心保持一致，各级隔板底部有一纵向键，用于隔板的周向定位，上半隔板与下半隔板的中分面研刮成高精度平面，在平面内装有径向密封键，作用是使其具有良好的密封性，以阻止蒸汽从中分面处泄漏，每级隔板从中分面处均有一只骑缝圆柱销，用以保证上、下隔板的良好对中，各级隔板直接安装在前汽缸内壁的隔板槽中，靠隔板两侧的压差，使隔板出汽边一侧紧贴在汽缸内壁的隔板槽一侧，保持密封不漏汽．而在隔板的外圆与隔板槽底部有足够的径向间隙，以供隔板安装时调整和隔板受热膨胀，而隔板内径处安装有隔板汽封，可以减少其级间的漏气损失，上半隔板两侧用压板固定在上半汽缸上，拆卸时上半隔板随上半汽缸一同起吊。

O.13.3.1.5 轴封及隔板汽封

汽轮机汽缸高、低压端分别装有高、低压轴封，高压轴封的作用是阻止高压蒸汽沿轴向外泄漏；低压轴封的作用是阻止外部空气沿轴向进入低压汽缸内，从而影响主凝汽器真空，高低压轴封均为高低齿式结构，在转子上直接加工成凹槽，梳齿扇形汽封环安装在汽缸上，考虑汽封受热时的膨胀，汽封环间留有间隙，纵向密封齿组装在转子密封槽中间，以便在负荷瞬间变化时在轴向不致发生磨损，高低压轴封的汽封环在中分面处用汽封压板固定，以防汽封环沿轴向运动，汽封槽与汽封环之间采用弹簧片支撑，利用弹簧力把汽封环固定在汽缸的汽封槽内，使转子和汽封齿之间保持最小的运动间隙，防止运动中扇形环发生跳动，造成轴封磨损。

隔板汽封是防止蒸汽从每级隔板的间隙沿轴向泄漏的阻汽装置，由高低齿结构的扇形汽封环组成，安装在隔板内板体的汽封槽内，隔板汽封与汽封环之间安装有弹簧片，利用弹力把汽封环固定在汽封槽内，中分面处用汽封压板支承，以防止汽封环沿周向运动。

O.13.3.1.6 径向轴承及推力轴承

径向轴承及推力轴承是保证汽轮机安全运行的一个重要部套，径向轴承的主要作用是承受汽轮机转子重量及迫使转子在汽轮机的相对水平中心线上旋转，推力轴承的作用是承受汽轮机转子的轴向推力及保存转子与汽缸的相对轴向位置。

径向轴承为球面可调式，采用强制润滑，衬瓦内表面浇有乌金，由球面瓦座定位，并由轴承座支承，前后有两个径向轴承，前径向轴承孔径为ϕ125mm，后径向孔径为ϕ160mm。前后径向轴承跨距为2250mm，前径向轴承装在前轴承箱内，后径向轴承装在排汽缸的端盖内，前径向轴承从水平面进油，在乌金的下半部与轴径之间形成一定厚度的油膜，润滑油借助于轴的转动被带到轴颈的上半部和推力瓦面，并从轴颈处吸走热量，前径向轴承的排油一部分进入回油管，在回油管上装有测温装置，以监视回油温度，另一部分排油直接进入前轴承箱，后径向轴承也从水平面进油，排油全部进入回油管，在回油管上装有测温装置，以监视回油温度，前后径向轴承乌金处都设有超温报警显示。

O.13.3.1.7 低压主汽门

低压主汽门由阀体和油缸两大部分组成，阀体采用高强度耐热合金钢铸造，主汽门的动作是油压开启，弹簧关闭，主汽门由预启阀和主阀组成，阀门总行程为128mm，其中预启阀行程3.50mm，进入安全油时，阀杆向上运动，先打开预启阀进汽，当主汽阀前后压比达80%时，主汽阀开启进汽，为防止杂物顺汽流进入，在主汽门内装有笼形蒸汽滤网（精、粗滤网各一件），试运行时，采用精滤网，试运行后，蒸汽品质达标时，换上粗滤网，切断进汽后，可以拿出滤网进行清洗。

低压主汽门的阀杆运动依靠油压控制，分为工作和试验两种状态，当危机遮断器复位机构和电磁打闸装置复位后，安全油压建立起来，并通过主汽门试验及保安组合阀进入低压主汽门底部油缸，依靠油压的力量推动阀杆，克服主汽门弹簧的阻力将主汽门打开，反之，当危机遮断器或电磁打闸装置动作，汽轮机跳闸时，在弹簧力的作用下，油缸内的安全油通过主汽门试验及保安组合阀迅速泄掉，保证了主汽门的快速关闭，同时为了防止运行中主汽门卡涩，设计有主汽门活动试验装置。

O.13.3.1.8 中压联合主汽门

汽轮机使用主机再热冷段蒸汽作为高压汽源时配备中压联合主汽门，中压联合主汽门是由阀体和油缸两大部分组成，阀体采用ZG20CrMo合金钢铸造而成，主汽门的动作是油压开启，弹簧关闭，主汽门由预启阀和主阀组成，阀门总行程为85mm，其中预启阀行程为2.50mm，进入操作油时，阀杆向上运动，先打开预启阀进入部分高压蒸汽，当主汽阀前后压比达到80%时，主汽阀开启，为防止杂物进入汽轮机，在主汽门内装有笼形蒸汽滤网，切断进汽后，可以拿出滤网进行清洗，中压调速汽门总行程为54mm，由配汽机构控制其开启量。

中压主汽门的阀杆运动依靠油压控制，分为工作和试验两种状态，当危机遮断器复位机构和电磁打闸装置复位后，安全油压建立起来，并通过主汽门试验及保安组合阀进入中压主汽门底部油缸，依靠油压的力量推动阀杆，克服油缸活塞弹簧的阻力将主汽门打开，反之，当危急遮断器或电磁打闸装置动作，汽轮机跳闸时，在弹簧力的作用下，油缸内的安全油通过主汽门试验及保安组合阀迅速泄掉，保证主汽门的快速关闭，为了防止运行中压主汽门卡涩，设计有主汽门活动试验装置。

O.13.3.1.9　配汽机构

本汽轮机采用提板式配汽机构，通过一个油动机控制中、低压调速汽门，油动机由调节系统控制其运动量，油动机向下运动时，通过配汽机构杠杆先打开低压调节汽阀，低压调节汽阀开到一定程度再打开中压调节汽阀，四个低压调节汽阀分别对应四个低压喷嘴组，按照主机负荷的需要，通过控制油动机的运动量，从而控制各调节阀的开度，控制汽轮机的进汽量。

配汽机构的阀碟杆与横担之间有足够的间隙，以防止卡涩，横担冷态安装时必须摆正所有阀门处于关闭位置，但横担不直接压在各阀碟上，横担和各阀碟必须留有间隙（约 1～2mm）。

O.13.3.1.10　盘车装置

为了保证汽轮机在启动或停机过程中避免汽轮机转子因受热或冷却不均而引起的弯曲变形，必须按规程规定进行盘车，盘车有手动和电动两种方式。

盘车装置在汽轮机前轴承箱内，由 4kW 电动机驱动星形摆线针轮减速机，经减速后通过滑键拖动汽轮机转子一起旋转，正常盘车转速为 43r/min，当汽轮机冲转后，随着汽轮机转速的升高，滑键在离心力的作用下逐渐脱离，当汽轮机转速升到 280r/min 时，滑键将完全脱离轴套，此时汽轮机转子和盘车装置完全脱离。

为了保证在汽轮机正常停机或事故停机时，盘车装置能够自动投入与切除，采用“零转速探头”，在检测到汽轮机转子的速度降低至 30r/min 及以下时，给出控制信号启动盘车装置，也可由运行人员根据现场情况，手动或电动盘车，当汽轮机冲转后，在检测到汽轮机转子的转速升到 50r/min 及以上时，给出控制信号使盘车电动机停止转动。

盘车装置输出旋转方向从电机侧看为顺时针方向，而盘车电机旋转方向为逆时针方向。

盘车装置所配电动机及行星摆线针轮减速机的润滑采用油脂润滑方式，润滑脂有 00# 减速机脂或极压锂基脂 -2L-2，电动机及减速机出厂前已注入润滑脂，润滑脂的补充与更换为 4～5 年。

O.13.3.2　揭缸

O.13.3.2.1　揭缸工作应有专人指挥起吊。

O.13.3.2.2　吊起时不得少于 5 人，有专人在四角监视。

O.13.3.2.3　检查起吊工具是否牢固，并装好导杆，将汽缸均匀顶起 5～10mm 后检查汽缸各部应无异常。

O.13.3.2.4 调好起吊工具后，四角有人测量吊起高度，四角不平度不应大于 5mm，如发现不正常立即停止起吊。

O.13.3.2.5 汽缸吊出以后应放在指定位置，以具备翻上缸条件。

O.13.3.2.6 汽缸结合面的检查清理及水平测量。

O.13.3.2.7 吊出持环及汽封套后，全面检查清理，做汽缸严密性检查，扣空缸，紧 1/3 的汽缸中分面螺栓后，用 0.05mm 的塞尺塞不进为合格。

O.13.3.3 扣缸紧螺栓前应达到的要求

O.13.3.3.1 汽缸水平面间隙的测定。

O.13.3.3.2 检查持环装配情况并符合要求。

O.13.3.3.3 通流间隙、汽封间隙、隔板中心度合格。

O.13.3.3.4 用压缩空气将上、下缸吹净，把盖板拆除。

O.13.3.3.5 盖缸前要验收。

O.13.3.3.6 上缸吊起后吹净灰尘，找平中心后，落到离汽缸（下汽缸）水平面 200mm 处用枕木垫好，将涂料涂在中分面上。

O.13.3.3.7 汽缸落到离结合面 2～3mm 时打上锥销然后落到底。

O.13.3.3.8 冷紧螺栓，高压侧用18磅大锤打紧，低压侧用1.5m套管一个人用力紧死。

O.13.3.4 汽缸涂料配方

筒装密封脂。

O.13.4 转子检修

O.13.4.1 概述

本机采用不同参数的蒸汽和高转数、变转数的运行，所以转子是选用高强度合金钢整锻而成，该钢种具有比较低的脆性临界转变温度，可适应急剧的负荷变化和快速启动。转子动叶片共有六级组成，均为侧装式，前四级为直叶片，后两级为扭叶片。工作在湿蒸汽区的末级动叶片的进汽侧采用等离子高频淬火防止水蚀。末级叶片长度为 170mm。轴的前端装有磁阻发生器、机械式危急遮断器、推力轴承、前轴承、盘车等。推力盘与转子整体加工而成，轴的后端有后轴承、联轴器等，转子由前、后两个轴承支承，汽轮机的扭矩通过鼓形挠性齿式联轴器传递给汽动给水泵主轴转子。端部汽封体的内圆上嵌有汽封片，它与嵌在转子上的汽封片或车出来的输出组成了汽封，在转子和汽缸之间起着相互不接触的密封作用。依次排列的汽封片构成了迷宫式汽封，其中前汽封第一段漏汽被引到 5 级前继续做功，前汽封第二段、后汽封的第一段接至大机低压轴封供汽母管接口，前汽封第三段、后汽封第二段漏汽导入大机汽封冷却器。

O.13.4.2 测量工作

上缸吊出以后，应对转子进行修前测量，对照上次检修记录（第一次大修参照安装值）。

O.13.4.2.1 测量轴颈扬度：用合像水平仪放在轴颈上，测量一数值，然后调转 180°再在原来的位置上再测量一次，取两次测量结果的代数平均值。使用水平仪前，应检查水平仪是否准确回零，测量部位及水平仪底部应擦干净，测量前应使转子转到规定位置。

O.13.4.2.2 拆开与泵连接的靠背轮，测量转子的弯曲度、瓢偏度、轴颈锥度、椭圆度，测量方法及质量标准参阅主机转子的测量及计算方法。

O.13.4.2.3 动静间隙测量（轴向、径向）。

O.13.4.3 转子的起吊

O.13.4.3.1 起吊转子的工作应由一位专业人员指挥，起吊应使用专用索具及工具进行。

O.13.4.3.2 起吊时转子两头有人扶住，两边应有四人以上监护，以防止动静碰撞，如发现转子未随吊钩一同升起时立即停止起吊；转子吊出以后，放在专用的支架上。

O.13.4.4 清理叶片叶轮

O.13.4.4.1 各级叶轮上的结垢，应清理干净，所有叶轮应无裂纹、损伤，平衡孔四周如怀疑有裂纹，通知金属监督做进一步检查。

O.13.4.4.2 叶片应完整，无裂纹、擦伤等机械损伤，否则作好记录、研究处理方案。

O.13.4.4.3 复环铆钉头，叶根应完好无损，无松动现象。

O.13.4.4.4 转子上的平衡重块应牢固不松动。

O.13.4.4.5 检查轴颈、推力盘损伤情况，轴颈、推力盘应光滑无毛刺。

O.13.4.5 复装汽轮机转子

O.13.4.5.1 吊入转子时必须校核起吊水平，注意事项同吊出转子相同。

O.13.4.5.2 吊入转子时应密切注意，不应有碰撞，否则应停止，查明原因并消除后再继续吊入。

O.13.4.5.3 最后一次吊入转子时，应首先请有关人员验收，验收合格以后方可吊入转子。

O.13.4.6 各部测量方法及质量标准

O.13.4.6.1 平面瓢偏度

推力瓦及轴承上部拆除，设转子临时限位，转子轴向不能有大的窜动，在被测部位的圆周上分成八等份，第一点上应作一固定记号，以便于检查前后测量时比较。

在相对 180° 的直径方向距边缘距离 5～10mm 的端面位置上固定两只百分表，把表的测量杆对准记号 1～5 并与盘面垂直，将测量杆压进 1～2mm，调整表面使指针定在“50”刻度上，按转子旋转方向转动转子测量各点。当转子处于某一位置时，记下读数的平均值，然后求出转到 180° 后所得值之差，即为该盘在直径上瓢偏度的绝对值，其中最大值即为盘的最大瓢偏度。

O.13.4.6.2 测量转子弯曲度

将百分表架在轴承、汽缸结合面上，表指在被测表面上，被测部位用细砂纸打磨光洁，测点分 8 等份然后把表指在 1 点上旋转转子测定读数，最后回到原来位置 1 点上其读数应相等。同直径两端读数差值的一半即为该截面上的弯曲度，其中的最大值即为最大弯曲度。

O.13.4.6.3 转子安装位置之扬度按轮找中心方法，参照主机找中心方法。

本机要求中心标准：径向允许偏差≤ 0.03mm，端面允许偏差≤ 0.03mm。

O.13.5 汽封检修

端部汽封是在汽封体的内圆上嵌有汽封片，它与嵌在转子上的汽封片或车出来的梳形齿组成了汽封，在转子和汽缸之间起着相互不接触的密封作用。依次排列的汽封片构成了迷宫式汽封，汽封体轴向分成两半，依靠紧固措施，两半之间不会错开或转动。不锈钢材料的汽封片和方形钢丝两者一起被专用工具嵌入汽封槽中。

内汽封有轴向水平中分面，它的两半通过中分面螺栓来紧固，用定位销来正确定位。其轴向定位是由汽封外圆上的凸肩或凹槽与其相应的部套内圆上的凹槽或凸肩相配来完成的。汽封的轴向定位是由平头螺栓来完成的。汽封内圆上装有汽封片，它是由不锈钢材料的汽封片和方形钢丝一起被嵌入汽封槽中而形成的，汽封片的齿尖部分伸入对应轴圆周上开出的梳齿中，形成动静间不接触的密封结构，依次排列的汽封片和汽封齿组成了有效的迷宫式汽封，汽封片的齿尖部分伸入对应轴上的梳齿槽中，它的轴向和径向间隙的设计保证在正常运行工况下，避免由于动静体碰擦而引起的损坏。

O.13.5.1 清理检查汽封块。

O.13.5.1.1 检查汽封有无卷边毛刺、裂纹现象及磨损情况。

O.13.5.1.2 清理汽封，用砂布打磨各道汽封。

O.13.5.2 汽封洼窝中心调整。

O.13.5.3 测量汽封轴向径向各部间隙：在缸内进行的轴向间隙测量修前一次，修后一次，首先将推力瓦正确组装，测量前须把转子推力盘推至工作面上，用小塞尺逐道地测量间隙，要求值见图 O.53，如间隙不合要求应进行调整。

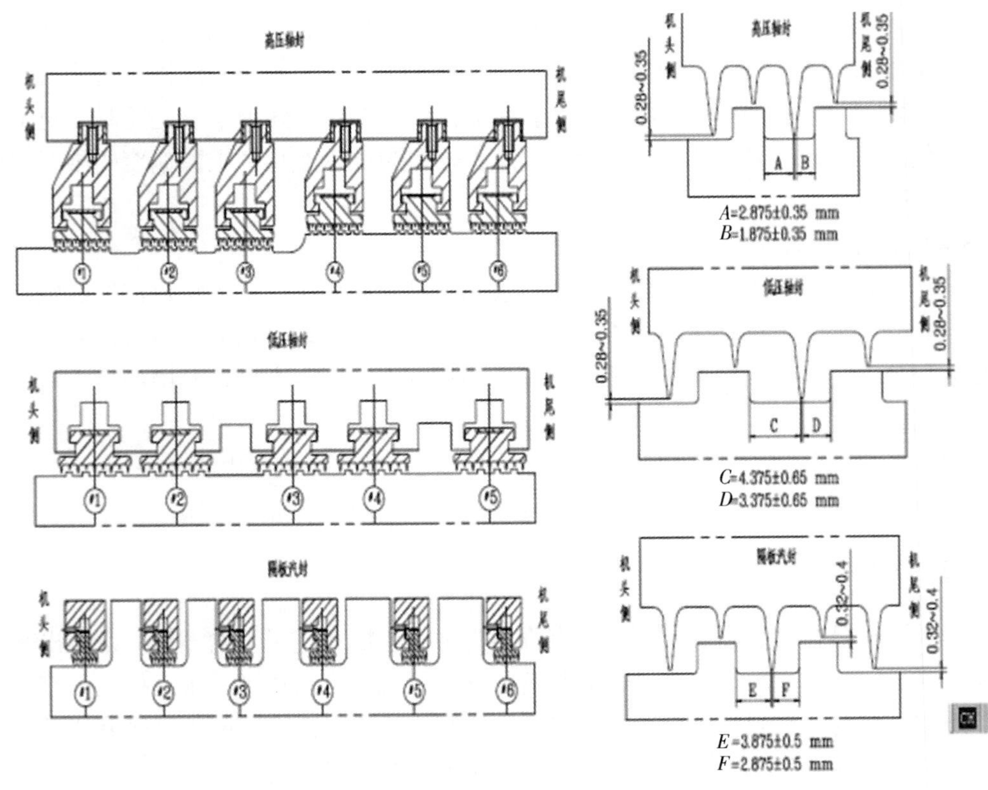

图 O.53　高、低压轴封和隔板汽封间隙

O.13.6　轴承的检修

O.13.6.1　概述

O.13.6.1.1　支持轴承

本汽轮机前、后支持轴承均为 5 瓦块可倾瓦轴承。瓦块装在上、下部分的轴瓦体内，轴瓦体上相邻两瓦块间的空档处均有一径向进油孔。运行时，油从这些径向孔流入到各可倾瓦与轴颈表面间形成油楔，润滑油最后从轴承两端流出，进入轴承箱的回油腔。

O.13.6.1.2　推力轴承

推力轴承和 1# 支持轴承布置于前轴承箱中。

推力轴承的正、反向各有 6 块推力瓦，推力瓦装在均载板上，使得各瓦块负荷都能随时均等。润滑油通过轴承体背面的环形缺口径向槽流到轴颈表面，再沿着轴颈表面轴向流到推力盘面的内径处，然后径向外流，油流随着推力盘的旋转作周向流动，进入推力盘与瓦块之间形成油楔。油最后从盘外缘甩出进入轴承箱的回油腔。

O.13.6.2 轴瓦解体检查测量

拆除上下半轴瓦中分面螺丝和销钉及瓦枕水平面连接螺栓，拔除锥销，吊出轴承盖或瓦枕，球面壳体注意检查平面或顶部有无垫片，如有应测其厚度作好记录，并妥善保管。检查轴承合金表面光滑，无脱胎、碎落、裂纹、腐蚀、过热后异常磨损等情况。

各瓦间隙，紧力测量调整：

前轴颈的间隙：0.25～0.29mm。

球面座底部垫块与轴承座之间间隙：0.03～0.05mm。

（不放转子时测量）

球面与球面座接触应达：75％以上。

轴承体中分面间隙：≤0.03mm。

O.13.6.3 推力瓦解体检查测量

推力轴承放在前轴承座内，其主要零部件是水平中分的轴承体和推力块，若干块可倾式推力块装配成一个环，推力块通过轴承体和调整垫圈把推力传给前轴承座，推力块与推力盘接触的表面浇有轴承合金（巴式合金），每个推力块的背面有一条凸出的支承面，推力块可以绕它倾斜，通过推力盘和推力块之间的相对运动就建立了油膜，由于推力块能够倾斜形成油楔，从而保证良好的润滑和传递推力。推力块由圆柱销径向固定，以防在圆周方向移动。推力盘两面的轴承结构是对称的，这样可以适应来自两个方向的推力。轴承体的外圆上还有左、右两副环形垫片以调整它在轴承座的轴向位置。

检查推力瓦块乌金表面应光滑、进油口完整，乌金无裂纹、剥落、脱胎、磨损、电腐蚀痕迹和过载发白、过热熔化或其他机械损伤，各瓦块工作印痕大致均匀相同，瓦块组装后能沿摇摆线自由活动。测量推力瓦间隙（轴窜量）δ 是在推力瓦组合状态下进行，盖上推力轴承的外盖打入锥销，拧紧水平面栓螺，在推力轴承外壳上装一百分表A，测量杆指在推力瓦下瓦枕上（且与轴平行）测量瓦枕的轴向移动量。另一只百分表B测量杆指在转子的某一平面上，并与轴线平行，将转子来回推向前后极限位置，读出百分表的最大值A_1、B_1与最小值A_2、B_2。轴窜量δ通过下式计算：$\delta=(B_1-B_2)-(A_1-A_2)$。

O.13.7 盘车的检修

O.13.7.1 盘车结构概述

为了保证本汽机转子在启动和停机时受热和冷却均匀，避免转子因受热和冷却不均而引起弯曲，所以本汽轮机转子必须按《运行规程》进行盘车。

盘车装置采用油涡轮盘车，盘车用油为汽轮机润滑油，盘车控制由盘车逻辑来完成，由DCS实现。同时可满足远方启停、监控和就地操作。驱动给水泵与小汽机一起盘车。盘车转速为43r/min。

O.13.7.2 操作

机组启动冲转前，该盘车装置在就地或远程信号的控制下自动投入并带动主轴旋转。机组启动冲转后，该装置能够自动甩开并停止运行。当该机组打闸停机，转速下降至盘车转速时，该盘车装置能够自动投入并带动主轴旋转。当电气或其他故障不能实现自动盘车时，该装置具有手动盘车能力，并且在手动盘车时自动盘车启动无效。

O.13.8 滑销系统的检修

O.13.8.1 概述

滑销系统的完好是保证汽轮机安全运行的重要条件之一。任何滑销的磨损、卡涩都可能引起机组中心偏斜，造成动静部分碰擦，发生严重振动等设备损坏事故。

O.13.8.2 滑销系统检修前的工作及检修

O.13.8.2.1 每次大修，对可能拆开的滑销都应解体检查。

O.13.8.2.2 各滑销及台板，应每两次大修间隔进行清理检修一次。

O.13.8.2.3 分解开的滑销应进行清扫，检查滑销是否有毛刺。

O.13.8.2.4 不能拆卸的滑销应用高压空气进行吹扫，吹扫前应将周围浮土杂物擦拭干净。

O.13.8.2.5 检查时应注意测量和记录其修前状态的数值（如间隙的变化）。

O.13.8.3 滑销系统的质量标准

O.13.8.3.1 后汽缸导向键间隙：设计要求值为 0.02～0.05mm。

O.13.8.3.2 后汽缸垂直调整元件间隙：设计要求值为 0.16～0.24mm。

O.13.8.3.3 拆下的滑销经彻底清扫后，组装前须用铅粉涂擦，组装后应用胶布暂时封堵滑销接触处。

a）各滑销组装后，各间隙须符合质量标准并做好技术记录。

b）组装时须按记号装，不得装反及互换倒装。

c）间隙过大的滑销可采用补焊及更换新销来处理，不许采用点焊、捻打的方法来处理，更换的新销材质及热处理工艺必须与原销相符。

O.14 给水泵汽轮机调速保安系统检修工艺规程

O.14.1 MEH 控制及调节保安系统概述

每台机配置两台变转速、变参数汽轮机，以拖动给水泵向锅炉供水。两台汽轮机正常工作时，由主汽轮机的四段抽汽供汽，该汽轮机的控制系统及保安系统在油路上互不相关。前者由主机高压抗燃油系统供油，其检修规程按主机部分相关条款执行；对于保安系统而言，它是由每台小汽轮机自身的供油系统供油。

给水泵汽轮机系统原理如图 O. 54 所示。

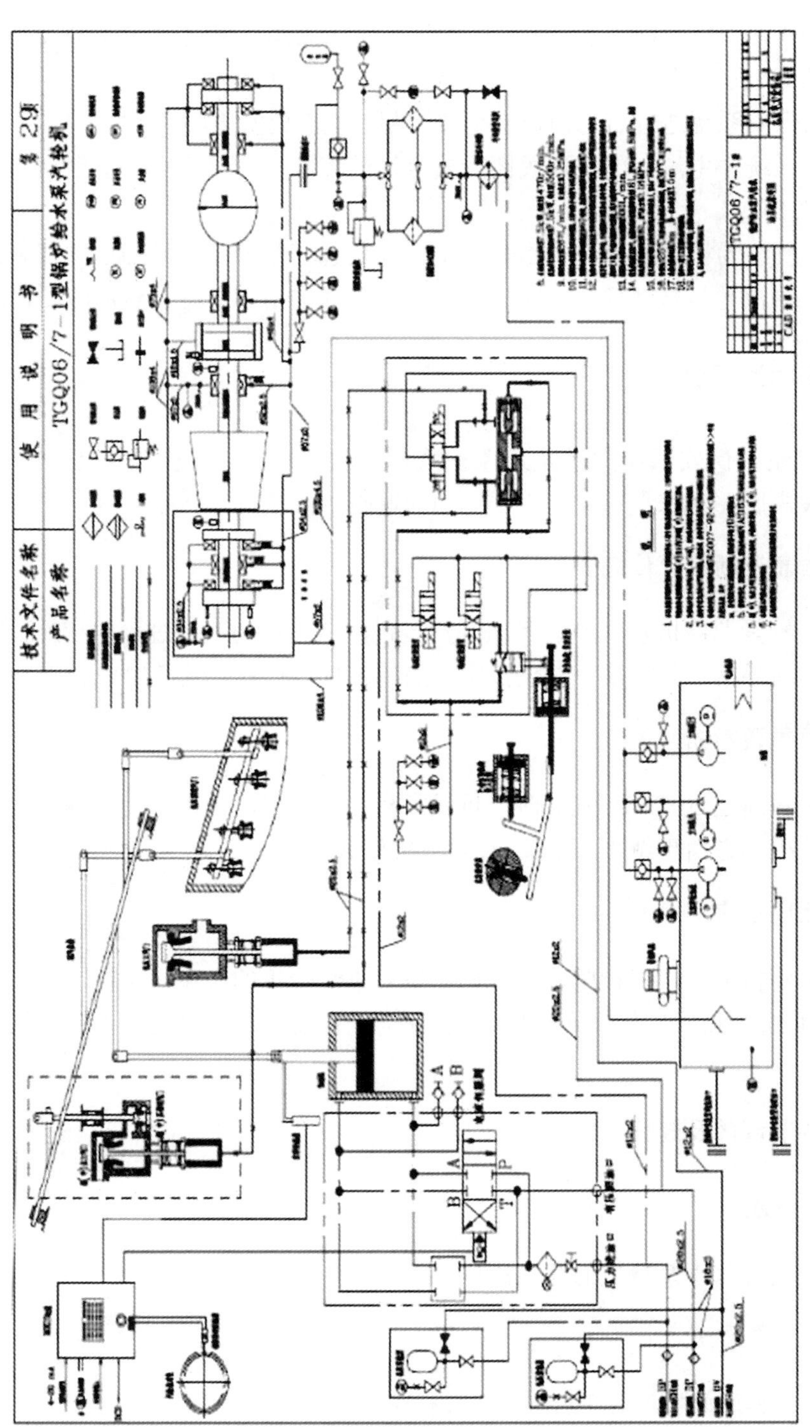

图 O.54 给水泵汽轮机系统原理图

O.14.1.1 电液控制系统简称MEH。以高压抗燃油为工作介质，以电液伺服阀为接口设备，以低压调节阀油动机为执行机构，构成一套完整的控制系统，控制给水泵汽轮机的转速。机组在启、运过程中，通过测速板采集机组转速信号，并进行判断、分析、计算，再综合LVDT返回的信号，输出控制信号到伺服阀，通过伺服阀来改变调节阀的开度，控制进入汽轮机的蒸汽流量，从而改变汽轮机的转速。

O.14.1.2 保安系统通过启动油及安全油控制着主汽门操纵座。

O.14.1.3 系统中主汽门的快速关闭受安全油的控制，一旦安全油压泄去，主汽门将在1s内自动关闭。

O.14.1.4 机组的机械超速保护由一只重锤式危急遮断器和一只油压式复置的危急遮断油门组成，当汽轮机转速超过6327r/min时，重锤击出，危急遮断油门动作。

O.14.2 危急遮断油门

它是汽轮机保安系统中的超速保护执行机构，控制着安全油，当危急遮断器动作时，拉钩被击脱，活塞上移，泄去安全油，遮断小汽轮机。

O.14.3 危急遮断及复位装置

它是汽机紧急停机及复位的手动保护装置，另外可利用它进行电超速试验。它由行程滑阀、遮断手柄、防护罩、复位按钮、隔离手杆、行程开关等组成。

O.14.4 危急遮断器

当机组转速超过6327r/min时，重锤靠离心力击出，使危急遮断油门拉钩脱落，从而遮断汽轮机。它由重锤1、套2、弹簧3等组成。

O.14.5 低压主汽门

当正常停机或事故停机时，快速切断进入小汽轮机的汽源（小机汽源有两路：四段抽汽、冷再热或辅汽联箱），确保小机的安全。它由两部分组成：主汽门操纵座；主汽门本体。

O.14.6 调节汽阀及连杆

O.14.6.1 概述

调节控制进入小汽轮机的蒸汽流量。

O.14.6.2 工艺方法

O.14.6.2.1 松开螺栓，吊开蒸汽室盖及横梁。

O.14.6.2.2 拆卸球面螺母上的圆锥销，旋出球面螺母，取出球面座，阀碟检查。拆前还要先测量各阀碟行程。

O.14.6.2.3 拆卸圆柱销、螺栓、端盖。

O.14.6.2.4 拆卸传动杆支点处销子，取下传动杆。

O.14.6.2.5 拆卸圆柱销，松开圆销及螺母，旋出提升杆，取下横梁检查。

O.14.6.2.6 取出滑块、套筒检查。

O.14.6.2.7 检查蒸汽室。

O.14.6.2.8 调节汽阀的装配间隙标准：见表 O. 30。

表 O.30 调节汽阀的装配间隙标准

mm

间隙	要求 ±0.2	间隙	要求 ±0.2
1#	1.5	5#	41.5
2#	11.5	6#	51.5
3#	21.5	7#	61.5
4#	31.5	8#	71.5

O.14.6.2.9 各阀门编号记录：从汽轮机头方向看：

7#-5#-3#-1#-2#-4#-6#-8#。

O.14.7 主辅油泵

两台主辅油泵为一用一备。其中的每一台都具有既对调节系统又对润滑系统供油的能力。同时运行可满足盘车用油。

泵的机体立式布置，占地面积少，解决汽轮机油箱上辅助机械及管路等在安装上的困难。使机房设备布置整齐、美观。泵的叶轮、泵体浸入油中，无底阀装置。泵的轴承润滑不必外加油脂，由泵自身解决。

泵由泵体、泵盖（吸入锥口、轴承架、泵轴、叶轮构成；通过平板法兰将立式电机连接，泵轴与电机用联轴器挠性连接传动。吐出管安装在平板法兰上。整台泵可方便地垂直安装在用户的油箱上。

O.14.8 油箱

O.14.8.1 概述

在整个供油系统中，油箱是必不可少的，是储存汽轮机用润滑、调节等油，同时也是分离油中的水、气、消除泡沫和沉淀杂质的主要设备。

O.14.8.2 结构说明

O.14.8.2.1 油箱是密封的，能防止水和尘土进入。

O.14.8.2.2 油箱的底部是倾斜的，在最低点有泄放口，保证能完全排放。

O.14.8.2.3　油箱面板上有能进入油箱进行检修的人孔。

O.14.8.2.4　油箱回油口安装滤网，对回油进行粗滤，保证油箱内部的清洁度。

O.14.8.2.5　油箱上装有液位指示器，带高低报警，用于测量油箱油位。

O.14.8.2.6　油箱上装有带过滤罩的排烟风机，用于测量油箱油位。同时保持油箱内微负压，使回油畅通。

O.14.8.2.7　油箱内部油两道隔板，尽量使回油脂主油泵的流程长，充分消除泡沫机沉淀杂质。

O.14.8.2.8　油箱上备有油净化装置接口（下面的为进口，上面的为出口）。

O.14.8.2.9　油箱内部在对应人孔处，安装有人梯，方便进入油箱内部。

O.14.8.2.10　油箱顶上装有加油漏气滤网。

O.14.8.3　使用与维护

O.14.8.3.1　油箱在注入油之前，应保证油箱内部是清洁的。若有杂物或铁锈，应除去，最后再用面粉团清理。

O.14.8.3.2　油箱所加的油应按汽轮机、给水泵润滑和汽轮机调节用油规定的牌号。油箱第一次的加油量取决于油箱尺寸及其他设备充油时必需的注油量。具体数据与现场连接管的长度等有关。在汽轮机组运行时，油系统中的油损耗是很少的，只有当油箱油位低于最低油位时，才有必要加油，并且不能加得太多，以防汽轮机机组停机时，回油满出油箱。

O.14.8.3.3　可通过取样口，定期对油箱中的油进行化验，当水分等杂质的含量超标时，应对油箱中的油进行净化处理。当油的物理性能严重退化时：油中有巴氏合金的颗粒，表明系统中有轴承损坏；油中有钢质颗粒，表明运转零部件金属表面碰撞；油中有水，表明冷油器漏水或轴封漏气。

O.14.8.4　检修工艺

检修工艺与大机油箱相同。

O.14.9　供油装置的检修

O.14.9.1　供油装置定期检查

供油装置应定期（一般每年一次）进行检查。

O.14.9.2　供油装置运行前的检查要求

应按照供油装置运行前的检查要求，检查油泵、双联管式冷油器、双联滤油器等各组成部件、阀门、电气及连锁装置，检查各整定值，检查油箱油位等。

附　录　P
（规范性附录）
NC220/183\12.7/0.245 汽轮机检修质量标准

P.1　汽缸

P.1.1　螺栓拆装

a）当调节级处上缸内壁温度降到 80℃以下时，才允许拆汽缸结合面法兰螺栓；

b）将M52 以上的螺栓编号，拆下的螺栓、螺母、垫圈应配好，整齐堆放在指定位置；

c）拆卸汽缸法兰结合面螺栓顺序：

（a）拆卸汽缸法兰结合面螺栓，就按图 P. 1、图 P. 2、图 P. 3 所示的顺序进行；

（b）高压内、外缸和中压缸前部应热松，即用螺栓加热装置对螺栓进行加热，待螺帽与法兰间出现间隙后再旋开螺帽，以免螺纹间拉毛；

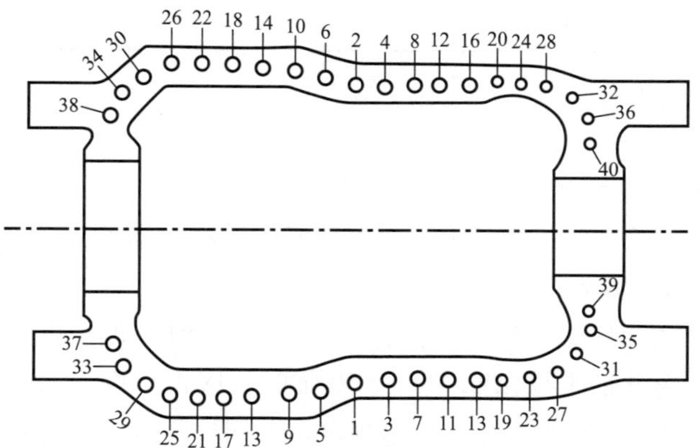

图 P.1　高压外缸法兰结合面

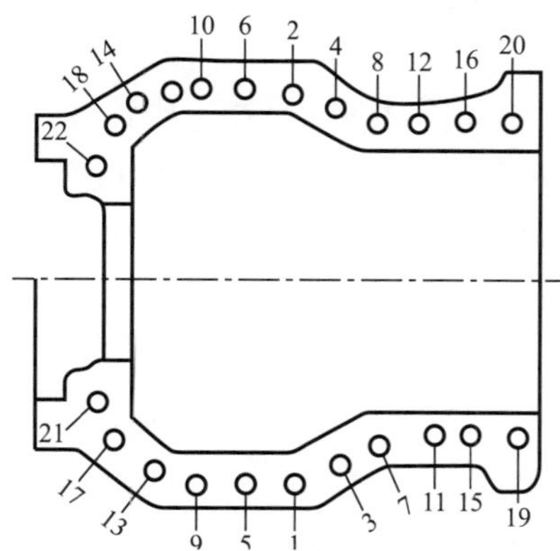

图 P.2　高压内缸法兰结合面

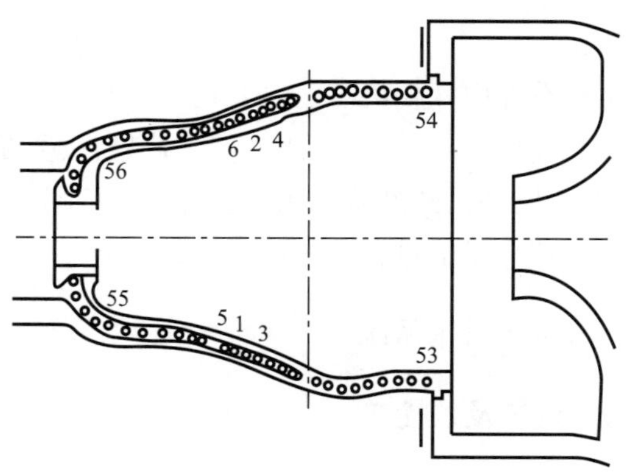

图 P.3　中压缸法兰结合面

（c）螺栓的拆卸、搬动、摆放均应小心轻放，以防损伤螺纹；

d）螺栓的冷紧和热紧：

（a）对于 M52 以下的螺栓，只需冷紧，冷紧的方法是用套管接长扳手紧螺栓，紧螺栓与拆螺栓的顺序相同；

（b）对于高压内、外缸和中压缸前部，由于温度高，运行中螺杆伸长后将引起汽缸结合面漏汽，为此，高压内、外缸结合面螺栓在冷紧之后还需热紧，使汽轮机运行 20000h 后能满足密封要求；

（c）热紧螺栓时，要按照电加热装置使用说明书的规定进行，热紧的顺序与冷紧的顺序相同；

（d）热紧螺栓前，要将螺母转角用画线标出来，操作时，不允许超过规定的弧度，螺栓热紧时螺母沿外径转弧长如表 P. 1 所示。

表 P.1　螺栓热紧时螺母旋转要求

螺栓所处位置	螺栓伸长值 /mm	螺母转角 /（°）	螺母沿外径旋转弧长 /mm
高压外缸	1. 49	134	169
高压内缸	0. 55	50	63
中压缸前部	0. 51	46	44

P.1.2　揭缸

a）吊汽缸前应指定专人全面检查，确认上、下汽缸无任何连接件时，可允许吊汽缸，吊缸时应先在汽缸四角（或对角）装上导向杆并涂少量透平油，且在转子前、后轴颈或对轮上各装一只百分表；

b）拧入汽缸四角顶丝，将汽缸均匀顶起 5～10mm 时，再指挥吊车将汽缸吊起少许进行找正及找平，当汽缸平稳吊起 100～150mm 时，应再全面检查一次，导杆不蹩劲，螺栓无卡涩，汽缸内部无连接件和卡涩等现象，此时方可缓慢吊起；

c）汽缸脱离导杆时，四角应有人扶稳，以防汽缸转动，碰伤叶片；

d）在整个吊汽缸过程中，四角应有专人测量升起高度，前后有专人监视百分表指示变化；

e）不许用铁棍撬法兰强行起吊，坚决不允许将汽缸长时间悬吊在空中；

f）高压内缸上半吊缸时，应特别注意当缸体吊起一定高度（150～200mm）时，检查隔板压板是否断裂或压板螺栓是否松动脱落，以防隔板脱落；

g）整个吊缸过程，应统一行动指挥。

P.2　汽缸与滑销系统

P.2.1　汽缸及螺栓

a）上、下汽缸结合面清扫锈垢和密封涂料，空缸扣合检查结合面严密性，在上缸扣合后，将清扫修理好的螺栓冷紧上 1/3，用塞尺在缸内外进行检查，外缸结合面间隙不大于 0.05mm，中低压缸结合面间隙不大于 0.05mm，做好记录，间隙超过标准时，可在冷紧1/2螺栓情况下进行一次测量，如间隙仍然较大，就要刮研或采用其他方法处理；

b）汽缸结合面间隙处理：

（a）对于局部的沟痕可用局部补焊处理或金属喷镀；

（b）对于局部的间隙较小且在 0.30mm 范围之内，亦可采用填料处理；

（c）对于间隙在 0.1mm 以上较大汽缸变形的时候，应先用大平尺和塞尺片或百分表检查后刮研上汽缸，再以上汽缸为基准修刮下汽缸，如果上汽缸变形也较大，则先将上汽缸修刮后修刮下汽缸；

（d）如刮去金属超过 0.5mm，可用砂轮打磨，修刮方向与漏汽方向垂直，直到刮到接触点均匀且接触面积达 75% 以上为止；

（e）修刮合格后，应用精油石将修刮面打磨光；

c）汽缸裂纹处理：

（a）对于裂纹深度不超过 1/5 壁厚的小裂纹，可在裂纹端钻孔，防止发展；

（b）对于裂纹长度大于 30mm，深度超过 1/2～1/3 壁厚时，必须进行补焊；

d）螺栓：

（a）把汽缸上的螺栓做好编号，全部拆下。由金相室检查，更换新螺栓必须做光谱与硬度试验；

（b）高、中压缸结合面螺栓要指派有经验的人认真细致清扫检查，清除丝扣上的氧化物，用什锦三角锉修理丝扣，然后用油石及专用特制丝母精细研修，修好的螺栓要涂上磷状铅粉或二硫化钼膏；

（c）螺栓在汽缸上拧到底后，再回拧 2～3 圈，螺栓高度露出结合面的丝扣长度，扣装罩帽顶部应留有 5～8mm 的空隙，不得顶死。

P.3 滑销系统

P.3.1 各部滑销间隙（见图 P.4~图 P.10、表 P.2）

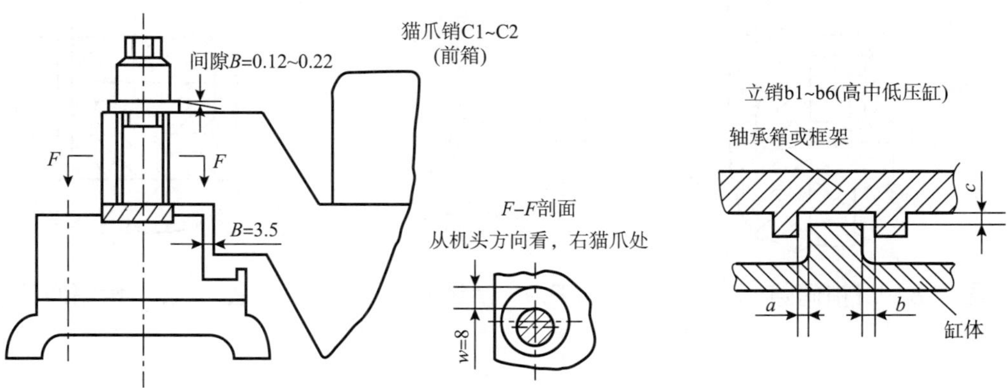

图 P.4 滑销系统位置图

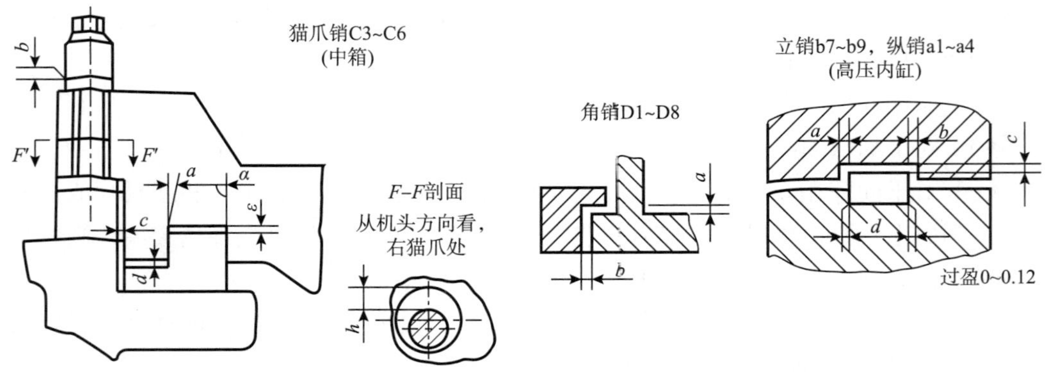

图 P.4 滑销系统位置图（续）

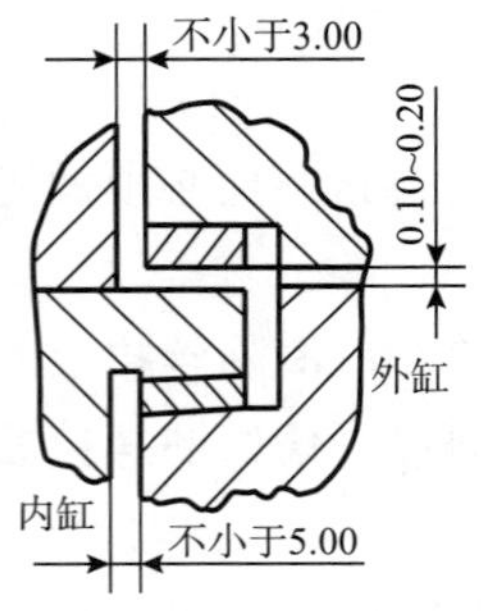

图 P.5 滑销间隙 1

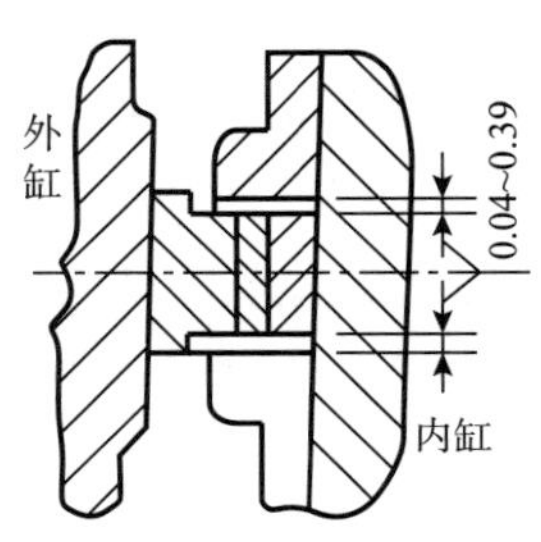

图 P.6 滑销间隙 2

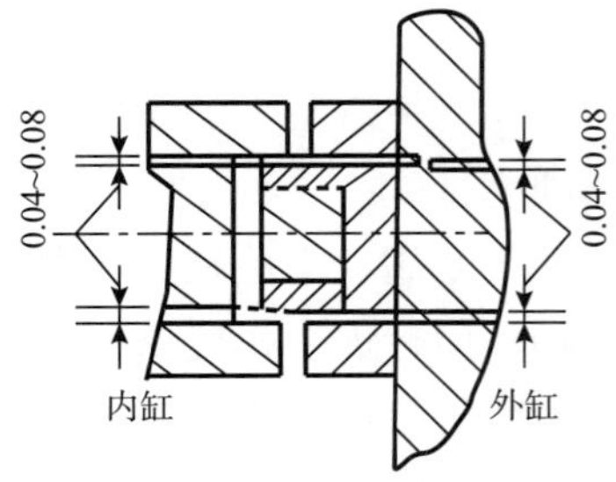

图 P.7 滑销间隙 3

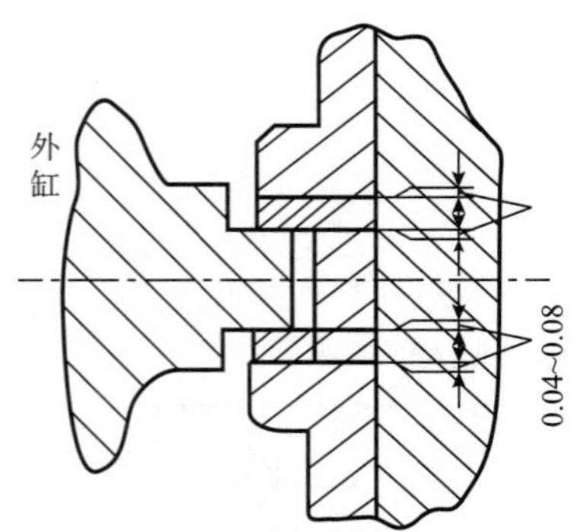

图 P.8 滑销间隙 4

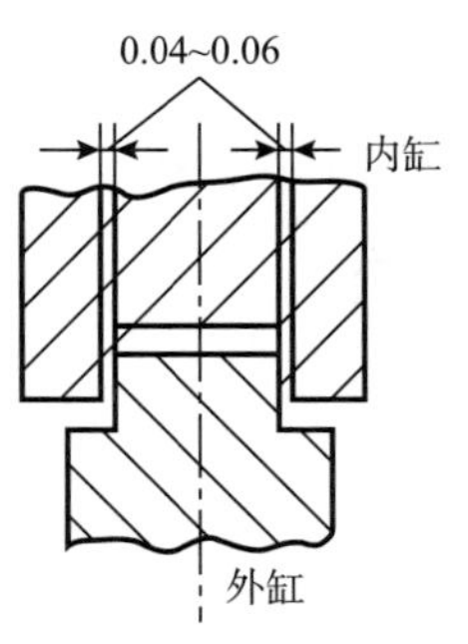

图 P.9 滑销间隙 5

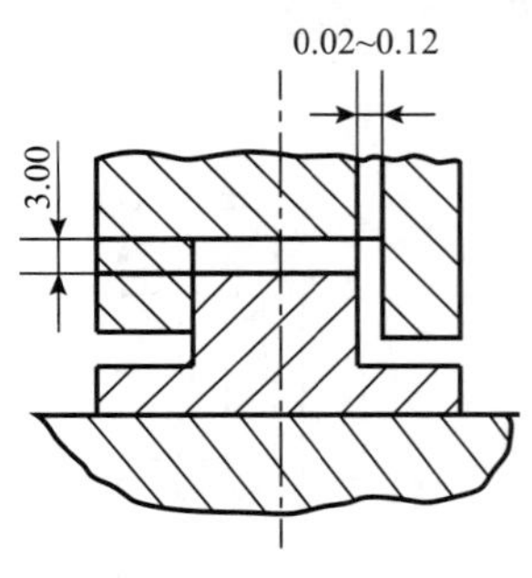

图 P.10 滑销间隙 6

表 P.2 各部滑销间隙

测量位置	设计值 /mm											
	A	B	C	D	E	F	A～A	B～B	C～C	D～D	E～E	F～F
a	3.0	3.00	3.00～4.00	9.00～10.0	6.00	0.10～0.20	0.12～0.22	0.04～0.08	0.12～0.22	1.00～2.00	8.00	/
b	0.12～0.16	0.12～0.16	0.12～0.16	0.12～0.16	0.10～0.20	9.00	0.04～0.08	3.50	2.00～3.00	10.0	0.05～0.07	/
c	/	/	过盈 0～0.02	过盈 0～0.02	6.00	3.00	过盈 0～0.02	/	2.00～3.00	0.04～0.08	/	/
d	/	/	3.00～4.00	9.00～10.0	/	/	/	/	/	2.50～5.00	/	/
e	/	/	/	/	/	/	/	2.50～5.00	/	/	/	/

P.4 隔板及汽封

P.4.1 隔板套及隔板底部定位键（销子）间隙见图 P.11。

P.4.2 隔板套外缘槽与汽缸配合间隙见图 P.12。

P.4.3 隔板外缘凸肩与汽缸和隔板套配合径向间隙见图 P.13。

P.4.4 隔板套挂耳装配间隙见图 P.14。

P.4.5 第 2～25 级、29、30、34、35 级隔板挂耳间装配间隙见图 P.15。

P.4.6 第 26、27、28、31、32、33、36、37 级隔板挂耳装配间隙见图 P.16。

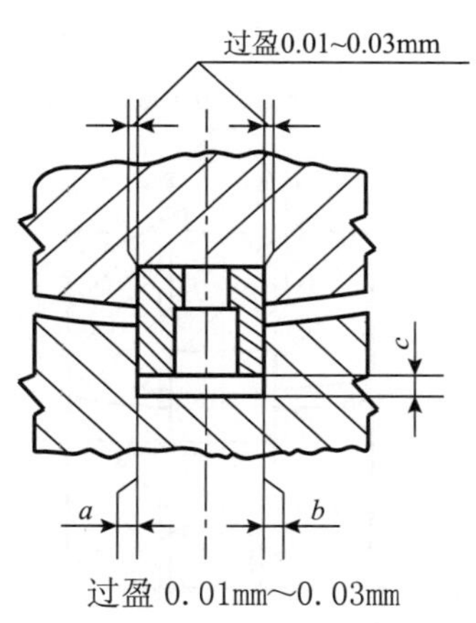

图 P.11 隔板套及隔板底部定位键间隙

$a+b$=0.03～0.05mm；c=2～2.5mm

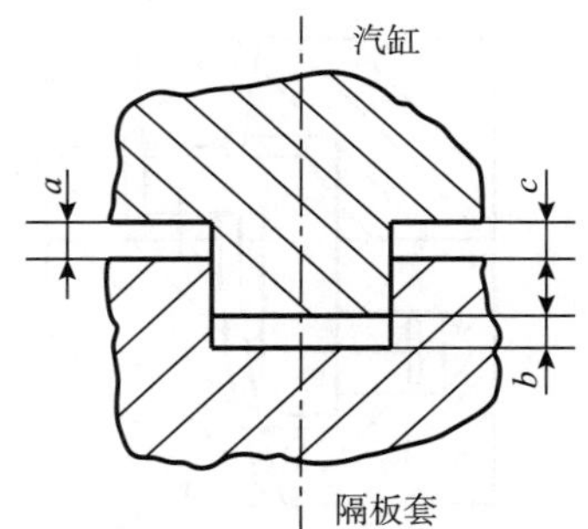

图 P.12 隔板套外缘槽与汽缸配合间隙

a=2mm；b=2mm；c=2mm

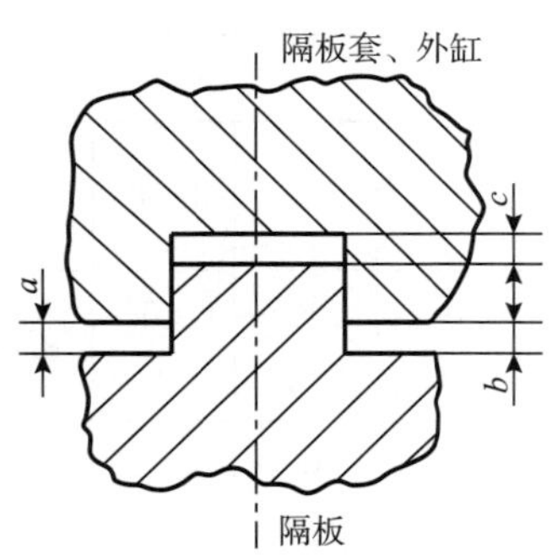

图 P.13 隔板外缘与隔板套径向间隙

a=2mm；b=2mm；c=2mm

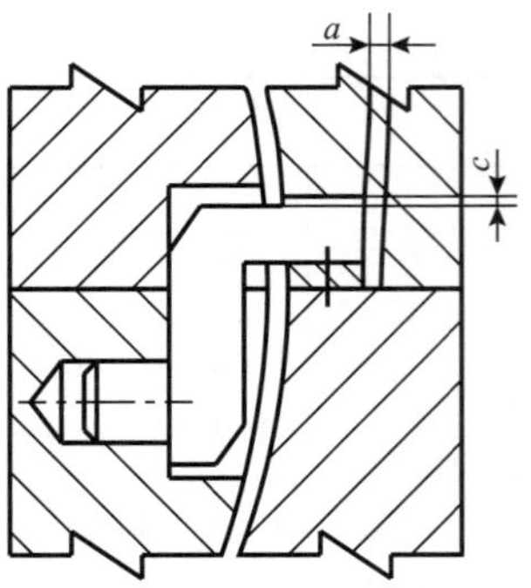

图 P.14 隔板套挂耳间隙

a=2～2.5mm；c=0.02～0.30mm

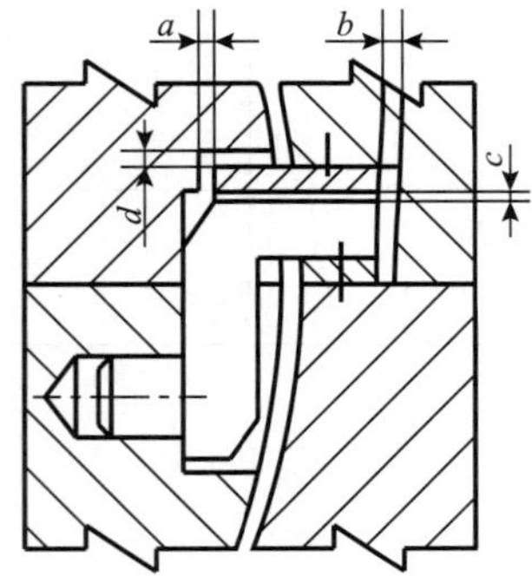

图 P.15 隔板挂耳间装配间隙

a=（2.0～2.50）mm；b=（2.0～2.50）mm；
c=（0.20～0.30）mm；d=（0.50～1.50）mm

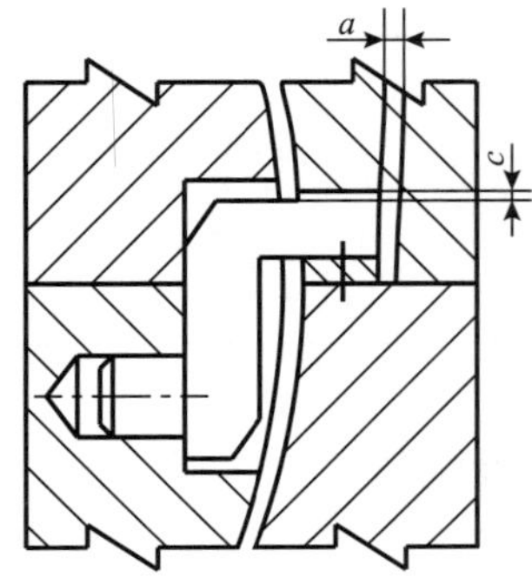

图 P.16 隔板挂耳装配间隙

a=（2～2.5）mm；c=0.02～0.30mm

P.4.7 汽封圈间配合间隙不大于 0.05mm，且组合后的汽封圈上、下半中分面间隙总和为 0.10～0.20mm。

P.4.8 汽封套挂耳装配间隙见图 P.17。

P.4.9 汽封套底部销子装配间隙见图 P.18。

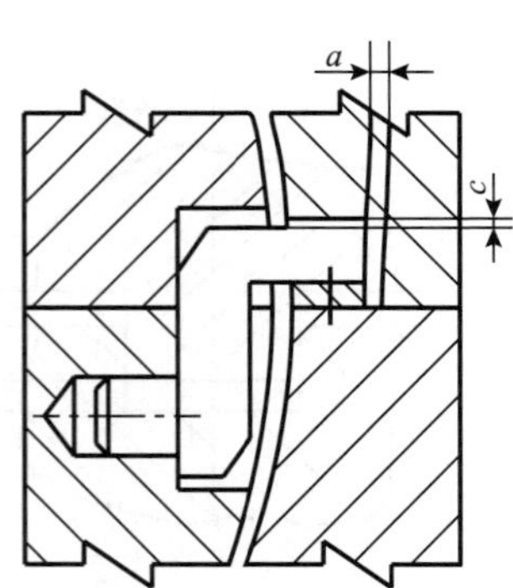

图 P.17 汽封套挂耳装配间隙

a=2.0 ～ 2.50mm；b=0.20 ～ 0.30mm

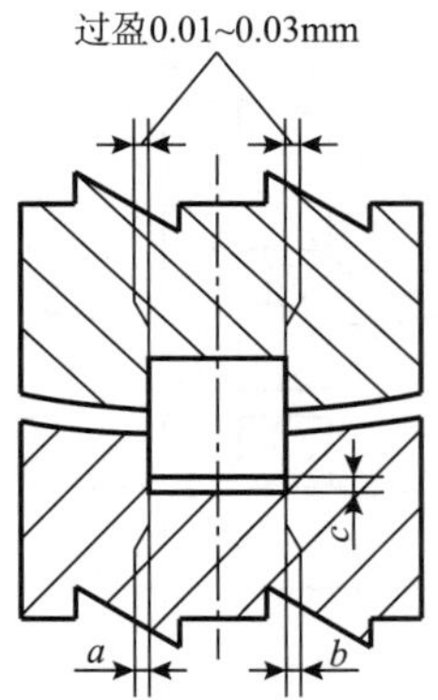

图 P.18 汽封套底部销子装配间隙

a+b=0.03～0.05mm；c=2.0～2.5mm

P.4.10　汽封圈与汽封圈压板中分面配合间隙见图 P. 19。

P.4.11　高压前汽封见图 P. 20，其内侧 15 圈汽封采用布莱登汽封，外侧 4 圈采用原设计汽封。

P.4.12　高压后汽封见图 P. 21，其内侧 7 圈汽封采用布莱登汽封，外侧 3 圈采用原设计汽封。

P.4.13　高压缸第 2~9 级隔板汽封见图 P. 22。

P.4.14　第 10~12 级隔板汽封见图 P. 23。

P.4.15　中压前汽封见图 P. 24，其中内侧 8 圈采用布莱登汽封，外侧 3 圈采用原设计汽封。

P.4.16　第 13 级隔板汽封见图 P. 25。

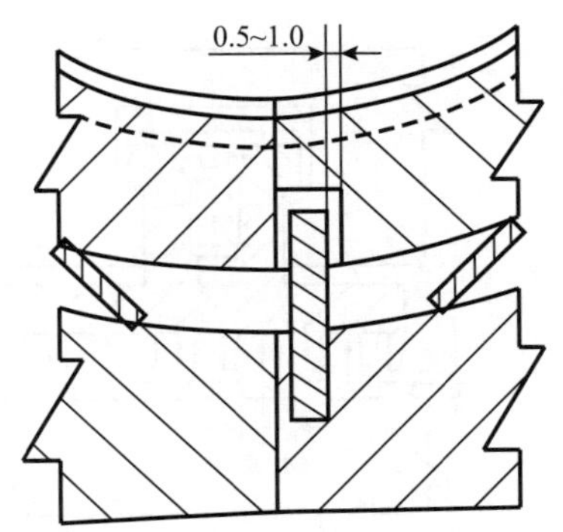

图 P.19　汽封圈中分面配合间隙

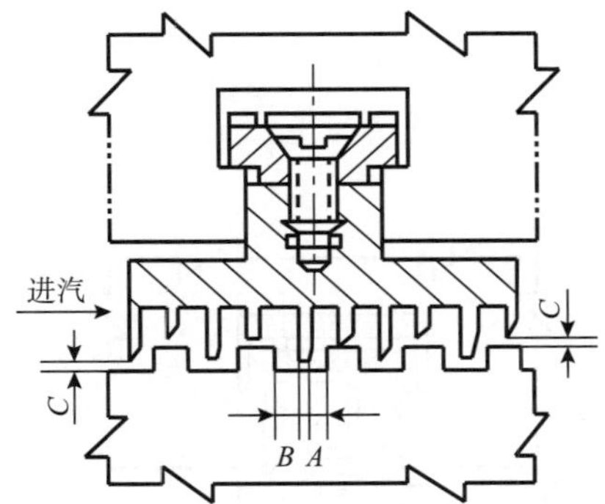

图 P.20　高压前汽封

A=3. 50mm；B=0. 60～0. 90mm；
上、下 C=0. 80～0. 90mm
左、右 C=0. 60～0. 80mm

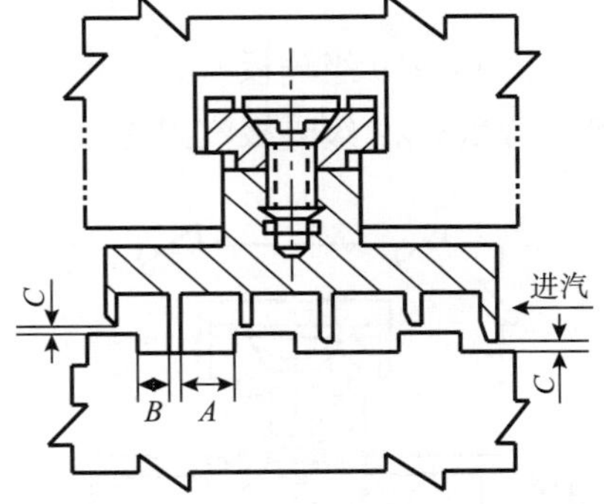

图 P.21　高压后汽封

A=7. 60mm；B=0. 60～0. 90mm；
上、下 C=0. 80～0. 90mm
左、右 C=0. 60～0. 80mm

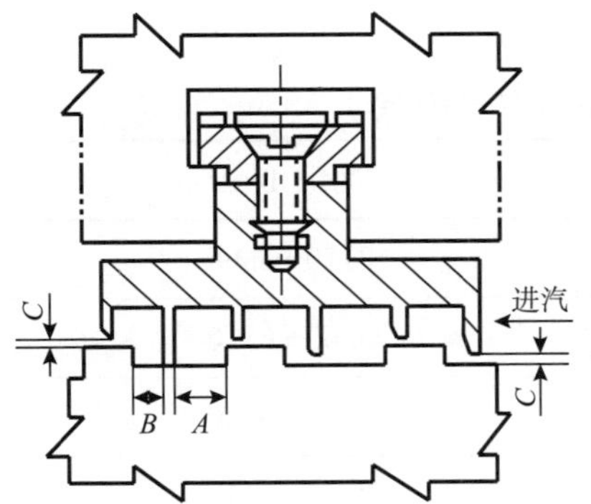

图 P.22　高压缸第 2~9 级隔级汽封

A=4. 25～5. 86mm；
C=0. 60～0. 90mm；
上、下 C=0. 80～0. 90mm

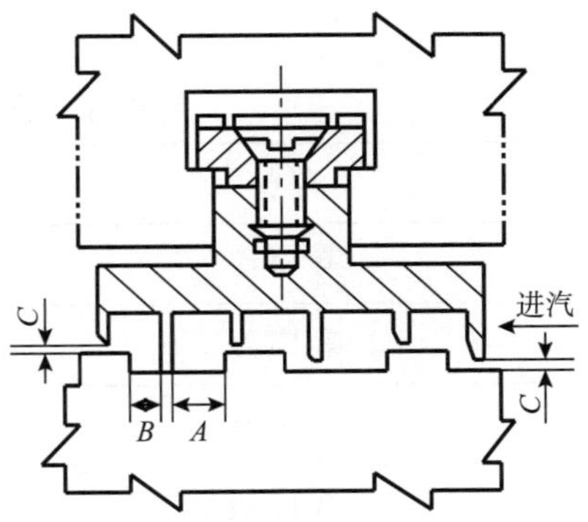

图 P.23　第 10~12 级隔板汽封

A=6. 94～9. 39mm；
C=0. 60～0. 90mm；
上、下 C=0. 80～0. 90mm

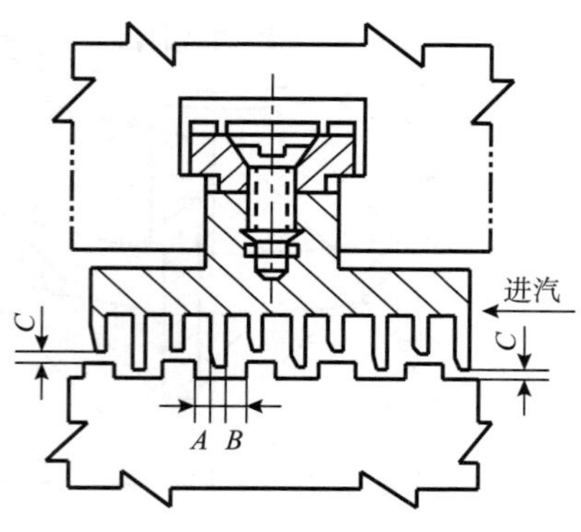

图 P.24 中压前汽封

C=0.60～0.90mm；

上、下 C=0.80～0.90mm；

左、右 C=0.60～0.80mm

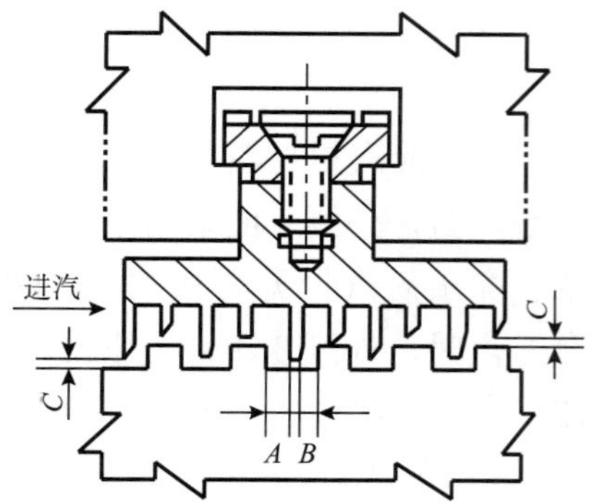

图 P.25 第 13 级隔板汽封

A=3.50mm；

C=0.10～0.15mm

P.4.17 第 14～19 级隔板汽封见图 P.26 和表 P.3。

P.4.18 第 20～22 级隔板汽封见图 P.27 和表 P.4。

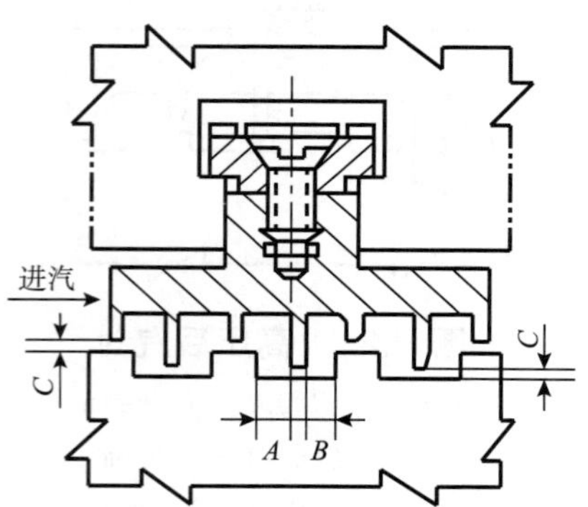

图 P.26 第 14~19 级隔板汽封

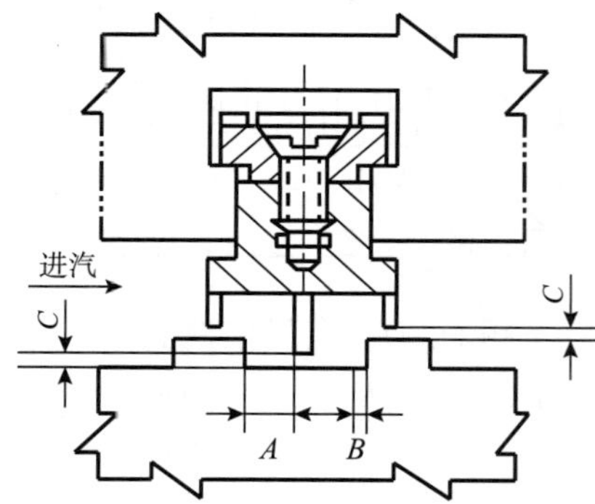

图 P.27 第 20~22 级隔板汽封

表 P.3 第 14~16 级隔板汽封间隙

隔板	间隙 A/mm
第 14 级	3.70～5.95
第 15 级	3.55～6.10
第 16 级	3.25～6.60
第 17 级	3.25～6.40
第 18 级	3.15～6.50
第 19 级	3.20～6.45

表 P.4　第 25~21 级隔板汽封间隙

隔板	间隙 A/mm
第 20 级	3.56～7.42
第 21 级	3.35～7.75
第 22 级	4.03～7.57

P.4.19　中压缸后及低压缸前后汽封见图 P.28。

P.4.20　第 23、24、25、26、27、29、30、31、34、35、36 级隔板汽封见图 P.29。

P.4.21　第 32、37 级隔板汽封见图 P.30。

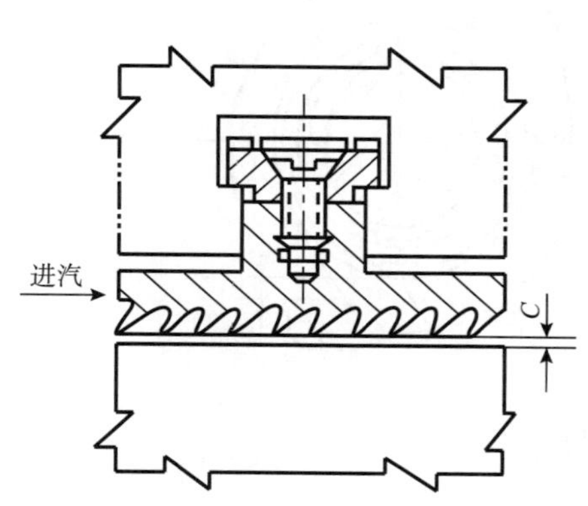

图 P.28　中压缸后及低压缸前后汽封

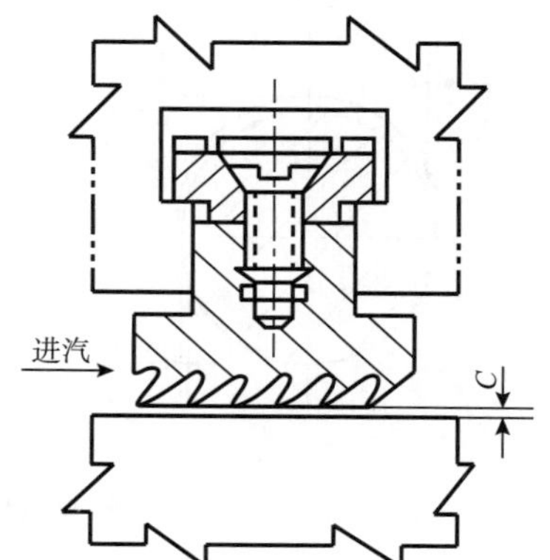

图 P.29　第 23、24、25、26、27、29、30、31、34、35、36 级隔板汽封

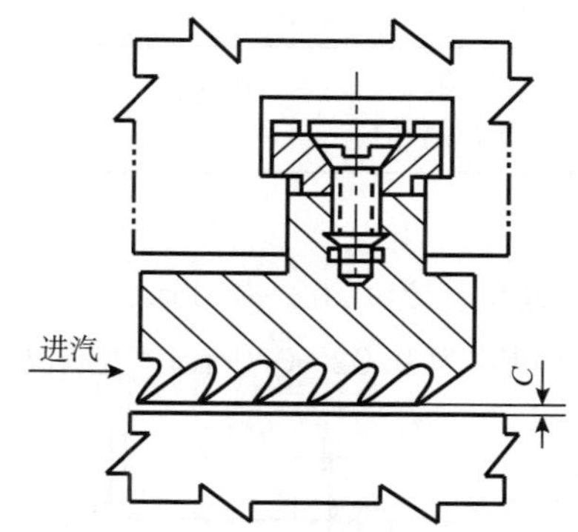

图 P.30　第 32、37 级隔板汽封

P.5　轴承与油挡

P.5.1　1# 轴承质量标准见图 P.31，表 P.5。

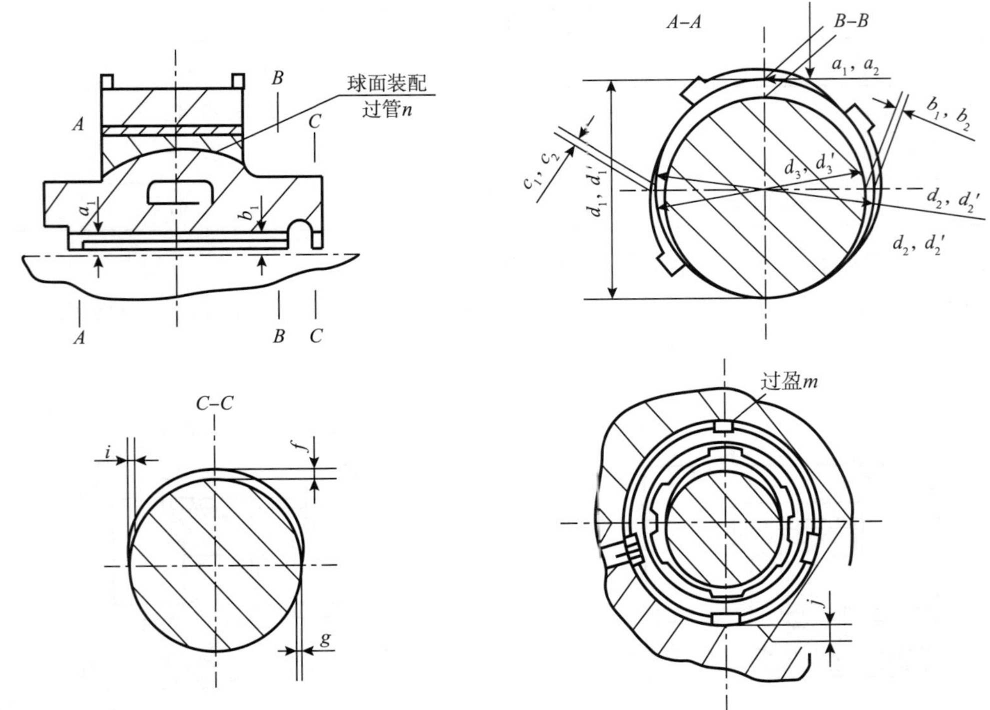

图 P.31 1# 轴承质量标准

表 P.5 1# 轴承质量标准

	轴瓦内孔尺寸（基圆）						轴瓦内孔与轴颈间的间隙						轴承与轴承座的配合		
标号	d_1	d_2	d_3	$d_{1'}$	$d_{2'}$	$d_{3'}$	a_1	a_2	b_1	b_2	c_1	c_2	过盈 m	过盈 n	间隙 j
设计值 /mm	ϕ（300+0.050）						0.4～0.5		$\frac{a_1+a_2}{4}$				（0.05～0.1）～（0.15～0.18）	0.02～0.04	0.03～0.05

P.5.2 2# 轴承质量标准

a）定位环与轴承箱体配准总间隙为 0.02～0.05mm；

b）轴瓦垫片与瓦枕配合总间隙为 0.02～0.06mm，见图 P.32；

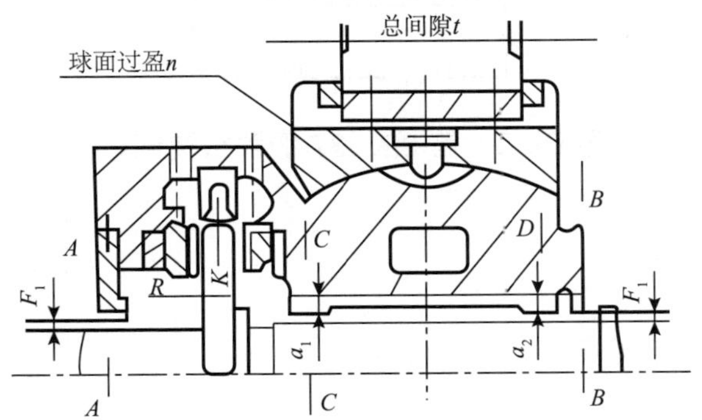

图 P.32 轴瓦垫片与瓦枕配合总间隙

c）轴承油楔深度（三油楔轴承）：（0.34±0.02）mm；

d）推力瓦在瓦胎槽道内摆动灵活，无卡死状况，推力盘装入后，无论压紧哪一侧均应平稳压牢无间隙，瓦块接触面积在80%以上；

e）推力支持轴承的支持轴承轴瓦中心线与球面座中心线偏离5mm（向机头方向）；

f）瓦枕轴向不允许串动；

g）推力间隙为0.40～0.45mm；

h）推力瓦块钨金面光洁，与推力盘接触80%以上，并接触点分布均匀；

i）推力瓦块厚度差不大于0.02mm；

j）定位推力瓦块厚度为（35±0.02）mm，工作推力瓦块厚度为（40±0.02）mm，且工作面积均为110cm^2；

k）推力支持轴承见图P.33、表P.6。

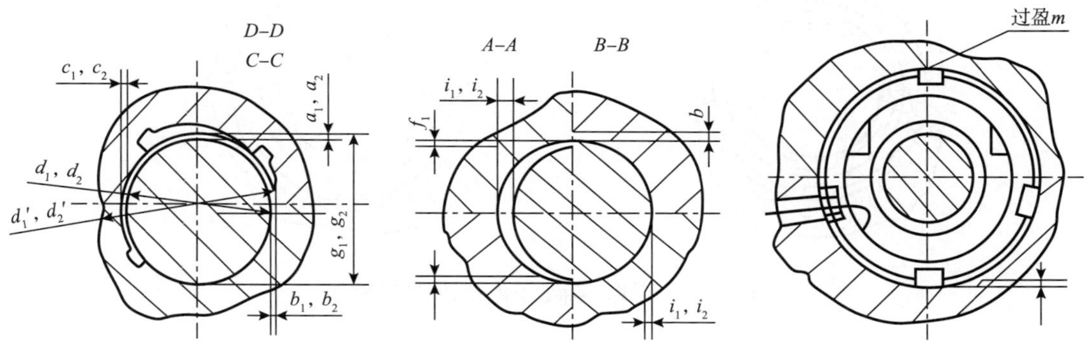

图P.33　推力支持轴承

表P.6　推力支持轴承

	支持瓦内孔尺寸（基圆）						支持瓦内孔与轴颈间的间隙						定位环与轴承座配合间隙	球面配合过盈	轴承与轴承座配合		油封环
标号	d_1	d_2	d_3	$d_{1'}$	$d_{2'}$	$d_{3'}$	a_1	a_2	b_1	b_2	c_1	c_2	t	n	过盈 m	间隙 j	间隙 k
设计值/mm	ϕ（300+0.050）						0.4～0.5		$\frac{a_1+a_2}{4}$				0.25～0.05	0.02～0.06	0.15～0.18	0.03～0.05	0.5～0.8

P.5.3　3#、4#、5#轴承质量标准见图P.34、表P.7。

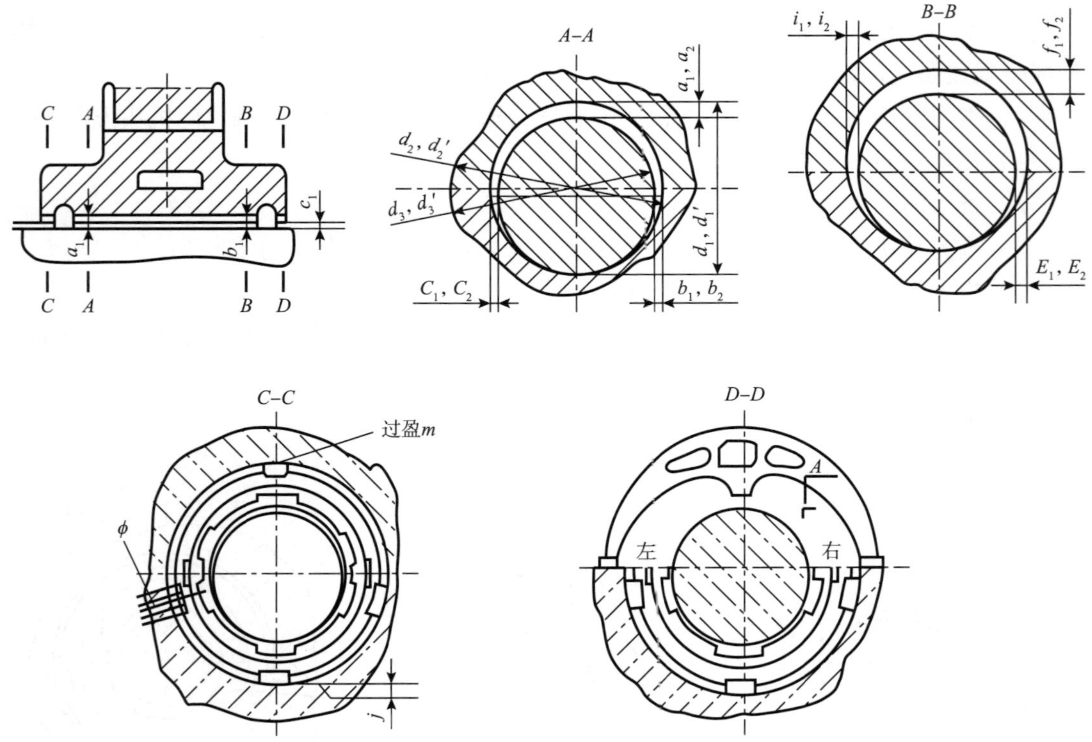

图 P.34　3#、4#、5# 轴承质量标准

表 P.7　3#、4#、5# 轴承质量标准

	轴承号	轴瓦内孔尺寸（基圆）						轴瓦内孔与轴颈间的间隙						轴承与轴承座的配合		节流孔径
标号		d_1	$d_{1'}$	d_2	$d_{2'}$	d_3	$d_{3'}$	a_1	a_2	b_1	b_2	c_1	c_2	过盈 m	过盈 j	
设计值 / mm	3# 4# 5#	$\phi 360^{+0.06}_{0}$		$\phi 360^{+0.72}_{0.67}$				0.49～0.6		0.58～0.63				0.15～0.18	0.03～0.05	ϕ34.5

P.5.4　6#、7# 轴瓦质量标准

a）加工轴承合金内圆前，中分面应放置 0.75mm 厚的标准钢垫片，然后加工至 ϕ(421.35±0.06）mm，侧部（总）间隙为（1.35±0.06）mm，加工其余表面时不垫此垫片；

b）下半轴瓦调整垫块间夹角 70°。

P.5.5　8#、9# 轴承质量标准见图 P.35。

P.5.6　10#、11# 轴承质量标准见图 P.36。

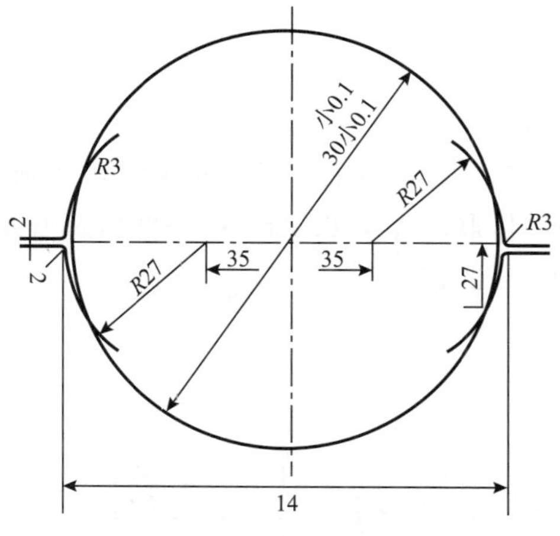

图 P.35 轴瓦内表面加工图

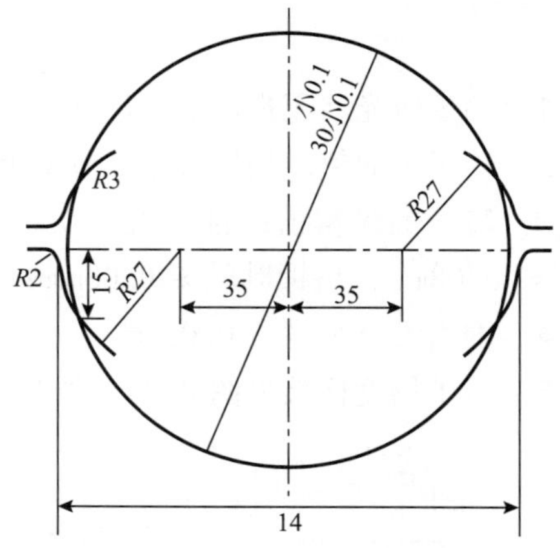

图 P.36 轴瓦内表面加工图

P.5.7 密封瓦

a）密封瓦与轴颈径向总间隙为 0.18～0.23mm；

b）密封瓦座和密封瓦水平结合面接触均大于 75%，接触点均为（2～3）点 /cm^2；

c）密封瓦座垂直结合面接触间隙为 0.05mm，塞尺不入；

d）密封瓦在密封瓦座内腔侧部接触均匀，其间隙为 0.135～0.205mm；

e）密封垫应完好，厚度沿圆周方向应一致；

f）发电机风压试验压力 0.29MPa，连续 24h，但最低不得少于 6h，漏气量不超过气体容积 1.7%。

P.5.8 轴承箱前后油挡及挡油板见图 P.37、图 P.38。

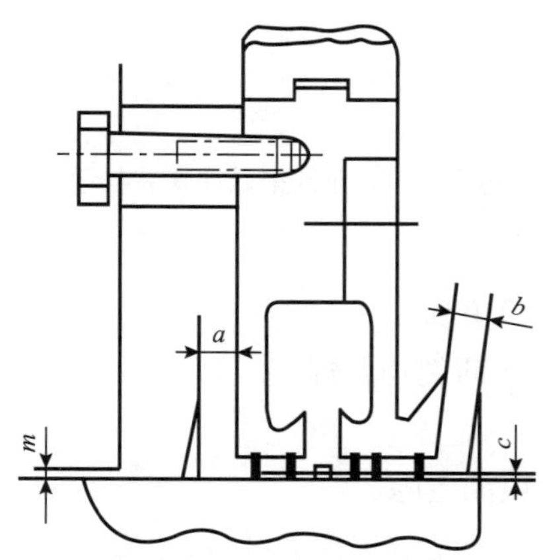

图 P.37 轴承箱前油挡及挡油板

a=11.00mm；b=8.00mm；
C 顶部 0.20～0.30mm；
两侧 0.10～0.20mm；
底部 0.05～0.10mm

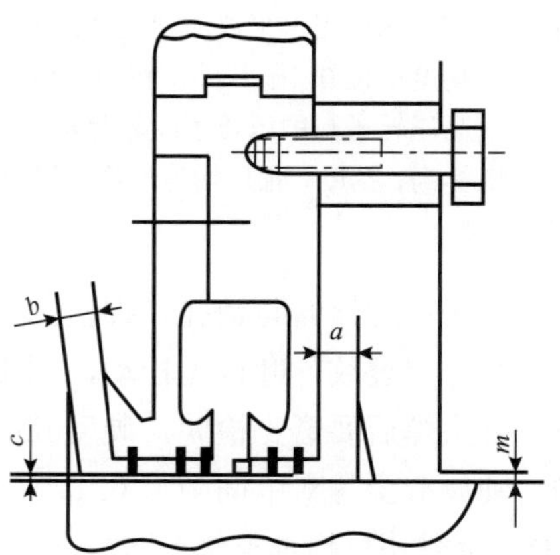

图 P.38 轴承箱后油挡及挡油板

a=7.00mm；b=4.35mm；
C 顶部 0.20～0.30mm；
两侧 0.10～0.20mm；
底部 0.05～0.10mm

P.6 转子及叶片

P.6.1 轴颈应光洁无损，椭圆度和锥度≤ 0.02mm。

P.6.2 转子弯曲值：高压转子≤ 0.02mm；中压转子≤ 0.03mm；低压转子≤ 0.03mm。

P.6.3 转子的瓢偏值：推力盘≤ 0.02mm；高中压联轴器≤ 0.02mm；中低压及低发联轴器≤ 0.03mm；整锻叶轮≤ 0.03mm；套装叶轮≤ 0.15mm。

P.6.4 推力盘不平度≤ 0.02mm。

P.6.5 转子扬度标准见图 P.39、表 P.8。

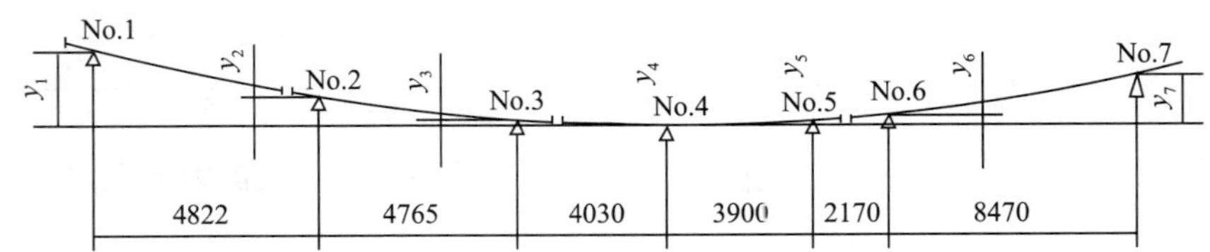

图 P.39 转子扬度标准

表 P.8 转子扬度标准

序号	y_i/mm	扬度 /（0.1mm/m）
No. 1	7. 46	13. 7
No. 2	2. 19	5. 55
No. 3	0. 62	0. 86
No. 4	0	1. 94
No. 5	0	-2. 07
No. 6	0. 4	-1. 72
No. 7	4. 65	-8. 47

注： 1. 转子扬度用水平仪放置在轴颈上测量；

2. 扬度单位 0. 1mm/m，前扬为正值，后扬为负值。

3. 高压转子与中压转子间靠背轮下张口为 0. 25mm。

4. 标高、扬度、张口均为理论计算值，仅供参考。现场安装时，允许据以往安装与运行经验做适当调整。

P.6.6 销子（螺栓）与销孔（螺栓孔）配合间隙≤ 0. 03mm。

P.6.7 叶片无裂纹，叶根无松动，围带紧固，拉筋无断裂和开焊。

P.6.8 铆头焊后要磨光检验，硬度 HB（220～250）。

P.6.9 硬质合金片对缝间隙＜ 0. 1mm，且应用银焊填满缝隙。

P.6.10 断裂叶片超过整级叶数的 5%，就应采用部分或全部更换新叶片。

P.6.11 高压通流部分间隙

a）以高压转子调节级叶轮与喷嘴定轴向间隙（5±0. 1）mm 为定位尺寸，确定高压通流间隙；

b）沿汽缸下半中分面测量各间隙，测量时必须使转子处于工作位置，即推力盘靠紧工作瓦块上；

c）高压缸调节级通流间隙见图 P.40、表 P.9；

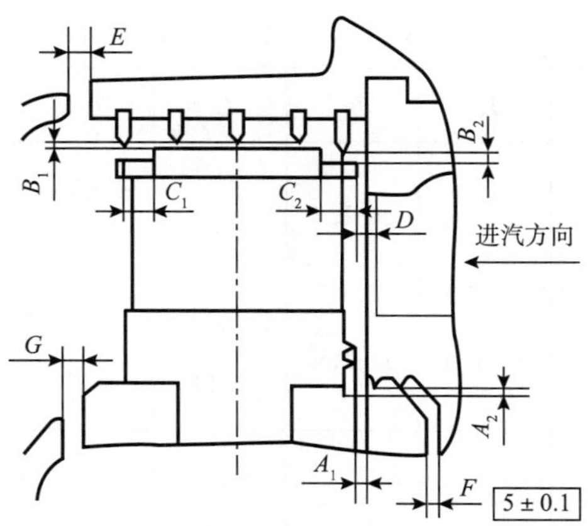

图 P.40　高压缸调节级通流间隙

表 P.9　高压缸调节级通流间隙

测量位置	G	A_1	A_2	B_1	B_2	C_1	C_2	D	E	F
设计值 /mm	3.12～3.75	1.45～1.75	0.9～1.4	0.9～1.4	7.45～8.48	5.62～6.65	2.72～3.15	9～11	4.9～5.1	9.5～10.8

d）高压缸第 2～12 级通流间隙见图 P.41、表 P.10。

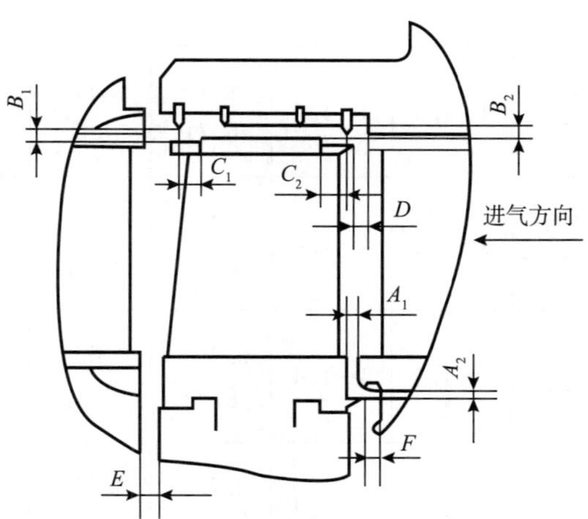

图 P.41　高压缸第 2~12 级通流间隙

表 P.10　高压缸第 2~12 级通流间隙

	设计值 /mm								
测量位置	A_1	A_2	B_1	B_2	C_1	C_2	D	E	F
第二级	3.44～4.5	1.45～1.75	1～1.4	1～1.4	5.7～6.61	5.99～6.9	3.19～3.75	6.3～7.7	3.44～4.5

表 P.10 高压缸第 2~12 级通流间隙（续）

	设计值/mm								
测量位置	A_1	A_2	B_1	B_2	C_1	C_2	D	E	F
第三级	3.44～4.5	1.45～1.75	1～1.4	1～1.4	6～6.91	5.59～6.5	3.19～3.75	6.3～7.76	3.49～4.5
第四级	3.44～4.5	1.45～1.75	1～1.4	1～1.4	6.2～7.11	5.39～6.3	3.19～3.75	7.65～8.61	3.44～4.5
第五级	3.44～4.5	1.45～1.75	1～1.4	1～1.4	5.6～6.51	5.09～6	3.19～3.19	7.45～8.61	3.44～4.5
第六级	3.44～4.5	1.45～1.75	1～1.4	1～1.4	5.7～6.61	4.99～5.9	3.19～3.75	7.45～8.61	3.44～4.5
第七级	3.99～4.55	1.45～1.75	1～1.4	1～1.4	5.65～6.66	4.74～5.75	3.14～3.8	7.4～8.66	3.39～4.55
第八级	3.34～4.6	1.45～1.75	1～1.4	1～1.4	5.4～6.51	4.89～6	3.09～3.85	7.3～8.66	3.34～4.68
第九级	3.34～4.6	1.45～1.75	1～1.4	1～1.4	5.6～6.71	4.59～5.7	3.09～3.85	9.01～11.09	3.31～4.64
第十级	2.91～4.81	1.45～1.75	1～1.4	1～1.4	6.49～8.24	5.06～6.81	2.16～3.56	9.01～11.09	2.91～4.81
第十一级	2.91～4.81	1.45～1.75	1～1.4	1～1.4	6.49～8.24	4.06～5.81	2.16～3.56	9.01～11.09	2.91～4.81
第十二级	2.91～4.81	1.45～1.75	1～1.4	1～1.4	6.79～8.54	2.76～4.51	2.16～3.56	9.01～11.09	2.91～4.81

P.6.12 中压通流部分间隙

a）以中压第一级叶轮与中压第一级隔板轴向间隙（16±0.1）mm 为定位尺寸；

b）沿汽缸下半中分面测量图示各间隙，测量时，必须使转子处于工作状态，即推力盘靠紧在工作瓦块上；

c）中压缸第 1～7 级通流间隙见图 P.42、表 P.11；

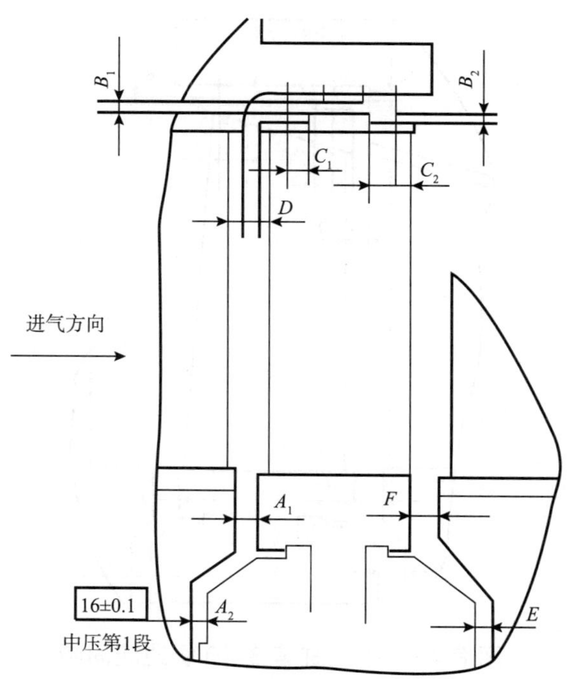

图 P.42　中压缸第 1~7 级通流间隙

表 P.11　中压缸第 1~7 级通流间隙

测量位置	设计值 /mm								
	A_1	A_2	B_1	B_2	C_1	C_2	D	E	F
第一级	3.57～4.33	15.9～16.1	1～1.4	1～1.4	4.17～5.53	5.27～6.63	3.5～4.38	8.74～11.27	/
第二级	2.92～4.93	6.07～7.93	1～1.4	1～1.4	3.93～5.74	5.06～6.84	3.22～4.68	8.75～11.25	13.32～16.01
第三级	3.12～4.73	6.07～7.93	1～1.4	/	3.96～5.74	/	3.22～4.68	9.32～11.78	5.65～8.62
第四级	2.82～5.03	7.77～10.23	1～1.4	1～1.4	3.66～6.04	4.76～7.11	2.92～4.98	9.72～12.38	5.022～8.35
第五级	3.27～5.53	7.67～10.23	1～1.4	/	3.66～6.04	/	2.92～4.98	9.67～12.48	4.4～7.87
第六级	3.27～5.58	7.57～10.28	1～1.4	1～1.4	3.56～6.09	4.71～7.24	2.92～4.98	9.72～12.38	5.45～8.82
第七级	3.32～5.53	7.67～10.23	1～1.4	1～1.4	3.56～6.09	4.71～7.24	2.92～4.98	8.67～11.38	9.8～13.45

d）中压缸第 8～10 级通流间隙，见图 P.43、表 P.12；

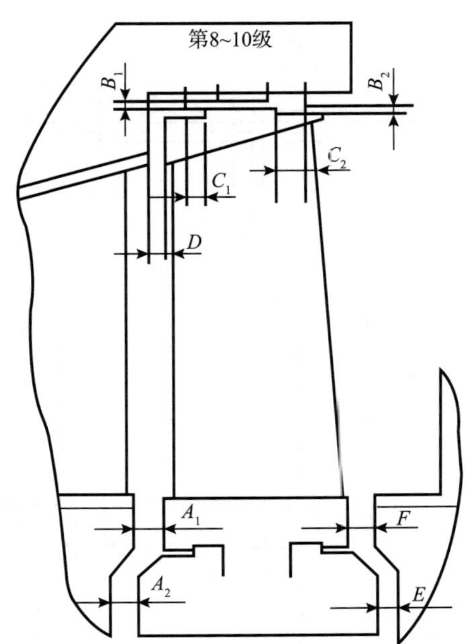

图 P.43　中压缸第 8~10 级通流间隙

表 P.12　压缸第 8~10 级通流间隙

	设计值 /mm								
符号	A_1	A_2	B_1	B_2	C_1	C_2	D	E	F
第八级	5.65~8.21	7.72~10.18	1~1.4	1~1.4	6.75~9.21	9.20~11.96	4.82~7.08	8.57~11.43	10.5~13.66
第九级	6.54~9.29	7.61~10.36	1~1.4	1~1.4	5.75~8.21	7.2~9.96	7.02~9.28	10.49~13.54	10.42~13.76
第十级	8.6~11.26	7.67~10.33	1~1.4	1~1.4	5.75~8.21	7.25~9.96	9.02~11.28	/	/

e）中压缸第 23、24、25、26 级隔板通流间隙，见图 P.44、图 P.45、表 P.13、表 P.14。

表 P.13　中压缸第 23、24、25、26 级隔板通流间隙

测量位置	第 23		24		25		26	
符号	C	D	C	D	C	D	C	D
设计值 / mm	6~8.15	1.50~1.80	6~8.2	1.5~1.8	7.5~9.7	1.5~1.80	9.1~11.05	1.5~1.8

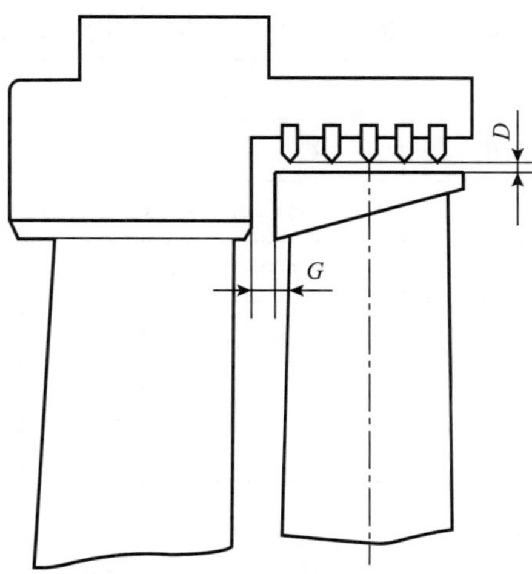

图 P.44　中压缸第 23、24、25、26 级隔板通流间隙

进气方向

B E C A G D

第23级

E C B A G D

第24级

E C B h G D

第25级

E C B D

第26级

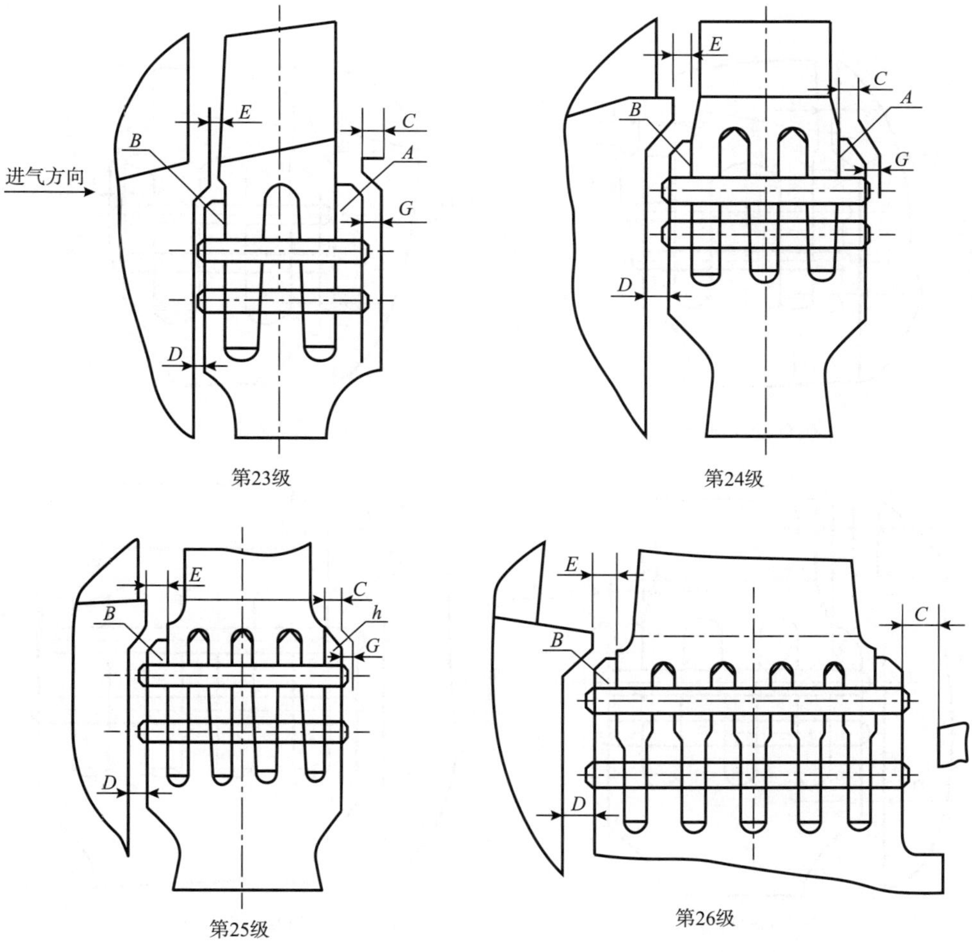

图 P.45　中压缸第 23、24、25、26 级隔板通流间隙

表 P.14　中压缸第 23、24、25、26 级隔板通流间隙

测量位置	设计值 /mm					
	A	*B*	*C*	*D*	*E*	*F*
23 级	≥ 6.9	≥ 5.75	9.15～12.9	8.65～11.45	5.8～8.5	8.5～11.4
24 级	≥ 7.15	≥ 45	9～12.8	6.8～9.6	5.9～9.5	8.5～11.4
25 级	≥ 7.65	≥ 6.7	9.1～12.6	8.3～11.1	7.35～10.3	8.8～11.64
26 级	/	≥ 5.8	/	7.55～10	8.4～10.8	13.5～16.5
27 级	/	≥ 9.5	/	16.4～19	10.95～13.25	18～22

P.6.13　低压缸通流部分间隙

a）以低压反向第一级叶轮与隔板的轴向间隙 *D*=（10±0.1）mm 为定位尺寸，在汽缸下半中分面处，测量图示各间隙，测量时必须使转子处于工作位置，即推力靠紧工作瓦块；

b）低压缸通流间隙见图 P.46、图 P.47、表 P.15、表 P.16；

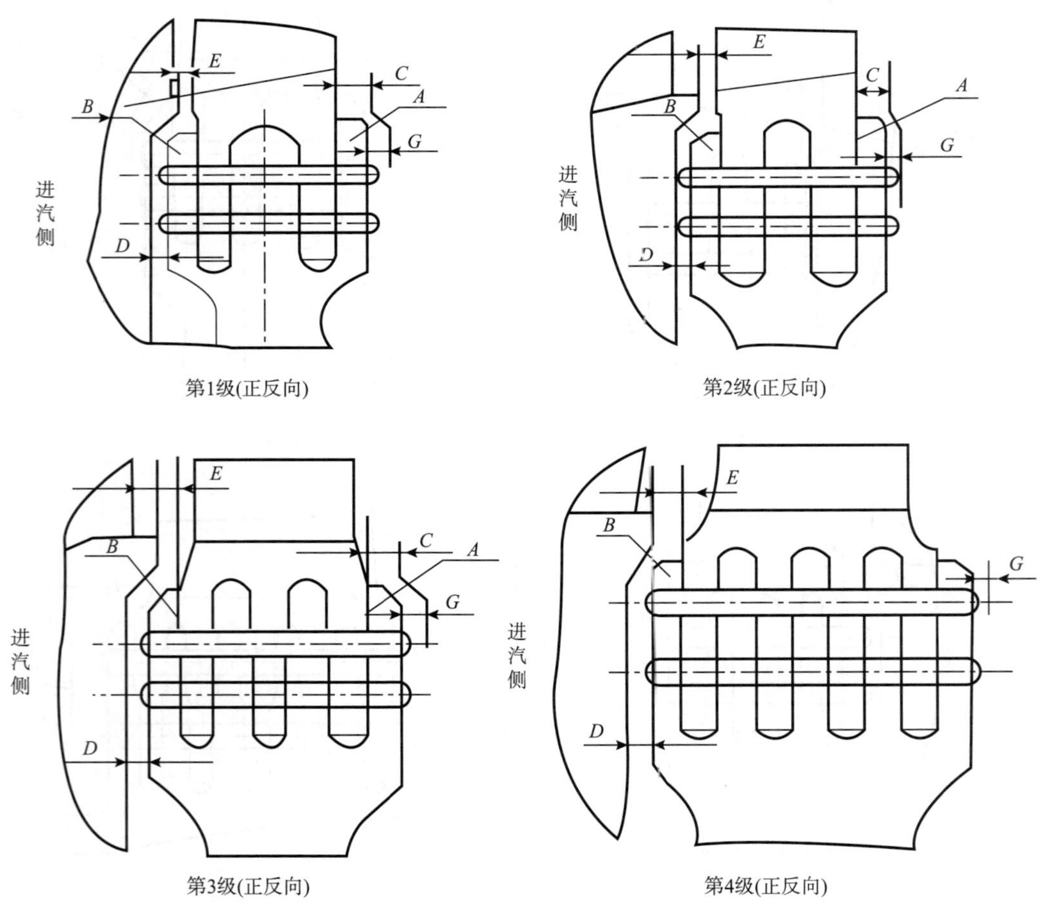

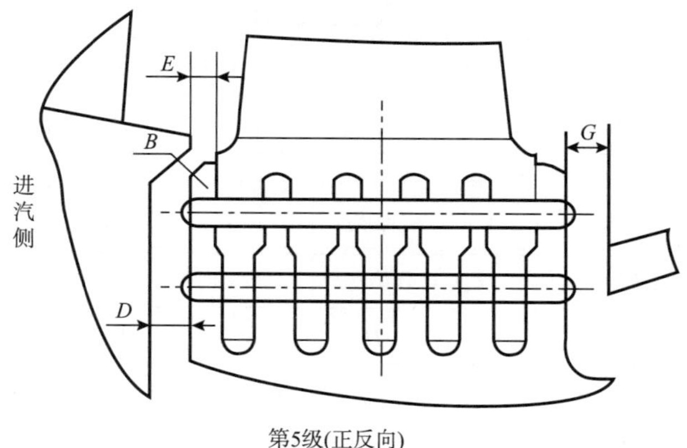

第5级(正反向)

图 P.46 低压缸通流间隙（续）

表 P.15 低压缸通流间隙

测量位置		正向1级	反向1级	正向2级	反向2级	正向3级	反向3级	正向4级	反向4级	正向5级	反向5级
设计值/mm	A	≥6	≥5	≥7	≥6	≥7.2	≥6	/	/	/	/
	B	≥5.2	≥7	≥4.3	≥7	≥5.5	≥7	>5.6	>7.5	>9.6	>9.6
	C	9.6～12.5	9.85～11.75	9.25～12.15	8.2～10.9	9.4～12.3	8.55～11.15	/	/	/	/
	D	9.0～11	9.9～10.1	6.9～9.2	9～10.8	8.5～10.7	9.15～11	7.6～9.6	9.2～10.85	16.6～18.4	16.5～18.5
	E	6.2～8.2	9.4～9.8	6.54～8.8	9.7～11.45	7.65～9.8	9.8～11.45	8.6～10.55	10.75～12.4	11.15～12.9	11～12.85
	F	8.6～11.5	6.9～8.8	9～11.3	8.4～10.7	8.65～11.5	7.4～10	14～16	14～16	18～22	18～22

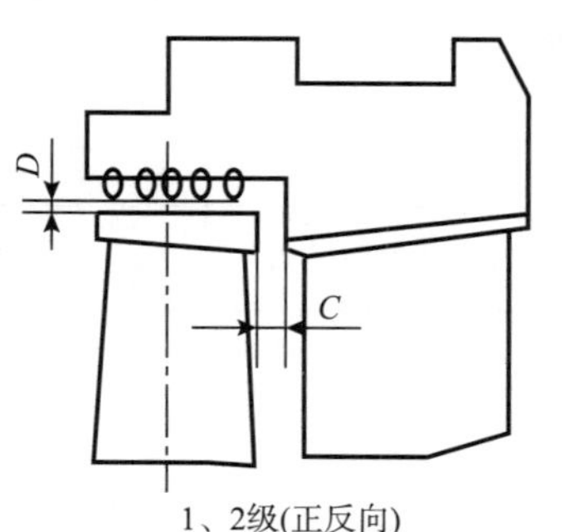

1、2级(正反向)

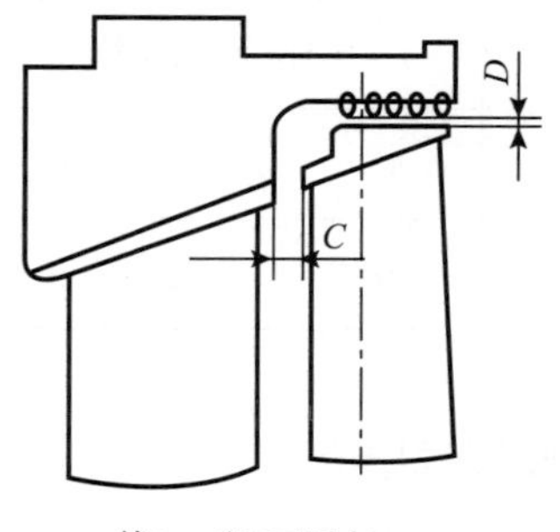

第3、4级(正反向)

图 P.47 低压缸通流间隙

表 P.16 低压缸通流间隙

测量位置	正向第 1 级		正向第 2 级		正向第 3 级		正向第 4 级	
符号	*C*	*D*	*C*	*D*	*C*	*D*	*C*	*D*
设计值 / mm	6.15～7.95	1.50～1.80	6.15～7.95	1.50～1.80	7.65～9.45	1.50～1.80	9.25～10.85	1.50～1.80
测量位置	反向第 1 级		反向第 2 级		反向第 3 级		反向第 4 级	
符号	*C*	*D*	*C*	*D*	*C*	*D*	*C*	*D*
设计值 / mm	9.65～10.25	1.50～1.80	9.25～10.65	1.50～1.80	9.75～11.15	1.50～1.80	11.25～12.65	1.50～1.80

c）中、低压排汽缸轴向、径向间隙记录见图 P.48、表 P.17。

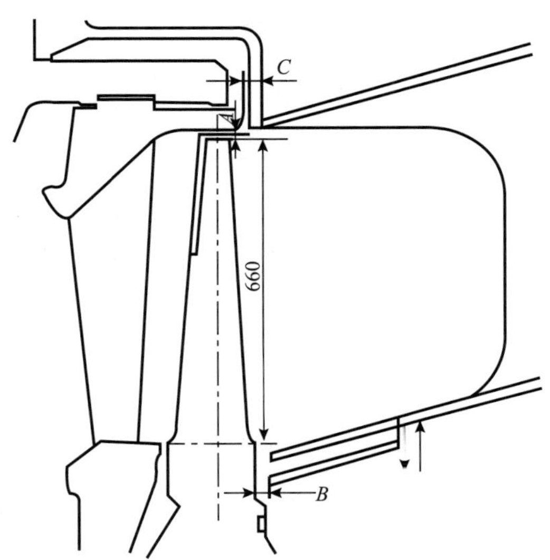

图 P.48 中、低压排汽缸轴向、径向间隙记录

表 P.17 中、低压排汽缸轴向、径向间隙记录

测量位置	中压第 27 级			低压正向 5 级			低压反向 5 级		
符号	*A*	*B*	*C*	*A*	*B*	*C*	*A*	*B*	*C*
设计值 /mm	10	18～22	20	10	18～22	20	10	18～22	20

P.7 转子联轴器找中心

P.7.1 转子对轮找中心端面≤ 0.03mm，圆周≤ 0.02mm；高中压转子联轴器要保证下张口为 0.25～0.28mm。

P.8 盘车装置

a）传动齿轮接触，沿齿宽≥ 65%，沿齿高≥ 40%；

b）电机轴上小齿轮与中轴上大齿轮齿隙为 0.18～0.24mm；

c）中轴转动齿轮与摆动齿轮齿隙为 0.14～0.20mm；

d）摆动转齿轮与汽轮机转子靠背轮上的盘车大齿轮齿隙为 0.30～0.36mm；

e）齿顶齿根间隙均为 0.5mm；

（a） 摆动轮两端面与摆动壳总间隙为 0.90～1.10mm；

（b） 中轴上键与中轴配合过盈 0.10～0.03mm，与大齿轮配合间隙为 0.20～0.04mm；

（c） 油管畅通，油管口对准摆动壳进油口及中轴两端轴承进油口；

（d） 转动操作手柄、摆轮壳应摆支自如不卡涩；

（e） 各部件应完好无锈蚀、损伤、裂纹等现象，各齿轮轮齿应光滑无毛刺，接触良好；

（f） 各轴承轴瓦接触良好，无磨损；

（g） 齿轮箱与 3# 轴承座结合面进油管接头、电机与齿轮箱结合处及油窗等处均无漏油；

（h） 组装完毕，使盘车装置退出工作位置，转动电动机尾端小手轮，应很轻松，无卡涩。

附　录　Q
（规范性附录）
C300/237-16.7/0.39 汽轮机检修质量标准

Q.1　汽缸

Q.1.1　高中压外缸

a）拆除汽缸螺帽上所有的封盖，清理汽缸螺栓加热孔；

b）加热并拆卸汽缸螺栓、螺帽；

c）高中压外缸起吊：检查行车大钩、小钩止动系统，操作系统灵活，检查吊具确认合格后，确认所有的销子螺栓、螺栓已拆除，热工接线已拆除，确认高中压外缸上缸与其他任何设备没有牵连，装上吊缸导杆，缓慢的顶起上缸约 3～5mm 左右，用行车大钩起吊上缸 10mm，停止起吊全面检查行车和钢丝绳，确认无误后，方可继续起吊，将上缸吊出后放在指定地点；

d）检查汽缸结合面漏汽痕迹，并做详细记录；

e）将夹层、孔洞、结合面分别用棉被和专用盖板封堵。

Q.1.2　高压内缸

a）拆除高压内缸结合面螺栓；

b）高中压内缸起吊（质量标准、注意事项同高中压外缸）；

c）检查汽缸结合面漏汽痕迹，并做详细记录；

d）在结合面盖上专用胶皮；

e）拆吊中压 1#、2# 隔板套；

f）高中压下半隔板起吊；

g）吊出高中压转子后，在下半隔板水平面旋入吊柄，联系行车，挂好倒链和钢丝绳；

h）若有卡涩地方，用铜制撬杠微撬或用顶丝把下半隔板挂耳顶起 5～10mm 缓慢起钩，吊出放在专用架子上；

i）中压 1#、2# 下半隔板套拆卸工艺同高压下半隔板。

Q.1.3　低压外缸

a）拆开低压缸 4 个人孔门，接近室温时，在中分面扎好脚手架，拆除中分面内、外螺栓；

b）拆卸缸内低负荷喷水管道上、下缸之间的连接处，拆卸两端上半导流环螺栓，拆该螺栓前使用倒链挂住导流环微吃力，再松螺栓，拆完螺栓后，再用倒链挂在外壁上捆扎劳固，拆除两端汽封体上半中分面螺栓，拆除顶部膨胀节及膨胀节下部的滑销，做好记号；

c）检查行车大钩、小钩止动系统，操作系统灵活，检查吊具确认合格；

d）检查上缸与下缸所有连接部分全部拆卸，拧上顶丝，并在顶丝上浇上透平油，将汽缸顶起，汽缸四周要随时测量顶起高度，顶起 10～20mm；

e）缓慢起大钩，同时检查钢丝绳和倒链受力一致，再检查四角上升一致，吊出汽缸放在指定位置的专用木头上；

f）详细检查汽缸结合面漏汽痕迹，并做详细记录；

g）在汽缸水平结合面铺上专用盖板。

Q.1.4 低压内缸

a）确认低压外缸盖板已盖好，拆除 2# 低压内缸八个手孔门，用专用扳手拆手孔门内的螺栓，拆除顶部连接管及滑销，拆除中分面螺栓；

b）起吊方法质量标准及注意事项同低压外缸，2# 内缸吊出后，应放置在高度为 500mm 左右的枕木上，以便拆除上缸围带汽封及轴封；

c）检查汽缸结合面漏汽情况；

d）封堵各抽汽口；

e）拆吊 1# 低压内缸：

（a）拆开 1# 内缸上半护罩，拆开护罩内的手孔门，拆除手孔门内的中分面螺栓；

（b）起吊方法质量标准及注意事项同低压外缸；

（c）检查汽缸结合面漏汽情况，封堵各抽汽口。

Q.1.5 汽缸检修

a）汽缸结合面清理：用砂纸将汽缸结合面清理干净，结合面的涂料用铲刀清理，若汽缸结合面有较硬的氧化皮，可用软片砂轮机清理；

b）检查汽缸结合面内、外壁，必要时探伤：结合面清理后，先用 4～6 倍放大镜检查，发现问题时，再用染色法酸洗检查，必要时进行磁探伤，如有必要对汽缸外缸检查，应将非加工面用砂轮打磨后，以 10%～15% 硝酸水溶液浸湿染色后，再用 4～6 倍放大镜检查，如发现裂纹应查明深度，汽缸结合面的深度可用超声波探伤仪测定，汽缸内外壁深度，一般用钻孔法探明；

c）测量汽缸纵横水平：水平仪放置在安装做好的永久性记号，用可调合像水平仪直接测量，测完一次后，应将水平仪及平尺调转 180° 再测一次以消除误差，取两次测量值代数和的平均值；

d）汽缸检查汽缸严密性：清理结合面完毕后，扣空缸在不紧螺栓的自由状态下测量间隙并做详细记录，紧 1/3 螺栓后测量间隙并做详细记录，若间隙过大，进行处理，若紧 1/3 螺栓汽缸内张口间隙≤ 0.25mm，但不穿透或局部 0.05mm 穿透间隙，应考虑下次大修安排修补，本次大修应增加拧紧螺栓的只数直至全部螺栓，如仍有穿透间隙应采用密封胶密封措施。

Q.2 隔板及隔板套

Q.2.1 高压内缸、中压缸、各级隔板两侧支承键及垫片间隙测量，对不符合标准的进行修整，见图 Q.1；高压内缸、中压缸、各级隔板两扁身键与键槽侧隙测量，对不符合标准的进行修整。

Q.2.2 低压隔板底部、顶部定位销安装测量。

Q.2.3 通流部件同轴度（见图 Q.2）

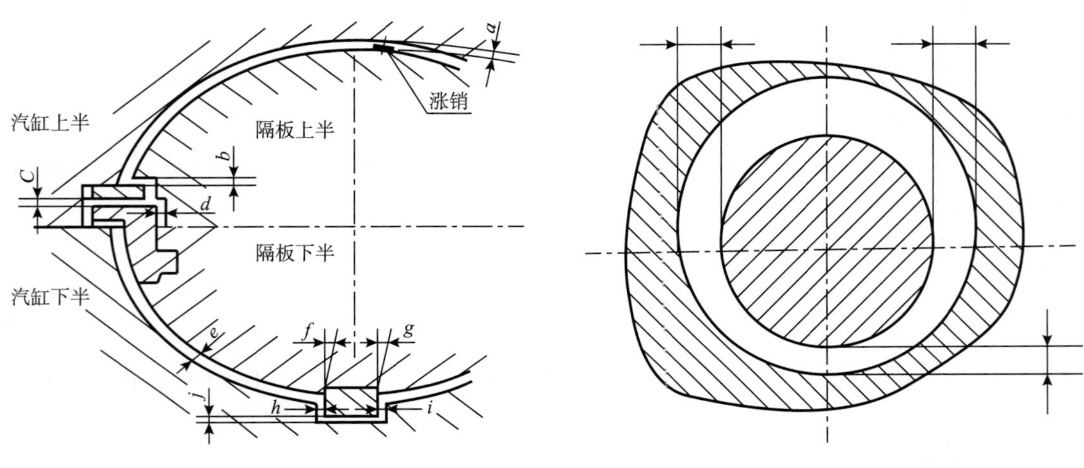

图 Q.1 隔板安装测量图　　图 Q.2 通流部分同轴度测量图

a）相对高、中压外缸端部汽封洼窝中心孔的同心度，上下中心偏差为左右间隙之和的一半与底部间隙之差≤ ±0.05mm，左右中心偏差≤ ±0.05mm；高压内缸、喷嘴组、中压内缸、高中压侧平衡活塞汽封中心，相对于外缸定中心孔轴线低 0.25mm，左右中心居中；

b）通流部件中心情况：导流环、静叶持环、低压 1# 内缸、低压 2# 内缸、排汽导流环端部汽封及油挡与低压转子中心情况；

c）检查汽缸各抽汽口、加强筋导流环、分流环的焊缝；

d）用砂纸清理汽缸静叶持环和轴封套、洼窝槽后，作肉眼检查。

Q.3 汽缸螺栓

Q.3.1 用钢丝刷将汽缸螺栓、螺帽、垫片清理干净；

Q.3.2 仔细检查螺纹，如有碰伤或毛刺可用三角油石或细锉刀进行修整，带螺帽检查直至轻松全部旋入为止，否则用研磨膏进行螺栓、螺帽研磨，直至正常，再用煤油清洗；

Q.3.3 测定全部合金螺栓硬度；

Q.3.4 M56 以上的合金螺栓探伤；

Q.3.5 经清理、检查过的合格螺栓、螺帽、垫圈用黑铅粉仔细擦扶。

Q.4 转子检修

Q.4.1 测量转子扬度（见图 Q.3、表 Q.1）

a）将转子转到规定位置，即零位向上，将轴颈和合像水平仪擦净，然后用合像水平仪进行测量；

b）水平沿轴向放在轴颈中央，校正水平仪横向水平后，测量轴向水平仪的扬度；

c）将水平仪转 180°，再在原来位置测量一次，水平扬度为记录两次结果的代数平均值；

d）测量叶轮推力盘，叶轮的瓢偏度≤ 0.02mm；

e）把所测端面分成八等分，以转子“0”位、“1”位依次编号，每次测量都以“0”点位为标准，以便对照；

f）测量时，下半推理瓦块应装好，盘动转子测量。

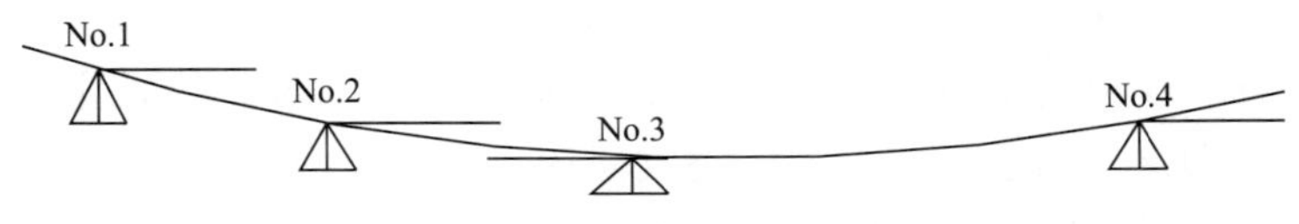

图 Q.3 转子扬度图

表 Q.1 转子扬度值

轴承序号	连接对轮前（格）	连接对轮后（格）
No. 1	4.835	4.01
No. 2	1.095	0.72
No. 3	1.41	1.15
No. 4	-0.71	-0.97

Q.4.2 测量主轴弯曲度、晃动度≤ 0.02mm。

Q.4.3 动静叶通流间隙测量：

a）将转子“0”转到上面，并推向推理瓦的非工作面，测量动叶与静叶的各部间隙，并记录；

b）用塞尺测量动叶进汽侧叶根、叶顶的轴向间隙，并记录；

c）测量完毕后，按机组转动方向转 90°并把转子推向非工作面，再次测量动叶与静叶的各部间隙，并记录；

d）用塞尺测量动叶进汽侧叶根的轴向间隙，并记录；

e）用贴胶布法测量检查底部、顶部的径向间隙，并作汽缸相对挠度值的修正值

（指汽缸在测量状态和复装组合状态下，由汽缸挠曲度变化对所测量间隙的影响）。

Q.4.4 联轴器找中心

a）联轴器中心要求：高、中压转子与低压转子间联轴器低压转子预抬0.26～0.32mm，下张口0～0.02mm，低压转子与发电机转子间联轴器发电机转子预抬0.15～0.25mm，下张口0.015～0.025mm；

b）将对轮记号对准，穿入找中心专用铜棒两根（对称）装好，找中心专用架子及百分表；

c）测量时，顺时针盘动转子，使百分表依次对准均分为90°的每个测点，并记录读数；

d）在转子转过一周回到原始位置时，百分表指针应回到原位，若圆周误差大于0.02mm，平面误差大于0.01mm，应查明原因，重测；

e）轴瓦调整原则，应是在机组尽量恢复到机组安装时（或上次大修后）转子与汽缸的相对位置，保证动静部件的中心关系，因此，应在保证对轮中心的前提下，尽量满足洼窝中心，轴颈扬度要求。

Q.4.5 转子清理检查

a）检查转子通流部分的结垢情况，并联系化学取样分析；

b）常规方法转子叶片清理是用100# 砂纸打磨叶片、围带、拉筋等；

c）检查叶片复环、铆头、拉筋有无裂纹松动，卷边和毛刺，并作好记录；

d）叶片进出汽也可能造成严重应力集中的矢锐缺口和槽痕，应磨光，发现裂纹就查明原因，必要时更换叶片，对个别偶然性的小裂纹，无需更换时，可采用补焊措施；

e）检查各道叶片和叶轮无有摩擦痕迹；

f）检查轴颈磨损情况，如有被硬物磨出的沟槽、凹痕、毛刺等，应用砂纸打磨，再用油石和金相砂纸修整；

g）测量轴颈锥度、椭圆度≤ 0.02mm；

h）检查修整对轮、推力盘，检查对轮有无毛刺、裂纹和突起，毛刺和突起部分要打磨光，有裂纹现象应汇报上级研究处理，检查推力盘平行度≤ 0.02mm；

i）高、中、低压转子平衡块检查，应无松动；

j）高、中、低压转子中心孔探伤。

Q.4.6 对轮螺栓及盘车齿轮检修

a）用汽油将螺母、螺栓洗净，不得有锈垢、杂物；

b）检查螺栓丝扣，使螺帽用手能拧到底；

c）螺栓与螺孔配合不能太紧或太松；

d）螺栓、螺母应按拆卸时位置装复，不能互换；

e）检查螺孔有无毛刺，如有毛刺用油石磨光，严重时应铰孔重配螺栓；

f）清理盘车大齿轮油迹，盘车大齿轮无明显磨损，啮合面光洁，接触硬印均匀。

Q.5 轴承检修质量

Q.5.1 1#、2# 可倾瓦质量标准（见图 Q.4、表 Q.2）。

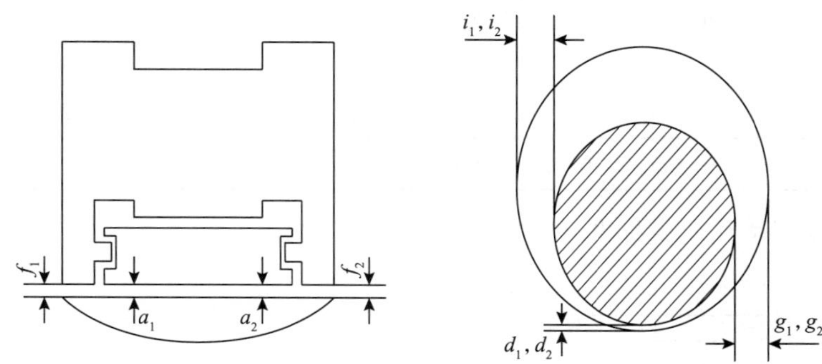

图 Q.4 1#、2# 可倾瓦

表 Q.2 1#、2# 瓦质量标准

<table>
<tr><td rowspan="2">轴承号</td><td colspan="2">上瓦块与轴颈间隙 /mm</td><td colspan="8">油挡环间隙 /mm</td></tr>
<tr><td>a_1</td><td>a_2</td><td>b_1</td><td>b_2</td><td>c_1</td><td>c_2</td><td>i_1</td><td>i_2</td><td>g_1</td><td>g_2</td></tr>
<tr><td>设计值</td><td colspan="2">0.55～0.67</td><td colspan="2">0.04～0.15</td><td colspan="2">0.65～0.75</td><td colspan="4">0.35～0.45</td></tr>
</table>

Q.5.2 3#、4# 瓦质量标准（见图 Q.5、表 Q.3）。

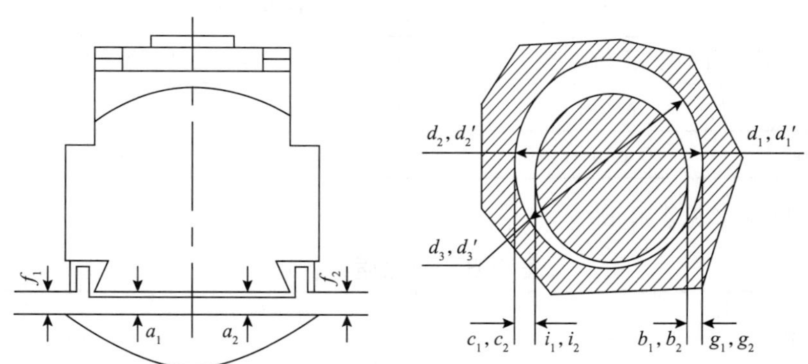

图 Q.5 3#、4# 支承轴承

表 Q.3 3#、4# 瓦质量标准

<table>
<tr><td></td><td colspan="6">轴瓦内孔尺寸 /mm</td><td colspan="6">轴瓦内孔与轴颈的间隙 /mm</td></tr>
<tr><td></td><td>d_1</td><td>$d_{1'}$</td><td>d_2</td><td>$d_{2'}$</td><td>d_3</td><td>$d_{3'}$</td><td>a_1</td><td>a_2</td><td>b_1</td><td>b_2</td><td>c_1</td><td>c_2</td></tr>
<tr><td>设计值</td><td colspan="2">$\phi480^{+0.07}_{-0.01}$</td><td colspan="4">$\phi480.95^{+0.06}_{0}$</td><td colspan="2">0.65～0.77</td><td colspan="4">0.805～0.855</td></tr>
<tr><td rowspan="2">轴承号</td><td colspan="12">油挡环间隙 /mm</td></tr>
<tr><td>f_1</td><td>f_2</td><td colspan="2">i_1</td><td>i_2</td><td colspan="4">g_1</td><td colspan="3">g_2</td></tr>
<tr><td>设计值</td><td colspan="2">0.65～0.77</td><td colspan="3">0.805～0.855</td><td colspan="7">0.805～0.855</td></tr>
</table>

Q.5.3　瓦与瓦枕球面配合间隙为 0.05～0.10mm。

Q.5.4　推力瓦质量标准（见表 Q.4）。

表 Q.4　推力瓦质量标准

推力瓦总间隙 / mm	定位环间隙 / mm	轴承安装紧力 / mm	球面配合 / mm	油封环间隙 /mm			节流孔板 / mm
k	j	m	n	h_1	h_2	h_3	
0.4～0.45	0.02～0.05	-0.02～+0.03	0～0.05	0.4～0.58		0.45～0.55	ϕ33

Q.5.5　5#、6#、7# 瓦质量标准（见图 Q.6、表 Q.5）。

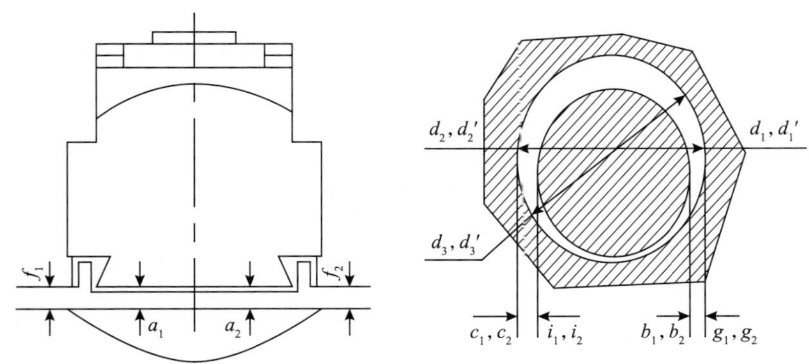

图 Q.6　5#、6#、7# 支承轴瓦

表 Q.5　5#、6#、7# 瓦质量标准

5#、6# 轴瓦内孔与轴颈的间隙 /mm						7# 轴瓦内孔与轴颈的间隙 /mm					
a_1	a_2	b_1	b_2	c_1	c_2	a_1	a_2	b_1	b_2	c_1	c_2
0.54～0.66		0.645～0.705				0.20～0.25		0.15～0.20		0.05～0.1	

Q.5.6　油挡间隙（见表 Q.6）。

表 Q.6　油挡质量标准

位置	设计值 /mm			
	左侧	右侧	底部	顶部
1# 轴承箱	0.25～0.35	0.20～0.30	0.15～0.20	
2# 轴承箱	0.25～0.35	0.20～0.30	0.15～0.20	
3# 轴承箱	0.325～0.425	0.175～0.275	0.10～0.15	
4# 轴承箱	0.325～0.425	0.175～0.275	0.10～0.15	
盘车箱	0.325～0.425	0.175～0.275	0.10～0.15	
5# 轴承箱	0.20～0.30	0.10～0.20	0～0.10	0.30～0.40
6# 轴承箱	0.20～0.30	0.10～0.20	0～0.10	0.30～0.40
7# 轴承箱	0.15～0.20	0.15～0.20	0～0.05	0.3～0.35

Q.6 汽封的检修

Q.6.1 用砂布清理汽封块的安装槽、背面、齿间等部位。

Q.6.2 清扫弹簧片，检查有无裂纹，应富有弹性。

Q.6.3 汽封齿应尖锐，不得有倒状、卷边、断裂、磨损等情况，对损坏较轻的可用修汽封齿专用工具进行修复，较严重的更换汽封块。

Q.6.4 组合上、下轴封壳体，检查水平结合面密合情况；确认弹簧片，汽封块无问题，按顺序安装入汽封块，并在配合处涂抹黑铅粉。

Q.6.5 汽封测量和调整：在轴封套以及有汽封套的部位，分别在水平及顶部贴好胶布，并在转子相应部位涂上红丹粉，盘动转子检查胶布的接触情况，根据贴胶布的情况，进行调整。

Q.7 盘车装置质量标准（见图 Q.7、表 Q.7）

Q.7.1 齿轮完整，啮合处无麻点、磨损、裂纹，齿轮接触面≥75%。

Q.7.2 滚动轴承无磨损，盘动灵活无卡涩。

Q.7.3 蜗轮轴窜动间隙为 0.05～0.10mm，蜗杆轴的窜动间隙为 0.50～0.80mm。

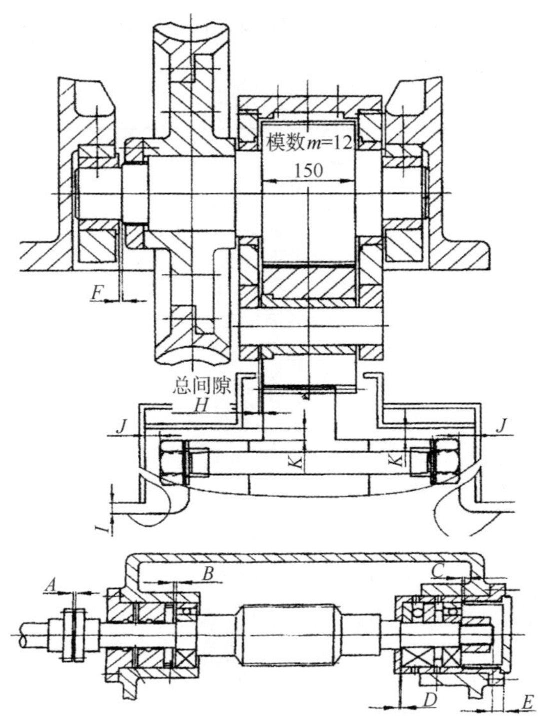

图 Q.7 盘车装置

表 Q.7　质量标准

mm

A	*B*	*C*	*D*	*E*	*F*	*G*
2～3	0.5～1	0.5～1	1.5～2	20.3～22	0.5～0.7	0.4～0.6

<table>
<tr><td colspan="4">J</td><td colspan="4">K</td><td colspan="2">M</td><td colspan="2">N</td></tr>
<tr><td colspan="2">前</td><td colspan="2">后</td><td colspan="2">前</td><td colspan="2">后</td><td rowspan="2">左</td><td rowspan="2">右</td><td rowspan="2">左</td><td rowspan="2">右</td></tr>
<tr><td>左</td><td>右</td><td>左</td><td>右</td><td>左</td><td>右</td><td>左</td><td>右</td></tr>
<tr><td colspan="2">≥19</td><td colspan="2">≥29</td><td colspan="4">≥9</td><td colspan="2">≥8</td><td colspan="2">≥9</td></tr>
</table>

Q.8　滑销系统

Q.8.1　拉出高、中、低压缸上、下缸销，用砂布将销子和销槽清理干净，并测量调整间隙，涂擦黑铅粉后装复。

Q.8.2　高、中压外缸与高压内缸间纵向键、低压外缸与内缸间纵向键，凡能清理的清理后擦黑铅粉，测量间隙为 0.06～0.08mm。

Q.8.3　清理有困难的用压缩空气吹净杂物。

Q.8.4　低压缸滑动螺栓的调整：螺栓周围清理干净，用塞尺测量间隙，如不合格，调整螺栓下面的垫片来满足要求。

3. 汽轮发电机维护检修规程

SHS 08002—2019

代替 SHS 08002—2004

目　次

前　言

本规程按照 GB/T 1.1—2009《标准化工作导则　第 1 部分：标准的结构和编写》给出的规则修订。

本规程代替 SHS 08002—2004《电站汽轮发电机维护检修规程》，与 SHS 08002—2004 相比，除了编辑性修改外，主要技术变化如下：

——增加氢冷发电机维护检修内容。

本规程由中国石油化工集团有限公司、中国石油化工股份有限公司提出。

本规程起草单位：中国石化上海石油化工股份有限公司、中国石油化工股份有限公司胜利油田分公司。

本规程主要起草人：叶伟红、杨乾纯、李健健、王晓辉。

本规程历次版本发布情况：

——SHS 08002—1992，SHS 08002—2004。

汽轮发电机维护检修规程

1 范围

1.1 主题内容

1.1.1 搞好汽轮发电机的维护检修，是保证汽轮发电机安全、经济运行，提高汽轮发电机可用系数，充分发挥设备潜力的重要措施。各级管理部门和检修人员都必须充分重视检修工作，提高质量意识，坚持“质量第一”的思想，贯彻“应修必修，修必修好”的原则。

1.1.2 汽轮发电机的检修，应认真贯彻“预防为主、计划检修”的方针。各级检修管理部门，要加强检修计划的管理工作，搞好调查研究，力求检修计划切实可行。电站（厂）要严肃对待检修计划，并贯彻执行。

随着电力工业技术的发展，现阶段“计划检修”的模式，将会改为以定期检修为主，逐步扩大预知检修比例，最终形成一套融故障检修、定期检修、预知检修和主动检修为一体的、优化的综合检修方式。而且，采用诊断技术推行预知检修仍是今后设备检修的发展趋势。

1.1.3 在汽轮发电机组检修时，应尽量采用先进工艺和新技术、新方法，积极推广新材料、新工具，提高工作效率，缩短检修工期。

1.1.4 本规程规定的内容，从事汽轮发电机的管理部门、运行和检修人员必须严格执行。

1.2 适用范围

本规程适用于电站（厂）的空冷、氢冷、双水内冷汽轮发电机的维护与检修。

2 规范性引用文件

下列文件中的条款通过本规程的引用而成为本规程的条款。凡是注日期的引用文件，其随后所有的修改单（不包括勘误的内容）或修订版均不适用于本规程，然而，鼓励根据本规程达成协议的各方研究是否可使用这些文件的最新版本。凡是不注日期的引用文件，其最新版本适用于本规程。

防止电力生产重大事故的二十五项重点要求

DL/T 838 燃煤火力发电企业设备检修导则

DL/T 596 电力设备预防性试验规程

DL/T 1164 汽轮发电机运行导则

SHS 06011—2019 电力设备交接和预防性试验规程

3 检修周期与内容

3.1 检修周期一般按表 1 安排，或随汽轮机检修周期确定。

表 1

月

设备名称	A 级检修
汽轮发电机	60～84

3.1.1 对技术状况较好的设备，为充分发挥设备潜力，降低检修费用，应积极采取措施，可以延长检修周期，但必须经过技术鉴定，并报上级批准，方可超过表 1 的规定。

3.1.2 为防止设备失修，确保设备健康，凡设备技术状况不好的，经过鉴定并报上级批准，其检修周期可低于表 1 的规定；设备局部技术状况不好的，经过鉴定并报上级批准，可安排专项检修。

允许 A 级检修周期超过或低于表 1 规定的参考条件见附录 A（资料性附录）。

3.1.3 开停机频繁或备用时间较长的汽轮机发电机（年运行在 5000h 以下），其检修周期可根据汽轮发电机的技术状况，参照附录 A 的条件确定。

3.1.4 新装的汽轮发电机正式投入运行后 1 年左右，应进行第一次 A 级检修。

3.2 一般检修内容

3.2.1 内容项目

3.2.1.1 检查及清扫发电机定子端部线圈及引出线绝缘和固定情况。

3.2.1.2 检查及清扫发电机滑环、引线、电刷、刷架。

3.2.1.3 检查及清扫励磁机定子、转子及整流子、引线、电刷、刷架。

3.2.1.4 检查及清扫发电机一、二次回路、励磁回路的设备。

3.2.1.5 检查及清扫冷却系统，双水内冷发电机定子反冲洗。

3.2.1.6 检查及清扫现场电气测量仪表。

3.2.1.7 发电机预防性试验。

3.2.2 A 级检修项目

3.2.2.1 发电机定子检修标准项目

a）检查端盖、护板、导风板、密封垫。

b）检查清扫定子绕组引出线和套管、铁芯压板、绕组端部绝缘，并检查夹件、螺栓、绑绳紧固情况。

c）检查清扫铁芯、槽楔及通风沟处线棒绝缘。

d）水内冷定子绕组进行通水反冲洗及水压、流量试验，绕组绝缘引水管检查。

e）槽楔松紧度检查。

f）检查、校验测温元件。

3.2.2.2 发电机转子检修标准项目

a）测量空气间隙、护环与铁芯轴向间隙，校核磁力中心。

b）检查和吹扫转子端部绕组，检查转子槽锲、护环、中心环、风扇、轴颈及平衡块。

c）检查、清扫刷架、滑环、引线，滑环修复。

d）水内冷转子绕组进行通水反冲洗和水压、流量试验，氢内冷转子进行通风试验和气密试验。

e）内窥镜检查水内冷转子引水管。

f）转子大轴中心孔、护环、风扇叶片金属检验。

3.2.2.3 励磁机及部件的检查。

3.2.2.4 发电机双水内冷、氢冷系统的检查。

3.2.2.5 发电机空冷器和其他附属系统的检查。

3.2.2.6 发电机的拆装。

3.2.2.7 励磁机的组装。

3.2.2.8 发电机和励磁机的试验。

3.2.2.9 现场电气测量仪表、变送器等校验。

3.2.2.10 励磁调节装置检查、清扫、试验。

3.3 检修停用天数

同汽轮机停用天数。

4 检修程序与质量标准

4.1 A 级检修前的准备工作

4.1.1 根据年度检修计划，设备存在的缺陷和最近一次小修检查的结果，结合上次 A 级检修总结等，确定并落实检修项目。

4.1.2 应做好材料、备品备件、安全用具、施工工器具等物质准备工作。

4.1.3 制定施工技术组织措施和安全措施。

4.1.4 准备好有关图纸、资料和各种技术记录表格。

4.1.5 确定需要测绘和校核的备品备件加工图。

4.1.6 制订实施 A 级检修计划的网络图和施工进度表。

4.1.7 组织检修人员讨论 A 级检修计划、项目、进度、措施及质量要求等。

4.1.8 A 级检修前一个月，检修工作总负责人应组织有关人员检查上述各项工作的准备情况，开工前还应全面复查，确保 A 级检修顺利进行。

4.2 一般拆装顺序

4.2.1 空冷发电机拆卸顺序见图 1。

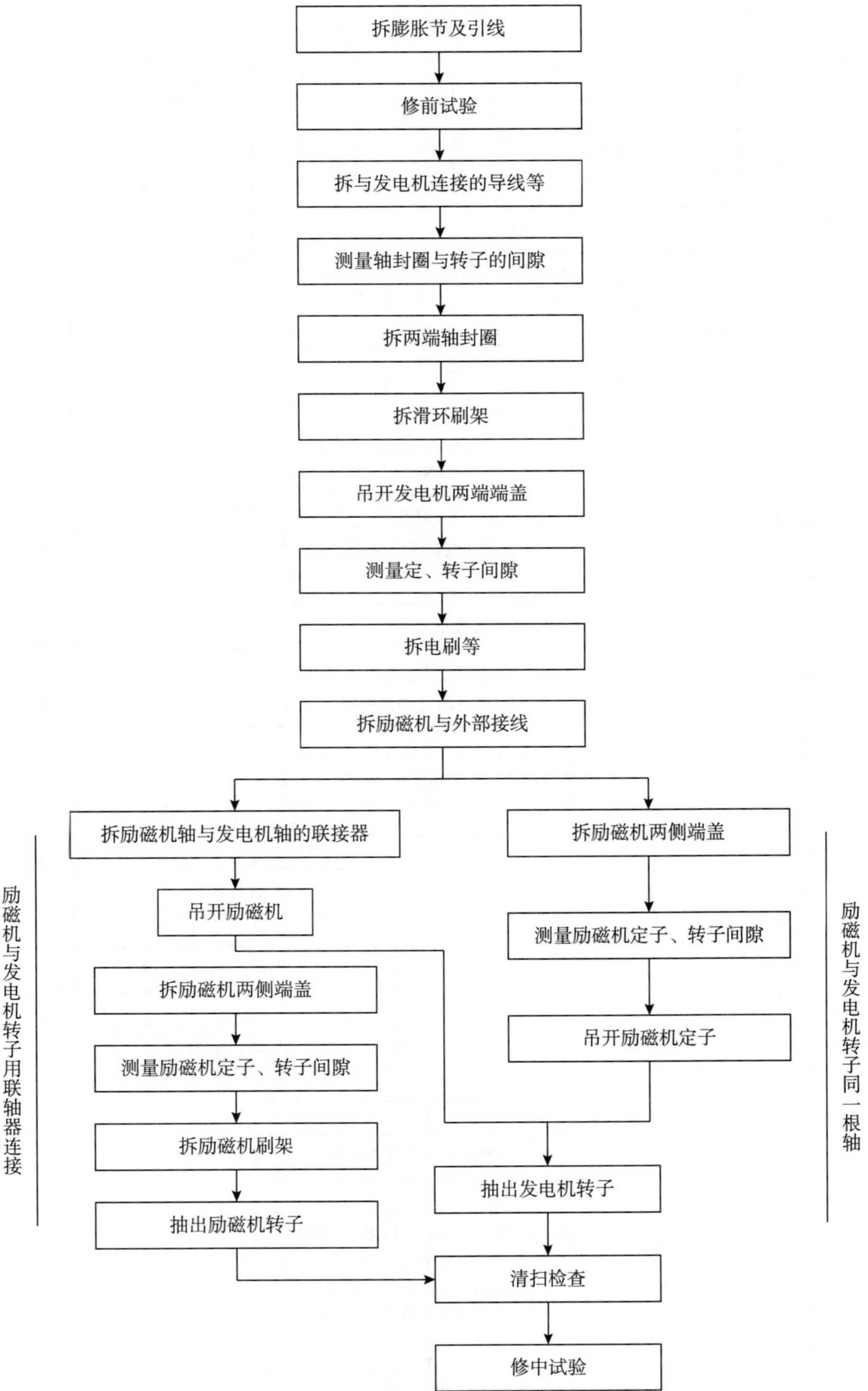

图 1　空冷发电机拆卸顺序图

4.2.2　空冷发电机回装顺序见图 2。

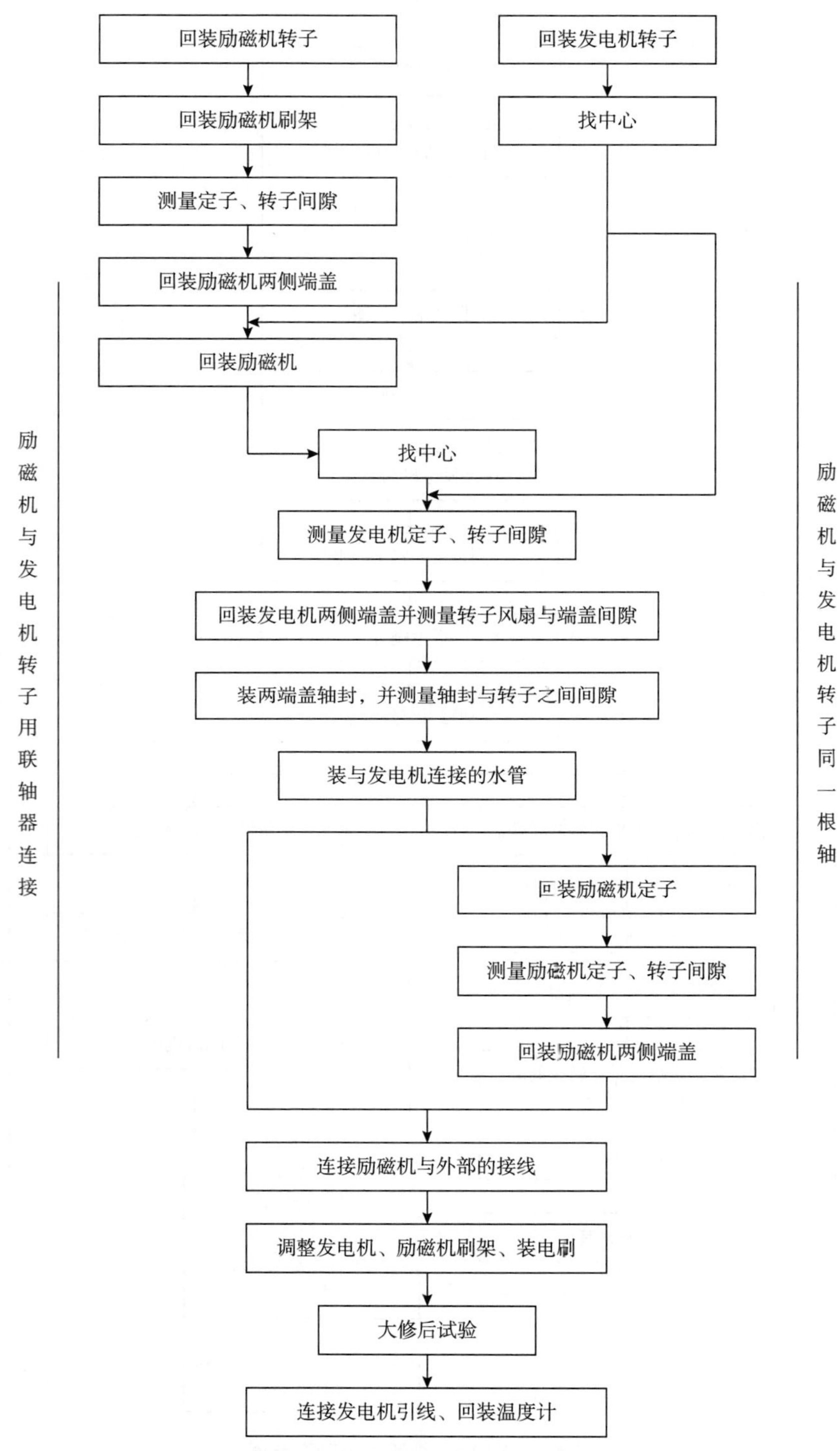

图 2　空冷发电机回装顺序图

4.2.3 双水内冷发电机拆装顺序见图 3。

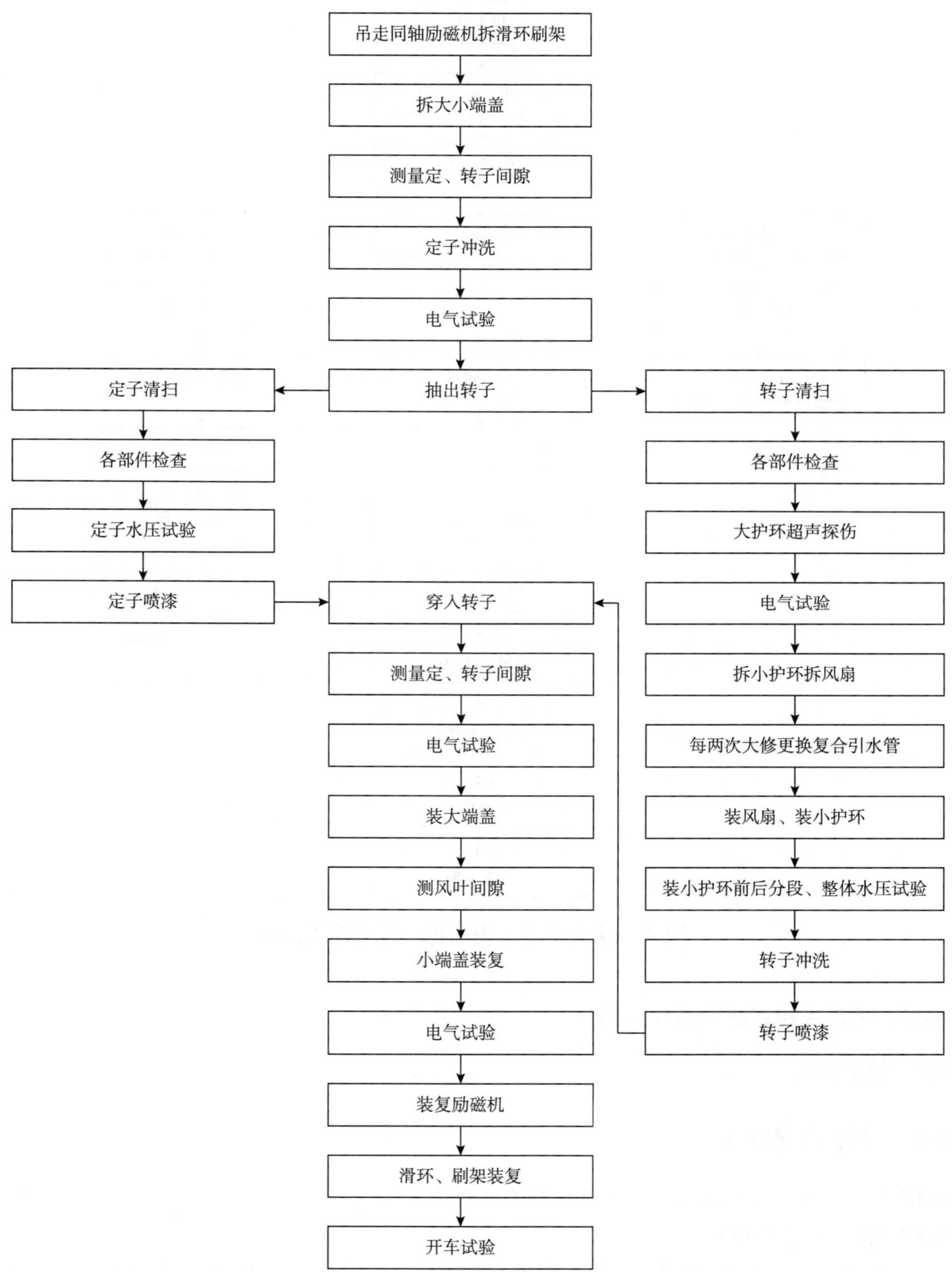

图 3 双水内冷发电机拆装顺序图

4.2.4 双水内冷发电机的励磁机拆装顺序见图 4。

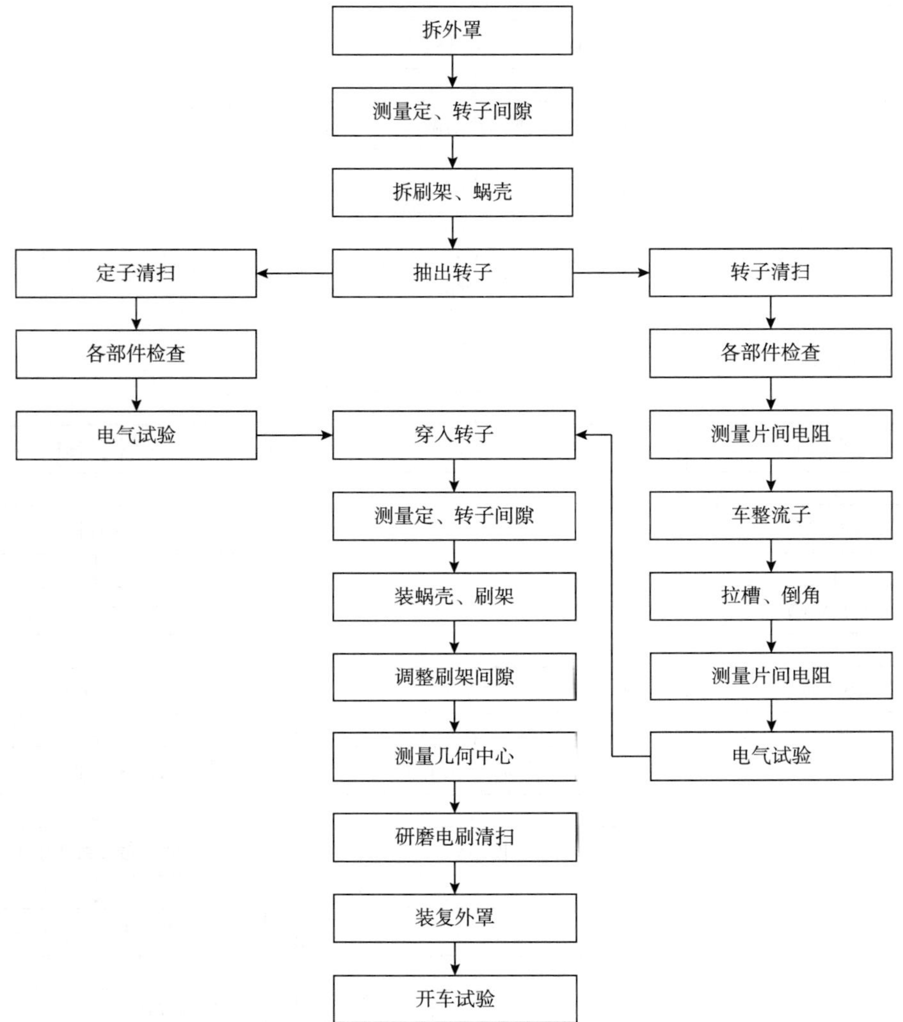

图 4 双水内冷发电机励磁机拆装顺序图

4.2.5 氢冷发电机拆装顺序见图 5。

4.3 质量标准

4.3.1 检修质量标准

4.3.1.1 发电机定子铁芯、线圈及部件的检查

4.3.1.1.1 铁芯的检查

a）检查定子铁芯矽钢片应紧密完整、清洁，无锈斑或腐蚀粉末、无损伤及无绝缘脱落，无过热变色现象。

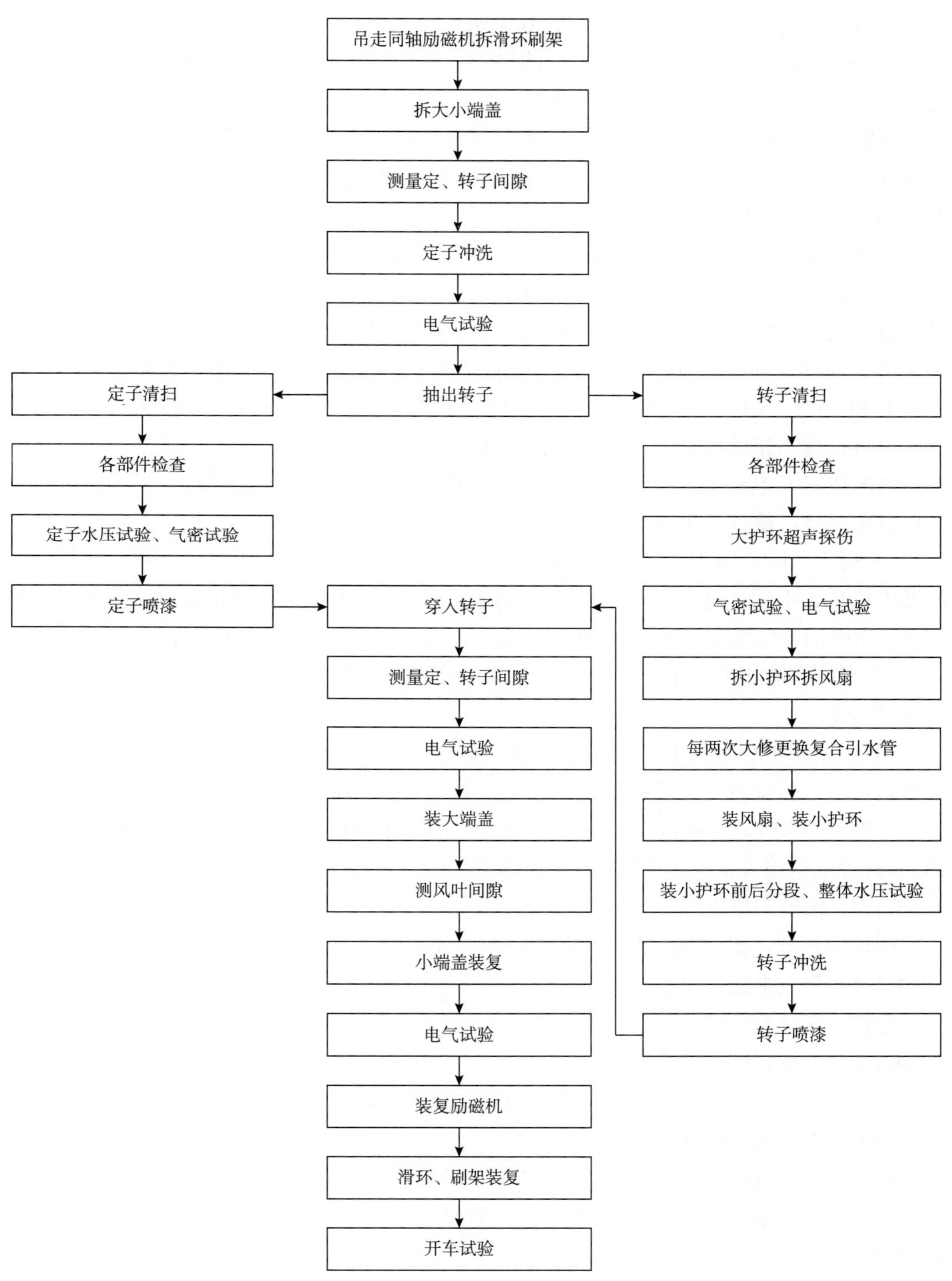

图 5　氢冷发电机拆装顺序图

b）检查两端铁芯压圈、压指和铜屏蔽环是否有过热、变形及松动现象。

c）检查各通风孔是否畅通完好、各通风孔应干净。

d）根据《防止电力生产重大事故的二十五项重点要求》第 10.10 条规定，检修时对定子铁芯进行仔细检查，发现异常现象，如局部松齿、铁芯片短缺、外表面飞着黑色油污等应结合实际异常情况进行定子铁芯故障诊断试验，或温升及铁损试验，检查铁芯片间绝缘有无短路以及铁芯发热情况，分析缺陷原因并及时处理。

4.3.1.1.2　线圈的检查及试验

a）线圈绝缘完整、清洁，不起泡、无伤痕、不变色、不发脆、漆膜无熔流烧焦现象。

b）根据《防止电力生产重大事故的二十五项重点要求》第 10.1 条规定，200MW 及以上容量汽轮发电机安装、新投运 1 年后及每次 A 级检修时都应检查定子绕组端部的紧固、磨损情况，并按照 DL/T 735—2000《大型汽轮发电机绕组端部动态特性的测量及评定》和 GB/T 20140—2006《透平型发电机定子绕组端部动态特性和振动试验方法及评定》进行模态试验，试验不合格或存在松动、磨损情况应及时处理。多次出现松动、磨损情况应对发电机定子绕组端部进行整体绑扎；多次出现大范围松动、磨损情况应对发电机定子绕组端部结果进行改造。

c）根据《防止电力生产重大事故的二十五项重点要求》第 10.2.1 条规定，加强大型发电机环形引线、过渡引线、鼻部手包绝缘、引水管水接头等部位的绝缘监测，并对定子绕组端部手包绝缘施加直流电压测量试验，及时发现和处理设备缺陷。

d）根据《防止电力生产重大事故的二十五项重点要求》第 10.2.2 条规定，严格控制氢气湿度。

e）根据《防止电力生产重大事故的二十五项重点要求》第 10.2.4 条规定，汽轮发电机新机出厂时应进行定子绕组端部起晕试验，起晕电压满足《隐极同步发电机技术要求》（GB/T 7064）。A 级检修时应按照《发电机定子绕组端部电晕与评定导则》（DL/T 298）进行电晕检查试验，并根据试验结果指导防晕层检修工作。

4.3.1.1.3　槽楔的检查

槽楔应紧固，无腐蚀、无过热、无凸起、无裂纹。

4.3.1.1.4　垫块绑线的检查

垫块、绑线应牢固可靠、完整。

4.3.1.1.5　压板、螺丝的检查

压板无位移及开裂现象，接触处无黄粉，螺丝无松动。

4.3.1.1.6　引出线的检查

a）线圈引出线包扎绝缘应完整清洁，无过热现象。

b）瓷套管完整、清洁，无裂纹，固定螺丝紧固。

4.3.1.1.7　测温元件的检查

a）测温元件直流电阻应正常。

b）绝缘电阻大于 1MΩ（500V 兆欧表）。

4.3.1.1.8　检漏装置的检查

a）检漏板清洁、无油污。

b）绝缘电阻大于 1MΩ（500V 兆欧表）。

c）接线螺丝紧固。

4.3.1.1.9　发电机端盖的检查

a）端盖清洁、完整、无裂纹。

b）窥视窗清洁、完整。

c）照明设施良好。

4.3.1.2　发电机转子、线圈及部件的检查

4.3.1.2.1　发电机转子铁芯检查

a）转子铁芯应清洁，无锈斑、无损伤及无绝缘脱落、无过热变色现象。

b）通风槽畅通完好。

4.3.1.2.2　槽楔的检查

槽楔应紧固，无过热、无凸起、无裂纹。

4.3.1.2.3　大护环的检查

大护环应无过热变色、无腐蚀、无裂纹，进行金相试验。

4.3.1.2.4　风扇的检查

a）风扇无损伤、无裂纹。

b）用小锤敲击风扇座环及风扇叶片，应无异常声音，如有异常声音应做探伤检查。

4.3.1.2.5　小护环的检查

小护环应无过热变色、无腐蚀、无裂纹，进行金相试验。

4.3.1.2.6　平衡块的检查

平衡块应紧固，无位移，止封措施可靠。

4.3.1.2.7　滑环和引线的检查

a）转子滑环及引线应清洁、无凹穴、无创伤、无油垢，螺旋沟边缘无毛刺，清理时不得破坏表面氧化膜。

b）滑环表面偏心度和椭圆度不大于 0.05mm，不平度不大于 0.5mm，否则应车削。

c）转子线圈至滑环引线应牢固。

d）转子线圈的绝缘电阻，空冷发电机不小于 0.5MΩ（1000V 兆欧表），双水内冷发电机 500V 兆欧表或其他测量仪表测量，不应小于 5kΩ。

4.3.1.2.8　转子与护环之间的间隙检查

测量数据与原始数据进行比较无显著变化。

4.3.1.3　励磁机本体及部件的检查

4.3.1.3.1　励磁机定子磁极线圈的检查

a）励磁机定子磁极线圈与铁芯固定良好，磁极线圈极性正确、无破损、无变形、无过热，引线无破裂、无硬化、无过热。

b）磁极与机壳固定良好。

4.3.1.3.2　励磁机转子铁芯的检查

a）转子铁芯矽钢片应紧密完整、清洁、无锈斑、无损伤、无绝缘脱落、无过热、无变色。

b）通风沟内畅通、完好。

4.3.1.3.3　转子端部线圈的检查

端部线圈绝缘完整、清洁。

4.3.1.3.4　转子槽楔的检查

转子槽楔应牢固完好。

4.3.1.3.5　转子绑线的检查

转子绑线应无松弛、无脱落、无开焊。

4.3.1.3.6　整流子的检查

a）整流子的升高片与引线焊接良好。

b）片间云母绝缘应低于铜片 1～1.5mm，修成圆角或倒角。

c）整流子的偏心度不大于 0.15mm，表面不平度不大于 0.5mm，否则应车削；车削时要求圆周偏差不大于 0.02mm，沿整流子长度方向偏差不大于 0.02mm，粗糙度应在 R_a0.8 以上。

d）整流子片间直流电阻相互间的差值不大于正常最小值的 10%。

4.3.1.3.7　风扇的检查

风扇无变形、无开焊、无裂纹，平衡块应牢固。

4.3.1.3.8　绝缘的检查

定子、转子、刷架及引线的绝缘电阻值不小于 0.5MΩ。

4.3.1.4　发电机双水内冷冷却系统及附件的检查

4.3.1.4.1　定子绝缘引水管的检查

a）引水管应完整、无磨损、无弯瘪、无裂纹、无发黑，固定要牢固、绑扎良好。

b）根据《防止电力生产重大事故的二十五项重点要求》第 10.3.1.1 条规定，水内冷系统中的管道、阀门的橡胶密封圈宜全部更换成四氟乙烯垫圈，并应定期（1～2 个 A 级检修周期）更换。

c）根据《防止电力生产重大事故的二十五项重点要求》第 10.3.2.1 规定，检修中应加强绝缘引水管检查，引水管外表应无伤痕。

4.3.1.4.2　定子正、反冲洗

a）用凝结水或除盐水进行冲洗，需至出口无黄色杂质污水为止，水质取样化验合格。

b）根据《防止电力生产重大事故的二十五项重点要求》第 10.3.1.2 条规定，安装定子内冷水反冲洗系统，定期对定子线棒进行反冲洗，定期检查和清洗滤网，宜使用激光打孔的不锈钢板新型滤网，反冲洗回路不锈钢滤网应达到 200 目。

4.3.1.4.3　定子水压试验

0.5MPa、8h 应不渗漏。

4.3.1.4.4 风叶拆装

风叶拆下要放好，注意叶片不得碰坏，装复时螺丝拧紧，保险垫圈翻边。

4.3.1.4.5 小护环拆装

护环加热要均匀，外木桶应无过热变色，绑箍完好，木桶直径不大于小护环内径 1mm，护环应套足，标记应对齐，圆周方向的间隙均匀。

4.3.1.4.6 转子绝缘引水管的更换

a）转子绝缘引水管应采用有钢丝编织护套的复合绝缘引水管，每两个 A 级检修周期更换一次。

b）转子引水管两端面切口应平整，不偏斜，尺寸精确，接头及配套用零件无变形及毛刺，更换的引水管垫圈应符合要求，并经退火处理，绝缘引水管组件与转子本体装配时应对号入座，保持平直无扭曲现象。

c）根据《防止电力生产重大事故的二十五项重点要求》第 10.3.2.4 条规定，为防止转子线圈拐角断裂漏水，100MW 及以上机组的出水铜拐角应全部更换为不锈钢材质。

4.3.1.4.7 转子水压试验

转子水压试验标准见表 2。在水压试验中，绝缘引水管接头和焊接部分均不得有渗水现象。

表 2 转子水压试验标准

项目	部件	压力 /MPa	时间 /h
分段水压试验	线圈（空心铜线）	9	2
	绝缘管单件	7	1
整体水压试验	套小护环前	3.5	2
	套小护环后	3	8

4.3.1.4.8 转子正、反冲洗

用凝结水或除盐水进行冲洗，至出水无混浊杂质。

4.3.1.5 空冷器及其他辅助系统的检查

4.3.1.5.1 空冷器的检查

a）冷却器铜管用 0.3MPa 的水冲洗时，没有污垢，管壁光亮。

b）冷却器两侧的端盖、弯水管应清扫达到无杂质、无污垢、无铁锈，检修后应刷厚薄均匀的防腐漆。

c）若发现冷却器铜管有腐蚀、机械损伤及中间有漏水情况，可将这些铜管堵住不用，堵住的铜管数不大于总数的 5%。

d）用 0.3MPa 水压试验 30min 无渗漏水现象。

e）散热片完整、清洁，铜丝无松塌。

4.3.1.5.2 风室的检查

a）清扫补气孔处的滤网，应无污垢、无油垢。

b）冷热风室无灰尘、无杂物、无漏洞、无油漆脱落。

c）空气过滤器应清洁畅通。

4.3.1.5.3 灭火装置的检查

灭火装置应固定良好，水路畅通。

4.3.1.6 拆发电机端盖

4.3.1.6.1 拆发电机端盖时，应测量轴封与转子间间隙，挡封圈及风叶之间间隙，定子、转子之间间隙。

4.3.1.6.2 抽装转子

转子起吊平稳，防止晃动擦伤定子铁芯及线圈端部绝缘，钢丝绳不得碰及轴颈、护环、滑环及风扇等。

4.3.1.6.3 装发电机端盖

装发电机端盖时，应测量、调整定子、转子上下左右四点之间的间隙，间隙偏差与平均值相差不大于 ±5%。风叶与端盖之间间隙为 1～3mm，轴封与转子轴间间隙为 0.4～0.7mm。

4.3.1.6.4 装发电机刷架、刷握

a）转子滑环、刷架、刷握、导电板等各部螺丝应齐全、紧固、无损伤。

b）回装刷架时，刷握框的底边与滑环间隙为 2.5～3mm，刷握框的轴线与滑环圆周切线夹角应为 90°，倾角不大于 5°。

c）电刷在刷握内四周间隙应为 0.1～0.2mm，电刷工作表面的压力为 0.02～0.03MPa，各电刷的压力差不大于 10%。

d）电刷应完整，接触面的弧度与滑环圆弧吻合，保持接触严密良好。

e）在运行中的电刷摩擦面距离铜辫小于 20mm 时，应更换电刷，更换时应保持电刷牌号一致。

4.3.1.7 励磁机的拆装

4.3.1.7.1 拆励磁机端盖

拆励磁机端盖时，应测量磁极、转子之间的间隙。

4.3.1.7.2 抽装励磁机转子

励磁机转子起吊应平稳，防止擦伤绝缘，不得碰及整流子等部件。

4.3.1.7.3 装励磁机端盖

调整励磁机磁极、转子间隙，使每个磁极与转子间的间隙偏差不大于平均值的 ±5%。

4.3.1.7.4 装励磁机刷架、刷握

a）刷架、刷握应固定牢固，绝缘衬管和绝缘垫应无损伤、无油垢。

b）刷握框的底边与整流子面的间隙为 2～3mm。

c）各组电刷应对称，位于整流子的电气中性线上，距离偏差值不大于 ±1mm。

d）电刷在刷握内不得晃动，其四周间隙为0.1～0.2mm，电刷压力为0.02～0.03MPa，各电刷的压力差不大于10%。

e）电刷与整流子接触点切线起角要合适，一般为90°，接触应良好，新研磨好的电刷接触面不小于75%。

f）电刷应完整，在运行中的电刷摩擦面距离铜辫小于20mm时，应更换电刷，更换时应保持电刷牌号一致。

4.3.1.7.5 测量、调整电刷中性线位置，应满足良好的换向要求。

4.3.1.7.6 装复罩壳时，与挡风板的间隙应大于0.5mm。

4.3.1.8 发电机、励磁机试验

执行SHS 06011—2019《电力设备交接和预防性试验规程》的规定。

4.3.1.9 氢气冷却器检修和试验

4.3.1.9.1 冷却器拆除及解体

a）检查冷却器进出水门确已关闭，水已放完后，拆除进出水管法兰及短节，拆除时先将法兰螺丝稍微松开，用撬棍撬试，看水门是否已关严后再全部拆除，用油漆画出密封圈和密封垫的相互同位置记号。

b）拆除上、下风室密封圈后用吊车吊出，起吊时应用手不断活动冷却器以防卡住，吊至指定地点下落时要注意冷却器下部滑道的安全，用方木垫稳，用油漆标明每台的位置记号。

c）拆开冷却器端盖，做好各台的记号，拆下的螺杆螺母和销垫应查明数量用专用袋保管好。

4.3.1.9.2 冷却器刷洗

a）端盖拆除后应立即进行刷洗，防止泥垢干涸。

b）将直径25mm的圆毛刷装在合适的铁管一端进行刷洗，并不断用清水冲刷，直至干净为止。

c）清除端盖、管板、短节泥垢和锈斑，刷上防锈漆。

d）刷洗端盖铜管和管板，清理管板时，不得损伤铜管的胀口。

e）检查密封橡胶垫有无裂纹、变质，如有应更换。

f）待端盖、管板防锈漆全干后，按原位置记号将端盖上好紧固。

4.3.1.9.3 冷却水试验及组装标准

a）用堵板和橡胶垫将出水法兰密封，在进水法兰装堵板和打磅机，待注满水后整组打水压试验，标准为新冷却器0.6MPa压力下30min、旧冷却器0.4MPa压力下6h，应无渗漏及压力下降现象。

b）如有渗漏及压力下降时，需拆开端盖单根管寻找漏管，进行单根管0.3MPa水压试验15min；如发现铜管有渗漏，应在漏管两端用合适的锥形紫铜堵，经退火后打紧堵死；如发现铜管胀口处渗漏，应用胀管器将胀口胀紧，并经再次打水压试验合格为止。

c）堵塞的渗漏铜管不能超过一台冷却器铜管总数的5%，如超过应更换备用冷却器。

d）水压试验合格后，按原始标记组装就位，并检查橡胶垫良好，装上密封圈紧固，装上放气管。待水、气系统工作全部结束后，与汽机联系注水，做整体气密试验。

4.3.1.10　氢冷发电机定子的气密试验

4.3.1.10.1　发电机定子部分如漏氢严重，则应对定子部分进行气密试验，其试验系统如图 6 所示。

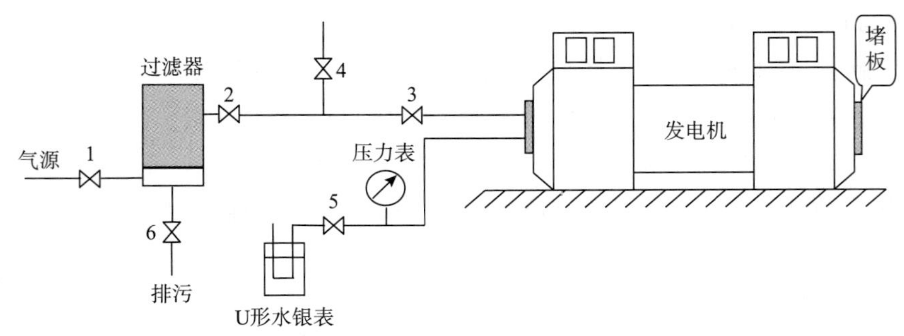

图 6　发电机定子气密试验

4.3.1.10.2　装上端盖和冷风器，用 25mm 厚钢板做成的堵板，把在端盖固定油密封座的把合面上，其中间垫橡胶板密封，机座上所有的管道用堵板密封，人孔全部盖好封严。

4.3.1.10.3　将阀门 1～3 缓慢打开，向定子内充满清洁干燥的压缩空气，在 0.1MPa 表压用肥皂水找漏，仔细寻找冷风器各部、端罩气密焊缝、出线罩气密焊缝、套管固定法兰、套管密封螺母及各人孔是否有漏气现象，如发现气密焊缝漏气则应补焊，其他处漏气则应更换新的橡胶密封圈。

4.3.1.10.4　漏气点消除后，将压力升至 0.3MPa，对上述各处继续找漏，直至将漏气点全部消除为止。

4.3.1.10.5　将机内压力保持在 0.3MPa，关闭 1、2 阀门，缓慢打开 6 阀们（防止水银溢出），将 U 形阀门水银表调整在 1140mmHg，当气体温度保持在 15℃、外界大气压保持在 760mmHg 时，保持 24h，机座内气压降 Δp 的允许值为：$\Delta p \leqslant 760 \times 3\% = 22.8$mmHg，则认为合格。

4.3.1.10.6　当发电机组装后，对气体管路及油密封系统（在投入油密封、转子静止的条件下）做气密试验时，$\Delta p \leqslant 760 \times 9\% = 68.4$mmHg，则认为合格，否则要继续查找漏气点，直至完全合格为止。

4.3.1.10.7　找漏除用涂肥皂水方法外，也可用卤素检漏仪检漏，应向机内充氟里昂气体，压力约为 2.5～5.0mmHg，再充压缩空气至 0.3MPa，按以上方法和标准进行气密试验。

4.3.1.10.8　使用卤素检漏仪，应将预热开关搬至预热位置 5min，再将开关搬至测量位置，在无卤素气体的条件下，调节零旋扭，使仪表指针指零位。当电池电压充足时，即可对发电机各有关漏气部位巡回检漏。

4.3.1.10.9　卤素检漏仪不能在发电机运行时使用，因为该仪器中离子室有炽热红火种，如有氢气溢出会引起氢爆。

4.3.1.10.10 试验过程中或试验结束后需要排气时，要用排气门，严禁用堵板排气。

4.3.1.11 氢冷发电机转子的气密试验

每次A级检修应对转子进行气密试验，试验方法如下：

a）将励磁中心孔的堵板和密封垫取下，另装一个10mm厚的法兰，垫橡胶密封垫，接上打磅用的专用工具，自励磁轴向中心孔充气。

b）将高纯度氮气，缓慢升至0.4MPa表压，用无水酒精寻找滑环引线的密封处、汽励两端轴孔的密封处、转子线圈引线至中心导电杆密封处是否有漏气现象。如有漏气则应更换橡胶密封圈，然后再重新找漏，直至不漏气为止。也可使用氦气测量。

c）将压力调为0.4MPa表压，历时6h，在周围大气压和温度变化不大时，允许压力下降不大于开始压力的10%，即0.04MPa为合格。

d）仔细检查上述各处的密封圈，如有裂纹、断裂、变形及失去弹性，即使密封试验合格，也要更换密封圈。

试验结束后，应将励磁拆除的密封堵板和密封圈恢复运行状态，每天工作结束后必须将转子用用专用篷布盖好。

4.3.1.12 根据《防止电力生产重大事故的二十五项重点要求》第10.5.4条规定，对发电机端盖密封面、密封瓦法兰面以及氢系统管道法兰等的密封材料（包换橡胶垫、圈等）必须进行检验后方可使用。严禁使用合成橡胶、再生橡胶制品。

4.3.1.13 励磁调节装置的检修标准

参见SH 06013《电力电子设备维护检修规程》。

4.3.2 质量验收程序、项目和标准

4.3.2.1 质量验收程序

4.3.2.1.1 质量验收实行班组、装置、事业部三级验收制度。检修过程中贯彻执行检修人员的自检、互检和设备管理人员专检相结合的原则。

4.3.2.1.2 质量验收人员要深入现场调查研究，帮助检修人员解决质量问题，坚持质量验收原则，严格把好质量关，做好验收工作。

4.3.2.1.3 质量验收包括分段验收和整体验收，验收后均应有验收记录。

4.3.2.1.4 检修人员在每项检修工作结束后，按照质量标准自行检查，在组装前，应按分级验收要求验收合格。

4.3.2.1.5 设备A级检修中重要项目的分段验收由电站（部）总工程师或设备副总工程师主持，检修单位和有关职能科室行政、技术人员及检修人员参加，由检修人员提供检修情况和有关记录数据等，经验收认定质量合格后方可进行下一步检修工作。

4.3.2.1.6 A级检修结束后做到工完、料净、场地清，由电站（部）设备副厂长或总工程师主持整体验收，有关科室、检修单位（部门）行政负责人和技术人员参加汇报检修、试验、设备变更情况，核查分段验收资料，进行现场检查，评定检修质量。质量、环境验收符合要求，检修安全设施全部拆除后，方可交付试运行。

4.3.2.1.7 试运结束后评定总体检修质量。

4.3.2.1.8 一般A级检修项目的分段验收和机组小修验收由检修单位或有关科室组织进行。

4.3.2.2 验收项目和标准与4.3.1相同。

4.3.3 检修总结和技术文件

4.3.3.1 发电机A级检修后应组织有关人员认真总结，不断提高检修质量和工艺水平。

4.3.3.2 发电机A级检修结束后，应在30天内完成A级检修总结报告，并报送上级有关部门。

发电机A级检修总结报告的格式见附录B。

4.3.3.3 设备检修技术记录、试验报告、技术系统变更等技术资料应作为技术档案整理保存，技术资料包括以下内容：

a）设备A级检修措施和计划及网络图、施工进度表。

b）重大特殊项目的技术措施及施工总结。

c）设备变更报告。

d）A级检修技术记录、工时及材料消耗统计。

e）金属及化学监督的检查、试验报告。

f）电气试验（包括开机试验）报告。

g）电气仪表、继电保护及自动装置的调整校验记录。

h）技术经验专题总结。

i）其他。

4.3.4 汽轮发电机检修（包括大、小修）后，应按附录C的规定进行评级。

5 试车与验收

5.1 试运行中必须进行的检查项目与标准

5.1.1 发电机试运行前必须完成静态试验项目并验收合格。

5.1.2 发电机和励磁机特性试验项目按照SHS 06011—2019《电气设备交接及预防性试验规程》进行。

5.1.3 试运行中必须进行的检查项目与标准

5.1.3.1 发电机、励磁机的检查

a）设备及周围环境应清洁。

b）内部声音正常，从窥视孔检查内部线圈无过热和电晕现象，定子端部不渗水。

c）发电机铁芯线圈进出口风（水）温应正常。

d）振动不大于0.05mm。

e）轴承绝缘垫无短路现象。

f）电刷不应过短、过热和破碎，在刷握内无跳动和卡住现象。

g）励磁机引出线无过热。

h）整流子和滑环表面应清洁、光滑、无火花。

i）发电机开关、刀闸、引线、伸缩节、套管、电压互感器、电流互感器等一次回路各部件无过热、无放电现象。

j）发电机继电保护盘上各继电器及表计运行正常。

5.1.3.2 励磁回路的检查

a）刀闸、接头、引线和分流器无过热。

b）灭磁开关、磁场电阻应完好、清洁。

c）励磁盘各继电器、励磁调节装置及表计运行正常。

5.1.3.3 发电机的电压表、电流表、功率表、温度表等表计指示正确，有、无功电度表运转正常。

5.1.3.4 其他

a）空冷器无结露、漏水现象。

b）消防水压力在 0.1MPa 以上。

5.2 试运行时间

发电机 A 级检修后带额定负荷试运行时间规定为 24h。试运行时间应包括在检修工期内。

6 维护与故障处理

6.1 定期检查周期

6.1.1 发电机、励磁机运行中，运行人员应每班全面检查两次，出现异常情况如过负荷、外部短路、强励动作等，酌情增加检查次数。

6.1.2 电气运行班长，每循环至少巡检发电机、励磁机一次，时间以夜班为宜，并对本班运行人员执行“特级维护”工作进行检查和督促。

6.1.3 电机检修人员至少每周全面检查发电机、励磁机一次，了解缺陷情况并及时组织力量消除，并在“特级维护记录簿”上作好记录。

6.1.4 运行人员应每周对在运机组滑环、整流子电刷进行红外成像测温和电刷通流检查及调整。

6.2 定期检查项目与标准

6.2.1 发电机的维护检查项目

6.2.1.1 发电机定子线圈、铁芯、进风（水）、出风（水）温度不超过额定值。

6.2.1.2 定子出线套管无污垢、无碎裂，连接铜排无过热，发电机定子端部不渗水。

6.2.1.3 发电机各部分清洁完整，运转声音和振动情况正常。

6.2.1.4 转子滑环电刷无火花、无碎裂、在刷握内无卡涩现象，电刷软线与恒压弹簧无过热、无断线、无松动现象，各部均应清洁。

6.2.1.5 检查电刷磨损情况，将摩擦面距离铜辫小于 20mm 的和损坏的电刷调换新电刷，但每次在同一极上调换的块数以不超过两块为宜，使用的电刷牌号要相同。

6.2.1.6 检查发电机滑环或励磁机整流子积粉、积灰情况，必要时进行清扫工作。

6.2.2 励磁机的维护检查项目

6.2.2.1 整流子电刷无火花、无碎裂，软线与恒压弹簧无过热、无断线、无松动现象，各部均应清洁。

6.2.2.2 电刷在刷握内无卡涩现象。

6.2.2.3 整流子表面应光滑，云母片无凸出现象。

6.2.2.4 检查电刷磨损情况，将摩擦面距离铜辫小于 20mm 的和损坏的电刷调换新电刷，但每次在同一极上调换电刷的块数以不超过两块为宜，使用的电刷牌号要相同。

6.2.2.5 运转声音和振动应正常，轴承绝缘垫应清洁，无破裂和短路现象。

6.3 发电机常见故障与处理方法

发电机常见故障与处理方法见表 3。

表 3 发电机常见故障与处理方法

序号	故障现象	故障原因	处理方法
1	发电机温度升高	表计失灵	更换温度计
		三相负荷不平衡超过允许值	降低负荷，设法调整系统以减少三相负荷不平衡度
		通风系统失常	停机检查通风系统风路受阻原因
		机内积灰严重	停机清理灰垢，使风道畅通
		冷却水系统失常	应查明原因并消除之
		线圈铜管堵塞、冷却水流量减少	应适当降低负荷严重时应停机
2	定子绕组绝缘损坏	年久失修、绝缘老化，预防性试验中击穿	应按周期安排计划检修，更换新线棒
		线圈端部固定不良造成绝缘磨损	端部重新固定并修复绝缘
		机械损伤（如转子上的零件运行中飞出击坏线棒）	停机处理
		定子接地保护报警	立即停机处理

表3 发电机常见故障与处理方法（续）

序号	故障现象	故障原因	处理方法
3	转子振动	转子线圈匝间短路或接地	消除短路或接地点
		转子端部平衡块移动，破坏了机械平衡	固定平衡块
		汽轮机、发电机励磁机的联轴器中心配合不良	重新找正
4	滑环电刷冒火	电刷牌号选用不当，太硬或品质不良，同时使用两种牌号不同的电刷	按厂家要求正确选用电刷
		电刷和刷握之间间隙太小，电刷不能自由上下移动	调整间隙或更换电刷
		滑环发热，外圈涨大，造成滑环和电刷间压力增大	减小压力
		恒压弹簧选用不当	选择适当恒压弹簧或换新
		滑环出现环火	立即停机处理
5	转子回路接地	1. 使用日久，绝缘老化，损坏； 2. 端部铜线严重变形裸露	当转子绕组发生一点接地时，应立即查明故障点与性质。如为稳定性的金属接地，应立即停机处理
6	发电机检漏计报警	绝缘水管老化、开裂、损坏	更换绝缘水管
		水管接头开裂、松动	更换水管接头
		密封垫圈失效	更换新密封垫圈
		报警装置本身缺陷（如电极脏污积灰受潮等）造成误动作	检查报警装置、清扫，提高其绝缘水平
		机内漏水	1. 当发现发电机内连续不断地漏水明显地危及运行安全，应立即紧急停机处理； 2. 当机内滴水或渗水则应降低发电机负荷，适当降低进水压力，加强监视，尽快安排停机处理
7	发电机失磁	灭磁开关受振动误碰而跳闸	检查灭磁开关
		磁场变阻器接触不良	检查磁场变阻器接触情况
		励磁机磁场线圈开路	停机启用备励
		整流子严重冒火	消除冒火
		自动电压调整器故障	停用自动电压调整器进行检查
8	发电机升不起电压	励磁机剩磁消失	对励磁机重新进行充磁
		磁场绕组正负极性接反	将正负两极连接线对换
		励磁回路断线	将断路点消除

表 3　发电机常见故障与处理方法（续）

序号	故障现象	故障原因	处理方法
9	励磁机电刷冒火	发电机转子电压超过限额	将转子电压降低
		整流子表面不清洁	用干净白布或 0 号金相砂纸擦净整流子表面
		电刷尺寸不符合要求	重新更换新电刷
		各电刷压力不均造成电流分布不均匀	更换过热的电刷及弹簧
		不同牌号的电刷混用	查清电刷牌号，使用规定牌号电刷
		电刷和刷握之间的间隙太小，电刷不能自由上下移动	调整间隙或更换电刷
		恒压弹簧选用不当	选择适当恒压弹簧或换新
		整流子片间绝缘云母片凸起	1．用干净白布或 0 号金相砂纸揩擦凸起部位； 2．如无效果，可用专用细砂石进行研磨
		整流子表面不平	超过规定应停机处理，车削整流子表面
		励磁机出现环火	立即停机处理
10	空气冷却器的冷却能力不足	冷却器内管道堵塞	冲洗冷却器管道
		冷却器被腐蚀或损坏	必要时更换冷却器
		管道漏水	修补或更换管道

附 录 A
（资料性附录）
汽轮发电机 A 级检修周期的参考条件

技术状况满足下列全部条件时，A 级检修周期允许超过表 1 规定	技术状况有下列条件之一时，A 级检修周期允许低于表 1 规定
能达到铭牌（或批准）的出力。定子、转子绝缘良好，或绝缘虽较差，但历次试验结果比较稳定，而且不影响安全运行。定子绕组三相直流电阻平衡稳定，转子绕组无层间短路	达不到铭牌（或批准）的出力，运行中温度超过允许范围或者有升高趋势，振动不合格
定子铁芯压板无局部过热、松动	定子、转子绝缘不良，确实威胁安全，或者受过严重的损伤，虽经处理，但需 A 级检修进行鉴定
定子、转子结构及各部件良好，经历次检查没有变形、松动、裂纹等缺陷，或虽有缺陷，但比较轻微而且经过较长期运行的考验，无发展趋势，不影响安全运行	定子、转子端部的绕组或重要结构部件的变形有发展，紧固件在历次检修中经常发现有松动现象
励磁系统工作正常，能满足正常出力	定子铁芯松动或有局部过热现象需及时处理
冷却系统严密，密封瓦和油系统不漏油；水内冷发电机定子、转子绕组进出口水温差无明显变化，水电导率合格。发电机内部清洁，密封瓦及轴承温度正常	转子绕组有严重的层间短路
机组（轴或轴承）振动不超标	轴瓦或密封瓦漏油严重，必须抽转子处理绕组油污
空气冷却器工作基本正常	转子绕组与滑环连线不良在小修中不能处理
	转子锻件有缺陷，需要进行监视和鉴定
	经过重大改进或处理过重大缺陷，必须在 A 级检修中进行检查和鉴定
	水冷系统严重漏水需 A 级检修处理，或水内冷机组定子、转子绕组进出口水温差有明显增大，小修中不能处理
	双水内冷发电机转子复合管质量不好，其寿命不能达到一个 A 级检修周期

附 录 B
（资料性附录）
发电机A级检修总结报告

________发电站（厂）________号发电机________年________月________日

制造厂________，型式________，冷却方式________，

容量________MVA，额定电压________kV。

（一）停用日数：

计划：________年________月________日到________年________月________日，共计________日。

实际：________年________月________日到________年________月________日，共计________日。

（二）人工：

计划：________工时，实际________工时。

（三）A级检修费用：

计划：________万元，实际________万元。

（四）由上次A级检修结束到本次A级检修开始运行小时数________，备用小时数________。

上次A级检修结束到本次A级检修开始小修________次，停用小时数________。

上次A级检修结束到本次A级检修开始非计划停用________次，________小时，非计划停用系数________，其中：强迫停运________小时，等效强迫停用系数________。

上次A级检修结束到本次A级检修开始历时________小时，可用小时________，可用系数________。

最长连续可用天数________，最短连续可用天数________。

（五）设备评级：A级检修前________，A级检修后________。

升级或降级的主要原因：________

____

____

（六）检修工作评语：________

____

____

（七）简要文字总结：

1. 施工组织与安全情况。

2. A级检修中消除的设备重大缺陷及采取的主要措施。

3. 设备的重大改进内容及效果。

4. 人工和费用的简要分析（包括重大特殊项目的人工费用）。

5. A级检修后尚存在的主要问题及准备采取的对策。

6. 试验结果的简要分析（对氢冷、水内冷发电机应包括A级检修前后的漏氢率，定子、转子线圈进出口水温差（最高值）、定子线棒层间温度温差、水电导率等在此注明，对于不能按预防性试验标准进行试验时应说明原因）。

7. A级检修后冷态、热态评价，重点是A级检修前、后设备状态、检修项目的合理性、设备状态诊断的正确性和科学性等方面的评估。

8. 其他。

检修负责人________

总工程师________

附 录 C

（资料性附录）

汽轮发电机评级参考标准

序号	完好设备		不完好设备
	一类设备	二类设备	三类设备
	凡满足下列全部条件者	凡符合下列全部条件者	达不到二类设备的标准，或有下列情况之一者
1	持续地达到铭牌或上级批准的出力，并能够随时投入运行	经常达到铭牌或上级批准的出力，并能够随时投入运行，或采取了降低风温的措施，绝对温度仍在规定值之内，温升与规定值相差不大	不能达到铭牌出力或上级批准的出力
2	机组垂直方向振动（轴或轴承）达到“良”的标准，其他方向达到“合格”标准	机组垂直方向振动（轴或轴承）合格	定子绕组绝缘不良，因而必须降低交流耐压试验标准
3	零部件完整齐全；定子绕组没有油迹、磨损或变形，垫块、绑线或夹紧装置紧固，定子铁芯、转子锻件、套箍、槽楔等良好	零部件完整，定子绕组无严重的油垢、变形，绕组端部垫块、绑线或压紧装置无松动，定子铁芯槽楔仅有局部、轻微松动；转子锻件、套箍无严重影响安全的缺陷	转子绕组一点接地
4	绝缘良好，各项试验符合《电气设备预防性试验规程》的规定，转子无层间短路，或短路轻微，不影响发电机空载特性曲线及转子电流的变化，未造成不正常振动	电气绝缘基本良好（包括定子绝缘虽老化，但交流耐压试验仍合格）；定子、转子绕组各项试验中虽有个别项目不符合规定，但数值稳定，并不降低交流耐压标准；转子虽有层间短路，但未引起异常运行，无必须处理的问题	转子绕组层间短路严重，影响正常运行（发电机不正常振动，空载特性曲线及励磁电流有明显变化）需处理的
5	冷却系统严密，冷却效果良好，水内冷发电机水电导率符合《发电机运行规程》的规定	冷却系统虽有个别缺陷，但未影响发电机出力者	定子绕组直流电阻变化，必须处理才能安全运行的
6	电刷完整良好，不跳动、无过热、整流子无火花	电刷运行情况基本正常，整流子火花不大于级	转子锻件及套箍有严重缺陷，必须监督使用的
7	各种主要测量表计完好准确	主要测量仪表基本完好、准确，温度表测温元件虽有个别损坏，但仍能满足正常监视需要	励磁系统有严重缺陷影响发电机出力，整流子火花大于1½级，整流子、滑环磨损车削后直径超过极限值的

汽轮发电机评级参考标准（续）

<table>
<tr><td rowspan="3">序号</td><td colspan="2">完好设备</td><td>不完好设备</td></tr>
<tr><td>一类设备</td><td>二类设备</td><td>三类设备</td></tr>
<tr><td>凡满足下列全部条件者</td><td>凡符合下列全部条件者</td><td>达不到二类设备的标准，或有下列情况之一者</td></tr>
<tr><td>8</td><td>强行励磁、自动灭磁、差动、过流、接地、负序等主要继电保护，灭火装置等主要保护装置及信号装置部件完好，动作准确，自动调整励磁装置能经常投入运行</td><td>强行励磁、自动灭磁、差动、过流、接地、负序等主要保护和灭火装置及信号动作正确可靠</td><td>水内冷发电机漏水严重，不能保证安全运行</td></tr>
<tr><td>9</td><td>一、二次回路及励磁回路的设备技术状态良好</td><td>一、二次回路及励磁回路设备基本完好，运行可靠</td><td>其他威胁安全运行的重大缺陷</td></tr>
<tr><td>10</td><td>轴承和密封瓦运行正常，不漏油</td><td></td><td></td></tr>
<tr><td>11</td><td>机组本身及周围环境整洁，照明良好，必要标志、编号齐全</td><td></td><td></td></tr>
</table>

4. 化学水处理设备维护检修规程

SHS 08003—2019

代替 SHS 08003—2004

目　次

前　言

本规程按照 GB/T 1.1—2009《标准化工作导则　第 1 部分：标准的结构和编写》给出的规则修订。

本规程代替 SHS08003—2004《化学水处理设备维护检修规程》，与 SHS 08003—2004 相比，除了编辑性修改外，主要技术变化如下：

——增加了高效纤维过滤器设备的检修内容及质量标准；

——增加了反渗透（超滤）设备的检修内容及质量标准；

——增加了冷凝水处理中的精密过滤器设备的检修内容及质量标准；

——删除冷却水加氯设备的检修内容及质量标准。

本规程由中国石油化工集团有限公司、中国石油化工股份有限公司提出。

本规程起草单位：中国石化上海石油化工股份有限公司、中国石油化工股份有限公司胜利油田分公司。

本规程主要起草人：郭培康、温景舵、王建章、陆永梅。

本规程历次版本发布情况：

——SHS 08006—1992；SHS 08006—2004。

化学水处理设备维护检修规程

1 范围

1.1 主题内容

化学水处理设备的维护和检修，是保证水处理设备安全、经济运行的重要措施，也是减缓热力设备结垢、腐蚀的重要内容。各级管理部门必须对此有足够的重视，并把此工作纳入总工程师负责的工作中。化学水处理设备的维护和检修，必须以提高设备的健康水平为目的，积极掌握设备规律，坚持“质量第一”，切实做到应修必修，修必修好的方针，使设备经常处于健康状态。检修工作要结合挖潜、革新、改造工作，不断完善和改进设备，以赶超国内外的先进水平。

本规程规定了化学水处理设备的检修周期与内容、检修程序与质量标准、试车与验收（试运行）、维护与故障处理。

1.2 适用范围

本规程为适应石油化工系统水处理设备日益发展的需要而修编，主要适用于电站化学水处理设备及石油化工系统水处理设备的维护和检修工作。

电站化学水处理设备的维护检修工作，除按本规程执行外，还应遵守国务院有关部门颁发的劳动保护、环境保护、防火、安全等规程的有关规定。

电站化学水处理设备中涉及的通用设备的维护、检修，按中国石油化工集团有限公司、中国石油化工股份有限公司编制的有关规程执行。

2 规范性引用文件

下列文件中的条款通过本规程的引用而成为本规程的条款。凡是注日期的引用文件，其随后所有的修改单（不包括勘误的内容）或修订版均不适用于本规程，然而，鼓励根据本规程达成协议的各方研究是否可使用这些文件的最新版本。凡是不注日期的引用文件，其最新版本适用于本规程。

DLJ 5190.6 电力建设施工技术规范 第6部分：水处理及制氢设备和系统

DL/T 5210.6 电力建设施工质量验收与评价规程 第6部分：水处理及制氢设备和系统

DL 5068 发电厂化学设计规范

3 检修周期和内容

3.1 离子交换器

3.1.1 检修周期（见表 1）

表 1 离子交换器检修周期 周期数 /5 年

设备名称	A 级检修间隔
阳离子交换器	700
阴离子交换器	1000
体内混合离子交换器	400
体外混合离子交换器	600
体外再生塔	500
阳双室双层浮床	800
阴双室双层浮床	800
反洗塔	800

注：表列阳离子交换器检修间隔系兼作过滤器的阳离子交换器的间隔，配置有过滤器的阳离子交换器检修间隔酌情延长。

3.1.2 A 级检修项目

a）器壁衬里局部检查修补。

b）支承架检查修理。

c）密封垫检查更换。

d）支管网套、水帽检查更换，监视镜清洗干净。

e）可见部分的进、出水装置，检查修理。

f）清除碎树脂，补充新树脂。

g）所属阀门检查修理。

h）检查修理进、出水装置、再生液进、排液装置。

i）器壁衬里全面检查，修补。

j）水帽、平板及支承立柱变形校正。

k）石英砂垫层检查清洗、级配补充。

3.2 除气器

3.2.1 检修周期（见表 2）

表 2 除气器检修周期

运行小时数 /10 年

设备名称	A 级检修间隔
鼓风式除碳器	60000
真空式除气器	20000

3.2.2 A 级检修项目

a）检查修补进风口法兰防腐层。
b）检查修补器壁防腐层（可见部分）。
c）检查修补布水装置。
d）检查修理风道、风机及真空系统。
e）喷嘴检查清扫。
f）液面计检查更换。
g）卸出拉希环、空心球，进行筛选（必要时更换）。
h）检修填料支承装置。
i）全面检查修补器壁及多孔板防腐层。
j）检查修理排气装置。
k）检查更换泄漏的管道与管件。
l）检修所属阀门。

3.3 冷凝水处理中的电磁除铁过滤器

3.3.1 检修周期（见表 3）

表 3 电磁除铁过滤器检修周期

运行小时数 /10 年

设备名称	A 级检修间隔	小修间隔
电磁除铁过滤器	60000	6000

3.3.2 A 级检修项目

a）清洗、清除、更换铁球、钢毛，镀镍层磨损的铁球重新镀镍。
b）检查、检修励磁线圈、控制柜。
c）检修筒体，清除污物。
d）检查修理进水弧型板、出水滤网。
e）壳体、屏罩外部重新防腐。

3.4 冷凝水处理中的覆盖过滤器

3.4.1 检修周期（见表 4）

表 4　覆盖过滤器检修周期　　运行小时数 /3 年

设备名称	A 级检修间隔	小修间隔
覆盖过滤器	20000	6000

3.4.2 A 级检修项目

a）清扫壳体，清除油污及杂物。

b）检查修理滤元，清扫滤元表面附着物，更换损坏的滤元。

c）检查进、出水装置是否移位，紧固螺栓是否松动。

d）擦洗监视镜表面污物，更换垫片。

e）检查测量壳体厚度，做好腐蚀程度记录。

f）壳体内壁涂刷防腐涂料。

g）外部保温层修整，重新刷防腐漆。

3.5 高效纤维过滤器

3.5.1 检修周期（见表 5）

表 5　高效纤维过滤器检修周期　　运行小时数 /3 年

设备名称	A 级检修间隔	小修间隔
高效纤维过滤器	20000	6000

3.5.2 A 级检修项目

a）打开所有人孔，检查内部防腐是否完好，纤维过滤器内部构件是否有变形、腐蚀的情况，清扫壳体，清除壳体内杂物。

b）检查纤维是否有脱落情况，纤维是否已经严重污染（油污、污泥、滋生微生物）或断裂，清除外层纤维表面附着物或更换损坏的外层纤维。

c）检查进、出水装置是否正常，收线网是否松动并进行必要的紧固。

d）检查减速箱齿轮、油位是否正常，纤维提升杆是否变形或弯曲，并对纤维提升杆限位器进行校验，更换易损垫片。

e）拆除壳体内全部纤维进行清洗（有条件建议进行碱洗），并进行筛选清理更换（更换量不低于 50%）。

f）更换全部纤维的固定销；纤维提升杆如变形或弯曲应立即进行更换。

g）检查下孔板是否变形，检查顶部填料压盖是否压紧，如松动则更换填料。

h）检查布气装置，出气孔如堵塞则进行清理，支管及母管如变形则进行修理更换；

i）检查设备内部环氧树脂 / 衬胶防腐情况，如有明显锈蚀的地方，需用环氧树脂进行修补，壳体内壁重新涂刷防腐涂料，外壁重新刷防腐漆（根据实际情况）

3.6 冷凝水处理中的精密过滤器。

3.6.1 检修周期（见表 6）

表 6 精密过滤器检修周期 运行小时数 /3 年

设备名称	A 级检修间隔	小修间隔
精密过滤器	20000	6000

3.6.2 A 级检修项目

a）打开所有入孔，检查内部构件是否有变形、腐蚀的情况，清扫壳体，清除壳体内杂物。

b）检查过滤器滤芯，如果污染严重，则应全部更换。

c）检查进、出水装置是否正常。

d）检查过滤器内的螺栓螺母等紧固件，如有松动应紧固。

e）检修孔密封垫检查，更换变形的检修孔密封垫。

f）检查设备内部环氧树脂 / 衬胶防腐情况，如有明显锈蚀的地方，则根据设计进行修补，设备外壁重新刷防腐漆（根据实际情况）。

g）检查过滤器本体所属阀门是否完好，开关是否完好，密封是否严密。

3.7 超滤及反渗透

3.7.1 检修周期（见表 7）

表 7 超滤及反渗透检修周期 运行小时数 /5 年

设备名称	A 级检修间隔	小修间隔
超滤及反渗透	35000	18000

3.7.2 A 级检修项目

a）膜组的拆卸：卸下膜组件的出水端抱箍固定螺栓，拆除膜壳两端封头止推环，拆除出水连接管接头；打开封头，取出密封圈，取出膜与膜壳端封头的连接件及塑料支撑。

b）检查压力筒玻璃钢：用端口绑有厚实抹布的长塑料管对压力筒内部进行清扫（检查压力筒是否变形、有无破损，有则修补，保证压力筒内部清洁）。

c）膜组的安装：将膜逐根装入，将端口密封圈固定，依次安装好封头、出水端抱箍固定螺栓，安装膜壳两端封头止推环进入卡槽。

3.8 贮罐、废液池

3.8.1 检修周期（见表 8）

表 8 贮罐、废液池检修周期 运行小时数 /8 年

设备名称	A 级检修间隔	小修间隔
清水箱（池）	30000	6000
一二级除盐水箱	60000	6000
反洗水箱	常温 100000； 非常温 60000	6000
中间水箱	40000	6000
酸贮槽	30000	6000
碱贮槽	60000	6000
废酸池	40000	6000
废碱池	60000	6000
中和池	60000	6000

3.8.2 A 级检修项目

a）冲洗箱（槽）内壁，清理杂物。
b）贮罐（槽）一次门修理或更换。
c）安全围栏油漆。
d）检查、修理液位计。
e）检查、修理浮动胶囊、覆盖层。
f）检查、修理下置水箱、酸碱贮罐吸入管。
g）外壁防腐、保温更换。
h）内壁防腐层检查、更新。

3.9 计量箱、药箱

3.9.1 检修周期（见表 9）

表 9 计量箱、药箱检修周期 运行小时数

设备名称	A 级检修间隔	小修间隔
酸计量箱	20000	6000
碱计量箱	60000	6000
联氨、磷酸三钠、氨箱	60000	6000

3.9.2 A 级检修项目

a）清理箱内杂物，冲洗内壁。
b）一次门维护或更新。
c）检查修理液位计。
d）检查修理内壁防腐层。
e）箱内、外壁防腐层修补或更换本体。

3.10 特殊灰浆管道

3.10.1 检修周期（见表 10）

表 10 特殊灰浆管道检修周期 运行小时数 /5 年

设备名称	A 级检修间隔	小修间隔
灰浆管道	30000	6000

3.10.2 A 级检修项目

a）冲洗管道。
b）局部除锈油漆。
c）支架修理。
d）阀门修理、更换。
e）保温层修补。
f）清除管道内的垢层。
g）管道更换。
h）管道防腐与保温。

3.11 特殊酸碱管道

3.11.1 检修周期（见表 11）

表 11 特殊酸碱管道检修周期 运行小时数 /7 年

设备名称	A 级检修间隔	小修间隔
塑料管道	20000	自定
衬胶衬塑、玻璃钢管道	40000	自定

3.11.2 A 级检修项目

a）消除泄漏。
b）冲洗管道。

c）局部除锈油漆。
d）局部修理。
e）支架修理。
f）阀门修理、更换。
g）管道修理、更换。
h）油漆与保温。

3.12 特殊阀门

3.12.1 检修周期（见表 12）

表 12 特殊阀门检修周期 运行小时数 /5 年

设备名称	A 级检修间隔	小修间隔
手动衬胶隔膜阀	20000	自定
直流式衬胶截止阀	20000	自定
气动衬胶隔膜阀	12000	自定
气动衬胶蝶阀	12000	自定

3.12.2 A 级检修项目

a）隔膜更换。
b）轴承更换。
c）连接螺栓的修理、更换。
d）门杆密封环的修理、更换。
e）门杆修理。
f）检查阀体、阀盖、气缸、气缸盖。
g）清洗检查活塞、轴承座、弹簧等零件。
h）检查修理衬胶层、活塞杆、阀杆、阀瓣等零件。
i）更换活塞环、密封环、填料等易损件。
j）支座修理。
k）油漆防腐。

4 检修程序与质量标准

4.1 离子交换器

4.1.1 检修前的准备

a）办理检修工作票、容器工作票；

b）高空作业应搭设脚手架，并办理高空作业票；

c）做好工器具准备工作（包括专用工具）；

d）掌握设备资料，准备好记录图表；

e）备品、配件、材料准备齐全。

4.1.2 容器内工作的安全措施

a）容器外必须设专人监护；

b）容器内必须通风良好，氧含量符合要求；

c）必须有良好的照明设施（照明电源应使用安全电压）；

d）在容器内使用电动工具，应采取特殊的安全措施并办理相应的工作票，在容器内使用电、火焊应办理动火工作票。

4.1.3 拆装顺序

a）解体：导出树脂，排尽存水，打开人孔门，拆除集配水装置、再生液分配装置、监视镜，退下支管网套，特殊情况下卸出石英砂垫层，取出穹形孔板或水帽。

b）修理：用水冲洗容器及管内的杂物，检查内部防腐层、支承架、水帽、穹形孔板、监视镜；衬胶层起包、裂纹应进行修补（见附录A防腐工艺），部件出现裂纹腐蚀应进行修补，监视镜擦洗更换，网套更换，穹形孔板修理，水帽损坏更换。

c）组装：按拆卸逆顺序进行。填装石英砂时必须按图纸铺设，密封垫采用耐酸胶垫。

d）严密性试验：0.6MPa水压试验，无泄漏。

4.1.4 质量标准

4.1.4.1 离子交换器T形绕丝及支管网套的质量标准

a）T形绕丝外观无变形，缝隙符合设计标准，支管内层网套为16～22目，应紧贴在支管的外壁上，外层网套为40～60目，网套的直径应大于内套直径3～4mm，网套表面应无跳丝、老化现象；

b）网套应选用涤纶、锦纶、聚氯乙烯、聚乙烯、不锈钢材质；

c）网套绑扎牢固。

4.1.4.2 离子交换器平板水帽型的集配水装置质量标准

a）衬胶多孔板表面应平整，受力变形后，如影响安全运行，应进行校平处理，校平时应注意保护衬胶层；

b）衬胶板与多孔板之间应有良好的密封；

c）法兰多孔板应丝扣完好，与水帽配合紧力适中，严禁锉削水帽螺纹；

d）塑料孔板应无起层、裂纹、老化现象。

4.1.4.3 水帽的质量标准

a）水帽应完整无损，坚固可靠，手感有弹性；

b）水帽缝隙为 0.25～0.5mm（浮动床），不宜过小，也不得过大；

c）丝扣完整，旋入的螺扣不得少于 5 扣；

d）水帽全部安装完后，应做喷水试验，检查安装是否牢固，配水是否均匀。

4.1.4.4　支、母管式中间排水装置、集配水装置的质量标准

a）支、母管法兰连接处，其法兰与支管的垂直偏差不大于 3mm；

b）支管应平整光滑、无毛刺，管内无焊渣及杂物，孔眼无堵塞；

c）安装后的支管水平偏差不大于 4mm，支管间水平偏差不大于 2mm；

d）支管与托架用 U 形螺栓固定，并垫上耐酸胶板，必须绑扎结实；

e）弧形支管的弧度应与封头的弧度一致，弧形管与封头衬胶层的间隙为 3～6mm，最大不超过 10mm，支管间平行偏差不大于 2mm。

4.1.4.5　离子交换器本体的质量标准

a）器壁衬胶层无老化、无裂纹、起包等缺陷；

b）用电火花检验器检查内壁衬胶层，均无漏电现象；

c）交换器内非防腐的金属材质，以 316L 为宜；

d）交换器外部干净，油漆完整，颜色符合要求；

e）填装树脂符合设计要求；

f）所属阀门开关灵活，无卡涩现象。

4.1.4.6　离子交换器中石英砂质量标准

a）新石英砂的 SiO_2 纯度不低于 99%，化学稳定性试验合格；

b）新装填的石英砂应在 10%盐酸中浸泡 8h 并冲洗干净，方可使用；

c）石英砂装填符合设计要求。

4.2　除气器

4.2.1　检修前的准备

详见 4.1.1。

4.2.2　容器内工作的安全措施

详见 4.1.2。

4.2.3　拆装顺序

4.2.3.1　鼓风式除碳器

a）解体：拆下器壁与通风筒连接螺栓，打开人孔盖，卸下布水装置，拆下支承装置、排气装置。

b）修理：检查修补防腐层，检查、检修、更换排气装置、支承装置、风筒。

c）组装：按拆卸逆顺序进行。更换耐酸密封垫。

d）严密性试验：静压试验，无泄漏。

4.2.3.2　真空式除气器

a）解体：拆下冷凝器冷却水进、出口短管及抽气短管，拆开冷凝器连接螺栓，吊出冷凝器，拆开除气器人孔盖，旋下喷嘴外壳，取出转子，拆下进水短管（或环形支母管），卸出填料，拆下多孔板并吊出。

b）修理：检查修补防腐层，检查更换液位计、多孔板、喷嘴，填料冲洗、筛选、补充。

c）组装：按拆卸逆顺序进行，更换垫片。

d）严密性试验：灌水试验，无泄漏。

4.2.4　质量标准

4.2.4.1　鼓风式除碳器的质量标准

a）器内防腐层完好，电火花检验器检查无漏电现象；

b）布水装置水平偏差不大于 8mm；

c）支承装置无老化、裂纹、起层等缺陷；

d）风筒与器壁连接处密封良好；

e）风机的性能良好，调节插板灵活好用。

4.2.4.2　真空除气器的质量标准

a）冷凝器水室中分隔板密封良好，严防冷却水短路；

b）水喷嘴的丝扣应完好。

4.3　冷凝水处理中的电磁除铁过滤器

4.3.1　检修前的准备工作

详见 4.1.1。

4.3.2　容器内工作的安全措施

详见 4.1.2。

4.3.3　拆装顺序

a）解体：拆除电磁除铁过滤器管段，打开筒体，卸出铁球（钢毛）堵板，将铁球（钢毛）放出。打开筒体下法兰，取出进、出水槽。拆上部压板螺栓，吊出压板、屏蔽罩及励磁线圈。

b）修理：清洗、修理、更换零部件，刷防腐漆。

c）组装：按拆卸逆顺序进行，更换垫片。

d）严密性试验：工作压力试验，无泄漏。

4.3.4 电磁除铁过滤器的质量标准

a）铁球（钢毛）装填高度符合图纸要求；

b）进水布水槽宽度符合图纸要求；

c）出水配水槽宽度符合图纸要求；

d）出水配水孔孔径符合图纸要求；

e）铁球（钢毛）表面光洁，镀镍均匀，无锈蚀、无脱落；

f）铁球直径偏差不大于 ±0.2mm；

g）0.6MPa 水压试验，无泄漏。

4.4 冷凝水处理中的覆盖过滤器

4.4.1 检修前的准备工作

详见 4.1.1。

4.4.2 容器内工作的安全措施

详见 4.1.2。

4.4.3 拆装顺序

a）解体：拆下连接管道、拆开封头法兰，吊出上部壳体，吊出滤元装置并解体滤元。拆下进水装置的弧形孔板。拆下监视镜以及滤元。

b）修理：各部件清扫、修理、更换。

c）组装：按拆卸逆顺序进行。更换垫片。

d）严密性试验：0.6MPa 水压试验，无泄漏。

4.4.4 覆盖过滤器的质量标准

4.4.4.1 滤元的质量标准

a）滤元清洁无杂物；

b）滤元绕丝间距符合设计要求；

c）滤元目测无漏丝。

4.4.4.2 内部装置的质量标准

a）滤元垫片与多孔板接触间隙不大于 0.05mm；

b）滤元垂直度不大于 1.5‰；

c）配水装置与筒壁的环形间隙偏差不大于 ±2mm；

d）用蒸汽吹扫及高温的热水冲洗，表面清洁无油污，取样检查冷凝液中或冲洗水中无油；

e）0.6MPa 水压试验，无泄漏。

4.5 高效纤维过滤器

4.5.1 检修前的准备工作

详见4.1.1。

4.5.2 容器内工作的安全措施

详见4.1.2。

4.5.3 拆装顺序

a）解体：将下孔板降至下限位，排尽存水，打开人孔门，松开收线网，用力拉限位上端及下端，用手拉纤维上下端，使纤维挂钩与孔板脱落，取下纤维。拆除光杆填料箱，拔去光杆与丝杆的连接销钉，将减速机固定螺栓拆除，就可以在顶部将减速机和丝杆拆下。

b）修理：用水冲洗容器的杂物，检查内部防腐层是否锈蚀、检查下孔板是否变形、检查提升光杆是否弯曲和磨损、检查提升光杆顶部填料压盖是否压紧、检查纤维是否脱落或已经严重污染（油污、污泥、滋生微生物）或断裂。检查监视镜并擦洗更换、检查出气孔是否堵塞等，更换易损件，修理相应部件，检查设备内部构件，确保没有异常后安装纤维。

c）组装：按拆卸逆顺序进行。冲洗干净设备，纤维由中间入孔的最里端开始安装，每个安装孔安装一束纤维，上、下孔位保持一致，全部安装完成后将收线网固定。安装新光杆：从顶部将光杆装入，与下孔板焊接（需确保光杆在设备中心线位置，偏差小于5mm，并确保安装垂直），安装完成光杆再用固定销钉安装丝杆，再安装减速机，最后安装电机及光杆密封填料箱。安装完成后启动电机，提升孔板检查孔板是否有卡涩或异响。

d）严密性试验：0.6MPa水压试验，无泄漏。

4.5.4 高效纤维过滤器的质量标准

a）纤维清洁无杂物；布气装置出气孔无堵塞，支管及母管无变形；

b）光杆在设备中心线位置，偏差小于5mm，并安装垂直；

c）多孔板行程范围的调节小于600mm；

d）用1m直尺检查孔板无明显变形和拱起、孔板提升光杆无明显弯曲并核对图纸无磨损。

4.6 冷凝水处理中的精密过滤器

4.6.1 检修前的准备工作

详见4.1.1。

4.6.2 容器内工作的安全措施

详见 4.1.2。

4.6.3 拆装顺序

a）解体：拆下连接管道、拆开封头法兰，吊出上部壳体，吊出滤芯装置并解体滤芯。拆下进水装置的弧形孔板。拆下监视镜以及滤元。

b）修理：各部件清扫、修理、更换。

c）组装：按拆卸逆顺序进行。更换垫片。

d）严密性试验：水压试验，无泄漏。水压试验压力应按 GB/T 150《压力容器》的规定执行。

4.6.4 精密过滤器的质量标准

4.6.4.1 滤芯的质量标准

a）滤芯清洁无杂物；

b）滤芯形式、材质、内支撑及连接件材质、精度、内 / 外径、长度、表面积、单支滤芯正常流量、数量等符合设计要求；

c）滤芯内支承及连接件牢固。

4.6.4.2 精密过滤器的质量标准

a）滤芯垫片与多孔板接触间隙不大于 0.05mm ；

b）滤芯安装稳定牢固、垂直，无变形；

c）用蒸汽吹扫及高温的热水冲洗，表面清洁无油污，取样检查冷凝液中或冲洗水中无油，含铁量、化学耗氧量、浊度等指标符合设计要求；

d）阀门及执行器灵活好用，无泄漏；

e）经充水加压试验各处无渗漏，无变形。

4.7 超滤及反渗透

4.7.1 检修前的准备

a）办理检修工作票；

b）高空作业应搭设脚手架，并办理高空作业票；

c）做好工器具准备工作（包括专用工具）；

d）掌握设备资料，准备好记录图表；

e）备品、配件、材料准备齐全。

4.7.2 相应工作的安全措施

a）必须有良好的照明设施（照明电源应使用安全电压）；

b）使用电、火焊应办理动火工作票。

4.7.3 拆装顺序

a）解体：卸下膜组件出水端抱箍固定螺栓，拆除膜壳两端封头止推环，拆除出水连接管接头，拆卸时注意防止压力筒端口O形圈固定环破损，检查连接件、密封件（O形圈）是否完好。打开封头，取出密封圈，取出膜与膜壳端封头的连接件及塑料支撑。将膜从膜壳的一端推入直至膜从膜壳的另一端被推出，推出时保持膜呈水平状态。

b）修理：检查压力筒玻璃钢。用端口绑有厚实抹布的长塑料管对压力筒内部进行清扫。检查压力筒是否变形、有无破损，有则修补。保证压力筒内部清洁。

c）组装：压力筒内无遗留工器具，将膜装入时保持膜呈水平状态，检查清理将膜组件逐根装入。在膜与膜间安装连接件，连接件涂抹甘油。将端口密封圈固定，依次安装好封头、出水端抱箍固定螺栓。安装膜壳两端封头止推环进卡槽。

d）严密性试验：0.6MPa水压试验，无泄漏。

4.7.4 超滤及反渗透的质量标准

a）压力筒端口O形圈固定环无破损；

b）压力筒无变形、无破损；

c）膜壳两端封头止推环完全进入卡槽；

d）试运行反渗透膜组件封头等无泄漏，产水电导率正常（避免安装中有密封不严，浓水窜入淡水）。

4.8 贮罐、废液池

4.8.1 检修前的准备工作

详见4.1.1。

4.8.2 容器内（受限空间）工作的安全措施

a）详见4.1.2。

b）是受限空间，按受限空间相关要求执行。

4.8.3 拆装顺序

a）解体：拆除上、下人孔门。

b）修理：冲洗、清扫杂物。电火花检测检查、修补防腐层，检查、修理、更换阀门、液位计和损坏件。

c）组装：按拆卸逆顺序进行。

d）灌水试验：无泄漏。

4.8.4 贮罐、废液池的质量标准

a）箱槽内、外壁防腐按附录A防腐工艺执行；

b）箱槽的一次阀门按4.5.3条执行；

c）箱内清洁、无杂物；

d）安全围栏牢固；

e）液位计：

①浮桶式：无裂纹、无泄漏、配重适宜。绳道、支架、滑轮无腐蚀、无磨损，连接牢固，活动灵活，定位正确，指示清楚正确；

②玻璃管式：玻璃管无损护罩完好、清晰，压盖处无泄漏、无堵塞，指示清楚明显，伴热管完好；

③磁翻板：磁性浮子主导管无变形，磁翻柱中液位指示器翻转灵活。

4.9 计量箱、药箱

4.9.1 检修前的准备工作

详见4.1.1。

4.9.2 容器内工作的安全措施

详见4.1.2。

4.9.3 拆装顺序

a）解体：拆下盖板、液位计和一次门。

b）修理：冲洗检查、修补防腐层，修理、更换液位计和阀门。

c）组装：按拆卸逆顺序进行，更换垫片。

d）灌水试验：无泄漏。

4.9.4 计量箱、药箱的质量标准

a）箱槽内、外壁防腐按附录A防腐工艺执行；

b）箱槽的一次阀门按4.5.3条执行；

c）箱槽内清洁、无杂物；

d）玻璃管或磁翻板液位计清晰，指示正确。

4.10 特殊灰浆管道

4.10.1 检修前的准备工作

a）详见4.1.1；

b）如采用酸洗除垢，需制定酸洗方案。

4.10.2 拆装顺序

a）解体：拆管或按酸洗方案进行。

b）修理：机械或人工清理，或酸洗，或更换。

c）组装：按拆卸逆顺序进行，更换垫片、胶圈及管卡。

d）严密性试验：工作压力试验，无泄漏。

4.10.3 灰浆管道的质量标准

a）管道外表不得有裂纹、重皮；

b）管道壁厚不得小于 4mm；

c）管道内无垢、无任何杂物；

d）管道朝流动方向的倾斜度不宜小于 1∶20；

e）支、吊架受力杆无腐蚀，连接牢固。

4.11 特殊酸碱管道

4.11.1 检修前的准备工作

a）详见 4.1.1；

b）做好防酸碱的人身安全措施。

4.11.2 拆装顺序

4.11.2.1 塑料管的拆装顺序

a）解体：松开法兰口，浇水泄掉管内余酸余碱，拆下管道。注意保护法兰结合面。

b）修理：修补、更换、管道轻微缺陷，只要管道未老化，可用塑料焊进行修补。

c）组装：按拆卸逆顺序进行，更换耐酸碱垫片，金属管卡和管子之间加装软垫，在行人通道上的管道应有挡板遮护。

d）严密性试验：工作压力试验，无泄漏。

4.11.2.2 衬胶管道的拆装顺序

a）解体：松开法兰口，浇水泄掉管内余酸余碱，拆下管道。注意保护法兰结合面。

b）修理：外观及电火花检查，修补、更换。正常情况下，禁止在衬胶管道上钻孔、动用电火焊。

c）组装：按拆卸逆顺序进行，更换耐酸碱垫片。

d）严密性试验：工作压力试验，无泄漏。

4.11.2.3 玻璃钢管道的拆装顺序

a）解体：松开法兰口，浇水泄掉管内余酸余碱，拆下管道。注意保护法兰结合面。

b）修理：外观检查、修补、更换。管道上轻微缺陷可用环氧玻璃钢贴补。黏合剂根据厂家或设计要求配制。

c）组装：按拆卸逆顺序进行，更换耐酸碱垫片。金属管卡和管子之间加装软垫，在行人通道上的管道应有挡板遮护。

d）严密性试验：工作压力试验，无泄漏。

4.11.3 酸碱管道的质量标准

4.11.3.1 塑料管道

a）管壁无分层、裂纹及明显的不平。

b）内径 150mm 以下的塑料管，其椭圆度不得大于 ±5%。

c）厚度 30mm 以下的塑料管，其厚度误差不得大于 ±15%。

d）直管部分每隔 30m，应装 U 形膨胀节，弯管部分的椭圆度应小于 6%。

e）采用承插式连接的塑料管，黏合剂涂刷均匀，其端口必须焊接，焊缝圈数不得少于 3 圈。

f）塑料管焊接后，焊缝不得有断裂、变色、烧焦、分层、鼓包和突瘤等缺陷，焊缝表面光洁，焊缝应排列均匀、紧密、宽窄一致。

g）安装坡度，自流管按介质流动方向应不小于 1%。

4.11.3.2 衬胶管道

a）金属外表不允许有严重的腐蚀。

b）逐根逐件对衬胶层进行检查：

①外观检查无缺陷；

②法兰结合面平整，无径向沟槽，胶板厚度不小于 1.5mm；

③电火花检验器检查无漏电现象。

c）安装坡度，自流管按介质流动方向坡度不小于 1%。

4.11.3.3 玻璃钢管道

a）管道外观检查不得有分层、厚薄不均、鼓泡等缺陷，表面光滑平整。

b）新管逐根做 1.25 倍工作压力的水压试验，不得有泄漏、冒汗等缺陷。

c）黏接管子或法兰，其接口胶泥应均匀光滑，高度应与管壁齐平，黏接密实、表面无气孔或裂纹。

d）法兰结合面平整，无径向沟槽。

e）用胶泥黏接的承插接口间隙均匀，其值为 2～3mm。

f）安装坡度，自流管按介质流动方向坡度不小于 1%。

4.12 特殊阀门

4.12.1 检修前的准备工作

a）详见 4.1.1；

b）做好防酸碱的人身安全措施。

4.12.2 拆装顺序

4.12.2.1 手动衬胶隔膜阀的拆装顺序

a）解体：隔膜片逆时针旋转，从阀瓣上退出；顺时针旋转手轮，退出阀杆阀瓣；拆下销钉，使阀杆阀瓣分开；拆下手轮锁母，退出手轮，取出阀杆、螺母、轴承。

b）修理：逐件清洗，阀座密封面出现沟槽，凹陷在0.5mm以内，用锉削的方法；阀门衬胶层裂纹深度达2mm时，重新衬胶或更换；隔膜片出现老化、隔膜裂纹深度达2mm以上或膜片铜钉松动，应予更换。

c）组装：按拆卸逆顺序进行，把阀杆旋入螺母内，使阀杆处于半开启状态；阀盖就位，隔膜片的密封线与阀座密封面应对好。

d）严密性试验：工作压力试验，无泄漏。

4.12.2.2 气动衬胶隔膜阀的拆装顺序

a）解体：常闭式将手轮旋到最低位置；常开式将手轮旋到最高位置，卸下手轮，取下定位螺母，阀杆螺母；隔位卸下三支气缸法兰螺栓，换入三支比气缸外壳长1.5倍带螺母的长杆螺丝，并拧紧螺母，卸下其余气缸法兰螺栓，用长杆螺栓逐步使压紧气缸的弹簧逐步延伸到自由状态；取下长杆螺丝、气缸盖、弹簧，再依次拿下阀杆、调节接头、轴承，解开阀盖与阀体，旋下隔膜，抽出阀瓣、活塞，卸下密封环。

b）修理：逐件清洗，气缸内出现锈蚀可用砂纸打光并涂少许钙基润滑脂，活塞与活塞杆必须保持垂直，橡胶密封圈出现老化、压偏、裂纹等缺陷时应更换，密封圈与活塞杆、阀杆装配后应有紧力。

c）组装：按拆卸逆顺序进行，装配隔膜时，要将其表面和阀盖法兰清理干净，并保持隔膜中的节流密封线与阀瓣导向长瓣及阀座密封面方向一致，阀瓣要旋入阀体轨道槽内，方可与阀座固定。

d）水、气严密性试验：工作压力试验，无泄漏，启、闭灵活。

4.12.2.3 直流式衬胶截止阀的拆装顺序

a）解体：将阀体、阀盖分开，拆下填料压盖螺栓，取出填料，顺时针旋转手柄，退出阀杆与阀瓣，卸下手轮螺母，取下手轮退出阀杆衬套。

b）修理：逐件清洗，将毛刺、尖角等处理干净，阀体密封面如出现沟痕，凹陷在0.5mm以内时可用锉削方法修理，阀门衬胶层出现裂纹深度达2mm时，应重新衬胶或更换。

c）组装：按拆卸逆顺序进行。

d）严密性试验：工作压力试验．无泄漏。

4.12.3 特殊阀门的质量标准

4.12.3.1 手动隔膜阀

a）阀体、阀盖铸铁部分无裂纹、砂眼，衬胶衬里经电火花检验器检查无漏电现象，阀体密封面应光滑、无裂纹；

b）阀瓣无腐蚀、无裂纹、无毛刺；

c）隔膜预埋铜钉牢固，隔膜无裂纹、无分层、无凹凸；

d）阀瓣与阀杆的连接销钉无锈蚀，配合良好；

e）阀杆与阀杆螺母应配合适宜，转动灵活，螺纹无乱丝断扣、严重腐损等缺陷，螺纹齿宽腐蚀损坏最大不超过其宽度的 1/3；

f）推力轴承的滚子与滚道无坑疤，接触平稳。

4.12.3.2　气动衬胶隔膜阀

a）包括手动衬胶隔膜阀的检修质量标准；

b）气缸内部应光滑、无沟痕、无裂纹；

c）弹簧弹性良好，无锈蚀、无断裂、无裂纹；

d）O 形橡胶密封圈无压偏、无裂纹、无老化；

e）活塞杆弯曲度不超过 0.08mm；

f）气缸与活塞之间的间隙为 0.8～1.0mm；

g）气缸内不允许有大于 0.3mm 的径向沟痕；

h）活塞杆与活塞必须保持垂直。

4.12.3.3　直流式衬胶截止阀

a）阀体、阀盖铸铁部分无裂纹、砂眼等缺陷；

b）阀体衬胶层经电火花检验器检查无漏电现象，无老化；

c）阀杆目测无弯曲；

d）阀杆与阀杆螺母无腐蚀、裂纹，螺纹齿宽磨损最大不超过其宽度的 1/3；

e）阀芯衬胶表面无裂纹、无老化；

f）阀杆与填料接触部分的腐蚀长度不得大于填料箱深度的 1/4，腐蚀深度不大于 0.8mm；

g）填料箱内清洁，盘根切口为 45°，接口应均匀错开，新加盘根后，压盖应嵌入填料箱内 3～6mm。

5　试车与验收（试运行）

5.1　补充水处理系统

5.1.1　试运行的条件

a）与水处理系统有关的电气、热工、化学仪表及操作盘均应安装完毕，指示正确，操作灵活并能投入使用（可不包括程控）；

b）照明和通信设施应能满足试运行工作的正常进行；

c）转动机械应经分部试运合格；

d）水处理设备在冰冻季节启动时，应采取可靠的防冻措施；

e）所有管道、设备应按规定色标的颜色涂漆完毕；

f）水处理所需滤料、交换剂及药品规格应符合设计规定，数量应满足试运行的需要；

g）若系统中设置气动阀时，空压机（压缩空气）系统应分部试转合格，出力、压力达到要求；

h）水处理设备启动前，应具有经审查批准的启动试运行技术措施。

5.1.2 试运行前的冲管与水压

a）受压容器与管道的冲洗，要求出水澄清，无机械杂质和悬浮物；

b）受压容器与管道系统水压试验的压力标准见第 4 条“检修程序与质量标准”的要求，检查焊口、法兰连接部分，要求严密不漏；

c）补充水系统的冲洗与水压试验，应逐级进行（按工艺流程），待某单元冲洗合格后，即进行水压试验，并相应冲洗附属系统；如阳床冲洗与水压合格后，即冲洗酸再生系统并试投入运转（在冲洗附属系统初期，冲洗水不应进入交换器本体，待冲洗合格后再并入交换器本体）；

d）在冲洗水压阶段，相应调整好阀门开度，气动阀门应整定阀门的开度；

e）在冲洗交换器时，应检查出水中有无跑砂，并记录流量及压差，以判断进、排水装置的阻力是否合理；

f）冲洗水箱时，待出水透明后尚须打开人孔，清扫底部沉积物，关闭人孔后还需再次冲洗；

g）待冲管、水压结束后，各交换器装填离子交换树脂。

5.1.3 试运行

a）对再生系统中的喷射器应先进行运行调整，待抽吸量能满足工艺需要后（以水作介质），计量箱方可进酸、碱（或盐）；

b）树脂第一次再生时，再生剂使用量应为理论量的 1.5～2 倍；

c）试运行时应逐级试运行，即先投阳床，待阳床出水合格且后级水箱水合格后，再投下一级设备；

d）补给水处理的离子交换树脂是否需做预处理，应视树脂质量而定；

e）补给水处理系统的试运行，必须由检修及运行人员共同进行，由运行人员进行操作，检修人员消缺；

f）补给水处理系统试运行，其出水品质及设备出力应符合设计要求，达不到时，应查明原因并消除隐患，直到达到要求为止。

g）以上设备系统试运行正常，设备系统无泄漏，设备出力符合设计要求，调试验收合格后，即可投入运行。

5.2 冷凝水处理设备

5.2.1 冲洗及水压试验

按 5.1.2 进行。

5.2.2 覆盖过滤器的试运行

a）覆盖过滤器所用纸粉的质量，一般应符合DL/T 5190.6附录A规定的标准要求；

b）新机组启动试运行初期，被深度污染的凝结水应予以排放，一般当含铁量小于1000μg/L时，方可进入覆盖过滤器；

c）在覆盖过滤器投入的同时，应进行除铁效率试验；

d）在覆盖过滤器初运行时，应修正铺膜和去膜的操作方式以及失效压差，并应能正常投入运行。

5.2.3 电磁除铁过滤器的调整

a）启动后进行除铁效率及出力试验；

b）新机组运行初期，应将污染严重的凝结水充分排放，并做运行试验确定入口含铁量的允许值。

6 维护与故障处理

6.1 离子交换器

6.1.1 定期检查周期（见表13）

表13 离子交换器定期检查周期

天

设备名称	周期
阳离子交换器	7
阴离子交换器	7
混合离子交换器	7
体外再生塔（罐）	30
阳双室双层浮床	7
阴双室双层浮床	7
反洗塔	7

6.1.2 定期检查项目与标准（见表 14）

表 14 离子交换器定期检查项目与标准

项目	标准
罐体外部	油漆完整
各密封面	无泄漏
阀门	完好
取样管阀	无堵塞

6.1.3 常见故障与处理方法（见表 15）

表 15 离子交换器常见故障及处理方法

故障现象	故障原因	处理方法
漏树脂	网套脱落	重新绑扎网套
	中间垫片变形	修理更换
	多孔板密封间填料脱落	重新加填料
	网套破损	更换网套
	支母管间法兰连接不牢固	紧固螺栓，更换垫片
	支、母管断裂、开焊	焊接
	水帽破损脱落	修理更换

6.2 除气器

6.2.1 鼓风式除碳器

6.2.1.1 定期检查周期（见表 16）

表 16 鼓风式除碳器定期检查周期

天

设备名称	周期
鼓风式除碳器	7

6.2.1.2 定期检查项目与标准（见表 17）

表 17 鼓风式除碳器定期检查项目与标准

项目	标准
器壁外部	油漆完整
各密封面	无泄漏
阀门	完好
喷嘴	紧固及布水良好
风机及插板	风机良好，插板灵活好用

6.2.1.3 常见故障与处理方法（见表 18）

表 18 鼓风式除碳器常见故障及处理方法

故障现象	故障原因	处理方法
除碳效果差	器壁腐蚀穿孔	修补
	密封面严重泄漏	更换垫片
	布水不良	清理及更换喷嘴
	风机故障或插板不灵	修理风机或修理、更换插板

6.2.2 真空除气器

6.2.2.1 定期检查周期（见表 19）

表 19 真空除气器定期检查周期 天

设备名称	周期
真空除气器	7

6.2.2.2 定期检查项目与标准（见表 20）

表 20 真空除气器定期检查项目与标准

项目	标准
器壁外部	油漆完整
各密封面	无泄漏
阀门	完好
真空系统	完好、正常
液位计	完好

6.2.2.3 常见故障与处理方法（见表 21）

表 21 真空除气器常见故障及处理方法

故障现象	故障原因	处理方法
无真空	抽气管腐蚀穿孔	更换
	抽气管密封面严重泄漏	更换
	抽气设备损坏	修复抽气设备
除气效果差	器壁腐蚀穿孔	修补或更换
	密封面严重泄漏	更换垫片消漏
	分隔板密封严重泄漏	更换垫片消漏
	布水不良	清理及更换喷嘴、转子
	填料破碎或污物堵塞	冲洗、筛选、补充
	水位计损坏	更换

6.3 冷凝水处理中的电磁除铁过滤器

6.3.1 定期检查周期（见表 22）

表 22 电磁除铁过滤器定期检查周期

天

设备名称	周期
电磁除铁过滤器	7

6.3.2 定期检查项目与标准（见表 23）

表 23 电磁除铁过滤器定期检查项目与标准

项目	标准
筒体表面防腐油漆	油漆完整
各阀门	完好无损
法兰与结合面	无泄漏

6.3.3 常见故障与处理方法（见表 24）

表 24 电磁除铁过滤器常见故障与处理方法

故障现象	故障原因	处理方法
壳体漏电	接地线脱落，线圈绝缘不良	停止运行，电工处理
渗漏	阀门、法兰泄漏	修理、更换
停电	无磁场，铁球（钢毛）消磁	送电

6.4 冷凝水处理中的覆盖过滤器

6.4.1 定期检查周期（见表 25）

表 25 覆盖过滤器定期检查周期

天

设备名称	周期
覆盖过滤器	7

6.4.2 定期检查项目与标准（见表 26）

表 26 覆盖过滤器定期检查项目与标准

项目	标准
筒体保温，油漆	无脱落
筒体与花板结合面	完好无泄漏

6.4.3 常见故障与处理方法（见表 27）

表 27 覆盖过滤器常见故障与处理方法

故障现象	故障原因	处理方法
水样中带有覆盖料	滤元不锈钢丝崩断或松散	更换或修理
	滤元与花板结合螺丝松动，垫片损坏	紧固或更换
	铺膜不均匀	停止运行
脱膜	水源突然中断	重新铺膜

6.5 高效纤维过滤器

6.5.1 定期检查周期（见表 28）

表 28 高效纤维过滤器定期检查周期

天

设备名称	周期
高效纤维过滤器	7

6.5.2 定期检查项目与标准（见表 29）

表 29 高效纤维过滤器定期检查项目与标准

项目	标准
筒体及管道保温，油漆	无脱落
筒体与管道结合面	完好无泄漏

6.5.3 常见故障与处理方法（见表 30）

表 30 高效纤维过滤器常见故障与处理方法

故障现象	故障原因	处理方法
水样浊度未达水质要求	运行中纤维压实不够紧密	调整上限位进一步压实纤维
流量未达要求	纤维污染 / 压得过紧	停止运行进行纤维清理 / 调整限位

6.6 冷凝水处理中的精密过滤器

6.6.1 定期检查周期（见表 31）

表 31 精密过滤器定期检查周期

天

设备名称	周期
精密过滤器	7

6.6.2 定期检查项目与标准（见表 32）

表 32 精密过滤器定期检查项目与标准

项目	标准
筒体保温，油漆	无脱落
筒体与花板及阀门结合面	完好无泄漏

6.6.3 常见故障与处理方法（见表 33）

表 33 精密过滤器常见故障及处理方法

故障现象	故障原因	处理方法
流量骤减	端盖不严	旋紧端盖
	阀门未打开	打开阀门
	进水压力低	检查原因，提高进水压力
	O 形密封圈漏水	调换
压降增大	滤芯堵塞或吸附量大	调换滤芯
	滤芯衰老	调换滤芯
	进水杂质负荷大	进行处理
过滤效果差	进水超出标准	进行处理
	滤芯衰老	调换滤芯
	含有滤芯不能吸附的物质	针对情况处理
	流量超过额定值	控制流量
	过滤器内部有水流短路	找到原因进行处理
	滤芯紧固螺丝未上紧	上紧滤芯
	过滤器进出口接反	认准标记方向重接
	下游管道不清洁	冲洗下游管道
	旁路阀门未关紧	关紧旁路阀门

6.7 超滤及反渗透

6.7.1 定期检查周期（见表 34）

表 34 反渗透定期检查周期 天

设备名称	周期
反渗透	7

6.7.2 定期检查项目与标准（见表 35）

表 35 超滤及反渗透定期检查项目与标准

项目	标准
筒体及管道保温，油漆	无脱落
筒体与管道结合面	完好无泄漏

6.7.3 常见故障与处理方法（见表 36）

表 36 超滤及反渗透常见故障与处理方法

故障现象	故障原因	处理方法
系统泄漏	密封圈老化	更换密封圈
进出水压差大	进水水质差或内部结垢，导致堵塞； 运行时间超过清洗周期	保证保安过滤器处理效果； 进行清洗
产水电导率高	膜元件破损； 膜元件连接密封失效	更换破损的膜元件； 更换膜元件连接件密封圈

6.8 贮罐、废液池

6.8.1 定期检查周期（见表 37）

表 37 贮罐、废液池定期检查周期 天

设备名称	周期
清水箱（池）	7
一、二级除盐水箱	7
反洗水箱	7
中间水箱	7
酸贮槽（罐）	7
碱贮槽（罐）	7
废酸池	15
废碱池	15
中和池	15

6.8.2　定期检查项目与标准（见表 38）

表 38　贮罐、废液池定期检查项目与标准

项目	标准
液位计	上下灵活、指示正确
所有密封面	无泄漏
箱槽外表面	无泄漏、油漆完好

6.8.3　常见故障及处理方法（见表 39）

表 39　贮罐、废液池常见故障及处理方法

故障现象	故障原因	处理方法
液位无指示	浮桶泄漏、破碎	修补或更换浮桶
	索引绳、绳道断裂	更换绳子
	索引绳脱离滑轮槽	调整槽中心
	液位接管堵塞	清除杂物或结晶
	磁翻板缺陷	更换主导管或磁翻柱
输液无流量	底阀垫损坏	修理、更换底阀垫
	有杂物与结晶堵塞	清除杂物或结晶，修复吸入管的网格
	阀门隔膜片脱落	更换隔膜片

6.9　计量箱、药箱

6.9.1　定期检查周期（见表 40）

表 40　计量箱、药箱定期检查周期　　天

设备名称	周期
计量箱、药箱	7

6.9.2　定期检查项目与标准（见表 41）

表 41　计量箱、药箱定期检查项目与标准

项目	标准
液位计	上下灵活、指示正确
所有密封面	无泄漏
筒体保温、油漆	无脱落

6.9.3 常见故障与处理方法（见表 42）

表 42 计量箱、药箱常见故障与处理方法

故障现象	故障原因	处理方法
液位无指示	箱内杂物多，引起堵塞	清理杂物
输液无流量	结晶固体堵塞	清除结晶固体

6.10 特殊灰浆管道

6.10.1 定期检查周期（见表 43）

表 43 特殊灰浆管道定期检查周期

设备名称	周期
灰浆管道	15~30

6.10.2 定期检查项目与标准（见表 44）

表 44 特殊灰浆管道定期检查项目与标准

项目	标准
管道表面防腐层	无起皮、脱落
室外管道保温层	完好
支吊架	无锈蚀脱焊
放水阀	无堵塞

6.10.3 常见故障与处理方法（见表 45）

表 45 特殊灰浆管道常见故障与处理方法

<table>
<tr><th>故障现象</th><th>故障原因</th><th>处理方法</th></tr>
<tr><td rowspan="3">管道堵塞</td><td>管道坡度小，管内固体杂物沉积</td><td>重新敷设管道</td></tr>
<tr><td>维修不及时，未按时清理沉淀物</td><td>反冲洗</td></tr>
<tr><td>内管壁垢层增厚</td><td>拆管清洗或酸洗、机械清洗</td></tr>
<tr><td rowspan="3">管道破损</td><td>管道腐蚀</td><td>补焊或更换</td></tr>
<tr><td>流速大冲刷严重</td><td>修补或更换</td></tr>
<tr><td>管道冻裂</td><td>修补或更换，并做好保温</td></tr>
</table>

6.11 特殊酸碱管道

6.11.1 定期检查周期（见表 46）

表 46 特殊酸碱管道定期检查周期 天

设备名称	周期
酸碱管道	7

6.11.2 定期检查项目与标准（见表 47）

表 47 特殊酸碱管道定期检查项目与标准

项目	标准
表面油漆、保温层	完好
支吊架	牢固无损
玻璃钢，塑料管在人行道上	有可靠的遮护
管道上各密封点	无泄漏

6.11.3 常见故障与处理方法

a）塑料管、玻璃钢管（见表 48）

表 48 塑料管、玻璃钢管常见故障与处理方法

故障现象	故障原因	处理方法
泄漏	接头不严	紧固
	接头垫片材质不对或垫片老化	更换垫片
	接头焊接或黏接的地方有气孔、裂纹	重焊或重黏
	管子管件本身存在缺陷	修补、更换
堵塞	介质有沉积或结块	清理
破裂	塑料管焊接不良，焊缝裂口	重焊
	塑料管、玻璃钢管老化，受外力损坏	更换
	支架损坏移位	修复支架、管道
	冻裂	修补更换，做好保温

b）衬胶管道（见表 49）

表 49　衬胶管道常见故障与处理方法

故障现象	故障原因	处理方法
泄漏	法兰螺栓松动	紧固
	垫片材质不对或老化	更换垫片
	衬胶层有孔或裂缝，介质渗入对金属壁腐蚀	修补衬胶层或更换管段
	金属层表面油漆脱落，金属层腐蚀引起衬胶层脱开和裂口	更换
破裂	金属局部腐蚀，造成管子产生裂缝	更换
	支吊架损坏，焊口产生裂纹	修复支吊架，更换管段
	冻裂	更换

6.12　特殊阀门

6.12.1　定期检查周期（见表 50）

表 50　特殊阀门定期检查周期　　天

设备名称	使用状况	周期
气动衬胶隔膜阀	常操作	7
手动衬胶隔膜阀	常操作	7
直流式衬胶截止阀	不常操作	15
气动衬胶蝶阀	不常操作	15

6.12.2　定期检查项目与标准（见表 51）

表 51　特殊阀门定期检查项目与标准

项目	标准
密封面	无泄漏
启闭情况	启闭灵活
启闭指示	指示正确

6.12.3　常见故障及处理方法

a）手动衬胶隔膜阀（见表 52）

表 52　手动衬胶隔膜阀常见故障与处理方法

故障现象	故障原因	处理方法
密封面泄漏	密封面有杂物	清除杂物
	隔膜破裂	更换隔膜
	螺栓紧固不均	均匀紧固
	密封面有损坏	修理密封面
手轮转动不灵活	阀杆螺纹有损伤或有杂物	修理螺纹或清理杂物
	推力球轴承损坏	更换轴承
手轮工作失调	连接销脱落或损坏	更换
	隔膜的螺母损坏	更换

b）气动衬胶隔膜阀（见表 53）

表 53　气动衬胶隔膜阀常见故障与处理方法

故障现象	故障原因	处理方法
密封面间隙泄漏	密封面间有杂物	清除
	密封面损坏	重新加工修理
	隔膜破裂	更换
	操作空气压力过高	调整
	橡胶活塞环损坏	更换
	橡胶密封环损坏	更换
	垫片损坏	更换
阀体与阀盖连接处渗漏	连接螺栓紧固不均	紧固均匀
	密封面损坏	更换
手轮转动不灵活	螺杆螺纹损坏或有污垢	修理、更换、清除
	阀杆螺母损坏	更换
	螺杆弯曲	校直或更换
	轴承损坏	更换

c）直流式衬胶截止阀（见表 54）

表 54　直流式衬胶截止阀常见故障与处理方法

故障现象	故障原因	处理方法
阀门启闭不灵活	填料压得过紧或填料歪斜	调整
	阀杆与阀杆螺母的螺纹有损伤或有杂物	修理、更换，清除

表 54　直流式衬胶截止阀常见故障与处理方法（续）

故障现象	故障原因	处理方法
填料处渗漏	填料未压紧	调整、压紧
	填料不够	补充填料
	填料使用过久或失效	更换
阀体与阀盖连接处渗漏	连接螺栓的螺母没拧紧或松紧不均匀	均匀拧紧螺母
	密封面损伤或有污物	修理、更换、清除
	垫片损坏	更换

附　录　A
（资料性附录）
防腐工艺

A.1　防腐工艺

A.1.1　防腐涂料

A.1.1.1　环氧树脂涂料

a）6101# 环氧树脂涂料常见的配方（见表 A.1）

表 A.1　6101# 环氧树脂涂料常见的配方

原料名称	规格	质量份		
		1	2	3
环氧树脂	环氧值 0.4~0.47	100	100	100
邻苯二甲酸二丁酯	工业	15~20	10	10
丙酮	工业	20	20~30	—
乙醇	工业 95%	—	—	20~30
乙二胺	不小于 95%	6~7	—	6-7
间苯二胺	工业	—	14~16	—
填料	120 目（干燥）	10~15	10~15	10~20

b）634# 环氧树脂配方（见表 A.2）

表 A.2　634# 环氧树脂配方

原料名称	规格	质量份	
		1	2
634# 环氧树脂	环氧值 0.38~0.47	100	100
乙醇	工业（95%）	—	30~50
丙酮	工业	100	—
邻苯二甲酸二丁酯	工业	8	15
乙二胺	不小于 95%	6	6~8
填料	120 目（干燥）	—	5~10

A.1.1.2　配制方法

a）先称好要配制的环氧树脂重量。室温低时，用非明火加热树脂（50~60℃）。

b）将稀释剂丙酮或乙醇倒入环氧树脂中搅匀。

c）加入增韧剂邻苯二甲酸二丁酯，搅拌均匀后备用。

d）待环氧树脂温度降至室温后，加入固化剂乙二胺。加乙二胺时，要缓慢加入，并不断地搅拌，避免存积的热量使环氧树脂过早固化。

e）填料的加入：要求耐酸的选用瓷粉、石英粉、辉绿岩粉，要求耐碱的选用石墨粉、辉绿岩粉，要求导热的选用石墨粉。

f）配制好的环氧树脂要在30～40min内使用完。

A.1.1.3 其他固化剂

a）聚酰胺树脂：聚酰胺与环氧树脂配制，可增加环氧树脂的韧性，配制方法简单，毒性小。配制时将环氧树脂及聚酰胺树脂放在水浴上，加热至液态，然后将二者混合均匀即可。

聚酰胺加入量，如胺值为200的聚酰胺，一般用量为树脂重量的80%；胺值为300的聚酰胺，一般用量为树脂重量的45%；或按产品说明书配制。

如需配制不同稀释程度的环氧树脂，可以加稀释剂至所需浓度。

b）潜伏性固化剂：为延长环氧树脂的固化时间，可使用潜伏性固化剂，偏硼酸乙丁酯使用量为环氧树脂重量的10%～15%，室温固化两个星期，但在120℃时12h即可固化。

使用上述固化剂配制环氧树脂时，使用温度不大于90℃。

A.1.1.4 施工方法

a）涂件表面应平整、圆滑、无沟槽、无毛刺，缺陷处理用环氧胶泥填平；

b）金属表面经处理，呈均一金属本色；

c）用涂刷法进行施工，每涂一层后，待表面达到不粘手后，再涂下一层；

d）涂完最后一层达到完全固化后，方可投入使用；

e）欲使涂层尽快达到固化使用条件，可进行热处理，即在40℃下加热8h，如果在130℃处理12h或150℃处理2h，则可提高涂料的耐腐蚀性和使用温度；

f）施工现场必须通风良好，加热固化严禁明火。

A.1.2 酚醛树脂涂料

A.1.2.1 冷固型酚醛树脂涂料配方（见表A.3）

表A.3 冷固型酚醛树脂涂料配方

原料名称	规格	质量份
酚醛树脂	2130	100
乙醇	工业	100～160

表 A.3 冷固型酚醛树脂涂料配方（续）

原料名称	规格	质量份
对甲苯磺酰氯	工业	7～10
邻苯二甲酸二丁酰	工业	10～15

A.1.2.2 施工方法

a）由于冷固型酚醛树脂中含有酸性固化剂，故不能直接用作金属设备的底漆，以免使金属表面产生局部锈蚀，影响黏接强度，在使用酚醛树脂涂料前，先涂环氧树脂涂料作底漆；

b）涂件表面要求详见 A.1.1.4 条 a）、b）；

c）第一层环氧树脂底漆指触固化后，方可进行酚醛树脂涂料的涂刷，每层酚醛涂料涂完后应向设备送 50～60℃热风，以加速溶剂的挥发和固化膜的形成；

d）最后一层涂完后，应送入热风使其完全固化，当涂料颜色变红时表明已初步固化；

e）每一次配制量不得超过 1kg，0.5h 内用完，施工时必须有良好通风，严禁明火；

f）酚醛树脂的使用温度不大于 120℃；

g）常用固化剂有乙二胺、苯磺酰氯、对甲苯磺酰氯，常用稀释剂有丙酮、乙醇、二甲苯、甲苯。

填料的耐酸性不应小于 97%，含水率不大于 0.5%，粒度在 120 目以上。

A.1.3 酚醛树脂改性 6101# 环氧树脂涂料

A.1.3.1 改性涂料配方（见表 A.4）

表 A.4 改性涂料配方

原料名称	规格	质量份	
		1	2
#6101 环氧树脂	相对分子质量 400～500 环氧值 0.4～0.47	70	60
酚醛树脂	落球法（20～30min）	30	40
丙酮	工业	15～20	20～30
邻苯二甲酸二丁酯	工业	10～15	10～15
填料（石墨粉）	120 目（干燥）	10	10
乙二胺	大于 90%		

A.1.3.2 施工方法

a）按比例将酚醛树脂环氧树脂在 60℃下混合、搅拌均匀，然后加入邻苯二甲酸二丁酯搅拌均匀后，冷却至 40℃以下，再加入丙酮或乙醇搅匀；

b）涂刷前按配比加入固化剂和填料，每次配制不超过 1kg，0.5h 内用完；

c）涂刷以 3～5 层为宜，施工温度以 15～25℃为宜，温度过低不利于固化；

d）每次涂刷完一层指触固化后，再涂刷下一层，全部涂刷完后，可在 100～200℃烘 8～16h；如无条件加热，应在室温下养护 6～7 天，再投入使用。

A.1.4 漆酚树脂

A.1.4.1 配方（见表 A.5）

表 A.5 漆酚树脂配方

度数	配料	质量份
1～2	漆酚树脂 + 瓷粉	1：1
3～4	漆酚树脂 + 瓷粉	1：0.5
5～6	光漆	

A.1.4.2 施工前对金属表面的要求

a）为了清除金属表面的锈蚀氧化物，使金属表面有一层较均匀而粗糙的表面，必须进行喷砂处理，以增加漆膜的附着力；

b）喷砂后金属表面清理至银白色，擦去浮尘后应立即涂漆，最长时间不应超过 6h。

A.1.4.3 施工时的要求

a）涂刷的漆酚树脂以新鲜为宜，要求制造厂从出厂后到施工期间不超过 1 个月，使用时应随用随开盛漆盖，用剩的涂料不宜放置过夜，盛漆容器在贮藏中应严密盖好，避免和空气接触（以防氧化成硬壳），并放置在 20℃左右的阴暗处；

b）漆酚树脂在涂刷时，室温不应低于 20℃，最好相对湿度为 70%～80%；

c）漆酚树脂涂刷前，须加入填料以增强涂料与金属黏结力。采用的填料有瓷粉、石墨粉等，如为增加抗碱性可加少量氧化铬粉，填料粒径 120 目过筛，然后与树脂均匀调合使用；

d）施工时涂料较稠，可加入适量的二甲苯、松节油或汽油稀释；

e）施工前涂料要经 80～100 目铜丝布过滤，以去除混杂的小块树脂；

f）设备内壁其涂层涂膜的总厚度为 0.4mm，过厚漆膜会变硬变脆；

g）每一层涂料干燥时间为 12～24h，一般早晚涂一次；

h）涂料溶剂蒸气有毒，施工场地应通风良好，带好防护用品，并注意防火安全；

i）涂刷可采用刷涂或喷涂；

j）因面积大需交叉作业时，应喷砂好一部分清抹后立即涂上底漆保护，待干后再进行上层喷砂（下层叠加处理一小部分），再清抹后涂上底漆保护，如此进行直到全部底漆涂完，再涂 2～5 层。

A.1.5 技术要求和质量标准

a）涂刷后的设备表面光滑，无气泡、脱层、鼓包等缺陷；

b）涂刷后的树脂涂料，不得出现不固化和固化不透现象；

c）涂刷后的表面必须在室温下养护 7 天后才能使用。

A.2 橡胶衬里的修补

A.2.1 金属表面应达到下列标准

a）详见 A.1.1.4 条 a）、b）；

b）除净金属氧化物或其他附着物，使金属有粗糙表面，以增加附着力；

c）处理后的设备应及时施工或放在干燥地方。

A.2.2 修补方法

a）用低温硫化的软胶板修补，硫化时可采用加热模具或压以钢板，钢板外用蒸汽加热，直至压补的部位没有变形痕迹，即达到硫化终点；

b）用耐酸橡胶修补，用手提砂轮将耐酸胶板表面处理，使其表面无油、无杂物，表面有一定的粗糙度，用 801 强力胶均匀涂在金属壁与耐酸胶板上（涂 2 遍），涂刷 15min 后即可贴衬，贴衬后用木制手锤把胶板压实，赶出胶板内空气即可，经 24h 后，贴衬第二层（操作方法同前），胶板边缘磨成 65°～70° 坡口，贴衬完工后，胶板表面均匀涂上一层 801 强力胶一遍，24h 后即可投入使用。

A.2.3 技术要求和质量标准

a）衬胶层用电火花检验器检查，不应有漏电现象；

b）设备的衬胶层不允许有脱层、起包现象，表面应平整。

A.2.4 注意事项

a）施工场地清洁，通风良好，严禁明火；

b）施工现场最佳温度为 20～25℃（不低于 15℃，不高于 35℃）；

c）严禁使用锤击时会产生火花的工具，手锤必须是铜制或硬木制的；

d）一切照明电源、开关和电动装置均应安装防爆型装置；

e）凡进入容器内的工作人员，必须戴好劳动保护用品，穿软底鞋，通风良好，容器外设专人监护。

A.3 塑料设备的检修

A.3.1 聚氯乙烯塑料

A.3.1.1 施工方法

a）把焊口处及焊条用酒精或丙酮擦洗干净或用锉刀把焊口处锉干净，但不必有意锉出毛面。

b）先加热焊口，待焊口处加热到用不热的焊条能带起表面已呈黏稠状的熔质时，将焊条对准焊接位置，施力并同时加热焊条进行焊接。焊接时应将焊条堆得超出坡口或搭缝 10mm，焊后切换焊条搭缝为 45°。

c）焊接速度一般为 0.1～0.2m/min，当焊接温度和焊接速度掌握好时，被加热的焊条接触焊件就处于熔流状态，出现“挤浆”均匀，又无“烧焦”的现象。

d）焊接方法：

（a）焊条应与焊件成90°角，焊枪嘴与焊件成30°～40°，焊枪要上下左右摆动，有利于加热均匀，如果焊件较厚应多往焊件上加热，夹角要大一些，焊件薄则多往焊条上加热，夹角小一些，手指向焊条施力要均匀；

（b）焊接时，焊条与焊件的角度如果大于 90° 就会产生一个水平分力，将把粘上去的焊条拉长，在冷缩时就会产生裂纹；

（c）焊接时，焊条与焊件的角度如果小于 90° 则焊条受热变软，焊条被拉长会造成弯曲，使焊条与焊件粘不牢固，水平分力还会把刚焊上去的焊条拉下来或挤出波纹状；

（d）为了加快焊接速度，在条件允许范围内可使用 8 字形双焊条焊接。

e）焊缝结构形式：

一般有 X 形焊缝、V 形焊缝、搭接焊缝、四角焊缝、T 形焊缝。焊缝要求按有关规定执行。

A.3.1.2 塑料加工成形

聚氯乙烯塑料加工成形根据温度不同呈两种物理状态。

一是70℃以下呈弹性状态，在外力作用下会改变形状，但外力消除后仍能恢复原状。

二是 70～170℃之间呈柔软状态，可在外力作用下任意改变其形状。

a）板材成形的加热

板材的加热成形，温度应控制在 120～130℃之间。温度低成形困难；恢复原状的应力较大，温度接近板材压制时的温度（165～175℃）时，会产生膨胀、气泡、起层等现象。加热可在蒸汽锅内或恒温电热箱内进行。

b）加热时间（见表 A.6）

表 A.6　成形加热时间

板材厚度 /mm	2~3	3.5~5	5.5~8	8.5~11	12~15	16~20
加热时间 /min	3~4	4~7	7~10	10~13	13~18	18~25

注：在 125℃烘箱内变软后，其板料收缩量纵向为 3%~4%，横向为 1.5%~2%，在下料时应予以注意。

c）筒体成形

对直径较小（500~600mm 以下）、壁厚较薄，（5~6mm 以下）的筒体，可采用圆柱形木模成形（没有木模也可采用其他材料）：

（a）把木模做好，表面光滑，然后将帆布的一端沿木模的轴向钉在模具上；

（b）把已加热变软的坯料放在帆布上，靠在木模的一端垂直对好，滚动木模，帆布就把坯料卷压在木模上，等待冷却至 50℃以下；

（c）直径 1m 左右的筒体，采用半圆形木膜，然后将两个半圆形坯料对接焊制，步骤同筒体成形；

（d）大直径的封头一般由几块瓜皮板拼焊制成。塑料成形下料，一般可按钣金工下料方法进行；

（e）在设备条件允许情况下，封头加热至 130℃左右，可由胎具直接压膜成形。

A.3.2　聚四氟乙烯

A.3.2.1　使用条件

a）聚四氟乙烯塑料使用温度在 -190~-250℃之间；

b）聚四氟乙烯塑料不得在高温条件下使用。

A.3.2.2　塑料焊接的技术要求及质量标准

a）聚氯乙烯塑料焊接表面必须除尽油污或其他附着物，使其表面清洁干净，以增加焊条附着力；

b）焊接时，焊件与焊条不应出现过烧现象；

c）两焊件搭接处长度要大于板材厚度的 3 倍，以增加焊接处的强度；

d）焊缝应焊接牢固，不应有局部脱空、波纹等缺陷；

e）焊接时，应使焊条两边有溢浆露出，保证焊接质量。

A.4 玻璃钢衬里

A.4.1 贴衬钢壳设备、混凝土设备要求

A.4.1.1 对金属设备的要求

a）应有足够的强度和刚度，防止变形而损坏玻璃钢；

b）金属表面必须处理，以喷砂除锈最好；

c）设备表面应平整，不得有焊渣、焊瘤及毛刺，不得有尖锐棱角，所有转角必须有大于5mm的圆角；

d）设备一般采用法兰连接，如不用法兰连接，设备应有两个以上的人孔，需贴衬的管道和设备必须保证能进行手工操作；

e）接管直径不小于50mm，相应长度不大于200mm，直径50mm以上的管子可相应放长，接管应采用法兰连接；

f）设备表面喷砂除锈后，应尽快涂上底漆，最长不超过8h，漆层要薄而均匀，不得有漏刷、流淌或气泡等缺陷。

A.4.1.2 对混凝土设备的要求

对混凝土设备，按土建有关规定，应设有防水隔离层，混凝土表面必须平整、清洁和干燥，在20mm深度内的含水量不大于60%左右，施工前如有表面不平之处、麻点、拐角，用环氧胶泥填平，用丙酮清洗表面，自然干燥1天后涂底漆。

a）施工前必须检查原材料（树脂、填料、玻璃布等）规格、质量是否合乎要求，如酚醛树脂储藏过久，树脂黏度增大就不宜使用，填料的耐酸度应大于98%，粒度应大于120目；

b）在室外施工时，应设棚盖防止风沙、露雨的污染，施工现场以20～30℃为宜，湿度不大于80%，冬季施工时，要采取蒸汽取暖设备；

c）玻璃布一般选用无碱无捻粗纱方格布，厚度以0.1～0.3mm为宜，玻璃布如是石蜡型浸润剂布，应进行脱蜡处理，处理好的玻璃布应放在阴凉干燥处，必须保持干净，严防潮湿，干燥后方可使用，脱蜡处理有两种方法；

（a）在300～450℃加热3～6min，使蜡挥发；

（b）用肥皂水或酒精煮4～5h，用清水洗净烘干；

d）玻璃布按照板金工方法下料，留出搭接尺寸及翻边尺寸，小面积贴衬应事先剪好样板，然后按样板下第一层料，以后每层料均应比上一层大出10～30mm。

A.4.2 配料方法及注意事项

a）树脂先与增韧剂、填料混合后，加入固化剂，混合均匀后即可使用；若加入稀释剂则应在加填料前与树脂混合；

b）配料应在施工现场，随配随用，使用时间随温度、固化剂不同而定，一般乙二胺夏季施工应在 30min 用完，冬季应在 40min 内用完；

c）如树脂黏度大，不易施工，可加入适量的稀释剂，但易流淌；已凝结的树脂不得再使用；

d）冬季施工树脂黏度大，可先加热到 60℃变稀，酚醛树脂不可加热；被加热的树脂必须在树脂温度冷却到 30～40℃以下才能加入固化剂。

A.4.3 玻璃钢衬里的施工

a）先配制好环氧树脂或酚醛树脂涂料（比一般涂料稍稀一些），然后将下好料的玻璃布放入浸泡，至全部浸透为止；

b）第一遍底漆用环氧树脂，为增加附着力可添加 10％～15％的石英粉、辉绿岩粉、石墨粉，刷时应先竖着刷一遍，然后再横着刷一遍，以免有遗漏之处；

c）刷完底漆后，即把浸透的玻璃布进行贴衬（酚醛玻璃钢需在底漆已干，再刷一遍面漆之后进行），贴衬时应先上后下，先壁后底，先管道后四壁；

d）贴衬时，玻璃布不要拉得太紧，玻璃布基本平直即可，两边不得有卷凸现象，毛边、毛刺等要剪掉；

e）衬完后，要从玻璃布的中间向两边赶出气泡，将玻璃布贴实；

f）布层之间一般搭接 30～50mm，各层搭接应错开，不得重叠；

g）圆角、法兰等翻边处均剪开，然后翻贴；

h）每一遍贴衬时，必须在前一遍指触已初步固化，并将毛刺、毛边、气孔修整合格后，再刷一遍漆，然后进行贴衬；

i）贴衬管道时，将玻璃布用圆棒卷好，然后伸入管内，按卷布的反方向转动，将布贴衬至管内，在法兰处将玻璃布剪开贴好，每层的法兰剪开处，应错开一定角度；

j）玻璃钢的固化条件应符合耐腐蚀涂料的固化条件。

A.4.4 玻璃钢衬里质量标准

a）贴衬后的玻璃钢表面应光滑、无气泡、脱层、鼓包等缺陷；

b）玻璃布充分浸透涂料，不得出现白点，整个玻璃钢表面呈涂料的颜色；

c）不得出现不固化和固化不透现象，否则必须返工。

A.4.5 衬里的注意事项

a）现场施工人员，必须带好防护口罩和防护眼镜，在操作过程中，应严防有毒或刺激性原料（乙二胺等）与皮肤接触，如果触及皮肤，应立即用清水洗净，然后用乙醇擦洗；

b）施工现场必须通风良好，以排除有害气体，并设专人监护；

c）玻璃钢衬里施工完毕后，在设备上不得焊接及敲击；

d）施工现场照明必须使用安全电压和防爆型照明设施。

附 录 B
若干标准节选

B.1 衬塑（PP、PE、PVC）钢管和管件（HG 20538—2016）

B.1.1 主题内容与适用范围

a）本标准规定了 *DN*25～400mm 衬聚丙烯（PP）、聚乙烯（PE）、聚氯乙烯（PVC）钢管和管件（弯头、三通异径管）的尺寸、公差、公称压力和使用范围、技术条件、检验和标记；

b）本标准适用化工、石油化工、医药、防织和冶金等部门输送腐蚀性介质的管道设计；

c）公称压力和使用温度：

（a）本标准衬塑钢管和管件的公称压力为 *PN*2.0MPa；

（b）衬塑钢管和管件的使用温度根据内衬的材料确定，详见表 B.1；

表 B.1 衬塑钢管、管件使用温度

衬塑材料	塑料缩写代号	使用温度 /℃
聚丙烯	PP	-14～100
聚乙烯	PE	-20～85
聚氯乙烯	PVC	-20～65

（c）涂塑钢管和管件的结构尺寸、压力等级和检验要求与衬塑钢管和管件的相同。

B.1.2 衬塑钢管和管件尺寸及技术条件

a）衬塑层厚度应符合表 B.2 规定；

表 B.2 衬塑层厚度

mm

公称直径 *DN*	衬塑品种		
	PP	PE	PVC
25	2	2	2
32	2	2	2
40	2	2	2
50	2.5	2.5	2.5
65	2.5	2.5	2.5

表 B.2 衬塑层厚度（续）

公称直径 DN	衬塑品种		
	PP	PE	PVC
80	3	3	3
100	3	3	3
125	3.5	3.5	3.5
150	3.5	3.5	3.5
200	4.5	4.5	4.5
250	4.5	4.5	4.5
300	5	5	5
350	5	5	5
400	5	5	5

b）本标准采用的无缝钢管和管件材料为 10 号或 20 号钢，铸钢管件材料为 ZG25 或性能相当的材料；

c）法兰材料为 Q235-A、Q235-C 或性能相当的材料；

d）连接法兰的紧固件应符合国标 GB 5782 中 8.8 级的规定；

e）衬塑铸钢管件的法兰尺寸应符合 ANSI B16.5 中 *PN*20 级法兰管件的尺寸。

B.1.3 衬塑钢管和管件的检验

B.1.3.1 原材料的检验

a）用于制造衬塑管的原材料（钢管、管件、法兰、塑料管或粉料）必须有出厂合格证；

b）钢管和管件必须在衬塑前按有关标准进行焊缝检查和水压试验，合格后方可进行衬塑。

B.1.3.2 成品检验

a）加工后的衬塑管、管件外表面不允许有分层、裂纹和影响强度的褶皱等缺陷存在，允许有不超过壁厚、允许负偏差的划道、刮伤等轻微缺陷；

b）衬塑管和管件内表面不允许有气泡、裂口及明显的波纹；

c）成品衬塑管道和管件应 100% 用高压电火花检漏仪进行严格检查，未发现击穿现象则认为合格；

d）每批量成品应进行材料和尺寸的检查，应符合本标准（包括偏差）要求（见表 B.3）。

表 B.3 衬塑钢管、管件主要尺寸偏差

mm

管子管件					管子	弯头、三通		三通	异径管
公称通径 *DN*	外径 D_0	壁厚		端面偏差 *Q*	总长 *L*	*A*（*C*）	*B*	垂直度偏差 *ρ*	总长 *L*
		塑料 t_1（T_1）	钢管 *t*						
25～65	±1	+20%～0	-12.5%	±1	±5	±1	±1	±2	±2
80	±1			±1	±5	±1	±1	±2	±2
100	+2 -1			±1	±5	±1	±1	±2	±2
125～150	+3 -1			±1	±5	±1	±1	±4	±2
200	±2			±1	±5	±1	±1	±4	±2
250	+4 -3			±1	±5	±1	±1	±5	±2
300	+4 -3			±2	±5	±2	±2	±5	±3
350～400	+4 -3			±2	±5	±2	±2	±7	±3

B.2 增强聚丙烯（FRPP）管和管件（HG 20539—92）

B.2.1 主题内容与适用范围

a）本标准适用于玻璃纤维（含量 20±2%）增强聚乙烯（FRPP）的颗粒挤出成形的管子和模压成形的管件，能在温度 -20～120℃输送酸、碱和盐类等腐蚀介质；

b）本标准规定增强聚丙烯（FRPP）管和管件公称压力为 0.6MPa、1.0MPa 两个等级，公称外径为 *DN*17～*DN*500 等效果用 ISO 161 标准。在各种温度下的允许压力见表 B.4。

表 B.4 增强聚丙烯管、管件在各种温度下的允许压力

公称外径 / mm	壁厚 / mm	在下列温度下允许的使用压力 /MPa					
		20℃	40℃	60℃	80℃	100℃	120℃
17～60	2.0～3.3	0.6	0.47	0.40	0.36	0.29	0.19
75～200	3.9～10.3	0.6	0.46	0.39	0.35	0.29	0.18
225～500	11.6～25.7	0.6	0.45	0.39	0.35	0.28	0.18
17～60	2.0～5.3	1.0	0.77	0.67	0.60	0.49	0.31
75～200	6.2～16.6	1.0	0.76	0.66	0.58	0.48	0.30
225～500	18.7～33.2	1.0	0.75	0.65	0.58	0.48	0.30

B.2.2 技术要求及检验

B.2.2.1 材料要求

a）制造增强聚丙烯（FRPP）管和管件的原材料为玻璃纤维增强聚丙烯的颗粒料，要求玻纤含量为20±2%，玻纤平均长度为5mm，树脂牌号须具有出厂的质量合格证明书；

b）增强聚丙烯（FRPP）的物理机械性能应符合表B.5的规定。

表B5 增强聚丙烯管、管件的物理机械性能

指标性能	指标
密度/(g/cm^3)	0.92～1.0
吸水率/%	0.03～0.04
拉伸强度/MPa	＞35
弯曲强度/MPa	＞45
冲击强度（无缺口）Zod法/（J/m）	＞90
断裂伸长率/%	＞90
成形收缩率/%	1～2
热变形温度/℃	＞130
线膨胀系数/(10^{-5}/℃)	9～11

B.2.2.2 检验

a）增强聚丙烯（FRPP）管和管件的外观应具有圆形的截面，内外壁应光滑平整，不允许有气泡裂缝及明显的波纹、凹陷及颜色不均现象；

b）增强聚丙烯（FRPP）管材性能指标应符合表B.6规定；

表B.6 增强聚丙烯管材性能指标

指标名称	指标
轴向尺寸变化率/%	$-2.0 < L < 2.0$
20℃液压实验（瞬时爆破环向应力）/MPa	＞2.6
扁平试验	压到外1/2，无裂缝
0°落重锤冲击能量/（kg·m）	8

c）增强聚丙烯（FRPP）管及管件的外形尺寸应符合标准规定；

d）接口焊缝热熔挤压焊接的焊缝质量要求熔接焊缝收口均匀，结合紧密，对口正确，熔接焊缝和母材熔成一体，焊缝截面不得有未熔化部分，焊缝强度为母材抗拉强度的80%；

e）液压试验每批增强聚丙烯（FRPP）管抽3根，每根进行水压试验，试验压力为设计压力的1.5倍，若有一根不合格，则应再抽取6根，若仍有一根不合格时，则应每根进行水压试验。

B.2.3 安装要求

a）安装增强聚丙烯（FRPP）管时，环境温度一般不宜高于 40℃或低于 0℃ ；

b）由于增强聚丙烯（FRPP）管线膨胀系数较大，故在安装时要考虑热补偿，一般以自然补偿为主，如采用方形伸缩器；

c）增强聚丙烯（FRPP）管在架空敷设时，应对管道采用管托支承，其支架距离按有关规定执行；

d）增强聚丙烯（FRPP）管需要暗设时，应采用套管式直埋；

e）增强聚丙烯（FRPP）管采用法兰连接时，应严格对中，轴向最大允许偏差不大于 2mm，不得采用强制拧紧螺栓的方法来调整。

B.3 玻璃钢管和管件（HG/T 21663—1991）

B.3.1 适用范围

a）本标准适用于采用低压接触成形和长纤维缠绕成形制造的玻璃钢管和管件；

b）本标准中低压接触成形是采用单面无压或低压成形的方法，也包括在低压下使用纺织物、无纺织物及毡等卷绕方法，但不包括模压成形或半干法成形方法及其产品；

c）本标准是以玻璃纤维、不饱和聚酯树脂组合为基准，但也可以使用其他材料；

d）玻璃钢管子、管件的设计压力和温度：

设计压力：低压接触成形管子＜ 0.6MPa

长丝缠绕成形管子＜ 1.6MPa

管件＜ 1.6MPa

设计温度＜ 80℃

注：超出此范围，订货时与制造厂协商。

B.3.2 技术条件及检验

B.3.2.1 技术条件

a）必须选用经过挂片试验或已使用实例证实耐蚀性能良好的树脂；

b）用户有阻燃要求时，可以使用阻燃树脂或在树脂中添加阻燃剂；

c）管子的椭圆度尺寸公差：内径小于等于 150mm 时，取 2.0mm，内径大于 150mm 时，取 3.5mm 或直径的 1% 中大者；端部的垂直度，不带法兰的管子端部与管子中心线的垂直偏差：内径小于 600mm 时，为 ±3.5mm，内径大于 600mm 时，为 ±5.0mm，管子的长度公差为 ±3.5mm，但如不影响现场配管，则不受此限；

d）管件的端部角度偏差：内径小于等于 600mm 时，为 1°，内径 700mm 以上为

1/2°；

e）法兰按有关标准执行。

B.3.2.2 检验

a）外观检查用目测法：

（a）制品的纤维必须充分浸透树脂，纤维不得外露，不允许有层间分层、脱层、树脂瘤、异物夹杂、色泽不均等现象；

（b）气泡：内衬层表面允许有直径最大为 5.0mm 的气泡，在每平方米内不超过 3 处，可不予修补，否则必须将气泡划破修补；

（c）裂纹：内衬层表面应无龟裂，不允许有深度为 0.5mm 以上的裂纹；

（d）凹凸：内衬层表面应光滑平整，不应有直径大于 5.0mm、深（或高）0.5mm 以上的凹凸；

（e）泛白：内衬层不允许有泛白现象；

（f）修补处同一部位不得超过两次。

b）树脂固化度检查：采用巴柯尔硬度计进行表面硬度检查，测点在不同部位不得少于 10 处，每平方米内不少于 3 个测点，其值不应低于 40；按 GB 2576《纤维增强塑料树脂不可溶分含量试验方法》规定试样不少于 3 个，树脂固化度应不低于 85%。

c）树脂含量及机械性能应符合标准有关规定。

d）水压试验，每件制品必须进行水压试验，以 1.25 倍设计压力在室温下进行，稳压时间为 10min。

B.4 玻璃钢储槽（VN0.5m^3~VN100m^3）（HG 21504.1~2—92）

B.4.1 一般规定

a）本系列适用于化学、石油工业中作贮存、计量和分离等用途的玻璃钢储槽，也适用于其他工业部门中类似用途的玻璃钢储槽；

b）成形方法：手糊法和机械缠绕法，工作压力（注）-500～2000Pa（-50mmH_2O～200mmH_2O），工作温度 -10～+80℃，介质比重 $\gamma<1.2$；

c）制品中加入阻燃添加剂，具有滞燃自熄性；

d）本系列玻璃钢槽不得用来贮存 I 级、II 级有毒介质。

注：指密闭槽昼夜温度变化、进排物料所造成气相压力工况。

B.4.2 质量要求

a）储槽内表面应平整光滑，色泽均匀，无杂质混入，无纤维外露，无目测可见的裂纹、划痕、疵点及白化分层等缺陷，玻璃钢层间黏接，不允许有分层、脱层、异物夹杂、树脂结节等现象；

b）树脂固化度不低于 85%，巴柯尔硬度值不低于 40，外层阻燃氧指数值（*OI*）不小于 26；

c）储槽出厂前应进行室温下盛水试漏 48h 以上，不得有渗漏、冒汗、明显变形等现象；

d）层合板材料的力学性能必须满足“手糊玻璃钢板的机械强度最低保证值”；

e）成品的尺寸要求：储槽内径及圆度公差为 ±1%，储槽高度（长度）公差为 ±5%，但不得超过 ±13mm；接管在储槽的安装位置公差为 ±5mm。

B.5 手糊法玻璃钢设备（CD130A19—85）

B.5.1 总则

a）本技术条件适用于手糊法成形的耐化学腐蚀静止玻璃钢化工设备（包括钢壳内衬玻璃钢设备）。

b）适用设计压力＜ 0.1MPa（内衬设备设计压力＜ 0.3MPa）。

不适用范围：

（a）直接火焰加热的设备；

（b）传导热的设备（如带夹层的反应釜等）；

（c）专用化工设备（如火车汽车槽车、电除尘器、风机等）。

c）耐腐蚀玻璃钢化工设备在易燃、易爆、防毒的条件下使用时应慎重。

B.5.2 检验及验收

参见 B.3.2.2 检验。

B.6 玻璃钢 / 聚氯乙烯（FRP/PVC）复合管和管件（HG/T 21636—1987）

B.6.1 概述

a）本标准根据国内对玻璃钢 / 聚氯乙烯复合管道的研究成果及生产实践，并参考德国标准 DIN 16965～16966、8063 编制的；

b）FRP/PVC 复合管道既有 PVC 管耐酸、碱介质腐蚀的特性，又克服了 PVC 管在温度条件下耐压强度较低的缺点，PVC 管仅起耐介质腐蚀的作用，耐压强度完全由 FRP 增强层承担；

c）FRP/PVC 复合管和管件在常温条件下的工作压力为 1.6～0.4MPa（表压）（见表 B.7）。

表 B.7　FRP/PVC 复合管和管件在各温度下的工作压力

公称直径 *DN*	FRP/PVC 在下列温度下℃的允许工作压力 /MPa			
	2	4	6.5	＜8.0
25～50	1.6	1.36	0.65	0.77
65～150	1.0	0.85	0.54	0.48
200～300	0.6	0.5	0.32	0.29
350～600	0.4	0.34	0.21	0.19

B.6.2　检验

a）树脂固化度应不低于 85%；

b）复合管和管件的玻璃钢内树脂含量不得大于 40%～45%；

c）复合管和管件对 FRP 与 PVC 之间界面黏合剂剪切强度 τ＞50kgf/cm^2；

d）法兰连接的接头处的密封面的不水平度应小于 0.3mm，承插口的垂直偏心度应小于 1mm；

e）复合管和管件以设计压力的 1.5 倍进行水压试验。

5. 电站锅炉维护检修规程

SHS 08004—2019

代替 SHS 08004—2004

目　次

前　言

本规程按照 GB/T 1.1—2009《标准化工作导则　第 1 部分：标准的结构和编写》给出的规则起草。

本规程部分代替 SHS 08004—2004《电站锅炉维护检修规程》，与 SHS 08004—2004 相比，除了编辑性修改外，主要技术变化如下：

——增加了冷渣机、耐压式计量给煤机检修内容；

——取消了振动给煤机检修内容；

——检修周期根据当前设备管理及长周期生产需要进行了变更；

——根据最新规范及标准要求，对规范性引用文件部分进行了补充修订；

——删除电除尘检修的内容。

本标准由中国石油化工集团有限公司、中国石油化工股份有限公司提出。

本标准起草单位：中国石化上海石油化股份有限公司。

本标准主要起草人：宋斌、黄春辉。

本规程历史发布情况：

——SHS 08004—2004。

电站锅炉维护检修规程

1 范围

1.1 为加强石油化工企业自备热电（动力）厂、站锅炉设备的维护、检修工作，特制定本规程。

1.2 搞好锅炉设备的维护、检修，是保证锅炉设备安全、经济运行，提高锅炉设备可用系数的一个重要环节。各级设备管理部门和每一个检修人员都必须充分重视检修工作，贯彻“应修必修，修必修好，防止失修，避免过剩维修，保证设备安全可靠”的原则，使锅炉设备处于完好状态。

1.3 各单位建立锅炉承压部件防磨防爆设备台账，制订和落实防磨防爆定期检查计划、防磨防爆预案，完善防磨防爆检查、考核制度。

1.4 在检修过程中，各单位必须建立质量管理保证体系，推行全面质量管理，应用项目管理技术、网络技术及信息化管理等先进管理方法组织好设备的检修、维护工作，严格按照技术标准进行验收，做到优质、高效、安全、文明、节约，同时，严格执行各项安全规定，保证检修工作的安全。

1.5 各厂、站必须根据设备的特点、技术状况、部件寿命周期、反事故措施计划及各项监测信息，确定锅炉机组检修间隔、设备停用时间及检修项目计划，检修过程中加强对检修工具、机具、仪器的管理，做好检修人工、材料消耗、费用统计及工程预、决算工作。

1.6 锅炉机组检修间隔应根据设备技术状况，在一般规定检修间隔的基础上合理延长。设备的技术状况不允许继续工作时，则应尽快安排检修，并做好防止事故措施。提倡在技术装备、诊断技术、设备可靠性管理信息完善的基础上，逐步由设备计划检修方式向设备状态检修方式过渡，实现以提高机组可靠性为中心的检修模式。

1.7 各级设备管理部门应按照分级管理的原则，负责对本单位锅炉设备及其辅助系统的检修工作进行业务指导，督促检查和考核，在不断改进现有技术装备基础上，为企业搞好安全、稳定、长周期、满负荷、优化生产提供高质量的物质基础。

1.8 各单位应做好锅炉设备及其辅助系统检修全过程管理工作，检修前做到“七落实”，检修中严格按规程及方案要求，优质、安全、高效完成检修任务，工程竣工后应有齐全的交工资料，包括检修方案、检修记录、中间验收记录、隐蔽工程验收记录、试验和技术鉴定报告等，设备管理部门要组织编写检修技术总结和主要设备检修鉴定报告，做好技术资料的归档工作。

1.9 各单位应组织好文明检修，做到工完料尽场地清。坚持“三不见天”（润滑油脂不见天，清洗过的机体不见天，精密量具不见天）和“三不交工”（不符合质量标准不交工，没有检修记录不交工，卫生规格化不好不交工）。

1.10 各单位必须充分重视检修队伍的建设，加强培训，提高工人、技术人员和管理人员的素质，努力造就一支责任心强，懂得科学管理，有实践经验，工艺作风好的检修队伍。

1.11 本规程适用于石化系统内热电（动力）厂、站国产的A级固定式承压蒸汽锅炉（A级锅炉指p（表压）大于或等于3.8MPa的锅炉），化工装置区内的水管锅炉和进口锅炉设备可参照执行。

1.12 对于即将寿命到期的机组和设备，应按《火电机组寿命评估技术导则》开展寿命评估。

1.13 锅炉的改造、重大修理过程应当经过检验检测机构依照相关安全技术规范进行监督检验，未经监督检验合格的锅炉，不应当交付使用。

2 规范性引用文件

下列文件中的条款通过本规程的引用而成为本规程的条款。凡是注日期的引用文件，其随后所有的修改单（不包括勘误的内容）或修订版均不适用于本规程，然而，鼓励根据本规程达成协议的各方研究是否可使用这些文件的最新版本。凡是不注日期的引用文件，其最新版本适用于本规程。

TSG 08 特种设备使用管理规则

TSG G0001 锅炉安全技术监察规程

DL/T 612 电力行业锅炉压力容器安全监察规程

DL 647 电力工业锅炉压力容器检验规程

DL/T 438 火力发电厂金属技术监督规程

DL 5190.2 电力建设施工技术规范（锅炉机组篇）

DL/T 5190.5 电力建设施工技术规范（管道篇）

DL/T 5190.7 电力建设施工技术规范（焊接篇）

DL/T 869 火力发电厂焊接技术规程

DL/T 748 火力发电厂锅炉机组检修导则

DL/T 1035 循环流化床锅炉检修导则

DL/T 838 燃煤火力发电企业设备检修导则

防止电力生产事故的二十五项重点要求（国能安全［2014］161号）

市场监管总局办公厅关于开展电站锅炉范围内管道隐患专项排查整治的通知（市监特函［2018］515号）

市场监管总局办公厅关于电站锅炉范围内管道有关问题的意见（市监特函［2019］849号）

3 检修周期

3.1 锅炉检修周期

3.1.1 电站锅炉设备检修周期主要根据设备的特点、技术状况、部件寿命周期、反事故措施计划及各项监测信息，确定锅炉机组的检修周期、项目和设备停用时间。A 级检修周期还需根据装置长周期运行计划安排情况确定，推荐 A 级检修周期 48～72 个月，A 级检修期 30～50 天。

3.1.2 电站锅炉机组的检修周期应根据设备技术状况，在一般规定检修周期的基础上合理确定。

4 锅炉本体检修内容

4.1 汽包

4.1.1 汽包检修项目

汽包检修内容见表 1。

4.1.1.1 A 级检修项目

（1）检查汽包内部水垢物及腐蚀情况，并对垢物进行清理。

（2）拆卸汽水分离器，并进行汽水分离器的清扫及修理。

（3）检查清理配水管、加药管、排污管及水位表、压力表、取样等连通管中的污物。

（4）检查汽包内部各部件的连接固定情况。

（5）各部焊缝检查。

（6）下降管、给水管管口宏观检查。

（7）检查支吊架。

（8）人孔门研修。

（9）检修汽水分离器。

（10）装复、调整、固定汽水分离器。

（11）校对膨胀指示器。

（12）校准水位指示计。

（13）测量汽包的倾斜度。

（14）水压试验检查汽包的严密性。

（15）检查修复汽包保温。

（16）汽包附件检修。

4.1.1.2 A 级检修特殊项目

（1）检修或更换、改进大量汽水分离装置。

（2）汽包筒身挖补。

（3）更换新汽包。
（4）测量汽包弯曲度。
（5）筒体焊缝探伤。

4.1.2 检修程序与质量标准

汽包检修程序与质量标准见表 1。

表 1 汽包检修程序与质量标准

设备名称	检修内容	工艺要点	质量要求
汽包	汽包检修的准备工作	1. 准备好材料、工具、照明及通风设备； 2. 由工作负责人办理好相关工作许可票证并负责检查蒸汽、给水、排污、疏水、加药及厂用蒸汽等系统与汽包连接阀门是否可靠切断和挂牌； 3. 进汽包人员，必须穿无纽扣、无袋工作服，人员和工具进汽包前要进行登记，检修结束后应进行检查核对	1. 工具清点记录齐全，带出工具应和带入工具一致； 2. 临时人孔门及可见管管口的临时封堵装置牢固
	汽包各部件的拆卸与检查	1. 拆下人孔门保护罩或保温材料，用专用工具拆下人孔门螺栓，并做好记号，打开人孔门； 2. 在汽包一侧装设通风机进行通风； 3. 一般情况下，在汽包内温度降到40℃时，方可进入汽包内工作； 4. 汽包内检修照明应用 12V 以下低压行灯，变压器不得放入汽包，汽包内焊接时，门口设一专用刀闸，由监护人控制； 5. 进汽包前，应通知化学车间和有关部门专业人员到场，检查汽包结垢、腐蚀及汽包内部装置的完整情况，并做好检查记录； 6. 检查下降管口的栅格是否牢固，管口应用专用堵板堵好，并在上面铺盖橡胶垫，以免杂物掉入下降管内； 7. 检查汽包内部装置连接是否牢固，有无变形，并检查构件焊缝； 8. 拆卸汽水分离器和清洗孔板、均流孔板前须按前后左右的顺序进行编号，然后按编号顺序进行拆卸和装复。拆下汽水分离器和清洗孔板、均流孔板上的螺母、销子和固定钩子后，须确认个数和损坏情况，然后分类放置；	1. 汽包检修应做详细技术记录； 2. 卸下的内部件应按编号妥善保管； 3. 各部件表面无锈垢，孔眼间隙不应堵塞； 4. 汽水分离装置的销栓应牢固； 5. 汽包内部清扫干净，内壁及各连接管口、溢水槽表面光洁、无水垢、锈垢、沉淀物等，各管与管口畅通无阻，所有焊接固定件必须牢固，无变形，密封处焊缝应严密无泄漏、无气孔、无咬边

表 1　汽包检修程序与质量标准（续）

设备名称	检修内容	工艺要点	质量要求
汽包	汽包各部件的拆卸与检查	9. 应仔细检查汽包壁等各部位有无腐蚀、裂纹、深坑、起皮现象，必要时，可用放大镜、着色法来进行检查，如发现内外壁裂纹，应做超声波探伤，内外壁有起皮现象，应铲去打光； 10. 检查锅筒内外壁的纵缝和环缝、人孔门加强圈和预埋构件焊缝，检查集中下降管、分散下降管和其他可见管管座角焊缝； 11. 检查汽包外壁保温，对局部缺损的保温应予以修复； 12. 检查汽包支吊架； 13. 用 U 形管测量汽包的倾斜度； 14. 禁止用未处理的生水进行水冲洗	
汽包	汽包各部件的检修	1. 清理全部零件、汽包内壁、汽水连通管口及表计连通管口的锈垢，并用压缩空气吹净或吸尘装置吸净。对中压锅炉还应在各部件及汽包内壁上均匀涂刷汽包漆； 2. 按各部件的拆装顺序进行装复； 3. 为防止旋风筒与梯形分离器脱落，可点焊两点固定； 4. 清洗孔板销钉应打紧牢固。亦可改销钉固定为角铁滑槽固定； 5. 用水平尺检查配水槽及清洗装置托架水平； 6. 人孔门密封面要刮削平整，刮削方向应顺人孔门圆周进行，不得沿径向刮削。清除人孔门与汽包密封面间的垫片时，要细心不损伤密封面； 7. 对人孔门螺检应预先检查有无裂纹、弯曲、丝扣损伤等现象，螺栓在装复时应涂上二硫化钼油剂； 8. 取出下降管口的堵板和橡胶垫； 9. 封人孔门前，汽包内部应清扫干净，并经检修负责人和有关人员全面检查验收合格后方可封门； 10. 人孔门螺栓、螺母按原标记进行装配；	1. 各部件表面无锈垢，孔眼间隙不应堵塞； 2. 汽水分离装置的销栓应牢固； 3. 汽包内部清扫干净，内壁及各连接管口、溢水槽表面光洁、无水垢、锈垢、沉淀物等，各管与管口畅通无阻，所有焊接固定件必须牢固，无变形，密封处焊缝应严密无泄漏、无气孔、无咬边； 4. 汽包内壁腐蚀深度≤ 2～3mm 时，可用打磨方法去除。打磨时应圆滑过渡； 5. 清洗孔板安装正确，不应歪斜。清洗孔板与托架旁板之间间隙≤ 1mm； 6. 旋风分离器托架应平整，旋风分离器与汽水分配箱连接法兰结合面平整，垫片规格合适，各结合面严密； 7. 溢水槽、清洗装置托架水平差不大于 0.5mm/m，且全长水平差不大于 4mm； 8. 汽包全长弯曲值不大于 15mm，汽包两端水平差不超过 6mm； 9. 汽包两端轴向膨胀应满足设计要求。膨胀指示器板面清晰，零位正确； 10. 支吊架完好，无变形、裂纹等缺陷；

表 1　汽包检修程序与质量标准（续）

设备名称	检修内容	工艺要点	质量要求
汽包	汽包各部件的检修	11. 检查汽包吊杆受力，检查吊杆及支座的紧固件紧力，吊架螺母应无松动，检查吊环与锅筒接触间隙，检查活动支座预留膨胀间隙，导向活动支座应无卡涩，根据检查结果进行相应调整； 12. 水压试验应严密不漏； 13. 点火升压至 0.3～0.5MPa 时，热紧螺栓，紧量不宜过大，螺栓紧力均匀； 14. 恢复人孔门保温保护罩	11. 人孔门密封面应光滑平整，无明显径向沟痕和麻点，径向沟痕不大于结合面宽度的 1/4，且深度不大于 0.10mm； 12. 人孔门垫为耐高压制品，不应有折纹，其厚度为 1.5～2mm 为宜，结合面应涂二硫化钼油剂； 13. 人孔门螺栓无裂纹、拉长、丝扣损伤、旋紧时无卡涩等现象； 14. 汽包各部焊缝无超标缺陷

4.1.3　质量验收

4.1.3.1　检修班组自验收合格后，职能部门应组织有关车间、部门技术人员进行全面验收。

4.1.3.2　检查检修技术记录是否齐全、准确。

4.1.3.3　检查汽包各部件的组装情况。

4.1.3.4　检查汽包内部的清扫情况。

4.1.3.5　验收合格后，有关验收人员在验收单上签字。

4.1.4　常见故障与处理方法

汽包常见故障与处理方法见表 2。

表 2　汽包常见故障与处理方法

序号	故障现象	故障原因	消除方法
1	人孔门结合面渗漏	1. 人孔门垫破损或老化； 2. 结合面接触过小； 3. 结合面凹凸不平或有沟痕	1. 更换人孔门垫； 2. 修复结合面，使之符合要求； 3. 修复结合面，使之符合要求
2	蒸汽品质长期超标或水位波动过大	1. 旋风分离器脱落、歪斜； 2. 旋风分离器上部波形板脱落	1. 如销钉脱落，可用 σ 为 3mm 的钢板做成楔形销钉打入销钉孔座，固定分离器筒身； 2. 可在旋风筒和波形板接合处点焊加固

4.2　水冷壁

4.2.1　水冷壁检修项目

水冷壁检修内容见表 3。

4.2.1.1 A级检修项目

（1）水冷壁清扫，清理管子外壁积灰和焦渣。

（2）水冷壁外部检查，并测量检查管子磨损与胀粗。

（3）处理更换磨损、胀粗、变形及损伤的管段。

（4）水冷壁割管检查内部状况，下联箱割手孔，内部清理、检查。

（5）检查修理水冷壁、下降管及其联箱支吊架，调整支吊架受力及膨胀间隙，检查校正膨胀指示器。

（6）膜式水冷壁管鳍片板密封检查、修理。

（7）人孔门、看火孔检修。

（8）水压试验。

4.2.1.2 A级检修特殊项目

（1）更换或挖补联箱。

（2）化学清洗。

（3）更换的管子超过总重1%。

（4）处理大量焊口泄漏。

（5）超压水压试验。

4.2.2 检修与质量标准

水冷壁检修程序与质量标准见表3。

表3 水冷壁检修程序与质量标准

设备名称	检修程序	工艺要点	质量要求
水冷壁	检修前的准备工作	1. 准备好材料、工具、照明，备好搭脚手架用的材料； 2. 进燃烧室前，先通过人孔、看火孔仔细检查水冷壁面上有无大的焦块，如有先用长杆将其清除掉，管子表面的积灰应用高压水冲洗； 3. 根据需要装设足够的固定照明，所有进入炉膛的电源线应架空； 4. 脚手架应经检修负责人和安全部门验收合格后方可使用	进入炉膛的电气设备绝缘良好，触电和漏电保护装置可靠
	冷壁的清扫及检查	1. 水冷壁检查前，应先进行清扫、冲洗。检查时应着重检查喷燃器区域、高热负荷区以及吹灰器吹扫孔、打焦孔、看火孔等门孔附近水冷壁管排是否有磨损、变形、裂纹、胀粗、鼓泡等现象；	1. 管子表面应无结焦结渣； 2. 碳钢管子胀粗值应小于管子外径的3.5%，合金钢管子胀粗值应小于管子外径的2.5%。虽未超过上述标准，但有明显金属过热现象的也应更换；

表 3　水冷壁检修程序与质量标准（续）

设备名称	检修程序	工艺要点	质量要求
水冷壁	冷壁的清扫及检查	2. 检查转向室处水冷壁弯曲部位有无鼓包、裂纹、胀粗，检查悬吊管的磨损腐蚀情况，折焰斜后管的磨损腐蚀情况，检查炉底冷灰斗处管子腐蚀情况，检查炉底冷灰斗斜坡水冷壁管的腐蚀磨损情况； 3. 对以上重点部位选取测点，用标准卡规进行胀粗、磨损的测量，用超声波测厚仪测量磨损管子的壁厚； 4. 检查水冷壁及集箱的挂钩、吊钩是否脱落或断焊； 5. 按化学和金属监督要求，确定割管位置、数量，做好记录，管子切割点位置应符合 DL 612—2017 的 6.9 的要求。管子切割点应避开刚性梁。应尽可能利用钢锯锯或机械切割，用气焊割管时，应防止铁渣落入管内； 6. 割下的管段应先进行外观检查，作好记录后送交化学和金属实验室。管子开口处应加临时堵头并贴封条； 7. 检查水冷壁鳍片的密封性和完整性，对局部损坏的鳍片应予修复	3. 管子石墨化不应大于 4 级； 4. 管子不得有鼓包、裂纹、重皮等缺陷； 5. 水冷壁管应排列整齐平直； 6. 水冷壁管壁磨损或局部腐蚀深度不得超过原管壁厚的 30%，对局部超标缺陷可进行堆焊补强或更换新管
	水冷壁管的更换配制及焊接	1. 校正或更换有缺陷的水冷壁管，对单根或局部更换的管段应找准位置，根据需要确定是否拆炉墙，拆的面积应满足焊工艺需要； 2. 新配管较所换管略短 4～6mm。相邻两根管子的焊口应上下错开，避免焊口布置在同一水平线上； 3. 距焊口 25mm 处管段应打磨光亮并擦去油污等不洁物，管内口也应修磨好； 4. 鳍片切割时应略 长于所换管子 50mm； 5. 焊接时不得强行对口；	1. 割管位置应取在高热负荷区，管子切割点位置应符合 DL 612—2017 的 6.9 的要求，割管长度应满足化学监督要求； 2. 配制的管段材质应符合要求，并有质保书； 3. 管子壁厚负公差应小于壁厚的 10%； 4. 弯曲半径符合图纸要求，无图纸的弯曲半径应不小于管径的 3 倍，弯管的不圆度应小于 6%，并做通球试验，试验球的直径应为管子内径的 85%； 5. 管子对口、焊接的质量标准应按照 DL 612 进行，管子焊接工艺按照 DL/T 869 进行，鳍片拼缝所使用材质应与鳍片管的膨胀系数一致。新管施工焊口须 100% 探伤，新管施工焊口合格率为 100%；

表 3　水冷壁检修程序与质量标准（续）

设备名称	检修程序	工艺要点	质量要求
水冷壁	水冷壁管的更换配制及焊接	6. 为确保焊接质量和安会运行，应尽量采用氩弧焊打底，手工焊盖面的焊接工艺； 7. 焊后焊口应 100% 无损探伤。其中射线透照不少于 50%	6. 合金钢管子硬度不超过 DL/T 438 的要求，合金元素正确； 7. 新管内无铁锈等杂质； 8. 新管应涡流探伤合格

4.2.3　质量验收

4.2.3.1　检查水冷壁清扫质量。

4.2.3.2　检查水冷壁测量、检修技术记录。

4.2.3.3　检查处理过的焊缝焊接质量。

4.2.3.4　检查膨胀系统。

4.2.3.5　水压试验。

4.2.3.6　验收合格后，验收人员在验收单上签署验收意见。

4.2.4　常见故障与处理方法

水冷壁常见故障与处理方法见表 4。

表 4　水冷壁常见故障与处理方法

序号	故障现象	故障原因	消除方法
1	管子弯曲变形	1. 正常膨胀受阻； 2. 水冷壁与刚性梁之间搭扣和损坏； 3. 刚性梁刚性不足或节距过大	1. 查明膨胀受阻原因针对处理； 2. 修复搭扣； 3. 与制造厂联系，进行针对处理
2	管子胀粗鼓包	1. 燃烧中心偏斜； 2. 给水、炉水品质不好，使结垢超标	1. 调整燃烧； 2. 提高给水、炉水品质，进行化学清洗； 3. 对胀粗超标的管子进行更换
3	管子磨损腐蚀	1. 燃烧中心偏斜； 2. 风量过大或缺氧燃烧； 3. 吹灰器故障； 4. 液态排渣炉和燃用硫、矾、碱金属等低熔点氧化物含量高的煤	1. 调整燃烧； 2. 加强吹灰装置的运行维护管理； 3. 应用防磨防腐技术，或采用贴壁风

4.3　过热器

4.3.1　过热器检修内容

4.3.1.1　A 级检修项目

（1）受热面及水平烟道清扫。

（2）检查、测量受热面的磨损、胀粗、弯曲、变形及蠕胀。

（3）检查、修理梳形板、管夹，穿墙管密封及防磨装置。

（4）管子焊缝检查。

（5）割管检查管子内部状况。

（6）更换个别缺陷超标的管子。

（7）水压试验。

4.3.1.2 A 级检修特殊项目

（1）更换新管超过总重量 1% 或处理大量焊口。

（2）联箱更换或挖补，更换管子支架及管夹在 25% 以上。

（3）检查联箱内部腐蚀结垢情况。

4.3.2 检修程序与质量标准

过热器检修程序与质量标准见表 5。

表 5 过热器检修程序与质量标准

设备名称	检修程序	工艺要点	质量要求
过热器	检修前的准备工作	1. 准备好照明、工具及清扫用具，进入过热器检修现场的电源线应架空 12V，电气设备使用前应检查绝缘和触电、漏电保护装置； 2. 管子表面和管排间的积灰用高压水冲洗或用压缩空气清灰； 3. 根据检修需要搭设脚手架	
	过热器检查	1. 检查过热器积灰情况，并作好记录； 2. 清扫过热器及水平烟道积灰积焦； 3. 检查管子蠕胀、磨损、过热、弯曲、裂纹、腐蚀等情况； 4. 胀粗和磨损管子的测量位置应选择距下部弯头向上 1.2～1.5m 处； 5. 高温过热器管监视段应设在混合式减温减压器套管出口端 0.5mm 范围内；对表面式减温器监视段应设在过热器出口高温处； 6. 检查管排变形、平整度，检查屏式过热器管排与水平定位冷却管的连接与定位，检查顶棚过热器下垂及与水冷壁连接处的变形情况；	1. 管子表面和管排间的烟气通道内无积灰、结渣和杂物； 2. 管子表面光洁，无异常或严重的磨损痕迹； 3. 管子的壁厚减薄大于 30%，或剩余寿命小于一个 A 级检修期间隔时间的，应予以更换； 4. 合金钢管胀粗超过原直径的 2.5%，碳钢管胀粗超过原直径的 3.5% 时，应更换； 5. 管排排列凸出：纵向≯ 1 倍管径，横向≤ 0.5 倍管径，否则应予调整； 6. 管壁磨损腐蚀不超过原管壁厚的 10%，局部磨损腐蚀减薄不大于 1mm，深度小于 1.5mm 时可补焊，否则应更换；

表 5　过热器检修程序与质量标准（续）

设备名称	检修程序	工艺要点	质量要求
过热器	过热器检查	7. 检查管子与联箱接合处的穿墙部位、弯头处及焊缝，检查沿折焰角气流方向的过热器管的下部弯头、底部的水平管道和距折焰角 0.5m 内迎风面的管子磨损情况； 8. 检查屏过、高低温段过热器的管排梳形板，管夹是否完整、牢固，损坏的应更换。变形的应修整，开焊的应补焊； 9. 检查过热器吊架的固定情况和受力是否均匀； 10. 检查防磨装置的磨损和烧损变形情况及固定情况，严重的应予更换	7. 管子外表无明显的颜色变化和鼓包，材质为碳钢的受热面管子或三通、弯头的石墨化不应大于 4 级。合金钢管表面球化大于 4 级时，宜取样进行机械性能试验，并做出相应的措施； 8. 管子外表的氧化皮厚度须小于 0.6mm，氧化皮脱落后管子表面无裂纹； 9. 梳形板管夹应能满足使用到下一检修周期，新更换的管夹应夹紧、平整、牢固； 10. 吊架、吊杆不得弯曲、脱落，吊杆螺母应紧固
	过热器管的检修	1. 高温过热器监视段割管，其割管长度应满足金属及化学监督之要求。一般过热器监视段第一次割管取样长度为 200mm，以后每次割管增长 100mm，此 100mm 为上次焊好一个焊口之上的原始管段。割取方法如图所示； 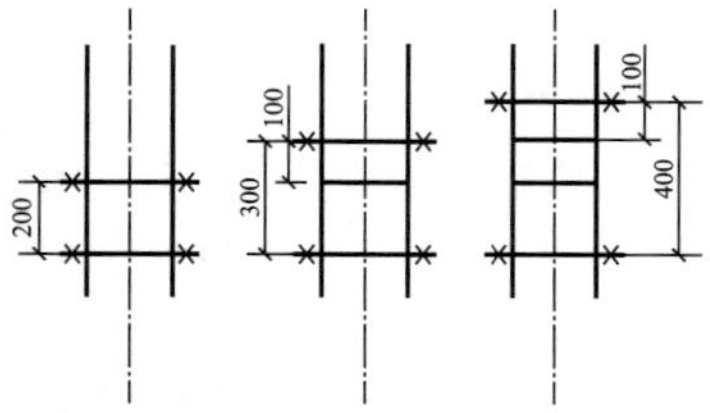 200　100　300　100　400 第一次割管　第二次割管　第三次割管 2. 合金钢管弯管宜采用冷弯，若必须热弯时，要按有关规范严格控制加热温度，热弯后应进行回火热处理； 3. 冷弯时，弯曲半径应符合图纸要求； 4. 管内有水或汽时不许焊接； 5. 对口时，应用专用工具卡住；避免错口，禁止强行对口； 6. 过热器管的焊接和焊后热处理应符合规定； 7. 对出列管排及管段进行整形及消除变形后再焊复	1. 新管应有质量保证书，并做外观检查、硬度、合金元素检测和金相检查，合格后再配制，其材质同被更换的过热器管材质一致，材质代用应经设备管理单位技术负责人批准； 2. 弯管不圆度应小于 6%，通球试验合格； 3. 当制作整排过热器蛇形管时，应做 1.5 倍工作压力的水压试验和通球试验，通球直径按 JB/T 1611《锅炉管子技术条件》的规定选择，水压试验后应将管内存水吹净：通球后应作可靠封密闭措施，并作好记录； 4. 焊口中心线距离管子弯曲起点或联箱外壁以及支吊架边缘不小于 70mm；2 个接焊口间距离不得小于 150mm； 5. 管子焊接质量应符合 DL/T 869 的要求，管道对口和焊接应符合 DL5190.5 的要求； 6. 施工焊缝应 100% 合格，新管施工焊口须 100% 探伤

4.3.3 质量验收

4.3.3.1 过热器清扫。

4.3.3.2 过热器割管对口及焊接质量记录。

4.3.3.3 过热器梳形板、管夹及防磨装置的完整和修复程度。

4.3.3.4 过热器排管的平直度及管距。

4.3.3.5 校核过热器管蠕胀、磨损、腐蚀的测量记录。

4.3.3.6 验收合格后，验收人员在验收单上签字。

4.3.4 常见故障与处理方法

过热器常见故障与处理方法见表6。

表6 过热器常见故障与处理方法

序号	故障现象	故障原因	消除方法
1	过热器管胀粗爆破	管内有异物 管子内壁结垢 水塞 烟温偏差大，烟气通道不均匀结焦 管道长期超温	找出异物，割管更换 查明蒸汽带水原因，过热器反冲洗 检查修理减温器喷嘴是否损坏 检查调整锅炉启动操作方法 运行调整 清渣、防止结焦引起烟气走廊 增加管壁温度测点 管子进行氧化皮测厚及寿命诊断分析
2	过热器管磨损爆破	燃烧中心偏移，局部管道磨损 管排变形、烟气走廊和管子膨胀受阻 防磨装置脱落 管道间碰磨 燃烧中心偏移，局部管道磨损 管排变形、烟气走廊和管子膨胀受阻 防磨盖板脱落	加强运行调整 校正管排，调整管夹 安装防磨装置或采取其他防磨措施。 运行调整 校正管排，调整管夹 安装防磨盖板或涂防磨材料

4.4 再热器检修

4.4.1 检修内容

4.4.1.1 A级检修项目

（1）清扫管子外壁积灰。

（2）检查管子的磨损、胀粗、弯曲变形情况。

（3）管子防磨检查。

（4）清扫或修理联箱支座。

（5）打开联箱手孔或割下封头，检查腐蚀结垢情况，清理内部。
（6）测量温度在 450℃以上蒸汽联箱的蠕胀。
（7）割管检查，更换少量管子。

4.4.2 检修程序与质量标准

再热器检修程序与质量标准见表 7。

表 7 再热器检修程序与质量标准

设备名称	检修程序	工艺要点	质量要求
再热器	检修前的准备工作	1. 准备好工具、备品备件、清灰用具； 2. 设置足够的 12V 以下的照明及防护装置	
	管排蠕胀检查与测量	1. 检查时先对管排进行宏观检查，观察管子的颜色、胀粗、鼓包情况，对于发现异常的部位应重点检查。对高温再热器的监视管段由专人进行测量并做好记录； 2. 再热器检查一般用游标卡尺或极限卡规测量蠕胀	合金钢管胀粗不能大于原直径的 2.5%，碳钢管胀粗不能大于原有直径的 3.5%。超过上述质量标准，应更换新管
	管排磨损的检查与修理	管排错列布置比顺列布置磨损严重，检查时重点检查水平烟道再热器两侧及底部、烟道拐弯处下部、再热器第一排管子、管子与疏形卡接触的部分、再热器穿墙处、吹灰器通道等易磨损部位	必要时要测量管子的壁厚。若局部磨损面积大于 2cm^2 或磨损厚度超过管壁厚度的 30%，应更换新管。在管排的易磨损部位采取防磨措施
	割管检查	1. A 级检修时应由化学监督人员、金属检验人员、锅炉检修人员共同确定高温、低温再热器割管位置，割 1～2 个蛇行管弯头，以检查管壁内部的腐蚀情况。割管长度可从弯管算起，取 400～500mm 长的直管段。割管后应由化学、金属、锅炉技术人员共同检查腐蚀和结垢情况，如果腐蚀结垢较严重，这段管子全部割开详细检查，并检查合金钢管的金相组织变化情况。对所割管段，应做标识（标明它的地点和部位），并做记录，管子割掉后，若不能立即焊接，应对管子封堵，以防杂物进入管内； 2. 每次 A 级检修要割取再热器温度最高处的监督管段，检查其金相组织和机械性能的变化情况。割管时检修人员和金属监督人员共同参与，采用切割的方法，不能采用火割的办法，割下的管子交金相人员检验，并将检验结果登记在台账上	1. 低层抽管应按化学监督部门要求进行，切割长度应大于或等于 200mm； 2. 出口管段抽管应按金属实验室要求进行，切管长度为新旧管段各大于或等于 200mm； 3. 配上的管子应和原材料相同； 4. 对口及坡口质量符合 DL/T 869 《火力发电厂焊接技术规程》

表 7　再热器检修程序与质量标准（续）

设备名称	检修程序	工艺要点	质量要求
再热器	再热器支吊架、管卡及管排变形的检查与修理	1. 用小锤敲打支吊架和管卡，根据声音判断零件的好坏； 2. 对损坏的零件进行更换，新零件要调整好位置和间隙，并注意能使管子自由膨胀； 3. 再热器全部修好后，要查看管子间隙是否均匀一致，对不均匀的进行校正	
	再热器管子更换	1. 领取新管后要打光谱，严防错用钢材； 2. 在更换管子时，必须根据不同钢种的焊接特性及热处理特点，采取相应的正确的焊接与热处理工艺； 3. 换管时用机械的方法切断，锯后用直角尺校验端面是否与中心垂直，其偏斜值 Δf 不大于管子外径的 1%，且不超过 2mm，管子里的毛刺必须清除	1. 宏观检查新管内、外壁腐蚀情况，内外壁表面应光洁，没有刻痕、裂纹、凹坑及夹层等缺陷； 2. 测量管的管壁壁厚的偏差，管壁厚度的允许误差不得超过 0.25mm； 3. 测量管的管径、椭圆度。管径和椭圆度偏差应小于管外径 1%； 4. 必须核对质量保证书中化学成分、机械性能各项指标； 5. 100%探伤合格； 6. 对新弯制、焊接的再热器管应作通球检查。通球质量标准符合有关要求； 7. 焊接质量符合 DL/T 869 火力发电厂焊接技术规程
	联箱的检查与修理	1. 停炉前后核对膨胀指示器，做好标记，如果发现不能自由膨胀，必须找出原因加以处理； 2. 检查联箱各支持托架、吊架是否完整牢固，焊口有无裂纹，联箱膨胀是否受阻，如果发现问题应及时消除； 3. 有计划的割除联箱检查孔进行内部检查，检查内部是否清洁、有无杂物或氧化堆积物、联箱内部腐蚀是否严重、疏水管是否通畅等	

4.4.3　验收项目

4.4.3.1　抽管检查。

4.4.3.2　防磨措施检查。

4.4.3.3　膨胀指示器检查。

4.4.3.4　蛇形管测量。

4.4.3.5 三通焊缝检查。

4.4.4 常见故障与处理方法

再热器常见故障与处理方法见表8。

表8 再热器常见故障与处理

序号	故障现象	故障原因	处理方法
	超温过热、蠕胀爆管及磨损	管子凌乱形成烟气走廊、燃烧火焰偏斜以及管排内部流动阻力不一致造成热偏差 运行调整不当	蠕胀变形：合金钢管大于原直径的2.5%，碳钢管大于原直径的3.5%应更换新管 爆管更换新管 磨损：局部磨损面积大于2cm^2、磨损厚度超过管壁厚度的1/3时应更换新管 加强运行调整

4.5 减温器

4.5.1 减温器检修内容

4.5.1.1 A级检修项目

（1）检查混合式减温器进水桩头。

（2）抽芯检查表面式减温器的芯子。

（3）检查表面式减温器大法兰的结合面。

（4）表面式减温器芯子水压试验。

（5）检查混合式减温器联箱和套管。

（6）检查减温器的膨胀指示器。

（7）水压试验。

4.5.1.2 A级检修特殊项目

混合式减温器的内部检查，混合式减温器每隔15000～30000h检查一次，应采用内窥镜进行内部检查。面式减温器运行20000～30000h后应抽芯检查管板变形，内壁裂纹、腐蚀情况及芯管水压检查泄漏情况，以后每A级检修检查一次。

4.5.2 检修程序与质量标准

减温器检修程序与质量标准见表9。

表9 减温器检修程序与质量标准

设备名称	检修内容	工艺要点	质量要求
减温器	减温器检修	1. 根据需要拆除减温器的保温层，将现场清扫干净，搭设脚手架；	1. 将表面式减温器的U形管清理干净，其腐蚀深度不超过壁厚的30%；

表 9 减温器检修程序与质量标准（续）

设备名称	检修内容	工艺要点	质量要求
减温器	减温器检修	2. 拆表面式减温器的螺栓时，涂上松动剂，用手锤轻轻敲打螺母； 3. 起吊抽芯时，应注意不使管束与联箱摩擦，使用敲棒时注意不能损伤管束； 4. 芯子抽出后，进行内、外部检查，并做详细记录，以确定检修措施； 5. 清理表面式减温器筒身和芯管，芯管有严重裂纹、变形、腐蚀等缺陷进行更换； 6. 检查喷水减温器的喷管标记必须与蒸汽流向一致，并使之与联箱中心线对正； 7. 混合式减温器的筒身、内套管、减温水喷管等应无裂纹，锈蚀，变形等缺陷，喷嘴无脱落，孔眼无堵塞，内套管无移位等； 8. 表面式减温器芯管组装时应先加好法兰垫片； 9. 表面式减温器紧固法兰螺栓时，按对称顺序旋紧，并注意随时用塞尺检查法兰间隙是否一致，冷态紧固后，待锅炉升压至0.3～0.5MPa时，再热紧一次； 10. 表面式减温器芯子抽出及检修装复后应做水压试验； 11. 检查支吊架完整性，螺母有无松动，支架有无卡涩	2. 将表面式减温器内部清理干净，无锈污和脏物； 3. 芯管和喷管有疲劳断裂迹象时要更新，各部件焊缝如有裂纹和脱焊现象时应进行处理； 4. 表面式减温器的法兰结合面不得有径向穿透的痕槽，环向的凹坑不超过接触面的1/3； 5. 表面式减温器的衬垫符合质量要求，其外径应小于法兰结合面1mm，内径应大于法兰接合面内径1mm，法兰组装时凸肩应深入凹槽1～2mm； 6. 减温器的焊接应符合焊接质量要求； 7. 支吊架应完整无损，螺母无松动，支架无卡涩； 8. 水压试验合格

4.5.3 质量验收

4.5.3.1 表面式减温器筒身、芯管是否清理。

4.5.3.2 表面式减温器筒芯管无裂纹、严重变形、腐蚀。

4.5.3.3 混合式减温器筒身、内套管、减温水喷管等无裂纹、锈蚀、变形等缺陷，喷嘴无脱落，孔眼无堵塞，内套管无移位。

4.5.3.4 检查检修记录。

4.5.3.5 水压试验应合格。

4.5.3.6 验收合格后，验收人员在验收单上签字。

4.5.4 常见故障与处理方法

减温器常见故障与处理方法见表 10。

表 10　减温器常见故障与处理方法

序号	故障现象	故障原因	处理方法
1	表面式减温器结合面泄漏	法兰垫片损坏 螺栓紧力不均匀	调换法兰垫片 注意紧固工艺
2	表面式减温器蒸汽减温幅度突然增大	芯管破裂	查漏处理
3	混合式减温器喷水套管焊缝泄漏	该处焊缝管交变应力	焊缝返修

4.6　省煤器

4.6.1　省煤器检修项目

4.6.1.1　A 级检修项目

（1）受热面清扫，清除管排间杂物。

（2）检查管子磨损、变形、腐蚀情况。

（3）蛇形管割管检查。

（4）更换、检修部分管段。

（5）检查省煤器联箱接管座角焊缝。

（6）检查横梁的保温、通风装置。

（7）检查支吊架管卡及防磨装置及调整联箱支座吊架和膨胀间隙。

（8）水压试验。

4.6.1.2　A 级检修特殊项目

（1）省煤器整排拆卸、处理大量有缺陷的焊口，换管超过总量的 1%。

（2）省煤器的化学清洗。

（3）更换联箱。

4.6.2　省煤器检修程序与质量标准

省煤器检修程序与质量标准见表 11。

表 11　省煤器检修程序与质量标准

设备名称	检修内容	工艺要点	质量要求
省煤器	检修的准备工作	1. 准备好材料、工具及照明； 2. 清扫、清洗省煤器管排； 3. 清除管排间杂物	
	省煤器管检修	1. 如有泄漏，应进行水压查泄漏点，做好记录；	1. 管子表面和管排空间无积灰，无杂物；

表 11 省煤器检修程序与质量标准（续）

设备名称	检修内容	工艺要点	质量要求
省煤器	省煤器管检修	2. 检查防磨盖板的磨损脱落和装设情况； 3. 检查管子外部有无腐蚀、飞灰磨损、伤痕； 4. 对每级省煤器进出口三排管子，距离两侧1m处和省煤器弯头处、穿墙管处、支吊卡的两侧、烟道后墙等部位应重点检查磨损情况，检查有无“烟气走廊”及管排不平整； 5. 对爆管处附近的管子应详细检查（尤其是沿工质射出方向的管束）； 6. 检查管座及对接焊口有无泄漏现象； 7. 检查联箱外部有无弯曲、裂纹、焊缝泄漏等现象； 8. 检查吊架、管夹的损坏情况； 9. 省煤器管子的割管检查，割管长度、部位应满足化学监督的要求； 10. 根据省煤器的检查情况，确定管子更换的数量、位置及尺寸。更换的新管应符合质量标准，具有质量保证书； 11. 焊口中心线距离管子弯曲起点或联箱外壁以及支吊架边缘不小于70mm，二个对接焊口间距离不得小于150mm； 12. 所配置的省煤器蛇行管管排，应作1.5倍工作压力的水压试验和通球试验。通球直径按JB/T 1611《锅炉管子技术条件》的规定。水压后应将管内积水吹净；通球后应做好可靠的密封措施，并做好记录； 13. 对不易焊补的泄漏点，需采用堵管方法时，不应在出入口联箱附近管段上堵管，应在远离联箱和管圈上短接新管，断开漏点。若必须采用联箱附近堵管，堵头应尽量靠近联箱。不管采用何种方法，都应采取措施，防止废管部分造成的烟气走廊； 14. 检查修理保温； 15. 新管施工焊口须100%探伤	2. 管子磨损及腐蚀量达到管壁厚度的1/3，应予更换；对于磨损、腐蚀量≤25%管壁厚度时，可采取防磨措施。对局部磨损、腐蚀减薄，可采取补焊处理； 3. 更换后的管排要求弯头与炉墙护板的间隙应符合图纸要求； 4. 管子焊接符合DL/T 869火力发电厂焊接技术规程； 5. 支吊夹整齐牢固，无烧损脱落，悬吊管不应有变形； 6. 防磨护板应紧贴管壁，并且牢固。护板与护板之间，护板与管夹之间不得留有间隙，不得用角铁，圆钢做防护板；防磨护罩磨损量超过50%的应更换，防磨罩无移位，能与管子做相对自由膨胀； 7. 联箱管座角焊缝应无裂纹等超标缺陷； 8. 管排横向节距一致，管排平整，无出列管和变形管，管夹焊接良好无脱落； 9. 水压试验合格

4.6.3 质量验收

4.6.3.1 省煤器清扫和防磨检查。

4.6.3.2 省煤器割管的焊接质量。

4.6.3.3 检查省煤器管腐蚀、磨损、防磨检查测量记录。

4.6.3.4 水压试验。

4.6.3.5 验收合格后，验收人员在验收单上签署验收评语。

4.6.3.6 管排横向节距检查和管排整形。

4.6.4 常见故障与处理方法

省煤器常见故障与处理方法见表 12。

表 12 省煤器常见故障与处理方法

序号	故障现象	故障原因	清除方法
1	管壁磨损	有烟气走廊、漏风、防磨板损坏或脱落 防磨板安装不合格 烟速过高设计不合理	清除烟气走廊及炉膛漏风 修复防磨板 按本规程要求合格安装 清除管排积灰及管排间杂物 清除管夹震动，更换磨损管段 采用顺列布置或采用膜式、鳍片式、肋片式省煤器
2	省煤器泄漏	磨损 管材质量不好 焊缝质量问题	消除磨损原因，更换磨损管段 更换管段 金相检查联箱接管段角焊缝质量

4.7 管式空气预热器

4.7.1 管式空气预热器检修项目

4.7.1.1 A 级检修项目

（1）清扫管箱积灰，疏通堵灰管子。

（2）检查管子的磨损及腐蚀情况。更换磨损和腐蚀的管子。

（3）更换损坏的防磨套管。

（4）堵塞漏风。

（5）检查检修风道。

（6）检查检修膨胀节。

（7）A 级检修前后的漏风试验。

（8）防振隔板及导向板检修。

4.7.1.2 A 级检修特殊项目

（1）预热器更换管箱。

（2）更换管式预热器 10% 以上管子。

（3）更换整组防磨套管。

4.7.2 检修程序与质量标准

管式空气预热器的检修程序与质量标准见表 13。

表 13 管式空气预热器的检修程序与质量标准

设备名称	检修内容	工艺要点	质量要求
管式空气预热器	检修的准备工作	1. 准备好工具、材料（水枪喷头、通条、胶管及清扫用具）； 2. 设置足够的 12V 以下照明； 3. 烟道内温度一般低于 50℃时，可进入内部工作	
	预热器管的检修	1. 先检查管箱、管子堵灰情况，记录积灰部位及堵管数量和位置； 2. 用水冲洗预热器管箱，将表面积灰清净； 3. 疏通积灰管子； 4. 检查管子与管板焊缝的严密程度，不严密处补焊； 5. 检查管箱密封板与烟气接触面的腐蚀情况； 6. 检查各个管箱密封板的变形和密封性能； 7. 按管箱顺序，检查管子有无烧坏情况及管口磨损腐蚀情况； 8. 检查防磨套管的磨损及损坏情况，缺少防磨套管的应予补加； 9. 检查预热器伸缩节及风道拉筋板的变形情况； 10. 对局部入口管段没加防磨套管的磨漏处，可加防磨套管； 11. 如有少部分预热器管磨漏，且无法处理时，可将该部分上、下管口堵死； 12. 预热器管整组堵死数超过 1/3 时，应整组更换管箱	1. 管箱上部积灰清扫干净，管内无积灰； 2. 管子两端与管板焊口处应严密不漏风； 3. 防磨套管接触严密，套管齐全，套管厚度不小于 0.5mm； 4. 管箱四周与炉墙密封良好； 5. 管子堵死数每层不大于 1/3，且不影响锅炉满负荷的通风量； 6. 各部膨胀节完好； 7. 防振隔板、导向板：无裂纹和严重变形，运行中无异常振动和噪声
	预热器管箱更换	1. 检修时可根据漏风、失效、腐蚀等情况考虑对管箱进行更换； 2. 新管箱按 NB/T 47049《管式空气预热器制造技术条件》的标准验收； 3. 管箱安装时应注意管箱的上下方向，不得装反； 4. 插入式防磨管套与管孔配合应紧密，其露出高度应符合要求，对接式防磨管套应与管板平面垂直并为全焊接； 5. 为防止管箱整体变形，严禁将起吊钢丝绳直接穿入管孔内或系于管子上； 6. 防振隔板、导向板检修更换	管箱安装允许偏差：支承框架上部水平度：3mm；支承框架标高：±10mm；管箱垂直度：5mm；管箱中心线与框架中心线间距：±5mm；相邻管箱的中间管板标高：±5mm；空气预热器顶部标高：±5mm；管箱上部对角线差：15mm；伸缩节膨胀量按图纸要求

4.7.2 质量验收

4.7.2.1 预热器清扫情况。

4.7.2.2 检查膨胀节完好情况。

4.7.2.3 检查预热器腐蚀、磨损情况并记录。

4.7.2.4 检查堵管记录。

4.7.2.5 做漏风试验。

4.7.2.6 验收合格后，验收人员在验收单上签字。

4.7.3 常见的故障与处理方法

管式空气预热器常见故障与处理方法见表 14。

表 14 管式空气预热器常见故障与处理方法

序号	故障现象	故障原因	消除方法
1	漏风大	管壁磨穿 管壁腐蚀漏 炉墙漏风	加套管 更换管子 修补炉墙
2	预热器管堵塞	省煤器泄漏造成大量积灰 炉墙内壁脱落盖住管口 检修时清灰不彻底	消除省煤器管泄漏 疏通堵塞的管子 清除落物、修补炉墙
3	预热器振动	连通罩刚性不够 卡门涡流共振	增加加强肋加固 加装分包隔板（增加隔板量应经计算）

4.8 回转式空气预热器

4.8.1 回转式空气预热器的检修项目

4.8.1.1 A 级检修项目

（1）清除受热面积灰与堵灰。

（2）传热元件检查与局部更换损坏的部分。

（3）更换损坏的密封片、调整密封间隙。

（4）转子上、下轴承及其冷却水、润滑系统检修。

（5）驱动装置解体检修。

（6）传动齿轮、围带检修。

（7）冷却水室清理，冷却水管疏通。

（8）测量转子晃动度。

（9）吹灰、灭火装置检修。

（10）风道、烟道焊补。

（11）围带齿轮检修加固。

（12）仓隔板蓄热元件托板架检查加固。

（13）伸缩节焊补或局部更换。

（14）外壳检修。

（15）下灰斗、冲灰箱检查。

（16）A 级检修前后的漏风试验。

4.8.1.2 A 级检修特殊项目

（1）更换传热元件的数量超过 20%。

（2）密封装置改进。

（3）全部更换围带销。

（4）风罩、烟风道更换

（5）仓隔板大面积更换。

（6）更换预热器主轴承。

（7）更换整组预热器。

（8）更换扇形板及弧形板。

4.8.1.3 检修前的准备工作

（1）熟悉空气预热器的结构，了解空气预热器的各项参数、特性及技术要求。

（2）查阅档案，了解空气预热器的运行情况：

a）运行中发现的缺陷、异常和事故情况。

b）进出口烟气温度、进出口空气温度。

c）空气预热器风、烟阻力值。

d）运行中驱动电动机电流值、电流波动值。

e）运行中转子的轴向、径向跳动情况。

f）轴承组件及润滑油系统的运行状况。

g）查阅试验记录，了解空气预热器的漏风状况（在检修前应做一次空气预热器的漏风测试）。

（3）查阅档案，了解空气预热器的检修情况：

a）上次检修总结报告和技术档案。

b）日常维护记录。

（4）编制检修工程技术、组织措施计划。其主要内容如下：

a）检修工作内容。

b）人员组织及分工。

c）施工进度表。

d）劳动安全和卫生保护措施。

e）质量保证及技术措施。

f）主要工具、器具明细表，主要备品、配件及主要材料明细表。

g）检修工序卡（为保证检修质量，在施工过程中宜使用工序卡）。

（5）施工场地要求：

a）空气预热器的检修应设有充足的检修场地，检修场地应设有充足的施工电源及照明。

b）应搞好定置管理。

c）应配置足够的消防器材。

4.8.2 传热元件检修

4.8.2.1 传热元件的吹扫

当传热元件的积灰情况轻微（可根据空气预热器运行中的风、烟阻力判断）时，可在空气预热器停运后用具有一定压力要求的压缩空气对传热面、转子表面及风、烟道进行吹扫，吹扫工作由上而下进行。吹扫期间应全开所有送、引风机风门挡板，保持空气预热器具有良好的通风。

4.8.2.2 传热元件的清洗

（1）传热元件清洗的目的：

传热元件清洗的目的是沉积在空气预热器传热面上的积灰不能用吹灰装置或压缩空气清除时，用具有一定水质要求的水冲洗，以使空气预热器保持可以接受的流通阻力和换热效率。

（2）传热元件清洗前应作好以下准备工作：

a）根据空气预热器的检修记录、运行状况，确认传热元件的积灰程度。

b）根据传热元件积灰的程度选择水清洗的方法。当积灰比较松软，具有高的可溶性时，可选用固定式水清洗设备（空气预热器生产厂家配套提供的水清洗设备）进行清洗；当积灰较硬、具有较低的可溶性时，可选用压力较高的专用清洗设备进行清洗；当积灰坚硬甚至是烧结型的，已很难用水清洗干净时，可将传热元件盒解体进行清理。

c）传热元件的清洗一般是在停炉状态下，且应有足够的清洗及干燥时间。

d）确保空气预热器传动装置工作正常。

e）确保清洗装置工作正常。

f）确保清洗水源充足。

（3）清洗方法：

a）用固定式水清洗设备清洗。

①清洗工作宜在空气预热器入口烟气温度降低到200℃时开始，在80℃之前结束。

②进行清洗工作前，将空气预热器灰斗内的积灰排放干净。

③清洗过程中，全停送风机、引风机。

④清洗过程中，应采用辅助传动装置，使空气预热器低速旋转。

⑤清洗水温宜为60~80℃。

⑥如遇酸性沉积物，可在清洗水中加入适量的苛性钠或其他碱性物品以提高清洗效果。

⑦清洗过程中，应确保排水管道畅通。

⑧如制造厂无特别规定时，清洗水压可以按表 15 选定。

表 15　清洗水压

传热面总高度 /mm	清洗水压力 /MPa
≤ 1372	≥ 0.515
＞ 1372	1.03

⑨清洗水量。在上述压力下清洗水量取决于空气预热器的大小。

⑩按先冷端后热端的顺序对冷端和热端传热元件交替进行清洗，在清洗水量及水压能满足要求的情况下，冷端和热端清洗工作可同时进行，有多台空气预热器时，清洗工作可同时进行。为了便于清洗，在清洗过程中可暂停清洗，待沉积物软化后再继续清洗工作。

⑪ 在清洗过程中，应定期检查排水，当排水所带灰粒较少且清洗水与排水的 pH 差值少于 1，或当清洗水为工业水，排水的 pH 值达到 6~8 时停止清洗。

⑫ 清洗工作完成后，关闭清洗水源，确认阀门无泄漏，关闭排水阀。

⑬ 清洗工作完成后立即进行传热元件的干燥工作。干燥过程中保持空气预热器转子转动，全停送风机、引风机，全开空气预热器进出口风、烟挡板，当空气预热器再次投入使用之前，必须确保所有传热元件已经完全干燥。

⑭ 检查传热元件的清洗效果。从每一层中取出一些典型的元件盒，拆开检查，以每块传热元件表面无积灰及沉积物为合格。

b）用专用水清洗设备清洗。当用固定式水清洗设备已很难将积灰清除干净时，可在锅炉冷却后采用专用水清洗设备清洗。

①根据积灰的实际情况，选择恰当的清洗水压及清洗水量。

②采用普通清洗水或碱性水。

③如在空气预热器内部无法保证清洗质量及工作的安全，则应将传热元件盒从扇形仓格中逐一吊至外部进行清洗，直到清洗干净为止。

④清洗后应注意传热元件的干燥，防止腐蚀。

c）传热元件盒解体清理。当传热元件积灰已经烧结，难于用水清洗干净时，应对传热元件盒进行解体，然后用机械方法清理每块传热元件表面的积灰，再按要求重新组合。

4.8.2.3　传热元件的检查

传热元件的检查应包括传热元件及传热元件盒的检查，其内容如下：

（1）检查传热元件的腐蚀、磨损、变形。

（2）检查传热元件板厚，如有需要，进行测量。

（3）检查传热元件的组合情况。波纹板及定位板应保持正确的几何形状和组合方式；波纹板与定位板之间应压紧，不应有任何松动（除厂家有特殊规定外），否则应考虑插入波纹板或定位板。

（4）检查传热元件盒框架的腐蚀、磨损、裂纹、脱落、变形，着重检查热端传热元件盒框架焊接部件的裂纹及疲劳情况。根据检查情况，对框架进行修复。

（5）检查传热元件盒支撑架。支撑架应无变形、无严重磨损，焊口无裂纹。

（6）检查传热元件盒与扇形仓各边的间隙，间隙应符合设计要求，一般不大于8mm。

（7）对于冷端传热元件为陶瓷的，应检查陶瓷的破碎情况，并对残余碎陶瓷进行清理及更换。

4.8.2.4 更换传热元件

当发生以下情况之一，应对传热元件进行更换（视情况对部分或全部传热元件进行更换）：

（1）当传热元件磨损或腐蚀严重影响传热效果或运行安全时；

（2）当传热元件磨损减薄到原壁厚的 1/3 时；

（3）堵塞严重无法清理时。

4.8.3 传动装置检修

4.8.3.1 驱动电机或空气马达的检修

（1）空气预热器主、辅电动机检查及修理应符合有关标准的规定。

（2）空气马达解体检查及修理应符合有关标准的规定。

4.8.3.2 主减速器检修

（1）主减速器的检修按表 16 的要求执行（适用于齿轮和蜗轮副式减速器）。

表 16 齿轮和蜗轮副式减速器检修程序与质量标准

检修程序	工艺要点	质量要求
1. 所有零部件解体清洗检查	放掉润滑油并化验；轴系零件的解体以能清洗和检查为限，尽量少解体；如需解体，应做好装配记号；严禁用棉纱头擦拭零件	齿轮、蜗轮，蜗杆、轴及轴承的质量应符合有关标准的规定
2. 齿轮副的啮合检查	可以用红丹粉检查齿轮副的啮合情况，测量数据并记录	各轴装配后，两啮合齿轮在齿宽方向上的端面错位量不应超过表 17 的规定；齿面接触斑点不低于表 18 的规定，接触斑点的分布位置应趋近齿面中部；齿轮副的最小法向侧隙应符合表 19 的规定
3. 蜗轮与蜗杆的啮合检查	可以用红丹粉检查蜗轮副的啮合情况，测量数据并记录	蜗轮侧的接触面积沿齿高方向不少于 50%，沿齿宽方向不少于 60%；接触斑点在齿高方向无断缺，不允许成带状条纹；接触斑点痕迹的分布位置应趋近齿面中部

表 16 齿轮和蜗轮副式减速器检修程序与质量标准（续）

检修程序	工艺要点	质量要求
4. 轴承与轴的配合检查	除非更换轴或轴承，一般情况下不拆卸轴承；用 0.05mm 塞尺检查轴承与轴肩的装配间隙	齿轮和蜗轮副式减速器用圆锥滚动轴承的间隙应分别按表 20 和表 21 的规定进行调整；滚动轴承与轴装配时应紧贴轴肩，其间隙不应超过 0.05mm，装配完毕后用手转动，应轻松灵活，无卡阻现象
5. 油位计检查	用煤油清洗油位计	油位计无破损，油位显示清晰，油位标注正确
6. 减速箱箱体清洗、检查	箱体清洗后用白布擦拭，然后用黏体物将杂物黏干净，装配零件前应保持箱内干净；用 0.05m 的塞尺检查箱座与箱盖自由结合时结合面间隙	箱体无裂纹及其他缺陷，清洗干净；箱体不漏油；塞尺塞入深度不得超过接合面宽度的 1/3；箱座与箱盖加紧后减速器密封要严实，不得有漏油或渗油现象
7. 轴封的更换		轴封完好，无缺陷
8. 更换润滑油	加油前应根据油质的实际情况决定是否需进行滤油	油质应符合要求
9. 基础及基础螺栓检查		基础无裂纹，螺栓无松动

表 17 两啮合齿轮在齿宽方向上的端面错位量

mm

齿宽（轮缘宽度）	端面错位量
＜50	≤1.5
≥50～150	≤2.5

注：对于不等宽啮合齿轮，是指较窄齿轮端面超出较宽齿轮端面的量

表 18 齿面接触斑点最低限

%

名称	齿面接触斑点最低限	
	沿齿高	沿齿宽
硬齿面	60	80
软及中硬齿面（HB300～HB360）	50	70

表 19 最小法向间隙

mm

中心距	≤80	＞80～125	＞125～180	＞180～250	＞250～315	＞315～400
最小法向间隙	0.096～0.120	0.112～0.140	0.128～0.160	0.148～0.185	0.168～0.210	0.184～0.230

表 20　齿轮副式减速器圆锥滚动轴承的间隙值

轴承内径 /mm	β=10°～16°
	轴向间隙 /μm
＞10～30	40～70
＞30～50	50～100
＞50～80	80～150
＞80～120	120～200
＞120～180	200～300
＞180～260	250～350

注：β 为滚子与轴承外圈的接触角。

表 21　齿轮副式减速器圆锥滚动轴承的间隙

轴承内径 /mm	轴向间隙 /μm	
	蜗杆轴承	蜗轮轴承
≤ 30	20～40	
＞30～50	40～70	20～50
＞50～80	50～100	40～70
＞80～120	80～150	50～100
＞120～180	120～200	80～150

（2）主减速器整体检修工作完成后应达到以下标准：

a）装配完后用手转动，方向应正确，轻松灵活，无卡阻现象。

b）减速器解体装配完后，必须按工作运转方向进行空运转试验，一般空运转时间不少于 2h。减速器空运转试验应符合以下要求：

①变速操纵机构灵活、准确、可靠；

②运转平稳正常，无冲击及异音；

③各密封处、接合处不应有漏油、渗油现象；

④各紧固件、连接件无松动现象；

⑤油池温升不超过 35℃，轴承温升不超过 40℃且轴承温度最高不超过 80℃（如生产厂家另有规定，按厂家规定执行）。

4.8.3.3　离合器的检修

解体清洗，检查各部件的完好状况、润滑状况、密封状况。离合器应达到稳定可靠，离合迅速、彻底。

4.8.3.4　围带传动装置的检修

围带传动装置的检修按表 22 的要求执行。

表 22　围带传动装置的检修程序与质量标准

检修程序	工艺要点	质量要求
1. 传动齿轮与输出轴的配合检查	如必须解体，则组装前应彻底清洗各结合面	传动齿轮、轴、轴套之间接触面光洁，无毛刺，配合稳固
2. 传动齿轮的检查	检查裂纹，必要时进行着色检查	传动齿轮无缺齿与缺块，齿根无裂纹；齿轮磨损达 1/4 时应更换
3. 传动围带的检查	用游标卡尺测量围带销的磨损量，用千分表在围带销上测量围带的径向跳动值	传动围带焊缝无裂纹，安装螺栓无断裂、松脱，围带销无松脱；围带销磨损超过直径的 1/4 时应更换；径向跳动值应符合制造厂的规定
4. 传动齿轮与围带销的啮合状况检查	转动转子，找出围带销最突出点（转子直径方向），测量尺寸 C（如图 1 所示，可用塞规测量），同时也应找出围带轴向的最突出点，测量 a 及 b 的值；必要时，可用垫片进行调整，以保证传动齿轮与围带销轴的全齿啮合	如图 1 所示，围带销与传动齿轮的安装间隙应符合厂家技术文件规定；如无规定，按 $a=b/3$ 调整。 传动齿轮与围带销应为线接触，传动齿轮轴线与围带销轴线必须保证平行
5. 传动齿轮罩壳的检查		传动齿轮罩壳应完整、牢固

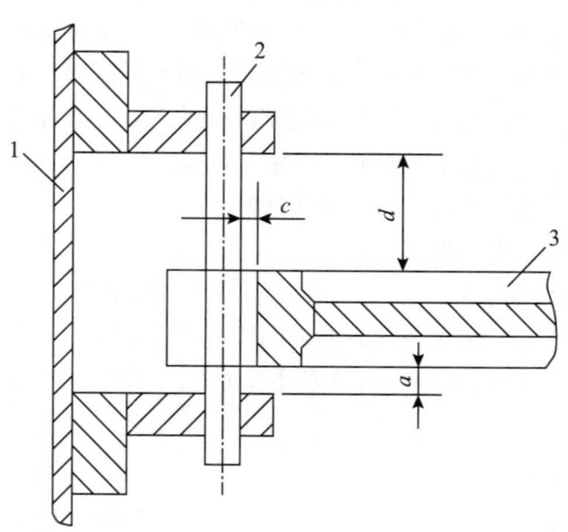

图 1　传动齿轮与围带销的啮合示意图

1—转子外壳；2—围带销；3—传动齿轮

4.8.3.5　推力轴承组件和导向轴承组件的检修

（1）油浴润滑的空气预热器轴承组件的检修，按表 23 的要求执行。

表 23　轴承组件的检修（油浴润滑轴承组件）程序与质量标准

检修程序	工艺要点	质量要求
1. 测量及调整轴承座的水平度	轴承座的水平度应在其端面直径方向测量，记录检修前后的数据	轴承座的水平度误差不大于 0.05mm
2. 轴承组件解体检修	在轴承组件解体前将轴承座内润滑油排放完；做好转子的临时支承、支撑及固定工作，支承转子时，应使转子保持水平；解体前作好各种安装记录；在进行轴承组件的检修或空气预热器的其他项目的检修中，应采取措施不使电流通过轴承，避免在滚动体上产生电蚀	
①轴承座固定螺栓、螺母及垫片检查； ②轴承座检查及清洗； ③滚动轴承的检查、清洗； ④推力瓦轴承（固定瓦推力轴承、摆动瓦推力轴承）、转盘、平衡块、定位销的检查、清洗（对于支承轴承为推力瓦轴承的空气预热器）； ⑤轴、连接套管、锁紧盖的清洗、检查； ⑥轴承、连接套管、轴锁紧盖之间的配合状况；	①螺栓、螺栓孔与垫片应做好编号，组装时对应编号组装；组装时螺栓与螺母之间应涂抗咬合剂； ②用煤油将轴承座清洗干净后，用粘体物将杂质粘干净，然后用不脱毛的干净软布擦拭； ③若需拆卸轴承，可借助液压油泵加压拆卸；轴承清洗后用不脱毛的干净软布擦拭；轴承应放在垫着软布的光滑平面上进行检修；用压铅丝法测量轴承的间隙； ④同③ 对瓦块（滑块）的表面进行检修时，不能使用铲或锉等工具，应用刮刀或油石； ⑤采用液压油泵加压拆卸轴与连接套管；	①固定螺栓、螺母应无松动现象；螺栓无弯曲，螺栓、螺母无损牙；垫片整齐，无裂纹；螺栓、螺母及垫片应清洗干净；当所有螺母拧紧后，垫片应并紧，用 0.05mm 的塞尺检查，应无间隙存在； ②轴承座无裂纹、毛刺、沟痕、锈污、油污、杂质；法兰结合面清理干净，无毛刺； ③无脱皮剥落、无磨损、无过热变色、无锈蚀、无裂纹、无破碎等；轴承间隙应符合有关标准要求； ④同③ 瓦块（滑块）表面光滑，无麻点、砂眼、裂纹、沟痕、乌金剥落、局部熔化（烧瓦）等现象，乌金厚度应符合有关标准要求；转盘表面光滑，无麻点、砂眼、裂纹、沟痕；平衡块及定位销完好； ⑤轴、连接套管及锁紧盖表面无裂纹、毛刺、沟痕、过热变色，锁紧盖螺栓无断裂，轴、连接套管、锁紧盖之间无相对运动； ③轴承与连接套管之间的间隙、连接套管与轴之间的间隙、锁紧盖的固定螺栓紧力均应按厂家规定调整；

表 23　轴承组件的检修（油浴润滑轴承组件）程序与质量标准（续）

检修程序	工艺要点	质量要求
⑦瓦块（滑块）与转盘的接触检查（对于推力瓦轴承）； ⑧热工温度测点装置的检查； ⑨油位计的检查及清洗； ⑩更换润滑油； ⑪ 轴承座的密封检查	⑥采用对磨的方法； ⑦用煤油清洗； ⑧加油前应根据油质的实际情况决定是否需进行滤油； ⑨用 0.05mm 的塞尺检查轴承座法兰结合面	⑦瓦块与转盘的接触面达 4～8 点 / cm^2； ⑧温度测点装置应符合有关标准的要求； ⑨油位计无破损，油位显示清晰，油位标注正确； ⑩当轴承组件检修工作完成后，应立即加入符合要求的润滑油至最高油位；油质应符合要求； ⑪ 轴承座法兰自由结合时，塞尺塞入深度不得超过结合面宽度的 1/3；轴带座与轴承盖加紧后密封要严实，不得有漏油或渗油现象

（2）油脂润滑（或石墨润滑）的空气预热器轴承组件的检修，按表 24 的要求执行。

表 24　轴承组件（油脂或石墨润滑）的检修程序与质量标准

检修程序	工艺要点	质量要求
1. 轴承组件周围积灰的清理		积灰应清理干净
2. 油脂轴承清洗、检查及油脂更换	将轴承座内的油脂掏干净后，用煤油浸泡清洗轴承，边清洗边使轴承转动（除非更换轴承，否则不必将轴承从主轴上卸下检查）	油脂及其他杂质、灰尘应清洗干净，轴承应符合有关标准的规定，油脂的质量及填充量应符合要求
3. 石墨棒的检查及更换	将轴承从空气预热器主轴上卸下，检查，卸下前应做好风罩的固定及支撑工作	石墨棒的质量及尺寸应符合要求；石墨棒应轻打入槽内，与轴的径向间隙不大于 0.1mm
4. 轴承的更换	将轴承从主轴上卸下时应做好主轴及风罩的支承、支撑及固定工作	更换新轴承前应对轴承进行清洗，并检查轴承是否完好无缺陷；轴承与轴的安装质量应符合有关的技术文件要求
5. 轴承、轴转动检查	手动盘车 3 周以上	轴承转动平稳，无异音
6. 油脂润滑轴承的加油系统检查	手摇加油泵检查	油泵加压正常，油管路畅通
7. 测温装置检查		测温装置应符合有关标准的规定

4.8.3.6　转子、定子和风、烟道的检修

对于风罩转动的空气预热器，其定子是指由径向隔板与横向隔板组成的盛装传热元件的扇形仓格，当空气预热器运行时，它与传热元件一起不转动。对于传热元件转动的

空气预热器，其转子是指由径向隔板与横向隔板组成的盛装传热元件的扇形仓格，当空气预热器运行时，它与传热元件一起转动。

风罩回转式空气预热器定子及风道、烟道的检修，按表 25 的要求执行。

表 25　定子及风、烟道的检修程序与质量标准

检修内容	工艺要点	质量要求
1. 定子的活动支座及滚柱的检查		活动支座无损坏，无卡死，滚柱的上下接触面沿长度方向接触良好，限位装置完好
2. 测量定子水平度	在定子端面圆周上的对称 8 点测量	定子的水平度允许偏差应符合设备技术文件的规定，一般允许偏差如表 26 所示
3. 上、下风罩的同步检查	风罩的不同步误差应在风罩圆周上测量	风罩的不同步误差不大于 10mm
4. 测量风道框架伸缩节连接角钢与密封面及定子端面的间距		风道框架伸缩节连接角钢与密封面及定子端面的间距应均匀一致，其误差允许值如表 27 所示
5. 回转风罩外圆与烟道内壁间隙检查	转动风罩，在烟道内壁上取 3～4 点，测量风罩外圆与烟道内壁间隙值	回转风罩外圆与烟道内壁间隙均匀，转动时无摩擦现象
6. 定子扇形仓格的检查		扇形仓格无变形，径向隔板与横向隔板构成的定子扇形框架，每边尺寸偏差不大于 ±6mm，对角线差不大于 10mm；径向隔板与横向隔板表面平整，无毛刺及焊瘤
7. 定子焊缝检查	必要时对焊缝进行着色检查	定子的径向隔板与横向隔板的焊接焊缝、径向隔板与中心筒的焊接焊缝无裂纹、无焊瘤
8. 回转风罩的检查		风罩无变形，焊缝无裂纹
9. 风道、烟道各种支承构架的检查		磨损、腐蚀严重的支撑构架应更换

表 26　定子的水平度

转子直径 D/m	定子的水平度允许偏差 /mm
$D \leqslant 6.5$	$\leqslant 3$
$10 \geqslant D > 6.5$	$\leqslant 4$
$15 \geqslant D > 10$	$\leqslant 5$

表 27　风道框架伸缩节连接角钢与密封面及定子端面的间距

转子直径 D/m	a 误差值 /mm	b 误差值 /mm
$D \leqslant 6.5$	≤ 6	≤ 4
$10 \geqslant D > 6.5$	≤ 8	≤ 4
$15 \geqslant D > 10$	≤ 10	≤ 4

4.8.3.7　空气预热器转子及风道、烟道的检修，见表 28。

表 28　转子及风、烟道的检修程序与质量标准

检修程序	工艺要点	质量要求
1. 测量转子中心筒及端轴装配件的水平度	用精密的水平仪在中心筒封头板上或在支承端轴上测量；如果超过允许的水平度，可调整导向轴承座，再重新校验	水平度误差不大于 0.05mm
2. 转子焊缝的检查	必要时对焊缝进行着色检查	转子的径向隔板与横向隔板的焊接焊缝、径向隔板与中心筒的焊接焊缝无裂纹、焊瘤、缺焊，且应保证焊缝有足够的强度
3. 转子扇形仓之间的连接螺栓检查		连接螺栓无松脱、断裂
4. 转子扇形仓的检查		扇形仓无变形，径向隔板与横向隔板构成的扇形仓格，每边尺寸偏差为 ±6mm，对角线差不大于 10mm；隔板表面平整，无毛刺及焊瘤
5. 转子外壁与烟道内壁之间的间隙检查	转动转子，在烟道内壁上取 3～4 点，测量转子外壁与烟道内壁间隙值	转子外壁与烟道内壁之间间隙应均匀
6. 风道、烟道支撑构架检查		磨损、腐蚀严重的支撑构架应更换；防磨瓦焊接牢固，磨损超过 2/3 的应更换

以上未提及的，可按 DL/T 5047 执行。

4.8.4　密封装置检修及调整

4.8.4.1　风罩转动的空气预热器密封装置检修及调整见表 29。

表 29　风罩转动的空气预热器密封装置检修程序与质量标准

检修内容	工艺要点	质量要求
1. 检修前冷端、热端密封间隙值的测量	用塞尺测量，测量时风罩不承受其他重物或外力	做记录
2. 弹簧导杆装置的检查	导杆与螺母之间涂高温抗咬含剂	导杆无变形，弹簧未失效，无卡死，弹簧定位销无断裂，导杆与螺母之间无锈死，调整灵活

表 29 风罩转动的空气预热器密封装置检修程序与质量标准（续）

检修内容	工艺要点	质量要求
3. 热态周向密封自动调整机构的检查		杠杆传力机构自由可调，无卡涩；严重变形及断裂的调整金属杆应更换
4. 热端密封间隙值的调整	间隙调整方法、步骤按厂家规定	弹簧压紧量应符合技术要求；密封间隙值应符合技术要求，误差不大于 0.5mm
5. 冷端密封间隙值的调整	间隙调整方法、步骤按厂家规定	密封间隙值应符合技术要求，误差不大于 0.5mm
6. U 形密封圈的检查		吹损的应更换。密封片组装要紧凑、无缝隙，螺栓要拧紧
7. 颈部密封（冷热端旋转风道与固定风道之间密封）的检查		旋转风道与固定风道之间的间隙应均匀，密封面的接触以刚好接触为宜；滑块应能自由活动，无卡涩，弹簧完好，弹力调整适当

4.8.4.2 传热元件转动的空气预热器密封装置检修及调整见表 30。

表 30 传热元件转动的空气预热器密封装置检修程序与质量标准

检修内容	工艺要点	质量要求
1. 测量检修前的三向（径向、周向或旁路、轴向）密封间隙值		做记录
2. 密封片的检查		密封片应完好，严重磨损、变形、腐蚀的应更换
3.T 字钢的检查		T 字钢的圆度不大于 1.5mm
4. 径向密封片的安装及调整	借助径向密封校正组件进行间隙的调整，具体步骤按生产厂家说明	密封片、补隙片及压板的组装顺序、安装方向应正确，螺栓应拧紧；密封间隙值与规定值偏差不大于 0.5mm
5. 轴向密封片的安装及调整（见图 2，以两分仓为例）	借助轴向密封校正组件进行间隙的调整，具体步骤按生产厂家说明	如图 2 所示，各值与规定值的偏差不大于 0.5mm
6. 周向（旁路）密封片的安装及调整（见图 3，以两分仓为例）	测量 a、b 值时，将测隙规放在 T 字钢的最小半径处，转动转子，每隔 30° 测量并记录一次；同时测量 c、d 值	如图 3 所示，各值与规定值的误差，如 a、b 不大于 0.5mm，c、d 不大于 3mm
7. 中心筒密封的检查		应符合设计要求
8. 固定密封的检查		各处的固定密封应符合设计要求

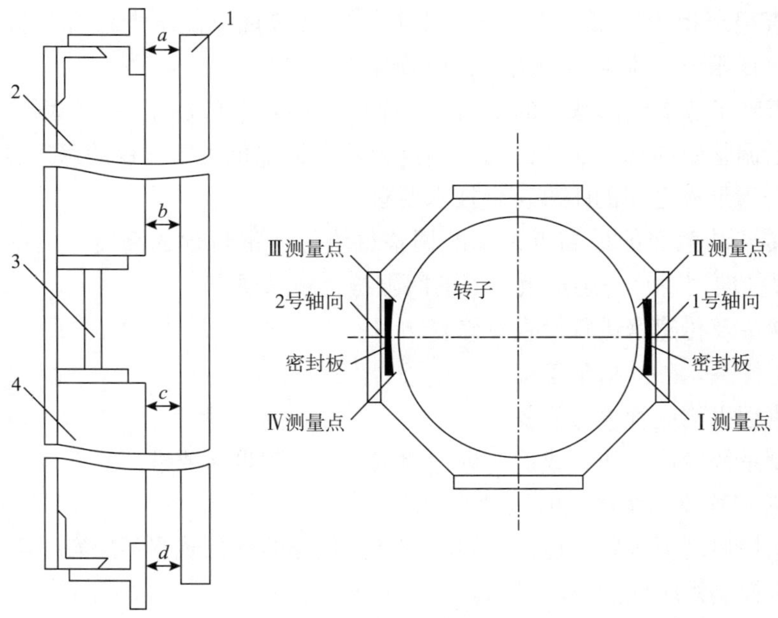

图 2　轴向密封调整示意图

1—轴向密封板；2—热端轴向密封片；3—围带销；4—冷端轴向密封片

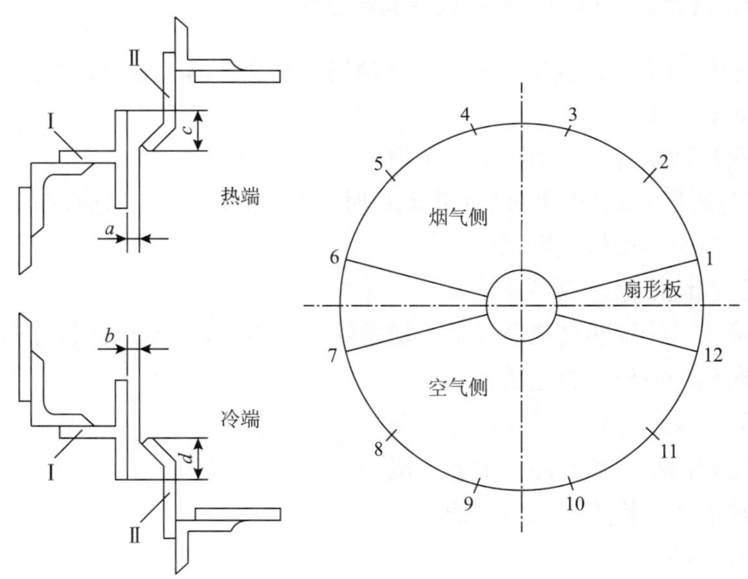

图 3　周向（旁路）密封调整示意图

Ⅰ—T 字钢；Ⅱ—向（旁路）密封片

4.8.4.3　对于安装有漏风控制系统的空气预热器，应进行以下检查和检修，检修前将扇形板复位后切断电源：

（1）清除传感器及执行机构周围环境的积灰和杂物，保持传感器及执行机构周围清洁。

（2）检查扇形板无变形、无裂纹．表面无凹凸等现象；扇形板升降应灵活、无卡涩，能达到高低限位；扇形板的固定、调节装置应完好。

（3）检查转子热端端部法兰的平面度，平面度不大于 0.5mm，法兰表面应光洁。

（4）以已调整好的转子法兰面的最高点为基准调整每块扇形板的水平度和高度，使转子法兰面与扇形板之间的距离符合技术要求。

（5）以转子法兰面的最高点为基准调整每块径向密封片的高度（借助密封校正组件），使每块径向密封片与扇形板之间的间隙符合技术要求。

（6）对探头及传感器进行检查及修复。

（7）校正探头，外部指示正确。

（8）对执行机构进行检查修复。

（9）控制系统检修工作完成后，进行调试，应达到设计要求。

4.8.4.4 密封装置检修及调整的质量要求：

（1）在锅炉启动至满负荷运行期间，空气预热器的密封装置不应发生严重摩擦。

（2）漏风控制系统应能自动投入。

（3）满负荷运行工况下，空气预热器的漏风率（或漏风系数）应达到设计要求。一般情况下漏风率不应大于 10%。

4.8.5 润滑油系统检修（适用于外罩式油循环系统）

润滑系统的检修应包括油箱、油泵、滤油器、热交换器、管道、阀门、温度计、压力表等设备的检修。

（1）清理润滑油系统周围的积灰、杂物。

（2）解体检修油泵，当更换新泵或电动机时，应注意油泵或电动机的转向是否正确。

（3）检查油泵及电动机地脚螺栓。

（4）解体清洗滤油器，更换滤网。

（5）解体检查及清洗热交换器（油冷却器或油加热器），水压试验合格。

（6）安全阀清洗检修，整定压方。

（7）阀门开关灵活，转换可靠，无泄漏。

（8）检查清理油箱、油管路，消除泄漏。

（9）油标尺清洗、检查，标示正确；

（10）充油、试运。

4.8.6 消防系统检修

（1）风、烟侧均应布置消防喷嘴，保证喷水能覆盖所有风、烟侧传热元件。

（2）检查消防管道及喷嘴的磨损、腐蚀、堵塞状况，并修复。

（3）检查消防系统管路，应畅通，无外漏。

（4）对消防系统阀门进行检修，确保开关灵活，无泄漏。

（5）为了防止消防喷嘴堵塞，可以考虑在喷嘴口加装耐热的纤维棉塞或其他形式的防堵塞片。

4.8.7 蒸汽吹灰系统检修

吹灰系统的检修，应包括吹灰器、管路、阀门、仪表及吹灰控制系统等的检修。

（1）吹灰器的检修：

a）检查吹灰器枪管和喷嘴的吹损、腐蚀、堵塞、变形状况，并修复；

b）驱动装置检查及修复；

c）更换润滑油；

d）伸缩式吹灰器吹灰枪管伸缩正常，无卡涩；

e）更换吹灰器密封填料，消除泄漏。

f）蒸汽管道检查，消除泄漏。

g）各种支吊架及保温的检查、修复。

h）减压阀解体修理，重新调整压力。

i）安全阀解体修理，整定压力。

j）校对压力表、温度计。

k）吹灰控制系统检修、调试。

4.8.8 报警系统检修

对空气预热器着火报警、转子停转报警、轴承温度监视、风烟温度测量等设备进行检修。

4.8.9 其他

4.8.9.1 空气预热器应安装有玻璃密封式观察孔。

4.8.9.2 空气预热器各孔门完好，关闭严密。

4.8.9.3 所有平台、扶梯及栏杆完好。

4.8.9.4 保温完好。

4.8.9.5 空气预热器各支撑梁、柱完好。

4.8.10 试运转

空气预热器检修工作结束，至少手动盘车一周，无异常情况后进行试运转（试运转时间不少于 2h），观察、检查下列项目：

（1）检查转子的转动方向是否正确。

（2）传动装置工作正常，运转平稳，没有异音。

（3）驱动电流一般稳定在额定电流的 50% 左右，波动值应少于 ±0.5A。

（4）轴承温升不超过 40℃，最高温度按制定厂的规定执行，无规定的按以下执行：

a）滚动轴承温度不许超过 80℃ ；

b）滑动轴承温度不许超过 65℃。

（5）离合器性能良好。

（6）转子（或风罩法兰外径）的轴向、径向跳动一般不大于表 31 所示数值。

表 31　转子（风罩）的轴向、径向跳动值

转子或风罩的外径 D/m	轴向跳动 /mm		径向跳动 /mm	
	转子	风罩	转子	风罩
$D \leqslant 6.5$	2	4	2（8）	10
$6.5 < D \leqslant 10$	3	6	4（10）	13
$10 < D \leqslant 15$	4	8	4（14）	16

注：括号内为采用 H 形铸铁密封块的径向跳动数值。

4.8.11　常见故障与处理方法

回转式空气预热器常见故障与处理方法见表 32。

表 32　回转式空气预热器常见故障与处理方法

序号	故障现象	故障原因	处理方法
1	围带销或齿轮磨损	齿轮与围带销找正不好或下轴承损坏引起转子偏摆	调整转子水平，对齿轮和围带重新找正；检查下轴承，如果损坏进行更换
2	波形板腐蚀堵灰	排烟温度低于燃料的露点温度 燃烧不好或腐蚀堵灰 吹灰器吹灰效果差	调整锅炉燃烧保证锅炉排烟温度高于锅炉烟气露点温度运行 停炉期间对波形板进行清洗 吹灰器检修或改造
3	漏风大 锅炉出力受影响 引风机电流表数值增大	密封间隙过大密，封片损坏或脱落 有明显的断路和泄漏处 波形板堵塞	调整密封间隙，修复密封片 修补泄漏孔洞 对波形板进行清洗
4	预热器电流升高	转子变形或有杂物卡塞 波形板高出径向隔板 轴承损坏或齿轮与围带啮合不好	检查扇形板处是否有杂物或膨胀变形情况 调整波形板高度 检查更换轴承 对齿轮和围带重新找正
5	推力轴承损坏	断油或轴承室有杂物	更换轴承
6	导向轴承损坏	断油或轴承室有杂物 转子偏斜	更换轴承
7	减速机振动、温度高	联轴器中心不正 减速机油泵不打油 预热器负荷过大	联轴器找中心 检查更换油泵

表 32 回转式空气预热器常见故障与处理方法（续）

序号	故障现象	故障原因	处理方法
8	预热器着火	锅炉燃烧不充分造成波形板积粉或点火投油期间造成波形板积油	投灭火系统或蒸汽吹灰
9	上轴承盖溢油着火	上轴承溢油 润滑油来油大或润滑油回油管堵塞	运行期间加强巡检 调整来油量或疏通回油管

4.9 燃烧器与一次风管

4.9.1 直流式燃烧器检修内容

4.9.1.1 A 级检修项目

（1）检查和更换烧坏的一、二、三次风喷口。

（2）检查焊补或更换一次风短节和一次风管。

（3）修复燃烧器耐火混凝土。

（4）检查和修理一、二、三风门及传动机构。

（5）检查各结合面的严密性（消除漏风、漏粉）。

（6）检查和调整喷口角度。

4.9.2 检修程序与质量标准

直流式燃烧器检修程序与质量标准见表 33。

表 33 直流式燃烧器检修程序与质量标准

检修程序	工艺要点	质量要求
检修前的准备工作	1. 准备好材料、工具、照明及脚手架； 2. 拆除一次风管弯头、补偿器处的保温	
直流式燃烧器检修	1. 燃烧器喷口清焦； 2. 对喷燃器进行检查，并做好记录。检查喷口及一、二、三次风管磨损、烧坏、变形、裂纹及泄漏情况，检查喷口位置是否正确，恒力吊架是否处完好状态； 3. 喷口损坏不严重的可进行修复。有严重变形、烧损的，或有严重裂纹的一、二、三次风喷口，不能修复时，应进行更换； 4. 喷口更换时要严格按设计图纸要求安装；	1. 喷口与水冷壁管子应留规定间隙，能保证热膨胀，火嘴喷出煤粉不致冲刷周围水冷壁； 2. 一、二、三次风口内壁应光滑无凹凸； 3. 一、二、三次风风口中心线应铅垂。上下中心应对齐，最大偏差≤ 3mm，不水平度应＜ 2mm。喷口与两侧水冷壁间隙应一致； 4. 各喷口安装角度应符合图纸要求；

表 33 直流式燃烧器检修程序与质量标准（续）

检修程序	工艺要点	质量要求
直流式燃烧器检修	5. 更换喷口时应严防喷口坠落伤及人身及设备； 6. 处理卡涩的风门挡板。校验风门挡板的开度指示与实际相符； 7. 检查各部吊架是否完整； 8. A级检修时，应检查更换补偿器； 9. 在一次风管弯头及弯头进出口处，应测厚检查，并做好记录	5. 一、二、三次风喷口标高误差≤ 5mm； 6. 当喷燃器更换时，其喷口中心线与假想燃烧切圆的切线允许偏差≤ 0.5°； 7. 喷口装设牢固，各部严密不漏； 8. 对摆动式喷燃器，其喷口摆动角度应符合图纸或运行要求，摆动角度指示符合实际，摆动灵活，传动装置自锁可靠； 9. 各风门挡板与轴应固定牢靠，轴封应严密，动作应灵活。轴头上要有挡板实际位置的标记； 10. 风门操作装置应灵活可靠，刻度指示与风门挡板实际位置相符； 11. 一次风管的磨损不应超过原壁厚的 50% 或能维持到下一次检修周期。否则应予更换； 12. 燃烧器风箱配有平衡装置的，对平衡锤和钢丝绳应进行检查、加油

4.9.3 质量验收

4.9.3.1 检查一次风管磨损及检修记录。

4.9.3.2 检查风门挡板及喷口摆动装置的形状灵活性和实际位置。

4.9.3.3 检查喷口尺寸。

4.9.3.4 检查喷口耐火混凝土的质量。

4.9.3.5 燃烧器的空气动力场试验。

4.9.3.6 验收合格后，验收人员在验收单上签字。

4.9.4 常见故障与处理方法

直流式燃烧器常见故障与处理方法见表 34。

表 34 直流式燃烧器常见故障与处理方法

序号	故障现象	故障原因	消除方法
1	喷口变形烧坏	喷口结焦 停止运行时未通风冷却 选材不当	改进运行操作 改进运行操作 选用耐热、耐磨性好的材料
2	煤粉管漏粉	管道磨损 管道膨胀节密封元件损坏 法兰结合面不严 支吊架损坏导致管子局部拉裂	选用耐磨的管子 更换密封材料 更换法兰垫片 改进紧固工艺 检修支吊架

4.10 管式燃烧器与布风板喷嘴

4.10.1 管式燃烧器与布风板喷嘴检修内容

4.10.1.1 A 级检修项目

（1）更换油系统和蒸汽系统软管及其他腐蚀严重的管道。

（2）检查速关阀和调节阀开关灵活，消除卡涩。

（3）燃烧器枪管清洗，调整和更换烧损的枪头。

（4）点火风机大修（包括挡板检修）。

（5）点火器大修。

（6）检查和更换稳燃器。

（7）检查和更换支承管。

（8）布风板水冷壁管束测厚。

（9）一次风道衬里检查更换。

（10）更换平衡孔衬管。

（11）检查清理各风筒进风孔。

（12）布风板下部衬里更换。

（13）更换布风板喷嘴（包括喷嘴座和头部）。

4.10.2 检修程序与质量标准

管式燃烧器与布风板喷嘴检修程序与质量标准见表 35。

表 35 管式燃烧器与布风板喷嘴检修程序与质量标准

检修内容	工艺要点	质量要求
检修前的准备工作	1. 准备好材料、工具、照明及脚手架，布风板喷嘴更换前应制作旋动喷嘴头部的专用工具； 2. 打开各风箱、炉膛和管式燃烧器人孔； 3. 办理作业许可手续； 4. 清理布风板上和管燃器内的床料。准备好材料、工具、照明及脚手架	
管式燃烧器与布风板喷嘴检修	1. 燃烧器喷口清焦，并检查和检修喷口衬里； 2. 检查各风筒的变形和腐蚀情况，疏通风筒的进风孔； 3. 检查点火风机轴承（加脂）、挡板、轴封，A 级检修时更换轴承和轴封； 4. 检查点火装置连杆、气缸，A 级检修时更换气缸密封。检查火花杆的烧损情况；	1. 枪管保持水平，角度公差：±1°，其他各部件安装线性公差：±3.2mm； 2. 油枪支承管与稳燃器盖板的垂直度：±3mm； 3. 油管线速断阀的升程达到 100%，关闭迅速严密； 4. 油汽差压阀动作灵活，油汽差压符合工艺要求；

表 35　管式燃烧器与布风板喷嘴检修程序与质量标准（续）

检修内容	工艺要点	质量要求
管式燃烧器与布风板喷嘴检修	5. 清洗扫描器探头，调整扫描器朝向； 6. 检查支撑管的变形和对中情况； 7. 检查稳燃器磨损和腐蚀情况； 8. 检查平衡孔衬管的磨损和腐蚀情况，A 级检修时更换衬管； 9. A 级检修时更换油系统和蒸汽系统软管及其他腐蚀严重的管道； 10. A 级检修时解体各速关阀和调节阀，消除结垢和卡涩； 11. 对布风板喷嘴的情况进行检查，应无松动、碳化、破损、脱落，喷嘴内孔应光滑、无结焦堵塞。在需检修的喷嘴上进行标识并作好损坏喷嘴平面分布记录； 12. 对于喷嘴的状况可用敲击法进行检查，头部松动的喷嘴可重新拧紧，拧紧后将锁紧螺帽点焊固定。对喷嘴座与布风板脱焊的喷嘴重新点焊。喷嘴的高度和方向应符合图纸要求； 13. A 级检修时在更换喷嘴时，应在新更换的喷嘴头螺纹处涂适量高温防卡剂； 14. 喷嘴 A 级检修时布风板下部的衬里应进行更换； 15. 检查一次风箱内衬里，修补局部裂缝和脱落的衬里。燃烧器喷口清焦	5. 风机挡板连杆连接牢靠，动作灵活，轴封应严密，中控 DCS 开度与实际开度应目测一致； 6. 点火装置火花杆应伸缩灵活，行程达到 100%，限位开关动作准确； 7. 火焰扫描器应对准火焰中后部； 8. 喷嘴高度应符合图纸要求，允许偏差为：±1mm； 9. 喷嘴方向应符合图纸要求，喷嘴孔板的缺口一致，角度允许偏差 ±1°，喷口不应吹到相邻的喷嘴； 10. 喷嘴的最小壁厚不应小于原壁厚的 50%，不能有局部烧穿或严重碳化。喷嘴一次风入口处敷埋的衬里应平滑，衬里不应盖过喷嘴入口； 11. 管式燃烧器衬里应选用耐温 2600 ℉（1427℃）的衬里材料

4.10.3　质量验收

4.10.3.1　检查布风板喷嘴的方向、高度应符合图纸要求。

4.10.3.2　检查一次风箱及布风板喷嘴底部衬里的施工质量。

4.10.3.3　检查管式燃烧器的各部件的安装精度符合图纸要求。

4.10.3.4　检查管式燃烧器各管线阀门的严密性。

4.10.3.5　隐蔽工程施工后必须经验收人员验收并做记录后，方可进行后续工作。

4.10.3.6　检修后的冷态验收必须有运行技术人员参加。

4.10.4　常见故障与处理方法

管式燃烧器与布风板喷嘴常见故障与处理方法见表 36。

表 36　管式燃烧器与布风板喷嘴常见故障与处理方法

序号	故障现象	故障原因	消除方法
1	启动失败	油汽差压阀故障 点火装置限位开关故障 火焰扫描器无回信 燃油压力超范围 蒸汽压力低 油中带水 现场仪表未送电	重新整定油汽差压阀的差压并检查阀芯是否卡涩 更换限位开关 调整扫描器的增益及调整定位 调整燃油压力 改进工艺操作 改进工艺操作 现场仪表送电
2	热功率偏小	油枪喷头堵塞 油滤网堵塞 油汽差压阀故障 蒸汽压力低 点火风机挡板开度偏小 滤网堵	清理油枪头部喷孔 清理滤网 检查差压阀的阀芯是否有卡涩或差压是否正确 改进工艺操作 重新校对挡板开度 清洗滤网
3	火焰形状及颜色不好	风油配比不好 油汽差压不理想	改进工艺操作 改进工艺操作
4	燃烧器管道烧红	内衬里脱落 内衬里有裂纹且管道漏烟气	修复内衬里 先修补管道裂缝，待停炉后修复衬里裂缝

4.11　吹灰装置

4.11.1　机械蒸汽吹灰器

4.11.1.1　A 级检修项目

（1）吹灰器解体检查、清洗、测量并记录各零部件磨损程度，对不符合质量要求的予以更换。

（2）校正吹灰器、水平管道的倾角。

（3）检修吹灰器阀门。

（4）检查修理支架、托架。

（5）检查、校正吹灰器同心度、弯曲度。

（6）更换吹灰器填料和炉墙处密封。

（7）检查修理吹灰器喷嘴。

（8）检查检修传动机构。

4.11.1.2　检修程序与质量标准

机械蒸汽吹灰器检修程序与质量标准见表 37。

表 37　机械蒸汽吹灰器检修程序与质量标准

检修程序	工艺要点	质量要求
检修前的准备工作	1. 准备好材料、备品和工具； 2. 炉内脚手架的搭设，应考虑到吹灰器检修的要求	
吹灰装置检修	1. 吹灰器解体，装配后各支座点与减速箱空心轴必须保持同心，转动灵活； 2. 减速箱解体检查，齿轮轴承无损坏和缺陷，装配后转动灵活； 3. 检修后，仍应保证吹灰器有 1°～2° 的倾角，水平管有向下 10°～15° 的倾斜，以利吹灰器管道的疏水； 4. 检查吹灰器各传动机构之部件完好，齿条、齿轮无磨损，无缺牙。装配前应清洗，上油； 5. 吹灰器与受热面间应符合图纸规定保持间隙，防止受热面的吹损和磨损； 6. 吹灰管无明显弯曲和磨损，内外吹灰管应同心。吹灰枪的挠度应符合设计要求； 7. 吹灰器转动机构灵活好用，吹灰动作准确，行程开关的动作应与吹灰枪行程一致； 8. 更换填料，各连接支架、托架无松动； 9. 吹灰器阀门开关灵活，关闭严密。开启机构完好； 10. 吹灰蒸汽管应有补偿，管子应有 2% 的疏水坡度； 11. 检查喷嘴完好无损，喷嘴有损坏、变形时，应更换	

4.11.1.3　质量验收

（1）检查传动机构是否灵活可靠。

（2）喷嘴与受热面间隙符合图纸要求。

（3）冷态试运行合格后，验收人员在验收单上签字。

4.11.1.4　常见故障与处理方法

机械蒸汽吹灰器常见故障与处理方法见表 38。

表 38　机械蒸汽吹灰器常见故障与处理方法

序号	故障现象	故障原因	消除方法
1	吹灰器运行卡涩	内管拉毛 电动机构负荷过重 电器故障，吹灰枪卡在烟道内 传动机构出现故障	试运行时，在内管表面涂刷二硫化钼油剂 吹灰枪颈部弯曲，取出校直 防止电源箱两相接触，若发生立即切断电源 定期检查清理行程开关 检修传动机构
2	吹灰器内外泄漏	内管和填料室转动密封失效 外管法兰泄漏 阀门内漏	热态时，发现泄漏可上紧压盖螺丝或更换密封圈 更换衬垫 研磨阀门，试压后装复

4.11.2 声波清灰装置

4.11.2.1 A级检修项目

（1）校正气源压力表。

（2）检修气源管线。

（3）检修阀门。

（4）检修声波发生器。

（5）检查更换炉墙密封。

（6）检修控制柜，重新测定适宜声波频率。

4.11.2.2 检修程序和质量标准

（1）校正压力表，气源压力应符合使用要求。

（2）检修气源管线，不应有漏气现象。

（3）检修截止阀、过滤阀、电磁阀等，应开启灵活，关闭严密。

（4）检修声波发生器，清洗干净，发声完好。

（5）检修炉墙密封、炉壁衬套，密封应严密。

（6）检修控制柜，重新测定适宜声波频率。

4.11.2.3 质量验收

（1）检查阀门是否灵活严密。

（2）检查管线是否漏气。

（3）点炉之前试运，测定效果。试运合格后，验收人员在验收单上签字。

4.11.2.4 常见故障与处理方法

声波清灰装置常见故障与处理方法见表39。

表39 声波清灰装置常见故障与处理方法

序号	故障现象	故障原因	消除方法
1	发生器不发声	发生器堵塞 阀门失灵 无气源	清理发生器 检修更换阀门 恢复气源
2	清灰效果不好	频率范围不适宜	重新设定

4.12 锅炉构架及有关附件

4.12.1 适用范围

本章适用于锅炉构架（包括钢立柱、钢管混凝土立柱、钢筋混凝土立柱、横梁、顶板、桁架和护板框架等）、密封部件（包括盖板、墙皮等）、平台、梯子、炉门、炉墙零件、灰渣室等有关金属结构的施工及验收和日常检查修理。

4.12.2 一般规定

锅炉构架和有关金属结构主要尺寸的测量和复查，必须使用经计量部门检定合格的钢尺，土建、安装、建设单位应统一钢尺。为使测量准确，应用弹簧秤拉紧钢尺测量测距相同时拉力应相同。

4.12.2.1 锅炉钢构架和有关金属结构校正时应注意：

（1）冷态校正后不得有凹凸、裂纹等损伤，环境温度低于零下20℃时，不得锤击，以防脆裂；

（2）加热校正时的加热温度，对碳钢一般不宜超过1000℃，对合金钢一般应控制在钢材临界温度 A_{c1} 以下。

4.12.2.2 钢结构和金属结构的堆放场地应平整坚实，并有必要的排水设施，构件堆放应平稳，垫木间的距离应不使构件产生变形，多层堆放时应注意安装顺序。

4.12.3 检修项目

4.12.3.1 A级检修项目

（1）清理刚性梁上的垃圾和杂物。

（2）检查刚性梁的连接铰链是否开裂，变形，检查水冷壁与刚性梁之间搭钩；对损坏的应予修复。

（3）检查锅炉吊杆应无松动，螺母应紧固。

（4）检查修理平台、走道、扶梯、栏杆、吊杆。

（5）锅炉钢架、平台、扶梯、栏杆铲拷油漆。

（6）检查修理冷灰斗浇灰水喷嘴及附近管子，无堵塞，严重磨损和锈蚀。损坏的应予更换。调整喷嘴喷水角度以使之能覆盖整个冷灰斗。

（7）检查修理排渣门，动作灵活，拆卸更换损坏的部件。

（8）检查修理水封槽完好。槽内杂物应清理干净。

（9）检查锅炉喷燃器弹簧吊架是否松动、移位。

4.12.3.2 A级检修特殊项目

测量钢架立柱的倾斜度。定期测量锅炉的沉降。每6～8年测量K1～K3主立柱的倾斜度，应小于1/1000，且全高总倾斜不大于30mm，并作好记录，以观察锅炉的不均匀沉降情况。

4.12.4 钢架及附件的检修程序与质量标准

4.12.4.1 质量标准

（1）平台栏杆不缺，栏杆高度为1.0～1.2m，栏杆踢脚板不缺，其高度为100～150mm。活动栏杆在运行时应有十分可靠的固定措施，否则应予固定。

（2）平台、走道的踏板上不得留有孔洞。

（3）刚性梁膨胀自由，无阻碍膨胀的异物。

（4）钢架、平台栏杆油漆（室内布置的锅炉6年一次，露天布置的锅炉3年一次）。

4.12.4.2 钢架及附件的检修安装

（1）锅炉基础检查、划线和垫铁安装

锅炉开始安装前必须根据验收记录进行基础复查，并应符合下列要求：

a）符合设计和国家标准 GB 50204《混凝土结构工程施工及验收规范》的规定。锅炉基础的允许偏差见 DL 5190.2《电力建设施工技术规范（锅炉机组）》。

b）定位轴线应与厂房建筑标准点校核无误。

c）锅炉基础划线允许偏差为：

柱子间距	≤ 10m	±1mm
	＞ 10m	±2mm
柱子相应对角线	≤ 20m	5mm
	＞ 20m	8mm

d）钢构架地脚螺栓采用预埋方法时，对定位板的要求：

（a）各柱间距离偏差：间距的 1/1000 且≤ 5mm；

（b）各柱间相应对角线差：≤ 8mm。

（2）基础表面与柱脚底板的二次灌浆间隙不得小于 50mm，基础表面应全部打出麻面，放置垫铁处应凿平。

（3）采用垫铁安装时，垫铁应符合下列要求：

a）垫铁表面应平整，必要时应刨平。

b）每组垫铁不应超过 3 块，其宽度一般为 80～120mm，长度较柱脚底板两边各长出 10mm 左右，厚的放置在下层。当二次灌浆间隙超过 100mm 以上时，允许垫以型钢组成的框架再加一块调整垫铁。

c）垫铁应布置在立柱底板的立筋板下方，每个立柱下垫铁的承压总面积可根据立柱的设计荷重计算，但垫铁的单位面积的承压力，不应大于基础设计混凝土强度等级的 60%。

（4） 垫铁安装后，用手锤检查应无松动，并将垫铁点焊在一起再与柱脚底板焊住。

4.12.4.3 锅炉构架组合

（1）立柱对接和构架组合应在稳固的组合架上进行，组合架应找平。

（2）锅炉构架组合时，一般应先在立柱上画出 1m 标高点，划法如下：

a）支承式结构：一般根据主要的卡头标高兼顾多数卡头的标高和柱顶标高，确定立柱的 1m 标高点；

b）悬吊式结构：一般以顶板的大板梁标高或柱顶面的标高，确定立柱的 1m 标高点，并应根据设备技术文件的规定注意立柱的压缩值。

（3）锅炉钢构架组合时应注意焊接顺序和留有适当的焊接收缩余量，避免焊接后组合尺寸超出允许偏差。

（4）锅炉钢构架组合件的允许偏差见表 40。

表 40　组合件的允许偏差

mm

序号	检查项目	允许偏差 /mm
1	各立柱间距离①	间距的 1/1000，最大不大于 10
2	各立柱间的平行度	长度的 1/1000，最大不大于 10
3	横梁标高②	±5
4	横梁间平行度	长度的 1/1000，最大不大于 5
5	组合件相应对角线	长度的 1.5/1000，最大不大于 15
6	横梁与立柱中心线相对错位	±5
7	护板框内边与立柱中心线距离	+5~0
8	顶板的各横梁间距③	±3
9	平台支撑与立柱、桁架、护板框架等的垂直度	长度的 2/1000
10	平台标高	±10
11	平台与立柱中心线相对位置	±10

注　①支承式结构的立柱间距离以正偏差为宜。

②支承汽包、省煤器、再热器、过热器和空气预热器的横梁的标高偏差应为 -5~0mm；刚性平台安装要求与横梁相同。

③悬吊式结构的顶板各横梁间距是指主要吊孔中心线间的间距。

4.12.4.4　锅炉构架安装和二次灌浆

（1）锅炉构架安装找正时，可根据厂房的基准标高点，测定各立柱上的 1m 标高点，立柱标高可用立柱下的垫铁进行调整；对于钢立柱底板上有调节螺栓的，可用调节螺栓来调整标高。

（2）锅炉构架应装一层（段），找正一层（段）；严禁在未找正好的构架上进行下一工序的安装工作，以免造成安装后产生无法纠正的偏差。

（3）对于焊接的锅炉构架安装时应先找正点焊固定，并留有适当的焊接收缩量，经复查尺寸符合要求后正式施焊，焊接时要注意焊接顺序，避免焊接后安装尺寸超差。

（4）锅炉构架吊装时及吊装后应保证结构稳定，必要时应临时加固；构架吊装后应复查立柱垂直度、主梁挠曲值和各部位的主要尺寸。

（5）带炉墙的构架组合件找正就位时，应保持炉墙与受热面间和炉墙与炉墙间的设计间隙。

（6）锅炉采用悬吊式结构时，柱顶上的弧形垫板应按设备技术文件规定安装，垫板方向应准确，垫板上下应接触良好。

（7）使用高强度螺栓时，应按制造厂技术文件的规定储运、保管、安装、检验和验收；如制造厂无明确规定，应按GB 50205、JGJ 82的有关规定进行，并应符合下列要求：

a）高强度螺栓连接副（由一个螺栓、一个螺母和一个垫圈组成），应由制造厂按批配套供货，并必须有出厂质量保证书。

b）扭剪型高强度螺栓连接副的型式尺寸和技术条件应符合 GB/T 3632《钢结构用扭剪型高强度螺栓连接副》的规定。

c）运到工地的扭剪型高强度螺栓连接副应及时检查其螺栓楔负载、螺母保证载荷、螺母及垫圈硬度、连接副的紧固轴力平均值和变异系数，检验结果应符合 GB/T 3632《钢结构用扭剪型高强度螺栓连接副》规定，合格后方准使用。

d）摩擦面的抗滑移系数应按 JGJ82《钢结构高强度螺栓连接技术规程》规定进行检验。检验的最小值必须不小于设计规定值。当不符合时，构件摩擦面应重新处理处理后的摩擦面应重新检验。

e）高强度螺栓连接副的检验测试方法，应符合 GB/T 228.1《金属材料　拉伸试验　第 1 部分：室温试验方法》、GB/T 229《金属材料　夏比摆锤冲击试验方法》、GB/T 3098.1《紧固件机械性能螺栓、螺钉和螺柱》、GB/T 3098.2《紧固件机械性能螺母》中的有关规定。垫圈的硬度试验在垫圈表面任选 4 点，取 3 点平均值。

（8）承受安装荷载（包括自重）的安装焊缝，定位焊点的数量、厚度和长度应通过计算决定；不承受安装荷载的安装焊缝，定位焊点的总长度不应小于其焊缝长度的 10%，并不得小于 50mm。

（9）锅炉钢构架安装允许偏差见表 41。

表 41　钢构件安装允许偏差

mm

序号	检查项目	允许偏差 /mm
1	柱脚中心与基础划线中心	±5
2	立柱标高与设计标高	±5
3	各立柱相互间标高差	3
4	各立柱间距离	间距的 1/1000，最大不大于 10
5	立柱垂直度	长度的 1/1000，最大不大于 15
6	各立柱上、下两平面相应对角线	长度的 1∶5/1000，最大不大于 15
7	横梁标高	±5
8	横梁水平度	5
9	护板框或桁架与立柱中心线距离	+50
10	顶板的各横梁间距	±3
11	顶板标高	±5
12	大板梁的垂直度	立板高度的 1.5/1000，最大不大于 5
13	平台标高	±10
14	平台与立柱中心线相对位置	±10

（10）钢筋混凝土锅炉构架应注意下列几点：

a）在锅炉钢筋混凝土构架施工前，应按施工图核对预埋件的位置、锚固方式和设计荷重等。

b）注意锅炉钢筋混凝土构架施工与锅炉本体安装间的协调配合，以免相互影响。

c）在锅炉设备安装前，应按验收记录复核锅炉钢筋混凝土构架的几何尺寸、标高和沉降值。钢筋混凝土立柱的对角线偏差应不大于15mm。锅炉钢筋混凝土构架应符合GB 50204《混凝土结构工程施工质量验收规范》的规定，允许偏差参见附录D。

（11）钢管混凝土立柱及其管中混凝土施工应符合设计规定。在混凝土浇灌后，严禁在立柱表面高温加热和大面积施焊。

（12）有膨胀位移的螺栓连接处应留有足够的膨胀间隙，并应注意膨胀方向。

（13）平台、梯子应配合锅炉构架尽早安装，以利构架稳定和施工安全。采用焊接连接的应及时焊牢；采用吊杆和卡具连接的应及时紧固，吊杆和卡具不得短少。

（14）栏杆的立柱应垂直，间距应均匀，转弯附近应装一根立柱。同侧各层平台的栏杆立柱应尽量在同一垂直线上。平台、梯子、栏杆、立柱和围板等安装后应平直牢固，接头处应光滑。

（15）不应随意割短或接长梯子，或改变梯子的斜度，或改动上下踏板的高度和连接平台的间距。

（16）波浪形外护板应注意保管，防止碰撞损伤，拼接线条应一致，紧固件不得短少，拼缝搭接方式要注意避免积灰、存水。

（17）灰渣室淋水装置及冲渣喷嘴的安装位置和角度应正确，接头处应严密不漏，摆动装置应无卡涩。

（18）灰渣室灰坑内的水力冲灰瓦块表面不得有裂纹、砂眼和凹凸不平等缺陷。安装倾斜度的偏差为 ±2°，瓦间表面沿水流方向的不平度应不大于5mm。

（19）构架找正完毕后，应按图将柱脚固定在基础上，采用钢筋焊接固定时，应将钢筋加热弯贴在柱脚底板上（尽量紧贴立筋板），加热温度一般不超过1000℃，钢筋与立筋板的焊缝长度应为钢筋直径的6~8倍，并应双面焊。

（20）锅炉基础二次灌浆的时间一般是：当柱脚采用钢筋焊接固定时，可在锅炉大件吊装完毕后进行；当柱脚采用地脚螺栓固定或用螺栓调整时，可在构架第一段找正完毕后进行。

（21）锅炉基础二次灌浆前，应检查垫铁、地脚螺栓及基础钢筋等工作是否已完毕，并将底座表面的油污、焊渣和杂物等清除干净。

（22）锅炉基础二次灌浆应符合图纸和GB 50204《混凝土结构工程施工质量验收规范》的规定。

4.12.4.5 炉门、窥视孔和炉墙零件

（1）炉门和窥视孔的内外表面应无伤痕、裂缝和穿孔的砂眼等缺陷；开闭应灵活，接合面应严密不漏。

（2）用螺栓连接的炉门、窥视孔与墙皮接触面间应垫有合适的填料使其严密不漏；门框的固定螺栓头应在墙皮内侧满焊，螺栓拧紧后螺杆应露出螺帽外2~3扣。

（3）正压或微正压锅炉的窥视孔门闩与空气通道的连锁装置应调整良好，其喷嘴与

壳体间一般应留 0.5～0.55mm 的间隙，空气通道应无堵塞。

（4）锅炉防爆门盖的配重和开启角度应按图核对；可调式防爆门安装后应按图规定调整其开启压力，如无规定时，可按工作压力加 0.5kPa 作为动作压力进行调整；其引出管安装位置不得影响门盖开启量和妨碍通行；水封式防爆门应按制造厂规定进行密封试验。

（5）炉墙零件的外表应无伤痕、裂纹等缺陷；炉墙零件的外形尺寸和材质应符合图纸规定；炉墙零件安装时应按图留出膨胀间隙。

4.12.4.6　锅炉密封部件

（1）水、砂封槽体应安装平整，严密不漏。

（2）水、砂封插板与设备（如联箱等）连接应牢固，连接处应严密不漏；插板能自由膨胀，在热状态下插板与槽体能产生相对位移。

（3）水、砂封槽在安装结束后填充密封介质前，应做好热膨胀间隙记录，并将槽内清扫干净不得遗留杂物。

（4）波形伸缩节的焊缝应严密，波节应完好，安装时的冷拉值或压缩值应符合图纸要求，并做好记录；其内部保护铁板的焊缝应在介质进向一侧。

（5）汽包、联箱外壳与密封铁板连接处的椭圆螺栓孔位置必须调整正确，不得妨碍汽包、联箱的热膨胀。

（6）焊接在受热面上的密封铁板一般应在受热面水压试验前安装和焊接完毕，焊缝应经严密性检查不渗漏；如有些部位必须在水压试验后安装和焊接时，则应有可靠的技术措施。

（7）通风梁的通道应畅通，焊缝应严密不漏，安装时应按图留出热膨胀间隙。

（8）锅炉点火启动前，应进行风压试验检查其严密性，试验压力按设备技术文件规定；无规定时，可按高于炉膛工作压力 0.5kPa 进行正压试验。

4.13　炉墙及附件

4.13.1　炉墙及附件检修内容

4.13.1.1　A 级检修项目

（1）停炉前测量炉墙的散热损失。

（2）检查更换缺损的或散热损失超标的炉墙保温。

（3）更换看火孔，人孔门，打焦孔，防爆门法兰密封填料。

（4）检查修理防爆门。

（5）检查更换看火孔玻璃。

（6）检查修理人孔门、看火孔、打焦，孔防爆门在炉内侧的耐火混凝土涂层。

（7）炉顶密封检查和处理。

4.13.2 炉墙和保温材料

4.13.2.1 炉墙材料标准

炉墙和保温施工前，对每批到现场的原材料及制品先核对产品合格证，作外观检查后，再按每批抽样检验，检验合格后方准使用，严禁使用不合格产品，炉墙检修所使用的耐火及绝热材料的技术条件。

4.13.2.2 炉墙材料的特殊要求

（1）绝热材料不应使用密度大于 300kg/m³ 的硬质制品；也不应使用密度大于 200kg/m³ 的半硬质、软质矿物棉制品。微孔硅酸钙制品的密度宜选用 200～240kg/m³；硅酸铝棉毡的密度宜选用 180～200kg/m³；岩棉板的密度宜选用 110～130kg/m³。

（2）绝热浇注料中不得掺用矿渣棉、有碱玻璃棉作为纤维增强材料。

（3）工作温度大于或等于 400℃的炉墙，其隔热层的内层不应采用树脂型的岩棉和矿渣棉制品。

（4）检修所用软质、半硬质矿物棉制品的厚度，应考虑增加10%～20%的安装压缩量。

（5）不定形耐火材料的配制，应选用高铝水泥、低钙铝酸盐水泥、磷酸盐及硅酸钠（水玻璃）等作胶结剂。不得掺用化学促凝剂或防冻剂。

（6）工作温度超过 400℃的炉墙部位，不得采用普通碳素钢作钢筋网架、支撑固定件和金属密封件。

4.13.2.3 炉墙金属密封件的材质

金属密封件不宜选用奥氏体钢制作。一次金属密封件，应选用耐热钢，二次金属密封件可采用耐热钢或碳素钢。炉墙常用金属材料的使用温度应符合附录B(标准的附录）的要求。

4.13.2.4 炉墙主要材料的检验

炉墙检修所使用主要材料的物理、化学性能，必须由有资格的专业检测机构出具原始检验报告和出厂合格证。采用新产品，尚须具有产品鉴定合格证书。

4.13.2.5 耐火材料应审查的检测项目

（1）密度。

（2）烘干耐压强度。

（3）高温残余强度（不定形耐火材料）。

（4）安全使用温度。

（5）热震稳定性。

（6）抗渣性（有特殊要求时）。

（7）外观及尺寸偏差（定形材料）。

（8）耐火度。

（9）耐磨性。

（10）烧后线变化率。

4.13.2.6 绝热材料应审查的检测项目

（1）密度。

（2）导热系数。

（3）机械强度（抗压、抗折或弯曲）。

（4）最高使用温度。

（5）含湿率（有防水要求时为憎水度）。

（6）渣球含量（纤维材料）。

（7）压缩性能及回弹率。

（8）外观及尺寸偏差。

4.13.2.7 低温烘炉应符合以下规定：

（1）循环流化床锅炉炉衬砌筑施工全部结束且砌体养护期满后，宜在 90d 内进行低温烘炉，最长不应超过 180d。全陶瓷纤维内衬不参加低温烘炉。

（2）独立外置炉墙可在主体炉墙的低温烘炉前单独进行烘炉。

（3）低温烘炉宜采用带压方式，最大蒸汽压力不宜超过锅炉额定压力的 85%。

（4）推荐采用外生热烟气法进行烘炉，烘炉烟气温度宜控制在 320～350℃。

（5）低温烘炉方案及温升曲线应根据材料厂家的烘炉技术要求进行编制。烘炉时应严格控制温度的升降速度和恒温时间，温度波动允许偏差为 ±20℃。

（6）不定型耐火材料烘炉试块的制作应符合现行国家标准 GB/T 23294《耐磨耐火材料》的规定；不定型耐火保温材料烘炉试块的制作应符合现行国家标准 GB/T 22590《轧钢加热炉用耐火浇注料》的规定；烘炉结束后试块的检验，应符合现行国家标准 GB/T 3007《耐火材料含水量试验方法》的规定。试块残余含水率不大于 2.5% 时可视为烘炉合格。

（7）烘炉完成并冷却至常温后，应对内部炉墙及膨胀节部位进行外观质量检查，如发现较大缺陷，应及时修补。

4.13.3 炉墙保温检修的一般规定和检修的准备工作

4.13.3.1 一般规定

（1）炉墙检修应按不同地区和锅炉的布置采取防风、防寒、防雨雪的措施：

a）检修部位不得受雨雪侵袭，也不得在此环境下施工。

b）冬季检修时，施工场所周围的环境温度不应低于 +5℃。

c）湿法作业的检修部位，在未取得足够强度或干燥之前严禁受冻。

d）冬季检修时，耐火浇注料、绝热浇注料的原材料应保持在 +5℃以上，并对操作环境采取保暖、加温及防风措施。

e）耐火灰浆和隔热灰浆应预热并保持在不低于 +5℃进行操作。

f）在风力达 6 级以上、影响安全施工和环境气温的场所，应采取整体或局部挡风设施。

（2）采用硬质绝热制品施工时，必须拼缝整齐、灰浆饱满，最大灰缝不得超过5mm。干砌时，不允许有空隙。采用软质及半硬质绝热制品时，必须挤缝严密。

（3）炉墙隔热层应分层、逐层施工。硬质绝热制品的每层厚度宜为40～60mm，软质及半硬质绝热制品，每层厚度宜为20～50mm，均应同层错缝，多层压缝。

（4）隔热层的厚度，一般不小于原设计值，在采用优质绝热材料时，其实际厚度应经计算并给予20%的加厚。

（5）炉墙金属支撑固定件和密封件与受热面或联箱（制造厂允许在现场焊接的）进行焊接时，均应由合格焊工施焊，不得有损伤、缺陷。焊接完成后，应做水压试验。

（6）耐火浇注层的钢筋网架，宜采用绑扎连接。

4.13.3.2　检修的准备工作

（1）炉墙检修前，应编制检修任务书，其内容包括检修的范围、技术方案、进度及其费用预算等。

（2）对损坏、泄漏与散热较严重的炉墙，应对照设计及竣工验收文件，结合实际情况，按本规程，制订炉墙检修的改进方案。

（3）检修施工场所的有关用电、焊接、切割、通风、防尘、高空作业、脚手架、运输工作等，应严格遵照《电业安全工作规程（热力和机械部分）》中的有关规定，并不得影响邻炉设备的正常运行。

（4）检修部位的拆除：

a）拆除需用的机械和工、器具应准备齐全，运输道路应保持畅通。

b）对检修部位使用水清洗、冷却及清理废料时，不得损伤相邻炉墙、设备和造成环境污染。

c）检修范围平台上堆放的物件和材料，不得超过平台允许的最大安全荷载。

d）检修部位拆除时，应根据炉墙原结构留出错台接茬口。

e）拆除前、后均应进行检查及检修任务交底。

4.13.4　砖墙结构的检修

4.13.4.1　耐火层的检修

（1）直墙、斜墙的检修：

a）耐火层检修部位应按设计的材质、厚度、结构进行恢复，但对小面积的直墙、斜墙耐火层和门孔的缺损部位，允许改用耐火浇注料或其预制件进行修补。由于养护条件与施工进度的限制，应选用快速固化的耐火浇注料。

b）不得使用烧蚀、结渣、变色或缺损的旧耐火砖。

（2）承重结构与拉钩装置部位的金属构件如有烧蚀变形，应进行更换。铸铁托架与拉钩除材质应符合设计要求外，尚应经过一定的静置时效方可使用。托架与拉钩部位异型砖的砌置标高及其工艺质量均应符合DL 5190.2的有关规定，并不得使用灰浆进行垫高和找正。

（3）水冷壁活动拉钩与固定挂钩的检修，应留出水冷壁向下膨胀足够的间隙，并不得卡住耳板，检修中应对这些隐蔽部位进行检查。水冷壁活动拉钩部位的砖墙不得使用耐火浇注料代替耐火砖。固定挂钩的包缠应采用硅酸铝棉编绳或高硅氧纤维编绳。

（4）异型耐火砖炉顶（铺砌式、悬吊式）的检修：

a）耐火砖的材质、规格尺寸、施工技术要求、膨胀间隙等，均应符合设计与 DL 5190.2 的有关规定。

b）使用高铝水泥、低钙铝酸盐水泥耐火浇注料进行修复时，无论铺砌式、悬吊式炉顶，均应配置耐热钢筋网架，并按 1～1.5m 间距设置纵横方向的伸缩缝，缝的宽度为 3～4mm。

c）拆除炉顶异型砖后，发现吊杆有折断或裂缝时，必须更换，并矫正其位置，保持吊杆垂直；吊杆与耳板之间应留出足够的侧向位移间隙。

4.13.4.2　隔热层的检修

（1）对原有隔热层材料的品种和技术性能不符合本规程（绝热材料不应使用密度大于 300kg/m^{3}的硬质制品；也不应使用密度大于 200kg/m^{3}的半硬质、软质矿物棉制品。微孔硅酸钙制品的密度宜选用 200～240kg/m^3；硅酸铝棉毡的密度宜选用 180～200kg/m^3；岩棉板的密度宜选用 110～130kg/m^3、工作温度大于或等于 400℃的炉墙，其隔热层的内层不应采用树脂型的岩棉和矿渣棉制品）规定及附录 A（标准的附录）要求的不得继续使用。

（2）炉顶（斜顶、平顶）的隔热层经运行后，确认原选材不当（散热损失过大、表面温度过高），可选用以下措施改进：

a）耐火砖层上浇注一层厚度 30～50mm 水玻璃或高铝水泥的绝热浇注料找平层，再用高温黏结剂粘贴数层（层厚为 20～30mm）硅酸铝棉毡，再砌置其他优质绝热制品，直至炉墙设计的总厚度。

b）耐火砖层上用高温黏结剂粘贴数层硅酸铝棉毡及岩棉板，穿墙管的空隙用浸润的硅酸铝棉填充严实，最后敷设抹面层。

（3）本规程中凡提到浸润的硅酸铝棉，是指用很少量且稀释的黏结剂稍加喷润的散状棉。

（4）若炉墙外观尚无明显的缺陷，仅其表面温度过高，则可将其炉墙的抹面层拆除，在原有的铁丝网或隔热层上，改用硅酸盐复合绝热涂料，原厚度可不变或加厚至 30mm；也可不拆除，将旧抹面层打毛后增敷绝热涂料，以改善其绝热效果。

4.13.5　框架式浇注炉墙（混凝土炉墙）的检修

4.13.5.1　耐火层的检修

（1）耐火层的检修除执行 DL 5190.2 有关规定外，尚应采用以下工艺技术措施：

a）拆除耐火浇注层后，可按框架式浇注炉墙原设计的托架、拉钩及增强钢筋结构进行恢复，金属件已有烧蚀的，即应更换。

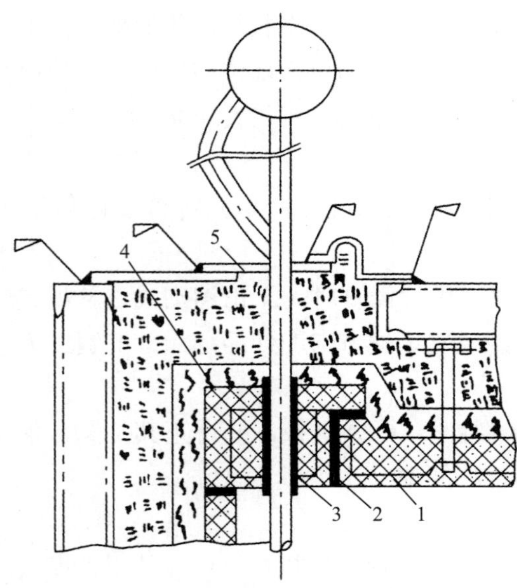

图 4　外置式金属密封结构

1—伸缩缝；2—穿墙管耐火浇注料；3—硅酸铝棉毡包缠层；4—密封隔热内层；5—梳形板卡封

b）除冷灰斗及省煤器范围外，浇注层的钢筋网架应在检修时更换为耐热钢筋，其直径为ϕ3.5～ϕ3.6mm，ϕ4mm 及其以下的耐热钢筋表面可不涂覆隔离层。

c）直墙、斜墙或门拱的检修，宜采用快速固化的耐火浇注料，在条件限制时，也可改用耐火砖结构，并应配置金属托架与拉钩装置。

（2）框架式斜炉顶与两侧水冷壁浇注炉墙接合部位的检修，宜采用下列工艺技术措施：

a）两侧水冷壁穿墙管段先用硅酸铝棉毡（$\delta = 10$mm）包缠，并绑扎耐热钢筋网架。

b）两侧水冷壁穿墙管耐火浇注料做成 T 形结构，分别支跨在斜炉顶与侧墙的浇注层上，相互之间的膨胀缝：水平为 10mm、垂直为 20mm，并填充以硅酸铝棉毡。

c）斜炉顶、穿墙管及侧墙的各耐火浇注层上，均用硅酸铝棉毡多层粘贴，交错压缝，其上段及穿墙管的空隙，采用浸润的硅酸铝棉填充压紧，最后可覆盖岩棉板达到炉墙设计的总厚度，或加厚至与斜炉顶框架的上缘平齐。

d）为加强穿墙管段的密封，也可采用外置式金属密封结构，即从斜炉顶与侧墙的框架上分别焊装插入穿墙管的梳形板，并相互搭接40mm以上，贴紧而不焊接（见图4）。

（3）斜炉顶上端与平炉顶前端之间穿墙管的接合处，如原设计未考虑该部位穿墙段的金属密封，可在检测时采用以下的炉墙结构与工艺进行：

a）使用快速固化、低收缩率的耐火浇注料。

b）耐火浇注料施工的穿墙管段用硅酸铝棉毡 $\delta = 10$mm 包缠。

c）后水冷壁上升管穿墙段耐火浇注层宜做成 T 形结构，分别搭接在前水冷壁管穿墙浇注层及饱和汽管穿墙浇注层上，相互间留出 15～20mm 的水平伸缩缝，缝内填塞耐高温的纤维编绳。这三块耐火浇注层之间的垂直伸缩缝宽度为 6～10mm，浇注时或拆除支模后，应用 $\delta = 10$mm 硅酸铝棉毡填充密封（见图 5）。

d）三块耐火浇注层上部穿墙管的空隙间，均采用浸润的硅酸铝棉填塞严实，穿墙管的外侧应敷设ϕ3.5-40mm×40mm 镀锌铁丝网，并逐层粘贴硅酸铝棉毡和岩棉板隔热层。

e）3 块耐火浇注层所用钢筋网架应为耐热钢筋，后水冷壁上升管穿墙段的钢筋网架应固定牢靠，以防浇注层滑坠。

f）斜炉顶与锅筒（汽包）之间应增设框架金属护板进行密封。

g）后水冷壁及饱和汽管的隔热层外侧，应紧固ϕ1.6-20mm×20mm或ϕ1.6-25mm×25mm活络镀锌铁丝网，并采用密封涂料作为抹面层。如条件允许，也可增装金属大罩进行密封。

（1）平炉顶与两侧穿墙管段接合部位的检修，可参照4.13.5.3（1）（b）的有关规定，并将两侧护板炉墙的绝热浇注层及隔热层向下拆除300～500mm，以便施工和密封。如穿墙管与顶棚管之间的空隙过大，可加装金属密封件，即内置式（根部卡封）金属梳形板（见图6）。

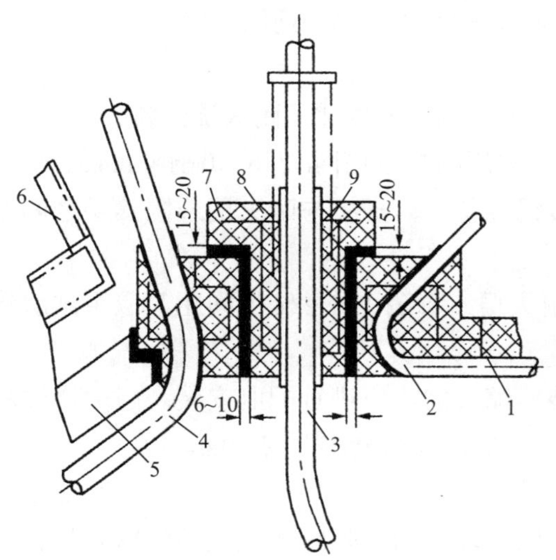

图5 斜、平炉顶穿墙管接合处的密封结构

注：密封隔热层、填充料及铁丝网抹面层等均未示出。

1—平炉顶；2—饱和汽管；3—后水冷壁；4—前水冷壁；5—斜炉顶；6—框架金属护板；7—伸缩缝；8—耐火浇注料；9—硅酸铝棉毡包缠层

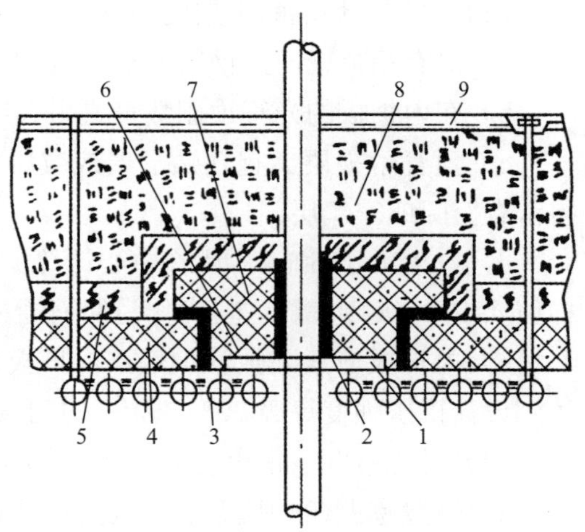

图6 内置式金属密封结构

注：钢筋网架未示出。

1—下部梳形板卡封；2—硅酸铝棉毡包缠层；3—伸缩缝；4—敷管耐火浇注料；5—硅酸铝棉毡或绝热浇注料；6—绝热浇注料；7—穿墙管耐火浇注料；8—隔热层；9—密封抹面层

4.13.5.2 隔热层的检修

（1）绝热浇注层的检修：

a）在浇注层的配料中宜采用粒状硅酸铝棉、粒状岩棉或膨胀珍珠岩等作为骨料（填料）。

b）一般使用普通硅酸盐水泥，也可选用高铝水泥作胶结剂；如使用水玻璃，应采用较小的水料比，并按DL 5190.2规定掺加促凝剂。

（2）隔热层的检修：

a）隔热层的选材应符合本规程的有关规定。

b）托架、拉钩、吊杆等金属构件部位应用浸润的硅酸铝棉、岩棉或硅酸盐复合绝热涂料进行填塞。

c）原有隔热层散热损失偏大，表面温度过高，可将最外层拆除，选用硅酸铝棉毡、岩棉板或硅酸盐复合绝热涂料进行修复。

4.13.6 光管式、鳍片管式、内护板式敷管炉墙的检修

4.13.6.1 耐火层的检修

（1）敷管炉墙耐火层内原设置的镀锌铁丝网、密封圆钢或扁钢、内护板及支撑固定件等有烧蚀变形或胀粗现象的，应予更换；在光管上点焊的密封圆钢、扁钢其长度应为500～1000mm；支撑固定件（ϕ4～ϕ6）的间距一般不大于300mm，墙角部位尚需加密。但墙角及管排间隙大于10mm的部位，应改用ϕ3.5～ϕ4的耐热钢筋网。

（2）内护板炉墙耐火层的检修：

a）对有鳍片或密封钢筋的敷管式耐火层，应选用快速固化的耐火浇注料。

b）有内护板的光管顶棚敷管式耐火层，应采用耐热钢筋网ϕ3.5-40mm×40mm。

c）敷管耐火层上宜粘贴一层或数层硅酸铝棉毡，内护板与耐火层或隔热层之间不得留有空隙或空气层.

d）厚度大于50mm（从管中心计算）的耐火层，每隔1.5～2m的间距，应用硅酸铝棉毡δ=10mm夹砌在浇注料内作为伸缩缝。

e）内护板应紧贴敷管炉墙，内护板未装伸缩节的，应进行配制安装。耐火浇注料达到设计抗压强度等级70%以上，方可安装内护板，其焊缝应严密不漏。

（3）燃烧室四角耐火层的检修：

a）燃烧室四角炉墙开裂、向外凸出时，应在较大的管隙间加强或补焊密封构件，并采用耐热钢筋网，与相邻炉墙的铁丝网应相互连接绷紧。

b）墙角处支撑固定件的布置间距应适当加密至200～250mm。

（4）燃烧室上部及水平转向烟道侧墙、后墙与无穿墙管部位炉顶接缝的检修，可采用以下密封方式：

a）炉顶无内护板的，燃烧室及水平转向烟道炉墙的耐火浇注层提高至与炉顶耐火层平齐或搭接在炉顶的耐火层上，搭接缝填充硅酸铝棉毡δ=10mm，再用硅酸铝棉毡δ=20mm数层和岩棉板砌置至炉顶设计的总厚度。

b）炉顶有内护板的，燃烧室及水平转向烟道炉墙的耐火浇注层提高至与炉顶耐火层平齐，将炉顶内护板伸出搭接在垂直墙增装的内护板上；垂直墙与炉顶耐火层之间应留出宽度15～20mm伸缩缝，缝内填充耐高温的编绳或用硅酸铝棉毡填塞严实。

4.13.6.2 隔热层、密封抹面层的检修

（1）原有的绝热浇注料可以保留或取消。取消时，可改用硅酸铝棉毡粘贴在耐火层或内护板的外面，最外层敷设岩棉板。

（2）隔热层原有的硬质绝热材料应更换为数层硅酸铝棉毡及岩棉板；原有隔热层支撑固定件的间距相应加密；仰面宜为250mm×250mm，斜面、侧面宜为250mm×300mm，平面宜为300mm×300mm。并在隔热层绷紧活络镀锌铁丝网，用自锁压板将铁丝压紧。

（3）根据密封抹面层的裂缝剥落的损坏程度和散热情况，可按 4.13.5.2（3）进行改进；或者采用其他柔性抗裂的密封涂料。

4.13.7 膜式壁敷管炉墙的检修

4.13.7.1 隔热层的检修

（1）膜式壁鳍片间有空隙或漏焊处应先行补焊，支撑固定件损坏和间距不合适的均应更换改正。

（2）膜式壁管间凹槽应用硅酸铝棉毡条粘贴并与管排表面找平，刚性梁部位用浸润的硅酸铝棉填塞严实。

（3）膜式壁垂直墙，原用硬质绝热材料或绝热浇注料的，应改用矿物棉制品进行修复。隔热层的内层宜粘贴厚度 20～40mm 的硅酸铝棉毡，其余可用岩棉板等分层错缝压缝；直至设计的总厚度。但燃烧室四角、燃烧器及门孔的四周的内外层，应全部采用硅酸铝棉毡。

（4）隔热层可采用单面镀锌铁丝网或不锈钢丝网缝合的矿物棉制品，内层的网面应向管壁，最外层的网面应向抹面层或外护板。也可使用单、双面玻璃丝布缝合的矿物棉制品。

（5）软质、半硬质矿物棉制品检修时，应施加 10%～20%的压缩量，以达到炉墙的设计厚度。

（6）炉顶膜式壁隔热层可用浸润的硅酸铝棉填平顶棚管间的凹槽，也可采用绝热浇注料填平或加厚至顶棚管上 20～30mm，其上粘贴数层硅酸铝棉毡及岩棉板，直至设计的总厚度。顶棚管的硅酸铝棉毡应与穿墙管的硅酸铝棉毡相互搭接严实，覆盖成整体的密封绝热结构。

（7）隔热层外表面应敷设活络镀锌铁丝网，并用自锁压板压紧。

4.13.7.2 炉顶大罩的检修

（1）大罩护板有泄漏处应先行补焊；大罩框架底部与顶棚的接合部位，可采用柔性金属密封结构进行封闭。

（2）穿过大罩顶的蒸汽管、悬吊管等，应按介质温度计算其所需的保温层厚度，再增加 20%的裕量进行恢复；通过大罩顶部的穿墙管开孔部位，宜采用伸缩节保温套筒或内外双层套筒的保温结构。

4.13.8 特殊部位炉墙的检修

4.13.8.1 炉墙密封式顶棚穿墙管部位的检修

（1）穿墙管段按略高出耐火浇注层的厚度用两层硅酸铝棉毡粘贴包缠，做成上厚 10～15mm、下厚 5～10mm 的阶梯形结构。

（2）穿墙管段耐火浇注层与顶棚耐火浇注层之间应做成搭接型方式，相互之间留出水平与垂直伸缩缝，伸缩缝的宽度应满足在该部位膨胀值的要求（见图 4～图 9）。

（3）耐火浇注层的上部管隙宜用浸润的硅酸铝棉和粒状硅酸铝棉绝热浇注料交替填充，直至炉墙设计的总厚度，也可继续填充至穿墙管分岔或至联箱底部。

（4）若检修条件允许，宜在穿墙管段增设外置式（上部卡封）柔性金属密封结构（搭接型或单波胀缩节焊接型）。

4.13.8.2　金属密封式顶棚穿墙管部位的检修

（1）金属密封构件损坏的，应补充或更换。

（2）穿墙管根部梳形板与顶棚管鳍片位置不一致或搭接不密合的，检修时可选用以下方式：

a）按设计改正根部梳形板卡封的位置，并可增设外置式金属卡封板，作为二次金属密封结构。

b）在顶棚内护板与穿墙管原有梳形板之间增设垂直连接板，并在穿墙管上部增设梳形板及单波胀缩节组成外置式金属密封盒，盒内浇制耐火浇注料及填充浸润的硅酸铝棉，不留空隙。

（3）相对膨胀值较大部位的穿墙管与顶棚内护板或其鳍片之间不应采用斜撑连接的金属密封结构，检修时应改装成单波胀缩节的柔性密封盒，并沿密封盒的长度方向按1.0～1.5m的间距也设置单波或双波胀缩节，密封盒内浇制耐火浇注料并填充浸润的硅酸铝棉，密封盒的上部及两侧均用2a号硅酸铝棉毡敷设数层，作为密封和隔热的补强（见图7）。

（4）梳形套与穿墙管不相吻合而造成泄漏的，在检修时，可改由金属塞块密封，塞块外用立板连接，立板与顶棚内护板之间再采用柔性密封构件连接。

（5）水平伸出炉墙外的顶棚管多波胀缩节泄漏时，可按以下措施进行检修：

a）将多波胀缩节的焊缝全面检查并焊补完善。

b）在多波胀缩节外增装三波形的金属外套，外套与多波胀缩节之间应留有40～100mm的空腔，并用浸润的硅酸铝棉填充。

（6）顶棚穿墙管部位一次金属密封有较大缺陷时，除在检修中加以改进外，并可增设二次密封，宜采用下列形式：

a）外置式梳形板卡封构件。

b）外罩式金属密封，就是将外罩固定于联箱两侧下部的垫板（焊接或抱箍）上，联箱外露（见图8）。

4.13.8.3　双面水冷壁穿过顶棚接缝部位炉墙的检修

（1）原有金属密封盒内应填充浸润的硅酸铝棉或粒状硅酸铝棉。

（2）双面水冷壁穿出金属盒外管段的根部，应绑扎耐热钢筋网架，浇制高度约150mm耐火浇注料。

（3）耐火层以上直至双面水冷壁分岔处，应绑扎碳钢钢筋网架，采用粒状硅酸铝棉绝热浇注料或用浸润的硅酸铝棉填充管排空隙。耐火层与填充层的外侧应沿双面水冷壁粘贴多层硅酸铝棉毡，并交错压缝以组成一个整体的密封结构。

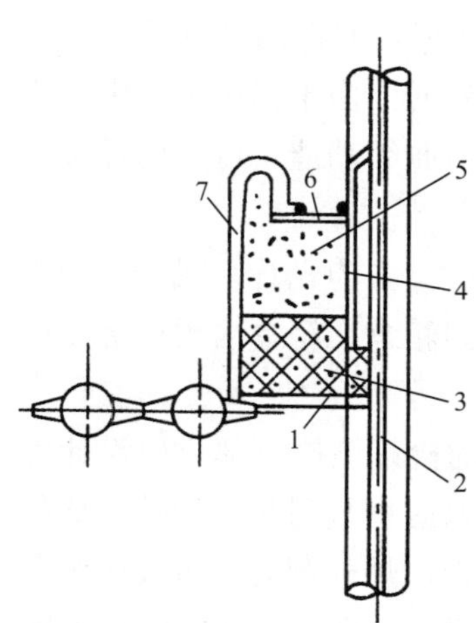

图 7　双层金属密封结构

注：密封盒外侧的密封隔热层未示出。

1—侧穿墙管上焊梳形板（耐热钢）；2—膜式壁；3—耐火浇注料或绝热浇注料；4—梳形套或塞块；5—浸润的硅酸铝棉；6—连接板；7—单波胀缩节

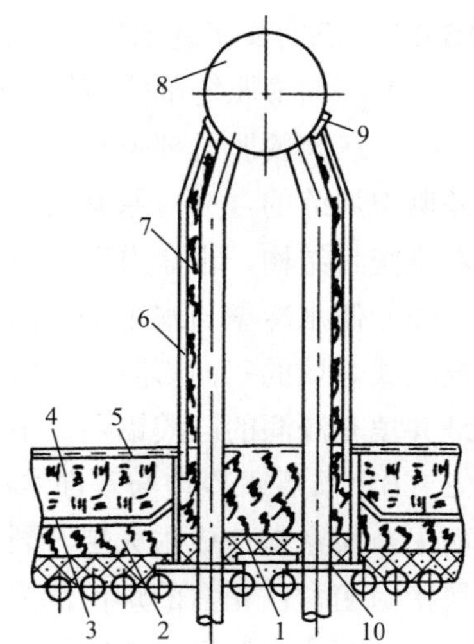

图 8　外罩式金属密封结构

1—敷管耐火浇注料；2—绝热浇注料或硅酸铝棉毡；3—内护板；4—矿物棉隔热层；5—密封抹面层；6—金属外罩；7—硅酸铝棉毡；8—联箱；9—垫板；10—穿墙管根部梳形板

4.13.8.4　受热面斜交部位炉墙的检修

（1）折焰角炉墙的检修：

a）无金属密封的折焰角炉墙：

①将耐热钢筋网架固定在后水冷壁管的炉外侧，邻接的侧水冷壁管表面涂上沥青层，浇注耐火浇注料，并预先在斜交管排的下壁面焊接支撑固定件，以便在耐火层外粘贴硅酸铝棉毡和敷设活络镀锌铁丝网，最后进行密封抹面；

②折焰角空间的后部悬吊管段，宜在其里外两侧敷设镀锌铁丝网ϕ3.5-40mm×40mm，在管排空隙间填充浸润的硅酸铝棉，粘贴硅酸铝棉毡（里侧）及岩棉板（外侧），并用支撑固定件和活络镀锌铁丝网予以固定，最后进行密封抹面。

b）有金属密封的折焰角炉墙：

①拆除泄漏部位的炉墙，对金属密封构件进行焊补，金属构件缺乏调节功能的，可改装为胀缩节的密封结构，其内部填充浸润的硅酸铝棉或粒状棉；

②折焰角空间的后部垂直墙开裂、表面温度过高的，可按折焰角空间的后部悬吊管段，宜在其里外两侧敷设镀锌铁丝网ϕ3.5-40mm×40mm，在管排空隙间填充浸润的硅酸铝棉，粘贴硅酸铝棉毡（里侧）及岩棉板（外侧），并用支撑固定件和活络镀锌铁丝网予以固定，最后进行密封抹面的措施进行处理，将隔热层及抹面层进行更换。

（2）双面水冷壁与折焰角接缝部位的检修

由于密封隔板焊接缺陷和耐火浇注层开裂酥松而造成泄漏的，应先将焊缝补强或结构改进后，再采用快速固化、强度高、使用温度符合运行工况要求的耐火浇注料进行修复。

4.13.8.5　三向膨胀缝部位炉墙的检修

（1）三向膨胀缝部位与锅炉膨胀中心位置相一致时，对泄漏部位可采用加强焊补。

（2）三向膨胀缝部位与锅炉膨胀中心位置不一致时，由于锅炉运行中的启停而造成胀差撕裂焊缝的，应对原有结构进行改进，使其具有胀缩功能。可采用插接与滑动箱盒式双重密封结构，箱盒内填充浸润的硅酸铝棉。

（3）侧水冷壁与水平烟道侧墙的一方为鳍片管，一方为光管，或一方为光管，一方为框架式炉墙的三向膨胀缝，宜采用双波型金属密封箱盒，箱盒内耐火浇注层应做成曲折缝并填充浸润的硅酸铝棉，不得留有空隙。

4.13.8.6　前后水冷壁与双面水冷壁接缝部位炉墙的检修该接缝部位原设计为耐火浇注料而无金属密封造成耐火层开裂和泄漏的，应于检修时增装耐热钢构件组成的柔性梯形金属密封箱盒；箱盒的炉内侧为第一道搭接的密封板，炉外侧为带单波胀缩节的第二道密封板；箱盒内焊接耐热钢筋网架，并浇制耐火浇注料及填充浸润的硅酸铝棉。

4.13.8.7　双炉膛顶棚过热器人口联箱“喇叭”管段炉墙的检修

（1）为消除“喇叭”管段炉墙的泄漏，应于“喇叭”管段无鳍片或鳍片间隙较大的部位增装金属密封塞块。

（2）“喇叭”管段缩口部位两块相对的挡焰板之间应增装一耐热钢连接板，其一端焊接，另一端为搭接。

（3）挡焰板上粘贴 2～3 层 2a 号或 3a 号硅酸铝棉毡交错压缝，再用浸润的硅酸铝棉或粒状硅酸铝棉绝热浇注料填满密封箱。

（4）金属密封箱盖板以上及箱的外侧应粘贴数层硅酸铝棉毡并与顶棚隔热层的硅酸铝棉毡相互搭接压缝，组成补强的柔性密封隔热层。

4.13.8.8　悬吊与支承炉墙之间接缝的检修

包墙过热器悬吊部分与省煤器框架式支承炉墙之间水平接缝的金属密封装置内的填料被吸走或吹走而造成的泄漏，检修时宜采用浸润的硅酸铝棉填充在迷宫式金属盒内的上部，其下部应采用密度较大的高铝熟料（粒径 0.15～3mm 混合）等作为填料。

4.13.8.9　盘旋管与垂直管排夹缝部位炉墙的检修

直流锅炉水冷壁盘旋管蒸发段与上部垂直管排之间的夹缝炉墙，应在清理挤碎的耐火浇注层和阻碍膨胀活动部分的隔热层后，采用耐热钢制作金属密封盒。盒内填充浸润的硅酸铝棉并用螺杆压紧，密封盒的向火面与盘旋管之间再装一前置金属密封盒，盒内浇制高强、固化快的耐火浇注料，从而组成两道密封装置，并能使受热面在水平与垂直两个方向自由膨胀活动（见图 9）。

4.13.8.10　抽炉烟管内衬的检修

应选用工作温度不低于 1400℃，高温残余强度绝对值不低于 10MPa，热震稳定性不少于 20 次，固化快，低收缩，便于拆模的耐火浇注料。灰渣室炉墙被浸蚀、剥落、开裂（裂缝较深）的部分均应拆除、清理，在其四壁钢板上焊接$\phi 10$～$\phi 16$ 的 Γ 形或 Y 形低合金耐热钢抓钉，按 250mm×250mm 错列布置，或铸铁拉钩作为耐火浇注层的固定件。

4.13.8.11 卫燃带的检修

（1）异型砖卫燃带的检修应按原设计材质和厚度进行修复，也可采用碳化硅制品代替。如变更设计改用耐火涂料，其配料与操作工艺措施应按 3.13.9.11（2）有关规定进行。

（2）耐火涂料卫燃带的检修：

a）卫燃带的抓钉被烧蚀或原无抓钉布置时，应采用与水冷壁管材质相同或低合金耐热圆钢焊接于管壁上，其布置数量和间距应符合设计要求。抓钉的长度宜为 15～20mm，耐火涂料层的厚度应超出抓钉 5～10mm。

b）卫燃带耐火涂料应按照设计配方进行，一般可采用磷酸铝溶液作胶结剂，碳化硅、铬矿砂或钢玉作骨料。

c）高铝水泥、低钙铝酸盐水泥高铝熟料耐火涂料卫燃带，仅作为锅炉启动助燃或掌握燃烧过程的短期所用。

d）卫燃带耐火涂料施工前，应将管壁表面喷砂处理。如无此条件，也应使用钢丝刷除去管壁上的锈蚀灰垢，并用磷酸三钠溶液将管壁擦洗 2～3 遍，随后用细料（0.08～0.15mm）配制的耐火涂料稀浆将管壁表面通刷一遍（厚度约为 0.5～1mm），方可正式操作涂抹。涂抹时不许两次加料，表面可稍呈波浪形，不必做成光滑平面。

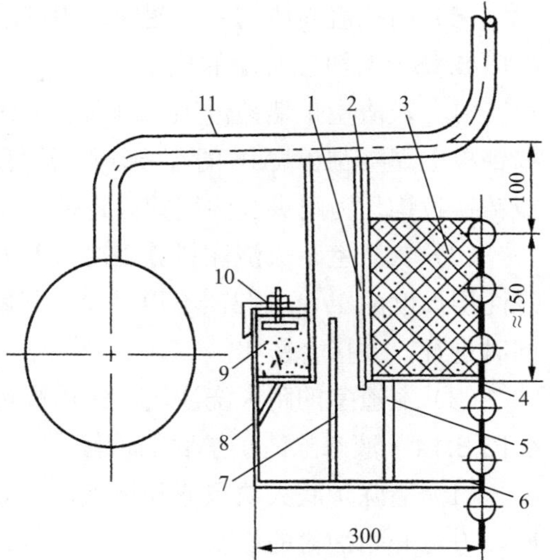

图 9　盘旋管与垂直管排夹缝密封结构

注：（1）所有金属构件均为耐热钢，并在其表面涂刷抗氧化保护层；（2）硅酸铝棉毡表面可采用耐火涂料保护。

1—立板（1Cr18Ni9Ti）；2—立板向火面粘贴硅酸铝棉毡，δ=20；3—耐火浇注料；4—前置金属盒托板；δ=6；5—支承筋ϕ18（间距 250）；6—金属密封装置底板，δ=5；7—中间隔板，δ=5；8—后立板及金属盒；9—浸润的硅酸铝棉；10—角钢 L40×5，压板及压紧螺杆（M12×30, 15CrMo）；11—包墙过热器管排

e）有关卫燃带涂料的施工工艺、膨胀缝设置及热处理温度曲线等的要求，应按照制造厂设计及 DL 5190.2 有关规定进行。

4.13.8.12 燃烧器与门孔炉墙的检修

（1）燃烧器与门孔炉墙为异型砖结构，局部损坏时，也可采用高强、快速固化的耐火浇注料修补。

（2）燃烧器与门孔炉墙为耐火浇注料结构，大面积损坏时，应使用 1Cr18Ni9Ti 钢筋作为网架的磷酸铝耐火捣打料或 A120：含量不低于 80%的低钙铝酸盐水泥耐火浇注料修复。

（3）门孔盖板设计有内外层结构的，应在其盖板空腔内粘贴硅酸铝棉毡；旧式门孔盖板隔热不良时，可在盖板向火面粘贴固定硅酸铝棉毡（2a 号或 3a 号），其表面再涂刷耐火涂料。

（4）门孔盖周边的密封圈应选用硅酸铝纤维编绳或高硅氧纤维编绳进行密封。

4.13.8.13　灰渣室炉墙的检修

（1）灰渣室炉墙被浸蚀、剥落、开裂（裂缝较深）的部分均应拆除、清理，在其四壁钢板上焊接ϕ10～ϕ16 的 Γ 形或 Y 形低合金耐热钢抓钉，按 250mm×250mm 错列布置，或铸铁拉钩作为耐火浇注层的固定件。

（2）灰渣室耐火浇注料施工时，其四壁垂直部分应在表层留出伸缩缝，缝深为耐火浇注层厚度的 1/3～1/2，不得贯穿。其底部铸铁瓦范围的耐火浇注料应随铸铁瓦的更换同时进行，并接合密实。

（3）灰渣室的耐火浇注层应采用高铝水泥作胶结剂，不应采用水玻璃作胶结剂。

4.13.8.14　液态除渣炉炉底的检修

（1）清除炉底大块焦渣和析铁，并更换被腐蚀的水冷壁管，经水压试验确信无泄漏时，方可开始炉衬的修复。

（2）管壁施工表面应喷砂处理，除去焦渣与铁锈，并用压缩空气吹净，不得用水冲洗。管排间的空隙应塞紧堵严，以防捣打料挤出。

（3）按原设计的材质、规格和程序进行耐火捣打料的配制；与焦渣接触的炉底上层炉衬，一般应采用磷酸铝碳化硅捣打料，炉底下层炉衬及二次室的卫燃带可采用磷酸铝特级高铝熟料配制耐火捣打料。

（4）炉衬所用耐火骨料和粉料不得受潮，并应控制其含水率不大于 0.5%。

（5）炉衬捣打料的分层施工、膨胀缝的设置、养护和热处理温度曲线（高温热处理不低于 500℃）、冬季采暖设施等，均应按照设计有关规定进行，炉底施工环境温度宜保持在 15～30℃范围内。

（6）检修前，如炉底仅有少数裂缝，对裂缝宽度大于 5～10mm、深度大于 5mm 的，应选用细骨料和微粉配制的磷酸铝碳化硅耐火涂料修补。

4.13.8.15　前置旋风筒内衬的检修

（1）旋风筒耐火内衬损坏面积较大时，应参照有关规定将待修部位清理干净，并在水冷壁管、抓钉及接茬的旧内衬表面预先涂刷一层厚度 0.5～1.0mm 的磷酸铝碳化硅细粉稀浆，而后将配制好的碳化硅捣打料拍打成团状，用力一次压入抓钉之间，并呈有序的鱼鳞状排列，使用木槌捣打至设计厚度，对厚度的多余部分可压平或铲掉，但不得二次补加泥料。旋风筒的顶部内衬，应在筒壁内衬施工之前进行检修。

（2）内衬检修所采用的碳化硅捣打料，其化学成分、粒径、配制方法、膨胀缝设置、热处理方法及环境气温参数，均应符合设计及有关规定。

4.13.8.16　炉墙膨胀间隙、伸缝缝部位的检修

（1）砖砌炉墙膨胀间隙、伸缩缝部位的检修：

a）砖砌炉墙的膨胀间隙及伸缩缝内的杂物和烧损的填充材料应清理干净，炉墙检修后，与受热面的膨胀间隙和伸缩缝的位置、尺寸偏差均应符合 DL 5190.2 的有关规定。

b）伸缩缝内应填充硅酸铝纤维编绳或高硅氧纤维编绳。

（2）框架式浇注炉墙膨胀间隙、伸缩缝部位的检修：

a）框架式耐火浇注层内托架拉钩的安装位置应符合设计，并确保其自由膨胀（注意膨胀方向与尺寸）。

b）耐火浇注层改用耐热钢筋网架时，可取消原有的托架和拉钩，但耐火浇注层应按 1.0～1.5m 间距留出宽度 3～5mm 的伸缩缝。

c）耐火浇注层检修后，与受热面的膨胀间隙应符合设计规定，炉顶的耐火浇注层不得影响顶棚管耳板的膨胀位移。

d）框架式耐火浇注层与穿墙管的耐火浇注层之间的水平伸缩缝和垂直伸缩缝的位置与尺寸应符合设计规定，伸缩缝内填充硅酸铝纤维编绳、高硅氧纤维编绳或硅酸铝棉毡。

e）绝热浇注层不应留伸缩缝。

（3）敷管式浇注炉墙膨胀间隙、伸缝缝部位的检修：

a）敷管式耐火浇注层与受热面的膨胀间隙、伸缩缝的位置和尺寸，检修时均应按设计规定正确留设。

b）顶棚管由于让管而出现较大的凹陷不平部位，应用木板等可燃材料垫平，并保证顶棚管和过热器管各自膨胀的位移值，方可进行耐火浇注料的施工。

c）埋于耐火浇注层的悬吊装置，检修时不得堵塞其位移活动孔。

d）耐火浇注层厚度（自管中心计算）不大于 50mm，对采用有耐热钢筋网或硬扣镀锌铁丝网的耐火层可不留伸缩缝。

e）凡穿墙管耐火浇注层膨胀尺寸不大于 20mm，采用 δ 为 10mm 的硅酸铝棉毡包缠穿墙管段的，与顶棚敷管耐火浇注层之间可不留伸缩缝，但穿墙管和敷管耐火浇注层的自身，仍应按其长度、宽度留设伸缩缝。

f）绝热浇注层不应留设伸缩缝。

4.13.9 炉墙检修竣工验收

4.13.9.1 竣工验收（冷态验收）

（1）炉墙检修过程中，应结合炉墙结构分段、分层及时进行质量检查和验收。

（2）竣工验收的项目和要求：

a）金属材料的材质、规格及金属密封结构的形式和焊接质量均应符合本规程及检修任务书或检修合同的有关规定。

b）耐火材料、绝热材料的品种、性能、规格应按照下列条件进行验收：

①符合本规程的有关规定；

②符合检修任务书或检修合同的内容要求；

③与供货厂家的产品证书或订、供货双方商定的技术条件相一致；

④耐火浇注料、耐火捣打料、耐火涂料和绝热浇注料的施工配料比与炉墙各部位的厚度应符合本规程及检修任务书或检修合同的有关规定；

⑤耐火浇注料、耐火捣打料；绝热浇注料检修时应提供强度检验报告；

⑥隔热层的实际厚度应符合有关规定；

⑦密封抹面层表面应平整美观，不得有干缩裂缝，但一般抹面层允许有少量发丝裂纹；

⑧检修承包单位应提交炉墙主要部位的膨胀缝和膨胀间隙记录。

4.13.9.2 热态验收

（1）验收指标：

a）温差 Δt 及散热密度 q 的验收，应同时满足表 42 的规定。

表 42 温差及散热密度验收指标

位置 锅炉容量	220t/h 及以下	220t/h 以上
室内布置	$\Delta t \leqslant 30$℃ $q \leqslant 350\text{W/m}^2$	$\Delta t \leqslant 25$℃ $q \leqslant 290\text{W/m}^2$
室外布置	$\Delta t \leqslant 25$℃ $q \leqslant 350\text{W/m}^2$	$\Delta t \leqslant 20$℃ $q \leqslant 290\text{W/m}^2$

注：①室外布置包括露天、半露天锅炉。

② Δt 为炉墙外表面温度与环境温度的温差，环境温度指距被测表面 1m 处的空气温度。

b）粉尘含量不大于 10mg/m^3。

（2）热态验收的范围：

对燃烧室的四侧（燃烧器区的上方），水平转向烟道外侧及炉顶三部分炉墙进行热态验收。

（3）热态验收的条件：

a）热态验收一般在炉墙改造或 A 级检修竣工后，当锅炉运行正常、工况稳定，运行 15 天后于满负荷并按规定的负压运行（微正压锅炉按运行规程）下进行热态验收。

b）温差与散热密度的验收测点，按每一部位 50m^2（不足 50m^2，也按 50m^2 计），网格状均匀布置，测点不少于 9 点。

c）粉尘含量检测的地点：

①燃烧器平台四周；

②炉顶最上层检查平台四周；

③炉顶大罩内。

由于在锅炉运行中，不能检测大罩内的粉尘含量，可于停炉后检查炉顶的严密性，并记录泄漏部位和积灰状况；然后，按检修合同的要求评定处理。

（4）测试工作应在风速小于 0.5m/s 或有挡风设施、无阳光直射的条件下进行。

4.13.10 热力设备及管道保温

4.13.10.1 设备及管道的保温施工应具备下列条件：

（1）需要保温的设备和管道应安装完毕，经焊接检验和严密性试验合格；

（2）预保温的设备及管道已采取预留焊缝或对焊缝作渗油试验等措施；

（3）设备和管道表面上的灰尘、油垢、铁锈等杂物已清除干净，如设计规定涂刷防腐剂时，在防腐剂完全干燥后方可施工。

4.13.10.2 用于设备及管道保温的固定件、支承件施工应符合下列要求：

（1）用于保温层的钩钉、销钉，如无设计规定时，可采用3～6mm的镀锌铁丝或低硫圆钢制作，直接焊装在碳钢制设备或管道上，其间距应不大于350mm，钩钉、销钉的个数一般为立面不少于6个/m^2，底面不少于8个/m^2；

（2）直立管道和设备的保温支承件，如无设计规定时，应每隔3m左右装置分段支承托架，其宽度可稍小于主保温层的厚度，支承托架不得装在焊缝或附件的位置上，托架的环面安装应水平，偏差不大于10mm，当不允许直接焊接在设备或管道上时，应采用抱箍式支承托架，抱箍与设备或管道之间用绝热板等隔垫，并紧固牢靠。

4.13.10.3 采用成形保温材料的主保温层施工应符合下列要求：

（1）主保温层厚度大于100mm时应分层；保温层应拼接严密，一层应错缝，二层应压缝，方型设备四角保温应错接，缝隙用软质高温保温材料充填，绑扎应牢固；

（2）高温管道弯头处的主保温层应留出20～30mm的膨胀缝，并填以弹性良好的保温材料；

（3）伸缩节及管道滑动支架等处的保温均应按膨胀方向留出足够的间隙；

（4）法兰盘处的保温应留出足够拆卸螺栓的距离；

（5）凡有碍膨胀的地方（如管道穿过平台处等）均应按膨胀方向留出间隙；

（6）不同膨胀方向或不同介质温度的管道保温层之间必须留出适当的间隙；

（7）主给水管、主蒸汽管及再热蒸汽管的焊缝位置应明确标志在保护层外；

（8）管道及设备保温层的重量应符合设计的规定，避免支架的荷重过大，重量偏差不大于原设计的10%。

4.13.10.4 采用矿纤硬质板、半硬质板或缝合垫作主保温层施工时应符合下列要求：

（1）单层保温应错缝，双层应压缝，接缝必须平整、密实；

（2）主保温层无论采取何种固定方式均应确保固定牢靠。

4.13.10.5 采用松散材料直接填充作为保温层时，应符合下列要求：

（1）保温材料填充应均匀，容重应符合设计规定；

（2）包扎保温材料的铁丝网（或白铁皮）装置应正确，以保证保温材料的厚度（白铁皮应装设严密）；

（3）应采取防止保温材料沉陷的可靠技术措施。

4.13.10.6 主保温层镀锌铁丝网的包扎应符合下列要求；

（1）两块铁丝网应对接；

（2）铁丝网与钩钉紧固牢靠，并保证紧贴在保温层上；

（3）施工完毕后，铁丝网表面不应有铁丝断头露出，也不应有鼓包和空层等现象。

4.13.10.7 抹面层施工应符合下列要求：

（1）抹面层应分两次进行，待第一次稍干后再进行第二次，第一次要求找平和压挤严实，第二次要求压光压平；

（2）补抹、接口或第二层施工离上次施工时间较长时，应将原有抹面层打毛，并稍洒水湿润，方可继续施工；

（3）高温管道支吊架处的抹面层应留出膨胀缝，大型高温设备抹面时，应根据膨胀情况在抹面层留出方格形或环形膨胀缝，膨胀缝以 5～10mm 为宜；

（4）抹面层表面应平整光滑，棱角整齐，其平面度不大于 3mm/m，在冷态情况，表面应无裂纹（细小发丝裂纹除外）。

4.13.10.8 当采用金属罩壳（镀锌薄铁板、铝合金薄板等）作保温保护层时，应符合下列要求：

（1）罩壳应紧贴在主保温层上，并要求搭接牢靠；

（2）环向搭口应朝下，相邻搭口方向与管道（或设备）坡度方向一致，环向搭口或相邻塔口长度均不得少于 25mm。

4.13.10.9 对于需要经常维修或监视的部位，如蠕胀监察段、蠕胀测点、流量装置、法兰、阀门、伸缩节等处，应采用可拆卸式保温结构。

4.13.11 常用绝热材料主要性能

常用绝热材料主要性能见表 43。

表 43 常用绝热材料主要性能

<table>
<tr><th colspan="2">绝热材料</th><th>使用密度／（kg/m³）</th><th>推荐最高使用温度／℃</th><th>抗压强度／MPa</th><th>热导率参考方程／［W/（m•K）］</th></tr>
<tr><td rowspan="3">普通硅酸铝纤维制品</td><td rowspan="2">毡</td><td>130～160</td><td>800</td><td></td><td>0.032+0.00018T_m</td></tr>
<tr><td>200</td><td>800</td><td></td><td>0.037+0.00018T_m</td></tr>
<tr><td>管壳</td><td>150</td><td>650</td><td></td><td>0.035+0.00018T_m</td></tr>
<tr><td rowspan="2">硅酸铝岩棉复合制品</td><td>内层</td><td>150</td><td>650</td><td></td><td>0.035+0.00018T_m</td></tr>
<tr><td>外层</td><td>150</td><td>350</td><td></td><td>0.036+0.00018T_m</td></tr>
<tr><td rowspan="4">岩棉、矿渣棉制品</td><td>棉</td><td>100</td><td>600</td><td></td><td>0.037+0.00018T_m</td></tr>
<tr><td>缝毡</td><td>100</td><td>400</td><td></td><td>0.039+0.00018T_m</td></tr>
<tr><td>板</td><td>120</td><td>350</td><td></td><td>0.038+0.00018T_m</td></tr>
<tr><td>管壳</td><td>150</td><td>350</td><td></td><td>0.039+0.00018T_m</td></tr>
<tr><td rowspan="3">超细玻璃棉制品</td><td>缝毡</td><td>64</td><td rowspan="3">300</td><td rowspan="3"></td><td>0.026+0.00023T_m</td></tr>
<tr><td>板</td><td>80</td><td>0.026+0.00023T_m</td></tr>
<tr><td>管壳</td><td>45</td><td>0.027+0.00023T_m</td></tr>
<tr><td colspan="2" rowspan="3">硅酸钙制品</td><td>170</td><td rowspan="3">550</td><td>0.4</td><td>0.048+0.00011T_m</td></tr>
<tr><td>220</td><td>0.5</td><td>0.055+0.00011T_m</td></tr>
<tr><td>240</td><td>0.5</td><td>0.058+0.00011T_m</td></tr>
<tr><td colspan="2" rowspan="2">膨胀珍珠岩绝热制品</td><td>200</td><td>500</td><td>0.4</td><td>0.057+0.00013T_m</td></tr>
<tr><td>300</td><td>350</td><td>0.4</td><td>0.069+0.00013T_m</td></tr>
<tr><td colspan="2">硅酸盐复合绝热涂料</td><td>200（干态）</td><td>550</td><td></td><td>0.056+0.00017T_m</td></tr>
</table>

4.13.12 炉前常用金属材料使用温度

炉前常用金属材料使用温度见表 44。

表 44 炉墙常用金属材料使用温度表

钢种	牌号	最高使用温度/℃	线膨胀系数/[10^{-6}/（mm/m·℃）]			
			20～300℃	20～400℃	20～500℃	20～600℃
碳素钢		450	12.78	13.38	13.93	14.38
耐热钢及不锈钢	12Cr1MoV	580	13.35	13.6	14.15	14.6
	1Cr13	700 以下	11.5	12.0	12.0	
	1Cr18Ni9Ti	900 以下	17.2	17.5	17.9	18.2
灰口铸铁	HT100	500	用于炉墙承载构件			
	HT150					
耐热铸铁	RTCr	550	用于高温区炉墙承载构件			
	RQTSi5	900				

4.14 锅炉水压试验

4.14.1 锅炉水压试验的分类及适用范围

4.14.1.1 锅炉整体水压试验时的工作压力，均为汽包设计工作压力。

4.14.1.2 工作压力水压试验

（1）凡锅炉进行 A 级检修，均应进行工作压力水压试验；

（2）当锅炉运行中发生承压受热面泄漏，停炉处理后，一般应进行工作压力水压试验

4.14.1.3 超压水压试验

凡有下列情况之一者，均应进行 1.25 倍工作压力的超压水压试验：

（1）运行中的锅炉，每 7～11 年结合 A 级检修进行一次；

（2）锅炉停用 1 年以上，需重新投入运行时；

（3）水冷壁拆换数量≥ 50% 时；

（4）过热器或省煤器管全部更换时；

（5）锅炉受热面进行化学清洗时；

（6）汽包进行了重 A 级检修理时；

（7）对设备安全可靠性有怀疑时；

（8）新安装或迁移的锅炉投入运行时。

4.14.2 水压试验应具备的条件及准备工作

4.14.2.1 受热面承压元件的修理、焊接或胀管工作已全部结束。

4.14.2.2 汽包、联箱的人孔、手孔已经封闭。

4.14.2.3 水压试验范围内的系统管道及一、二次阀门的检修工作全部结束。

4.14.2.4 隔绝脉冲安全阀。

4.14.2.5 水压试验用的压力表已经计量校验合格，试验时至少有 2 块压力表，其中一块必须为 0.5 级以上精度的压力表，并直接指示汽包压力。压力表表面全量程应为试验压力的 1.5～2.0 倍，表面直径≥ 150mm。

4.14.2.6 准备好试验所需的合格水和水量。

4.14.2.7 炉膛内应有供检查用的脚手架和照明。

4.14.2.8 准备好必要的检查用具和水压试验专用表。

4.14.2.9 水压试验检查人员应事先做好分工，以防止漏检。

4.14.2.10 当预知锅炉水压试验后，不立即投入运行，且停用期可能超过一个月时，应落实锅炉防腐措施。

4.14.3 锅炉水压试验的程序

4.14.3.1 按现场《锅炉运行规程》的规定进行上水。进水水质应符合锅炉给水水质标准。进水水温一般为 30～70℃。进水最低水温制造厂有规定的，应按制造厂规定执行。

4.14.3.2 水压试验时，环境温度一般应不低于 5℃。否则，必须有防冻措施。

4.14.3.3 当锅炉进满水后，可用减温水升压。升压应缓慢，升压速度≤ 0.3MPa/min。

4.14.3.4 当压力升至工作压力的 10% 时，暂停升压，做初步检查；检查正常后，可继续升压至工作压力，进行全面检查。

4.14.3.5 检查结束后，用疏水门缓缓降压。降压速度≤ 0.3～0.5 MPa/min. 当压力降至 0.02～0.05MPa 时，应开启向空排汽门。

4.14.3.6 水压试验结束后，进行过热器反冲洗。

4.14.3.7 水压试验结束后，可根据需要决定是否放去炉水。

4.14.3.8 超压水压试验：

（1）进行超水压试验前，应将安全阀解列。

（2）超压水压试验应在工作压力试验检查合格后进行。

（3）当在工作压力试验全面检合格后，解列水位计，再缓缓升压至 1.25 倍工作压力，维持 20min，然后降至工作压力进行全面检查。

（4）超压试验时，应根据受热面腐蚀，磨损的减薄条件，复核受压元件应力不得超过元件材料在试验温度下屈服强度的 110%。

4.14.3.9 在水压试验升压过程中，应停止锅炉内外一切检修工作。在做超压试验期间，禁止工作人员在承压部件周围逗留和检查。

4.14.4 水压试验合格标准

4.14.4.1 在工作压力下，切断进水，5min 内压力下降≤ 0.5MPa 为合格；≤ 0.3MPa 为良；≤ 0.1MPa 为优。

4.14.4.2　承压受热面及所有焊缝无漏水、渗水或湿润现象。
4.14.4.3　阀门、人孔、手孔等密封部位无泄漏。
4.14.4.4　超压试验后，经宏观检查，受压元件无明显的残余变形。
4.14.4.5　胀口处在水压降到工作压力时，不漏水（胀接处出现少量水珠的渗水现象是允许的）。

4.14.5　质量验收

4.14.5.1　锅炉水压试验、应有车间、有关科室的技术负责及锅炉安全监察工程师参加。
4.14.5.2　检查水压试验程序是否正确，水压试验暴露出的问题是否已处理。
4.14.5.3　检查水压试验技术记录。
4.14.5.4　水压试验合格后，参加水压的各级技术负责人和锅炉安全监察工程师在锅炉水压试验验收单上签字。

4.15　锅炉风压试验

4.15.1　锅炉风压试验的分类

4.15.1.1　80%防爆门动作压力的锅炉严密性试验。
4.15.1.2　防爆门动作压力的锅炉防爆门动作可靠性试验。
4.15.1.3　防爆门动作压力应根据制造厂规定。制造厂没有规定时，对负压锅炉可定为1000Pa；对微正压锅炉可定为3000～3500Pa。

4.15.2　锅炉风压试验应具备的条件

4.15.2.1　锅炉炉墙及各部烟风道检修结束，人孔门、看火孔、打焦孔已经关闭，防爆门已经装复。
4.15.2.2　送风机，引风机及烟风道挡板可用。
4.15.2.3　电除尘检修已经结束，人孔门已封闭。

4.15.3　锅炉风压试验程序及合格标准

4.15.3.1　向冷灰斗水封槽内注满水。
4.15.3.2　按照现场《锅炉运行规程》启动引风机，送风机。
4.15.3.3　缓缓提高炉膛风压至80%防爆门动作压力，全面检查锅炉炉膛及各部烟道、风道、防爆门、人孔门、看火门等有无漏风。若有漏风处，应做好明显标记。
4.15.3.4　对设置自启式防爆门者，再继续提高炉膛风压至防爆门动作压力，检查防爆门应微微出现漏风。然后降低炉膛压力至80%防爆门动作压力，此时防爆门应严密，并再做全面检查。
4.15.3.5　做好风压试验的检查记录。
4.15.3.6　缓缓降低炉膛风压，停止送风机，引风机。

4.15.4 质量验收

4.15.4.1 质量验收时，风压试验检查时发现的漏烟、漏风点应已经消除。若水冷壁炉墙出现大面积修补或防爆门更换后须重作风压试验。
4.15.4.2 验收合格后，验收人员应在验收单上签字。

4.16 安全阀热态校验

4.16.1 安全阀定值的规定

安全阀定值的规定见表 45。

表 45 安全阀定值的规定

<table>
<tr><th colspan="2">安装位置</th><th colspan="2">定值</th></tr>
<tr><td rowspan="4">汽包锅炉的汽包或过热器的出口</td><td rowspan="2">汽包工作压力
$P \leqslant 5.88\mathrm{MPa}$</td><td>控制安全阀</td><td>1.04 倍工作压力</td></tr>
<tr><td>工作安全阀</td><td>1.06 倍工作压力</td></tr>
<tr><td rowspan="2">汽包工作压力
$P > 5.88\mathrm{MPa}$</td><td>控制安全阀</td><td>1.05 倍工作压力</td></tr>
<tr><td>工作安全阀</td><td>1.08 倍工作压力</td></tr>
<tr><td colspan="2" rowspan="2">直流锅炉的过热器出口</td><td>控制安全阀</td><td>1.08 倍工作压力</td></tr>
<tr><td>工作安全阀</td><td>1.10 倍工作压力</td></tr>
<tr><td colspan="2">再热器</td><td colspan="2">1.10 倍工作压力</td></tr>
</table>

4.16.1.1 对脉冲式安全阀，工作压力指冲量接出地点的工作压力；对其他类型的安全阀，工作压力指安全阀安装地点的工作压力。
4.16.1.2 过热器出口安全阀应保证在该锅炉一次汽水系统所有安全阀中最先动作，以此保护过热器不超温。

4.16.2 安全阀热态校验应具备的条件及准备工作

4.16.2.1 锅炉阀且其附属系统（设备）的检修工作已全部结束。与锅炉有关的电气，热工检修工作已全部结束，联锁、保护已经整定试验合格。
4.16.2.2 锅炉检修现场已全部清理、打扫完毕，通道畅通。
4.16.2.3 安全阀安装地点的照明完好。
4.16.2.4 根据计算结果，已经预先调整好弹簧式脉冲安全阀的弹簧压缩值或重锤式脉冲安全阀的横杆重锤位置。
4.16.2.5 安全阀校验必须用计量标定合格的二块精度为 0.5 级以上的标准压力表，并分别装在汽包和过热器出口的就地位置上。压力表的全量程应为安全阀起座定值的 1.5～2.0 倍，表面直径≥ 150mm。安全阀校验过程中现场压力要经常与司炉操作盘上的显示压力进行对照，安全阀校验实际起跳值应以就地压力表为准。

4.16.2.6 参加安全阀热态校验的人员已做好分工，必要的工具如：扳手、手锤、螺丝刀、压安全阀的压板、粉笔、量具、黑板及通信器材等已准备就绪。

4.16.3 安全阀的热态校验程序

4.16.3.1 按现场《锅炉运行规程》进行锅炉点火升压。

4.16.3.2 在安全阀校验过程中应控制主蒸汽温度比额定蒸汽温度低 30～40℃。当锅炉压力升至0.5～1.0MPa时，检修人员应对有关螺丝及盘根进行热紧，热紧时应缓慢进行。

4.16.3.3 对脉冲式安全阀，当锅炉升压到 40% 锅炉工作压力时，冲扫脉冲管。

4.16.3.4 对脉冲式安全阀，当锅炉压力升至 80% 锅炉工作压力时，逐一遥控开启安全阀 2～3min，清扫集汽联箱及主安全阀内的垃圾。

4.16.3.5 冲扫结束后，对于脉冲式安全阀根据先校机械，后校电气，先校低压，后校高压的原则，拉去安全阀控制电源，关闭不参加校验的安全阀的脉冲阀。对弹簧式脉冲安全阀，还应拆下与磁铁线圈相连的杠杆；对于弹簧式安全阀，应装上防跳卡板。

4.16.3.6 缓缓提升锅炉压力到过热器出口控制安全阀的起座压力，该安全阀应动作。若发现到定值压力时不动作或不到定值压力时有微漏（即提前动作的征兆），应立即降低压力至 90% 锅炉工作压力，微调脉冲安全阀的弹簧压紧螺母或重锤位置，然后重新升压校验至安全阀起座合格。

4.16.3.7 安全阀起座后，立即记录起座和回座压力，测量并记录安全阀的弹簧原始压缩量和起座后压缩量。对重锤式脉冲安全阀应测量并记录重锤位置。

4.16.3.8 关闭已校过的安全阀的脉冲门，开启另一个要校验的安全阀的脉冲门，进行第二个安全阀的校验。

4.16.3.9 当安全阀定值全部校验结束，应开启所有安全阀的脉冲门，卸下缓冲器疏水阀凡尔盘，并对脉冲安全阀加上铅封。

4.16.3.10 安全阀的回座压差，一般应为起座压力的 4%～7%，最大不得超过起座压力的 10%。当安全阀回座压差大于此值时，应调整主安全阀弹簧紧力。对无缓冲器的，也可用疏水阀开度调整。

4.16.3.11 当所有安全阀的机械起座定值校验完毕后，送上安全阀的控制电源，然后逐一进行电气部分的校验。

4.16.4 质量标准及验收

4.16.4.1 安全阀起跳压力，应符合本规程 4.14 的规定。其允许误差：对机械部分为 ±0.10 MPa，对电气部分为 ±0.05 MPa。

4.16.4.2 对弹簧式安全阀，机械起座时阀芯提升高度不得＜ 10mm；电气起座时，阀芯提升高度≥ $0.25d_0$（d_0 为安全阀喉部直径）。

4.16.4.3 安全阀回座后严密不漏。

4.16.4.4 校验合格后，参加校验人员在验收单上签字，并及时将校验结果进行登记。

5 锅炉风机检修

5.1 离心式风机检修

5.1.1 检修项目

5.1.1.1 A级检修项目

（1）检查联轴器对中，检查各紧固螺栓，检修冷却水系统及轴承润滑系统。

（2）检查引风机、排粉机的磨损、腐蚀情况。

（3）解体检查各零件磨损情况，检查测量主轴、转子各部件配合尺寸和跳动，检查轴承、密封等配件。

（4）修补磨损的机壳、衬板、叶轮、叶片。

（5）检修调节风门、出口挡板及传动机构。

（6）检修烟风道及伸缩节。

（7）风机叶轮静平衡校验（必要时校验动平衡）。

（8）检查风机的基础和地脚螺栓。

（9）A级检修前后的风机效率试验。

5.1.1.2 A级检修特殊项目

（1）更换整组风机叶片、衬板、叶轮或机壳。

（2）更换台板、重浇基础。

（3）风机改造。

5.1.2 检修程序与质量标准

离心式风机检修程序与质量标准见表46。

表46 离心式风机检修程序与质量标准

检修内容	工艺要点	质量要求
检修前的准备工作	1. 掌握修前风机的运行情况和检修情况，备齐图纸资料； 2. 准备好检修工量具、起重机具、配件及有关材料； 3. 切断电源及设备与系统联系，以符合检修安全条件； 4. 开出合格的作业票，准备好照明	
联轴器检修	1. 拆卸联轴器罩及连接螺栓，将拆下的零件清理干净，存放整齐，并做好回装找正标志； 2. 测量联轴器各部位间隙，并做好记录；	1. 联轴器应完整，无裂纹、变形，表面光洁，联轴器与轴配合牢固、无松动； 2. 连接螺栓无弯曲变形，螺纹完好，垫圈、弹簧垫、螺母应齐全；

表 46　离心式风机检修程序与质量标准（续）

检修内容	工艺要点	质量要求
联轴器检修	3. 检查联轴器的缺陷； 4. 检查连接螺栓，更换不合格的连接螺栓； 5. 检查连接螺栓的橡胶圈，对不合格的应更换	3. 连接螺栓的橡胶圈应无裂纹和老化变质，橡胶圈与联轴器孔之间的间隙不应大于 1mm，与连接螺栓之间不应有间隙
叶轮与集流器检修	1. 拆除外壳及进气箱上的螺栓，并保存好； 2. 打开人孔门进行检修前鉴定并记录，同时检查叶轮的装配情况； 3. 检查叶片和叶轮盘； 4. 叶轮及叶轮盘焊缝局部有裂纹及磨损时，必须进行补焊，补焊前应将裂纹清除干净； 5. 检查轮毂与叶轮盘连接的铆钉或螺栓应无松动或磨损； 6. 检查轮毂与主轴的配合； 7. 检查集流器	1. 叶片及叶轮盘无裂纹及变形。叶片磨损量应小于原厚度的 1/3； 2. 轮毂与叶轮盘的连接螺栓或铆钉不允许有松动； 3. 轮毂与主轴配合应无松动，配合公差符合图纸要求； 4. 集流器不得有开裂现行； 5. 集流器和叶轮的配合间隙应符合装配要求
主轴检修	检查主轴外表面及尺寸，超过质量要求的应予以修补或更换	1. 主轴无裂纹、腐蚀及磨损； 2. 主轴弯曲不应大 0.05mm/m，且全长弯曲不大于 0.10mm； 3. 主轴轴颈圆度不大 0.02mm； 4. 主轴保护套应完好，主轴与保护套之间的径向间隙应为 0.06～0.08mm
轴承箱及轴承检修	1. 取样检查润滑油油质是否变质、污染，更换不合格的润滑油； 2. 检查上盖及端盖螺栓，螺栓应无裂纹、弯曲，螺纹完好，配件齐全；拆卸下的螺栓应清理干净，并存放好； 3. 测量轴承箱各部位配合间隙，并做好记录。 4. 将轴承清理干净，检查内外套、隔离圈及滚珠； 5. 测量轴承间隙及隔离圈的间隙应符合对应质量要求，超过时应更换； 6. 检查并清理油位计，必要时应进行油位计最高和最低油位校对； 7. 检查、清理冷却水管及冷却器，当冷却水管及冷却器结垢严重，影响冷却效果时，可使用稀盐酸进行酸洗，酸洗后应用清水清洗干净	1. 滚动轴承的内外套、隔离圈及滚珠不应有裂纹、重皮、斑痕、腐蚀等缺陷； 2. 轴承与轴的配合符合装配要求； 3. 油位计应畅通、清楚； 4. 冷却水应畅通，水量适中，冷却水阀门应开关灵活
壳体校修	1. 检查机壳； 2. 检查机壳与支撑件的焊缝，处理裂纹部位； 3. 检查机壳人孔门及轴封，人孔门应能关闭严密，不泄漏，轴封与主轴无摩擦	1. 机壳不得有裂纹，固定要牢靠； 2. 机壳与支撑件之间不得有开焊现象； 3. 所有焊口焊接牢固，无开裂现象

表 46 离心式风机检修程序与质量标准（续）

检修内容	工艺要点	质量要求
叶轮检修准备	1. 将叶轮平稳吊出，放置在平衡架上，轴颈不得直接与平衡架接触，以免损伤轴颈，固定叶轮以防其转动； 2. 测量叶轮的径向及轴向变形量，并做好记录； 3. 准备好备品备件及需要的材料； 4. 施工现场必须清洁整齐，照明充足	
更换叶片	1. 叶片损坏严重时可以更换叶片； 2. 新叶片的型线、材质、尺寸应与原设计相同； 3. 将需要更换的叶片全部清理干净，割除损坏的叶片时，应对称地把叶片分成几组，并对称交替割除； 4. 新叶片应逐片称重，每片质量误差不超过 30g，并将新叶片进行配重组合； 5. 损坏的叶片割除后，应将轮盘上的焊缝打磨平整，并在轮盘上划线定位； 6. 叶片与轮盘应采用双面焊接； 7. 焊接叶片时应交替对称焊接，每片叶片上焊接用的焊条量应相同，焊后应将焊渣清理干净，检查焊缝应平整、光滑、无缺陷； 8. 更换叶片后，用百分表测最叶轮的摆动量应符合质量要求； 9. 更换叶片后要找静平衡	1. 叶片间隔偏差不超过 ±3mm；叶片垂直度偏差不超过 ±2mm：叶片内外圆偏差不超过 ±3mm； 2. 焊缝应平整光滑，无砂眼、裂纹、凹陷、咬边及未焊透等缺陷，焊缝高度不小于 10mm； 3. 更换叶片后应测量叶轮的摆动，其径向摆动不超过 5mm；轴向摆动不超过 8mm； 4. 更换叶片后的剩余不平衡量不超过 100g
更换叶轮	1. 检查叶轮的尺寸、型号及材质应符合图纸要求，新叶轮焊缝无裂纹、砂眼、凹陷及未焊透、咬边等缺陷，焊缝高度符合要求； 2. 将轮毂与叶轮的连接钉或螺栓拆除，割除铆钉或螺栓时要注意不能损伤轮毂； 3. 将叶轮套入轮毂中； 4. 轮毂与叶轮采用铆 9 钉连接时，应准备好铆钉和铆钉枪：铆钉在加热炉中加热 800～900℃，迅速放入铆钉孔内，铆钉应对中垂直，铆完后应检查钉头与轮毂和叶轮轮盘紧密接合，无间隙、松动； 5. 轮毂与叶轮采用螺栓连接时，螺栓与孔之间的配合为过渡配合，不得有间隙，螺母应紧固牢固，并与轮盘点焊牢固； 6. 精确测量主轴轴颈与轮毂孔的配合公差，当轮轴孔与轴颈的配合达不到质量要求时，应进行处理；	1. 新叶轮摆动轴向不超过 4mm；径向不超过 3mm； 2. 检查轮毂应完好，无裂纹及变形； 3. 叶轮与轮毂连接孔误差不大于 0.3mm；轮毂与叶轮结合面应无间隙，并圆周均匀接触； 4. 轮毂与主轴装配前应检查主轴轴颈和纶毂孔，轴颈与轮毂孔应光洁、无毛刺，圆度差不大于 002mm； 5. 轮毂与轴颈过盈配合为 0.01～0.03mm； 6. 键与键槽两侧为过渡配合，应无间隙，键与键槽上部应留有 0.5～1mm 的间隙

表 46 离心式风机检修程序与质量标准（续）

检修内容	工艺要点	质量要求
更换叶轮	7. 测量键槽与配键； 8. 轮毂与轴颈的装配采用热套法，先将套装设备安装好，键与键槽对正，然后将轮毂均匀加热，利用轮毂热膨胀将轮毂与主轴装配到一起，随着轮毂温度的降低逐渐旋紧螺母，保证常温时轮毂与轴肩靠紧，用 0.03mm 塞尺塞入的深度不得超过结合面宽度的 2/3； 9. 轮毂与主轴装配好后，再将封口垫、锁母装好； 10. 更换叶轮后应找动平衡	
轴承更换	1. 检查轴承间隙，超过质量要求应更换； 2. 轴承内外套存在裂纹、重皮、斑痕、腐蚀，超过质量要求应更换； 3. 滚珠存在裂纹、重皮、斑痕、腐蚀等缺陷并超过质量要求时，应更换； 4. 轴承内套与轴颈配合松动时应处理或更换； 5. 新轴承要经过全面检查，符合质量要求方可使用； 6. 精确测量检查轴颈与轴承内套孔的配合公差是否符合质量要求； 7. 轴承与轴颈采用热装配时不允许用火焰直接加热轴承。轴承应悬挂并浸没于油中加热，加热温度一般控制在 100～120℃并保持 100min，然后将轴承取出，套装在轴颈上，使其在空气中自然冷却； 8. 更换轴承后应将密封口垫装好，密封口垫与轴承外套不应有摩擦	1. 检查滚动轴承的内外套、隔离圈及滚珠不应有裂纹、重皮、斑痕、腐蚀等缺陷； 2. 轴颈应光滑无毛刺； 3. 轴承内套与轴颈的配合为过盈配合，紧力应符合设计要求； 4. 新轴承应符合相应型号轴承的质量要求
转子回装就位	1. 转子回装前应将轴承底座和轴承外套清理干净，在回装就位时应注意平稳、轻放，防止损坏设备； 2. 校正主轴水平； 3. 扣轴承盖前应将轴承外套和轴承盖清理干净，并应精确测量轴承盖与轴承外套顶部的间隙，一般采用压铅丝法测量，测量两次，两次结果应相差不大；根据测量结果确定轴承座结合面加垫尺寸及外套顶部是否加垫及加垫尺寸，以使轴承外套与轴承盖的顶部间隙符合质量要求；	1. 主轴找水平，水平误差不超过 0.1mm/m，调整垫片一般不超过 3 片； 2. 轴承外套与轴承座接触角应为 90°～120°。两侧间隙应为 0.04～0.06mm。对于新换的轴承还应检查外套与轴承座的接触面应符合技术条件； 3. 轴承外套与轴承盖的顶部间隙符合下列要求；

表 46 离心式风机检修程序与质量标准（续）

检修内容	工艺要点	质量要求
转子回装就位	4. 清理轴承座与轴承盖结合面；扣轴承盖前应在结合面上抹好密封胶，按测量计算结果的要求配制好密封垫，扣轴承盖时，应注意防止顶部及对口垫移位，紧固螺栓时，紧力要均匀； 5. 回装轴承端盖时，注意其回油孔应装在下方，并用垫片调整轴承与轴承箱间的轴向配合间隙	4. 对于采用润滑油润滑的轴承，联轴器侧轴承间隙为 0.00～0.06mm，叶轮侧间隙为 0.05～0.15mm； 5. 对于采用润滑脂润滑的轴承，联轴器侧轴承间隙为 0.03～0.08mm，叶轮侧间隙为 0.06～0.20mm； 6. 轴承座与轴承盖结合面应清理干净、接触良好，未紧固时，用 0.03mm 塞尺不能塞入； 7. 联轴器侧轴承端盖与外套端部的间隙为 0.00～0.50mm，叶轮侧轴承端盖与轴承外套端部的间隙为 4～10mm； 8. 端盖与轴之间的径向间隙不小于 0.10mm，密封垫应完好
校正中心	1. 校正中心； 2. 校正中心后，按回装标记回装好联轴器，并盘车检查有无摩擦或撞击等异常情况； 3. 检查机壳内无杂物，封人孔门	1. 联轴器为弹性对轮时，联轴器间隙为 4～10mm； 2. 联轴器为齿形联轴器时，角位移不超过 1°
调节挡板检修	1. 检查调节挡板，并做开关试验； 2. 检查、更换有裂纹或磨损的挡板轴； 3. 检查、更换变形、磨损严重的挡板； 4. 检查挡板有无裂纹，对钢制挡板的裂纹应进行补焊； 5. 检查挡板的传动装置	1. 调节挡板开关应灵活，指示与实际位置相符； 2. 挡板轴不许有裂纹。挡板轴磨损大于原直径的 1/5 时，必须更换； 3. 挡板磨损超过原厚度的 1/2 时，必须更换； 4. 铸铁挡板不允许有裂纹； 5. 挡板的传动装置应完好，无卡涩现象

主轴的直线度公差值应符合表 47。

表 47 主轴的直线度公差

风机转速 /（r/min）	公差值 /mm
≤ 500	0.05
＞ 500～1500	0.03
＞ 1500～3000	0.02

主轴轴颈的圆度公差值应符合表 48。

表 48　主轴轴颈圆度公差

轴颈直径 /mm	≤ 150	＞ 150～175	＞ 175～200	＞ 200～225
圆度 /mm	0.02	0.025	0.03	0.04

联轴器对中应符合表 49。

表 49　联轴器对中

轴的转速 /（r/min）	圆周和端面允许偏差值 /mm	
	刚性联轴器	弹性联轴器
≤ 3000	0.04	0.06
≤ 1500	0.06	0.08
≤ 750	0.08	0.10
≤ 500	0.10	0.15

5.1.3　试车与验收

5.1.3.1　试车前的准备

（1）检查检修记录，并予确认。

（2）润滑、冷却水系统正常。

（3）安全防护装置齐全牢固。

（4）盘车灵活。

（5）电机单机试运转，并确定旋转方向。

（6）入口调节门关闭。

5.1.3.2　试车

（1）按操作规程启动电机、风机空负荷运行，检查轴承温度、振动、运行无异常，缓慢打开入口调节门。

（2）轴承温度稳定，滚动轴承不大于 70℃，滑动轴承不大于 65℃。

（3）轴承、机壳内不得有撞击、摩擦等异声，检查出口风压、风量、电流应符合要求，检查各管路、轴封及壳体连接处应不漏气、不漏油。

（4）风机轴承振动速度不得超过 4.6mm/s。

5.1.3.3　验收

（1）经过连续 24h 运行后，风机各项技术指标均达到设计要求或能满足生产需要。

（2）设备达到完好标准。

（3）检修记录齐全、准确，按规定办理验收手续。

5.1.4　维护与故障处理

5.1.4.1　日常维护

（1）定时检查轴承温度和振动。

（2）检查操作风量、压力、电流应正常。

（3）定时检查冷却水系统。

（4）定时检查润滑油液位、油质。

（5）定时检查各部位连接螺栓及基础的地脚螺栓，确保无松动。

5.1.4.2　常见故障与处理方法

离心式风机常见故障与处理方法见表 50。

表 50　离心式风机常见故障与处理方法

<table>
<tr><th>序号</th><th>故障现象</th><th>故障原因</th><th>消除方法</th></tr>
<tr><td rowspan="8">1</td><td rowspan="8">风机振动过大</td><td>转子平衡破坏（叶片磨损腐蚀）</td><td>重校平衡</td></tr>
<tr><td>轴承损坏</td><td>更换轴承</td></tr>
<tr><td>安装不良
对轮中心未找好
基础局部下沉</td><td>
重找中心
作局部修正加固</td></tr>
<tr><td>基础或机座的刚性不够、不牢固
基础的刚性不够、不牢固
机座的刚性不够、不够牢固</td><td>
设法加强基础增加刚性
设法加强机座的刚性</td></tr>
<tr><td>转子固定部分松弛
轴承箱盖螺栓未紧固好
轴窜量过大
叶轮与轴间松弛
叶轮铆钉松弛</td><td>
复紧螺栓
调整间隙
调整间隙，紧固并紧螺母
重铆</td></tr>
<tr><td>地脚螺丝松动（包括风机、电动机和轴承箱）</td><td>复紧螺丝</td></tr>
<tr><td>润滑不良
润滑油不足
油膜不良
油质不良</td><td>
补足润滑油
检查润滑油品种是否有误
调换润滑油</td></tr>
<tr><td>叶轮变形
叶轮表观变形
铆钉头磨损腐蚀产生松动</td><td>
校正、修补、校平衡
更换松动的铆钉、铆紧</td></tr>
<tr><td>2</td><td>轴承温度高</td><td>轴承损坏
轴承间隙过小，质量不合要求
安装不良
油质变劣或带有砂屑
内圈与轴颈配合过松打滑转动
冷却水堵塞，水量过少
水管内积淤泥
轴承箱座水室腔内积淤泥
阀芯脱落堵管</td><td>更换轴承
更换轴承
按标准重新装配调整
换油
增加轴颈与轴承配合紧力，紧固圆螺母
疏通
疏通
检修阀门</td></tr>
</table>

表 50　离心式风机常见故障与处理方法（续）

序号	故障现象	故障原因	消除方法
3	风门挡板操作不灵活或卡涩	转盘与滑轮无间隙，配合太紧 转盘变形 挡板两端转轴和轴套间隙内积灰受腐蚀而卡涩 挡板安装不良	调松转动间隙 校正 清除积灰，擦清，校灵活 安装时每扇挡板应在 360° 内活动自动
4	转子与机壳相撞击摩擦	总装配时轴向、径向间隙过小，集流器与叶轮间隙不合要求	找到故障点，排除
5	烟风道剧烈振动	卡门涡流效应引起	调整运行工况增加减振装置
6	电机超负荷	风机流量超过额定值 风机输送介质密度过大或压力过高 电机电压过低或断相 轴承箱激烈振动	调整风机出力 调整工艺指标 检查送电系统 清除振动原因

5.2　罗茨风机检修

5.2.1　罗茨风机检修内容

5.2.1.1　A 级检修项目

（1）检查、清洗油箱过滤器和进、出口冷却水管。

（2）调整皮带松紧或检查联轴器对中。

（3）检查、清理气体过滤器。

（4）校验安全阀、自控装置、压力调节器。

（5）清洗检查轴承、轴套。

（6）清洗检查传动齿轮、调节齿轮及零部件。

（7）检查调整或更换各部位密封。

（8）测量、调整各部位间隙。

（9）检查主轴、机壳、齿轮及前后墙板。

（10）检查主、从动转子，必要时进行动、静平衡试验和探伤。

（11）校正机座水平，更换整组风机叶片、衬板、叶轮或机壳。

5.2.2　检修前的准备工作

5.2.2.1　掌握风机运行情况，并备齐必要的图纸资料。

5.2.2.2　备齐检修工具、量具、起重机具、配件及材料。

5.2.2.3　切断电源，工艺处理符合安全检修条件。

5.2.2.4 按照 HSE 要求，进行拆卸前的危害识别和风险评估。

5.2.3 检修程序与质量标准

5.2.3.1 拆卸与检查

（1）从风机上拆下所有附件，检查转子之间、转子与缸壁之间间隙。

（2）拆卸联轴节或皮带轮，检查弹性圈或三角皮带。

（3）拆卸齿轮箱，检查齿面及调节齿轮螺栓。

（4）拆卸轴承、轴承箱，检查油封、轴承。

（5）拆卸密封部件，检查迷宫套、动、静环、O 形圈等密封零部件。

（6）拆墙板，检查墙板、转子。

5.2.3.2 检修质量标准

（1）机体

a）机体应无损伤、裂纹。

b）机体安装水平度为 0.04mm/m。

（2）转子

a）转子表面应无砂眼、气孔、裂纹等缺陷。

b）转子端面圆跳动值不大于 0.05mm。

c）转子进行静平衡或动平衡校验。

d）转子之间间隙、转子与机壳、墙板以及齿轮副侧的间隙应符合厂方装配图纸规定。

e）转子应转动灵活，机壳内无杂物。

（3）轴

a）轴表面应光滑无磨痕及裂纹等现象。

b）轴颈的圆柱度不大于轴径公差之半。

c）轴的同轴度为 0.03mm/m。

（4）联轴器

a）联轴器的对中，径向圆跳动不大于 0.06mm，端面圆跳动不大于 0.05mm。

b）联轴器安装时的轴向间隙应符合表 51。

表 51 联轴器安装轴向间隙

mm

联轴器最大外圆直径	106～170	190～260	290～350
轴向间隙	2～4	2～4	4～6

（5）三角皮带

a）皮带的张紧力 W 适度。在皮带的中心位置朝垂直于皮带的方向加力 W，使这点的挠度达到 δ=0.016L，则所加力 W 应符合表 52 规定。

表 52　皮带的张紧力

N

皮带型别	5V	8V
W_{min}	76.21	211.70
W_{max}	101.90	271.50

b）皮带槽中心线偏差不大于 0.05mm/100mm，带轴孔和轴的配合采用 H7/k6。

（6）轴承

a）滚动轴承

（a）滚动体与滚道表面应磨痕、麻点、锈蚀。

（b）滚动轴承内圈与轴采用 H7/k6 配合，轴承座与外圈采用 JS7/h6。

（c）滚动轴承安装必须紧靠在轴肩或轴肩垫上。

（d）热装轴承温度不大于 100℃，严禁用直接火焰加热。

b）滑动轴承

（a）瓦面印迹均匀，一般不小于 2～3 点 /cm^2，其接触角一般为 60° ～90° 。

（b）间隙见表 53。

表 53　滑动轴承间隙

mm

轴颈	轴承顶间隙	轴颈	轴承顶间隙
30～50	0.06～0.08	80～120	0.12～0.16
50～80	0.08～0.12	120～160	0.16～0.20

（c）侧间隙为顶间隙的 1/2。

（d）轴承衬与轴承衬背应接触良好，接触面积一般在 60% 以上。

（7）密封装置

a）V 形环与轴的过盈尺寸一般为 0.1mm。

b）迷宫式密封轴套两端的平行度不大于 0.01m，密封环座与轴套的轴向间隙一般为 0.2～0.5mm。

c）机械密封组装后，在密封动环部位对轴中心线径向跳动不得大于 0.06mm。

（8）传动齿轮

a）齿轮用键固定后径向位移不超过 0.02mm。

b）齿表面接触沿齿高不小于 50%，沿齿宽不小于 70%。

c）齿顶间隙取 0.2*m*～0.3*m*（*m* 为模数），侧间隙应符合表 54 规定。

表 54　传动齿轮侧间隙

mm

中心距	＜ 50	50～80	80～120	120～200	200～320	320～520	520～800
侧间隙	0.085	0.105	0.13	0.17	0.21	0.26	0.34

5.2.4 试车与验收

5.2.4.1 试车前准备

（1）检查检修记录，确认数据合格。

（2）检查部件修补或更换情况，流道内不得有焊渣等硬杂颗粒。

（3）注入润滑油，油面应到达油位指示计的刻度线。

（4）冷却水和密封油进、出管路，并检查不得有漏水、漏油现象。

（5）按旋转方向手动盘车检查有无异常现象。

（6）仪表指示准确、好用。

（7）点动电机，确认旋转方向。

5.2.4.2 试车

（1）无负荷运转半小时后，检查风机工作情况是否有变化，若无变化就逐渐加大负荷，不可突然加载到额定负荷，每升一次负荷运转 4h，试车 24h。

（2）转子运转无杂音，振动情况符合 SHS 01003《石油化工旋转机械振动标准》。

（3）轴承温度符合：滚动轴承不大于 70℃，滑动轴承不大于 65℃。

（4）冷却水、密封油、润滑系统应畅通不漏。

（5）轴封部位应无泄漏。

（6）安全阀、自控装置、压力调节器好用。

（7）出口温度、风压及电流符合规定。

5.2.4.3 验收

（1）连续 24h，各项技术指标均达到设计值或满足生产需要。

（2）设备达到完好标准。

（3）检修记录齐全准确。按规定办理验收手续。

5.2.5 维护与故障处理

5.2.5.1 日常维护

（1）检查各部位螺栓是否松动。

（2）检查机壳温度有无异常温升。

（3）定时检查轴承温度做好记录。

（4）定时检查是否有摩擦或振动。

（5）定时检查润滑油位。

（6）定时检查吸、排气压力，检查安全阀是否起跳。

（7）定时检查电机负荷。

（8）定时检查冷却水管是否畅通。

（9）定期巡检并做记录。

5.2.5.2 常见故障与处理方法

罗茨风机常见故障与处理方法见表 55。

表 55　罗茨风机常见故障与处理方法

序号	故障	原因	处理方法
1	风量波动或不足	过滤器网眼堵塞 间隙增大 皮带打滑、转速不够 管道法兰漏气 轴封装置漏气 安全阀漏气	更换或清洗过滤器 检查调整间隙 调整或更换皮带 更换垫片 修理或更换 研磨或更换
2	电机过载	过滤器网眼堵塞，负荷过大 管路压力损失增大 叶轮与墙板接触 压力超过铭牌规定	更新或清洗过滤器 校对进出口压力 增大调整测间隙 控制实际工作压力不超铭牌值
3	过热	油位过多、过少，油不清洁、油黏度过大或过小 轴与轴承偏斜；风机轴与电机轴不同心 轴瓦刮研质量不好、接触面积过小或接触不良 轴瓦端与止推垫圈间隙过小 轴承压盖太紧，轴承内无间隙 滚动轴承损坏，保持架破损 压力比增大 叶轮与墙板接触 转子与气缸壁有摩擦 油箱冷却不良	添加或更换润滑油 找正，使两轴同心 刮研轴瓦 调整间隙 调整压盖衬垫 更换轴承 检查进出口压力 增大侧隙 调整间隙 检查冷却水路畅通
4	异音	同步齿轮与叶轮位置失调 装配不良 不正常的压力上升 因超载或润滑不良造成齿轮损伤 轴承磨损严重	按规定位置校正 重新装配 检查压力上升的原因 更新齿轮 更换轴承
5	轴损坏	超负荷	重新调整至额定负荷
6	轴承齿轮严重损坏	润滑不好 润滑油量不足	更换润滑油 添加润滑油，更换轴承齿轮
7	密封泄漏	密封环与轴套不同心 轴弯曲 机壳变形使密封环侧磨损 密封环内进入硬性杂物 转子振动过大，其径向振幅之半大于密封径向间隙 轴承间隙超差 轴瓦刮研偏斜或中心与设计不符	调整更换皮带，联轴器找正 调直轴 修理或更换 清理 调整间隙 调整间隙或更换轴承 调整各部间隙或重新换瓦

表 55　罗茨风机常见故障与处理方法（续）

序号	故障	原因	处理方法
8	启不动	进、排气口堵塞或阀门打不开 电机接线不对或其他电器问题	拆除堵塞物或打开阀门 检查接线或其他电器
9	润滑油泄漏	油位过高 密封失效	静态油位在油位线上方 3～5mm 换密封件
10	振动大	基础不稳固 电机风机对中不良 轴承磨损	加固、紧牢 按说明书找正 换轴承

6　锅炉本体高压阀门与管道

6.1　高压截止阀检修

6.1.1　检修内容

（1）检查、修理传动装置；并校验力矩保护和行程限位。
（2）检查、清理轴承及压板。
（3）检查、修理阀杆和丝母。
（4）检查、修理阀芯和阀座密封面。
（5）检查、清理填料箱及更换填料。
（6）更换齿形垫和柔性石墨自密封圈。
（7）检查、清理所有螺栓。
（8）检查、修理填料压盖。
（9）检查、修理阀盖，阀体结合面。
（10）检查、修理阀芯保险垫及锁母。

6.1.2　检修程序与质量标准

高压截止阀检修程序与质量标准见表 56。

表 56　高压截止阀检修程序与质量标准

检修内容	工艺要点	质量要求
检修前的准备工作	1. 准备好工具材料和备品； 2. 打开疏水阀确认管道无水、汽； 3. 切断操作电源拆去传动装置电源线； 4. 阀体保温拆除	

表 56 高压截止阀检修程序与质量标准（续）

检修内容	工艺要点	质量要求
解体	1. 修理阀座，如有麻点沟槽应进行处理；检查阀座密封面、有无磨损、腐蚀和裂纹、并研磨； 2. 拆卸阀盖，检查阀芯密封面有无吹损沟槽、麻点并进行研磨； 3. 拆卸检查平面滚珠轴承，用煤油清洗检查轴承有无损伤、锈蚀、转动是否灵活，否则应予更换； 4. 检查轴承压板丝扣是否完整，外壳丝扣是否完整； 5. 检查格兰螺丝及螺母有无腐蚀，丝扣是否完整，检查格兰压板有否弯曲变形； 6. 检查阀杆有无弯曲变形、锈蚀吹损，顶端圆弧有无磨损； 7. 清理填料箱填料，检查填料垫是否变形锈蚀，有无裂纹； 8. 研磨阀盖与阀座结合面，用平板砂布研磨； 9. 检查阀杆背帽丝扣完整无损； 10. 检查修理阀体上螺孔、检查双头螺栓丝扣完整无损	1. 阀杆 ①阀杆弯曲度不大于阀杆全长的 1‰，不圆度小于 0.05mm。 ②阀杆螺纹完好，当磨损超过原厚度 1/3 时应更换，顶部圆球面良好。 ③阀杆和填料接触部分沟槽和腐蚀面不超过填料箱深度的 1/4，均匀点蚀深度不大于 0.3mm，其他部位无缺陷。 ④阀杆与填料接触部分粗糙度 $R_a \leq 0.4\mu m$。 ⑤阀杆与填料阀座的间隙为 0.10～0.15mm。 ⑥阀杆装上后应能保证阀芯关严。 2. 填料及填料箱 ①填料箱内壁腐蚀，吹损面不得超过填料箱深度的 1/4。 ②填料压盖，填料座圈的内外径与阀杆填料箱之间间隙为 0.2～0.5mm。 ③填料的数量要适当，一般应低于填料箱深度 2～3mm，加填料应均匀，各圈间接口错开 120～180°。填料搭接处切口角度应≤45°。阀门开关灵活。 ④填料与填料箱间隙为 0.1～0.15mm，座圈与填料箱的间隙为 0.1～0.15mm。 ⑤用聚四氟乙烯加工的填料，不得用于油系统或温度≥250℃的蒸汽系统阀门上
装复	1. 组装阀芯与阀杆； 2. 装配阀杆与杆盖时，注意不要漏装填料垫圈和填料压板； 3. 将阀杆处于全关位置试装阀门，检查阀盖与阀体应有间隙； 4. 将阀杆处于全开位置，放上垫片进行装配。对角均匀紧固法兰螺栓，并随时检查法兰的间隙必须均匀，装配时螺栓应涂上二硫化钼油剂； 5. 装填料； 6. 装复手轮或转动装置； 7. 备品阀门解体检修，单独水压试验后挂上合格证	1. 螺栓 ①螺栓和螺母应按照钢印制度打印标记，合金钢螺栓在使用前应编号并送金属试验室检查合格，其硬度值应符合表 56 之要求，经过使用后螺栓其硬度值不得大于 HB302； ②螺栓如粗糙度≤ 1.0μm，二级精度，螺栓与螺母配合部分无松动和卡涩； ③对于 25Cr2MoV，M32 以上螺栓，其光杆部分为小腰身过渡圆角符合图纸要求； ④螺栓使用时要用二硫化钼擦过，装上设备旋入部分螺纹不小于螺纹公称直径的 1.25 倍，螺母旋紧后螺栓露牙一般以露出 2～3 牙为宜； ⑤打紧螺栓要防止过应力，一般予应力控制在 250MPa 左右。对于 M32～M36 以上螺栓假如没有力矩扳手宜用磅手锤均匀打紧；

表 56 高压截止阀检修程序与质量标准（续）

检修内容	工艺要点	质量要求
装复		⑥螺母与螺栓不得使用相同材料。螺母硬度应小于螺栓硬度 HB20～HB40； ⑦不同材质紧固件的硬度和热处理要求见表 56； 2. 法兰 ①有凹凸环的法兰应能自由嵌合，其径向间隙一般为 0.2～0.5mm，凸环不得小于凹环的高度； ②法兰不得有气孔、裂纹、毛刺和其他降低法兰强度的缺陷； ③法兰密封面光滑平正，不得有腐蚀，凹坑和径向丝痕不超过密封面宽度的 1/3； ④齿形垫压出痕迹应磨去； ⑤凹凸法兰密封面，凸面宽度不应小予凹面宽度的 2/3； 3. 垫片材质 ①当介质温度≤ 450℃时选用 10# 钢，当介质温度＞450℃时，一般宜选用 1Cr18Ni9Ti； ②齿形垫片内径比法兰接合面内径大 1～3mm；当 *PN* ＜0.5MPa 可选用耐高温橡胶板或紫铜垫片；不锈钢缠绕石墨垫片，使用范围根据制造厂规定； ③齿形垫片表面不应有毛刺及贯穿沟痕； ④齿形垫端面不平行度误差每 100mm 直径不超过 0.05mm：齿高误差＜0.10mm，齿顶宽一般应为 0.3～0.5mm； ⑤任何齿形垫片，不得重复使用； ⑥紫铜垫片在使用前要进行软化热处理； ⑦耐高温橡胶垫片表面不应有折损、皱纹等缺陷； 4. 传动装置 ①受力块无裂纹变形； ②传动齿轮牙齿不应有缺损，啮合良好，配合间隙＜ 0.5mm； ③传动轴弯曲不超过 0.05mn，与轴承的配合紧力为 0.00～0.02mm； ④轴承滚珠内外圈无锈斑，起皮、麻点、轴承滚珠的间隙 0.06～0.15mm；使用后＜ 0.25mm，轴承座与外圈间隙为 0.03～0.05mm； ⑤机械力矩弹簧无裂纹、松弛等缺陷； ⑥电动校验前必须手操传动机构运转灵活，无卡涩，阀门开关位置在半开启状态； ⑦截止阀电动下限为 4～6 圈，闸阀电动下限为 10～15 圈；

表 56　高压截止阀检修程序与质量标准（续）

检修内容	工艺要点	质量要求
装复		⑧机械力矩应能在零位时动作； 5. 阀瓣与阀座 ①阀瓣与阀座密封面应无划痕腐蚀坑点； ②阀瓣与阀座密封面为面接触时，有效密封宽度应大于密封面宽度的 2/3，阀瓣与阀座应用红丹粉镶配，其四周颜色深浅一致； ③阀瓣与阀座密封面为线接触时，密封面宽度为 1.0～1.5mm，阀芯与阀座镶配时，凡尔线无局部亮点断线现象； ④阀杆顶部与阀芯为球面接触并留有间隙对 *DN*10～25 阀门为 *DN*0.5～1.0mm，对 *DN*50 以上为 *DN*1.0～2.0mm； ⑤阀芯与锁紧螺母不得松动，保证垫片按 90° 上下翻边，不得出现断裂、松动现象； ⑥导向板螺栓轧紧，不得松动，阀门全关位置时，导向板与填料压盖仍有一定间隙； ⑦四合环、垫圈光滑，无锈蚀。四合环厚度均匀，无破损、变形现象。垫圈无变形，裂纹等缺陷

表 57　螺栓、螺母热处理工艺

序号	钢号	热处理工艺	下屈服强度 R_{eL}	抗拉强度 R_m	断后伸长率 *A* /%	断面收缩率 /%	冲击韧性 / (J/cm^2)	未热处理硬度	退火后硬度
			MPa		≥			≤	
1	25	正火（GB/T 699—2015）	275	450	25	55	90	170	—
2	35	正火（GB/T 699—2015）	315	530	20	45	70	197	—
3	35SiMn	880～900℃油冷 560～620℃空冷	588	784	17	50	60	235～277	235～300
4	35CrMo	880～900℃油冷 560～620℃空冷	686	833	12	40	60	230～270	230～300
5	$25Cr_2MoV$	950℃油冷 660～670℃ 3h 空冷	686～883	784～931	15	50	60	248～293	220～300
6	$25Cr_2Mo_1V$	1000～1050℃油冷 960℃空冷 700～720℃回火	666～764	774～872	16	50	80	248～293	230～300

表 57　螺栓、螺母热处理工艺（续）

<table>
<tr><th rowspan="2">序号</th><th rowspan="2">钢号</th><th rowspan="2">热处理工艺</th><th>下屈服强度 R_{eL}</th><th>抗拉强度 R_m</th><th>断后伸长率 A /%</th><th>断面收缩率 /%</th><th>冲击韧性 / (J/cm²)</th><th>未热处理硬度</th><th>退火后硬度</th></tr>
<tr><th colspan="2">MPa</th><th colspan="3">≥</th><th colspan="2">≤</th></tr>
<tr><td>7</td><td>$25Cr_2MoVTiB$</td><td>1000～1050℃油冷
720～740℃ 6h空冷</td><td>686</td><td>784</td><td>12</td><td>45</td><td>40</td><td>230～270</td><td>230～300</td></tr>
</table>

6.1.3　质量验收

6.1.3.1　阀芯、阀座的密封面。

6.1.3.2　阀杆。

6.1.3.3　紧固件。

6.1.3.4　阀体内部情况。

6.1.3.5　技术记录。

6.1.3.6　验收合格后，验收人员在验收单上签字。

6.1.4　常见故障与处理方法

高压截止阀常见故障与处理方法见表 58。

表 58　高压截止阀常见故障与处理方法

序号	故障现象	故障原因	消除方法
1	阀门内漏	1. 关闭未到位； 2. 研磨质量差； 3. 杂物卡住	1. 关闭严密； 2. 重新研磨； 3. 开启阀门冲洗杂质后关闭，若仍漏则解体
2	阀盖结合面漏	1. 螺栓紧固程度不够或紧偏； 2. 齿形垫结合面不平或有横沟； 3. 门盖结合面不平	1. 重新均匀拧紧螺栓； 2. 更换合格齿形垫； 3. 修正门盖结合面
3	格兰漏	1. 填料质量不佳； 2. 填料未压紧或压偏，或加填料时搭口未错开	1. 换新填料； 2. 注意加装方法
4	阀门开不出	1. 填料压得过紧； 2. 球墨铸铁阀杆螺母碎裂	1. 稍松格兰； 2. 更换阀杆螺母或更换阀杆螺母材质，改锡磷青铜

表 58 高压截止阀常见故障与处理方法（续）

序号	故障现象	故障原因	消除方法
5	阀芯脱落	1. 阀体锁母或锁紧垫未紧好； 2. 锁紧垫材料不良	1. 拆开阀门检查，重新拧紧； 2. 更换锁紧垫
6	阀芯卡涩	1. 调节阀阀芯与阀瓣间隙不均过小或杂物卡涩； 2. 闸阀关闭后未回松； 3. 闸阀、调节阀开启时压差过大； 4. 电气故障	1. 解体修理； 2. 拆去电动头，人工开出； 3. 先开旁路均压后开启； 4. 检查修理
7	调节阀漏量过大	1. 调节机构不准确； 2. 标志不清； 3. 阀瓣与阀座间隙超大或错位	1. 重新校对执行机构； 2. 重作开关记号； 3. 更换阀瓣校对窗口

6.2 高压闸阀检修

6.2.1 A 级检修内容

（1）阀体内外部检查。

（2）检查和修理传动装置。

（3）检查和修理阀杆与丝母。

（4）检查和清理填料箱以及更换填料。

（5）检查和修理阀瓣和阀座密封面。

（6）更换齿形垫或自密封圈。

（7）检查和清理所有螺栓。

（8）检查和修理阀盖和阀体的结合面。

（9）检查和修理左右两半阀瓣连接件。

（10）检查和修理阀瓣上下夹板。

（11）四合环（六合环）垫圈等的修理。

6.2.2 检修程序与质量标准

高压闸阀检修程序与质量标准见表 59。

表 59 高压闸阀检修程序与质量标准

检修程序	工艺要点	质量要求
检修前的准备工作	1. 解列系统管路泄压至零，放尽剩余水汽； 2. 隔绝操作电源及系统； 3. 拆除阀盖处保温	

表 59　高压闸阀检修程序与质量标准（续）

检修程序	工艺要点	质量要求
高压闸阀检修	1. 拆除齿轮箱用螺丝刀将传动齿轮盖上的螺钉拆下揭盖取下，拿出传动大齿轮和阀杆上的键，并清洁齿轮箱内部，油盅及传动齿轮。 2. 拆卸阀盖： ①对法兰或闸阀用套筒死扳手拆卸螺栓，用煤油清洗螺栓，螺帽丝扣涂以二硫化钼配对放置； ②对自密封闸阀，用专用工具拆卸四合环取下压圈，撬去自密封垫圈，吊出阀盖。 3. 取出齿形垫检查阀盖和阀体结合有无深的凹槽沟道，径向划纹等缺陷，以便进行研磨修理。 4. 检查阀瓣及阀座密封面。检查阀瓣和阀座密封面的接触面磨损情况，有无腐蚀、裂纹、斑点等缺陷并作好记录。 5. 卸阀瓣。将阀瓣锁紧螺母旋松，解列掉锁紧垫。对于双阀瓣结构，需解列上支持件取出销子，将阀瓣和半圆球取出。 6. 拆卸制动背帽（压轴承的）将轴承取出。用螺丝刀将制动背帽与外壳固定销钉卸下，用大扳手将背帽拆下再用专用工具将轴承取出。 7. 拆下阀杆螺母，将阀杆螺母取出。 8. 拆卸格兰，清理填料。将格兰螺丝松开拿下格兰，将填料箱内的盘根全部清理干净。 9. 检修阀杆，检查阀杆的弯曲和腐蚀程度，超过质量标准的应进行调直或更换。阀杆与填料接触部分如有划痕腐蚀应用砂纸打磨光亮，打磨后仍超过标准应更换。 10. 修理阀盖和阀体结合面： ①当阀盖和阀体接合面有沟道、麻点划纹且深度不超过1mm，可采用研磨加以消除，当沟道、麻点划痕等深度超过 1mm 或贯穿整个工作面时应进行加工，用平刮刀刮平后再进行研磨或砂纸研磨消除，对打磨不能去除的腐蚀，吹损深坑，允许清理干净后补焊，并修复到平整，经补焊修复的部位，不允许存在因焊接啮边引起贯穿性沟痕； ②研磨时除砂均匀用力，研磨时若发现卡涩时，应去掉旧的磨砂更换新的； ③对自密封闸阀应修研阀体、阀盖自密封处的结合面。 11. 阀瓣与阀座密封面的研磨： ①当阀瓣密封面上有较深麻点和沟槽可送金工用车床光出。缺陷较轻时可用 1# 砂纸进行打磨再用凡尔砂研磨或用 0# 砂纸涂少量机油进行研磨；	1. 阀瓣、阀座密封面硬质合金无裂纹，无不均匀光泽，表面硬度均匀且不低于 HRC38～HRC40。密封面的粗糙度 $R_a \leqslant 0.10\mu m$，密封面应平直，径向吻合度不低于 80%，且密封面周圈接触均匀无断线。 2. 阀体无裂纹和沟槽，与自密封垫圈结合面处光滑，阀座与阀体结合牢固，无松动现象。 3. 夹板无变形缺损。下夹板与夹卷焊接要牢固，位置要对称。 4. 方向顶光洁无起皮，顶部圆弧无变形，配合部分无卡死松动，垫片总厚度≤ 5mm，垫片数量≤ 3 片。 5. 闸阀组装： ①闸板密封面应高出阀座密封面 4～5mm； ②压紧螺母要扳紧，保险垫片按 90° 角上下翻边，不得出现断裂松动等情况。 6. 对自密封阀门： ①填料箱，阀体与密封圈的接触应光洁平整，无磨点、沟槽与裂纹； ②柔性石墨自密封圈尖口端无损伤、沟槽、丝痕，与阀盖斜面角度差小于 2°，与阀体配合间隙为 0.10～0.20mm； ③密封圈和填料箱、阀体三者吻合处的圆应同心，其椭圆度＜ 0.20～0.30mm； ④柔性石墨密封圈不得重复使用。 7. 其他质量要求见本规程高压截止阀部分

表 59　高压闸阀检修程序与质量标准（续）

检修程序	工艺要点	质量要求
高压闸阀检修	②当阀座密封面上有较深麻点和裂纹时，可用平板压砂布或涂研磨砂进行研磨，研磨时需用力均匀，并随时检查结合面的亮度，发现研偏立即纠正，直到密封面达到标准为止。 12. 螺栓及螺母的修理。螺母的六角度钝后要进行修正。对合金钢紧固件应送金属实验室检查材质与硬度。 13. 装阀瓣，把左右两阀瓣和半圆球组合在阀杆上，拼紧阀瓣上夹板拧紧螺母、压紧阀瓣放入阀座中检查阀瓣与阀座接触情况，当接触面过闸或不到位，可在半圆球平面处加垫或减垫调整之。当密封面四周着力不均，应进行修磨 14. 装推力轴承与阀杆螺母推力轴承内应加装润滑脂。 15. 装阀杆于阀盖。 16. 装制动背帽。 17. 装传动齿轮。将键放于阀杆的键槽内，将齿轮套装在阀杆螺母上，并用螺丝刀把螺钉拧紧，再试验转动情况，放入润滑脂后装上箱盖，拧紧螺丝。 18. 装齿形垫和阀盖： ①阀盖及阀体结合面擦清，放上合格齿形垫； ②吊起阀盖轻轻放入阀体内并对准原来安装位置记号； ③均匀拧紧螺栓，紧螺栓时应对称进行，并测量法兰四周间隙； ④螺栓使用时应用二硫化钼擦过； ⑤自密封闸阀，对硬质自密封圈，应检查密封圈的倾角小于阀盖斜面倾角 3°～5°，刃口无缺口，接触不断线。 19. 装转动手轮及方向接头。 20. 校电动头，调整力矩保护及电动限位位置	

6.2.3　质量验收

6.2.3.1　阀体内部情况。

6.2.3.2　阀杆与阀瓣密封面。

6.2.3.3　阀体及阀盖结合面。

6.2.3.4　紧固件。

6.2.3.5　技术记录。

6.2.3.6　验收合格后，验收人员和验收单上签字。

6.2.4　常见故障与处理方法

高压闸阀常见故障与处理参见表 58。

6.3 调节阀检修

6.3.1 A 级检修内容

（1）检修阀杆及格兰，填料箱修理。
（2）修理阀体阀盖止口接合面。
（3）阀瓣与阀座（套筒）研修，测量间隙。
（4）检查修理联动调节零部件，开度指示器校对，定极限。
（5）漏流量试验。

6.3.2 检修程序与质量标准

调节阀检修程序与质量标准见表 60。

表 60 调节阀检修程序与质量标准

设备名称	工艺要点	质量要求
回转式调节阀	1. 取下阀盖后记录垫片厚度把全部螺栓卸下，清理检查，涂铅粉备用； 2. 取出阀瓣内套，如卡住可用紫铜棒从后侧向前顶出，检查阀瓣与阀座内外套接合面磨损情况及其不圆度，测量配合间隙，并检查阀座焊口； 3. 检查阀体和阀盖结合面上是否有麻点、沟痕、凸凹不平等现象，如有深沟可先补焊后用刮刀或进行机械车削修复，清理填料箱，打磨内壁，打磨阀盖与密封垫圈的结合面； 4. 修复螺丝扣应达到完整，无秃扣，乱扣等现象； 5. 用砂布或砂条打磨阀瓣与阀座接合面，达到手动旋转自由灵活； 6. 检查阀杆及拨杆的磨损情况，用砂布打磨光亮，检查方榫根部无裂纹； 7. 组装时注意阀瓣与阀座套筒上的流量释放孔对齐； 8. 四合环、垫圈打磨光洁	1. 阀瓣与阀座配合间隙为 0.20～0.40mm，间隙超过 1mm 时更换新阀门，旋转 360° 无卡涩现象，阀杆在盘根处的麻点深度不得超过 0.5mm； 2. 阀瓣汽蚀冲刷深度小于 0.01mm，表面光洁，椭圆度＜1%，上、下、中三点鼓形度偏差＜0.20mm； 3. 阀瓣与阀座套筒上的流量释放孔对齐； 4. 阀杆方榫处根部应有 $R \geqslant$ 5mm 的过度，方榫不得有弧度； 5. 阀杆轴向窜动量应在 0.5～2.0mm； 6. 阀把与方榫的连接应紧固，不得有间隙； 7. 其他有关质量要求，见本规程高压截止阀部分； 8. 开关位置指示正确。阀门在开关全行程无卡涩，无虚行程和松动现象，流量特性曲线应符合要求。漏量试验满足热工给水自动要求
柱塞式调节阀	1. 检查阀座阀瓣冲刷损坏情况，有无裂纹及配合间隙，对阀瓣与阀座的密封面进行研磨； 2. 清理干净阀杆表面污垢，检查阀杆缺陷，对弯曲部分应校直；	1. 阀瓣与阀座的密封面应光洁无伤痕和裂纹，表面粗糙度 R_a ＜ 0.63mm，间隙在 0.10～0.30mm，大于 1mm 时更换新阀门； 2. 阀体与阀盖结合面光洁平整，填料箱内壁、填料压盖及座圈光洁；

表 60　调节阀检修程序与质量标准（续）

设备名称	工艺要点	质量要求
柱塞式调节阀	3. 清理填料箱，并打磨内壁、填料压盖及座圈，打磨阀盖与密封圈结合面； 4. 打磨四合环、垫圈，检查四合环材质、硬度	3. 其他有关质量要求见本规程高压截止阀部分； 4. 开关位置指示正确，阀门在开关全行程无卡涩，无虚行程和松动现象，流量特性曲线应符合等百分比，漏量试验满足热工给水自动要求

6.3.3　验收项目

6.3.3.1　装配符合质量标准，外观检查符合要求。

6.3.3.2　开关方向正确、灵活。

6.3.3.3　验收合格后，验收人员在验收单上签字。

6.3.4　常见故障与处理方法

常见故障与处理方法见表 57。

6.4　水位计检修

6.4.1　检修内容

6.4.1.1　云母水位计 A 级检修项目

（1）上下组合阀解体研修。

（2）水位计解体检修，云母片更换。

（3）水位计罩壳修复，校核零位，调整刻度。

（4）随炉水压试验。

6.4.1.2　玻璃管水位计 A 级检修项目

（1）上下组合阀解体检修零部件完善。

（2）水位计表体解体检修。

（3）水位计校正零位，调整刻度。

（4）随炉水压试验。

6.4.1.3　双色水位计 A 级检修项目

（1）汽水阀门解体研修，更换填料及密封垫片。

（2）表体部分解体检修。

（3）光学部分检修。

（4）观察罩修复，调整刻度，校正零点。

（5）随炉水压试验。

6.4.1.4　电接点水位计 A 级检修项目

（1）汽相管、水相管与汽包连接阀门更换或解体研磨及法兰检修。

（2）测量筒排污管连接阀门更换或解体研磨及法兰检修。

（3）定期更换电极。

（4）更换仪表内备的蓄电池。

（5）测量筒内部及电极清洗除垢

（6）仪表控制部分检查调试。

6.4.2　云母水位计检修程序与质量标准

6.4.2.1　将卸下的螺栓清洗除锈，检查修理后，涂铅粉放好。

6.4.2.2　研磨本体密封面、并用平板检验合格。

6.4.2.3　将内外压板用砂布磨平。

6.4.2.4　组装后再做一次全面检查，达到连通孔畅通完好。

6.4.2.5　将合格的云母片叠置起来连同紫铜片固定在压板上，上好压板，用专用扳手均匀紧固。紫铜垫片必须经退火软化处理。云母水位计的螺丝一定要紧得均匀，要保证云母片与水位计的本体紧密结合在一起不泄漏。实际检修可采取如图 10 所示的紧固螺丝的顺序。

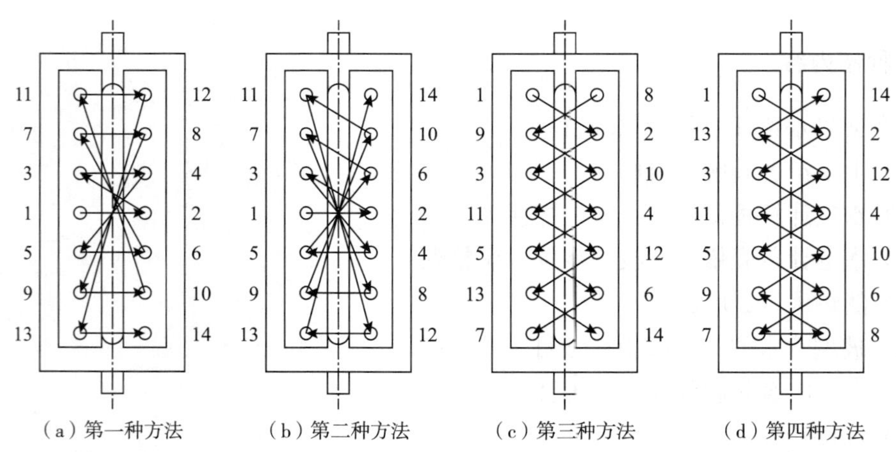

（a）第一种方法　（b）第二种方法　（c）第三种方法　（d）第四种方法

图 10　云母水位计紧螺丝顺序图

6.4.2.6　装水位计外罩，校核水位计零位，调整水位计中心线刻度。

6.4.2.7　各部结合面应光洁平整，无麻点和沟痕，粗糙度 $R_a \leqslant 0.8\mu m$。

6.4.2.8　云母片应光滑透明，无折痕、重皮等现象，组合后的云母片总厚度为 1.2～1.5mm，紫铜垫片为 0.5～0.7mm，垫片最佳厚度为 0.5～0.8mm。

6.4.3　玻璃管水位计的检修与质量标准。

6.4.3.1　清扫各表体内部杂物疏通各个连接通孔。

6.4.3.2 将合格的密封圈逐个套在玻璃管上检查松紧程度，装入表体，放好压环，两端丝堵均匀紧固。

6.4.3.3 按原位置安装找正，紧固好连接螺母。

6.4.3.4 在表体上划好水位指示的刻度线，标出极限水位。

6.4.4 双色水位计的检修与质量标准

6.4.4.1 密封元件更换时必须将窗口清理干净，在装云母和玻璃时，保持清洁，以保证装配后清晰可见。

6.4.4.2 按顺序将新的密封垫、云母片等逐个放入表体，均匀紧固螺丝，垫片表面涂上一层鳞片石墨润滑剂。

6.4.4.3 当表体预热至正常的运行温度后，压板螺丝应该进行热紧。

6.4.4.4 红绿玻璃、透光板、灯泡擦拭干净，完好。

6.4.4.5 汽水阀门检修，按照高压阀门检修的有关规定。

6.4.4.6 观测窗孔密封面应该光滑、平整、完好，粗糙度≤ 0.8μm。组装时云母片与玻璃必须紧贴。

6.4.4.7 光学部分必须调整到清晰透明的水为绿色，气为红色的要求。

6.4.5 电接点水位计的检修与质量标准

6.4.5.1 液位变送器（测量筒包括电接点）必须按照厂家说明书安装，方向垂直。

6.4.5.2 测量筒体安装前或解体 A 级检修后必须用四氯化碳或其他洗涤剂清洗，去除油污和铁屑。

6.4.5.3 电接点安装或更换之前先用兆欧表测试其绝缘电阻，其值不小于 500MΩ。

6.4.5.4 电极安装或更换时应在螺纹处涂抹少许石墨油脂，以便于维护和下次更换。

6.4.5.5 汽水阀门检修，按照高压阀门检修的有关规定。

6.4.5.6 运行中测量筒应该定期排污清洗，保持电极清洁，防止结垢。

6.4.5.7 仪表连接线应与高温、潮湿位置保持一定距离。

6.4.6 质量验收

6.4.6.1 核对装配尺寸；

6.4.6.2 核对水位计零位；

6.4.6.3 工作压力试验；

6.4.6.4 验收合格后，验收人员在验收单上签字。

6.4.7 常见故障与处理方法

水位计常见故障与处理见表 61。

表 61　水位计常见故障与处理方法

序号	故障现象	故障原因	消除方法
1	水位计爆破	1. 投入时速度过快； 2. 材质质量不好	1. 运行增加暖表时间； 2. 组装时加强云母片、玻璃管质量验收
2	水位计指示不清晰	1. 结垢； 2. 光源未对准或亮度不足	1. 清洗水位计； 2. 调整双色水位计光学系统，或更换损坏的灯泡
3	水位计泄漏	1. 安装不良； 2. 材质不良； 3. 电极座泄漏	1. 提高研磨质量，改进紧固螺栓顺序； 2. 更换不良的材质； 3. 紧固电极或更换
4	电接点水位计个别绿色发光二极管不亮	相应位置发光二极管或元器件损坏	按水位计检测按钮确定位置后检修更换损坏元器件

6.5　安全阀

6.5.1　检修内容

6.5.1.1　A 级检修项目

（1）主安全阀解体检修。

（2）脉冲安全阀解体检修。

（3）缓冲器解体检修。

（4）排汽管、支吊架检查。

（5）安全阀热态校验。

6.5.2　检修准备工作

6.5.2.1　准备好起吊工具。

6.5.2.2　准备好法兰口堵板，封条及安全阀的备品备件。

6.5.2.3　对各部件作必要标记。

6.5.2.4　检查集汽联箱应无压力。

6.5.3　主安全阀检修与质量标准

6.5.3.1　主安全阀解体检修

（1）测量弹簧解体前的原压缩尺寸、作好记录，拆下弹簧。

（2）拆下安全阀各部件。

（3）检修活塞室。清扫检查汽缸，应无擦伤，沟痕等缺陷。如有，应用纱布打光。测量汽缸的直径。

（4）测量活塞环在活塞上的间隙做好记录。

（5）测量活塞与汽缸的间隙做好记录。

（6）将每个活塞环分别投入汽缸内，测量间隙做好记录。

（7）各部件修理后将活塞环放入活塞，装入汽缸内再做测量，做好记录。组装时，汽缸内壁、活塞、活塞环应擦二硫化钼粉。汽缸，活塞和活塞环各部间隙应符合图 11 的要求。

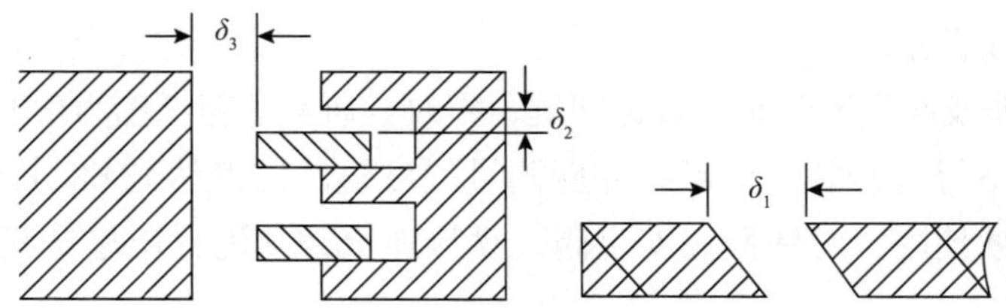

图 11　安全阀活塞环与活塞汽缸的间隙

（8）检查盘形弹簧的性能应良好．对弹簧式主安全阀，盘形弹簧应做压瘪试验。

（9）阀杆检修。检查阀杆端顶圆球球面应无磨损，阀杆应无弯曲、变形和锈蚀，伤痕等缺陷。用砂纸打光阀杆。

（10）检查研磨阀芯，阀座密封面，测量阀芯与导向槽的间隙，一般应在 0.6～0.8mm。

（11）检查清理所有螺栓、主法兰合金钢螺栓螺帽应经光谱、硬度测试合格。

（12）修理法兰结合面，选配齿形垫。

（13）检查清理填料箱。

（14）组装安全阀。阀芯与阀杆，活塞与拉杆，阀杆与拉杆保险螺母应拧紧，锁垫应扣牢。复装弹簧前用手拉推拉杆，确认活塞阀芯等无卡塞。

（15）调整弹簧压缩量。

6.5.3.2　脉冲安全阀解体检修

（1）检查杠杆水平情况，测量重锤位置或弹簧高度。

（2）检查杠杆有无变形弯曲，各处刃口、支点有无变形磨损。

（3）检查阀杆，消除缺陷，测量阀杆与套筒间隙并做好记录。

（4）检查阀芯阀座密封面，并进行研磨镶配。

（5）检查弹簧并做压缩试验，测量弹性曲线。

（6）组装脉冲安全阀，根据安全阀起座定值，整定弹簧压缩量或整定重锤的位置。

6.5.3.3　缓冲器的检修

（1）检查修理止回阀，清理膨胀箱内污垢。

（2）检查更换止回阀弹簧。

6.5.3.4　质量标准

（1）脉冲安全阀杠杆头部应圆滑无变形。回座杠杆头部圆弧面与压杆端面的距离，必须调整到脉冲安全间的行程加 3.0～3.5mm。

（2）脉冲安全阀开启行程为 2～2.5mm。

（3）脉冲安全阀阀芯与导向衬套之间间隙为 0.25～0.30mm。

（4）脉冲安全阀导向衬套与连杆之间间隙为 0.20～0.25mm。

（5）弹簧不得有永久变形，两端面不平行度≤ 0.50mm，中心线倾斜度＜ 1mm，弹簧应作力学试验，根据试验结果调整弹簧的实际压缩高度。

（6）阀体要放置水平，底座的紧固螺丝不允许有松动。阀门装好后，应调整铁线圈的铁芯与阀体平面成直角。

（7）主安全阀瓣及阀座密封画无腐蚀凹坑、裂纹。研磨后粗糙度为 0.100～0.025μm。

（8）盘形弹簧不得有开裂、变形。并应测量硬度值，硬度达到 HRC40～HRC45。对硬度不均匀的不能继续使用。对弹簧主安全阀、盘形弹簧必须进行压瘪试验，以测量其弹性值。

（9）主安全阀柱形弹簧的两端面不平行度≤ 0.5mm。中心线倾斜度＜ 1mm，自由高度允差为 2.5～4.5mm。

（10）主安全阀的活塞环与活塞、汽缸的配合间隙（见图 11）：

δ_1=1～2mm

δ_2=0.10～0.20mm

δ_3=0.25～0.35mm

（11）活塞环自由开口间隙 6～8mm，端面弯曲度＜ 0.05mm，活塞环放在检验环规内，漏光长度不大于圆周长度的 1/3，径向间隙＜ 0.05mm，活塞环边角应倒成 R 为 0.5mm 的圆角。

（12）活塞环与汽缸不得使用相同材料。活塞环材料 2Cr13，HB 为 180～200。汽缸材料为 3Cr13，HB 为 280～320。

（13）汽缸内壁不得有丝痕、凹凸，粗糙度≤ 0.4μm。内缸椭圆度≤ 0.1mm，锥度≤ 0.1mm。

（14）脉冲式主安全阀全开行程为 30～32mm，弹簧式主安全阀全开行程为≥ 1 /4 喉口直径。

6.5.4 验收项目

6.5.4.1 主安全阀的活塞环与活塞，汽缸之间的间隙。

6.5.4.2 安全阀的活塞与汽缸。

6.5.4.3 主安全阀的密封面。

6.5.4.4 主安全阀的全开尺寸。

6.5.4.5 脉冲安全阀阀瓣与阀座的镶配质量。

6.5.4.6 验收合格后，验收人员在验收单上签字。

6.5.5 常见故障与处理方法

安全阀常见故障与处理方法见表 62。

表 62 安全阀常见故障与处理方法

序号	故障现象	故障原因	解除方法
1	脉冲阀阀芯泄漏	阀芯密封面研磨质量不合格 阀杆、支点有卡住摩擦使阀芯顶偏	重新研磨 重校杠杆，检查各支点顶点，消除缺陷
2	主阀不动作	电磁开关吸住造成进汽量不足 内部卡塞 格兰、拉杆锈住或盘根太紧 电磁线圈锈住	请热工检查电磁装置 松松格兰螺栓，转动拉杆 解体检查 解体检查电磁线圈
3	主阀不回座	吹扫不彻底、脏东西使阀芯、密封面损坏， 内部卡塞 选用了不带内加强圈的缠绕垫，垫片散落卡塞阀芯	重新研磨 稍微敲打振动再若不行解体检查 解体，换金属齿型垫、退火铜垫或带内加强圈的缠绕垫

6.6 主蒸汽管道

6.6.1 检修内容

6.6.1.1 A 级检修项目

（1）检查修理支吊架及保温。

（2）对弯头外壁可疑部位进行着色探伤。

（3）管道焊缝进行射线或超声波探伤抽查。

（4）蠕胀测量及计称。

（5）对管道定点进行厚度、硬度、金相测试。

（6）主蒸汽的旁路，疏水管接管座角焊缝及其弯头检查。

（7）法兰式主汽流量喷嘴检查

6.6.1.2 A 级检修特殊项目

（1）割换主蒸汽管子、三通及弯头。

（2）割管作材质鉴定试验。

（3）焊接式蒸汽流量喷嘴检查。

（4）主蒸汽管普查鉴定。

6.6.2 主蒸汽管的检修与质量标准

6.6.2.1 检查主蒸汽管保温必须完整，表面不得有裸露在露天或有漏水的部位，应有防水的设施。表面散热损失超过国家标准的应予更换。

6.6.2.2 测量主蒸汽管弯头，过热器出口导汽管弯头的壁厚和椭圆度，并与原始数据进行比较。当发现椭圆度明显减少时，应采取措施。测量位置应定位定点。

6.6.2.3 主蒸汽管道的疏水、放水、放汽、旁路管道的接管座不得采用直插形式，应按《火力发电厂汽水管道零件及部件典型设计》选用接管座连接。已投入运行的直插型连接应逐步更换成接管座连接。

6.6.2.4 检查主蒸汽管的疏水管，旁路管，压力表管的接管座，温度表座角焊缝及其影响区，应无皱纹。

6.6.2.5 对使用温度超过 450℃的主蒸汽管，不应使用铸造三通。若已使用，检查时发现下列情况应予处理：

（1）已运行 20×10^4h，应根据情况逐步更换。

（2）发现严重缺陷应及时处理，如需更换，应更换非铸造三通。

6.6.2.6 检查发现弯头外壁有蠕变裂纹时，应予更换；虽无裂纹，但金相组织严重球化时，应根据情况逐步更换。

6.6.2.7 测量主蒸汽管蠕胀，并及时计算分析，测量蠕胀的量具应专用，并定期校验，妥善保管。测量人员应相对稳定，以减少测量误差。

6.6.2.8 当主蒸汽管道运行 20×10^4h，根据检测的金相组织、硬度状况割管进行材质评定。

6.6.2.9 检查主蒸汽管支架无卡涩，不脱空，吊架弹簧无压涩、无空载，以设计承载荷校核弹簧压缩度。运行 10×10^4h 应进行全面检查和调整。

6.6.2.10 更换主蒸汽管的三通、弯头、阀门时，应保证原设计的冷拉值。

6.6.2.11 主蒸汽流量喷嘴的螺栓、螺母的材质、硬度、强度及热处理要求见表 56。

6.6.2.12 在对主蒸汽管焊口进行探伤检查时，发现裂纹、未焊透等线性缺陷时，应予处理。对其他体积型缺陷，可按情况酌情处理。

6.6.3 质量验收

6.6.3.1 蠕胀测量及计算结果。

6.6.3.2 其他各项的检查修理技术记录。

6.6.3.3 验收合格后，验收人员应在验收单上签字。

7 冷渣机

冷渣机分为两大类：滚筒冷渣机、风水联合冷渣机。冷渣机系统的检修应按表 63 的规定执行。

表 63 冷渣机系统的检修程序与质量标准

设备名称	检修内容	工艺要点	质量要求
1. 风水联合冷渣机	风箱的检修	检查风箱无漏风，风箱与风管的连接处焊接可靠，风箱与布风板的结合面密封良好无漏风、漏灰	1. 风箱与风管连接处的连接可靠； 2. 风箱无漏点、开焊； 3. 风箱与布风板的结合面无开焊； 4. 箱体表面油漆完好； 5. 各温度压力测点安装牢固
	人孔门检修	检查人孔门与冷渣器本体的焊接良好，无漏风、漏灰	1. 人孔门与冷渣器本体焊接良好； 2. 人孔门上的把手完好； 3. 人孔门与冷渣器的密封面处有可靠的密封材料； 4. 人孔门操作灵活，严密不漏
	冷却水管的检查	1. 冷却水管在检修前做水压试验检查泄漏情况，检修结束后，还应进行水压试验； 2. 管内冲洗干净； 3. 接头密封泄漏时，更换密封垫片； 4. 检查防磨套和防磨销钉	1. 各间门严密不漏，冲洗干净； 2. 冷却水无短路； 3. 蛇形管固定牢固； 4. 焊接结束后，焊口要打磨光滑； 5. 防磨套和防磨销钉完好
	布风板的检修	1. 将布风板上的积灰清理干净，检查布风板； 2. 检查布风板的小孔孔径； 3. 检查布风板被磨损的面积和被磨损的厚度； 4. 检查布风板的大渣排放口的漏风情况； 5. 检查风帽的堵塞、磨损、松动情况	1. 布风板的板面无裂纹、凸凹、磨损厚度均匀，无铸造气孔、夹渣； 2. 布风板的小孔孔径被吹扫磨损不允许超过设计值 2mm，布风板 1/3 的面积被磨损厚度超过布风板设计厚度的 2/3 时应进行更换； 3. 风板与导流板之间的连接可靠，螺栓无松动； 4. 布风板与风箱接口处的密封严密，无漏风； 5. 风箱与风箱之间无窜风现象； 6. 风帽无堵塞、磨损、松动方向和高度符合设计要求
	导流板和吹扫管的检修	1. 导流板的坚直段的磨损超过 2/3 时，应及时更换； 2. 导流板的水平段磨穿，造成吹扫管外露时，应及时更换； 3. 吹扫管母管的管壁磨损超过 1/3 时，应及时更换； 4. 吹扫管被磨断时，应及时更换	1. 导流板无磨损； 2. 导流板与相对应的布风板连接牢固； 3. 导流板上安装吹扫管的槽无磨损，开口方向正确，吹扫营的安装角度正确； 4. 吹扫管的中心线和布风板的上平面平行，吹扫管无磨损

表 63　冷渣机系统的检修程序与质量标准（续）

设备名称	检修内容	工艺要点	质量要求
1. 风水联合冷渣机	隔墙的更换	1. 隔墙出现贯通式裂纹时，应进行更换； 2. 隔墙材料有大块脱落，脱落材料的直径超过 100mm 时，应进行更换； 3. 隔墙下部孔磨损后，直径超过 300mm 时，应进行更换； 4. 隔墙磨损后高度低于下一级隔板的高度时，应进行更换	1. 隔墙的安装位置正确； 2. 无裂纹、掉块、磨损； 3. 隔墙与周围挠筑料之间留有合适的膨胀间隙； 4. 隔墙下面弧形孔和布风板间的距离合适； 5. 各床层的隔墙平行布置； 6. 最后一级隔墙的高度不能低于溢流出渣口的下沿
	排渣系统的检修	1. 检查溢流口的钢板无变形，无焦块堵塞，浇筑料无脱落； 2. 检查电动旋转给料阀； 3. 大渣排放口与布风板的结合面处无漏风，大渣排放管无变形、烧坏现象，电动翻板门无磨损、漏风现象	1. 溢流管和大渣排放管的管壁磨损要用相应的焊条补焊，磨损超过设计壁厚的 2/3 时，应及时更换； 2. 电动旋转给料间转动灵活、无漏风溢流管无变形，电动间门灵活可靠； 3. 电动阎门无磨损、烧坏、变形
	内部冷却水管的检查	1. 冷却水管出现磨损漏水时，应进行更换； 2. 当水管上的蜡片磨损超过实际的 1/3 时，应及时更换水管	1. 冷却水管无磨损、烧坏、变形、漏水等现象； 2. 水管的蜡片无磨损、脱落、铺片与蜡片之间无焦块卡塞； 3. 水管的支撑良好无变形
2. 滚筒冷渣机	检修前的准备	检修前使系统停运，做好停电等安全措施准备好专用工作台及专用工具	1. 工器具检验合格； 2. 作好修前原始记录； 3. 进渣闸门关闭
	旋转水接头壳体与芯轴解体	1. 泄压放水； 2. 拆解冷却水进出管、硫水管、电控接线等； 3. 拆下外端盖； 4. 拆下芯轴端部的圆螺母，将壳体从芯轴上拉出	
	旋转接头检查	1. 检查旋转水接头的密封填料； 2. 检查旋转水接头的推力轴承	1. 适时调节填料压紧度，填料如失效，应更换； 2. 推力轴承严重磨损或损坏时，应进行更换
	冷渣机筒体外部检查	1. 检查滚筒高度的下降量； 2. 检查滚筒的轴向位置，通过冷渣机试运行调节挡轮，调整轴向位置； 3. 检查滚筒筒体有无裂纹、变形等缺陷	1. 滚筒高度允许的下降量为 *S*mm； 2. 滚筒的轴向位置保持其支撑圈端面与左右两标志板的间隙相等； 3. 滚筒筒体无裂纹、变形等缺陷

表 63　冷渣机系统的检修程序与质量标准（续）

设备名称	检修内容	工艺要点	质量要求
2. 滚筒冷渣机	冷渣机筒体内部检查	检查拎渣机内部部件的磨损、变形情况	滚筒内环向叶片的厚度磨损至不足6mm时，应焊补或更换叶片
	冷渣机进渣管检修	1. 检查密封环、密封固和进渣管； 2. 更换密封环和密封圈时，使用专用工具先拆进渣管； 3. 检查进渣管、膨胀节有无裂纹、变形、磨损及泄漏现象	1. 密封环、密封圈和进渣管等易损件磨损失常应更换或焊补； 2. 进渣管、膨胀节无裂纹、变形、磨损及泄漏现象
	支撑圈的检修	1. 现场制作临时支座将滚筒支承牢固； 2. 拆除进渣装置、出渣装置和旋转水接头； 3. 调低支承轮使支撑圈悬空； 4. 拆卸紧固支撑圈的螺栓后，将支撑圈沿滚筒轴向移出； 5. 安装支撑圈的步骤跟上述相反	1. 支承轮的轮体磨损至外径小于制造厂家的规定值时，需更新； 2. 支撑圈的外沿径向厚度小于制造厂家的规定值时，需更新
	大链轮的检修	1. 拆除链罩和链条； 2. 拆卸紧固大链轮的螺栓后，将原本两半的大链轮沿径向取出； 3. 去装大链轮步骤与上述相反	1. 链条拉伸长度达两个周节时，拆去两个链节； 2. 接触圆增大至啃合失常时，需更链条
	减速器的检修	1. 减速器放泊时，接入油盘； 2. 拆卸减速器上盖，结合面应放在胶皮或木板上，检查齿面的磨损情况； 3. 检查齿轮的暗合情况； 4. 测量齿顶、齿侧间隙； 5. 清洗检查轴承，测量轴承外固与瓦盖的径向间隙及与端盖的轴向间隙； 6. 减速器的齿轮、轴承磨损超标的应更换； 7. 清洗检查减速器内部，检查外壳应无裂纹或伤痕等缺陷	1. 滤泅合格； 2. 齿轮的磨损不超过其齿厚的 35%； 3. 接触面应达到齿面全长的 75%； 4. 齿顶间隙为（0.2～0.3mm）× 模数，齿侧间隙为 0.3～0.5mm； 5. 轴承滚珠无麻点、变色或裂纹等缺陆，轴承间隙不大 0.25mm； 6. 内壁清洗无泊垢及脏物，箱体完整无裂纹
	复装	1. 按拆卸的反序进行复装； 2. 联轴器校正	1. 密封填料完整，严密不漏； 2. 联轴器螺栓完好无缺陷，垫圈完整，无失效现象； 3. 两联轴器径向、轴向偏差不大于 0.1mm，面距为 4～6mm
	试运	1. 投运冷却水； 2. 手动盘车无异常后，送电试运； 3. 测量轴承的温度和振幅	1. 冷却水畅通无泄漏； 2. 转动方向正确，灵活无异音； 3. 轴承的温度、振幅符合厂家的规定

8 碎渣机

8.1 检修内容

碎渣机检修内容见表 64。

8.1.2 A 级检修项目

8.1.2.1 碎渣机内部检查、清理。

8.1.2.2 检修或更换轴承。

8.1.2.3 更换磨损的齿板、篦子、轴套、水封、填料等。

8.1.2.4 检修减速箱及传动装置。

8.1.2.5 紧固各部位螺栓。

8.2 检修程序与质量标准

碎渣机检修程序与质量标准见表 64。

表 64 碎渣机检修程序与质量标准

检修内容	工艺要点	质量要求
解体	1. 拆下入口方形短节； 2. 拆联轴器保护罩及螺栓； 3. 拆下减速箱螺栓，揭开上盖，吊出大、小齿轮轴及传动轴； 4. 拆下腭板弹簧拉杆，拆结合面螺栓，将腭板和箱体一起吊出； 5. 取出灰渣分离篦子； 6. 拆除大齿轮防护罩； 7. 拆下保护装置； 8. 拆主动轴大牙轮； 9. 拆轴承支座与轧辊一起吊出	
机壳的检修	1. 查机壳和护板的磨损情况，磨薄处补焊或更换； 2. 清理结合面； 3. 机壳结合面应加垫板并涂铅粉； 4. 装复两侧填料箱找中心； 5. 机壳上箱体检查孔完好； 6. 机壳下部钢架应完好，对脱焊及腐蚀严重处应补焊或更换	1. 机壳、护板及钢架的腐蚀、磨损量不得超过原厚度的 1/2，不得有断裂、脱焊现象； 2. 机壳严密不漏； 3. 填料箱的同心偏差小于 0.5mm，椭圆度小于 0.1mm； 4. 筛子网孔磨损 1/3 以上应更换

表 64　碎渣机检修程序与质量标准（续）

检修内容	工艺要点	质量要求
轧辊的检修	1. 检查测量轧辊齿板的磨损情况； 2. 检查或更换轴承； 3. 齿轮螺栓应完整无损	1. 辊轴两端档圈（压盘根处轴套）不得有沟槽、坑洞、磨损不得超过 0.20mm； 2. 辊轴的全长弯曲小于 0.1～0.2mm； 3. 轴颈处椭圆度和锥度小于 0.05mm； 4. 轧辊与轴的配合紧力为 0.03～0.05mm；轴与轴套的间隙为 0.01～0.03mm，并用顶丝固定； 5. 填料箱的中心误差小于 0.05mm； 6. 轴与大牙轮的配合紧力为 0.03～0.05mm；离合器与轴的配合紧力为 0.03～0.05mm； 7. 轴的水平误差不超 0.10mm/m
腭板的检修	1. 检查腭板两侧转轴孔的配合间隙； 2. 检查腭板有无断裂、缺损；检查两侧转轴供油孔应清洁畅通； 3. 检查腭板弹簧及调整螺杆磨损情况	1. 齿轮与破碎板磨损至原厚度的 1/2 应更换，局部磨损可进行补焊； 2. 齿轮与破碎板的装配应平整，可用垫薄铁皮的方法来调整装配间隙与平整程度； 3. 齿轮与破碎板的紧固螺栓方头磨损超过厚度的 1/2 时应更换； 4. 动腭上齿板与破碎板下部间隙 15～25mm，齿高磨损小于 10mm； 5. 缓冲弹簧的拉杆应无裂纹、弯曲变形和机械损伤
减速箱与传动轮的检修	1. 放油、清洗； 2. 检查齿轮啮合情况； 3. 检查或更换轴承； 4. 用刮刀清理变速箱结合面的杂物； 5. 变速箱机壳不得有裂纹、变形等缺陷	1. 减速箱齿轮齿面应光滑平整，不得有裂纹、砂眼、毛刺、凹坑等缺陷； 2. 齿轮节圆的点弦厚度磨损超过原厚度的 25% 时应翻边使用或更换； 3. 齿轮与轴的配合紧力一般为 0.02～0.05mm； 4. 轴承外圈与箱体配合间隙 0.04～0.10mm，内圈与轴的配合紧力为 0.01～0.03mm； 5. 齿轮啮合的齿顶间隙为 1.2～1.8mm，齿侧间隙为 0.35～0.5mm； 6. 色印检查齿轮啮合，其齿面接触应不小于齿长的 65%； 7. 传动大、小齿轮轮齿节圆的点弦厚度磨损超过原厚度的 25% 应更换； 8. 用色印检查齿面接触应不小于齿长的 65%； 9. 大齿轮与离合器齿接触良好，无毛刺、损伤； 10. 离合器上的弹簧应无裂纹、变形； 11. 传动齿轮的轴、径向晃动量小于 0.25mm

表 64　碎渣机检修程序与质量标准（续）

检修内容	工艺要点	质量要求
碎渣机装复	1. 碎渣机本体组装时的工序与拆卸时的顺序相反； 2. 装复时，应调整轧辊与腭板的下部间隙及轴承的轴向推力间隙须符合质量要求	1. 轴承座外壳不得有裂纹、砂眼等缺陷； 2. 辊轮大轴承座推力侧（大齿轮侧）端盖与轴承外圈端面间隙为 0.05～0.10mm，承力端轴承闷盖与轴承端面间隙为 1.0～1.2mm； 3. 中间轴轴承端盖与轴承外圈端面间隙为 0.05～0.10mm； 4. 传动小齿轮小轴承端盖与轴承外圈轴向间隙为 0.30～0.50mm； 5. 轴承外圈顶部与轴承座上盖间隙为 0.05～C.10mm； 6. 轴承内圈与轴的配合紧力为 0.01～0.03mm； 7. 联轴器径向偏差小于 0.10mm；端面偏差小于 0.10mm；（两半联轴器）轴向间隙为 2～5mm

8.3　验收

8.3.1　检修技术记录齐全、准确。

8.3.2　入口闸门关闭灵活。

8.3.3　碎渣机试转平稳、无异声，轴承温度正常。

8.3.4　验收合格后，验收人员在验收单上签字。

8.4　日常维护

8.4.1　严格执行润滑管理制度。

8.4.2　检查轴承、减速机运转情况。

8.4.3　检查漏油、漏水、漏灰。

8.4.4　检查齿轮与破碎板磨损。

8.4.5　检查联轴器、液力偶合器是否完好。

8.5　常见故障与处理方法

碎渣机常见故障与处理方法见表 65。

表 65　碎渣机常见故障与处理方法

序号	故障现象	故障原因	消除方法
1	碎渣机堵塞	1. 碎渣机分离篦子磨坏不能正常分离； 2. 轧辊与腭板间隙过大； 3. 灰斗落入铁块及坚硬杂物带入机内； 4. 碎渣机长期不运转，机内积满灰渣	1. 焊补或更换篦子； 2. 调整轧辊与腭板间距离在 25mm 内； 3. 清除内部灰渣及杂物； 4. 开机前，清灰渣，冲洗

表 65 碎渣机常见故障与处理方法（续）

序号	故障现象	故障原因	消除方法
2	减速箱发热	1. 减速箱缺油或油位过高； 2. 润滑油变质或太脏； 3. 轴承损坏或间隙过小； 4. 减速箱齿轮啮合间隙小	1. 添加润滑油应适量； 2. 清洗减速箱，更换润滑油； 3. 更换轴承或调整间隙； 4. 调整啮合间隙
3	机械保护动作	1. 机内进入坚硬物； 2. 支挡弹簧缓冲力不够； 3. 大齿轮花键离合器动作； 4. 花键联合器弹簧力不够	1. 打开入口取出杂物； 2. 调整弹簧长度以保证足够的缓冲力； 3. 找出动作原因，进行消除； 4. 调整弹簧长度或更换弹簧
4	电气保护动作	1. 碎渣机内积满灰渣，电动机启动跳闸； 2. 机内进入硬物，机械保护失灵，造成电机超负荷引起电气保护跳闸； 3. 电气故障	1. 清除机内灰渣； 2. 修复机械保护设施，取出卡住物体； 3. 消除电气故障
5	碎渣机压兰漏水量大	1. 轴封水压力低； 2. 漏灰水	1. 提高轴封水压； 2. 更换轴套或密封填料

9 捞渣机

9.1 刮板式捞渣机检修

9.1.1 A 级检修内容

（1）捞渣机内部检查、清理。

（2）检修或更换轴承。

（3）更换磨损的刮板、销钉、轴套、主动轮、从动轮、导轮、链条、水封、填料等。

（4）检修减速箱及传动装置。

（5）紧固各部位螺栓。

（6）液压关断门检修。

9.1.2 检修程序与质量标准

刮板式捞渣机检修程序与质量标准见表 66。

表 66　刮板式捞渣机检修程序与质量标准

<table>
<tr><th>检修内容</th><th>工艺要点</th><th>质量要求</th></tr>
<tr><td>刮板检修</td><td>1. 将机尾拆开，推至一侧；
2. 启动捞渣机将需要更换的刮板转到机尾后停止运行，切断电机电源，将刮板开口销拆下，然后将销钉冲出后拆下刮板；
3. 新刮板安装前需要进行认真检查，是否有裂纹、变形等缺陷，对有严重缺陷的刮板不能使用；
4. 将更换的刮板与原刮板链接头组装好</td><td rowspan="2">1. 箱体外部清洁无杂物。箱体钢板腐蚀磨损不超过原厚度 1/2；
2. 主动轮、从动轮、托轮轮齿磨损 1/3 时应进行更换。主动轴两端轴向间隙 0.1～0.2mm；
3. 各轴承润滑油加到室容积的 2/3；
4. 所有螺栓、定位销、端盖等工件完好，紧力均匀无松动现象；
5. 轴承径向游隙应小于轴承内径 3‰，轴承外圈与孔径配合公差范围为 -0.02～+0.03mm；
6. 轴承端盖与孔径配合公差为 +0.01mm；
7. 各托轮、导轮及主、从动轮，磨损超过原厚度 1/3 时应更换。装配后不许有松动、偏斜、不到位等现象；
8. 所有配合轴径和孔径其加工圆度、圆柱度均不超过 0.02mm；
9. 链条的总长拉长率大于 5% 时，应全部更换新链条。一般情况两侧链条应同时更换以保持其长度相等；
10. 刮板磨损大于 1/3 时应更换；
11. 铸石板损坏时要更换填补，相邻两衬板平面偏差值小于 2.50mm；
12. 刮板之间的距离应保持合理距离，以防掉链</td></tr>
<tr><td>链条长度调整</td><td>用专用板手调节机尾两侧张紧调节链轮，当张紧调节链轮升至极限高度后，可采取割去一段环链的方法，使张紧链轮降至最低位置。具体方法如下：启动捞渣机使接链环运行至机尾部，停止捞渣机运行并切断电机电源；用工具将接链环上的销钉取下后接链可打开，将接链环放到指定地点保存好；用捣链将链条拉直，调整到适当长度后将长出的链环割去，割去的链环应为偶数并且两条链环割取数相等</td></tr>
<tr><td>减速机检修</td><td>1. 放油、清洗；
2. 检查齿轮啮合情况；
3. 检查或更换轴承；
4. 清理变速箱结合面的杂物</td><td>1. 密封性能良好，无渗漏油现象；
2. 牙轮磨损超过原厚度 1/3 时应更换；
3. 牙轮装配后不许有松动、偏斜、不到位等现象；
4. 齿面接触一般沿齿宽不小于 65%，沿齿长不小于 50%，并不得偏向一侧；
5. 减速箱箱体与箱盖结合面应严密，不应有变形现象；
6. 变速箱机壳不得有裂纹、变形等缺陷；
7. 轴承内外圈、保持架、滚动体均无划痕，麻坑，起皮，锈垢等缺陷；
8. 若轴承热装时，其加热温度为 90～110℃</td></tr>
<tr><td>传动轮系统检修</td><td>1. 拆开传动链条、罩壳、两侧轴承盖、调节螺杆及固定螺栓等，取出传动轮轴及轮体；
2. 解体、清洗、检查零件；
3. 更换损坏的轴承；
4. 组装并回装</td><td></td></tr>
</table>

9.1.3 验收

9.1.3.1 检修技术记录齐全、准确。

9.1.3.2 现场整洁，设备干净。

9.1.3.3 无渗油、漏水现象。

9.1.3.4 试转平稳、无异常声响，轴承温度正常。

9.1.3.5 验收合格后，验收人员在验收单上签字。

9.1.4 日常维护

9.1.4.1 严格执行润滑管理制度。

9.1.4.2 检查调整链条松紧度。

9.1.4.3 检查各轴承运转情况。

9.1.4.4 检查冲链水、刮板冲洗水、轴封水是否畅通。

9.1.4.5 检查刮板、链条、销钉、开口销磨损情况。

9.1.4.6 检查漏油、漏水、漏灰情况。

9.1.5 常见故障与处理

刮板式捞渣机常见故障与处理方法见表 67。

表 67 刮板式捞渣机常见故障与处理方法

序号	故障现象	故障原因	消除方法
1	减速机发热	1. 减速机缺油或油位过高； 2. 润滑油变质或太脏； 3. 轴承损坏或间隙过小； 4. 减速箱齿轮啮合间隙小	1. 加润滑油应适量； 2. 清洗减速箱，更换润滑油； 3. 更换轴承或调整间隙； 4. 调整啮合间隙
2	机械保护动作	1. 机内进入异物； 2. 链条偏斜； 3. 链条松弛	1. 取出异物； 2. 找出原因进行消除； 3. 调紧链条
3	电气保护动作	1. 机内积满灰渣，电动机启动跳闸； 2. 机内进入硬物，机械保护失灵，造成电机超负荷引起电器保护跳闸； 3. 电气故障	1. 清除机内灰渣； 2. 修复机械保护设施，取出卡住物体； 3. 消除电气故障
4	机尾漏灰渣	链条冲洗水中断	恢复链条冲洗水
5	电机空转	1. 传动皮带打滑； 2. 传动链条断开	1. 调紧或更换皮带； 2. 恢复传动链条

9.2 螺旋式捞渣机

9.2.1 A 级检修检修内容

（1）捞渣机内部清理。
（2）检修更换上轴承，更换润滑脂。
（3）检修更换螺旋体。
（4）检修更换下轴承体，更换润滑脂。
（5）检修减速电机及传动装置。
（6）冷却水检查疏通。
（7）检修机壳。

9.2.2 检修程序与质量标准

螺旋式捞渣机检修程序与质量标准见表 68。

表 68 螺旋式捞渣机检修程序与质量标准

检修内容	工艺要点	质量要求
解体	1. 拆开检修人孔门，放净水，清理灰渣； 2. 拆除捞渣机与渣斗的连接螺栓； 3. 拆下下轴承冷却水管； 4. 沿导轨拖出捞渣机； 5. 拆卸减速机； 6. 拆卸上轴承； 7. 拆卸下轴承； 8. 吊出螺旋体； 9. 组装工序与拆卸时工序相反	1. 螺旋体叶片和渣刀磨损严重，影响出渣时，应及时修补或更换； 2. 螺旋翼厚度腐蚀磨损超过 1/2，应更换，不超过 1/2 的进行焊补； 3. 螺旋翼与水平夹角应符合图纸要求； 4. 螺旋体与筒体允许最小间隙 5mm，最大间隙 25mm； 5. 推入捞渣机后，与渣斗连接中心位置不应偏心； 6. 渣斗下部应沉入捞渣机槽体的密封水中，冷态时埋入深度就应符合图纸要求
槽体检修	检查槽体磨损状况，腐蚀、磨薄处补焊或更换。	槽体磨损量不超过原厚度的 1/2，不得有断裂、脱焊、泄露现象。
减速机检修	1. 盘车检查减速机是否灵活，若卡涩，检修轴承和滚针或更换； 2. 减速机加油	减速机转动灵活，无异音
上轴承检修	1. 轴承清洗，检查轴承内外圈及保持架是否损坏，测量间隙，若损坏或超标进行更换； 2. 轴承更换，应检查游隙、内圈与轴配合间隙；测量轴承外圈与轴承座孔径向装配间隙；轴承与底座接触角符合要求；上轴套应顶紧轴承内圈；侧盖轴封毛毡应密封严密；轴承座孔应清理干净； 3. 轴承加润滑脂，装配	1. 外观检查无脱皮、磨损、锈蚀、凹坑、裂纹、和过热变色缺陷； 2. 滑道与滚动体应光滑，保持架应完好无损； 3. 轴承内圈与轴的配合为基孔制配合，配合间隙应符合设计要求； 4. 轴承外圈与孔的配合为基轴制配合，配合间隙应符合设计要求； 5. 轴承径向游隙应小于轴承内径的 3‰； 6. 轴承侧盖与轴承外圈端面间隙 0.2～0.4mm； 7. 上轴套应顶紧轴承内圈

表 68　螺旋式捞渣机检修程序与质量标准（续）

检修内容	工艺要点	质量要求
下轴承检修	1. 检查轴封水冷却和润滑水管是否通畅，进行疏通； 2. 更换轴套； 3. 更换下轴瓦（布质酚醛层压板），抢修时，若顶部磨损不严重，可反转使用； 4. 更换密封垫片	1. 轴套应光滑无磨损，与轴应有 0.01～0.03mm 紧力； 2. 轴套与下轴瓦允许最大间隙不大于 4mm； 3. 轴封水冷却和润滑水管应畅通

9.2.3　试运

9.2.3.1　首先点动反转，然后正转。

9.2.3.2　运转方向正确。

9.2.4　验收

9.2.4.1　检修技术记录齐全、准确。

9.2.4.2　运转平稳、无卡涩、无异音，轴承温度正常，无泄漏。

9.2.4.3　验收合格后，验收人员在验收单上签字。

9.2.5　维护与故障处理

9.2.5.1　维护

（1）严格执行润滑管理制度，定期对设备进行加油或换油。

（2）检查各轴承运转情况。

（3）检查螺旋体磨损情况。

（4）检查漏油、漏水、漏灰渣情况。

（5）检查冷却水是否畅通。

9.2.5.2　常见故障与处理方法

螺旋捞渣机常见故障与处理方法见表 69。

表 69　螺旋捞渣机常见故障与处理方法

序号	故障现象	故障原因	消除方法
1	捞渣机停转	1. 被渣块卡住； 2. 上下轴承损坏； 3. 电机、减速机损坏； 4. 销子断裂	1. 点动反转，排除渣块； 2. 检修更换； 3. 检修； 4. 更换销子
2	电机过载	1. 被渣块卡住； 2. 减速机损坏； 3. 上、下轴承损坏； 4. 缺油	1. 点动反转，排除渣块； 2. 检修； 3. 检修； 4. 加油

10 灰浆泵

10.1 A级检修内容

10.1.1 检查或更换磨损的叶轮、护套、前后护板。

10.1.2 解体检查轴承箱、轴封水系统、冷却水系统。

10.1.3 装配泵及各部件、坚固各部件螺栓。

10.1.4 测量并调整转子的轴向窜动量。

10.1.5 检查泵体、基础、地脚螺栓，必要时调整垫铁和泵体水平度。

10.1.6 联轴器找中心。

10.2 检修程序与质量标准

灰浆泵检修程序与质量标准见表70。

表70 灰浆泵检修程序与质量标准

检修内容	工艺要点	质量要求
拆卸前的准备	1. 掌握泵的运转情况，并备齐必要的图纸和资料； 2. 备齐检修工具、量具、起重机具、配件及材料； 3. 切断电源及设备与系统的联系，放净泵内介质，符合安全检修条件	
拆卸与检查	1. 拆卸联轴器安全罩，设定联轴器的定位标记，拆卸联轴器连接螺栓； 2. 拆除出、入短管； 3. 吊出电机； 4. 拆泵体大盖螺栓，吊出泵盖，拆前后护板、叶轮及护套； 5. 拆除填料压盖螺栓，掏出填料； 6. 拆卸轴封水管； 7. 拆轴承箱两侧压紧螺栓、调整螺栓、吊下轴承箱上盖； 8. 取出轴及轴承； 9. 轴承箱解体清洗； 10. 检查、修理或更换泵体、泵盖、叶轮、前、后护板、护套、轴及轴承； 11. 将轴放在V铁上检查轴弯曲度，如果弯曲超标，可采用调直或更换； 12. 检查轴箱体有无变形、裂纹； 13. 检修疏通冷却水系统； 14. 按原解体相反顺序装复； 15. 调整各部装间隙至符合图纸要求	1. 叶轮磨损不超过原厚度的1/3，螺纹完好无损，前后护板、护套等磨损不超过原厚度的1/2，否则予以更换。修补的或备用的叶轮应做静平衡试验合格。叶轮与前后护板的端间隙应符合图纸要求，一般间隙为0.80～2.00mm； 2. 叶轮、护板、护套及轴承箱体应无裂纹、砂孔等缺陷，结合平面平整严密，油位计指示清晰、准确； 3. 泵盖应完整无损与泵体结合严密不漏； 4. 主轴无裂纹、腐蚀及磨损，主轴弯曲度小于0.05mm/m，全长小于0.10mm。各轴颈的椭圆度锥度不大于0.05mm； 5. 联轴器、轴承、键、与轴的配合应符合图纸的要求； 6. 盘根箱内表面应无明显的磨损、沟槽；轴套外表面的磨损超过1.0mm或者有明显沟槽时应予更换，轴套与轴的配合间隙为0.02～0.09mm。盘根接头相错45°，相邻两圈盘根接头相错90°～180°。轴封水应畅通，轴封水泄漏小于20滴/min；

表 70　灰浆泵检修程序与质量标准（续）

检修内容	工艺要点	质量要求
拆卸与检查		7. 轴承径向游隙应小于轴承内径 3‰，轴承与轴配合过盈量为 0.00~0.02mm，轴承外圈与轴承室上盖的间隙为 0.05~0.10mm。推力轴承与轴承端盖间隙为 0.10~0.20mm。膨胀轴承与轴承端盖间隙为 0.3 0~0.5 0mm。轴承内、外圈，滚柱（珠）应无裂纹、麻点、起皮、锈斑等缺陷； 8. 进、出口短管磨损不超过原厚度的 1/2； 9. 联轴器两半中间间隙为 2~8mm； 10. 联轴器找中心时，其端面和圆周允许偏差小于 0.08mm； 11. 联轴器对中检查时，调整垫片每组不得超过 3 片

10.3　试车与验收

10.3.1　试车前准备

10.3.1.1　检查检修记录齐全、确认检修数据准确。

10.3.1.2　单试电机合格，确认转向正确。

10.3.1.3　盘车无卡涩现象和异常声响，轴封渗漏符合要求。

10.3.1.4　打开轴封水检查盘根渗漏符合要求。

10.3.2　试车

10.3.2.1　试运转中轴承无异声，温度小于 80℃，振动值小于 0.08mm。各部结合面、接头无漏水。

10.3.2.2　带负荷时电流不超过额定电流；能达到额定出力。

10.3.3　验收

10.3.3.1　连续运转 24h 后，各项技术指标均达到设计要求或能满足生产需要。

10.3.3.2　达到完好标准。

10.3.3.3　验收合格后，验收人员在验收单上签字。

10.4　维护与故障处理

10.4.1　日常维护

10.4.1.1　严格执行润滑管理制度。

10.4.1.2　定时检查出口压力、振动、密封泄漏、轴承温度等情况，发现问题应及时处理。

10.4.1.3　定期检查泵附属管线是否畅通。

10.4.1.4　定期检查泵各部螺栓是否松动。

10.4.2　常见故障与处理方法

灰浆泵常见故障与处理方法见表 71。

表 71　灰浆泵常见故障与处理方法

序号	故障现象	故障原因	处理方法
1	泵不吸水，压力表。指针剧烈振动。泵体振动大，声音异常	泵充水不够，吸水管进气或入口门未开，进水管堵塞	注水放气，开进口门。清除进水管堵塞物
2	泵出口有压力，但电流表指示偏低	出口阀门未开或阀芯脱落，叶轮或进、出水管堵塞	开出口阀门，检修出口阀清除堵塞物
3	泵的流量过小	泵的叶轮和出水管局部堵塞，泵内部件磨损过大	清洗泵及出水管，更换叶轮或前护板
4	填料发热、冒烟	填料压得过紧，注入的轴封水压力不够，渣浆浸入填料处	拧松填料或更换填料，提高轴封水压力
5	轴承发热	轴承缺油或油脏，中心偏差超标	添加或更换润滑油，重新找正泵与电机轴的同心度
6	泵振动大	中心偏差超标，叶轮不平衡	重新找中心，叶轮重新找平衡

11　给煤机

11.1　A 级检修内容

11.1.1　检查皮带、刮板给煤机的前后轴，调整皮带或刮板链的松紧度；检查磨损情况。

11.1.2　给煤机、减速箱解体，测量间隙，清洗零部件。

11.1.3　必要时，更换刮板给煤机的刮板；皮带给煤机的皮带。

11.1.4　检修给煤机机壳。

表 72　给煤机检修程序与质量标准

设备名称	检修内容	工艺要点	质量要求
1. 皮带给煤机	减速器检修	1. 切断电源，拆下联轴器保护罩，解开联轴器，放掉减速机内润滑油； 2. 拆卸轴承端盖及减速机结合面螺栓，吊去减速机上盖，取出齿轮组； 3. 清扫减速机箱体，检查齿轮与轴；	1. 轮齿厚度磨损不得超过原厚度的 1/3，轮毂无损伤，配重块焊接应牢固，轮毂与轴装配应无松动； 2. 轴承内外套及滚动体应无麻点及裂纹，保持架完整，轴承锁紧装置正常，无松动； 3. 轴承径向间隙不得超过质量要求值；

表 72 给煤机检修程序与质量标准（续）

设备名称	检修内容	工艺要点	质量要求
1. 皮带给煤机	减速器检修	4. 检查滚动轴承，测量各部间隙； 5. 检查减速机外壳，清理结合面垫片和密封脂。检查减速机箱体结合面，应无变形及损伤。清理油沟； 6. 检查油位计，清擦油污； 7. 修理或更换损坏的零件； 8. 组装各齿轮及轴承，留有推力间隙和膨胀间隙。用压铅丝方法确定结合面处垫片厚度； 9. 组装后盘动高速联轴器，检查转动灵活性； 10. 加入合格的润滑油	4. 机壳不得有裂纹； 5. 油位计指示正确； 6. 盘动高速联轴器应轻快，无杂声； 7. 各结合面处无漏油
	联轴器检修	1. 检查联轴器磨损情况； 2. 检查联轴器螺栓、缓冲垫等，应完好； 3. 检查联轴器与轴的装配情况，应无松动现象； 4. 更换联轴器时要符合图纸尺寸要求	1. 联轴器母体无裂纹，螺栓孔应完整，无变形，螺栓孔磨损超过4～5mm 时要修复或更换。与轴装配无松动； 2. 联轴器螺栓完好，缓冲垫正常，无损坏； 3. 键与键槽无损伤
	皮带检修	1. 检查皮带磨损、开裂和跑偏情况，超过质量要求时，要更换。 2. 皮带的铺设与胶接： ①准备新皮带，准备好黏胶材料； ②按线的层数加工接口，各刀口位置应放线，横向刀口应与皮带中心垂直； ③皮带的胶接工作可按有关运输皮带胶接规程执行； ④胶接口可割成直口或斜口（一般为45°），帆布层为四层以下的皮带不宜采用直口； ⑤胶接头可采用热胶法（加热硫化法）和冷胶法（自然固化法）； ⑥胶接头应根据帆布层数割成阶梯形； ⑦涂胶前阶梯面应干燥无水分，如果需要烘烤，加热温度不得超过 100℃； 3. 热胶法工艺： ①胶浆使用优质汽油（120 号航空汽油）浸泡胎面胶制成，应用时应调均匀，不得有生胶存在；	1. 皮带边磨损超过 20mm，皮带面磨损超过 1/3 或开裂、跑偏不能调整时，应更换；胶面无硬化、龟裂等变质现象。 2. 皮带的铺设与胶接： ①皮带胶接后拉紧装置有不少于3/4 的拉紧行程； ②覆盖胶较厚的一面为工作面； ③胶接口的工作面应顺着皮带的前进方向，两个接头间皮带长度应大于主动辊直径 6 倍； ④皮带的胶接头胶接试验扯断力不应低于原皮带总扯断力的 80%； ⑤加工胶接头时不得切伤或损坏帆布层，必须仔细清理剥离后的阶梯表面，不得有灰尘、油迹和橡胶粉末等；

表 72 给煤机检修程序与质量标准（续）

设备名称	检修内容	工艺要点	质量要求
1. 皮带给煤机	皮带检修	②涂胶一般分两次，第一次涂刷浓度较小的胶浆，第二次涂刷必须在第一次涂刷汽油味已消失和不粘手时进行。涂刷胶浆时要及时排除胶面上出现的气泡和高层。涂胶总厚度应使加压硫化后的胶层厚度与原皮带厚度相同； ③硫化时皮带接头应有 0.5MPa 左右的夹紧力，控制好硫化时间和温度。 4. 冷胶法： ①无论采用何种黏合剂，均要严格遵照其说明，按配比调配均匀，但调配时间不宜过早，以防挥发失效； ②配胶时要先计算好使用量，分两次涂完，刷胶时的涂胶方法同热胶法； ③固化时间应根据环境而定，胶接场所的环境温度低于 5℃时，不宜进行冷胶接工作； ④固化时胶接头应有适当、均匀的加紧力	⑥胶接头合口时必须对正，胶接头处厚度应均匀，无气孔、凸起和裂纹。 3. 热胶法硫化持续时间与硫化温度： 皮带层数　硫化温度/℃　硫化时间/min 3　143　12～15 4　143　18～20 5　140　25 6　140　30 8　138　35 10　138　45 ①温升不宜过快，根据皮带层数而定； ②硫化温度达到 120℃时，要紧一次螺栓，保持 0.5MPa 的夹紧力； ③硫化完成后，当温度降到 75℃以下时可拆卸硫化器； ④胶接头表面接缝处应覆盖一层涂胶的细帆布
	托辊检修	1. 检查托辊表面无损坏，轴承润滑脂未失效。如转动不灵活，要解体检修； 2. 主、从动辊筒要解体检查轴承，并加油润滑； 3. 更换损坏的滚动轴承； 4. 托辊安装校正	1. 托辊表面应光滑，无毛刺；轴承有润滑脂，转动灵活； 2. 主、从动滚筒轴承无损坏，间隙不大于相应型号轴承的要求值；内套装配牢固，轴封及密封装置完好； 3. 主、从动滚筒轴线必须与皮带相垂直，纵横向位置偏专不大于 5mm，水平偏差不大于 0.5mm，标高偏差 ±10mm； 4. 安装小托辊时，要使相邻托辊高低差不大于 2mm；小托辊应牢固地镶入支架槽内，靠头部滚筒处的几组托辐应与胶带充分接触

表 72　给煤机检修程序与质量标准（续）

设备名称	检修内容	工艺要点	质量要求
1. 皮带给煤机	拉紧装置检修	1. 检查尾部拉紧装置的灵活性； 2. 确定调整位置，如果不能调整，应断开皮带，重新黏接	拉紧装置应灵活，滑动面与丝杠均应平直；垂直拉紧装置的滑道应平行，升降要顺利灵活
	其他部件检修	1. 皮带架子与导煤槽有损坏、变形时应修理； 2. 检查构架，无扭曲变形，弯曲不得超过标准； 3. 检查导煤槽与皮带的平行情况、中心位置； 4. 检查皮带密封装置，更换磨损或损坏的皮带挡板； 5. 刮煤器应完整好用，压紧机构合理； 6. 检查断煤信号	1. 构架弯曲度不大于其长度的1/1000，全长弯曲不大于10mm； 2. 构架型钢无扭曲变形； 3. 每节构架中心与设计中心偏差不大于3mm，标高偏差±10mm，横向水平度偏差不大于3mm，纵向起伏平面度偏差不大于10mm； 4. 皮带密封装置密封严密，皮带挡板应完整，接触均匀； 5. 导煤槽与皮带平行中心一致； 6. 断煤信号应反应灵活
	电机校正	1. 电机与联轴器找正； 2. 安装联轴器及保护罩	1. 电机侧两半联轴器轴径向偏差不超过0.1mm，轴向间隙为2～3mm， 2. 联轴器与保护罩间无摩擦
	分部试运与整体试运	1. 试运电机； 2. 试运减速机； 3. 整体试运	1. 电流不得超过额定值； 2. 减速机振动不超过0.05mm，试运2h 减速机温度不超过50℃，轴承温度不超过80℃； 3. 调整皮带滚筒平行； 4. 各部法兰严密不漏，各部操作机构灵活好用
2. 刮板给煤机	箱体检修	1. 对变形或磨损超过质量要求的箱体进行挖补或更换； 2. 将结合面的垫片和密封脂清理干净，更换结合面垫片； 3. 检修各检查孔、检修孔，更换老化的密封填料； 4. 检修密封面螺栓，达到好用； 5. 检修煤层厚度调节装置； 6. 检查断煤信号	1. 箱体不得有变形，磨损超过原厚度的1/3时要挖补； 2. 结合面密封无泄漏； 3. 检查孔、检修孔活动灵活，并密封严密； 4. 密封面螺栓齐全； 5. 调节煤层的闸门，应升降灵活； 6. 断煤信号应反应灵活
	轮轴检修	1. 拆下前后轴，对轴承进行清洗检查，测量轴承间隙，并做好记录； 2. 检查前后轴无裂纹、弯曲等缺陷，如果发现缺陷，需处理；	1. 轴承与轴无松动，轴承内外套及滚动体应无麻点及裂纹，保持架完整； 2. 轴承径向间隙不得超过所使用轴承的要求值；

表 72　给煤机检修程序与质量标准（续）

设备名称	检修内容	工艺要点	质量要求
2. 刮板给煤机	轮轴检修	3. 检查轴承体； 4. 检查主动轮、尾轮的磨损情况； 5. 修理或更换损坏的零件。更换主动轮时，需将链条及轴承拆下再进行更换，更换尾轮需将尾部轴承拆下后进行	3. 轴与轴承体无裂纹、磨损等缺陷； 4. 主动轮、尾轮的磨损影响刮板运转时应更换
	刮板链条与滑道检修	1. 拆下部分箱体盖，转动给煤机，检查刮板、链节、连接轴的磨损情况； 2. 更换磨损变形、断裂的刮板，首先松开链条尾轮拉紧装置，拆下旧刮板链节，将新刮板链节就位，上好链节轴销，轴销与帽点焊牢固并调好链条紧度，固定拉紧装置，恢复箱盖； 3. 对局部弯曲变形的刮板，可用火焊校正； 4. 对磨损严重的滑道、落煤板应更换； 5. 链条检修后应试转正常后，方可投入运行	1. 刮板应平整，与底板间隙符合设计规定，空转无摩擦现象； 2. 轨道要求平直，水平度偏差不大于长度的 2/1000；两轨道之间平行距离偏差不大于 2mm； 3. 链条调整装置有 2/3 以上调整余量； 4. 滑道、落煤板磨损不超过原厚度的 1/3
	其他部件检修	同皮带给煤机	同皮带给煤机
	驱动装置检修	1. 拆下联轴器罩及螺栓移位电机，解开辊子链，卸下机座固定螺栓，移出减速器； 2. 放掉机壳中的润滑油，拆下联轴器、小链轮； 3. 检查机壳； 4. 做好装配印记后拆卸各部件； 5. 检查骨架密封各结合面垫； 6. 清洗检查齿轮磨损不得超过规定值，滚动轴承无缺陷； 7. 检查轴承内外套与轴及箱体； 8. 清理减速器内部及油面计，修理各部密封材料； 9. 按装配印记进行安装，注入合格的润滑油	1. 机壳无裂纹等缺陷； 2. 骨架密封各结合面垫无损坏、变形、变质及老化现象； 3. 轮齿磨损不得超过其厚度的 1/4； 4. 轴承与轴无松动，轴承件无麻点、裂纹、重皮、锈蚀，保持架完好； 5. 轴承径向间隙不得超过 0.2mm； 6. 油质合格，油位计显示正确清晰
	给煤机校正中心	1. 首先松开轴承箱固定螺栓与密封板螺栓； 2. 以给煤机中心线为基准调整主动轴，使其与中心相垂直；	1. 给煤器中心线与主动轴垂直误差不得超过 5/1000； 2. 主动轴水平误差不超过 2/1000；

表 72 给煤机检修程序与质量标准（续）

设备名称	检修内容	工艺要点	质量要求
2. 刮板给煤机	给煤机校正中心	3. 调整主动轴水平，调整主动齿轮中心与箱体中心在一条直线上； 4. 固定轴承座及密封板	3. 校正垫片不得超过 3 片
	减速器校正中心	1. 减速器校正要在给煤机找正后进行； 2. 把减速器调正与主轴相平行；调整减速器及大小链轮端面； 3. 拧紧减速器地脚螺栓	1. 减速器与主轴相平行； 2. 大小链轮端面在同一平面上； 3. 校正垫片不得超过 3 片
	电机校正中心	1. 以减速器联轴器为准调正电机； 2. 移动电机，达到要求后拧紧地脚螺栓； 3. 安装联轴器及保护罩	1. 联轴器的轴向偏差不得超过 0.08mm，径向偏差不得超过 0.1mm； 2. 校正垫片不得超过 3 片； 3. 联轴器传力件受力均匀，并有止退措施
	安装驱动装置传动链	1. 检查传动链条应无损坏、磨损、拉长等情况，链板及辊轮、轴装配应正确，转动应灵活； 2. 链条应涂足够润滑脂； 3. 检查链轮与链条配合良好，无脱节及卡住现象，上好齿轮罩	1. 大小链轮，轮齿磨损不超过 1/3； 2. 链条无损坏
3. 耐压式计量给煤机	箱体	1. 打开给煤机的前后检修门，清扫给煤机内部积煤； 2. 对变形或磨损超过质量要求的箱体进行挖补或更换； 3. 将结合面的垫片和密封脂清理干净，更换结合面垫片； 4. 检修各检查孔、检修孔，更换老化的密封填料； 5. 检修密封面螺栓，达到好用； 6. 检查断煤信号； 7. 检查前后照明装置； 8. 检查清扫观察孔玻璃	1. 给煤机内无积煤； 2. 箱体不得有变形，磨损超过原厚度的 1/3 时要挖补，磨损面积超过 1/2 时更换； 3. 结合面密封无泄漏； 4. 检查孔、检修孔活动灵活，并密封严密； 5. 密封面螺栓齐全； 6. 断煤信号应反应灵活； 7. 前后照明装置完好； 8. 观察孔玻璃应完整透明
	减速机检修	1. 拆下减速机电机，拆除给煤机端对轮，放掉减速机内润滑油； 2. 拆卸轴承端盖及减速机结合面螺栓，拆卸减速机上盖，取出齿轮组； 3. 清扫减速机箱体，检查齿轮与轴； 4. 检查滚动轴承，测量各部间隙；	1. 轮齿厚度磨损不超过原厚度的 1/3，轮毂无损坏，轮毂与轴装配应无松动； 2. 轴承内外套及滚动体应无麻点及裂纹，保持架完整，轴承锁紧装置正常，无松动； 3. 机壳不得有裂纹； 4. 油位计指示正确；

表 72　给煤机检修程序与质量标准（续）

设备名称	检修内容	工艺要点	质量要求
3. 耐压式计量给煤机	减速机检修	5. 检查减速机外壳，清理结合面垫片和密封脂。检查减速机箱体结合面，应无变形及损伤； 6. 检查油位计，清擦油污； 7. 修理或更换损坏的零件； 8. 组装各齿轮及轴承，留有推力间隙和膨胀间隙； 9. 组装后盘动高速联轴器，检查转动灵活性； 10. 加入合格的润滑油； 11. 检查给煤机端联轴器； 12. 减速机电机找正方法：用定位销找正，结合面各螺栓均匀对称根据标准力矩拧紧	5. 盘动高速联轴器应轻快、无杂声； 6. 各结合面处无漏油； 7. 联轴器母体无裂纹，螺栓孔应完整，与轴装配无松动
	皮带检修	1. 检查皮带磨损、开裂和跑偏情况，超过质量要求时要更换： 2. 皮带更换： ① 旋转张紧装置调节杆，使皮带放松。打开所有的检修门； ② 拆卸内部清扫器，使外部清扫器刮板完全脱离皮带； ③ 从驱动滚筒轴端拆下速度检测器； ④ 安装驰动滚筒支撑架； ⑤ 拆除驱动滚筒支力侧的轴承和法兰； ⑥ 在皮带和驱动滚筒之间插入拆卸槽，并将其固定在给煤机外壳上； ⑦ 在驱动滚筒和拆卸槽之间插入维修工具； ⑧ 放松驱动滚筒推力侧的紧固螺栓，拆下滚筒支撑架； ⑨ 安装好驱动滚筒的拆卸安装工具； ⑩ 用螺栓固定和支撑住减速机，使得减速机轴孔不承受驱动滚筒轴的压力； ⑪ 旋转工具，使驱动滚筒沿着拆卸槽滑动推出； ⑫ 拆下拆卸槽； ⑬ 拆下计量托辊和其他所有的托辊； ⑭ 拆下张紧装置螺母，并取出张紧装置弹簧装配组件；	1. 皮带落煤裙板磨损超过原厚度的 2/3，皮带面磨损超过 1/3 或开裂、跑偏不能调整时，应更换；胶面无硬化、龟裂等变质现象。 2. 皮带更换： ① 皮带表面无物料黏结及附着； ② 皮带安装时不得碰坏计量滚筒和传感器； ③ 外部清扫器刮板磨损应小于 5mm，且不能偏斜，橡胶板无严重磨损； ④ 内部清扫器橡胶板应长出框架 10mm； ⑤ 调整丝杠，使两侧丝杠旋出长度一致

表 72 给煤机检修程序与质量标准（续）

设备名称	检修内容	工艺要点	质量要求
3. 耐压式计量给煤机	皮带检修	⑮ 在张紧装置架上安装从动滚筒取出导轨； ⑯ 从给煤机后门取出输送胶带和从动滚筒； ⑰ 按照以上操作的相反步骤，安装皮带； ⑱ 无负载空裁给煤机，调整皮带张力和消除跑偏	
	托辊检修	1. 检查托辊表面无损坏，轴承润滑脂未失效；如转动不灵活，要解体检修； 2. 主、从动辊筒要解体检查轴承，并加油润滑； 3. 更换损坏的滚动轴承； 4. 托辊安装校正	1. 托辊表面应光滑，无毛刺；轴承有润滑脂，转动灵活； 2. 主、从动滚筒轴承无损坏，间隙不大于 0.35mm：内套装配牢固，轴封及密封装置完好； 3. 安装小托辊时，要使相邻托辊高低差不大于 2mm；小托辊应牢固地镶入支架槽内，托辊应与胶带充分接触； 4. 称重辊和两个称重跨距托辊直线度误差应在 0.05mm 内，以保证称重精度
	清扫刮板机构检修	1. 检查链条及链轮磨损情况； 2. 检查联轴器及连接销是否完好； 3. 检查清扫链主动轴、从动轴和轴承	1. 链条刮板不应有断裂、破损，磨损量不应超过原厚度的 1/2，各连接件转动灵活； 2. 联轴器及连接销无磨损严重、老化开裂现象； 3. 轴无裂纹．轴承无损坏，间隙不大于 0.35mm；内套装配牢固，轴封及密封装置完好
	其他部件检修	1. 皮带架子与导煤槽有损坏、变形时应修理； 2. 检查构架，无扭曲变形，弯曲不得超过标准； 3. 检查导煤槽与皮带的平行情况、中心位置； 4. 检查皮带密封装置，更换磨损或损坏的皮带挡板； 5. 刮煤器应完整好用，压紧机构合理； 6. 检查断煤信号	1. 构架弯曲度不大于其长度的 1/1000，全长弯曲不大于 10mm； 2. 构架型钢无扭曲变形； 3. 每节构架中心与设计中心偏差不大于 3mm，标高偏差 ±10mm，横向水平度偏差不大于 3mm，纵向起伏平面度偏差不大于 10mm； 4. 皮带密封装置密封严密，皮带挡板应完整，接触均匀； 5. 导煤槽与皮带平行中心一致； 6. 断煤信号应反应灵活

表 72　给煤机检修程序与质量标准（续）

设备名称	检修内容	工艺要点	质量要求
3. 耐压式计量给煤机	试运	1. 试运电机及试运减速机； 2. 用标准链码标定； 3. 封闭各部位检修孔； 4. 整体试运	1. 电流不得超过额定值； 2. 减速机振动不超过 0.05mm，试运 2h 减速机温度不超过 50℃，轴承温度不超过 80℃； 3. 链码重量误差±2.5%； 4. 各部法兰严密不漏，各部操作机构灵活好用

11.2　检修程序与质量标准

给煤机检修程序与质量标准见表 72。

11.3　验收

11.3.1　检查技术记录完整，数据可靠。

11.3.2　现场清洁。

11.3.3　试车合格。

11.3.4　验收合格后，验收人员应在验收单上签字。

11.4　常见故障与处理方法

皮带式给煤机常见故障与处理方法见表 73。

刮板给煤机常见故障与处理方法见表 74。

表 73　皮带式给煤机常见故障与处理方法

序号	故障现象	故障原因	消除方法
1	出力不足	1. 检查皮带涨紧力偏小； 2. 皮带跑偏撒煤； 3. 入口闸板卡涩；煤层间板启用不合适； 4. 原煤斗蓬煤	1. 调整皮带紧力； 2. 消除皮带跑偏现象； 3. 闸板校活络，煤层间板调整到合理布置； 4. 消除蓬煤情况
2	皮带跑偏	1. 拉紧器工作不正常； 2. 托辊磨损或支架变形； 3. 落煤点位置不正	1. 调整拉紧器； 2. 调整托辊组支架； 3. 调整落煤点位置
3	连接法兰漏或煤筒外壳漏	密封垫料损坏	先放松法兰，加密封材料后再紧固，挖补或采取暂时措施堵漏，停机后再处理

表 74　刮板给煤机常见故障与处理方法

序号	故障现象	故障原因	消除方法
1	刮板卡死或保险销断裂	1. 由于大块煤或石块、铁条卡死刮板； 2. 刮板损坏	1. 滑除大块媒或石块、铁条，更换保险销子； 2. 修理刮板
2	链条断裂	磨损或杂物所致	更换链条
3	减速箱震动	1. 传动机件磨损损坏； 2. 中心偏移或地脚螺栓松动	1. 更换损坏的传动机件； 2. 重校中心，紧固地脚螺栓
4	刮板链条有异声或电流高	刮板与底板碰磨或链条太松	调节刮板拉紧螺栓．检查隔板是否损坏

12　钢球磨煤机

12.1　A 级检修内容

12.1.1　消除运行中的缺陷。

12.1.2　拆装磨煤机进出料斗；筛选钢球。

12.1.3　检查衬板、楔块磨损和固定情况，更换损坏的衬板和楔块。

12.1.4　检修进出料口的密封装置，更换密封填料。

12.1.5　检修进出料斗、螺旋管和短节。

12.1.6　解体清洗大、小齿轮，检查磨损、接触情况，根据情况翻转或更换大、小齿轮。

12.1.7　检查球面瓦、球面座及球面座与平面板之间的接触情况。检查清洗空心轴颈、轴承衬瓦及刮瓦。

12.1.8　检查地脚螺栓及罐体螺栓；测量罐体的水平度。

12.1.9　解体清洗减速箱，检查磨损、接触情况、更换损坏的轴承。

12.1.10　检查减速箱冷却水管。

12.1.11　清理磨煤机主轴承注油孔、油槽及回油孔；更换主轴承油封。

12.1.12　主轴承水室水压试验。

12.1.13　检查更换磨煤机进、出口防爆门。

12.1.14　油系统解体检修及更换润滑油。

12.1.15　整理及更换隔音板。

12.1.16　检查修理磨煤机出入口风粉管道及风门。

12.2　检修程序与质量标准

钢球磨煤机的检修程序与质量标准见表 75。

表 75　钢球磨煤机检修程序与质量标准

检修内容	工艺要点	质量要求
进出口短节及中心筒检修	1. 检查漏风、漏粉情况； 2. 检查进出口密封装置； 3. 检查进出口短节及护板的磨损情况，确定更换或挖补部位； 4. 测量短节与空心轴套之间的轴向间隙和径向间隙（或中心偏差），确定地脚垫片厚度、地脚位置； 5. 处理磨损部位，更换短节内磨损护板，挖补短节磨损超过质量要求的部位； 6. 制作法兰垫片及密封装置填料； 7. 对中心筒螺旋线进行检查	1. 漏风、漏粉点全部消除，磨损较严重的部位进行挖补或贴补，法兰连接的结合面连接严密，各部螺栓紧固到位； 2. 短节与空心轴套之间的间隙。推力侧：轴向间隙小于 4mm，径向间隙为 1～4mm，中心偏差小于 2mm。膨胀侧：轴向间隙为 10～20mm，径向间隙为 1～4mm，中心偏差小于 2mm； 3. 短节护板磨损厚度超过原厚度 70% 时须更换； 4. 进出口螺旋线磨损 1/3 时进行补焊，磨损 2/3 时更换新螺旋线
防爆门检修	1. 检查防爆门破损情况； 2. 检查防爆门的划痕深度； 3. 检查防爆门密封情况	1. 防爆门不应有破损，如有破损必须进行更换； 2. 防爆门的划痕深度应为铝板厚度的 75%； 3. 防爆门的密封面应严密，不应有漏风现象
衬板与钢球检查	1. 进筒体内检查衬板破损、裂纹、磨损等情况，测量衬板最小厚度； 2. 检查衬板紧固螺栓与固定楔块的紧固情况，应无松动、裂纹、脱落等缺陷； 3. 检查钢球破损、磨损等情况； 4. 钢球筛选	1. 衬板磨损超过原厚度的 60%～70% 时须更换，发现裂纹时应及时更换； 2. 钢球磨损后直径为 15～20mm 的不超过 20%，直径在 15mm 以下必须更换为合格的钢球； 3. 根据煤质情况选择钢球直径配比； 4. 钢球与衬板的硬度要匹配（建议钢球硬度低于衬板硬度 HRC3～HRC4）
更换端部衬板	1. 经检查确认端部衬板不合格时，应进行更换； 2. 拆卸防护罩及隔音罩； 3. 安装转动筒体用盘车工具或卷扬机； 4. 拆衬板前先清除间隙中的小钢球、煤块、杂物，然后松开紧固螺母，旋下紧固螺栓，拆下衬板； 5. 端盖母体检查； 6. 安装衬板时先垫好填料； 7. 安装衬板时可以内外圈同时进行，安装校正间隙后，穿入螺栓并紧固，筒体转 180。再安装另半部衬板； 8. 冷紧固螺栓； 9. 热紧固螺栓	1. 端盖无裂纹等缺陷； 2. 紧固螺栓无裂纹、损扣等缺陷； 3. 衬板下衬填料厚度不超过 10mm； 4. 衬板与衬板之间的间隙为 2～10mm； 5. 紧固螺栓要有防止螺母松动措施； 6. 冷紧衬板紧固螺栓时方头应在槽内彻底落实；运行 4～8h 后热紧螺栓，紧力适当； 7. 运行无漏粉、漏风等现象，紧固螺栓无断裂现象

表 75　钢球磨煤机检修程序与质量标准（续）

检修内容	工艺要点	质量要求
更换筒体衬板	1. 检查筒体衬板，不合格时需更换； 2. 拆卸保护罩、隔音罩； 3. 安装盘车装置，甩出钢球，清除筒体内杂物； 4. 拆卸局部衬板。首先查明拉紧楔块所在位置，将这排拉紧楔块转到旁下侧，卸下紧固螺栓。然后将拆卸紧固螺栓的楔块转到最下方，拆下楔块并逐排拆除旧衬板。在拆卸过程中要采取防止筒体靠重力自转措施； 5. 拆卸全部筒体衬板。首先在筒体内用电焊将紧固螺栓与楔块焊接牢固，对于每一圈有一个或两个楔块的，均只将一个楔块与紧固螺栓焊牢固；对于每一圈有四个楔块的，应将两对应楔块及紧固螺栓焊牢。用盘车装置（或卷扬机）转动筒体，使上述楔块转至筒顶，筒体内无人后松开紧固螺母，拆除紧固螺栓，使楔块与上半部衬板一起脱落，将脱落的衬板与摸块运出筒体外； 6. 拆卸全部衬板后拆卸剩余固定楔块； 7. 检查筒体变形、裂纹及凹陷等缺陷，检查螺栓孔处的裂纹；对有缺陷的筒体进行挖补焊接； 8. 测量拆卸的衬板厚度等几何尺寸，新旧衬板不得混放； 9. 按照厂家图纸对衬板进行清点、编号及分类堆放，并逐件检查几何尺寸；紧固螺栓，螺母及垫圈均应清理干净； 10. 准备好顶装衬板的专用工具及搬运工具； 11. 衬板安装顺序为宜先安装端衬板，然后铺设筒体衬板；对于锥形筒体，则由大径向锥体方向铺设； 12. 筒体圆周方向具有四块楔块的安装可采用下述工艺： ①将筒体压紧楔块位置转到下方，然后固定筒体，固定应牢固可靠，保证施工安全；	1. 衬板磨损厚度超过原厚度的 60%～70% 时，必须进行更换； 2. 出现裂纹、重皮、破损等缺陷的衬板需更换； 3. 楔块的槽深一般为 20～30mm，应保存备用紧固螺栓方头一般要求为 0～30mm，螺栓完整时可保存备用； 4. 新衬板要有制造技术资料，检查几何尺寸，符合图纸要求后方可使用； 5. 同一筒体可以安装不同厂家的衬板，筒体内同一圈衬板应是同一厂家的产品； 6. 筒体内部局部凹陷超过 10mm 时要挖补。筒体挖补面积超过 0.5m^2 时应磨制坡口，坡口为 30°，对口间隙为 1mm，筒体内表面平齐误差不超过 0.5mm，焊缝无裂纹、漏焊等缺陷； 7. 如果因固定投块方孔太大，可在方孔内加垫调整方头衬入深度，但垫应与楔块焊牢； 8. 穿过筒体和楔块的紧固螺栓、密封垫圈下面应垫有密封填料； 9. 衬板与筒体间的垫料为 8～10mm；要求垫料整齐、厚薄一致、接缝严密； 10. 安装后衬板不允许有任何窜动现象，沿圆周方向衬板的最大间隙不大于 15mm； 11. 衬板与筒体接触应良好，连续悬空面积不得超过 30%； 12. 在衬板安装过程中应有可靠安全措施，防止筒体自转或衬板跌落

表 75　钢球磨煤机检修程序与质量标准（续）

检修内容	工艺要点	质量要求
更换筒体衬板	②从筒体最低点向两侧铺设填料； ③安装筒体两侧固定楔块，调整好固定楔块的安装中心和水平位置，然后紧固好； ④沿筒体两端开始铺设衬板，然后安装压紧楔块，并将螺栓固定好； ⑤严格检查固定楔块、压紧楔块的固定情况，然后转动筒体 180°，再用同样方法铺设剩余半面衬板； ⑥最后逐一拧紧每排紧固螺栓，并检查衬板固定牢固性； 13. 筒体圆周方向具有一块楔块的安装可采用下述工艺： ①将筒体具有楔块位置转到水平线以下 30° 左右，将楔块与紧固螺栓拧紧； ②从楔块开始沿筒体圆周方向铺设厚度为 8～10mm 的垫料； ③从楔衬块开始沿筒体圆周方向铺设衬板，且超过筒体中心线以上 1/2 位置； ④衬板铺设同时要在筒体的内壁穿过衬板缝隙焊出 4～5 块钢板，以备用于支撑生根件； ⑤在筒体长度方向衬板波浪窝内用 ϕ133×45 钢管作支撑架，保证衬板压紧固定； ⑥用盘车装置将筒体已装的衬板部分旋转到顶部，并固定筒体防止自转； ⑦按顺序铺设剩余衬板，当铺设到圆周方向楔块量后一块衬板时，解开紧固螺栓，将最后一块衬板装入再拧紧螺栓； ⑧检查衬板安装固定情况，拆卸固定架，拆除支撑生根件； 14. 热紧螺栓	
衬板修补	1. 衬板出现局部缺陷或局部损坏时可进行修补； 2. 检查紧固螺栓断裂、脱落情况，检查紧固螺栓部位有无漏粉情况； 3. 检查脱落及不合格的衬板和楔块； 4. 检查端衬板的损坏情况	1. 用电火焊修补衬板时，应对衬板进行预热处理，预热温度应根据具体材质而定； 2. 补齐紧固螺栓，不得用钢球堵焊。补齐脱落及不合格的衬板； 3. 端衬板可进行挖补，补焊钢板厚度宜大于 20mm

表 75　钢球磨煤机检修程序与质量标准（续）

检修内容	工艺要点	质量要求
空心轴套检查	1. 检查连接螺栓有无断裂、脱落； 2. 当发现连接螺栓断裂时，应检查空心轴与空心轴套配合情况、空心轴套与端瓦的膨胀间隙； 3. 检查密封盘根磨损程度； 4. 检查密封盘、空心轴套与进出口短节处密封装置的磨损情况； 5. 活密封盘（与空心轴套为两体）磨损超过质量要求时可翻身使用，翻身后再磨损超过质量要求时需更换； 6. 固定密封盘（与空心轴套为一体）磨损超过质量要求时可改为活密封盘翻身使用； 7. 空心轴套的螺旋纹肋磨损严重时，可堆焊纹肋或更换； 8. 检查空心轴套应完好，其与空心轴配合尺寸及螺孔位置应符合要求； 9. 拆卸固定螺栓，顶出空心轴套； 10. 将空心轴套各结合面涂以黑铅粉，装入空心轴内就位，装上固定螺栓，加上制动垫圈，固定； 11. 安装时要注意根据筒体的旋转方向确定螺旋管的旋转方向，即入口端与筒体转向相同，出口端与筒体转向相反； 12. 有稳定销钉的，要按稳定销钉孔定位校正同心度；无稳定销钉的，可按螺旋管与空心轴孔的上下左右四点径向间隙来找正同心度； 13. 螺旋管外壁包上填料，并用铅丝捆绑固定； 14. 装入空心轴孔后，紧固端部法兰螺栓，另一端与空心轴孔径向间隙用钢筋填补，并点焊固定	1. 连接螺栓应完整、牢固； 2. 空心轴与空心轴套应配合良好，四周接触均匀紧密，空心轴套与端面衬板的膨胀间隙不小于 5mm，并在此间隙内填塞涂有铅油的填料； 3. 活密封盘磨损厚度不得超过原厚度的 30%； 4. 固定密封盘磨损厚度不得超过 5mm； 5. 螺旋管的旋转方向要正确； 6. 螺旋管与空心轴孔同心度误差不大于 1mm； 7. 螺旋管与空心轴之间垫料厚度为 5～10mm； 8. 螺旋管与端盖衬板间隙大于 5mm； 9. 轴套配合间隙要符合图纸要求
乌金瓦滑动轴承检修	1. 检查与测量，并做好记录； 2. 拆卸注油管、冷却水管； 3. 拆卸瓦盖； 4. 用塞尺测量主轴承接触角，测量瓦口间隙、推力间隙及膨胀间隙；	1. 油水管道无泄漏现象。各部螺纹完好； 2. 乌金瓦应完好，无裂纹、损伤、脱胎等现象； 3. 乌金脱胎面积在接触角度内大于 25% 时，应更换新瓦或重新浇铸乌金； 4. 空心轴强表面应光洁，无伤痕、锈迹、凹坑，轴颈表面轴向平整度误差小于 0.05mm；

表 75　钢球磨煤机检修程序与质量标准（续）

检修内容	工艺要点	质量要求
乌金瓦滑动轴承检修	5. 检查球面接触情况，检查基础及螺栓； 6. 用水平仪测量筒体水平； 7. 检查空心轴应无裂纹及损坏； 8. 检查球面结合处应有装配印记，如无，则应打上印记。将上述检查做好记录，如果有缺陷及时处理； 9. 主轴承研修： ①拆卸齿圈保护罩及筒体下部隔音罩； ②顶筒体； ③按规定检查起重工具； ④四个千斤顶落地要实稳，托带与筒体接触要好，使四个千斤顶均匀受力； ⑤在顶起上升时，千斤顶一定要防止水平游动，四个千斤顶要起升一致，每上升 10～20mm 要检查大瓦和空心轴的间隙，要求四角的间隙一致，并在筒体下部加枕木，以防止千斤顶下落损坏乌金瓦； ⑥筒体顶起后应立即支垫牢固，以免千斤顶长时间受力而下降，可用枕木和楔子垫好，然后拆卸千斤顶； ⑦筒体的顶起高度以能将主轴承吊出为准； ⑧抽出乌金瓦,并将其吊放到可靠位置,使乌金面向上，严禁悬挂检查； ⑨再次详细检查空心轴，检查伤痕，测量圆度及圆柱度时，将轴周向分成四等分，全长找出三点进行测量，并做记录; ⑩将大瓦清洗干净，检查乌金无裂纹、砂眼及烧损现象，检查应无脱胎现象； ⑪ 发现乌金瓦有裂纹、夹渣、气孔、凹坑、碰伤及脱胎等缺陷，进行处理。 10. 主轴承乌金瓦刮研： ①轻研； ——清洗轴颈和乌金面，擦净吹干，做好标记；	5. 主轴承研修： ①接触角应符合设备技术条件规定，一般定为 45°～90°； ②乌金瓦两侧（瓦口）间隙总和应符合设备技术条件规定，一般为轴颈直径的 1.5‰～2‰，并开有舌形下油间隙； ③乌金瓦与轴颈接触均匀，用色印检查，每平方厘米达到 2～3 点；接触面积要大于 85%，研瓦不能用待用轴颈，接触点要清楚，不得模糊一片，不是点的地方要多刮 2～3 次，以利于润滑； ④推力间隙要符合设备技术资料规定，无规定时一般为 0.5～1.2mm，两侧间隙差不大于 0.15mm，推力盘两边的间隙相差应小于 0.05mm;推力面应刮研，接触点每平方厘米不少于 1 点;接触面积应大于 65%。分布均匀，乌金瓦的推力面与水平面之间的过渡圆弧不得有接触； ⑤膨胀间隙要符合设备技术资料规定，无规定时一般取 16～20mm； ⑥台板与球面座接触应良好，每 30mm×30mm 内不少于 1 点，接触面积大于 75%，周界局部间隙小于 0.1mm，每段间隙长度不超过 100mm，累计长度小于周界总长的 25%； ⑦主轴承的内壁包括上盖、油槽、注油孔和回油孔等必须彻底清理干净，不得有尘土、型砂、毛刺等，保证油路畅通； ⑧主轴承水室要清理干净，保证畅通； 6. 筒体水平误差不得超过 0.02mm/m； 7. 主轴承密封填料应为质量良好、紧密的细毛毡，厚度适宜；毛毡裁制要平直，接口处应为阶梯形：毛毡与轴接触均匀，紧度适宜，压填料的压圈与轴的径向间隙均匀，一般为 3～4mm

表 75　钢球磨煤机检修程序与质量标准（续）

检修内容	工艺要点	质量要求
乌金瓦滑动轴承检修	——在空心轴上研磨区域涂以少量红丹粉，将乌金瓦扣于轴上，筒体不动，反复转动乌金瓦，使之滑动约 100mm，数次后将乌金瓦吊起翻倒，检查瓦与轴配合情况，进行刮研； ——承力瓦刮研时应考虑膨胀后的实际位置，在冷热工作位置范围反复研磨； ②重研：乌金瓦经过轻研后，将筒体放在已校正的轴承上，不加润滑油，用盘车装置或卷扬机转筒体 3～5 圈，然后顶筒体，抽瓦，刮研； ③刮瓦：首先要开油膛（瓦口），油膛间隙宜采取急剧过渡陡形油膛，过渡段约 30mm。刮瓦时要注意接触点达到质量要求，接触点要硬，要清楚，不得模糊一片，不是点的地方要多刮 2～3 次，具体油膛要求按设备有关技术资料执行； 11. 清理大瓦冷却水室； 12. 检查大瓦油封及油毛毡与空心轴颈接触情况，油封应完好，油毛毡老化或损坏时应更换。新油毛毡应先用机油浸泡，安装后应与轴颈四周接触良好，但不宜过紧，以免轴颈温度过高； 13. 放筒体。将大瓦放进瓦座，四个千斤顶要同时下放，每降落 10～20mm 应检查大瓦与空心轴颈四周间隙，并使之一致，筒体应平稳地降落在大瓦上，不允许冲击； ①用塞尺测量空心轴颈与大瓦两侧间隙，不同厚度塞尺的塞入长度应符合该类型钢球磨煤机的技术规定； ②测最接触角、瓦口间隙、推力间隙、膨胀间隙、球面接触情况，并做好记录。 14. 用U形玻璃管水平仪测最筒体水平，超过质量要求时，应调整座垫至合格； 15. 紧固台板螺栓时要参考原安装标记；	

表 75 钢球磨煤机检修程序与质量标准（续）

检修内容	工艺要点	质量要求
乌金瓦滑动轴承检修	16. 清理喷油管孔，使其流畅，下油均匀；验收合格后安装上瓦盖； 17. 检修更换各填料、垫料、线麻胶垫等；检查主轴承密封毛毡，用 0.2mm 的塞尺测松紧适宜，否则要进行处理； 18. 检查主轴承地脚螺栓，清除油垢，用手锤检查螺母，若发现松动现象，需拆下清洗后重新紧固； 19. 恢复油系统、水系统、保护罩、隔音罩、围栏	
大小齿轮检查	1. 检查大小齿轮，发现掉齿及裂纹时必须更换； 2. 用色印法检查大小齿轮的啮合程度，啮合面达不到要求的应用齿轮卡尺测量并修整齿形，直到达到要求为止； 3. 用齿轮卡尺或样规检查大小齿轮的磨损程度，齿轮允许翻身使用； 4. 用塞尺测量大小齿轮啮合的各部间隙，并做好记录，各部间隙超过质量要求时，应进行齿形修整或调节，直至合格； 5. 检查大齿轮结合面及大齿轮与筒体法兰结合面紧固螺栓，有缺陷的要更换，松动的需重新紧固； 6. 检查小齿轮轴，发现裂纹时应更换，检查轴颈的磨损、过热； 7. 检查大小齿轮硬度，低于质量要求时，应采取表面淬火处理； 8. 必要时应检查小齿轮轴的弯曲度、圆柱度、轴颈圆度，超过质量要求时，应更换	1. 大小齿轮无掉齿和裂纹现象； 2. 大小齿轮啮合面沿齿长度及高度方向接触均不应小于 75%； 3. 大齿轮节圆上的齿弦厚度磨损达 5mm 时，应翻身使用，已经翻身使用的大齿轮再磨损 5mm 时，应补焊或更换；小齿轮节圆上的齿弦厚度磨损达 3mm 时，应翻身使用，已翻身使用，再磨损 3mm 时，则更换； 4. 大小齿轮啮合的齿顶间隙为 5～8mm，两端测出的齿顶间隙差值不应大于 0.15mm； 5. 结合面紧固螺栓应完整，无松动现象；结合面局部用 0.05mm 塞尺，塞入深度小于 20mm，长度小于 30mm； 6. 小齿轮轴无裂纹及轴颈磨损； 7. 大齿轮的齿面硬度为 HB280～HB300，小齿轮的齿面硬度为 HB350～HB400； 8. 小齿轮的弯曲度不大于 0.1mm，圆柱度不大于 0.01mm，轴颈圆度不大于 0.05mm
大齿轮或大齿轮翻身或更换	1. 拆大齿轮密封罩，放到指定地点； 2. 拆筒体连接螺栓及大齿轮结合面螺栓，检查修理； 3. 拆下大齿轮半圈(或1/4圈)，绑扎好，安全放置指定地点，再拆余下部分；	1. 大齿轮预装时，对口结合面接触不小于整个面的 75%，对口结合面的定位销与圆柱孔接触不应小于 80%； 2. 新大齿轮与筒体组装时，应将结合面处油泥、锈皮及毛刺清理干净，组装时用塞尺检查对口接触面的接触情况； 3. 大齿轮轴向晃动量不应大于 0.8～1.2mm，径向晃动量不应大于 0.7～1mm；

表 75　钢球磨煤机检修程序与质量标准（续）

检修内容	工艺要点	质量要求
大齿轮或大齿轮翻身或更换	4. 将清理干净的大齿轮及组件，在平整的地面或平台上预装，检查结合面接触情况、定位销的接触情况； 5. 新齿轮应用齿轮卡尺或样规测量齿形和齿距，其误差不大于图纸要求； 6. 大齿轮安装。将大齿轮一半（或1/4）就位带上螺栓，转 180°（或 90°），再将其余部分就位带上螺栓，装入销钉后紧螺栓； 7. 利用四个百分表测量轴向及径向晃动度，超过质量要求时可加垫调整； 8. 更换新大齿轮或大齿轮翻身使用时，均应进行大小齿轮啮合度、齿顶间隙、齿侧间隙的检查与测量，并达到质量要求； 9. 反转使用时对螺旋线进行处理； 10. 恢复大齿轮罩	4. 新大齿轮安装与小齿轮啮合的背向间隙不得超过 0.25mm
小齿轮检修、翻身或更换	1. 拆下联轴器，采取无损探伤法检查轴颈，检杳键槽； 2. 利用压力机顶下小齿轮，并更换新齿轮．当需要对新齿轮进行加温时，应均匀加热，且温度不得超过 250℃； 3. 将新的小齿轮或翻身使用的小齿轮与轴装配好，吊装到轴承座上，并就位； 4. 测量齿顶与齿背间隙，根据齿顶两端测出的齿顶与齿背间隙校正小齿轮； 5. 安装轴承与联轴器，恢复密封罩	1. 轴颈无缺陷，键槽无损伤； 2. 小齿轮晃动量不得超过 0.25mm
减速机检查轴承及齿轮	1. 测量齿顶与齿侧间隙； 2. 将轴承盖紧固在箱体上（原垫不动），测量滚珠粒与外套之间的间隙；检查轴承，应无缺陷； 3. 检查轴承内外套配合情况，有无丢转现象； 4. 检查齿轮，裂纹、断齿的应更换齿轮； 5. 用齿轮卡尺或样规测量齿轮的磨损程度； 6. 用色印法检查齿轮之间的啮合情况，啮合面不符合质量要求时，应检修或更换	1. 节圆处轮齿磨损超过原厚度的 20% 时，须更换齿轮； 2. 轮齿啮合在长度及高度方向均不得小于 75%

表 75 钢球磨煤机检修程序与质量标准（续）

检修内容	工艺要点	质量要求
减速机轴承及齿轮更换	1. 将齿轮吊出，并置于指定地点； 2. 清理箱体内的油垢，清扫齿轮与轴，检查箱体内冷却水管道。内置水冷器应进行水压试验； 3. 检查联轴器，应无松动及损坏	1. 轴承径向间隙一般为轴径 1/1000； 2. 在没有厂家规定时按下述执行：齿轮噌合的齿顶间隙一般应为 2～5mm，由两端测量之差不大于 0.15mm；新齿轮的齿侧间隙一般为 0.3～1mm，由两端测量之差不大于 0.15mm； 3. 减速机箱体结合面用 0.03mm 的塞尺检查，应塞进不超过总宽度的 1/3
联轴器检修	1. 更换联轴器前应检查各部尺寸； 2. 用专用工具拆联轴器。测量和校对轴径与联轴器孔配合尺寸，检测圆度及圆柱度； 3. 联轴器与轴装配时应用细砂布或油石将联轴器孔及轴颈打磨光洁，弹性联轴器通常加热至 200～250℃套装，齿形联轴器通常加热至 90～100℃套装。联轴器与轴装配好后待其自然冷却； 4. 装配之前应测量键的配合公差，键与键槽两侧不许有间隙，装入键； 5. 安装联轴器保护罩	1. 一般联轴器孔与轴为紧力配合，紧力为 0.01～0.05mm（铸铁联轴器孔与轴紧力为 0.01～0.02mm）。联轴器孔及轴颈圆度不应大 0.03mm，圆柱度不应大于 0.015mm； 2. 键与键槽两侧不许有间隙，上部间隙应为 0.2～0.6mm； 3. 齿形联轴器的内外齿磨损不应超过原厚度的 30%
齿轮油泵检修	1. 将油泵解体，检查油泵外壳及螺栓； 2. 用塞尺测量各部配合间隙和齿轮啮合间隙； 3. 检查齿轮的磨损情况； 4. 检查齿轮啮合的齿顶间隙和齿侧间隙； 5. 检查齿轮啮合面积，超过质量要求时应进行检修或更换； 6. 检查齿轮与轴、联轴器与轴的配合情况，无松动； 7. 油泵外壳与端盖应严密，加装密封垫片保证不漏油； 8. 油泵与电机连接的联轴器螺栓应修理完好，联轴器校正合格后紧固各部螺栓； 9. 油泵检修完后用手盘动油泵应转动灵活无杂声	1. 油泵外壳无裂纹、砂眼等缺陷； 2. 齿轮与轴套间隙不得大于 0.1～0.5mm，齿轮与壳体径向间隙不大于 0.25mm，轴套与轴的间隙不大于 0.05～0.2mm，轴套与壳体紧力应为 0.01～0.02mm； 3. 节圆处齿弦厚度磨损超过 0.7～0.75mm 时须更换齿轮； 4. 齿轮啮合的齿顶间隙与齿侧间隙均不得大于 0.5mm； 5. 齿轮啮合面积沿齿长和齿高均不得少于 80%； 6. 油泵外壳与端盖每平方厘米应有 2～4 个接触点，不得漏油； 7. 联轴器的轴向与径向偏差不超过 0.08mm
隔音罩检修	1. 检查隔音罩各部件、消音材料； 2. 检修螺栓； 3. 更换隔音部件、消音材料	1. 各部件符合设计要求，螺栓紧固到位； 2. 消音材料完好； 3. 转盘与外壳、煤量调节门与转盘不允许有摩擦

12.3 验收

12.3.1 技术记录完整，测量数据正确。

12.3.2 现场整洁，安全装置完整可靠。

12.3.3 油泵工作正常，振动小于0.05mm，无冲击杂音、无漏油，油系统及冷却水系统无泄漏，油压、水压正常，符合设计要求。

12.3.4 联锁、报警及指示信号等试验合格，稳定可靠。

12.3.5 磨煤机空转30min，减速箱及传动装置运行平衡，无冲击声。电流不得超过额定值，主轴承球面调心灵活，无跳动现象，振动小于0.1mm，声音正常。

12.3.6 装钢球至额定值，制粉系统投运，运行时电动机轴承处振动≤0.05mm，减速箱轴承处振动≤0.08mm，小齿轮轴承振动值不大于0.15mm。

12.3.7 轴承温度稳定，主轴承钨金瓦温度不大于60℃，回油温度不超过40℃，小齿轮及减速箱轴承温度不大于75℃。

12.3.8 各部结合面不漏油，磨煤机及其进出口不漏粉。

12.3.9 验收合格后，验收人员应在验收单上签字存档。

12.4 常见故障与处理方法

磨煤机常见故障与处理方法见表76。

润滑齿轮油泵常见故障与处理方法见表77。

表76 磨煤机常见故障与处理方法

序号	故障现象	故障原因	处理方法
1	主轴瓦漏油	1. 下油量过多； 2. 回油管堵塞； 3. 轴瓦密封间隙大	1. 调整下油量； 2. 保持油管清洁并疏通回油管； 3. 调小密封毛毡间隙
2	小齿轮轴承发热	1. 黄油加的太多或油质差； 2. 轴承外圈间隙过小； 3. 轴承损坏； 4. 对轮偏差过大； 5. 大小齿轮啮合不良	1. 黄油应清洁，加入量为室积的2/3； 2. 调整间隙； 3. 更换轴承； 4. 调整； 5. 调整
3	磨煤机漏粉	1. 密封材料磨损； 2. 进出口弯头深入螺旋管磨损； 3. 空心轴密封压板螺丝松动或断裂	1. 更换密封材料； 2. 修补或更换空心管； 3. 拧紧或更换螺栓
4	减速机轴承发热	1. 润滑油变质； 2. 轴承紧力过大或间隙太小； 3. 轴承损坏	1. 更换润滑油； 2. 调整紧力； 3. 更换轴承

表 76　磨煤机常见故障与处理方法（续）

序号	故障现象	故障原因	处理方法
5	大罐端盖或衬板螺栓松动、断裂	螺栓未拧紧或损坏	更换螺栓，上锁母垫圈并拧紧螺栓
6	大小齿轮异音、传动机构振动	1. 缺油； 2. 油质不良； 3. 大小齿轮啮合不良	1. 加油； 2. 加符合要求的油； 3. 修理调整
7	启动时发生振动	1. 联轴器中心偏移间隙超差； 2. 地脚螺栓松动； 3. 基础不牢固； 4. 轴承损坏	1. 重新调整； 2. 复紧螺栓； 3. 重新处理加固； 4. 更换轴承
8	大瓦发热	1. 油量不足； 2. 油质不好； 3. 轴瓦修刮质量差； 4. 空心轴表面粗糙； 5. 大罐膨胀间隙不对引起碰磨	1. 调整油俩昂量； 2. 更换合格的油； 3. 按标准修刮； 4. 应研磨处理； 5. 应重新调整间隙

表 77　润滑齿轮油泵常见故障与处理方法

序号	故障现象	故障原因	处理方法
1	吸不上油和流量不足	1. 进油管内有杂物； 2. 泵旋转方向不对； 3. 齿轮油泵配合间隙过大	1. 清除杂物； 2. 调整电机接线，改正泵旋转方向； 3. 调整间隙
2	泵体表面温度过高或有异音	1. 泵与电动机中心偏移； 2. 有杂物引起摩擦发热并有异音	1. 重校中心； 2. 拆泵检查清除杂物

13　给粉机检修

13.1　A 级检修内容

13.1.1　调整修理给粉机插板及传动装置。

13.1.2　检修给粉机外壳。

13.1.3　检修刮板、供给叶轮及计量叶轮部件。

13.1.4　检修或更换主轴瓦的密封装置。

13.1.5　检修传动减速装置。

13.2　检修程序与质量标准

给粉机检修程序与质量标准见表 78。

表 78 给粉机检修程序与质量标准

检修内容	工艺要点	质量要求
插板检修	1. 插板抽出清扫，将积粉及锈垢全部清理干净； 2. 检查插板密封件，损坏或老化件应更换； 3. 检查操作装置，更换损坏件	1. 插板腐蚀厚度超过 1/2 时应更换； 2. 丝杆螺纹完好，无弯曲；螺母、手轮及操作架无损坏； 3. 插板应开关灵活，并有开关刻度
给粉机检修	1. 放净减速机内润滑油，拆卸下粉管，松开给粉机上部法兰螺栓，送到检修场地进行解体； 2. 拆卸电机地脚螺栓，拆掉联轴器销子； 3. 解体给粉机拨料段，松开刮刀压紧螺母，拆下刮刀，拆下叶轮； 4. 松开压紧螺母，拆卸止口螺栓，解体减速机，检查蜗轮、蜗杆、轴承及密封等部件； 5. 检修拨料体零件，组装拨料体； 6. 清理检查油封，检查注油管，应畅通，管孔与主轴套上的孔应对正，若不通，需拆下重装； 7. 更换主轴密封毛毡，新毛毡要经过油浸，检修轴封压盖及螺栓； 8. 检查罗体及扬料体不得有裂纹，安装主轴，先装下罗体，再装计量叶轮，然后装上罗体、穿销，最后安装供给叶轮和上盖板； 9. 检查刮刀轮，刮刀应无变形，轮毂孔与键槽应完整，内孔为过渡配合； 10. 将刮刀轮装入主轴，配上键，安装刮刀轮压紧垫，紧固压紧螺母； 11. 拔料体组装完后检查：转子转动的灵活性，刮刀与平台间隙，转子整体上下窜动量	1. 拨料体外壳无裂纹等损坏性缺陷； 2. 罗体与扬料体径向和轴向磨损均不得超过 2mm； 3. 油封要完好、无破损及泄漏； 4. 主轴弯曲度不超过 2/1000，键槽完整； 5. 刮刀不得有扭曲变形，刀口应平直； 6. 叶轮轮缘与外壳间的间隙不大于 0.5mm； 7. 叶轮与圆盘间的轴向间隙不大于 0.5mm； 8. 刮刀与平台间隙不小于 1mm，转子整体向上窜动量不应大于 1mm
减速机检修	1. 清理减速机及油面镜，检修各部件； 2. 清理蜗轮副及齿轮，检查磨损、接触等情况； 3. 检查轴承应完好； 4. 检查叶轮主轴不得弯曲，叶轮安装牢固，轴头螺母应有防松装置； 5. 蜗杆在箱体内就位后，用轴承压盖调整间隙，用压铅丝法确定端盖加垫厚度，端盖加垫； 6. 检修各结合面；检查无漏油；法兰面间垫片应涂密封脂，放置的垫片不得露出法兰内侧； 7. 根据规定选择传动销与保险销；	1. 减速机齿轮厚度磨损超过 1/3 时更换； 2. 减速机齿轮啮合的接触面积大于 50%； 3. 主轴铜套与蜗轮体、轴承内孔应同心，与工作面叶轮端面相垂宜；其不垂直度不大于 0.4/1000； 4. 滚珠轴承无损坏，径向间隙符合厂家要求； 5. 严格按规定使用保险销；

表 78　给粉机检修程序与质量标准（续）

检修内容	工艺要点	质量要求
减速机检修	8. 安装传动轴密封处的密封垫片松紧要适当； 9. 减速机组装后，盘联轴器检查转动灵活性	6. 各结合面处无泄漏； 7. 盘联轴器动作灵活、无卡涩
组装	1. 检查联轴器，检修销子孔； 2. 将合格的联轴器安装到蜗杆上； 3. 给粉机上部法兰采用厚度为 5mm 的密封垫片，吊装给粉机组件； 4. 安装下粉管，结合面加装密封垫片	键槽应完签无损坏
电机找正	电机就位找正	1. 联轴器轴径向偏差不得超过 0.1mm； 2. 用手盘动高速联轴器，灵活，无卡涩

13.3　验收

13.3.1　不漏油、不发热，轴承温度小于 70℃。

13.3.2　振动小于 0.10mm。

13.3.3　外壳及各接合处不漏粉。

13.3.4　插板开关灵活，开度指示正确，转速可调，转动无异常，电流正常。

13.3.5　经验收合格后，验收人员在验收单上签字。

13.4　常见故障与处理方法

给粉机常见故障与处理方法见表 79。

表 79　给粉机常见故障与处理方法

序号	故障现象	故障原因	消除方法
1	对轮销子断	给粉机内有杂物、煤粉结块	掏粉、清杂物、更换销子
2	调速失灵	电气故障	校验转速

14　输粉机检修

14.1　检修内容

14.1.1　解体检查各部磨损情况，更换损坏零件。

14.1.2　检查、测量、修补或更换螺旋体、刮板、齿索、钢丝绳、传动轮及各处轴承。

14.1.3　检查清洗减速箱，更换磨损及损坏部件，更换润滑油。

14.1.4　修补机壳，检查各处下粉挡板。

14.2 检修程序与质量标准

输粉机检修程序与质量标准见表80。

表80 输粉机检修内容

设备名称	检修内容	工艺要点	质量要求
1. 螺旋输粉机	解体检修	1. 放尽煤粉，拆下轴承端盖、背帽、卡兰等部件，勾出盘根； 2. 抽出转子检查，更换各部磨损件，如推力侧轴颈磨损需更换，支撑侧轴颈磨损，可以堆焊车加工后再使用； 3. 检查清洗轴承，内外套与保持架完整； 4. 推力套管的径向或轴向有磨损时应更换，背帽丝扣损坏严重的应更换； 5. 螺旋外壳不得有裂纹，新换螺旋的两段外壳要同心，结合面不允许加垫； 6. 槽体应平直完好，外观无缺陷，用样板检查槽形，偏差不大于2mm；各段槽体之间法兰及端盖、上盖的连接法兰都要平整，接触良好； 7. 螺旋叶的外圆应光滑，用样尺测量其变形度； 8. 检查吊卡子与吊瓦的接触，应严密，检查吊瓦注油管应畅通，上瓦要开有纵向油槽； 9. 轴承解体清洗检查	1. 盘根处轴颈磨损超过3mm时要更换； 2. 轴承滚珠径向间隙超过0.3mm时应更换； 3. 螺旋外壳内壁磨损超过3mm时应更换； 4. 每段槽体的弯曲不大于2mm； 5. 螺旋叶的外径偏差不大于2mm，轴向及径向晃动度不大于2mm，每段轴的弯曲不应大于其长度的0.5/1000，螺旋轮轴两端的联轴器中心偏差不大于0.2mm
	安装与加油	1. 就位槽壳，并与下粉斗、下粉管连接好。下粉管法兰严密不漏。 ①参照减速机的实际高度，用垫铁校正各轴承座的水平，合格后拧紧槽座及轴承座的螺栓； ②将检查合格的槽壳逐段地安装在槽座上，应放置涂有水玻璃的密封垫或纸柏垫，垫料不得露出槽壳内壁；然后将各段槽壳及两端轴承连接起来。在连接时用水平尺或吊线法来检查各段槽壳接口处，不得有凸凹不平及折线等现象； ③槽体应固定牢固，并保证膨胀自由； 2. 先在槽壳旁顺槽向排放好各节螺旋轮轴，并在每节螺旋轮轴的一端接好节轴，然后将各节螺旋轮轴依次吊放到槽壳内，并开始逐节地安装螺旋轮轴；	1. 螺旋输粉机箱体内干净，无杂物，盖板平整，封闭严密，下粉挡板开关灵活，密封性好； 2. 各轴承座的水平偏差在长度上不超过±2mm；

表 80 输粉机检修内容（续）

设备名称	检修内容	工艺要点	质量要求
1. 螺旋输粉机	安装与加油	3. 螺旋轮轴安装时应从减速机端开始，在另一端应用支墩临时支撑好，并将轴放平，一直到节轴的联轴器与这段轴承装配完，轴承固定在座上为止。每装好一节，都要用手盘动转轴，检查转动，应平稳灵活，无卡涩、摩擦等现象； 4. 安装吊瓦，调整吊瓦与两端轴肩（或调节联轴器）距离应相等，各处预留膨胀间隙； 5. 联轴器连接校正找平； 6. 吊瓦与节轴间的轴向间隙可用塞尺测量，轴的水平度可用水平仪测量。如不符合要求，可通过移动轴瓦或吊瓦，改变垫铁等方法调整； 7. 以固定端的轴端联轴器为准，安装减速机齿轮，再以找正好的减速机输入联轴器为基准安装和校正电机，校正完一件固定一件，直到安装完成； 8. 安装完毕后对吊瓦油杯注油，减速机内注入润滑油；最后复查螺旋轮轴的水平，各部间隙合适，盘转轻便灵活，密封良好，可准备试转	3. 槽体平直偏差全长不超过 2mm，槽体弯曲度全长不超过 5mm，中心线标高偏差最大不超过 10mm，横向水平偏差不大于 1mm。纵向不水平度不大于长度的 1/3000，且全长不大于 10mm； 4. 吊瓦与轴颈的顶部间隙为 0.2～0.3mm，两侧不大于 0.15mm； 5. 螺旋叶与槽体间的间隙下部不大于 2～3mm，两边要均匀且偏差不大于 ±2mm，螺旋叶与槽体不得相互磨擦； 6. 吊瓦安装时要求吊瓦与两端轴肩（或调节联轴器）间的距离相等，并不大于 10mm； 7. 螺旋轴中心应在同一轴线上，每装一段都应调整与槽体的间隙，其误差不大于 2.00mm，用手盘轴应轻便灵活，各段吊瓦处预留的螺旋轴彭胀间隙不大于各段轴长的 0.5/1000
2. 刮板输粉机	箱体检修	1. 对变形或磨损超过质量要求的箱体进行补焊（或挖补）或更换； 2. 将原结合面变质的垫片清理干净，更换结合面垫片； 3. 检修各检查孔、检修孔，更换老化的密封填料	1. 箱体不得有变形，磨损超过原厚度的 1/3 时要挖补或更换； 2. 结合面密封无泄漏； 3. 检查孔、检修孔活动灵活，并密封严密
	轮轴检修	1. 拆下前后轴，对轴承进行清洗检查，测量轴承间隙，并做好记录； 2. 检查前后轴无裂纹、弯曲等缺陷，如果发现缺陷，需处理； 3. 检查轴承体； 4. 检查主动轮、尾轮的磨损情况，影响刮板运转时更换。更换主动轮时，需将链及轴承拆下，再进行更换，更换尾轮需将尾部轴承拆下后进行； 5. 更换轴承时应用专用工具用热拆法将轴承拆下，检查新轴承符合质量要求，轴颈合格，紧力适当；将新轴承加热到 100℃装至轴上，再注入润滑油	1. 轴承与轴无松动，轴承件无麻点、裂纹、重皮、锈蚀，砂架完好； 2. 轴承径向间隙不得超过 0.2mm； 3. 轴与轴承体无裂纹、磨损等缺陷

表 80　输粉机检修内容（续）

设备名称	检修内容	工艺要点	质量要求
2. 刮板输粉机	刮板链条与滑道检修	1. 拆下部分箱体盖，转动刮板机，检查刮板、链节、连接轴的磨损情况； 2. 更换磨损变形的刮板，首先松开链条尾轮紧固装置，拆下旧链条，将新刮板链节就位，上好链节轴销，轴销帽点焊牢固，并调好链条紧度，固定锁紧装置，恢复箱盖； 3. 对局部弯曲变形、断裂的刮板，可直接用火焊校正修复； 4. 对磨损严重的滑道应更换； 5. 链条检修后应试转正常后，方可投入运行	1. 刮板应平整，与底板间隙符合设计规定，空转无摩擦现象； 2. 轨道要求平直，水平度偏差不大于长度的 2/1000，两轨道之间平行距离偏差不大于 2mm； 3. 链条调整装置有 2/3 以上调整余量
	驱动装置检修	1. 拆下联轴器罩及螺栓移位电机，解升辊子链，卸下机座固定螺栓，移出减速机； 2. 放掉机壳中的润滑油，拆下联轴器、小链轮； 3. 做好装配印记后拆卸各部件； 4. 检查骨架密封各结合面垫； 5. 清洗检查齿轮磨损不得超过规定值，滚动轴承无缺陷； 6. 检查轴承内外套与轴及箱体； 7. 清理减速机内部及油面计，修理各部密封材料； 8. 按装配印记进行安装，注入合格的润滑油	1. 机壳无裂纹等缺陷； 2. 骨架密封各结合面垫无损坏、变形、变质及老化现象； 3. 轮齿磨损不得超过其厚度的 1/4； 4. 轴承与轴无松动，轴承件无麻点、裂纹、重皮、锈蚀，砂架完好； 5. 轴承径向间隙不得超过 0.2mm； 6. 油质合格，油位计显示正确清晰
3. 齿索输粉机	齿索输粉机检修	1. 拆除传动链条； 2. 对每块盖板编号，按顺序拆除、校正； 3. 解体检查齿索输粉机； 4. 处理齿索输粉机磨损部位； 5. 检查钢丝绳断裂损坏情况； 6. 拆卸前后轴、传动轮及轴承，清理检查各部磨损情况、修复或更换； 7. 机壳内部清理，检查修理各处下粉挡板、吸潮管； 8. 检查修理机壳及导轨； 9. 检修减速机； 10. 按顺序装复轴承、传动轮、刮板及齿索；	1. 齿索输粉机无泄漏； 2. 齿索输粉机运行稳定； 3. 齿索式输粉机托轮导轨对机壳中心线的偏差不大于 2mm，水平偏差不大于 5mm； 4. 钢丝绳安装前应作预拉，预拉力不小于 8t，钢丝绳上刮棒夹块间的节距应与链轮节距一致，其误差值应小于链轮节距的 1/150； 5. 齿索的最大坠量不大于 15mm，调整齿索松紧后，应保证尾轴中心线与机壳中心面垂直；

表 80 输粉机检修内容（续）

设备名称	检修内容	工艺要点	质量要求
3. 齿索输粉机	齿索输粉机检修	11. 装复机壳、盖板、吸潮管、传动链条； 12. 试运行后检查牙齿与压板连接螺栓是否紧固，必要时适当调整钢丝绳的松紧度	6. 钢丝绳出现整股断裂或两股中钢丝断裂总根数超过 50% 应予更换，钢丝绳断裂钢丝根数大于总根数的 15% 应予更换

14.3 验收

14.3.1 试运转平稳、可靠、无异声、不漏粉。

14.3.2 轴承不漏油、不发热、振动值不超标。

14.3.3 各紧固部分不得松动，空转动率不超过额定功率的 50%。

14.3.4 现场工具、杂物清理干净。

14.3.5 检查技术记录完整，数据可靠。

14.4 常见故障与处理方法

螺旋输粉机常见故障与处理方法见表 81。

刮板输粉机与齿索输粉机常见故障与处理方法见表 82。

表 81 螺旋输粉机常见故障与处理方法

序号	故障现象	故障原因	消除方法
1	机壳晃动	1. 机壳地脚螺栓松动； 2. 机壳连接螺栓松动	拧紧各部螺栓
2	机壳内有异声	1. 吊轴承瓦磨损严重，产生干摩擦声； 2. 螺旋体与机壳碰撞或有异物	1. 调整间隙或更换吊轴承及给轴承加油； 2. 拆盖找异物或重新调整
3	启动电流大	1 轴承被煤粉卡死或减速机内卡死； 2. 吊轴承间隙超标或各节螺旋体中心未找正； 3. 吊轴承缺黄油	1. 解体清理、清洗或更换； 2. 校整吊轴承间隙，校正中心； 3. 加补黄油

表 82 刮板输粉机与齿索输粉机常见故障与处理方法

序号	故障现象	故障原因	消除方法
1	刮板或齿索卡死或断裂	1. 链条或硬物卡住刮板与齿索； 2. 刮板或齿索变形或磨损严重； 3. 刮板或齿索碰撞机壳； 4. 刮板销轴脱出或齿索钢丝绳断裂	1. 清除杂物； 2. 校正或更换； 3. 校正壳体； 4. 更换销轴或更换钢丝绳

表 82　刮板输粉机与齿索输粉机常见故障与处理方法（续）

序号	故障现象	故障原因	消除方法
2	机壳晃动	1. 机壳地脚螺栓或连接螺栓松动； 2. 刮板或齿索磨擦壳体； 3. 刮板或齿索下坠，碰撞底板和下粉口	1. 拧紧各部螺栓； 2. 校正壳体； 3. 拉紧钢丝绳
3	头轮和刮板链条、齿索、齿块啮合不良	1. 头轮轴偏斜，或不对中； 2. 长期运行后刮板、齿索节距增大	1. 校核轴的水平调整； 2. 更换链条、调校齿索节距
4	减速箱震动	1. 传动机件磨损损坏； 2. 中心不正或地脚螺栓松动	1. 更换损坏的传动机件； 2. 中心重新校正，紧固地脚螺栓

15　制粉附属设备的检修

15.1　粗、细粉分离器

15.1.1　检修内容

（1）检查外壳损坏磨损情况及内部积粉情况。

（2）检查修理分离器折向挡板并位置校验及调整，检查修理内锥及人孔门。

（3）检查进出口管道及回粉管磨损情况并处理。

（4）检查更换防爆门。

（5）修补分离器保温，消除漏粉、漏风等缺陷。

（6）风压试验。

15.1.2　检修程序与质量标准

粗、细粉分离器检修程序与质量标准见表 83。

表 83　粗、细粉分离器检修程序与质量标准

设备名称	检修内容	工艺要点	质量要求
粗粉分离器	检查	1. 打开人孔门，搭设脚手架，安装照明灯具； 2. 检查并清除内部积粉及杂物； 3. 检查内部磨损情况； 4. 检查内锥支撑筋磨损情况，并检查出口管或内锥调整螺栓；检查出口管弯头磨损情况，并处理发现的缺陷； 5. 检查折向挡板磨损情况	1. 拆卸人孔门，打开顶部至少一个防爆门进行通风； 2. 内部无积粉、杂物

表 83　粗、细粉分离器检修程序与质量标准（续）

设备名称	检修内容	工艺要点	质量要求
粗粉分离器	检修	1. 处理、校正折向挡板； 2. 紧固折向挡板螺栓； 3. 挖补分离器内外锥体； 4. 检查分离器的检查门垫料； 5. 分离器的锥体应采取防磨措施； 6. 处理锥体钢板磨损部位； 7. 分离器检修后应清理内部铁丝等杂物； 8. 补焊出口管、弯头及回粉管等磨损部位，并衬上防磨衬板或采取其他防磨措施； 9. 所有的焊补焊缝应平滑、不积粉	1. 折向挡板无变形，挡板厚度磨损超过原厚度的 1/2 时，应更换。折向挡板关闭时应留有 60mm 的间隙； 2. 筒壁厚度磨损超过原厚度的 1/2 时，应挖补处理； 3. 防磨衬板磨损超过原厚度的 1/2 时，应更换； 4. 折向挡板灵活，开度一致，严密不漏粉； 5. 折向挡板螺栓无松动； 6. 检查门垫料有弹性，无老化，结合面不漏粉； 7. 防爆门应严密，悬吊支架完整牢固； 8. 外部保温应完整
	封闭孔门	1. 拆卸脚手架； 2. 更换密封垫，封闭孔门； 3. 孔门螺栓应涂有铅粉油	1. 各孔门密封严密，不得漏粉、漏风； 2. 螺栓应采取防锈措施； 3. A 级检修后应进行严密性试验
细粉分离器	检查	1. 打开上部人孔门，清除内部积粉，在下部锁气器部位装设隔离层，防止杂物落入粉仓； 2. 检查隔板磨损情况并做记录，超过原厚度的 1/2 部位应更换或挖补； 3. 检查钢板的磨损情况及部位，并进行挖补处理	焊补焊口应平滑，不积粉
	检修	1. 防磨衬板磨损超过质量要求后应更换； 2. 筒壁厚度磨损超过质量要求后，应进行挖补或贴补处理； 3. 检修孔门螺栓完整，更换密封垫	1. 筒壁磨损厚度超过原厚度的 1/2 时需要采取挖补处理； 2. 防磨村板厚度磨损超过原厚度的 1/2 时应更换； 3. 焊缝应严密，不漏粉、漏风； 4. 孔门螺栓应完整无损坏； 5. 防爆门应严密； 6. 外部保温应完整
	封闭孔门	1. 孔门螺栓涂好铅粉油； 2. 关闭各孔门	1. 孔门密封后不漏粉、漏风； 2. A 级检修后应进行严密性试验

15.2　原煤仓、煤粉仓检修

15.2.1　检修内容

（1）进入煤粉仓前，应按电业安全规程做好安全措施。

（2）清扫煤粉仓及原煤仓。

（3）检查修补仓壁、仓顶等水泥、金属部位。

（4）检查仓内温度计支架焊口，损坏部分补焊。

（5）检查或更换粉标，检查操作传动装置，粉位指示标志，并校验其准确性。

（6）检查或更换防爆门。

（7）检查粉仓灭火装置。

（8）检查、修补粉仓金属部分及保温。

15.2.2 检修程序与质量标准

原煤仓、煤粉仓检修程序与质量标准见表 84。

表 84 原煤仓、煤粉仓检修内容

设备名称	检修内容	工艺要点	质量要求
原煤仓	原煤仓检查	1. 停炉前对原煤仓进行全面检查，确定泄漏部位。煤仓作业要将原煤放尽； 2. 将原煤仓清理干净，检查仓壁钢板、防磨衬板的磨损情况； 3. 检查插板或插棍的磨损情况	
	原煤仓检修	1. 挖掉平日补焊的钢板，挖换磨损超过质量要求的部位。如果四面均需要更换，应逐面进行，否则下面要采取支撑措施； 2. 方圆节、下煤管、下煤斗等部件磨损超过质量要求时，应更换； 3. 原煤仓内防磨衬板磨损超过质量要求时，应更换； 4. 更换损坏的插板与插棍，检修操作机构； 5. 检修下煤斗各孔门； 6. 下煤斗下边与皮带面之间钢板磨损，间隙大于 15mm 时要更换	1. 原煤仓钢板、防磨衬板磨损超过原厚度的 1/2 时应更换； 2. 方圆节、下煤管、下煤斗更换磨损的部位不得超过原面积的 1/2，否则应整体更换； 3. 插板与插棍应无严重变形、磨损，灵活好用；操作丝杠、丝套、齿轮、轴、轴承、手轮等各件均完整，无损坏，修后灵活好用； 4. 下煤斗下边与皮带的距离应为 10～15mm
煤粉仓	清扫煤粉仓	1. 准备好麻绳、滑轮、吊斗、防毒面具、瓦斯试验灯及煤粉搬运工具； 2. 煤粉放尽后进行仓内通风； 3. 通风 1h 以上，检查仓内确认无毒性瓦斯，仓内空气温度不超过 40℃，无煤粉自燃现象，方可进入作业	1. 煤粉仓内无粉； 2. 煤粉仓内无毒性瓦斯，通风良好； 3. 煤粉仓内空气温度不允许超过 40℃

表 84 原煤仓、煤粉仓检修内容（续）

设备名称	检修内容	工艺要点	质量要求
煤粉仓	煤粉仓附件检修	1. 检查煤粉仓人孔门，更换填料，处理螺栓，保证密封； 2. 检查吸潮管磨损、腐蚀情况，挡板应灵活，掏尽内部积粉； 3. 下部仓壁钢板检查： ①严重变形的部位应更换； ②焊口裂纹的应补焊； ③连接螺栓应紧固； ④消除运行中发现的漏粉部位； 4. 检查仓内支撑焊口，发现裂纹、开裂等缺陷时应补焊； 5. 检查仓盖，消除漏粉缝隙； 6. 检查校对粉标； 7. 检查处理粉仓顶部漏点	1. 孔门结合面应平整，垫料完好； 2. 各部件达到设计要求； 3. 检修后无漏风、漏粉等现象； 4. 煤粉仓顶部无漏水缝隙

15.3 煤粉管道系统及附件检修

15.3.1 检修内容

（1）检查煤粉管、弯头及膨胀节的磨损情况，必要时修复或更换。
（2）检查风粉混合器、消除漏风、漏粉，清除内部杂物，消除堵塞。
（3）检查各支吊架完好情况，必要时更换。
（4）检查木块分离器网筛和挡板磨损情况，必要时修复或更换。
（5）检查修理锁气器动作及密封板密封情况，确保动作灵活。
（6）检查吸潮管挡板严密性，进行开度校验及修理。
（7）检查各风门挡板操作机构，进行方向和开度校验。
（8）检查各防爆门严密性，密封不严和损坏的更换。
（9）检查膨胀节间隙，更换密封填料。
（10）检查煤粉取样装置及检查孔严密性。
（11）检查修补外部保温。
（12）风压严密性试验。

15.3.2 检修程序与质量标准

煤粉管道系统及附件检修程序与质量标准见表 85。

表 85　煤粉管道系统及附件检修程序与质量标准

设备名称	检修内容	工艺要点	质量要求
煤粉管道	准备工作	1. 搭设脚手架，拆除保温； 2. 准备好防磨衬板、管道及弧形板等； 3. 煤粉管道断口前应将支吊架锁死	
	磨煤机出入口管道检修	1. 磨煤机入口落煤管检查，对日常维护贴焊的钢板均应割除，对磨损超过质量要求的部位进行挖补，因焊补多次而变形需挖补的面积超过一半时应整体更换； 2. 磨煤机出口法兰上部及弯头处应加防磨衬板或采取其他防磨措施，管壁磨损超过质量要求时应挖补或更换； 3. 检查焊补磨煤机出口防爆三通，安装防磨村板或采取其他防磨措施	1. 管壁磨损厚度超过原厚度的 1/2 时应挖补；多次挖补的面积超过一半时，应整体更换； 2. 防磨衬板磨损超过原厚度的 1/2 时，应更换新衬板； 3. 所有的焊缝焊实，无严重的焊接缺陷； 4. 一次风管铸钢弯头磨损剩余厚度不小于 5mm，否则应更换
	粗、细粉分离器处管道检修	1. 检查粗、细粉分离器出、入口管道及弯头磨损情况，磨损超过质量要求时应挖补更换； 2. 粗粉分离器出口管道应衬防磨衬板或采取其他防磨措施，管壁磨损超过质量要求时，应挖补或更换； 3. 细粉分离器的方形弯头内衬防磨衬板或采取其他防磨措施，管壁磨损超过质量要求时，应挖补或更换	1. 一次风管普遍磨损超过 1/2 时应全部更换； 2. 回粉管磨损不超过原壁厚的 1/2； 3. 回粉管翻管转 180° 使用时，应保持原有的斜度和弯度，焊口内部需平滑； 4. 修补的煤粉管道要严格保证内径尺寸或孤度与原管道一致
	排粉机出口风箱	1. 检查风箱，应无变形、漏粉等现象，焊接断裂的加固扁钢； 2. 焊补泄漏焊口，更换裂纹钢板； 3. 更换磨损的加固筋	
	一次风管检修	1. 检查一次风管磨损情况； 2. 检查煤粉混合器、一次风管； 3. 检查一次风管弯头； 4. 一次风管可翻管转 180° 使用； 5. 一次风管方圆节磨穿成孔时可进行挖补，挖补超过三次时应更换	
	回粉管及再循环管检修	1. 检查回粉管，当磨损超过质量要求时可翻管转 180° 使用，再磨损超过质量要求时更换； 2. 处理泄漏部位，挖补或更换弯头； 3. 处理各部法兰处泄漏	

表 85 煤粉管道系统及附件检修程序与质量标准（续）

设备名称	检修内容	工艺要点	质量要求
锁气器	检查	1. 解体检查翻板或锥形塞及其部件的磨损情况； 2. 检查轴承、刀刃、刀口等部件，动作应无卡涩； 3. 检查各部漏粉、漏风情况	
	检修与调试	1. 锁气器各部磨损超过质量要求时，应更换； 2. 检修轴承、刀刃、刀口等活动部件，使它们达到设计要求或图纸规定； 3. 检查并处理，使翻板或锥形塞的密封部位接触均匀、间隙适当、动作灵活，重锤应易于调整； 4. 用水平仪调整斜放式锁气器的重锤杆保持水平； 5. 调整使锥式锁气器的锥体保持垂直（关闭状态）； 6. 电动锁气器在安装前应按图检查各处间隙，并进行试转，确定转动灵活后再进行安装； 7. 校正锥形锁气器的顶杆成直角状态； 8. 检查检查门，更换垫料，消除漏风现象； 9. 做好试验	1. 锁气器必须灵活，法兰不漏粉； 2. 锁气器两端侧轴承应完整，不漏粉、卡涩； 3. 斜放式锁气器重锤与门轴成 45°方向动作； 4. 锁气器衬板、门杆、锥体磨损最超过原厚度的 1/2 时必须更换； 5. 锁气器的门板与圆锥筒保持严密，下部应留有 20mm 左右的间隙； 6. 检查门的垫料如果老化，必须换新，运行中不漏粉； 7. 锁气器处回粉管的重锤杆水平度不大于 2/100
防爆门	检查与更换	1. 将所属防爆门拆卸，清理法兰结合面； 2. 检查防爆门螺栓，有损坏或脱落者应补齐，法兰面变形者应修复； 3. 检查防爆铝皮，有腐蚀、裂纹等应更换，防爆铁皮上应涂有防锈保护层； 4. 重新组装防爆门，螺栓要涂铅粉油	1. 防爆门螺栓齐全，旋紧时应涂铅粉油，法兰面应涂铅粉油； 2. 严格保证防爆铝皮的设计厚度与设计要求； 3. 一般防爆门结构：内层为 5～8mm 的垫，中间为防潮油纸，外层为防爆铝皮，铝皮厚度为 0.50～2.0mm。对于直径为 600mm 以上的防爆门预爆线可为单咬口；直径为 600mm 及以下的防爆门预爆线可用划痕方法，划痕深度为厚度的 50%； 4. 防爆铝皮上应涂有防锈保护层

表 85　煤粉管道系统及附件检修程序与质量标准（续）

设备名称	检修内容	工艺要点	质量要求
风门、挡板及其操作装置	检查与要求	1. 检查磨煤机入口热风、冷风及混合风各门，开关应灵活，位置应准确；气动门、电动门曲柄及销子应正常；手动门操作装置应完整，指针齐全，开关灵活轻便； 2. 检查排粉机入口风门；解体检查外壳磨损情况，同时检查门板及小轴，发现裂纹、变形和严重磨损时，必须更换； 3. 检查一次风门、再循环门磨损情况	1. 各风门、挡板等开关灵活，无卡涩，开关的位置指示正确； 2. 排粉机入口门外壳内部磨损超过原厚度的 1/2 时应更换
	检修、位置标定与试验	1. 更换磨损的风门：一次风门、再循环门、排粉机入口门等，法兰结合面应完整，无变形，结合面要清理干净，不合格的法兰应更换，法兰结合面应保证密封不漏； 2. 风门、挡板安装时按图纸留出热膨胀间隙，轴封应良好，开关灵活，轴端头应标出与风门、挡板实际位置相符的标志。组合式挡板门各挡板的开关动作应同步，开关角度要一致	1. 制粉系统的圆风门密封间隙不得小于 0.15mm； 2. 操作装置应操作方便、指示正确、布置整齐，座架底板牢固，并保持水平； 3. 万向接头连接的操作装置，其转角不应小于 30°； 4. 操作装置把手或手轮应以顺时针为关闭的转动方向安装，操作应灵活可靠； 5. 操作装置应有开关标记，并装设全开和全关的限位器，其开度指示应明显清晰，并与实际开度指示相符
机械测粉装置	机械测粉装建检修	1. 检查导向滑道、滑轮等应完整灵活，必要时滑轮应解体加油； 2. 更换磨损变形的钢丝绳，同时检查浮标与钢丝绳的固定情况，检查保险绳应完好； 3. 检查粉位指示标志应准确，操作机构应牢固，穿墙导管无损坏； 4. 调整检查浮标位置与指示标志相同	1. 浮标调整高度应按设计规定，无规定时可调节到下距粉仓底面约 200mm，上距粉仓顶面约 500mm 处； 2. 测粉操作机构应牢靠，操作方便，粉位指示标志清晰，并与粉仓内浮标实际位置相符； 3. 测量装置的钢丝绳要柔软，直径一般为 3.6～4.8mm，尽量避免中间接头，在导向滑道中行走应无卡涩；钢丝绳穿过楼板处有完好的穿壁导管，导向滑轮转动灵活； 4. 手摇或电动试验轻松灵活，无卡涩现象

表 85　煤粉管道系统及附件检修程序与质量标准（续）

设备名称	检修内容	工艺要点	质量要求
消防装置	消防装置检查与修理	1. 检查伸入管道或设备中的煤粉消防装置，应完整合理，磨损后要更换； 2. 更换损坏的阀门及管道； 3. 做风压试验	1. 伸入管道或设备内的煤粉消防装置的喷射方向应与煤粉流向相同； 2. 保证粉仓顶部消防装置的扩散装置合理，喷射方向与仓盖平行； 3. 消防装置管道及阀门均不得有泄漏，新换的管段要做工作压力下的耐压试验并合格
吸潮管	吸潮管检修	1. 检查吸潮管管道； 2. 检查吸潮门； 3. 检查吸潮管与分离器连接三通处磨损情况	1. 保证管内畅通无积粉； 2. 应开关灵活、无漏风； 3. 厚度磨损超过原厚度的 2/3 时应更换
木屑分离器	木屑分离器检修	1. 解体检查煤粉滤网及附件的磨损与损坏情况； 2. 检查门法兰及其密封垫有否损坏，损坏时应更换； 3. 必要时应更换煤粉滤网	1. 煤粉滤网腐蚀，网孔严重变形时需更换； 2. 滤粉网孔目应为 30mm 左右； 3. 无漏风、漏粉现象； 4. 煤粉滤网转动灵活
下煤管及插板门	下煤管检修	检查落煤斗、方圆节和下煤管的磨损情况，局部磨损大于原厚度的 2/3 或出现孔洞引起漏风、漏煤时，应进行挖补处理。当磨损面积大于原面积的 1/2 时，应对其进行更换	局部磨损不大于原厚度的 1/2，磨损面积不大于原面积的 1/2
	插板门检修	1. 检查可调缩孔、一次风管道上插板门丝杠，轴套螺纹应完好，无损扣现象，插板无变形，边缘应无磨损； 2. 插板门丝杠螺纹损坏不能修复，且插板变形大于 5mm 或磨损大于原厚度的 1/2，应进行更换； 3. 处理泄漏部位	1. 轴套螺纹应完好，无乱扣现象； 2. 插板变形不得大于 5mm. 磨损小于原厚度的 1/2； 3. 各部位无泄漏
伸缩节	伸缩节检修	1. 检查伸缩节密封无孔洞，各接口无漏风，检查密封垫里侧衬板磨损情况； 2. 若密封垫及衬板均有磨损，且衬板磨损大于原厚度的 1/2，应将伸缩节密封垫及村板全部更换； 3. 检查腐蚀情况，发现腐蚀时应及时处理； 4. 检查管道伸缩节的伸缩状态应自由，伸缩余量应足够；	1. 密封垫厚度为 2～3mm； 2. 伸缩节衬板磨损不大于原厚度的 1/2； 3. 各部件无漏风； 4. 管道伸缩节伸缩应自由，伸缩余量应在 10mm 左右；

表 85　煤粉管道系统及附件检修程序与质量标准（续）

设备名称	检修内容	工艺要点	质量要求
伸缩节	伸缩节检修	5. 应同时检查波形伸缩节与管路里侧衬板磨损情况，磨损严重的进行补焊或局部更换；当伸缩节本体磨损严重或波形板严重腐蚀时，应进行整体更换； 6. 更换填料式伸缩节的填料，填料盘根螺栓应完好，检查伸缩节内套，磨损变形严重时应更换	5. 波形伸缩节在拓体更换时需使里侧衬板与气流流劫方向一致； 6. 填料伸缩节所用的填料应为钳粉油石棉绳
木块分离器	木块分离器检修	1. 检查木块分离器； 2. 处理木块分离器操作装置缺陷； 3. 检修木块分离器的液压推动系统设备	1. 操作木块分离器灵活； 2. 各部密封面严密无泄漏
分配器	分配器检修	1. 检查分配器，清理杂物，更换磨损格栅； 2. 处理泄漏部位	1. 无杂物，格栅磨损不超过原厚度的 1/2； 2. 分配器无泄漏部位
煤粉取样器	煤粉取样器检修	1. 检查取样头，更换磨损部分； 2. 处理泄漏部位	1. 磨损不超过原厚度的 1/2； 2. 无泄漏部位

15.4　常见故障及处理方法

常见故障与处理方法见表 86。

表 86　常见故障与处理方法

序号	故障现象	故障原因	消除方法
1	粗粉分离器折向挡板手柄断裂	1. 转动轴锈蚀，磨损； 2. 转轴卡涩	解体清理检修或更换转轴
2	木块分离器效果差	1. 主筛格破损、断裂； 2. 排放孔处筛格破损、断裂	焊补或更换筛格
3	木屑分离器效果差	1. 筛格破裂； 2. 筛格上煤灰、杂物堆积	1. 焊补或更换筛格； 2. 清理筛格
4	锁气器效果差	1. 锁气器破损； 2. 杠杆装置不灵活、不严密	1. 补焊、修理； 2. 清洗支点轴承、校验重锤位置

6. 电站燃料输送设备维护检修规程

SHS 08005—2019

部分代替 SHS 08004—2004

目　次

前　言

本规程按照GB/T 1.1—2009《标准化工作导则　第1部分：标准的结构和编写》给出的规则修订。

本规程代替SHS 08004—2004《电站锅炉维护检修规程》第四篇燃料输送设备，与SHS 08004—2004第四篇相比，除了编辑性修改外，主要技术变化如下：

——设备大修周期进行了调整；

——检修周期章节里，删除了小修与中修的提法；

——删除了燃料油系统检修内容，此章节归属锅炉维护检修规程；

——增加了卸船机和滚轴筛检修内容。

本规程由中国石油化工集团有限公司、中国石油化工股份有限公司提出。

本规程由中国石化上海石油化工股份有限公司负责起草。

本规程主要起草人：吴巍、伍云刚、徐秀萍。

本规程历次版本发布情况：

——SHS 08004—2004。

电站燃料输送设备维护检修规程

1 范围

1.1 主题内容

本规程规定了电站燃料输送设备的检修周期与内容、检修程序与质量标准、试车与验收、维护与故障处理。

1.2 适用范围

本规程适用于石油化工企业热电（动力）厂燃料输送设备的维护、检修工作。

2 规范性引用文件

下列文件中的条款通过本规程的引用而成为本规程的条款。凡是注日期的引用文件，其随后所有的修改单（不包括勘误的内容）或修订版均不适用于本标准，然而，鼓励根据本标准达成协议的各方研究是否可使用这些文件的最新版本。凡是不注日期的引用文件，其最新版本适用于本规程。

TSG 08 特种设备使用管理规则

GB 26164.1 电业安全工作规程 第一部分：热力和机械

DHT 838 燃煤火力发电企业设备检修导则

DL 5190.2 电力建设施工技术规范 第2部分：锅炉机组

防止电力生产重大事故的二十五项重点要求

3 检修周期

根据对设备功能故障及其影响分析的结果、有无备用设备并结合生产装置运行周期，确定设备检修周期，一般为48个月或60个月。详见表1。

表1 燃料输送设备检修周期

类别 设备名称	检修周期 / 月
皮带输送机	60
斗轮堆取料机	48

表1 燃料输送设备检修周期（续）

设备名称 \ 类别	检修周期 / 月
螺旋卸煤机	60
抓煤机	48
碎煤机	60
滚轴筛	60
卸船机	48

4 检修内容和质量标准

4.1 皮带输送机检修

4.1.1 检修前准备工作

4.1.1.1 掌握皮带输送机的运行状况，备齐必要的图纸资料。

4.1.1.2 合理编制检修作业指导书，确定检修内容。

4.1.1.3 备齐检修工具、量具、配件及材料。

4.1.1.4 由工作负责人办理好相关工作许可票证。

4.1.1.5 确认输煤皮带机上积煤是否已清理，防止着火事故。

4.1.2 检修内容

4.1.2.1 减速机解体检修，检查测量齿轮啮合和磨损情况、轴承磨损情况及内外套有无松动，检查联轴器及其柱销和液力偶合器油位情况以及弹性盘的磨损情况，必要时进行更换；更换润滑油。

4.1.2.2 检查清理头、尾部改向滚筒是否完整，轴承及轴承座是否损坏，必要时进行更换。

4.1.2.3 检查胶带是否完整，接头处是否损坏，必要时要进行胶接或更换。

4.1.2.4 检查托辊及支架是否损坏，必要时进行修理或更换。

4.1.2.5 检查落煤管是否需要焊补或更换，导煤槽是否损坏，必要时进行更换。

4.1.2.6 检查拉紧装置是否良好，钢丝绳是否锈蚀，重锤滑道是否变形，必要时应进行调整或更换。

4.1.2.7 检查逆止器、犁煤器、清扫器是否良好，必要时应进行更换。

4.1.2.8 皮带机机架和减速机进行防腐。

4.1.2.9 除铁器、犁煤器等辅助设备检查，必要时进行修理或更换。

4.1.3 检修与质量标准

4.1.3.1 减速机的检修

a）拆卸

（a）拆出高速端联轴器销子，使电动机和减速机分离，擦拭机体并放油；

（b）拆卸减速机中心结合面的螺栓；

（c）旋转顶丝，将上盖均匀缓慢顶起，注意两侧的顶丝要同时顶起；

（d）吊出上盖并存放好，起吊时不要碰击齿轮及中心结合面；

（e）清理各齿轮、齿轮轴及箱体内油垢。检查齿轮磨损、腐蚀，用压铅丝法测量齿轮的啮合间隙和齿顶间隙，并做好原始记录，当齿轮磨损超过齿厚的15%时应成对更换；

（f）吊出齿轮及齿轮轴，取出各轴的轴环、端盖、轴承外圈等并做好标记；

（g）检查清理各齿轮、齿轮轴、轴承是否有裂纹、腐蚀、损坏等现象。根据所测齿轮的啮合间隙及齿顶间隙，该换的齿轮及齿轮轴应予更换，向心轴承径向间隙不得超过 0.15mm，否则应更换。

b）复装

（a）更换减速机新零件时应对照图纸，核对零件加工尺寸；

（b）轴承内圈与轴装配可采用油加热法，注意油加热温度不得超过 120℃，轴承不可与加热容器底部直接接触，以免过热。齿轮、轴承加热装入轴颈后，自然冷却；

（c）复装后轴承内需涂以润滑油脂，各轴端盖、挡环应按原来的标记复装就位；

（d）新更换的齿轮组，齿面接触应均匀，接触面长度应大于齿宽 2/3 以上，齿顶间隙应为齿轮模数的 1/5，齿侧间隙也应符合要求，详见表 2。

表 2 齿轮组安装间隙要求

中心距 /mm	100 以内	100～200	200～400	400～800
侧间隙 /mm	0.10～0.35	0.12～0.45	0.16～0.60	0.24～0.85

主动轮和从动轮啮合应均匀，端面偏差不大于 2mm，各齿轮轴与端盖间隙应为 0.10～0.25mm；

（e）复装减速机前，减速机上、下两接触面，接合面应涂以密封涂料，密封后接触面在任何处的间隙不得超过 0.03mm。最后将箱体用固定销定位。

紧固大盖固定螺栓时，应从中间向外依次对称紧固，每个螺栓紧固力应一致；

（f）扣盖前，减速机箱体要根据不同的季节加不同的润滑油。注油量应根据本减速机油位计刻度，以大齿轮最低齿的 1/3 齿高浸入油中为宜。

c）键与键槽、联轴器的检修

（a）键与键槽的工作面应符合公差配合的要求，顶部留有一定的间隙，详见表 3。

表 3　键装配间隙要求

轴颈 /mm	29～90	90～170	170～240
顶部间隙 /mm	0.3	0.4	0.5
工作面公差 /mm	0.01～0.04	0.02～0.05	0.03～0.08

（b）如键槽损坏允许在 120° 的位置上重新开键槽。

（c）键与键槽配合松动时不得加垫处理。

（d）联轴器与轴的配合，应符合图纸要求。

（e）拆装联轴器时，禁止用大锤或手锤直接敲打，尽量采用专用工具或压力拆装。

（f）联轴器找正一般以减速机为基准，调整电机来达到找正的目的。联轴器找正时，底脚加垫子每处不得超过 3 片。

d）减速机齿轮检修的质量标准

（a）齿轮牙齿接触面积，不得小于齿宽的 60%，齿高的 35%～40%；

（b）齿面损坏超过全部工作面积的 30% 或齿厚的 10% 时，应予更换；

（c）齿轮轴不得有裂纹，否则应予更换；

（d）轴颈密封处一般不得有拉伤，拉伤超过 0.15～0.2mm 时，应进行处理；

（e）齿轮啮合时，顶部间隙等于模数的 1/5，齿轮侧向间隙应符合要求；

（f）ϕ50～ϕ85mm 的轴径向跳动，不得超过 0.02mm，ϕ100mm 的轴，径向跳动不得超过 0.03mm，弯曲度不得超过 0.04mm，轴颈的椭圆度不得超过轴径的 1/1000；

（g）联轴器找正后，圆周和端面允许偏差值在转速 750r/min 以下为 0.08～0.10mm，在转速为 750r/min 以上为 0.04～0.08mm。

e）减速机检修后试转

（a）空载运行 0.5h，不应有过热、漏油、杂音；

（b）减速机带负荷运行时，油温与环境温度相比，相差不得高于 40℃；

（c）外观清洁，无油垢；

（d）减速机振动应＜ 0.08mm。

4.1.3.2　联轴器

a）凸轮联轴器

（a）拆卸凸轮联轴器时，应在联轴器的同一侧处打好印记；

（b）取出固定连接螺栓时应使用铜棒，以免击伤螺纹；

（c）螺栓损坏时，应按孔的过渡配合尺寸加工螺栓，不得用其他螺栓代用；

（d）装配时，两半联轴器端面应无毛刺，端面位置紧密接触，两轴径向位置偏差不得超过 0.03mm。

b）十字滑块联轴器

（a）联轴器中间盘，两端套筒出现裂纹、凸肩、凹槽、滚角、配合间隙过大，应处理或更换；

（b）联轴器径向位移 $A \leqslant$ 0.1mm，端面间隙为 2C，C=（1.0±0.5）mm，角度位移

（倾斜）$\alpha \leqslant 30'$，详见图 1；

（c）装配时十字滑块联轴器，凸肩凹槽结合处应涂润滑脂；

（d）拆卸时，应使用拉马，亦可使用加热方法，但温度不得超过 200℃，装配时也可采用加热的方法。

c）尼龙注销联轴器

（a）拆卸时应使用拉马，严禁敲打。如果采用加热拆卸温度不能超过 200℃；

（b）联轴器注销孔磨损严重时，如内孔凹凸不平应更换；

（c）联轴器与轴装配时应按轴孔的配合标准面装配；

（d）联轴器两端不同心度及端面间隙应符合表 4 及表 5 范围。

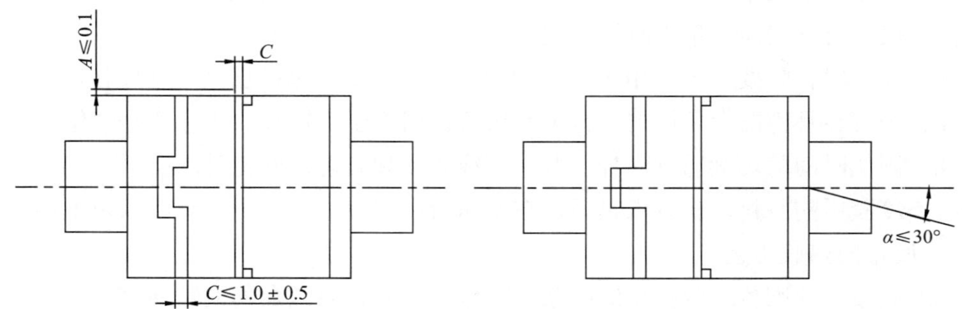

图 1　联轴器位移及间隙要求

表 4　联轴器两端面不同心度要求

联轴器外形最大直径 /mm	两轴不同心度不应超过	
	径向位移 /mm	倾斜
105～260	0.05	α ≤ 30′（0.2/1000）
260～500	0.10	α ≤ 30′（0.2/1000）

表 5　联轴器端面间隙要求

联轴器外形尺寸 /mm	90～220	170～220	275～320	340～490
端正间隙不应＜ mm	2.0	2.5	3.0	4.0

4.1.3.3　滚筒

a）滚筒胶面磨损严重或有破损翘起时，应更换。

b）滚筒吊出检修时，应消除胶带张力并做好防止胶带下落的措施。

c）滚筒转动应灵活无卡涩，且轴承座油嘴齐全，油路畅通。

d）滚筒与轴无松动串轴现象。

e）滚筒的椭圆度不得超过滚筒直径的 1%。

4.1.3.4　胶带

a）胶带的冷胶工艺

（a）胶接前应准备好胶接用的冷胶、胶接工具及材料；

（b）确定胶接的工作位置和胶接头数，以及接口形式；

（c）工作手续齐全后，用葫芦将重锤吊起，用专用工具将胶带拉紧并固定。在已确定好的胶接位置上将胶带划线并割断，撕出所要求的胶接台阶，然后用汽油或甲苯或四氯化碳清理帆布层表面的残胶，再用钢丝砂轮机对接头表面打毛，使帆布层微呈毛状为止；

（d）如胶带受潮，需加热干燥；

（e）胶带干燥后涂第一遍胶，涂胶应均匀，采用自然干燥或碘钨灯烘干；

（f）待第一遍胶不粘手时涂第二遍胶，其量略少于第一遍但要均匀，然后进行烘干或自然干燥，待其表面不粘手时即可胶接；

（g）胶接时台阶要对齐，用木槌从中间向四周敲击，以排出空气使胶接牢固，锤击要布满整个接头且锤击力要均匀，锤击完毕后，用刀子把接头的边缘修好固化；

（h）固化时间随环境温度而异，并根据冷胶的规范确定固化时间；

（i）冷胶用的胶料，属有毒物质，在操作时应戴口罩和防护手套，以防中毒。

b）胶带的热胶工艺

（a）胶接前应准备好胶接用的胶浆、机械、工具、电源及其他辅助材料；

（b）确定胶接的工作位置、胶接头数及接口形式，一般采用斜角，角度为 75° 或 105° ；

（c）工作手续齐全后，用葫芦将重锤吊起，用专用工具将胶带拉紧并固定；

（d）在已确定好的胶接位置上将胶带划线并割断，撕出所要求的胶接台阶，用钢丝砂轮机清扫接头裁驳处残余胶屑及打毛帆布表面，使帆布层微呈毛状为止，并用汽油或甲苯或四氯化碳清理帆布层表面的油污和残胶。胶带接头的两侧边和覆盖胶接头斜面也要打磨成粗糙状，以便结合得更为牢固；

（e）打磨后应进行烘干，冷却后方可开始涂胶浆；

（f）涂胶有两种方法，一种是先涂一遍稀胶浆，待胶干后（不粘手时）铺一层 1mm 厚的胶片，另一种是涂三遍胶浆（需待前一遍胶彻底干燥后方能进行下一遍涂胶）；

（g）在贴缓冲胶带或接头贴合作业时，均需待胶浆溶剂挥发干净后进行，在贴合作业前，要调整胶带两边的松紧程度，取得一致后再对齐接正，并加贴封口填充胶，贴合部位用胶锤砸实，如有鼓泡应用锥子刺穿，将气体排除，然后再用皮锤砸实；

（h）将贴合后的接头固定于加热板之间，接头对正后，拧紧螺丝，然后升温硫化，硫化压力不小于 0.5MPa，加压时，应使压板两段同时受压，以保证胶带接头处受力均匀，为了防止在胶接接头处出现裂纹，在接头处需贴缓冲胶条，缓冲胶条的宽度和长度视胶带接口情况而定。封口填充胶性能与胶带覆盖胶相同或相近，其边缘斜面宜为 45° ，与胶带原覆盖胶接斜面吻合；

（i）普通运输胶带采用的硫化温度一般为 143～145℃，在此温度下的正硫化时间约为 15min，这个时间称为该种胶料的基本硫化时间，温度由胶带表面传导至中心需要一定时间，这个时间为总硫化时间的构成部分，输煤胶带黏接时的实际硫化时间为：

$$T=t+kn+\delta$$

式中　T——总硫化时间，min；

t——基本硫化时间，min；

k——时间系数，普通胶带 k=1，强力型胶带 k=1.5；

n——胶带层数；

δ——覆盖胶总厚度与时间系数为 1 的乘积，数值上等于厚度。

（j）皮带热胶结的技术要求，详见表 6。

表 6　皮带热胶结的技术要求

接头长度 /mm	400～800
接头角度 /（°）	90°
接头台阶	层数 -1
台阶长度 /mm	接头长度 ÷（层数 -1）
加热方法	电加热或蒸汽加热
硫化温度 /℃	143～145
恒温时间 /min	25～40（视带厚而定）
加压方式	压板或千斤顶

c）质量标准

（a）胶带各台阶的不均匀度不得大于 1mm；

（b）裁割处表面要平整，不得有破裂现象，刀割接头时对下一层帆布的误割深度不得大于帆布厚度的 1/2，每个台阶的误割长度不得超过全长的 1/10；

（c）用钢丝砂轮清理浮胶时，对帆布的毛糙或误损不得超过厚度的 1/4；

（d）接口处边缘胶带应成为一条线，其不直线度应小于 0.3%。

4.1.3.5　拉紧装置

a）用葫芦将重锤提起，并做好防落措施。

b）增加或减少重锤时，应使用葫芦将重锤放置地面后装拆。

c）拉紧装置的滑轮应无卡涩。滑轮及滑轮架应牢固无裂纹，滑轮轴无严重磨损。

d）重锤挂持架调整螺栓应灵活。

e）重锤重量合适，排列整齐、牢固。

4.1.3.6　清扫部分

a）清扫器应定期检查，拆卸各部分清扫器时应有防止胶带转动的安全措施。

b）清扫器的所有钢架，不得有弯曲、变形、开焊现象。

c）头部清扫器转轴转动应灵活，两侧重锤齐全、牢固。

d）刮板固定孔应做成长孔，以便于磨损后及时调整。

e）刮板压紧压板螺栓应齐全，所有螺栓拧紧后外露丝扣不应超过 2～3 扣。

4.1.3.7 落煤管翻板导煤槽

a）落煤管焊补宜采用挖补，损坏严重时应予更换。

b）补焊落煤管时，应清理掉煤粉并采取通风措施。

c）落煤管管壁磨损到原厚度的 30%，且不能保证在检修期内可靠运行时，可以更换。原煤冲击面尽量选用 8～10mm 的低锰钢板，非冲击面可选用 6～8mm 的钢板。

d）翻板转动灵活，拉杆齐全，方向正确。

e）翻板磨损穿洞时应及时修补或更换。

f）导煤槽应无漏煤现象，各连接螺栓应齐全紧固。

g）护皮宽度适合，与胶带接触严密，如有破损应及时更换。

h）更换挡煤皮应尽量采取整体式，对接长的挡煤皮接头，方向要正确，挡煤皮螺孔应冲成长方形孔，以便磨损后的调整。

i）导煤槽防挡帘应齐全。

4.1.3.8 卸料部分

a）每次检查均应检查车轮、轴承、滚筒轴承，减速器润滑情况，加润滑油。大修应拆洗走轮、链条、轴承，并更换损坏件。

b）减速机检修工艺及质量标准执行通用规定。

c）走轮走动灵活，走轮圆柱面无剥落、裂纹现象。

d）链条与链轮配合适当，不应有过松和过紧现象。前后驱动轮上两链轮的链条长度要一致。链条磨损节距增大 1mm 时，应更换新链条。

e）两改向滚筒转动应灵活，滚筒面及清扫器均应良好。

f）小车不得有开焊、变形现象。走桥及走梯齐全牢固，过桥上部滑线遮栏安全可靠。

g）三通落煤管无漏煤现象，翻板灵活。

h）卸煤小车制动完好；制动带中部厚度磨损减少到原厚度的 1/2 时，边缘部分减少到原厚度的 1/3 时，应更换新带。

i）犁煤器升降灵活，安全可靠。

j）犁煤器犁板与胶带接触部分应平整。

k）犁煤器支架应牢固，无开焊、变形。

4.1.3.9 制动部分

a）滚柱逆止器检修

（a）逆止器的星轮与轴为过盈配合，轴向与径向不得有跳动；

（b）逆止器中星轮与逆止器座孔之间的间隙为 0.20～0.30mm；

（c）滚柱、弹簧片不应有损伤痕迹、否则更换；

（d）逆止器清洗后，要注入适当的二硫化钼润滑脂。

b）带式逆止器的检修

（a）应定期检查制动带磨损及固定情况；

（b）制动带应使用新带制作，并选用帆布层不高于 5 层及覆盖胶薄的胶带；

（c）制动带的长度应能保证包住滚筒圆周的 1/3，宽度与皮带相等；

（d）冲制制动带螺孔时，应使用与螺栓直径相应的冲子，孔的中心距端部不得小于 50mm；

（e）制动带的活动端应成尖状，以保证可靠刹车。

4.1.3.10　托辊部分

a）转动不灵活、杂音、窜轴的托辊，应更换。

b）更换托辊时，应停止胶带的运行并做好防止胶带转动的安全措施。

c）拆装托辊时，不许用手锤直接打托辊轴，应垫上紫铜棒敲打，托辊轴的两端如有变形现象，应进行修整，保证与托辊架的配合公差为 0.20～0.30mm。

d）托辊体的表面要求光滑、无毛刺、轴承无损坏、密封及卡簧齐全。

4.1.3.11　机架、罩壳部分

a）皮带机大修时，应对机架各部进行测量，要求无变形、基础下沉等现象。

b）机架中心线对输煤机纵向中心线不重合度小于 3mm。

c）中间架在铅垂面内的不垂直度不超过长度的 1/1000。

d）中间架接头处，左右高低的偏差小于 1mm。

e）中间架间距偏差小于 ±1.5mm，相对标高偏差不应超过间距的 2/1000。

f）托辊横向中心线对输煤机的纵向中心线的不重合度小于 3mm。

g）头部护罩应无变形、开焊现象，与滚筒两侧的间隙相等。

h）漏斗无开焊、漏煤现象，与落煤管、机架连接牢固。

4.1.4　试运行与验收

4.1.4.1　试运行

输煤皮带机整台大修后，应进行试运转。在试运转前，除一般检查外，需检查减速机，滚筒轴承座，托辊的润滑情况，清扫器、制动器的安装情况，各护罩的装复情况，电动滚筒内应注规定型号机油至油面线上方。输煤机运转后应检查各运转部件有无噪声；各轴承有无异常升温；各滚筒、托辊的转动和螺栓紧固情况；调心托辊是否灵活；输送带的松紧程度，有无打滑现象；事故按钮是否安全可靠；测定空载功率及满载功率。如胶带跑偏，应进行调整，其调整方法见图 2。

4.1.4.2　验收

a）检修各项技术记录应齐全、可靠。

b）整体试运合格，保护、连锁装置正确、可靠。

c）验收人员在验收单上签字。

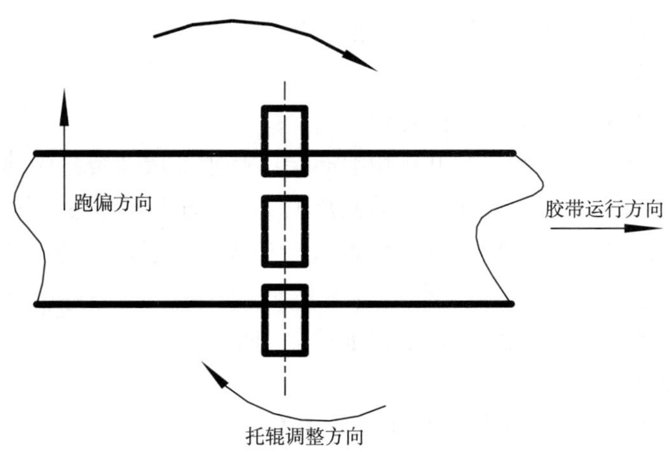

图 2　胶带跑偏调整方法图

4.2　斗轮堆取料机检修

4.2.1　检修准备工作

4.2.1.1　掌握斗轮堆取料机的运行状况，备齐必要的图纸资料。

4.2.1.2　合理编制检修作业指导书，确定检修内容

4.2.1.3　备齐检修工具、量具、配件及材料。

4.2.1.4　将斗轮堆取料机停靠在检修位置，切断电源，做好安全措施，使之符合安全检修条件。

4.2.1.5　由工作负责人办理好相关工作许可票证。

4.2.2　检修内容

4.2.2.1　斗轮轮体检查整修，斗齿修补齐全，链条整修补焊。

4.2.2.2　所有减速机应全部解体检修。

4.2.2.3　液压件及管路应全部拆检和清洗。

4.2.2.4　清洗、加油、更换液压油。

4.2.2.5　拆开轴承座，清洗、加油。

4.2.2.6　皮带机托辊一般应全部更换，不具备更换条件的也应拆开，清洗并加油。

4.2.2.7　回转轴承、滚子和滚道检查、清洗修理、加油。

4.2.2.8　溜料板、料斗、圆弧挡板等应视磨损情况确定是否更换衬板。

4.2.2.9　大修后设备表面应防腐涂漆。

4.2.3　检修与质量标准

4.2.3.1　取料机构（斗轮部分）

a）圆弧板安装时相邻的衬板搭接处高度不得＞ 3mm。

b）轮体与圆弧挡板之间间隙＜ 15mm。溜煤板背面与斗轮平面间隙＜ 10mm。

c）涨圈安装时必须洗净去毛刺；且用红丹检查接合面修刮涨圈，组装时用测力扳手逐渐对称拧紧，检查螺栓有否断裂，最后拧紧力矩为 20kg•m。

d）斗轮轴轴承及胀套安装处直径的尺寸偏差应为 GB/T 1801 中的 $h6$ 级精度。

e）斗轮轴轴承及胀套安装处直径的表面粗糙度 R_a 应为 GB/T 1031 中 1.6μm。

f）轮体内圆对旋转中心轴线的径向圆跳动应为轮体内圆直径的 1/1000，且最大不得超过 8mm。

g）轮体对旋转中心轴线的端面圆跳动应为轮体端面外圆直径的 1/500，且最大不得超过 10mm。

4.2.3.2 电动滚筒

a）齿轮检查应按 JB/T 4149—2010 要求精度等级检查啮合面、齿顶、齿侧间隙。

b）传动齿轮的最大磨损量应符合有关规定。

c）毛毡装配时应预先浸油。

d）装配时各密封接合面应相互紧贴平正以防漏油。

4.2.3.3 行走机构

a）轨道

（a）轨道的不直度误差应小于 5mm/m；全长内允差为 30mm；

（b）轨道的接头处顶面与侧面允差均为 1mm；接缝间隙为 3～5mm；

（c）二侧轨道高差应＜ 10mm；

（d）轨道纵向不平度＜ 1/1000；

（e）轨道的轨距偏差＜ 10mm。

b）四组行车轮

（a）四组行车轮，装配后其跨距和轴距偏差均为 ±5mm；

（b）行车轮轴心线必须平行，不平行度不超过 0.20mm/m，同侧行车轮踏面中心必须一致，不同心误差是＜ 1mm；

（c）行车轮不得有裂缝，轮缘磨损不超过其厚度的 2.0%，踏面无凹坑、无剥落、无龟裂，磨损小于直径的 1.5%，各车轮直径相对偏差不超过 1mm；

（d）车轮与轴、轴与轴承装配公差必须符合规定，装配轴承时严禁火焰直接加热，采用 100～120℃的油浴加热进行热装；

（e）轴承箱的压盖与轴承外圈间隙为 0.5～1.0mm，组装后车轮不应有轴向窜动。

c）夹轨钳

夹轨钳装配后钳口调至 72～75mm，要顺利下到轨道中。

d）减速机与开式齿轮

参见通用检修标准。

4.2.3.4 回转机构

a）传动轴套，组装前应详细检查轴、齿轮和轴承支座应符合图纸要求，组装时应使轴承支座充满润滑油脂，轴承间隙调整好后应将圆螺母锁紧，防止其松脱。

b）交叉滚子轴承，滚子应大小排列均匀，相邻二滚子之直径允许偏差＜0.10mm；安装前做到逐一校对，滚子应交叉排列，必要时，抽样检查滚子硬度，其硬度应不低于HRC58，表面粗糙度 R_a 值应为0.2μm。

c）配合处的尺寸偏差应为GB1802中的9级精度。

d）滚道与齿圈的位置公差及各配合处的形状和位置公差应为GB1184中的7级精度。

e）滚道硬度应不低于HRC55，淬硬层2.5mm深度的硬度应不低于HRC48；软带只应有一条，最大宽度不得大于30mm，硬度应不低于HRC40，并作明显永久性的“S”标志。

f）滚道表面粗糙度 R_a 值应为GB/T 1031中的1.6μm。

g）上、下滚道踏面粗糙度 R_a 值应为GB/T 1031中的3.2μm。

h）上、下滚道踏面热处理硬度应为HRC（277～321）。

i）滚轮踏面粗糙度 R_a 值应为GB/T 1031中的1.6μm。

j）滚轮踏面热处理硬度应为HRC（40～45）。

k）外齿圈与下支座安装时，软带应布置在0°位置上（即主皮带向上）上、下内圈与上支承圈安装时软带应布置90°位置（即与臂架相垂直的位置上），上、下内圈的软带位置必须相差180°。

l）轴承的轴向间隙（即滚子与滚道之间间隙）应为0.3～0.5mm。

4.2.3.5 变幅机构

a）卷筒安装时必须使滚筒中心与减速器低速轴同心，中心线偏差在全长上（滚筒）不超过3mm。

b）齿轮联轴节，卷筒毂与卷筒轴的配合间隙为0.14～0.20mm。

c）卷筒根据其材质因局部断裂，缺陷可参照铸造质量标准有关规定，进行修补。

d）滑轮组装配时轴的润滑孔应对准间隔环的油槽，滑轮罩装配不得妨碍钢丝绳在变幅时变动钢丝方向，滑轮的任何处如有裂缝，应予更换。

e）钢丝绳质量报废标准详见起重设备中对钢丝绳有关规定。

4.2.3.6 金属构架

a）定期检查测量凡达到下列数据时，应进行修复、加固或更换。

（a）门柱、门座架、腹板波浪度：最大浪扳峰离受压侧板 $H/3$（H 为腹板高度）以上区域时；超过1/2腹板厚，其他区域超过板厚时。

（b）盖板波浪度＞ $B/300$（B 为盖扳厚度）时。

（c）腹板垂直度＞ $H/200$ 时。

（d）门座支腿的不垂直度＞ $h/2000$（h 为支腿高度）时。

（e）门座支腿的对角线偏差≤5mm时。

（f）前臂架之弦扦局部弯曲超过3mm，受压杆件的弯曲＞2mm，铰轴同心度相差2mm时。

（g）平衡架受压焊件的弯曲度超过 5mm 时。

（h）结构明显变形、锈蚀，影响强度时。

b）金属结构件的焊缝应符合 GB/T 12469 中缺陷分级Ⅱ级标准，并应符合 GB 985 和 GB 986 的规定。

c）钢结构用高强度螺栓连接副应采用大六角螺栓（GB/T 1228）、大六角螺母（GB/T 1229）和高强度垫圈（GB/T 1230）。

d）钢结构用高强度螺栓连接件的技术要求按 GB/T 1231 执行。

e）钢结构用高强度螺栓连接件的结合面处理按 JGJ 82 的规定执行。

f）钢丝绳及其接头按有关规定执行。

4.2.3.7　液压传动系统

a）液压管道检修安装前及换管时应进行内部除锈，管内壁不得有黑皮锈斑，应出现金属光泽，然后进行 1.5 倍工作压力试验。

b）液压元件的检修，必须在清洁的环境下进行，严禁用棉纱擦洗元件，用油石清除毛刺，然后用煤油和机油冲洗干净。

c）液压系统阀件检修组装时液流流向必须准确。阀芯动作灵活，配合面间隙为 0.015～0.025mm，柱面或阀孔不圆度、圆锥度不大于0.005mm，阀件工作时不得内外泄漏。

d）加注液压油其牌号应符合有关规定。

e）调节系统，安全装置应符合使用说明书所规定的要求。

f）齿轮泵齿轮啮合时齿顶间隙为（0.2～0.3）m（m 为模数）。齿轮啮合齿侧间隙：中心距≤ 50mm 时间隙为 0.085mm，当间隙达到 0.20mm 时，应予更换。齿轮端面与端盖的轴向总间隙为 0.05～0.10mm。齿顶与壳体径向间隙为 0.10～0.15mm。

g）齿轮泵端盖两孔的轴线不平行度＜ 0.01mm/100mm；孔的中心距误差为 0.04mm；端盖两孔中心线与加工端面的不垂直度＜ 0.03mm。

h）检修后管道应全部除锈刷漆。

i）ZB 型斜轴式柱塞泵及液压内曲线油马达

参见通用设备检修标准。

4.2.3.8　机上皮带机

参见 4.1 皮带输送机检修。

4.2.4　试运行与验收

4.2.4.1　取料机构（斗轮部分）

a）调试前首先人工盘动斗轮，应转动自如不应有碰撞声、摩擦声。

b）油泵电机单独试运 2h 合格后，旋转方向正确方能连接油泵。

c）起动油泵向管网系统供油，排净管内空气，然后再添加机油到规定油位。

d）启动齿轮油泵当压力达到工作压力时，再启动 ZB 型油泵，调整高压溢流阀，使出口压力达到 10MPa，调整斗轮转速为 6～8r/min，连续运行 1～2h，应无异常现象。

e）试运中如发现油压过高或过低以及油泵、管路系统有异常响声及振动，应停车检查，消除缺陷。

4.2.4.2　电动滚筒及皮带机

a）检查电动滚筒齿轮箱内是否已注入机油，启动电动滚筒察看运转方向是否与操作台面开关相符。

b）调整胶带堆料方向，然后调整胶带取料方向运行，使在任何高度（变幅），回转角度都不发生跑偏、打滑。

c）启动电动推杆，检查电动推杆开关的方向应同司机室操作台相符，且翻板开启自如。

d）检查头尾部挡煤槽与胶带的间隙，以及清扫器位置，滚筒和各托辊无卡住现象。

4.2.4.3　行走机构

a）行走台车电机的旋转方向应和操纵台旋钮的指示方向一致；单独试转电机确认电机设备完好后再连接联轴器。

b）开动行车来回行走数次，行车过程先慢后快，查看有否啃轨道、振动、摩擦等异常情况。

c）调试夹轨器的松紧度，使其两边紧力相等，查看是否和司机操纵台指示一致。

4.2.4.4　回转机构

a）回转部分电机单独试运合格后，连接行星减速机（或柱塞泵）。

b）在堆料位置时，来回开动数次，作 110° 回转，测定尾车的挡煤斗下体应与转运落煤斗对正，且与回转中心相重合，下料过程中不洒煤、漏煤；限位开关动作应灵敏可靠。

c）在取料位置时，开动回转机构作左右 165° 回转，检查挡煤槽与落煤管及落煤斗下体应对正不洒煤、漏煤；限位开关动作应灵敏可靠。

4.2.4.5　变幅机构

a）电动机单独试运合格后再装二端联轴器，检查升降方向应与操纵台指示一致；调整刹车装置应完好。

b）启动电机，调整前臂架上升和下降的极限高度，限位装置动作应正确，钢丝绳所留圈数，下降至极限位置时最少圈数不得＜ 3～5 圈。

c）变幅钢丝绳的涂油保护可在调试中进行。

4.2.4.6　液压系统

a）斗轮部分在油箱回油口处可临时增设 80～100 目网眼的滤油器。

b）斗轮部分的油循环不经过斗轮油马达，将进油管与回油管临时接通，油循环时间为 30～60min，检查油质直到干净为止。

c）尾车油系统的油管冲洗，将液压缸的升液管临时接到回油管路，油循环时间为 30～60min，直到油质干净为止。

d）经过油循环的油冲洗后，全部放出重新换上新机油。

e）接上原系统管路，处于正常工作状况。

f）斗轮堆取料机验收按 JB/T 7328—2010 技术规范执行。

4.3 螺旋卸煤机检修

4.3.1 检修准备工作

4.3.1.1 掌握螺旋卸车机的运行状况，备齐必要的图纸资料。

4.3.1.2 合理编制检修作业指导书，确定检修内容。

4.3.1.3 备齐检修工具、量具、配件及材料。

4.3.1.4 将螺旋卸车机停靠在检修位置，切断电源，做好安全措施，使之符合安全检修条件。

4.3.1.5 由工作负责人办理好相关工作许可票证。

4.3.2 检修内容

4.3.2.1 大车行走车轮、轴承的清洗、检查、更换及车轮的磨损检查。

4.3.2.2 大车行走减速器、螺旋升降减速器、螺旋旋转减速器解体检修。

4.3.2.3 大车行走轨道的水平度、平行度、弯曲度及压板的紧固情况检查和调整。

4.3.2.4 各缓冲器、阻挡器、限位器的检查及修理。

4.3.2.5 各制动器销轴、制动轮、制动瓦的检查及更换。

4.3.2.6 各联轴器的检查、更换。

4.3.2.7 各螺旋本体及轴承的检查与更换。

4.3.2.8 各螺旋升降滑道、滑块或挡轮的检查及修理。

4.3.2.9 各套筒滚子链、链销、链片与各链轮的检查与润滑。

4.3.2.10 检查各螺栓的紧固情况。

4.3.2.11 检查各金属架构是否有开焊、变形和断裂现象。

4.3.2.12 金属结构的防腐防锈处理。

4.3.3 检修与质量标准

4.3.3.1 大车运行机构

a）大车运行机构装配好后，松开制动器，盘车时，应转动灵活，无卡涩现象。

b）两端的制动器松紧程度应调整一致，松紧程度符合要求。

c）大车行走车轮

（a）轴与轴承的配合为 H7/k6，轴承与轮毂的配合为 H7/h6。

（b）定位槽与定位板的中心重合度偏差在 0.30～0.50mm。

（c）车轮表面无裂纹，轮缘磨损不能超过 50%，当车轮损伤面积＞ $200mm^2$，深度＞3mm 时，应加工处理。

（d）车轮工作面粗糙度 R_a ≥ 3.2μm，工作面硬度为 HRC（30～50）。

（e）车轮端面摆动量≤ 1mm（径向摆动量与车轮直径公差所允许的误差相同），同一车轮直径差不得超过 0.0005*D*（*D* 为车轮名义直径）。

（f）键与键槽的配合为 N9/h9，顶面间隙为 0.30～0.50mm。

（g）端盖与轴颈的间隙为 0.4～1mm。

（h）每个车轮端面对钢轨对称垂直面的不平行差≤ *L*‰（*L* 为轨距），且两个主动车轮和被动车轮的不平行方向相反。

（i）装在同一平衡梁上的两个车轮其对称垂直平面应在同一垂直平面内，偏差≤ 1mm，并且同一端梁下的两个距离最远的车轮，其对称垂直面的偏差应 ≤ 3mm。

（j）车轮端面对通过轨道的平面的不垂直度不大于车轮直径的 1/400，且必须是上边偏向轨道的外侧。

（k）当卸车机处于空载状态时，所有车轮都应同时和轨道接触。

（l）将车轮悬空时，用手转动使其旋转一周时，不得有卡涩现象。

d）制动器

（a）制动系统各部分动作应灵活，无卡涩现象。

（b）各部件密封良好。

（c）制动轮表面硬度为 HRC（45～55），在 2mm 深处的硬度不低于 HRC40。

（d）制动器制动面应光滑，如表面有＞ 2mm 的凹陷或抓痕，应将制动轮重新加工或更换，制动轮壁厚磨损超过 30% 时，不得再使用。

（e）制动带的厚度磨损超过 50% 时应更换。

（f）制动器的铆钉头或螺丝头必须埋入带内，埋入深度不得少于制动带厚度的 1/2，制动带与闸瓦应贴合紧密，制动带不得有断裂现象。

（g）制动轮与瓦片的接触面积不得少于全部面积的 75%。

（h）制动器各连接销轴与轴孔的磨损均不应超过名义直径的 5%。

（i）制动器弹簧有裂纹或永久变形时应立即更换。

（j）制动器闸瓦中心与制动轮中心偏差≤ 3mm。

（k）装配好的制动轮，端面跳动量详见表 7。

表 7　制动轮端面跳动量

制动轮直径 /mm	≤ 200	200～300	300～800
径向跳动 /mm	0.1	0.12	0.18
轴向跳动 /mm	0.15	0.2	0.25

（l）电动液压制动器制动带与制动轮的间隙要求见表 8。

表 8　电动液压制动器制动带与制动纶的间隙要求

制动轮直径 /mm	120～160	200～250	300～350	400～450
允许间隙 /mm	0.65～1.00	0.65～1.30	0.8～1.60	1.00～2.00

（m）电动液压制动器检修后应符合下列标准：

（1）叶轮转动应灵活；

（2）推杆活塞上下运动无卡涩现象；

（3）结合面处密封完好，各处无泄漏；

（4）加油至规定油位，油液必须清洁，不得有杂质混入。

e）缓冲器与阻进器

（a）弹簧无扭曲变形，弹性符合要求。

（b）活塞缸内壁光亮无拉毛现象，粗糙度 R_a 为 0.8μm

（c）缓冲器各部分动作应灵活，无卡涩现象。

（d）各密封圈密封完好，无漏油现象。

f）夹轨器

（a）手动、电动应灵活，并能夹紧于轨道两侧。

（b）电动机、减速箱无异声，动作时无超负荷现象。

（c）限位开关动作应准确可靠。

（d）铁钳口花纹磨平时应予更换。

g）轨道

（a）轨道接头可为直头的，也可制成 45° 角的斜头，一般接头间隙为 3～4mm。

（b）接头处轨道的横向错位或高低水平差均≤ 1mm。

（c）轨道的不直度误差应＜ 1mm/m，全长 S 范围内轨道不直度 B 不得超过下列数值：

$S \leq 10$m 时，　B=6mm

$S > 10$m 时，　B=6+0.2×（S−10）mm，　且　B_{max}=10mm

（d）两侧轨道高差 ΔH 应符合如下要求：

轨距　$K \leq 2$m，　$\Delta H \leq 3$mm

2m ＜ K ＜ 6.6m，　$\Delta H \leq 0.0015K$ mm

$K > 6.6$m，　$\Delta H \leq 10$mm

（e）轨道纵向不平度＜ L/1000。

（f）轨道的轨距偏差 ΔS 符合下列要求：

轨距　$K \leq 10$m，　ΔS=±2mm

轨距　$K > 10$m，　ΔS=±［3+0.25×（K−10）］mm

且　ΔS_{max}=10mm

（g）轨道各压板紧固无松动。

h）联轴器

（a）联轴器应成对使用，外圆尺寸应一致，且平整、光滑，不准有大小不等现象，直径差≤ 0.1mm。

（b）联轴器装于轴上的过盈量应符合公差配合要求，禁止使用没有过盈紧力的联轴器，联轴器与轴的配合过松时不得放入垫片或打样冲以取得紧力。

（c）联轴器轴向间隙、径向偏差应符合表 9 要求。

表 9

	角度偏斜 a	轴向间隙 x	径向偏差 y
CL 型齿轮联轴器	≤ 30°	2～4mm	0. 3～1. 5mm
弹性柱销联轴器	≤ 40°	2～5mm	≤ 0. 2mm
带制动轮柱销联轴器	≤ 30°		≤ 0. 15mm

（d）齿轮联轴器的安装应符合下列要求：

（1）联轴器安装一般用压入法或热装法；

（2）装配后两轴的不同心度不应超过表 10 要求；

表 10　装配后两轴的不同心度要求

联轴器最大外径 /mm	二轴不同心度	
	径向偏移 /mm	倾斜
≤ 300	0. 3	0. 5/1000
300 ～ 500	0. 8	1/1000
500 ～ 900	1. 0	1. 5/1000
900 ～ 1400	1. 5	2/1000

（3）要加入足够的润滑油脂进行充分润滑；

（4）齿轮磨损超过齿厚的 30% 应予更换，对于螺旋升降机构的齿轮磨损超过齿厚的 20% 应予更换。

（e）弹性联轴器的安装符合下列要求：

（1）弹性联轴器的对中误差应符合表 11 要求；

表 11　弹性联轴器的对中误差要求

联轴器最大外径 /mm	每个靠背轮对轴的径向跳动 /mm	每个靠背轮对轴的端面跳动 /mm	径向位移 /mm	倾斜
105～170	0. 07	0. 16	0. 14	0. 2/1000
190～260	0. 08	0. 18	0. 16	0. 2/1000
290～350	0. 10	0. 20	0. 18	0. 2/1000
410～500	0. 10	0. 25	0. 20	0. 2/1000

（2）联轴器的端面间隙为设备的最大串量加 2～4mm ；

（3）弹性圈的内径应与柱销紧密配合，外径与孔应有 0. 3～0. 5mm 的间隙，柱销螺母应有防松装置；

（4）不允许单个更换或部分更换弹性圈，应全部更换；

（5）靠背轮柱销不应弯曲变形；

（6）弹性圈上紧后不应鼓起，应在自由状态；

（7）联轴器的任何两个柱销的孔对准后，柱销应能自由地穿入其他各孔。

（f）为了便于装配，可在轴颈和联轴器的内孔配合面上涂上少量的润滑油。

（g）联轴器的轴与孔配合过松时，应采用焊补镀络，喷镀，联轴器内孔镶套等方法解决。

i）减速器、开式齿轮和轴承参见通用检修标准。

4.3.3.2 螺旋升降机构

a）螺旋上下档轮灵活无卡涩。

b）大小链轮，轮齿磨损不超过 1/3，链条无损坏。

c）链条、链轮啮合良好，转动灵活，无卡涩现象。

d）升降轨道轨距偏差＜ 5mm。

e）升降轨道的平行度偏差＜ 5mm。

f）升降轨道应平滑，有大于 2mm 的凹槽变形应予以修复。

g）螺旋升降各传动机构应灵活无卡涩。

h）减速器、联轴器、轴承参见通用检修标准。

4.3.3.3 螺旋旋转机构

a）螺旋片不得有卷边、裂纹等现象。

b）螺旋片不得有影响使用性能的弯曲变形。

c）螺旋体装配好后应转动灵活无卡涩现象。

d）螺旋轴承座有有效的密封方式，密封填料圈圆周方向与密封盘接触严密，四周均匀，紧力合适。

e）螺旋直径磨损超过 30% 时应予更换。

f）螺旋轴封处的轴套有＞ 1mm 的磨损凹槽时应予更换。

g）轴承座透盖内孔径磨损＞ 1mm 时应予以更换。

h）螺旋两端轴承的同心度＜ 0.05mm。

i）螺旋两轴承座的水平偏差≤ 3mm。

j）螺旋的任何径向摆动≤ 5mm，轴向摆动≤ 4mm。

k）链条、链轮啮合良好，转动灵活，无卡涩现象。

l）大小链轮，轮齿磨损不超过 1/3，链条无损坏。

m）减速器、开式齿轮和轴承参见通用检修标准。

4.3.3.4 金属构架

a）检查测量各金属架构达到下列数据应进行修复、加固或更换：

（a）门柱、门座架、腹板波浪度、最大浪板峰离受压侧板 $H/3$（H 为腹板高度）以上区域超过 1/2 腹板厚，其他区域超过板厚时；

（b）盖板波浪度＞ $B/300$（B 为盖板厚度）时；

（c）腹板垂直度偏差＞ $H/200$ 时；

（d）门座支腿的不垂直度＞ $h/2000$（h 为支腿高度）时；

（e）门座支腿的对角线偏差≤ 5mm ；

（f）平衡架受压焊件的弯曲度＞ 5mm 时；

（g）结构件明显变形，锈蚀，影响强度时。

b）检查金属结构及焊缝是否有裂纹。

c）金属结构的所有连接螺栓，不应有任何松动，当用高强度螺栓连接时，必须用专用板手将螺母完全拧紧。

4.3.4 试运行与验收

4.3.4.1 试运行前准备

a）检查检修记录，确认检修数据准确。

b）按图纸尺寸及技术要求，检查各部件连接是否牢固，各传动机构装配是否精确灵活，金属结构是否变形，所有机件是否完整无缺。

c）检查所有齿轮传动、链条传动的啮合情况是否良好。

d）按设备润滑规定对轴承、齿轮、链轮及减速器各润滑点加注润滑油（脂）。

e）用手动盘车，使最后一根轴旋转一周，各转动机构运转正常，无卡涩现象。

f）确认大车两端电机的接线相序正确，两电机运转方向相同。

g）启动各电机，确认旋转方向正确。

h）按要求装好联轴器螺栓。

i）检查卸车机的运行范围内各障碍物是否清理干净。

4.3.4.2 试运行

a）无负荷试运行

（a）启动螺旋旋转电机，观察双向螺旋的回转状态是否平稳，各传动装置应无异常发热、振动及声音。

（b）启动螺旋升降电机，让螺旋在全程升降数次，起动和制动应正常和可靠，限位开关动作准确灵活。

（c）开动大车行走，先慢速运行几次，再以正常速度运行。此时机构的所有部分都应平稳地工作，无异常振动及冲击现象。

（d）沿大车行程全长，往返运行数次，各机构均应正常运转，起动、制动时，车轮不应打滑，电气操作方向应与机构行走方向一致。

（e）在无负荷情况下进行各限位开关的试验，各开关动作可靠。

（f）缓冲器应作用可靠。

（g）空负荷试车，各驱动机构及传动机构声音正常，各部轴承温升正常。

b）负荷试运行

（a）卸车机经无负荷试车情况正常之后，才允许进行负荷试车。

（b）应让熟练的司机操作进行螺旋回转、升降及大车运行的联动试车，操作要平稳、有秩序。

（c）反复卸车运转，各机构应动作灵敏，工作平稳可靠，无异常发热、振动及噪声，性能达到设计要求，限位开关和保护联锁装置可靠。

（d）大车配合卸车工作时，车轮不应打滑，金属支架无异常振动，各机构及支架在卸车后不能有残余变形。

4.3.4.3　验收

a）设备连续运行 8h 后，各项技术指标均达到设计要求或能满足生产需要。

b）核对试验报告记录的正确性、完整性。

c）检修记录齐全准确。

d）按规定办理好验收手续，交付运行。

4.4　抓煤机检修

4.4.1　检修准备工作

4.4.1.1　掌握抓煤机的运行状况，备齐必要的图纸资料。

4.4.1.2　合理编制检修作业指导书，确定检修内容

4.4.1.3　备齐检修工具、量具、配件及材料。

4.4.1.4　将抓煤机停靠在检修位置，切断电源，做好安全措施，使之符合安全检修条件。

4.4.1.5　由工作负责人办理好相关工作许可票证。

4.4.2　检修内容

4.4.2.1　大、小车轮轴承清洗检查或更换。

4.4.2.2　大车减速箱、小车减速箱、升降和张闭减速箱解体检修。

4.4.2.3　检查升降及张闭钢丝绳卷筒的磨损情况，轴承清洗或更换。

4.4.2.4　所有升降、张闭、大车、小车的减速箱与电动机的联轴器，减速箱输出轴与大车轮、小车轮联轴器的内外齿套和齿轮，刚性盘及补偿器的检查或更换。

4.4.2.5　检查各制动轮的磨损情况。

4.4.2.6　液压制动装置的清洗检查，换油，更换密封橡胶圈，对制动器铰接部分、弹簧丝杆，调整螺杆的检查或修理。

4.4.2.7　大、小车轨道的水平度、平行度和弯曲度的检查。

4.4.2.8　各缓冲器弹簧、顶板及阻进器的检查及修理，各限位器的修整。

4.4.2.9　栏杆、地铁板、衍架、钢结构，减速箱底脚支架进行检查、修补。

4.4.2.10　抓斗及各零部件的检查、修理或更换。

4.4.2.11　煤斗、煤闸板、翻板、煤篦子检查和修补。

4.4.2.12　给煤机、减速箱解体检修，给煤机拖板及托轮检查、修理。

4.4.2.13 导煤槽检查修补或更换。

4.4.2.14 皮带机的检修。

4.4.2.15 全机油漆防腐。

4.4.2.16 结合特种设备检验情况，消除有关缺陷、隐患。

4.4.3 检修和质量标准

4.4.3.1 大车轮（门式类）

a）检修

（a）测量轮孔与轴颈尺寸，测量轴须与轴承的配合公差。测量可通端盖与轴颈间隙、健与键槽的配合尺寸。

（b）测量车轮的工作面粗糙度和硬度。

（c）测量车轮的直径尺寸误差。

（d）测量车轮端面摆动量和径向摆动量。

（e）将测量合格和处理合格的车轮放在专用工具架上，轮孔或轴涂黄油或机油。

（f）将键压入轴的键槽内，把轮轴装在轮孔上，摆正后用千斤顶（或油压机）将轴缓缓压入轮孔。

（g）装上车轮两边的可通端盖及垫圈。

（h）将轴承用热套法装在轮轴上，上好并锁紧螺母。

（i）装上角型轴承箱及垫圈，注入适量润滑油脂。

（j）装上端盖，并用螺栓固定。

（k）用千斤顶将轮座顶起，车轮吊于轨道上，将车轮两边角型轴承箱座与车轮座雌雄槽对好，逐渐放松千斤顶，到位后穿角型轴承箱的螺栓，紧固后拆除千斤顶。

（l）上好车轮与减速箱输出轴的被动齿轮和主动齿轮。

b）质量标准

（a）轴与轴承为过渡配合，紧力为 0.012～0.035mm。

（b）定位槽和定位板的中心重合度偏差不大于 0.30～0.50mm。

（c）车轮表面无裂纹。

（d）车轮工作面粗糙度 $R_a \leqslant 3.2\mu m$，工作面硬度为 HRC（30～35）。

（e）车轮端面摆动量＜ 1mm，径向摆动量与车轮直径公差所允许的误差相同。

（f）轮孔与轴为过渡配合，紧力为 0.005～0.025mm。

（g）键两侧的紧力为 0.005～0.02mm，顶面间隙为 0.30～0.50mm，被动车轮键槽的装配紧力为 0.012～0.04mm。

（h）端盖与轴颈的间隙为 0.40～1mm。

4.4.3.2 卷筒

a）检修

（a）检查卷筒外表面有无裂纹、毛刺等机械损伤。

（b）清洗法兰盘、轴承、减速箱、联轴器内外齿及端盖螺栓的杂物油污。

b）质量标准

（a）允许减速箱与卷筒中心线偏角≤1.5°，联轴器的内外齿的中心偏移≤0.50mm。

（b）轴、轴承卷筒绳槽、联轴器的质量标准见有关部分。

4.4.3.3 抓斗

a）检修

（a）修补上、下横梁。

（b）滑轮有无缺口、裂纹或磨损，超过标准的应予更换。

（c）检查连接臂，撑杆有无变形，超过标准的应予更换。

（d）对变形的颚板进行整修，刃口板变形破损严重的应更换。对无法修整的抓斗应予换新。

（e）护板、挡杆变形严重的应更换。

（f）颚板限止器（或齿形开闭器）限不住位的，割除后调整位置重新焊接或换新。

（g）各转动部分油嘴、油杯、油路检查和配齐。

（h）穿上合格钢丝绳，用轧头轧住或穿入锁住。

b）质量标准

（a）抓斗几何形状应符合图纸要求。

（b）滑轮绳槽的壁厚磨损应小于原壁厚度的10%。

（c）滑轮绳槽槽底磨损量不超过钢丝绳直径的25%。

（d）轮缘裂纹长度≤25mm。

（e）轮缘部分缺口面积≤100mm^2。

（f）修补抓斗焊接应采用加强焊。

4.4.3.4 制动器

a）检修

（a）调整或更换长螺杆。

（b）检查弹簧是否完整，应无裂纹和永久变形，否则应予更换。

（c）检查制动瓦，更换制动片。

（d）检查或更换制动轮。

（e）复装制动架，调整闸瓦间隙、弹簧弹力及行程。

b）质量标准

（a）长螺杆应无弯曲、变形，螺纹应完整。

（b）各部密封良好。

（c）推杆动作应灵活，无卡涩现象。

（d）调整螺钉应完好，调整灵活。

（e）制动轮表面硬度为HRC（45～55），在2mm深处的硬度≥HRC40。

（f）装配好的制动轮端面跳动量见表12。

表 12 装配好的制动轮端面跳动量要求

制动轮直径 /mm	≤ 200	200~300	300~800
径向跳动 /mm	0.1	0.12	0.18
轴向跳动 /mm	0.15	C.2	0.25

（g）制动轮中心与闸瓦中心相对误差≤ 3mm。

（h）制动片铆钉外露时，应予更换。

（i）闸瓦与制动轮的倾斜度和不平行度不超过制动轮宽度的 1‰。

（j）制动轮轴磨损超过原直径的 5%，椭圆度超过 0.5mm 时，应更新；轴孔的磨损超过名义直径的 5%时，可进行修复处理。

（k）调整好的制动器在抓斗抓满煤时不应产生自动下滑或开抓漏煤。

4.4.3.5 缓冲器与阻进器

a）检修

（a）检查清洗弹簧、缓冲器内壁、活塞、密封件等，有损坏、变形应更换。

（b）装复弹簧、活塞、撞头等，穿上连接螺栓并紧固。

（c）检查底脚焊缝有无开裂，修补时应采用加强焊。

b）质量标准

（a）弹簧无扭曲变形，弹性符合要求。

（b）活塞缸内壁无拉毛，应光亮。粗糙度应为 R_a0.8。

（c）缓冲器各部分动作应灵活，无卡涩现象。

（d）各密封圈密封完好，无漏油现象。

4.4.3.6 夹轨器

a）检修

（a）电动机、减速机按电动机、减速机要求检修。

（b）清洗、检查螺母、螺杆、齿轮和轴承等，对损坏的零部件应予更换。

（c）检查钳口铁，钳口花纹磨平应予更换。

b）质量标准

（a）手动、电动应灵活，并夹紧于轨道两侧。

（b）电动机、减速箱无异声，动作时不超过负荷。

（c）极根开关在夹钳夹紧和松开轨道时，应动作正确。

4.4.3.7 轨道的检修与质量标准

参见斗轮堆取料机轨道检修的有关部分。

4.4.4 试运行与验收

4.4.4.1 无负荷试车

a）操纵机构操作的方向应与起重机各机构的运行方向一致。

b）分别开动各机构电动机时，各机构应正常运转，无异常情况和声音，各限位开关和其他安全保护装置的动作应准确可靠，大、小车运行时不得有卡轨现象。

c）小车的主动轮应在轨道全长上接触，不允许有“翘脚现象”。从动轮在“翘脚”时与轨道的间隙不得超过 1mm。连续“翘脚”的长度＜ 1m，“翘脚”区间的累计长度＜ 2m。

d）抓斗下降到最低位置时，卷筒上的钢丝绳不少于 4 圈。

e）用电缆导电时，收缆、放缆速度应与运行机构的速度相协调。

f）门式类抓煤机防止大车歪斜运行的安全装置准确可靠。

4.4.4.2　静负荷试车

a）抓斗逐渐增加负荷作几次起升试验，然后起升至额定负荷，在桥架上来回运行，卸去负荷。

b）将小车停在桥架中部或悬臂端，起升 1.25 倍额定负荷，离地面约 100mm，停留 10min，然后卸去负荷，将小车开到跨端或支腿处，检查桥架应无永久变形。

c）将小车停在桥架中部或悬臂端，起升额定负荷测量桥架下挠度，应符合如下标准：

桥式＜ $L/700$ ；门式类＜ $L/1000$ ；悬臂＜ $L_0/350$ ；

其中，L 为跨度；L_0 为悬臂长度。

4.4.4.3　动负荷试车

a）抓斗应作张开、下降、抓取和倒空动作的试验，并在连续 2 次以上无负荷和 5 次以上负荷试验中能正常工作，检查两刃口的错位和间隙＜ 3mm，最大间隙长度＜ 200mm。

b）用 1.1 倍额定负荷作动负荷试验，检查大车和小车运行终点开关应准确可靠。

c）抓斗的四根钢丝绳应同时受力。

4.4.4.4　验收

a）检修记录齐全、完整。

b）分部试运合格。

c）验收人员在验收单上签字。

4.5　碎煤机检修（HS 系列环式碎煤机）

4.5.1　检修准备工作

4.5.1.1　掌握碎煤机的运行状况，备齐必要的图纸资料。

4.5.1.2　合理编制检修作业指导书，确定检修内容

4.5.1.3　备齐检修工具、量具、配件及材料。

4.5.1.4　由工作负责人办理好相关工作许可票证

4.5.2 检修内容

4.5.2.1 耐磨衬扳的磨损检查及更换。
4.5.2.2 锤环磨损、断裂检查及更换。
4.5.2.3 碎煤板磨损、破裂检查及更换。
4.5.2.4 大小筛扳的检查及更换。
4.5.2.5 各部密封的检查及处理。
4.5.2.6 轴承的润滑、损坏检查及更换。
4.5.2.7 筛板架调节器的检查。
4.5.2.8 液压开启装置的检查。
4.5.2.9 检查各处螺栓及螺母的紧固程度。
4.5.2.10 环轴、隔套及各磨损件的检查或更换。

4.5.3 检修与质量标准

4.5.3.1 转子结合件的检修

a）当拆卸和装配转子组合件时，将机盖开启 90° 并固定。卸（装）转子组合件时，先不卸（装）螺母、螺栓和下拨料扳，通过机体侧壁上的轴座，大、小筛板的弧形内腔外部来吊出（吊入）。

b）检查转子轴、锤轴、锤环、隔套、隔板等磨损情况，损坏的应予更换。防尘用的密封填料毡圈用半月盖紧压在轴上。

c）组装时锤环上的齿间、隔板应符合要求。

d）组装锤环时应注意锤齿方向与转子回转方向一致。

e）调整好转子驱动主轴与联轴器、法兰盘和电动机轴的方位及转向，应确保正确，否则将产生频繁的振动。

f）机盖在关闭时，应在结合面上夹好密封垫，借以防尘。

4.5.3.2 碎煤板、筛扳的检修

a）拆下结合面处的所有螺栓，将机盖旋转 90° ，并将其顶住。

b）拆下前挡板，将其吊出。

c）拆离开筛板架与调节装置。

d）分别拆出弹性销、垫圈，拿下两个铰接轴，脱开后，再把铰接轴插入支架孔内，用起重绳索缠好。

e）卸下挂轴上的卡板，吊出本组合件。

f）检查筛板、筛条磨损情况，超标的应予更换。

4.5.3.3 锤环的更换

当仅调整碎煤板、大、小筛板与锤环的间隙，也不能获得所需要的碎煤粒度时，应立即更换锤环。

a）拆除转子轴上的密封件。

b）拆除结合面处的紧固件，开启机盖。

c）转动转子，使转子上一排锤环处于开口处。

d）卡住转子，使其不能转动。

e）卸下环轴上末端的弹性销。

f）把冲锤旋拧在环轴上的螺孔里，用手锤敲打，使其松动，并从反电机侧拉出。

g）当环轴从圆盘的轴向孔中抽出时，即可一个一个地取下锤环。

h）逐个称其锤环的重量，并详记在锤环上和记录单上。

i）有关锤环配重方法见产品使用说明书。

4.5.3.4 轴承的更换

参见有关轴承的拆装工艺与质量标准。

4.5.3.5 挠性联轴器的安装与拆卸

a）在拆卸联轴器时，应注意螺栓的排列位置，再度安装时须按原排列顺序进行。

b）检查传动装置，轴和法兰盘内孔，键和键槽应无毛刺、清洁、确保合适。

c）轴与法兰盘的装配为过渡配合；最好在装配时将法兰盘放入油中加热到 130℃后装之，不可局部加热，以防变形。

d）挠性联轴器的装配，应保证两个法兰盘各方向间距相等。

e）校正、检查以确保两轴连接后同轴度和直度要求。

f）拧紧螺母，注意在机器运转 4h 后，再度拧紧全部螺母，以防松动。

4.5.3.6 质量标准

a）大、小筛板和碎煤板磨损超过原厚度的 1/2 时，必须更换。

b）锤环每相对应的每对的两排必须平衡，重量允差≤ 0.17kg。

c）筛板架调节器调节灵活，锤环的旋转轨迹圆与筛板之间的间隙为 20～25mm，以满足出料粒度的要求。

d）转子主轴水平允许误差≤ 0.3/1000。

e）联轴器找正后角度误差允许偏差为 0°1′33″，同轴度允许偏差 0.3mm。

f）机体、机盖结合面处应密封，不得漏煤粉。

4.5.4 试运行与验收

4.5.4.1 空载试运行

a）试车前检查地脚螺栓及各紧固螺栓等零件是否松动。调整筛板与锤环间隙。

b）试车前检查转子旋转方向是否正确，并盘车 2～3 转后，观察是否有卡涩现象。

c）运转 4h，轴承温度不超过 90℃。

d）运转中应无金属的撞击声响。

e）运行中无异常声响，电流值较平稳，轴承座的单振幅在 0.05mm 以内。

f）当本机达到运行速度后，再调节筛板与锤环间隙。

4.5.4.2 负载试运行

a）按给定尺寸煤块进行给料，应由少量开始，逐步增加到额定量。

b）负载试转 4h 后，停车全面检查一次，正常后方可连续试运行 24h。

4.6 滚轴筛检修（GS 系列滚轴筛）

4.6.1 检修准备工作

4.6.1.1 掌握碎煤机的运行状况，备齐必要的图纸资料。

4.6.1.2 合理编制检修作业指导书，确定检修内容。

4.6.1.3 备齐检修工具、量具、配件及材料。

4.6.1.4 由工作负责人办理好相关工作许可票证。

4.6.2 检修内容

4.6.2.1 减速机解体检修，更换油封、润滑油。

4.6.2.2 所有轴承座解体清洗，更换所有的剪断螺栓，检查轴承的磨损情况，视情况更换。

4.6.2.3 检查或更换梅花筛片。

4.6.2.4 检查或更换耐磨衬板。

4.6.2.5 检查或更换下部清扫装置。

4.6.2.6 检查电动推杆动作和挡板的磨损变形情况。

4.6.2.7 各检修门密封情况检查、修整。

4.6.2.8 进口落煤管检查、修补或更换。

4.6.3 检修与质量标准

4.6.3.1 检修

a）拆除电动机电源。

b）拆除电动机、减速机底脚螺栓。

c）吊下电动机和减速机，拆除连接短轴。

d）拆卸支承轴承的底脚螺栓，卸下轴承座，检查清洗或更换轴承。

e）打开机体上部检修门，检查耐磨衬板和梅花筛片的磨损情况。

f）更换耐磨衬板和筛片。

g）检查清理筛轴下端的清扫装置，确保刀齿完整无缺。

4.6.3.2 质量标准

a）减速机检修质量标准参见通用设备及零部件检修规程。

b）减速机振动不大于 0.05mm。

c）筛片的磨损不超过原直径的 1/3。

d）各检修门开启灵活，门封条严密不落煤。

e）电动推杆灵活自如，防尘罩完好无损，动作保护正常。

f）筛轴两端盖板毛毡完好不漏煤。

4.6.4 试运行与验收

4.6.4.1 空载试运行

a）检查减速机和轴承座地脚螺栓是否松动。

b）检查各筛轴旋转方向是否正确，并盘动 2～3 转后，观察是否有卡涩现象。

c）检查挡板是否在筛轴位置。

d）运转 4h，轴承温度不超过 80℃。

e）运转中应无金属的撞击声响。

4.6.4.2 负载试运行

a）给料应由少量开始，逐步增加到额定出力。

b）负载试转 1h 后，停车全面检查一次，正常后方可连续试运行 24h。

4.7 卸船机检修

4.7.1 检修准备工作

4.7.1.1 掌握卸船机的运行状况，备齐必要的图纸资料。

4.7.1.2 合理编制检修作业指导书，确定检修内容

4.7.1.3 备齐检修工具、量具、配件及材料。

4.7.1.4 将卸船机停靠在检修位置，切断电源，做好安全措施，使之符合安全检修条件。

4.7.2 检修内容

4.7.2.1 大车行走机构

a）减速箱解体清洗，检查齿轮啮合、磨合情况，更换轴承、润滑油和损坏部件。

b）修理或更换（视情况）弹性柱销联轴器，更换全部弹性柱销。

c）制动器解体清洗，润滑各铰点，更换顶缸油、闸瓦，调整弹簧压力，校正工作行程。

d）开式齿轮组清洗、检查、润滑，保护罩整修。

e）车轮轴及轴承清洗、检查，更换轴承，轴视情况修理或更换。

f）防爬器、锚定装置解体检修，恢复功能，更换液压油。

4.7.2.2 起升、开闭机构

a）减速箱解体清洗，检查齿轮啮合、磨合情况，更换轴承、润滑油和损坏部件。

b）修理或更换（视情况）齿形联轴器。

c）制动器解体清洗，润滑各铰点，更换顶缸油、闸瓦，调整弹簧压力，校正工作行程。

d）卷筒检修，支座轴承更换。

e）更换各组滑轮、钢丝绳及钢丝绳托轮。

4.7.2.3 小车行走机构

a）减速箱解体清洗，检查齿轮啮合、磨合情况，更换轴承、润滑油和损坏部件。

b）修理或更换（视情况）齿形联轴器。

c）制动器解体清洗，润滑各铰点，更换顶缸油、闸瓦，调整弹簧压力，校正工作行程。

d）卷筒检修，支座轴承更换。

e）更换各组滑轮、钢丝绳及钢丝绳托轮。

4.7.2.4 俯仰机构

a）减速箱解体清洗，检查齿轮啮合、磨合情况，更换轴承、润滑油和损坏部件。

b）修理或更换（视情况）齿形联轴器。

c）制动器解体清洗，润滑各铰点，更换顶缸油、闸瓦，调整弹簧压力，校正工作行程。

d）卷筒检修，支座轴承更换。

e）更换各组滑轮、钢丝绳及钢丝绳托轮。

f）盘式制动器检查，安全钩检查，液压顶缸解体检修、更换顶缸油。

g）应急驱动装置清洗、检查、更换润滑油脂。

4.7.2.5 主、副小车机构

a）检查车轮磨损情况，择差更换。

b）车轮轮轴清洗检修，更换轴承、润滑油脂。

c）更换各组滑轮和托轮。

d）小车轨道缓冲橡胶垫更换，轨道平直度校正，压板螺栓紧固。

4.7.2.6 液压系统

a）油箱、泵、管路、阀件解体清洗检查，更换滤芯、油封、68 号低凝液压油及损坏部件。

b）液压油缸解体检修，更换油封，做耐压试验。

c）表计校验，调整工作油压力。

4.7.2.7 接料板机构

a）减速箱解体清洗、换油，更换密封件。

b）更换滑轮和钢丝绳。

4.7.2.8 钢结构

a）检查所有金属结构、扶梯、栏杆、平台、门窗、机房等，进行补焊、加固或局部更换。

b）整机油漆。

4.7.3 检修工艺标准

4.7.3.1 大车行走机构

a）蜗轮减速器、联轴器

参见通用检修标准。

b）制动器

（a）将制动器、电力液压推动器擦干净。

（b）卸下制动器地脚螺栓，将制动器整台取下，整齐排列于地面。

（c）卸下电力液压推动器，检查电力液压推动器有无漏油现象，若有漏油，需更换油封或对结合面进行重新密封。

（d）检查制动器各铰点是否灵活转动，如果不能，应做好润滑清洁工作。

（e）检查制动瓦磨损情况，磨损严重应予更换。

（f）检查调节螺栓、螺杆有无破损、坏丝情况。

（g）将制动器组装恢复，调整间隙。

c）防爬装置

（a）拆下电力液压推动器护罩。

（b）拆下电力液压推动器。

（c）松开钢丝绳的压紧螺栓。

（d）拆下防爬块的压块，取出防爬块，检查防爬块衬板磨损情况，将衬板沟槽清理干净。

（e）检查弹簧弹性、钢丝绳有无断丝、断股。

（f）打开电力液压推动器，检查压轮、轴承、键、键槽、油封等的完好程度。

（g）复装电力液压推动器时，应做好密封。

4.7.3.2　起升、开闭机构

a）减速器、联轴器检修

参见通用检修标准。

b）制动器检修

参见4.7.3.1。

c）卷筒检修

（a）检查卷筒有无变形及裂缝，大纲发现裂纹时首先应在裂纹两端部钻孔，以防止裂纹继续扩大，随后再进行焊补修复。

（b）导绳架板和螺栓杆，应检查变形、弯曲、裂纹等情况，视具体情况不同分别选用校正或焊接方式予以修复。

（c）当卷筒轴、轴承、轴承座孔发现裂纹、变形、磨损等现象时，应视情况选用相应的方法予以修复或更换。

4.7.3.3　小车行走机构

a）减速器、联轴器检修

参见通用检修标准。

b）制动器检修

参见4.7.3.1。

c）卷筒解体检修

参见 4.7.3.2。

4.7.3.4 俯仰机构

a）减速器、联轴器检修

参见通用检修标准。

b）制动器检修

参见 4.7.3.1。

c）卷筒解体检修

参见 4.7.3.2。

d）盘式制动器解体检修

（a）油箱清洗：打开放油阀将油放干净，打开窥视孔，用清洗剂将油箱清洗干净。

（b）用清洗剂将滤油器、电磁阀、溢流阀、管路清洗干净。

（c）松开制动器固定螺栓，取下制动器缸体和活塞。

（d）将活塞从缸体上取下，检查骨架油封、密封圈有无裂纹、划痕、老化等现象，若有影响密封的情况，应及时更换。

（e）检查缸体压盖、进油口 O 形圈，若失去弹性压扁或有裂痕等现象时应更换。

（f）取下制动器固定支座，检查衬板磨损情况，制动器弹簧有无裂纹和断裂。

e）安全钩装置解体检修

（a）检查安全钩连杆有无裂纹、变形，若有裂纹、变形，应补焊、校正。

（b）检查安全钩能否灵活动作，有无卡阻现象，对个转动铰点进行润滑，及时消除卡阻现象。

（c）检查电力液压推动器动作是否正常，对电力液压推动器进行清洗、换油。

4.7.3.5 主副小车

a）小车走轮解体检修

（a）拆下轴承端盖，用千斤顶顶起小车，使要拆的走轮易于拆出。

（b）用铜棒将走轮取出，清洗走轮、轴承、走轮轴。

（c）检查走轮表面有无另外、凹槽，工作面磨损量，检查轴承内圈、外圈、保持架有无麻点、另外，滚子有无裂纹。

（d）检查走轮轴表面有无裂纹、刮痕、起皮现象，如有应先补焊、磨平。

b）小车滑轮解体检修

（a）用起重工具将滑轮上钢丝绳吊起。

（b）打开滑轮轴承端盖，清洗轴承。

（c）检查滑轮轴承内圈、外圈、保持架有无裂纹、刮痕、起皮现象，若有应按标准进行更换或修复，测量并做好间隙记录。

（d）检查滑轮表面有无开裂、缺块情况，如有开裂、缺块应补焊，检查滑轮槽的磨损情况，若磨损达到标准限值应修复或更换。

（e）滑轮轴承安装时，应加足润滑油脂。

c）小车水平轮解体检修

（a）拆下水平轮压盖，取下水平轮及其轴承。

（b）清洗水平轮、轴承、水平轮轴。

（c）检查水平轮表面有无另外、凹槽，工作面磨损量，检查轴承内圈、外圈、保持架有无麻点、另外，滚子有无裂纹。

（d）将零部件按原部位装回，检查水平轮转动是否灵活。

4.7.3.6　液压张紧装置

a）液压油缸解体检修

（a）在液压张紧小车前放一块10cm的木板，将液压缸油压降至零，然后把液压缸前端油管接头轻轻松开，让缸内液压油溢出，用油盘接装。

（b）拆下活塞杆与张紧小车的连接轴销，拆去液压缸端盖内六角螺栓。

（c）将活塞杆拉出，把液压缸内剩余的液压油装入废油桶。

（d）用清洗剂清洗油缸、活塞。

（e）将活塞装入到油缸时，应小心对中，避免挤伤密封圈，在活塞对中后，往前推进活塞杆。

（f）当活塞进入液压缸后，锁上液压缸端盖，然后调整活塞杆为水平位置，抽出活塞杆，通过轴销与张紧小车连接。

b）液压油路检修

（a）将油箱的油放干净，用清洗剂把油箱清洗干净。

（b）将液压元件、管路拆下，逐一清洗干净。

（c）检查液压管路、管路接头有无破损、裂纹，若有破损、裂纹，应予更换。

4.7.4　质量标准

4.7.4.1　大车行走机构

a）蜗轮减速器、联轴器

参见通用检修标准。

b）制动器

（a）制动器不得有缺陷和裂缝，制动轮工作表面的磨痕沿宽度范围超过20%，深度超过1.0mm时应重新车削。对于起升、开闭、小车牵引和变幅机构的制动轮车削后的厚度不得小于原厚度的60%。

（b）制动瓦衬厚度磨损不得大于原厚度的40%，如瓦衬不均匀磨损，其中间厚度不应小于原厚度的一半，边缘部分不应小于原厚度的1/3。

（c）铆制的制动瓦块，铆钉头应埋入衬板厚度一半以上，铆钉头中心离块边不小15mm，正常运转的制动器，铆钉头到制动表面的距离最小不得低于0.5mm，制动瓦块工作表面不得有油污及其他杂物。

（d）制动器所有杆件、弹簧、瓦块等不得有裂缝和变形。各铰点应转动灵活，不得有卡住现象。销轴和销孔的磨损不得超过 0.5mm。

（e）制动器安装时，其中心与制动轮中心偏移不超过 3mm。制动瓦块宽度中心与制动轮宽度中心偏移不得超过 3mm。

c）防爬装置

（a）失去弹性的弹簧要更换，断丝严重或断股的钢丝绳应更换。

（b）电力液压推动器损坏严重的应更换。

（c）检查弹簧弹性、钢丝绳有无断丝、断股。

（d）打开电力液压推动器，检查压轮、轴承、键、键槽、油封等的完好程度。

（e）复装电力液压推动器时，应做好密封。

4.7.4.2 起升、开闭机构

a）减速器、联轴器

参见通用检修标准。

b）制动器

参见 4.7.4.1。

c）卷筒检修

（a）对于有气孔或砂眼的卷筒，当气孔或砂眼的直径小于 8mm，深度小于该处壁厚的 20%，而绝对值不超过 4mm，在 100mm 长的范围内不超过一处，全长不多于 5 处，可以不必焊补继续使用。当缺陷单个面积大于 $3mm^2$，深度不大于壁厚 30%，在 100mm 长的范围内不超过两处，全长不多于 8 处时，允许补焊，焊后可以不必热处理，但要修平。

（b）当卷筒磨损量超过 7.1mm 时，应重新车槽，但应保证卷筒壁厚不小于原厚度的 85%。

（c）卷筒检修安装后，轴向窜动量应不超过 2mm。

4.7.4.3 小车行走机构

a）减速器、联轴器

参见通用检修标准。

b）制动器

参见 4.7.4.1。

c）卷筒

参见 4.7.4.2。

4.7.4.4 俯仰机构

a）减速器、联轴器

参见通用检修标准。

b）制动器

参见 4.7.4.1。

c）卷筒

参见4.7.4.2。

d）盘式制动器制动片磨损厚度超过20%应于更换。

4.7.4.5　主副小车

a）小车走轮解体检修

（a）轴承检修质量标准参见通用检修标准。

（b）车轮踏面磨损不超过原厚度的30%，且磨损均匀。

b）小车滑轮解体检修

（a）轴承检修质量标准参见通用检修标准。

（b）滑轮槽及滑轮壁厚磨损不超过原厚度的30%。

c）小车水平轮解体检修

（a）轴承检修质量标准参见通用设备检修标准。

（b）滑轮槽及滑轮壁厚磨损不超过原厚度的30%。

4.7.4.6　液压张紧装置

a）液压油缸解体检修

（a）油缸镀层无锈蚀，活塞有无裂纹、起皮现象，决定油缸是否需要重镀或更换，活塞修补或更换。

（b）检查密封圈、O形圈、防尘圈有无老化开裂、变形，如有裂纹、变形应予更换。

b）液压油路检修

（a）各液压元件工作性能完好，动灵活准确，否则应予修复或更换。

（b）对各压力表、溢流阀进行校正，检验合格后方可重新安装。

4.7.5　试运行与验收

4.7.5.1　空载试车

空载试车应在电气静态调试工作结束后进行，原则上各个机构的空载试车各做三次。经过外观检查和电气检测，一切均正常后方可开始进行空载试车。空载试车的目的是检查、发现并及时排除项修后存在的问题，为满载和超载试车做好准备，各机构的空载试车、先分别慢速动作几次无异常情况后，方可以额定速度试车。

a）检查和调整各传动机构的安装情况和动作情况。

b）检查和调整各传动机构操作手柄和运行动作的一致性，检查和调整。

c）各操作按钮和动作的一致性。

d）调整各类限位开关，安装位置和动作情况。

e）起升／开闭机构

（a）先低速升降1～2次，经检查驱动机构无异常现象后再进行额定速度的升降动作。

（b）检查操纵手柄和升降、开闭动作是否一致。

（c）检查驱动电机、减速箱、轴承运转情况。

（d）检查各传动部件支承连接情况。

（e）检查并调整制动器的间隙及是否润滑油至油面线。

（f）检查起升高度、调整限位开关位置。

（g）测量并记录起升运行速度、电机电压、电流、转速。

f）小车机构

（a）检查操作手柄和机构方向是否一致。

（b）检查电动机、减速箱、轴承运转情况。

（c）检查并调整制动器的间隙及是否加 25# 变压器油至油面线。

（d）检查调整限位开关位置。

（e）检查小车张紧液压系统情况。

（f）调整张紧小车止挡板与轨道间隙。

（g）测量并记录牵引电动机的电流、电压及转速。

g）俯仰机构

俯仰机构有 2 只制动器，尤其要检查大的盘式制动器的情况，检查并调整间隙，以保证足够的制动力矩。制动器油泵加油并检查油面。

（a）检查电机、减速箱、滑轮的运行情况。

（b）检查操作手柄与动作的一致性。

（c）调整减速区限位开关。

（d）检查调整安全钩进出时限位开关的动作情况。

（e）检查大梁水平接轨限位开关的情况。

（f）记录俯仰电机电流、电压及转速。

h）漏斗给料系统

（a）检查调整振动给料机减震效果。

（b）调整大漏斗陆侧挡煤板。

（c）调整大漏斗格栅孔。

（d）调整检查各部件限位开关。

（e）测量记录电流、电压、漏斗伸缩速度。

i）大车运行机构

（a）行走运行前必须清除轨道上各类障碍物。

（b）检查电机协调性、操作手柄和大车运行方向一致性。

（c）检查并调整制动器。

（d）检查各限位开关是否动作良好。

（e）检查电缆卷筒收放的情况。

（f）测量并记录电动机电压、电流及转速。

4.7.5.2　满载试车

a）在空载试车正常的前提下，可作带负载试车。

b）满载试车是为了证实本机能够满足实际作业，其中包括证实各机构单独或联合工作能力，证实机构的承载能力，证实经过这次项修后各机构承载能力。

c）测量本机各有关性能参数、满载试车的检查、测量、记录按空载试车的有关项目进行。

4.7.5.3　静态超载试验

a）静态超载试验的目的主要是验证卸船机起升各机构和制动器的功能，主要考虑卸船机在作业过程中，可能遇到的最大不利负载组合，这并不意味着通过动态超载试验的卸船机可以超载作业。

b）静态超载试验时，临时切除超负荷限制器的作用，但试验结束后，应将它恢复原来的正常状态。

c）静态超载试验的荷重为 1.1 倍的额定负荷，此试验仅作起升机构上下运动、单独试验不作联合动作。

4.7.5.4　验收

a）设备连续运行 1～2 条煤船的卸煤作业后，各项技术指标均达到设计要求或能满足生产需要。

b）核对试验报告记录的正确性、完整性。

c）检修记录齐全准确。

d）按规定办理好验收手续，交付运行。

5　维护与故障处理

5.1　皮带输送机

5.1.1　日常维护

5.1.1.1　减速机或电动滚筒内的润滑油油位检查、补充。

5.1.1.2　滚筒轴、轴承、滚筒包胶面的清理检查及处理。

5.1.1.3　刹车带、清扫器、制动片的清理检查及处理。

5.1.1.4　检查或更换上、下托辊或调整托辊。

5.1.1.5　检查或更换联轴器柱销。

5.1.1.6　落煤管、导煤槽检查修补，挡煤皮检查更换。

5.1.1.7　胶带的检查、补胶及调整。

5.1.1.8　拉紧装置的检查及调整。

5.1.2　常见故障与处理

5.1.2.1　皮带输送机常见胶带跑偏故障与处理方法见表 13。

5.1.2.2　皮带输送机常见胶带打滑故障与处理方法见表 14。

5.1.2.3　皮带输送机常见胶带不出煤故障与处理方法见表 15。

5.1.2.4 皮带输送机主要功能故障与处理表见表 16。

表 13 皮带输送机常见胶带跑偏故障与处理方法

序号	故障现象	故障原因	处理方法
1	胶带从机架某点开始局部跑偏	1. 托辊组中心不正； 2. 托辊不转和轴承损坏； 3. 调心托辊位置不正或损坏	1. 调整托辊位置； 2. 检修或更换托辊； 3. 检查或更换调心托辊
2	整条胶带朝一侧跑偏	1. 滚筒中心线与机架中心线不成直角，造成胶带朝松的一侧跑； 2. 滚筒不水平或滚筒外径不一致造成胶带跑偏； 3. 机架不正或左右摇摆	1. 调整滚筒中心线； 2. 修复或更换滚筒； 3. 矫正或加固机架
3	无载时不跑偏，有载时跑偏	给料落点不正，造成胶带左右偏载，负荷不均造成重量不均	如果由于挡煤槽不正，可适当调整煤槽，如果由于落煤管落煤不正，可加装调节板
4	旧带不跑偏，而更换新带后跑偏	新胶带接头不正或本身弯曲胶带太硬，成槽性差	重新胶接或换带，胶带运行一段时间后，便可恢复正常

表 14 皮带输送机常见胶带打滑故障与处理方法

序号	故障现象	故障原因	处理方法
1	带有升角的胶带打滑	1. 头部滚筒有附着物； 2. 重锤滑道变形； 3. 胶带过载	1. 清理滚筒； 2. 调整重锤滑道； 3. 减少上煤量
2	不带有升角的旧胶带打滑	1. 尾部重锤重量不足； 2. 头部滚筒表面有积煤	1. 加装重锤； 2. 清理滚筒
3	新换的胶带打滑	对于新胶带，由于其表面有一层白色粉质附着物，造成胶带打滑	胶带空转用清扫器将附着物打掉

表 15 皮带输送机常见胶带不出煤故障与处理方法

序号	故障原因	处理方法
1	落煤管堵塞	疏通落煤管
2	挡煤皮过宽两侧大量积煤	减少挡煤皮宽度
3	煤质过湿使护皮粘附了一层湿碎煤，造成煤流阻力增大，煤槽堵塞	清理两侧护皮上积煤

表 16　皮带输送机主要功能故障与处理

序号	功能	功能故障	故障模式	故障后果	故障应对策略与检修内容	检修周期 / 月
1	物料输送	驱动装置	减速机轴承或齿轮坏	设备停用	减速机解体修理，更换轴承或齿轮	视情而定
		皮带	皮带撕裂	设备停用	更换皮带	视情而定

5.2　斗轮堆取料机

5.2.1　日常维护

5.2.1.1　检查斗轮轮体、斗齿、链条是否缺损。
5.2.1.2　检查液压系统进出口管接口有否松动和泄漏。
5.2.1.3　检查各部紧固件是否松动。
5.2.1.4　检查斗轮销轴松动、磨损情况。
5.2.1.5　检查各润滑点、油杯、注油器是否齐全，润滑油补充。
5.2.1.6　检查落煤筒、挡煤皮是否磨损漏煤。
5.2.1.7　检查滚筒、托辊是否损坏。
5.2.1.8　检查电动推杆是否运行正常。

5.2.2　常见故障与处理

5.2.2.1　斗堆取料机常见设备故障与处理方法见表 17。
5.2.2.2　斗堆取料机主要功能故障与处理方法见表 18。

表 17　斗堆取料机常见设备故障与处理方法

故障现象		故障原因	处理方法
斗轮部分	斗轮回转速度变动	油泵调节丝杆松动	调整丝杆，调至适当转速后固定位置
	斗轮转向反向	油泵配油盘配油角度变成相反区域	调整丝杆使配油盘倾角恢复正常转向后固定，或调整油马达偏心位置至斗轮恢复正常转向
	斗轮部份震动较大，转时不稳定	油马达配油位置不适合或油马达故障	调整偏心轴使配油轴配油位置适中，当油马达运转平稳，固定定位偏心轴，检查油马达消除故障
	斗轮取煤出力不足	1. 溢流量大，压力表（低压）指示压力过低； 2. 油马达内漏油； 3. 油温升高	1. 调整溢流阀使压力升高； 2. 检修油马达； 3. 检查油箱油位补油，如工作时间长停车休息降温
	斗轮取煤过多	转速过快	调整油泵供油量降低转速

表 17 斗堆取料机常见设备故障与处理方法（续）

故障现象		故障原因	处理方法
斗轮部分	斗轮运行响声	各相对运动件，紧固件松动	检查和紧固回转机构及相关件排除故障，紧固各部位紧固件
悬臂皮带机	皮带跑偏	1. 头、尾改向轮不平行； 2. 滚筒表面黏附物料	1. 检查调整头尾、改向轮平行，以及调整托辊； 2. 检查清除表面积煤
	电动滚筒有异声	1. 滚筒固定螺栓松动； 2. 轴承损坏； 3. 缺油	1. 紧固螺栓； 2. 更换损坏轴承； 3. 检查油位，加油
	电动滚筒温度过高	1. 过载； 2. 轴承损坏； 3. 缺油	消除堵塞如温度仍然过高停机休息降温
行走机构	车辆卡轨及轮绳擦轨	1. 轨道是否因个别压板螺丝松动压板移位； 2. 轨道不直扭曲； 3. 同侧车辆踏面中心线不一致不同心； 4. 车辆轴承间隙过大晃动； 5. 四轮对角线相差过大	1. 检查轨道压板，固定压板螺栓； 2. 轨道拉钢丝校直； 3. 校正车轮踏面中心一致； 4. 检查更换轴承，调整压盖间隙； 5. 找正对角线
	机构运行不平稳有冲击和振动	1. 减速机高速传动轴齿轮磨损； 2. 车辆踏面磨损不均； 3. 轨道接缝处轨道接头有高差； 4. 轴承损坏	1. 检查减速机，更换易损件； 2. 检查车辆踏面外径按规定磨损量确定更换车轮或光刀修复暂时使用； 3. 检查接头轨道高度进行调整； 4. 确定为轴承损坏进行更换
	变速时冲击过大或出力不足	1. 电机不同步或反向； 2. 抱闸动作不一致； 3. 减速箱传动齿轮损坏	1. 检查电机方向、电源磁力吸铁器； 2. 调整抱闸间隙； 3. 检查减速箱更换易损件
旋转机构	回转不平稳，换向或启动时有过大冲击	1. 交叉滚子轴承润滑不良，内积污垢过多； 2. 传动大齿轮啮合间隙过大； 3. 齿圈上、下支承座固定螺栓松动或断裂； 4. 行星减速器故障	1. 清洗油垢，注入润滑油； 2. 检查齿圈啮合间隙，研究修复措施； 3. 找正找平配齐紧固螺丝； 4. 检查行星减速器更换损坏传动件
	回转操作不灵活	检查电气回路继电器	经检查确定更换继电器
液压系统	液压系统有冲击震动	1. 系统管网中混有空气锤击； 2. 管道系统支架不牢固、弯曲不符合要求引起抖动	1. 排除系统空气； 2. 检查支架固定管道，更换不合格的弯管

表 17　斗堆取料机常见设备故障与处理方法（续）

故障现象		故障原因	处理方法
液压系统	液压管道阀件泄漏	1. 管道接头垫圈损坏； 2. 阀件柱塞泄漏； 3. 液压密封件损坏	1. 调换管接头与垫圈； 2. 检修阀件检查配合面； 3. 调换密封液压元件
	液压泵有异声出力不足	1. 零部件磨损； 2. 内漏增加，柱塞及配油盘磨损间隙过大； 3. 配油盘倾角太小； 4. 泵体支承轴承损坏	1. 检修更换 2. 调换配研柱塞，研磨配油盘 3. 调换配油盘倾角 4. 更换轴承
	液压马达有异常响声	1. 液压马达配油轴位置不适中； 2. 液压马达零部件损坏； 3. 液压马达柱塞和配油套磨损	1. 调整液压马达偏心轴的调节螺钉； 2. 更换损坏零部件； 3. 调换或配研柱塞
	齿轮泵压力下降	1. 齿轮啮合齿顶、齿侧间隙过大； 2. 齿轮端盖与齿面间隙过大	1. 更换齿轮； 2. 调整间隙
	系统油温升高	1. 油箱油量不足； 2. 过滤网堵塞； 3. 油起泡沫变质	1. 补充油，到规定液位； 2. 清洗过滤网； 3. 更换新油
变幅机构	启动制动有冲击	抱闸刹车太松	调整抱闸刹车皮间隙
	臂架放下时下滑	抱闸刹车太松	调整抱闸刹车皮间隙
	臂架变幅时有响声	臂架个别支点干磨卡涩	检查个别支点，清理油垢，压注新油，加油润滑
尾车	升降油缸不同步	油缸阻力不一致	调整二油缸组合密封圈，使二缸同步升降
	油缸柱塞升降阻力过大	1. 导向架变形； 2. 导向轮磨损严重	1. 检修升降机导向架； 2. 更换导向轮

表 18　斗堆取料机主要功能故障与处理方法

序号	功能	功能故障	故障模式	故障后果	故障应对策略与检修内容	检修周期 / 月
1	取料	斗轮	驱动装置损坏	设备停用	驱动装置检修	视情而定
			斗轮轴轴承坏	设备停用	斗轮轴承更换	视情而定
2	堆取料	皮带机	驱动装置损坏	设备停用	驱动装置检修	视情而定
			皮带撕裂	设备停用	皮带更换	视情而定
3	堆取料	回转机构	减速机轴承或齿轮损坏	设备停用	减速机解体更换轴承或齿轮	视情而定

表 18　斗堆取料机主要功能故障与处理方法（续）

序号	功能	功能故障	故障模式	故障后果	故障应对策略与检修内容	检修周期／月
4	堆取料	液压系统	高压管爆裂	设备停用	高压管更换	视情而定
			出力不够	设备停用	液压管路清洗	视情而定
5	堆取料	钢结构	门腿等承重部件严重变形	设备停用	变形部件整形或更换	视情而定

5.3　螺旋卸煤机

5.3.1　日常维护

5.3.1.1　大车行走，螺旋升降，螺旋旋转各减速器检查，消除漏油。

5.3.1.2　各联轴器、制动轮、刹车片检查更换。

5.3.1.3　各制动器检查与调整。

5.3.1.4　大车车轮的检查。

5.3.1.5　检查并紧固大车轨道的压板螺栓。

5.3.1.6　检查各缓冲器、阻挡器。

5.3.1.7　检查各螺旋升降导轨。

5.3.1.8　检查各螺旋本体及轴承。

5.3.1.9　检查各螺栓的紧固情况。

5.3.1.10　检查各金属结构有无开焊、变形及断裂现象。

5.3.1.11　检查各润滑点润滑状况。

5.3.2　常见故障与处理

5.3.2.1　螺旋卸煤机常见设备故障与处理方法见表 19。

5.3.2.2　螺旋卸煤机主要功能故障与处理方法见表 20。

表 19　螺旋卸煤机常见设备故障与处理方法

序号	零部件	故障现象	故障原因	处理方法
1	制动器	大车断电后滑行距离大	1. 杠杆系统中活动关节卡住； 2. 润滑油滴入制动轮的制动面上； 3. 制动带严重磨损或脱掉； 4. 制动杠杆的锁紧螺母松掉； 5. 弹簧失效，张紧力不够； 6. 弹簧压力过小	1. 用润滑油活动关节； 2. 用煤油清洗制动轮、制动带； 3. 更换制动带； 4. 紧固锁紧螺母； 5. 更换弹簧； 6. 调整弹簧张紧力

表 19　螺旋卸煤机常见设备故障与处理方法（续）

序号	零部件	故障现象	故障原因	处理方法
1	制动器	不能打开	1. 活动关节被卡住； 2. 弹簧张紧力过大； 3. 制动带胶黏在制动轮上； 4. 在液压推杆制动器上： ①叶轮掉落； ②叶轮滚健； ③油液使用不当； ④油位偏低； ⑤制动器电机烧坏； ⑥电气不动作	1. 用润滑油活动关节； 2. 调整弹簧； 3. 煤油清洗制动带、制动轮； 4. 处理品； ①检修更换推杆，装复叶轮； ②更换键或重铣键槽； ③换液压油； ④液压油加到规定油位； ⑤更换推杆电机； ⑥检修电气回路
		制动带发生焦味，制动带很快磨损	1. 两制动片不均匀离开，使制动带发生磨损； 2. 两制动片不能完全张开； ①杠杆系统行程调整不当； ②轴及销孔磨损； 3. 制动带不能张开	1. 调整两侧制动片，使张开间隙相等； 2. 处理品； ①调节杠杆系统，使制动片张开距离达到最大； ②更换销轴或检修销孔； 3. 见前面“制动器不能打开故障”的处理方法
		制动器易于脱开调整位置	锁紧螺母没有拧紧或锁紧螺母没拧好	调整制动器，牢牢拧紧锁紧螺母与背螺母
2	液压推杆	通电后不动作	1. 推杆卡住； 2. 叶轮卡住； 3. 叶轮滚键； 4. 轴承损坏； 5. 无油或严重缺油； 6. 严重漏油	1. 消除卡涩现象； 2. 解体大修； 3. 更换键或重新铣键槽； 4. 更换轴承； 5. 补充润滑油至规定油位； 6. 更换油缸或密封圈
		行程小	1. 油量不足； 2. 活塞与轴承之间有气体； 3. 油缸漏油； 4. 密封圈、密封垫损坏； 5. 阀片密封不严	1. 补充液压油至规定油位； 2. 将推杆压至最低位置，旋下放气螺塞，排空气体； 3. 消除漏油； 4. 更换密封圈、密封垫； 5. 消除阀片可能存在的机械杂质
3	齿轮	齿轮声音异常	1. 齿轮的齿损坏； 2. 齿轮的齿磨损； 3. 键或键槽损伤； 4. 润滑油不合格； 5. 润滑油油位过低	1. 更换损坏的齿轮； 2. 更换磨损超标的齿轮； 3. 换新键，重新铣键槽； 4. 更换润滑油； 5. 加注润滑油到规定油位

表 19　螺旋卸煤机常见设备故障与处理方法（续）

序号	零部件	故障现象	故障原因	处理方法
4	轴承	轴承有异常声音、振动及发热现象	1. 轴承损坏； 2. 轴承磨损； 3. 润滑不良	1. 更换轴承； 2. 更换润滑油（脂）； 3. 加注润滑油（脂）
5	车轮	磨损严重	1. 车轮啃轨； 2. 车轮表面硬度过低	1. 检测车轮及轨道的各安装技术数据，对超标的尺寸进行调整； 2. 更换磨损超标、表面硬度过低的车轮
6	联轴器	联轴器声音异常	齿轮联轴器齿磨损、断齿	更换磨损超标、断齿的联轴器
		联轴器失效	联轴器键或键槽损坏	更换损坏的键，重新铣新键槽
		联轴器振动大	1. 弹性联轴器弹性圈损坏； 2. 连接螺栓孔磨损； 3. 联轴器不对中	1. 更换损坏的弹性圈； 2. 重新加工孔，更换螺栓； 3. 重新调整联轴器对中
7	轴	弯曲、裂纹、断裂	1. 过载； 2. 疲劳破坏； 3. 轴的材质差； 4. 轴的强度、刚度不够	1. 加热后校正； 2. 更换新轴； 3. 更换材质好的轴； 4. 用强度、刚度更高的轴予以更换
8	减速器	轴承外壳发热	轴承发生故障	更换轴承
		振动大、声音异常	1. 齿轮磨损； 2. 齿轮齿损坏； 3. 润滑油变质或缺乏润滑油	1. 更换磨损超标的齿轮； 2. 更换损坏的齿轮； 3. 更换变质的润滑油、加注润滑油至规定油位
		润滑油沿剖分面流出	1. 螺栓松动； 2. 密封失效	1. 拧紧螺栓； 2. 更换接合面密封胶
9	轴承	轴承发热、有异常声音	1. 润滑油变质； 2. 润滑油缺乏； 3. 装配不良，使轴承部件卡住； 4. 轴承中有污垢	1. 更换润滑油； 2. 加注润滑油至规定油位； 3. 检查轴承的装配质量并进行调整； 4. 清洗轴承，重新加注润滑油
		轴承振动严重超标	轴承损坏或磨损超标	更换轴承
10	夹轨器	夹不住	1. 各连接部位润滑不良、松动、有卡住现象； 2. 闸瓦磨损	1. 检查各节点，消除故障，加注润滑油脂； 2. 闸瓦超过原厚的 40% 要更换

表 20　螺旋卸煤机主要功能故障与处理方法

序号	功能	功能故障	故障模式	故障后果	故障应对策略与检修内容	检修周期／月
1	卸料	大车行走	驱动装置损坏	设备停用	驱动装置检修	视情而定
			车轮轴承坏	设备停用	轴承更换	视情而定
2	卸料	螺旋升降	驱动装置损坏	设备停用	驱动装置检修	视情而定
			轨道变形损坏	设备停用	轨道整形检修	视情而定
3	卸料	螺旋旋转	驱动装置损坏	设备停用	驱动装置检修	视情而定

5.4　抓煤机

5.4.1　日常维护

5.4.1.1　大车，小车、升降、张闭、给煤机各减速箱检查、补油。

5.4.1.2　齿轮联轴器、制动器、检查调整。

5.4.1.3　抓斗检查修补。

5.4.1.4　篦子检查修补。

5.4.1.5　钢丝绳卷筒检查，钢丝绳及压板检查或更换。

5.4.1.6　缓冲器、阻进器检查。

5.4.1.7　润滑油嘴、油杯检查、更换、补油。

5.4.1.8　平台、扶梯、防雨罩、防护罩、安全门检查修理。

5.4.1.9　结合特种设备检验情况，消除有关缺陷、隐患。

5.4.2　常见故障与处理

5.4.2.1　抓煤机常见设备故障与处理方法见表 21。

5.4.2.2　抓煤机主要功能故障与处理方法见表 22。

表 21　抓煤机常见设备故障与处理方法

序号	部位	障故现象	故障原因	处理方法
1	制动器	不能刹住重物，使运行机构的小车或大车断电后滑行距离较大	1. 拉杆系统中活动关节被卡住； 2. 润滑油滴入制动轮的制动面上； 3. 制动带过分磨损或脱掉； 4. 在长或短冲程电磁铁制动器上，制动拉杆的锁紧螺母松开； 5. 盘式制动器弹簧压力不足，制动片的磨损面上有油污存在	1. 用润滑油活动关节； 2. 用煤油清洗制动轮或制动带； 3. 更换制动带； 4. 紧固螺母； 5. 调整弹簧螺母，清洗制动片

表 21　抓煤机常见设备故障与处理方法（续）

<table>
<tr><th>序号</th><th>部位</th><th>障故现象</th><th>故障原因</th><th>处理方法</th></tr>
<tr><td rowspan="4">1</td><td rowspan="4">制动器</td><td>不能打开</td><td>1. 制动带胶黏在有油污的制动轮上；
2. 活动关节卡住；
3. 弹簧张力过大；
4. 在长或短电磁铁制动器上，电磁线圈烧毁；
5. 盘式制动器弹簧压力过紧</td><td>1. 清洗制动轮及制动带；
2. 调整，修复；
3. 调整适当；
4. 更换；
5. 调整弹簧压力适当</td></tr>
<tr><td>在制动带上发生焦味，制动带很快磨损</td><td>由于不均匀地离开而使制动带发生摩擦，使制动轮发生过热现象</td><td>调整两侧间隙相等</td></tr>
<tr><td>制动器易于脱开调整位置</td><td>调整螺母没有拧紧</td><td>调整制动器紧固螺母</td></tr>
<tr><td>发生嗡嗡声</td><td>1. 电磁铁短路环断裂；
2. 电压过低；
3. 电磁铁调整不好；
4. 电源线接头接触不良；
5. 盘式弹簧过紧</td><td>1. 更换；
2. 调整电源电压；
3. 调整；
4. 清洁并拧紧接头；
5. 调整弹簧螺母</td></tr>
<tr><td>2</td><td>齿轮</td><td>齿轮损坏与磨损</td><td>1. 工作时跳动，继而机构损坏；
2. 开动或制动时跳动</td><td>1. 更换齿轮；
2. 根据允许磨损量（一般在原齿厚的 15%～25%，对起升机构齿轮偏向小值，对运行机构齿轮偏向大值）进行检查；
3. 起升机构换新齿轮，而运行机构的齿轮则可修理；
4. 换新键，保证轮可靠地装配于轴上</td></tr>
<tr><td>3</td><td>车轮</td><td>运行不平稳及发生歪斜</td><td>1. 车轮轮缘过度磨损；
2. 由于不均匀的磨损，车轮椭圆度太大；
3. 起重机的钢轨不平直</td><td>1. 更换；
2. 修理或更换；
3. 调直、找平钢轨</td></tr>
<tr><td>4</td><td>夹轨器</td><td>夹不住</td><td>1. 各连接部分有卡住现象，润滑不好，松动；
2. 轴瓦磨损</td><td>1. 检查各节点，消除故障，加油；
2. 更换</td></tr>
</table>

表 21　抓煤机常见设备故障与处理方法（续）

序号	部位	障故现象	故障原因	处理方法
5	抓斗及钢丝绳	抓斗自动张开	1. 钢丝绳磨断，且绳锁未张开； 2. 抓斗上升时，升降钢丝绳没有一齐收紧； 3. 钢丝绳跳出滑轮槽或卡死	1. 更换钢丝绳； 2. 操作时升降，开闭的钢丝绳要收紧，收齐； 3. 调换导轮及其底座
		抓斗不能张开	1. 钢丝绳磨断； 2. 钢丝绳轧头松脱或两边钢丝绳吃力不均； 3. 升降架变形，销子脱落	1. 更换钢丝绳； 2. 修复钢丝绳轧头，两边钢丝绳收紧，收齐； 3. 修复升降架，换销

表 22　抓煤机主要功能故障与处理方法

序号	功能	功能故障	故障模式	故障后果	故障应对策略与检修内容	检修周期 / 月
1	取料	大车小车机构	驱动装置损坏	设备停用	驱动装置检修	视情而定
			车轮轴承坏	设备停用	轴承更换	视情而定
2	取料	升降张闭机构	驱动装置损坏	设备停用	驱动装置检修	视情而定
			钢丝绳卷筒变形损坏	设备停用	卷筒整形或更换	视情而定
3	取料	钢结构	门腿等承重部件严重变形	设备停用	变形部件整形或更换	视情而定

5.5　碎煤机（HS 系列环式碎煤机）

5.5.1　日常维护

5.5.1.1　检查机体、机盖有无磨损、裂纹等情况。

5.5.1.2　检查各连接紧固件。

5.5.1.3　检查轴承润滑情况。

5.5.1.4　检查调整筛板调节器。

5.5.1.5　检查各部密封情况。

5.5.2　常见故障与处理

5.5.2.1　碎煤机常见设备故障与处理方法见表 23。

5.5.2.2　碎煤机主要功能故障与处理方法见表 24。

表 23　碎煤机常见设备故障与处理方法

序号	故障性质	原因	排除方法
1	碎煤机振动	1. 锤环及环轴失去平衡； 2. 锤环折断失去平衡； 3. 轴承在轴承座内间隙过大； 4. 联轴器与主轴，电机轴的安装不紧密，同轴度过大； 5. 给料不均匀，造成锤环磨损不均匀，失去平衡； 6. 轴承座螺栓或地脚螺栓松动	1. 重新选装、平衡锤环和环轴； 2. 更换新锤环； 3. 重新调整； 4. 重新调整； 5. 调整给料装置； 6. 紧固松动的螺栓
2	轴承温度超过80℃	1. 滚动轴承游隙过小； 2. 润滑脂污秽； 3. 润滑脂不足或过多	1. 更换大游隙轴承； 2. 清洗轴承，换新润滑脂； 3. 调整润滑脂
3	碎煤室内产生连续敲击声响	1. 不易破碎的异物进入室内； 2. 筛板等件松动，锤环打在其上； 3. 环锤、环轴磨损太大	1. 清除异物； 2. 紧固螺栓、螺母； 3. 更换新环锤和环轴
4	排料＞30mm，粒度明显增加	1. 筛板与锤环间隙过大； 2. 筛板栅孔有折断处； 3. 锤环磨损过大	1. 重新调整筛板与锤环之间的间隙； 2. 更换新筛板； 3. 更换新锤环
5	产量明显降低	1. 给料不均匀； 2. 筛板栅孔堵塞； 3. 入料口堵塞； 4. 锤环磨损太大，动能不足效率降低	1. 调整给料机构； 2. 清理筛板栅孔，检查煤的含水、含粉量； 3. 清理入料口； 4. 更换新锤环
6	液力偶合器油温过高	1. 充油量减少； 2. 超载	1. 加油至所需要的位置； 2. 减少载荷
7	液力偶合器停车时漏油	1. 热保护塞或注油塞上的O形密封圈损坏或没上紧； 2. 后辅室或外壳与泵轮连接处O形密封圈损坏； 3. 后辅室或外壳与泵轮结合面没上紧	1. 更换密封圈或拧紧油塞； 2. 更换密封圈； 3. 拧紧该两处的连接螺栓

表 24　碎煤机主要功能故障与处理方法

序号	功能	功能故障	故障模式	故障后果	故障应对策略与检修内容	检修周期 / 个月
1	破碎物料	环锤	环锤轴磨损	设备停用	更换环锤轴	视情而定
			环锤磨损不平衡	设备停用	更换环锤	视情而定

5.6 滚轴筛（GS 系列滚轴筛）

5.6.1 日常维护

5.6.1.1 减速机油位检查。

5.6.1.2 支承轴承测振测温承。

5.6.1.3 检查电动推杆动作和挡板的磨损变形情况。

5.6.1.4 各检修门密封情况检查、修整。

5.6.1.5 进口落煤管检查、修补。

5.6.2 常见故障与处理

5.6.2.1 滚轴筛常见设备故障与处理方法见表 25。

5.6.2.2 滚轴筛主要功能故障与处理方法见表 26。

表 25 滚轴筛常见设备故障与处理方法

序号	故障性质	原因	排除方法
1	筛轴不转	1. 筛片间隙卡煤； 2. 堵煤剪断螺栓断裂	1. 清煤； 2. 更换剪断螺栓
2	轴承温度超过 80℃	1. 滚动轴承游隙过小； 2. 润滑脂污秽； 3. 润滑脂不足或过多	1. 更换大游隙轴承； 2. 清洗轴承，换新润滑脂； 3. 调整润滑脂

表 26 滚轴筛主要功能故障与处理方法

序号	功能	功能故障	故障模式	故障后果	故障应对策略与检修内容	检修周期 / 个月
1	筛分物料	筛轴	筛轴磨损断裂	设备停用	更换筛轴	视情而定

5.7 卸船机

5.7.1 日常维护

5.7.1.1 大车，小车、升降、张闭、给煤机各减速箱检查、补油。

5.7.1.2 齿轮联轴器、制动器、检查调整。

5.7.1.3 抓斗检查修补。

5.7.1.4 钢丝绳卷筒检查，钢丝绳及压板检查或更换。

5.7.1.5 缓冲器检查。

5.7.1.6 润滑油嘴、油杯检查、更换、补油。

5.7.1.7 平台、扶梯、防雨罩、防护罩、安全门检查修理。

5.7.1.8 结合特种设备检验情况，消除有关缺陷、隐患。

5.7.2 常见故障与处理

5.7.2.1 卸船机常见设备故障与处理方法见表 27。

5.7.2.2 卸船机主要功能故障与处理方法见表 28。

表 27 卸船机常见设备故障与处理方法

序号	部位	故障现象	故障原因	处理方法
1	制动器	不能刹住重物，使运行机构的小车或大车断电后滑行距离较大	1. 拉杆系统中活动关节被卡住； 2. 润滑油滴入制动轮的制动面上； 3. 制动带过分磨损或脱掉； 4. 在长或短冲程电磁铁制动器上，制动拉杆的锁紧螺母松开； 5. 盘式制动器弹簧压力不足，制动片的磨损面上有油污存在	1. 用润滑油活动关节； 2. 用煤油清洗制动轮或制动带； 3. 更换制动带； 4. 紧固螺母； 5. 调整弹簧螺母，清洗制动片
		不能打开	1. 制动带胶黏在有油污的制动轮上； 2. 活动关节卡住； 3. 弹簧张力过大； 4. 在长或短电磁铁制动器上，电磁线圈烧毁； 5. 盘式制动器弹簧压力过紧	1. 清洗制动轮及制动带； 2. 调整．修复； 3. 调整适当； 4. 更换； 5. 调整弹簧压力适当
		在制动带上发生焦味，制动带很快磨损	由于不均匀地离开而使制动带发生摩擦，使制动轮发生过热现象	调整两侧间隙相等
		制动器易于脱开调整位置	调整螺母没有拧紧	调整制动器紧固螺母
		发生嗡嗡声	1. 电磁铁短路环断裂； 2. 电压过低； 3. 电磁铁调整不好； 4. 电源线接头接触不良； 5. 盘式弹簧过紧	1. 更换； 2. 调整电源电压； 3. 调整； 4. 清洁并拧紧接头； 5. 调整弹簧螺母
2	齿轮	齿轮损坏与磨损	1. 工作时跳动，继而机构损坏； 2. 开动或制动时跳动	1. 更换齿轮； 2. 根据允许磨损量（一般在原齿厚的 15%～25%，对起升机构齿轮偏向小值，对运行机构齿轮偏向大值）进行检查； 3. 起升机构换新齿轮而运行机构的齿轮则可修理； 4. 换新键，保证轮可靠地装配于轴上

表 27　卸船机常见设备故障与处理方法（续）

序号	部位	故障现象	故障原因	处理方法
3	车轮	运行不平稳及发生歪斜	1. 车轮轮缘过度磨损； 2. 由于不均匀的磨损，车轮椭圆度太大； 3. 起重机的钢轨不平直	1. 更换； 2. 修理或更换； 3. 调直、找平钢轨
4	夹轨器	夹不住	1. 各连接部分有卡住现象，润滑不好，松动； 2. 轴瓦磨损	1. 检查各节点，消除故障，加油； 2. 更换
5	抓斗及钢丝绳	抓斗自动张开	1. 钢丝绳磨断，且绳锁未张开； 2. 抓斗上升时，升降钢丝绳没有一齐收紧； 3. 钢丝绳跳出滑轮槽或卡死	1. 更换钢丝绳； 2. 操作时升降，开闭的钢丝绳要收紧，收齐； 3. 调换导轮及其底座
		抓斗不能张开	1. 钢丝绳磨断； 2. 钢丝绳轧头松脱或两边钢丝绳吃力不均； 3. 升降架变形，销子脱落	1. 更换钢丝绳； 2. 修复钢丝绳轧头，两边钢丝绳收紧，收齐； 3. 修复升降架，换销
6	液压推杆	通电后不动作	1. 推杆卡住； 2. 叶轮卡住； 3. 叶轮滚键； 4. 轴承损坏； 5. 无油或严重缺油； 6. 严重漏油	1. 消除卡涩现象； 2. 解体大修； 3. 更换键或重新铣键槽； 4. 更换轴承； 5. 补充润滑油至规定油位； 6. 更换油缸或密封圈
		行程小	1. 油量不足； 2. 活塞与轴承之间有气体； 3. 油缸漏油； 4. 密封圈、密封垫损坏； 5. 阀片密封不严	1. 补充液压油至规定油位； 2. 将推杆压至最低位置，旋下放气螺塞，排空气体； 3. 消除漏油； 4. 更换密封圈、密封垫； 5. 消除阀片可能存在的机械杂质

表 28　卸船机主要功能故障与处理方法

序号	功能	功能故障	故障模式	故障后果	故障应对策略与检修内容	检修周期／月
1	卸料	大车小车机构	驱动装置损坏	设备停用	驱动装置检修	视情而定
			车轮轴承坏	设备停用	轴承更换	视情而定
2	卸料	升降张闭机构	驱动装置损坏	设备停用	驱动装置检修	视情而定
			钢丝绳卷筒变形损坏	设备停用	卷筒整形或更换	视情而定
3	卸料	钢结构	门腿等承重部件严重变形	设备停用	变形部件整形或更换	视情而定

7. 电站锅炉脱硫脱硝除尘设备维护检修规程

SHS 08006—2019

部分代替 SHS 08004—2004

目　次

前　　言

本规程按照GB/T 1.1—2009《标准化工作导则　第1部分：标准的结构和编写》给出的规则修订。

本规程部分代替SHS 08004—2004《电站锅炉维护检修规程》中电除尘检修。与SHS 08004—2004相比，除了编辑性修改外，主要技术变化如下：

——新增脱硫设备的维护与检修；

——新增脱销设备的维护与检修；

——新增布袋除尘器的维护与检修。

本规程由中国石油化工集团有限公司、中国石油化工股份有限公司提出。

本规程起草单位：中国石油化工股份有限公司茂名分公司、中国石化上海石化股份有限公司。

本规程主要起草人：陈孟干、王景喜。

本规程历次版本发布情况：

——SHS 08004—2004。

电站锅炉脱硫脱硝除尘设备维护检修规程

1 范围

1.1 主题内容

本规程规定了石化企业电站脱硫脱硝除尘设备的检修内容、质量要求和日常维护的相关内容。

1.2 应用范围

本规程适用石灰石－石膏湿法脱硫（FGD）装置、SCR/SNCR 法脱硝装置、电除尘器／布袋除尘器的设备检修，其他工艺路线的脱硫脱硝装置可以参考应用。本规程仅包括上述装置中使用的专用设备，其他通用设备请参考中石化通用设备检修规程。

2 规范性引用文件

下列文件中的条款通过本规程的引用而成为本规程的条款。凡是注日期的引用文件，其随后所有的修改单（不包括勘误的内容）或修订版均不适用于本标准，然而，鼓励根据本标准达成协议的各方研究是否可使用这些文件的最新版本。凡是不注日期的引用文件，其最新版本适用于本规程。

GB/T 151　热交换器

GB 50727　工业设备及管道防腐蚀工程施工质量验收规范

GB 50236　现场设备、管道焊接工程施工及验收规范

GB 50160　石油化工企业设计防火规范

TSG D7005　压力管道定期检验规则——工业管道

TSG R7001　压力容器定期检验规则

GB/T 20801　压力管道规范——工业管道

SH 3505　石油化工施工安全技术规程

DL/T 748.10　火力发电厂锅炉机组检修导则　第 10 部分：脱硫装置检修

DL/T 296　火电厂烟气脱硝技术导则

DL/T 5196　火力发电厂烟气脱硫设计技术规程

DL/T 901　火力发电厂烟囱（烟道）内衬防腐材料

3 检修周期

脱硫脱硝装置检修周期根据装置运行状况确定，一般与装置检修同步，检修工期与锅炉检修工期统筹考虑。脱硫脱硝装置要充分利用装置检修时机，对平时无法停下检查的设备、管线进行仔细检查，消除隐患。石灰石浆液系统机泵应定期检查，掌握机泵过流部件磨损规律。

电除尘器根据运行情况，一般4~6年安排一次大修，每次停炉期间可根据实际情况安排中、小修。

布袋除尘器宜根据布袋使用寿命，结合布袋更新进行大修，一般4~6年一次，小修根据实际情况结合每次停炉安排。

4 脱硫系统检修

脱硫系统主要包括烟气系统、吸收塔系统、石灰浆液制备系统、石膏脱水系统、废水处理系统、工艺水系统等。流程示意图见图1。

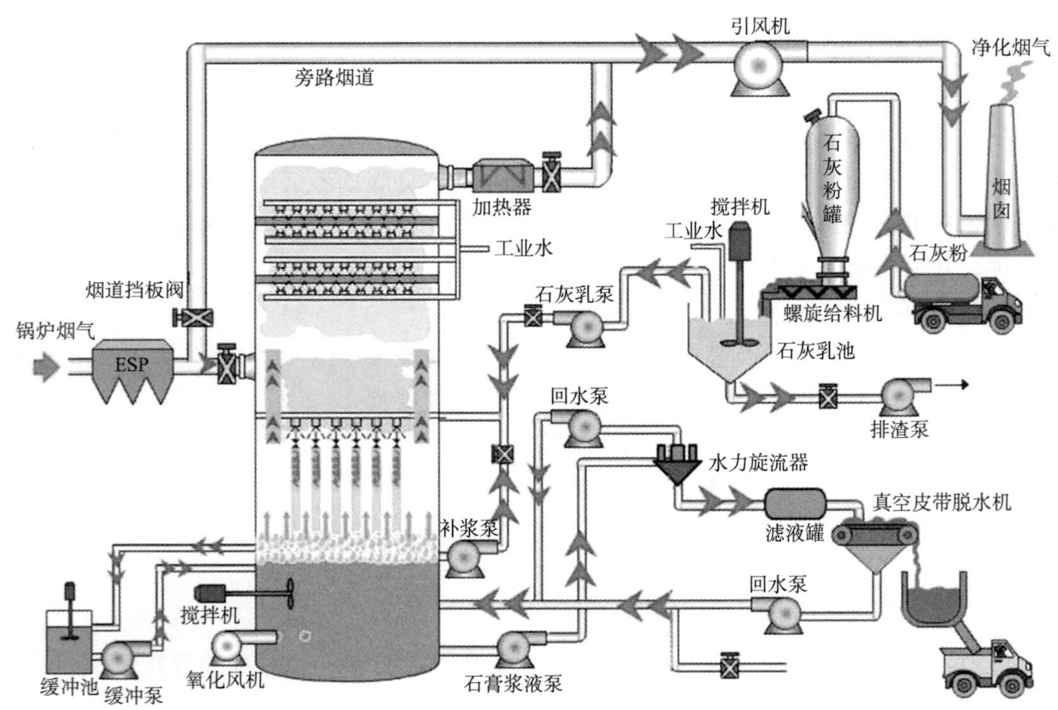

图1 电站锅炉脱硫系统流程示意图

4.1 吸收塔

4.1.1 检修项目

4.1.1.1 吸收塔内壁、塔底部清理；
4.1.1.2 浆液循环泵入口滤网清理、出入口管道衬里检查修复；
4.1.1.3 与吸收塔塔壁相连的所有一次阀检查更换；
4.1.1.4 塔内氧化风系统检查修复；
4.1.1.5 事故喷淋及入口烟道干湿界面检查清理；
4.1.1.6 吸收塔内壁、底部防腐层检查修复；
4.1.1.7 吸收塔湍流装置各部位损坏及堵塞情况检查修复；
4.1.1.8 除雾器检查冲洗，修复更换断裂冲洗水管及喷嘴，喷嘴进行雾化试验；
4.1.1.9 喷淋母管及支管检查，对有缺陷的部位进行修复，损坏喷嘴更换；
4.1.1.10 塔内所有支吊架检查修复。

4.1.2 检修前准备

4.1.2.1 确认所检修设备已经彻底进行能量隔离；
4.1.2.2 确认检修所需票证手续齐全，各项安全措施（尤其是吸收塔区域动火及玻璃鳞片施工特殊防火措施、受限空间作业、高处作业等）已落实，监护人到位。检修人员所需防护用品齐全；
4.1.2.3 确认检修所需的备品、材料、工器具已准备好；
4.1.2.4 确认检修项目正确交底，检修人员清楚所要进行的工作。

4.1.3 检修工序和工艺

4.1.3.1 塔本体检修

a）清除塔内及干湿界面的灰垢；

b）用电火花仪检查防腐层有无损坏，用测厚仪检查防腐层的磨损情况，并做好标记；

c）对塔壁变形、开焊、漏点等进行检查、修补；

d）塔内钢结构件的腐蚀磨损视情况修补或更换；

e）检查托盘是否存在损坏，堵塞等情况（安装有湍流装置的应检查湍流装置连接螺栓等部件是否存在脱落、磨损等情况）；

f）对各人孔门、测点接口、搅拌器结合面等地方进行检查。

4.1.3.2 喷淋管及托架检修

a）检查喷淋管、隔栅梁及托架的腐蚀磨损情况，视情况修补或更换；

b）检查托架安装是否平稳，测量水平度；

c）检查喷嘴，清理或更换损坏喷嘴。

4.1.3.3 除雾器检修

a）冲洗除雾器，除去残余石膏晶体，检查除雾器；

b）对坍塌的除雾器模块进行修复或补充安装；

c）对堵塞或损坏的喷嘴进行清理或更换；

d）检查紧固件。

4.1.3.4 氧化风管检修

a）用水冲洗、疏通氧化风管；

b）检查氧化风管是否有磨损、断裂情况；

c）检查管子定位抱箍有无松动脱落，并拧紧、补齐。

4.1.4 检修质量标准

4.1.4.1 对泄漏部位应及时进行补焊及防腐处理，严重变形部位进行校正，并在检修期间全面检查处理，必要时进行改进性检修；

4.1.4.2 内衬无针孔、裂纹、鼓泡和剥离。磨损厚度不大于 0.5mm；

4.1.4.3 筒体内壁衬胶平整，无胶皮脱落，各搭接缝光滑无翘起、断裂等缺陷，衬里上应无气泡、夹杂物、裂缝或者其他机械性损伤等缺陷；

4.1.4.4 梁、支架防腐层完好；

4.1.4.5 托盘无堵塞，无断裂损坏情况（装有湍流装置的湍流装置各连接螺栓无脱落、磨损情况）；

4.1.4.6 各喷淋层、除雾器与筒体连接固定部位牢固；

4.1.4.7 各人孔门、测点接口、搅拌器结合面应严密无泄漏；

4.1.4.8 喷淋层牢固无泄漏；

4.1.4.9 各喷嘴应无阻塞，喷嘴的喷射角度应满足设计要求，喷嘴的喷射范围（径向和垂直距离）都在规定范围内；

4.1.4.10 除雾器应清洁无结垢、完整无破损；

4.1.4.11 除雾器冲洗水管抱箍齐全、牢固，喷嘴无堵塞，雾化良好；

4.1.4.12 氧化风管无堵塞、焊缝及管道无裂纹，抱箍齐全、牢固。

4.2 真空皮带脱水机检修

4.2.1 检修项目

4.2.1.1 检修滤布、脱水皮带及裙边，必要时更换；

4.2.1.2 清理冲洗水喷嘴，必要时更换；

4.2.1.3 检查滚筒轴承、托辊轴承，必要时更换，滚筒包胶破损修复；

4.2.1.4 减速箱解体检修；

4.2.1.5 检查、修理、调试调偏气囊，必要时更换；

4.2.1.6 真空盒检查修补；

4.2.1.7　清理石膏浆液入口分配箱；

4.2.1.8　检查清理滤液分离器及其附件；

4.2.1.9　更换真空盒耐磨带；

4.2.1.10　检查滑道聚乙烯滑块磨损情况，必要时更换；

4.2.1.11　更换石膏刮刀。

4.2.2　检修前准备

4.2.2.1　确认所检修设备已经彻底进行能量隔离；

4.2.2.2　确认检修所需票证手续齐全，各项安全措施已落实，监护人到位。检修人员所需防护用品齐全；

4.2.2.3　确认检修所需的备品、材料、工器具已准备好；

4.2.2.4　确认检修项目正确交底，检修人员清楚所要进行的工作。

4.2.3　检修工序和工艺

4.2.3.1　滤布的检查检修

a）检查过滤布有无撕裂、孔洞；

b）用高压清水冲洗滤布，防止长时间静止备用之后因板结而出现滤布黏结撕裂问题，清除堵塞；

c）清除过滤带托辊上的残留物；

d）滤布破损或收缩到极限时，应更换滤布；

e）拆除需要更换的旧滤布；

f）将滤布张紧调到最松位置；

g）将滤布光面向外，对准压辊，沿进料槽方向穿过挡板；

h）启动驱动装置，调到最低速度，使滤布在胶带上移动；

i）滤布通过驱动辊后，小心地穿过清洗管和滤布托辊，再通过从动辊；

j）拉紧滤布将两头叠合在一起，准确对接，确保滤布平直和平整；

k）搭界线缝处表面用树脂填充，以防漏浆。

4.2.3.2　主动轮、从动轮、托轮及压辊检查

a）检查主动轮；

b）检查从动轮；

c）检查托轮及压辊磨损；

d）检查支撑轴承应无损坏，润滑油是否充足。

4.2.3.3　真空箱及软管系统检修

a）检查真空箱及连接软管的损坏情况，更换有损坏的真空软管。安装时预先在真空箱和真空总管上的连接管上涂上润滑剂，将真空软管两端分别套装在真空箱和真空总管上的连接管上，并用不锈钢箍紧固；

b）检查真空箱摩擦带及滑动区域；

c）检查真空管道；

d）检查真空室与真空密封水管升降装置。

4.2.3.4　冲洗水系统检修

a）检查冲洗水管道、阀门；

b）检查冲洗水喷头；

c）检查滤布冲洗毛刷。

4.2.3.5　机架、导轮的检修

a）检查各部机架表面护漆；

b）检查机架有无变形、弯曲和腐蚀，如变形弯曲严重的应进行校直，腐蚀严重的进行更换；

c）检查真空皮带脱水机有无下沉及凹凸不平现象，机架支撑腿应垂直于建筑物地面；

d）检查各部导轮，更换工作状况不佳的导轮。

4.2.3.6　进料箱检修

a）检查进料浆液箱；

b）检查进料管路及挡板。

4.2.4　检修质量标准

4.2.4.1　滤布清洁无褶皱，滤布更换符合图纸质量要求；

4.2.4.2　皮带完好裙边齐全，皮带无严重磨损；

4.2.4.3　真空室密封良好，软管连接牢固不存在擦碰等问题；

4.2.4.4　滤饼刮刀转动灵活，没有明显磨损现象；

4.2.4.5　真空密封条运行状况良好，磨损不超过 1/3；

4.2.4.6　滤布刮刀无明显变形和严重磨损；

4.2.4.7　张紧托辊灵活无卡涩；

4.2.4.8　分配器无结垢、无堵塞和泄漏；

4.2.4.9　减速器各部完好，转动灵活，油位正常，油质良好；

4.2.4.10　轴承良好，轴承周围清洁无杂物；

4.2.4.11　各滚筒、托辊灵活无卡涩。

4.2.5　常见故障与处理方法

真空皮带机常见故障与处理方法见表 1。

表 1　真空皮带机常见故障与处理方法

故障现象	故障原因	处理方法
脱水机不启动	1. 滤布、皮带限位开关、拉线开关动作； 2. 控制面板上的紧急停止按钮没有被释放	1. 检查限位开关、拉线开关并做适当调整； 2. 拉出控制面板上的紧急停止按钮
电机启动但脱水皮带不转动	1. 脱水皮带跑偏，耐磨带损坏； 2. 皮带润滑水压力、流量不足	1. 调整大辊两侧张紧，纠正皮带跑偏； 2. 对耐磨带进行再调整或更换； 3. 调整润滑水压力、流量
滤布不转或纠偏不当	1. 张紧辊不起作用； 2. 纠偏系统工作不正常	1. 检查张紧辊，必要时增加负重； 2. 适当调整纠偏装置
运行中真空泄露	1. 脱水皮带纠偏装置工作不正常； 2. 真空管堵塞； 3. 真空盒滑动块处漏真空； 4. 耐磨带磨损或损坏	1. 确保脱水皮带上的孔处于真空盘槽的中央； 2. 清洁真空管； 3. 对其进行检查和调整； 4. 检查耐磨带是否磨损或对其进行调整，必要时进行更换
真空皮带运行慢或不连续	1. 脱水皮带和滤布纠偏工作不正常； 2. 滤布张紧程度不够； 3. 润滑水压力、流量不足	1. 必要时进行调整； 2. 必要时进行调整； 3. 调整润滑水压力、流量
脱水皮带黏结	冲洗水压力、流量不足	1. 清洁喷嘴； 2. 调整喷淋布局； 3. 调整水压
石膏脱水效果差	1. 脱水皮带张紧度不够，皮带跑偏； 2. 脱水皮带速度太快	1. 做必要调整，防止跑偏； 2. 调整脱水皮带速度
液体中存在固体物	1. 滤布老化； 2. 滤布有孔洞； 3. 检查滤液集流箱	1. 检查滤布，必要时进行更换； 2. 对其进行修复； 3. 对滤液集流箱做必要的清洁

4.3　板框压滤机

4.3.1　检修项目

4.3.1.1　滤布、压板检查更换；

4.3.1.2　液压油泵入口滤网更换；

4.3.1.3　液压缸，油管及接头检查更换；

4.3.1.4　传动链条，星形齿轮检查更换；

4.3.1.5 液压油箱换油。

4.3.2 检修前准备

4.3.2.1 确认所检修设备已经彻底进行能量隔离；

4.3.2.2 确认检修所需票证手续齐全，各项安全措施已落实，监护人到位，检修人员所需防护用品齐全；

4.3.2.3 确认检修所需的备品、材料、工器具已准备好；

4.3.2.4 确认检修项目正确交底，检修人员清楚所要进行的工作。

4.3.3 检修工序和工艺

4.3.3.1 解体检查液压站

a）拆下油泵上的进、出油管；

b）松开电动机与油箱之间的螺栓；

c）用钢丝绳将电动机与油泵吊出，将油泵从机架上拆下后，拆开油泵的后盖，装配时要注意：不许有脏物、铁屑、棉纱等带入泵内，不允许用手锤敲打装配；

d）装配时可先将钢球涂上清洁的黄油，使钢球黏在弹簧内套或回程盘上，再进行装配；

e）更换油箱内的液压油，加至油位镜的 2/3 位置。

4.3.3.2 压滤机各部位检查

a）液压驱动装置油品检查；

b）液压驱动装置油箱及管路无裂纹、渗漏现象；

c）滤板冲洗后检查无裂纹和断裂现象；

d）滤布过水应畅通无堵，无腐蚀和损坏；

e）洗涤软管检查无破裂、老化及渗漏；

f）高压冲洗水泵检查无渗漏。

4.3.4 板框压滤机检修质量标准

4.3.4.1 传动链条无生锈卡涩，各部件清洁、润滑性好、排水管无破裂；

4.3.4.2 板排列水平，拉板小车动作准确，无卡涩；

4.3.4.3 滤板无变形、密封面光洁干净；

4.3.4.4 进料口清洁无残渣；

4.3.4.5 滤布无破损、无堵塞、无折叠、无夹渣；

4.3.4.6 积水盘动作准确，密封严密，卸泥斗关闭严密；

4.3.4.7 活动板活动小轮应转动灵活，磨损或腐蚀大于要求值时需更换；

4.3.4.8 机架与底座严重腐蚀造成整机晃动、扭斜变形时，应予以校正或更换；

4.3.4.9 主梁腐蚀或磨损超过要求值时，需补强或更换；

4.3.4.10 液压缸装配后，无任何泄漏现象；

4.3.4.11 油缸内表面光滑，无沟痕和裂纹等缺陷，活塞在油缸内活动自如；
4.3.4.12 活塞推杆无裂纹和沟痕等缺陷，活塞杆的轴线和压紧板中心吻合。

4.3.5 板框压滤机常见故障与处理方法

板框压滤机常见故障与处理方法见表2。

表2 板框压滤机常见故障与处理

故障现象	可能原因	处理方法
滤板变形及破碎	1. 使用不当滤浆滤杂物堵塞孔道，造成滤室的压力差； 2. 压紧压力不够	1. 清洗疏通孔道，清除滤浆中杂物； 2. 调整液压工作压力
滤液浑浊	1. 滤布破损； 2. 滤布选择不当	1. 检查滤布，局部缝补或更换新滤布； 2. 做可行性实验，确定滤布材质合格
过滤效果差	1. 滤布选择不当； 2. 滤饼含水率高； 3. 药品配比不合理	1. 做可行性实验，确定滤布材质合格； 2. 清洗或更换滤布； 3. 合理调整加药量
拉板脱钩	1. 左右拉板盒不同步； 2. 拉钩复位拉簧锈蚀； 3. 滤板把手磨损	1. 松开梁上链轮套螺栓，调整好以后再固定； 2. 更换新位置； 3. 更换新把手

4.4 玻璃鳞片

4.4.1 玻璃鳞片检修工序和工艺

4.4.1.1 在容器各零件焊接、支吊架施工以及保温工作完成后方可进行内壁的防腐涂层施工；
4.4.1.2 对涂刷面要进行喷砂除锈去污处理，使其达到Sa2.5级标准后再施工；
4.4.1.3 施工中如遇气温低应延长间隔时间。环氧鳞片树脂宜在10～30℃、湿度在85%以下环境中施工为宜。施工中避免和水接触，如遇雨天要停止施工，把已涂抹好的鳞片树脂膜保护好。涂层达到验收标准后方可经水使用。在凝固期间，需定期测量温度、湿度；
4.4.1.4 施工现场通风好，严禁明火，产品贮存时要远离火源。要通风好、干燥阴凉，禁止日晒雨淋；
4.4.1.5 玻璃鳞片使用前应核对种类，稀释剂是否符合说明书的技术要求，玻璃鳞片的配制应严格按照产品说明书的技术要求进行调配，玻璃鳞片的调配应采用真空搅拌机，玻璃鳞片充分搅拌均匀后，放置5～10min使其充分熟化后方可使用，工程用量应按说明书的规定控制；
4.4.1.6 玻璃鳞片防腐材料主要由分散不连续的玻璃鳞片及黏稠树脂专用设备混合而成

的复合材料。因此，施工是用抹子，刮板涂抹到钢板表面，每道涂刮厚度为 1mm，第一道固化后（间隔不少于 12h）再涂刮第二道；

4.4.1.7　玻璃鳞片施工用料在施工作业过程中严禁随意搅动，托料、上抹依次循序进行，无意翻动，堆积等习惯尽可能减少；

4.4.1.8　涂抹时抹刀应与被涂抹面保持适当角度，且沿尖角的锐角方向按适当的速度推抹，使涂料沿钢材表面逐渐涂敷，使空气在涂抹中不断从界面间推挤出，严禁将料堆积于防护表面，然后四面摊开式的摊涂；

4.4.1.9　控制一次涂抹厚度，多层施工，从而使涂层内存留气泡的体积较小，达到使残余气泡生成较小、分散且封闭的目的；

4.4.1.10　由于玻璃鳞片填料量大，十分黏稠，在大气中任何条件下翻动及堆放都会裹入大量空气形成气泡，因此涂抹完鳞片以后要进行滚压消泡；

4.4.1.11　气泡消除：使用专门制作的除泡滚，滚子外包裹一层 2～3mm 厚的羊毛毡，在滚压过程中，滚子表面的羊毛刺受压力作用不断扎入鳞片表层内，形成一个个导孔，同时气泡内空气在滚动压力作用下从导孔溢出，使气泡消除；

4.4.1.12　涂抹界面及端面处理：防腐施工界面黏结强度为防腐的重点，施工界面处理的好坏，将直接影响施工质量及防腐寿命，在施工过程中，施工界面必须保持清洁，无杂物及明显的流淌痕迹应打磨掉。端面处理必须采用搭接，不允许对接，因为端界面形状自由性较大，对接不能保证相互间有效贴合，为保证防腐层及设备的使用寿命，应增加二层玻璃钢加强；

4.4.1.13　玻璃鳞片固化后，修理找补缺陷后，刷一道封闭面鳞片树脂。

4.4.2　玻璃鳞片检修质量标准

4.4.2.1　外观缺陷检查：采用目测法（必要时可采用放大镜），涂层应均匀，无刷纹、流挂、气泡、针眼、微裂纹、杂物等缺陷，也不允许存在泛白或固化不完全；

4.4.2.2　硬度：采用巴柯尔硬度指标，表面硬度至少大于 35，一般要求表面的硬度值不低于材料性能指标提供的 90%；

4.4.2.3　针孔测试：采用直流电火花检测仪器检查测试涂层的缺陷及不连续点，衬层检测起始电压为3000V，每道衬层检测电压增幅3000V，以不产生击穿火花、无报警为合格；

4.4.2.4　回黏测试：用溶剂浸湿干净的布，反复擦拭涂层的表面，看表面是否因溶剂的侵蚀而发黏，此方法可以有效地了解涂层的固化程度；

4.4.2.5　厚度的测试：利用厚度计与标准试块厚度比较，在整个涂层的表面测定，每平方米不少于 1 个点，总平均厚度应该达到设计要求。每 1m 至 2m 检测一点，平均厚度达到设计要求。

锤击检查：用木槌轻击涂层表面，任意取点测试，不应有不正常声音。

4.4.3　玻璃鳞片施工过程质量控制及检验（供参考）

玻璃鳞片施工过程质量控制及检验见表 3。

表 3　玻璃鳞片施工过程质量控制及检验

工序	检验指标		性质	单位	质量标准	检验方法和器具
设备及衬里材料	表面处理及除锈		主要	mm	表面平整、洁净、呈金属本色、倒角 $R>5$mm，焊缝高度＜3mm 且圆滑过渡	观察
	鳞片及硬化剂		主要		产品合格证、试验报告	检查资料
	玻璃丝布外观厚度			mm	无碱、腊，无捻、褶，0.1～0.3 且不大于 0.5	观察，尺
	配料比及重量误差				符合工艺要求误差	
鳞片衬里	底涂		主要		均匀无流坠、漏涂及杂物；两道底漆相互垂直涂刷	观察
	鳞片抹涂	第一层	主要	mm	0.8～1.5	湿膜测厚仪
		第二层			达到设计厚度	
	鳞片喷涂	第一层			0.8～1.5	
		以后各层			达到设计厚度	
	面涂涂刷		主要		均匀无漏刷、杂物、流淌痕；两道底漆相互垂直涂刷	观察
	玻璃丝布铺贴				胶料浸泡、无气泡、褶皱	观察
	各层固化度				不黏手	指触
	作业面积环境湿度				≤85%	湿度计
	作业面积环境温度			℃	≥3	温度计
	局部纤维补强				无缺边、毛边、气泡及流淌痕	观测
	FRP 预制管黏贴				无缺胶脱黏区域	木槌敲击
衬里外观检查	外观检查				无机械损伤、锐器划伤等伤痕；无流挂、凹凸不平、硬化不良等缺陷；目视、指触确认无鼓泡、异物、脏物；法兰面的平滑度符合要求	观测
	打诊检查		主要		结合密实、无脱层、鼓泡	木槌敲击
	表面不平整度				光滑平整、无流坠	观察
	漏电试验		主要		不漏电（6000V/mm）	电火花检测仪
	衬里厚度偏差（每 6m² 检测一处）			mm	-0.2～+0.5	测厚仪
修补	端面与基体的打磨夹角				＜45°	角度尺测定
	修补后检测				按照正常检测要求进行	
	修补点				无漏补	观察

5 SCR 脱硝系统检修

SCR 烟气脱硝工艺系统可分为还原剂制备区和 SCR 反应区等。

还原剂制备采用液氨蒸发制氨，其系统主要设备一般有液氨卸料压缩机、液氨储罐、液氨供应泵、液氨蒸发器、氨气缓冲罐、氮气瓶组、氮气储罐、氨气稀释罐、废水泵等。还原剂制备采用尿素热解制氨，其系统主要设备一般有尿素储仓、尿素计量装置、溶解罐、溶液泵、尿素溶液储罐、尿素热解循环泵、尿素热解室、稀释风机等。

SCR 反应区主要设备一般有稀释风机、氨－空气混合器、稀释风加热器、喷氨格栅、反应器及催化剂、吹灰器、烟道补偿器、烟气均布装置、直喷系统等。

SCR 流程示意图见图 2。

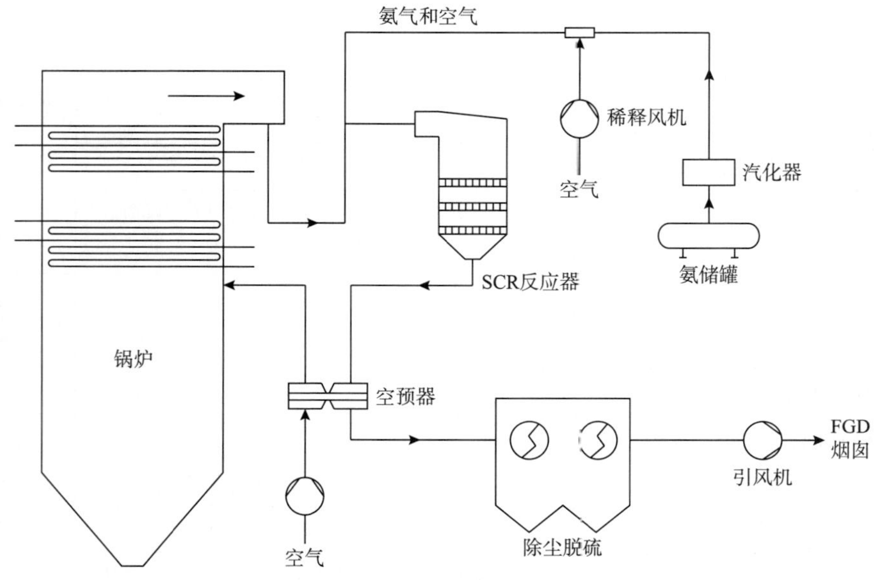

图 2　SCR 流程示意图

5.1 尿素雾化喷枪检修

5.1.1 检修项目

5.1.1.1　对喷嘴焊缝进行检测；

5.1.1.2　检查喷嘴是否堵塞，视情况进行更换；

5.1.1.3　检查雾化效果：雾化直径和雾化颗粒是否在要求范围；

5.1.1.4　检查、清理或更换雾化空气过滤器；

5.1.1.5　检查、清理或更换尿素溶液过滤器清理；

5.1.1.6　检查清理分配计量模块混流器；

5.1.1.7　直喷喷枪雾化试验。

5.1.2 检修前准备

5.1.2.1 确认所检修设备已经彻底进行能量隔离；
5.1.2.2 确认检修所需票证手续齐全，各项安全措施已落实，监护人到位。检修人员所需防护用品齐全；
5.1.2.3 确认检修所需的备品、材料、工器具已准备好。

5.1.3 检修工序和工艺

5.1.3.1 拆除全部喷枪及连接件；
5.1.3.2 检查喷头是否有堵塞及损坏；
5.1.3.3 检查尿素溶液软管是否有磨损及损坏；
5.1.3.4 检查雾化风软管是否有磨损及损坏；
5.1.3.5 检查冷却风软管是否有磨损及损坏；
5.1.3.6 对喷枪及尿素溶液过滤器进行清理；
5.1.3.7 对于喷枪损坏处进行修复，无法修复的更换处理；
5.1.3.8 分配计量模块混流器检修。

5.1.4 检修质量标准

5.1.4.1 喷头无堵塞、损坏；
5.1.4.2 喷枪无裂纹、损坏，无变形；
5.1.4.3 金属软管无破损、渗漏。

5.2 声波吹灰器检修

5.2.1 检修项目

5.2.1.1 连接管道检查；
5.2.1.2 膜片检查更换；
5.2.1.3 各阀门检查更换；
5.2.1.4 喇叭检查更换；
5.2.1.5 声波吹灰器调试。

5.2.2 检修前准备

5.2.2.1 确认所检修设备已经彻底进行能量隔离；
5.2.2.2 确认检修所需票证手续齐全，各项安全措施已落实，监护人到位，检修人员所需防护用品齐全；
5.2.2.3 确认检修所需的备品、材料、工器具已准备好。

5.2.3 检修工序和工艺

5.2.3.1 喇叭的拆卸更换和安装

a）断开不锈钢软管与发声器的连接；

b）拆卸固定到安装管上的螺栓；

c）将喇叭拉出安装管；

d）按以上相反的步骤安装喇叭。

5.2.3.2 发声器拆卸检查和装配

a）拆卸发声器，将发声器置于一个平面，使连接到喇叭口的一端朝下，解体检查发生器；

b）检查发声器中是否有杂物；

c）使用非磨蚀性溶剂清洗发声器的内部，检查其内部是否有点蚀、切口或擦痕，如果内部磨损或擦伤严重，则应更换发声器；

d）测量主座圈的高度（参见声波发声器检查报告），如果座圈高度超出公差范围，应更换或重新加工发声器；

e）检查盖板是否过度磨损或磨损不均，如果座圈高度超出公差范围，应更换或重新加工盖板；

f）检查膜片是否磨损、破裂、腐蚀，如果损伤严重，更换膜片；

g）检查盖板垫圈是否损坏，如有必要，予以更换；

h）装配：将膜片装入发声器内，将盖板垫圈安装到发声器体上，安装盖板，将发声器装到喇叭口，在安装之前测试喇叭，检查其工作是否正常，是否漏气，恢复后对声波吹灰器进行调试。

5.2.4 检修质量标准

5.2.4.1 吹灰器顶盖螺栓不得松动，且不能过紧；

5.2.4.2 膜片无缺陷，无变形、过量磨损或破裂；

5.2.4.3 三联件过滤器的自动排污口无漏气；

5.2.4.4 管道接头处无漏气；

5.2.4.5 吹灰器压缩空气压力处于要求值内。

5.3 催化剂检修

催化剂有蜂窝式、波纹状和平板式等。平板式催化剂一般是以不锈钢金属网格为基材，负载上含有活性成分的载体压制而成；蜂窝式催化剂一般是把载体和活性成分混合物整体挤压成形；波纹状催化剂外形如起伏的波纹，压制形成小孔。

5.3.1 检修项目

5.3.1.1 催化剂的外观检查；

5.3.1.2　催化剂模块检查更换；
5.3.1.3　催化剂检查；
5.3.1.4　催化剂清灰；
5.3.1.5　检查催化剂的灰磨蚀情况；
5.3.1.6　催化剂框架检查；
5.3.1.7　催化剂取样外检；
5.3.1.8　催化剂密封检查修补。

5.3.2　检修前准备

5.3.2.1　确认所检修设备已经彻底进行能量隔离；
5.3.2.2　确认检修所需票证手续齐全，各项安全措施已落实，监护人到位，检修人员所需防护用品齐全；
5.3.2.3　确认检修所需的备品、材料、工器具已准备好。

5.3.3　检修内容

5.3.3.1　催化剂清灰

a）用压缩空气将浮灰全部清理干净；

b）检查催化剂积灰、腐蚀和堵塞情况，作好记录（数量、部位），记录应准确、清楚；

c）检查催化剂模块支撑梁，栅格有无变形、开焊、腐蚀、磨损，做好记录；

d）检查氨气喷嘴、涡流混合器有无磨损、变形、腐蚀，检查氨气次流进料孔及混合单元是否堵塞并用压缩空气吹扫；

e）经清灰后的催化剂应无浮灰及其他杂物；

f）催化剂防磨瓦磨损情况检查更换。

5.3.3.2　催化剂单体更换

a）将催化剂单体木箱吊至脱硝反应器平台；

b）打开反应器上、下层人孔门，在下层催化剂上方铺设彩条布，将已经破损需更换的催化剂模块拆除并装入备好的袋子中，从人孔中运出；

c）将新催化剂单体拆箱并运进反应器中；

d）掀开模块上部的钢丝网，将新催化剂单体垂直摆放至反应器催化剂模块中；

e）在新安装好的催化剂单体之间用备好的密封垫片加以密封固定；

f）清除催化剂模块层上散碎催化剂及杂质，盖上钢丝网并用钢丝固定；

g）催化剂单体搬运过程中轻拿轻放，严禁堆压、碰撞、踩压，防止催化剂单体在搬运过程中受损；

h）拆除旧催化剂时不得对相邻催化剂造成损坏，安装过程中不得对催化剂强化段造成损伤。

5.3.4 检修质量标准

5.3.4.1 催化剂模块支撑梁，栅格无变形、开焊、腐蚀、磨损；

5.3.4.2 催化剂密封件不得有变形现象发生，密封件如有损坏，应更换新密封件，密封片无松动、开裂、缺失；

5.3.4.3 催化剂各部位间隙调整要符合厂家及设计要求；

5.3.4.4 催化剂各部位间隙密封要符合厂家及设计要求；

5.3.4.5 催化剂单体之间密封良好，无晃动、碰撞现象；

5.3.4.6 催化剂模块上部钢丝网平整、无孔洞；

5.3.4.7 催化剂模块更换后，对各部位的密封装置焊接要牢固、可靠。

5.4 SCR 脱硝反应器检修

SCR 脱硝反应器主要包括：入口烟道、带加固肋的反应器壳体、烟气整流板及其支撑、催化剂层及其支撑、催化剂的检修维护设施（轨道、葫芦）、反应器的支撑、出口烟道、反应器内部的密封设施等。

5.4.1 检修内容

5.4.1.1 导流板、烟道清灰；

5.4.1.2 反应器壳体、烟道壁板、整流格栅、导流板检查修补；

5.4.1.3 检查、修复内部支撑、桁架；

5.4.1.4 喷氨装置检查、喷嘴疏通清灰；

5.4.1.5 膨胀节检查更换；

5.4.1.6 反应器本体上部腐蚀、泄漏情况检查；

5.4.1.7 喷氨格栅性能试验。

5.4.2 检修前准备

5.4.2.1 确认所检修设备已经彻底进行能量隔离；

5.4.2.2 确认检修所需票证手续齐全，各项安全措施已落实，监护人到位。检修人员所需防护用品齐全；

5.4.2.3 确认检修所需的备品、材料、工器具已准备好；

5.4.2.4 确认检修项目正确交底，检修人员清楚所要进行的工作。

5.4.3 检修程序

5.4.3.1 清理脱硝反应器出、入口烟道内部积灰；

5.4.3.2 检查脱硝反应器内部支撑、整流格栅、导流板、喷氨管道、膨胀节是否完好，无冲刷、吹损、变形现象，焊口焊接牢固，反应器壳体、烟道壁板无破损、无泄漏，喷氨管道喷嘴内有无积灰，检查并记录设备缺陷。检查氨气喷嘴、涡流混合器有无磨损、变形、腐蚀；

5.4.3.3 喷氨管道、烟道支撑磨损超过标准值时进行更换，轻微磨损时加装防磨角铁，焊接时要求各部件满焊，清理喷氨管道喷嘴内部积灰，保证氨空混合物流通畅通，检查催化剂模块支撑梁，栅格有无变形、开焊、腐蚀、磨损；

5.4.3.4 检查导流板吹损、脱落情况，当吹损时进行补焊、加固；

5.4.3.5 检查整流格栅吹损减薄情况，整流格栅有无晃动、偏斜，发现异常进行处理。

5.4.4 检修质量标准

5.4.4.1 反应器内部支撑无减薄，焊接牢固；喷氨管道完整无泄漏，防磨角铁完整，喷氨喷嘴内无积灰；

5.4.4.2 烟道壁板、反应器壳体、膨胀节无破损、无泄漏；

5.4.4.3 导流板无孔洞、无脱落；

5.4.4.4 整流格栅完整、无偏斜；

5.4.4.5 脱硝反应器出、入口烟道内部无积灰；

5.4.4.6 催化剂模块支撑梁、栅格无变形、开焊、腐蚀、磨损；

5.4.4.7 氨气喷嘴、涡流混合器无磨损、变形、腐蚀，氨气进料孔及混合单元无堵塞。

5.5 水解器检修（尿素水解工艺）

5.5.1 检修内容

5.5.1.1 检查壳体表面腐蚀情况以及各处焊缝；

5.5.1.2 检查保温破损、支座及基础等情况；

5.5.1.3 检查电伴热系统、安全附件、表计是否完好，并按规定试验和检验；

5.5.1.4 检查法兰、螺栓，更换密封件；

5.5.1.5 管束抽出检修；

5.5.1.6 管程、壳程、管道阀门等清洗吹扫。

5.5.2 检修前准备

5.5.2.1 确认所检修设备已经彻底进行能量隔离；

5.5.2.2 确认检修所需票证手续齐全，氨作业各项安全措施已落实，监护人到位，检修人员所需防护用品齐全；

5.5.2.3 确认检修所需的备品、材料、工器具已准备好；

5.5.2.4 确认检修项目正确交底，检修人员清楚所要进行的工作。

5.5.3 检修程序

5.5.3.1 检查壳体内表面有无腐蚀，如有应进行测厚，测量最小厚度；

5.5.3.2 检查壳体内焊缝焊接接头等是否有裂纹、变形、泄漏、损伤等；

5.5.3.3　水解反应器的本体、接口（阀门、管路）部位、焊接接头等是否有裂纹、变形、泄露、损伤等；

5.5.3.4　检查保温层有无破损、脱落、潮湿、跑冷；

5.5.3.5　检查法兰、接头、信号孔有无漏液、漏气，检漏孔是否畅通；

5.5.3.6　支承或者支座有无损坏，基础有无下沉、倾斜、开裂，紧固螺栓是否齐全、完好；

5.5.3.7　排放（疏水、排污）装置是否完好，无泄露、腐蚀、裂纹、冲刷；

5.5.3.8　安全附件检查，定期检验；

5.5.3.9　压力表、测温仪表、液位计应按规定的期限进行校验；

5.5.3.10　设备管路上电伴热线检查。若有损坏，根捱电伴热施工图，将相关电伴热线上保温小心拆除，进行更换，恢复保温时注意铝皮上螺丝固定时不要打穿电伴热表皮；

5.5.3.11　水解器管束的抽出视使用情况而定，判断换热管束是否泄漏可以通过对管束的水压实验确定；但是需定期清洗换热管束及壳程，如需抽出蒸汽管束需进行检查：

a）检查主螺栓；是否腐蚀、变形、螺纹部分是否完好等；

b）检查法兰、管板密封面是否腐蚀、有无变形、划伤等缺陷；

c）检查换热管管束有无冲刷、腐蚀、破损、划伤碰伤等；

d）检查管板管子与管板焊缝；

e）检查管束滑道有无变形等缺陷。

5.5.3.12　吹扫清洗：

a）设备筒体内壁及换热管的内、外部清洗，若发现腐蚀严重部位及时进行处理；

b）气相泄压、液相回流、安全阀、爆破片等进出口管道内部必须通热水清洗干净，保证管路畅通；

c）调节阀的阀芯上的及阀门污垢需定期进行清洗，避免调节阀调节精度受到影响，特别注意氨气调节模块、氨蒸气出口调节阀；

d）气动阀门（包括调节阀、关断阀）清洁进气减压阀过滤器。

6　SNCR 脱硝系统检修

SNCR 脱硝系统包括高流量循环模块、稀释计量模块、分配模块及喷射组件等。制备好的尿素溶液通过尿素溶解泵从溶解罐输送入尿素溶液储罐，高流量循环模块将储罐中的尿素溶液送入稀释计量模块，其中部分尿素溶液循环回流到尿素溶液储罐。

SNCR 脱硝系统示意图见图 3。

SNCR 脱硝对设备主要危害表现为：炉内喷入尿素溶液，喷枪雾化效果不好，容易造成水冷壁磨损、腐蚀；炉内喷枪喷嘴受到床料的冲刷容易磨损，造成滴漏，进而在喷枪下方形成尿素结晶，腐蚀浇注料，因此喷枪的定期检查维修是 SNCR 脱硝系统日常维护的重点工作。

SNCR 烟气脱硝系统的日常检查维护可参考表 4。

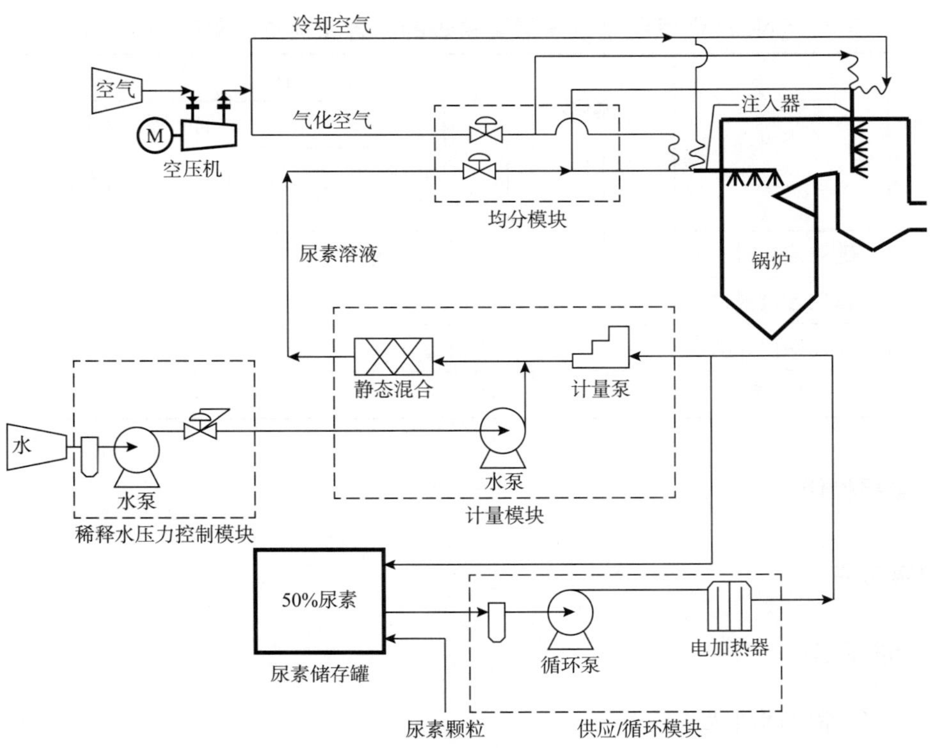

图 3　SNCR 脱硝系统示意图

表 4　SNCR 烟气脱硝系统需要检查的内容和检查间隔时间

需检查的设备	检查内容	检查周期									
		运行	停机	运行／停机	时间间隔						
					每次变化	每天	每周	每月	半年	每年	停炉
氨水／尿素溶液罐	罐体是否泄漏			√		√					
	罐体壁厚		√							√	√
	相关阀门			√	√						
稀释水罐	箱体是否泄漏			√		√					
	箱体壁厚		√							√	√
喷射系统	喷嘴喷射效果			√				√			√
	喷枪清理			√	√			√			√
	枪杆护套磨蚀		√								√
泵	泵体振动及温度情况			√		√					
	电机运行情况			√		√					
	密封情况			√		√					

表 4　SNCR 烟气脱硝系统需要检查的内容和检查间隔时间（续）

需检查的设备	检查内容	检查周期									
		运行	停机	运行/停机	时间间隔						
					每次变化	每天	每周	每月	半年	每年	停炉
管路及阀门	管路连接密封	√				√					
	阀门连接密封	√				√					
	气动阀门开动			√		√					
	过滤器			√				√			

7　电除尘器检修

7.1　检修内容

7.1.1　标准项目

7.1.1.1　除尘器内部清灰；

7.1.1.2　检修阳极板和阳极振打装置，必要时更换振打系统（包括振打轴、振打锤、振打锤摇臂等）；

7.1.1.3　检修阴极大小框架和阴极振打装置，必要时更换振打系统（包括振打轴、振打锤、振打锤摇臂等）；

7.1.1.4　检修导流板、气流分布板、槽（角）形板、挡风板；

7.1.1.5　检修除尘器壳体灰斗，出入口头、顶部、人孔门；

7.1.1.6　检修卸灰器、输灰绞龙、搅拌器、斜槽输灰装置、箱式冲灰器；

7.1.1.7　检修灰斗加热装置及顶部绝缘子室加热装置；

7.1.1.8　检修冲灰水系统；

7.1.1.9　检修脉冲泵输灰系统；

7.1.1.10　灰沟及现场清理；

7.1.1.11　检查和检修电除尘器防爆门或更换防爆门；

7.1.1.12　电场空载试验。

7.1.2　特殊项目

7.1.2.1　更换除尘器壳体、灰斗、出入口大小头烟道；

7.1.2.2　更换阴极小框架及阴极线；

7.1.2.3　更换阳极板；

7.1.2.4　更换流板、气流分布板、槽（角）形板、挡风板；

7.1.2.5　更换阴极支承绝缘子（瓷瓶）；

7.2 检修程序与质量标准

7.2.1 电除尘器设备检修准备工作

7.2.1.1 做好物资准备（包括材料、备品配件、安全用具、施工器具、仪器仪表等）和场地布置；

7.2.1.2 准备技术记录表格，确定测绘和校核的备品配件图纸；

7.2.1.3 制定大修计划、项目、进度、措施及质量要求；

7.2.1.4 根据锅炉检修工作安排，在电场内部未允许开工前，尽量先安排电场外部的检修工作。检修电除尘器的电气和机械两部分要密切配合协助，以确保检修质量和工期；

7.2.1.5 检修前电除尘器停运后，当内部温度降到50℃以下时方可开启人孔门。如因内部临时需要检查，也不得早于停运后4h；

7.2.1.6 检修前，将高压隔离开关的电场和整流变压器投至“接地”位置。对整流变压器、电场及其设备进行充分放电；

7.2.1.7 检修前，在有关开关刀闸上挂“禁止合闸”警告牌，电控室应有人监视，防止误送电；

7.2.1.8 进入电除尘作业必须对电除尘进行气体取样分析，办理好进入电除尘作业的有关申请、审批、安全票证手续。

7.2.2 检修

7.2.2.1 电场内部清灰

a）检查阳极板、阴极线的积灰情况，分析积灰原因，做好技术记录；

b）检查气流分布板，槽形板的积灰情况，分析积灰原因，做好技术记录；

c）极板偏移情况及极间距宏观检查。从内部检查挡灰板积灰情况；

d）清除电场内顶，绝缘套管保护筒积灰；

e）清除阳极板、阴极板大小框架及极线积灰；

f）清除振打传动部分积灰；

g）清除导流板、气流分布板、槽形板、挡风板、灰斗积灰；

h）清灰时应自上而下，由进口到出口进行清灰，任何工器具等不能掉入电场内部和灰斗，遗留在电除尘内部；

i）当用水冲灰后，应及时用热风进行烘干。

7.2.2.2 阳极板检修

a）检查阳极板变形，磨损及其吊架结构情况；

b）每个电场以中间部分为平直的阳极板排为基准，用极距卡板工具测量同极距。间距测量应在每极板排的出入口位置，沿极板高度上、中、下三点（极板高度大时，分点可适当增多）进行，而且每次大修应在同一位置测量，做好测量记录；

c）同极间距超出制造厂规定范围时，需对变形的极板进行调校，发现极板弯曲变形用调校方法不能消除时，应予更换；

d）下夹板偏位时，应按要求进行限位，并按设计规定留活动间隙；

e）检查中发现极板下沉时，应检查极板上夹板固定销轴或凹凸套；

f）检查极板下夹板撞击杆变形情况，承击砧头磨损情况以及固定用的铆钉或螺栓是否松动，检查振打中心，必要时，应进行调校；

g）检查极板下夹板固定销轴或凹凸套位置是否有松动、极板开裂，并进行修复；

h）检查阳极板腰带固定螺栓不应松动。

7.2.2.3 阳极振打减速器检修

a）摆线针轮行星减速器解体及检修

（a）电机电源线拆除；清理减速器外壳及平台，放油；

（b）拆卸万向节接头和铜套连杆，减速器本体结合面做标记、揭盖；

（c）拆卸输入轴紧固螺栓，在纸垫处分开，用吊环螺栓旋入输出轴端螺孔，吊出输出轴及机座；

（d）取下轴用弹簧挡圈和销套；

（e）按轴的方向取摆线齿轮，要注意齿轮端面字头“A”对应另一摆线字头“B”的相对位置；

（f）取出间隔环，注意别碰碎；

（g）双手托偏心套上滚柱轴承，连同偏心套一起，沿轴向取下；

（h）取出摆线齿轮“B”；

（i）从另一纸垫处取下针齿壳、针齿销、针齿套、键和挡圈；

（j）取下孔用弹簧挡圈，沿轴向用紫铜棒击输入端部、卸输入轴；

（k）沿轴向用紫铜棒击输出轴端部与机座卸开；

（l）清洗零部件，检查磨损配合间隙，轴承等情况，应符合设计或工艺质量标准，并做好检修技术记录。

b）装复及注意事项

（a）按上述拆卸的相反顺序进行；

（b）组装摆线针齿轮应注意“A”“B”字头相对位置；

（c）输出轴装入机座时，只许用铜棒击凹入部分，切不可锤击轴；

（d）输出轴轴销插入摆线齿轮相应孔中时，要注意间隔环的位置用销轴套定好位置。防止压碎间隔环；

（e）对耐油橡胶密封环，要注意调整弹簧的松紧程度并涂满油（脂）；

（f）装输入轴的内端轴可用热装法；

（g）密封纸垫应换新；

（h）减速机组装结束，加油至正常油位。并检查转动情况。

7.2.2.4 阳极振打传动装置检修

a）传动部件的拆卸

（a）拆轴端万向节法兰连接螺栓、轴端挡圈，取下保温箱；

（b）做标记拆下各振打锤头；

（c）拆轴承座上拉销杆，吊出传动大轴，卸联轴器时应做好标记，大轴分段卸轴套。

b）传动部件检修

（a）按检修工艺质量标准或制造厂设计要求进行零部件清洗、检查、检修或更换；

（b）振打锤U形螺杆松动时应更换；

（c）保温箱毛毡垫应更换；

（d）轴承座支架脱焊或变形，必须修复，必要时进行加固；

（e）对同一传动轴的各轴承座必须校水平和中心；

（f）传动大致弯曲超标时进行校正；

（g）调整振打锤位置；

（h）做好检修技术记录。

c）回装及注意事项

（a）将轴套按规定位置串入大轴，但不上紧，按拆前标记装联轴器，并再次校正检查传动大轴弯曲，同时就位；

（b）检查确定振打锤的固定位置，对准阳极板排下夹板的承击砧打点中心；

（c）大轴套应对准轴承座滚动套并固定，止动垫片拨至大轴套的缺口处，装轴承座拉杆上好开口销；

（d）固定保温箱，加好密封毛毡垫；

（e）组装振打锤件，装于大轴固定点，用U形螺杆和锤臂紧固、加焊，并检查振打锤与承击砧振打位置，注意转动方向；

（f）装轴端挡圈平键并固定后装万向节法兰；

（g）将减速器输出轴的万向节法兰铜套、连杆、挡圈、十字头上好；

（h）减速器就位加油；

（i）按运行规程进行试车，检查转动方向及振打点情况，并记录试车电流。

7.2.2.5　绝缘子室及绝缘套管保护筒检修

a）检查承重绝缘子的小横梁的变形及水平情况，根据电气检修对承重绝缘子及绝缘套管检查结果，检查绝缘子是否有爬电及裂纹，需要更换时，机械部分应配合做好阴极大框架的固定措施，电气在更换绝缘套管时，应注意绝缘套管底部周围用保温绳塞严，以防漏风；

b）检查保护筒的腐蚀和同心度，更换保护筒时，要做好大框架与内壁的固定措施，记录吊杆螺栓外露长度及有关位置尺寸后，再把吊杆顶部大螺栓松开，拆下吊杆，更换保护筒，吊杆就位，根据吊杆中心，找保护筒中心及同心度，并固定保护筒；

c）拆除大框架的临时固定措施，校验大框架的高度和横向位置，注意绝缘子小梁的水平度，检查大框架的水平和垂直度，防止造成各承重绝缘子承重力不均、阴阳极间距变化超标。

7.2.2.6　阴极大小框架检修

a）检查大框架的水平和垂直度及壳体内壁相对尺寸应符合设计要求；

b）大框架水平方向需要调整时，应结合绝缘子，绝缘套管或保护筒更换时一并进行，若单独调整，应用千斤顶顶起后再调节；

c）检查上下小框架间连接结构及小框架的固定卡子，若框架管局部变形时，应进行校调；

d）同阳极板排一样，上、下每个小框架各二点测量阴极小框架的同极距，超出规定及有偏斜时，可用修整固定卡子来调节；

e）在校调阴极小框架时宜结合异极距测量进行，最终保证异极距在规定范围内并以阳极为基准调整阴极小框架。

7.2.2.7　阴极线检修

a）管状芒刺线检修

（a）检查极线与小框架的连接板脱焊或螺栓松、脱落情况。极线与小框架连接螺栓应无脱焊、脱落或损坏，极线连接螺栓孔应无磨损扩大、缺口等，否则应予修复；

（b）检查极线放电端沾灰、电蚀以及掉刺情况；

（c）损坏的阴极线可进行更换的应进行更换，对于框架中部位置的阴极线无法修整或更换而影响间距时，则应割去，去除极线要注意不损坏附近极线；

（d）同一框架内大量极线损坏时，应在大修时更换。

b）星形线（螺旋线）检修

（a）检查极线情况，发现断线，应更换（在框架中间部分的去除），更换新线时，串入孔里拉紧，把两个楔销紧固；

（b）对于垂弧大又松的极线，先行拉紧，但紧力不宜过大，应符合设计规定；

（c）极线中间严禁焊接接头，不能拧成麻花形；

（d）检查星形阴极线菱角磨损情况，菱角磨损磨钝的应进行更换。

c）锯齿线检修

（a）检查极线断线情况；

（b）检查极线与小框架连接螺栓应无脱焊、脱落或损坏，否则应予修复；

（c）检查极线的松紧程度及平直度，应符合要求；

（d）更换的极线要保持平直，以及连接螺栓的连接，松紧程度均应符合制造厂的要求；

（e）极线齿无腐蚀，电蚀及裂纹，齿尖锋锐，间距一致。

d）鱼骨针线

（a）检查鱼骨针线针尖是否有黏尘封闭现象，检查极线断线情况；

（b）检查极线与小框架连接螺栓应无脱焊、脱落或损坏，否则应予修复；

（c）检查极线的松紧程度及平直度应符合要求；

（d）极线针尖应无变形腐蚀，电蚀及裂纹，针尖锋锐、不松动，间距一致；

（e）更换的极线要保持平直，松紧程度均应符合制造厂的要求；

（f）同一框架内大量断线时，应在大修时更换。

7.2.2.8 阴极振打减速器检修

阴极振打减速器检修与阳极振打减速器相同。

7.2.2.9 阴极振打装置传动部件检修

a）步骤与拆卸步骤基本同阳极振打装置

（a）卸万向节法兰螺栓，取下电瓷轴，从瓷轴箱内取出短轴和万向节法兰；

（b）从瓷轴箱内拆内花键套和垫圈、压盖；取聚四氟乙烯隔板挡套。

b）部件检修基本同阳极振打装置

（a）检查瓷轴，清洗瓷轴灰垢，检查瓷轴是否有裂纹等，必要时交电气进行耐压试验，更换瓷轴；

（b）检查修理瓷轴保温箱体。

c）装复基本同阳极振打装置

（a）轴套按位置装在传动大轴上，未紧时串上聚四氟乙烯隔板挡套、垫圈，大轴就位；

（b）把外花键套从瓷轴箱内装在大轴上后连接内花链和万向节法兰；

（c）将装好轴承的短轴放入轴承座上，装好密封毛毡圈上压盖，短轴轴端装连轴套和万向节法兰，先装假轴，等试车后再装瓷轴；

（d）把轴承箱固定在瓷轴箱上，装链轮、轴套、连杆、垫圈等；

（e）装链条，待试车后再装保险片。

7.2.2.10 顶部振打系统检修（仅适用于采用顶部振打的电除尘）

a）阳极顶部振打检修

（a）拆除电磁铁振打器，并检修电磁铁器；

（b）检查振打传动杆是否有断裂，焊接点松脱，并进行修复；

（c）检修所有连接螺栓，连接件，确保完好；

（d）检查振打传动杆穿顶板的密封性，有泄漏要更换密封件，进行修复。

b）阴极顶部振打检修

（a）拆除电磁铁振打器，并检修电磁铁器；

（b）查振打传动杆是否有断裂，焊接点松脱，并进行修复。检查振打传动绝缘瓷轴，断裂的进行更换；

（c）清洗振打传动绝缘瓷轴；

（d）检查振打传动杆穿顶板的密封性，有泄漏要更换密封件，进行修复；

（e）检查校正振打传动杆及电磁铁振的安装是否垂直。

7.2.2.11 导流板、气流分布板、槽形板及挡风板的检修

a）导流板

（a）检查磨损情况；

（b）检查焊接固定情况；

（c）检查导流板方向、角度。

b）气流分布板

（a）检查连接固定的卡子夹板应无松动脱落，检查螺栓磨损情况，新换螺栓应点焊；

（b）检查固定角钢不应摆动；检查上部吊挂气流分布板的槽钢及螺栓腐蚀情况；

（c）检查分布板开孔的磨损情况，磨损超标应更换，检查分布板平直度，变形应调整；

（d）分布板底部与入口封头内壁间距应符合设计要求。

c）槽形板

（a）检查入口槽形板与气流分布板的间距，应符合设计要求；

（b）检查槽形板磨损情况或更换；

（c）检查槽形板固定带吊挂螺栓及固定螺栓，新换螺栓要点焊；

（d）检查槽形板的平直度及相互间距，超标时要校调；

（e）以角形板代替入口槽形板，按槽形板检修要求执行；

（f）检查槽形板顶部吊挂结构应调整。

d）挡风板

（a）检查电场内顶部二侧及底部挡风板积灰、磨损、变形和腐蚀情况，其与极板间距应符合设计要求；

（b）检查灰斗挡风板的变形情况。

7.2.2.12 壳体、灰斗、出入口烟箱、人孔门

a）壳体及灰斗

（a）检查内壁腐蚀情况；

（b）检查灰斗及壳体的内支撑磨损及固定情况；

（c）检查灰斗法兰结合面漏风情况并进行堵漏；

（d）检查电场顶板积灰和腐蚀情况；

（e）检查灰斗外部蒸汽加热装置环形管腐蚀、漏泄，检修汽门及疏水门；

（f）检查灰斗四角圆弧角磨损腐蚀情况，并进行修复保证其圆滑防止积灰。

b）出入口烟箱

（a）检查内壁磨损及腐蚀情况；

（b）检查内壁支撑件腐蚀磨损；

（c）与壳体及出入口烟箱的结合处漏风检查及处理；

（d）凹塌处修复并加固。

c）人孔门检修

（a）顶丝和把手修复，开关灵活；

（b）人孔门结合面严密不漏；

（c）检查腐蚀情况；

（d）人孔门与高压供电装置有联锁时，配合电气进行检修。

7.2.2.13　除尘器顶盖及绝缘子室

a）顶盖变形修整；

b）扣盖时，结合面充分填好密封垫；

c）检修雨水集水槽及下水管；

d）检查绝缘子室内壁严密性，有泄漏情况进行处理；

e）有热风加热的绝缘子室应检查加热管变形、腐蚀、积灰情况，检修空气过滤器加热系统截门或挡板；

f）清洗绝缘子瓷套。

7.2.2.14　卸灰器检修

a）拆卸

（a）关闭灰斗下插板；

（b）拆链条；

（c）拆减速机底座，移位，解体检修；

（d）抽转子，检查叶轮与外壳间隙及磨损情况；

（e）部件清洗、检修。

b）装复

（a）轴套、轴承涂润滑油脂，安装；

（b）吊入转子就位，装端盖，加垫，紧固；

（c）卸灰器就位；

（d）按运行规程试车。

7.2.2.15　斜槽卸灰装置检修

a）斜槽卸灰装置及其鼓风机解体大修；

b）严格保证制造厂要求的斜槽斜度；

c）槽体横向不平度应符合要求；

d）透气层检修后与槽体组装时螺栓的松紧程度符合制造厂要求，对涤纶滤布按制造厂规定运行一段时间后再拧紧；

e）部件组装时要保证严密不漏气、漏灰；

f）检查门、四通槽、窥视窗、截气阀等检修后，应操作灵活，保证严密；

g）做好防腐措施。

7.2.2.16　电动搅拌器检修

a）拆卸

（a）电动机拆线，拆三角皮带罩及三角皮带；

（b）拆轴承座，把轴承支座与转子一起吊出；

（c）拆三角皮带轮；

（d）拆轴承上、下端盖；

（e）拆上轴承，从轴承支座内吊出轴；

（f）拆叶轮锁母，卸叶轮；

（g）拆轴承。

b）零部件清洗和检修

（a）检查三角皮带磨损、伸长情况，检查皮带轮磨损情况；

（b）测轴弯曲度，超标调直；

（c）检查叶轮磨损情况；

（d）检查轴承支座及检修轴承；

（e）清理搅拌器桶体内部积灰及杂物。

c）装复

（a）下轴承装于轴上，就位于轴承支座后装上轴承；

（b）装轴承上、下端盖，就位固定，手转动轴应灵活；

（c）装皮带轮紧固上、下锁母，紧力适当；

（d）将叶轮装在轴上固定；

（e）轴承座支承于搅拌器缸体上；

（f）调整电动机和搅拌器的皮带轮应在同一平面；

（g）装三角皮带；

（h）按运行规程试车后装皮带轮罩。

7.2.2.17 检修冲灰水系统管道、阀门、灰沟、喷嘴

a）冲灰水系统阀门检修；

b）冲灰水管线检修；

c）灰沟地沟喷嘴检修或更换。

7.2.2.18 现场整理

a）楼梯、平台、栏杆修整及刷漆；

b）标志牌修整补齐；

c）灰沟清理，沟盖板铺齐；

d）检修和现场杂物及拆卸的部件清理。

7.2.3 检修质量标准

7.2.3.1 电除尘器的钢结构

a）钢结构的紧固件及焊接材料应符合国家标准或行业标准的有关要求，并根据生产厂的合格证书和相应的标准验收，合格方可使用。对于牌号不明或无合格证书的材料，需经复验或鉴定，符合设计规定的材质要求方可使用；

b）结构件的所有焊缝均应符合 GB/T 324、GB/T 985、GB/T 986、GB/T 1221 的规定；

c）零件加工、零部件拼装的焊接及焊缝质量检验均按 SL36 执行；

d）金属结构件中铆焊件的施工，应执行GB 116和GB 152.1及GBJ 17中的有关规定。

7.2.3.2 机械部分和电气部分参照其他有关标准执行。

7.2.3.3 阳极板检修质量标准

a）单片极板不平度小于5mm，扭曲小于4mm，板面无毛刺棱角；

b）整片极板平面弯曲小于5mm，对角线误差小于10mm；

c）各极板间距误差小于±3mm。不垂直度小于±3mm，标高误差小于±2mm；

d）阳极板排组合后做悬吊检查，其平面度偏差不大于10mm，对角线长度相互差值不大于5mm；

e）当阴极板排上下用螺栓坚固时，须用196N•m(20kgf•m)的力矩扳手拧紧螺栓。

7.2.3.4 阴极板（框架）检修质量标准

a）极板（框架）平直无硬弯，电晕线紧力均匀，挂钩牢固，垫圈锁紧螺母完整；

b）极板（框架）弯曲小于3mm，对角线误差小于10mm，各极板（框架）间距误差小于±3mm，不垂直度小于±3mm，标高误差小于±2mm；

c）阴、阳极间距误差小于±6mm；

d）阴极小框架组焊后悬吊检查其平面度偏差不大于10mm；

e）阴极线安装在小框架上松紧度要一致，上部螺栓必须上紧，做100%检查；

f）阴极大框架应垂直于水平面安装，同一电场两大阴极框架的中心应在该电场沿气流方向的中心平面内，其极限偏差为±5mm；

g）同一电场两大阴极框架悬挂同一阴极小框架所对应的型钢，应在同一水平面内，其平面度偏差不大于5mm，其间距极限偏差为±5mm，大阴极框架悬挂上下阴极小框架须在同一条与水平面垂直的直线上，其直线度偏差不大于3mm；

h）阴极系统的悬吊支撑，特别是用石英套管时，必须仔细检查，不得有裂纹，同一组四个瓷支柱应调整到同一水平面内，其平面度偏差不大于1mm。绝缘套管中心线与吊杆中心线应重合，其同轴度偏差不大于10mm；

i）阴、阳极系所有固定螺栓、螺母须做止转焊接，阴、阳极系所有焊缝不允许有尖龟毛刺。

7.2.3.5 振打装置检修质量标准

a）振打装置应固定牢靠，不得有晃动，每个振打锤头应转动灵活，无卡死、碰撞现象。振打锤与臂应转动灵活无卡涩现象；

b）阳极振打装置提升自如，脱钩灵活；

c）侧部振打轴中心线水平极限偏差为±1.5mm，其同轴度在相邻两轴承座之间偏差不大于1mm，在轴全长上偏差不大于3mm；

d）振打锤应打在锤座中心，允许误差为：阴、阳极振打小于±3mm，分布板振打小于±5mm；

e）锤头与承击砧必须是线接触，接触长度应大于锤头厚度的2/3。

7.2.3.6 电除尘检修后进行内部检查清扫，内部不得有任何杂物；

7.2.3.7 更换 1/5 以上气流分布板，或 1/3 导流板时，应进行气流分布均匀性调试，气流分布均匀性一般可在第一电场入口测定；

7.2.3.8 灰斗加热装置气密试验无泄露；

7.2.3.9 当人孔门与整流变压器有闭锁装置时，应在空载伏－安特性试验后，进行闭锁试验。

7.3 试车与验收

7.3.1 试车前的准备

7.3.1.1 电除尘所有检修项目已结束，经检查合格，并办理工作票的结束手续；

7.3.1.2 电除尘的振打检修安装完毕后，应进行试运转。试运转时间不应少于 60min，并经检查转动灵活、无卡涩现象，且转向正确，减速器无漏油，转动无异常杂音，负载电流无超标；

7.3.1.3 确认电除尘检修后进行内部检查清扫，内部杂物已清除干净，所有检修人员、检查验收人员已退出电除尘内部，所有电除尘人孔封闭好；

7.3.1.4 经用水清洗过的已经进行通热风干燥；

7.3.1.5 各电场进行绝缘检查合格。

7.3.2 试车（试验）

7.3.2.1 需做漏风测试的，应在敷设保温前测试除尘器进出口烟道风，总漏风率不得大于 5%；

7.3.2.2 需做现场冷态气流分布试验的必须做调整试验。评定除尘器入口断面气流分布均匀性采用相对均方根值法（美国 RMS 法）。均方根值评定：δ 不大于 0.1 为优，δ 不大于 0.20 为良，δ 不大于 0.25 为合格；

7.3.2.3 高低压电气设备试转前应做绝缘测试和升压试验，试验应符合 GBJ 323 中规定；

7.3.2.4 检查高低压电气正常、保护装置灵敏、表计指示准确后，在不通烟气情况下做高压电源的冷态空载升压试验，每台电源均需逐点升压，记录相应表盘的二次电压、电流值，直到电场闪络。升压试验应符合：异极距 150mm 时 U_2 不下于 55kV，异极距每增加 10mm，U_2 至少递增 2.5kV。

7.3.3 验收

7.3.3.1 检查检修技术记录完整，原始测量数据准确；

7.3.3.2 各部件分部试转正常，转动部件运行平稳，无杂音，无明显振动，轴承温度、油质、油位符合要求；

7.3.3.3 负压系统各接口无明显漏风；

7.3.3.4 现场清洁，照明齐全，平台、栏杆、盖板完好；

7.3.3.5 保温、油漆完整。

7.3.3.6 验收合格后，参加验收人员应在三级验收单上签字。

7.4 维护与故障处理

7.4.1 日常巡回检查与维护

7.4.1.1 检查阴、阳极振打是否正常运转。减速器有否漏油，油位是否正常，并及时补充、更换减速器润滑油；

7.4.1.2 检查顶部密封板、阴极振打保温箱是否密封完好，是否有漏雨水情况；

7.4.1.3 检查除尘器本体防爆门是否腐蚀损坏；

7.4.1.4 检查除尘器各层楼梯、平台照明是否完好；

7.4.1.5 检查阴极振打系统、高压电缆及高压电缆接头有否打火放电声。

7.4.2 常见故障与处理方法

电除尘常见故障与处理方法见表5。

表5 电除尘常见故障与处理方法

序号	故障现象	故障原因	处理方法
1	整流变压器运行中跳闸	1. 阴、阳极板有因断线极板扭曲变形等永久性击穿点或短路点； 2. 整流装置元、器件有故障； 3. 灰斗有堵灰、搭桥现象，灰斗满灰，致使阴阳短路； 4. 阴极振打保温箱进雨水，阴极振打绝缘轴、绝缘挡灰板击穿，或阴极振打与电除尘外壳有金属短路； 5. 整流变压到电除尘引线（电缆）电器元件绝缘损坏造成短路	1. 停止电场运行，检查高压直流回路，消除击穿点短路点，检查调整阴阳极间距； 2. 更换整流装置损坏元、器件，检查阴极振打瓷轴、电加热装置的投入情况并消除缺陷； 3. 查明堵灰、搭桥等满灰原因，清除积灰，检查并投入灰斗加热装置，使下灰流畅； 4. 排除阴极振打保温箱雨水，检修做好保温箱密封，更换损坏的阴极振打绝缘轴、绝缘挡灰板； 5. 检修或更换整流变压到电除尘引线（电缆）损坏的电器元件
2	运行中一、二次电压正常，一、二次电流偏低或无显示	1. 电除尘变压器到本体高压电缆（引线）断开； 2. 电流表计或电流测量回路故障； 3. 阴极线放电尖端被灰尘封闭； 4. 锅炉燃用煤质差，产生电晕屏蔽现象	1. 停止电场运行，检查高压直流回路变压器到本体高压电缆（引线）； 2. 停止电场运行，检查电流表计或电流测量回路故障； 3. 检查阴极振打是否运转正常，绝缘轴有无断轴，检修时对该电场阴极放电尖端是否有灰尘封闭，并进行清灰； 4. 提高锅炉燃用煤质

表 5　电除尘常见故障与处理（续）

序号	故障现象	故障原因	处理方法
3	运行中一、二次电压偏低，电场闪络	1. 电除尘变压器到本体高压电缆、电缆头漏油，产生放电； 2. 阴极线固定松脱、断线或阴极小框架断裂，造成局部放电现象； 3. 阴极振打绝缘子（绝缘挡尘板）被击穿造成放电现象	1. 检查电除尘变压器到本体高压电缆、电缆头漏油，是否有漏油、放电现象。并进修检修； 2. 结合检查阴极线是否有固定松脱、断线或阴极小框架断裂，造成局部放电现象并修复； 3. 打开阴极振打保温箱检查绝缘子（绝缘挡尘板）有否被击穿放电现象。并停止电场运行，对电场进行接地后更换击穿的绝缘轴等。无法修复的检修时进行修复
4	阴阳极振打停止	1. 电场内部积灰太多致使振打轴弯曲； 2. 振打电机烧坏或电机保护装置动作； 3. 振打装置机械保险片拉断； 4. 振打锤卡涩或大量脱落； 5. 瓷轴损坏或拉杆、链条断裂	1. 暂停电场运行，校轴，确保灰斗卸灰，清除电场内部积灰； 2. 查明损坏原因，更换损坏部件
5	卸灰系统下灰困难	1. 灰斗保温差加热能力不足，斗内温度低； 2. 水分大，排烟温度低，锅炉管子漏水、汽，造成灰尘受潮； 3. 灰斗长期未卸灰有杂物卡住； 4. 卸灰锁气器卡死或链条断裂； 5. 输灰系统堵灰	1. 属灰斗堵灰或锁气器卡住，应暂停电场运行，并有效接地，4h 后，打开灰斗人孔，掏出块灰及杂物，关闭人孔，检查灰斗蒸汽加热； 2. 查明灰斗锁气器断链原因，更换链条，必须时关闭锁气器入口挡板，拆除检修； 3. 属输灰堵塞时，设法掏出疏通

8　布袋除尘器检修

8.1　检修内容

8.1.1　检查喷吹气路密封情况。

8.1.2　检查喷吹管固定情况。

8.1.3　检查更换滤袋、袋笼。

8.1.4　检查修理喷吹电磁阀。

8.1.5　净气室清灰，检查修理。

8.1.6　灰斗清灰，检查修理。

8.1.7　人孔门检查修理。

8.1.8　保温及外壳检查修理。

8.1.9 钢结构检查、修理和防腐。

8.2 检修程序及质量标准

8.2.1 检修前准备

8.2.1.1 确认所检修设备已经彻底进行能量隔离；
8.2.1.2 确认检修所需票证手续齐全，氨作业各项安全措施已落实，监护人到位，检修人员所需防护用品齐全；
8.2.1.3 确认检修所需的备品、材料、工器具已准备好；
8.2.1.4 确认检修项目正确交底，检修人员清楚所要进行的工作。

8.2.2 检修程序

8.2.2.1 清理净气室及灰斗积灰，灰斗内的积灰尽量使用气力输送系统输送完成，如采用水冲洗需慎重，具备条件的情况，在水冲洗完成后尽快开引风机干燥，清灰完成后检查净气室及灰斗，视情况进行检修；
8.2.2.2 检查喷吹（压缩空气）系统，紧固所有及接头，更换开裂或有其他损坏的软管或接头，检查气包是否有裂缝或漏气情况；
8.2.2.3 检查喷吹管固定情况，如有脱落情况，则进行恢复；
8.2.2.4 喷吹电磁阀检修：

喷吹电磁阀膜片的故障分为开启故障和关闭故障。

喷吹电磁阀膜片的开启故障可能是因为连续的激励、内部杂质的堆积、膜片的过度磨损或磨损的活塞塞住了壳管。处理方法：拆除阀盖，检查膜片的密封处是否有杂物、膜片是否损坏、弹簧是否失效等。

喷吹电磁阀膜片关闭故障的原因可能是激励信号太弱、线圈故障、内部杂质的堆积或活塞磨损过度。如果电磁阀不动作或电磁头动作但膜片不动作，说明电磁操作阀或控制器有问题，需要更换。

8.2.2.5 滤袋更换：

a）滤袋安装

（a）滤袋安装最好两个人进行。一人将滤袋送入花板孔，另一人托住并展开滤袋其余部分；

（b）每个滤袋安装时，检查一下袋缝是否位于折叠的滤袋椭圆形断面的宽边中央。如果不是，则将滤袋打开、从两端拉直，重新折叠或者卷起来。如果滤袋未能按照袋缝在滤袋宽边中央的方式卷起来或者折叠起来，则该滤袋由于袋缝不直不能用来安装，各滤袋的位置及其编号应当作记录，以备将来检查；

（c）花板孔内滤袋位置调整；

（d）安装滤袋时，将滤袋颈部弯成扁形（如香蕉样式）将滤袋滑入花板孔，保证袋缝朝向花板孔内侧，即面对袋束中央。袋缝偏离中央 +5mm ；

（e）当滤袋向下通过花板的时候，要不断检查袋缝的方向，滤袋不能扭曲，不要碰到其他滤袋；

（f）当滤袋只有翻边部分留在花板孔上面的时候，双手将翻边弯成肾形。这样可使翻边进入花板孔，而毡的突起座在花板上，松开双手，翻边迅速弹开卡住花板孔，这样可使滤袋恢复原样，检查钢带处的翻边和花板孔边缘配合是否紧密，检查毡突起是否均匀地座在花板上；

（g）检查自由悬挂的滤袋的笔直度，从袋束底部检查滤袋末端，对不直的进行重新调整。

b）袋笼安装

（a）袋笼安装在滤袋内部，防止设备运行时滤袋瘪塌；

（b）袋笼分为三节，在净烟气室内部有限的高度空间中能够完成安装。各节（顶部，中部和底部）之间很容易区分；

（c）袋笼插入滤袋之前，检查各节是否有损伤和尖锐突起，把袋笼慢慢向下插入滤袋，用一根坚固的钢筋将袋笼支撑在滤袋顶部，同时连接下一节袋笼；

（d）连接袋笼分节：

袋笼分节上设计有鞋拔一样的东西，使袋笼分节之间很容易对准，并通过弹簧钢卡（每节两个）相互连锁。保证袋笼连接在一起。用手可以将钢卡按下，卡住钢死环。

将连接在一起的整个袋笼完全插入，袋帽完全座在顶部翻边的毡突起上。轻轻地站在袋笼帽上，以保证袋笼完全就位。

滤袋和袋笼安装检查，滤袋和袋笼安装以后，检查花板顶面，以确保滤袋和袋笼都已经全部就位。从下面检查滤袋安装情况，确保位置正确。

c）安装可能出现的问题

（a）滤袋相互交叉；

（b）袋笼弯曲；

（c）袋笼连接不正确，如果有明显的袋笼或卡子从滤袋底部凸出，则袋笼连接不正确；

（d）滤袋相对于袋笼发生扭曲；

（e）损坏的滤袋（如果不是新安装的滤袋）；

（f）袋笼分节缺失。

8.2.2.6 壳体和保温：

检查壳体、密性盖板和灰斗的强度，对由于腐蚀导致的损坏进行维修。检查保温层是否漏水，视情况进行保温修复或更换彩钢板；

8.2.2.7 检查除尘器本体钢结构，进行钢结构修理和防腐；

8.2.2.8 检修全部工作完工后，仔细检查，不要将工具、清洁布或者其他杂物遗留在袋式除尘器内，应当特别注意检查灰斗。

8.2.3 检修质量标准

8.2.3.1 人孔门无变形、破损等现象，密封圈无老化变形，无断裂等现象；

8.2.3.2 吹扫管及吹扫孔无堵塞，喷吹管及喷吹孔无磨损、变形，接头密封胶垫无老化变形；

8.2.3.3 布袋龙骨无变形、无折断，布袋无破损、无脱落、无潮湿等现象，布袋内无积灰、积水现象；

8.2.3.4 布袋除尘器喷吹接头无损坏及漏气现象，接头胶管无老化变形及漏气等；

8.2.3.5 安装喷吹管位置要正确，喷吹孔位置向下对准每一个布袋，不要偏移以免影响喷吹的效果和布袋的除尘效果；

8.2.3.6 喷吹电磁阀动作正确、灵活。

8.2.4 验收

8.2.4.1 检查检修技术记录完整，原始测量数据准确；

8.2.4.2 各部件分部试转正常，气源压力稳定；

8.2.4.3 负压系统各接口无明显漏风；

8.2.4.4 现场清洁，照明齐全，平台、栏杆、盖板完好；

8.2.4.5 保温、油漆完好；

8.2.4.6 验收合格后，参加验收人员应在三级验收单上签字。

8.3 常见故障与处理方法

布袋除尘器常见故障与处理方法见表 6。

表 6 布袋除尘器常见故障与处理方法

序号	故障现象	故障原因	消除方法
1	布袋差压高	1. 喷吹气源低、喷吹管破损、脉冲喷吹不动作； 2. 喷吹管脱落； 3. 水分大，排烟温度低，锅炉受热面管子漏水、漏汽，造成布袋受潮	检查气源压力，恢复至正常工况，检查脉冲喷吹阀，及时装复喷吹管，调整锅炉工况，必要时停炉更换布袋
2	布袋除尘后排放粉尘高	1. 布袋破损； 2. 除尘器壳体焊缝有漏点	1. 更换布袋； 2. 检查焊缝，并焊补检漏